蔡银寅 著

中国大气环境资源报告
2018

REPORT ON
ATMOSPHERIC ENVIRONMENTAL RESOURCES
IN CHINA 2018

社会科学文献出版社
SOCIAL SCIENCES ACADEMIC PRESS (CHINA)

蔡银寅

男，1985 年 12 月出生，汉族，河南西华人，理学学士，经济学硕士，管理学博士。现任南京信息工程大学大气环境经济研究院院长，中国气象局公共气象服务中心特聘专家，中国铁塔山东省大气环境管理类项目首席专家。2015 年以来先后研发大气自然净化能力指数模型（ASPI 模型）、航空气象延误指数（AMDI）、大气自然净化能力实时监测设备等，创建了基于大气自然净化能力的大气污染调控体系（大气污染 AEPE 治理模式），提出了排放平衡点的概念，构建了大气环境经济学和大气环境资源管理基本理论框架，取得相关软件著作权 7 项。学术专著《大气污染治理的经济学方法》获 2017 年江苏省社科应用研究精品工程一等奖、2018 年江苏省教育教学与研究成果奖（研究类）三等奖。

鉴于当前中国大气污染防治的严峻形势，异质性的大气环境作为一种资源参与配置的条件已经基本成熟。然而，我们对大气环境资源性的认识还不够充分，尤其缺乏对中国大气环境资源的持续性精细统计。为此，编撰一本《中国大气环境资源报告》显得很有必要，也很有价值。

大气环境的资源性主要是指：受自然地理条件的影响，不同地区的气象气候特征存在明显的差异，气象气候特征会显著影响本地大气环境的自然净化能力和二次污染物生成能力，从而导致在相同的污染物排放强度条件下，不同地区的大气环境质量会出现明显的差异，这种差异性是大气环境能够成为一种资源的基础。

简单地说，大气环境资源的本质是本地大气环境自然净化能力和污染物生成能力的综合，具有明显的实时性和周期性特征。大气环境资源的实时性是由天气变化的实时性引起的，同一地点，不同时间，天气变化很大，大气自然净化能力和二次污染物生成能力有明显差别。但是，同一地点，全年来看，其天气变化的周期性很强，这是由气候特征的稳定性决定的。也就是说，污染物在大气环境中留存的时间是由大气活动情况决定的。不同的大气环境状态，污染物留存的时间长短是不一样的。而大气环境的活动特征则构成了其时空概念。因此，大气环境资源既具有其时间特征，也具有其空间特征。

本质上，决定大气污染程度的核心要素不是排放强度，而是大气环境资源的消耗程度。从这个角度讲，大气环境资源统计数据为大气污染防治提供了基础性的数据支撑。一方面，结合大气环境资源数据和空气质量监测数据，可以判断本地大气环境资源的消耗程度，估算污染物排放增减对空气质量的影响，进而制订相对科学的污染物排放控制计划；另一方面，掌握大气环境资源数据，有利于优化污染物排放的空间配置和时间配置，充分利用自然条件，在排放量不变的条件下，获得相对较好的空气质量。

站在经济学的角度看，大气污染治理实际上是大气环境资源的优化配置问题。大气污染防治的核心工作是对大气环境资源进行恰当的时空配置，而不仅仅是减少污染物的绝对排放量。虽然以环境空气质量监测管理为核心的大气污染治理模式相较于之前的污染物排放总量控制模式客观上促进了大气环境资源的优化配置，但其对大气污染实质的理解还远远不够，大气污染防治与经济增长不应该是一组不可调和的矛盾，而应该是一种选择性平衡。

从形式上看，这是一本以数据分析为主的研究报告，它客观反映了 2018 年中国的大气环境资源状况。本报告使用的数据包括大气自然净化能力指数（ASPI）、污染物平衡排放强度（EE）、二次污染物生成系数（GCSP）、臭氧生成指数（GCO3）和大气环境容量指数（AECI）五项指标，空间上覆盖了 31 个省（自治区、直辖市），包括 22 个省（除台湾省）、5 个自治区和 4 个直辖市 2200 多个县级以上区域，约 320 万组样本，1600 多万个数据。为方便读者查阅不同地区的大气环境资源状况，除必要的文字说明外，本报告主要用波形图、柱状图、数据表格三种形式来表征某地的大气环境资源状况，力求简洁明了。

更为重要的是，《中国大气环境资源报告 2018》在大气环境管理领域具有开创性的意义，首次将大气环境的异质性特征与大气污染防治和经济发展联系起来，对当前中国的发展具有广泛的指导意义和实用价值。

第一，本报告对全国县级以上行政区域的大气环境资源进行了相对精细的统计，大气资源禀赋差异被标准化、数值化。这样，每个地区都可以明确其大气环境资源在全国的相对位置，进而为大气环境资源的空间优化配置提供重要的数据支撑。

第二，本报告从根本上厘清了大气污染的内因和外因，明确了大气自然净化能力与大气环境容量、大气承载力、扩散条件等相似概念的关系，详细阐述了大气自然净化能力对大气污染防治的重要意义。

第三，本报告采用的大气环境资源指标体系和统计方法，解决了大气环境资源的量化和实时观测问题，使得大气环境资源成为一个可以随时观测的变量，这是大气环境资源实现时间优化配置的基础。错峰生产，实际上就是大气环境资源时间优化配置的一种具体体现。

第四，本报告为大气环境分级管理提供了可行性方案。一方面，明确了污染物排放强度、大气自然净化能力、大气污染程度三者之间的因果关系，将"一因一果"的大气污染防治逻辑推向"三因一果"；另一方面，明确了大气污染的本质是大气环境资源的消耗问题，改变了以空气质量直接反馈减排管理的思维方式，将减排目标与大气环境资源管理联系起来。参考大气环境资源数据，可以有针对性地制定大气环境管理目标，计算对应目标体系下污染物排放强度的控制目标，避免因盲目减排带来的重大经济损失。

第五，本报告提出了排放平衡点的概念，初步阐述了大气污染治理的排放平衡方法。在大气环境资源分析的基础上，可以计算一个地方的排放平衡点，排放平衡点是反映一个地方实际排放强度的重要参考，然后结合大气环境资源统计数据，可以估算一个地方的大气环境资源消耗情况，进而计算达到既定空气质量管理目标所需的减排强度。排放平衡点概念的提出，让大气污染治理目标变得更加清晰，治理逻辑更加清楚。

本报告在战略上明确了大气污染治理的基本思维逻辑，战术上让大气环境资源实时观测成为可能，对深化大气环境管理模式具有重要的参考价值。

蔡银寅

2019 年 10 月于南京信息工程大学

目　录
CONTENTS

第一章　大气环境的资源属性和数值化

本章主要说明以下五个问题：一是相关理论问题；二是大气环境的资源属性，即大气环境能够作为一种资源存在的基本逻辑；三是本报告所使用的指标体系，即表征大气环境资源性的指标体系；四是本报告的使用范围；五是针对本报告的一些技术上的特别说明。

一　理论基础

污染物进入大气环境后，大致会经历扩散、搬运、迁移、沉降、清除等一系列过程。这一过程不断地制造清洁空气，为新的扩散活动提供空间，使得上述过程得以循环往复。我们将这一循环往复的过程称为大气的自然净化过程。

大气的自然净化过程能否产生足够多的清洁空气，与大气活动水平有关。例如，当风速高于 5 米/秒时，细颗粒物的沉降速度是静风时的数十倍，其产生清洁空气的能力比静风时要强得多。也就是说，不同的大气活动水平，所对应的大气自然净化过程不同，污染物在大气中留存的时间也不相同，其产生清洁空气的速度也不相同。因此，我们将大气自然净化过程中产生清洁空气的速度定义为大气的自然净化能力，速度快则净化能力强，反之则净化能力弱。概括起来，大气自然净化能力具有如下特点。

第一，短期看，大气自然净化能力是大气活动水平的直接反映，具有实时性特征，其与大气活动水平的变化一致。当大气活动剧烈时，大气的自然净化能力就强，反之就弱。因此，一个地方的大气自然净化能力具有实时变动的特点。

第二，长期看，大气自然净化能力是地理位置、地形地貌、地球公转的间接反映，具有周期性特征，其年平均水平与本地气候特征及气候变化一致。不同地区、相同地区的不同位置，其大气自然净化能力的年平均水平具有显著差异。

第三，技术上，大气自然净化能力具有可测量性，是大气活动因子的函数。实际应用中，我们使用了反映大气自然净化能力强弱的经验公式、大气自然净化能力指数模型（ASPI-Model）、反映大气自然净化能力强弱的理论公式、大气环境容量指数模型（AECI-Model），从而实现了对不同地区、不同时段的大气自然净化能力强弱的精细观测。同时，利用大气自然净化能力指数，引用历史数据，可以大致估算不同大气自然净化能力指数对应的平衡排放强度，从而实现大气自然净化能力与污染物实际排放强度的换算关系，为大气污染物排放控制目标提供必要的数据支撑。

第四，理论上，大气自然净化过程是一个连续发生的过程。（1）大气自然净化能力是无限可分的，不同的时段（时点）都有与其一一对应的大气自然净化能力；（2）大气自然净化过程制造新鲜空气的速度也是无限可分的，并与大气自然净化能力一一对应；（3）大气自然净化能力是一个变量概念，不是一个存量概念，大气自然净化能力的强弱与大气中污染物浓度无关，只表征大气活动对污染物的清除能力。

事实上，大气污染是一个主观概念，它的核心含义是：当污染物在大气环境中达到一定浓度并持续一段时间，以至于对暴露其中的人、动植物和资产等造成不可忽视的损害时，就产生了大气污染。简单地说，大气污染具有三个条件：一是大气中污染物的浓度；二是污染物在大气中的持续时间；三是人、动植物和资产在大气中的暴露量。大气自然净化能力对大气污染物浓度和持续时间的显著影响，决定了其对大气污染防治工作的重要意义。

首先，大气自然净化能力是决定是否产生大气污染的重要因素。当污染物排放超过大气自然净化能力时，污染物才会在大气中积累，浓度才会升高，这种情况持续时间足够长，才会产生大气污染。因此，大气污染是由污染物排放强度与大气自然净化能力共同决定的，而不是由污染物排放强度单方面决定的。生活中我们也会思考这样的问题，工厂每天按时生产、人们有规律地生活，污染物排放无甚差异，为什么有时候蓝天白云，有时候却会雾霾漫天。其实，这就是大气自然净化能力的快速变化所导致的。大气自然净化能力突然降低，污染物排放做不到及时调整，就会出现重污染天气。

其次，大气自然净化能力的下限决定了产生大气污染的最高排放强度。人类、动植物和资产[1]对大气污染物都有一定的耐受力，只有当大气中污染物的浓度高于某一个限值时，才会对他（它）们造成显著损害。也就是说，当大气中的污染物高于这一限值时，大气污染才会发生。对于某一个地区来说，全年的大气自然净化能力时强时弱，当大气自然净化能力处于最低水平时，最容易产生大气污染。反过来说，当污染物排放强度超过了某地的大气自然净化能力最低水平时，就有可能出现大气污染。之所以说是有可能，是因为污染物排放强度也具有实时性特征，只有当大气自然净化能力的下限与污染物排放的上限同时出现时，才会发生大气污染。当然，这是理想的状态。如果我们将污染物排放看作一个波动较小，且有规律的活动，则一个地区大气自然净化能力的下限，就决定了该地区产生大气污染的排放强度。这一点具有重要的现实意义，我们对大气环境资源的分级排序，就是依据这一逻辑。一个地区想要减少大气污染发生的频次，污染物排放强度就不能超过本地大气自然净化能力的下限。例如，对某地全年的大气自然净化能力进行从小到大的排序，如果污染物排放强度不超过最小的那 5%，就意味着该地全年发生大气污染的最高频次是 5%，绝不会超过这个频次。这一特征为我们进行污染物排放控制提供了重要的数据参考。

最后，大气自然净化能力的周期性特征是大气环境能够成为一种资源的基础。大气环境能够成为一种资源必须具备三个条件：（1）异质性，不同地区的大气环境必须存在差异；（2）稀缺性，大气环境必须能够成为某种边际成本不为零的要素；（3）可配置性，大气环境资源只有可以实现配置，其作为资源的意义才存在。

人类发展到今天，大气环境成为一种资源的条件已经成熟。一方面，人类活动产生

---

① 资产也有耐受力，如建筑物、汽车等。

的污染物早已超过了大气自然净化能力的下限，获得清洁空气的边际成本早已经不为零了；另一方面，地理空间决定了大气环境的异质性，污染物排放的空间配置，即大气环境资源的配置。这是我们能够连续编撰《中国大气环境资源报告》的理论基础。

二　大气环境的资源属性

人类、动植物和资产长期暴露在大气中，对大气中的污染物具有一定的耐受能力。当大气中的污染物达到一定浓度，超过人类、动植物和资产的耐受能力时，就会对其造成一定程度的损害，从而产生大气污染。也就是说，大气中污染的浓度，是衡量大气污染程度的关键指标。全面理解大气污染问题，至少应该明确以下几重含义。

第一，只有排放到大气中的污染物才会造成大气污染，真实生产中即使产生了能够污染大气的污染物，如果没有排放到大气中，也与大气污染无关。所以，我们常说的污染物排放强度，实际上是指排到大气中的污染物的多少，而不是生产过程或自然活动中产生的污染物的多少。

第二，清洁空气并不是指完全没有污染物的大气，当大气中的污染物浓度低于某一定值时，就可以认为是清洁空气。

第三，对于大气污染，我们的关注点应该是大气中的污染物浓度，而不是向大气中排放了多少污染物。如果排放到大气中的污染物并未在大气中留存多久，也算不上大气污染。

第四，关注大气中污染物的浓度只是一个方面，除此之外，我们更应该关注人类、动植物和资产在大气污染物中的暴露量和暴露时间。相同的大气污染物浓度，暴露量多的、暴露时间长的，造成的损害就大，反之就小。在大山深处，即使大气中污染物的浓度很高，但由于没有人类、动植物和资产的暴露，这种情况也不能称之为大气污染。

第五，大气污染是一个经济问题，而不是技术问题。在大气污染防治中，我们应该关注其经济损失，而不是其技术指标。明确上述几个问题，就能帮助我们更好地理解大气环境的资源属性。

概括起来，大气中污染物的浓度，也即大气污染程度实际上取决于两个方面：一是污染物排放强度；二是大气自然净化能力。二者都是一个连续变化的动态过程。当污染物排放强度高于大气自然净化能力时，就会有部分新增的污染物留存在大气中，使得大气中的污染物浓度上升，造成污染。反之，如果污染物排放强度低于大气自然净化能力，不仅新增的污染物会被大气完全净化掉，而且大气中已有的污染物也会被持续净化，大气环境不断好转，直到达到完全无污染的状态。换句话说，如果污染物排放强度一直处在低于大气自然净化能力的状态，大气中就不会有污染物留存，自然也就不会有所谓的大气污染。如果污染物排放强度时有超过大气自然净化能力的状态，污染物就会在大气中出现一定时间的留存，从而出现大气污染。

因此，大气环境的资源属性应从以下三个角度考虑。

第一，除自然活动外，人类向大气排放污染物的过程都是一个经济过程，无论是生产活动还是消费活动，都是人类为满足自身需求（欲望）所开展的活动，减少这种活动必然会造成人类的效用损失。换句话说，在既定技术水平下，减排是有成本的，或者牺牲经济增长，或者减少消费效用，都是要付出代价的。

第二，受自然地理条件的影响，不同地区的气象气候特征存在明显的差异，气象气候特征会显著影响本地大气环境的自然净化能力和污染物生成能力，从而导致在相同的污染物排放强度条件下，不同地区的大气环境中实际留存的污染物浓度有显著差异，这是大气环境能够成为一种资源的客观基础。

第三，当大气中的污染物浓度超过人类、动植物和资产的耐受能力时，就会对其造成一定程度的损害，如果不加以保护，就会产生效用损失，也就是我们常说的污染物的成本。但值得注意的是，污染物的成本不仅取决于大气中污染物的浓度，还取决于人类、动植物和资产的暴露量和暴露时间，甚至还包括生命个体的差别，如人力资本、年龄、性别和劳动能力等方面的差别。通俗一点讲，相同程度的大气污染，在一些地方造成的损失可能大，而在其他地方造成的损失可能就小，甚至可以忽略不计。

污染物排放是经济活动本身的产物，暴露人类、动植物和资产的损害是人们进行的经济评价，这二者共同决定了大气环境的稀缺性。首先，当经济活动产生的污染物排放强度导致大气环境中的污染物浓度高于人类、动植物和资产的耐受能力时，清洁空气便不再是无限供给的，想要获得清洁空气，就需要减少排放，耗费成本，即获得清洁空气的边际成本不再为零。其次，在人类、动植物和资产暴露区域，大气中污染物浓度的升高会造成相应的损失，污染物浓度与其造成的损害程度呈正相关关系，损害规模与人类、动植物和资产的暴露量和暴露时间呈正相关关系。无论是减少排放，还是减少暴露量和暴露时间，都是一种有成本的选择，大气环境不再无关紧要，而是有代价的。具备稀缺性的大气环境是其成为一种资源的首要条件。同时，大气环境的自然属性，使其作为一种资源的特征更加明显。

受自然地理条件的影响，不同地区呈现不同的气象气候特征。在一个时间周期内，不同地区的气象条件具有较大差异，其具备的大气自然净化能力和二次污染物生成能力也大不相同，在相同的排放强度下，不同地区所造成的大气污染程度也大不相同。假定人类、动植物和资产的暴露量相同，则在大气自然净化能力整体较强且二次污染物生成能力整体较弱的地区，暴露时间和暴露程度都较小，造成的经济损失自然也就小。本质上讲，大气环境的自然属性决定了污染物排放强度与大气污染程度之间的函数关系，而这种函数关系是体现不同地区大气环境资源多寡的关键因素。

本报告侧重于对大气环境资源自然属性的描述。假定人类、动植物和资产暴露量处于一个定值，其经济损失只与大气环境中的污染物浓度有关，则大气环境资源的自然属性主要表现为，在相同的污染物排放强度下所造成的大气环境中污染物浓度的差别。也就是说，大气环境资源丰富的地区，在相同排放强度下，与大气环境资源匮乏的地区相比，大气污染的程度较低。

三　指标体系

衡量一个地区大气环境资源的多寡，至少需要从两个方面考虑：一是大气活动净化污染物的能力；二是大气活动生成二次污染物的能力。前者意味着排放到大气中的污染物能够在大气中留存的数量和时间；后者意味着大气活动对直排污染物的强化作用。为此，我们选择了如下的指标体系。

1. 大气自然净化能力指数

污染物进入大气环境以后，大致要经历扩散、搬运、沉降、清除等一系列过程，最后离开大气，回到地面、水体、动植物表面，等等。当然，扩散、搬运、沉降和清除的过程也是同时进行的，只是活动强度和持续时间不同。例如，污染物进入大气环境后，扩散过程表现得特别突出，同时，搬运、沉降和清除也在进行，但因为其速度相对较慢，就显得有些滞后。所以，大多数时候，我们比较关注污染物的扩散作用，甚至直接将有利的气象条件描述为扩散条件的优劣。事实上，污染物的扩散过程与搬运、沉降和清除过程密切相关，污染物的扩散过程是一个无组织的热运动过程，遵循由高浓度向低浓度运行的规律，且浓度差越大，扩散效应越强。污染物的搬运、沉降和清除是产生低浓度大气环境的过程，这个过程越快，相应的，污染物的扩散效应也就越强，大气中的污染物浓度也就越低。因此，我们将这一过程称为大气自然净化过程，而这一过程的快慢，则定义为大气自然净化能力的强弱。在不同的气象条件下，污染物进入大气环境后，所经历的扩散、搬运、沉降、清除一系列过程的时间也不相同。这一过程的时间越短，意味着大气的自然净化能力越强；这一过程的时间越长，则意味着大气的自然净化能力越弱。

大气自然净化能力指数（Air Self-Purification Index, ASPI）是对近地面大气自然净化能力强弱的标准化排序，无量纲，用 0~100 的实数表示。ASPI 值越大，大气的自然净化能力就越强，反之就越弱。在实际应用中，我们采用 ASPI-Model 计算大气自然净化能力指数，其原理如下。首先，使用计量模型和大数据分析方法，对气象历史数据、空气质量历史数据和自然地理条件进行经验分析，反复计算查找影响空气质量的主要气象因子，并对其进行贡献排序。其次，将气象因子的贡献转化为大气自然净化过程的时间影响程度。再次，将转化后的气象因子作为自变量引入方程，同时将自然地理条件固化为可变常参数，方程的左侧为大气自然净化过程所经历的时间，右侧为气象因子和可变常参数。最后，对大气自然净化过程时间进行标准化处理，变成 0~100 的实数。

理论上，大气自然净化能力指数模型是一个经验模型，它大致描述了不同地区、不同时间、不同气象条件下，大气自然净化污染物的能力强弱。利用这一模型，输入气象历史数据、地理信息数据和常参数数据，就可以计算该地区某一时间点的大气自然净化能力强弱，也可以评估某一时间段，该地区的大气自然净化能力的强弱。在本报告中，我们计算了 2018 年全国 2200 多个县级以上地区的大气自然净化能力，作为评估不同地区大气环境资源状况的基础。

2. 污染物平衡排放强度

大气自然净化是一个连续发生的过程，这意味着每经历一段时间，就会有一部分污染物从大气中被清除掉。某一时段内，不同的大气自然净化能力，所能清除的污染物的量也不同。我们将大气自然净化能力指数对应单位时间和单位面积内的污染物清除量定义为平衡排放强度，用 EE（Equilibrium Emission）表示，单位是 $kg/km^2 \cdot h$。其含义是，在该大气自然净化能力条件下，如果按照平衡排放强度进行排放，污染物恰好被完全净化掉，大气环境中的污染物既不增加，也不减少。

污染物平衡排放强度是大气自然净化能力指数的延伸指标，有助于我们更加直观地理解不同地区大气环境资源的差异。如果一个地区全年整体上污染物平衡排放强度都较高，说明这里的大气环境资源丰富，虽然它与大气自然净化能力指数具有相同的含义，但污染物平衡排放强度更加直观有效。污染物平衡排放强度作为一个经验指标，对大气污染物排放控制也具有重要的参考意义。与 ASPI 相比，EE 的使用方式更直接，它为一个地区的实际排放强度控制提供了重要的参考标准，并且将日常排放控制与总量紧密联系起来。因此，在本报告中，我们给出了全国 2200 多个县级以上单位的污染物排放强度警戒线参考值，读者可以根据排放强度警戒线计算出全年的排放总量线。

3. 二次污染物生成系数

大气自然净化能力指数，用于衡量大气环境自然净化污染物的能力强弱。实际上，污染物进入大气环境后，还会生成二次污染物。二次污染物的形成，使得大气中的污染物增加，相当于强化了污染物的排放。二次污染物的生成，也是气象条件的函数。

类似的，我们可以建立以气象因子为自变量的二次污染物生成系数模型，用 GCSP（Generated Coefficient of Secondary Pollutants）表示，其含义是不同气象条件下二次污染物生成的强弱，标准化为 0~100 的实数，GCSP 系数越高，说明二次污染物生成比重越大。GCSP 作为一个辅助指标，有利于我们掌握不同地区大气环境的污染强化效应，为全面了解大气环境资源提供有效的数据支撑。

4. 臭氧生成指数

臭氧作为一种重要的污染物，直接排放的量不大，主要来源于大气环境中前提物的生成。在相同前提物含量的条件下，臭氧的浓度主要是由气象条件决定的。臭氧生成指数 GCO3（Generated Coefficient of Ozone-GCO3），反映的是对臭氧生成能力的强弱排序，依然标准化为 0~100 的实数，GCO3 越大，说明相同前提物情况下生成的臭氧越多。臭氧生成指数在一定程度上反映了本地大气环境生成臭氧的潜力，也从本质上决定了本地臭氧前提物的排放强度。臭氧生成指数，也是大气环境资源评估的有益补充。

5. 大气环境容量指数

如前面所说，污染物进入大气环境后，大致会经历扩散、搬运、沉降、清除等一系列过程。这些过程同时发生，且相互作用。搬运、沉降、清除过程为扩散过程创造了必要的条件，扩散过程则又强化了搬运、沉降、清除的效应。因此，从这个角度看，大气环境就有一个容量的概念，其含义是，在不增加大气中污染物浓度的前提下，大气环境最大可容纳的污染物的量。技术上，大气环境容量可以直接理解为一个扩散过程，下面我们考虑建立一个简化的大气环境容量指数模型。

首先，假定大气环境的沉降和清除过程是实时发生的，这意味着大气环境中的污染物浓度差是一直存在的。污染物进入大气环境后，扩散作用自然发生，浓度不断降低，直到接近大气环境的浓度。因此我们只需要考虑溶剂的体积，即可供扩散的大气环境的体积就可以了。

其次，假定污染物进入大气后，经历球形扩散和圆柱形搬运过程，则可供扩散的大气环境的体积如下：

$$V = \frac{4}{3}\pi r^3 + \pi r^2 l$$

其中，r 为污染物扩散速度产生的球体半径，l 为污染物圆柱体搬运的距离，即 $r = \int_0^t v(t)\,dt$，$l = \int_0^t F(t)\,dt$，v 为污染物自然扩散速率，F 为风速，t 为时间。

关于污染物的自然扩散速率，可以参照麦克斯韦速率分布函数

$$f(v) = 4\pi \left(\frac{m}{2\pi kT}\right)^{\frac{3}{2}} e^{-\frac{mv^2}{2kT}} v^2$$

对麦克斯韦速率分布函数求数学期望，得出平均速率为

$$\bar{v} = \int_0^\infty v f(v)\,dv = \sqrt{\frac{8kT}{\pi m}} = \sqrt{\frac{8RT}{\pi M}}$$

实际应用中，单位时间内，可供扩散的大气环境的体积越大，则意味着大气环境的容量越大。根据标准化排序的思想，我们可以将大气环境的体积公式简化为

$$AECI = \frac{(t + 273.15)^{\frac{3}{2}} + (t + 273.15) \times F}{9686.8650586712}$$

其中，AECI 为 Atmospheric Environmental Capacity Index 的缩写，含义是大气环境容量指数，F 为风速，t 为气温。为了方便指数标准化，我们规定，当 $F \geqslant 12$ 时，$F \equiv 12$，当 $t \geqslant 50$，$t \equiv 50$。

AECI 是一个可以实际应用的公式，对于某一个地点来说，只需要代入实时风速和气温，就可以计算出大气环境容量指数。与 ASPI 相比，AECI 的含义略有不同，AECI 是物理学上的容量含义，偏理论值，ASPI 主要指实际的净化能力，偏经验值。AECI 作为大气环境容量的一个辅助参考，对于全面掌握大气环境资源数据有很大的帮助。

以上五项指标从不同角度反映出本地的大气环境资源状况，共同构成了反映本地大气环境资源多寡的指标体系。

四 使用范围

本报告从五项指标出发，力求客观反映不同地区的大气环境资源状况。在实际应用中，还应该注意其使用范围。

1. 大气环境资源的空间分布

对不同地区 2018 年全年大气自然净化能力指数、平衡排放强度等五项指标的精细统计，可以大致反映该地区大气环境资源状况。全国 2200 多个县级以上区域的大气环

境资源统计，相对准确地展现了我国 31 个省级行政区域大气环境资源的多寡。每个地区都可以查阅自己的大气环境资源状况在全国的位置，参照污染源清单数据和空气质量数据，可以大致判断本区域大气环境资源的消耗程度。

明确中国大气环境资源的空间分布，是在国家层面制定大气污染防治战略的基础。一方面，在大气环境资源整体匮乏的地区，战略上不应该布局具有较大污染的产业。另一方面，在大气环境资源整体匮乏的地区，对必不可少的污染产业，可以做战术上的调整，将其布局在本地大气环境资源相对丰富的地区，同时尽量减少人类、动植物和资产的暴露量。

同时，根据大气环境资源的分布情况，可以判断产业转移带来的大气污染强化效应。如果产业运行出现从大气环境资源丰富地区向大气环境资源匮乏地区移动的趋势，在排放总量不变的情况下，会加大大气污染程度。反之，如果产业从大气环境资源匮乏地区向大气环境资源丰富地区转移，则会出现大气污染的弱化效应，排放总量不变，大气环境质量整体趋于好转。

因此，《中国大气环境资源报告 2018》首先满足的是国家层面的战略需求。在制定国家层面的大气污染防治战略时，首先要考虑的就是整个国家的大气环境资源状况，然后根据大气环境资源来优化产业布局。产业优化升级的同时，尽可能地利用自然条件，充分发挥大气环境的资源优势，规避资源劣势。

2. 污染物排放的控制目标

大气污染程度实际上是由大气环境资源的消耗程度决定的。对于大气环境管理部门来说，大气污染控制目标应该与本地大气环境资源状况结合起来。不同区域空气质量的差异只是表面现象，空气质量差的地方排放并不一定高，反之，排放高的地方空气质量也不一定差。在制定污染物排放总量控制目标时，应充分考虑大气环境的承受能力，而不是现有的排放强度。不同区域之间污染物排放总量的比较，应该以大气环境资源为依据，参照空气质量数据进行，而不是只比较排放的绝对量。换句话说，大气环境资源匮乏的地区，想要获得相同的空气质量，与大气环境资源丰富的地区相比，其排放总量本身就要小。因此，排放总量控制目标的制定，不能以历史排放为依据，而要以大气环境资源为依据。

大气自然净化能力指数和大气环境容量指数分位数统计，为污染物排放控制目标的制定提供了客观的数据参考。如果将污染物排放强度控制在 50% 分位数以下，则意味着全年有一半的时间污染物排放强度超过大气自然净化能力，而有一半的时间污染物排放强度低于大气自然净化能力，将污染物排放控制在这个水平上，至少可以保障全年的空气质量不至于太差，处于能接受的范围。也就是说，全年有一半的时间大气中的污染物有减少的趋势，另外一半的时间处于增加的趋势，只要大气自然净化能力不是连续处于较低状态，就不会出现较重的污染。在这种排放强度下，大气环境会处于一个污染的临界状态，也就是说，该状态下，大气环境整体处于一个在污染边缘波动的状态。在本报告第二章中，我们利用分位数这一规律，对大气污染防治进行了战略分级，并在不同的战略等级下，对不同区域的大气环境资源进行了排序。

同时，利用污染物平衡排放强度 EE 指标，可以给出不同地区大气污染物平衡排放强度的警戒线参考值。实际工作中，污染源清单能够估算出污染物的大致排放强度，当污染物排放强度超过平衡排放强度的警戒线时，就应该引起注意。相应的，将污染物排放强度降低至平衡排放强度警戒线参考值以下，也是那些重污染地区首先要完成的阶段性目标。因此，在本报告第二章，我们也给出了2018年中国2200多个县级单位的大气污染物平衡排放警戒线参考值。

3. **污染物排放的时间调控**

本报告列出了全国地市级以上区域的大气自然净化能力指数和大气环境容量指数波形图，该图大致反映了本地区大气自然净化能力的时间分布。在本地排放总量不能有效减少的情况下，根据大气自然净化能力的时间分布来进行调控，有利于充分利用自然条件，降低污染程度。

事实上，我们还可以对大气自然净化能力的波动情况做进一步分析，大致统计不同地区全年中经历24小时以上超低净化的次数。超低净化能力持续时长，是产生重污染天气的核心要素。一般天气条件下，大气的自然净化能力处于波动状态，一会儿高，一会儿低，一般不会出现持续较高或持续较低的状态，这时候，只要污染物排放强度不是太高，大气中的污染物浓度也会出现一会儿高、一会儿低的状态，整体处于低位波动的状态。然而，一旦天气条件发生变化，大气自然净化能力长时间处于较低状态时，即使污染物排放强度不是很大，污染物也会在大气环境中慢慢积累，最终产生重污染。这种情况下，解决重污染天气的办法只有一个，就是等到大气自然净化能力上升，走出超低净化状态。目前，对于中国大部分区域来说，污染物排放强度基本上高于大气自然净化能力的超低状态，这意味着，中国的大部分区域，只要经历一次超常时段的持续超低净化过程，就有发生重污染天气的风险。实际情况也是如此，即使在空气质量整体较好的城市，全年也有发生那么一两次重污染的现象。

从这个角度来看，全年超低净化时段统计，对于一个地区应对重污染天气具有重要的战略意义。超低净化时段的多少，决定了不同区域全年遭受重污染天气的次数。现实中，那些全年经历多次重污染天气的城市与那些经历较少次数重污染天气的城市相比，起决定性作用的不一定是污染物排放强度，更多的是气候特征决定的超低净化时长。

4. **实际排放强度的估算**

本报告列出了全国2200多个县级以上区域的大气自然净化能力指数等五项指标的年均值和各分位数值，结合本地空气质量监测数据和污染物排放数据，可以大致估算本地的实际排放强度。

另外，根据各地污染物平衡排放强度警戒线参考值，可以计算各地的排放总量控制目标。理论上讲，不同地区的污染物平衡排放强度警戒线是一个实时控制目标，如果将污染物排放过程看作一个小幅波动的过程，则污染物平衡排放强度警戒线的简单加总就是排放总量控制目标。考虑到大气活动的规律性，不同地区在制定大气污染物总量控制目标时，客观上应该以大气环境资源（大气自然净化能力的周期性变化）为基础进行核算，而不能以污染物排放的历史数据为依据。

5. **产业中长期规划**

产业中长期规划应该考虑大气环境的保护问题，大气环境资源数据可以作为非常重要的参考。一方面，大气环境资源数据明确了本区域大气环境资源禀赋，通过与其他地区的比较，可以制定符合本地实际情况的大气环境资源管理政策；另一方面，产业升级过程中，可以根据大气环境资源数据对污染物排放增减的实际效果进行评估，以便明确产业变化带来的大气环境效应。

6. 其他

本报告对全国大气环境资源的研究还不够细致，想要具体掌握某个特定地区的大气环境资源状况，则需要进行至少一个周期以上的大气环境资源监测，这里不再一一赘述。

五　特别说明

对于本报告所涉及的部分技术问题，在此做如下说明。

1. 概念问题

事实上，与大气环境资源相关的概念有很多，比如大气环境容量、大气环境承载力、大气扩散条件等。在实际应用中，大气扩散条件常常作为空气质量预报预警的因子，而大气环境承载力和大气环境容量则常用在对一个地区的空气质量整体评价中，会谈到是否超容、还能不能承载的问题。技术层面看，这些概念都能反映不同地区大气环境的异质性。然而，想要全面地看待大气污染问题，采用大气环境资源的概念则更明确一些，这也是本报告采用大气环境资源这一概念的原因。

首先，使用大气环境资源的概念，有利于将大气污染问题经济化。大气污染本身就是经济问题，经济问题自然要考虑用经济手段来解决。因此，本报告力主将大气环境的自然属性变成经济属性，将不同地区的气候特征差异转化为对污染物的净化能力。也就是说，对污染物净化能力强的地区，对应的气候特征有利于承载更多的污染，从空间上看，这里的大气环境资源就丰富，相同条件下，就可以布局更多的污染产业。

其次，异质性大气环境的资源化，有助于解决大气环境资源的配置问题。将污染产业从大气环境资源匮乏的地区迁移到大气环境资源丰富的地区，本身就是对大气环境的一种改善。反之，如果大气环境资源配置低效，在相同的经济发展水平下，造成的污染损失就更大，成本更高。

最后，明确大气环境的资源性，可以让我们重新认识大气污染问题。理论上，生产者排放大气污染物，不应该收取污染税，而应该收取大气环境资源使用税。因为大气具有自然净化能力，在大气自然净化能力以内排放的污染物并不会造成大气环境污染，但相当于使用了大气环境资源，从这个角度看，大气环境资源使用税比污染税更符合实际。明确大气环境资源问题，不仅可以明确资源使用税的问题，还可以进一步确定税率。虽然大气污染的价格不好确定，但大气环境资源的价格就相对好确定。当然，这些都是需要进一步探讨的问题，这里不再详述。

2. 数据使用

《中国大气环境资源报告 2018》所列的指标体系，主要是使用各地的气象观测数据、地理信息数据、空气质量数据和校准因子进行的模型计算结果。其中气象观测数据包括 3 小时数据和 8 小时数据两种，空气质量数据为 1 小时数据（本报告未直接使用空气质量数据，主要用于模型校准）。

3. 误差说明

考虑到数据等多方面原因，本报告会出现以下两个方面的误差。第一，各地的气象观测数据一般在城市郊区，与城市内部相比，郊区更接近本地的自然状态，因此本报告所列的大气环境资源数据，会略高于城市内部。城市内部由于受到高大建筑、地面性质、热源排放等的影响，大气环境会受到一定程度的影响，不利于污染物的自然净化，与郊区相比，城市内部的大气环境资源会相对较少。第二，气象观测数据是点数据，本质上仍是以点带面的数据。对于天气变化来说，以点带面的误差可以忽略，但对于大气环境资源统计来说，以点带面的误差较大。所以，本报告以点数据为基础计算的大气环境资源也存在一定程度的误差。此外，3 小时和 8 小时的数据采样时间也不够密，数据的精度也不够，只能在气候级层面上反映本地区的大气环境资源状况，想要更详细地掌握本地区以及本地区不同地点之间的大气环境资源的差异，则需要进行更精细的气象观测和实地考察。

4. 其他

在县（市、区）级数据的收集整理中，考虑到自然地理特征和区域面积差别，对于极个别的区县，为了更全面地反映该区县的情况，本报告列出了两组数据。

另外，本报告中所说的大气污染物主要是指环境空气质量标准中所列的各种污染物，包括可吸入颗粒物、细颗粒物、二氧化硫、氮氧化物、臭氧、一氧化碳等，不包括沙尘暴、火山灰等自然源类非常规污染物。同时，本报告主要考虑本地污染物排放对大气污染的影响，关注对象为近地面（30 米以下空间）超低空间的大气污染状况。技术上，本报告只关注大气中污染物的浓度和留存时间。

第二章　中国大气环境资源概况

本章主要介绍 2018 年中国的大气环境资源状况，报告涵盖 31 个省级区域，包括 22 个省（除台湾地区）、5 个自治区和 4 个直辖市的 2200 多个县级以上区域。我们使用大气自然净化能力指数和大气环境容量指数的均值，对中国大气环境资源的整体分布情况做了概述。大气自然净化能力的平均水平，在一定程度上反映了本地的大气环境资源状况。简单地说，大气自然净化能力平均水平高，则意味着大气环境资源丰富，反之则匮乏。大气自然净化能力平均水平是本地大气环境资源的潜在优势。因此，我们用一个地区的大气自然净化能力的平均水平来衡量该地区的大气环境资源储量。大气自然净化能力的平均水平越高，则意味着该地区可利用的大气环境资源越丰富。

值得注意的是，大气环境资源的利用受到一定的客观条件限制，大气环境资源不可储存，不可调配。在大气自然净化能力较强的时候，如果没有排放污染物，就相当于浪费了大气环境资源。为了更好地反映大气环境资源的状况，充分考虑大气环境资源的利用特征，我们对大气环境资源可利用性从高到低进行了战略分级。首先，确定生态级大气环境管理目标，其含义是，全年污染物排放强度高于大气自然净化能力的时段不大于 10%，也就是说，生态级的大气环境资源是大气自然净化能力指数的 10% 分位数。一个地区大气自然净化能力指数的 10% 分位数越高，则说明该地区的生态级大气环境资源比较丰富。其次，确定宜居级大气环境管理目标，即全年污染物排放强度高于大气自然净化能力的时段不大于 25%，对应大气自然净化能力指数的 25% 分位数。类似的，我们还可以制定发展级大气环境管理战略，对应大气自然净化能力指数的 50% 分位数。

简单地说，生态级大气环境资源的含义是，在保障大气环境处于生态区水平下，本地所能承载的最大污染物排放水平，或者理解为，在保障大气环境处于生态区水平时，本地大气活动所能净化的大气污染物的最大量。以此类推，宜居级大气环境资源是将大气环境质量控制在宜居水平时本地所能承载的最大污染物排放水平，发展级大气环境资源则是指将大气环境质量控制在发展水平时，本地所能承载的最大污染物排放水平。明确大气环境资源的分级，有利于人们根据经济发展水平和阶段，更好地利用大气环境资源，缓和经济增长与大气污染之间的矛盾，更好地处理人与自然和谐共生的关系。

从可持续发展角度看，宜居级大气环境资源应该是污染物排放控制的理论上限，也是中长期控制的目标。一方面，发展的目的是获得更多的社会福利，以牺牲部分环境为代价的发展只是权宜之计。所以，发展级大气环境资源只是一种次优选择，也是经济发展过程中的阶段性选择。长期来看，环境空气质量水平不应该低于宜居级，才是最恰当的目标。另一方面，从风险角度考虑，也应该将污染物排放控制在宜居级以上，只有这样，才可以从容应对气候变化或气象波动带来的重污染过程，避免人、动植物和资产经受压力考验。因此，本报告在宜居级大气环境资源的基础上，给出了各区县大气污染物平衡排放警戒线的参考值。其含义是，当本地污染物排放强度超过这一数值时，就应该引起注意。实际应用中，该值不仅具有警戒意义，而且是不同地区大气污染物排放控制的参考目标。

同时，对大气环境资源进行分级具有以下三层含义。

首先，污染物排放强度被假定为一个慢变的过程，至少与天气变化相比，污染物排放强度是低幅、低速波动的。而天气变化引起的大气自然净化能力的变化则是一个快变过程，这个假定的现实基础有两个方面。一方面，工业源和生活源的活动规律基本上是由经济规律决定的，工厂什么时候生产、生产多少，人们什么时候上下班、什么时候就餐，一般是较为规律的。技术水平和工艺过程决定了单位排放强度，活动规律决定了总排放强度。宏观上，某个地区的经济发展水平、产业结构和生活习惯，在很大程度上决定了该地区的污染物排放总强度。由于经济发展、生活习惯的变化是一个缓慢演进的过程，这就决定了一个地区污染物排放总强度是一个相对稳定的变量。另一方面，污染源的种类有很多，虽然整体上它们的活动具有规律性，但微观上，这些污染源的活动不是同时进行的，这就导致了污染物排放强度的时间波动性。污染物排放强度的时间波动性增加了对大气污染理解的难度，因为它使得空气质量的变化由两个实时变化的变量决定。鉴于以上两点，我们既不能将污染物排放强度看作一个不变的常量，也不能将其看作一个无序的变量。一个较为合适的处理方式是，将污染物排放看作一个低幅、低速波动的变量。也就是说，对于一个地区排放强度的定义应该从两个角度考虑：一是总量水平，即经济发展水平、人口、产业结构等经济要素决定该地区的污染物排放总强度，总强度是一个范围的概念，它从根本上决定了一个地区污染物排放的强度特征和污染物排放强度实时波动的幅度。二是变量水平，即污染物排放强度的波动幅度，它会影响大气环境资源的利用效率。

其次，理解污染物排放强度的慢变特征，是理解大气环境资源分级的基础。对于某个地区来说，大气自然净化能力的实时性和周期性决定了大气环境资源同样也具有总量和变量的特征，即大气环境资源总量决定了一个地区能够净化大气污染物的大致范围，同时这个范围也是变动的。在真实的管理过程中，我们很难人为干涉污染物排放强度的波动幅度，比如现实中的错峰生产管理，就具备一定的难度，更别说每家每户的生活调控了。所以，控制一个地区的污染物排放总强度，是一个可行的选择。这也是我们实施产业结构调整、煤改气工程等一系列计划的理论基础。污染物排放总强度控制，可以从根本上限制污染物排放强度的波动幅度，对降低大气污染程度具有重要的现实意义。

最后，对于大气环境资源的分级处理，是实施大气环境资源管理的一种宏观方法。其基本理念是：（1）将一个地区的大气自然净化能力指数从小到大进行排序；（2）确定空气质量目标，比如，一年内的污染天数（时长）等；（3）根据空气质量目标，查找出对应于该空气质量的大气自然净化能力指数值；（4）将污染物排放强度控制在该指数值以下。在大气环境资源丰富的地区，相同的空气质量目标，其对应的大气自然净化能力指数值越高，意味着其能承受的污染物排放强度越大。类似的，我们也可以根据空气质量管理目标，给出不同地区的污染物排放强度警戒值。大气环境资源越匮乏，则警戒值越低，越容易报警。这也是大气污染物平衡排放警戒线参考值的现实意义。

一　中国大气环境资源整体分布

中国的自然地理条件和气象气候特征，决定了中国大气环境资源的整体分布呈现南多北少，东多西少的特征。虽然每年的气象条件略有波动，但整体分布的偏差不大。我们对 2018 年不同省份的大气环境资源做了分级排序，具体如下。

（一）生态级大气环境资源分省排名

表 2-1　生态级大气环境资源分省排名

排名	样本量（个）	省份	生态级大气环境资源
1	22	海南省	31.843
2	87	广东省	31.317
3	90	广西壮族自治区	31.069
4	66	福建省	30.546
5	67	浙江省	30.022
6	10	上海市	29.938
7	78	安徽省	29.894
8	124	云南省	29.783
9	84	江西省	29.749
10	76	湖北省	29.496
11	69	江苏省	29.387
12	33	重庆市	29.355
13	150	四川省	29.160
14	94	湖南省	29.149
15	114	内蒙古自治区	29.011
16	113	河南省	28.968
17	84	贵州省	28.920
18	119	山东省	28.895
19	39	西藏自治区	28.871
20	104	山西省	28.790
21	76	甘肃省	28.723
22	19	宁夏回族自治区	28.348
23	57	辽宁省	28.331
24	78	黑龙江省	28.299
25	13	天津市	28.275
26	89	陕西省	28.110
27	15	北京市	27.730
28	45	吉林省	27.723
29	141	河北省	27.631

排名	样本量（个）	省份	生态级大气环境资源
30	44	青海省	27.559
31	90	新疆维吾尔自治区	26.675

（二）宜居级大气环境资源分省排名

表 2-2 宜居级大气环境资源分省排名

排名	样本量（个）	省份	宜居级大气环境资源
1	22	海南省	35.748
2	87	广东省	33.875
3	90	广西壮族自治区	33.720
4	67	浙江省	33.687
5	114	内蒙古自治区	33.459
6	66	福建省	33.394
7	10	上海市	33.307
8	69	江苏省	32.911
9	78	安徽省	32.854
10	124	云南省	32.648
11	84	江西省	32.405
12	119	山东省	32.398
13	76	湖北省	32.180
14	94	湖南省	31.980
15	113	河南省	31.916
16	39	西藏自治区	31.812
17	33	重庆市	31.741
18	57	辽宁省	31.727
19	78	黑龙江省	31.633
20	104	山西省	31.539
21	84	贵州省	31.495
22	150	四川省	31.479
23	13	天津市	31.388
24	76	甘肃省	31.368
25	19	宁夏回族自治区	31.079
26	45	吉林省	31.048
27	89	陕西省	30.642
28	141	河北省	30.525
29	44	青海省	30.489
30	15	北京市	30.405
31	90	新疆维吾尔自治区	29.393

（三）发展级大气环境资源分省排名

表 2-3　发展级大气环境资源分省排名

排名	样本量（个）	省份	发展级大气环境资源
1	114	内蒙古自治区	44.542
2	22	海南省	43.277
3	10	上海市	41.987
4	57	辽宁省	41.260
5	78	黑龙江省	40.740
6	67	浙江省	40.434
7	119	山东省	39.353
8	45	吉林省	39.282
9	69	江苏省	38.939
10	87	广东省	38.454
11	90	广西壮族自治区	38.325
12	39	西藏自治区	38.309
13	78	安徽省	38.192
14	66	福建省	38.036
15	124	云南省	37.333
16	113	河南省	36.557
17	104	山西省	36.457
18	84	江西省	36.454
19	76	湖北省	36.360
20	13	天津市	36.307
21	19	宁夏回族自治区	36.268
22	94	湖南省	36.144
23	76	甘肃省	35.983
24	44	青海省	35.639
25	141	河北省	35.280
26	84	贵州省	35.158
27	33	重庆市	34.899
28	150	四川省	34.622
29	89	陕西省	34.206
30	15	北京市	33.980
31	90	新疆维吾尔自治区	33.906

（四）大气环境资源储量分省排名

表 2-4　大气环境资源储量分省排名

排名	样本量（个）	省份	大气环境资源储量
1	114	内蒙古自治区	49.464
2	57	辽宁省	46.802

续表

排名	样本量（个）	省份	大气环境资源储量
3	78	黑龙江省	46.411
4	22	海南省	45.614
5	45	吉林省	45.388
6	10	上海市	44.909
7	119	山东省	44.318
8	67	浙江省	44.061
9	39	西藏自治区	43.866
10	69	江苏省	43.681
11	78	安徽省	43.046
12	87	广东省	42.747
13	90	广西壮族自治区	42.731
14	124	云南省	42.340
15	104	山西省	42.280
16	13	天津市	41.864
17	113	河南省	41.854
18	66	福建省	41.506
19	19	宁夏回族自治区	41.251
20	44	青海省	41.080
21	141	河北省	40.771
22	76	湖北省	40.447
23	84	江西省	40.030
24	76	甘肃省	39.976
25	94	湖南省	39.714
26	15	北京市	38.805
27	84	贵州省	38.500
28	90	新疆维吾尔自治区	38.454
29	89	陕西省	38.360
30	150	四川省	38.032
31	33	重庆市	37.727

二　中国生态级大气环境资源县级排名

表 2-5　中国生态级大气环境资源排名（2018 年–县级–ASPI 10％分位数排序）

排名	省份	地市级	县级	生态级大气环境资源
1	浙江省	舟山市	嵊泗县	39.98
2	海南省	三亚市	吉阳区	39.31
3	内蒙古自治区	巴彦淖尔市	乌拉特后旗西北	38.16
4	浙江省	台州市	椒江区	37.97

排名	省份	地市级	县级	生态级大气环境资源
5	海南省	三沙市	南沙群岛	37.45
6	福建省	泉州市	晋江市	36.70
7	海南省	三沙市	西沙群岛珊瑚岛	36.30
8	浙江省	宁波市	象山县（滨海）	35.65
9	广西壮族自治区	柳州市	柳北区	35.32
10	福建省	泉州市	惠安县	35.11
11	湖南省	衡阳市	南岳区	35.01
12	云南省	红河自治州	个旧市	34.97
13	福建省	福州市	平潭县	34.89
14	广西壮族自治区	北海市	海城区（涠洲岛）	34.73
15	浙江省	台州市	玉环市	34.73 *
16	广东省	珠海市	香洲区	34.58
17	云南省	曲靖市	会泽县	34.57
18	福建省	漳州市	东山县	34.56
19	广东省	阳江市	江城区	34.48
20	广东省	湛江市	吴川市	34.46
21	湖北省	荆门市	掇刀区	34.33
22	云南省	红河自治州	红河县	34.15
23	安徽省	安庆市	望江县	34.14
24	广东省	江门市	上川岛	34.13
25	山东省	威海市	荣成市北海口	33.98
26	云南省	昆明市	呈贡区	33.96
27	广西壮族自治区	柳州市	柳城县	33.91
28	广西壮族自治区	桂林市	临桂区	33.90
29	湖北省	鄂州市	鄂城区	33.82
30	广西壮族自治区	玉林市	容县	33.75
31	江西省	九江市	都昌县	33.74
32	广东省	揭阳市	惠来县	33.68
33	海南省	三沙市	西沙群岛	33.66
34	福建省	莆田市	秀屿区	33.65
35	浙江省	舟山市	普陀区	33.64
36	广东省	湛江市	遂溪县	33.57
37	内蒙古自治区	赤峰市	巴林右旗	33.52
38	广东省	茂名市	电白区	33.48
39	山东省	青岛市	胶州市	33.46
40	广东省	湛江市	霞山区	33.44
41	江西省	南昌市	进贤县	33.44
42	浙江省	杭州市	萧山区	33.44
43	浙江省	湖州市	长兴县	33.44
44	内蒙古自治区	包头市	白云鄂博矿区	33.43

　* 原始数据中，数据格式为四位小数时，排序未出现数据相同情况，数据格式为两位小数时，由于四舍五入规则，出现部分数据相同但排名有先后的问题，其排名均为真实排序。本章同。

排名	省份	地市级	县级	生态级大气环境资源
45	云南省	楚雄自治州	永仁县	33.40
46	安徽省	马鞍山市	当涂县	33.38
47	浙江省	舟山市	岱山县	33.34
48	广东省	江门市	新会区	33.23
49	广东省	湛江市	雷州市	33.23
50	云南省	曲靖市	马龙县	33.22
51	浙江省	温州市	平阳县	33.19
52	云南省	丽江市	宁蒗自治县	33.08
53	贵州省	贵阳市	清镇市	33.07
54	广西壮族自治区	玉林市	博白县	33.02
55	广东省	汕头市	澄海区	33.00
56	广西壮族自治区	防城港市	港口区	33.00
57	广西壮族自治区	玉林市	陆川县	32.97
58	海南省	海口市	美兰区	32.97
59	广西壮族自治区	崇左市	江州区	32.94
60	广东省	湛江市	徐闻县	32.92
61	海南省	临高县	临高县	32.91
62	甘肃省	武威市	天祝自治县	32.87
63	山东省	烟台市	长岛县	32.80
64	广西壮族自治区	钦州市	钦南区	32.76
65	内蒙古自治区	鄂尔多斯市	杭锦旗	32.76
66	广东省	汕尾市	陆丰市	32.75
67	江西省	九江市	湖口县	32.74
68	广西壮族自治区	贵港市	港北区	32.73
69	江苏省	连云港市	连云区	32.71
70	广东省	清远市	清城区	32.69
71	广东省	潮州市	饶平县	32.68
72	海南省	万宁市	万宁市	32.68
73	广东省	惠州市	惠东县	32.67
74	内蒙古自治区	兴安盟	科尔沁右翼中旗	32.67
75	广西壮族自治区	南宁市	邕宁区	32.66
76	贵州省	安顺市	平坝区	32.65
77	浙江省	温州市	洞头区	32.65
78	贵州省	黔东南自治州	丹寨县	32.64
79	湖北省	随州市	广水市	32.64
80	福建省	厦门市	湖里区	32.63
81	江苏省	泰州市	靖江市	32.62
82	江西省	上饶市	铅山县	32.59
83	广西壮族自治区	防城港市	东兴市	32.52
84	湖南省	郴州市	北湖区	32.52

排名	省份	地市级	县级	生态级大气环境资源
85	福建省	漳州市	云霄县	32.47
86	广西壮族自治区	柳州市	鹿寨县	32.47
87	广东省	江门市	鹤山市	32.45
88	广西壮族自治区	河池市	南丹县	32.43
89	广西壮族自治区	南宁市	青秀区	32.42
90	湖南省	衡阳市	衡南县	32.39
91	广西壮族自治区	柳州市	融水自治县	32.34
92	湖北省	荆门市	钟祥市	32.34
93	广东省	茂名市	电白区	32.33
94	广西壮族自治区	梧州市	藤县	32.28
95	内蒙古自治区	乌兰察布市	察哈尔右翼中旗	32.25
96	上海市	松江区	松江区	32.25
97	湖北省	黄冈市	黄州区	32.24
98	河南省	洛阳市	孟津县	32.23
99	海南省	定安县	定安县	32.22
100	内蒙古自治区	阿拉善盟	额济纳旗东部	32.21
101	四川省	凉山自治州	德昌县	32.21
102	福建省	福州市	长乐区	32.19
103	湖南省	岳阳市	汨罗市	32.19
104	广东省	汕头市	潮阳区	32.17
105	山东省	烟台市	牟平区	32.17
106	安徽省	蚌埠市	怀远县	32.14
107	广东省	汕头市	南澳县	32.14
108	内蒙古自治区	通辽市	科尔沁左翼后旗	32.14
109	内蒙古自治区	阿拉善盟	阿拉善左旗南部	32.13
110	福建省	漳州市	龙海市	32.11
111	四川省	凉山自治州	喜德县	32.11
112	云南省	曲靖市	宣威市	32.11
113	内蒙古自治区	锡林郭勒盟	苏尼特右旗	32.09
114	山东省	青岛市	李沧区	32.08
115	广西壮族自治区	北海市	海城区	32.07
116	广西壮族自治区	南宁市	武鸣区	32.06
117	福建省	漳州市	漳浦县	32.04
118	重庆市	巫山县	巫山县	32.03
119	湖南省	永州市	冷水滩区	32.03
120	河南省	洛阳市	宜阳县	32.01
121	云南省	玉溪市	通海县	31.99
122	湖北省	襄阳市	襄城区	31.98
123	广东省	肇庆市	四会市	31.96
124	广西壮族自治区	河池市	都安自治县	31.96

续表

排名	省份	地市级	县级	生态级大气环境资源
125	贵州省	贵阳市	南明区	31.95
126	广东省	佛山市	三水区	31.94
127	海南省	东方市	东方市	31.92
128	福建省	泉州市	南安市	31.90
129	广东省	阳江市	阳春市	31.90
130	福建省	泉州市	安溪县	31.89
131	广西壮族自治区	贺州市	钟山县	31.89
132	云南省	红河自治州	蒙自市	31.89
133	广东省	韶关市	翁源县	31.88
134	山东省	烟台市	芝罘区	31.87
135	广东省	珠海市	香洲区	31.86
136	黑龙江省	鹤岗市	绥滨县	31.82
137	湖南省	株洲市	茶陵县	31.82
138	内蒙古自治区	锡林郭勒盟	苏尼特右旗朱日和	31.82
139	云南省	曲靖市	陆良县	31.82
140	山东省	临沂市	兰山区	31.81
141	云南省	曲靖市	师宗县	31.81
142	广东省	湛江市	廉江市	31.78
143	辽宁省	大连市	金州区	31.78
144	云南省	昆明市	石林自治县	31.77
145	安徽省	安庆市	太湖县	31.76
146	广西壮族自治区	河池市	环江自治县	31.76
147	广东省	茂名市	化州市	31.74
148	湖南省	永州市	双牌县	31.70
149	广西壮族自治区	百色市	田阳县	31.69
150	广东省	广州市	天河区	31.67
151	云南省	红河自治州	建水县	31.67
152	安徽省	安庆市	潜山县	31.65
153	广西壮族自治区	南宁市	宾阳县	31.65
154	广西壮族自治区	梧州市	万秀区	31.65
155	河北省	邢台市	桥东区	31.63
156	广东省	梅州市	蕉岭县	31.63
157	吉林省	吉林市	丰满区	31.63
158	陕西省	铜川市	宜君县	31.62
159	江苏省	淮安市	金湖县	31.61
160	江西省	鹰潭市	月湖区	31.59
161	西藏自治区	拉萨市	墨竹工卡县	31.59
162	福建省	福州市	福清市	31.58
163	湖北省	黄冈市	武穴市	31.58
164	山西省	吕梁市	方山县	31.56

排名	省份	地市级	县级	生态级大气环境资源
165	广东省	佛山市	顺德区	31.54
166	广西壮族自治区	桂林市	全州县	31.54
167	海南省	昌江自治县	昌江自治县	31.54
168	云南省	昆明市	宜良县	31.54
169	河南省	洛阳市	新安县	31.53
170	云南省	普洱市	镇沅自治县	31.53
171	安徽省	铜陵市	枞阳县	31.52
172	江西省	九江市	庐山市	31.52
173	安徽省	合肥市	庐江县	31.51
174	广东省	佛山市	禅城区	31.50
175	湖北省	咸宁市	嘉鱼县	31.50
176	山西省	长治市	壶关县	31.50
177	广东省	江门市	开平市	31.49
178	四川省	宜宾市	翠屏区	31.49
179	广西壮族自治区	崇左市	扶绥县	31.48
180	福建省	宁德市	霞浦县	31.47
181	广东省	东莞市	东莞市 *	31.47
182	广西壮族自治区	百色市	西林县	31.45
183	广西壮族自治区	梧州市	岑溪市	31.45
184	广东省	珠海市	斗门区	31.44
185	甘肃省	张掖市	民乐县	31.44
186	广西壮族自治区	桂林市	永福县	31.41
187	广西壮族自治区	南宁市	横县	31.41
188	广西壮族自治区	南宁市	隆安县	31.41
189	云南省	昆明市	西山区	31.41
190	福建省	漳州市	诏安县	31.40
191	广东省	惠州市	惠城区	31.39
192	广东省	韶关市	乐昌市	31.39
193	重庆市	潼南区	潼南区	31.36
194	广东省	揭阳市	普宁市	31.35
195	海南省	海口市	琼山区	31.34
196	福建省	福州市	晋安区	31.32
197	福建省	泉州市	永春县	31.32
198	云南省	楚雄自治州	牟定县	31.32
199	广西壮族自治区	防城港市	上思县	31.31
200	宁夏回族自治区	固原市	泾源县	31.31
201	广西壮族自治区	百色市	田东县	31.30
202	云南省	昭通市	永善县	31.30
203	湖北省	咸宁市	咸安区	31.29
204	江苏省	常州市	金坛区	31.28

* 对于部分城市，由于未设市级数据采样点，这种情况一般用核心区站的数据来代表该市整体情况，即一站两用。本章同。

排名	省份	地市级	县级	生态级大气环境资源
205	宁夏回族自治区	中卫市	沙坡头区	31.27
206	江西省	抚州市	东乡区	31.26
207	甘肃省	甘南自治州	夏河县	31.25
208	广西壮族自治区	贺州市	八步区	31.25
209	江西省	赣州市	石城县	31.24
210	云南省	红河自治州	绿春县	31.24
211	广东省	韶关市	武江区	31.23
212	广西壮族自治区	柳州市	融安县	31.23
213	江西省	上饶市	广丰区	31.23
214	福建省	莆田市	城厢区	31.22
215	山东省	德州市	武城县	31.22
216	广东省	汕尾市	城区	31.20
217	广西壮族自治区	来宾市	象州县	31.20
218	新疆维吾尔自治区	博尔自治州	阿拉山口市	31.20
219	重庆市	渝北区	渝北区	31.19
220	广东省	韶关市	南雄市	31.19
221	福建省	漳州市	平和县	31.18
222	贵州省	贵阳市	白云区	31.18
223	湖南省	永州市	江华自治县	31.18
224	辽宁省	葫芦岛市	连山区	31.18
225	内蒙古自治区	鄂尔多斯市	杭锦旗西北	31.18
226	内蒙古自治区	乌兰察布市	商都县	31.18
227	云南省	文山自治州	砚山县	31.18
228	福建省	龙岩市	连城县	31.17
229	广东省	肇庆市	封开县	31.17
230	甘肃省	天水市	武山县	31.17
231	广西壮族自治区	河池市	罗城自治县	31.16
232	福建省	福州市	鼓楼区	31.15
233	广西壮族自治区	贺州市	富川自治县	31.15
234	浙江省	宁波市	象山县	31.15
235	江西省	赣州市	大余县	31.14
236	江西省	景德镇市	乐平市	31.14
237	内蒙古自治区	包头市	达尔罕茂明安联合旗东南	31.14
238	安徽省	蚌埠市	五河县	31.13
239	广东省	广州市	花都区	31.13
240	河南省	信阳市	新县	31.13
241	云南省	大理自治州	鹤庆县	31.12
242	云南省	曲靖市	罗平县	31.12
243	内蒙古自治区	锡林郭勒盟	正蓝旗	31.11
244	山西省	晋中市	榆次区	31.11

排名	省份	地市级	县级	生态级大气环境资源
245	广西壮族自治区	崇左市	天等县	31.10
246	江苏省	苏州市	吴中区	31.10
247	江苏省	苏州市	吴中区 *	31.10
248	四川省	甘孜藏族自治州	九龙县	31.10
249	广东省	韶关市	始兴县	31.09
250	内蒙古自治区	呼伦贝尔市	新巴尔虎右旗	31.09
251	山东省	烟台市	栖霞市	31.09
252	云南省	大理自治州	剑川县	31.09
253	安徽省	淮南市	凤台县	31.08
254	安徽省	淮南市	田家庵区	31.08
255	广西壮族自治区	桂林市	龙胜自治县	31.08
256	广西壮族自治区	柳州市	柳江区	31.08
257	内蒙古自治区	呼伦贝尔市	海拉尔区	31.08
258	安徽省	滁州市	明光市	31.07
259	山东省	威海市	荣成市南海口	31.06
260	贵州省	贵阳市	修文县	31.04
261	江西省	九江市	彭泽县	31.04
262	山西省	运城市	临猗县	31.04
263	云南省	文山自治州	丘北县	31.03
264	广东省	梅州市	平远县	31.02
265	浙江省	宁波市	余姚市	31.02
266	辽宁省	大连市	长海县	31.01
267	辽宁省	营口市	大石桥市	31.01
268	四川省	内江市	隆昌市	31.00
269	山西省	吕梁市	中阳县	31.00
270	广东省	梅州市	丰顺县	30.99
271	山西省	长治市	长治县	30.99
272	贵州省	安顺市	西秀区	30.98
273	福建省	三明市	梅列区	30.96
274	广西壮族自治区	桂林市	资源县	30.96
275	青海省	海西自治州	天峻县	30.96
276	山西省	忻州市	神池县	30.96
277	广西壮族自治区	桂林市	兴安县	30.94
278	黑龙江省	佳木斯市	同江市	30.94
279	江西省	上饶市	上饶县	30.94
280	福建省	厦门市	同安区	30.92
281	广东省	惠州市	博罗县	30.92
282	广东省	云浮市	新兴县	30.92
283	广西壮族自治区	钦州市	灵山县	30.92
284	安徽省	宿州市	灵璧县	30.91

　　* 调研组在吴中区选取了两个位置计算，这两个位置的大气环境资源数据差别较小（在小数点约数以后），故有两个吴中区的数据。其他地区如滦平县等有重复出现的数据与此情况相同。本章同。

排名	省份	地市级	县级	生态级大气环境资源
285	湖南省	湘潭市	湘潭县	30.91
286	广西壮族自治区	梧州市	蒙山县	30.90
287	四川省	攀枝花市	盐边县	30.90
288	山西省	忻州市	宁武县	30.90
289	安徽省	亳州市	涡阳县	30.88
290	安徽省	池州市	贵池区	30.88
291	安徽省	滁州市	天长市	30.88
292	福建省	福州市	罗源县	30.88
293	广西壮族自治区	河池市	宜州区	30.88
294	辽宁省	锦州市	凌海市	30.88
295	内蒙古自治区	赤峰市	巴林左旗北部	30.88
296	福建省	漳州市	南靖县	30.87
297	广西壮族自治区	玉林市	北流市	30.87
298	福建省	福州市	闽侯县	30.86
299	福建省	龙岩市	武平县	30.86
300	河南省	驻马店市	正阳县	30.85
301	江苏省	南通市	启东市（滨海）	30.85
302	江西省	吉安市	吉水县	30.85
303	广西壮族自治区	南宁市	上林县	30.84
304	上海市	嘉定区	嘉定区	30.84
305	西藏自治区	那曲市	班戈县	30.84
306	安徽省	马鞍山市	花山区	30.83
307	广西壮族自治区	北海市	合浦县	30.83
308	广东省	广州市	增城区	30.82
309	广东省	江门市	台山市	30.82
310	贵州省	黔南自治州	都匀市	30.82
311	内蒙古自治区	包头市	固阳县	30.82
312	广西壮族自治区	来宾市	武宣县	30.81
313	江西省	抚州市	南城县	30.81
314	上海市	崇明区	崇明区	30.81
315	浙江省	杭州市	桐庐县	30.81
316	福建省	泉州市	德化县	30.80
317	吉林省	长春市	榆树市	30.80
318	四川省	雅安市	汉源县	30.80
319	贵州省	黔南自治州	瓮安县	30.79
320	湖南省	长沙市	芙蓉区	30.79
321	西藏自治区	山南市	琼结县	30.79
322	湖南省	株洲市	攸县	30.78
323	广西壮族自治区	河池市	巴马自治县	30.77
324	内蒙古自治区	通辽市	扎鲁特旗西北	30.77

排名	省份	地市级	县级	生态级大气环境资源
325	云南省	文山自治州	西麻栗坡县	30.77
326	广东省	潮州市	湘桥区	30.76
327	山东省	济南市	长清区	30.76
328	山东省	济南市	平阴县	30.76
329	云南省	大理自治州	祥云县	30.76
330	海南省	琼海市	琼海市	30.75
331	江苏省	苏州市	太仓市	30.75
332	新疆维吾尔自治区	和田地区	洛浦县	30.75
333	重庆市	秀山自治县	秀山自治县	30.74
334	广西壮族自治区	百色市	平果县	30.74
335	广西壮族自治区	百色市	靖西市	30.74
336	河南省	鹤壁市	淇县	30.74
337	河南省	南阳市	镇平县	30.74
338	江苏省	泰州市	海陵区	30.74
339	广东省	揭阳市	榕城区	30.73
340	江苏省	南京市	浦口区	30.73
341	山西省	吕梁市	临县	30.73
342	云南省	玉溪市	新平自治县	30.72
343	四川省	凉山自治州	盐源县	30.71
344	山东省	青岛市	市南区	30.71
345	云南省	文山自治州	西畴县	30.71
346	云南省	玉溪市	江川区	30.71
347	上海市	金山区	金山区	30.70
348	广东省	深圳市	罗湖区	30.69
349	云南省	曲靖市	富源县	30.69
350	广东省	肇庆市	怀集县	30.68
351	甘肃省	金昌市	永昌县	30.68
352	广西壮族自治区	玉林市	玉州区	30.68
353	湖南省	岳阳市	湘阴县	30.68
354	云南省	红河自治州	石屏县	30.68
355	广东省	云浮市	郁南县	30.67
356	广西壮族自治区	南宁市	马山县	30.67
357	云南省	楚雄自治州	姚安县	30.67
358	湖北省	黄冈市	罗田县	30.66
359	广西壮族自治区	百色市	德保县	30.65
360	广东省	梅州市	五华县	30.64
361	广东省	肇庆市	德庆县	30.64
362	海南省	五指山市	五指山市	30.64
363	四川省	攀枝花市	仁和区	30.64
364	广东省	汕尾市	海丰县	30.63

续表

排名	省份	地市级	县级	生态级大气环境资源
365	四川省	资阳市	安岳县	30.63
366	内蒙古自治区	阿拉善盟	阿拉善左旗东南	30.62
367	山东省	潍坊市	高密市	30.62
368	贵州省	贵阳市	花溪区	30.61
369	江西省	吉安市	永新县	30.61
370	山西省	大同市	广灵县	30.61
371	西藏自治区	阿里地区	改则县	30.60
372	广东省	惠州市	龙门县	30.59
373	贵州省	贵阳市	开阳县	30.59
374	黑龙江省	佳木斯市	富锦市	30.59
375	黑龙江省	绥化市	肇东市	30.59
376	江苏省	镇江市	丹阳市	30.58
377	云南省	普洱市	景谷自治县	30.58
378	福建省	漳州市	长泰县	30.57
379	河南省	鹤壁市	浚县	30.57
380	河南省	济源市	济源市 *	30.57
381	广东省	河源市	和平县	30.56
382	内蒙古自治区	通辽市	科尔沁左翼中旗南部	30.56
383	山东省	潍坊市	临朐县	30.56
384	重庆市	铜梁区	铜梁区	30.55
385	黑龙江省	大庆市	杜尔伯特自治县	30.55
386	黑龙江省	大兴安岭地区	加格达奇区	30.55
387	吉林省	白城市	镇赉县	30.54
388	安徽省	芜湖市	鸠江区	30.53
389	广西壮族自治区	来宾市	金秀自治县	30.53
390	贵州省	黔东南自治州	锦屏县	30.53
391	山东省	威海市	文登区	30.53
392	上海市	浦东新区	浦东新区	30.53
393	浙江省	绍兴市	柯桥区	30.53
394	广东省	梅州市	兴宁市	30.52
395	山东省	德州市	夏津县	30.52
396	广东省	广州市	番禺区	30.51
397	广东省	云浮市	云城区	30.51
398	云南省	红河自治州	开远市	30.51
399	云南省	曲靖市	麒麟区	30.51
400	广东省	中山市	西区	30.50
401	贵州省	黔西南自治州	晴隆县	30.50
402	湖北省	黄冈市	浠水县	30.50
403	江苏省	南通市	启东市	30.50
404	云南省	红河自治州	弥勒市	30.50

* 一站两用。

排名	省份	地市级	县级	生态级大气环境资源
405	湖北省	咸宁市	通城县	30.49
406	江西省	上饶市	余干县	30.49
407	山西省	临汾市	襄汾县	30.49
408	山西省	运城市	稷山县	30.49
409	重庆市	合川区	合川区	30.48
410	广东省	茂名市	信宜市	30.48
411	四川省	南充市	南部县	30.48
412	广东省	茂名市	高州市	30.47
413	云南省	红河自治州	元阳县	30.47
414	安徽省	阜阳市	临泉县	30.46
415	广西壮族自治区	百色市	隆林自治县	30.46
416	湖南省	郴州市	临武县	30.46
417	浙江省	嘉兴市	秀洲区	30.46
418	广东省	广州市	从化区	30.45
419	山东省	济宁市	金乡县	30.45
420	西藏自治区	日喀则市	拉孜县	30.45
421	湖南省	邵阳市	邵东县	30.44
422	四川省	凉山自治州	布拖县	30.44
423	山东省	临沂市	临沭县	30.44
424	陕西省	榆林市	榆阳区	30.44
425	山西省	长治市	平顺县	30.44
426	安徽省	阜阳市	界首市	30.43
427	广东省	江门市	恩平市	30.43
428	广西壮族自治区	桂林市	灌阳县	30.43
429	河南省	许昌市	长葛市	30.43
430	海南省	屯昌县	屯昌县	30.43
431	海南省	文昌市	文昌市	30.43
432	湖南省	永州市	零陵区	30.43
433	江西省	九江市	武宁县	30.43
434	湖南省	株洲市	醴陵市	30.42
435	湖北省	武汉市	江夏区	30.41
436	河南省	南阳市	宛城区	30.41
437	江西省	抚州市	金溪县	30.41
438	湖北省	武汉市	新洲区	30.40
439	黑龙江省	佳木斯市	桦南县	30.40
440	内蒙古自治区	呼和浩特市	新城区	30.40
441	云南省	昆明市	晋宁区	30.40
442	河北省	邢台市	内丘县	30.39
443	浙江省	温州市	乐清市	30.39
444	广东省	梅州市	梅江区	30.38

排名	省份	地市级	县级	生态级大气环境资源
445	甘肃省	酒泉市	玉门市	30.38
446	四川省	甘孜藏族自治州	白玉县	30.38
447	云南省	大理自治州	宾川县	30.38
448	广东省	肇庆市	端州区	30.37
449	贵州省	黔西南自治州	安龙县	30.37
450	青海省	海西自治州	格尔木市西南	30.37
451	四川省	南充市	仪陇县	30.37
452	四川省	雅安市	石棉县	30.37
453	云南省	昆明市	嵩明县	30.37
454	辽宁省	锦州市	北镇市	30.36
455	云南省	文山自治州	富宁县	30.36
456	广东省	清远市	连南自治县	30.35
457	河南省	洛阳市	偃师市	30.35
458	江苏省	盐城市	建湖县	30.35
459	云南省	临沧市	云县	30.35
460	云南省	大理自治州	巍山自治县	30.34
461	安徽省	蚌埠市	固镇县	30.33
462	广西壮族自治区	桂林市	恭城自治县	30.33
463	内蒙古自治区	兴安盟	突泉县	30.33
464	贵州省	铜仁市	万山区	30.32
465	河南省	洛阳市	洛宁县	30.32
466	海南省	乐东自治县	乐东自治县	30.32
467	湖南省	株洲市	炎陵县	30.32
468	江西省	赣州市	定南县	30.32
469	云南省	普洱市	孟连自治县	30.32
470	安徽省	安庆市	大观区	30.31
471	广西壮族自治区	百色市	那坡县	30.31
472	云南省	玉溪市	峨山自治县	30.31
473	广东省	韶关市	乳源自治县	30.30
474	广西壮族自治区	桂林市	叠彩区	30.30
475	河北省	沧州市	海兴县	30.30
476	江西省	吉安市	峡江县	30.30
477	安徽省	安庆市	怀宁县	30.29
478	广东省	韶关市	仁化县	30.29
479	安徽省	宣城市	绩溪县	30.28
480	贵州省	安顺市	关岭自治县	30.28
481	湖北省	宜昌市	当阳市	30.28
482	湖南省	长沙市	宁乡市	30.28
483	山西省	晋城市	沁水县	30.28
484	安徽省	安庆市	桐城市	30.27

排名	省份	地市级	县级	生态级大气环境资源
485	安徽省	池州市	青阳县	30.27
486	安徽省	芜湖市	镜湖区	30.27
487	重庆市	巴南区	巴南区	30.27
488	重庆市	武隆区	武隆区	30.27
489	甘肃省	庆阳市	合水县	30.27
490	广西壮族自治区	梧州市	龙圩区	30.27
491	河南省	郑州市	登封市	30.27
492	海南省	陵水自治县	陵水自治县	30.27
493	黑龙江省	齐齐哈尔市	龙江县	30.27
494	湖南省	郴州市	桂阳县	30.27
495	湖南省	益阳市	桃江县	30.27
496	江苏省	南通市	海门市	30.27
497	江西省	九江市	永修县	30.27
498	广西壮族自治区	百色市	乐业县	30.26
499	广西壮族自治区	桂林市	荔浦县	30.26
500	湖南省	郴州市	汝城县	30.26
501	江西省	宜春市	樟树市	30.26
502	福建省	福州市	永泰县	30.25
503	福建省	宁德市	周宁县	30.25
504	广东省	河源市	源城区	30.25
505	广西壮族自治区	桂林市	平乐县	30.24
506	河南省	信阳市	息县	30.24
507	湖南省	衡阳市	衡阳县	30.24
508	湖南省	邵阳市	新宁县	30.24
509	云南省	丽江市	永胜县	30.24
510	广东省	清远市	英德市	30.23
511	甘肃省	庆阳市	正宁县	30.23
512	湖北省	黄冈市	黄梅县	30.23
513	湖北省	武汉市	黄陂区	30.23
514	吉林省	白城市	洮南市	30.23
515	江西省	赣州市	宁都县	30.23
516	云南省	楚雄自治州	武定县	30.22
517	广西壮族自治区	桂林市	雁山区	30.21
518	湖北省	荆州市	石首市	30.21
519	湖北省	荆州市	监利县	30.21
520	江苏省	镇江市	扬中市	30.21
521	云南省	德宏自治州	梁河县	30.21
522	云南省	红河自治州	金平自治县	30.21
523	内蒙古自治区	巴彦淖尔市	磴口县	30.20
524	云南省	文山自治州	文山市	30.20

排名	省份	地市级	县级	生态级大气环境资源
525	湖北省	黄石市	大冶市	30.19
526	内蒙古自治区	通辽市	奈曼旗南部	30.19
527	四川省	成都市	金堂县	30.19
528	云南省	大理自治州	永平县	30.19
529	重庆市	云阳县	云阳县	30.18
530	福建省	龙岩市	上杭县	30.18
531	湖北省	宜昌市	宜都市	30.18
532	河南省	安阳市	林州市	30.18
533	江西省	赣州市	全南县	30.18
534	内蒙古自治区	阿拉善盟	阿拉善左旗	30.18
535	湖北省	孝感市	安陆市	30.17
536	云南省	临沧市	永德县	30.17
537	广西壮族自治区	来宾市	兴宾区	30.16
538	浙江省	杭州市	富阳区	30.16
539	福建省	南平市	光泽县	30.15
540	湖北省	荆门市	京山县	30.15
541	江苏省	苏州市	常熟市	30.15
542	山西省	临汾市	乡宁县	30.15
543	西藏自治区	山南市	乃东区	30.15
544	云南省	普洱市	西盟自治县	30.15
545	安徽省	宣城市	郎溪县	30.14
546	福建省	漳州市	华安县	30.14
547	贵州省	安顺市	镇宁自治县	30.14
548	云南省	昆明市	寻甸自治县	30.14
549	贵州省	贵阳市	乌当区	30.13
550	黑龙江省	齐齐哈尔市	克山县	30.13
551	西藏自治区	日喀则市	聂拉木县	30.13
552	云南省	临沧市	凤庆县	30.13
553	云南省	昭通市	彝良县	30.13
554	浙江省	衢州市	江山市	30.13
555	浙江省	台州市	天台县	30.13
556	广西壮族自治区	崇左市	大新县	30.12
557	云南省	昭通市	鲁甸县	30.12
558	浙江省	杭州市	淳安县	30.12
559	浙江省	杭州市	建德市	30.12
560	浙江省	绍兴市	上虞区	30.12
561	安徽省	阜阳市	太和县	30.11
562	江苏省	苏州市	张家港市	30.11
563	江西省	吉安市	万安县	30.11
564	陕西省	铜川市	王益区	30.11

排名	省份	地市级	县级	生态级大气环境资源
565	安徽省	合肥市	巢湖市	30.10
566	广西壮族自治区	柳州市	三江自治县	30.10
567	河南省	安阳市	汤阴县	30.10
568	黑龙江省	佳木斯市	抚远市	30.10
569	江西省	新余市	分宜县	30.10
570	山东省	临沂市	平邑县	30.10
571	山东省	枣庄市	滕州市	30.10
572	黑龙江省	齐齐哈尔市	依安县	30.09
573	贵州省	黔西南自治州	贞丰县	30.08
574	江西省	赣州市	信丰县	30.08
575	内蒙古自治区	通辽市	科尔沁左翼中旗	30.08
576	四川省	广安市	广安区	30.08
577	福建省	宁德市	柘荣县	30.07
578	广东省	汕头市	金平区	30.07
579	河南省	南阳市	唐河县	30.07
580	西藏自治区	日喀则市	亚东县	30.07
581	安徽省	宣城市	宣州区	30.06
582	河北省	邯郸市	武安市	30.06
583	河南省	安阳市	滑县	30.06
584	江西省	抚州市	南丰县	30.06
585	山东省	枣庄市	薛城区	30.06
586	西藏自治区	山南市	错那县	30.06
587	云南省	西双版纳自治州	勐海县	30.06
588	广东省	河源市	紫金县	30.05
589	广东省	清远市	佛冈县	30.05
590	广东省	韶关市	新丰县	30.05
591	广西壮族自治区	百色市	田林县	30.05
592	广西壮族自治区	来宾市	忻城县	30.05
593	湖北省	宜昌市	枝江市	30.05
594	河南省	驻马店市	上蔡县	30.05
595	四川省	凉山自治州	普格县	30.05
596	云南省	大理自治州	弥渡县	30.05
597	甘肃省	庆阳市	华池县	30.04
598	河南省	洛阳市	嵩县	30.04
599	海南省	澄迈县	澄迈县	30.04
600	江西省	九江市	浔阳区	30.04
601	四川省	绵阳市	三台县	30.04
602	山西省	大同市	左云县	30.04
603	安徽省	滁州市	全椒县	30.03
604	安徽省	芜湖市	无为县	30.03

续表

排名	省份	地市级	县级	生态级大气环境资源
605	云南省	德宏自治州	盈江县	30.03
606	浙江省	杭州市	上城区	30.03
607	福建省	莆田市	仙游县	30.02
608	广东省	河源市	龙川县	30.02
609	河南省	三门峡市	灵宝市	30.02
610	内蒙古自治区	通辽市	库伦旗	30.02
611	四川省	凉山自治州	美姑县	30.02
612	广东省	清远市	连州市	30.01
613	湖北省	孝感市	大悟县	30.01
614	四川省	甘孜藏族自治州	泸定县	30.01
615	河北省	唐山市	滦南县	30.00
616	湖南省	衡阳市	耒阳市	30.00
617	湖南省	娄底市	娄星区	30.00
618	内蒙古自治区	包头市	达尔罕茂明安联合旗北部	30.00
619	安徽省	芜湖市	繁昌县	29.99
620	江西省	吉安市	遂川县	29.99
621	西藏自治区	那曲市	申扎县	29.99
622	河南省	驻马店市	汝南县	29.98
623	山西省	长治市	武乡县	29.98
624	安徽省	安庆市	宿松县	29.97
625	江苏省	淮安市	洪泽区	29.97
626	江西省	萍乡市	安源区	29.97
627	山西省	长治市	长子县	29.97
628	云南省	保山市	昌宁县	29.97
629	云南省	文山自治州	马关县	29.97
630	浙江省	丽水市	青田县	29.97
631	湖北省	十堰市	郧阳区	29.96
632	湖南省	益阳市	沅江市	29.96
633	内蒙古自治区	通辽市	奈曼旗	29.96
634	陕西省	延安市	洛川县	29.96
635	江西省	赣州市	南康区	29.95
636	安徽省	黄山市	徽州区	29.94
637	黑龙江省	鸡西市	鸡冠区	29.94
638	江西省	南昌市	安义县	29.94
639	陕西省	咸阳市	礼泉县	29.94
640	甘肃省	定西市	安定区	29.93
641	甘肃省	酒泉市	肃北自治县	29.92
642	河南省	驻马店市	确山县	29.92
643	福建省	福州市	闽清县	29.91
644	河北省	邯郸市	永年区	29.91

排名	省份	地市级	县级	生态级大气环境资源
645	云南省	大理自治州	大理市	29.91
646	浙江省	嘉兴市	嘉善县	29.91
647	安徽省	宿州市	泗县	29.90
648	江苏省	泰州市	兴化市	29.90
649	内蒙古自治区	锡林郭勒盟	二连浩特市	29.90
650	四川省	宜宾市	兴文县	29.90
651	西藏自治区	山南市	浪卡子县	29.90
652	福建省	宁德市	古田县	29.89
653	福建省	宁德市	福安市	29.89
654	福建省	三明市	建宁县	29.89
655	广东省	清远市	连山自治县	29.89
656	湖北省	孝感市	应城市	29.89
657	河南省	驻马店市	新蔡县	29.89
658	湖南省	张家界市	慈利县	29.89
659	江苏省	镇江市	句容市	29.89
660	江西省	上饶市	弋阳县	29.89
661	山东省	烟台市	招远市	29.89
662	西藏自治区	日喀则市	江孜县	29.89
663	浙江省	温州市	瑞安市	29.89
664	甘肃省	武威市	古浪县	29.88
665	广西壮族自治区	防城港市	防城区	29.88
666	黑龙江省	大庆市	林甸县	29.88
667	江西省	宜春市	丰城市	29.88
668	西藏自治区	阿里地区	普兰县	29.88
669	河北省	邢台市	威县	29.87
670	江苏省	南京市	高淳区	29.87
671	江西省	吉安市	新干县	29.87
672	青海省	海东市	乐都区	29.87
673	福建省	南平市	松溪县	29.86
674	甘肃省	临夏自治州	东乡族自治县	29.86
675	黑龙江省	牡丹江市	绥芬河市	29.86
676	内蒙古自治区	鄂尔多斯市	乌审旗	29.86
677	四川省	宜宾市	屏山县	29.86
678	云南省	保山市	施甸县	29.86
679	湖北省	襄阳市	宜城市	29.85
680	山西省	忻州市	忻府区	29.85
681	广西壮族自治区	百色市	凌云县	29.84
682	广西壮族自治区	钦州市	浦北县	29.84
683	湖南省	郴州市	永兴县	29.84
684	四川省	甘孜藏族自治州	乡城县	29.84

续表

排名	省份	地市级	县级	生态级大气环境资源
685	湖北省	宜昌市	远安县	29.83
686	河南省	焦作市	温县	29.83
687	内蒙古自治区	巴彦淖尔市	杭锦后旗	29.83
688	宁夏回族自治区	吴忠市	同心县	29.83
689	四川省	泸州市	纳溪区	29.83
690	山东省	德州市	庆云县	29.83
691	山东省	日照市	东港区	29.83
692	陕西省	安康市	平利县	29.83
693	安徽省	芜湖市	南陵县	29.82
694	福建省	三明市	宁化县	29.82
695	广东省	清远市	阳山县	29.82
696	贵州省	遵义市	播州区	29.82
697	湖南省	衡阳市	祁东县	29.82
698	江西省	新余市	渝水区	29.82
699	江西省	宜春市	袁州区	29.82
700	四川省	眉山市	洪雅县	29.82
701	上海市	青浦区	青浦区	29.82
702	辽宁省	沈阳市	康平县	29.81
703	广西壮族自治区	河池市	金城江区	29.80
704	江西省	赣州市	会昌县	29.80
705	江西省	吉安市	井冈山市	29.80
706	江西省	南昌市	新建区	29.80
707	江西省	上饶市	玉山县	29.80
708	云南省	昭通市	巧家县	29.80
709	安徽省	阜阳市	阜南县	29.79
710	广西壮族自治区	贺州市	昭平县	29.79
711	内蒙古自治区	赤峰市	阿鲁科尔沁旗	29.79
712	四川省	内江市	威远县	29.79
713	山东省	德州市	临邑县	29.79
714	重庆市	璧山区	璧山区	29.78
715	上海市	宝山区	宝山区	29.78
716	陕西省	安康市	镇坪县	29.78
717	安徽省	合肥市	肥西县	29.77
718	安徽省	六安市	舒城县	29.77
719	重庆市	南川区	南川区	29.77
720	重庆市	永川区	永川区	29.77
721	福建省	南平市	顺昌县	29.77
722	贵州省	黔东南自治州	凯里市	29.77
723	湖北省	荆州市	公安县	29.77
724	湖南省	永州市	祁阳县	29.77

排名	省份	地市级	县级	生态级大气环境资源
725	江西省	赣州市	上犹县	29.77
726	宁夏回族自治区	银川市	灵武市	29.77
727	山西省	长治市	屯留县	29.77
728	重庆市	綦江区	綦江区	29.76
729	福建省	龙岩市	新罗区	29.76
730	湖北省	襄阳市	谷城县	29.76
731	黑龙江省	哈尔滨市	双城区	29.76
732	内蒙古自治区	赤峰市	敖汉旗	29.76
733	山西省	太原市	古交市	29.76
734	江苏省	南通市	如东县	29.75
735	内蒙古自治区	通辽市	开鲁县	29.75
736	安徽省	淮北市	濉溪县	29.74
737	河南省	开封市	通许县	29.74
738	江苏省	宿迁市	宿城区	29.74
739	辽宁省	鞍山市	台安县	29.74
740	上海市	奉贤区	奉贤区	29.74
741	浙江省	杭州市	临安区	29.74
742	安徽省	亳州市	谯城区	29.73
743	安徽省	马鞍山市	和县	29.73
744	贵州省	黔南自治州	平塘县	29.73
745	湖南省	岳阳市	岳阳县	29.73
746	福建省	南平市	政和县	29.72
747	广西壮族自治区	贵港市	平南县	29.72
748	湖北省	咸宁市	崇阳县	29.71
749	湖南省	衡阳市	衡山县	29.71
750	江苏省	南通市	通州区	29.71
751	云南省	楚雄自治州	禄丰县	29.71
752	云南省	迪庆自治州	德钦县	29.71
753	江苏省	泰州市	泰兴市	29.70
754	江苏省	盐城市	亭湖区	29.70
755	四川省	阿坝藏族自治州	松潘县	29.70
756	四川省	甘孜藏族自治州	丹巴县	29.70
757	云南省	昆明市	安宁市	29.70
758	云南省	玉溪市	澄江县	29.70
759	广东省	肇庆市	广宁县	29.69
760	江苏省	扬州市	江都区	29.69
761	福建省	三明市	永安市	29.68
762	贵州省	黔东南自治州	黄平县	29.68
763	江苏省	南通市	海安县	29.68
764	江苏省	泰州市	姜堰区	29.68

排名	省份	地市级	县级	生态级大气环境资源
765	江西省	上饶市	信州区	29.68
766	山东省	聊城市	阳谷县	29.68
767	安徽省	宿州市	埇桥区	29.67
768	河南省	洛阳市	伊川县	29.67
769	河南省	许昌市	禹州市	29.67
770	河南省	郑州市	新郑市	29.67
771	云南省	大理自治州	云龙县	29.67
772	福建省	三明市	大田县	29.66
773	山西省	长治市	黎城县	29.66
774	安徽省	宣城市	泾县	29.65
775	福建省	漳州市	芗城区	29.65
776	广东省	揭阳市	揭西县	29.65
777	辽宁省	营口市	西市区	29.65
778	西藏自治区	拉萨市	城关区	29.65
779	江西省	赣州市	龙南县	29.64
780	江西省	九江市	瑞昌市	29.64
781	江西省	上饶市	横峰县	29.64
782	陕西省	咸阳市	淳化县	29.64
783	辽宁省	大连市	旅顺口区	29.63
784	甘肃省	张掖市	甘州区	29.62
785	黑龙江省	大庆市	肇源县	29.62
786	四川省	成都市	简阳市	29.62
787	四川省	眉山市	丹棱县	29.62
788	山西省	运城市	芮城县	29.62
789	安徽省	滁州市	来安县	29.61
790	安徽省	淮北市	相山区	29.61
791	福建省	龙岩市	永定区	29.61
792	河南省	三门峡市	渑池县	29.61
793	河南省	新乡市	原阳县	29.61
794	江苏省	淮安市	淮安区	29.61
795	辽宁省	大连市	普兰店区（滨海）	29.61
796	四川省	自贡市	自流井区	29.61
797	山西省	吕梁市	兴县	29.61
798	浙江省	金华市	义乌市	29.61
799	重庆市	涪陵区	涪陵区	29.60
800	贵州省	黔西南自治州	兴义市	29.60
801	湖北省	恩施自治州	咸丰县	29.60
802	江苏省	南京市	秦淮区	29.59
803	四川省	甘孜藏族自治州	雅江县	29.59
804	云南省	保山市	龙陵县	29.59

排名	省份	地市级	县级	生态级大气环境资源
805	贵州省	六盘水市	六枝特区	29.58
806	江西省	赣州市	于都县	29.58
807	四川省	凉山自治州	冕宁县	29.58
808	天津市	宁河区	宁河区	29.58
809	云南省	楚雄自治州	大姚县	29.58
810	湖北省	恩施自治州	巴东县	29.57
811	青海省	海西自治州	格尔木市西部	29.57
812	青海省	海西自治州	都兰县	29.57
813	四川省	阿坝藏族自治州	茂县	29.57
814	陕西省	宝鸡市	凤翔县	29.57
815	山西省	晋中市	左权县	29.57
816	云南省	昭通市	威信县	29.57
817	安徽省	亳州市	蒙城县	29.56
818	湖南省	郴州市	资兴市	29.56
819	江西省	吉安市	安福县	29.56
820	江西省	鹰潭市	余江县	29.56
821	山东省	威海市	环翠区	29.56
822	内蒙古自治区	呼和浩特市	武川县	29.55
823	四川省	资阳市	乐至县	29.55
824	山东省	威海市	荣成市	29.55
825	浙江省	宁波市	鄞州区	29.55
826	安徽省	阜阳市	颍泉区	29.54
827	广西壮族自治区	贵港市	桂平市	29.54
828	河南省	驻马店市	遂平县	29.54
829	内蒙古自治区	鄂尔多斯市	伊金霍洛旗	29.54
830	四川省	凉山自治州	昭觉县	29.54
831	山东省	德州市	齐河县	29.54
832	甘肃省	陇南市	文县	29.53
833	浙江省	嘉兴市	桐乡市	29.53
834	安徽省	铜陵市	义安区	29.52
835	陕西省	延安市	黄龙县	29.52
836	福建省	三明市	清流县	29.51
837	福建省	三明市	沙县	29.51
838	河北省	邯郸市	峰峰矿区	29.51
839	山西省	朔州市	平鲁区	29.51
840	云南省	昆明市	西山区	29.51
841	浙江省	湖州市	德清县	29.51
842	浙江省	金华市	兰溪市	29.51
843	浙江省	衢州市	柯城区	29.51
844	安徽省	亳州市	利辛县	29.50

续表

排名	省份	地市级	县级	生态级大气环境资源
845	安徽省	宣城市	广德县	29.50
846	黑龙江省	绥化市	庆安县	29.50
847	江苏省	苏州市	吴江区	29.50
848	江西省	宜春市	高安市	29.50
849	云南省	昭通市	大关县	29.50
850	北京市	门头沟区	门头沟区	29.49
851	江苏省	扬州市	宝应县	29.49
852	江西省	萍乡市	上栗县	29.49
853	湖南省	邵阳市	隆回县	29.48
854	四川省	泸州市	龙马潭区	29.48
855	安徽省	淮南市	寿县	29.47
856	重庆市	石柱自治县	石柱自治县	29.47
857	湖北省	咸宁市	赤壁市	29.47
858	海南省	白沙自治县	白沙自治县	29.47
859	四川省	南充市	顺庆区	29.47
860	四川省	内江市	资中县	29.47
861	山东省	泰安市	新泰市	29.47
862	山西省	运城市	河津市	29.47
863	广东省	河源市	连平县	29.46
864	贵州省	黔南自治州	都匀市	29.46
865	湖北省	武汉市	蔡甸区	29.46
866	湖南省	益阳市	桃江县	29.46
867	山东省	潍坊市	诸城市	29.46
868	四川省	凉山自治州	宁南县	29.45
869	山西省	运城市	绛县	29.45
870	云南省	大理自治州	南涧自治县	29.45
871	安徽省	合肥市	长丰县	29.44
872	江苏省	淮安市	涟水县	29.44
873	江西省	上饶市	鄱阳县	29.44
874	山东省	德州市	平原县	29.44
875	湖北省	宜昌市	夷陵区	29.43
876	四川省	凉山自治州	木里自治县	29.43
877	四川省	遂宁市	蓬溪县	29.43
878	浙江省	金华市	婺城区	29.43
879	广西壮族自治区	百色市	右江区	29.42
880	贵州省	铜仁市	德江县	29.42
881	湖北省	天门市	天门市 *	29.42
882	湖北省	宜昌市	西陵区	29.42
883	湖南省	湘潭市	湘乡市	29.42
884	江苏省	南通市	如皋市	29.42

* 一站两用。

排名	省份	地市级	县级	生态级大气环境资源
885	江西省	抚州市	崇仁县	29.42
886	重庆市	奉节县	奉节县	29.41
887	湖北省	孝感市	汉川市	29.41
888	河南省	安阳市	北关区	29.41
889	吉林省	吉林市	舒兰市	29.41
890	四川省	泸州市	合江县	29.41
891	西藏自治区	山南市	隆子县	29.41
892	安徽省	蚌埠市	龙子湖区	29.40
893	甘肃省	平凉市	灵台县	29.40
894	河北省	邢台市	临西县	29.40
895	江苏省	连云港市	海州区	29.40
896	四川省	成都市	蒲江县	29.40
897	四川省	德阳市	广汉市	29.40
898	四川省	乐山市	井研县	29.40
899	四川省	自贡市	富顺县	29.40
900	浙江省	衢州市	常山县	29.40
901	湖北省	孝感市	云梦县	29.39
902	江西省	赣州市	瑞金市	29.39
903	江西省	鹰潭市	贵溪市	29.39
904	山东省	青岛市	即墨区	29.39
905	山西省	大同市	浑源县	29.39
906	山西省	临汾市	蒲县	29.39
907	浙江省	嘉兴市	海宁市	29.39
908	安徽省	黄山市	休宁县	29.38
909	江西省	赣州市	崇义县	29.38
910	陕西省	西安市	临潼区	29.38
911	广东省	梅州市	大埔县	29.37
912	辽宁省	丹东市	东港市	29.37
913	内蒙古自治区	包头市	青山区	29.37
914	宁夏回族自治区	固原市	隆德县	29.37
915	四川省	广安市	武胜县	29.37
916	四川省	宜宾市	南溪区	29.37
917	吉林省	四平市	公主岭市	29.36
918	江西省	萍乡市	莲花县	29.36
919	山东省	济宁市	梁山县	29.36
920	云南省	红河自治州	泸西县	29.36
921	四川省	乐山市	犍为县	29.35
922	四川省	宜宾市	江安县	29.35
923	四川省	自贡市	荣县	29.35
924	云南省	德宏自治州	陇川县	29.35

续表

排名	省份	地市级	县级	生态级大气环境资源
925	福建省	龙岩市	漳平市	29.34
926	江苏省	盐城市	东台市	29.34
927	辽宁省	丹东市	振兴区	29.34
928	四川省	雅安市	荥经县	29.34
929	上海市	闵行区	闵行区	29.34
930	陕西省	咸阳市	旬邑县	29.34
931	浙江省	绍兴市	新昌县	29.34
932	甘肃省	平凉市	庄浪县	29.33
933	河南省	郑州市	巩义市	29.33
934	湖南省	邵阳市	邵阳县	29.33
935	江苏省	无锡市	江阴市	29.33
936	四川省	雅安市	宝兴县	29.33
937	山东省	菏泽市	东明县	29.33
938	甘肃省	平凉市	崆峒区	29.32
939	浙江省	宁波市	奉化区	29.32
940	浙江省	台州市	温岭市	29.32
941	河南省	南阳市	内乡县	29.31
942	山东省	潍坊市	昌乐县	29.31
943	山东省	潍坊市	昌邑市	29.31
944	浙江省	嘉兴市	平湖市	29.31
945	浙江省	绍兴市	诸暨市	29.31
946	安徽省	宣城市	旌德县	29.30
947	重庆市	垫江县	垫江县	29.30
948	广东省	云浮市	罗定市	29.30
949	湖北省	仙桃市	仙桃市 *	29.30
950	河南省	焦作市	博爱县	29.30
951	河南省	焦作市	孟州市	29.30
952	海南省	儋州市	儋州市	29.30
953	黑龙江省	绥化市	兰西县	29.30
954	辽宁省	朝阳市	喀喇沁左翼自治县	29.30
955	内蒙古自治区	锡林郭勒盟	太仆寺旗	29.30
956	甘肃省	甘南自治州	临潭县	29.29
957	黑龙江省	七台河市	勃利县	29.29
958	四川省	资阳市	雁江区	29.29
959	贵州省	贵阳市	息烽县	29.28
960	黑龙江省	绥化市	明水县	29.28
961	辽宁省	辽阳市	辽阳县	29.28
962	内蒙古自治区	鄂尔多斯市	乌审旗南部	29.28
963	贵州省	六盘水市	盘州市	29.27
964	河南省	商丘市	虞城县	29.27

* 一站两用。

排名	省份	地市级	县级	生态级大气环境资源
965	湖南省	永州市	东安县	29.27
966	四川省	广元市	剑阁县	29.27
967	浙江省	温州市	永嘉县	29.27
968	湖南省	株洲市	荷塘区	29.26
969	四川省	成都市	龙泉驿区	29.26
970	四川省	甘孜藏族自治州	康定市	29.26
971	四川省	眉山市	青神县	29.26
972	贵州省	黔东南自治州	镇远县	29.25
973	黑龙江省	鸡西市	鸡东县	29.25
974	江苏省	常州市	钟楼区	29.25
975	江苏省	扬州市	邗江区	29.25
976	内蒙古自治区	乌兰察布市	化德县	29.25
977	四川省	广安市	邻水县	29.25
978	山东省	聊城市	茌平县	29.25
979	重庆市	荣昌区	荣昌区	29.24
980	贵州省	黔南自治州	长顺县	29.24
981	贵州省	黔南自治州	独山县	29.24
982	河南省	三门峡市	湖滨区	29.24
983	湖南省	邵阳市	新邵县	29.24
984	湖南省	永州市	江永县	29.24
985	西藏自治区	那曲市	安多县	29.24
986	西藏自治区	日喀则市	定日县	29.24
987	安徽省	马鞍山市	含山县	29.23
988	甘肃省	甘南自治州	卓尼县	29.23
989	甘肃省	庆阳市	宁县	29.23
990	湖北省	神农架林区	神农架林区*	29.23
991	湖北省	咸宁市	通山县	29.23
992	河南省	许昌市	襄城县	29.23
993	黑龙江省	绥化市	青冈县	29.23
994	湖南省	长沙市	岳麓区	29.23
995	吉林省	四平市	梨树县	29.23
996	江西省	赣州市	章贡区	29.23
997	内蒙古自治区	锡林郭勒盟	正镶白旗	29.23
998	云南省	昭通市	镇雄县	29.23
999	广西壮族自治区	桂林市	灵川县	29.22
1000	内蒙古自治区	乌兰察布市	察哈尔右翼前旗	29.22
1001	四川省	巴中市	南江县	29.22
1002	陕西省	渭南市	白水县	29.22
1003	山西省	吕梁市	岚县	29.22
1004	甘肃省	兰州市	永登县	29.21

* 一站两用。

排名	省份	地市级	县级	生态级大气环境资源
1005	内蒙古自治区	鄂尔多斯市	乌审旗北部	29.21
1006	云南省	昆明市	富民县	29.21
1007	浙江省	温州市	泰顺县	29.21
1008	湖北省	荆州市	松滋市	29.20
1009	河南省	开封市	禹王台区	29.20
1010	安徽省	池州市	石台县	29.19
1011	安徽省	六安市	金安区	29.19
1012	江苏省	扬州市	仪征市	29.19
1013	江西省	上饶市	万年县	29.19
1014	四川省	宜宾市	筠连县	29.19
1015	山西省	忻州市	岢岚县	29.19
1016	安徽省	六安市	霍邱县	29.18
1017	重庆市	黔江区	黔江区	29.18
1018	甘肃省	酒泉市	肃州区	29.18
1019	湖南省	常德市	武陵区	29.18
1020	内蒙古自治区	乌兰察布市	四子王旗	29.18
1021	四川省	德阳市	绵竹市	29.18
1022	四川省	南充市	蓬安县	29.18
1023	四川省	达州市	渠县	29.17
1024	四川省	宜宾市	长宁县	29.17
1025	山东省	济宁市	鱼台县	29.17
1026	山东省	临沂市	沂水县	29.17
1027	山西省	晋城市	城区	29.17
1028	湖北省	荆州市	洪湖市	29.16
1029	黑龙江省	绥化市	望奎县	29.16
1030	内蒙古自治区	锡林郭勒盟	镶黄旗	29.16
1031	四川省	巴中市	通江县	29.16
1032	山西省	太原市	清徐县	29.16
1033	海南省	保亭自治县	保亭自治县	29.15
1034	黑龙江省	齐齐哈尔市	甘南县	29.15
1035	四川省	阿坝藏族自治州	小金县	29.15
1036	四川省	南充市	西充县	29.15
1037	山东省	菏泽市	郓城县	29.15
1038	西藏自治区	拉萨市	当雄县	29.15
1039	西藏自治区	那曲市	色尼区	29.15
1040	广西壮族自治区	崇左市	龙州县	29.14
1041	河南省	安阳市	内黄县	29.14
1042	四川省	凉山自治州	金阳县	29.14
1043	山东省	滨州市	沾化区	29.14
1044	山东省	济宁市	嘉祥县	29.14

排名	省份	地市级	县级	生态级大气环境资源
1045	浙江省	舟山市	定海区	29.14
1046	安徽省	合肥市	肥东县	29.13
1047	贵州省	黔东南自治州	施秉县	29.13
1048	贵州省	黔东南自治州	麻江县	29.13
1049	河北省	邢台市	柏乡县	29.13
1050	河南省	信阳市	浉河区	29.13
1051	四川省	阿坝藏族自治州	若尔盖县	29.13
1052	四川省	泸州市	古蔺县	29.13
1053	四川省	绵阳市	北川自治县	29.13
1054	福建省	宁德市	寿宁县	29.12
1055	湖北省	潜江市	潜江市	29.12
1056	河南省	濮阳市	南乐县	29.12
1057	湖南省	常德市	安乡县	29.12
1058	江西省	吉安市	永丰县	29.12
1059	四川省	德阳市	什邡市	29.12
1060	四川省	甘孜藏族自治州	理塘县	29.12
1061	云南省	保山市	腾冲市	29.12
1062	安徽省	滁州市	定远县	29.11
1063	云南省	楚雄自治州	元谋县	29.11
1064	贵州省	黔东南自治州	岑巩县	29.10
1065	贵州省	黔南自治州	龙里县	29.10
1066	湖北省	十堰市	丹江口市	29.10
1067	湖南省	怀化市	靖州自治县	29.10
1068	四川省	成都市	新都区	29.10
1069	四川省	甘孜藏族自治州	石渠县	29.10
1070	四川省	眉山市	仁寿县	29.10
1071	四川省	南充市	营山县	29.10
1072	山东省	聊城市	冠县	29.10
1073	云南省	大理自治州	漾濞自治县	29.10
1074	浙江省	金华市	东阳市	29.10
1075	浙江省	衢州市	龙游县	29.10
1076	甘肃省	庆阳市	西峰区	29.09
1077	四川省	成都市	大邑县	29.09
1078	山东省	济南市	天桥区	29.09
1079	江西省	宜春市	万载县	29.08
1080	山东省	济宁市	汶上县	29.08
1081	福建省	南平市	延平区	29.07
1082	河南省	许昌市	建安区	29.07
1083	四川省	凉山自治州	会东县	29.07
1084	重庆市	忠县	忠县	29.06

排名	省份	地市级	县级	生态级大气环境资源
1085	福建省	三明市	明溪县	29.06
1086	甘肃省	武威市	民勤县	29.06
1087	贵州省	安顺市	紫云自治县	29.06
1088	河南省	信阳市	商城县	29.06
1089	黑龙江省	佳木斯市	汤原县	29.06
1090	湖南省	湘西自治州	泸溪县	29.06
1091	江西省	南昌市	南昌县	29.06
1092	四川省	甘孜藏族自治州	得荣县	29.06
1093	福建省	龙岩市	长汀县	29.05
1094	湖北省	黄冈市	麻城市	29.05
1095	湖南省	益阳市	安化县	29.05
1096	江苏省	南京市	六合区	29.05
1097	黑龙江省	哈尔滨市	巴彦县	29.04
1098	内蒙古自治区	呼伦贝尔市	阿荣旗	29.04
1099	贵州省	黔南自治州	贵定县	29.03
1100	湖南省	长沙市	浏阳市	29.03
1101	辽宁省	大连市	西岗区	29.03
1102	福建省	南平市	邵武市	29.02
1103	贵州省	铜仁市	玉屏自治县	29.02
1104	内蒙古自治区	阿拉善盟	阿拉善右旗	29.02
1105	四川省	德阳市	旌阳区	29.02
1106	山东省	德州市	禹城市	29.02
1107	河南省	南阳市	西峡县	29.01
1108	湖南省	湘潭市	韶山市	29.01
1109	吉林省	延边自治州	珲春市	29.01
1110	四川省	达州市	开江县	29.01
1111	内蒙古自治区	赤峰市	克什克腾旗	29.00
1112	四川省	成都市	崇州市	29.00
1113	陕西省	咸阳市	武功县	29.00
1114	浙江省	金华市	武义县	29.00
1115	福建省	南平市	武夷山市	28.99
1116	河南省	洛阳市	栾川县	28.99
1117	黑龙江省	牡丹江市	东宁市	28.99
1118	湖南省	常德市	汉寿县	28.99
1119	湖南省	衡阳市	衡东县	28.99
1120	吉林省	松原市	乾安县	28.99
1121	内蒙古自治区	巴彦淖尔市	乌拉特前旗	28.99
1122	内蒙古自治区	呼伦贝尔市	满洲里市	28.99
1123	四川省	广元市	苍溪县	28.99
1124	四川省	宜宾市	珙县	28.99

排名	省份	地市级	县级	生态级大气环境资源
1125	山东省	聊城市	东阿县	28.99
1126	山西省	阳泉市	郊区	28.99
1127	贵州省	黔西南自治州	兴仁县	28.98
1128	河南省	新乡市	延津县	28.98
1129	山西省	临汾市	汾西县	28.98
1130	天津市	滨海新区	滨海新区南部沿海	28.98
1131	黑龙江省	佳木斯市	桦川县	28.97
1132	江苏省	无锡市	梁溪区	28.97
1133	江西省	上饶市	婺源县	28.97
1134	山东省	菏泽市	成武县	28.97
1135	云南省	玉溪市	易门县	28.97
1136	云南省	玉溪市	华宁县	28.97
1137	安徽省	六安市	金寨县	28.96
1138	广西壮族自治区	河池市	东兰县	28.96
1139	四川省	乐山市	马边自治县	28.96
1140	四川省	雅安市	芦山县	28.96
1141	西藏自治区	那曲市	索县	28.96
1142	甘肃省	兰州市	安宁区	28.95
1143	贵州省	毕节市	赫章县	28.95
1144	河南省	驻马店市	驿城区	28.95
1145	江苏省	盐城市	射阳县	28.95
1146	山西省	忻州市	五寨县	28.95
1147	云南省	曲靖市	沾益区	28.95
1148	浙江省	金华市	永康市	28.95
1149	浙江省	丽水市	庆元县	28.95
1150	湖北省	黄冈市	蕲春县	28.94
1151	河北省	邢台市	临城县	28.94
1152	河南省	南阳市	新野县	28.94
1153	江西省	抚州市	乐安县	28.94
1154	四川省	凉山自治州	会理县	28.94
1155	陕西省	咸阳市	长武县	28.94
1156	河南省	商丘市	睢县	28.93
1157	黑龙江省	双鸭山市	集贤县	28.93
1158	四川省	阿坝藏族自治州	阿坝县	28.93
1159	云南省	楚雄自治州	双柏县	28.93
1160	江苏省	南京市	溧水区	28.92
1161	四川省	乐山市	峨眉山市	28.92
1162	四川省	遂宁市	射洪县	28.92
1163	陕西省	汉中市	西乡县	28.92
1164	陕西省	西安市	高陵区	28.92

排名	省份	地市级	县级	生态级大气环境资源
1165	天津市	滨海新区	滨海新区中部沿海	28.92
1166	新疆维吾尔自治区	巴音郭楞自治州	轮台县	28.92
1167	贵州省	遵义市	湄潭县	28.91
1168	湖南省	怀化市	会同县	28.91
1169	山东省	东营市	河口区	28.91
1170	陕西省	咸阳市	泾阳县	28.91
1171	陕西省	延安市	延川县	28.91
1172	山西省	晋中市	祁县	28.91
1173	天津市	静海区	静海区	28.91
1174	湖北省	荆州市	荆州区	28.90
1175	湖北省	襄阳市	南漳县	28.90
1176	河南省	开封市	兰考县	28.90
1177	河南省	濮阳市	清丰县	28.90
1178	河南省	商丘市	永城市	28.90
1179	江苏省	徐州市	新沂市	28.90
1180	陕西省	西安市	鄠邑区	28.90
1181	新疆维吾尔自治区	塔城地区	裕民县	28.90
1182	浙江省	金华市	浦江县	28.90
1183	广西壮族自治区	河池市	凤山县	28.89
1184	河北省	唐山市	丰南区	28.89
1185	山东省	烟台市	福山区	28.89
1186	陕西省	铜川市	耀州区	28.89
1187	山西省	临汾市	翼城县	28.89
1188	甘肃省	酒泉市	金塔县	28.88
1189	贵州省	黔西南自治州	普安县	28.88
1190	河北省	邯郸市	曲周县	28.88
1191	河南省	信阳市	潢川县	28.88
1192	四川省	绵阳市	平武县	28.88
1193	四川省	绵阳市	盐亭县	28.88
1194	甘肃省	张掖市	山丹县	28.87
1195	山西省	忻州市	繁峙县	28.87
1196	甘肃省	定西市	漳县	28.86
1197	黑龙江省	鸡西市	密山市	28.86
1198	湖南省	湘西自治州	凤凰县	28.86
1199	四川省	达州市	大竹县	28.86
1200	四川省	广安市	岳池县	28.86
1201	四川省	宜宾市	宜宾县	28.86
1202	山东省	枣庄市	市中区	28.86
1203	安徽省	滁州市	凤阳县	28.85
1204	河北省	邢台市	新河县	28.85

排名	省份	地市级	县级	生态级大气环境资源
1205	河北省	邢台市	巨鹿县	28.85
1206	湖南省	怀化市	通道自治县	28.85
1207	四川省	阿坝藏族自治州	黑水县	28.85
1208	山东省	临沂市	莒南县	28.85
1209	甘肃省	平凉市	静宁县	28.84
1210	贵州省	遵义市	赤水市	28.84
1211	河南省	平顶山市	郏县	28.84
1212	河南省	驻马店市	平舆县	28.84
1213	湖南省	湘西自治州	保靖县	28.84
1214	江苏省	盐城市	响水县	28.84
1215	山西省	运城市	永济市	28.84
1216	云南省	昭通市	绥江县	28.84
1217	湖南省	永州市	宁远县	28.83
1218	四川省	阿坝藏族自治州	九寨沟县	28.83
1219	四川省	甘孜藏族自治州	新龙县	28.83
1220	山东省	枣庄市	台儿庄区	28.83
1221	陕西省	渭南市	大荔县	28.83
1222	湖北省	恩施自治州	宣恩县	28.82
1223	吉林省	白城市	大安市	28.82
1224	四川省	宜宾市	高县	28.82
1225	山西省	临汾市	曲沃县	28.82
1226	河南省	商丘市	民权县	28.81
1227	辽宁省	本溪市	明山区	28.81
1228	四川省	雅安市	天全县	28.81
1229	山西省	临汾市	浮山县	28.81
1230	安徽省	黄山市	祁门县	28.80
1231	辽宁省	辽阳市	灯塔市	28.80
1232	内蒙古自治区	赤峰市	翁牛特旗	28.80
1233	内蒙古自治区	乌兰察布市	兴和县	28.80
1234	青海省	海南自治州	同德县	28.80
1235	陕西省	汉中市	洋县	28.80
1236	云南省	玉溪市	红塔区	28.80
1237	安徽省	黄山市	黟县	28.79
1238	甘肃省	陇南市	西和县	28.79
1239	河北省	邢台市	宁晋县	28.79
1240	河南省	南阳市	方城县	28.79
1241	吉林省	松原市	长岭县	28.79
1242	江苏省	盐城市	滨海县	28.79
1243	四川省	成都市	新津县	28.79
1244	山东省	济宁市	微山县	28.79

排名	省份	地市级	县级	生态级大气环境资源
1245	陕西省	延安市	宜川县	28.79
1246	浙江省	台州市	三门县	28.79
1247	甘肃省	定西市	渭源县	28.78
1248	甘肃省	天水市	麦积区	28.78
1249	湖北省	襄阳市	老河口市	28.78
1250	四川省	阿坝藏族自治州	壤塘县	28.78
1251	山西省	忻州市	河曲县	28.78
1252	江苏省	盐城市	大丰区	28.77
1253	四川省	巴中市	平昌县	28.77
1254	四川省	攀枝花市	东区	28.77
1255	云南省	红河自治州	屏边自治县	28.77
1256	河南省	南阳市	邓州市	28.76
1257	四川省	凉山自治州	雷波县	28.76
1258	山东省	烟台市	蓬莱市	28.76
1259	陕西省	汉中市	勉县	28.76
1260	山西省	大同市	阳高县	28.76
1261	黑龙江省	双鸭山市	尖山区	28.75
1262	江苏省	连云港市	东海县	28.75
1263	云南省	大理自治州	洱源县	28.75
1264	甘肃省	天水市	秦州区	28.74
1265	贵州省	黔东南自治州	雷山县	28.74
1266	贵州省	黔南自治州	惠水县	28.74
1267	河南省	焦作市	沁阳市	28.74
1268	黑龙江省	齐齐哈尔市	讷河市	28.74
1269	青海省	海北自治州	海晏县	28.74
1270	青海省	海东市	循化自治县	28.74
1271	青海省	玉树自治州	治多县	28.74
1272	山东省	济宁市	邹城市	28.74
1273	江西省	宜春市	铜鼓县	28.73
1274	陕西省	渭南市	澄城县	28.73
1275	陕西省	西安市	周至县	28.73
1276	山西省	朔州市	怀仁县	28.73
1277	云南省	楚雄自治州	南华县	28.73
1278	河北省	邢台市	广宗县	28.72
1279	江苏省	扬州市	高邮市	28.72
1280	江西省	上饶市	德兴市	28.72
1281	辽宁省	抚顺市	顺城区	28.72
1282	内蒙古自治区	锡林郭勒盟	锡林浩特市	28.72
1283	四川省	达州市	宣汉县	28.72
1284	四川省	凉山自治州	西昌市	28.72

排名	省份	地市级	县级	生态级大气环境资源
1285	山东省	菏泽市	定陶区	28.72
1286	山东省	菏泽市	牡丹区	28.72
1287	重庆市	开州区	开州区	28.71
1288	湖南省	张家界市	永定区	28.71
1289	江西省	赣州市	兴国县	28.71
1290	辽宁省	朝阳市	双塔区	28.71
1291	青海省	海北自治州	刚察县	28.71
1292	四川省	绵阳市	涪城区	28.71
1293	陕西省	咸阳市	乾县	28.71
1294	山西省	忻州市	静乐县	28.71
1295	西藏自治区	阿里地区	噶尔县	28.71
1296	贵州省	毕节市	威宁自治县	28.70
1297	河南省	焦作市	武陟县	28.70
1298	河南省	周口市	商水县	28.70
1299	湖南省	永州市	蓝山县	28.70
1300	四川省	甘孜藏族自治州	稻城县	28.70
1301	山东省	潍坊市	安丘市	28.70
1302	陕西省	延安市	安塞区	28.70
1303	陕西省	延安市	富县	28.70
1304	山西省	运城市	新绛县	28.70
1305	西藏自治区	昌都市	洛隆县	28.70
1306	江苏省	镇江市	润州区	28.69
1307	内蒙古自治区	通辽市	科尔沁区	28.69
1308	四川省	德阳市	中江县	28.69
1309	安徽省	安庆市	岳西县	28.68
1310	安徽省	阜阳市	颍上县	28.68
1311	甘肃省	陇南市	礼县	28.68
1312	湖北省	十堰市	茅箭区	28.68
1313	河北省	沧州市	青县	28.68
1314	河南省	周口市	项城市	28.68
1315	四川省	阿坝藏族自治州	红原县	28.68
1316	陕西省	汉中市	略阳县	28.68
1317	山西省	阳泉市	盂县	28.68
1318	福建省	宁德市	福鼎市	28.67
1319	湖北省	十堰市	竹山县	28.67
1320	河南省	商丘市	夏邑县	28.67
1321	河南省	周口市	西华县	28.67
1322	青海省	黄南自治州	泽库县	28.67
1323	山东省	滨州市	滨城区	28.67
1324	河北省	秦皇岛市	昌黎县	28.66

排名	省份	地市级	县级	生态级大气环境资源
1325	四川省	成都市	彭州市	28.66
1326	四川省	乐山市	沐川县	28.66
1327	陕西省	延安市	子长县	28.66
1328	新疆维吾尔自治区	塔城地区	和布克赛尔自治县	28.66
1329	云南省	昆明市	东川区	28.66
1330	云南省	普洱市	宁洱自治县	28.66
1331	浙江省	宁波市	慈溪市	28.66
1332	福建省	南平市	建瓯市	28.65
1333	甘肃省	白银市	靖远县	28.65
1334	江西省	抚州市	广昌县	28.65
1335	内蒙古自治区	包头市	达尔罕茂明安联合旗	28.65
1336	内蒙古自治区	呼和浩特市	托克托县	28.65
1337	内蒙古自治区	兴安盟	扎赉特旗	28.65
1338	内蒙古自治区	兴安盟	科尔沁右翼中旗东南	28.65
1339	青海省	玉树自治州	杂多县	28.65
1340	陕西省	宝鸡市	陈仓区	28.65
1341	山西省	朔州市	山阴县	28.65
1342	河北省	邢台市	南和县	28.64
1343	河南省	漯河市	临颍县	28.64
1344	陕西省	西安市	蓝田县	28.64
1345	山西省	晋中市	介休市	28.64
1346	天津市	河西区	河西区	28.64
1347	西藏自治区	日喀则市	南木林县	28.64
1348	湖北省	恩施自治州	利川市	28.63
1349	湖南省	邵阳市	大祥区	28.63
1350	河北省	石家庄市	赞皇县	28.62
1351	四川省	阿坝藏族自治州	汶川县	28.62
1352	山东省	德州市	宁津县	28.62
1353	山东省	青岛市	莱西市	28.62
1354	山东省	淄博市	临淄区	28.62
1355	河南省	洛阳市	汝阳县	28.61
1356	黑龙江省	齐齐哈尔市	克东县	28.61
1357	内蒙古自治区	兴安盟	扎赉特旗西部	28.61
1358	山东省	德州市	乐陵市	28.61
1359	山东省	菏泽市	巨野县	28.61
1360	山西省	忻州市	保德县	28.61
1361	重庆市	北碚区	北碚区	28.60
1362	甘肃省	庆阳市	庆城县	28.60
1363	贵州省	毕节市	纳雍县	28.60
1364	河南省	焦作市	修武县	28.60

排名	省份	地市级	县级	生态级大气环境资源
1365	河南省	漯河市	舞阳县	28.60
1366	河南省	平顶山市	汝州市	28.60
1367	河南省	郑州市	中牟县	28.60
1368	湖南省	衡阳市	蒸湘区	28.60
1369	江苏省	徐州市	丰县	28.60
1370	四川省	泸州市	叙永县	28.60
1371	重庆市	江津区	江津区	28.59
1372	河北省	张家口市	怀安县	28.59
1373	河南省	新乡市	获嘉县	28.59
1374	山东省	聊城市	临清市	28.59
1375	陕西省	汉中市	南郑区	28.59
1376	河北省	邯郸市	磁县	28.58
1377	河南省	商丘市	柘城县	28.58
1378	湖南省	常德市	桃源县	28.58
1379	山西省	忻州市	偏关县	28.58
1380	甘肃省	甘南自治州	玛曲县	28.57
1381	河北省	张家口市	宣化区	28.57
1382	河南省	许昌市	鄢陵县	28.57
1383	湖南省	岳阳市	华容县	28.57
1384	四川省	乐山市	夹江县	28.57
1385	四川省	内江市	东兴区	28.57
1386	山东省	滨州市	无棣县	28.57
1387	山东省	济宁市	泗水县	28.57
1388	河北省	衡水市	冀州区	28.56
1389	四川省	雅安市	名山区	28.56
1390	山西省	朔州市	应县	28.56
1391	天津市	东丽区	东丽区	28.56
1392	西藏自治区	昌都市	芒康县	28.56
1393	甘肃省	定西市	陇西县	28.55
1394	甘肃省	天水市	清水县	28.55
1395	河南省	开封市	杞县	28.55
1396	河南省	信阳市	固始县	28.55
1397	江苏省	淮安市	淮阴区	28.55
1398	内蒙古自治区	鄂尔多斯市	达拉特旗	28.55
1399	内蒙古自治区	锡林郭勒盟	阿巴嘎旗西北	28.55
1400	四川省	遂宁市	船山区	28.55
1401	山西省	临汾市	霍州市	28.55
1402	云南省	昭通市	盐津县	28.55
1403	甘肃省	陇南市	宕昌县	28.54
1404	内蒙古自治区	巴彦淖尔市	乌拉特前旗北部	28.54

排名	省份	地市级	县级	生态级大气环境资源
1405	安徽省	黄山市	黄山区	28.53
1406	河南省	开封市	尉氏县	28.53
1407	内蒙古自治区	阿拉善盟	额济纳旗	28.53
1408	四川省	广元市	青川县	28.53
1409	山东省	东营市	利津县	28.53
1410	云南省	文山自治州	广南县	28.53
1411	广西壮族自治区	柳州市	柳江区	28.52
1412	湖北省	襄阳市	保康县	28.52
1413	陕西省	榆林市	佳县	28.52
1414	山西省	吕梁市	汾阳市	28.52
1415	西藏自治区	林芝市	巴宜区	28.52
1416	福建省	三明市	泰宁县	28.51
1417	广西壮族自治区	崇左市	凭祥市	28.51
1418	河北省	邢台市	清河县	28.51
1419	湖南省	邵阳市	绥宁县	28.51
1420	吉林省	长春市	德惠市	28.51
1421	四川省	绵阳市	梓潼县	28.51
1422	山西省	晋中市	和顺县	28.51
1423	浙江省	宁波市	镇海区	28.51
1424	重庆市	九龙坡区	九龙坡区	28.50
1425	重庆市	长寿区	长寿区	28.50
1426	甘肃省	甘南自治州	迭部县	28.50
1427	辽宁省	大连市	普兰店区	28.50
1428	辽宁省	沈阳市	辽中区	28.50
1429	内蒙古自治区	鄂尔多斯市	东胜区	28.50
1430	陕西省	榆林市	神木市	28.50
1431	西藏自治区	山南市	贡嘎县	28.50
1432	重庆市	酉阳自治县	酉阳自治县	28.49
1433	甘肃省	庆阳市	环县	28.49
1434	山东省	烟台市	莱阳市	28.49
1435	陕西省	安康市	岚皋县	28.49
1436	山西省	运城市	夏县	28.49
1437	贵州省	遵义市	桐梓县	28.48
1438	河北省	沧州市	孟村自治县	28.48
1439	吉林省	长春市	双阳区	28.48
1440	辽宁省	阜新市	彰武县	28.48
1441	内蒙古自治区	鄂尔多斯市	鄂托克旗西北	28.48
1442	青海省	海东市	平安区	28.48
1443	陕西省	西安市	长安区	28.48
1444	安徽省	合肥市	蜀山区	28.47

排名	省份	地市级	县级	生态级大气环境资源
1445	湖北省	恩施自治州	鹤峰县	28.47
1446	湖南省	湘西自治州	花垣县	28.47
1447	山西省	晋城市	高平市	28.47
1448	山西省	晋中市	榆社县	28.47
1449	甘肃省	陇南市	武都区	28.46
1450	河南省	郑州市	新密市	28.46
1451	吉林省	长春市	九台区	28.46
1452	山东省	聊城市	高唐县	28.46
1453	陕西省	咸阳市	永寿县	28.46
1454	山西省	运城市	闻喜县	28.46
1455	贵州省	遵义市	正安县	28.45
1456	湖北省	黄石市	黄石港区	28.45
1457	河南省	南阳市	社旗县	28.45
1458	湖南省	永州市	道县	28.45
1459	辽宁省	盘锦市	双台子区	28.45
1460	四川省	甘孜藏族自治州	色达县	28.45
1461	山西省	吕梁市	文水县	28.45
1462	云南省	临沧市	临翔区	28.45
1463	安徽省	黄山市	屯溪区	28.44
1464	山东省	莱芜市	莱城区	28.44
1465	山西省	吕梁市	交口县	28.44
1466	浙江省	绍兴市	嵊州市	28.44
1467	重庆市	城口县	城口县	28.43
1468	湖北省	随州市	曾都区	28.43
1469	河南省	新乡市	封丘县	28.43
1470	陕西省	延安市	甘泉县	28.43
1471	山东省	菏泽市	鄄城县	28.42
1472	山西省	长治市	潞城市	28.42
1473	新疆维吾尔自治区	昌吉自治州	木垒自治县	28.42
1474	四川省	绵阳市	江油市	28.41
1475	新疆维吾尔自治区	巴音郭楞自治州	库尔勒市	28.41
1476	河北省	邯郸市	成安县	28.40
1477	黑龙江省	黑河市	逊克县	28.40
1478	宁夏回族自治区	银川市	永宁县	28.40
1479	四川省	成都市	双流区	28.40
1480	陕西省	咸阳市	渭城区	28.40
1481	山西省	临汾市	洪洞县	28.40
1482	山西省	运城市	盐湖区	28.40
1483	浙江省	宁波市	宁海县	28.40
1484	浙江省	绍兴市	越城区	28.40

排名	省份	地市级	县级	生态级大气环境资源
1485	安徽省	宣城市	宁国市	28.39
1486	河南省	焦作市	山阳区	28.39
1487	河南省	周口市	淮阳县	28.39
1488	黑龙江省	双鸭山市	饶河县	28.39
1489	江苏省	宿迁市	泗阳县	28.39
1490	宁夏回族自治区	石嘴山市	平罗县	28.39
1491	宁夏回族自治区	中卫市	海原县	28.39
1492	山西省	太原市	阳曲县	28.39
1493	山西省	长治市	沁源县	28.39
1494	浙江省	湖州市	安吉县	28.39
1495	浙江省	台州市	临海市	28.39
1496	河北省	沧州市	黄骅市	28.38
1497	河北省	邯郸市	邯山区	28.38
1498	河北省	衡水市	阜城县	28.38
1499	四川省	凉山自治州	越西县	28.38
1500	陕西省	渭南市	富平县	28.38
1501	山西省	吕梁市	吕梁市 *	28.38
1502	山西省	运城市	平陆县	28.38
1503	甘肃省	白银市	景泰县	28.37
1504	河北省	沧州市	献县	28.37
1505	山东省	德州市	德城区	28.37
1506	山东省	泰安市	泰山区	28.37
1507	贵州省	六盘水市	钟山区	28.36
1508	贵州省	黔西南自治州	望谟县	28.36
1509	贵州省	遵义市	务川自治县	28.36
1510	河北省	衡水市	安平县	28.36
1511	河北省	衡水市	武强县	28.36
1512	黑龙江省	哈尔滨市	香坊区	28.36
1513	江西省	宜春市	靖安县	28.36
1514	青海省	玉树自治州	称多县	28.36
1515	陕西省	安康市	汉阴县	28.36
1516	陕西省	延安市	延长县	28.36
1517	甘肃省	张掖市	肃南自治县	28.35
1518	甘肃省	张掖市	临泽县	28.35
1519	河北省	承德市	滦平县	28.35
1520	河北省	承德市	滦平县	28.35
1521	河北省	张家口市	沽源县	28.35
1522	浙江省	丽水市	龙泉市	28.35
1523	甘肃省	平凉市	崇信县	28.34
1524	黑龙江省	哈尔滨市	呼兰区	28.34

* 一站两用。

排名	省份	地市级	县级	生态级大气环境资源
1525	四川省	阿坝藏族自治州	金川县	28.34
1526	四川省	南充市	阆中市	28.34
1527	山东省	潍坊市	寿光市	28.34
1528	山西省	晋中市	昔阳县	28.34
1529	重庆市	丰都县	丰都县	28.33
1530	甘肃省	临夏自治州	康乐县	28.33
1531	河北省	张家口市	万全区	28.33
1532	湖南省	常德市	石门县	28.33
1533	内蒙古自治区	赤峰市	松山区	28.33
1534	四川省	乐山市	市中区	28.33
1535	山东省	烟台市	莱州市	28.33
1536	云南省	楚雄自治州	楚雄市	28.33
1537	安徽省	滁州市	琅琊区	28.32
1538	黑龙江省	大庆市	肇州县	28.32
1539	吉林省	延边自治州	安图县	28.32
1540	陕西省	宝鸡市	陇县	28.32
1541	陕西省	宝鸡市	千阳县	28.32
1542	重庆市	大足区	大足区	28.31
1543	甘肃省	天水市	甘谷县	28.31
1544	河北省	邢台市	平乡县	28.31
1545	江西省	赣州市	寻乌县	28.31
1546	江西省	九江市	德安县	28.31
1547	四川省	达州市	万源市	28.31
1548	山东省	淄博市	张店区	28.31
1549	陕西省	延安市	志丹县	28.31
1550	湖北省	宜昌市	兴山县	28.30
1551	河北省	沧州市	东光县	28.30
1552	河北省	邢台市	沙河市	28.30
1553	内蒙古自治区	兴安盟	科尔沁右翼前旗	28.30
1554	四川省	凉山自治州	甘洛县	28.30
1555	湖南省	岳阳市	临湘市	28.29
1556	山东省	青岛市	黄岛区	28.29
1557	新疆维吾尔自治区	吐鲁番市	托克逊县	28.29
1558	甘肃省	酒泉市	瓜州县	28.28
1559	河北省	石家庄市	元氏县	28.28
1560	河北省	唐山市	曹妃甸区	28.28
1561	陕西省	榆林市	靖边县	28.28
1562	重庆市	巫溪县	巫溪县	28.27
1563	湖北省	十堰市	房县	28.27
1564	河南省	新乡市	辉县	28.27

排名	省份	地市级	县级	生态级大气环境资源
1565	吉林省	白城市	洮北区	28.27
1566	江苏省	徐州市	沛县	28.27
1567	辽宁省	朝阳市	建平县	28.27
1568	山东省	聊城市	莘县	28.27
1569	北京市	房山区	房山区	28.26
1570	贵州省	黔东南自治州	三穗县	28.26
1571	河北省	邢台市	隆尧县	28.26
1572	河南省	平顶山市	鲁山县	28.26
1573	辽宁省	锦州市	黑山县	28.26
1574	宁夏回族自治区	中卫市	中宁县	28.26
1575	福建省	南平市	浦城县	28.25
1576	山东省	滨州市	博兴县	28.25
1577	山东省	威海市	乳山市	28.25
1578	山西省	运城市	万荣县	28.25
1579	江苏省	淮安市	盱眙县	28.24
1580	辽宁省	鞍山市	铁东区	28.24
1581	内蒙古自治区	巴彦淖尔市	乌拉特后旗	28.24
1582	山西省	临汾市	大宁县	28.24
1583	湖北省	黄冈市	英山县	28.23
1584	河南省	商丘市	梁园区	28.23
1585	北京市	通州区	通州区	28.22
1586	福建省	三明市	尤溪县	28.22
1587	贵州省	遵义市	余庆县	28.22
1588	河北省	邯郸市	邱县	28.22
1589	四川省	甘孜藏族自治州	巴塘县	28.22
1590	浙江省	衢州市	开化县	28.22
1591	北京市	昌平区	昌平区	28.21
1592	湖南省	娄底市	涟源市	28.21
1593	湖南省	永州市	冷水滩区	28.21
1594	四川省	甘孜藏族自治州	甘孜县	28.21
1595	山西省	晋中市	太谷县	28.21
1596	福建省	南平市	建阳区	28.20
1597	福建省	三明市	将乐县	28.20
1598	甘肃省	白银市	会宁县	28.20
1599	河北省	邯郸市	广平县	28.20
1600	河南省	濮阳市	濮阳县	28.20
1601	黑龙江省	齐齐哈尔市	拜泉县	28.20
1602	湖南省	益阳市	南县	28.20
1603	江西省	九江市	修水县	28.20
1604	内蒙古自治区	赤峰市	宁城县	28.20

排名	省份	地市级	县级	生态级大气环境资源
1605	四川省	达州市	达川区	28.20
1606	河南省	濮阳市	台前县	28.19
1607	辽宁省	沈阳市	苏家屯区	28.19
1608	四川省	广元市	朝天区	28.19
1609	山西省	忻州市	五台县	28.19
1610	河北省	石家庄市	高邑县	28.18
1611	河南省	郑州市	荥阳市	28.18
1612	吉林省	长春市	绿园区	28.18
1613	云南省	临沧市	镇康县	28.18
1614	辽宁省	铁岭市	银州区	28.17
1615	四川省	攀枝花市	米易县	28.17
1616	山东省	菏泽市	曹县	28.17
1617	山西省	晋中市	寿阳县	28.17
1618	西藏自治区	昌都市	昌都市	28.17
1619	江苏省	连云港市	灌南县	28.16
1620	辽宁省	朝阳市	北票市	28.16
1621	青海省	黄南自治州	尖扎县	28.16
1622	青海省	西宁市	湟源县	28.16
1623	甘肃省	平凉市	华亭县	28.15
1624	四川省	成都市	温江区	28.15
1625	陕西省	汉中市	镇巴县	28.15
1626	山西省	临汾市	永和县	28.15
1627	山西省	太原市	娄烦县	28.15
1628	山西省	阳泉市	平定县	28.15
1629	重庆市	梁平区	梁平区	28.14
1630	黑龙江省	齐齐哈尔市	泰来县	28.14
1631	云南省	昆明市	禄劝自治县	28.14
1632	甘肃省	陇南市	康县	28.13
1633	湖北省	恩施自治州	建始县	28.13
1634	河北省	廊坊市	大城县	28.13
1635	河南省	南阳市	桐柏县	28.13
1636	辽宁省	铁岭市	昌图县	28.13
1637	山西省	太原市	尖草坪区	28.13
1638	河北省	唐山市	乐亭县	28.12
1639	黑龙江省	哈尔滨市	通河县	28.12
1640	黑龙江省	双鸭山市	宝清县	28.12
1641	湖南省	衡阳市	常宁市	28.12
1642	江西省	赣州市	安远县	28.12
1643	山东省	济宁市	任城区	28.12
1644	山东省	淄博市	桓台县	28.12

排名	省份	地市级	县级	生态级大气环境资源
1645	陕西省	延安市	黄陵县	28.12
1646	北京市	顺义区	顺义区	28.11
1647	河北省	沧州市	盐山县	28.11
1648	辽宁省	葫芦岛市	兴城市	28.11
1649	辽宁省	锦州市	义县	28.11
1650	天津市	南开区	南开区	28.11
1651	湖南省	怀化市	麻阳自治县	28.10
1652	内蒙古自治区	呼伦贝尔市	鄂温克族自治旗	28.10
1653	山西省	晋中市	灵石县	28.10
1654	云南省	昭通市	昭阳区	28.10
1655	甘肃省	兰州市	榆中县	28.09
1656	河南省	新乡市	牧野区	28.09
1657	江苏省	盐城市	阜宁县	28.09
1658	新疆维吾尔自治区	伊犁自治州	特克斯县	28.09
1659	西藏自治区	山南市	加查县	28.09
1660	贵州省	黔东南自治州	台江县	28.08
1661	贵州省	遵义市	仁怀市	28.08
1662	湖北省	宜昌市	秭归县	28.08
1663	辽宁省	沈阳市	新民市	28.08
1664	陕西省	安康市	汉滨区	28.08
1665	山西省	忻州市	原平市	28.08
1666	天津市	津南区	津南区	28.08
1667	甘肃省	武威市	凉州区	28.07
1668	河北省	衡水市	武邑县	28.07
1669	江苏省	连云港市	赣榆区	28.07
1670	内蒙古自治区	赤峰市	红山区	28.07
1671	四川省	甘孜藏族自治州	道孚县	28.07
1672	山东省	烟台市	龙口市	28.07
1673	天津市	滨海新区	滨海新区北部沿海	28.07
1674	云南省	临沧市	沧源自治县	28.07
1675	湖南省	郴州市	安仁县	28.06
1676	四川省	广元市	旺苍县	28.06
1677	山东省	东营市	广饶县	28.06
1678	河北省	石家庄市	行唐县	28.05
1679	安徽省	六安市	霍山县	28.04
1680	贵州省	毕节市	金沙县	28.04
1681	河南省	周口市	沈丘县	28.04
1682	河南省	周口市	鹿邑县	28.04
1683	黑龙江省	哈尔滨市	五常市	28.04
1684	吉林省	白城市	通榆县	28.04

排名	省份	地市级	县级	生态级大气环境资源
1685	青海省	黄南自治州	同仁县	28.04
1686	陕西省	榆林市	定边县	28.04
1687	西藏自治区	昌都市	丁青县	28.04
1688	广西壮族自治区	河池市	天峨县	28.03
1689	湖北省	恩施自治州	来凤县	28.03
1690	河北省	张家口市	桥东区	28.03
1691	河南省	新乡市	长垣县	28.03
1692	黑龙江省	牡丹江市	宁安市	28.03
1693	内蒙古自治区	巴彦淖尔市	五原县	28.03
1694	新疆维吾尔自治区	和田地区	策勒县	28.03
1695	云南省	普洱市	墨江自治县	28.03
1696	安徽省	池州市	东至县	28.02
1697	河北省	沧州市	运河区	28.02
1698	河北省	衡水市	故城县	28.02
1699	吉林省	延边自治州	延吉市	28.02
1700	江苏省	宿迁市	泗洪县	28.02
1701	内蒙古自治区	乌兰察布市	察哈尔右翼后旗	28.02
1702	宁夏回族自治区	吴忠市	利通区	28.02
1703	四川省	甘孜藏族自治州	德格县	28.02
1704	陕西省	咸阳市	彬县	28.02
1705	贵州省	毕节市	大方县	28.01
1706	甘肃省	临夏自治州	和政县	28.00
1707	贵州省	毕节市	七星关区	28.00
1708	山东省	淄博市	高青县	28.00
1709	山西省	太原市	小店区	28.00
1710	安徽省	宿州市	萧县	27.99
1711	内蒙古自治区	赤峰市	喀喇沁旗	27.99
1712	宁夏回族自治区	固原市	原州区	27.99
1713	山西省	长治市	沁县	27.99
1714	云南省	普洱市	景东自治县	27.99
1715	河北省	邯郸市	肥乡区	27.98
1716	江西省	吉安市	吉州区	27.98
1717	辽宁省	大连市	瓦房店市	27.98
1718	内蒙古自治区	鄂尔多斯市	准格尔旗	27.98
1719	陕西省	汉中市	宁强县	27.98
1720	山西省	大同市	天镇县	27.98
1721	江西省	宜春市	奉新县	27.97
1722	内蒙古自治区	巴彦淖尔市	临河区	27.97
1723	青海省	海东市	化隆自治县	27.97
1724	河南省	郑州市	二七区	27.96

排名	省份	地市级	县级	生态级大气环境资源
1725	江西省	宜春市	上高县	27.96
1726	宁夏回族自治区	中卫市	沙坡头区	27.95
1727	山东省	临沂市	蒙阴县	27.95
1728	陕西省	渭南市	蒲城县	27.95
1729	陕西省	渭南市	韩城市	27.95
1730	陕西省	延安市	宝塔区	27.95
1731	山西省	吕梁市	交城县	27.95
1732	河南省	商丘市	宁陵县	27.94
1733	江苏省	苏州市	昆山市	27.94
1734	江苏省	宿迁市	沭阳县	27.94
1735	山东省	枣庄市	峄城区	27.94
1736	陕西省	安康市	石泉县	27.94
1737	甘肃省	兰州市	皋兰县	27.93
1738	河北省	沧州市	吴桥县	27.93
1739	辽宁省	朝阳市	凌源市	27.93
1740	辽宁省	沈阳市	沈北新区	27.93
1741	山东省	临沂市	郯城县	27.93
1742	西藏自治区	拉萨市	尼木县	27.93
1743	河北省	沧州市	任丘市	27.92
1744	内蒙古自治区	乌兰察布市	凉城县	27.92
1745	山东省	德州市	陵城区	27.92
1746	云南省	德宏自治州	瑞丽市	27.92
1747	黑龙江省	哈尔滨市	依兰县	27.91
1748	陕西省	汉中市	留坝县	27.91
1749	北京市	丰台区	丰台区	27.90
1750	广西壮族自治区	桂林市	阳朔县	27.90
1751	青海省	果洛自治州	玛多县	27.90
1752	山东省	泰安市	宁阳县	27.90
1753	云南省	迪庆自治州	维西自治县	27.90
1754	贵州省	遵义市	绥阳县	27.89
1755	辽宁省	辽阳市	宏伟区	27.89
1756	内蒙古自治区	阿拉善盟	阿拉善左旗西北	27.89
1757	吉林省	四平市	伊通自治县	27.88
1758	山东省	潍坊市	青州市	27.88
1759	天津市	蓟州区	蓟州区	27.88
1760	新疆维吾尔自治区	昌吉自治州	呼图壁县	27.88
1761	河北省	沧州市	南皮县	27.87
1762	河北省	衡水市	深州市	27.87
1763	黑龙江省	哈尔滨市	木兰县	27.87
1764	内蒙古自治区	锡林郭勒盟	东乌珠穆沁旗东部	27.87

排名	省份	地市级	县级	生态级大气环境资源
1765	北京市	怀柔区	怀柔区	27.86
1766	内蒙古自治区	呼和浩特市	和林格尔县	27.86
1767	四川省	巴中市	巴州区	27.86
1768	山东省	日照市	五莲县	27.86
1769	陕西省	渭南市	临渭区	27.86
1770	云南省	临沧市	双江自治县	27.86
1771	甘肃省	甘南自治州	合作市	27.85
1772	河南省	平顶山市	宝丰县	27.85
1773	湖南省	张家界市	桑植县	27.85
1774	陕西省	商洛市	商州区	27.85
1775	甘肃省	天水市	秦安县	27.84
1776	河南省	周口市	扶沟县	27.84
1777	黑龙江省	黑河市	五大连池市	27.84
1778	湖南省	娄底市	新化县	27.84
1779	山西省	晋中市	平遥县	27.84
1780	新疆维吾尔自治区	巴音郭楞自治州	和静县	27.84
1781	福建省	福州市	连江县	27.83
1782	河北省	石家庄市	赵县	27.83
1783	河北省	唐山市	丰润区	27.83
1784	河南省	周口市	川汇区	27.83
1785	陕西省	商洛市	丹凤县	27.83
1786	山西省	临汾市	隰县	27.83
1787	贵州省	铜仁市	石阡县	27.82
1788	河南省	信阳市	淮滨县	27.82
1789	吉林省	辽源市	东丰县	27.82
1790	江西省	抚州市	黎川县	27.82
1791	贵州省	铜仁市	碧江区	27.81
1792	湖南省	常德市	津市市	27.81
1793	辽宁省	沈阳市	法库县	27.81
1794	山东省	滨州市	阳信县	27.81
1795	贵州省	遵义市	习水县	27.80
1796	湖北省	襄阳市	枣阳市	27.80
1797	河北省	邯郸市	鸡泽县	27.80
1798	河北省	石家庄市	深泽县	27.80
1799	湖南省	湘西自治州	永顺县	27.80
1800	山西省	大同市	大同县	27.80
1801	新疆维吾尔自治区	和田地区	和田市	27.80
1802	甘肃省	庆阳市	镇原县	27.79
1803	河北省	承德市	宽城自治县	27.79
1804	山西省	忻州市	定襄县	27.79

排名	省份	地市级	县级	生态级大气环境资源
1805	河北省	保定市	阜平县	27.78
1806	辽宁省	丹东市	凤城市	27.77
1807	内蒙古自治区	乌兰察布市	丰镇市	27.77
1808	河北省	唐山市	滦县	27.76
1809	四川省	成都市	都江堰市	27.76
1810	山东省	淄博市	淄川区	27.76
1811	新疆维吾尔自治区	阿克苏地区	阿克苏市	27.76
1812	湖北省	十堰市	郧西县	27.75
1813	河北省	石家庄市	晋州市	27.75
1814	湖南省	郴州市	嘉禾县	27.75
1815	江苏省	无锡市	宜兴市	27.75
1816	辽宁省	盘锦市	大洼区	27.75
1817	辽宁省	铁岭市	开原市	27.75
1818	内蒙古自治区	包头市	土默特右旗	27.75
1819	青海省	海西自治州	冷湖行政区	27.75
1820	贵州省	黔西南自治州	册亨县	27.74
1821	内蒙古自治区	锡林郭勒盟	苏尼特左旗	27.74
1822	贵州省	黔南自治州	荔波县	27.73
1823	湖北省	宜昌市	长阳自治县	27.73
1824	黑龙江省	哈尔滨市	方正县	27.73
1825	湖南省	怀化市	洪江市	27.73
1826	吉林省	通化市	柳河县	27.73
1827	青海省	海南自治州	兴海县	27.73
1828	云南省	迪庆自治州	香格里拉市	27.73
1829	安徽省	宿州市	砀山县	27.72
1830	甘肃省	庆阳市	泾川县	27.72
1831	内蒙古自治区	呼伦贝尔市	新巴尔虎左旗	27.72
1832	青海省	海西自治州	乌兰县	27.72
1833	甘肃省	定西市	岷县	27.71
1834	甘肃省	定西市	通渭县	27.71
1835	河北省	承德市	隆化县	27.71
1836	西藏自治区	日喀则市	桑珠孜区	27.71
1837	河北省	张家口市	张北县	27.70
1838	宁夏回族自治区	吴忠市	青铜峡市	27.70
1839	青海省	海南自治州	贵德县	27.70
1840	山东省	淄博市	周村区	27.70
1841	新疆维吾尔自治区	阿克苏地区	阿瓦提县	27.70
1842	新疆维吾尔自治区	喀什地区	英吉沙县	27.70
1843	新疆维吾尔自治区	乌鲁木齐市	乌鲁木齐县	27.70
1844	浙江省	丽水市	遂昌县	27.70

续表

排名	省份	地市级	县级	生态级大气环境资源
1845	北京市	平谷区	平谷区	27.69
1846	河北省	石家庄市	新乐市	27.69
1847	内蒙古自治区	呼和浩特市	清水河县	27.69
1848	内蒙古自治区	鄂尔多斯市	鄂托克前旗	27.68
1849	甘肃省	张掖市	高台县	27.67
1850	山西省	忻州市	代县	27.67
1851	云南省	德宏自治州	芒市	27.67
1852	云南省	普洱市	江城自治县	27.67
1853	浙江省	温州市	文成县	27.67
1854	甘肃省	临夏自治州	广河县	27.66
1855	贵州省	毕节市	黔西县	27.66
1856	湖北省	黄石市	阳新县	27.66
1857	河北省	石家庄市	灵寿县	27.66
1858	河北省	张家口市	涿鹿县	27.66
1859	天津市	北辰区	北辰区	27.66
1860	浙江省	温州市	鹿城区	27.66
1861	贵州省	安顺市	普定县	27.65
1862	贵州省	毕节市	织金县	27.65
1863	北京市	石景山区	石景山区	27.64
1864	湖南省	常德市	临澧县	27.64
1865	江西省	景德镇市	昌江区	27.64
1866	河北省	石家庄市	平山县	27.63
1867	河北省	邢台市	任县	27.63
1868	贵州省	黔南自治州	三都自治县	27.62
1869	黑龙江省	哈尔滨市	阿城区	27.62
1870	江西省	宜春市	宜丰县	27.62
1871	山东省	济南市	商河县	27.62
1872	新疆维吾尔自治区	和田地区	墨玉县	27.62
1873	青海省	海西自治州	茫崖行政区	27.61
1874	四川省	成都市	邛崃市	27.61
1875	河北省	沧州市	河间市	27.60
1876	黑龙江省	哈尔滨市	宾县	27.60
1877	湖南省	怀化市	溆浦县	27.60
1878	新疆维吾尔自治区	哈密市	巴里坤自治县	27.60
1879	河北省	衡水市	枣强县	27.59
1880	湖南省	永州市	新田县	27.59
1881	内蒙古自治区	兴安盟	乌兰浩特市	27.59
1882	宁夏回族自治区	石嘴山市	大武口区	27.59
1883	云南省	保山市	隆阳区	27.59
1884	吉林省	通化市	辉南县	27.58

排名	省份	地市级	县级	生态级大气环境资源
1885	吉林省	通化市	通化县	27.58
1886	吉林省	延边自治州	图们市	27.58
1887	青海省	果洛自治州	久治县	27.58
1888	山东省	淄博市	博山区	27.58
1889	山西省	晋城市	阳城县	27.58
1890	河北省	承德市	围场自治县	27.57
1891	黑龙江省	绥化市	海伦市	27.57
1892	江西省	吉安市	泰和县	27.57
1893	西藏自治区	林芝市	波密县	27.57
1894	北京市	朝阳区	朝阳区	27.56
1895	贵州省	黔东南自治州	榕江县	27.56
1896	吉林省	延边自治州	龙井市	27.56
1897	江苏省	连云港市	灌云县	27.56
1898	内蒙古自治区	呼和浩特市	土默特左旗	27.56
1899	河南省	新乡市	卫辉市	27.55
1900	山东省	聊城市	东昌府区	27.55
1901	陕西省	安康市	旬阳县	27.55
1902	西藏自治区	昌都市	八宿县	27.55
1903	贵州省	黔东南自治州	黎平县	27.54
1904	湖南省	怀化市	辰溪县	27.54
1905	湖南省	邵阳市	武冈市	27.54
1906	内蒙古自治区	呼伦贝尔市	陈巴尔虎旗	27.54
1907	甘肃省	陇南市	徽县	27.53
1908	江苏省	徐州市	邳州市	27.53
1909	山东省	临沂市	沂南县	27.53
1910	甘肃省	定西市	临洮县	27.52
1911	山东省	日照市	莒县	27.52
1912	新疆维吾尔自治区	阿勒泰地区	吉木乃县	27.52
1913	山西省	吕梁市	石楼县	27.51
1914	西藏自治区	那曲市	嘉黎县	27.51
1915	河北省	张家口市	赤城县	27.50
1916	甘肃省	白银市	靖远县	27.49
1917	河北省	邯郸市	临漳县	27.49
1918	黑龙江省	伊春市	五营区	27.49
1919	内蒙古自治区	赤峰市	林西县	27.49
1920	新疆维吾尔自治区	哈密市	伊吾县	27.48
1921	新疆维吾尔自治区	喀什地区	喀什市	27.48
1922	湖北省	黄冈市	红安县	27.47
1923	河北省	衡水市	桃城区	27.47
1924	黑龙江省	绥化市	绥棱县	27.47

排名	省份	地市级	县级	生态级大气环境资源
1925	江苏省	常州市	溧阳市	27.47
1926	江西省	抚州市	资溪县	27.47
1927	四川省	成都市	郫都区	27.47
1928	西藏自治区	昌都市	左贡县	27.47
1929	贵州省	铜仁市	印江自治县	27.46
1930	内蒙古自治区	通辽市	扎鲁特旗	27.46
1931	内蒙古自治区	乌兰察布市	卓资县	27.46
1932	新疆维吾尔自治区	阿勒泰地区	哈巴河县	27.46
1933	云南省	西双版纳自治州	勐腊县	27.46
1934	天津市	宝坻区	宝坻区	27.45
1935	云南省	玉溪市	元江自治县	27.45
1936	北京市	大兴区	大兴区	27.44
1937	海南省	琼中自治县	琼中自治县	27.44
1938	河北省	沧州市	泊头市	27.43
1939	青海省	海西自治州	格尔木市	27.43
1940	陕西省	延安市	吴起县	27.43
1941	新疆维吾尔自治区	阿克苏地区	新和县	27.43
1942	新疆维吾尔自治区	吐鲁番市	高昌区	27.43
1943	贵州省	黔东南自治州	从江县	27.42
1944	河北省	石家庄市	井陉县	27.42
1945	甘肃省	酒泉市	敦煌市	27.41
1946	贵州省	黔东南自治州	天柱县	27.41
1947	河北省	秦皇岛市	卢龙县	27.41
1948	黑龙江省	鹤岗市	东山区	27.41
1949	辽宁省	营口市	盖州市	27.41
1950	内蒙古自治区	巴彦淖尔市	乌拉特中旗	27.41
1951	宁夏回族自治区	银川市	金凤区	27.41
1952	新疆维吾尔自治区	喀什地区	叶城县	27.40
1953	宁夏回族自治区	吴忠市	盐池县	27.39
1954	河北省	保定市	容城县	27.38
1955	吉林省	松原市	宁江区	27.38
1956	辽宁省	阜新市	细河区	27.37
1957	吉林省	通化市	梅河口市	27.36
1958	山东省	滨州市	邹平县	27.36
1959	北京市	海淀区	海淀区	27.35
1960	宁夏回族自治区	石嘴山市	惠农区	27.35
1961	青海省	海北自治州	祁连县	27.35
1962	云南省	普洱市	澜沧自治县	27.35
1963	山东省	济南市	济阳县	27.34
1964	陕西省	宝鸡市	岐山县	27.34

排名	省份	地市级	县级	生态级大气环境资源
1965	甘肃省	陇南市	成县	27.33
1966	新疆维吾尔自治区	阿克苏地区	温宿县	27.33
1967	新疆维吾尔自治区	克孜勒苏柯尔克孜自治州	阿合奇县	27.33
1968	河北省	沧州市	肃宁县	27.32
1969	河南省	三门峡市	卢氏县	27.32
1970	吉林省	四平市	双辽市	27.32
1971	辽宁省	本溪市	本溪自治县	27.32
1972	新疆维吾尔自治区	阿克苏地区	乌什县	27.32
1973	河北省	衡水市	景县	27.31
1974	黑龙江省	牡丹江市	西安区	27.31
1975	辽宁省	大连市	庄河市	27.31
1976	内蒙古自治区	呼伦贝尔市	莫力达瓦自治旗	27.31
1977	山西省	运城市	垣曲县	27.31
1978	北京市	东城区	东城区	27.30
1979	新疆维吾尔自治区	巴音郭楞自治州	若羌县	27.30
1980	河北省	保定市	涞源县	27.29
1981	河北省	秦皇岛市	抚宁区	27.29
1982	河北省	张家口市	阳原县	27.29
1983	江西省	抚州市	宜黄县	27.29
1984	河北省	石家庄市	正定县	27.28
1985	河北省	唐山市	路北区	27.28
1986	河南省	信阳市	罗山县	27.28
1987	河南省	信阳市	光山县	27.28
1988	黑龙江省	齐齐哈尔市	建华区	27.28
1989	青海省	玉树自治州	曲麻莱县	27.28
1990	新疆维吾尔自治区	巴音郭楞自治州	且末县	27.28
1991	新疆维吾尔自治区	克孜勒苏柯尔克孜自治州	阿克陶县	27.28
1992	湖南省	郴州市	宜章县	27.27
1993	湖南省	岳阳市	平江县	27.27
1994	陕西省	榆林市	横山区	27.27
1995	重庆市	彭水自治县	彭水自治县	27.26
1996	陕西省	榆林市	米脂县	27.26
1997	黑龙江省	齐齐哈尔市	富裕县	27.25
1998	辽宁省	锦州市	古塔区	27.25
1999	山西省	临汾市	尧都区	27.25
2000	河北省	唐山市	迁西县	27.24
2001	河北省	张家口市	怀来县	27.24
2002	黑龙江省	绥化市	安达市	27.24
2003	黑龙江省	伊春市	铁力市	27.24
2004	新疆维吾尔自治区	巴音郭楞自治州	和硕县	27.24

续表

排名	省份	地市级	县级	生态级大气环境资源
2005	浙江省	丽水市	缙云县	27.24
2006	河北省	保定市	蠡县	27.23
2007	黑龙江省	牡丹江市	穆棱市	27.22
2008	青海省	海南自治州	贵南县	27.22
2009	山东省	东营市	垦利区	27.22
2010	云南省	普洱市	思茅区	27.22
2011	甘肃省	天水市	张家川自治县	27.21
2012	河北省	衡水市	饶阳县	27.20
2013	河北省	廊坊市	大厂自治县	27.20
2014	贵州省	遵义市	凤冈县	27.19
2015	河北省	保定市	高阳县	27.19
2016	河北省	保定市	望都县	27.19
2017	西藏自治区	昌都市	类乌齐县	27.19
2018	江苏省	徐州市	睢宁县	27.18
2019	内蒙古自治区	呼伦贝尔市	鄂伦春自治旗	27.18
2020	陕西省	商洛市	镇安县	27.18
2021	山西省	朔州市	朔城区	27.18
2022	新疆维吾尔自治区	塔城地区	托里县	27.18
2023	重庆市	万州区	万州区	27.17
2024	黑龙江省	黑河市	爱辉区	27.17
2025	黑龙江省	黑河市	北安市	27.16
2026	湖南省	怀化市	新晃自治县	27.16
2027	河北省	保定市	安新县	27.15
2028	河北省	保定市	徐水区	27.15
2029	河南省	周口市	郸城县	27.14
2030	青海省	玉树自治州	囊谦县	27.14
2031	河南省	驻马店市	泌阳县	27.13
2032	河北省	廊坊市	文安县	27.12
2033	内蒙古自治区	锡林郭勒盟	阿巴嘎旗	27.12
2034	新疆维吾尔自治区	博尔塔拉自治州	精河县	27.12
2035	河北省	廊坊市	三河市	27.11
2036	青海省	黄南自治州	河南自治县	27.11
2037	贵州省	黔东南自治州	剑河县	27.10
2038	吉林省	延边自治州	敦化市	27.10
2039	四川省	眉山市	东坡区	27.09
2040	云南省	丽江市	华坪县	27.09
2041	黑龙江省	伊春市	嘉荫县	27.08
2042	内蒙古自治区	呼伦贝尔市	扎兰屯市	27.08
2043	河南省	漯河市	郾城区	27.07
2044	河南省	平顶山市	舞钢市	27.07

排名	省份	地市级	县级	生态级大气环境资源
2045	吉林省	吉林市	蛟河市	27.07
2046	辽宁省	本溪市	桓仁自治县	27.06
2047	陕西省	宝鸡市	麟游县	27.06
2048	青海省	果洛自治州	甘德县	27.05
2049	甘肃省	临夏自治州	永靖县	27.04
2050	内蒙古自治区	赤峰市	敖汉旗东部	27.04
2051	四川省	阿坝藏族自治州	马尔康市	27.04
2052	新疆维吾尔自治区	巴音郭楞自治州	焉耆自治县	27.04
2053	河北省	保定市	满城区	27.03
2054	河北省	承德市	平泉市	27.03
2055	黑龙江省	牡丹江市	海林市	27.03
2056	河北省	保定市	雄县	27.02
2057	河北省	邢台市	南宫市	27.02
2058	湖南省	湘西自治州	吉首市	27.02
2059	青海省	海东市	民和自治县	27.02
2060	河北省	张家口市	尚义县	27.01
2061	黑龙江省	黑河市	嫩江县	27.01
2062	陕西省	汉中市	汉台区	27.01
2063	贵州省	遵义市	道真自治县	27.00
2064	河北省	邯郸市	魏县	27.00
2065	黑龙江省	哈尔滨市	延寿县	27.00
2066	吉林省	通化市	集安市	26.99
2067	内蒙古自治区	鄂尔多斯市	鄂托克旗	26.99
2068	内蒙古自治区	锡林郭勒盟	西乌珠穆沁旗	26.99
2069	山东省	临沂市	兰陵县	26.99
2070	贵州省	遵义市	汇川区	26.98
2071	湖北省	恩施自治州	恩施市	26.98
2072	河北省	石家庄市	桥西区	26.98
2073	黑龙江省	绥化市	北林区	26.97
2074	云南省	丽江市	玉龙自治县	26.97
2075	辽宁省	铁岭市	西丰县	26.96
2076	陕西省	榆林市	绥德县	26.96
2077	新疆维吾尔自治区	塔城地区	额敏县	26.96
2078	陕西省	安康市	紫阳县	26.95
2079	新疆维吾尔自治区	克孜勒苏柯尔克孜自治州	乌恰县	26.95
2080	陕西省	安康市	白河县	26.94
2081	贵州省	铜仁市	沿河自治县	26.93
2082	河北省	保定市	高碑店市	26.93
2083	山西省	临汾市	古县	26.93
2084	山西省	太原市	小店区	26.93

排名	省份	地市级	县级	生态级大气环境资源
2085	新疆维吾尔自治区	巴音郭楞自治州	和静县西北	26.93
2086	新疆维吾尔自治区	和田地区	民丰县	26.92
2087	北京市	延庆区	延庆区	26.91
2088	河北省	保定市	安国市	26.91
2089	黑龙江省	伊春市	汤旺河区	26.91
2090	陕西省	渭南市	华阴市	26.91
2091	黑龙江省	大兴安岭地区	塔河县	26.90
2092	山西省	临汾市	侯马市	26.90
2093	云南省	怒江自治州	兰坪自治县	26.90
2094	山东省	潍坊市	潍城区	26.89
2095	河南省	周口市	太康县	26.87
2096	湖南省	湘西自治州	龙山县	26.87
2097	浙江省	丽水市	莲都区	26.86
2098	甘肃省	陇南市	两当县	26.85
2099	江苏省	徐州市	鼓楼区	26.85
2100	陕西省	宝鸡市	凤县	26.85
2101	内蒙古自治区	乌兰察布市	集宁区	26.84
2102	新疆维吾尔自治区	塔城地区	沙湾县	26.83
2103	陕西省	榆林市	吴堡县	26.81
2104	河北省	保定市	顺平县	26.80
2105	湖南省	怀化市	沅陵县	26.80
2106	辽宁省	朝阳市	朝阳县	26.80
2107	山西省	大同市	灵丘县	26.80
2108	山西省	长治市	襄垣县	26.80
2109	浙江省	丽水市	云和县	26.80
2110	内蒙古自治区	呼和浩特市	赛罕区	26.79
2111	陕西省	榆林市	清涧县	26.79
2112	新疆维吾尔自治区	喀什地区	塔什库尔干塔吉克自治县	26.79
2113	山东省	青岛市	平度市	26.78
2114	辽宁省	鞍山市	海城市	26.77
2115	河北省	承德市	兴隆县	26.76
2116	黑龙江省	鸡西市	虎林市	26.76
2117	河北省	唐山市	迁安市	26.74
2118	内蒙古自治区	赤峰市	巴林左旗	26.74
2119	山东省	济南市	章丘区	26.74
2120	新疆维吾尔自治区	博尔塔拉自治州	温泉县	26.74
2121	内蒙古自治区	呼伦贝尔市	牙克石市	26.73
2122	天津市	武清区	武清区	26.73
2123	新疆维吾尔自治区	和田地区	皮山县	26.73
2124	云南省	西双版纳自治州	景洪市	26.73

排名	省份	地市级	县级	生态级大气环境资源
2125	湖南省	怀化市	鹤城区	26.72
2126	湖南省	娄底市	双峰县	26.72
2127	四川省	雅安市	雨城区	26.72
2128	新疆维吾尔自治区	伊犁自治州	新源县	26.72
2129	吉林省	松原市	前郭尔罗斯自治县	26.71
2130	贵州省	铜仁市	松桃自治县	26.69
2131	宁夏回族自治区	固原市	西吉县	26.69
2132	山东省	淄博市	沂源县	26.69
2133	甘肃省	兰州市	城关区	26.67
2134	河北省	石家庄市	栾城区	26.67
2135	新疆维吾尔自治区	阿克苏地区	库车县	26.67
2136	贵州省	铜仁市	江口县	26.66
2137	湖北省	十堰市	竹溪县	26.66
2138	内蒙古自治区	呼伦贝尔市	牙克石市东部	26.65
2139	浙江省	台州市	仙居县	26.65
2140	黑龙江省	佳木斯市	郊区	26.64
2141	辽宁省	葫芦岛市	建昌县	26.64
2142	新疆维吾尔自治区	乌鲁木齐市	新市区	26.64
2143	河北省	承德市	丰宁自治县	26.63
2144	湖北省	武汉市	东西湖区	26.62
2145	吉林省	长春市	农安县	26.61
2146	河北省	邯郸市	涉县	26.59
2147	黑龙江省	哈尔滨市	尚志市	26.59
2148	山西省	临汾市	安泽县	26.59
2149	新疆维吾尔自治区	昌吉自治州	奇台县	26.59
2150	西藏自治区	林芝市	察隅县	26.59
2151	河北省	廊坊市	香河县	26.57
2152	山东省	泰安市	东平县	26.57
2153	黑龙江省	鹤岗市	萝北县	26.56
2154	辽宁省	沈阳市	和平区	26.56
2155	内蒙古自治区	锡林郭勒盟	多伦县	26.56
2156	青海省	西宁市	湟中县	26.56
2157	甘肃省	临夏自治州	临夏市	26.55
2158	黑龙江省	牡丹江市	林口县	26.55
2159	湖南省	怀化市	芷江自治县	26.55
2160	云南省	怒江自治州	福贡县	26.54
2161	河北省	张家口市	康保县	26.53
2162	湖南省	郴州市	桂东县	26.53
2163	新疆维吾尔自治区	哈密市	伊州区	26.51
2164	河北省	唐山市	遵化市	26.50

排名	省份	地市级	县级	生态级大气环境资源
2165	陕西省	宝鸡市	太白县	26.49
2166	新疆维吾尔自治区	和田地区	于田县	26.49
2167	山东省	滨州市	惠民县	26.45
2168	山西省	朔州市	右玉县	26.45
2169	河北省	邯郸市	馆陶县	26.43
2170	辽宁省	鞍山市	岫岩自治县	26.43
2171	新疆维吾尔自治区	博尔塔拉自治州	博乐市	26.41
2172	河北省	保定市	易县	26.40
2173	吉林省	松原市	扶余市	26.40
2174	新疆维吾尔自治区	阿克苏地区	柯坪县	26.40
2175	吉林省	四平市	铁西区	26.38
2176	陕西省	安康市	宁陕县	26.38
2177	陕西省	商洛市	山阳县	26.38
2178	河北省	廊坊市	安次区	26.37
2179	新疆维吾尔自治区	阿勒泰地区	布尔津县	26.37
2180	湖北省	宜昌市	五峰自治县	26.36
2181	新疆维吾尔自治区	伊犁自治州	伊宁县	26.35
2182	山西省	大同市	南郊区	26.34
2183	云南省	临沧市	耿马自治县	26.34
2184	山东省	泰安市	肥城市	26.33
2185	陕西省	宝鸡市	渭滨区	26.33
2186	新疆维吾尔自治区	塔城地区	塔城市	26.30
2187	河北省	保定市	莲池区	26.29
2188	山东省	临沂市	费县	26.29
2189	新疆维吾尔自治区	昌吉自治州	玛纳斯县	26.29
2190	青海省	海西自治州	大柴旦行政区	26.27
2191	新疆维吾尔自治区	乌鲁木齐市	达坂城区	26.27
2192	河北省	石家庄市	辛集市	26.25
2193	新疆维吾尔自治区	乌鲁木齐市	天山区	26.24
2194	贵州省	黔南自治州	罗甸县	26.20
2195	吉林省	白山市	靖宇县	26.20
2196	贵州省	铜仁市	思南县	26.19
2197	新疆维吾尔自治区	昌吉自治州	吉木萨尔县	26.18
2198	新疆维吾尔自治区	喀什地区	伽师县	26.17
2199	新疆维吾尔自治区	克孜勒苏柯尔克孜自治州	阿图什市	26.15
2200	新疆维吾尔自治区	巴音郭楞自治州	尉犁县	26.14
2201	云南省	红河自治州	河口自治县	26.11
2202	吉林省	通化市	东昌区	26.10
2203	陕西省	渭南市	华州区	26.10
2204	新疆维吾尔自治区	阿勒泰地区	福海县	26.10

排名	省份	地市级	县级	生态级大气环境资源
2205	山东省	济宁市	兖州区	26.09
2206	河南省	南阳市	淅川县	26.08
2207	新疆维吾尔自治区	塔城地区	乌苏市	26.07
2208	吉林省	延边自治州	和龙市	26.04
2209	河北省	唐山市	玉田县	26.03
2210	北京市	密云区	密云区	26.01
2211	新疆维吾尔自治区	巴音郭楞自治州	且末县西北	26.00
2212	河北省	秦皇岛市	海港区	25.99
2213	黑龙江省	黑河市	孙吴县	25.99
2214	吉林省	白山市	抚松县	25.99
2215	陕西省	宝鸡市	眉县	25.98
2216	新疆维吾尔自治区	克拉玛依市	克拉玛依区	25.95
2217	河北省	廊坊市	永清县	25.91
2218	黑龙江省	伊春市	伊春区	25.90
2219	内蒙古自治区	锡林郭勒盟	东乌珠穆沁旗	25.90
2220	河北省	承德市	双桥区	25.89
2221	河北省	承德市	承德县	25.89
2222	西藏自治区	林芝市	米林县	25.88
2223	辽宁省	丹东市	宽甸自治县	25.87
2224	陕西省	商洛市	柞水县	25.87
2225	河北省	廊坊市	霸州市	25.85
2226	新疆维吾尔自治区	伊犁自治州	察布查尔锡伯自治县	25.85
2227	云南省	怒江自治州	贡山自治县	25.83
2228	新疆维吾尔自治区	阿拉尔市	阿拉尔市 *	25.81
2229	内蒙古自治区	呼伦贝尔市	牙克石市东北	25.79
2230	河南省	南阳市	南召县	25.78
2231	青海省	海东市	互助自治县	25.78
2232	河北省	保定市	涿州市	25.72
2233	河北省	张家口市	蔚县	25.72
2234	新疆维吾尔自治区	喀什地区	麦盖提县	25.71
2235	新疆维吾尔自治区	五家渠市	五家渠市	25.70
2236	新疆维吾尔自治区	伊犁自治州	巩留县	25.70
2237	内蒙古自治区	呼伦贝尔市	根河市	25.68
2238	青海省	海北自治州	门源自治县	25.65
2239	青海省	海西自治州	德令哈市	25.65
2240	陕西省	宝鸡市	扶风县	25.64
2241	新疆维吾尔自治区	巴音郭楞自治州	和静县北部	25.62
2242	新疆维吾尔自治区	昌吉自治州	阜康市	25.61
2243	新疆维吾尔自治区	喀什地区	莎车县	25.60
2244	吉林省	吉林市	桦甸市	25.57

* 一站两用。下同。

排名	省份	地市级	县级	生态级大气环境资源
2245	上海市	徐汇区	徐汇区	25.57
2246	新疆维吾尔自治区	伊犁自治州	昭苏县	25.55
2247	宁夏回族自治区	银川市	贺兰县	25.54
2248	辽宁省	抚顺市	新宾自治县	25.53
2249	西藏自治区	那曲市	比如县	25.51
2250	新疆维吾尔自治区	阿勒泰地区	富蕴县	25.49
2251	青海省	果洛自治州	班玛县	25.47
2252	青海省	玉树自治州	玉树市	25.45
2253	吉林省	延边自治州	汪清县	25.44
2254	青海省	果洛自治州	玛沁县	25.40
2255	吉林省	吉林市	磐石市	25.39
2256	黑龙江省	大兴安岭地区	呼玛县	25.38
2257	吉林省	辽源市	龙山区	25.38
2258	陕西省	渭南市	合阳县	25.34
2259	吉林省	吉林市	永吉县	25.30
2260	新疆维吾尔自治区	石河子市	石河子市	25.24
2261	新疆维吾尔自治区	吐鲁番市	鄯善县	25.22
2262	山东省	烟台市	海阳市	25.21
2263	河北省	石家庄市	藁城区	25.18
2264	河北省	张家口市	崇礼区	25.16
2265	新疆维吾尔自治区	喀什地区	巴楚县	25.16
2266	河北省	石家庄市	无极县	25.15
2267	辽宁省	抚顺市	清原自治县	25.12
2268	新疆维吾尔自治区	伊犁自治州	尼勒克县	25.11
2269	陕西省	榆林市	子洲县	25.08
2270	新疆维吾尔自治区	伊犁自治州	霍城县	25.08
2271	青海省	果洛自治州	达日县	25.06
2272	新疆维吾尔自治区	喀什地区	泽普县	25.03
2273	新疆维吾尔自治区	阿克苏地区	沙雅县	24.99
2274	新疆维吾尔自治区	乌鲁木齐市	米东区	24.99
2275	河北省	秦皇岛市	青龙自治县	24.94
2276	内蒙古自治区	呼伦贝尔市	额尔古纳市	24.93
2277	河北省	保定市	曲阳县	24.92
2278	陕西省	商洛市	商南县	24.91
2279	河北省	保定市	唐县	24.90
2280	河北省	廊坊市	固安县	24.84
2281	新疆维吾尔自治区	伊犁自治州	霍尔果斯市	24.83
2282	内蒙古自治区	兴安盟	阿尔山市	24.74
2283	青海省	西宁市	城西区	24.65
2284	新疆维吾尔自治区	喀什地区	岳普湖县	24.62

续表

排名	省份	地市级	县级	生态级大气环境资源
2285	青海省	海南自治州	共和县	24.50
2286	新疆维吾尔自治区	阿克苏地区	拜城县	24.46
2287	新疆维吾尔自治区	伊犁自治州	伊宁市	24.27
2288	新疆维吾尔自治区	阿勒泰地区	阿勒泰市	24.23
2289	黑龙江省	大兴安岭地区	漠河县	24.00
2290	新疆维吾尔自治区	阿勒泰地区	青河县	23.13

注：从自然地理条件看，直辖市所属区县与普通区县类似，所以本章在县级大气环境资源相关排名中将北京市、上海市、天津市、重庆市四个直辖市所属区县视同一般区县。同时，为了体现它们的行政级别和重要性，直辖市的区县名称在市（地级）和县（县级）同时列出。另外，海南省的省直管县级市和省直管县，同样参照直辖市的区县方式处理，在市（地级）和县（县级）同时列出。下同。

三 中国宜居级大气环境资源县级排名

表 2-6 中国宜居级大气环境资源排名（2018 年-县级-ASPI 25％分位数排序）

排名	省份	地市级	县级	宜居级大气环境资源
1	浙江省	舟山市	嵊泗县	59.65
2	内蒙古自治区	巴彦淖尔市	乌拉特后旗西北	57.62
3	浙江省	台州市	椒江区	53.94
4	海南省	三亚市	吉阳区	52.46
5	海南省	三沙市	南沙群岛	51.96
6	福建省	泉州市	晋江市	49.62
7	浙江省	宁波市	象山县（滨海）	49.43
8	福建省	泉州市	惠安县	48.16
9	山东省	威海市	荣成市北海口	47.92
10	内蒙古自治区	赤峰市	巴林右旗	47.30
11	江苏省	连云港市	连云区	46.89
12	湖南省	衡阳市	南岳区	46.80
13	内蒙古自治区	鄂尔多斯市	杭锦旗	46.58
14	云南省	红河自治州	个旧市	46.54
15	甘肃省	武威市	天祝自治县	46.47
16	山东省	青岛市	胶州市	46.38
17	内蒙古自治区	阿拉善盟	额济纳旗东部	45.87
18	云南省	曲靖市	会泽县	45.83
19	山东省	烟台市	长岛县	45.54
20	浙江省	台州市	玉环市	44.96
21	内蒙古自治区	锡林郭勒盟	苏尼特右旗朱日和	44.74
22	内蒙古自治区	包头市	白云鄂博矿区	44.72
23	内蒙古自治区	通辽市	科尔沁左翼后旗	43.80
24	新疆维吾尔自治区	博尔塔拉自治州	阿拉山口市	43.61
25	内蒙古自治区	锡林郭勒盟	苏尼特右旗	43.12
26	内蒙古自治区	呼伦贝尔市	新巴尔虎右旗	43.05
27	内蒙古自治区	乌兰察布市	察哈尔右翼中旗	42.92

排名	省份	地市级	县级	宜居级大气环境资源
28	内蒙古自治区	呼伦贝尔市	海拉尔区	41.96
29	海南省	三沙市	西沙群岛珊瑚岛	41.03
30	福建省	福州市	平潭县	41.01
31	广西壮族自治区	柳州市	柳北区	40.99
32	福建省	漳州市	东山县	39.55
33	浙江省	舟山市	普陀区	38.98
34	安徽省	安庆市	望江县	38.97
35	广东省	江门市	上川岛	38.76
36	辽宁省	大连市	金州区	38.63
37	湖北省	荆门市	掇刀区	38.45
38	广西壮族自治区	北海市	海城区（涠洲岛）	38.44
39	浙江省	舟山市	岱山县	38.44
40	内蒙古自治区	兴安盟	科尔沁右翼中旗	38.42
41	广东省	珠海市	香洲区	38.07
42	安徽省	马鞍山市	当涂县	37.95
43	广东省	阳江市	江城区	37.90
44	广西壮族自治区	桂林市	临桂区	37.69
45	湖北省	鄂州市	鄂城区	37.67
46	云南省	昆明市	呈贡区	37.48
47	浙江省	杭州市	萧山区	37.35
48	浙江省	湖州市	长兴县	37.35
49	内蒙古自治区	乌兰察布市	商都县	37.34
50	江西省	南昌市	进贤县	37.25
51	广东省	湛江市	吴川市	37.16
52	海南省	三沙市	西沙群岛	37.09
53	广东省	揭阳市	惠来县	37.06
54	江西省	九江市	都昌县	37.01
55	广西壮族自治区	柳州市	柳城县	36.97
56	山东省	青岛市	李沧区	36.97
57	云南省	红河自治州	红河县	36.93
58	广东省	湛江市	霞山区	36.91
59	海南省	海口市	美兰区	36.91
60	内蒙古自治区	阿拉善盟	阿拉善左旗南部	36.82
61	广西壮族自治区	玉林市	容县	36.81
62	浙江省	温州市	洞头区	36.68
63	黑龙江省	鹤岗市	绥滨县	36.56
64	辽宁省	锦州市	凌海市	36.47
65	贵州省	贵阳市	清镇市	36.46
66	山西省	忻州市	神池县	36.39
67	广东省	湛江市	遂溪县	36.36

排名	省份	地市级	县级	宜居级大气环境资源
68	江西省	九江市	湖口县	36.36
69	辽宁省	营口市	大石桥市	36.27
70	海南省	东方市	东方市	36.16
71	湖南省	郴州市	北湖区	36.11
72	广西壮族自治区	防城港市	港口区	36.10
73	广东省	茂名市	电白区	36.09
74	河南省	洛阳市	孟津县	36.08
75	山东省	烟台市	栖霞市	36.06
76	福建省	莆田市	秀屿区	36.04
77	广东省	汕头市	澄海区	36.02
78	浙江省	温州市	平阳县	36.02
79	广西壮族自治区	钦州市	钦南区	35.96
80	海南省	定安县	定安县	35.96
81	广西壮族自治区	防城港市	东兴市	35.93
82	内蒙古自治区	锡林郭勒盟	正蓝旗	35.93
83	云南省	曲靖市	马龙县	35.91
84	云南省	楚雄自治州	永仁县	35.85
85	广西壮族自治区	柳州市	融水自治县	35.84
86	福建省	厦门市	湖里区	35.83
87	云南省	红河自治州	蒙自市	35.83
88	广东省	湛江市	雷州市	35.80
89	广东省	湛江市	徐闻县	35.80
90	广东省	潮州市	饶平县	35.78
91	广西壮族自治区	南宁市	邕宁区	35.72
92	广西壮族自治区	玉林市	博白县	35.71
93	吉林省	吉林市	丰满区	35.71
94	山东省	威海市	荣成市南海口	35.71
95	广东省	江门市	新会区	35.67
96	湖南省	永州市	双牌县	35.66
97	云南省	昆明市	西山区	35.66
98	云南省	曲靖市	陆良县	35.65
99	广西壮族自治区	崇左市	江州区	35.63
100	海南省	临高县	临高县	35.63
101	西藏自治区	那曲市	班戈县	35.61
102	广东省	惠州市	惠东县	35.60
103	山东省	烟台市	芝罘区	35.58
104	广东省	汕尾市	陆丰市	35.57
105	湖北省	荆门市	钟祥市	35.52
106	广西壮族自治区	玉林市	陆川县	35.50
107	湖南省	永州市	冷水滩区	35.50

排名	省份	地市级	县级	宜居级大气环境资源
108	内蒙古自治区	鄂尔多斯市	杭锦旗西北	35.50
109	福建省	漳州市	龙海市	35.45
110	广西壮族自治区	南宁市	青秀区	35.45
111	江西省	上饶市	铅山县	35.45
112	江苏省	泰州市	靖江市	35.42
113	湖北省	随州市	广水市	35.41
114	贵州省	黔东南自治州	丹寨县	35.38
115	广东省	佛山市	禅城区	35.37
116	浙江省	宁波市	余姚市	35.37
117	安徽省	蚌埠市	怀远县	35.36
118	山东省	青岛市	市南区	35.36
119	山东省	威海市	文登区	35.34
120	广西壮族自治区	河池市	南丹县	35.33
121	海南省	万宁市	万宁市	35.33
122	云南省	玉溪市	通海县	35.30
123	广东省	清远市	清城区	35.29
124	江西省	抚州市	东乡区	35.28
125	广东省	江门市	鹤山市	35.27
126	山东省	烟台市	牟平区	35.27
127	内蒙古自治区	锡林郭勒盟	正镶白旗	35.26
128	内蒙古自治区	包头市	达尔罕茂明安联合旗北部	35.25
129	广西壮族自治区	百色市	田阳县	35.24
130	云南省	丽江市	宁蒗自治县	35.24
131	黑龙江省	佳木斯市	同江市	35.23
132	贵州省	安顺市	平坝区	35.22
133	广东省	湛江市	廉江市	35.21
134	广西壮族自治区	贵港市	港北区	35.21
135	福建省	福州市	长乐区	35.19
136	山东省	临沂市	兰山区	35.19
137	安徽省	安庆市	太湖县	35.18
138	广东省	茂名市	电白区	35.18
139	福建省	漳州市	云霄县	35.16
140	江西省	九江市	庐山市	35.15
141	广西壮族自治区	河池市	都安自治县	35.14
142	湖南省	岳阳市	汨罗市	35.13
143	湖南省	衡阳市	衡南县	35.12
144	广西壮族自治区	河池市	环江自治县	35.11
145	上海市	松江区	松江区	35.10
146	江苏省	南通市	启东市（滨海）	35.06
147	湖南省	永州市	江华自治县	35.05

续表

排名	省份	地市级	县级	宜居级大气环境资源
148	河南省	信阳市	新县	35.04
149	广东省	珠海市	香洲区	35.00
150	山西省	长治市	壶关县	35.00
151	湖北省	襄阳市	襄城区	34.96
152	云南省	曲靖市	师宗县	34.94
153	广西壮族自治区	北海市	海城区	34.93
154	河北省	邢台市	桥东区	34.93
155	云南省	昆明市	宜良县	34.93
156	广西壮族自治区	崇左市	扶绥县	34.92
157	黑龙江省	佳木斯市	抚远市	34.91
158	安徽省	合肥市	庐江县	34.90
159	广东省	汕头市	南澳县	34.90
160	江苏省	淮安市	金湖县	34.89
161	内蒙古自治区	阿拉善盟	阿拉善左旗东南	34.89
162	云南省	红河自治州	建水县	34.89
163	云南省	曲靖市	富源县	34.89
164	广东省	佛山市	三水区	34.88
165	广西壮族自治区	柳州市	鹿寨县	34.88
166	甘肃省	金昌市	永昌县	34.87
167	内蒙古自治区	锡林郭勒盟	二连浩特市	34.85
168	福建省	泉州市	南安市	34.84
169	广西壮族自治区	南宁市	隆安县	34.84
170	辽宁省	锦州市	北镇市	34.83
171	山西省	吕梁市	中阳县	34.83
172	福建省	漳州市	漳浦县	34.81
173	吉林省	长春市	榆树市	34.80
174	湖北省	黄冈市	黄州区	34.79
175	河南省	洛阳市	宜阳县	34.79
176	辽宁省	大连市	长海县	34.79
177	广东省	汕头市	潮阳区	34.78
178	广西壮族自治区	南宁市	武鸣区	34.75
179	广西壮族自治区	南宁市	宾阳县	34.75
180	福建省	漳州市	诏安县	34.74
181	西藏自治区	日喀则市	聂拉木县	34.73
182	辽宁省	葫芦岛市	连山区	34.71
183	湖北省	黄冈市	武穴市	34.70
184	浙江省	绍兴市	柯桥区	34.69
185	福建省	泉州市	安溪县	34.66
186	广东省	佛山市	顺德区	34.64
187	内蒙古自治区	鄂尔多斯市	伊金霍洛旗	34.64

排名	省份	地市级	县级	宜居级大气环境资源
188	山东省	潍坊市	临朐县	34.64
189	云南省	曲靖市	宣威市	34.64
190	广东省	江门市	开平市	34.63
191	云南省	昆明市	石林彝族自治县	34.63
192	黑龙江省	佳木斯市	富锦市	34.62
193	广东省	肇庆市	四会市	34.61
194	内蒙古自治区	兴安盟	突泉县	34.61
195	上海市	浦东新区	浦东新区	34.61
196	浙江省	宁波市	象山县	34.61
197	重庆市	巫山县	巫山县	34.60
198	云南省	昆明市	晋宁区	34.60
199	广东省	茂名市	化州市	34.59
200	江西省	九江市	彭泽县	34.59
201	福建省	宁德市	霞浦县	34.57
202	江苏省	苏州市	吴中区	34.57
203	江苏省	苏州市	吴中区 *	34.57
204	贵州省	贵阳市	南明区	34.56
205	内蒙古自治区	包头市	达尔罕茂明安联合旗东南	34.55
206	四川省	凉山自治州	喜德县	34.55
207	云南省	楚雄自治州	牟定县	34.54
208	广西壮族自治区	桂林市	全州县	34.52
209	黑龙江省	佳木斯市	桦南县	34.52
210	云南省	文山自治州	砚山县	34.52
211	江西省	上饶市	上饶县	34.51
212	山西省	长治市	长治县	34.51
213	浙江省	温州市	乐清市	34.51
214	四川省	凉山自治州	德昌县	34.49
215	江西省	鹰潭市	月湖区	34.48
216	山东省	济南市	平阴县	34.47
217	安徽省	铜陵市	枞阳县	34.46
218	广西壮族自治区	贺州市	钟山县	34.46
219	黑龙江省	哈尔滨市	双城区	34.46
220	安徽省	滁州市	明光市	34.45
221	江西省	上饶市	广丰区	34.45
222	甘肃省	甘南自治州	夏河县	34.44
223	广西壮族自治区	梧州市	藤县	34.44
224	西藏自治区	山南市	琼结县	34.44
225	安徽省	安庆市	潜山县	34.42
226	黑龙江省	绥化市	肇东市	34.42
227	贵州省	贵阳市	白云区	34.40

* 由于调研组在吴中区取了两个点，这两个点的宜居级大气环境资源数据相同，故此处保留两个吴中区数据，其他地区如出现两次数据，与此同。

排名	省份	地市级	县级	宜居级大气环境资源
228	贵州省	黔南自治州	都匀市	34.40
229	甘肃省	天水市	武山县	34.39
230	江苏省	镇江市	扬中市	34.39
231	青海省	海西自治州	格尔木市西南	34.39
232	广西壮族自治区	百色市	田东县	34.36
233	山东省	德州市	武城县	34.36
234	福建省	龙岩市	连城县	34.35
235	四川省	宜宾市	翠屏区	34.35
236	黑龙江省	大庆市	杜尔伯特自治县	34.34
237	黑龙江省	大兴安岭地区	加格达奇区	34.34
238	安徽省	宿州市	灵璧县	34.33
239	广东省	韶关市	翁源县	34.32
240	内蒙古自治区	赤峰市	阿鲁科尔沁旗	34.32
241	山东省	临沂市	临沭县	34.32
242	广东省	阳江市	阳春市	34.30
243	青海省	海西自治州	天峻县	34.30
244	湖北省	荆州市	石首市	34.29
245	西藏自治区	拉萨市	墨竹工卡县	34.29
246	广东省	韶关市	乐昌市	34.28
247	广西壮族自治区	柳州市	融安县	34.27
248	海南省	海口市	琼山区	34.26
249	宁夏回族自治区	固原市	泾源县	34.26
250	吉林省	白城市	镇赉县	34.25
251	浙江省	台州市	天台县	34.25
252	江苏省	常州市	金坛区	34.24
253	江西省	景德镇市	乐平市	34.23
254	上海市	崇明区	崇明区	34.23
255	上海市	嘉定区	嘉定区	34.23
256	海南省	琼海市	琼海市	34.22
257	甘肃省	张掖市	民乐县	34.21
258	湖北省	咸宁市	嘉鱼县	34.21
259	云南省	文山自治州	丘北县	34.21
260	江苏省	苏州市	太仓市	34.19
261	贵州省	贵阳市	修文县	34.17
262	江苏省	南通市	启东市	34.16
263	西藏自治区	山南市	错那县	34.16
264	安徽省	蚌埠市	五河县	34.15
265	贵州省	黔南自治州	瓮安县	34.14
266	湖北省	咸宁市	咸安区	34.14
267	云南省	大理自治州	剑川县	34.14

排名	省份	地市级	县级	宜居级大气环境资源
268	内蒙古自治区	通辽市	扎鲁特旗西北	34.13
269	山东省	烟台市	招远市	34.13
270	广东省	揭阳市	普宁市	34.12
271	江苏省	泰州市	海陵区	34.12
272	宁夏回族自治区	中卫市	沙坡头区	34.12
273	河南省	驻马店市	正阳县	34.11
274	内蒙古自治区	通辽市	奈曼旗南部	34.11
275	陕西省	铜川市	宜君县	34.11
276	重庆市	潼南区	潼南区	34.09
277	广东省	东莞市	东莞市	34.09
278	广东省	广州市	天河区	34.09
279	广西壮族自治区	南宁市	横县	34.09
280	湖南省	湘潭市	湘潭县	34.09
281	内蒙古自治区	通辽市	科尔沁左翼中旗南部	34.09
282	云南省	红河自治州	元阳县	34.09
283	浙江省	衢州市	江山市	34.08
284	安徽省	滁州市	天长市	34.06
285	广西壮族自治区	百色市	西林县	34.06
286	湖南省	株洲市	茶陵县	34.06
287	江苏省	南通市	海门市	34.06
288	安徽省	淮南市	凤台县	34.05
289	安徽省	淮南市	田家庵区	34.05
290	贵州省	黔西南自治州	晴隆县	34.05
291	福建省	厦门市	同安区	34.02
292	广西壮族自治区	来宾市	象州县	34.02
293	广西壮族自治区	梧州市	岑溪市	34.02
294	云南省	大理自治州	鹤庆县	34.01
295	河南省	鹤壁市	浚县	34.00
296	河南省	济源市	济源市	34.00
297	福建省	福州市	福清市	33.98
298	广东省	汕尾市	城区	33.98
299	黑龙江省	鸡西市	鸡东县	33.98
300	江苏省	泰州市	兴化市	33.98
301	上海市	青浦区	青浦区	33.98
302	山西省	运城市	临猗县	33.98
303	安徽省	马鞍山市	花山区	33.97
304	上海市	金山区	金山区	33.96
305	浙江省	嘉兴市	秀洲区	33.96
306	贵州省	贵阳市	花溪区	33.95
307	海南省	昌江自治县	昌江自治县	33.95

排名	省份	地市级	县级	宜居级大气环境资源
308	江西省	九江市	永修县	33.95
309	山西省	运城市	稷山县	33.94
310	安徽省	阜阳市	界首市	33.93
311	广东省	惠州市	惠城区	33.93
312	湖南省	长沙市	芙蓉区	33.93
313	吉林省	四平市	公主岭市	33.93
314	内蒙古自治区	阿拉善盟	阿拉善左旗	33.93
315	广东省	珠海市	斗门区	33.92
316	广西壮族自治区	桂林市	永福县	33.90
317	贵州省	安顺市	西秀区	33.90
318	云南省	曲靖市	罗平县	33.90
319	湖南省	岳阳市	湘阴县	33.89
320	江西省	抚州市	南城县	33.89
321	重庆市	渝北区	渝北区	33.88
322	广西壮族自治区	贺州市	富川自治县	33.88
323	江西省	上饶市	余干县	33.88
324	内蒙古自治区	包头市	固阳县	33.88
325	内蒙古自治区	呼和浩特市	武川县	33.87
326	山西省	忻州市	宁武县	33.87
327	云南省	丽江市	永胜县	33.87
328	福建省	莆田市	城厢区	33.86
329	福建省	泉州市	德化县	33.86
330	广西壮族自治区	梧州市	万秀区	33.85
331	内蒙古自治区	通辽市	库伦旗	33.85
332	河南省	南阳市	镇平县	33.84
333	安徽省	芜湖市	鸠江区	33.83
334	福建省	泉州市	永春县	33.82
335	江苏省	盐城市	亭湖区	33.82
336	山西省	临汾市	乡宁县	33.82
337	云南省	红河自治州	开远市	33.82
338	福建省	福州市	晋安区	33.81
339	云南省	普洱市	镇沅自治县	33.81
340	贵州省	铜仁市	万山区	33.80
341	河南省	鹤壁市	淇县	33.80
342	吉林省	白城市	洮南市	33.80
343	江西省	赣州市	石城县	33.80
344	内蒙古自治区	锡林郭勒盟	太仆寺旗	33.80
345	云南省	红河自治州	绿春县	33.80
346	云南省	昆明市	嵩明县	33.80
347	湖南省	衡阳市	衡阳县	33.79

排名	省份	地市级	县级	宜居级大气环境资源
348	江苏省	南京市	浦口区	33.79
349	云南省	大理自治州	祥云县	33.78
350	广西壮族自治区	河池市	罗城自治县	33.77
351	四川省	甘孜藏族自治州	九龙县	33.77
352	山东省	临沂市	平邑县	33.77
353	山东省	枣庄市	滕州市	33.77
354	广东省	梅州市	平远县	33.76
355	广西壮族自治区	贺州市	八步区	33.76
356	湖南省	郴州市	汝城县	33.76
357	内蒙古自治区	乌兰察布市	化德县	33.76
358	重庆市	秀山自治县	秀山自治县	33.75
359	上海市	宝山区	宝山区	33.75
360	西藏自治区	阿里地区	改则县	33.75
361	广东省	韶关市	南雄市	33.74
362	内蒙古自治区	巴彦淖尔市	磴口县	33.74
363	内蒙古自治区	赤峰市	巴林左旗北部	33.74
364	福建省	三明市	梅列区	33.73
365	河南省	洛阳市	新安县	33.73
366	江苏省	宿迁市	宿城区	33.73
367	江苏省	扬州市	宝应县	33.73
368	新疆维吾尔自治区	和田地区	洛浦县	33.73
369	安徽省	阜阳市	临泉县	33.72
370	安徽省	蚌埠市	固镇县	33.71
371	广东省	梅州市	蕉岭县	33.71
372	广东省	韶关市	武江区	33.70
373	湖北省	武汉市	新洲区	33.70
374	山东省	济南市	长清区	33.70
375	山东省	潍坊市	诸城市	33.70
376	山西省	吕梁市	方山县	33.70
377	安徽省	宣城市	郎溪县	33.69
378	云南省	楚雄自治州	姚安县	33.69
379	云南省	大理自治州	巍山自治县	33.69
380	浙江省	嘉兴市	平湖市	33.69
381	湖北省	武汉市	江夏区	33.68
382	江苏省	淮安市	洪泽区	33.68
383	四川省	甘孜藏族自治州	白玉县	33.68
384	福建省	漳州市	平和县	33.67
385	广西壮族自治区	崇左市	天等县	33.67
386	广西壮族自治区	防城港市	上思县	33.66
387	广东省	云浮市	新兴县	33.65

续表

排名	省份	地市级	县级	宜居级大气环境资源
388	广西壮族自治区	柳州市	柳江区	33.65
389	江苏省	盐城市	建湖县	33.65
390	上海市	奉贤区	奉贤区	33.65
391	福建省	福州市	鼓楼区	33.64
392	福建省	龙岩市	武平县	33.64
393	广西壮族自治区	百色市	靖西市	33.64
394	辽宁省	沈阳市	康平县	33.64
395	贵州省	黔东南自治州	锦屏县	33.63
396	江西省	赣州市	大余县	33.63
397	江西省	九江市	浔阳区	33.63
398	福建省	宁德市	柘荣县	33.62
399	西藏自治区	日喀则市	亚东县	33.61
400	云南省	曲靖市	麒麟区	33.61
401	黑龙江省	绥化市	庆安县	33.60
402	湖南省	郴州市	临武县	33.60
403	江苏省	苏州市	张家港市	33.60
404	江西省	吉安市	吉水县	33.60
405	云南省	临沧市	永德县	33.60
406	云南省	玉溪市	江川区	33.60
407	安徽省	安庆市	大观区	33.59
408	广东省	江门市	台山市	33.59
409	广东省	肇庆市	端州区	33.59
410	河南省	洛阳市	洛宁县	33.59
411	安徽省	滁州市	全椒县	33.58
412	安徽省	阜阳市	阜南县	33.58
413	福建省	福州市	闽侯县	33.57
414	广西壮族自治区	钦州市	灵山县	33.57
415	河南省	南阳市	唐河县	33.57
416	河南省	郑州市	登封市	33.57
417	江苏省	镇江市	丹阳市	33.56
418	西藏自治区	那曲市	申扎县	33.56
419	广西壮族自治区	来宾市	武宣县	33.55
420	内蒙古自治区	通辽市	奈曼旗	33.55
421	黑龙江省	鸡西市	鸡冠区	33.54
422	湖北省	武汉市	黄陂区	33.53
423	海南省	陵水自治县	陵水自治县	33.53
424	江苏省	苏州市	常熟市	33.53
425	内蒙古自治区	呼和浩特市	新城区	33.53
426	福建省	漳州市	南靖县	33.52
427	广东省	梅州市	丰顺县	33.52

排名	省份	地市级	县级	宜居级大气环境资源
428	西藏自治区	山南市	乃东区	33.52
429	广东省	揭阳市	榕城区	33.51
430	湖北省	黄冈市	黄梅县	33.51
431	湖南省	株洲市	攸县	33.51
432	山东省	济宁市	金乡县	33.51
433	山西省	临汾市	襄汾县	33.51
434	云南省	玉溪市	新平自治县	33.51
435	甘肃省	临夏自治州	东乡族自治县	33.50
436	山东省	潍坊市	高密市	33.49
437	广西壮族自治区	南宁市	马山县	33.48
438	河南省	驻马店市	上蔡县	33.48
439	山东省	日照市	东港区	33.48
440	河北省	唐山市	滦南县	33.47
441	四川省	攀枝花市	盐边县	33.47
442	云南省	大理自治州	弥渡县	33.47
443	江西省	吉安市	万安县	33.46
444	安徽省	阜阳市	太和县	33.45
445	河南省	洛阳市	偃师市	33.45
446	河南省	南阳市	宛城区	33.45
447	黑龙江省	齐齐哈尔市	龙江县	33.45
448	四川省	甘孜藏族自治州	丹巴县	33.45
449	福建省	福州市	罗源县	33.43
450	广西壮族自治区	桂林市	兴安县	33.43
451	湖北省	荆州市	监利县	33.43
452	山西省	晋中市	榆次区	33.43
453	安徽省	芜湖市	繁昌县	33.42
454	广西壮族自治区	来宾市	金秀自治县	33.42
455	江西省	九江市	武宁县	33.42
456	陕西省	榆林市	榆阳区	33.42
457	云南省	文山自治州	西麻栗坡县	33.42
458	安徽省	亳州市	涡阳县	33.41
459	安徽省	池州市	贵池区	33.41
460	四川省	内江市	隆昌市	33.41
461	四川省	雅安市	汉源县	33.41
462	四川省	资阳市	安岳县	33.41
463	广西壮族自治区	北海市	合浦县	33.40
464	广西壮族自治区	桂林市	龙胜自治县	33.40
465	河南省	安阳市	滑县	33.40
466	西藏自治区	那曲市	安多县	33.40
467	江苏省	扬州市	江都区	33.39

排名	省份	地市级	县级	宜居级大气环境资源
468	贵州省	黔西南自治州	安龙县	33.38
469	湖北省	咸宁市	通城县	33.38
470	湖北省	孝感市	大悟县	33.38
471	内蒙古自治区	锡林郭勒盟	镶黄旗	33.38
472	云南省	楚雄自治州	武定县	33.38
473	云南省	昭通市	永善县	33.38
474	安徽省	安庆市	桐城市	33.37
475	安徽省	淮北市	濉溪县	33.37
476	广东省	梅州市	五华县	33.37
477	河南省	许昌市	长葛市	33.37
478	黑龙江省	绥化市	明水县	33.37
479	辽宁省	大连市	旅顺口区	33.37
480	广西壮族自治区	玉林市	北流市	33.36
481	贵州省	贵阳市	开阳县	33.36
482	江苏省	连云港市	海州区	33.36
483	江苏省	南通市	如东县	33.36
484	江西省	上饶市	弋阳县	33.36
485	宁夏回族自治区	吴忠市	同心县	33.36
486	江西省	抚州市	金溪县	33.35
487	云南省	昆明市	安宁市	33.35
488	甘肃省	酒泉市	玉门市	33.34
489	广西壮族自治区	玉林市	玉州区	33.34
490	湖南省	长沙市	岳麓区	33.34
491	江苏省	淮安市	淮安区	33.34
492	四川省	雅安市	石棉县	33.34
493	广东省	广州市	花都区	33.33
494	广东省	韶关市	始兴县	33.33
495	湖北省	黄石市	大冶市	33.33
496	河南省	安阳市	汤阴县	33.33
497	内蒙古自治区	乌兰察布市	兴和县	33.33
498	四川省	攀枝花市	仁和区	33.33
499	西藏自治区	日喀则市	拉孜县	33.33
500	广东省	汕尾市	海丰县	33.32
501	内蒙古自治区	赤峰市	敖汉旗	33.31
502	四川省	凉山自治州	盐源县	33.31
503	山东省	聊城市	阳谷县	33.31
504	山东省	青岛市	即墨区	33.31
505	广东省	肇庆市	封开县	33.30
506	广西壮族自治区	河池市	巴马自治县	33.30
507	贵州省	黔西南自治州	贞丰县	33.30

续表

排名	省份	地市级	县级	宜居级大气环境资源
508	河南省	信阳市	息县	33.30
509	湖南省	长沙市	宁乡市	33.30
510	辽宁省	朝阳市	北票市	33.30
511	内蒙古自治区	通辽市	科尔沁左翼中旗	33.30
512	山西省	晋城市	沁水县	33.30
513	浙江省	衢州市	柯城区	33.30
514	广西壮族自治区	梧州市	蒙山县	33.29
515	黑龙江省	齐齐哈尔市	克山县	33.27
516	安徽省	安庆市	怀宁县	33.26
517	安徽省	芜湖市	无为县	33.26
518	甘肃省	酒泉市	肃北自治县	33.26
519	湖北省	黄冈市	罗田县	33.26
520	山东省	德州市	夏津县	33.26
521	云南省	昆明市	西山区	33.26
522	广东省	惠州市	博罗县	33.25
523	陕西省	铜川市	王益区	33.25
524	河北省	邯郸市	永年区	33.24
525	湖南省	永州市	零陵区	33.23
526	江苏省	镇江市	句容市	33.23
527	内蒙古自治区	阿拉善盟	阿拉善右旗	33.23
528	辽宁省	营口市	西市区	33.22
529	山东省	德州市	临邑县	33.22
530	山东省	威海市	环翠区	33.22
531	山西省	忻州市	岢岚县	33.22
532	安徽省	芜湖市	镜湖区	33.21
533	山东省	烟台市	蓬莱市	33.21
534	重庆市	铜梁区	铜梁区	33.20
535	广西壮族自治区	百色市	平果县	33.20
536	广西壮族自治区	桂林市	资源县	33.20
537	云南省	大理自治州	宾川县	33.20
538	湖北省	黄冈市	浠水县	33.19
539	河北省	沧州市	海兴县	33.19
540	湖北省	孝感市	安陆市	33.18
541	湖南省	岳阳市	岳阳县	33.18
542	广东省	潮州市	湘桥区	33.17
543	内蒙古自治区	呼伦贝尔市	满洲里市	33.17
544	浙江省	杭州市	桐庐县	33.17
545	河南省	开封市	通许县	33.16
546	吉林省	吉林市	舒兰市	33.16
547	江苏省	淮安市	涟水县	33.16

排名	省份	地市级	县级	宜居级大气环境资源
548	江西省	宜春市	樟树市	33.16
549	云南省	红河自治州	石屏县	33.16
550	云南省	文山自治州	西畴县	33.16
551	安徽省	安庆市	宿松县	33.15
552	湖北省	仙桃市	仙桃市	33.15
553	河南省	三门峡市	灵宝市	33.15
554	山东省	枣庄市	薛城区	33.15
555	河北省	邯郸市	武安市	33.14
556	山西省	大同市	广灵县	33.14
557	山西省	吕梁市	临县	33.14
558	广东省	深圳市	罗湖区	33.13
559	湖北省	襄阳市	谷城县	33.13
560	河南省	驻马店市	汝南县	33.12
561	内蒙古自治区	鄂尔多斯市	乌审旗北部	33.12
562	内蒙古自治区	鄂尔多斯市	乌审旗	33.12
563	山东省	德州市	齐河县	33.12
564	西藏自治区	日喀则市	江孜县	33.12
565	江西省	吉安市	峡江县	33.11
566	河北省	邯郸市	峰峰矿区	33.10
567	湖南省	娄底市	娄星区	33.10
568	江苏省	连云港市	东海县	33.10
569	江西省	吉安市	永新县	33.10
570	山东省	威海市	荣成市	33.10
571	广西壮族自治区	百色市	隆林自治县	33.09
572	广西壮族自治区	南宁市	上林县	33.09
573	河南省	洛阳市	嵩县	33.09
574	江苏省	盐城市	射阳县	33.09
575	青海省	海东市	乐都区	33.09
576	山西省	长治市	平顺县	33.09
577	安徽省	宿州市	泗县	33.08
578	江苏省	南京市	高淳区	33.08
579	山东省	聊城市	茌平县	33.08
580	广西壮族自治区	桂林市	叠彩区	33.07
581	河南省	新乡市	原阳县	33.07
582	云南省	昆明市	寻甸自治县	33.07
583	重庆市	合川区	合川区	33.06
584	甘肃省	张掖市	甘州区	33.06
585	广西壮族自治区	防城港市	防城区	33.06
586	四川省	广安市	广安区	33.06
587	浙江省	绍兴市	上虞区	33.06

排名	省份	地市级	县级	宜居级大气环境资源
588	安徽省	亳州市	谯城区	33.05
589	重庆市	南川区	南川区	33.05
590	福建省	南平市	松溪县	33.05
591	广东省	广州市	增城区	33.05
592	云南省	玉溪市	峨山自治县	33.05
593	安徽省	池州市	青阳县	33.04
594	广东省	茂名市	高州市	33.04
595	贵州省	贵阳市	乌当区	33.04
596	河北省	邢台市	内丘县	33.04
597	黑龙江省	大庆市	肇源县	33.04
598	江西省	南昌市	安义县	33.04
599	安徽省	合肥市	巢湖市	33.03
600	湖南省	常德市	武陵区	33.03
601	湖南省	株洲市	醴陵市	33.03
602	内蒙古自治区	巴彦淖尔市	杭锦后旗	33.03
603	云南省	红河自治州	弥勒市	33.03
604	云南省	昭通市	彝良县	33.03
605	浙江省	丽水市	青田县	33.03
606	福建省	漳州市	长泰县	33.02
607	内蒙古自治区	乌兰察布市	四子王旗	33.02
608	河北省	邢台市	威县	33.01
609	黑龙江省	哈尔滨市	巴彦县	33.01
610	江西省	赣州市	定南县	33.01
611	云南省	普洱市	西盟自治县	33.01
612	安徽省	宣城市	绩溪县	33.00
613	广东省	肇庆市	德庆县	33.00
614	浙江省	杭州市	上城区	33.00
615	广东省	云浮市	郁南县	32.99
616	广西壮族自治区	桂林市	雁山区	32.99
617	四川省	甘孜藏族自治州	泸定县	32.99
618	云南省	临沧市	凤庆县	32.99
619	江苏省	南京市	秦淮区	32.98
620	内蒙古自治区	通辽市	开鲁县	32.98
621	湖北省	宜昌市	当阳市	32.97
622	河南省	许昌市	禹州市	32.97
623	辽宁省	朝阳市	喀喇沁左翼自治县	32.97
624	湖北省	宜昌市	宜都市	32.96
625	山西省	长治市	黎城县	32.96
626	安徽省	滁州市	来安县	32.95
627	安徽省	宿州市	埇桥区	32.95

排名	省份	地市级	县级	宜居级大气环境资源
628	湖北省	宜昌市	枝江市	32.95
629	河南省	安阳市	林州市	32.95
630	辽宁省	大连市	普兰店区（滨海）	32.95
631	广西壮族自治区	百色市	德保县	32.94
632	四川省	南充市	仪陇县	32.94
633	河南省	焦作市	温县	32.93
634	河南省	驻马店市	确山县	32.93
635	四川省	凉山自治州	布拖县	32.93
636	山西省	运城市	芮城县	32.93
637	甘肃省	甘南自治州	临潭县	32.92
638	湖北省	荆门市	京山县	32.90
639	贵州省	安顺市	镇宁自治县	32.89
640	河南省	驻马店市	遂平县	32.89
641	海南省	五指山市	五指山市	32.89
642	湖南省	邵阳市	邵东县	32.89
643	山东省	德州市	庆云县	32.89
644	湖南省	益阳市	桃江县	32.88
645	山西省	长治市	武乡县	32.88
646	甘肃省	庆阳市	合水县	32.87
647	海南省	文昌市	文昌市	32.87
648	黑龙江省	牡丹江市	绥芬河市	32.87
649	四川省	阿坝藏族自治州	茂县	32.87
650	湖南省	湘潭市	韶山市	32.86
651	四川省	甘孜藏族自治州	乡城县	32.86
652	浙江省	杭州市	临安区	32.86
653	贵州省	安顺市	关岭自治县	32.85
654	湖南省	湘西自治州	泸溪县	32.85
655	甘肃省	庆阳市	正宁县	32.84
656	江苏省	苏州市	吴江区	32.84
657	四川省	南充市	南部县	32.84
658	云南省	昭通市	鲁甸县	32.84
659	安徽省	合肥市	肥西县	32.83
660	安徽省	宣城市	宣州区	32.83
661	湖南省	衡阳市	耒阳市	32.83
662	甘肃省	定西市	安定区	32.82
663	陕西省	延安市	黄龙县	32.82
664	山西省	临汾市	蒲县	32.82
665	江西省	赣州市	信丰县	32.81
666	内蒙古自治区	包头市	青山区	32.81
667	山西省	大同市	左云县	32.81

排名	省份	地市级	县级	宜居级大气环境资源
668	浙江省	嘉兴市	嘉善县	32.81
669	广东省	茂名市	信宜市	32.80
670	广西壮族自治区	桂林市	灌阳县	32.80
671	山东省	泰安市	新泰市	32.80
672	天津市	宁河区	宁河区	32.80
673	河南省	驻马店市	新蔡县	32.79
674	山东省	济宁市	梁山县	32.79
675	陕西省	延安市	洛川县	32.79
676	福建省	宁德市	周宁县	32.78
677	河南省	濮阳市	南乐县	32.78
678	湖南省	郴州市	永兴县	32.78
679	湖北省	十堰市	郧阳区	32.77
680	安徽省	铜陵市	义安区	32.76
681	辽宁省	大连市	西岗区	32.75
682	辽宁省	丹东市	东港市	32.75
683	宁夏回族自治区	银川市	灵武市	32.75
684	四川省	凉山自治州	普格县	32.75
685	四川省	眉山市	洪雅县	32.75
686	山西省	吕梁市	兴县	32.75
687	广西壮族自治区	百色市	那坡县	32.74
688	云南省	玉溪市	澄江县	32.74
689	浙江省	衢州市	常山县	32.74
690	浙江省	湖州市	德清县	32.73
691	黑龙江省	齐齐哈尔市	克东县	32.72
692	湖南省	郴州市	桂阳县	32.72
693	四川省	成都市	金堂县	32.72
694	浙江省	嘉兴市	桐乡市	32.72
695	安徽省	淮北市	相山区	32.71
696	广东省	江门市	恩平市	32.71
697	广东省	揭阳市	揭西县	32.71
698	广东省	清远市	佛冈县	32.71
699	天津市	滨海新区	滨海新区中部沿海	32.71
700	云南省	普洱市	景谷自治县	32.71
701	安徽省	阜阳市	颍泉区	32.70
702	安徽省	六安市	舒城县	32.70
703	黑龙江省	齐齐哈尔市	依安县	32.70
704	陕西省	咸阳市	淳化县	32.70
705	云南省	曲靖市	沾益区	32.70
706	广东省	广州市	从化区	32.69
707	湖南省	邵阳市	新宁县	32.69

续表

排名	省份	地市级	县级	宜居级大气环境资源
708	内蒙古自治区	乌兰察布市	察哈尔右翼前旗	32.69
709	西藏自治区	山南市	浪卡子县	32.69
710	安徽省	亳州市	蒙城县	32.68
711	广东省	中山市	西区	32.68
712	四川省	绵阳市	三台县	32.68
713	陕西省	渭南市	白水县	32.68
714	云南省	楚雄自治州	大姚县	32.68
715	浙江省	杭州市	富阳区	32.68
716	安徽省	黄山市	徽州区	32.67
717	重庆市	巴南区	巴南区	32.67
718	重庆市	武隆区	武隆区	32.67
719	广东省	惠州市	龙门县	32.67
720	河北省	邢台市	临西县	32.67
721	江苏省	扬州市	邗江区	32.67
722	西藏自治区	阿里地区	普兰县	32.67
723	广西壮族自治区	桂林市	恭城自治县	32.66
724	黑龙江省	七台河市	勃利县	32.66
725	江苏省	南通市	海安县	32.66
726	四川省	阿坝藏族自治州	松潘县	32.65
727	山西省	运城市	河津市	32.65
728	新疆维吾尔自治区	塔城地区	裕民县	32.65
729	广东省	河源市	和平县	32.64
730	广东省	肇庆市	怀集县	32.64
731	河北省	唐山市	丰南区	32.64
732	湖南省	衡阳市	衡山县	32.64
733	甘肃省	陇南市	文县	32.63
734	广西壮族自治区	河池市	宜州区	32.63
735	浙江省	温州市	泰顺县	32.63
736	浙江省	温州市	瑞安市	32.63
737	江苏省	常州市	钟楼区	32.62
738	江苏省	南通市	通州区	32.62
739	广东省	梅州市	兴宁市	32.61
740	广东省	清远市	英德市	32.61
741	甘肃省	武威市	古浪县	32.61
742	青海省	海西自治州	格尔木市西部	32.61
743	青海省	海西自治州	都兰县	32.61
744	云南省	红河自治州	泸西县	32.61
745	广东省	广州市	番禺区	32.60
746	贵州省	遵义市	播州区	32.60
747	河南省	安阳市	内黄县	32.60

排名	省份	地市级	县级	宜居级大气环境资源
748	云南省	文山自治州	富宁县	32.60
749	安徽省	蚌埠市	龙子湖区	32.59
750	河北省	邯郸市	曲周县	32.59
751	河南省	濮阳市	清丰县	32.59
752	内蒙古自治区	锡林郭勒盟	阿巴嘎旗西北	32.59
753	四川省	凉山自治州	木里自治县	32.59
754	山东省	临沂市	沂水县	32.59
755	浙江省	宁波市	鄞州区	32.59
756	广东省	梅州市	梅江区	32.58
757	山东省	德州市	平原县	32.58
758	广东省	河源市	龙川县	32.57
759	广西壮族自治区	桂林市	平乐县	32.57
760	湖北省	宜昌市	远安县	32.57
761	山西省	朔州市	平鲁区	32.57
762	广西壮族自治区	来宾市	兴宾区	32.56
763	广西壮族自治区	梧州市	龙圩区	32.56
764	江西省	抚州市	南丰县	32.56
765	福建省	漳州市	华安县	32.55
766	河南省	三门峡市	渑池县	32.55
767	江苏省	扬州市	仪征市	32.55
768	辽宁省	鞍山市	台安县	32.55
769	内蒙古自治区	鄂尔多斯市	乌审旗南部	32.55
770	安徽省	马鞍山市	和县	32.54
771	山东省	东营市	河口区	32.54
772	山西省	忻州市	忻府区	32.54
773	湖北省	宜昌市	夷陵区	32.53
774	黑龙江省	绥化市	青冈县	32.53
775	江苏省	南通市	如皋市	32.53
776	江苏省	盐城市	东台市	32.53
777	浙江省	嘉兴市	海宁市	32.53
778	安徽省	亳州市	利辛县	32.52
779	湖南省	益阳市	桃江县	32.52
780	湖南省	株洲市	炎陵县	32.52
781	山东省	临沂市	莒南县	32.52
782	天津市	静海区	静海区	32.52
783	云南省	大理自治州	大理市	32.52
784	陕西省	咸阳市	礼泉县	32.51
785	广东省	河源市	源城区	32.50
786	湖南省	张家界市	慈利县	32.50
787	陕西省	安康市	平利县	32.50

排名	省份	地市级	县级	宜居级大气环境资源
788	云南省	德宏自治州	梁河县	32.50
789	湖南省	益阳市	沅江市	32.49
790	江西省	上饶市	玉山县	32.49
791	江西省	新余市	分宜县	32.49
792	山东省	潍坊市	昌乐县	32.49
793	山东省	潍坊市	昌邑市	32.49
794	云南省	文山自治州	文山市	32.49
795	安徽省	六安市	霍邱县	32.48
796	湖北省	荆州市	公安县	32.48
797	内蒙古自治区	乌兰察布市	察哈尔右翼后旗	32.48
798	安徽省	芜湖市	南陵县	32.47
799	河南省	郑州市	巩义市	32.47
800	江苏省	南京市	溧水区	32.47
801	江苏省	盐城市	滨海县	32.47
802	山西省	临汾市	汾西县	32.47
803	新疆维吾尔自治区	塔城地区	和布克赛尔自治县	32.47
804	广西壮族自治区	百色市	乐业县	32.46
805	河南省	驻马店市	平舆县	32.46
806	西藏自治区	昌都市	芒康县	32.46
807	福建省	南平市	光泽县	32.45
808	贵州省	黔南自治州	独山县	32.45
809	河南省	郑州市	新郑市	32.45
810	江苏省	泰州市	姜堰区	32.45
811	内蒙古自治区	兴安盟	科尔沁右翼中旗东南	32.45
812	甘肃省	庆阳市	华池县	32.44
813	湖北省	武汉市	蔡甸区	32.44
814	江西省	上饶市	信州区	32.44
815	云南省	普洱市	孟连自治县	32.44
816	安徽省	淮南市	寿县	32.43
817	广东省	清远市	连南瑶族自治县	32.43
818	辽宁省	辽阳市	辽阳县	32.43
819	云南省	大理自治州	永平县	32.43
820	湖北省	襄阳市	宜城市	32.42
821	河南省	新乡市	获嘉县	32.42
822	吉林省	长春市	德惠市	32.42
823	江苏省	南京市	六合区	32.42
824	福建省	福州市	永泰县	32.41
825	山东省	德州市	禹城市	32.41
826	北京市	门头沟区	门头沟区	32.40
827	重庆市	云阳县	云阳县	32.40

排名	省份	地市级	县级	宜居级大气环境资源
828	广东省	韶关市	乳源自治县	32.40
829	湖北省	孝感市	应城市	32.40
830	海南省	乐东自治县	乐东自治县	32.40
831	四川省	甘孜藏族自治州	康定市	32.40
832	广东省	韶关市	新丰县	32.39
833	黑龙江省	大庆市	林甸县	32.39
834	黑龙江省	齐齐哈尔市	拜泉县	32.39
835	江苏省	泰州市	泰兴市	32.39
836	江苏省	无锡市	江阴市	32.39
837	山西省	运城市	绛县	32.39
838	浙江省	金华市	义乌市	32.39
839	河南省	周口市	淮阳县	32.38
840	江西省	萍乡市	安源区	32.38
841	辽宁省	沈阳市	法库县	32.38
842	山西省	长治市	屯留县	32.38
843	安徽省	滁州市	定远县	32.37
844	福建省	龙岩市	新罗区	32.37
845	福建省	龙岩市	上杭县	32.37
846	广西壮族自治区	钦州市	浦北县	32.37
847	河南省	焦作市	武陟县	32.37
848	黑龙江省	齐齐哈尔市	甘南县	32.37
849	江西省	宜春市	袁州区	32.37
850	辽宁省	沈阳市	辽中区	32.37
851	四川省	阿坝藏族自治州	汶川县	32.37
852	河南省	商丘市	虞城县	32.36
853	吉林省	白城市	通榆县	32.36
854	江西省	鹰潭市	贵溪市	32.36
855	四川省	眉山市	丹棱县	32.36
856	山东省	济宁市	嘉祥县	32.36
857	湖北省	黄冈市	麻城市	32.35
858	吉林省	延边自治州	珲春市	32.35
859	陕西省	安康市	镇坪县	32.35
860	云南省	临沧市	云县	32.35
861	浙江省	杭州市	淳安县	32.35
862	江西省	吉安市	遂川县	32.34
863	江西省	萍乡市	上栗县	32.34
864	内蒙古自治区	锡林郭勒盟	苏尼特左旗	32.34
865	青海省	黄南自治州	泽库县	32.34
866	贵州省	黔东南自治州	黄平县	32.33
867	西藏自治区	拉萨市	城关区	32.33

排名	省份	地市级	县级	宜居级大气环境资源
868	云南省	昆明市	富民县	32.33
869	甘肃省	武威市	民勤县	32.32
870	江西省	宜春市	丰城市	32.32
871	山东省	菏泽市	东明县	32.32
872	福建省	莆田市	仙游县	32.31
873	辽宁省	辽阳市	灯塔市	32.31
874	四川省	凉山自治州	美姑县	32.31
875	山东省	菏泽市	郓城县	32.30
876	广东省	韶关市	仁化县	32.29
877	贵州省	黔西南自治州	兴义市	32.29
878	江西省	九江市	瑞昌市	32.29
879	山东省	济宁市	邹城市	32.29
880	河南省	安阳市	北关区	32.28
881	内蒙古自治区	锡林郭勒盟	阿巴嘎旗	32.28
882	山西省	晋中市	左权县	32.28
883	安徽省	宣城市	广德县	32.27
884	广东省	汕头市	金平区	32.27
885	江西省	赣州市	全南县	32.27
886	四川省	宜宾市	兴文县	32.27
887	安徽省	合肥市	长丰县	32.26
888	安徽省	宣城市	泾县	32.26
889	吉林省	白城市	大安市	32.26
890	内蒙古自治区	赤峰市	克什克腾旗	32.26
891	重庆市	涪陵区	涪陵区	32.25
892	重庆市	綦江区	綦江区	32.25
893	贵州省	贵阳市	息烽县	32.25
894	云南省	保山市	昌宁县	32.25
895	云南省	红河自治州	金平自治县	32.25
896	吉林省	四平市	梨树县	32.24
897	江西省	赣州市	龙南县	32.24
898	山东省	滨州市	沾化区	32.24
899	山西省	朔州市	山阴县	32.24
900	重庆市	璧山区	璧山区	32.23
901	广西壮族自治区	来宾市	忻城县	32.23
902	江西省	吉安市	新干县	32.23
903	四川省	成都市	简阳市	32.23
904	河北省	张家口市	沽源县	32.22
905	青海省	海南自治州	同德县	32.22
906	山西省	长治市	长子县	32.22
907	甘肃省	甘南自治州	卓尼县	32.21

排名	省份	地市级	县级	宜居级大气环境资源
908	河南省	南阳市	内乡县	32.21
909	江苏省	盐城市	大丰区	32.21
910	江西省	赣州市	宁都县	32.21
911	江西省	赣州市	会昌县	32.21
912	四川省	泸州市	纳溪区	32.21
913	山东省	烟台市	福山区	32.21
914	天津市	滨海新区	滨海新区南部沿海	32.21
915	黑龙江省	佳木斯市	汤原县	32.20
916	吉林省	松原市	长岭县	32.20
917	青海省	海北自治州	刚察县	32.20
918	黑龙江省	绥化市	兰西县	32.19
919	江苏省	无锡市	梁溪区	32.19
920	西藏自治区	山南市	隆子县	32.19
921	广西壮族自治区	桂林市	荔浦县	32.18
922	广西壮族自治区	柳州市	三江自治县	32.18
923	海南省	屯昌县	屯昌县	32.18
924	江苏省	淮安市	淮阴区	32.18
925	辽宁省	大连市	普兰店区	32.18
926	重庆市	永川区	永川区	32.16
927	辽宁省	朝阳市	建平县	32.16
928	内蒙古自治区	呼和浩特市	托克托县	32.16
929	四川省	甘孜藏族自治州	石渠县	32.16
930	福建省	福州市	闽清县	32.15
931	广东省	云浮市	云城区	32.15
932	四川省	凉山自治州	昭觉县	32.15
933	湖北省	孝感市	汉川市	32.14
934	河南省	三门峡市	湖滨区	32.14
935	内蒙古自治区	阿拉善盟	阿拉善左旗西北	32.14
936	陕西省	宝鸡市	凤翔县	32.14
937	山东省	滨州市	滨城区	32.13
938	山西省	大同市	浑源县	32.13
939	浙江省	宁波市	奉化区	32.13
940	福建省	漳州市	芗城区	32.12
941	广东省	清远市	连州市	32.11
942	甘肃省	兰州市	永登县	32.11
943	宁夏回族自治区	固原市	隆德县	32.11
944	山东省	聊城市	冠县	32.11
945	黑龙江省	鸡西市	密山市	32.10
946	四川省	宜宾市	屏山县	32.10
947	安徽省	马鞍山市	含山县	32.09

排名	省份	地市级	县级	宜居级大气环境资源
948	广西壮族自治区	百色市	田林县	32.09
949	河南省	南阳市	方城县	32.09
950	内蒙古自治区	巴彦淖尔市	乌拉特前旗	32.09
951	浙江省	台州市	温岭市	32.09
952	贵州省	毕节市	威宁自治县	32.08
953	辽宁省	盘锦市	双台子区	32.08
954	云南省	楚雄自治州	禄丰县	32.08
955	福建省	三明市	宁化县	32.07
956	广西壮族自治区	河池市	金城江区	32.07
957	河南省	许昌市	建安区	32.07
958	江苏省	徐州市	新沂市	32.07
959	辽宁省	丹东市	振兴区	32.07
960	内蒙古自治区	锡林郭勒盟	锡林浩特市	32.07
961	天津市	东丽区	东丽区	32.07
962	云南省	迪庆自治州	德钦县	32.07
963	河南省	商丘市	永城市	32.06
964	四川省	雅安市	宝兴县	32.06
965	山东省	济宁市	鱼台县	32.06
966	河北省	石家庄市	赞皇县	32.05
967	河南省	开封市	禹王台区	32.05
968	江西省	吉安市	安福县	32.05
969	青海省	海北自治州	海晏县	32.05
970	山西省	太原市	古交市	32.05
971	西藏自治区	日喀则市	定日县	32.05
972	黑龙江省	哈尔滨市	五常市	32.04
973	江西省	赣州市	南康区	32.04
974	江西省	鹰潭市	余江县	32.04
975	河南省	洛阳市	伊川县	32.03
976	吉林省	长春市	九台区	32.03
977	内蒙古自治区	赤峰市	宁城县	32.03
978	山东省	济南市	天桥区	32.03
979	甘肃省	庆阳市	宁县	32.02
980	重庆市	奉节县	奉节县	32.01
981	河北省	沧州市	献县	32.01
982	江西省	上饶市	横峰县	32.01
983	山东省	聊城市	东阿县	32.01
984	山东省	枣庄市	台儿庄区	32.01
985	陕西省	咸阳市	泾阳县	32.01
986	云南省	文山自治州	马关县	32.01
987	河北省	秦皇岛市	昌黎县	32.00

排名	省份	地市级	县级	宜居级大气环境资源
988	河南省	新乡市	延津县	32.00
989	海南省	白沙自治县	白沙自治县	32.00
990	福建省	南平市	政和县	31.99
991	甘肃省	平凉市	崆峒区	31.99
992	黑龙江省	佳木斯市	桦川县	31.99
993	黑龙江省	双鸭山市	集贤县	31.99
994	吉林省	松原市	乾安县	31.99
995	四川省	甘孜藏族自治州	雅江县	31.99
996	陕西省	西安市	临潼区	31.99
997	云南省	楚雄自治州	双柏县	31.99
998	河北省	沧州市	青县	31.98
999	山东省	青岛市	莱西市	31.98
1000	福建省	宁德市	福安市	31.97
1001	福建省	三明市	建宁县	31.97
1002	河南省	洛阳市	栾川县	31.97
1003	江西省	上饶市	鄱阳县	31.97
1004	山东省	菏泽市	鄄城县	31.97
1005	陕西省	铜川市	耀州区	31.97
1006	贵州省	安顺市	紫云自治县	31.96
1007	河南省	许昌市	襄城县	31.96
1008	江苏省	盐城市	响水县	31.96
1009	山西省	运城市	永济市	31.96
1010	广东省	河源市	紫金县	31.95
1011	内蒙古自治区	锡林郭勒盟	东乌珠穆沁旗东部	31.95
1012	山东省	烟台市	莱阳市	31.95
1013	陕西省	咸阳市	旬邑县	31.95
1014	云南省	楚雄自治州	元谋县	31.95
1015	云南省	玉溪市	易门县	31.95
1016	浙江省	舟山市	定海区	31.95
1017	江西省	新余市	渝水区	31.94
1018	辽宁省	锦州市	黑山县	31.94
1019	山东省	聊城市	临清市	31.94
1020	四川省	南充市	顺庆区	31.93
1021	山西省	太原市	清徐县	31.93
1022	云南省	大理自治州	南涧自治县	31.93
1023	浙江省	金华市	婺城区	31.93
1024	江西省	抚州市	广昌县	31.92
1025	四川省	阿坝藏族自治州	若尔盖县	31.92
1026	福建省	宁德市	古田县	31.91
1027	甘肃省	庆阳市	西峰区	31.91

排名	省份	地市级	县级	宜居级大气环境资源
1028	贵州省	铜仁市	玉屏侗族自治县	31.91
1029	贵州省	铜仁市	德江县	31.91
1030	湖北省	天门市	天门市	31.91
1031	河北省	衡水市	冀州区	31.91
1032	湖南省	湘潭市	湘乡市	31.91
1033	四川省	成都市	龙泉驿区	31.91
1034	四川省	内江市	威远县	31.91
1035	山东省	菏泽市	成武县	31.91
1036	上海市	闵行区	闵行区	31.91
1037	甘肃省	平凉市	庄浪县	31.90
1038	山东省	济宁市	汶上县	31.90
1039	河北省	邢台市	广宗县	31.89
1040	河北省	邢台市	新河县	31.89
1041	河南省	商丘市	民权县	31.89
1042	河南省	周口市	商水县	31.89
1043	青海省	海东市	循化自治县	31.89
1044	湖南省	邵阳市	隆回县	31.88
1045	江西省	南昌市	新建区	31.88
1046	四川省	广安市	岳池县	31.88
1047	山东省	枣庄市	市中区	31.88
1048	新疆维吾尔自治区	昌吉自治州	木垒自治县	31.88
1049	云南省	保山市	龙陵县	31.88
1050	浙江省	杭州市	建德市	31.88
1051	河北省	沧州市	黄骅市	31.87
1052	河北省	衡水市	阜城县	31.87
1053	河北省	邢台市	巨鹿县	31.87
1054	河南省	焦作市	博爱县	31.87
1055	黑龙江省	大庆市	肇州县	31.87
1056	内蒙古自治区	巴彦淖尔市	五原县	31.87
1057	山东省	烟台市	龙口市	31.87
1058	山西省	吕梁市	岚县	31.87
1059	湖北省	恩施自治州	巴东县	31.86
1060	河南省	信阳市	潢川县	31.86
1061	河南省	周口市	项城市	31.86
1062	辽宁省	铁岭市	昌图县	31.86
1063	西藏自治区	阿里地区	噶尔县	31.86
1064	云南省	保山市	施甸县	31.86
1065	云南省	德宏自治州	盈江县	31.86
1066	云南省	西双版纳自治州	勐海县	31.86
1067	甘肃省	平凉市	灵台县	31.85

排名	省份	地市级	县级	宜居级大气环境资源
1068	贵州省	黔东南自治州	凯里市	31.85
1069	贵州省	黔南自治州	平塘县	31.85
1070	海南省	儋州市	儋州市	31.85
1071	湖南省	永州市	祁阳县	31.85
1072	西藏自治区	那曲市	那曲县	31.85
1073	河南省	南阳市	新野县	31.84
1074	河南省	信阳市	浉河区	31.84
1075	黑龙江省	齐齐哈尔市	讷河市	31.84
1076	四川省	凉山自治州	冕宁县	31.84
1077	新疆维吾尔自治区	吐鲁番市	托克逊县	31.84
1078	河北省	石家庄市	元氏县	31.83
1079	河北省	唐山市	曹妃甸区	31.83
1080	河南省	焦作市	孟州市	31.83
1081	湖南省	邵阳市	大祥区	31.83
1082	辽宁省	大连市	瓦房店市	31.83
1083	内蒙古自治区	阿拉善盟	额济纳旗	31.83
1084	山西省	忻州市	河曲县	31.83
1085	山西省	运城市	夏县	31.83
1086	安徽省	合肥市	肥东县	31.82
1087	贵州省	黔东南自治州	麻江县	31.82
1088	河北省	承德市	滦平县	31.82
1089	河北省	承德市	滦平县	31.82
1090	四川省	阿坝藏族自治州	小金县	31.82
1091	四川省	泸州市	古蔺县	31.82
1092	广西壮族自治区	崇左市	大新县	31.81
1093	黑龙江省	绥化市	望奎县	31.81
1094	湖北省	宜昌市	西陵区	31.80
1095	海南省	澄迈县	澄迈县	31.80
1096	黑龙江省	牡丹江市	东宁市	31.80
1097	山东省	德州市	宁津县	31.80
1098	山西省	阳泉市	郊区	31.80
1099	浙江省	金华市	兰溪市	31.80
1100	山西省	吕梁市	汾阳市	31.79
1101	河北省	邢台市	柏乡县	31.78
1102	江西省	赣州市	于都县	31.78
1103	内蒙古自治区	鄂尔多斯市	东胜区	31.78
1104	四川省	自贡市	自流井区	31.78
1105	天津市	河西区	河西区	31.78
1106	辽宁省	阜新市	彰武县	31.77
1107	四川省	德阳市	广汉市	31.77

排名	省份	地市级	县级	宜居级大气环境资源
1108	贵州省	六盘水市	盘州市	31.76
1109	河南省	开封市	兰考县	31.76
1110	四川省	德阳市	什邡市	31.76
1111	四川省	凉山自治州	金阳县	31.76
1112	黑龙江省	黑河市	五大连池市	31.75
1113	山西省	晋中市	祁县	31.75
1114	云南省	昭通市	巧家县	31.75
1115	福建省	龙岩市	永定区	31.74
1116	湖北省	荆州市	洪湖市	31.74
1117	湖南省	怀化市	靖州自治县	31.74
1118	青海省	海东市	平安区	31.74
1119	山东省	济宁市	微山县	31.74
1120	湖南省	衡阳市	祁东县	31.73
1121	内蒙古自治区	鄂尔多斯市	达拉特旗	31.73
1122	山东省	菏泽市	定陶区	31.73
1123	山东省	菏泽市	牡丹区	31.73
1124	陕西省	渭南市	大荔县	31.73
1125	广西壮族自治区	贺州市	昭平县	31.72
1126	黑龙江省	齐齐哈尔市	泰来县	31.72
1127	辽宁省	铁岭市	银州区	31.72
1128	山东省	烟台市	莱州市	31.72
1129	陕西省	榆林市	神木市	31.72
1130	贵州省	黔南自治州	惠水县	31.71
1131	湖北省	咸宁市	崇阳县	31.71
1132	吉林省	松原市	宁江区	31.71
1133	内蒙古自治区	赤峰市	松山区	31.71
1134	内蒙古自治区	兴安盟	扎赉特旗	31.71
1135	西藏自治区	昌都市	洛隆县	31.71
1136	河北省	张家口市	宣化区	31.70
1137	河南省	新乡市	辉县	31.70
1138	黑龙江省	哈尔滨市	宾县	31.70
1139	湖南省	株洲市	荷塘区	31.70
1140	江苏省	扬州市	高邮市	31.70
1141	江西省	吉安市	井冈山市	31.70
1142	内蒙古自治区	锡林郭勒盟	西乌珠穆沁旗	31.70
1143	陕西省	汉中市	略阳县	31.70
1144	甘肃省	酒泉市	金塔县	31.69
1145	湖北省	孝感市	云梦县	31.69
1146	河北省	邢台市	清河县	31.69
1147	内蒙古自治区	巴彦淖尔市	乌拉特后旗	31.69

排名	省份	地市级	县级	宜居级大气环境资源
1148	内蒙古自治区	包头市	达尔罕茂明安联合旗	31.69
1149	四川省	成都市	蒲江县	31.69
1150	四川省	资阳市	雁江区	31.69
1151	山西省	晋城市	城区	31.69
1152	新疆维吾尔自治区	巴音郭楞自治州	轮台县	31.69
1153	甘肃省	甘南自治州	玛曲县	31.68
1154	广西壮族自治区	贵港市	平南县	31.68
1155	河北省	邢台市	宁晋县	31.68
1156	西藏自治区	拉萨市	当雄县	31.68
1157	云南省	昆明市	东川区	31.68
1158	甘肃省	酒泉市	肃州区	31.67
1159	湖北省	荆州市	松滋市	31.67
1160	河南省	焦作市	沁阳市	31.67
1161	内蒙古自治区	兴安盟	扎赉特旗西部	31.67
1162	四川省	资阳市	乐至县	31.67
1163	山东省	潍坊市	安丘市	31.67
1164	贵州省	黔西南自治州	兴仁县	31.66
1165	内蒙古自治区	鄂尔多斯市	鄂托克旗西北	31.66
1166	山西省	朔州市	怀仁县	31.66
1167	山西省	忻州市	五寨县	31.66
1168	青海省	海西自治州	冷湖行政区	31.65
1169	浙江省	台州市	三门县	31.65
1170	重庆市	石柱自治县	石柱自治县	31.64
1171	湖北省	恩施自治州	咸丰县	31.64
1172	河南省	驻马店市	驿城区	31.64
1173	黑龙江省	牡丹江市	宁安市	31.64
1174	湖南省	郴州市	资兴市	31.64
1175	江西省	宜春市	高安市	31.64
1176	四川省	南充市	西充县	31.64
1177	四川省	遂宁市	蓬溪县	31.64
1178	山西省	忻州市	繁峙县	31.64
1179	贵州省	六盘水市	六枝特区	31.63
1180	贵州省	黔南自治州	都匀市	31.63
1181	湖南省	岳阳市	华容县	31.63
1182	青海省	西宁市	湟源县	31.63
1183	浙江省	绍兴市	新昌县	31.63
1184	安徽省	阜阳市	颍上县	31.62
1185	河北省	邯郸市	广平县	31.62
1186	湖南省	邵阳市	邵阳县	31.62
1187	江苏省	盐城市	阜宁县	31.62

续表

排名	省份	地市级	县级	宜居级大气环境资源
1188	辽宁省	朝阳市	双塔区	31.62
1189	山东省	聊城市	莘县	31.62
1190	山西省	朔州市	应县	31.62
1191	山西省	晋中市	昔阳县	31.61
1192	安徽省	六安市	金安区	31.60
1193	福建省	三明市	永安市	31.60
1194	广东省	清远市	连山自治县	31.60
1195	广东省	肇庆市	广宁县	31.60
1196	湖北省	荆州市	荆州区	31.60
1197	河北省	邯郸市	磁县	31.60
1198	内蒙古自治区	赤峰市	翁牛特旗	31.60
1199	陕西省	咸阳市	长武县	31.60
1200	安徽省	滁州市	凤阳县	31.59
1201	福建省	三明市	清流县	31.59
1202	河北省	邢台市	临城县	31.59
1203	内蒙古自治区	鄂尔多斯市	鄂托克前旗	31.59
1204	四川省	内江市	资中县	31.59
1205	山东省	德州市	乐陵市	31.59
1206	浙江省	宁波市	慈溪市	31.59
1207	安徽省	合肥市	蜀山区	31.59
1208	河北省	衡水市	武强县	31.58
1209	河南省	濮阳市	台前县	31.58
1210	河南省	商丘市	睢县	31.58
1211	江西省	赣州市	崇义县	31.58
1212	安徽省	六安市	金寨县	31.57
1213	吉林省	长春市	绿园区	31.57
1214	辽宁省	盘锦市	大洼区	31.57
1215	四川省	凉山自治州	宁南县	31.57
1216	四川省	宜宾市	南溪区	31.57
1217	山西省	大同市	阳高县	31.57
1218	山西省	阳泉市	盂县	31.57
1219	湖南省	常德市	安乡县	31.56
1220	湖南省	常德市	汉寿县	31.56
1221	四川省	乐山市	井研县	31.56
1222	四川省	自贡市	富顺县	31.56
1223	山东省	菏泽市	曹县	31.56
1224	山西省	忻州市	偏关县	31.56
1225	西藏自治区	那曲市	索县	31.56
1226	云南省	昭通市	镇雄县	31.56
1227	湖北省	咸宁市	通山县	31.55

排名	省份	地市级	县级	宜居级大气环境资源
1228	河北省	张家口市	万全区	31.55
1229	江苏省	镇江市	润州区	31.55
1230	江西省	赣州市	瑞金市	31.55
1231	陕西省	宝鸡市	陈仓区	31.55
1232	江西省	上饶市	婺源县	31.54
1233	四川省	绵阳市	北川自治县	31.54
1234	浙江省	衢州市	龙游县	31.54
1235	湖南省	邵阳市	新邵县	31.53
1236	四川省	甘孜藏族自治州	理塘县	31.53
1237	四川省	甘孜藏族自治州	新龙县	31.53
1238	广西壮族自治区	百色市	右江区	31.52
1239	黑龙江省	哈尔滨市	通河县	31.52
1240	天津市	滨海新区	滨海新区北部沿海	31.52
1241	广西壮族自治区	崇左市	龙州县	31.51
1242	吉林省	四平市	伊通自治县	31.51
1243	四川省	雅安市	荥经县	31.51
1244	陕西省	榆林市	定边县	31.51
1245	浙江省	金华市	浦江县	31.51
1246	河北省	沧州市	盐山县	31.50
1247	河北省	沧州市	孟村自治县	31.50
1248	河北省	衡水市	安平县	31.50
1249	内蒙古自治区	赤峰市	林西县	31.50
1250	河南省	平顶山市	郏县	31.49
1251	河南省	商丘市	夏邑县	31.49
1252	黑龙江省	双鸭山市	饶河县	31.49
1253	吉林省	通化市	辉南县	31.49
1254	江苏省	徐州市	沛县	31.49
1255	内蒙古自治区	赤峰市	红山区	31.49
1256	内蒙古自治区	呼伦贝尔市	阿荣旗	31.49
1257	陕西省	西安市	高陵区	31.49
1258	山西省	太原市	阳曲县	31.49
1259	重庆市	荣昌区	荣昌区	31.48
1260	河北省	沧州市	东光县	31.48
1261	河北省	邯郸市	邱县	31.48
1262	江苏省	徐州市	丰县	31.48
1263	江西省	抚州市	崇仁县	31.48
1264	四川省	凉山自治州	甘洛县	31.48
1265	浙江省	绍兴市	诸暨市	31.48
1266	河南省	南阳市	西峡县	31.47
1267	河南省	许昌市	鄢陵县	31.47

续表

排名	省份	地市级	县级	宜居级大气环境资源
1268	吉林省	长春市	双阳区	31.47
1269	江西省	抚州市	乐安县	31.47
1270	江西省	南昌市	南昌县	31.47
1271	山东省	菏泽市	巨野县	31.47
1272	新疆维吾尔自治区	阿勒泰地区	吉木乃县	31.47
1273	安徽省	宣城市	旌德县	31.46
1274	河南省	周口市	西华县	31.46
1275	黑龙江省	哈尔滨市	香坊区	31.46
1276	江苏省	淮安市	盱眙县	31.46
1277	山东省	东营市	利津县	31.46
1278	贵州省	黔东南自治州	镇远县	31.45
1279	贵州省	黔东南自治州	施秉县	31.45
1280	湖北省	潜江市	潜江市	31.45
1281	河南省	焦作市	修武县	31.45
1282	黑龙江省	哈尔滨市	阿城区	31.45
1283	四川省	宜宾市	江安县	31.45
1284	陕西省	咸阳市	武功县	31.45
1285	河北省	邢台市	隆尧县	31.44
1286	海南省	保亭自治县	保亭自治县	31.44
1287	黑龙江省	哈尔滨市	呼兰区	31.44
1288	湖南省	常德市	临澧县	31.44
1289	四川省	泸州市	龙马潭区	31.44
1290	四川省	绵阳市	涪城区	31.44
1291	浙江省	台州市	临海市	31.44
1292	甘肃省	定西市	渭源县	31.43
1293	贵州省	黔东南自治州	岑巩县	31.43
1294	湖南省	永州市	道县	31.43
1295	四川省	阿坝藏族自治州	红原县	31.43
1296	云南省	保山市	腾冲市	31.43
1297	河北省	张家口市	尚义县	31.42
1298	江西省	吉安市	永丰县	31.42
1299	四川省	巴中市	南江县	31.42
1300	山西省	临汾市	浮山县	31.42
1301	云南省	昭通市	大关县	31.42
1302	浙江省	丽水市	庆元县	31.42
1303	广东省	云浮市	罗定市	31.41
1304	河南省	南阳市	邓州市	31.41
1305	辽宁省	锦州市	义县	31.41
1306	辽宁省	沈阳市	苏家屯区	31.41
1307	四川省	眉山市	青神县	31.41

排名	省份	地市级	县级	宜居级大气环境资源
1308	山西省	晋中市	介休市	31.41
1309	广西壮族自治区	贵港市	桂平市	31.40
1310	湖南省	衡阳市	衡东县	31.40
1311	湖南省	怀化市	通道自治县	31.40
1312	湖南省	永州市	宁远县	31.40
1313	内蒙古自治区	呼和浩特市	清水河县	31.40
1314	四川省	宜宾市	筠连县	31.40
1315	湖南省	衡阳市	蒸湘区	31.39
1316	湖南省	岳阳市	临湘市	31.39
1317	内蒙古自治区	通辽市	科尔沁区	31.39
1318	青海省	玉树自治州	治多县	31.39
1319	四川省	广元市	剑阁县	31.39
1320	山东省	青岛市	黄岛区	31.39
1321	云南省	大理自治州	云龙县	31.39
1322	重庆市	忠县	忠县	31.38
1323	广西壮族自治区	河池市	东兰县	31.38
1324	宁夏回族自治区	中卫市	海原县	31.38
1325	山东省	滨州市	无棣县	31.38
1326	甘肃省	定西市	漳县	31.37
1327	河北省	邢台市	南和县	31.37
1328	湖南省	永州市	江永县	31.37
1329	江苏省	连云港市	灌云县	31.37
1330	重庆市	黔江区	黔江区	31.36
1331	辽宁省	沈阳市	新民市	31.36
1332	陕西省	延安市	宜川县	31.36
1333	云南省	红河自治州	屏边自治县	31.36
1334	甘肃省	张掖市	山丹县	31.35
1335	辽宁省	沈阳市	沈北新区	31.35
1336	四川省	凉山自治州	会理县	31.35
1337	安徽省	黄山市	休宁县	31.34
1338	福建省	三明市	大田县	31.34
1339	河南省	信阳市	商城县	31.34
1340	黑龙江省	哈尔滨市	木兰县	31.34
1341	四川省	德阳市	绵竹市	31.34
1342	广东省	梅州市	大埔县	31.33
1343	甘肃省	张掖市	肃南自治县	31.33
1344	贵州省	黔南自治州	长顺县	31.33
1345	河北省	张家口市	怀安县	31.33
1346	江苏省	连云港市	赣榆区	31.33
1347	江苏省	苏州市	昆山市	31.33

续表

排名	省份	地市级	县级	宜居级大气环境资源
1348	内蒙古自治区	鄂尔多斯市	鄂托克旗	31.33
1349	山东省	临沂市	郯城县	31.33
1350	山西省	临汾市	翼城县	31.33
1351	云南省	玉溪市	华宁县	31.33
1352	贵州省	黔西南自治州	普安县	31.32
1353	河南省	平顶山市	宝丰县	31.32
1354	河南省	濮阳市	濮阳县	31.32
1355	湖南省	长沙市	浏阳市	31.32
1356	宁夏回族自治区	石嘴山市	平罗县	31.32
1357	青海省	玉树自治州	杂多县	31.32
1358	广西壮族自治区	百色市	凌云县	31.31
1359	贵州省	黔东南自治州	雷山县	31.31
1360	湖北省	黄冈市	蕲春县	31.31
1361	湖北省	咸宁市	赤壁市	31.31
1362	吉林省	白城市	洮北区	31.31
1363	四川省	宜宾市	高县	31.31
1364	山东省	德州市	德城区	31.31
1365	山西省	运城市	新绛县	31.31
1366	福建省	龙岩市	漳平市	31.30
1367	福建省	宁德市	寿宁县	31.30
1368	贵州省	毕节市	金沙县	31.30
1369	黑龙江省	绥化市	绥棱县	31.30
1370	黑龙江省	双鸭山市	宝清县	31.30
1371	陕西省	渭南市	澄城县	31.30
1372	广东省	清远市	阳山县	31.29
1373	广西壮族自治区	柳州市	柳江区	31.29
1374	贵州省	遵义市	赤水市	31.29
1375	河南省	商丘市	梁园区	31.29
1376	黑龙江省	绥化市	海伦市	31.29
1377	江西省	萍乡市	莲花县	31.29
1378	云南省	玉溪市	红塔区	31.29
1379	河南省	信阳市	固始县	31.28
1380	湖南省	衡阳市	常宁市	31.28
1381	江西省	赣州市	上犹县	31.28
1382	山东省	淄博市	临淄区	31.28
1383	山西省	运城市	闻喜县	31.28
1384	福建省	南平市	顺昌县	31.27
1385	江西省	上饶市	万年县	31.27
1386	四川省	乐山市	犍为县	31.27
1387	山东省	潍坊市	寿光市	31.27

排名	省份	地市级	县级	宜居级大气环境资源
1388	云南省	普洱市	宁洱自治县	31.27
1389	重庆市	垫江县	垫江县	31.26
1390	河北省	张家口市	张北县	31.26
1391	河南省	洛阳市	汝阳县	31.26
1392	河南省	平顶山市	汝州市	31.26
1393	湖南省	郴州市	安仁县	31.26
1394	浙江省	金华市	东阳市	31.26
1395	吉林省	辽源市	东丰县	31.25
1396	江西省	赣州市	章贡区	31.25
1397	内蒙古自治区	巴彦淖尔市	乌拉特前旗北部	31.25
1398	陕西省	榆林市	佳县	31.25
1399	甘肃省	白银市	靖远县	31.24
1400	辽宁省	本溪市	明山区	31.24
1401	内蒙古自治区	呼伦贝尔市	鄂温克族自治旗	31.24
1402	西藏自治区	日喀则市	南木林县	31.24
1403	云南省	昭通市	威信县	31.24
1404	湖北省	神农架林区	神农架林区	31.23
1405	河南省	信阳市	光山县	31.23
1406	四川省	自贡市	荣县	31.23
1407	山东省	聊城市	高唐县	31.23
1408	湖北省	襄阳市	老河口市	31.22
1409	河北省	沧州市	吴桥县	31.22
1410	黑龙江省	黑河市	逊克县	31.22
1411	山西省	吕梁市	交口县	31.22
1412	云南省	楚雄自治州	楚雄市	31.22
1413	四川省	成都市	大邑县	31.21
1414	四川省	广安市	武胜县	31.21
1415	四川省	乐山市	马边自治县	31.21
1416	广东省	河源市	连平县	31.20
1417	吉林省	通化市	柳河县	31.20
1418	山东省	德州市	陵城区	31.20
1419	陕西省	渭南市	富平县	31.20
1420	陕西省	咸阳市	彬县	31.20
1421	湖南省	湘西自治州	凤凰县	31.19
1422	四川省	甘孜藏族自治州	稻城县	31.19
1423	浙江省	温州市	永嘉县	31.19
1424	甘肃省	酒泉市	瓜州县	31.18
1425	广西壮族自治区	崇左市	凭祥市	31.18
1426	湖北省	襄阳市	南漳县	31.18
1427	吉林省	延边自治州	安图县	31.18

续表

排名	省份	地市级	县级	宜居级大气环境资源
1428	福建省	南平市	延平区	31.17
1429	湖南省	怀化市	辰溪县	31.17
1430	内蒙古自治区	鄂尔多斯市	准格尔旗	31.17
1431	四川省	阿坝藏族自治州	阿坝县	31.17
1432	四川省	达州市	渠县	31.17
1433	四川省	凉山自治州	会东县	31.17
1434	四川省	遂宁市	射洪县	31.17
1435	陕西省	汉中市	勉县	31.17
1436	山西省	大同市	天镇县	31.17
1437	新疆维吾尔自治区	巴音郭楞自治州	库尔勒市	31.17
1438	西藏自治区	林芝市	巴宜区	31.17
1439	云南省	文山自治州	广南县	31.17
1440	甘肃省	平凉市	静宁县	31.16
1441	河北省	石家庄市	高邑县	31.16
1442	江西省	赣州市	安远县	31.16
1443	四川省	南充市	蓬安县	31.16
1444	浙江省	宁波市	镇海区	31.16
1445	安徽省	池州市	石台县	31.15
1446	广西壮族自治区	河池市	凤山县	31.15
1447	湖南省	怀化市	会同县	31.15
1448	江苏省	宿迁市	沭阳县	31.15
1449	内蒙古自治区	兴安盟	科尔沁右翼前旗	31.15
1450	青海省	玉树自治州	称多县	31.15
1451	山东省	淄博市	周村区	31.15
1452	陕西省	榆林市	靖边县	31.15
1453	云南省	德宏自治州	陇川县	31.15
1454	北京市	通州区	通州区	31.14
1455	黑龙江省	哈尔滨市	依兰县	31.14
1456	江苏省	连云港市	灌南县	31.14
1457	四川省	德阳市	旌阳区	31.14
1458	云南省	迪庆自治州	香格里拉市	31.14
1459	河南省	漯河市	舞阳县	31.13
1460	四川省	成都市	彭州市	31.13
1461	四川省	泸州市	合江县	31.13
1462	贵州省	黔南自治州	贵定县	31.12
1463	内蒙古自治区	巴彦淖尔市	临河区	31.12
1464	浙江省	金华市	武义县	31.12
1465	甘肃省	陇南市	西和县	31.11
1466	湖南省	永州市	东安县	31.11
1467	辽宁省	鞍山市	铁东区	31.11

续表

排名	省份	地市级	县级	宜居级大气环境资源
1468	河南省	南阳市	社旗县	31.10
1469	山东省	泰安市	泰山区	31.10
1470	陕西省	延安市	子长县	31.10
1471	河北省	承德市	宽城自治县	31.09
1472	湖南省	益阳市	安化县	31.09
1473	四川省	达州市	开江县	31.09
1474	陕西省	延安市	富县	31.09
1475	新疆维吾尔自治区	昌吉自治州	呼图壁县	31.09
1476	云南省	大理自治州	漾濞自治县	31.09
1477	河南省	新乡市	封丘县	31.08
1478	辽宁省	抚顺市	顺城区	31.08
1479	山东省	淄博市	张店区	31.08
1480	天津市	津南区	津南区	31.08
1481	福建省	龙岩市	长汀县	31.07
1482	河北省	邯郸市	邯山区	31.07
1483	河南省	商丘市	柘城县	31.07
1484	湖南省	常德市	桃源县	31.07
1485	辽宁省	朝阳市	凌源市	31.07
1486	山西省	吕梁市	文水县	31.07
1487	云南省	大理自治州	洱源县	31.07
1488	云南省	昭通市	绥江县	31.07
1489	福建省	南平市	邵武市	31.06
1490	湖北省	十堰市	丹江口市	31.06
1491	河北省	邯郸市	成安县	31.06
1492	吉林省	延边自治州	延吉市	31.06
1493	四川省	眉山市	仁寿县	31.06
1494	山东省	威海市	乳山市	31.06
1495	北京市	房山区	房山区	31.05
1496	甘肃省	庆阳市	庆城县	31.05
1497	贵州省	遵义市	湄潭县	31.05
1498	河北省	唐山市	乐亭县	31.05
1499	四川省	阿坝藏族自治州	九寨沟县	31.05
1500	河南省	驻马店市	泌阳县	31.04
1501	江苏省	宿迁市	泗洪县	31.04
1502	河北省	石家庄市	行唐县	31.03
1503	河南省	漯河市	临颍县	31.03
1504	黑龙江省	双鸭山市	尖山区	31.03
1505	江西省	宜春市	万载县	31.03
1506	四川省	广元市	苍溪县	31.03
1507	山西省	晋中市	寿阳县	31.03

排名	省份	地市级	县级	宜居级大气环境资源
1508	云南省	昆明市	禄劝自治县	31.03
1509	江苏省	宿迁市	泗阳县	31.02
1510	广西壮族自治区	河池市	天峨县	31.01
1511	四川省	达州市	宣汉县	31.01
1512	四川省	广安市	邻水县	31.01
1513	安徽省	黄山市	祁门县	31.00
1514	甘肃省	武威市	凉州区	31.00
1515	河北省	沧州市	运河区	31.00
1516	内蒙古自治区	赤峰市	喀喇沁旗	31.00
1517	山东省	日照市	五莲县	31.00
1518	山西省	运城市	盐湖区	31.00
1519	贵州省	黔东南自治州	三穗县	30.99
1520	贵州省	遵义市	桐梓县	30.99
1521	湖南省	怀化市	麻阳自治县	30.99
1522	江西省	赣州市	兴国县	30.99
1523	福建省	三明市	沙县	30.98
1524	湖南省	永州市	蓝山县	30.98
1525	江西省	上饶市	德兴市	30.98
1526	江西省	宜春市	上高县	30.98
1527	四川省	达州市	大竹县	30.98
1528	山东省	淄博市	高青县	30.98
1529	陕西省	西安市	周至县	30.98
1530	山西省	忻州市	静乐县	30.98
1531	河北省	沧州市	南皮县	30.97
1532	四川省	攀枝花市	东区	30.97
1533	四川省	内江市	东兴区	30.96
1534	四川省	雅安市	芦山县	30.96
1535	山东省	东营市	广饶县	30.96
1536	山东省	枣庄市	峄城区	30.96
1537	安徽省	滁州市	琅琊区	30.95
1538	甘肃省	张掖市	临泽县	30.95
1539	湖北省	宜昌市	长阳自治县	30.95
1540	四川省	成都市	崇州市	30.95
1541	四川省	南充市	营山县	30.95
1542	四川省	宜宾市	珙县	30.95
1543	山西省	临汾市	霍州市	30.95
1544	重庆市	酉阳自治县	酉阳自治县	30.94
1545	河北省	廊坊市	大城县	30.94
1546	河南省	新乡市	牧野区	30.94
1547	山东省	潍坊市	青州市	30.94

排名	省份	地市级	县级	宜居级大气环境资源
1548	陕西省	西安市	鄠邑区	30.94
1549	山西省	晋中市	榆社县	30.94
1550	河北省	唐山市	丰润区	30.93
1551	山东省	莱芜市	莱城区	30.93
1552	江西省	九江市	德安县	30.92
1553	宁夏回族自治区	中卫市	沙坡头区	30.92
1554	山东省	滨州市	阳信县	30.91
1555	陕西省	延安市	安塞区	30.91
1556	山西省	运城市	平陆县	30.91
1557	甘肃省	天水市	秦州区	30.90
1558	江西省	宜春市	奉新县	30.90
1559	四川省	成都市	新都区	30.90
1560	四川省	德阳市	中江县	30.90
1561	山西省	临汾市	曲沃县	30.90
1562	安徽省	黄山市	黟县	30.89
1563	福建省	宁德市	福鼎市	30.89
1564	山东省	淄博市	桓台县	30.89
1565	山西省	吕梁市	石楼县	30.89
1566	浙江省	绍兴市	越城区	30.89
1567	安徽省	安庆市	岳西县	30.88
1568	重庆市	长寿区	长寿区	30.88
1569	河北省	张家口市	桥东区	30.88
1570	河南省	郑州市	中牟县	30.88
1571	辽宁省	阜新市	细河区	30.88
1572	四川省	巴中市	通江县	30.88
1573	重庆市	梁平区	梁平区	30.87
1574	广西壮族自治区	桂林市	阳朔县	30.87
1575	四川省	阿坝藏族自治州	壤塘县	30.87
1576	陕西省	咸阳市	渭城区	30.87
1577	福建省	三明市	明溪县	30.86
1578	宁夏回族自治区	中卫市	中宁县	30.85
1579	陕西省	延安市	宝塔区	30.85
1580	西藏自治区	山南市	贡嘎县	30.85
1581	河北省	张家口市	赤城县	30.84
1582	湖南省	益阳市	南县	30.84
1583	辽宁省	葫芦岛市	兴城市	30.84
1584	四川省	甘孜藏族自治州	得荣县	30.84
1585	河南省	信阳市	罗山县	30.83
1586	四川省	成都市	新津县	30.83
1587	山西省	晋中市	和顺县	30.83

排名	省份	地市级	县级	宜居级大气环境资源
1588	湖北省	黄石市	阳新县	30.82
1589	内蒙古自治区	乌兰察布市	凉城县	30.82
1590	山西省	晋中市	太谷县	30.82
1591	云南省	昭通市	昭阳区	30.82
1592	甘肃省	庆阳市	环县	30.81
1593	甘肃省	天水市	麦积区	30.81
1594	广西壮族自治区	桂林市	灵川县	30.81
1595	陕西省	西安市	蓝田县	30.81
1596	河北省	邯郸市	肥乡区	30.80
1597	吉林省	延边自治州	图们市	30.80
1598	青海省	黄南自治州	同仁县	30.80
1599	四川省	甘孜藏族自治州	道孚县	30.80
1600	四川省	凉山自治州	西昌市	30.80
1601	四川省	绵阳市	平武县	30.80
1602	四川省	绵阳市	盐亭县	30.80
1603	四川省	宜宾市	长宁县	30.80
1604	山东省	济南市	商河县	30.80
1605	湖南省	常德市	津市市	30.79
1606	陕西省	汉中市	南郑县	30.79
1607	陕西省	咸阳市	永寿县	30.79
1608	福建省	南平市	武夷山市	30.78
1609	贵州省	遵义市	正安县	30.78
1610	湖北省	黄冈市	红安县	30.78
1611	湖南省	娄底市	涟源市	30.78
1612	四川省	甘孜藏族自治州	色达县	30.78
1613	山东省	日照市	莒县	30.78
1614	贵州省	黔南自治州	龙里县	30.77
1615	河北省	张家口市	康保县	30.77
1616	河南省	开封市	尉氏县	30.77
1617	吉林省	四平市	双辽市	30.77
1618	青海省	果洛自治州	玛多县	30.77
1619	山西省	忻州市	保德县	30.77
1620	湖北省	随州市	曾都区	30.76
1621	河北省	衡水市	武邑县	30.76
1622	河北省	邢台市	平乡县	30.76
1623	宁夏回族自治区	吴忠市	青铜峡市	30.76
1624	山西省	太原市	娄烦县	30.76
1625	山西省	忻州市	五台县	30.76
1626	山西省	长治市	沁源县	30.76
1627	浙江省	绍兴市	嵊州市	30.76

排名	省份	地市级	县级	宜居级大气环境资源
1628	甘肃省	陇南市	宕昌县	30.75
1629	河北省	衡水市	故城县	30.75
1630	河南省	信阳市	淮滨县	30.75
1631	山东省	临沂市	沂南县	30.75
1632	陕西省	汉中市	洋县	30.75
1633	贵州省	黔东南自治州	黎平县	30.74
1634	湖北省	黄石市	黄石港区	30.74
1635	河北省	沧州市	河间市	30.74
1636	湖南省	常德市	石门县	30.74
1637	江西省	赣州市	寻乌县	30.74
1638	四川省	凉山自治州	越西县	30.74
1639	山东省	临沂市	兰陵县	30.74
1640	河北省	衡水市	枣强县	30.73
1641	江西省	宜春市	靖安县	30.73
1642	内蒙古自治区	赤峰市	敖汉旗东部	30.73
1643	内蒙古自治区	呼伦贝尔市	新巴尔虎左旗	30.73
1644	四川省	阿坝藏族自治州	黑水县	30.73
1645	四川省	攀枝花市	米易县	30.73
1646	山东省	济宁市	泗水县	30.73
1647	山西省	忻州市	代县	30.73
1648	云南省	楚雄自治州	南华县	30.73
1649	甘肃省	白银市	景泰县	30.72
1650	河南省	焦作市	山阳区	30.72
1651	湖南省	湘西自治州	保靖县	30.72
1652	湖南省	永州市	冷水滩区	30.72
1653	河北省	邢台市	沙河市	30.71
1654	河南省	开封市	杞县	30.71
1655	云南省	玉溪市	元江自治县	30.71
1656	北京市	顺义区	顺义区	30.70
1657	福建省	南平市	建瓯市	30.70
1658	贵州省	毕节市	赫章县	30.70
1659	陕西省	渭南市	蒲城县	30.70
1660	山西省	阳泉市	平定县	30.70
1661	黑龙江省	黑河市	北安市	30.69
1662	四川省	广元市	朝天区	30.69
1663	山西省	大同市	大同县	30.69
1664	山西省	太原市	小店区	30.69
1665	北京市	昌平区	昌平区	30.68
1666	重庆市	江津区	江津区	30.68
1667	湖北省	襄阳市	保康县	30.68

排名	省份	地市级	县级	宜居级大气环境资源
1668	河南省	郑州市	二七区	30.68
1669	内蒙古自治区	呼伦贝尔市	陈巴尔虎旗	30.68
1670	陕西省	汉中市	镇巴县	30.68
1671	云南省	临沧市	临翔区	30.68
1672	湖南省	张家界市	永定区	30.67
1673	浙江省	丽水市	龙泉市	30.67
1674	贵州省	遵义市	仁怀市	30.66
1675	湖北省	十堰市	茅箭区	30.66
1676	四川省	凉山自治州	雷波县	30.66
1677	陕西省	渭南市	韩城市	30.66
1678	新疆维吾尔自治区	和田地区	和田市	30.66
1679	云南省	临沧市	镇康县	30.66
1680	贵州省	六盘水市	钟山区	30.65
1681	湖北省	恩施自治州	利川市	30.65
1682	四川省	成都市	双流区	30.65
1683	陕西省	宝鸡市	陇县	30.65
1684	山西省	运城市	万荣县	30.65
1685	西藏自治区	日喀则市	桑珠孜区	30.65
1686	重庆市	九龙坡区	九龙坡区	30.64
1687	宁夏回族自治区	银川市	永宁县	30.64
1688	四川省	泸州市	叙永县	30.64
1689	新疆维吾尔自治区	阿勒泰地区	哈巴河县	30.64
1690	湖南省	湘西自治州	花垣县	30.63
1691	四川省	绵阳市	梓潼县	30.63
1692	山东省	东营市	垦利区	30.63
1693	陕西省	宝鸡市	千阳县	30.63
1694	陕西省	咸阳市	乾县	30.63
1695	山西省	吕梁市	吕梁市 *	30.63
1696	山西省	长治市	潞城市	30.63
1697	北京市	东城区	东城区	30.62
1698	甘肃省	兰州市	安宁区	30.62
1699	贵州省	黔西南自治州	望谟县	30.62
1700	江西省	九江市	修水县	30.62
1701	新疆维吾尔自治区	喀什地区	喀什市	30.62
1702	山东省	济宁市	任城区	30.61
1703	西藏自治区	拉萨市	尼木县	30.61
1704	云南省	普洱市	景东自治县	30.61
1705	重庆市	丰都县	丰都县	30.60
1706	福建省	三明市	将乐县	30.60
1707	山东省	临沂市	蒙阴县	30.60

* 一站两用。

排名	省份	地市级	县级	宜居级大气环境资源
1708	陕西省	安康市	汉阴县	30.60
1709	天津市	南开区	南开区	30.60
1710	新疆维吾尔自治区	哈密市	伊吾县	30.60
1711	福建省	三明市	尤溪县	30.59
1712	湖北省	恩施自治州	鹤峰县	30.59
1713	江苏省	常州市	溧阳市	30.59
1714	江西省	吉安市	泰和县	30.59
1715	江西省	吉安市	吉州区	30.59
1716	四川省	遂宁市	船山区	30.59
1717	陕西省	延安市	延长县	30.59
1718	云南省	临沧市	双江自治县	30.59
1719	浙江省	丽水市	遂昌县	30.59
1720	甘肃省	甘南自治州	迭部县	30.58
1721	山东省	淄博市	淄川区	30.58
1722	陕西省	延安市	延川县	30.58
1723	浙江省	金华市	永康市	30.58
1724	河南省	郑州市	新密市	30.57
1725	河南省	周口市	鹿邑县	30.57
1726	内蒙古自治区	呼伦贝尔市	莫力达瓦自治旗	30.57
1727	宁夏回族自治区	固原市	原州区	30.57
1728	山西省	忻州市	原平市	30.57
1729	安徽省	宿州市	砀山县	30.56
1730	河北省	唐山市	路北区	30.56
1731	河南省	周口市	沈丘县	30.56
1732	湖南省	郴州市	嘉禾县	30.56
1733	四川省	甘孜藏族自治州	甘孜县	30.56
1734	山东省	泰安市	宁阳县	30.56
1735	浙江省	温州市	文成县	30.56
1736	重庆市	开州区	开州区	30.55
1737	重庆市	巫溪县	巫溪县	30.55
1738	甘肃省	定西市	陇西县	30.55
1739	贵州省	毕节市	纳雍县	30.55
1740	湖北省	十堰市	竹山县	30.55
1741	辽宁省	营口市	盖州市	30.55
1742	内蒙古自治区	呼和浩特市	和林格尔县	30.55
1743	山西省	晋城市	高平市	30.55
1744	贵州省	安顺市	普定县	30.54
1745	贵州省	遵义市	余庆县	30.54
1746	河南省	新乡市	卫辉市	30.54
1747	内蒙古自治区	巴彦淖尔市	乌拉特中旗	30.54

排名	省份	地市级	县级	宜居级大气环境资源
1748	山东省	滨州市	博兴县	30.54
1749	海南省	琼中自治县	琼中自治县	30.53
1750	四川省	乐山市	沐川县	30.53
1751	四川省	宜宾市	宜宾县	30.53
1752	山西省	晋中市	平遥县	30.53
1753	北京市	怀柔区	怀柔区	30.52
1754	湖北省	黄冈市	英山县	30.52
1755	河南省	新乡市	长垣县	30.52
1756	黑龙江省	伊春市	汤旺河区	30.52
1757	云南省	临沧市	沧源自治县	30.52
1758	浙江省	宁波市	宁海县	30.52
1759	安徽省	宣城市	宁国市	30.51
1760	甘肃省	天水市	甘谷县	30.51
1761	江西省	抚州市	宜黄县	30.51
1762	陕西省	汉中市	西乡县	30.51
1763	陕西省	延安市	甘泉县	30.51
1764	甘肃省	陇南市	武都区	30.50
1765	湖南省	邵阳市	武冈市	30.50
1766	湖南省	邵阳市	绥宁县	30.50
1767	甘肃省	白银市	会宁县	30.49
1768	湖北省	恩施自治州	宣恩县	30.49
1769	辽宁省	铁岭市	开原市	30.49
1770	四川省	广元市	青川县	30.49
1771	山东省	青岛市	平度市	30.49
1772	安徽省	黄山市	黄山区	30.48
1773	贵州省	遵义市	务川自治县	30.48
1774	四川省	雅安市	天全县	30.48
1775	山西省	临汾市	洪洞县	30.48
1776	黑龙江省	伊春市	五营区	30.47
1777	四川省	乐山市	峨眉山市	30.47
1778	天津市	北辰区	北辰区	30.47
1779	北京市	大兴区	大兴区	30.46
1780	湖北省	宜昌市	兴山县	30.46
1781	吉林省	延边自治州	龙井市	30.46
1782	山西省	晋中市	灵石县	30.46
1783	云南省	西双版纳自治州	勐腊县	30.46
1784	安徽省	黄山市	屯溪区	30.45
1785	重庆市	大足区	大足区	30.45
1786	福建省	南平市	浦城县	30.45
1787	福建省	三明市	泰宁县	30.45

排名	省份	地市级	县级	宜居级大气环境资源
1788	贵州省	毕节市	大方县	30.45
1789	河北省	唐山市	滦县	30.45
1790	四川省	乐山市	夹江县	30.45
1791	山东省	聊城市	东昌府区	30.45
1792	贵州省	铜仁市	碧江区	30.44
1793	江西省	宜春市	铜鼓县	30.44
1794	青海省	海西自治州	茫崖行政区	30.44
1795	新疆维吾尔自治区	伊犁自治州	特克斯县	30.44
1796	重庆市	北碚区	北碚区	30.43
1797	甘肃省	天水市	清水县	30.43
1798	贵州省	铜仁市	石阡县	30.43
1799	黑龙江省	伊春市	嘉荫县	30.43
1800	四川省	达州市	万源市	30.43
1801	四川省	甘孜藏族自治州	巴塘县	30.43
1802	河北省	承德市	平泉市	30.42
1803	云南省	德宏自治州	瑞丽市	30.42
1804	云南省	昭通市	盐津县	30.42
1805	甘肃省	临夏自治州	康乐县	30.41
1806	黑龙江省	绥化市	安达市	30.41
1807	宁夏回族自治区	石嘴山市	惠农区	30.41
1808	四川省	成都市	温江区	30.41
1809	天津市	蓟州区	蓟州区	30.41
1810	河南省	郑州市	荥阳市	30.40
1811	宁夏回族自治区	吴忠市	利通区	30.40
1812	四川省	巴中市	平昌县	30.40
1813	四川省	雅安市	名山区	30.40
1814	陕西省	商洛市	商州区	30.40
1815	山西省	临汾市	隰县	30.40
1816	黑龙江省	鹤岗市	东山区	30.39
1817	浙江省	湖州市	安吉县	30.39
1818	河南省	三门峡市	卢氏县	30.38
1819	辽宁省	辽阳市	宏伟区	30.38
1820	陕西省	西安市	长安区	30.38
1821	西藏自治区	那曲市	嘉黎县	30.38
1822	河北省	沧州市	任丘市	30.37
1823	青海省	海北自治州	祁连县	30.37
1824	西藏自治区	昌都市	昌都市	30.37
1825	甘肃省	陇南市	礼县	30.36
1826	湖北省	襄阳市	枣阳市	30.36
1827	河北省	承德市	隆化县	30.36

排名	省份	地市级	县级	宜居级大气环境资源
1828	河南省	周口市	川汇区	30.36
1829	青海省	黄南自治州	尖扎县	30.36
1830	河北省	承德市	兴隆县	30.35
1831	云南省	普洱市	墨江自治县	30.35
1832	北京市	朝阳区	朝阳区	30.34
1833	北京市	石景山区	石景山区	30.34
1834	河北省	秦皇岛市	抚宁区	30.34
1835	四川省	乐山市	市中区	30.34
1836	陕西省	渭南市	华阴市	30.34
1837	陕西省	榆林市	绥德县	30.34
1838	贵州省	遵义市	习水县	30.33
1839	河南省	周口市	扶沟县	30.33
1840	黑龙江省	牡丹江市	西安区	30.33
1841	山东省	淄博市	博山区	30.33
1842	新疆维吾尔自治区	哈密市	巴里坤自治县	30.33
1843	新疆维吾尔自治区	克孜勒苏柯尔克孜自治州	阿合奇县	30.33
1844	云南省	普洱市	江城自治县	30.33
1845	福建省	南平市	建阳区	30.32
1846	江苏省	徐州市	邳州市	30.32
1847	贵州省	毕节市	黔西县	30.31
1848	湖北省	十堰市	房县	30.31
1849	江苏省	徐州市	睢宁县	30.31
1850	西藏自治区	昌都市	丁青县	30.31
1851	黑龙江省	哈尔滨市	方正县	30.30
1852	湖南省	怀化市	洪江市	30.30
1853	陕西省	渭南市	临渭区	30.30
1854	西藏自治区	山南市	加查县	30.30
1855	吉林省	长春市	农安县	30.29
1856	新疆维吾尔自治区	巴音郭楞自治州	和静县	30.29
1857	福建省	福州市	连江县	30.28
1858	贵州省	黔东南自治州	台江县	30.28
1859	湖南省	永州市	新田县	30.28
1860	内蒙古自治区	包头市	土默特右旗	30.28
1861	青海省	海东市	民和自治县	30.28
1862	山西省	临汾市	大宁县	30.28
1863	安徽省	池州市	东至县	30.27
1864	云南省	德宏自治州	芒市	30.27
1865	甘肃省	平凉市	崇信县	30.26
1866	内蒙古自治区	兴安盟	乌兰浩特市	30.26
1867	四川省	南充市	阆中市	30.26

排名	省份	地市级	县级	宜居级大气环境资源
1868	浙江省	衢州市	开化县	30.26
1869	北京市	丰台区	丰台区	30.25
1870	甘肃省	庆阳市	泾川县	30.25
1871	辽宁省	丹东市	凤城市	30.25
1872	云南省	保山市	隆阳区	30.25
1873	安徽省	宿州市	萧县	30.24
1874	陕西省	安康市	岚皋县	30.24
1875	陕西省	汉中市	留坝县	30.24
1876	甘肃省	兰州市	榆中县	30.23
1877	黑龙江省	齐齐哈尔市	富裕县	30.23
1878	吉林省	通化市	梅河口市	30.23
1879	吉林省	通化市	通化县	30.23
1880	陕西省	延安市	志丹县	30.23
1881	山西省	吕梁市	交城县	30.23
1882	天津市	宝坻区	宝坻区	30.23
1883	甘肃省	张掖市	高台县	30.22
1884	河北省	邯郸市	临漳县	30.22
1885	内蒙古自治区	乌兰察布市	丰镇市	30.22
1886	四川省	成都市	邛崃市	30.22
1887	新疆维吾尔自治区	阿克苏地区	阿克苏市	30.22
1888	河北省	保定市	高阳县	30.21
1889	宁夏回族自治区	吴忠市	盐池县	30.21
1890	江苏省	无锡市	宜兴市	30.20
1891	甘肃省	定西市	通渭县	30.19
1892	河北省	沧州市	泊头市	30.19
1893	江西省	抚州市	黎川县	30.19
1894	内蒙古自治区	通辽市	扎鲁特旗	30.19
1895	青海省	果洛自治州	久治县	30.19
1896	山西省	临汾市	永和县	30.19
1897	山西省	长治市	沁县	30.19
1898	河南省	平顶山市	鲁山县	30.18
1899	云南省	普洱市	澜沧自治县	30.18
1900	贵州省	黔西南自治州	册亨县	30.17
1901	湖北省	宜昌市	秭归县	30.17
1902	青海省	海南自治州	兴海县	30.17
1903	山西省	太原市	尖草坪区	30.17
1904	安徽省	六安市	霍山县	30.16
1905	河北省	石家庄市	赵县	30.16
1906	青海省	海西自治州	乌兰县	30.16
1907	四川省	绵阳市	江油市	30.16

排名	省份	地市级	县级	宜居级大气环境资源
1908	新疆维吾尔自治区	阿勒泰地区	布尔津县	30.16
1909	湖南省	娄底市	新化县	30.15
1910	山东省	潍坊市	潍城区	30.15
1911	北京市	平谷区	平谷区	30.14
1912	湖北省	恩施自治州	来凤县	30.14
1913	河北省	廊坊市	大厂自治县	30.14
1914	河北省	唐山市	迁西县	30.14
1915	青海省	海南自治州	贵德县	30.14
1916	青海省	海西自治州	格尔木市	30.14
1917	河南省	南阳市	桐柏县	30.13
1918	黑龙江省	齐齐哈尔市	建华区	30.13
1919	四川省	阿坝藏族自治州	金川县	30.13
1920	甘肃省	庆阳市	镇原县	30.12
1921	湖南省	湘西自治州	永顺县	30.12
1922	湖北省	恩施自治州	建始县	30.11
1923	四川省	巴中市	巴州区	30.11
1924	新疆维吾尔自治区	和田地区	策勒县	30.11
1925	贵州省	遵义市	绥阳县	30.10
1926	湖南省	张家界市	桑植县	30.10
1927	河北省	石家庄市	深泽县	30.09
1928	黑龙江省	黑河市	爱辉区	30.09
1929	山东省	滨州市	邹平县	30.09
1930	贵州省	毕节市	七星关区	30.08
1931	甘肃省	平凉市	华亭县	30.07
1932	河北省	石家庄市	晋州市	30.07
1933	重庆市	城口县	城口县	30.06
1934	四川省	甘孜藏族自治州	德格县	30.06
1935	吉林省	四平市	铁西区	30.05
1936	辽宁省	锦州市	古塔区	30.05
1937	新疆维吾尔自治区	巴音郭楞自治州	和静县西北	30.05
1938	黑龙江省	哈尔滨市	延寿县	30.04
1939	黑龙江省	伊春市	铁力市	30.04
1940	宁夏回族自治区	石嘴山市	大武口区	30.04
1941	河北省	衡水市	饶阳县	30.03
1942	河北省	邢台市	任县	30.03
1943	黑龙江省	绥化市	北林区	30.03
1944	吉林省	松原市	扶余市	30.03
1945	四川省	达州市	达川区	30.03
1946	河北省	保定市	涞源县	30.02
1947	河北省	廊坊市	文安县	30.02

排名	省份	地市级	县级	宜居级大气环境资源
1948	辽宁省	铁岭市	西丰县	30.02
1949	陕西省	榆林市	横山区	30.01
1950	新疆维吾尔自治区	博尔塔拉自治州	精河县	30.01
1951	云南省	丽江市	华坪县	30.01
1952	甘肃省	陇南市	康县	30.00
1953	河北省	邯郸市	鸡泽县	30.00
1954	河北省	衡水市	景县	30.00
1955	黑龙江省	黑河市	嫩江县	30.00
1956	湖南省	岳阳市	平江县	30.00
1957	内蒙古自治区	乌兰察布市	卓资县	29.99
1958	河北省	秦皇岛市	卢龙县	29.98
1959	山东省	济南市	章丘区	29.98
1960	陕西省	安康市	石泉县	29.98
1961	河北省	邯郸市	魏县	29.97
1962	江西省	景德镇市	昌江区	29.97
1963	陕西省	商洛市	丹凤县	29.97
1964	甘肃省	甘南自治州	合作市	29.96
1965	河北省	保定市	徐水区	29.96
1966	陕西省	安康市	汉滨区	29.96
1967	陕西省	安康市	旬阳县	29.96
1968	山西省	运城市	垣曲县	29.96
1969	河北省	张家口市	阳原县	29.95
1970	青海省	玉树自治州	曲麻莱县	29.94
1971	甘肃省	定西市	岷县	29.93
1972	河北省	承德市	围场自治县	29.93
1973	陕西省	榆林市	米脂县	29.93
1974	贵州省	黔东南自治州	天柱县	29.92
1975	黑龙江省	鸡西市	虎林市	29.92
1976	青海省	黄南自治州	河南自治县	29.92
1977	云南省	迪庆自治州	维西自治县	29.92
1978	辽宁省	大连市	庄河市	29.91
1979	湖北省	武汉市	东西湖区	29.90
1980	河北省	石家庄市	新乐市	29.90
1981	河南省	商丘市	宁陵县	29.90
1982	内蒙古自治区	乌兰察布市	集宁区	29.90
1983	新疆维吾尔自治区	乌鲁木齐市	达坂城区	29.90
1984	新疆维吾尔自治区	乌鲁木齐市	乌鲁木齐县	29.90
1985	甘肃省	天水市	秦安县	29.89
1986	贵州省	黔东南自治州	榕江县	29.89
1987	浙江省	丽水市	缙云县	29.89

排名	省份	地市级	县级	宜居级大气环境资源
1988	贵州省	黔南自治州	三都自治县	29.88
1989	湖北省	十堰市	竹溪县	29.88
1990	陕西省	汉中市	宁强县	29.88
1991	贵州省	黔南自治州	荔波县	29.87
1992	贵州省	铜仁市	印江自治县	29.87
1993	河北省	衡水市	深州市	29.87
1994	河北省	石家庄市	平山县	29.87
1995	吉林省	通化市	集安市	29.86
1996	新疆维吾尔自治区	阿克苏地区	阿瓦提县	29.86
1997	新疆维吾尔自治区	喀什地区	英吉沙县	29.86
1998	江西省	抚州市	资溪县	29.85
1999	四川省	广元市	旺苍县	29.85
2000	甘肃省	酒泉市	敦煌市	29.84
2001	山西省	忻州市	定襄县	29.84
2002	新疆维吾尔自治区	阿克苏地区	新和县	29.84
2003	云南省	普洱市	思茅区	29.84
2004	河北省	衡水市	桃城区	29.83
2005	河北省	石家庄市	井陉县	29.83
2006	河南省	周口市	郸城县	29.83
2007	内蒙古自治区	呼伦贝尔市	扎兰屯市	29.83
2008	新疆维吾尔自治区	和田地区	墨玉县	29.83
2009	西藏自治区	昌都市	八宿县	29.83
2010	贵州省	黔东南自治州	从江县	29.82
2011	河北省	石家庄市	灵寿县	29.82
2012	辽宁省	本溪市	本溪自治县	29.82
2013	辽宁省	朝阳市	朝阳县	29.82
2014	山西省	晋城市	阳城县	29.82
2015	甘肃省	兰州市	皋兰县	29.81
2016	湖北省	十堰市	郧西县	29.81
2017	青海省	海东市	化隆自治县	29.81
2018	陕西省	延安市	黄陵县	29.81
2019	黑龙江省	鹤岗市	萝北县	29.80
2020	辽宁省	鞍山市	海城市	29.80
2021	河北省	保定市	雄县	29.79
2022	江苏省	徐州市	鼓楼区	29.79
2023	江西省	宜春市	宜丰县	29.79
2024	陕西省	宝鸡市	凤县	29.79
2025	北京市	海淀区	海淀区	29.78
2026	河北省	张家口市	涿鹿县	29.78
2027	青海省	果洛自治州	甘德县	29.78

排名	省份	地市级	县级	宜居级大气环境资源
2028	四川省	成都市	都江堰市	29.78
2029	甘肃省	陇南市	徽县	29.77
2030	内蒙古自治区	锡林郭勒盟	多伦县	29.76
2031	青海省	玉树自治州	囊谦县	29.75
2032	山东省	滨州市	惠民县	29.75
2033	山东省	泰安市	东平县	29.75
2034	云南省	怒江自治州	兰坪自治县	29.75
2035	甘肃省	天水市	张家川自治县	29.74
2036	吉林省	松原市	前郭尔罗斯自治县	29.74
2037	新疆维吾尔自治区	巴音郭楞自治州	且末县	29.74
2038	新疆维吾尔自治区	塔城地区	托里县	29.74
2039	贵州省	毕节市	织金县	29.73
2040	内蒙古自治区	锡林郭勒盟	东乌珠穆沁旗	29.73
2041	重庆市	万州区	万州区	29.72
2042	河北省	沧州市	肃宁县	29.72
2043	河南省	漯河市	郾城区	29.72
2044	青海省	海南自治州	贵南县	29.72
2045	贵州省	黔东南自治州	剑河县	29.71
2046	河北省	保定市	蠡县	29.71
2047	湖南省	郴州市	宜章县	29.71
2048	辽宁省	葫芦岛市	建昌县	29.71
2049	重庆市	彭水自治县	彭水自治县	29.70
2050	甘肃省	定西市	临洮县	29.70
2051	河北省	保定市	阜平县	29.70
2052	甘肃省	陇南市	成县	29.69
2053	河北省	邢台市	南宫市	29.69
2054	河北省	张家口市	怀来县	29.69
2055	宁夏回族自治区	银川市	金凤区	29.69
2056	河北省	廊坊市	三河市	29.68
2057	黑龙江省	牡丹江市	林口县	29.68
2058	湖南省	怀化市	溆浦县	29.68
2059	湖南省	怀化市	新晃自治县	29.68
2060	西藏自治区	昌都市	左贡县	29.68
2061	甘肃省	临夏自治州	和政县	29.67
2062	浙江省	丽水市	莲都区	29.66
2063	吉林省	延边自治州	敦化市	29.65
2064	天津市	武清区	武清区	29.65
2065	湖南省	湘西自治州	吉首市	29.64
2066	新疆维吾尔自治区	喀什地区	塔什库尔干塔吉克自治县	29.64
2067	浙江省	温州市	鹿城区	29.64

排名	省份	地市级	县级	宜居级大气环境资源
2068	内蒙古自治区	呼伦贝尔市	鄂伦春自治旗	29.62
2069	贵州省	遵义市	道真自治县	29.61
2070	内蒙古自治区	呼和浩特市	土默特左旗	29.61
2071	西藏自治区	林芝市	波密县	29.61
2072	河北省	承德市	丰宁自治县	29.60
2073	河北省	保定市	望都县	29.59
2074	内蒙古自治区	呼伦贝尔市	牙克石市	29.59
2075	河北省	保定市	容城县	29.58
2076	山东省	济南市	济阳县	29.58
2077	黑龙江省	大兴安岭地区	塔河县	29.57
2078	辽宁省	本溪市	桓仁自治县	29.57
2079	西藏自治区	林芝市	察隅县	29.57
2080	吉林省	吉林市	蛟河市	29.56
2081	甘肃省	临夏自治州	广河县	29.54
2082	河北省	保定市	高碑店市	29.54
2083	四川省	成都市	郫都区	29.54
2084	陕西省	宝鸡市	岐山县	29.54
2085	陕西省	宝鸡市	太白县	29.53
2086	河北省	保定市	满城区	29.52
2087	陕西省	商洛市	镇安县	29.52
2088	新疆维吾尔自治区	巴音郭楞自治州	若羌县	29.52
2089	新疆维吾尔自治区	吐鲁番市	高昌区	29.52
2090	湖北省	恩施自治州	恩施市	29.51
2091	四川省	眉山市	东坡区	29.50
2092	陕西省	榆林市	吴堡县	29.50
2093	黑龙江省	佳木斯市	郊区	29.49
2094	河北省	保定市	安新县	29.48
2095	河南省	平顶山市	舞钢市	29.47
2096	黑龙江省	牡丹江市	穆棱市	29.46
2097	陕西省	宝鸡市	麟游县	29.46
2098	湖南省	怀化市	沅陵县	29.45
2099	山东省	淄博市	沂源县	29.45
2100	新疆维吾尔自治区	阿勒泰地区	福海县	29.45
2101	新疆维吾尔自治区	克孜勒苏柯尔克孜自治州	乌恰县	29.45
2102	内蒙古自治区	呼伦贝尔市	牙克石市东部	29.44
2103	陕西省	安康市	紫阳县	29.44
2104	河北省	石家庄市	桥西区	29.43
2105	山西省	朔州市	右玉县	29.43
2106	辽宁省	沈阳市	和平区	29.42
2107	甘肃省	白银市	靖远县	29.41

排名	省份	地市级	县级	宜居级大气环境资源
2108	陕西省	汉中市	汉台区	29.41
2109	新疆维吾尔自治区	克孜勒苏柯尔克孜自治州	阿克陶县	29.41
2110	云南省	丽江市	玉龙自治县	29.41
2111	河北省	石家庄市	栾城区	29.40
2112	河北省	唐山市	迁安市	29.39
2113	山西省	临汾市	尧都区	29.38
2114	湖南省	娄底市	双峰县	29.37
2115	山西省	临汾市	侯马市	29.37
2116	黑龙江省	哈尔滨市	尚志市	29.36
2117	青海省	西宁市	湟中县	29.36
2118	浙江省	丽水市	云和县	29.36
2119	贵州省	遵义市	汇川区	29.35
2120	黑龙江省	牡丹江市	海林市	29.35
2121	山西省	长治市	襄垣县	29.35
2122	云南省	西双版纳自治州	景洪市	29.35
2123	北京市	延庆区	延庆区	29.34
2124	贵州省	遵义市	凤冈县	29.34
2125	河南省	南阳市	淅川县	29.34
2126	湖南省	郴州市	桂东县	29.34
2127	浙江省	台州市	仙居县	29.34
2128	河北省	保定市	莲池区	29.33
2129	新疆维吾尔自治区	塔城地区	额敏县	29.33
2130	内蒙古自治区	呼和浩特市	赛罕区	29.32
2131	山西省	太原市	小店区	29.32
2132	新疆维吾尔自治区	博尔塔拉自治州	温泉县	29.32
2133	西藏自治区	昌都市	类乌齐县	29.30
2134	河北省	邯郸市	涉县	29.29
2135	新疆维吾尔自治区	伊犁自治州	霍尔果斯市	29.29
2136	新疆维吾尔自治区	喀什地区	叶城县	29.28
2137	内蒙古自治区	赤峰市	巴林左旗	29.27
2138	陕西省	安康市	白河县	29.27
2139	陕西省	延安市	吴起县	29.27
2140	辽宁省	鞍山市	岫岩自治县	29.26
2141	湖南省	怀化市	鹤城区	29.23
2142	新疆维吾尔自治区	乌鲁木齐市	天山区	29.22
2143	四川省	雅安市	雨城区	29.21
2144	山西省	临汾市	古县	29.21
2145	河北省	邯郸市	馆陶县	29.20
2146	河南省	南阳市	南召县	29.20
2147	新疆维吾尔自治区	巴音郭楞自治州	和硕县	29.20

排名	省份	地市级	县级	宜居级大气环境资源
2148	河北省	保定市	安国市	29.19
2149	河南省	周口市	太康县	29.19
2150	湖南省	湘西自治州	龙山县	29.19
2151	甘肃省	临夏自治州	永靖县	29.18
2152	吉林省	白山市	抚松县	29.17
2153	山东省	济宁市	兖州区	29.17
2154	陕西省	渭南市	华州区	29.17
2155	河北省	张家口市	崇礼区	29.16
2156	陕西省	榆林市	清涧县	29.16
2157	新疆维吾尔自治区	巴音郭楞自治州	焉耆自治县	29.16
2158	山西省	大同市	灵丘县	29.15
2159	新疆维吾尔自治区	阿克苏地区	温宿县	29.15
2160	贵州省	铜仁市	松桃自治县	29.14
2161	甘肃省	陇南市	两当县	29.13
2162	河北省	保定市	顺平县	29.13
2163	河北省	石家庄市	正定县	29.12
2164	山西省	朔州市	朔城区	29.12
2165	新疆维吾尔自治区	和田地区	民丰县	29.09
2166	山西省	临汾市	安泽县	29.08
2167	四川省	阿坝藏族自治州	马尔康市	29.07
2168	黑龙江省	伊春市	伊春区	29.06
2169	吉林省	辽源市	龙山区	29.05
2170	宁夏回族自治区	固原市	西吉县	29.05
2171	陕西省	商洛市	山阳县	29.05
2172	新疆维吾尔自治区	阿克苏地区	乌什县	29.04
2173	贵州省	铜仁市	沿河自治县	29.03
2174	湖北省	宜昌市	五峰自治县	29.03
2175	青海省	果洛自治州	玛沁县	29.03
2176	新疆维吾尔自治区	塔城地区	沙湾县	29.03
2177	湖南省	怀化市	芷江自治县	29.02
2178	吉林省	延边自治州	汪清县	29.02
2179	新疆维吾尔自治区	克拉玛依市	克拉玛依区	29.01
2180	山西省	大同市	南郊区	28.99
2181	陕西省	宝鸡市	渭滨区	28.98
2182	山东省	泰安市	肥城市	28.96
2183	陕西省	宝鸡市	眉县	28.96
2184	新疆维吾尔自治区	巴音郭楞自治州	且末县西北	28.96
2185	河北省	石家庄市	辛集市	28.94
2186	新疆维吾尔自治区	和田地区	皮山县	28.93
2187	新疆维吾尔自治区	博尔塔拉自治州	博乐市	28.92

排名	省份	地市级	县级	宜居级大气环境资源
2188	甘肃省	兰州市	城关区	28.90
2189	河北省	保定市	涿州市	28.90
2190	河北省	廊坊市	安次区	28.90
2191	山东省	临沂市	费县	28.90
2192	河北省	石家庄市	藁城区	28.89
2193	吉林省	吉林市	磐石市	28.88
2194	新疆维吾尔自治区	伊犁自治州	新源县	28.88
2195	新疆维吾尔自治区	和田地区	于田县	28.87
2196	贵州省	铜仁市	江口县	28.86
2197	吉林省	延边自治州	和龙市	28.86
2198	河北省	唐山市	遵化市	28.85
2199	河北省	唐山市	玉田县	28.84
2200	新疆维吾尔自治区	昌吉自治州	玛纳斯县	28.84
2201	云南省	临沧市	耿马自治县	28.84
2202	甘肃省	临夏自治州	临夏市	28.83
2203	新疆维吾尔自治区	昌吉自治州	奇台县	28.83
2204	新疆维吾尔自治区	乌鲁木齐市	新市区	28.82
2205	青海省	海西自治州	大柴旦行政区	28.81
2206	黑龙江省	黑河市	孙吴县	28.79
2207	陕西省	安康市	宁陕县	28.78
2208	青海省	海北自治州	门源自治县	28.75
2209	青海省	海西自治州	德令哈市	28.75
2210	新疆维吾尔自治区	巴音郭楞自治州	尉犁县	28.71
2211	河北省	石家庄市	无极县	28.70
2212	新疆维吾尔自治区	阿克苏地区	库车县	28.67
2213	河北省	廊坊市	香河县	28.65
2214	河北省	廊坊市	永清县	28.60
2215	青海省	海东市	互助自治县	28.59
2216	云南省	怒江自治州	贡山自治县	28.58
2217	云南省	怒江自治州	福贡县	28.58
2218	新疆维吾尔自治区	昌吉自治州	吉木萨尔县	28.55
2219	河北省	廊坊市	霸州市	28.54
2220	河北省	保定市	易县	28.52
2221	河北省	承德市	双桥区	28.52
2222	新疆维吾尔自治区	哈密市	伊州区	28.52
2223	陕西省	商洛市	柞水县	28.48
2224	新疆维吾尔自治区	塔城地区	塔城市	28.48
2225	吉林省	白山市	靖宇县	28.47
2226	新疆维吾尔自治区	喀什地区	伽师县	28.45
2227	新疆维吾尔自治区	喀什地区	麦盖提县	28.44

排名	省份	地市级	县级	宜居级大气环境资源
2228	西藏自治区	林芝市	米林县	28.43
2229	黑龙江省	大兴安岭地区	呼玛县	28.42
2230	新疆维吾尔自治区	阿拉尔市	阿拉尔市	28.42
2231	陕西省	宝鸡市	扶风县	28.41
2232	山东省	烟台市	海阳市	28.36
2233	河北省	张家口市	蔚县	28.35
2234	新疆维吾尔自治区	阿克苏地区	柯坪县	28.35
2235	新疆维吾尔自治区	伊犁自治州	伊宁县	28.35
2236	贵州省	铜仁市	思南县	28.33
2237	河北省	承德市	承德县	28.33
2238	辽宁省	丹东市	宽甸自治县	28.32
2239	青海省	玉树自治州	玉树市	28.32
2240	北京市	密云区	密云区	28.31
2241	吉林省	吉林市	桦甸市	28.31
2242	青海省	果洛自治州	班玛县	28.31
2243	新疆维吾尔自治区	塔城地区	乌苏市	28.30
2244	新疆维吾尔自治区	五家渠市	五家渠市	28.30
2245	新疆维吾尔自治区	伊犁自治州	察布查尔自治县	28.30
2246	吉林省	吉林市	永吉县	28.28
2247	新疆维吾尔自治区	伊犁自治州	昭苏县	28.28
2248	河北省	秦皇岛市	海港区	28.23
2249	吉林省	通化市	东昌区	28.21
2250	河北省	秦皇岛市	青龙自治县	28.20
2251	新疆维吾尔自治区	乌鲁木齐市	米东区	28.19
2252	新疆维吾尔自治区	昌吉自治州	阜康市	28.12
2253	新疆维吾尔自治区	克孜勒苏柯尔克孜自治州	阿图什市	28.11
2254	内蒙古自治区	呼伦贝尔市	牙克石市东北	28.10
2255	新疆维吾尔自治区	喀什地区	莎车县	28.09
2256	新疆维吾尔自治区	巴音郭楞自治州	和静县北部	27.99
2257	贵州省	黔南自治州	罗甸县	27.98
2258	河北省	廊坊市	固安县	27.98
2259	辽宁省	抚顺市	新宾自治县	27.98
2260	青海省	果洛自治州	达日县	27.96
2261	新疆维吾尔自治区	阿勒泰地区	富蕴县	27.94
2262	新疆维吾尔自治区	喀什地区	巴楚县	27.93
2263	辽宁省	抚顺市	清原自治县	27.86
2264	新疆维吾尔自治区	伊犁自治州	巩留县	27.86
2265	新疆维吾尔自治区	伊犁自治州	霍城县	27.85
2266	陕西省	渭南市	合阳县	27.82
2267	西藏自治区	那曲市	比如县	27.81

排名	省份	地市级	县级	宜居级大气环境资源
2268	云南省	红河自治州	河口自治县	27.81
2269	内蒙古自治区	兴安盟	阿尔山市	27.80
2270	新疆维吾尔自治区	石河子市	石河子市	27.77
2271	内蒙古自治区	呼伦贝尔市	根河市	27.76
2272	新疆维吾尔自治区	吐鲁番市	鄯善县	27.76
2273	新疆维吾尔自治区	喀什地区	泽普县	27.68
2274	宁夏回族自治区	银川市	贺兰县	27.66
2275	上海市	徐汇区	徐汇区	27.65
2276	河北省	保定市	唐县	27.63
2277	新疆维吾尔自治区	伊犁自治州	尼勒克县	27.48
2278	河北省	保定市	曲阳县	27.45
2279	内蒙古自治区	呼伦贝尔市	额尔古纳市	27.40
2280	陕西省	榆林市	子洲县	27.37
2281	新疆维吾尔自治区	阿克苏地区	沙雅县	27.34
2282	新疆维吾尔自治区	阿勒泰地区	阿勒泰市	27.31
2283	新疆维吾尔自治区	伊犁自治州	伊宁市	27.28
2284	青海省	海南自治州	共和县	27.21
2285	新疆维吾尔自治区	喀什地区	岳普湖县	27.15
2286	青海省	西宁市	城西区	27.10
2287	陕西省	商洛市	商南县	27.03
2288	新疆维吾尔自治区	阿克苏地区	拜城县	26.62
2289	黑龙江省	大兴安岭地区	漠河县	26.47
2290	新疆维吾尔自治区	阿勒泰地区	青河县	25.92

四 中国发展级大气环境资源县级排名

表 2-7 中国发展级大气环境资源排名（2018 年-县级-ASPI 50％分位数排序）

排名	省份	地市级	县级	发展级大气环境资源
1	浙江省	舟山市	嵊泗县	81.07
2	浙江省	台州市	椒江区	79.65
3	海南省	三沙市	南沙群岛	79.23
4	海南省	三亚市	吉阳区	77.78
5	甘肃省	武威市	天祝自治县	76.94
6	山东省	威海市	荣成市北海口	76.21
7	江苏省	连云港市	连云区	75.60
8	内蒙古自治区	巴彦淖尔市	乌拉特后旗西北	75.56
9	内蒙古自治区	阿拉善盟	额济纳旗东部	73.22
10	内蒙古自治区	赤峰市	巴林右旗	73.10

排名	省份	地市级	县级	发展级大气环境资源
11	内蒙古自治区	鄂尔多斯市	杭锦旗	71.71
12	福建省	泉州市	晋江市	66.65
13	浙江省	宁波市	象山县（滨海）	65.91
14	云南省	红河自治州	个旧市	65.02
15	湖南省	衡阳市	南岳区	64.99
16	福建省	泉州市	惠安县	63.70
17	广东省	江门市	上川岛	62.21
18	西藏自治区	日喀则市	聂拉木县	62.16
19	内蒙古自治区	锡林郭勒盟	苏尼特右旗朱日和	62.14
20	山东省	烟台市	长岛县	61.50
21	内蒙古自治区	包头市	白云鄂博矿区	61.28
22	内蒙古自治区	乌兰察布市	察哈尔右翼中旗	61.25
23	福建省	漳州市	东山县	61.20
24	内蒙古自治区	通辽市	科尔沁左翼后旗	60.50
25	新疆维吾尔自治区	博尔塔拉自治州	阿拉山口市	60.27
26	浙江省	舟山市	岱山县	60.17
27	辽宁省	大连市	金州区	60.12
28	内蒙古自治区	乌兰察布市	商都县	59.96
29	山东省	青岛市	胶州市	59.94
30	内蒙古自治区	锡林郭勒盟	阿巴嘎旗	59.76
31	云南省	曲靖市	会泽县	59.74
32	内蒙古自治区	锡林郭勒盟	苏尼特右旗	59.53
33	山东省	烟台市	栖霞市	59.25
34	福建省	福州市	平潭县	59.21
35	浙江省	台州市	玉环市	59.21
36	内蒙古自治区	呼伦贝尔市	新巴尔虎右旗	59.17
37	内蒙古自治区	锡林郭勒盟	正镶白旗	58.83
38	辽宁省	锦州市	凌海市	58.73
39	安徽省	安庆市	望江县	58.62
40	内蒙古自治区	呼伦贝尔市	海拉尔区	58.58
41	内蒙古自治区	阿拉善盟	阿拉善左旗南部	58.36
42	浙江省	舟山市	普陀区	58.00
43	辽宁省	锦州市	北镇市	57.82
44	辽宁省	营口市	大石桥市	57.26
45	内蒙古自治区	兴安盟	科尔沁右翼中旗	57.06
46	内蒙古自治区	包头市	达尔罕茂明安联合旗北部	56.79
47	山东省	青岛市	李沧区	56.29
48	内蒙古自治区	呼伦贝尔市	满洲里市	56.26
49	内蒙古自治区	锡林郭勒盟	二连浩特市	56.21
50	山东省	威海市	荣成市南海口	56.11

续表

排名	省份	地市级	县级	发展级大气环境资源
51	黑龙江省	鹤岗市	绥滨县	56.04
52	山东省	烟台市	芝罘区	56.00
53	山西省	忻州市	神池县	55.91
54	海南省	三沙市	西沙群岛珊瑚岛	54.83
55	广西壮族自治区	柳州市	柳北区	52.95
56	云南省	昆明市	西山区	52.40
57	广西壮族自治区	桂林市	临桂区	51.96
58	西藏自治区	那曲市	班戈县	51.94
59	河南省	信阳市	新县	51.19
60	内蒙古自治区	鄂尔多斯市	杭锦旗西北	51.16
61	江西省	九江市	湖口县	51.08
62	广西壮族自治区	北海市	海城区（涠洲岛）	51.06
63	内蒙古自治区	包头市	达尔罕茂明安联合旗东南	50.88
64	内蒙古自治区	锡林郭勒盟	正蓝旗	50.77
65	海南省	东方市	东方市	50.67
66	浙江省	宁波市	余姚市	50.66
67	湖北省	荆门市	掇刀区	50.39
68	广西壮族自治区	柳州市	柳城县	50.34
69	浙江省	杭州市	萧山区	50.32
70	浙江省	湖州市	长兴县	50.32
71	浙江省	温州市	洞头区	50.31
72	山东省	威海市	文登区	50.26
73	安徽省	马鞍山市	当涂县	50.14
74	广东省	阳江市	江城区	50.03
75	黑龙江省	哈尔滨市	双城区	50.02
76	黑龙江省	鸡西市	鸡东县	49.96
77	山东省	烟台市	牟平区	49.95
78	西藏自治区	日喀则市	亚东县	49.93
79	西藏自治区	山南市	错那县	49.79
80	江西省	南昌市	进贤县	49.77
81	广东省	揭阳市	惠来县	49.73
82	广东省	珠海市	香洲区	49.73
83	甘肃省	金昌市	永昌县	49.69
84	湖南省	郴州市	北湖区	49.66
85	内蒙古自治区	鄂尔多斯市	伊金霍洛旗	49.52
86	广东省	湛江市	吴川市	49.51
87	江西省	九江市	都昌县	49.40
88	山东省	青岛市	市南区	49.40
89	云南省	昆明市	呈贡区	49.39
90	海南省	三沙市	西沙群岛	49.30

排名	省份	地市级	县级	发展级大气环境资源
91	内蒙古自治区	包头市	固阳县	49.27
92	辽宁省	朝阳市	北票市	49.26
93	辽宁省	沈阳市	康平县	49.26
94	山东省	烟台市	招远市	49.26
95	湖北省	鄂州市	鄂城区	49.23
96	山东省	济南市	平阴县	49.23
97	山东省	潍坊市	临朐县	49.19
98	辽宁省	葫芦岛市	连山区	49.18
99	内蒙古自治区	赤峰市	阿鲁科尔沁旗	49.14
100	吉林省	延边自治州	珲春市	49.05
101	贵州省	贵阳市	清镇市	49.04
102	山西省	长治市	壶关县	49.03
103	湖南省	永州市	双牌县	48.99
104	黑龙江省	绥化市	肇东市	48.98
105	内蒙古自治区	乌兰察布市	化德县	48.93
106	黑龙江省	鸡西市	鸡冠区	48.89
107	云南省	红河自治州	蒙自市	48.84
108	青海省	海西自治州	格尔木市西南	48.79
109	福建省	莆田市	秀屿区	48.76
110	山西省	忻州市	岢岚县	48.72
111	内蒙古自治区	呼和浩特市	武川县	48.67
112	江苏省	淮安市	金湖县	48.63
113	内蒙古自治区	通辽市	扎鲁特旗西北	48.63
114	广东省	汕尾市	陆丰市	48.61
115	云南省	曲靖市	马龙县	48.61
116	吉林省	吉林市	丰满区	48.59
117	云南省	曲靖市	陆良县	48.59
118	广西壮族自治区	防城港市	港口区	48.58
119	广西壮族自治区	玉林市	容县	48.55
120	吉林省	白城市	洮南市	48.52
121	海南省	海口市	美兰区	48.51
122	黑龙江省	佳木斯市	抚远市	48.49
123	吉林省	长春市	榆树市	48.42
124	江苏省	南通市	启东市（滨海）	48.41
125	云南省	丽江市	宁蒗自治县	48.41
126	安徽省	安庆市	太湖县	48.40
127	浙江省	温州市	平阳县	48.39
128	江西省	九江市	庐山市	48.35
129	内蒙古自治区	阿拉善盟	阿拉善左旗东南	48.32
130	云南省	玉溪市	通海县	48.30

排名	省份	地市级	县级	发展级大气环境资源
131	广东省	湛江市	霞山区	48.28
132	内蒙古自治区	阿拉善盟	阿拉善左旗西北	48.24
133	广东省	湛江市	遂溪县	48.23
134	黑龙江省	齐齐哈尔市	克东县	48.18
135	黑龙江省	佳木斯市	同江市	48.03
136	浙江省	嘉兴市	平湖市	48.01
137	内蒙古自治区	锡林郭勒盟	太仆寺旗	47.95
138	湖北省	襄阳市	襄城区	47.92
139	辽宁省	大连市	长海县	47.91
140	内蒙古自治区	锡林郭勒盟	阿巴嘎旗西北	47.90
141	湖北省	随州市	广水市	47.89
142	内蒙古自治区	通辽市	科尔沁左翼中旗南部	47.88
143	内蒙古自治区	乌兰察布市	四子王旗	47.88
144	浙江省	温州市	乐清市	47.88
145	广东省	茂名市	电白区	47.80
146	吉林省	四平市	公主岭市	47.75
147	内蒙古自治区	赤峰市	巴林左旗北部	47.72
148	黑龙江省	佳木斯市	富锦市	47.71
149	河南省	鹤壁市	淇县	47.70
150	河南省	洛阳市	孟津县	47.66
151	山东省	威海市	环翠区	47.66
152	黑龙江省	佳木斯市	桦南县	47.65
153	福建省	漳州市	诏安县	47.64
154	广西壮族自治区	防城港市	东兴市	47.63
155	福建省	福州市	长乐区	47.62
156	江西省	抚州市	东乡区	47.61
157	广西壮族自治区	钦州市	钦南区	47.60
158	山东省	临沂市	兰山区	47.59
159	广东省	汕头市	澄海区	47.56
160	辽宁省	营口市	西市区	47.56
161	四川省	阿坝藏族自治州	茂县	47.51
162	内蒙古自治区	通辽市	奈曼旗南部	47.48
163	西藏自治区	那曲市	申扎县	47.48
164	内蒙古自治区	乌兰察布市	察哈尔右翼前旗	47.47
165	山西省	长治市	长治县	47.45
166	内蒙古自治区	阿拉善盟	阿拉善左旗	47.42
167	山东省	临沂市	临沭县	47.34
168	上海市	崇明区	崇明区	47.32
169	上海市	松江区	松江区	47.31
170	吉林省	白城市	镇赉县	47.30

续表

排名	省份	地市级	县级	发展级大气环境资源
171	广西壮族自治区	玉林市	博白县	47.29
172	河南省	洛阳市	宜阳县	47.28
173	甘肃省	甘南自治州	夏河县	47.24
174	山西省	吕梁市	中阳县	47.20
175	广西壮族自治区	柳州市	融水自治县	47.15
176	安徽省	蚌埠市	怀远县	47.14
177	内蒙古自治区	阿拉善盟	阿拉善右旗	47.09
178	西藏自治区	那曲市	安多县	47.07
179	江苏省	泰州市	靖江市	47.05
180	山东省	日照市	东港区	47.04
181	西藏自治区	阿里地区	改则县	47.03
182	黑龙江省	绥化市	庆安县	47.01
183	宁夏回族自治区	固原市	泾源县	46.98
184	江苏省	苏州市	吴中区	46.97
185	江苏省	苏州市	吴中区	46.97
186	内蒙古自治区	赤峰市	敖汉旗	46.97
187	河北省	邯郸市	武安市	46.92
188	内蒙古自治区	兴安盟	突泉县	46.92
189	浙江省	宁波市	象山县	46.92
190	江苏省	镇江市	扬中市	46.91
191	黑龙江省	哈尔滨市	巴彦县	46.88
192	辽宁省	盘锦市	双台子区	46.88
193	浙江省	绍兴市	柯桥区	46.86
194	河北省	邢台市	桥东区	46.85
195	山东省	青岛市	即墨区	46.85
196	黑龙江省	大庆市	肇源县	46.84
197	山东省	济南市	长清区	46.84
198	吉林省	长春市	九台区	46.83
199	山东省	临沂市	平邑县	46.78
200	山东省	枣庄市	滕州市	46.78
201	河北省	唐山市	滦南县	46.76
202	江苏省	盐城市	射阳县	46.75
203	内蒙古自治区	锡林郭勒盟	镶黄旗	46.75
204	内蒙古自治区	锡林郭勒盟	苏尼特左旗	46.74
205	内蒙古自治区	赤峰市	克什克腾旗	46.73
206	湖北省	荆门市	钟祥市	46.71
207	湖南省	永州市	江华自治县	46.71
208	内蒙古自治区	锡林郭勒盟	西乌珠穆沁旗	46.66
209	黑龙江省	大庆市	杜尔伯特自治县	46.65
210	黑龙江省	大兴安岭地区	加格达奇区	46.65

排名	省份	地市级	县级	发展级大气环境资源
211	湖北省	孝感市	大悟县	46.63
212	湖南省	永州市	冷水滩区	46.62
213	江苏省	南通市	海门市	46.62
214	吉林省	长春市	德惠市	46.61
215	甘肃省	酒泉市	肃北自治县	46.59
216	宁夏回族自治区	吴忠市	同心县	46.58
217	内蒙古自治区	通辽市	科尔沁左翼中旗	46.57
218	内蒙古自治区	通辽市	库伦旗	46.51
219	云南省	昆明市	晋宁区	46.50
220	甘肃省	张掖市	民乐县	46.48
221	上海市	浦东新区	浦东新区	46.47
222	青海省	海西自治州	天峻县	46.46
223	安徽省	合肥市	庐江县	46.45
224	甘肃省	酒泉市	玉门市	46.45
225	宁夏回族自治区	中卫市	沙坡头区	46.43
226	广西壮族自治区	南宁市	邕宁区	46.40
227	山西省	忻州市	宁武县	46.39
228	辽宁省	大连市	旅顺口区	46.38
229	黑龙江省	绥化市	明水县	46.34
230	湖南省	岳阳市	汨罗市	46.33
231	辽宁省	朝阳市	喀喇沁左翼自治县	46.28
232	山东省	威海市	荣成市	46.25
233	吉林省	吉林市	舒兰市	46.23
234	安徽省	滁州市	天长市	46.19
235	浙江省	台州市	天台县	46.19
236	新疆维吾尔自治区	塔城地区	和布克赛尔自治县	46.18
237	山东省	烟台市	蓬莱市	46.13
238	黑龙江省	齐齐哈尔市	拜泉县	46.12
239	内蒙古自治区	通辽市	奈曼旗	46.12
240	云南省	楚雄自治州	永仁县	46.12
241	安徽省	滁州市	明光市	46.11
242	河北省	沧州市	海兴县	46.09
243	浙江省	衢州市	江山市	46.08
244	西藏自治区	昌都市	芒康县	46.07
245	青海省	海西自治州	冷湖行政区	46.06
246	山东省	潍坊市	诸城市	46.05
247	辽宁省	鞍山市	台安县	46.01
248	云南省	曲靖市	师宗县	45.97
249	甘肃省	天水市	武山县	45.96
250	江西省	上饶市	铅山县	45.92

排名	省份	地市级	县级	发展级大气环境资源
251	黑龙江省	哈尔滨市	宾县	45.90
252	内蒙古自治区	呼和浩特市	新城区	45.90
253	内蒙古自治区	乌兰察布市	察哈尔右翼后旗	45.84
254	辽宁省	沈阳市	辽中区	45.83
255	新疆维吾尔自治区	阿勒泰地区	吉木乃县	45.82
256	山东省	德州市	武城县	45.81
257	黑龙江省	齐齐哈尔市	克山县	45.79
258	山西省	朔州市	平鲁区	45.79
259	山西省	运城市	稷山县	45.78
260	新疆维吾尔自治区	塔城地区	裕民县	45.77
261	福建省	厦门市	湖里区	45.76
262	黑龙江省	七台河市	勃利县	45.74
263	内蒙古自治区	通辽市	开鲁县	45.69
264	辽宁省	沈阳市	法库县	45.67
265	内蒙古自治区	巴彦淖尔市	磴口县	45.63
266	吉林省	白城市	通榆县	45.61
267	云南省	曲靖市	富源县	45.57
268	内蒙古自治区	乌兰察布市	兴和县	45.48
269	内蒙古自治区	锡林郭勒盟	锡林浩特市	45.48
270	上海市	宝山区	宝山区	45.48
271	江苏省	常州市	金坛区	45.46
272	贵州省	黔南自治州	都匀市	45.43
273	吉林省	白城市	大安市	45.42
274	安徽省	宿州市	灵璧县	45.32
275	黑龙江省	齐齐哈尔市	龙江县	45.31
276	辽宁省	大连市	瓦房店市	45.30
277	黑龙江省	牡丹江市	绥芬河市	45.25
278	上海市	嘉定区	嘉定区	45.15
279	河南省	鹤壁市	浚县	45.12
280	河南省	济源市	济源市 *	45.12
281	内蒙古自治区	赤峰市	宁城县	45.12
282	新疆维吾尔自治区	乌鲁木齐市	达坂城区	45.12
283	辽宁省	大连市	普兰店区	45.10
284	内蒙古自治区	锡林郭勒盟	东乌珠穆沁旗东部	45.10
285	山西省	吕梁市	方山县	45.10
286	广东省	汕头市	南澳县	45.08
287	上海市	奉贤区	奉贤区	45.07
288	新疆维吾尔自治区	和田地区	洛浦县	45.02
289	山东省	烟台市	福山区	44.98
290	河南省	驻马店市	正阳县	44.97

* 一站两用。

排名	省份	地市级	县级	发展级大气环境资源
291	内蒙古自治区	包头市	青山区	44.92
292	辽宁省	盘锦市	大洼区	44.91
293	河北省	张家口市	尚义县	44.87
294	辽宁省	阜新市	细河区	44.87
295	河北省	张家口市	沽源县	44.86
296	甘肃省	张掖市	甘州区	44.83
297	辽宁省	阜新市	彰武县	44.83
298	吉林省	辽源市	东丰县	44.82
299	辽宁省	朝阳市	建平县	44.81
300	安徽省	马鞍山市	花山区	44.79
301	黑龙江省	绥化市	青冈县	44.78
302	山东省	烟台市	龙口市	44.77
303	吉林省	四平市	梨树县	44.76
304	辽宁省	锦州市	黑山县	44.75
305	安徽省	安庆市	潜山县	44.71
306	青海省	海东市	乐都区	44.71
307	辽宁省	锦州市	义县	44.66
308	重庆市	巫山县	巫山县	44.63
309	安徽省	蚌埠市	五河县	44.62
310	黑龙江省	齐齐哈尔市	依安县	44.61
311	黑龙江省	齐齐哈尔市	泰来县	44.59
312	黑龙江省	齐齐哈尔市	甘南县	44.58
313	陕西省	榆林市	榆阳区	44.58
314	河北省	张家口市	张北县	44.57
315	辽宁省	大连市	西岗区	44.57
316	内蒙古自治区	赤峰市	林西县	44.55
317	黑龙江省	大庆市	林甸县	44.54
318	山东省	潍坊市	高密市	44.52
319	河北省	邯郸市	峰峰矿区	44.47
320	江苏省	连云港市	海州区	44.47
321	山东省	济宁市	金乡县	44.40
322	内蒙古自治区	鄂尔多斯市	乌审旗北部	44.39
323	山西省	晋中市	榆次区	44.39
324	湖南省	长沙市	岳麓区	44.38
325	福建省	宁德市	霞浦县	44.32
326	辽宁省	丹东市	东港市	44.29
327	黑龙江省	大庆市	肇州县	44.10
328	河北省	邯郸市	永年区	44.09
329	河北省	张家口市	康保县	44.06
330	山西省	运城市	临猗县	44.04

排名	省份	地市级	县级	发展级大气环境资源
331	青海省	海东市	循化自治县	43.99
332	山西省	大同市	广灵县	43.98
333	黑龙江省	佳木斯市	汤原县	43.94
334	辽宁省	铁岭市	昌图县	43.93
335	黑龙江省	齐齐哈尔市	讷河市	43.90
336	天津市	宁河区	宁河区	43.84
337	安徽省	安庆市	大观区	43.80
338	内蒙古自治区	赤峰市	敖汉旗东部	43.80
339	黑龙江省	黑河市	五大连池市	43.74
340	吉林省	松原市	长岭县	43.72
341	山东省	聊城市	茌平县	43.68
342	安徽省	宿州市	埇桥区	43.55
343	黑龙江省	黑河市	北安市	43.55
344	内蒙古自治区	鄂尔多斯市	鄂托克旗	43.48
345	黑龙江省	鸡西市	密山市	43.47
346	内蒙古自治区	包头市	达尔罕茂明安联合旗	43.47
347	吉林省	松原市	宁江区	43.41
348	辽宁省	辽阳市	辽阳县	43.36
349	内蒙古自治区	呼和浩特市	清水河县	43.28
350	内蒙古自治区	兴安盟	扎赉特旗西部	43.28
351	江西省	九江市	彭泽县	43.16
352	黑龙江省	哈尔滨市	香坊区	43.04
353	内蒙古自治区	呼伦贝尔市	鄂温克族自治旗	42.98
354	黑龙江省	哈尔滨市	通河县	42.93
355	黑龙江省	绥化市	海伦市	42.82
356	辽宁省	葫芦岛市	兴城市	42.80
357	黑龙江省	绥化市	兰西县	42.75
358	黑龙江省	双鸭山市	饶河县	42.70
359	吉林省	松原市	乾安县	42.38
360	云南省	红河自治州	红河县	42.33
361	黑龙江省	哈尔滨市	阿城区	42.29
362	黑龙江省	双鸭山市	宝清县	42.21
363	黑龙江省	绥化市	望奎县	42.10
364	广东省	湛江市	徐闻县	42.00
365	广西壮族自治区	河池市	环江自治县	42.00
366	广西壮族自治区	河池市	都安自治县	41.98
367	广东省	珠海市	香洲区	41.94
368	广东省	江门市	新会区	41.79
369	云南省	昆明市	宜良县	41.78
370	吉林省	四平市	双辽市	41.71

排名	省份	地市级	县级	发展级大气环境资源
371	内蒙古自治区	赤峰市	翁牛特旗	41.62
372	广东省	潮州市	饶平县	41.37
373	湖北省	荆州市	石首市	41.29
374	吉林省	长春市	绿园区	41.28
375	江苏省	南通市	启东市	41.14
376	云南省	红河自治州	建水县	41.13
377	安徽省	铜陵市	枞阳县	41.06
378	内蒙古自治区	兴安盟	科尔沁右翼前旗	41.06
379	云南省	楚雄自治州	牟定县	40.82
380	广西壮族自治区	崇左市	江州区	40.80
381	湖北省	黄冈市	黄州区	40.78
382	贵州省	黔东南自治州	丹寨县	40.76
383	黑龙江省	黑河市	嫩江县	40.75
384	河南省	南阳市	镇平县	40.65
385	安徽省	阜阳市	界首市	40.64
386	广西壮族自治区	河池市	南丹县	40.61
387	海南省	定安县	定安县	40.58
388	贵州省	黔南自治州	瓮安县	40.54
389	广东省	清远市	清城区	40.48
390	贵州省	安顺市	平坝区	40.48
391	河南省	洛阳市	洛宁县	40.48
392	广东省	惠州市	惠东县	40.46
393	江苏省	盐城市	亭湖区	40.45
394	云南省	文山自治州	砚山县	40.42
395	江苏省	泰州市	兴化市	40.32
396	广西壮族自治区	百色市	田阳县	40.26
397	广东省	茂名市	电白区	40.25
398	西藏自治区	山南市	琼结县	40.25
399	安徽省	淮南市	凤台县	40.24
400	安徽省	淮南市	田家庵区	40.24
401	安徽省	芜湖市	鸠江区	40.24
402	江苏省	苏州市	太仓市	40.23
403	山西省	临汾市	乡宁县	40.19
404	青海省	黄南自治州	泽库县	40.18
405	广东省	湛江市	雷州市	40.16
406	广西壮族自治区	南宁市	青秀区	40.15
407	湖北省	黄冈市	武穴市	40.11
408	广西壮族自治区	柳州市	融安县	40.09
409	山东省	德州市	夏津县	40.01
410	山西省	运城市	芮城县	40.00

排名	省份	地市级	县级	发展级大气环境资源
411	广东省	湛江市	廉江市	39.89
412	云南省	红河自治州	开远市	39.87
413	山东省	德州市	齐河县	39.77
414	广西壮族自治区	北海市	海城区	39.75
415	西藏自治区	拉萨市	墨竹工卡县	39.72
416	江苏省	扬州市	宝应县	39.67
417	广西壮族自治区	玉林市	陆川县	39.66
418	云南省	丽江市	永胜县	39.66
419	河北省	张家口市	宣化区	39.64
420	广西壮族自治区	桂林市	全州县	39.62
421	河南省	洛阳市	偃师市	39.61
422	海南省	琼海市	琼海市	39.60
423	云南省	昆明市	石林自治县	39.60
424	海南省	万宁市	万宁市	39.57
425	河南省	许昌市	长葛市	39.51
426	广东省	江门市	鹤山市	39.47
427	湖南省	岳阳市	湘阴县	39.44
428	广西壮族自治区	南宁市	宾阳县	39.42
429	河南省	安阳市	汤阴县	39.38
430	吉林省	四平市	铁西区	39.37
431	江西省	上饶市	广丰区	39.37
432	广东省	佛山市	禅城区	39.33
433	广西壮族自治区	贵港市	港北区	39.31
434	安徽省	蚌埠市	固镇县	39.30
435	广西壮族自治区	柳州市	鹿寨县	39.28
436	河北省	沧州市	黄骅市	39.27
437	河北省	衡水市	阜城县	39.27
438	安徽省	淮北市	濉溪县	39.25
439	福建省	漳州市	龙海市	39.25
440	江西省	九江市	永修县	39.25
441	广西壮族自治区	贺州市	钟山县	39.23
442	浙江省	衢州市	柯城区	39.23
443	云南省	红河自治州	元阳县	39.21
444	海南省	临高县	临高县	39.19
445	吉林省	长春市	农安县	39.18
446	青海省	海北自治州	刚察县	39.18
447	河南省	南阳市	宛城区	39.17
448	四川省	宜宾市	翠屏区	39.17
449	湖南省	岳阳市	岳阳县	39.16
450	广西壮族自治区	百色市	西林县	39.15

排名	省份	地市级	县级	发展级大气环境资源
451	湖南省	长沙市	芙蓉区	39.15
452	贵州省	黔东南自治州	锦屏县	39.13
453	内蒙古自治区	鄂尔多斯市	乌审旗	39.12
454	湖南省	衡阳市	衡南县	39.10
455	上海市	金山区	金山区	39.10
456	云南省	文山自治州	丘北县	39.10
457	甘肃省	临夏自治州	东乡族自治县	39.09
458	福建省	泉州市	南安市	39.06
459	湖北省	荆州市	监利县	39.05
460	福建省	漳州市	云霄县	39.03
461	四川省	凉山自治州	喜德县	39.00
462	浙江省	嘉兴市	秀洲区	38.98
463	贵州省	贵阳市	修文县	38.97
464	河北省	唐山市	丰南区	38.96
465	四川省	甘孜藏族自治州	丹巴县	38.96
466	江苏省	南京市	浦口区	38.95
467	福建省	泉州市	安溪县	38.94
468	广西壮族自治区	崇左市	扶绥县	38.94
469	江苏省	镇江市	丹阳市	38.94
470	山东省	聊城市	阳谷县	38.94
471	贵州省	贵阳市	南明区	38.93
472	黑龙江省	哈尔滨市	五常市	38.93
473	陕西省	铜川市	宜君县	38.93
474	云南省	楚雄自治州	大姚县	38.92
475	广东省	佛山市	三水区	38.91
476	福建省	漳州市	漳浦县	38.89
477	海南省	陵水自治县	陵水自治县	38.89
478	江苏省	泰州市	海陵区	38.89
479	江苏省	南京市	秦淮区	38.82
480	青海省	海北自治州	海晏县	38.82
481	辽宁省	辽阳市	灯塔市	38.79
482	四川省	甘孜藏族自治州	康定市	38.75
483	四川省	凉山自治州	德昌县	38.73
484	山东省	德州市	临邑县	38.73
485	湖南省	湘潭市	湘潭县	38.70
486	山西省	大同市	左云县	38.67
487	安徽省	蚌埠市	龙子湖区	38.60
488	内蒙古自治区	兴安盟	科尔沁右翼中旗东南	38.59
489	贵州省	黔西南自治州	晴隆县	38.58
490	江苏省	淮安市	洪泽区	38.57

续表

排名	省份	地市级	县级	发展级大气环境资源
491	江苏省	盐城市	建湖县	38.56
492	江西省	抚州市	南城县	38.56
493	广西壮族自治区	贺州市	富川自治县	38.55
494	河北省	邢台市	威县	38.55
495	辽宁省	沈阳市	新民市	38.55
496	湖南省	常德市	武陵区	38.54
497	安徽省	安庆市	宿松县	38.52
498	安徽省	亳州市	谯城区	38.52
499	湖南省	衡阳市	衡阳县	38.51
500	河南省	信阳市	息县	38.48
501	湖北省	武汉市	江夏区	38.47
502	云南省	大理自治州	剑川县	38.46
503	江苏省	淮安市	淮安区	38.44
504	福建省	龙岩市	连城县	38.43
505	河南省	郑州市	登封市	38.43
506	内蒙古自治区	巴彦淖尔市	杭锦后旗	38.43
507	湖北省	仙桃市	仙桃市	38.42
508	湖北省	咸宁市	嘉鱼县	38.42
509	福建省	宁德市	柘荣县	38.40
510	贵州省	安顺市	西秀区	38.38
511	河南省	三门峡市	灵宝市	38.38
512	贵州省	贵阳市	花溪区	38.36
513	广西壮族自治区	南宁市	隆安县	38.35
514	江苏省	宿迁市	宿城区	38.34
515	上海市	青浦区	青浦区	38.34
516	广东省	佛山市	顺德区	38.32
517	湖南省	郴州市	临武县	38.32
518	江苏省	连云港市	东海县	38.32
519	广西壮族自治区	南宁市	武鸣区	38.31
520	安徽省	阜阳市	临泉县	38.29
521	广东省	汕头市	潮阳区	38.29
522	云南省	曲靖市	宣威市	38.29
523	河南省	安阳市	林州市	38.28
524	湖南省	长沙市	宁乡市	38.27
525	河南省	南阳市	唐河县	38.26
526	江西省	上饶市	上饶县	38.24
527	黑龙江省	佳木斯市	桦川县	38.23
528	广东省	茂名市	化州市	38.22
529	甘肃省	定西市	安定区	38.21
530	云南省	昆明市	安宁市	38.21

排名	省份	地市级	县级	发展级大气环境资源
531	山西省	长治市	黎城县	38.18
532	河南省	安阳市	滑县	38.17
533	广西壮族自治区	南宁市	横县	38.14
534	安徽省	亳州市	蒙城县	38.13
535	江西省	鹰潭市	月湖区	38.11
536	云南省	玉溪市	易门县	38.11
537	广东省	韶关市	乐昌市	38.10
538	广东省	韶关市	翁源县	38.10
539	广西壮族自治区	贺州市	八步区	38.09
540	内蒙古自治区	鄂尔多斯市	乌审旗南部	38.09
541	安徽省	阜阳市	阜南县	38.07
542	内蒙古自治区	阿拉善盟	额济纳旗	38.07
543	山西省	晋城市	沁水县	38.07
544	浙江省	湖州市	德清县	38.07
545	安徽省	铜陵市	义安区	38.06
546	安徽省	宣城市	郎溪县	38.06
547	广东省	韶关市	南雄市	38.06
548	湖北省	武汉市	蔡甸区	38.06
549	内蒙古自治区	巴彦淖尔市	乌拉特前旗	38.06
550	四川省	甘孜藏族自治州	九龙县	38.06
551	广东省	汕尾市	城区	38.04
552	广西壮族自治区	防城港市	防城区	38.04
553	河南省	驻马店市	上蔡县	38.04
554	浙江省	宁波市	奉化区	38.04
555	福建省	莆田市	城厢区	38.02
556	广东省	江门市	开平市	38.02
557	湖北省	武汉市	黄陂区	38.02
558	云南省	大理自治州	祥云县	38.02
559	广西壮族自治区	来宾市	象州县	38.01
560	河南省	新乡市	原阳县	38.01
561	云南省	红河自治州	泸西县	38.01
562	河南省	新乡市	获嘉县	37.99
563	安徽省	滁州市	全椒县	37.94
564	辽宁省	丹东市	振兴区	37.93
565	山西省	吕梁市	临县	37.93
566	江西省	上饶市	余干县	37.92
567	甘肃省	武威市	民勤县	37.90
568	江苏省	苏州市	常熟市	37.90
569	西藏自治区	阿里地区	噶尔县	37.90
570	西藏自治区	日喀则市	拉孜县	37.90

排名	省份	地市级	县级	发展级大气环境资源
571	甘肃省	陇南市	文县	37.89
572	云南省	大理自治州	弥渡县	37.88
573	黑龙江省	绥化市	绥棱县	37.87
574	湖南省	郴州市	汝城县	37.84
575	浙江省	宁波市	鄞州区	37.84
576	广西壮族自治区	百色市	田东县	37.83
577	安徽省	淮北市	相山区	37.81
578	云南省	曲靖市	沾益区	37.80
579	安徽省	淮南市	寿县	37.79
580	河南省	洛阳市	新安县	37.79
581	河南省	濮阳市	清丰县	37.79
582	江西省	九江市	浔阳区	37.79
583	云南省	昆明市	嵩明县	37.79
584	湖南省	永州市	零陵区	37.78
585	山东省	临沂市	沂水县	37.77
586	浙江省	嘉兴市	桐乡市	37.77
587	湖北省	黄冈市	黄梅县	37.72
588	江苏省	盐城市	东台市	37.72
589	贵州省	贵阳市	白云区	37.71
590	河南省	驻马店市	确山县	37.71
591	山西省	临汾市	襄汾县	37.71
592	安徽省	芜湖市	繁昌县	37.70
593	广西壮族自治区	桂林市	资源县	37.69
594	河北省	邢台市	内丘县	37.69
595	内蒙古自治区	赤峰市	红山区	37.69
596	福建省	福州市	晋安区	37.68
597	江苏省	苏州市	张家港市	37.68
598	福建省	龙岩市	武平县	37.67
599	云南省	昆明市	东川区	37.67
600	海南省	海口市	琼山区	37.66
601	江西省	景德镇市	乐平市	37.66
602	安徽省	阜阳市	太和县	37.65
603	湖北省	咸宁市	咸安区	37.65
604	云南省	大理自治州	鹤庆县	37.64
605	江苏省	淮安市	淮阴区	37.62
606	浙江省	绍兴市	上虞区	37.62
607	山西省	长治市	武乡县	37.60
608	安徽省	安庆市	怀宁县	37.59
609	黑龙江省	双鸭山市	集贤县	37.58
610	甘肃省	甘南自治州	临潭县	37.57

排名	省份	地市级	县级	发展级大气环境资源
611	广西壮族自治区	梧州市	藤县	37.56
612	山东省	济宁市	梁山县	37.56
613	湖南省	湘潭市	韶山市	37.55
614	陕西省	铜川市	王益区	37.55
615	山西省	吕梁市	兴县	37.54
616	云南省	楚雄自治州	双柏县	37.54
617	湖南省	株洲市	茶陵县	37.53
618	安徽省	阜阳市	颍泉区	37.52
619	重庆市	潼南区	潼南区	37.52
620	广西壮族自治区	百色市	靖西市	37.52
621	江苏省	南京市	六合区	37.52
622	西藏自治区	山南市	乃东区	37.52
623	福建省	泉州市	德化县	37.51
624	江西省	抚州市	金溪县	37.51
625	山东省	泰安市	新泰市	37.51
626	河南省	许昌市	禹州市	37.50
627	辽宁省	朝阳市	双塔区	37.50
628	山东省	济宁市	嘉祥县	37.50
629	山东省	济宁市	邹城市	37.49
630	云南省	昆明市	西山区	37.49
631	广东省	惠州市	惠城区	37.48
632	辽宁省	大连市	普兰店区（滨海）	37.48
633	重庆市	渝北区	渝北区	37.47
634	贵州省	安顺市	关岭自治县	37.46
635	江西省	吉安市	万安县	37.46
636	广西壮族自治区	防城港市	上思县	37.45
637	吉林省	通化市	辉南县	37.45
638	贵州省	黔西南自治州	安龙县	37.44
639	河南省	开封市	通许县	37.44
640	青海省	海西自治州	格尔木市西部	37.44
641	青海省	海西自治州	都兰县	37.44
642	云南省	楚雄自治州	武定县	37.44
643	广东省	东莞市	东莞市	37.42
644	河南省	洛阳市	嵩县	37.42
645	四川省	凉山自治州	盐源县	37.42
646	福建省	厦门市	同安区	37.41
647	河北省	邯郸市	曲周县	37.41
648	广东省	阳江市	阳春市	37.40
649	河北省	承德市	丰宁自治县	37.40
650	江苏省	镇江市	句容市	37.40

排名	省份	地市级	县级	发展级大气环境资源
651	云南省	曲靖市	罗平县	37.40
652	重庆市	秀山自治县	秀山自治县	37.39
653	广东省	揭阳市	普宁市	37.39
654	河南省	三门峡市	渑池县	37.38
655	天津市	滨海新区	滨海新区南部沿海	37.38
656	天津市	河西区	河西区	37.37
657	安徽省	宿州市	泗县	37.36
658	广东省	广州市	天河区	37.36
659	河南省	周口市	淮阳县	37.36
660	山东省	菏泽市	东明县	37.36
661	安徽省	合肥市	巢湖市	37.35
662	广西壮族自治区	钦州市	灵山县	37.34
663	山东省	临沂市	莒南县	37.34
664	湖北省	武汉市	新洲区	37.33
665	河北省	邢台市	临西县	37.32
666	山东省	东营市	河口区	37.32
667	西藏自治区	日喀则市	江孜县	37.32
668	吉林省	白城市	洮北区	37.31
669	江苏省	盐城市	大丰区	37.31
670	吉林省	四平市	伊通自治县	37.30
671	山东省	聊城市	冠县	37.30
672	山东省	德州市	平原县	37.29
673	山西省	临汾市	蒲县	37.29
674	河南省	驻马店市	汝南县	37.28
675	青海省	果洛自治州	玛多县	37.28
676	广东省	江门市	台山市	37.27
677	河北省	石家庄市	赞皇县	37.27
678	江西省	吉安市	吉水县	37.27
679	江西省	九江市	武宁县	37.27
680	山东省	滨州市	滨城区	37.27
681	浙江省	衢州市	常山县	37.27
682	山东省	潍坊市	昌乐县	37.26
683	山东省	潍坊市	昌邑市	37.26
684	河南省	驻马店市	遂平县	37.25
685	吉林省	延边自治州	延吉市	37.25
686	山东省	烟台市	莱阳市	37.25
687	福建省	福州市	闽侯县	37.24
688	湖南省	湘西自治州	泸溪县	37.24
689	云南省	昆明市	寻甸自治县	37.24
690	广东省	珠海市	斗门区	37.23

排名	省份	地市级	县级	发展级大气环境资源
691	江苏省	淮安市	涟水县	37.23
692	四川省	阿坝藏族自治州	汶川县	37.23
693	广东省	肇庆市	四会市	37.22
694	河北省	秦皇岛市	昌黎县	37.22
695	江苏省	南京市	溧水区	37.22
696	内蒙古自治区	赤峰市	松山区	37.22
697	西藏自治区	山南市	隆子县	37.22
698	安徽省	池州市	青阳县	37.20
699	安徽省	安庆市	桐城市	37.19
700	江苏省	南京市	高淳区	37.19
701	广东省	肇庆市	端州区	37.18
702	河南省	焦作市	武陟县	37.18
703	黑龙江省	黑河市	逊克县	37.18
704	吉林省	长春市	双阳区	37.18
705	新疆维吾尔自治区	哈密市	伊吾县	37.17
706	广西壮族自治区	河池市	罗城自治县	37.15
707	河南省	焦作市	温县	37.15
708	湖南省	株洲市	攸县	37.15
709	江苏省	南通市	如皋市	37.15
710	湖北省	咸宁市	通城县	37.14
711	江西省	赣州市	信丰县	37.14
712	陕西省	延安市	洛川县	37.14
713	广西壮族自治区	玉林市	玉州区	37.13
714	天津市	静海区	静海区	37.13
715	内蒙古自治区	呼和浩特市	托克托县	37.12
716	云南省	楚雄自治州	姚安县	37.12
717	安徽省	滁州市	来安县	37.11
718	河南省	安阳市	内黄县	37.11
719	山西省	吕梁市	岚县	37.11
720	云南省	大理自治州	巍山自治县	37.11
721	贵州省	黔西南自治州	贞丰县	37.10
722	江苏省	连云港市	赣榆区	37.10
723	江苏省	扬州市	江都区	37.10
724	辽宁省	铁岭市	银州区	37.10
725	安徽省	亳州市	涡阳县	37.09
726	安徽省	池州市	贵池区	37.09
727	江苏省	南通市	通州区	37.09
728	山东省	德州市	庆云县	37.09
729	湖北省	黄石市	大冶市	37.08
730	广西壮族自治区	崇左市	天等县	37.07

排名	省份	地市级	县级	发展级大气环境资源
731	贵州省	黔南自治州	独山县	37.07
732	河南省	濮阳市	南乐县	37.07
733	吉林省	通化市	柳河县	37.07
734	江西省	吉安市	峡江县	37.07
735	广西壮族自治区	来宾市	武宣县	37.06
736	新疆维吾尔自治区	昌吉自治州	木垒自治县	37.06
737	安徽省	芜湖市	镜湖区	37.04
738	云南省	玉溪市	华宁县	37.04
739	河北省	承德市	滦平县	37.03
740	河北省	承德市	滦平县	37.03
741	湖北省	黄冈市	浠水县	37.02
742	云南省	临沧市	永德县	37.02
743	云南省	玉溪市	新平自治县	37.02
744	河南省	商丘市	虞城县	37.01
745	广西壮族自治区	梧州市	岑溪市	37.00
746	山西省	运城市	永济市	37.00
747	安徽省	芜湖市	无为县	36.99
748	江苏省	南通市	如东县	36.99
749	贵州省	铜仁市	万山区	36.98
750	湖北省	孝感市	安陆市	36.98
751	河南省	三门峡市	湖滨区	36.97
752	四川省	雅安市	石棉县	36.97
753	河北省	衡水市	冀州区	36.96
754	河北省	张家口市	赤城县	36.96
755	天津市	滨海新区	滨海新区中部沿海	36.96
756	湖北省	孝感市	应城市	36.95
757	山东省	聊城市	临清市	36.95
758	山东省	威海市	乳山市	36.95
759	浙江省	丽水市	青田县	36.95
760	广东省	梅州市	五华县	36.94
761	广东省	韶关市	武江区	36.94
762	青海省	西宁市	湟源县	36.94
763	四川省	阿坝藏族自治州	松潘县	36.93
764	河北省	张家口市	桥东区	36.93
765	广西壮族自治区	百色市	平果县	36.91
766	山东省	枣庄市	薛城区	36.91
767	安徽省	滁州市	定远县	36.90
768	福建省	漳州市	长泰县	36.90
769	山西省	长治市	长子县	36.90
770	河南省	郑州市	新郑市	36.89

排名	省份	地市级	县级	发展级大气环境资源
771	湖南省	益阳市	桃江县	36.89
772	福建省	福州市	福清市	36.88
773	江西省	南昌市	安义县	36.88
774	天津市	滨海新区	滨海新区北部沿海	36.88
775	浙江省	杭州市	上城区	36.87
776	甘肃省	庆阳市	正宁县	36.86
777	内蒙古自治区	鄂尔多斯市	鄂托克前旗	36.86
778	西藏自治区	阿里地区	普兰县	36.86
779	甘肃省	武威市	古浪县	36.85
780	海南省	昌江自治县	昌江自治县	36.85
781	山西省	晋中市	昔阳县	36.85
782	重庆市	南川区	南川区	36.84
783	山东省	青岛市	莱西市	36.84
784	河南省	驻马店市	平舆县	36.83
785	黑龙江省	哈尔滨市	延寿县	36.83
786	辽宁省	营口市	盖州市	36.83
787	西藏自治区	山南市	浪卡子县	36.83
788	四川省	资阳市	安岳县	36.82
789	山西省	大同市	浑源县	36.82
790	云南省	大理自治州	洱源县	36.82
791	山东省	滨州市	沾化区	36.81
792	福建省	福州市	罗源县	36.80
793	河南省	许昌市	建安区	36.80
794	江苏省	扬州市	仪征市	36.79
795	内蒙古自治区	巴彦淖尔市	乌拉特后旗	36.79
796	宁夏回族自治区	银川市	灵武市	36.79
797	福建省	福州市	鼓楼区	36.78
798	江西省	宜春市	樟树市	36.78
799	山东省	枣庄市	台儿庄区	36.78
800	新疆维吾尔自治区	吐鲁番市	托克逊县	36.78
801	黑龙江省	哈尔滨市	木兰县	36.77
802	浙江省	杭州市	临安区	36.77
803	湖北省	黄冈市	罗田县	36.75
804	海南省	文昌市	文昌市	36.75
805	辽宁省	朝阳市	凌源市	36.74
806	山东省	德州市	禹城市	36.73
807	河北省	沧州市	青县	36.71
808	陕西省	榆林市	神木市	36.71
809	河北省	唐山市	曹妃甸区	36.70
810	黑龙江省	哈尔滨市	呼兰区	36.70

排名	省份	地市级	县级	发展级大气环境资源
811	江西省	赣州市	石城县	36.70
812	天津市	东丽区	东丽区	36.69
813	浙江省	嘉兴市	海宁市	36.69
814	江苏省	盐城市	滨海县	36.68
815	福建省	三明市	梅列区	36.67
816	广东省	梅州市	丰顺县	36.66
817	广西壮族自治区	梧州市	万秀区	36.66
818	福建省	漳州市	南靖县	36.65
819	内蒙古自治区	兴安盟	扎赉特旗	36.65
820	四川省	甘孜藏族自治州	石渠县	36.64
821	山西省	长治市	平顺县	36.64
822	广西壮族自治区	桂林市	龙胜自治县	36.63
823	江苏省	常州市	钟楼区	36.63
824	内蒙古自治区	通辽市	科尔沁区	36.63
825	贵州省	安顺市	镇宁自治县	36.62
826	广西壮族自治区	梧州市	蒙山县	36.61
827	内蒙古自治区	鄂尔多斯市	东胜区	36.61
828	山东省	潍坊市	安丘市	36.61
829	湖北省	十堰市	郧阳区	36.60
830	内蒙古自治区	巴彦淖尔市	五原县	36.60
831	甘肃省	张掖市	肃南自治县	36.59
832	内蒙古自治区	锡林郭勒盟	东乌珠穆沁旗	36.59
833	贵州省	贵阳市	开阳县	36.58
834	贵州省	贵阳市	息烽县	36.58
835	湖北省	宜昌市	枝江市	36.58
836	四川省	甘孜藏族自治州	白玉县	36.58
837	广西壮族自治区	桂林市	兴安县	36.57
838	湖北省	黄冈市	麻城市	36.57
839	山东省	聊城市	东阿县	36.55
840	山西省	临汾市	汾西县	36.55
841	重庆市	合川区	合川区	36.54
842	辽宁省	铁岭市	西丰县	36.52
843	陕西省	铜川市	耀州区	36.52
844	浙江省	嘉兴市	嘉善县	36.52
845	湖南省	郴州市	永兴县	36.51
846	河南省	驻马店市	新蔡县	36.50
847	云南省	玉溪市	江川区	36.50
848	福建省	泉州市	永春县	36.49
849	广东省	揭阳市	揭西县	36.49
850	广东省	揭阳市	榕城区	36.49

排名	省份	地市级	县级	发展级大气环境资源
851	江西省	九江市	瑞昌市	36.49
852	江西省	鹰潭市	贵溪市	36.49
853	山东省	德州市	陵城区	36.49
854	广东省	汕尾市	海丰县	36.48
855	陕西省	榆林市	定边县	36.48
856	云南省	红河自治州	绿春县	36.48
857	河北省	沧州市	孟村自治县	36.47
858	江苏省	泰州市	泰兴市	36.47
859	广东省	云浮市	新兴县	36.46
860	湖南省	衡阳市	耒阳市	36.46
861	河北省	沧州市	献县	36.45
862	山西省	太原市	古交市	36.45
863	山西省	运城市	河津市	36.45
864	内蒙古自治区	鄂尔多斯市	鄂托克旗西北	36.44
865	山西省	吕梁市	石楼县	36.44
866	吉林省	延边自治州	图们市	36.43
867	江苏省	苏州市	吴江区	36.43
868	新疆维吾尔自治区	阿勒泰地区	哈巴河县	36.43
869	广西壮族自治区	北海市	合浦县	36.42
870	山西省	太原市	清徐县	36.42
871	浙江省	台州市	温岭市	36.42
872	江苏省	盐城市	响水县	36.41
873	山东省	青岛市	黄岛区	36.41
874	黑龙江省	哈尔滨市	依兰县	36.40
875	山西省	朔州市	山阴县	36.40
876	河北省	石家庄市	元氏县	36.39
877	广西壮族自治区	来宾市	金秀自治县	36.38
878	内蒙古自治区	巴彦淖尔市	乌拉特中旗	36.38
879	内蒙古自治区	呼伦贝尔市	阿荣旗	36.38
880	西藏自治区	日喀则市	定日县	36.38
881	湖南省	娄底市	娄星区	36.37
882	四川省	攀枝花市	仁和区	36.37
883	云南省	玉溪市	澄江县	36.37
884	广西壮族自治区	百色市	隆林自治县	36.36
885	河南省	新乡市	延津县	36.36
886	河北省	沧州市	盐山县	36.35
887	新疆维吾尔自治区	阿勒泰地区	布尔津县	36.35
888	广东省	茂名市	高州市	36.34
889	广西壮族自治区	柳州市	柳江区	36.34
890	四川省	阿坝藏族自治州	若尔盖县	36.34

排名	省份	地市级	县级	发展级大气环境资源
891	浙江省	温州市	泰顺县	36.34
892	江苏省	泰州市	姜堰区	36.33
893	陕西省	渭南市	大荔县	36.33
894	安徽省	宣城市	宣州区	36.32
895	云南省	红河自治州	石屏县	36.32
896	广西壮族自治区	桂林市	永福县	36.31
897	贵州省	毕节市	威宁自治县	36.31
898	河南省	安阳市	北关区	36.31
899	云南省	普洱市	西盟自治县	36.31
900	内蒙古自治区	鄂尔多斯市	达拉特旗	36.30
901	四川省	雅安市	汉源县	36.30
902	陕西省	渭南市	白水县	36.30
903	广西壮族自治区	桂林市	叠彩区	36.28
904	河南省	南阳市	新野县	36.28
905	江西省	赣州市	大余县	36.28
906	四川省	内江市	隆昌市	36.27
907	浙江省	杭州市	富阳区	36.27
908	浙江省	舟山市	定海区	36.27
909	河南省	焦作市	沁阳市	36.26
910	江西省	鹰潭市	余江县	36.24
911	云南省	迪庆自治州	香格里拉市	36.24
912	广东省	广州市	花都区	36.23
913	山东省	聊城市	莘县	36.23
914	云南省	文山自治州	西麻栗坡县	36.23
915	重庆市	铜梁区	铜梁区	36.22
916	湖南省	郴州市	桂阳县	36.22
917	浙江省	金华市	义乌市	36.22
918	安徽省	合肥市	肥西县	36.21
919	江西省	上饶市	弋阳县	36.21
920	宁夏回族自治区	中卫市	沙坡头区	36.21
921	青海省	玉树自治州	治多县	36.20
922	广东省	梅州市	蕉岭县	36.19
923	海南省	五指山市	五指山市	36.19
924	江苏省	连云港市	灌云县	36.19
925	山西省	忻州市	五寨县	36.19
926	福建省	漳州市	平和县	36.18
927	广东省	潮州市	湘桥区	36.18
928	广东省	惠州市	博罗县	36.18
929	广西壮族自治区	南宁市	马山县	36.18
930	四川省	广安市	广安区	36.18

排名	省份	地市级	县级	发展级大气环境资源
931	陕西省	咸阳市	礼泉县	36.18
932	甘肃省	甘南自治州	玛曲县	36.16
933	甘肃省	庆阳市	合水县	36.16
934	四川省	凉山自治州	木里自治县	36.16
935	甘肃省	甘南自治州	卓尼县	36.15
936	吉林省	松原市	扶余市	36.15
937	四川省	攀枝花市	盐边县	36.15
938	陕西省	延安市	黄龙县	36.15
939	湖北省	荆门市	京山县	36.14
940	湖北省	宜昌市	当阳市	36.13
941	江苏省	无锡市	梁溪区	36.13
942	江西省	抚州市	南丰县	36.13
943	云南省	大理自治州	宾川县	36.13
944	云南省	大理自治州	南涧自治县	36.13
945	四川省	南充市	仪陇县	36.12
946	四川省	甘孜藏族自治州	泸定县	36.11
947	山东省	济南市	天桥区	36.11
948	云南省	玉溪市	峨山自治县	36.11
949	贵州省	遵义市	播州区	36.10
950	河南省	郑州市	巩义市	36.10
951	山西省	运城市	绛县	36.10
952	云南省	普洱市	镇沅自治县	36.10
953	河北省	承德市	平泉市	36.09
954	江苏省	盐城市	阜宁县	36.09
955	江苏省	无锡市	江阴市	36.08
956	云南省	文山自治州	西畴县	36.08
957	安徽省	马鞍山市	和县	36.07
958	内蒙古自治区	呼伦贝尔市	牙克石市东部	36.07
959	云南省	红河自治州	弥勒市	36.07
960	云南省	昭通市	永善县	36.07
961	广东省	江门市	恩平市	36.06
962	广西壮族自治区	南宁市	上林县	36.06
963	黑龙江省	牡丹江市	西安区	36.06
964	广东省	梅州市	平远县	36.04
965	湖南省	益阳市	沅江市	36.04
966	辽宁省	沈阳市	沈北新区	36.04
967	山西省	忻州市	河曲县	36.04
968	西藏自治区	那曲市	那曲县	36.04
969	云南省	保山市	龙陵县	36.04
970	河北省	邢台市	广宗县	36.03

排名	省份	地市级	县级	发展级大气环境资源
971	吉林省	延边自治州	安图县	36.03
972	黑龙江省	牡丹江市	宁安市	36.02
973	浙江省	宁波市	慈溪市	36.02
974	湖北省	襄阳市	宜城市	36.01
975	四川省	甘孜藏族自治州	乡城县	36.01
976	新疆维吾尔自治区	巴音郭楞自治州	轮台县	36.01
977	湖北省	襄阳市	谷城县	36.00
978	江西省	抚州市	广昌县	36.00
979	山东省	日照市	莒县	36.00
980	云南省	德宏自治州	梁河县	36.00
981	广东省	韶关市	始兴县	35.99
982	河南省	开封市	禹王台区	35.99
983	安徽省	合肥市	肥东县	35.98
984	福建省	南平市	松溪县	35.98
985	广东省	肇庆市	德庆县	35.98
986	江苏省	苏州市	昆山市	35.98
987	辽宁省	鞍山市	铁东区	35.98
988	山东省	济宁市	汶上县	35.98
989	西藏自治区	昌都市	洛隆县	35.98
990	四川省	眉山市	洪雅县	35.97
991	福建省	宁德市	周宁县	35.96
992	贵州省	贵阳市	乌当区	35.96
993	湖北省	荆州市	荆州区	35.96
994	浙江省	温州市	瑞安市	35.96
995	四川省	甘孜藏族自治州	雅江县	35.95
996	云南省	楚雄自治州	禄丰县	35.95
997	广东省	深圳市	罗湖区	35.94
998	广东省	肇庆市	封开县	35.94
999	山西省	晋城市	城区	35.94
1000	河南省	商丘市	永城市	35.93
1001	江苏省	徐州市	沛县	35.93
1002	新疆维吾尔自治区	昌吉自治州	呼图壁县	35.93
1003	云南省	曲靖市	麒麟区	35.93
1004	甘肃省	兰州市	永登县	35.92
1005	湖南省	株洲市	醴陵市	35.92
1006	山东省	菏泽市	郓城县	35.92
1007	山东省	济宁市	鱼台县	35.92
1008	云南省	临沧市	凤庆县	35.92
1009	广西壮族自治区	玉林市	北流市	35.91
1010	湖北省	天门市	天门市	35.91

排名	省份	地市级	县级	发展级大气环境资源
1011	山东省	烟台市	莱州市	35.91
1012	山西省	阳泉市	郊区	35.90
1013	河北省	邢台市	隆尧县	35.89
1014	陕西省	渭南市	澄城县	35.89
1015	山西省	长治市	屯留县	35.89
1016	浙江省	宁波市	镇海区	35.89
1017	广东省	广州市	增城区	35.88
1018	广西壮族自治区	桂林市	雁山区	35.88
1019	河南省	信阳市	浉河区	35.88
1020	江苏省	南通市	海安县	35.88
1021	陕西省	安康市	镇坪县	35.88
1022	广东省	茂名市	信宜市	35.87
1023	广西壮族自治区	崇左市	大新县	35.87
1024	河北省	邢台市	巨鹿县	35.87
1025	河南省	濮阳市	台前县	35.87
1026	甘肃省	酒泉市	瓜州县	35.85
1027	贵州省	安顺市	紫云自治县	35.85
1028	江西省	新余市	分宜县	35.85
1029	浙江省	湖州市	安吉县	35.85
1030	贵州省	黔南自治州	平塘县	35.84
1031	河南省	南阳市	方城县	35.84
1032	山东省	菏泽市	鄄城县	35.84
1033	广东省	清远市	佛冈县	35.83
1034	贵州省	黔南自治州	长顺县	35.83
1035	河南省	南阳市	社旗县	35.83
1036	河南省	濮阳市	濮阳县	35.83
1037	江西省	吉安市	永新县	35.83
1038	内蒙古自治区	呼伦贝尔市	新巴尔虎左旗	35.83
1039	安徽省	宣城市	广德县	35.82
1040	河北省	邢台市	柏乡县	35.82
1041	云南省	大理自治州	大理市	35.82
1042	浙江省	杭州市	桐庐县	35.82
1043	海南省	屯昌县	屯昌县	35.81
1044	江西省	赣州市	龙南县	35.81
1045	甘肃省	庆阳市	西峰区	35.80
1046	河北省	沧州市	东光县	35.80
1047	河北省	邢台市	新河县	35.80
1048	河北省	邢台市	宁晋县	35.80
1049	江苏省	徐州市	新沂市	35.80
1050	山东省	德州市	宁津县	35.80

排名	省份	地市级	县级	发展级大气环境资源
1051	陕西省	咸阳市	淳化县	35.80
1052	黑龙江省	绥化市	安达市	35.79
1053	山东省	德州市	乐陵市	35.79
1054	安徽省	亳州市	利辛县	35.78
1055	北京市	门头沟区	门头沟区	35.78
1056	广东省	广州市	番禺区	35.78
1057	湖南省	益阳市	桃江县	35.78
1058	陕西省	安康市	平利县	35.78
1059	安徽省	合肥市	长丰县	35.77
1060	河北省	沧州市	运河区	35.77
1061	河北省	邢台市	清河县	35.77
1062	河南省	南阳市	邓州市	35.77
1063	广东省	云浮市	郁南县	35.76
1064	黑龙江省	牡丹江市	东宁市	35.76
1065	湖南省	张家界市	慈利县	35.76
1066	辽宁省	鞍山市	海城市	35.76
1067	山西省	忻州市	忻府区	35.76
1068	广东省	中山市	西区	35.75
1069	甘肃省	平凉市	崆峒区	35.75
1070	湖北省	宜昌市	夷陵区	35.75
1071	内蒙古自治区	锡林郭勒盟	多伦县	35.75
1072	云南省	昭通市	鲁甸县	35.75
1073	安徽省	宣城市	绩溪县	35.74
1074	河南省	洛阳市	伊川县	35.74
1075	湖南省	邵阳市	新宁县	35.74
1076	四川省	南充市	南部县	35.74
1077	云南省	昆明市	富民县	35.74
1078	河北省	唐山市	路北区	35.73
1079	青海省	海南自治州	同德县	35.73
1080	陕西省	宝鸡市	凤翔县	35.73
1081	山西省	晋中市	左权县	35.73
1082	广西壮族自治区	桂林市	恭城自治县	35.72
1083	江苏省	徐州市	丰县	35.72
1084	陕西省	渭南市	华阴市	35.72
1085	西藏自治区	拉萨市	当雄县	35.72
1086	广西壮族自治区	河池市	巴马自治县	35.71
1087	湖北省	宜昌市	远安县	35.71
1088	河北省	衡水市	武强县	35.70
1089	河南省	平顶山市	宝丰县	35.70
1090	湖南省	衡阳市	衡山县	35.70

排名	省份	地市级	县级	发展级大气环境资源
1091	山东省	滨州市	无棣县	35.70
1092	福建省	漳州市	华安县	35.69
1093	江苏省	扬州市	邗江区	35.69
1094	宁夏回族自治区	中卫市	海原县	35.69
1095	四川省	南充市	顺庆区	35.69
1096	西藏自治区	拉萨市	城关区	35.68
1097	广东省	广州市	从化区	35.67
1098	广西壮族自治区	桂林市	平乐县	35.67
1099	贵州省	黔东南自治州	黄平县	35.67
1100	河北省	邯郸市	磁县	35.67
1101	海南省	澄迈县	澄迈县	35.67
1102	山西省	晋中市	介休市	35.67
1103	山西省	晋中市	祁县	35.67
1104	新疆维吾尔自治区	巴音郭楞自治州	和静县西北	35.67
1105	四川省	凉山自治州	普格县	35.66
1106	山西省	朔州市	应县	35.66
1107	贵州省	黔南自治州	惠水县	35.65
1108	河南省	周口市	项城市	35.65
1109	山西省	大同市	天镇县	35.65
1110	贵州省	黔西南自治州	兴仁县	35.64
1111	河南省	周口市	商水县	35.64
1112	黑龙江省	伊春市	汤旺河区	35.64
1113	陕西省	西安市	高陵区	35.64
1114	云南省	保山市	昌宁县	35.64
1115	广东省	清远市	英德市	35.63
1116	河北省	唐山市	丰润区	35.63
1117	海南省	乐东自治县	乐东自治县	35.62
1118	山东省	临沂市	郯城县	35.62
1119	广东省	肇庆市	怀集县	35.61
1120	河北省	邢台市	临城县	35.61
1121	江西省	吉安市	新干县	35.61
1122	辽宁省	朝阳市	朝阳县	35.61
1123	云南省	普洱市	孟连自治县	35.61
1124	广东省	河源市	源城区	35.60
1125	河北省	廊坊市	大城县	35.60
1126	江西省	上饶市	玉山县	35.60
1127	云南省	文山自治州	富宁县	35.60
1128	广东省	河源市	龙川县	35.59
1129	湖北省	宜昌市	宜都市	35.59
1130	河南省	南阳市	内乡县	35.59

续表

排名	省份	地市级	县级	发展级大气环境资源
1131	广东省	梅州市	兴宁市	35.58
1132	河南省	商丘市	睢县	35.58
1133	内蒙古自治区	巴彦淖尔市	临河区	35.58
1134	山东省	菏泽市	成武县	35.58
1135	广东省	河源市	和平县	35.57
1136	甘肃省	酒泉市	金塔县	35.57
1137	河北省	石家庄市	高邑县	35.57
1138	河南省	洛阳市	栾川县	35.56
1139	江苏省	宿迁市	沭阳县	35.56
1140	宁夏回族自治区	石嘴山市	平罗县	35.56
1141	江西省	宜春市	丰城市	35.55
1142	四川省	攀枝花市	米易县	35.55
1143	山东省	菏泽市	曹县	35.55
1144	云南省	大理自治州	永平县	35.55
1145	广西壮族自治区	百色市	德保县	35.54
1146	内蒙古自治区	呼伦贝尔市	陈巴尔虎旗	35.54
1147	四川省	绵阳市	三台县	35.54
1148	河北省	邯郸市	肥乡区	35.53
1149	河南省	驻马店市	泌阳县	35.53
1150	安徽省	黄山市	徽州区	35.52
1151	河北省	衡水市	安平县	35.52
1152	江西省	赣州市	定南县	35.52
1153	江西省	萍乡市	上栗县	35.52
1154	陕西省	咸阳市	泾阳县	35.52
1155	河南省	商丘市	梁园区	35.51
1156	四川省	眉山市	丹棱县	35.51
1157	新疆维吾尔自治区	巴音郭楞自治州	库尔勒市	35.51
1158	广西壮族自治区	来宾市	兴宾区	35.50
1159	河南省	商丘市	民权县	35.50
1160	湖南省	株洲市	炎陵县	35.50
1161	云南省	楚雄自治州	元谋县	35.50
1162	湖北省	孝感市	汉川市	35.48
1163	内蒙古自治区	呼和浩特市	和林格尔县	35.48
1164	云南省	文山自治州	马关县	35.48
1165	广西壮族自治区	钦州市	浦北县	35.47
1166	山东省	菏泽市	定陶区	35.47
1167	山东省	菏泽市	牡丹区	35.47
1168	山西省	运城市	新绛县	35.47
1169	河北省	唐山市	乐亭县	35.46
1170	河南省	信阳市	商城县	35.46

排名	省份	地市级	县级	发展级大气环境资源
1171	江西省	上饶市	鄱阳县	35.46
1172	四川省	凉山自治州	布拖县	35.46
1173	陕西省	西安市	临潼区	35.46
1174	贵州省	黔东南自治州	麻江县	35.45
1175	河南省	漯河市	舞阳县	35.45
1176	山西省	朔州市	怀仁县	35.45
1177	云南省	楚雄自治州	楚雄市	35.45
1178	广西壮族自治区	百色市	田林县	35.44
1179	黑龙江省	齐齐哈尔市	建华区	35.44
1180	云南省	红河自治州	金平自治县	35.43
1181	海南省	儋州市	儋州市	35.42
1182	湖南省	湘潭市	湘乡市	35.42
1183	山西省	吕梁市	交口县	35.42
1184	云南省	文山自治州	文山市	35.42
1185	浙江省	台州市	三门县	35.42
1186	青海省	玉树自治州	称多县	35.41
1187	四川省	宜宾市	兴文县	35.41
1188	山西省	太原市	阳曲县	35.41
1189	广西壮族自治区	百色市	乐业县	35.40
1190	贵州省	铜仁市	玉屏自治县	35.40
1191	河南省	驻马店市	驿城区	35.40
1192	江西省	上饶市	信州区	35.40
1193	山西省	忻州市	繁峙县	35.40
1194	云南省	普洱市	景谷自治县	35.40
1195	福建省	福州市	永泰县	35.39
1196	湖北省	荆州市	公安县	35.39
1197	河南省	信阳市	潢川县	35.39
1198	海南省	白沙自治县	白沙自治县	35.39
1199	江西省	吉安市	安福县	35.39
1200	陕西省	宝鸡市	陈仓区	35.39
1201	安徽省	六安市	舒城县	35.38
1202	北京市	通州区	通州区	35.38
1203	重庆市	永川区	永川区	35.38
1204	湖南省	邵阳市	邵东县	35.38
1205	福建省	龙岩市	新罗区	35.37
1206	甘肃省	平凉市	庄浪县	35.37
1207	广西壮族自治区	桂林市	灌阳县	35.37
1208	贵州省	黔西南自治州	兴义市	35.37
1209	江西省	宜春市	袁州区	35.37
1210	山东省	青岛市	平度市	35.37

续表

排名	省份	地市级	县级	发展级大气环境资源
1211	安徽省	芜湖市	南陵县	35.36
1212	西藏自治区	日喀则市	桑珠孜区	35.36
1213	广西壮族自治区	百色市	那坡县	35.35
1214	云南省	昭通市	彝良县	35.35
1215	安徽省	六安市	霍邱县	35.34
1216	河南省	许昌市	鄢陵县	35.33
1217	重庆市	綦江区	綦江区	35.33
1218	广西壮族自治区	河池市	宜州区	35.33
1219	甘肃省	酒泉市	肃州区	35.32
1220	内蒙古自治区	鄂尔多斯市	准格尔旗	35.32
1221	河南省	平顶山市	郏县	35.31
1222	内蒙古自治区	乌兰察布市	凉城县	35.31
1223	山东省	淄博市	临淄区	35.31
1224	新疆维吾尔自治区	喀什地区	喀什市	35.31
1225	广西壮族自治区	崇左市	凭祥市	35.30
1226	贵州省	铜仁市	德江县	35.30
1227	江西省	上饶市	婺源县	35.30
1228	山东省	东营市	利津县	35.30
1229	山东省	菏泽市	巨野县	35.30
1230	广东省	韶关市	新丰县	35.29
1231	广西壮族自治区	梧州市	龙圩区	35.29
1232	辽宁省	沈阳市	苏家屯区	35.29
1233	上海市	闵行区	闵行区	35.29
1234	山西省	吕梁市	汾阳市	35.29
1235	广东省	惠州市	龙门县	35.28
1236	江苏省	宿迁市	泗洪县	35.28
1237	四川省	凉山自治州	金阳县	35.28
1238	四川省	雅安市	宝兴县	35.28
1239	安徽省	马鞍山市	含山县	35.27
1240	广东省	汕头市	金平区	35.27
1241	山西省	运城市	平陆县	35.27
1242	广东省	清远市	连南自治县	35.26
1243	山西省	大同市	大同县	35.26
1244	浙江省	杭州市	淳安县	35.26
1245	重庆市	巴南区	巴南区	35.25
1246	重庆市	武隆区	武隆区	35.25
1247	福建省	南平市	光泽县	35.25
1248	陕西省	咸阳市	旬邑县	35.25
1249	江西省	赣州市	宁都县	35.23
1250	福建省	莆田市	仙游县	35.22

排名	省份	地市级	县级	发展级大气环境资源
1251	贵州省	黔南自治州	都匀市	35.22
1252	湖南省	岳阳市	临湘市	35.22
1253	江苏省	连云港市	灌南县	35.22
1254	山东省	济宁市	微山县	35.22
1255	重庆市	奉节县	奉节县	35.21
1256	河南省	新乡市	牧野区	35.21
1257	江西省	吉安市	遂川县	35.21
1258	江西省	上饶市	横峰县	35.21
1259	山东省	临沂市	蒙阴县	35.21
1260	四川省	凉山自治州	美姑县	35.20
1261	陕西省	咸阳市	长武县	35.20
1262	云南省	西双版纳自治州	勐海县	35.20
1263	福建省	福州市	闽清县	35.19
1264	山东省	聊城市	高唐县	35.19
1265	山东省	潍坊市	寿光市	35.19
1266	贵州省	毕节市	金沙县	35.18
1267	黑龙江省	伊春市	五营区	35.18
1268	湖南省	邵阳市	大祥区	35.18
1269	湖南省	怀化市	洪江市	35.17
1270	新疆维吾尔自治区	阿勒泰地区	福海县	35.17
1271	云南省	临沧市	云县	35.17
1272	湖北省	荆州市	洪湖市	35.16
1273	河北省	秦皇岛市	抚宁区	35.16
1274	江西省	赣州市	全南县	35.16
1275	浙江省	金华市	兰溪市	35.16
1276	浙江省	宁波市	宁海县	35.16
1277	广西壮族自治区	河池市	金城江区	35.15
1278	江西省	萍乡市	安源区	35.15
1279	贵州省	黔东南自治州	雷山县	35.14
1280	河北省	张家口市	万全区	35.14
1281	湖南省	衡阳市	蒸湘区	35.14
1282	江苏省	扬州市	高邮市	35.14
1283	内蒙古自治区	呼伦贝尔市	莫力达瓦自治旗	35.14
1284	云南省	玉溪市	红塔区	35.14
1285	河北省	衡水市	枣强县	35.13
1286	江苏省	淮安市	盱眙县	35.13
1287	四川省	凉山自治州	冕宁县	35.13
1288	浙江省	衢州市	龙游县	35.13
1289	福建省	龙岩市	上杭县	35.12
1290	甘肃省	庆阳市	宁县	35.12

排名	省份	地市级	县级	发展级大气环境资源
1291	河南省	商丘市	夏邑县	35.12
1292	湖南省	怀化市	靖州自治县	35.12
1293	山西省	运城市	盐湖区	35.12
1294	河北省	沧州市	吴桥县	35.11
1295	陕西省	渭南市	富平县	35.11
1296	安徽省	合肥市	蜀山区	35.10
1297	福建省	漳州市	芗城区	35.10
1298	四川省	阿坝藏族自治州	红原县	35.10
1299	四川省	德阳市	什邡市	35.10
1300	山东省	潍坊市	青州市	35.10
1301	天津市	宝坻区	宝坻区	35.10
1302	浙江省	绍兴市	诸暨市	35.10
1303	甘肃省	庆阳市	华池县	35.09
1304	贵州省	六盘水市	六枝特区	35.09
1305	河北省	承德市	宽城自治县	35.09
1306	河北省	邯郸市	广平县	35.09
1307	江西省	赣州市	南康区	35.09
1308	四川省	甘孜藏族自治州	新龙县	35.09
1309	四川省	泸州市	纳溪区	35.09
1310	云南省	红河自治州	屏边自治县	35.09
1311	河北省	邯郸市	邱县	35.08
1312	四川省	成都市	简阳市	35.08
1313	四川省	成都市	金堂县	35.08
1314	山西省	吕梁市	文水县	35.08
1315	湖南省	常德市	安乡县	35.07
1316	山东省	淄博市	周村区	35.07
1317	河南省	开封市	兰考县	35.06
1318	湖南省	衡阳市	常宁市	35.06
1319	山东省	滨州市	阳信县	35.06
1320	云南省	普洱市	宁洱自治县	35.06
1321	黑龙江省	伊春市	铁力市	35.05
1322	陕西省	渭南市	蒲城县	35.05
1323	云南省	楚雄自治州	南华县	35.05
1324	河北省	唐山市	迁西县	35.03
1325	四川省	成都市	龙泉驿区	35.03
1326	四川省	甘孜藏族自治州	道孚县	35.03
1327	浙江省	丽水市	庆元县	35.03
1328	重庆市	涪陵区	涪陵区	35.02
1329	山东省	淄博市	高青县	35.02
1330	四川省	广安市	岳池县	35.01

排名	省份	地市级	县级	发展级大气环境资源
1331	广西壮族自治区	柳州市	三江自治县	35.00
1332	贵州省	六盘水市	盘州市	35.00
1333	青海省	黄南自治州	同仁县	35.00
1334	四川省	凉山自治州	昭觉县	35.00
1335	安徽省	宣城市	泾县	34.99
1336	福建省	宁德市	福安市	34.99
1337	广东省	梅州市	梅江区	34.99
1338	广东省	韶关市	仁化县	34.99
1339	广东省	韶关市	乳源自治县	34.99
1340	甘肃省	张掖市	临泽县	34.99
1341	河南省	新乡市	封丘县	34.99
1342	河南省	信阳市	罗山县	34.99
1343	湖南省	永州市	道县	34.99
1344	江西省	宜春市	上高县	34.99
1345	安徽省	阜阳市	颍上县	34.98
1346	广西壮族自治区	来宾市	忻城县	34.98
1347	湖北省	黄冈市	蕲春县	34.98
1348	湖南省	永州市	宁远县	34.98
1349	江西省	赣州市	会昌县	34.98
1350	山东省	东营市	垦利区	34.98
1351	山西省	晋中市	寿阳县	34.98
1352	新疆维吾尔自治区	哈密市	巴里坤自治县	34.98
1353	湖南省	常德市	临澧县	34.97
1354	湖南省	常德市	津市市	34.97
1355	浙江省	金华市	婺城区	34.97
1356	西藏自治区	那曲市	索县	34.96
1357	云南省	德宏自治州	盈江县	34.96
1358	云南省	昭通市	镇雄县	34.96
1359	湖南省	永州市	江永县	34.95
1360	江苏省	镇江市	润州区	34.95
1361	陕西省	咸阳市	渭城区	34.95
1362	浙江省	台州市	临海市	34.95
1363	湖南省	邵阳市	隆回县	34.94
1364	宁夏回族自治区	固原市	隆德县	34.94
1365	四川省	甘孜藏族自治州	理塘县	34.94
1366	山西省	大同市	阳高县	34.94
1367	广东省	清远市	连州市	34.93
1368	浙江省	绍兴市	新昌县	34.93
1369	河南省	平顶山市	汝州市	34.92
1370	河南省	新乡市	辉县	34.92

排名	省份	地市级	县级	发展级大气环境资源
1371	河北省	衡水市	故城县	34.91
1372	山东省	淄博市	张店区	34.91
1373	云南省	昆明市	禄劝自治县	34.91
1374	广西壮族自治区	柳州市	柳江区	34.90
1375	陕西省	榆林市	佳县	34.89
1376	山西省	运城市	夏县	34.89
1377	安徽省	滁州市	琅琊区	34.88
1378	黑龙江省	鹤岗市	萝北县	34.88
1379	湖南省	株洲市	荷塘区	34.88
1380	江苏省	宿迁市	泗阳县	34.88
1381	四川省	宜宾市	屏山县	34.88
1382	陕西省	榆林市	绥德县	34.88
1383	河北省	张家口市	怀安县	34.87
1384	陕西省	咸阳市	彬县	34.87
1385	云南省	玉溪市	元江自治县	34.87
1386	安徽省	六安市	金安区	34.86
1387	河南省	信阳市	光山县	34.86
1388	天津市	津南区	津南区	34.86
1389	江西省	赣州市	安远县	34.85
1390	宁夏回族自治区	固原市	原州区	34.85
1391	四川省	遂宁市	蓬溪县	34.85
1392	北京市	顺义区	顺义区	34.84
1393	北京市	房山区	房山区	34.83
1394	贵州省	黔西南自治州	普安县	34.83
1395	河北省	邯郸市	邯山区	34.82
1396	河北省	邢台市	沙河市	34.82
1397	河南省	周口市	西华县	34.82
1398	山东省	临沂市	兰陵县	34.82
1399	山东省	枣庄市	市中区	34.82
1400	陕西省	汉中市	略阳县	34.82
1401	江苏省	徐州市	邳州市	34.81
1402	河北省	邢台市	南和县	34.80
1403	黑龙江省	黑河市	爱辉区	34.80
1404	青海省	海东市	平安区	34.80
1405	新疆维吾尔自治区	伊犁自治州	霍尔果斯市	34.80
1406	四川省	绵阳市	涪城区	34.79
1407	四川省	资阳市	乐至县	34.79
1408	山东省	济南市	商河县	34.79
1409	山西省	阳泉市	盂县	34.79
1410	云南省	保山市	腾冲市	34.79

排名	省份	地市级	县级	发展级大气环境资源
1411	云南省	迪庆自治州	德钦县	34.79
1412	福建省	南平市	政和县	34.78
1413	河北省	沧州市	河间市	34.78
1414	吉林省	通化市	梅河口市	34.78
1415	江西省	南昌市	新建区	34.78
1416	辽宁省	锦州市	古塔区	34.78
1417	四川省	阿坝藏族自治州	小金县	34.78
1418	陕西省	延安市	宝塔区	34.78
1419	西藏自治区	那曲市	嘉黎县	34.78
1420	河南省	焦作市	博爱县	34.77
1421	黑龙江省	鸡西市	虎林市	34.77
1422	湖南省	岳阳市	华容县	34.77
1423	宁夏回族自治区	石嘴山市	惠农区	34.77
1424	四川省	泸州市	古蔺县	34.76
1425	江西省	宜春市	万载县	34.75
1426	辽宁省	葫芦岛市	建昌县	34.75
1427	四川省	成都市	蒲江县	34.75
1428	四川省	德阳市	广汉市	34.75
1429	四川省	凉山自治州	会理县	34.75
1430	湖南省	郴州市	安仁县	34.74
1431	辽宁省	本溪市	本溪自治县	34.74
1432	内蒙古自治区	乌兰察布市	丰镇市	34.74
1433	山东省	济南市	章丘区	34.74
1434	陕西省	商洛市	丹凤县	34.74
1435	福建省	三明市	清流县	34.73
1436	广东省	云浮市	罗定市	34.73
1437	宁夏回族自治区	吴忠市	盐池县	34.73
1438	云南省	大理自治州	云龙县	34.73
1439	湖北省	黄石市	阳新县	34.72
1440	河南省	信阳市	固始县	34.72
1441	四川省	南充市	西充县	34.72
1442	山东省	日照市	五莲县	34.72
1443	浙江省	绍兴市	越城区	34.72
1444	贵州省	遵义市	赤水市	34.71
1445	辽宁省	铁岭市	开原市	34.71
1446	四川省	资阳市	雁江区	34.71
1447	云南省	保山市	施甸县	34.71
1448	北京市	大兴区	大兴区	34.70
1449	北京市	东城区	东城区	34.70
1450	福建省	三明市	宁化县	34.70

续表

排名	省份	地市级	县级	发展级大气环境资源
1451	甘肃省	定西市	通渭县	34.70
1452	河南省	周口市	沈丘县	34.70
1453	吉林省	吉林市	磐石市	34.70
1454	江西省	宜春市	高安市	34.70
1455	陕西省	咸阳市	武功县	34.70
1456	河南省	焦作市	修武县	34.69
1457	河南省	许昌市	襄城县	34.69
1458	湖南省	怀化市	通道自治县	34.69
1459	江西省	抚州市	乐安县	34.69
1460	山西省	太原市	小店区	34.69
1461	浙江省	金华市	浦江县	34.69
1462	安徽省	宣城市	旌德县	34.68
1463	重庆市	璧山区	璧山区	34.68
1464	福建省	宁德市	古田县	34.68
1465	河南省	焦作市	孟州市	34.68
1466	海南省	保亭自治县	保亭自治县	34.68
1467	内蒙古自治区	通辽市	扎鲁特旗	34.68
1468	山东省	莱芜市	莱城区	34.68
1469	山西省	临汾市	浮山县	34.68
1470	安徽省	六安市	金寨县	34.67
1471	内蒙古自治区	兴安盟	乌兰浩特市	34.67
1472	山东省	东营市	广饶县	34.67
1473	广东省	清远市	连山自治县	34.66
1474	甘肃省	张掖市	山丹县	34.66
1475	湖南省	郴州市	资兴市	34.66
1476	西藏自治区	山南市	贡嘎县	34.66
1477	安徽省	滁州市	凤阳县	34.65
1478	湖北省	恩施自治州	巴东县	34.65
1479	湖北省	襄阳市	老河口市	34.65
1480	河北省	保定市	高阳县	34.65
1481	西藏自治区	拉萨市	尼木县	34.65
1482	广西壮族自治区	贺州市	昭平县	34.64
1483	湖南省	邵阳市	邵阳县	34.64
1484	江西省	新余市	渝水区	34.64
1485	青海省	玉树自治州	杂多县	34.64
1486	西藏自治区	林芝市	巴宜区	34.64
1487	广东省	云浮市	云城区	34.63
1488	湖北省	潜江市	潜江市	34.63
1489	福建省	三明市	建宁县	34.62
1490	黑龙江省	齐齐哈尔市	富裕县	34.62

排名	省份	地市级	县级	发展级大气环境资源
1491	湖南省	衡阳市	衡东县	34.62
1492	西藏自治区	日喀则市	南木林县	34.62
1493	河北省	沧州市	泊头市	34.61
1494	黑龙江省	哈尔滨市	方正县	34.60
1495	四川省	内江市	威远县	34.60
1496	福建省	龙岩市	永定区	34.59
1497	湖南省	衡阳市	祁东县	34.59
1498	江西省	南昌市	南昌县	34.59
1499	宁夏回族自治区	中卫市	中宁县	34.59
1500	浙江省	杭州市	建德市	34.59
1501	重庆市	云阳县	云阳县	34.58
1502	贵州省	黔东南自治州	凯里市	34.58
1503	湖北省	荆州市	松滋市	34.58
1504	河南省	郑州市	二七区	34.58
1505	湖南省	常德市	汉寿县	34.58
1506	山西省	忻州市	偏关县	34.58
1507	云南省	大理自治州	漾濞自治县	34.58
1508	湖北省	黄冈市	红安县	34.57
1509	湖北省	十堰市	丹江口市	34.57
1510	四川省	宜宾市	高县	34.57
1511	山东省	泰安市	泰山区	34.57
1512	贵州省	安顺市	普定县	34.56
1513	湖南省	怀化市	辰溪县	34.56
1514	陕西省	榆林市	靖边县	34.56
1515	广西壮族自治区	桂林市	荔浦县	34.55
1516	广西壮族自治区	百色市	右江区	34.54
1517	贵州省	黔南自治州	贵定县	34.54
1518	福建省	三明市	永安市	34.53
1519	贵州省	毕节市	大方县	34.53
1520	湖北省	宜昌市	西陵区	34.53
1521	江苏省	无锡市	宜兴市	34.52
1522	四川省	巴中市	南江县	34.52
1523	河北省	沧州市	任丘市	34.51
1524	河北省	沧州市	南皮县	34.51
1525	河南省	三门峡市	卢氏县	34.51
1526	江西省	赣州市	于都县	34.51
1527	辽宁省	抚顺市	顺城区	34.51
1528	青海省	玉树自治州	曲麻莱县	34.51
1529	湖北省	恩施自治州	咸丰县	34.50
1530	湖南省	长沙市	浏阳市	34.50

排名	省份	地市级	县级	发展级大气环境资源
1531	四川省	阿坝藏族自治州	九寨沟县	34.50
1532	四川省	雅安市	荥经县	34.50
1533	重庆市	石柱自治县	石柱自治县	34.49
1534	黑龙江省	佳木斯市	郊区	34.49
1535	四川省	甘孜藏族自治州	得荣县	34.49
1536	山西省	晋中市	太谷县	34.49
1537	陕西省	宝鸡市	凤县	34.48
1538	山西省	临汾市	翼城县	34.48
1539	山西省	忻州市	保德县	34.48
1540	江西省	抚州市	崇仁县	34.47
1541	内蒙古自治区	巴彦淖尔市	乌拉特前旗北部	34.47
1542	四川省	绵阳市	北川自治县	34.47
1543	山东省	烟台市	海阳市	34.47
1544	陕西省	汉中市	勉县	34.47
1545	吉林省	延边自治州	龙井市	34.46
1546	辽宁省	本溪市	明山区	34.46
1547	四川省	乐山市	井研县	34.46
1548	四川省	凉山自治州	宁南县	34.46
1549	浙江省	金华市	武义县	34.46
1550	贵州省	黔东南自治州	岑巩县	34.45
1551	湖南省	湘西自治州	凤凰县	34.45
1552	江西省	吉安市	井冈山市	34.45
1553	四川省	凉山自治州	会东县	34.45
1554	山东省	滨州市	博兴县	34.45
1555	山东省	淄博市	桓台县	34.44
1556	湖北省	孝感市	云梦县	34.43
1557	四川省	成都市	彭州市	34.43
1558	新疆维吾尔自治区	和田地区	和田市	34.43
1559	河北省	邢台市	平乡县	34.42
1560	湖南省	怀化市	麻阳自治县	34.42
1561	甘肃省	庆阳市	庆城县	34.41
1562	甘肃省	武威市	凉州区	34.41
1563	河南省	商丘市	柘城县	34.41
1564	湖南省	永州市	祁阳县	34.41
1565	湖北省	咸宁市	崇阳县	34.40
1566	河南省	开封市	尉氏县	34.40
1567	河南省	洛阳市	汝阳县	34.40
1568	黑龙江省	大兴安岭地区	呼玛县	34.40
1569	江西省	赣州市	兴国县	34.40
1570	内蒙古自治区	乌兰察布市	集宁区	34.40

排名	省份	地市级	县级	发展级大气环境资源
1571	青海省	海西自治州	格尔木市	34.40
1572	浙江省	金华市	东阳市	34.40
1573	河南省	南阳市	西峡县	34.39
1574	江西省	九江市	德安县	34.39
1575	四川省	自贡市	自流井区	34.38
1576	湖北省	咸宁市	通山县	34.37
1577	湖北省	咸宁市	赤壁市	34.37
1578	四川省	广元市	剑阁县	34.37
1579	四川省	凉山自治州	甘洛县	34.37
1580	浙江省	温州市	永嘉县	34.37
1581	四川省	内江市	资中县	34.36
1582	山西省	忻州市	代县	34.36
1583	广西壮族自治区	贵港市	平南县	34.35
1584	河北省	衡水市	武邑县	34.35
1585	宁夏回族自治区	吴忠市	青铜峡市	34.35
1586	重庆市	荣昌区	荣昌区	34.34
1587	吉林省	松原市	前郭尔罗斯自治县	34.34
1588	新疆维吾尔自治区	克孜勒苏柯尔克孜自治州	阿合奇县	34.34
1589	河南省	周口市	扶沟县	34.33
1590	四川省	眉山市	青神县	34.33
1591	山东省	淄博市	博山区	34.33
1592	重庆市	忠县	忠县	34.32
1593	河南省	周口市	鹿邑县	34.32
1594	黑龙江省	鹤岗市	东山区	34.32
1595	山西省	忻州市	原平市	34.31
1596	贵州省	黔东南自治州	镇远县	34.30
1597	贵州省	遵义市	桐梓县	34.30
1598	吉林省	白山市	抚松县	34.30
1599	江苏省	徐州市	睢宁县	34.30
1600	山西省	长治市	潞城市	34.30
1601	安徽省	宿州市	砀山县	34.29
1602	北京市	昌平区	昌平区	34.29
1603	福建省	三明市	大田县	34.29
1604	河南省	漯河市	临颍县	34.29
1605	陕西省	榆林市	横山区	34.29
1606	河南省	漯河市	郾城区	34.28
1607	江西省	吉安市	永丰县	34.28
1608	山东省	临沂市	沂南县	34.28
1609	云南省	昭通市	昭阳区	34.28
1610	贵州省	黔东南自治州	施秉县	34.27

排名	省份	地市级	县级	发展级大气环境资源
1611	吉林省	吉林市	蛟河市	34.27
1612	江西省	抚州市	宜黄县	34.27
1613	四川省	德阳市	绵竹市	34.27
1614	四川省	乐山市	马边自治县	34.27
1615	山东省	潍坊市	潍城区	34.27
1616	陕西省	榆林市	米脂县	34.27
1617	河北省	承德市	隆化县	34.26
1618	河南省	开封市	杞县	34.26
1619	湖南省	邵阳市	新邵县	34.26
1620	天津市	北辰区	北辰区	34.26
1621	新疆维吾尔自治区	巴音郭楞自治州	且末县	34.26
1622	云南省	临沧市	双江自治县	34.26
1623	重庆市	酉阳自治县	酉阳自治县	34.25
1624	贵州省	黔东南自治州	黎平县	34.25
1625	河北省	张家口市	阳原县	34.25
1626	湖南省	郴州市	嘉禾县	34.25
1627	新疆维吾尔自治区	喀什地区	塔什库尔干塔吉克自治县	34.25
1628	安徽省	黄山市	休宁县	34.24
1629	陕西省	西安市	鄠邑区	34.24
1630	山西省	运城市	万荣县	34.24
1631	福建省	南平市	延平区	34.23
1632	四川省	成都市	大邑县	34.23
1633	四川省	甘孜藏族自治州	色达县	34.22
1634	四川省	宜宾市	南溪区	34.22
1635	北京市	朝阳区	朝阳区	34.21
1636	重庆市	黔江区	黔江区	34.21
1637	河北省	唐山市	滦县	34.21
1638	四川省	阿坝藏族自治州	壤塘县	34.21
1639	四川省	甘孜藏族自治州	稻城县	34.21
1640	四川省	宜宾市	筠连县	34.21
1641	四川省	自贡市	荣县	34.21
1642	山西省	运城市	闻喜县	34.21
1643	福建省	宁德市	寿宁县	34.20
1644	甘肃省	定西市	渭源县	34.20
1645	河北省	保定市	雄县	34.20
1646	黑龙江省	伊春市	嘉荫县	34.20
1647	江西省	赣州市	瑞金市	34.20
1648	四川省	宜宾市	江安县	34.20
1649	山东省	德州市	德城区	34.20
1650	山东省	济宁市	泗水县	34.20

续表

排名	省份	地市级	县级	发展级大气环境资源
1651	山东省	枣庄市	峄城区	34.20
1652	云南省	昭通市	巧家县	34.20
1653	重庆市	梁平区	梁平区	34.19
1654	广东省	河源市	紫金县	34.19
1655	辽宁省	大连市	庄河市	34.19
1656	陕西省	商洛市	商州区	34.19
1657	浙江省	绍兴市	嵊州市	34.19
1658	安徽省	安庆市	岳西县	34.18
1659	甘肃省	白银市	靖远县	34.18
1660	湖北省	武汉市	东西湖区	34.18
1661	河北省	承德市	兴隆县	34.18
1662	内蒙古自治区	呼伦贝尔市	扎兰屯市	34.18
1663	云南省	文山自治州	广南县	34.18
1664	河北省	石家庄市	行唐县	34.17
1665	江西省	赣州市	崇义县	34.17
1666	四川省	达州市	开江县	34.17
1667	新疆维吾尔自治区	巴音郭楞自治州	和静县	34.17
1668	湖北省	襄阳市	南漳县	34.16
1669	河北省	邯郸市	成安县	34.16
1670	江西省	上饶市	德兴市	34.16
1671	云南省	丽江市	华坪县	34.16
1672	重庆市	垫江县	垫江县	34.15
1673	四川省	阿坝藏族自治州	阿坝县	34.15
1674	甘肃省	平凉市	静宁县	34.14
1675	甘肃省	庆阳市	环县	34.14
1676	青海省	黄南自治州	河南自治县	34.14
1677	广东省	肇庆市	广宁县	34.13
1678	湖南省	常德市	桃源县	34.13
1679	四川省	攀枝花市	东区	34.13
1680	山东省	淄博市	淄川区	34.13
1681	甘肃省	白银市	会宁县	34.12
1682	四川省	达州市	大竹县	34.12
1683	山东省	泰安市	东平县	34.12
1684	山西省	阳泉市	平定县	34.11
1685	四川省	达州市	宣汉县	34.10
1686	江西省	上饶市	万年县	34.09
1687	四川省	自贡市	富顺县	34.09
1688	山东省	滨州市	邹平县	34.09
1689	陕西省	商洛市	山阳县	34.09
1690	新疆维吾尔自治区	博尔塔拉自治州	精河县	34.09

排名	省份	地市级	县级	发展级大气环境资源
1691	云南省	德宏自治州	陇川县	34.09
1692	江西省	萍乡市	莲花县	34.08
1693	陕西省	西安市	周至县	34.08
1694	山西省	临汾市	隰县	34.08
1695	广西壮族自治区	河池市	东兰县	34.07
1696	江西省	赣州市	章贡区	34.07
1697	山东省	济南市	济阳县	34.07
1698	山西省	晋中市	平遥县	34.07
1699	甘肃省	张掖市	高台县	34.06
1700	陕西省	延安市	富县	34.06
1701	山西省	晋中市	和顺县	34.06
1702	山西省	晋中市	榆社县	34.06
1703	山西省	忻州市	静乐县	34.06
1704	云南省	普洱市	墨江自治县	34.06
1705	甘肃省	平凉市	灵台县	34.05
1706	湖北省	神农架林区	神农架林区	34.05
1707	河北省	邯郸市	临漳县	34.05
1708	河北省	廊坊市	大厂自治县	34.05
1709	江苏省	常州市	溧阳市	34.05
1710	江苏省	徐州市	鼓楼区	34.05
1711	陕西省	延安市	宜川县	34.05
1712	河北省	沧州市	肃宁县	34.04
1713	湖南省	永州市	蓝山县	34.04
1714	湖南省	永州市	冷水滩区	34.04
1715	青海省	果洛自治州	久治县	34.04
1716	安徽省	宿州市	萧县	34.03
1717	湖北省	宜昌市	长阳自治县	34.03
1718	四川省	德阳市	旌阳区	34.03
1719	四川省	广安市	武胜县	34.03
1720	四川省	眉山市	仁寿县	34.03
1721	云南省	昭通市	大关县	34.03
1722	甘肃省	天水市	甘谷县	34.02
1723	河南省	郑州市	中牟县	34.02
1724	内蒙古自治区	赤峰市	喀喇沁旗	34.02
1725	云南省	昭通市	绥江县	34.02
1726	辽宁省	辽阳市	宏伟区	34.01
1727	陕西省	渭南市	临渭区	34.01
1728	甘肃省	定西市	漳县	34.00
1729	湖北省	黄石市	黄石港区	34.00
1730	湖南省	怀化市	会同县	34.00

排名	省份	地市级	县级	发展级大气环境资源
1731	湖南省	益阳市	南县	34.00
1732	贵州省	黔东南自治州	三穗县	33.99
1733	河南省	平顶山市	鲁山县	33.99
1734	四川省	阿坝藏族自治州	黑水县	33.99
1735	四川省	泸州市	龙马潭区	33.99
1736	陕西省	西安市	蓝田县	33.99
1737	浙江省	金华市	永康市	33.99
1738	青海省	海东市	民和自治县	33.98
1739	浙江省	丽水市	龙泉市	33.98
1740	广西壮族自治区	崇左市	龙州县	33.97
1741	河北省	保定市	徐水区	33.96
1742	湖南省	娄底市	涟源市	33.96
1743	宁夏回族自治区	吴忠市	利通区	33.95
1744	山东省	滨州市	惠民县	33.95
1745	云南省	保山市	隆阳区	33.95
1746	河南省	焦作市	山阳区	33.94
1747	四川省	内江市	东兴区	33.94
1748	陕西省	延安市	志丹县	33.94
1749	安徽省	黄山市	祁门县	33.93
1750	广西壮族自治区	河池市	凤山县	33.93
1751	青海省	海西自治州	茫崖行政区	33.93
1752	陕西省	延安市	安塞区	33.93
1753	山西省	运城市	垣曲县	33.93
1754	甘肃省	天水市	秦州区	33.92
1755	甘肃省	天水市	麦积区	33.92
1756	湖北省	襄阳市	枣阳市	33.92
1757	江西省	宜春市	奉新县	33.92
1758	四川省	广元市	朝天区	33.92
1759	河北省	石家庄市	赵县	33.91
1760	海南省	琼中自治县	琼中自治县	33.91
1761	江西省	宜春市	靖安县	33.91
1762	青海省	果洛自治州	甘德县	33.90
1763	天津市	南开区	南开区	33.90
1764	云南省	普洱市	江城自治县	33.89
1765	河南省	新乡市	卫辉市	33.88
1766	湖南省	永州市	东安县	33.88
1767	四川省	乐山市	犍为县	33.88
1768	甘肃省	白银市	景泰县	33.87
1769	河北省	衡水市	饶阳县	33.87
1770	河南省	周口市	郸城县	33.87

排名	省份	地市级	县级	发展级大气环境资源
1771	黑龙江省	绥化市	北林区	33.87
1772	福建省	龙岩市	漳平市	33.86
1773	广西壮族自治区	河池市	天峨县	33.86
1774	宁夏回族自治区	银川市	永宁县	33.86
1775	陕西省	汉中市	镇巴县	33.86
1776	河南省	郑州市	新密市	33.85
1777	山西省	太原市	娄烦县	33.85
1778	云南省	临沧市	沧源自治县	33.84
1779	重庆市	江津区	江津区	33.83
1780	福建省	宁德市	福鼎市	33.83
1781	河北省	秦皇岛市	卢龙县	33.83
1782	青海省	海北自治州	祁连县	33.83
1783	天津市	武清区	武清区	33.83
1784	河南省	新乡市	长垣县	33.82
1785	黑龙江省	牡丹江市	林口县	33.82
1786	四川省	达州市	渠县	33.82
1787	山东省	泰安市	宁阳县	33.82
1788	甘肃省	陇南市	西和县	33.81
1789	河北省	张家口市	怀来县	33.81
1790	四川省	甘孜藏族自治州	甘孜县	33.81
1791	江西省	赣州市	寻乌县	33.80
1792	广西壮族自治区	桂林市	阳朔县	33.79
1793	天津市	蓟州区	蓟州区	33.79
1794	四川省	成都市	崇州市	33.77
1795	安徽省	黄山市	黟县	33.76
1796	贵州省	遵义市	正安县	33.76
1797	河北省	邯郸市	魏县	33.76
1798	四川省	德阳市	中江县	33.76
1799	陕西省	延安市	子长县	33.76
1800	广西壮族自治区	贵港市	桂平市	33.75
1801	贵州省	遵义市	仁怀市	33.75
1802	四川省	成都市	新都区	33.75
1803	重庆市	长寿区	长寿区	33.74
1804	福建省	龙岩市	长汀县	33.74
1805	河北省	石家庄市	井陉县	33.74
1806	河北省	邢台市	任县	33.74
1807	黑龙江省	双鸭山市	尖山区	33.74
1808	陕西省	宝鸡市	岐山县	33.74
1809	山西省	大同市	南郊区	33.74
1810	河北省	廊坊市	文安县	33.73

排名	省份	地市级	县级	发展级大气环境资源
1811	山西省	晋中市	灵石县	33.73
1812	山西省	临汾市	霍州市	33.73
1813	新疆维吾尔自治区	塔城地区	托里县	33.73
1814	安徽省	池州市	石台县	33.72
1815	湖南省	常德市	石门县	33.72
1816	四川省	遂宁市	射洪县	33.72
1817	山西省	长治市	沁源县	33.72
1818	云南省	临沧市	临翔区	33.72
1819	河北省	衡水市	桃城区	33.71
1820	河南省	周口市	川汇区	33.71
1821	吉林省	辽源市	龙山区	33.71
1822	江西省	吉安市	吉州区	33.71
1823	山东省	聊城市	东昌府区	33.71
1824	福建省	三明市	将乐县	33.70
1825	湖北省	随州市	曾都区	33.70
1826	四川省	泸州市	合江县	33.70
1827	浙江省	温州市	文成县	33.70
1828	湖北省	十堰市	茅箭区	33.69
1829	河南省	信阳市	淮滨县	33.69
1830	江西省	赣州市	上犹县	33.69
1831	四川省	绵阳市	梓潼县	33.69
1832	四川省	南充市	蓬安县	33.69
1833	黑龙江省	哈尔滨市	尚志市	33.68
1834	四川省	成都市	新津县	33.68
1835	西藏自治区	山南市	加查县	33.68
1836	山西省	临汾市	曲沃县	33.67
1837	新疆维吾尔自治区	克孜勒苏柯尔克孜自治州	乌恰县	33.67
1838	山西省	太原市	小店区	33.66
1839	北京市	平谷区	平谷区	33.65
1840	山西省	晋城市	高平市	33.65
1841	北京市	石景山区	石景山区	33.64
1842	贵州省	六盘水市	钟山区	33.64
1843	广东省	清远市	阳山县	33.63
1844	广西壮族自治区	百色市	凌云县	33.63
1845	河北省	邯郸市	鸡泽县	33.63
1846	广西壮族自治区	桂林市	灵川县	33.62
1847	湖北省	黄冈市	英山县	33.62
1848	陕西省	安康市	汉阴县	33.62
1849	新疆维吾尔自治区	克拉玛依市	克拉玛依区	33.62
1850	云南省	德宏自治州	芒市	33.62

续表

排名	省份	地市级	县级	发展级大气环境资源
1851	福建省	南平市	邵武市	33.61
1852	广东省	梅州市	大埔县	33.61
1853	内蒙古自治区	呼伦贝尔市	牙克石市	33.60
1854	四川省	广元市	苍溪县	33.60
1855	陕西省	咸阳市	永寿县	33.60
1856	福建省	南平市	顺昌县	33.59
1857	西藏自治区	昌都市	昌都市	33.59
1858	云南省	怒江自治州	兰坪自治县	33.59
1859	湖南省	益阳市	安化县	33.58
1860	山东省	济宁市	任城区	33.58
1861	陕西省	宝鸡市	千阳县	33.58
1862	陕西省	渭南市	韩城市	33.58
1863	山西省	吕梁市	交城县	33.58
1864	贵州省	毕节市	黔西县	33.57
1865	贵州省	黔西南自治州	册亨县	33.57
1866	贵州省	铜仁市	石阡县	33.57
1867	四川省	雅安市	芦山县	33.57
1868	青海省	海南自治州	兴海县	33.56
1869	江西省	吉安市	泰和县	33.55
1870	山西省	朔州市	右玉县	33.55
1871	贵州省	遵义市	余庆县	33.54
1872	河北省	石家庄市	晋州市	33.54
1873	河北省	石家庄市	平山县	33.54
1874	辽宁省	沈阳市	和平区	33.54
1875	内蒙古自治区	乌兰察布市	卓资县	33.54
1876	北京市	丰台区	丰台区	33.53
1877	河北省	保定市	望都县	33.53
1878	吉林省	通化市	通化县	33.53
1879	山西省	忻州市	五台县	33.53
1880	新疆维吾尔自治区	阿克苏地区	阿克苏市	33.53
1881	新疆维吾尔自治区	巴音郭楞自治州	且末县	33.53
1882	浙江省	丽水市	遂昌县	33.53
1883	甘肃省	陇南市	武都区	33.52
1884	甘肃省	陇南市	宕昌县	33.52
1885	甘肃省	庆阳市	泾川县	33.52
1886	河北省	承德市	围场自治县	33.52
1887	河北省	邢台市	南宫市	33.52
1888	河南省	郑州市	荥阳市	33.52
1889	新疆维吾尔自治区	和田地区	策勒县	33.52
1890	湖南省	邵阳市	武冈市	33.50

续表

排名	省份	地市级	县级	发展级大气环境资源
1891	四川省	南充市	营山县	33.50
1892	甘肃省	天水市	清水县	33.49
1893	四川省	凉山自治州	西昌市	33.49
1894	贵州省	遵义市	湄潭县	33.48
1895	青海省	海东市	化隆自治县	33.48
1896	四川省	宜宾市	珙县	33.48
1897	重庆市	丰都县	丰都县	33.47
1898	福建省	三明市	沙县	33.47
1899	河北省	廊坊市	三河市	33.47
1900	湖南省	怀化市	溆浦县	33.47
1901	山西省	吕梁市	吕梁市	33.47
1902	贵州省	铜仁市	碧江区	33.46
1903	青海省	黄南自治州	尖扎县	33.46
1904	山西省	临汾市	大宁县	33.46
1905	重庆市	巫溪县	巫溪县	33.45
1906	甘肃省	兰州市	榆中县	33.45
1907	贵州省	毕节市	纳雍县	33.45
1908	贵州省	黔南自治州	三都自治县	33.45
1909	河北省	保定市	涞源县	33.45
1910	陕西省	宝鸡市	陇县	33.45
1911	云南省	昭通市	威信县	33.45
1912	甘肃省	甘南自治州	迭部县	33.43
1913	甘肃省	临夏自治州	康乐县	33.43
1914	辽宁省	本溪市	桓仁自治县	33.43
1915	内蒙古自治区	赤峰市	巴林左旗	33.43
1916	四川省	凉山自治州	越西县	33.43
1917	甘肃省	庆阳市	镇原县	33.42
1918	贵州省	遵义市	习水县	33.42
1919	西藏自治区	昌都市	丁青县	33.42
1920	河北省	保定市	顺平县	33.41
1921	湖南省	湘西自治州	花垣县	33.41
1922	四川省	巴中市	通江县	33.41
1923	陕西省	汉中市	南郑县	33.40
1924	河南省	平顶山市	舞钢市	33.39
1925	云南省	普洱市	景东自治县	33.39
1926	广东省	河源市	连平县	33.38
1927	贵州省	黔南自治州	龙里县	33.38
1928	湖南省	永州市	新田县	33.38
1929	吉林省	延边自治州	敦化市	33.38
1930	西藏自治区	林芝市	察隅县	33.38

续表

排名	省份	地市级	县级	发展级大气环境资源
1931	云南省	西双版纳自治州	勐腊县	33.38
1932	重庆市	北碚区	北碚区	33.37
1933	河北省	保定市	容城县	33.37
1934	江西省	抚州市	黎川县	33.37
1935	陕西省	延安市	甘泉县	33.37
1936	山西省	长治市	沁县	33.37
1937	贵州省	毕节市	赫章县	33.35
1938	河北省	石家庄市	深泽县	33.35
1939	湖北省	宜昌市	兴山县	33.34
1940	河北省	保定市	蠡县	33.34
1941	新疆维吾尔自治区	乌鲁木齐市	天山区	33.34
1942	吉林省	通化市	集安市	33.33
1943	陕西省	榆林市	吴堡县	33.33
1944	新疆维吾尔自治区	阿克苏地区	阿瓦提县	33.33
1945	新疆维吾尔自治区	喀什地区	英吉沙县	33.33
1946	四川省	甘孜藏族自治州	巴塘县	33.32
1947	山东省	淄博市	沂源县	33.32
1948	陕西省	汉中市	洋县	33.32
1949	北京市	怀柔区	怀柔区	33.31
1950	重庆市	九龙坡区	九龙坡区	33.31
1951	福建省	南平市	武夷山市	33.31
1952	四川省	泸州市	叙永县	33.31
1953	贵州省	遵义市	凤冈县	33.30
1954	内蒙古自治区	包头市	土默特右旗	33.30
1955	青海省	海南自治州	贵德县	33.30
1956	陕西省	安康市	旬阳县	33.30
1957	甘肃省	定西市	陇西县	33.29
1958	湖北省	襄阳市	保康县	33.29
1959	河南省	商丘市	宁陵县	33.29
1960	江西省	九江市	修水县	33.29
1961	山西省	临汾市	洪洞县	33.29
1962	四川省	达州市	万源市	33.28
1963	四川省	巴中市	巴州区	33.27
1964	河北省	衡水市	景县	33.26
1965	四川省	广安市	邻水县	33.25
1966	甘肃省	平凉市	崇信县	33.24
1967	河北省	保定市	阜平县	33.24
1968	四川省	绵阳市	平武县	33.24
1969	四川省	绵阳市	盐亭县	33.24
1970	新疆维吾尔自治区	昌吉自治州	吉木萨尔县	33.24

排名	省份	地市级	县级	发展级大气环境资源
1971	新疆维吾尔自治区	塔城地区	额敏县	33.24
1972	河北省	保定市	满城区	33.23
1973	四川省	乐山市	夹江县	33.23
1974	浙江省	丽水市	缙云县	33.23
1975	河南省	南阳市	淅川县	33.22
1976	湖南省	岳阳市	平江县	33.22
1977	宁夏回族自治区	石嘴山市	大武口区	33.22
1978	青海省	玉树自治州	囊谦县	33.22
1979	贵州省	遵义市	务川自治县	33.21
1980	河北省	张家口市	涿鹿县	33.21
1981	四川省	成都市	双流区	33.21
1982	四川省	成都市	温江区	33.21
1983	青海省	海西自治州	乌兰县	33.20
1984	陕西省	汉中市	西乡县	33.20
1985	湖南省	娄底市	新化县	33.19
1986	辽宁省	丹东市	凤城市	33.19
1987	内蒙古自治区	呼和浩特市	土默特左旗	33.19
1988	陕西省	咸阳市	乾县	33.19
1989	陕西省	榆林市	清涧县	33.19
1990	新疆维吾尔自治区	和田地区	墨玉县	33.19
1991	河北省	石家庄市	桥西区	33.18
1992	江西省	抚州市	资溪县	33.18
1993	四川省	遂宁市	船山区	33.18
1994	陕西省	宝鸡市	太白县	33.17
1995	山西省	晋城市	阳城县	33.17
1996	新疆维吾尔自治区	博尔塔拉自治州	温泉县	33.17
1997	甘肃省	酒泉市	敦煌市	33.16
1998	湖北省	恩施自治州	鹤峰县	33.16
1999	陕西省	延安市	延长县	33.16
2000	新疆维吾尔自治区	乌鲁木齐市	乌鲁木齐县	33.16
2001	云南省	普洱市	澜沧自治县	33.16
2002	甘肃省	兰州市	安宁区	33.15
2003	河北省	保定市	安新县	33.15
2004	陕西省	汉中市	留坝县	33.15
2005	陕西省	西安市	长安区	33.15
2006	福建省	三明市	尤溪县	33.14
2007	贵州省	黔东南自治州	台江县	33.14
2008	四川省	绵阳市	江油市	33.14
2009	重庆市	大足区	大足区	33.13
2010	黑龙江省	大兴安岭地区	塔河县	33.13

续表

排名	省份	地市级	县级	发展级大气环境资源
2011	湖南省	娄底市	双峰县	33.13
2012	四川省	雅安市	名山区	33.13
2013	安徽省	宣城市	宁国市	33.12
2014	福建省	南平市	建瓯市	33.12
2015	安徽省	黄山市	屯溪区	33.11
2016	贵州省	黔西南自治州	望谟县	33.11
2017	山西省	临汾市	古县	33.11
2018	山西省	太原市	尖草坪区	33.11
2019	云南省	临沧市	镇康县	33.11
2020	福建省	三明市	明溪县	33.10
2021	甘肃省	天水市	张家川自治县	33.10
2022	湖南省	湘西自治州	保靖县	33.10
2023	四川省	广元市	青川县	33.10
2024	安徽省	黄山市	黄山区	33.09
2025	甘肃省	平凉市	华亭县	33.09
2026	山西省	临汾市	永和县	33.09
2027	四川省	宜宾市	长宁县	33.08
2028	陕西省	宝鸡市	眉县	33.08
2029	北京市	海淀区	海淀区	33.07
2030	贵州省	遵义市	绥阳县	33.07
2031	河北省	张家口市	崇礼区	33.07
2032	青海省	海南自治州	贵南县	33.07
2033	四川省	成都市	邛崃市	33.07
2034	浙江省	衢州市	开化县	33.07
2035	福建省	福州市	连江县	33.06
2036	福建省	南平市	浦城县	33.06
2037	甘肃省	甘南自治州	合作市	33.06
2038	四川省	雅安市	天全县	33.05
2039	湖南省	张家界市	永定区	33.04
2040	四川省	凉山自治州	雷波县	33.03
2041	云南省	德宏自治州	瑞丽市	33.03
2042	甘肃省	陇南市	康县	33.02
2043	湖北省	恩施自治州	宣恩县	33.02
2044	湖北省	十堰市	房县	33.02
2045	河北省	保定市	莲池区	33.02
2046	新疆维吾尔自治区	阿克苏地区	新和县	33.02
2047	河北省	衡水市	深州市	33.01
2048	河北省	石家庄市	灵寿县	33.01
2049	四川省	巴中市	平昌县	33.01
2050	山东省	济宁市	兖州区	33.01

排名	省份	地市级	县级	发展级大气环境资源
2051	河北省	唐山市	迁安市	33.00
2052	四川省	乐山市	市中区	33.00
2053	陕西省	延安市	延川县	32.99
2054	新疆维吾尔自治区	巴音郭楞自治州	尉犁县	32.99
2055	西藏自治区	昌都市	左贡县	32.99
2056	安徽省	六安市	霍山县	32.98
2057	青海省	果洛自治州	达日县	32.98
2058	四川省	乐山市	沐川县	32.98
2059	四川省	宜宾市	宜宾县	32.98
2060	湖北省	恩施自治州	利川市	32.97
2061	河南省	南阳市	桐柏县	32.97
2062	江西省	宜春市	铜鼓县	32.97
2063	新疆维吾尔自治区	伊犁自治州	特克斯县	32.97
2064	河北省	石家庄市	新乐市	32.96
2065	重庆市	开州区	开州区	32.95
2066	黑龙江省	伊春市	伊春区	32.95
2067	陕西省	渭南市	华州区	32.95
2068	山西省	临汾市	侯马市	32.95
2069	吉林省	延边自治州	汪清县	32.94
2070	四川省	乐山市	峨眉山市	32.94
2071	新疆维吾尔自治区	乌鲁木齐市	新市区	32.94
2072	贵州省	毕节市	织金县	32.93
2073	黑龙江省	牡丹江市	穆棱市	32.93
2074	湖南省	邵阳市	绥宁县	32.93
2075	青海省	果洛自治州	玛沁县	32.93
2076	新疆维吾尔自治区	巴音郭楞自治州	若羌县	32.93
2077	福建省	三明市	泰宁县	32.90
2078	陕西省	商洛市	镇安县	32.90
2079	云南省	迪庆自治州	维西自治县	32.90
2080	湖北省	十堰市	郧西县	32.88
2081	河北省	唐山市	玉田县	32.88
2082	青海省	西宁市	湟中县	32.88
2083	新疆维吾尔自治区	伊犁自治州	新源县	32.88
2084	西藏自治区	昌都市	八宿县	32.88
2085	陕西省	宝鸡市	麟游县	32.87
2086	河北省	保定市	高碑店市	32.86
2087	河南省	周口市	太康县	32.86
2088	山东省	临沂市	费县	32.86
2089	辽宁省	鞍山市	岫岩自治县	32.85
2090	山西省	忻州市	定襄县	32.85

续表

排名	省份	地市级	县级	发展级大气环境资源
2091	甘肃省	临夏自治州	广河县	32.84
2092	云南省	普洱市	思茅区	32.84
2093	湖北省	十堰市	竹山县	32.83
2094	黑龙江省	黑河市	孙吴县	32.83
2095	云南省	昭通市	盐津县	32.83
2096	甘肃省	定西市	岷县	32.82
2097	新疆维吾尔自治区	塔城地区	沙湾县	32.82
2098	四川省	甘孜藏族自治州	德格县	32.81
2099	贵州省	黔东南自治州	从江县	32.80
2100	贵州省	铜仁市	印江自治县	32.80
2101	河北省	邯郸市	馆陶县	32.79
2102	湖南省	张家界市	桑植县	32.79
2103	宁夏回族自治区	银川市	金凤区	32.79
2104	安徽省	池州市	东至县	32.78
2105	甘肃省	陇南市	礼县	32.78
2106	湖北省	十堰市	竹溪县	32.78
2107	山西省	长治市	襄垣县	32.78
2108	贵州省	黔南自治州	荔波县	32.77
2109	新疆维吾尔自治区	伊犁自治州	昭苏县	32.77
2110	青海省	海西自治州	德令哈市	32.75
2111	山西省	临汾市	尧都区	32.75
2112	河北省	保定市	安国市	32.74
2113	黑龙江省	牡丹江市	海林市	32.74
2114	湖南省	郴州市	桂东县	32.74
2115	内蒙古自治区	呼和浩特市	赛罕区	32.74
2116	浙江省	丽水市	莲都区	32.74
2117	甘肃省	白银市	靖远县	32.73
2118	湖南省	怀化市	沅陵县	32.71
2119	四川省	南充市	阆中市	32.71
2120	湖北省	恩施自治州	建始县	32.70
2121	浙江省	台州市	仙居县	32.70
2122	河北省	廊坊市	安次区	32.69
2123	新疆维吾尔自治区	巴音郭楞自治州	焉耆自治县	32.67
2124	新疆维吾尔自治区	和田地区	民丰县	32.67
2125	贵州省	黔东南自治州	榕江县	32.66
2126	河北省	石家庄市	栾城区	32.66
2127	湖南省	怀化市	鹤城区	32.66
2128	云南省	丽江市	玉龙自治县	32.66
2129	贵州省	黔东南自治州	天柱县	32.65
2130	河南省	南阳市	南召县	32.65

续表

排名	省份	地市级	县级	发展级大气环境资源
2131	湖南省	湘西自治州	永顺县	32.65
2132	陕西省	安康市	石泉县	32.65
2133	陕西省	安康市	岚皋县	32.65
2134	新疆维吾尔自治区	吐鲁番市	高昌区	32.65
2135	西藏自治区	林芝市	波密县	32.65
2136	湖北省	恩施自治州	来凤县	32.64
2137	内蒙古自治区	呼伦贝尔市	鄂伦春自治旗	32.64
2138	甘肃省	定西市	临洮县	32.60
2139	湖南省	湘西自治州	吉首市	32.60
2140	甘肃省	临夏自治州	和政县	32.59
2141	甘肃省	天水市	秦安县	32.58
2142	河北省	秦皇岛市	青龙自治县	32.58
2143	陕西省	延安市	黄陵县	32.58
2144	新疆维吾尔自治区	喀什地区	叶城县	32.58
2145	河北省	保定市	涿州市	32.57
2146	湖北省	宜昌市	秭归县	32.56
2147	重庆市	万州区	万州区	32.55
2148	湖南省	怀化市	芷江自治县	32.55
2149	河北省	石家庄市	正定县	32.54
2150	甘肃省	兰州市	皋兰县	32.53
2151	贵州省	毕节市	七星关区	32.53
2152	福建省	南平市	建阳区	32.52
2153	江西省	宜春市	宜丰县	32.52
2154	山东省	泰安市	肥城市	32.52
2155	吉林省	吉林市	永吉县	32.51
2156	重庆市	城口县	城口县	32.46
2157	甘肃省	陇南市	成县	32.46
2158	湖南省	郴州市	宜章县	32.46
2159	青海省	海西自治州	大柴旦行政区	32.45
2160	宁夏回族自治区	固原市	西吉县	32.41
2161	陕西省	宝鸡市	渭滨区	32.41
2162	北京市	延庆区	延庆区	32.40
2163	贵州省	黔东南自治州	剑河县	32.40
2164	四川省	达州市	达川区	32.40
2165	陕西省	宝鸡市	扶风县	32.39
2166	贵州省	遵义市	道真自治县	32.38
2167	江西省	景德镇市	昌江区	32.38
2168	河北省	秦皇岛市	海港区	32.37
2169	河北省	石家庄市	无极县	32.37
2170	四川省	阿坝藏族自治州	金川县	32.37

续表

排名	省份	地市级	县级	发展级大气环境资源
2171	西藏自治区	昌都市	类乌齐县	32.37
2172	贵州省	遵义市	汇川区	32.36
2173	陕西省	汉中市	宁强县	32.36
2174	新疆维吾尔自治区	五家渠市	五家渠市	32.34
2175	内蒙古自治区	兴安盟	阿尔山市	32.33
2176	河北省	廊坊市	香河县	32.32
2177	吉林省	吉林市	桦甸市	32.32
2178	四川省	成都市	都江堰市	32.31
2179	河北省	廊坊市	霸州市	32.30
2180	新疆维吾尔自治区	巴音郭楞自治州	和硕县	32.30
2181	湖南省	怀化市	新晃自治县	32.29
2182	山西省	大同市	灵丘县	32.27
2183	新疆维吾尔自治区	和田地区	皮山县	32.27
2184	河北省	廊坊市	固安县	32.26
2185	新疆维吾尔自治区	昌吉自治州	玛纳斯县	32.26
2186	新疆维吾尔自治区	克孜勒苏柯尔克孜自治州	阿克陶县	32.26
2187	河北省	唐山市	遵化市	32.25
2188	吉林省	白山市	靖宇县	32.25
2189	陕西省	安康市	紫阳县	32.25
2190	新疆维吾尔自治区	和田地区	于田县	32.25
2191	河北省	承德市	承德县	32.21
2192	河北省	石家庄市	藁城区	32.20
2193	山西省	朔州市	朔城区	32.20
2194	甘肃省	临夏自治州	永靖县	32.19
2195	甘肃省	陇南市	徽县	32.19
2196	河北省	廊坊市	永清县	32.19
2197	新疆维吾尔自治区	阿克苏地区	温宿县	32.19
2198	四川省	成都市	郫都区	32.18
2199	陕西省	安康市	汉滨区	32.18
2200	吉林省	延边自治州	和龙市	32.17
2201	重庆市	彭水自治县	彭水自治县	32.15
2202	新疆维吾尔自治区	昌吉自治州	奇台县	32.15
2203	河北省	邯郸市	涉县	32.14
2204	新疆维吾尔自治区	博尔塔拉自治州	博乐市	32.14
2205	四川省	广元市	旺苍县	32.13
2206	云南省	西双版纳自治州	景洪市	32.13
2207	陕西省	延安市	吴起县	32.12
2208	山西省	临汾市	安泽县	32.12
2209	新疆维吾尔自治区	阿克苏地区	乌什县	32.11
2210	湖北省	恩施自治州	恩施市	32.06

排名	省份	地市级	县级	发展级大气环境资源
2211	青海省	海北自治州	门源自治县	32.05
2212	浙江省	丽水市	云和县	32.03
2213	贵州省	铜仁市	松桃自治县	31.99
2214	新疆维吾尔自治区	阿勒泰地区	富蕴县	31.99
2215	新疆维吾尔自治区	塔城地区	塔城市	31.99
2216	四川省	雅安市	雨城区	31.98
2217	新疆维吾尔自治区	阿拉尔市	阿拉尔市	31.98
2218	湖南省	湘西自治州	龙山县	31.96
2219	四川省	阿坝藏族自治州	马尔康市	31.96
2220	陕西省	安康市	白河县	31.96
2221	四川省	眉山市	东坡区	31.95
2222	浙江省	温州市	鹿城区	31.95
2223	河北省	石家庄市	辛集市	31.92
2224	内蒙古自治区	呼伦贝尔市	牙克石市东北	31.92
2225	新疆维吾尔自治区	伊犁自治州	察布查尔自治县	31.92
2226	新疆维吾尔自治区	乌鲁木齐市	米东区	31.86
2227	新疆维吾尔自治区	伊犁自治州	伊宁县	31.86
2228	新疆维吾尔自治区	喀什地区	麦盖提县	31.83
2229	青海省	果洛自治州	班玛县	31.82
2230	青海省	玉树自治州	玉树市	31.81
2231	湖北省	宜昌市	五峰自治县	31.80
2232	河北省	承德市	双桥区	31.78
2233	新疆维吾尔自治区	喀什地区	伽师县	31.77
2234	云南省	临沧市	耿马自治县	31.76
2235	新疆维吾尔自治区	阿克苏地区	库车县	31.75
2236	新疆维吾尔自治区	昌吉自治州	阜康市	31.75
2237	陕西省	安康市	宁陕县	31.72
2238	陕西省	汉中市	汉台区	31.72
2239	西藏自治区	林芝市	米林县	31.72
2240	甘肃省	陇南市	两当县	31.70
2241	河北省	张家口市	蔚县	31.68
2242	新疆维吾尔自治区	哈密市	伊州区	31.66
2243	青海省	海东市	互助自治县	31.65
2244	新疆维吾尔自治区	伊犁自治州	巩留县	31.65
2245	贵州省	铜仁市	沿河自治县	31.62
2246	河北省	保定市	易县	31.62
2247	新疆维吾尔自治区	喀什地区	巴楚县	31.62
2248	吉林省	通化市	东昌区	31.59
2249	甘肃省	临夏自治州	临夏市	31.58
2250	辽宁省	丹东市	宽甸自治县	31.56

排名	省份	地市级	县级	发展级大气环境资源
2251	陕西省	商洛市	柞水县	31.54
2252	新疆维吾尔自治区	喀什地区	泽普县	31.51
2253	河北省	保定市	曲阳县	31.49
2254	内蒙古自治区	呼伦贝尔市	额尔古纳市	31.49
2255	青海省	海南自治州	共和县	31.46
2256	新疆维吾尔自治区	喀什地区	莎车县	31.39
2257	新疆维吾尔自治区	塔城地区	乌苏市	31.39
2258	北京市	密云区	密云区	31.37
2259	辽宁省	抚顺市	清原自治县	31.34
2260	河北省	保定市	唐县	31.31
2261	贵州省	铜仁市	江口县	31.30
2262	辽宁省	抚顺市	新宾自治县	31.30
2263	甘肃省	兰州市	城关区	31.26
2264	贵州省	铜仁市	思南县	31.23
2265	内蒙古自治区	呼伦贝尔市	根河市	31.23
2266	新疆维吾尔自治区	巴音郭楞自治州	和静县北部	31.23
2267	新疆维吾尔自治区	石河子市	石河子市	31.23
2268	陕西省	渭南市	合阳县	31.21
2269	云南省	怒江自治州	贡山自治县	31.18
2270	新疆维吾尔自治区	阿克苏地区	沙雅县	31.11
2271	新疆维吾尔自治区	阿克苏地区	柯坪县	31.11
2272	新疆维吾尔自治区	吐鲁番市	鄯善县	31.10
2273	新疆维吾尔自治区	伊犁自治州	霍城县	31.10
2274	新疆维吾尔自治区	克孜勒苏柯尔克孜自治州	阿图什市	31.01
2275	西藏自治区	那曲市	比如县	30.91
2276	云南省	红河自治州	河口自治县	30.81
2277	新疆维吾尔自治区	伊犁自治州	尼勒克县	30.80
2278	新疆维吾尔自治区	伊犁自治州	伊宁市	30.78
2279	云南省	怒江自治州	福贡县	30.62
2280	新疆维吾尔自治区	喀什地区	岳普湖县	30.53
2281	新疆维吾尔自治区	阿勒泰地区	阿勒泰市	30.45
2282	宁夏回族自治区	银川市	贺兰县	30.39
2283	上海市	徐汇区	徐汇区	30.34
2284	陕西省	榆林市	子洲县	30.30
2285	青海省	西宁市	城西区	30.26
2286	贵州省	黔南自治州	罗甸县	30.19
2287	陕西省	商洛市	商南县	29.77
2288	黑龙江省	大兴安岭地区	漠河县	29.67
2289	新疆维吾尔自治区	阿勒泰地区	青河县	29.37
2290	新疆维吾尔自治区	阿克苏地区	拜城县	29.15

五 中国大气环境资源储量县级排名

表 2-8 中国大气环境资源储量排名 (2018 年-县级-ASPI 均值排序)

排名	省份	地市级	县级	大气环境资源储量
1	浙江省	舟山市	嵊泗县	74.47
2	浙江省	台州市	椒江区	72.40
3	海南省	三沙市	南沙群岛	70.23
4	内蒙古自治区	巴彦淖尔市	乌拉特后旗西北	70.17
5	海南省	三亚市	吉阳区	70.05
6	甘肃省	武威市	天祝自治县	68.00
7	山东省	威海市	荣成市北海口	67.33
8	福建省	泉州市	晋江市	67.02
9	江苏省	连云港市	连云区	66.32
10	浙江省	宁波市	象山县（滨海）	66.16
11	内蒙古自治区	赤峰市	巴林右旗	66.14
12	湖南省	衡阳市	南岳区	65.54
13	云南省	红河自治州	个旧市	65.16
14	内蒙古自治区	鄂尔多斯市	杭锦旗	64.95
15	内蒙古自治区	阿拉善盟	额济纳旗东部	64.94
16	福建省	泉州市	惠安县	63.51
17	内蒙古自治区	包头市	白云鄂博矿区	63.41
18	福建省	漳州市	东山县	63.13
19	内蒙古自治区	锡林郭勒盟	苏尼特右旗朱日和	62.87
20	西藏自治区	日喀则市	聂拉木县	62.83
21	山东省	烟台市	长岛县	62.82
22	新疆维吾尔自治区	博尔塔拉自治州	阿拉山口市	62.72
23	广东省	江门市	上川岛	62.64
24	内蒙古自治区	乌兰察布市	察哈尔右翼中旗	62.30
25	内蒙古自治区	通辽市	科尔沁左翼后旗	62.08
26	山东省	青岛市	胶州市	61.86
27	内蒙古自治区	呼伦贝尔市	新巴尔虎右旗	61.48
28	内蒙古自治区	锡林郭勒盟	苏尼特右旗	61.26
29	浙江省	舟山市	岱山县	60.75
30	内蒙古自治区	乌兰察布市	商都县	60.48
31	浙江省	台州市	玉环市	60.41
32	辽宁省	大连市	金州区	60.27
33	内蒙古自治区	呼伦贝尔市	海拉尔区	60.22
34	辽宁省	锦州市	凌海市	60.04
35	山东省	烟台市	栖霞市	59.78
36	内蒙古自治区	锡林郭勒盟	阿巴嘎旗	59.59

排名	省份	地市级	县级	大气环境资源储量
37	云南省	曲靖市	会泽县	59.34
38	安徽省	安庆市	望江县	58.86
39	海南省	三沙市	西沙群岛珊瑚岛	58.86
40	辽宁省	锦州市	北镇市	58.84
41	福建省	福州市	平潭县	58.82
42	内蒙古自治区	阿拉善盟	阿拉善左旗南部	58.71
43	浙江省	舟山市	普陀区	58.39
44	内蒙古自治区	锡林郭勒盟	正镶白旗	58.35
45	内蒙古自治区	兴安盟	科尔沁右翼中旗	58.34
46	辽宁省	营口市	大石桥市	58.14
47	内蒙古自治区	包头市	达尔罕茂明安联合旗北部	58.09
48	广西壮族自治区	桂林市	临桂区	57.96
49	内蒙古自治区	锡林郭勒盟	二连浩特市	57.54
50	黑龙江省	鹤岗市	绥滨县	57.34
51	西藏自治区	日喀则市	亚东县	57.34
52	内蒙古自治区	呼伦贝尔市	满洲里市	57.24
53	云南省	昆明市	西山区	57.02
54	广西壮族自治区	柳州市	柳北区	56.95
55	西藏自治区	那曲市	班戈县	56.93
56	山东省	青岛市	李沧区	56.82
57	云南省	丽江市	宁蒗自治县	56.80
58	山东省	烟台市	芝罘区	56.76
59	内蒙古自治区	鄂尔多斯市	杭锦旗西北	56.68
60	山东省	烟台市	牟平区	56.66
61	山西省	忻州市	神池县	56.65
62	湖北省	荆门市	掇刀区	56.59
63	山东省	威海市	荣成市南海口	56.54
64	山东省	威海市	文登区	56.45
65	内蒙古自治区	包头市	达尔罕茂明安联合旗东南	56.42
66	江西省	九江市	湖口县	56.31
67	湖南省	郴州市	北湖区	55.91
68	西藏自治区	山南市	错那县	55.89
69	吉林省	延边自治州	珲春市	55.62
70	广西壮族自治区	北海市	海城区（涠洲岛）	55.52
71	河南省	信阳市	新县	55.47
72	辽宁省	沈阳市	康平县	55.37
73	辽宁省	葫芦岛市	连山区	55.31
74	海南省	东方市	东方市	55.22
75	内蒙古自治区	包头市	固阳县	55.13
76	内蒙古自治区	锡林郭勒盟	正蓝旗	55.12

排名	省份	地市级	县级	大气环境资源储量
77	内蒙古自治区	鄂尔多斯市	伊金霍洛旗	54.76
78	黑龙江省	鸡西市	鸡东县	54.73
79	山西省	忻州市	岢岚县	54.73
80	甘肃省	金昌市	永昌县	54.59
81	青海省	海西自治州	格尔木市西南	54.58
82	山东省	烟台市	招远市	54.52
83	湖南省	永州市	双牌县	54.49
84	山西省	长治市	壶关县	54.48
85	广西壮族自治区	柳州市	柳城县	54.45
86	内蒙古自治区	赤峰市	阿鲁科尔沁旗	54.38
87	浙江省	宁波市	余姚市	54.36
88	黑龙江省	鸡西市	鸡冠区	54.33
89	内蒙古自治区	阿拉善盟	阿拉善左旗东南	54.31
90	内蒙古自治区	阿拉善盟	阿拉善左旗西北	54.24
91	安徽省	马鞍山市	当涂县	54.21
92	浙江省	杭州市	萧山区	54.13
93	浙江省	湖州市	长兴县	54.13
94	西藏自治区	那曲市	申扎县	54.10
95	内蒙古自治区	锡林郭勒盟	阿巴嘎旗西北	54.00
96	黑龙江省	绥化市	肇东市	53.98
97	山东省	潍坊市	临朐县	53.95
98	黑龙江省	哈尔滨市	双城区	53.93
99	广东省	揭阳市	惠来县	53.91
100	内蒙古自治区	乌兰察布市	四子王旗	53.91
101	内蒙古自治区	通辽市	扎鲁特旗西北	53.84
102	浙江省	温州市	洞头区	53.83
103	安徽省	安庆市	太湖县	53.78
104	内蒙古自治区	呼和浩特市	武川县	53.71
105	内蒙古自治区	赤峰市	巴林左旗北部	53.70
106	山东省	济南市	平阴县	53.60
107	四川省	阿坝藏族自治州	茂县	53.58
108	海南省	三沙市	西沙群岛	53.54
109	吉林省	长春市	榆树市	53.52
110	吉林省	吉林市	丰满区	53.48
111	湖北省	孝感市	大悟县	53.41
112	湖北省	鄂州市	鄂城区	53.38
113	内蒙古自治区	乌兰察布市	化德县	53.38
114	黑龙江省	佳木斯市	富锦市	53.36
115	云南省	曲靖市	陆良县	53.35
116	黑龙江省	佳木斯市	桦南县	53.34

排名	省份	地市级	县级	大气环境资源储量
117	黑龙江省	佳木斯市	抚远市	53.30
118	黑龙江省	佳木斯市	同江市	53.26
119	山东省	青岛市	市南区	53.26
120	辽宁省	朝阳市	北票市	53.22
121	广东省	阳江市	江城区	53.20
122	广东省	珠海市	香洲区	53.18
123	云南省	昆明市	呈贡区	53.13
124	青海省	海东市	循化自治县	53.12
125	辽宁省	盘锦市	双台子区	53.09
126	内蒙古自治区	乌兰察布市	察哈尔右翼前旗	52.97
127	山东省	威海市	环翠区	52.95
128	湖北省	随州市	广水市	52.87
129	新疆维吾尔自治区	阿勒泰地区	吉木乃县	52.78
130	内蒙古自治区	锡林郭勒盟	太仆寺旗	52.74
131	内蒙古自治区	阿拉善盟	阿拉善左旗	52.69
132	江西省	九江市	庐山市	52.68
133	黑龙江省	齐齐哈尔市	克东县	52.66
134	云南省	红河自治州	蒙自市	52.55
135	吉林省	白城市	洮南市	52.49
136	西藏自治区	那曲市	安多县	52.47
137	吉林省	四平市	公主岭市	52.37
138	内蒙古自治区	通辽市	科尔沁左翼中旗南部	52.36
139	湖北省	襄阳市	襄城区	52.34
140	辽宁省	营口市	西市区	52.32
141	内蒙古自治区	阿拉善盟	阿拉善右旗	52.32
142	江西省	九江市	都昌县	52.31
143	河南省	洛阳市	宜阳县	52.27
144	浙江省	温州市	平阳县	52.23
145	青海省	海西自治州	冷湖行政区	52.20
146	贵州省	贵阳市	清镇市	52.18
147	内蒙古自治区	赤峰市	敖汉旗	52.15
148	山东省	济南市	长清区	52.11
149	江西省	南昌市	进贤县	51.97
150	西藏自治区	阿里地区	改则县	51.97
151	青海省	海西自治州	格尔木市西部	51.93
152	云南省	玉溪市	通海县	51.93
153	福建省	漳州市	诏安县	51.89
154	河南省	鹤壁市	淇县	51.88
155	辽宁省	朝阳市	喀喇沁左翼自治县	51.88
156	新疆维吾尔自治区	塔城地区	和布克赛尔自治县	51.87

排名	省份	地市级	县级	大气环境资源储量
157	江苏省	淮安市	金湖县	51.84
158	山西省	长治市	长治县	51.81
159	云南省	楚雄自治州	永仁县	51.81
160	辽宁省	大连市	长海县	51.80
161	内蒙古自治区	锡林郭勒盟	镶黄旗	51.73
162	云南省	曲靖市	马龙县	51.68
163	广西壮族自治区	玉林市	博白县	51.67
164	吉林省	长春市	德惠市	51.66
165	宁夏回族自治区	吴忠市	同心县	51.66
166	内蒙古自治区	锡林郭勒盟	苏尼特左旗	51.64
167	吉林省	白城市	镇赉县	51.56
168	福建省	莆田市	秀屿区	51.54
169	黑龙江省	绥化市	明水县	51.53
170	甘肃省	酒泉市	玉门市	51.52
171	江苏省	南通市	启东市（滨海）	51.49
172	内蒙古自治区	兴安盟	突泉县	51.43
173	黑龙江省	哈尔滨市	宾县	51.40
174	广西壮族自治区	玉林市	容县	51.36
175	浙江省	温州市	乐清市	51.34
176	内蒙古自治区	赤峰市	克什克腾旗	51.32
177	河北省	邯郸市	武安市	51.31
178	内蒙古自治区	通辽市	科尔沁左翼中旗	51.16
179	安徽省	蚌埠市	怀远县	51.14
180	浙江省	嘉兴市	平湖市	51.12
181	云南省	昆明市	宜良县	51.11
182	黑龙江省	齐齐哈尔市	克山县	51.10
183	广东省	汕尾市	陆丰市	51.09
184	浙江省	宁波市	象山县	51.07
185	广西壮族自治区	钦州市	钦南区	51.06
186	黑龙江省	哈尔滨市	巴彦县	51.05
187	黑龙江省	绥化市	庆安县	51.05
188	广东省	湛江市	吴川市	51.04
189	山东省	日照市	东港区	51.01
190	云南省	曲靖市	师宗县	51.01
191	河北省	邢台市	桥东区	50.98
192	黑龙江省	七台河市	勃利县	50.98
193	浙江省	台州市	天台县	50.95
194	黑龙江省	大庆市	肇源县	50.94
195	黑龙江省	大庆市	杜尔伯特自治县	50.93
196	黑龙江省	大兴安岭地区	加格达奇区	50.93

续表

排名	省份	地市级	县级	大气环境资源储量
197	山西省	朔州市	平鲁区	50.90
198	云南省	楚雄自治州	牟定县	50.90
199	山西省	吕梁市	中阳县	50.89
200	甘肃省	酒泉市	肃北自治县	50.86
201	内蒙古自治区	通辽市	奈曼旗南部	50.77
202	山东省	临沂市	兰山区	50.77
203	山东省	临沂市	平邑县	50.66
204	山东省	枣庄市	滕州市	50.66
205	河北省	唐山市	滦南县	50.65
206	四川省	甘孜藏族自治州	丹巴县	50.64
207	河北省	张家口市	尚义县	50.60
208	青海省	海西自治州	天峻县	50.59
209	山东省	烟台市	蓬莱市	50.58
210	四川省	甘孜藏族自治州	康定市	50.57
211	西藏自治区	昌都市	芒康县	50.55
212	内蒙古自治区	锡林郭勒盟	西乌珠穆沁旗	50.54
213	广东省	湛江市	遂溪县	50.50
214	广东省	汕头市	澄海区	50.49
215	河北省	张家口市	沽源县	50.46
216	山西省	晋中市	榆次区	50.46
217	湖南省	永州市	冷水滩区	50.41
218	福建省	福州市	长乐区	50.40
219	河南省	洛阳市	孟津县	50.39
220	内蒙古自治区	赤峰市	林西县	50.37
221	内蒙古自治区	锡林郭勒盟	锡林浩特市	50.33
222	吉林省	长春市	九台区	50.31
223	江苏省	盐城市	射阳县	50.27
224	广西壮族自治区	防城港市	港口区	50.23
225	山东省	潍坊市	诸城市	50.21
226	内蒙古自治区	通辽市	开鲁县	50.20
227	云南省	昆明市	晋宁区	50.19
228	广西壮族自治区	百色市	田阳县	50.18
229	广东省	湛江市	霞山区	50.16
230	广西壮族自治区	防城港市	东兴市	50.15
231	海南省	海口市	美兰区	50.12
232	河北省	沧州市	海兴县	50.11
233	山西省	大同市	广灵县	50.11
234	广东省	茂名市	电白区	50.10
235	内蒙古自治区	乌兰察布市	察哈尔右翼后旗	50.09
236	山东省	烟台市	福山区	50.05

排名	省份	地市级	县级	大气环境资源储量
237	辽宁省	鞍山市	台安县	50.04
238	新疆维吾尔自治区	塔城地区	裕民县	50.04
239	黑龙江省	齐齐哈尔市	拜泉县	50.02
240	上海市	松江区	松江区	50.02
241	宁夏回族自治区	中卫市	沙坡头区	49.99
242	山西省	忻州市	宁武县	49.98
243	宁夏回族自治区	固原市	泾源县	49.95
244	广西壮族自治区	河池市	环江自治县	49.92
245	广西壮族自治区	南宁市	邕宁区	49.91
246	湖北省	荆门市	钟祥市	49.91
247	辽宁省	沈阳市	辽中区	49.91
248	新疆维吾尔自治区	乌鲁木齐市	达坂城区	49.89
249	河北省	张家口市	宣化区	49.88
250	山东省	临沂市	临沭县	49.88
251	吉林省	白城市	大安市	49.86
252	广西壮族自治区	柳州市	融水自治县	49.84
253	辽宁省	大连市	普兰店区	49.84
254	上海市	崇明区	崇明区	49.83
255	河北省	承德市	丰宁自治县	49.77
256	吉林省	白城市	通榆县	49.77
257	内蒙古自治区	呼和浩特市	新城区	49.75
258	江西省	抚州市	东乡区	49.74
259	湖南省	永州市	江华自治县	49.70
260	辽宁省	锦州市	黑山县	49.70
261	辽宁省	锦州市	义县	49.68
262	甘肃省	天水市	武山县	49.65
263	浙江省	衢州市	江山市	49.62
264	内蒙古自治区	呼和浩特市	清水河县	49.59
265	辽宁省	大连市	旅顺口区	49.58
266	山东省	德州市	武城县	49.58
267	云南省	红河自治州	红河县	49.58
268	内蒙古自治区	通辽市	库伦旗	49.57
269	内蒙古自治区	乌兰察布市	兴和县	49.56
270	安徽省	滁州市	天长市	49.53
271	河北省	张家口市	康保县	49.52
272	辽宁省	葫芦岛市	兴城市	49.51
273	内蒙古自治区	通辽市	奈曼旗	49.51
274	吉林省	辽源市	东丰县	49.50
275	山西省	运城市	稷山县	49.50
276	吉林省	吉林市	舒兰市	49.46

排名	省份	地市级	县级	大气环境资源储量
277	辽宁省	盘锦市	大洼区	49.42
278	辽宁省	朝阳市	建平县	49.41
279	辽宁省	沈阳市	法库县	49.40
280	上海市	浦东新区	浦东新区	49.35
281	广东省	清远市	清城区	49.34
282	广东省	潮州市	饶平县	49.33
283	山东省	青岛市	即墨区	49.30
284	内蒙古自治区	赤峰市	松山区	49.29
285	山东省	德州市	齐河县	49.29
286	江苏省	泰州市	靖江市	49.28
287	广东省	汕头市	南澳县	49.23
288	江苏省	苏州市	吴中区	49.22
289	江苏省	苏州市	吴中区	49.22
290	黑龙江省	哈尔滨市	通河县	49.20
291	安徽省	安庆市	大观区	49.19
292	江西省	九江市	彭泽县	49.19
293	辽宁省	阜新市	细河区	49.18
294	黑龙江省	牡丹江市	绥芬河市	49.13
295	云南省	红河自治州	开远市	49.13
296	辽宁省	阜新市	彰武县	49.08
297	内蒙古自治区	赤峰市	宁城县	49.06
298	河南省	南阳市	镇平县	49.05
299	云南省	楚雄自治州	大姚县	49.05
300	河南省	洛阳市	洛宁县	49.00
301	山西省	运城市	芮城县	49.00
302	浙江省	绍兴市	柯桥区	48.99
303	青海省	海北自治州	海晏县	48.98
304	甘肃省	甘南自治州	夏河县	48.93
305	河南省	鹤壁市	浚县	48.93
306	河南省	济源市	济源市	48.93
307	黑龙江省	齐齐哈尔市	龙江县	48.93
308	云南省	丽江市	永胜县	48.81
309	内蒙古自治区	包头市	青山区	48.78
310	湖南省	岳阳市	汨罗市	48.75
311	辽宁省	大连市	瓦房店市	48.73
312	河北省	张家口市	张北县	48.72
313	江苏省	常州市	金坛区	48.71
314	内蒙古自治区	巴彦淖尔市	磴口县	48.69
315	内蒙古自治区	锡林郭勒盟	东乌珠穆沁旗东部	48.66
316	安徽省	宿州市	灵璧县	48.59

排名	省份	地市级	县级	大气环境资源储量
317	湖南省	长沙市	岳麓区	48.56
318	吉林省	四平市	梨树县	48.54
319	云南省	玉溪市	易门县	48.49
320	黑龙江省	牡丹江市	西安区	48.48
321	吉林省	延边自治州	延吉市	48.48
322	辽宁省	丹东市	东港市	48.45
323	内蒙古自治区	鄂尔多斯市	鄂托克旗	48.42
324	山东省	聊城市	茌平县	48.39
325	安徽省	合肥市	庐江县	48.38
326	河北省	邯郸市	永年区	48.36
327	广东省	惠州市	惠东县	48.35
328	广东省	珠海市	香洲区	48.35
329	湖南省	岳阳市	湘阴县	48.33
330	内蒙古自治区	鄂尔多斯市	乌审旗北部	48.33
331	内蒙古自治区	兴安盟	扎赉特旗西部	48.33
332	云南省	曲靖市	富源县	48.30
333	内蒙古自治区	包头市	达尔罕茂明安联合旗	48.28
334	广东省	江门市	新会区	48.26
335	广西壮族自治区	崇左市	江州区	48.26
336	云南省	大理自治州	剑川县	48.22
337	江苏省	连云港市	海州区	48.18
338	江苏省	镇江市	扬中市	48.17
339	辽宁省	铁岭市	昌图县	48.17
340	广西壮族自治区	贺州市	钟山县	48.16
341	云南省	迪庆自治州	香格里拉市	48.16
342	广东省	湛江市	徐闻县	48.15
343	辽宁省	辽阳市	灯塔市	48.13
344	广西壮族自治区	桂林市	全州县	48.12
345	青海省	黄南自治州	泽库县	48.12
346	福建省	宁德市	霞浦县	48.10
347	河南省	驻马店市	正阳县	48.08
348	西藏自治区	阿里地区	噶尔县	48.08
349	黑龙江省	齐齐哈尔市	泰来县	48.07
350	安徽省	安庆市	潜山县	48.05
351	天津市	宁河区	宁河区	48.05
352	西藏自治区	山南市	琼结县	48.05
353	山东省	威海市	荣成市	48.04
354	四川省	凉山自治州	德昌县	48.02
355	江西省	上饶市	铅山县	48.01
356	甘肃省	临夏自治州	东乡族自治县	48.00

排名	省份	地市级	县级	大气环境资源储量
357	云南省	昆明市	石林自治县	47.95
358	黑龙江省	绥化市	兰西县	47.94
359	安徽省	铜陵市	枞阳县	47.92
360	福建省	厦门市	湖里区	47.91
361	河南省	安阳市	汤阴县	47.90
362	甘肃省	张掖市	民乐县	47.89
363	四川省	凉山自治州	盐源县	47.89
364	山东省	烟台市	龙口市	47.88
365	甘肃省	张掖市	甘州区	47.87
366	黑龙江省	哈尔滨市	延寿县	47.85
367	山西省	吕梁市	方山县	47.85
368	云南省	昆明市	寻甸自治县	47.85
369	河南省	安阳市	林州市	47.84
370	新疆维吾尔自治区	和田地区	洛浦县	47.84
371	黑龙江省	大庆市	林甸县	47.81
372	安徽省	阜阳市	界首市	47.79
373	黑龙江省	绥化市	青冈县	47.77
374	内蒙古自治区	赤峰市	敖汉旗东部	47.77
375	广西壮族自治区	百色市	西林县	47.76
376	山东省	济宁市	金乡县	47.75
377	江苏省	南通市	海门市	47.74
378	黑龙江省	双鸭山市	宝清县	47.67
379	四川省	凉山自治州	喜德县	47.67
380	云南省	文山自治州	砚山县	47.65
381	河北省	邯郸市	峰峰矿区	47.60
382	内蒙古自治区	赤峰市	翁牛特旗	47.60
383	云南省	红河自治州	建水县	47.60
384	河南省	许昌市	长葛市	47.59
385	湖北省	荆州市	石首市	47.58
386	湖北省	荆州市	监利县	47.58
387	黑龙江省	黑河市	北安市	47.56
388	青海省	海东市	乐都区	47.55
389	河南省	新乡市	原阳县	47.54
390	吉林省	四平市	铁西区	47.54
391	云南省	楚雄自治州	武定县	47.54
392	山东省	德州市	夏津县	47.52
393	黑龙江省	大庆市	肇州县	47.50
394	河北省	张家口市	赤城县	47.49
395	吉林省	长春市	农安县	47.47
396	广西壮族自治区	柳州市	融安县	47.42

续表

排名	省份	地市级	县级	大气环境资源储量
397	山东省	潍坊市	高密市	47.42
398	安徽省	蚌埠市	五河县	47.41
399	贵州省	黔南自治州	都匀市	47.39
400	上海市	奉贤区	奉贤区	47.37
401	广西壮族自治区	河池市	南丹县	47.36
402	云南省	昆明市	东川区	47.35
403	辽宁省	大连市	西岗区	47.34
404	辽宁省	沈阳市	新民市	47.34
405	安徽省	滁州市	明光市	47.33
406	内蒙古自治区	鄂尔多斯市	乌审旗南部	47.32
407	河南省	洛阳市	偃师市	47.31
408	云南省	红河自治州	泸西县	47.31
409	上海市	嘉定区	嘉定区	47.30
410	黑龙江省	佳木斯市	汤原县	47.29
411	吉林省	四平市	双辽市	47.27
412	山东省	德州市	临邑县	47.24
413	河北省	沧州市	黄骅市	47.23
414	河南省	南阳市	唐河县	47.22
415	辽宁省	辽阳市	辽阳县	47.22
416	海南省	陵水自治县	陵水自治县	47.19
417	安徽省	宿州市	埇桥区	47.17
418	黑龙江省	齐齐哈尔市	依安县	47.17
419	青海省	果洛自治州	玛多县	47.12
420	安徽省	马鞍山市	花山区	47.10
421	陕西省	榆林市	榆阳区	47.08
422	四川省	雅安市	宝兴县	47.07
423	黑龙江省	黑河市	五大连池市	47.06
424	湖北省	黄冈市	武穴市	47.04
425	吉林省	松原市	长岭县	47.01
426	内蒙古自治区	呼伦贝尔市	牙克石市东部	46.94
427	四川省	甘孜藏族自治州	九龙县	46.92
428	山西省	大同市	左云县	46.92
429	湖北省	黄冈市	黄州区	46.90
430	黑龙江省	哈尔滨市	香坊区	46.90
431	内蒙古自治区	呼伦贝尔市	鄂温克族自治旗	46.90
432	山西省	大同市	浑源县	46.90
433	河南省	南阳市	宛城区	46.89
434	安徽省	芜湖市	鸠江区	46.88
435	吉林省	通化市	辉南县	46.88
436	河北省	邯郸市	曲周县	46.85

排名	省份	地市级	县级	大气环境资源储量
437	广东省	茂名市	电白区	46.84
438	黑龙江省	齐齐哈尔市	甘南县	46.83
439	贵州省	黔南自治州	瓮安县	46.82
440	浙江省	宁波市	奉化区	46.82
441	广东省	韶关市	乐昌市	46.80
442	河南省	新乡市	获嘉县	46.80
443	江西省	上饶市	广丰区	46.80
444	山西省	临汾市	乡宁县	46.79
445	安徽省	淮南市	凤台县	46.78
446	安徽省	淮南市	田家庵区	46.78
447	广西壮族自治区	河池市	都安自治县	46.78
448	黑龙江省	鸡西市	密山市	46.75
449	安徽省	安庆市	宿松县	46.74
450	河北省	邢台市	威县	46.74
451	江西省	九江市	永修县	46.74
452	广西壮族自治区	南宁市	青秀区	46.69
453	安徽省	蚌埠市	固镇县	46.65
454	江苏省	盐城市	亭湖区	46.63
455	重庆市	巫山县	巫山县	46.62
456	广东省	湛江市	廉江市	46.60
457	海南省	万宁市	万宁市	46.60
458	山东省	聊城市	阳谷县	46.60
459	内蒙古自治区	巴彦淖尔市	杭锦后旗	46.58
460	黑龙江省	哈尔滨市	木兰县	46.57
461	河南省	三门峡市	灵宝市	46.56
462	江苏省	泰州市	海陵区	46.56
463	贵州省	安顺市	平坝区	46.55
464	西藏自治区	日喀则市	定日县	46.55
465	青海省	海北自治州	刚察县	46.54
466	河北省	石家庄市	赞皇县	46.53
467	江苏省	南通市	启东市	46.53
468	贵州省	黔东南自治州	丹寨县	46.51
469	黑龙江省	黑河市	嫩江县	46.49
470	黑龙江省	双鸭山市	饶河县	46.49
471	上海市	宝山区	宝山区	46.49
472	广东省	湛江市	雷州市	46.48
473	云南省	大理自治州	洱源县	46.47
474	甘肃省	定西市	安定区	46.46
475	云南省	大理自治州	弥渡县	46.39
476	海南省	定安县	定安县	46.37

排名	省份	地市级	县级	大气环境资源储量
477	山西省	运城市	临猗县	46.36
478	山东省	烟台市	莱阳市	46.29
479	山西省	吕梁市	岚县	46.28
480	广西壮族自治区	来宾市	象州县	46.27
481	黑龙江省	绥化市	海伦市	46.27
482	内蒙古自治区	鄂尔多斯市	乌审旗	46.27
483	新疆维吾尔自治区	巴音郭楞自治州	和静县西北	46.26
484	河南省	郑州市	登封市	46.25
485	吉林省	长春市	双阳区	46.25
486	浙江省	宁波市	鄞州区	46.24
487	广西壮族自治区	柳州市	鹿寨县	46.22
488	安徽省	铜陵市	义安区	46.20
489	河北省	张家口市	桥东区	46.20
490	浙江省	衢州市	柯城区	46.19
491	安徽省	蚌埠市	龙子湖区	46.17
492	黑龙江省	绥化市	望奎县	46.17
493	黑龙江省	齐齐哈尔市	讷河市	46.15
494	福建省	漳州市	漳浦县	46.14
495	上海市	金山区	金山区	46.12
496	云南省	玉溪市	新平自治县	46.08
497	吉林省	延边自治州	图们市	46.06
498	江苏省	南京市	浦口区	46.04
499	内蒙古自治区	赤峰市	红山区	46.03
500	青海省	西宁市	湟源县	46.03
501	云南省	玉溪市	华宁县	46.02
502	广东省	江门市	鹤山市	46.00
503	河北省	邢台市	内丘县	45.98
504	河南省	安阳市	滑县	45.98
505	河北省	秦皇岛市	昌黎县	45.96
506	云南省	红河自治州	元阳县	45.93
507	新疆维吾尔自治区	昌吉自治州	木垒自治县	45.91
508	贵州省	黔东南自治州	锦屏县	45.90
509	山西省	长治市	黎城县	45.90
510	云南省	玉溪市	峨山自治县	45.90
511	江苏省	苏州市	太仓市	45.87
512	山西省	晋中市	昔阳县	45.86
513	西藏自治区	阿里地区	普兰县	45.82
514	内蒙古自治区	巴彦淖尔市	乌拉特中旗	45.80
515	内蒙古自治区	呼和浩特市	托克托县	45.79
516	广西壮族自治区	贵港市	港北区	45.78

续表

排名	省份	地市级	县级	大气环境资源储量
517	广西壮族自治区	南宁市	宾阳县	45.78
518	内蒙古自治区	锡林郭勒盟	东乌珠穆沁旗	45.78
519	黑龙江省	佳木斯市	桦川县	45.75
520	河南省	三门峡市	湖滨区	45.74
521	吉林省	松原市	宁江区	45.74
522	内蒙古自治区	鄂尔多斯市	鄂托克旗西北	45.74
523	吉林省	四平市	伊通自治县	45.71
524	甘肃省	陇南市	文县	45.69
525	贵州省	安顺市	关岭自治县	45.68
526	河南省	信阳市	息县	45.67
527	新疆维吾尔自治区	哈密市	伊吾县	45.67
528	西藏自治区	日喀则市	拉孜县	45.64
529	河北省	唐山市	丰南区	45.63
530	天津市	河西区	河西区	45.63
531	内蒙古自治区	兴安盟	科尔沁右翼前旗	45.62
532	广东省	佛山市	禅城区	45.59
533	湖南省	湘西自治州	泸溪县	45.59
534	黑龙江省	绥化市	绥棱县	45.57
535	云南省	楚雄自治州	姚安县	45.57
536	黑龙江省	大兴安岭地区	呼玛县	45.55
537	浙江省	嘉兴市	秀洲区	45.53
538	福建省	龙岩市	武平县	45.52
539	辽宁省	朝阳市	双塔区	45.50
540	山西省	晋城市	沁水县	45.50
541	安徽省	淮北市	濉溪县	45.49
542	江苏省	泰州市	兴化市	45.49
543	江苏省	镇江市	丹阳市	45.49
544	河南省	许昌市	禹州市	45.48
545	海南省	琼海市	琼海市	45.48
546	四川省	甘孜藏族自治州	乡城县	45.48
547	山西省	运城市	永济市	45.48
548	广西壮族自治区	防城港市	防城区	45.47
549	辽宁省	营口市	盖州市	45.46
550	广西壮族自治区	玉林市	陆川县	45.43
551	江苏省	扬州市	宝应县	45.43
552	云南省	昆明市	嵩明县	45.42
553	内蒙古自治区	巴彦淖尔市	乌拉特前旗	45.38
554	山西省	长治市	武乡县	45.38
555	河南省	濮阳市	清丰县	45.37
556	陕西省	铜川市	宜君县	45.37

排名	省份	地市级	县级	大气环境资源储量
557	广东省	韶关市	翁源县	45.36
558	广西壮族自治区	崇左市	扶绥县	45.36
559	辽宁省	朝阳市	朝阳县	45.36
560	内蒙古自治区	阿拉善盟	额济纳旗	45.35
561	广西壮族自治区	北海市	海城区	45.34
562	江苏省	淮安市	洪泽区	45.34
563	江苏省	南京市	秦淮区	45.34
564	辽宁省	铁岭市	西丰县	45.33
565	山西省	临汾市	襄汾县	45.33
566	甘肃省	甘南自治州	临潭县	45.31
567	安徽省	阜阳市	临泉县	45.30
568	浙江省	衢州市	常山县	45.30
569	河南省	洛阳市	嵩县	45.29
570	黑龙江省	哈尔滨市	五常市	45.27
571	西藏自治区	山南市	隆子县	45.27
572	湖北省	武汉市	蔡甸区	45.26
573	湖南省	郴州市	汝城县	45.26
574	福建省	泉州市	南安市	45.24
575	江苏省	连云港市	东海县	45.22
576	辽宁省	本溪市	本溪自治县	45.22
577	安徽省	宣城市	郎溪县	45.20
578	贵州省	贵阳市	修文县	45.20
579	湖南省	岳阳市	岳阳县	45.18
580	浙江省	绍兴市	上虞区	45.18
581	山东省	临沂市	沂水县	45.17
582	安徽省	亳州市	谯城区	45.16
583	云南省	文山自治州	丘北县	45.16
584	广西壮族自治区	南宁市	横县	45.10
585	安徽省	亳州市	蒙城县	45.09
586	内蒙古自治区	巴彦淖尔市	五原县	45.09
587	湖南省	衡阳市	衡阳县	45.07
588	吉林省	松原市	扶余市	45.07
589	内蒙古自治区	兴安盟	科尔沁右翼中旗东南	45.07
590	河南省	洛阳市	新安县	45.06
591	广西壮族自治区	南宁市	武鸣区	45.02
592	新疆维吾尔自治区	阿勒泰地区	哈巴河县	45.02
593	西藏自治区	日喀则市	江孜县	45.02
594	内蒙古自治区	锡林郭勒盟	多伦县	45.01
595	江西省	吉安市	万安县	44.98
596	甘肃省	武威市	民勤县	44.96

续表

排名	省份	地市级	县级	大气环境资源储量
597	安徽省	芜湖市	繁昌县	44.95
598	吉林省	通化市	柳河县	44.94
599	福建省	福州市	罗源县	44.93
600	江苏省	淮安市	淮安区	44.90
601	河南省	许昌市	建安区	44.89
602	西藏自治区	拉萨市	墨竹工卡县	44.87
603	福建省	漳州市	云霄县	44.86
604	辽宁省	铁岭市	银州区	44.86
605	云南省	昆明市	安宁市	44.86
606	广西壮族自治区	南宁市	隆安县	44.85
607	吉林省	松原市	乾安县	44.85
608	新疆维吾尔自治区	吐鲁番市	托克逊县	44.85
609	安徽省	淮南市	寿县	44.84
610	贵州省	黔西南自治州	晴隆县	44.83
611	山西省	阳泉市	郊区	44.82
612	辽宁省	丹东市	振兴区	44.81
613	福建省	龙岩市	连城县	44.79
614	广西壮族自治区	桂林市	资源县	44.79
615	甘肃省	酒泉市	瓜州县	44.78
616	黑龙江省	哈尔滨市	呼兰区	44.78
617	黑龙江省	哈尔滨市	阿城区	44.77
618	安徽省	阜阳市	颍泉区	44.75
619	吉林省	长春市	绿园区	44.74
620	云南省	大理自治州	巍山自治县	44.73
621	福建省	漳州市	龙海市	44.72
622	湖南省	衡阳市	衡南县	44.72
623	云南省	曲靖市	沾益区	44.72
624	河北省	沧州市	孟村自治县	44.71
625	河北省	衡水市	冀州区	44.71
626	云南省	大理自治州	祥云县	44.71
627	山西省	临汾市	蒲县	44.70
628	云南省	大理自治州	鹤庆县	44.70
629	河南省	驻马店市	上蔡县	44.64
630	陕西省	榆林市	神木市	44.64
631	湖北省	黄冈市	黄梅县	44.63
632	四川省	宜宾市	翠屏区	44.61
633	山东省	聊城市	冠县	44.61
634	江苏省	南京市	六合区	44.59
635	山东省	青岛市	莱西市	44.59
636	河南省	安阳市	北关区	44.57

排名	省份	地市级	县级	大气环境资源储量
637	新疆维吾尔自治区	阿勒泰地区	福海县	44.56
638	江苏省	连云港市	赣榆区	44.55
639	山东省	济宁市	梁山县	44.55
640	山东省	东营市	河口区	44.54
641	湖北省	武汉市	新洲区	44.53
642	河北省	承德市	平泉市	44.52
643	湖南省	郴州市	临武县	44.51
644	江西省	鹰潭市	月湖区	44.51
645	安徽省	阜阳市	阜南县	44.50
646	福建省	宁德市	柘荣县	44.50
647	甘肃省	张掖市	肃南自治县	44.50
648	江苏省	淮安市	淮阴区	44.50
649	山东省	泰安市	新泰市	44.49
650	天津市	滨海新区	滨海新区南部沿海	44.49
651	山东省	威海市	乳山市	44.48
652	安徽省	阜阳市	太和县	44.47
653	湖北省	武汉市	江夏区	44.47
654	青海省	玉树自治州	称多县	44.46
655	辽宁省	大连市	普兰店区（滨海）	44.45
656	湖北省	仙桃市	仙桃市	44.42
657	西藏自治区	那曲市	那曲县	44.42
658	山西省	晋中市	左权县	44.41
659	河北省	承德市	滦平县	44.40
660	河北省	承德市	滦平县	44.40
661	辽宁省	朝阳市	凌源市	44.40
662	江苏省	盐城市	建湖县	44.39
663	山西省	运城市	河津市	44.38
664	云南省	德宏自治州	梁河县	44.37
665	辽宁省	鞍山市	海城市	44.36
666	宁夏回族自治区	银川市	灵武市	44.35
667	西藏自治区	山南市	浪卡子县	44.35
668	河北省	承德市	宽城自治县	44.34
669	安徽省	滁州市	全椒县	44.32
670	贵州省	贵阳市	南明区	44.32
671	广西壮族自治区	贺州市	八步区	44.31
672	河南省	开封市	通许县	44.31
673	湖南省	常德市	武陵区	44.28
674	宁夏回族自治区	中卫市	沙坡头区	44.27
675	湖北省	黄冈市	麻城市	44.26
676	广东省	江门市	开平市	44.25

排名	省份	地市级	县级	大气环境资源储量
677	浙江省	湖州市	德清县	44.24
678	湖南省	长沙市	芙蓉区	44.23
679	江苏省	盐城市	东台市	44.23
680	四川省	阿坝藏族自治州	汶川县	44.23
681	山东省	潍坊市	昌乐县	44.22
682	山东省	潍坊市	昌邑市	44.22
683	江西省	上饶市	上饶县	44.21
684	陕西省	渭南市	华阴市	44.21
685	湖北省	咸宁市	嘉鱼县	44.20
686	青海省	玉树自治州	治多县	44.20
687	山东省	德州市	庆云县	44.20
688	山东省	德州市	平原县	44.19
689	福建省	泉州市	安溪县	44.18
690	河南省	驻马店市	确山县	44.17
691	湖南省	湘潭市	湘潭县	44.17
692	黑龙江省	牡丹江市	东宁市	44.15
693	广东省	汕尾市	海丰县	44.14
694	安徽省	池州市	青阳县	44.13
695	黑龙江省	黑河市	逊克县	44.13
696	云南省	大理自治州	南涧自治县	44.12
697	广东省	韶关市	南雄市	44.11
698	河北省	沧州市	青县	44.11
699	广西壮族自治区	贺州市	富川自治县	44.10
700	安徽省	淮北市	相山区	44.09
701	河北省	沧州市	盐山县	44.09
702	陕西省	延安市	洛川县	44.07
703	江西省	抚州市	南城县	44.06
704	青海省	海西自治州	都兰县	44.06
705	重庆市	南川区	南川区	44.05
706	西藏自治区	拉萨市	尼木县	44.05
707	广东省	汕尾市	城区	44.04
708	吉林省	白城市	洮北区	44.04
709	四川省	甘孜藏族自治州	石渠县	44.04
710	安徽省	亳州市	涡阳县	44.01
711	安徽省	池州市	贵池区	44.01
712	黑龙江省	双鸭山市	集贤县	44.00
713	内蒙古自治区	呼伦贝尔市	新巴尔虎左旗	44.00
714	云南省	临沧市	永德县	43.99
715	黑龙江省	哈尔滨市	依兰县	43.98
716	江西省	抚州市	金溪县	43.98

排名	省份	地市级	县级	大气环境资源储量
717	河北省	邢台市	临西县	43.97
718	海南省	临高县	临高县	43.96
719	山东省	德州市	陵城区	43.96
720	上海市	青浦区	青浦区	43.96
721	江苏省	宿迁市	宿城区	43.95
722	山东省	聊城市	临清市	43.95
723	山西省	晋中市	介休市	43.95
724	山西省	太原市	古交市	43.94
725	贵州省	黔西南自治州	安龙县	43.93
726	安徽省	安庆市	怀宁县	43.92
727	黑龙江省	牡丹江市	宁安市	43.92
728	安徽省	合肥市	巢湖市	43.90
729	内蒙古自治区	巴彦淖尔市	乌拉特后旗	43.89
730	黑龙江省	伊春市	汤旺河区	43.88
731	山西省	忻州市	五寨县	43.88
732	河南省	三门峡市	渑池县	43.87
733	江苏省	南京市	溧水区	43.87
734	江西省	赣州市	石城县	43.86
735	山西省	长治市	长子县	43.86
736	内蒙古自治区	兴安盟	扎赉特旗	43.85
737	贵州省	安顺市	西秀区	43.84
738	山东省	潍坊市	安丘市	43.84
739	陕西省	渭南市	大荔县	43.84
740	内蒙古自治区	乌兰察布市	凉城县	43.83
741	云南省	楚雄自治州	禄丰县	43.82
742	贵州省	贵阳市	花溪区	43.81
743	河南省	安阳市	内黄县	43.81
744	云南省	昆明市	西山区	43.81
745	山西省	吕梁市	临县	43.80
746	湖北省	武汉市	黄陂区	43.77
747	广东省	广州市	天河区	43.76
748	江苏省	盐城市	大丰区	43.76
749	陕西省	榆林市	定边县	43.76
750	河南省	焦作市	武陟县	43.73
751	河南省	濮阳市	南乐县	43.71
752	四川省	甘孜藏族自治州	雅江县	43.71
753	陕西省	渭南市	澄城县	43.71
754	河北省	唐山市	曹妃甸区	43.70
755	河北省	邢台市	隆尧县	43.70
756	广东省	佛山市	三水区	43.69

排名	省份	地市级	县级	大气环境资源储量
757	广东省	肇庆市	端州区	43.69
758	湖南省	湘潭市	韶山市	43.69
759	山东省	济南市	天桥区	43.69
760	福建省	莆田市	城厢区	43.67
761	贵州省	贵阳市	息烽县	43.67
762	河北省	邯郸市	磁县	43.66
763	江西省	九江市	武宁县	43.65
764	浙江省	杭州市	临安区	43.65
765	山西省	吕梁市	石楼县	43.64
766	云南省	曲靖市	罗平县	43.64
767	西藏自治区	拉萨市	当雄县	43.63
768	河北省	石家庄市	元氏县	43.62
769	吉林省	吉林市	蛟河市	43.62
770	山东省	济宁市	嘉祥县	43.61
771	福建省	福州市	晋安区	43.59
772	安徽省	安庆市	桐城市	43.58
773	广西壮族自治区	玉林市	玉州区	43.58
774	内蒙古自治区	呼伦贝尔市	阿荣旗	43.56
775	云南省	曲靖市	宣威市	43.55
776	四川省	阿坝藏族自治州	若尔盖县	43.53
777	山西省	大同市	天镇县	43.53
778	湖南省	永州市	零陵区	43.50
779	江西省	九江市	浔阳区	43.50
780	江苏省	扬州市	江都区	43.47
781	河北省	沧州市	献县	43.46
782	内蒙古自治区	鄂尔多斯市	鄂托克前旗	43.46
783	山西省	忻州市	河曲县	43.46
784	广东省	韶关市	武江区	43.44
785	山东省	济宁市	邹城市	43.43
786	北京市	门头沟区	门头沟区	43.38
787	河南省	南阳市	社旗县	43.37
788	山东省	滨州市	沾化区	43.37
789	黑龙江省	绥化市	安达市	43.36
790	湖南省	长沙市	宁乡市	43.35
791	四川省	雅安市	汉源县	43.34
792	云南省	玉溪市	江川区	43.34
793	吉林省	吉林市	磐石市	43.33
794	山西省	临汾市	汾西县	43.32
795	新疆维吾尔自治区	阿勒泰地区	布尔津县	43.31
796	福建省	泉州市	德化县	43.30

排名	省份	地市级	县级	大气环境资源储量
797	山西省	朔州市	山阴县	43.30
798	山东省	临沂市	莒南县	43.29
799	内蒙古自治区	通辽市	科尔沁区	43.28
800	天津市	滨海新区	滨海新区北部沿海	43.28
801	新疆维吾尔自治区	巴音郭楞自治州	轮台县	43.27
802	河北省	邢台市	巨鹿县	43.26
803	江西省	赣州市	信丰县	43.26
804	河北省	石家庄市	高邑县	43.25
805	江苏省	镇江市	句容市	43.25
806	山西省	大同市	阳高县	43.25
807	广西壮族自治区	百色市	田东县	43.22
808	山西省	太原市	清徐县	43.20
809	河北省	唐山市	迁西县	43.19
810	河北省	唐山市	路北区	43.18
811	河南省	郑州市	新郑市	43.18
812	山西省	运城市	绛县	43.18
813	吉林省	延边自治州	安图县	43.17
814	广西壮族自治区	钦州市	灵山县	43.16
815	内蒙古自治区	呼伦贝尔市	陈巴尔虎旗	43.15
816	宁夏回族自治区	中卫市	海原县	43.14
817	山东省	枣庄市	台儿庄区	43.14
818	安徽省	芜湖市	无为县	43.13
819	陕西省	铜川市	王益区	43.12
820	安徽省	滁州市	定远县	43.11
821	河南省	焦作市	温县	43.11
822	河南省	新乡市	延津县	43.11
823	山东省	青岛市	黄岛区	43.11
824	云南省	保山市	龙陵县	43.11
825	贵州省	黔西南自治州	贞丰县	43.08
826	陕西省	榆林市	横山区	43.07
827	江苏省	南通市	如皋市	43.05
828	天津市	静海区	静海区	43.04
829	湖南省	株洲市	攸县	43.02
830	四川省	阿坝藏族自治州	红原县	43.02
831	新疆维吾尔自治区	巴音郭楞自治州	库尔勒市	43.00
832	广西壮族自治区	防城港市	上思县	42.99
833	湖南省	株洲市	茶陵县	42.99
834	江苏省	苏州市	常熟市	42.99
835	云南省	文山自治州	西麻栗坡县	42.99
836	陕西省	铜川市	耀州区	42.98

排名	省份	地市级	县级	大气环境资源储量
837	天津市	滨海新区	滨海新区中部沿海	42.97
838	河南省	驻马店市	汝南县	42.96
839	江苏省	苏州市	张家港市	42.96
840	广东省	东莞市	东莞市	42.95
841	贵州省	黔南自治州	独山县	42.95
842	四川省	凉山自治州	木里自治县	42.95
843	新疆维吾尔自治区	巴音郭楞自治州	且末县西北	42.93
844	新疆维吾尔自治区	阿勒泰地区	富蕴县	42.92
845	山东省	滨州市	滨城区	42.91
846	新疆维吾尔自治区	巴音郭楞自治州	和静县	42.91
847	山西省	吕梁市	交口县	42.90
848	河南省	驻马店市	遂平县	42.89
849	山东省	聊城市	莘县	42.89
850	河北省	承德市	隆化县	42.87
851	河南省	驻马店市	平舆县	42.87
852	甘肃省	酒泉市	金塔县	42.85
853	河北省	邯郸市	肥乡区	42.85
854	河北省	邢台市	新河县	42.85
855	湖北省	宜昌市	枝江市	42.84
856	福建省	福州市	闽侯县	42.83
857	河北省	邢台市	柏乡县	42.83
858	四川省	甘孜藏族自治州	道孚县	42.81
859	广东省	江门市	台山市	42.80
860	黑龙江省	伊春市	铁力市	42.80
861	浙江省	嘉兴市	桐乡市	42.80
862	广西壮族自治区	百色市	靖西市	42.79
863	河北省	张家口市	怀来县	42.79
864	湖南省	益阳市	桃江县	42.78
865	新疆维吾尔自治区	哈密市	巴里坤自治县	42.78
866	西藏自治区	山南市	乃东区	42.76
867	西藏自治区	那曲市	索县	42.75
868	广西壮族自治区	梧州市	蒙山县	42.74
869	陕西省	榆林市	绥德县	42.74
870	河南省	周口市	淮阳县	42.73
871	黑龙江省	鹤岗市	东山区	42.73
872	新疆维吾尔自治区	昌吉自治州	呼图壁县	42.73
873	黑龙江省	黑河市	爱辉区	42.72
874	河北省	张家口市	万全区	42.69
875	黑龙江省	佳木斯市	郊区	42.69
876	黑龙江省	伊春市	五营区	42.69

排名	省份	地市级	县级	大气环境资源储量
877	江苏省	连云港市	灌云县	42.68
878	湖北省	孝感市	应城市	42.67
879	山东省	德州市	禹城市	42.66
880	重庆市	秀山自治县	秀山自治县	42.64
881	湖北省	咸宁市	通城县	42.63
882	河北省	邢台市	清河县	42.63
883	内蒙古自治区	巴彦淖尔市	临河区	42.63
884	山东省	聊城市	东阿县	42.63
885	江西省	南昌市	安义县	42.62
886	河北省	邯郸市	邱县	42.61
887	河北省	衡水市	武强县	42.61
888	云南省	玉溪市	澄江县	42.61
889	重庆市	潼南区	潼南区	42.60
890	广东省	佛山市	顺德区	42.59
891	江西省	赣州市	龙南县	42.58
892	内蒙古自治区	乌兰察布市	卓资县	42.58
893	西藏自治区	昌都市	洛隆县	42.58
894	辽宁省	沈阳市	沈北新区	42.57
895	广东省	惠州市	惠城区	42.56
896	重庆市	渝北区	渝北区	42.55
897	广西壮族自治区	梧州市	岑溪市	42.55
898	甘肃省	甘南自治州	卓尼县	42.54
899	江西省	上饶市	余干县	42.54
900	新疆维吾尔自治区	伊犁自治州	霍尔果斯市	42.54
901	甘肃省	甘南自治州	玛曲县	42.50
902	河北省	衡水市	安平县	42.49
903	山西省	朔州市	应县	42.49
904	山西省	太原市	阳曲县	42.48
905	广西壮族自治区	河池市	罗城自治县	42.47
906	河南省	平顶山市	宝丰县	42.46
907	河南省	商丘市	虞城县	42.46
908	山西省	晋中市	寿阳县	42.46
909	山西省	晋城市	城区	42.44
910	新疆维吾尔自治区	巴音郭楞自治州	且末县	42.43
911	吉林省	延边自治州	龙井市	42.42
912	安徽省	滁州市	来安县	42.40
913	河北省	沧州市	运河区	42.39
914	江苏省	南通市	通州区	42.39
915	安徽省	合肥市	肥西县	42.38
916	内蒙古自治区	鄂尔多斯市	东胜区	42.38

排名	省份	地市级	县级	大气环境资源储量
917	宁夏回族自治区	石嘴山市	平罗县	42.38
918	河北省	沧州市	吴桥县	42.37
919	新疆维吾尔自治区	克孜勒苏自治州	乌恰县	42.37
920	浙江省	湖州市	安吉县	42.37
921	辽宁省	葫芦岛市	建昌县	42.36
922	广东省	梅州市	五华县	42.35
923	四川省	攀枝花市	仁和区	42.35
924	江西省	九江市	瑞昌市	42.34
925	广东省	梅州市	丰顺县	42.32
926	山东省	日照市	莒县	42.32
927	江苏省	淮安市	涟水县	42.31
928	山西省	阳泉市	盂县	42.31
929	河南省	南阳市	方城县	42.30
930	辽宁省	鞍山市	铁东区	42.30
931	辽宁省	抚顺市	顺城区	42.30
932	四川省	阿坝藏族自治州	松潘县	42.29
933	四川省	甘孜藏族自治州	泸定县	42.29
934	天津市	东丽区	东丽区	42.29
935	云南省	玉溪市	红塔区	42.29
936	甘肃省	平凉市	崆峒区	42.28
937	内蒙古自治区	呼和浩特市	和林格尔县	42.27
938	甘肃省	庆阳市	正宁县	42.26
939	河南省	商丘市	永城市	42.26
940	山西省	大同市	大同县	42.26
941	山西省	吕梁市	汾阳市	42.26
942	福建省	福州市	鼓楼区	42.24
943	江苏省	常州市	钟楼区	42.24
944	贵州省	黔东南自治州	雷山县	42.23
945	贵州省	贵阳市	白云区	42.20
946	浙江省	台州市	温岭市	42.20
947	江苏省	南通市	如东县	42.19
948	湖北省	荆门市	京山县	42.18
949	江苏省	南京市	高淳区	42.17
950	贵州省	安顺市	镇宁自治县	42.16
951	黑龙江省	齐齐哈尔市	建华区	42.16
952	广西壮族自治区	百色市	平果县	42.15
953	广西壮族自治区	桂林市	兴安县	42.15
954	江西省	宜春市	樟树市	42.14
955	山东省	枣庄市	薛城区	42.14
956	湖北省	黄石市	大冶市	42.13

排名	省份	地市级	县级	大气环境资源储量
957	河北省	邢台市	广宗县	42.13
958	湖北省	咸宁市	咸安区	42.12
959	陕西省	商洛市	丹凤县	42.12
960	浙江省	金华市	义乌市	42.11
961	内蒙古自治区	乌兰察布市	集宁区	42.10
962	陕西省	咸阳市	淳化县	42.10
963	云南省	红河自治州	石屏县	42.10
964	湖北省	十堰市	郧阳区	42.09
965	山东省	菏泽市	东明县	42.07
966	山西省	长治市	平顺县	42.07
967	河南省	濮阳市	濮阳县	42.06
968	安徽省	宿州市	泗县	42.05
969	湖北省	孝感市	安陆市	42.04
970	广东省	汕头市	潮阳区	42.03
971	福建省	漳州市	平和县	42.02
972	广东省	茂名市	化州市	42.02
973	江苏省	盐城市	滨海县	42.02
974	福建省	泉州市	永春县	42.01
975	广西壮族自治区	崇左市	天等县	42.00
976	河南省	焦作市	沁阳市	42.00
977	河南省	驻马店市	新蔡县	42.00
978	江西省	景德镇市	乐平市	42.00
979	山西省	临汾市	隰县	42.00
980	浙江省	杭州市	上城区	42.00
981	江苏省	扬州市	仪征市	41.99
982	内蒙古自治区	乌兰察布市	丰镇市	41.99
983	江苏省	无锡市	梁溪区	41.97
984	山东省	济宁市	汶上县	41.97
985	浙江省	嘉兴市	海宁市	41.96
986	陕西省	西安市	高陵区	41.95
987	江西省	鹰潭市	贵溪市	41.94
988	陕西省	渭南市	白水县	41.93
989	江苏省	盐城市	阜宁县	41.92
990	贵州省	贵阳市	开阳县	41.90
991	陕西省	咸阳市	礼泉县	41.90
992	广西壮族自治区	梧州市	藤县	41.89
993	江西省	吉安市	峡江县	41.89
994	山东省	德州市	宁津县	41.89
995	福建省	厦门市	同安区	41.88
996	广东省	阳江市	阳春市	41.88

排名	省份	地市级	县级	大气环境资源储量
997	青海省	玉树自治州	曲麻莱县	41.88
998	广东省	云浮市	新兴县	41.87
999	新疆维吾尔自治区	喀什地区	喀什市	41.87
1000	广东省	珠海市	斗门区	41.86
1001	云南省	昆明市	富民县	41.85
1002	黑龙江省	牡丹江市	林口县	41.82
1003	天津市	宝坻区	宝坻区	41.82
1004	湖北省	荆州市	荆州区	41.79
1005	河北省	邯郸市	广平县	41.78
1006	浙江省	丽水市	青田县	41.78
1007	山西省	晋中市	和顺县	41.77
1008	广西壮族自治区	柳州市	柳江区	41.75
1009	湖南省	邵阳市	新宁县	41.75
1010	浙江省	舟山市	定海区	41.75
1011	山西省	运城市	盐湖区	41.74
1012	浙江省	宁波市	慈溪市	41.72
1013	河南省	新乡市	牧野区	41.71
1014	河南省	周口市	项城市	41.71
1015	广东省	揭阳市	普宁市	41.69
1016	江苏省	盐城市	响水县	41.68
1017	山西省	吕梁市	兴县	41.67
1018	河南省	南阳市	邓州市	41.63
1019	山东省	滨州市	无棣县	41.63
1020	河南省	开封市	禹王台区	41.61
1021	山东省	菏泽市	曹县	41.61
1022	安徽省	芜湖市	镜湖区	41.59
1023	河南省	周口市	商水县	41.59
1024	山东省	青岛市	平度市	41.59
1025	河南省	驻马店市	泌阳县	41.57
1026	宁夏回族自治区	固原市	原州区	41.57
1027	山东省	聊城市	高唐县	41.57
1028	河北省	沧州市	河间市	41.56
1029	吉林省	通化市	梅河口市	41.56
1030	山西省	晋中市	太谷县	41.56
1031	广西壮族自治区	来宾市	武宣县	41.55
1032	河南省	洛阳市	伊川县	41.55
1033	陕西省	渭南市	蒲城县	41.54
1034	云南省	楚雄自治州	楚雄市	41.53
1035	云南省	昭通市	鲁甸县	41.52
1036	辽宁省	铁岭市	开原市	41.51

排名	省份	地市级	县级	大气环境资源储量
1037	四川省	凉山自治州	布拖县	41.51
1038	福建省	福州市	福清市	41.50
1039	河北省	沧州市	东光县	41.49
1040	安徽省	宣城市	宣州区	41.48
1041	河南省	洛阳市	栾川县	41.47
1042	广东省	肇庆市	四会市	41.44
1043	山东省	德州市	乐陵市	41.43
1044	甘肃省	兰州市	永登县	41.41
1045	湖南省	张家界市	慈利县	41.41
1046	云南省	玉溪市	元江自治县	41.41
1047	河南省	商丘市	梁园区	41.40
1048	广东省	揭阳市	榕城区	41.39
1049	黑龙江省	鹤岗市	萝北县	41.39
1050	湖南省	常德市	津市市	41.39
1051	云南省	保山市	昌宁县	41.39
1052	云南省	楚雄自治州	南华县	41.39
1053	甘肃省	平凉市	庄浪县	41.38
1054	湖北省	黄冈市	罗田县	41.38
1055	河南省	新乡市	辉县	41.38
1056	山西省	朔州市	右玉县	41.38
1057	山东省	济宁市	鱼台县	41.37
1058	云南省	红河自治州	绿春县	41.36
1059	北京市	通州区	通州区	41.34
1060	广西壮族自治区	桂林市	龙胜自治县	41.34
1061	湖北省	宜昌市	当阳市	41.34
1062	河北省	唐山市	乐亭县	41.34
1063	广东省	梅州市	蕉岭县	41.33
1064	山西省	忻州市	保德县	41.33
1065	湖北省	黄冈市	浠水县	41.32
1066	陕西省	榆林市	佳县	41.32
1067	河北省	张家口市	怀安县	41.31
1068	内蒙古自治区	鄂尔多斯市	准格尔旗	41.31
1069	重庆市	合川区	合川区	41.30
1070	吉林省	白山市	抚松县	41.30
1071	山西省	朔州市	怀仁县	41.30
1072	广西壮族自治区	桂林市	永福县	41.29
1073	云南省	大理自治州	大理市	41.29
1074	黑龙江省	鸡西市	虎林市	41.28
1075	山西省	长治市	屯留县	41.28
1076	河北省	廊坊市	大城县	41.27

排名	省份	地市级	县级	大气环境资源储量
1077	河南省	南阳市	新野县	41.27
1078	内蒙古自治区	呼伦贝尔市	莫力达瓦自治旗	41.27
1079	北京市	房山区	房山区	41.26
1080	河北省	邢台市	临城县	41.26
1081	河南省	漯河市	舞阳县	41.26
1082	四川省	攀枝花市	米易县	41.26
1083	山东省	淄博市	周村区	41.26
1084	云南省	楚雄自治州	元谋县	41.26
1085	浙江省	宁波市	宁海县	41.26
1086	甘肃省	定西市	通渭县	41.25
1087	河北省	衡水市	枣强县	41.25
1088	陕西省	宝鸡市	陈仓区	41.25
1089	河南省	信阳市	浉河区	41.23
1090	宁夏回族自治区	石嘴山市	惠农区	41.23
1091	山东省	临沂市	郯城县	41.21
1092	新疆维吾尔自治区	塔城地区	托里县	41.21
1093	湖北省	天门市	天门市	41.20
1094	浙江省	杭州市	富阳区	41.20
1095	安徽省	宣城市	绩溪县	41.19
1096	河南省	濮阳市	台前县	41.19
1097	江苏省	徐州市	新沂市	41.19
1098	四川省	凉山自治州	普格县	41.19
1099	吉林省	松原市	前郭尔罗斯自治县	41.18
1100	广东省	揭阳市	揭西县	41.17
1101	贵州省	黔南自治州	长顺县	41.17
1102	四川省	甘孜藏族自治州	色达县	41.17
1103	湖南省	郴州市	永兴县	41.16
1104	陕西省	宝鸡市	凤翔县	41.16
1105	山西省	大同市	南郊区	41.16
1106	河北省	唐山市	丰润区	41.15
1107	黑龙江省	伊春市	伊春区	41.15
1108	河北省	邢台市	沙河市	41.13
1109	河南省	南阳市	内乡县	41.13
1110	内蒙古自治区	鄂尔多斯市	达拉特旗	41.13
1111	山东省	烟台市	海阳市	41.13
1112	安徽省	宣城市	广德县	41.12
1113	江苏省	苏州市	昆山市	41.11
1114	湖南省	怀化市	洪江市	41.10
1115	山东省	淄博市	临淄区	41.10
1116	四川省	甘孜藏族自治州	得荣县	41.09

排名	省份	地市级	县级	大气环境资源储量
1117	山西省	晋中市	灵石县	41.09
1118	江苏省	徐州市	丰县	41.07
1119	甘肃省	庆阳市	合水县	41.06
1120	河南省	商丘市	睢县	41.06
1121	黑龙江省	齐齐哈尔市	富裕县	41.06
1122	山东省	菏泽市	鄄城县	41.06
1123	新疆维吾尔自治区	喀什地区	塔什库尔干塔吉克自治县	41.06
1124	陕西省	西安市	临潼区	41.05
1125	福建省	漳州市	南靖县	41.04
1126	江西省	抚州市	南丰县	41.04
1127	山西省	运城市	平陆县	41.04
1128	云南省	红河自治州	弥勒市	41.03
1129	江苏省	泰州市	泰兴市	41.02
1130	四川省	南充市	顺庆区	41.02
1131	四川省	攀枝花市	盐边县	41.02
1132	浙江省	嘉兴市	嘉善县	41.01
1133	河北省	承德市	兴隆县	41.00
1134	广东省	清远市	佛冈县	40.98
1135	河北省	邯郸市	成安县	40.98
1136	河南省	商丘市	民权县	40.98
1137	山西省	忻州市	繁峙县	40.98
1138	广东省	江门市	恩平市	40.97
1139	甘肃省	酒泉市	肃州区	40.97
1140	福建省	三明市	梅列区	40.95
1141	甘肃省	庆阳市	华池县	40.95
1142	内蒙古自治区	巴彦淖尔市	乌拉特前旗北部	40.95
1143	山东省	潍坊市	寿光市	40.95
1144	四川省	阿坝藏族自治州	小金县	40.94
1145	河北省	保定市	高阳县	40.92
1146	内蒙古自治区	赤峰市	巴林左旗	40.92
1147	湖北省	宜昌市	远安县	40.91
1148	河北省	保定市	涞源县	40.91
1149	河南省	三门峡市	卢氏县	40.91
1150	甘肃省	张掖市	临泽县	40.90
1151	山东省	济南市	章丘区	40.90
1152	陕西省	商洛市	山阳县	40.89
1153	内蒙古自治区	呼伦贝尔市	牙克石市	40.88
1154	广西壮族自治区	桂林市	平乐县	40.87
1155	河北省	秦皇岛市	抚宁区	40.87
1156	四川省	甘孜藏族自治州	白玉县	40.86

排名	省份	地市级	县级	大气环境资源储量
1157	云南省	昆明市	禄劝自治县	40.86
1158	广西壮族自治区	南宁市	马山县	40.84
1159	河南省	驻马店市	驿城区	40.83
1160	内蒙古自治区	通辽市	扎鲁特旗	40.83
1161	贵州省	黔西南自治州	兴仁县	40.82
1162	河南省	郑州市	巩义市	40.82
1163	广西壮族自治区	百色市	隆林自治县	40.80
1164	四川省	雅安市	石棉县	40.80
1165	河北省	衡水市	故城县	40.79
1166	山西省	晋中市	平遥县	40.79
1167	江苏省	苏州市	吴江区	40.78
1168	浙江省	温州市	瑞安市	40.78
1169	广西壮族自治区	桂林市	叠彩区	40.77
1170	湖北省	宜昌市	夷陵区	40.77
1171	湖南省	株洲市	炎陵县	40.77
1172	江苏省	徐州市	邳州市	40.77
1173	云南省	大理自治州	宾川县	40.76
1174	江苏省	宿迁市	沭阳县	40.75
1175	江西省	吉安市	吉水县	40.73
1176	广西壮族自治区	来宾市	金秀自治县	40.72
1177	内蒙古自治区	兴安盟	阿尔山市	40.72
1178	陕西省	咸阳市	泾阳县	40.72
1179	陕西省	榆林市	米脂县	40.72
1180	安徽省	滁州市	琅琊区	40.71
1181	江西省	赣州市	大余县	40.71
1182	辽宁省	鞍山市	岫岩自治县	40.70
1183	辽宁省	本溪市	桓仁自治县	40.70
1184	山西省	忻州市	忻府区	40.70
1185	山东省	东营市	垦利区	40.69
1186	福建省	漳州市	长泰县	40.67
1187	河南省	平顶山市	郏县	40.67
1188	山西省	晋中市	祁县	40.67
1189	山西省	阳泉市	平定县	40.67
1190	江西省	吉安市	永新县	40.66
1191	辽宁省	大连市	庄河市	40.66
1192	山东省	菏泽市	成武县	40.66
1193	山东省	淄博市	张店区	40.65
1194	陕西省	汉中市	略阳县	40.64
1195	辽宁省	锦州市	古塔区	40.63
1196	青海省	黄南自治州	同仁县	40.63

续表

排名	省份	地市级	县级	大气环境资源储量
1197	山东省	烟台市	莱州市	40.63
1198	陕西省	咸阳市	彬县	40.63
1199	云南省	昭通市	彝良县	40.63
1200	山东省	潍坊市	青州市	40.62
1201	贵州省	毕节市	威宁自治县	40.61
1202	广东省	广州市	增城区	40.60
1203	江西省	抚州市	广昌县	40.60
1204	浙江省	丽水市	庆元县	40.60
1205	甘肃省	武威市	古浪县	40.59
1206	河北省	衡水市	饶阳县	40.59
1207	内蒙古自治区	兴安盟	乌兰浩特市	40.59
1208	青海省	海西自治州	茫崖行政区	40.59
1209	云南省	临沧市	沧源自治县	40.59
1210	河北省	保定市	望都县	40.58
1211	江西省	上饶市	弋阳县	40.58
1212	广西壮族自治区	南宁市	上林县	40.57
1213	山东省	淄博市	高青县	40.57
1214	陕西省	延安市	宝塔区	40.56
1215	贵州省	黔南自治州	平塘县	40.55
1216	青海省	黄南自治州	河南自治县	40.54
1217	黑龙江省	伊春市	嘉荫县	40.53
1218	云南省	大理自治州	永平县	40.53
1219	福建省	南平市	松溪县	40.52
1220	四川省	甘孜藏族自治州	新龙县	40.52
1221	广东省	河源市	龙川县	40.51
1222	四川省	资阳市	安岳县	40.51
1223	西藏自治区	那曲市	嘉黎县	40.51
1224	安徽省	合肥市	肥东县	40.50
1225	吉林省	辽源市	龙山区	40.50
1226	浙江省	温州市	泰顺县	40.50
1227	广东省	惠州市	博罗县	40.49
1228	湖北省	襄阳市	宜城市	40.49
1229	安徽省	马鞍山市	和县	40.45
1230	福建省	福州市	永泰县	40.45
1231	四川省	内江市	隆昌市	40.45
1232	陕西省	商洛市	商州区	40.44
1233	湖南省	娄底市	娄星区	40.43
1234	江西省	鹰潭市	余江县	40.43
1235	云南省	临沧市	凤庆县	40.43
1236	黑龙江省	哈尔滨市	尚志市	40.42

续表

排名	省份	地市级	县级	大气环境资源储量
1237	四川省	凉山自治州	冕宁县	40.42
1238	山西省	吕梁市	文水县	40.42
1239	江苏省	泰州市	姜堰区	40.41
1240	山西省	忻州市	偏关县	40.41
1241	海南省	昌江自治县	昌江自治县	40.40
1242	福建省	漳州市	华安县	40.39
1243	贵州省	安顺市	紫云自治县	40.39
1244	山东省	泰安市	泰山区	40.39
1245	陕西省	安康市	镇坪县	40.39
1246	云南省	普洱市	西盟自治县	40.39
1247	甘肃省	庆阳市	环县	40.38
1248	河北省	邢台市	宁晋县	40.38
1249	西藏自治区	日喀则市	桑珠孜区	40.38
1250	甘肃省	庆阳市	宁县	40.36
1251	江苏省	连云港市	灌南县	40.36
1252	江西省	萍乡市	上栗县	40.36
1253	河北省	沧州市	泊头市	40.35
1254	湖南省	衡阳市	耒阳市	40.35
1255	宁夏回族自治区	中卫市	中宁县	40.33
1256	四川省	广安市	广安区	40.32
1257	浙江省	台州市	三门县	40.32
1258	云南省	普洱市	孟连自治县	40.31
1259	新疆维吾尔自治区	克拉玛依市	克拉玛依区	40.30
1260	吉林省	延边自治州	敦化市	40.29
1261	河北省	张家口市	崇礼区	40.28
1262	陕西省	渭南市	富平县	40.28
1263	山西省	运城市	夏县	40.27
1264	海南省	海口市	琼山区	40.26
1265	内蒙古自治区	呼伦贝尔市	扎兰屯市	40.26
1266	贵州省	黔南自治州	惠水县	40.25
1267	河北省	秦皇岛市	青龙自治县	40.23
1268	湖南省	郴州市	桂阳县	40.23
1269	山东省	东营市	利津县	40.23
1270	陕西省	宝鸡市	凤县	40.23
1271	天津市	津南区	津南区	40.22
1272	湖南省	株洲市	醴陵市	40.20
1273	山东省	滨州市	阳信县	40.20
1274	广东省	梅州市	平远县	40.19
1275	河北省	保定市	雄县	40.19
1276	贵州省	遵义市	播州区	40.18

排名	省份	地市级	县级	大气环境资源储量
1277	广西壮族自治区	来宾市	兴宾区	40.17
1278	山西省	临汾市	浮山县	40.17
1279	山西省	运城市	垣曲县	40.17
1280	安徽省	马鞍山市	含山县	40.16
1281	重庆市	武隆区	武隆区	40.16
1282	广西壮族自治区	桂林市	雁山区	40.16
1283	山东省	临沂市	蒙阴县	40.16
1284	四川省	眉山市	洪雅县	40.15
1285	山东省	济南市	商河县	40.15
1286	四川省	凉山自治州	昭觉县	40.14
1287	陕西省	延安市	富县	40.13
1288	广东省	韶关市	新丰县	40.11
1289	山西省	忻州市	代县	40.11
1290	湖南省	益阳市	沅江市	40.10
1291	江苏省	徐州市	沛县	40.10
1292	湖北省	襄阳市	谷城县	40.09
1293	河北省	邯郸市	邯山区	40.09
1294	安徽省	六安市	舒城县	40.08
1295	山西省	晋中市	榆社县	40.08
1296	重庆市	铜梁区	铜梁区	40.07
1297	江苏省	南通市	海安县	40.07
1298	湖南省	怀化市	靖州自治县	40.06
1299	浙江省	台州市	临海市	40.06
1300	广西壮族自治区	梧州市	万秀区	40.04
1301	陕西省	咸阳市	旬邑县	40.04
1302	重庆市	綦江区	綦江区	40.03
1303	云南省	昭通市	永善县	40.03
1304	甘肃省	武威市	凉州区	40.00
1305	贵州省	黔东南自治州	黄平县	40.00
1306	辽宁省	沈阳市	和平区	39.99
1307	陕西省	安康市	平利县	39.99
1308	北京市	昌平区	昌平区	39.97
1309	北京市	东城区	东城区	39.97
1310	甘肃省	庆阳市	西峰区	39.97
1311	贵州省	铜仁市	万山区	39.97
1312	福建省	南平市	光泽县	39.96
1313	广东省	茂名市	信宜市	39.95
1314	湖南省	永州市	江永县	39.95
1315	安徽省	黄山市	徽州区	39.94
1316	广东省	韶关市	始兴县	39.94

排名	省份	地市级	县级	大气环境资源储量
1317	广东省	深圳市	罗湖区	39.94
1318	广东省	肇庆市	德庆县	39.94
1319	河北省	沧州市	肃宁县	39.94
1320	河南省	许昌市	鄢陵县	39.94
1321	青海省	玉树自治州	杂多县	39.94
1322	贵州省	黔西南自治州	兴义市	39.92
1323	陕西省	咸阳市	长武县	39.92
1324	河南省	焦作市	修武县	39.91
1325	河南省	信阳市	商城县	39.91
1326	黑龙江省	黑河市	孙吴县	39.91
1327	江苏省	无锡市	江阴市	39.90
1328	江西省	上饶市	玉山县	39.88
1329	河北省	张家口市	阳原县	39.87
1330	宁夏回族自治区	固原市	隆德县	39.87
1331	陕西省	延安市	志丹县	39.87
1332	山西省	忻州市	原平市	39.87
1333	云南省	曲靖市	麒麟区	39.87
1334	辽宁省	本溪市	明山区	39.86
1335	新疆维吾尔自治区	博尔塔拉自治州	精河县	39.86
1336	河南省	平顶山市	汝州市	39.85
1337	广西壮族自治区	崇左市	大新县	39.83
1338	湖北省	恩施自治州	巴东县	39.82
1339	湖南省	湘潭市	湘乡市	39.82
1340	宁夏回族自治区	吴忠市	盐池县	39.81
1341	贵州省	六盘水市	盘州市	39.80
1342	河北省	承德市	围场自治县	39.80
1343	四川省	甘孜藏族自治州	理塘县	39.80
1344	山东省	淄博市	博山区	39.80
1345	江西省	吉安市	新干县	39.79
1346	山东省	菏泽市	郓城县	39.78
1347	福建省	宁德市	周宁县	39.77
1348	河南省	新乡市	封丘县	39.76
1349	内蒙古自治区	呼伦贝尔市	牙克石市东北	39.76
1350	浙江省	绍兴市	新昌县	39.76
1351	安徽省	芜湖市	南陵县	39.75
1352	湖南省	常德市	临澧县	39.75
1353	陕西省	咸阳市	渭城区	39.75
1354	广东省	清远市	英德市	39.74
1355	湖南省	岳阳市	临湘市	39.72
1356	辽宁省	沈阳市	苏家屯区	39.72

排名	省份	地市级	县级	大气环境资源储量
1357	青海省	海南自治州	同德县	39.70
1358	四川省	南充市	南部县	39.70
1359	四川省	眉山市	丹棱县	39.69
1360	河南省	许昌市	襄城县	39.68
1361	山东省	临沂市	兰陵县	39.68
1362	西藏自治区	日喀则市	南木林县	39.67
1363	山东省	莱芜市	莱城区	39.66
1364	北京市	大兴区	大兴区	39.65
1365	河北省	秦皇岛市	卢龙县	39.64
1366	浙江省	杭州市	淳安县	39.64
1367	江苏省	宿迁市	泗洪县	39.63
1368	河北省	邢台市	南和县	39.62
1369	河北省	张家口市	涿鹿县	39.62
1370	四川省	阿坝藏族自治州	九寨沟县	39.62
1371	浙江省	杭州市	桐庐县	39.62
1372	广东省	广州市	花都区	39.61
1373	广西壮族自治区	桂林市	恭城自治县	39.61
1374	甘肃省	张掖市	山丹县	39.60
1375	江西省	宜春市	袁州区	39.59
1376	江西省	宜春市	丰城市	39.59
1377	山东省	泰安市	东平县	39.59
1378	安徽省	合肥市	蜀山区	39.58
1379	四川省	宜宾市	兴文县	39.58
1380	山东省	潍坊市	潍城区	39.57
1381	山西省	忻州市	五台县	39.57
1382	贵州省	贵阳市	乌当区	39.56
1383	云南省	保山市	腾冲市	39.56
1384	河南省	信阳市	潢川县	39.55
1385	湖南省	永州市	道县	39.55
1386	湖北省	黄石市	阳新县	39.54
1387	安徽省	亳州市	利辛县	39.53
1388	山东省	枣庄市	市中区	39.53
1389	湖北省	襄阳市	老河口市	39.51
1390	黑龙江省	大兴安岭地区	塔河县	39.50
1391	陕西省	延安市	黄龙县	39.50
1392	山西省	吕梁市	交城县	39.50
1393	安徽省	滁州市	凤阳县	39.49
1394	甘肃省	平凉市	静宁县	39.48
1395	黑龙江省	哈尔滨市	方正县	39.48
1396	湖南省	邵阳市	邵东县	39.48

续表

排名	省份	地市级	县级	大气环境资源储量
1397	四川省	广元市	剑阁县	39.48
1398	山东省	滨州市	惠民县	39.48
1399	云南省	红河自治州	金平自治县	39.46
1400	广西壮族自治区	百色市	田林县	39.45
1401	河北省	沧州市	任丘市	39.44
1402	江苏省	扬州市	邗江区	39.44
1403	云南省	普洱市	镇沅自治县	39.44
1404	黑龙江省	牡丹江市	海林市	39.43
1405	四川省	凉山自治州	美姑县	39.43
1406	贵州省	黔东南自治州	麻江县	39.42
1407	陕西省	咸阳市	武功县	39.42
1408	河北省	廊坊市	大厂自治县	39.41
1409	吉林省	延边自治州	汪清县	39.41
1410	河北省	保定市	徐水区	39.39
1411	海南省	文昌市	文昌市	39.39
1412	云南省	普洱市	宁洱自治县	39.38
1413	广东省	河源市	源城区	39.36
1414	江西省	萍乡市	安源区	39.36
1415	四川省	德阳市	什邡市	39.35
1416	河北省	石家庄市	行唐县	39.34
1417	青海省	果洛自治州	久治县	39.34
1418	青海省	海西自治州	格尔木市	39.34
1419	山东省	东营市	广饶县	39.34
1420	内蒙古自治区	呼伦贝尔市	鄂伦春自治旗	39.32
1421	云南省	普洱市	景谷自治县	39.32
1422	河北省	邯郸市	临漳县	39.30
1423	河南省	焦作市	博爱县	39.30
1424	贵州省	黔南自治州	都匀市	39.29
1425	河北省	唐山市	滦县	39.29
1426	天津市	北辰区	北辰区	39.29
1427	北京市	顺义区	顺义区	39.28
1428	新疆维吾尔自治区	巴音郭楞自治州	焉耆自治县	39.28
1429	甘肃省	天水市	麦积区	39.26
1430	宁夏回族自治区	吴忠市	青铜峡市	39.26
1431	山西省	太原市	小店区	39.26
1432	广东省	中山市	西区	39.25
1433	甘肃省	庆阳市	庆城县	39.25
1434	河南省	开封市	兰考县	39.25
1435	山西省	晋城市	阳城县	39.24
1436	浙江省	宁波市	镇海区	39.23

排名	省份	地市级	县级	大气环境资源储量
1437	重庆市	奉节县	奉节县	39.21
1438	陕西省	榆林市	靖边县	39.21
1439	广西壮族自治区	北海市	合浦县	39.19
1440	贵州省	铜仁市	德江县	39.19
1441	湖南省	邵阳市	大祥区	39.18
1442	山西省	太原市	小店区	39.18
1443	青海省	果洛自治州	玛沁县	39.17
1444	山东省	菏泽市	定陶区	39.17
1445	山东省	菏泽市	牡丹区	39.17
1446	四川省	南充市	仪陇县	39.16
1447	山东省	临沂市	沂南县	39.15
1448	福建省	龙岩市	新罗区	39.13
1449	广东省	肇庆市	封开县	39.13
1450	甘肃省	张掖市	高台县	39.13
1451	福建省	莆田市	仙游县	39.12
1452	浙江省	金华市	兰溪市	39.12
1453	北京市	石景山区	石景山区	39.09
1454	山东省	菏泽市	巨野县	39.09
1455	河北省	廊坊市	文安县	39.08
1456	四川省	阿坝藏族自治州	壤塘县	39.08
1457	湖北省	宜昌市	宜都市	39.07
1458	青海省	果洛自治州	甘德县	39.07
1459	四川省	雅安市	荥经县	39.07
1460	西藏自治区	拉萨市	城关区	39.07
1461	河北省	沧州市	南皮县	39.03
1462	河南省	商丘市	夏邑县	39.03
1463	湖南省	衡阳市	蒸湘区	39.03
1464	安徽省	宣城市	旌德县	39.02
1465	广东省	河源市	和平县	39.02
1466	贵州省	安顺市	普定县	39.02
1467	湖北省	荆州市	公安县	39.02
1468	安徽省	六安市	霍邱县	39.01
1469	广东省	韶关市	乳源自治县	39.01
1470	河北省	石家庄市	赵县	39.00
1471	广东省	潮州市	湘桥区	38.99
1472	广东省	茂名市	高州市	38.99
1473	河南省	郑州市	二七区	38.99
1474	江西省	吉安市	遂川县	38.97
1475	四川省	绵阳市	三台县	38.97
1476	湖南省	益阳市	桃江县	38.96

排名	省份	地市级	县级	大气环境资源储量
1477	四川省	甘孜藏族自治州	稻城县	38.95
1478	山东省	淄博市	淄川区	38.94
1479	广东省	清远市	连州市	38.93
1480	贵州省	毕节市	金沙县	38.93
1481	山西省	太原市	娄烦县	38.93
1482	新疆维吾尔自治区	昌吉自治州	吉木萨尔县	38.93
1483	河北省	邢台市	平乡县	38.92
1484	湖南省	怀化市	通道自治县	38.92
1485	青海省	果洛自治州	达日县	38.92
1486	山东省	济南市	济阳县	38.92
1487	新疆维吾尔自治区	和田地区	和田市	38.92
1488	四川省	宜宾市	屏山县	38.91
1489	山东省	济宁市	微山县	38.91
1490	河北省	邯郸市	魏县	38.90
1491	新疆维吾尔自治区	巴音郭楞自治州	若羌县	38.88
1492	贵州省	黔西南自治州	普安县	38.87
1493	江西省	宜春市	上高县	38.87
1494	四川省	巴中市	南江县	38.87
1495	内蒙古自治区	赤峰市	喀喇沁旗	38.86
1496	云南省	文山自治州	西畴县	38.86
1497	甘肃省	白银市	靖远县	38.84
1498	广西壮族自治区	柳州市	三江自治县	38.83
1499	湖南省	永州市	宁远县	38.83
1500	吉林省	白山市	靖宇县	38.83
1501	北京市	朝阳区	朝阳区	38.82
1502	贵州省	铜仁市	玉屏自治县	38.82
1503	山西省	忻州市	静乐县	38.81
1504	甘肃省	酒泉市	敦煌市	38.80
1505	江苏省	扬州市	高邮市	38.80
1506	北京市	平谷区	平谷区	38.79
1507	云南省	西双版纳自治州	勐海县	38.79
1508	江西省	新余市	分宜县	38.78
1509	山东省	日照市	五莲县	38.77
1510	云南省	临沧市	云县	38.77
1511	河南省	洛阳市	汝阳县	38.76
1512	黑龙江省	绥化市	北林区	38.76
1513	安徽省	六安市	金安区	38.73
1514	广东省	云浮市	罗定市	38.73
1515	江苏省	淮安市	盱眙县	38.72
1516	吉林省	通化市	通化县	38.71

排名	省份	地市级	县级	大气环境资源储量
1517	新疆维吾尔自治区	塔城地区	额敏县	38.68
1518	重庆市	永川区	永川区	38.67
1519	湖北省	神农架林区	神农架林区	38.66
1520	河北省	石家庄市	井陉县	38.66
1521	青海省	海南自治州	兴海县	38.66
1522	甘肃省	定西市	渭源县	38.65
1523	广西壮族自治区	崇左市	凭祥市	38.65
1524	山西省	运城市	新绛县	38.65
1525	湖北省	武汉市	东西湖区	38.64
1526	河南省	周口市	扶沟县	38.64
1527	江西省	上饶市	婺源县	38.64
1528	云南省	文山自治州	富宁县	38.64
1529	湖北省	荆州市	洪湖市	38.63
1530	山东省	滨州市	邹平县	38.62
1531	天津市	蓟州区	蓟州区	38.62
1532	广东省	清远市	连南自治县	38.61
1533	浙江省	衢州市	龙游县	38.61
1534	河南省	周口市	西华县	38.59
1535	湖南省	衡阳市	衡山县	38.58
1536	安徽省	合肥市	长丰县	38.57
1537	甘肃省	白银市	会宁县	38.57
1538	浙江省	绍兴市	嵊州市	38.57
1539	安徽省	宿州市	砀山县	38.56
1540	黑龙江省	双鸭山市	尖山区	38.54
1541	陕西省	榆林市	清涧县	38.52
1542	湖北省	孝感市	汉川市	38.51
1543	陕西省	汉中市	镇巴县	38.51
1544	新疆维吾尔自治区	博尔塔拉自治州	温泉县	38.51
1545	江西省	上饶市	鄱阳县	38.50
1546	内蒙古自治区	包头市	土默特右旗	38.50
1547	新疆维吾尔自治区	巴音郭楞自治州	尉犁县	38.50
1548	贵州省	遵义市	赤水市	38.49
1549	江苏省	镇江市	润州区	38.49
1550	天津市	武清区	武清区	38.48
1551	浙江省	绍兴市	诸暨市	38.48
1552	四川省	甘孜藏族自治州	甘孜县	38.47
1553	重庆市	巴南区	巴南区	38.45
1554	河北省	保定市	莲池区	38.45
1555	广东省	广州市	从化区	38.43
1556	内蒙古自治区	呼伦贝尔市	额尔古纳市	38.43

排名	省份	地市级	县级	大气环境资源储量
1557	广西壮族自治区	桂林市	灌阳县	38.42
1558	云南省	大理自治州	云龙县	38.42
1559	广西壮族自治区	百色市	德保县	38.41
1560	重庆市	涪陵区	涪陵区	38.40
1561	广东省	惠州市	龙门县	38.40
1562	河南省	漯河市	郾城区	38.39
1563	吉林省	通化市	集安市	38.39
1564	甘肃省	天水市	甘谷县	38.38
1565	湖南省	怀化市	溆浦县	38.37
1566	江西省	上饶市	信州区	38.36
1567	青海省	海北自治州	祁连县	38.36
1568	江苏省	无锡市	宜兴市	38.32
1569	云南省	文山自治州	马关县	38.32
1570	广东省	肇庆市	怀集县	38.31
1571	新疆维吾尔自治区	克孜勒苏自治州	阿合奇县	38.31
1572	河南省	信阳市	罗山县	38.30
1573	湖北省	黄冈市	红安县	38.29
1574	河北省	衡水市	武邑县	38.29
1575	河北省	保定市	顺平县	38.28
1576	四川省	广元市	朝天区	38.28
1577	山西省	临汾市	翼城县	38.28
1578	西藏自治区	山南市	贡嘎县	38.26
1579	云南省	普洱市	墨江自治县	38.25
1580	广西壮族自治区	玉林市	北流市	38.24
1581	河北省	邢台市	任县	38.24
1582	四川省	成都市	金堂县	38.23
1583	山东省	济宁市	泗水县	38.23
1584	山西省	长治市	潞城市	38.23
1585	西藏自治区	林芝市	巴宜区	38.23
1586	广西壮族自治区	河池市	巴马自治县	38.22
1587	河南省	焦作市	孟州市	38.22
1588	湖南省	怀化市	辰溪县	38.21
1589	湖北省	黄冈市	蕲春县	38.20
1590	河南省	信阳市	光山县	38.20
1591	山西省	运城市	闻喜县	38.20
1592	新疆维吾尔自治区	乌鲁木齐市	新市区	38.20
1593	甘肃省	白银市	景泰县	38.19
1594	湖北省	咸宁市	通山县	38.19
1595	湖南省	衡阳市	常宁市	38.19
1596	安徽省	阜阳市	颍上县	38.18

排名	省份	地市级	县级	大气环境资源储量
1597	广东省	云浮市	郁南县	38.18
1598	陕西省	延安市	安塞区	38.17
1599	山西省	临汾市	大宁县	38.17
1600	河北省	保定市	阜平县	38.16
1601	上海市	闵行区	闵行区	38.16
1602	湖北省	宜昌市	西陵区	38.14
1603	河南省	开封市	尉氏县	38.14
1604	吉林省	吉林市	桦甸市	38.14
1605	海南省	五指山市	五指山市	38.13
1606	四川省	成都市	龙泉驿区	38.13
1607	山东省	淄博市	桓台县	38.13
1608	甘肃省	兰州市	榆中县	38.12
1609	河南省	平顶山市	鲁山县	38.11
1610	河南省	信阳市	固始县	38.11
1611	山东省	淄博市	沂源县	38.09
1612	云南省	保山市	隆阳区	38.09
1613	内蒙古自治区	呼和浩特市	土默特左旗	38.07
1614	四川省	绵阳市	北川自治县	38.07
1615	青海省	海东市	平安区	38.06
1616	四川省	凉山自治州	会理县	38.06
1617	广东省	梅州市	兴宁市	38.05
1618	四川省	阿坝藏族自治州	黑水县	38.05
1619	安徽省	宣城市	泾县	38.03
1620	新疆维吾尔自治区	阿克苏地区	阿克苏市	38.02
1621	四川省	泸州市	古蔺县	37.99
1622	湖北省	十堰市	丹江口市	37.98
1623	广西壮族自治区	河池市	金城江区	37.96
1624	四川省	遂宁市	蓬溪县	37.95
1625	四川省	宜宾市	高县	37.95
1626	山西省	晋城市	高平市	37.95
1627	山东省	枣庄市	峄城区	37.94
1628	浙江省	金华市	浦江县	37.94
1629	北京市	怀柔区	怀柔区	37.92
1630	广东省	汕头市	金平区	37.92
1631	甘肃省	陇南市	武都区	37.92
1632	四川省	甘孜藏族自治州	巴塘县	37.92
1633	海南省	乐东自治县	乐东自治县	37.90
1634	宁夏回族自治区	吴忠市	利通区	37.90
1635	山西省	长治市	襄垣县	37.90
1636	西藏自治区	昌都市	丁青县	37.88

排名	省份	地市级	县级	大气环境资源储量
1637	广东省	韶关市	仁化县	37.87
1638	安徽省	安庆市	岳西县	37.86
1639	四川省	南充市	西充县	37.86
1640	陕西省	汉中市	勉县	37.86
1641	山西省	临汾市	霍州市	37.86
1642	云南省	楚雄自治州	双柏县	37.86
1643	福建省	龙岩市	上杭县	37.85
1644	河南省	漯河市	临颍县	37.85
1645	四川省	绵阳市	涪城区	37.85
1646	云南省	临沧市	双江自治县	37.85
1647	福建省	福州市	闽清县	37.84
1648	黑龙江省	牡丹江市	穆棱市	37.84
1649	江西省	赣州市	宁都县	37.84
1650	云南省	昭通市	镇雄县	37.84
1651	辽宁省	辽阳市	宏伟区	37.83
1652	湖南省	邵阳市	隆回县	37.81
1653	山东省	泰安市	宁阳县	37.81
1654	江西省	宜春市	万载县	37.79
1655	河南省	郑州市	新密市	37.78
1656	浙江省	金华市	婺城区	37.78
1657	贵州省	遵义市	桐梓县	37.77
1658	河北省	衡水市	阜城县	37.77
1659	河南省	周口市	沈丘县	37.77
1660	湖南省	株洲市	荷塘区	37.77
1661	青海省	海南自治州	贵德县	37.77
1662	四川省	凉山自治州	会东县	37.77
1663	山东省	德州市	德城区	37.77
1664	安徽省	六安市	金寨县	37.76
1665	贵州省	黔东南自治州	凯里市	37.76
1666	江西省	吉安市	安福县	37.76
1667	四川省	达州市	万源市	37.76
1668	陕西省	渭南市	临渭区	37.76
1669	河北省	石家庄市	桥西区	37.74
1670	新疆维吾尔自治区	和田地区	墨玉县	37.74
1671	福建省	三明市	宁化县	37.73
1672	重庆市	石柱自治县	石柱自治县	37.72
1673	江苏省	徐州市	睢宁县	37.72
1674	江西省	赣州市	全南县	37.72
1675	山东省	滨州市	博兴县	37.71
1676	江西省	抚州市	乐安县	37.70

排名	省份	地市级	县级	大气环境资源储量
1677	辽宁省	抚顺市	清原自治县	37.70
1678	江苏省	宿迁市	泗阳县	37.69
1679	山西省	大同市	灵丘县	37.69
1680	江苏省	常州市	溧阳市	37.68
1681	青海省	海西自治州	乌兰县	37.68
1682	山西省	吕梁市	吕梁市	37.68
1683	福建省	南平市	政和县	37.67
1684	广东省	广州市	番禺区	37.66
1685	河北省	廊坊市	三河市	37.66
1686	陕西省	安康市	汉阴县	37.65
1687	四川省	广安市	岳池县	37.64
1688	云南省	昭通市	昭阳区	37.64
1689	新疆维吾尔自治区	阿克苏地区	新和县	37.63
1690	湖北省	潜江市	潜江市	37.62
1691	辽宁省	丹东市	凤城市	37.62
1692	湖南省	郴州市	嘉禾县	37.61
1693	云南省	迪庆自治州	德钦县	37.61
1694	江西省	吉安市	永丰县	37.60
1695	青海省	玉树自治州	囊谦县	37.60
1696	四川省	泸州市	纳溪区	37.60
1697	安徽省	黄山市	祁门县	37.59
1698	河北省	廊坊市	香河县	37.59
1699	河南省	新乡市	卫辉市	37.59
1700	江西省	九江市	德安县	37.59
1701	西藏自治区	昌都市	左贡县	37.58
1702	四川省	凉山自治州	金阳县	37.56
1703	重庆市	璧山区	璧山区	37.55
1704	江苏省	徐州市	鼓楼区	37.55
1705	青海省	海东市	化隆自治县	37.55
1706	四川省	成都市	简阳市	37.55
1707	陕西省	宝鸡市	岐山县	37.55
1708	福建省	宁德市	寿宁县	37.54
1709	贵州省	六盘水市	六枝特区	37.54
1710	浙江省	绍兴市	越城区	37.54
1711	贵州省	毕节市	织金县	37.53
1712	贵州省	黔东南自治州	黎平县	37.53
1713	海南省	澄迈县	澄迈县	37.53
1714	广东省	清远市	连山自治县	37.52
1715	吉林省	吉林市	永吉县	37.52
1716	河北省	保定市	容城县	37.51

排名	省份	地市级	县级	大气环境资源储量
1717	福建省	龙岩市	永定区	37.50
1718	福建省	宁德市	福安市	37.49
1719	四川省	乐山市	马边自治县	37.49
1720	山西省	运城市	万荣县	37.49
1721	福建省	三明市	清流县	37.48
1722	福建省	漳州市	芗城区	37.47
1723	河北省	承德市	双桥区	37.47
1724	广西壮族自治区	百色市	那坡县	37.46
1725	新疆维吾尔自治区	乌鲁木齐市	天山区	37.46
1726	四川省	德阳市	广汉市	37.45
1727	福建省	宁德市	福鼎市	37.43
1728	青海省	海西自治州	大柴旦行政区	37.43
1729	河北省	邢台市	南宫市	37.42
1730	四川省	成都市	蒲江县	37.41
1731	湖北省	宜昌市	长阳自治县	37.40
1732	江西省	赣州市	定南县	37.40
1733	西藏自治区	林芝市	察隅县	37.40
1734	河南省	商丘市	柘城县	37.39
1735	四川省	阿坝藏族自治州	阿坝县	37.39
1736	湖北省	黄石市	黄石港区	37.38
1737	陕西省	延安市	子长县	37.38
1738	广西壮族自治区	钦州市	浦北县	37.36
1739	江西省	赣州市	安远县	37.36
1740	宁夏回族自治区	石嘴山市	大武口区	37.36
1741	云南省	怒江自治州	兰坪自治县	37.36
1742	河北省	保定市	满城区	37.35
1743	广西壮族自治区	柳州市	柳江区	37.34
1744	湖南省	永州市	冷水滩区	37.34
1745	河北省	保定市	蠡县	37.33
1746	河北省	廊坊市	霸州市	37.31
1747	青海省	海东市	民和自治县	37.31
1748	西藏自治区	山南市	加查县	37.31
1749	云南省	文山自治州	广南县	37.31
1750	江西省	赣州市	南康区	37.29
1751	浙江省	杭州市	建德市	37.29
1752	广东省	梅州市	梅江区	37.28
1753	四川省	凉山自治州	甘洛县	37.28
1754	云南省	大理自治州	漾濞自治县	37.28
1755	云南省	丽江市	华坪县	37.28
1756	河北省	邯郸市	鸡泽县	37.26

排名	省份	地市级	县级	大气环境资源储量
1757	湖南省	常德市	安乡县	37.26
1758	江西省	宜春市	高安市	37.26
1759	湖南省	怀化市	麻阳自治县	37.23
1760	四川省	资阳市	雁江区	37.23
1761	云南省	德宏自治州	盈江县	37.22
1762	陕西省	渭南市	华州区	37.21
1763	新疆维吾尔自治区	阿克苏地区	阿瓦提县	37.21
1764	新疆维吾尔自治区	喀什地区	英吉沙县	37.21
1765	四川省	内江市	威远县	37.20
1766	江西省	南昌市	南昌县	37.19
1767	四川省	达州市	开江县	37.19
1768	甘肃省	甘南自治州	合作市	37.18
1769	湖北省	襄阳市	南漳县	37.17
1770	宁夏回族自治区	银川市	永宁县	37.17
1771	四川省	攀枝花市	东区	37.16
1772	湖北省	宜昌市	兴山县	37.15
1773	山东省	聊城市	东昌府区	37.13
1774	重庆市	云阳县	云阳县	37.12
1775	湖南省	郴州市	资兴市	37.10
1776	北京市	延庆区	延庆区	37.09
1777	甘肃省	陇南市	西和县	37.09
1778	云南省	红河自治州	屏边自治县	37.08
1779	江西省	抚州市	崇仁县	37.07
1780	河北省	张家口市	蔚县	37.06
1781	陕西省	西安市	蓝田县	37.06
1782	湖北省	咸宁市	崇阳县	37.05
1783	吉林省	延边自治州	和龙市	37.05
1784	贵州省	铜仁市	碧江区	37.04
1785	河南省	南阳市	西峡县	37.04
1786	江西省	赣州市	兴国县	37.03
1787	贵州省	黔南自治州	贵定县	37.02
1788	云南省	保山市	施甸县	37.02
1789	浙江省	金华市	武义县	37.01
1790	重庆市	黔江区	黔江区	37.00
1791	四川省	资阳市	乐至县	37.00
1792	河南省	周口市	鹿邑县	36.99
1793	贵州省	黔东南自治州	岑巩县	36.98
1794	甘肃省	白银市	靖远县	36.97
1795	海南省	屯昌县	屯昌县	36.96
1796	山西省	长治市	沁源县	36.96

排名	省份	地市级	县级	大气环境资源储量
1797	河南省	开封市	杞县	36.95
1798	福建省	宁德市	古田县	36.94
1799	陕西省	咸阳市	永寿县	36.94
1800	江西省	萍乡市	莲花县	36.93
1801	江西省	上饶市	横峰县	36.92
1802	重庆市	酉阳自治县	酉阳自治县	36.91
1803	广西壮族自治区	河池市	宜州区	36.91
1804	甘肃省	定西市	漳县	36.89
1805	江西省	赣州市	会昌县	36.89
1806	云南省	昭通市	绥江县	36.89
1807	湖北省	襄阳市	枣阳市	36.88
1808	河北省	保定市	高碑店市	36.88
1809	湖南省	邵阳市	邵阳县	36.88
1810	甘肃省	定西市	岷县	36.86
1811	吉林省	通化市	东昌区	36.83
1812	河北省	石家庄市	深泽县	36.82
1813	河南省	新乡市	长垣县	36.82
1814	湖南省	岳阳市	华容县	36.82
1815	新疆维吾尔自治区	伊犁自治州	昭苏县	36.81
1816	江西省	抚州市	宜黄县	36.80
1817	河北省	石家庄市	晋州市	36.79
1818	陕西省	西安市	鄠邑区	36.79
1819	湖北省	十堰市	茅箭区	36.78
1820	陕西省	延安市	吴起县	36.78
1821	广西壮族自治区	来宾市	忻城县	36.77
1822	山西省	临汾市	曲沃县	36.77
1823	福建省	三明市	永安市	36.76
1824	贵州省	黔东南自治州	施秉县	36.75
1825	广西壮族自治区	百色市	右江区	36.73
1826	湖北省	孝感市	云梦县	36.72
1827	陕西省	汉中市	留坝县	36.72
1828	陕西省	榆林市	吴堡县	36.72
1829	新疆维吾尔自治区	五家渠市	五家渠市	36.72
1830	安徽省	黄山市	休宁县	36.71
1831	广西壮族自治区	桂林市	荔浦县	36.71
1832	海南省	儋州市	儋州市	36.70
1833	福建省	三明市	建宁县	36.69
1834	甘肃省	天水市	秦州区	36.69
1835	四川省	成都市	彭州市	36.69
1836	新疆维吾尔自治区	伊犁自治州	新源县	36.69

续表

排名	省份	地市级	县级	大气环境资源储量
1837	广西壮族自治区	百色市	乐业县	36.68
1838	湖南省	永州市	祁阳县	36.68
1839	山西省	朔州市	朔城区	36.67
1840	西藏自治区	昌都市	昌都市	36.66
1841	安徽省	宿州市	萧县	36.64
1842	海南省	白沙自治县	白沙自治县	36.64
1843	山西省	临汾市	洪洞县	36.64
1844	贵州省	遵义市	仁怀市	36.63
1845	江西省	上饶市	德兴市	36.63
1846	陕西省	宝鸡市	陇县	36.63
1847	甘肃省	庆阳市	镇原县	36.62
1848	河北省	唐山市	迁安市	36.61
1849	宁夏回族自治区	固原市	西吉县	36.61
1850	云南省	迪庆自治州	维西自治县	36.61
1851	陕西省	宝鸡市	太白县	36.58
1852	河南省	郑州市	中牟县	36.57
1853	湖南省	长沙市	浏阳市	36.57
1854	江西省	吉安市	井冈山市	36.57
1855	陕西省	西安市	周至县	36.57
1856	浙江省	温州市	永嘉县	36.57
1857	湖北省	随州市	曾都区	36.56
1858	江西省	赣州市	章贡区	36.56
1859	河南省	平顶山市	舞钢市	36.55
1860	湖南省	郴州市	安仁县	36.53
1861	湖南省	衡阳市	衡东县	36.53
1862	湖南省	湘西自治州	凤凰县	36.53
1863	甘肃省	陇南市	康县	36.52
1864	广西壮族自治区	梧州市	龙圩区	36.51
1865	西藏自治区	林芝市	波密县	36.51
1866	贵州省	黔东南自治州	三穗县	36.50
1867	新疆维吾尔自治区	塔城地区	塔城市	36.50
1868	甘肃省	天水市	清水县	36.49
1869	陕西省	延安市	宜川县	36.49
1870	四川省	绵阳市	梓潼县	36.48
1871	山西省	太原市	尖草坪区	36.48
1872	云南省	文山自治州	文山市	36.48
1873	河北省	衡水市	景县	36.46
1874	甘肃省	平凉市	灵台县	36.45
1875	广西壮族自治区	贺州市	昭平县	36.44
1876	山东省	济宁市	兖州区	36.44

排名	省份	地市级	县级	大气环境资源储量
1877	浙江省	金华市	东阳市	36.44
1878	湖南省	衡阳市	祁东县	36.43
1879	四川省	达州市	宣汉县	36.43
1880	广东省	肇庆市	广宁县	36.42
1881	重庆市	垫江县	垫江县	36.41
1882	福建省	龙岩市	长汀县	36.41
1883	福建省	南平市	延平区	36.41
1884	江西省	抚州市	资溪县	36.41
1885	四川省	德阳市	绵竹市	36.41
1886	四川省	乐山市	井研县	36.41
1887	湖北省	十堰市	郧西县	36.39
1888	河北省	衡水市	桃城区	36.39
1889	湖南省	邵阳市	新邵县	36.39
1890	广东省	云浮市	云城区	36.38
1891	湖南省	常德市	石门县	36.37
1892	河北省	秦皇岛市	海港区	36.36
1893	贵州省	黔西南自治州	册亨县	36.35
1894	四川省	达州市	大竹县	36.35
1895	北京市	丰台区	丰台区	36.34
1896	贵州省	毕节市	大方县	36.33
1897	河北省	唐山市	遵化市	36.33
1898	河南省	焦作市	山阳区	36.33
1899	湖南省	常德市	桃源县	36.33
1900	贵州省	毕节市	黔西县	36.32
1901	云南省	普洱市	江城自治县	36.32
1902	湖北省	十堰市	房县	36.31
1903	新疆维吾尔自治区	和田地区	策勒县	36.31
1904	重庆市	梁平区	梁平区	36.26
1905	河北省	石家庄市	平山县	36.26
1906	山西省	临汾市	侯马市	36.26
1907	江西省	赣州市	寻乌县	36.25
1908	山西省	长治市	沁县	36.25
1909	新疆维吾尔自治区	伊犁自治州	特克斯县	36.24
1910	海南省	保亭自治县	保亭自治县	36.23
1911	湖南省	常德市	汉寿县	36.23
1912	甘肃省	平凉市	华亭县	36.22
1913	湖北省	荆州市	松滋市	36.22
1914	湖北省	咸宁市	赤壁市	36.17
1915	河北省	衡水市	深州市	36.17
1916	湖南省	岳阳市	平江县	36.17

排名	省份	地市级	县级	大气环境资源储量
1917	江西省	吉安市	吉州区	36.12
1918	内蒙古自治区	呼伦贝尔市	根河市	36.12
1919	新疆维吾尔自治区	昌吉自治州	玛纳斯县	36.12
1920	四川省	德阳市	旌阳区	36.11
1921	甘肃省	庆阳市	泾川县	36.10
1922	湖北省	恩施自治州	咸丰县	36.10
1923	湖南省	怀化市	会同县	36.10
1924	陕西省	延安市	甘泉县	36.10
1925	福建省	南平市	邵武市	36.09
1926	贵州省	遵义市	余庆县	36.09
1927	江西省	赣州市	于都县	36.08
1928	重庆市	丰都县	丰都县	36.07
1929	湖南省	永州市	蓝山县	36.07
1930	江西省	南昌市	新建区	36.06
1931	云南省	丽江市	玉龙自治县	36.06
1932	四川省	成都市	大邑县	36.05
1933	山东省	临沂市	费县	36.05
1934	天津市	南开区	南开区	36.05
1935	四川省	自贡市	自流井区	36.03
1936	四川省	自贡市	荣县	36.03
1937	湖南省	娄底市	双峰县	36.02
1938	安徽省	黄山市	黟县	36.01
1939	河北省	保定市	安新县	35.99
1940	四川省	内江市	东兴区	35.99
1941	安徽省	池州市	石台县	35.97
1942	青海省	海西自治州	德令哈市	35.96
1943	陕西省	安康市	旬阳县	35.95
1944	湖南省	郴州市	桂东县	35.94
1945	云南省	德宏自治州	陇川县	35.93
1946	四川省	凉山自治州	宁南县	35.92
1947	安徽省	六安市	霍山县	35.90
1948	湖南省	永州市	东安县	35.90
1949	山西省	临汾市	安泽县	35.90
1950	甘肃省	定西市	陇西县	35.89
1951	青海省	海南自治州	贵南县	35.89
1952	四川省	凉山自治州	越西县	35.89
1953	新疆维吾尔自治区	和田地区	民丰县	35.89
1954	福建省	南平市	浦城县	35.87
1955	贵州省	黔东南自治州	镇远县	35.87
1956	黑龙江省	大兴安岭地区	漠河县	35.87

排名	省份	地市级	县级	大气环境资源储量
1957	浙江省	温州市	文成县	35.87
1958	宁夏回族自治区	银川市	金凤区	35.86
1959	新疆维吾尔自治区	昌吉自治州	奇台县	35.86
1960	广西壮族自治区	河池市	天峨县	35.85
1961	重庆市	忠县	忠县	35.83
1962	云南省	昭通市	巧家县	35.82
1963	湖南省	娄底市	涟源市	35.81
1964	陕西省	延安市	延川县	35.81
1965	贵州省	遵义市	正安县	35.80
1966	河北省	邯郸市	馆陶县	35.80
1967	四川省	宜宾市	南溪区	35.80
1968	安徽省	宣城市	宁国市	35.78
1969	四川省	内江市	资中县	35.78
1970	重庆市	北碚区	北碚区	35.77
1971	重庆市	荣昌区	荣昌区	35.77
1972	贵州省	毕节市	纳雍县	35.77
1973	湖南省	益阳市	南县	35.77
1974	江西省	赣州市	崇义县	35.77
1975	江西省	上饶市	万年县	35.77
1976	浙江省	金华市	永康市	35.77
1977	海南省	琼中自治县	琼中自治县	35.75
1978	陕西省	宝鸡市	千阳县	35.75
1979	新疆维吾尔自治区	伊犁自治州	察布查尔自治县	35.74
1980	福建省	龙岩市	漳平市	35.73
1981	贵州省	遵义市	习水县	35.73
1982	广东省	河源市	紫金县	35.72
1983	贵州省	铜仁市	印江自治县	35.72
1984	陕西省	渭南市	韩城市	35.72
1985	新疆维吾尔自治区	塔城地区	沙湾县	35.71
1986	青海省	玉树自治州	玉树市	35.69
1987	四川省	广安市	武胜县	35.69
1988	江西省	抚州市	黎川县	35.68
1989	浙江省	丽水市	龙泉市	35.68
1990	江西省	九江市	修水县	35.67
1991	陕西省	汉中市	洋县	35.66
1992	广西壮族自治区	河池市	凤山县	35.65
1993	河南省	郑州市	荥阳市	35.65
1994	陕西省	宝鸡市	眉县	35.65
1995	浙江省	丽水市	遂昌县	35.64
1996	福建省	三明市	大田县	35.63

排名	省份	地市级	县级	大气环境资源储量
1997	河南省	信阳市	淮滨县	35.63
1998	北京市	海淀区	海淀区	35.62
1999	四川省	眉山市	青神县	35.62
2000	四川省	宜宾市	筠连县	35.62
2001	湖南省	怀化市	芷江自治县	35.61
2002	江西省	赣州市	瑞金市	35.61
2003	江西省	宜春市	奉新县	35.61
2004	辽宁省	抚顺市	新宾自治县	35.61
2005	云南省	临沧市	临翔区	35.61
2006	内蒙古自治区	呼和浩特市	赛罕区	35.60
2007	青海省	西宁市	湟中县	35.59
2008	湖北省	黄冈市	英山县	35.57
2009	四川省	泸州市	龙马潭区	35.57
2010	甘肃省	甘南自治州	迭部县	35.55
2011	河北省	承德市	承德县	35.55
2012	湖南省	娄底市	新化县	35.55
2013	甘肃省	临夏自治州	康乐县	35.53
2014	山西省	临汾市	永和县	35.53
2015	福建省	三明市	沙县	35.52
2016	江西省	新余市	渝水区	35.52
2017	辽宁省	丹东市	宽甸自治县	35.51
2018	四川省	凉山自治州	西昌市	35.51
2019	甘肃省	天水市	秦安县	35.49
2020	河南省	周口市	郸城县	35.49
2021	新疆维吾尔自治区	阿克苏地区	库车县	35.49
2022	新疆维吾尔自治区	乌鲁木齐市	乌鲁木齐县	35.49
2023	甘肃省	陇南市	宕昌县	35.48
2024	河北省	唐山市	玉田县	35.48
2025	陕西省	安康市	石泉县	35.48
2026	河南省	南阳市	淅川县	35.47
2027	浙江省	台州市	仙居县	35.47
2028	新疆维吾尔自治区	巴音郭楞自治州	和静县北部	35.46
2029	四川省	泸州市	叙永县	35.45
2030	甘肃省	兰州市	皋兰县	35.44
2031	河北省	石家庄市	新乐市	35.44
2032	四川省	成都市	崇州市	35.43
2033	江西省	宜春市	靖安县	35.42
2034	四川省	广元市	青川县	35.42
2035	广西壮族自治区	河池市	东兰县	35.41
2036	四川省	成都市	新津县	35.41

排名	省份	地市级	县级	大气环境资源储量
2037	四川省	眉山市	仁寿县	35.41
2038	四川省	成都市	温江区	35.39
2039	甘肃省	平凉市	崇信县	35.36
2040	青海省	海北自治州	门源自治县	35.33
2041	陕西省	汉中市	西乡县	35.33
2042	四川省	乐山市	夹江县	35.32
2043	湖南省	湘西自治州	吉首市	35.28
2044	重庆市	巫溪县	巫溪县	35.25
2045	贵州省	黔东南自治州	从江县	35.25
2046	贵州省	六盘水市	钟山区	35.22
2047	重庆市	江津区	江津区	35.21
2048	湖南省	永州市	新田县	35.20
2049	四川省	自贡市	富顺县	35.20
2050	山东省	济宁市	任城区	35.19
2051	甘肃省	定西市	临洮县	35.18
2052	湖南省	邵阳市	武冈市	35.18
2053	湖南省	张家界市	桑植县	35.18
2054	西藏自治区	昌都市	类乌齐县	35.18
2055	河南省	商丘市	宁陵县	35.17
2056	河南省	南阳市	桐柏县	35.16
2057	山西省	忻州市	定襄县	35.15
2058	新疆维吾尔自治区	阿勒泰地区	阿勒泰市	35.14
2059	四川省	成都市	新都区	35.12
2060	安徽省	黄山市	屯溪区	35.11
2061	青海省	黄南自治州	尖扎县	35.11
2062	福建省	三明市	尤溪县	35.10
2063	四川省	德阳市	中江县	35.10
2064	云南省	西双版纳自治州	勐腊县	35.10
2065	四川省	宜宾市	江安县	35.09
2066	湖北省	襄阳市	保康县	35.08
2067	新疆维吾尔自治区	巴音郭楞自治州	和硕县	35.08
2068	新疆维吾尔自治区	喀什地区	巴楚县	35.08
2069	贵州省	铜仁市	石阡县	35.07
2070	四川省	达州市	渠县	35.07
2071	青海省	海南自治州	共和县	35.06
2072	河北省	廊坊市	安次区	35.05
2073	山西省	临汾市	古县	35.04
2074	四川省	广元市	苍溪县	35.03
2075	陕西省	商洛市	柞水县	35.02
2076	云南省	普洱市	澜沧自治县	35.02

排名	省份	地市级	县级	大气环境资源储量
2077	新疆维吾尔自治区	喀什地区	伽师县	35.00
2078	广东省	梅州市	大埔县	34.99
2079	甘肃省	天水市	张家川自治县	34.98
2080	云南省	普洱市	景东自治县	34.98
2081	福建省	三明市	将乐县	34.97
2082	陕西省	宝鸡市	扶风县	34.97
2083	新疆维吾尔自治区	阿拉尔市	阿拉尔市	34.97
2084	湖南省	怀化市	鹤城区	34.96
2085	新疆维吾尔自治区	喀什地区	麦盖提县	34.96
2086	云南省	昭通市	大关县	34.96
2087	广西壮族自治区	崇左市	龙州县	34.95
2088	贵州省	黔南自治州	龙里县	34.95
2089	四川省	南充市	蓬安县	34.95
2090	河南省	南阳市	南召县	34.94
2091	陕西省	商洛市	镇安县	34.94
2092	四川省	遂宁市	射洪县	34.93
2093	陕西省	延安市	延长县	34.93
2094	新疆维吾尔自治区	阿克苏地区	乌什县	34.93
2095	重庆市	大足区	大足区	34.90
2096	贵州省	毕节市	赫章县	34.89
2097	四川省	宜宾市	珙县	34.89
2098	四川省	巴中市	巴州区	34.88
2099	四川省	甘孜藏族自治州	德格县	34.88
2100	四川省	绵阳市	平武县	34.88
2101	四川省	绵阳市	盐亭县	34.88
2102	陕西省	咸阳市	乾县	34.88
2103	山西省	临汾市	尧都区	34.87
2104	江西省	吉安市	泰和县	34.85
2105	新疆维吾尔自治区	吐鲁番市	高昌区	34.84
2106	福建省	南平市	武夷山市	34.83
2107	新疆维吾尔自治区	博尔塔拉自治州	博乐市	34.83
2108	河北省	保定市	安国市	34.82
2109	安徽省	黄山市	黄山区	34.81
2110	四川省	遂宁市	船山区	34.81
2111	新疆维吾尔自治区	和田地区	皮山县	34.81
2112	河北省	保定市	易县	34.78
2113	陕西省	西安市	长安区	34.78
2114	河北省	保定市	涿州市	34.77
2115	四川省	绵阳市	江油市	34.77
2116	四川省	巴中市	通江县	34.74

排名	省份	地市级	县级	大气环境资源储量
2117	河北省	石家庄市	灵寿县	34.73
2118	湖南省	湘西自治州	保靖县	34.73
2119	广西壮族自治区	贵港市	平南县	34.71
2120	四川省	成都市	双流区	34.71
2121	贵州省	遵义市	湄潭县	34.68
2122	湖南省	益阳市	安化县	34.67
2123	四川省	成都市	邛崃市	34.66
2124	重庆市	长寿区	长寿区	34.65
2125	湖北省	恩施自治州	建始县	34.65
2126	四川省	广安市	邻水县	34.65
2127	陕西省	延安市	黄陵县	34.65
2128	云南省	昭通市	威信县	34.65
2129	新疆维吾尔自治区	阿克苏地区	温宿县	34.62
2130	新疆维吾尔自治区	伊犁自治州	伊宁县	34.62
2131	广西壮族自治区	贵港市	桂平市	34.60
2132	江西省	赣州市	上犹县	34.60
2133	青海省	果洛自治州	班玛县	34.60
2134	福建省	南平市	建瓯市	34.59
2135	河北省	廊坊市	永清县	34.56
2136	湖北省	恩施自治州	宣恩县	34.55
2137	四川省	南充市	阆中市	34.55
2138	新疆维吾尔自治区	昌吉自治州	阜康市	34.55
2139	河南省	周口市	川汇区	34.54
2140	贵州省	黔南自治州	三都自治县	34.53
2141	新疆维吾尔自治区	伊犁自治州	巩留县	34.52
2142	福建省	三明市	泰宁县	34.51
2143	江西省	宜春市	铜鼓县	34.50
2144	广西壮族自治区	桂林市	灵川县	34.49
2145	贵州省	黔东南自治州	榕江县	34.49
2146	四川省	雅安市	芦山县	34.49
2147	云南省	德宏自治州	芒市	34.47
2148	广东省	河源市	连平县	34.46
2149	湖南省	湘西自治州	花垣县	34.46
2150	河北省	石家庄市	无极县	34.42
2151	四川省	巴中市	平昌县	34.42
2152	新疆维吾尔自治区	和田地区	于田县	34.42
2153	甘肃省	临夏自治州	和政县	34.41
2154	贵州省	黔南自治州	荔波县	34.41
2155	重庆市	九龙坡区	九龙坡区	34.40
2156	浙江省	丽水市	缙云县	34.40

排名	省份	地市级	县级	大气环境资源储量
2157	河北省	石家庄市	栾城区	34.39
2158	安徽省	池州市	东至县	34.37
2159	四川省	南充市	营山县	34.37
2160	重庆市	开州区	开州区	34.36
2161	福建省	福州市	连江县	34.36
2162	河北省	邯郸市	涉县	34.35
2163	云南省	德宏自治州	瑞丽市	34.34
2164	湖北省	十堰市	竹溪县	34.32
2165	广西壮族自治区	桂林市	阳朔县	34.31
2166	湖北省	恩施自治州	鹤峰县	34.31
2167	四川省	雅安市	天全县	34.29
2168	新疆维吾尔自治区	克孜勒苏自治州	阿克陶县	34.29
2169	四川省	乐山市	犍为县	34.28
2170	湖南省	邵阳市	绥宁县	34.26
2171	新疆维吾尔自治区	哈密市	伊州区	34.26
2172	河北省	廊坊市	固安县	34.25
2173	河南省	周口市	太康县	34.23
2174	四川省	泸州市	合江县	34.22
2175	浙江省	衢州市	开化县	34.22
2176	陕西省	安康市	宁陕县	34.21
2177	贵州省	黔西南自治州	望谟县	34.19
2178	陕西省	安康市	岚皋县	34.18
2179	陕西省	汉中市	南郑县	34.15
2180	四川省	雅安市	名山区	34.12
2181	湖南省	怀化市	沅陵县	34.11
2182	福建省	南平市	顺昌县	34.10
2183	新疆维吾尔自治区	喀什地区	叶城县	34.08
2184	云南省	临沧市	镇康县	34.07
2185	广东省	清远市	阳山县	34.06
2186	西藏自治区	昌都市	八宿县	34.06
2187	甘肃省	临夏自治州	广河县	34.05
2188	贵州省	遵义市	凤冈县	34.04
2189	新疆维吾尔自治区	伊犁自治州	伊宁市	34.04
2190	甘肃省	兰州市	安宁区	34.03
2191	河北省	保定市	曲阳县	34.02
2192	四川省	凉山自治州	雷波县	34.01
2193	甘肃省	陇南市	礼县	34.00
2194	广西壮族自治区	百色市	凌云县	33.99
2195	甘肃省	陇南市	成县	33.97
2196	湖北省	恩施自治州	利川市	33.96

续表

排名	省份	地市级	县级	大气环境资源储量
2197	新疆维吾尔自治区	伊犁自治州	尼勒克县	33.96
2198	贵州省	黔东南自治州	天柱县	33.93
2199	湖北省	恩施自治州	来凤县	33.92
2200	湖南省	郴州市	宜章县	33.92
2201	贵州省	遵义市	务川自治县	33.91
2202	河北省	石家庄市	正定县	33.89
2203	新疆维吾尔自治区	塔城地区	乌苏市	33.89
2204	江西省	宜春市	宜丰县	33.88
2205	贵州省	黔东南自治州	台江县	33.87
2206	四川省	乐山市	沐川县	33.87
2207	陕西省	汉中市	宁强县	33.87
2208	四川省	乐山市	市中区	33.84
2209	云南省	红河自治州	河口自治县	33.82
2210	陕西省	宝鸡市	麟游县	33.80
2211	四川省	宜宾市	长宁县	33.79
2212	山东省	泰安市	肥城市	33.76
2213	四川省	阿坝藏族自治州	马尔康市	33.70
2214	陕西省	宝鸡市	渭滨区	33.66
2215	西藏自治区	林芝市	米林县	33.65
2216	云南省	普洱市	思茅区	33.65
2217	四川省	乐山市	峨眉山市	33.63
2218	重庆市	万州区	万州区	33.62
2219	湖北省	宜昌市	秭归县	33.60
2220	青海省	海东市	互助自治县	33.59
2221	贵州省	黔东南自治州	剑河县	33.57
2222	北京市	密云区	密云区	33.56
2223	湖北省	十堰市	竹山县	33.55
2224	江西省	景德镇市	昌江区	33.54
2225	甘肃省	陇南市	徽县	33.52
2226	浙江省	丽水市	莲都区	33.52
2227	贵州省	遵义市	绥阳县	33.51
2228	湖南省	湘西自治州	永顺县	33.50
2229	陕西省	安康市	紫阳县	33.50
2230	四川省	宜宾市	宜宾县	33.49
2231	福建省	三明市	明溪县	33.48
2232	浙江省	丽水市	云和县	33.48
2233	贵州省	遵义市	汇川区	33.45
2234	新疆维吾尔自治区	喀什地区	莎车县	33.44
2235	河北省	石家庄市	藁城区	33.43
2236	贵州省	毕节市	七星关区	33.39

排名	省份	地市级	县级	大气环境资源储量
2237	陕西省	榆林市	子洲县	33.39
2238	四川省	成都市	都江堰市	33.34
2239	新疆维吾尔自治区	阿克苏地区	沙雅县	33.30
2240	新疆维吾尔自治区	乌鲁木齐市	米东区	33.30
2241	新疆维吾尔自治区	石河子市	石河子市	33.28
2242	湖南省	怀化市	新晃自治县	33.24
2243	贵州省	铜仁市	松桃自治县	33.23
2244	河北省	石家庄市	辛集市	33.19
2245	福建省	南平市	建阳区	33.16
2246	湖南省	张家界市	永定区	33.16
2247	甘肃省	临夏自治州	永靖县	33.15
2248	重庆市	城口县	城口县	33.10
2249	四川省	达州市	达川区	33.10
2250	新疆维吾尔自治区	伊犁自治州	霍城县	33.10
2251	云南省	怒江自治州	贡山自治县	33.06
2252	云南省	昭通市	盐津县	33.05
2253	贵州省	遵义市	道真自治县	33.02
2254	陕西省	安康市	汉滨区	33.02
2255	新疆维吾尔自治区	喀什地区	泽普县	32.99
2256	河北省	保定市	唐县	32.98
2257	四川省	阿坝藏族自治州	金川县	32.97
2258	甘肃省	临夏自治州	临夏市	32.90
2259	湖北省	宜昌市	五峰自治县	32.84
2260	新疆维吾尔自治区	阿勒泰地区	青河县	32.82
2261	云南省	西双版纳自治州	景洪市	32.79
2262	新疆维吾尔自治区	克孜勒苏自治州	阿图什市	32.68
2263	新疆维吾尔自治区	吐鲁番市	鄯善县	32.67
2264	陕西省	汉中市	汉台区	32.65
2265	陕西省	安康市	白河县	32.63
2266	四川省	成都市	郫都区	32.59
2267	新疆维吾尔自治区	阿克苏地区	柯坪县	32.59
2268	云南省	临沧市	耿马自治县	32.57
2269	西藏自治区	那曲市	比如县	32.52
2270	浙江省	温州市	鹿城区	32.49
2271	四川省	广元市	旺苍县	32.42
2272	贵州省	铜仁市	沿河自治县	32.40
2273	湖南省	湘西自治州	龙山县	32.37
2274	湖北省	恩施自治州	恩施市	32.36
2275	重庆市	彭水自治县	彭水自治县	32.33
2276	甘肃省	陇南市	两当县	32.29

排名	省份	地市级	县级	大气环境资源储量
2277	贵州省	铜仁市	思南县	32.22
2278	四川省	眉山市	东坡区	32.17
2279	四川省	雅安市	雨城区	32.10
2280	甘肃省	兰州市	城关区	31.99
2281	陕西省	商洛市	商南县	31.69
2282	青海省	西宁市	城西区	31.66
2283	新疆维吾尔自治区	喀什地区	岳普湖县	31.64
2284	陕西省	渭南市	合阳县	31.52
2285	贵州省	铜仁市	江口县	31.50
2286	云南省	怒江自治州	福贡县	31.49
2287	宁夏回族自治区	银川市	贺兰县	31.05
2288	贵州省	黔南自治州	罗甸县	30.86
2289	新疆维吾尔自治区	阿克苏地区	拜城县	30.79
2290	上海市	徐汇区	徐汇区	30.49

六 中国大气环境容量指数县级排名

表 2-9 中国大气环境容量指数排名 (2018 年-县级-AECI 均值排序)

排名	省份	地市级	县级	大气环境容量指数
1	浙江省	舟山市	嵊泗县	0.78
2	海南省	三沙市	南沙群岛	0.77
3	浙江省	台州市	椒江区	0.77
4	海南省	三亚市	吉阳区	0.76
5	福建省	泉州市	晋江市	0.75
6	福建省	漳州市	东山县	0.74
7	广东省	江门市	上川岛	0.74
8	福建省	泉州市	惠安县	0.73
9	海南省	三沙市	西沙群岛珊瑚岛	0.73
10	江苏省	连云港市	连云区	0.73
11	山东省	威海市	荣成市北海口	0.73
12	浙江省	宁波市	象山县 (滨海)	0.73
13	湖南省	衡阳市	南岳区	0.72
14	内蒙古自治区	巴彦淖尔市	乌拉特后旗西北	0.72
15	云南省	红河自治州	个旧市	0.72
16	福建省	福州市	平潭县	0.71
17	广西壮族自治区	北海市	海城区 (涠洲岛)	0.71
18	广西壮族自治区	桂林市	临桂区	0.71
19	海南省	东方市	东方市	0.71

排名	省份	地市级	县级	大气环境容量指数
20	海南省	三沙市	西沙群岛	0.71
21	内蒙古自治区	阿拉善盟	额济纳旗东部	0.71
22	内蒙古自治区	赤峰市	巴林右旗	0.71
23	山东省	烟台市	长岛县	0.71
24	新疆维吾尔自治区	博尔塔拉自治州	阿拉山口市	0.71
25	浙江省	台州市	玉环市	0.71
26	浙江省	舟山市	岱山县	0.71
27	安徽省	安庆市	望江县	0.70
28	广东省	揭阳市	惠来县	0.70
29	广东省	阳江市	江城区	0.70
30	广东省	珠海市	香洲区	0.70
31	甘肃省	武威市	天祝自治县	0.70
32	广西壮族自治区	柳州市	柳北区	0.70
33	湖北省	荆门市	掇刀区	0.70
34	湖南省	郴州市	北湖区	0.70
35	内蒙古自治区	鄂尔多斯市	杭锦旗	0.70
36	山东省	青岛市	胶州市	0.70
37	山东省	烟台市	栖霞市	0.70
38	浙江省	舟山市	普陀区	0.70
39	安徽省	安庆市	太湖县	0.69
40	福建省	莆田市	秀屿区	0.69
41	福建省	漳州市	诏安县	0.69
42	广东省	茂名市	电白区	0.69
43	广东省	汕头市	澄海区	0.69
44	广东省	汕尾市	陆丰市	0.69
45	广东省	湛江市	吴川市	0.69
46	广东省	湛江市	霞山区	0.69
47	广东省	湛江市	遂溪县	0.69
48	广西壮族自治区	百色市	田阳县	0.69
49	广西壮族自治区	防城港市	港口区	0.69
50	广西壮族自治区	防城港市	东兴市	0.69
51	广西壮族自治区	柳州市	柳城县	0.69
52	广西壮族自治区	钦州市	钦南区	0.69
53	广西壮族自治区	玉林市	博白县	0.69
54	广西壮族自治区	玉林市	容县	0.69
55	湖北省	鄂州市	鄂城区	0.69
56	海南省	海口市	美兰区	0.69
57	湖南省	永州市	双牌县	0.69
58	江西省	九江市	湖口县	0.69
59	辽宁省	大连市	金州区	0.69

排名	省份	地市级	县级	大气环境容量指数
60	辽宁省	锦州市	北镇市	0.69
61	辽宁省	锦州市	凌海市	0.69
62	内蒙古自治区	包头市	白云鄂博矿区	0.69
63	内蒙古自治区	通辽市	科尔沁左翼后旗	0.69
64	内蒙古自治区	锡林郭勒盟	苏尼特右旗朱日和	0.69
65	内蒙古自治区	锡林郭勒盟	苏尼特右旗	0.69
66	山东省	青岛市	李沧区	0.69
67	山东省	烟台市	牟平区	0.69
68	西藏自治区	日喀则市	聂拉木县	0.69
69	云南省	丽江市	宁蒗自治县	0.69
70	云南省	曲靖市	会泽县	0.69
71	浙江省	杭州市	萧山区	0.69
72	浙江省	湖州市	长兴县	0.69
73	浙江省	温州市	洞头区	0.69
74	安徽省	马鞍山市	当涂县	0.68
75	福建省	福州市	长乐区	0.68
76	福建省	厦门市	湖里区	0.68
77	广东省	潮州市	饶平县	0.68
78	广东省	惠州市	惠东县	0.68
79	广东省	江门市	新会区	0.68
80	广东省	茂名市	电白区	0.68
81	广东省	清远市	清城区	0.68
82	广东省	汕头市	南澳县	0.68
83	广东省	湛江市	雷州市	0.68
84	广东省	湛江市	徐闻县	0.68
85	广东省	湛江市	廉江市	0.68
86	广东省	珠海市	香洲区	0.68
87	广西壮族自治区	崇左市	江州区	0.68
88	广西壮族自治区	河池市	环江自治县	0.68
89	广西壮族自治区	南宁市	邕宁区	0.68
90	湖北省	随州市	广水市	0.68
91	湖北省	襄阳市	襄城区	0.68
92	湖北省	孝感市	大悟县	0.68
93	河南省	鹤壁市	淇县	0.68
94	河南省	洛阳市	宜阳县	0.68
95	河南省	信阳市	新县	0.68
96	海南省	定安县	定安县	0.68
97	海南省	陵水自治县	陵水自治县	0.68
98	江西省	九江市	都昌县	0.68
99	江西省	九江市	庐山市	0.68

排名	省份	地市级	县级	大气环境容量指数
100	江西省	南昌市	进贤县	0.68
101	辽宁省	葫芦岛市	连山区	0.68
102	辽宁省	营口市	大石桥市	0.68
103	内蒙古自治区	阿拉善盟	阿拉善左旗南部	0.68
104	内蒙古自治区	包头市	达尔罕茂明安联合旗北部	0.68
105	内蒙古自治区	鄂尔多斯市	杭锦旗西北	0.68
106	内蒙古自治区	呼伦贝尔市	新巴尔虎右旗	0.68
107	内蒙古自治区	乌兰察布市	商都县	0.68
108	内蒙古自治区	乌兰察布市	察哈尔右翼中旗	0.68
109	内蒙古自治区	锡林郭勒盟	阿巴嘎旗	0.68
110	内蒙古自治区	兴安盟	科尔沁右翼中旗	0.68
111	山东省	济南市	长清区	0.68
112	山东省	济南市	平阴县	0.68
113	山东省	威海市	荣成市南海口	0.68
114	山东省	威海市	文登区	0.68
115	山东省	潍坊市	临朐县	0.68
116	山东省	烟台市	招远市	0.68
117	山东省	烟台市	芝罘区	0.68
118	云南省	楚雄自治州	永仁县	0.68
119	云南省	红河自治州	红河县	0.68
120	云南省	红河自治州	蒙自市	0.68
121	浙江省	宁波市	余姚市	0.68
122	浙江省	宁波市	象山县	0.68
123	浙江省	温州市	乐清市	0.68
124	浙江省	温州市	平阳县	0.68
125	安徽省	安庆市	潜山县	0.67
126	安徽省	安庆市	大观区	0.67
127	安徽省	蚌埠市	怀远县	0.67
128	安徽省	滁州市	天长市	0.67
129	安徽省	合肥市	庐江县	0.67
130	福建省	宁德市	霞浦县	0.67
131	福建省	泉州市	南安市	0.67
132	福建省	漳州市	云霄县	0.67
133	福建省	漳州市	龙海市	0.67
134	福建省	漳州市	漳浦县	0.67
135	广东省	佛山市	禅城区	0.67
136	广东省	江门市	开平市	0.67
137	广东省	江门市	鹤山市	0.67
138	广东省	汕尾市	城区	0.67
139	广东省	韶关市	乐昌市	0.67

排名	省份	地市级	县级	大气环境容量指数
140	广西壮族自治区	百色市	西林县	0.67
141	广西壮族自治区	北海市	海城区	0.67
142	广西壮族自治区	崇左市	扶绥县	0.67
143	广西壮族自治区	防城港市	防城区	0.67
144	广西壮族自治区	贵港市	港北区	0.67
145	广西壮族自治区	桂林市	全州县	0.67
146	广西壮族自治区	河池市	都安自治县	0.67
147	广西壮族自治区	贺州市	钟山县	0.67
148	广西壮族自治区	来宾市	象州县	0.67
149	广西壮族自治区	柳州市	鹿寨县	0.67
150	广西壮族自治区	柳州市	融水自治县	0.67
151	广西壮族自治区	柳州市	融安县	0.67
152	广西壮族自治区	南宁市	横县	0.67
153	广西壮族自治区	南宁市	武鸣区	0.67
154	广西壮族自治区	南宁市	宾阳县	0.67
155	广西壮族自治区	南宁市	隆安县	0.67
156	广西壮族自治区	南宁市	青秀区	0.67
157	广西壮族自治区	玉林市	陆川县	0.67
158	贵州省	贵阳市	清镇市	0.67
159	湖北省	荆门市	钟祥市	0.67
160	湖北省	荆州市	监利县	0.67
161	河北省	沧州市	海兴县	0.67
162	河北省	邯郸市	武安市	0.67
163	河北省	邢台市	桥东区	0.67
164	河南省	洛阳市	孟津县	0.67
165	河南省	南阳市	镇平县	0.67
166	海南省	临高县	临高县	0.67
167	海南省	琼海市	琼海市	0.67
168	海南省	万宁市	万宁市	0.67
169	湖南省	永州市	江华自治县	0.67
170	湖南省	永州市	冷水滩区	0.67
171	湖南省	岳阳市	湘阴县	0.67
172	湖南省	岳阳市	汨罗市	0.67
173	吉林省	延边自治州	珲春市	0.67
174	江苏省	常州市	金坛区	0.67
175	江苏省	淮安市	金湖县	0.67
176	江苏省	南通市	启东市（滨海）	0.67
177	江苏省	苏州市	吴中区	0.67
178	江苏省	苏州市	吴中区	0.67
179	江苏省	泰州市	靖江市	0.67

续表

排名	省份	地市级	县级	大气环境容量指数
180	江苏省	盐城市	射阳县	0.67
181	江西省	抚州市	东乡区	0.67
182	江西省	九江市	彭泽县	0.67
183	江西省	上饶市	铅山县	0.67
184	辽宁省	盘锦市	双台子区	0.67
185	辽宁省	沈阳市	康平县	0.67
186	内蒙古自治区	阿拉善盟	阿拉善左旗西北	0.67
187	内蒙古自治区	阿拉善盟	阿拉善左旗东南	0.67
188	内蒙古自治区	锡林郭勒盟	二连浩特市	0.67
189	四川省	甘孜藏族自治州	丹巴县	0.67
190	四川省	凉山自治州	德昌县	0.67
191	山东省	德州市	武城县	0.67
192	山东省	临沂市	兰山区	0.67
193	山东省	临沂市	平邑县	0.67
194	山东省	青岛市	市南区	0.67
195	山东省	日照市	东港区	0.67
196	山东省	威海市	环翠区	0.67
197	山东省	枣庄市	滕州市	0.67
198	上海市	崇明区	崇明区	0.67
199	上海市	松江区	松江区	0.67
200	上海市	浦东新区	浦东新区	0.67
201	山西省	忻州市	岢岚县	0.67
202	山西省	运城市	稷山县	0.67
203	山西省	长治市	壶关县	0.67
204	云南省	楚雄自治州	牟定县	0.67
205	云南省	红河自治州	元阳县	0.67
206	云南省	红河自治州	建水县	0.67
207	云南省	红河自治州	开远市	0.67
208	云南省	昆明市	西山区	0.67
209	云南省	昆明市	呈贡区	0.67
210	云南省	昆明市	宜良县	0.67
211	云南省	昆明市	东川区	0.67
212	云南省	曲靖市	陆良县	0.67
213	云南省	玉溪市	通海县	0.67
214	浙江省	嘉兴市	平湖市	0.67
215	浙江省	衢州市	江山市	0.67
216	浙江省	绍兴市	柯桥区	0.67
217	浙江省	台州市	天台县	0.67
218	安徽省	安庆市	宿松县	0.66
219	安徽省	蚌埠市	龙子湖区	0.66

排名	省份	地市级	县级	大气环境容量指数
220	安徽省	蚌埠市	五河县	0.66
221	安徽省	滁州市	明光市	0.66
222	安徽省	阜阳市	界首市	0.66
223	安徽省	淮南市	凤台县	0.66
224	安徽省	淮南市	田家庵区	0.66
225	安徽省	马鞍山市	花山区	0.66
226	安徽省	宿州市	埇桥区	0.66
227	安徽省	宿州市	灵璧县	0.66
228	安徽省	铜陵市	枞阳县	0.66
229	安徽省	铜陵市	义安区	0.66
230	安徽省	芜湖市	鸠江区	0.66
231	重庆市	巫山县	巫山县	0.66
232	福建省	福州市	鼓楼区	0.66
233	福建省	福州市	闽侯县	0.66
234	福建省	福州市	晋安区	0.66
235	福建省	福州市	罗源县	0.66
236	福建省	龙岩市	连城县	0.66
237	福建省	龙岩市	武平县	0.66
238	福建省	莆田市	城厢区	0.66
239	福建省	泉州市	安溪县	0.66
240	福建省	厦门市	同安区	0.66
241	福建省	漳州市	平和县	0.66
242	广东省	东莞市	东莞市	0.66
243	广东省	佛山市	顺德区	0.66
244	广东省	佛山市	三水区	0.66
245	广东省	广州市	天河区	0.66
246	广东省	惠州市	惠城区	0.66
247	广东省	江门市	台山市	0.66
248	广东省	揭阳市	普宁市	0.66
249	广东省	揭阳市	榕城区	0.66
250	广东省	茂名市	化州市	0.66
251	广东省	梅州市	五华县	0.66
252	广东省	梅州市	丰顺县	0.66
253	广东省	汕头市	潮阳区	0.66
254	广东省	汕尾市	海丰县	0.66
255	广东省	韶关市	南雄市	0.66
256	广东省	韶关市	武江区	0.66
257	广东省	韶关市	翁源县	0.66
258	广东省	阳江市	阳春市	0.66
259	广东省	肇庆市	端州区	0.66

排名	省份	地市级	县级	大气环境容量指数
260	广东省	珠海市	斗门区	0.66
261	甘肃省	金昌市	永昌县	0.66
262	广西壮族自治区	百色市	田东县	0.66
263	广西壮族自治区	百色市	平果县	0.66
264	广西壮族自治区	防城港市	上思县	0.66
265	广西壮族自治区	河池市	南丹县	0.66
266	广西壮族自治区	贺州市	八步区	0.66
267	广西壮族自治区	钦州市	灵山县	0.66
268	广西壮族自治区	梧州市	藤县	0.66
269	广西壮族自治区	玉林市	玉州区	0.66
270	湖北省	黄冈市	武穴市	0.66
271	湖北省	黄冈市	黄州区	0.66
272	湖北省	荆州市	石首市	0.66
273	湖北省	武汉市	江夏区	0.66
274	湖北省	咸宁市	嘉鱼县	0.66
275	河北省	沧州市	黄骅市	0.66
276	河北省	邯郸市	峰峰矿区	0.66
277	河北省	邯郸市	永年区	0.66
278	河北省	唐山市	滦南县	0.66
279	河北省	邢台市	威县	0.66
280	河南省	安阳市	滑县	0.66
281	河南省	安阳市	汤阴县	0.66
282	河南省	安阳市	林州市	0.66
283	河南省	鹤壁市	浚县	0.66
284	河南省	济源市	济源市	0.66
285	河南省	洛阳市	偃师市	0.66
286	河南省	洛阳市	洛宁县	0.66
287	河南省	南阳市	宛城区	0.66
288	河南省	南阳市	唐河县	0.66
289	河南省	新乡市	获嘉县	0.66
290	河南省	新乡市	原阳县	0.66
291	河南省	许昌市	长葛市	0.66
292	河南省	驻马店市	正阳县	0.66
293	海南省	昌江自治县	昌江自治县	0.66
294	海南省	海口市	琼山区	0.66
295	黑龙江省	鹤岗市	绥滨县	0.66
296	黑龙江省	鸡西市	鸡冠区	0.66
297	黑龙江省	鸡西市	鸡东县	0.66
298	湖南省	长沙市	岳麓区	0.66
299	湖南省	衡阳市	衡南县	0.66

排名	省份	地市级	县级	大气环境容量指数
300	湖南省	衡阳市	衡阳县	0.66
301	湖南省	岳阳市	岳阳县	0.66
302	吉林省	吉林市	丰满区	0.66
303	吉林省	四平市	公主岭市	0.66
304	江苏省	连云港市	海州区	0.66
305	江苏省	南京市	浦口区	0.66
306	江苏省	南京市	秦淮区	0.66
307	江苏省	南通市	海门市	0.66
308	江苏省	南通市	启东市	0.66
309	江苏省	苏州市	太仓市	0.66
310	江苏省	泰州市	海陵区	0.66
311	江苏省	盐城市	亭湖区	0.66
312	江苏省	镇江市	扬中市	0.66
313	江苏省	镇江市	丹阳市	0.66
314	江西省	抚州市	南城县	0.66
315	江西省	吉安市	万安县	0.66
316	江西省	九江市	永修县	0.66
317	江西省	上饶市	广丰区	0.66
318	江西省	上饶市	上饶县	0.66
319	江西省	鹰潭市	月湖区	0.66
320	辽宁省	朝阳市	北票市	0.66
321	辽宁省	朝阳市	喀喇沁左翼自治县	0.66
322	辽宁省	大连市	长海县	0.66
323	辽宁省	大连市	旅顺口区	0.66
324	辽宁省	营口市	西市区	0.66
325	内蒙古自治区	阿拉善盟	阿拉善右旗	0.66
326	内蒙古自治区	阿拉善盟	阿拉善左旗	0.66
327	内蒙古自治区	包头市	固阳县	0.66
328	内蒙古自治区	包头市	达尔罕茂明安联合旗东南	0.66
329	内蒙古自治区	赤峰市	敖汉旗	0.66
330	内蒙古自治区	赤峰市	巴林左旗北部	0.66
331	内蒙古自治区	赤峰市	阿鲁科尔沁旗	0.66
332	内蒙古自治区	鄂尔多斯市	伊金霍洛旗	0.66
333	内蒙古自治区	呼伦贝尔市	海拉尔区	0.66
334	内蒙古自治区	呼伦贝尔市	满洲里市	0.66
335	内蒙古自治区	通辽市	科尔沁左翼中旗南部	0.66
336	内蒙古自治区	锡林郭勒盟	正镶白旗	0.66
337	宁夏回族自治区	吴忠市	同心县	0.66
338	青海省	海东市	循化自治县	0.66
339	四川省	阿坝藏族自治州	茂县	0.66

排名	省份	地市级	县级	大气环境容量指数
340	四川省	凉山自治州	喜德县	0.66
341	四川省	宜宾市	翠屏区	0.66
342	山东省	德州市	临邑县	0.66
343	山东省	德州市	夏津县	0.66
344	山东省	德州市	齐河县	0.66
345	山东省	济宁市	金乡县	0.66
346	山东省	聊城市	茌平县	0.66
347	山东省	聊城市	阳谷县	0.66
348	山东省	临沂市	临沭县	0.66
349	山东省	青岛市	即墨区	0.66
350	山东省	潍坊市	高密市	0.66
351	山东省	潍坊市	诸城市	0.66
352	山东省	烟台市	福山区	0.66
353	山东省	烟台市	蓬莱市	0.66
354	上海市	宝山区	宝山区	0.66
355	上海市	奉贤区	奉贤区	0.66
356	上海市	嘉定区	嘉定区	0.66
357	上海市	金山区	金山区	0.66
358	山西省	晋中市	榆次区	0.66
359	山西省	忻州市	神池县	0.66
360	山西省	运城市	芮城县	0.66
361	山西省	长治市	长治县	0.66
362	天津市	宁河区	宁河区	0.66
363	新疆维吾尔自治区	阿勒泰地区	吉木乃县	0.66
364	新疆维吾尔自治区	和田地区	洛浦县	0.66
365	新疆维吾尔自治区	吐鲁番市	托克逊县	0.66
366	云南省	楚雄自治州	大姚县	0.66
367	云南省	楚雄自治州	武定县	0.66
368	云南省	昆明市	石林自治县	0.66
369	云南省	昆明市	晋宁区	0.66
370	云南省	曲靖市	师宗县	0.66
371	云南省	曲靖市	马龙县	0.66
372	云南省	文山自治州	砚山县	0.66
373	云南省	玉溪市	易门县	0.66
374	浙江省	嘉兴市	秀洲区	0.66
375	浙江省	宁波市	鄞州区	0.66
376	浙江省	宁波市	奉化区	0.66
377	浙江省	衢州市	柯城区	0.66
378	浙江省	绍兴市	上虞区	0.66
379	安徽省	安庆市	桐城市	0.65

排名	省份	地市级	县级	大气环境容量指数
380	安徽省	安庆市	怀宁县	0.65
381	安徽省	蚌埠市	固镇县	0.65
382	安徽省	亳州市	涡阳县	0.65
383	安徽省	亳州市	谯城区	0.65
384	安徽省	亳州市	蒙城县	0.65
385	安徽省	池州市	青阳县	0.65
386	安徽省	池州市	贵池区	0.65
387	安徽省	滁州市	定远县	0.65
388	安徽省	滁州市	全椒县	0.65
389	安徽省	阜阳市	太和县	0.65
390	安徽省	阜阳市	临泉县	0.65
391	安徽省	阜阳市	阜南县	0.65
392	安徽省	阜阳市	颍泉区	0.65
393	安徽省	合肥市	巢湖市	0.65
394	安徽省	淮北市	相山区	0.65
395	安徽省	淮北市	濉溪县	0.65
396	安徽省	淮南市	寿县	0.65
397	安徽省	芜湖市	无为县	0.65
398	安徽省	芜湖市	镜湖区	0.65
399	安徽省	芜湖市	繁昌县	0.65
400	安徽省	宣城市	郎溪县	0.65
401	重庆市	合川区	合川区	0.65
402	重庆市	潼南区	潼南区	0.65
403	重庆市	南川区	南川区	0.65
404	重庆市	渝北区	渝北区	0.65
405	福建省	福州市	永泰县	0.65
406	福建省	福州市	福清市	0.65
407	福建省	宁德市	柘荣县	0.65
408	福建省	莆田市	仙游县	0.65
409	福建省	泉州市	德化县	0.65
410	福建省	泉州市	永春县	0.65
411	福建省	三明市	梅列区	0.65
412	福建省	漳州市	华安县	0.65
413	福建省	漳州市	南靖县	0.65
414	福建省	漳州市	长泰县	0.65
415	广东省	潮州市	湘桥区	0.65
416	广东省	广州市	增城区	0.65
417	广东省	广州市	花都区	0.65
418	广东省	河源市	龙川县	0.65
419	广东省	河源市	源城区	0.65

排名	省份	地市级	县级	大气环境容量指数
420	广东省	惠州市	博罗县	0.65
421	广东省	江门市	恩平市	0.65
422	广东省	揭阳市	揭西县	0.65
423	广东省	茂名市	高州市	0.65
424	广东省	茂名市	信宜市	0.65
425	广东省	梅州市	平远县	0.65
426	广东省	梅州市	蕉岭县	0.65
427	广东省	清远市	英德市	0.65
428	广东省	清远市	佛冈县	0.65
429	广东省	汕头市	金平区	0.65
430	广东省	韶关市	始兴县	0.65
431	广东省	深圳市	罗湖区	0.65
432	广东省	云浮市	新兴县	0.65
433	广东省	肇庆市	四会市	0.65
434	广东省	肇庆市	德庆县	0.65
435	广东省	中山市	西区	0.65
436	甘肃省	酒泉市	肃北自治县	0.65
437	甘肃省	酒泉市	玉门市	0.65
438	甘肃省	陇南市	文县	0.65
439	甘肃省	天水市	武山县	0.65
440	广西壮族自治区	百色市	隆林自治县	0.65
441	广西壮族自治区	百色市	靖西市	0.65
442	广西壮族自治区	北海市	合浦县	0.65
443	广西壮族自治区	崇左市	天等县	0.65
444	广西壮族自治区	桂林市	叠彩区	0.65
445	广西壮族自治区	桂林市	资源县	0.65
446	广西壮族自治区	桂林市	永福县	0.65
447	广西壮族自治区	河池市	罗城自治县	0.65
448	广西壮族自治区	贺州市	富川自治县	0.65
449	广西壮族自治区	来宾市	兴宾区	0.65
450	广西壮族自治区	来宾市	武宣县	0.65
451	广西壮族自治区	柳州市	柳江区	0.65
452	广西壮族自治区	南宁市	马山县	0.65
453	广西壮族自治区	南宁市	上林县	0.65
454	广西壮族自治区	梧州市	万秀区	0.65
455	广西壮族自治区	梧州市	蒙山县	0.65
456	广西壮族自治区	梧州市	岑溪市	0.65
457	贵州省	安顺市	平坝区	0.65
458	贵州省	安顺市	关岭自治县	0.65
459	贵州省	黔东南自治州	丹寨县	0.65

排名	省份	地市级	县级	大气环境容量指数
460	贵州省	黔东南自治州	锦屏县	0.65
461	贵州省	黔南自治州	瓮安县	0.65
462	贵州省	黔南自治州	都匀市	0.65
463	湖北省	黄冈市	麻城市	0.65
464	湖北省	黄冈市	浠水县	0.65
465	湖北省	黄冈市	黄梅县	0.65
466	湖北省	黄石市	大冶市	0.65
467	湖北省	荆门市	京山县	0.65
468	湖北省	武汉市	蔡甸区	0.65
469	湖北省	武汉市	新洲区	0.65
470	湖北省	武汉市	黄陂区	0.65
471	湖北省	仙桃市	仙桃市	0.65
472	湖北省	咸宁市	咸安区	0.65
473	湖北省	咸宁市	通城县	0.65
474	湖北省	孝感市	安陆市	0.65
475	湖北省	孝感市	应城市	0.65
476	湖北省	宜昌市	枝江市	0.65
477	河北省	沧州市	孟村自治县	0.65
478	河北省	邯郸市	曲周县	0.65
479	河北省	邯郸市	磁县	0.65
480	河北省	衡水市	冀州区	0.65
481	河北省	秦皇岛市	昌黎县	0.65
482	河北省	石家庄市	赞皇县	0.65
483	河北省	唐山市	丰南区	0.65
484	河北省	邢台市	临西县	0.65
485	河北省	邢台市	内丘县	0.65
486	河北省	张家口市	宣化区	0.65
487	河南省	安阳市	内黄县	0.65
488	河南省	安阳市	北关区	0.65
489	河南省	焦作市	武陟县	0.65
490	河南省	焦作市	温县	0.65
491	河南省	开封市	通许县	0.65
492	河南省	洛阳市	嵩县	0.65
493	河南省	洛阳市	新安县	0.65
494	河南省	濮阳市	清丰县	0.65
495	河南省	三门峡市	湖滨区	0.65
496	河南省	三门峡市	灵宝市	0.65
497	河南省	信阳市	息县	0.65
498	河南省	许昌市	禹州市	0.65
499	河南省	许昌市	建安区	0.65

排名	省份	地市级	县级	大气环境容量指数
500	河南省	郑州市	新郑市	0.65
501	河南省	郑州市	登封市	0.65
502	河南省	驻马店市	上蔡县	0.65
503	河南省	驻马店市	确山县	0.65
504	海南省	文昌市	文昌市	0.65
505	黑龙江省	大庆市	肇源县	0.65
506	黑龙江省	哈尔滨市	宾县	0.65
507	黑龙江省	哈尔滨市	双城区	0.65
508	黑龙江省	佳木斯市	富锦市	0.65
509	黑龙江省	佳木斯市	桦南县	0.65
510	黑龙江省	佳木斯市	同江市	0.65
511	黑龙江省	佳木斯市	抚远市	0.65
512	黑龙江省	绥化市	肇东市	0.65
513	湖南省	长沙市	芙蓉区	0.65
514	湖南省	长沙市	宁乡市	0.65
515	湖南省	常德市	武陵区	0.65
516	湖南省	郴州市	临武县	0.65
517	湖南省	郴州市	汝城县	0.65
518	湖南省	湘潭市	湘潭县	0.65
519	湖南省	湘潭市	韶山市	0.65
520	湖南省	湘西自治州	泸溪县	0.65
521	湖南省	永州市	零陵区	0.65
522	湖南省	株洲市	攸县	0.65
523	湖南省	株洲市	茶陵县	0.65
524	吉林省	白城市	镇赉县	0.65
525	吉林省	白城市	洮南市	0.65
526	吉林省	长春市	德惠市	0.65
527	吉林省	长春市	榆树市	0.65
528	江苏省	常州市	钟楼区	0.65
529	江苏省	淮安市	淮安区	0.65
530	江苏省	淮安市	洪泽区	0.65
531	江苏省	淮安市	淮阴区	0.65
532	江苏省	连云港市	东海县	0.65
533	江苏省	连云港市	赣榆区	0.65
534	江苏省	南京市	六合区	0.65
535	江苏省	南京市	溧水区	0.65
536	江苏省	南京市	高淳区	0.65
537	江苏省	南通市	如皋市	0.65
538	江苏省	苏州市	常熟市	0.65
539	江苏省	苏州市	张家港市	0.65

续表

排名	省份	地市级	县级	大气环境容量指数
540	江苏省	泰州市	兴化市	0.65
541	江苏省	无锡市	梁溪区	0.65
542	江苏省	宿迁市	宿城区	0.65
543	江苏省	盐城市	建湖县	0.65
544	江苏省	盐城市	东台市	0.65
545	江苏省	盐城市	大丰区	0.65
546	江苏省	扬州市	江都区	0.65
547	江苏省	扬州市	宝应县	0.65
548	江苏省	镇江市	句容市	0.65
549	江西省	抚州市	金溪县	0.65
550	江西省	抚州市	南丰县	0.65
551	江西省	赣州市	信丰县	0.65
552	江西省	赣州市	龙南县	0.65
553	江西省	赣州市	石城县	0.65
554	江西省	吉安市	峡江县	0.65
555	江西省	吉安市	吉水县	0.65
556	江西省	景德镇市	乐平市	0.65
557	江西省	九江市	浔阳区	0.65
558	江西省	九江市	武宁县	0.65
559	江西省	南昌市	安义县	0.65
560	江西省	上饶市	余干县	0.65
561	江西省	宜春市	樟树市	0.65
562	江西省	鹰潭市	贵溪市	0.65
563	辽宁省	鞍山市	台安县	0.65
564	辽宁省	朝阳市	建平县	0.65
565	辽宁省	大连市	瓦房店市	0.65
566	辽宁省	大连市	西岗区	0.65
567	辽宁省	大连市	普兰店区	0.65
568	辽宁省	阜新市	彰武县	0.65
569	辽宁省	阜新市	细河区	0.65
570	辽宁省	葫芦岛市	兴城市	0.65
571	辽宁省	锦州市	义县	0.65
572	辽宁省	锦州市	黑山县	0.65
573	辽宁省	辽阳市	灯塔市	0.65
574	辽宁省	辽阳市	辽阳县	0.65
575	辽宁省	盘锦市	大洼区	0.65
576	辽宁省	沈阳市	辽中区	0.65
577	辽宁省	沈阳市	法库县	0.65
578	内蒙古自治区	巴彦淖尔市	磴口县	0.65
579	内蒙古自治区	赤峰市	宁城县	0.65

排名	省份	地市级	县级	大气环境容量指数
580	内蒙古自治区	呼和浩特市	新城区	0.65
581	内蒙古自治区	呼和浩特市	武川县	0.65
582	内蒙古自治区	呼和浩特市	清水河县	0.65
583	内蒙古自治区	通辽市	扎鲁特旗西北	0.65
584	内蒙古自治区	通辽市	奈曼旗南部	0.65
585	内蒙古自治区	通辽市	奈曼旗	0.65
586	内蒙古自治区	通辽市	科尔沁左翼中旗	0.65
587	内蒙古自治区	通辽市	开鲁县	0.65
588	内蒙古自治区	通辽市	库伦旗	0.65
589	内蒙古自治区	乌兰察布市	化德县	0.65
590	内蒙古自治区	乌兰察布市	四子王旗	0.65
591	内蒙古自治区	乌兰察布市	察哈尔右翼前旗	0.65
592	内蒙古自治区	锡林郭勒盟	苏尼特左旗	0.65
593	内蒙古自治区	锡林郭勒盟	阿巴嘎旗西北	0.65
594	内蒙古自治区	锡林郭勒盟	正蓝旗	0.65
595	内蒙古自治区	兴安盟	突泉县	0.65
596	宁夏回族自治区	中卫市	沙坡头区	0.65
597	青海省	海西自治州	冷湖行政区	0.65
598	青海省	海西自治州	格尔木市西部	0.65
599	四川省	凉山自治州	盐源县	0.65
600	四川省	攀枝花市	仁和区	0.65
601	四川省	攀枝花市	盐边县	0.65
602	四川省	雅安市	宝兴县	0.65
603	四川省	雅安市	汉源县	0.65
604	山东省	德州市	平原县	0.65
605	山东省	德州市	庆云县	0.65
606	山东省	东营市	河口区	0.65
607	山东省	济南市	天桥区	0.65
608	山东省	济宁市	嘉祥县	0.65
609	山东省	济宁市	邹城市	0.65
610	山东省	济宁市	梁山县	0.65
611	山东省	聊城市	冠县	0.65
612	山东省	临沂市	沂水县	0.65
613	山东省	泰安市	新泰市	0.65
614	山东省	威海市	荣成市	0.65
615	山东省	潍坊市	昌乐县	0.65
616	山东省	潍坊市	昌邑市	0.65
617	山东省	烟台市	龙口市	0.65
618	山东省	烟台市	莱阳市	0.65
619	上海市	青浦区	青浦区	0.65

排名	省份	地市级	县级	大气环境容量指数
620	陕西省	渭南市	华阴市	0.65
621	山西省	大同市	广灵县	0.65
622	山西省	临汾市	襄汾县	0.65
623	山西省	吕梁市	中阳县	0.65
624	山西省	朔州市	平鲁区	0.65
625	山西省	忻州市	宁武县	0.65
626	山西省	运城市	永济市	0.65
627	山西省	运城市	临猗县	0.65
628	山西省	运城市	河津市	0.65
629	天津市	滨海新区	滨海新区南部沿海	0.65
630	天津市	河西区	河西区	0.65
631	新疆维吾尔自治区	塔城地区	和布克赛尔自治县	0.65
632	新疆维吾尔自治区	塔城地区	裕民县	0.65
633	西藏自治区	日喀则市	亚东县	0.65
634	云南省	楚雄自治州	姚安县	0.65
635	云南省	楚雄自治州	元谋县	0.65
636	云南省	大理自治州	祥云县	0.65
637	云南省	大理自治州	巍山自治县	0.65
638	云南省	大理自治州	剑川县	0.65
639	云南省	大理自治州	南涧自治县	0.65
640	云南省	大理自治州	弥渡县	0.65
641	云南省	德宏自治州	梁河县	0.65
642	云南省	红河自治州	泸西县	0.65
643	云南省	昆明市	嵩明县	0.65
644	云南省	昆明市	寻甸自治县	0.65
645	云南省	丽江市	永胜县	0.65
646	云南省	临沧市	永德县	0.65
647	云南省	曲靖市	富源县	0.65
648	云南省	文山自治州	丘北县	0.65
649	云南省	玉溪市	新平自治县	0.65
650	云南省	玉溪市	华宁县	0.65
651	云南省	玉溪市	峨山自治县	0.65
652	云南省	玉溪市	元江自治县	0.65
653	浙江省	杭州市	上城区	0.65
654	浙江省	杭州市	临安区	0.65
655	浙江省	湖州市	德清县	0.65
656	浙江省	嘉兴市	桐乡市	0.65
657	浙江省	金华市	义乌市	0.65
658	浙江省	丽水市	青田县	0.65
659	浙江省	衢州市	常山县	0.65

排名	省份	地市级	县级	大气环境容量指数
660	浙江省	温州市	瑞安市	0.65
661	安徽省	滁州市	来安县	0.64
662	安徽省	滁州市	琅琊区	0.64
663	安徽省	合肥市	肥西县	0.64
664	安徽省	合肥市	肥东县	0.64
665	安徽省	合肥市	蜀山区	0.64
666	安徽省	黄山市	徽州区	0.64
667	安徽省	马鞍山市	含山县	0.64
668	安徽省	马鞍山市	和县	0.64
669	安徽省	六安市	舒城县	0.64
670	安徽省	宿州市	泗县	0.64
671	安徽省	芜湖市	南陵县	0.64
672	安徽省	宣城市	绩溪县	0.64
673	安徽省	宣城市	宣州区	0.64
674	安徽省	宣城市	广德县	0.64
675	北京市	门头沟区	门头沟区	0.64
676	重庆市	奉节县	奉节县	0.64
677	重庆市	铜梁区	铜梁区	0.64
678	重庆市	秀山自治县	秀山自治县	0.64
679	重庆市	永川区	永川区	0.64
680	福建省	福州市	闽清县	0.64
681	福建省	龙岩市	新罗区	0.64
682	福建省	龙岩市	上杭县	0.64
683	福建省	龙岩市	永定区	0.64
684	福建省	南平市	光泽县	0.64
685	福建省	南平市	松溪县	0.64
686	福建省	宁德市	福安市	0.64
687	福建省	漳州市	芗城区	0.64
688	广东省	广州市	从化区	0.64
689	广东省	广州市	番禺区	0.64
690	广东省	河源市	和平县	0.64
691	广东省	惠州市	龙门县	0.64
692	广东省	梅州市	兴宁市	0.64
693	广东省	梅州市	梅江区	0.64
694	广东省	清远市	连南自治县	0.64
695	广东省	清远市	连州市	0.64
696	广东省	韶关市	乳源自治县	0.64
697	广东省	韶关市	新丰县	0.64
698	广东省	云浮市	罗定市	0.64
699	广东省	云浮市	郁南县	0.64

排名	省份	地市级	县级	大气环境容量指数
700	广东省	肇庆市	怀集县	0.64
701	广东省	肇庆市	封开县	0.64
702	甘肃省	武威市	民勤县	0.64
703	甘肃省	张掖市	甘州区	0.64
704	广西壮族自治区	百色市	田林县	0.64
705	广西壮族自治区	百色市	右江区	0.64
706	广西壮族自治区	百色市	德保县	0.64
707	广西壮族自治区	崇左市	大新县	0.64
708	广西壮族自治区	桂林市	平乐县	0.64
709	广西壮族自治区	桂林市	恭城自治县	0.64
710	广西壮族自治区	桂林市	雁山区	0.64
711	广西壮族自治区	桂林市	兴安县	0.64
712	广西壮族自治区	桂林市	龙胜自治县	0.64
713	广西壮族自治区	河池市	宜州区	0.64
714	广西壮族自治区	河池市	巴马自治县	0.64
715	广西壮族自治区	河池市	金城江区	0.64
716	广西壮族自治区	来宾市	金秀自治县	0.64
717	广西壮族自治区	钦州市	浦北县	0.64
718	广西壮族自治区	梧州市	龙圩区	0.64
719	广西壮族自治区	玉林市	北流市	0.64
720	贵州省	安顺市	西秀区	0.64
721	贵州省	贵阳市	花溪区	0.64
722	贵州省	贵阳市	南明区	0.64
723	贵州省	贵阳市	修文县	0.64
724	贵州省	贵阳市	息烽县	0.64
725	贵州省	贵阳市	白云区	0.64
726	贵州省	黔南自治州	独山县	0.64
727	贵州省	黔西南自治州	安龙县	0.64
728	贵州省	黔西南自治州	晴隆县	0.64
729	贵州省	黔西南自治州	贞丰县	0.64
730	湖北省	恩施自治州	巴东县	0.64
731	湖北省	黄冈市	罗田县	0.64
732	湖北省	黄石市	阳新县	0.64
733	湖北省	荆州市	洪湖市	0.64
734	湖北省	荆州市	公安县	0.64
735	湖北省	荆州市	荆州区	0.64
736	湖北省	十堰市	郧阳区	0.64
737	湖北省	天门市	天门市	0.64
738	湖北省	襄阳市	宜城市	0.64
739	湖北省	襄阳市	谷城县	0.64

排名	省份	地市级	县级	大气环境容量指数
740	湖北省	宜昌市	当阳市	0.64
741	湖北省	宜昌市	夷陵区	0.64
742	湖北省	宜昌市	远安县	0.64
743	湖北省	宜昌市	宜都市	0.64
744	河北省	保定市	望都县	0.64
745	河北省	沧州市	青县	0.64
746	河北省	沧州市	运河区	0.64
747	河北省	沧州市	献县	0.64
748	河北省	沧州市	盐山县	0.64
749	河北省	沧州市	东光县	0.64
750	河北省	沧州市	吴桥县	0.64
751	河北省	承德市	丰宁自治县	0.64
752	河北省	邯郸市	邱县	0.64
753	河北省	邯郸市	肥乡区	0.64
754	河北省	邯郸市	广平县	0.64
755	河北省	衡水市	安平县	0.64
756	河北省	衡水市	武强县	0.64
757	河北省	廊坊市	大城县	0.64
758	河北省	石家庄市	元氏县	0.64
759	河北省	石家庄市	高邑县	0.64
760	河北省	唐山市	路北区	0.64
761	河北省	唐山市	曹妃甸区	0.64
762	河北省	邢台市	隆尧县	0.64
763	河北省	邢台市	广宗县	0.64
764	河北省	邢台市	新河县	0.64
765	河北省	邢台市	清河县	0.64
766	河北省	邢台市	柏乡县	0.64
767	河北省	邢台市	临城县	0.64
768	河北省	邢台市	巨鹿县	0.64
769	河北省	张家口市	沽源县	0.64
770	河北省	张家口市	桥东区	0.64
771	河北省	张家口市	尚义县	0.64
772	河南省	焦作市	沁阳市	0.64
773	河南省	开封市	禹王台区	0.64
774	河南省	洛阳市	伊川县	0.64
775	河南省	南阳市	方城县	0.64
776	河南省	南阳市	邓州市	0.64
777	河南省	南阳市	内乡县	0.64
778	河南省	南阳市	社旗县	0.64
779	河南省	南阳市	新野县	0.64

排名	省份	地市级	县级	大气环境容量指数
780	河南省	平顶山市	宝丰县	0.64
781	河南省	平顶山市	郏县	0.64
782	河南省	濮阳市	濮阳县	0.64
783	河南省	濮阳市	南乐县	0.64
784	河南省	三门峡市	渑池县	0.64
785	河南省	商丘市	民权县	0.64
786	河南省	商丘市	永城市	0.64
787	河南省	商丘市	虞城县	0.64
788	河南省	商丘市	梁园区	0.64
789	河南省	新乡市	延津县	0.64
790	河南省	新乡市	辉县	0.64
791	河南省	新乡市	牧野区	0.64
792	河南省	信阳市	浉河区	0.64
793	河南省	郑州市	巩义市	0.64
794	河南省	周口市	淮阳县	0.64
795	河南省	周口市	项城市	0.64
796	河南省	周口市	商水县	0.64
797	河南省	驻马店市	平舆县	0.64
798	河南省	驻马店市	汝南县	0.64
799	河南省	驻马店市	驿城区	0.64
800	河南省	驻马店市	新蔡县	0.64
801	河南省	驻马店市	遂平县	0.64
802	海南省	澄迈县	澄迈县	0.64
803	海南省	儋州市	儋州市	0.64
804	海南省	乐东自治县	乐东自治县	0.64
805	海南省	屯昌县	屯昌县	0.64
806	海南省	五指山市	五指山市	0.64
807	黑龙江省	大庆市	林甸县	0.64
808	黑龙江省	大庆市	杜尔伯特自治县	0.64
809	黑龙江省	大兴安岭地区	加格达奇区	0.64
810	黑龙江省	哈尔滨市	巴彦县	0.64
811	黑龙江省	哈尔滨市	通河县	0.64
812	黑龙江省	牡丹江市	西安区	0.64
813	黑龙江省	七台河市	勃利县	0.64
814	黑龙江省	齐齐哈尔市	龙江县	0.64
815	黑龙江省	齐齐哈尔市	克东县	0.64
816	黑龙江省	齐齐哈尔市	泰来县	0.64
817	黑龙江省	齐齐哈尔市	拜泉县	0.64
818	黑龙江省	齐齐哈尔市	克山县	0.64
819	黑龙江省	绥化市	明水县	0.64

排名	省份	地市级	县级	大气环境容量指数
820	黑龙江省	绥化市	庆安县	0.64
821	湖南省	常德市	津市市	0.64
822	湖南省	郴州市	永兴县	0.64
823	湖南省	郴州市	桂阳县	0.64
824	湖南省	衡阳市	耒阳市	0.64
825	湖南省	衡阳市	蒸湘区	0.64
826	湖南省	怀化市	靖州自治县	0.64
827	湖南省	娄底市	娄星区	0.64
828	湖南省	邵阳市	新宁县	0.64
829	湖南省	湘潭市	湘乡市	0.64
830	湖南省	益阳市	桃江县	0.64
831	湖南省	益阳市	沅江市	0.64
832	湖南省	益阳市	桃江县	0.64
833	湖南省	永州市	道县	0.64
834	湖南省	张家界市	慈利县	0.64
835	湖南省	株洲市	炎陵县	0.64
836	湖南省	株洲市	醴陵市	0.64
837	吉林省	白城市	通榆县	0.64
838	吉林省	白城市	大安市	0.64
839	吉林省	长春市	九台区	0.64
840	吉林省	吉林市	舒兰市	0.64
841	吉林省	辽源市	东丰县	0.64
842	吉林省	四平市	双辽市	0.64
843	吉林省	四平市	梨树县	0.64
844	吉林省	四平市	铁西区	0.64
845	吉林省	松原市	长岭县	0.64
846	吉林省	延边自治州	延吉市	0.64
847	江苏省	淮安市	涟水县	0.64
848	江苏省	连云港市	灌云县	0.64
849	江苏省	南通市	海安县	0.64
850	江苏省	南通市	通州区	0.64
851	江苏省	南通市	如东县	0.64
852	江苏省	苏州市	吴江区	0.64
853	江苏省	苏州市	昆山市	0.64
854	江苏省	泰州市	姜堰区	0.64
855	江苏省	泰州市	泰兴市	0.64
856	江苏省	无锡市	江阴市	0.64
857	江苏省	宿迁市	沭阳县	0.64
858	江苏省	徐州市	新沂市	0.64
859	江苏省	盐城市	阜宁县	0.64

续表

排名	省份	地市级	县级	大气环境容量指数
860	江苏省	盐城市	滨海县	0.64
861	江苏省	盐城市	响水县	0.64
862	江苏省	扬州市	仪征市	0.64
863	江苏省	扬州市	邗江区	0.64
864	江西省	抚州市	广昌县	0.64
865	江西省	赣州市	大余县	0.64
866	江西省	赣州市	宁都县	0.64
867	江西省	吉安市	遂川县	0.64
868	江西省	吉安市	永新县	0.64
869	江西省	吉安市	新干县	0.64
870	江西省	九江市	瑞昌市	0.64
871	江西省	萍乡市	上栗县	0.64
872	江西省	萍乡市	安源区	0.64
873	江西省	上饶市	玉山县	0.64
874	江西省	上饶市	信州区	0.64
875	江西省	上饶市	鄱阳县	0.64
876	江西省	上饶市	弋阳县	0.64
877	江西省	新余市	分宜县	0.64
878	江西省	宜春市	袁州区	0.64
879	江西省	宜春市	丰城市	0.64
880	江西省	鹰潭市	余江县	0.64
881	辽宁省	朝阳市	双塔区	0.64
882	辽宁省	丹东市	东港市	0.64
883	辽宁省	沈阳市	新民市	0.64
884	辽宁省	铁岭市	昌图县	0.64
885	辽宁省	营口市	盖州市	0.64
886	内蒙古自治区	阿拉善盟	额济纳旗	0.64
887	内蒙古自治区	巴彦淖尔市	杭锦后旗	0.64
888	内蒙古自治区	巴彦淖尔市	乌拉特前旗	0.64
889	内蒙古自治区	包头市	达尔罕茂明安联合旗	0.64
890	内蒙古自治区	包头市	青山区	0.64
891	内蒙古自治区	赤峰市	松山区	0.64
892	内蒙古自治区	赤峰市	林西县	0.64
893	内蒙古自治区	赤峰市	翁牛特旗	0.64
894	内蒙古自治区	赤峰市	克什克腾旗	0.64
895	内蒙古自治区	赤峰市	敖汉旗东部	0.64
896	内蒙古自治区	鄂尔多斯市	乌审旗北部	0.64
897	内蒙古自治区	鄂尔多斯市	乌审旗	0.64
898	内蒙古自治区	鄂尔多斯市	乌审旗南部	0.64
899	内蒙古自治区	鄂尔多斯市	鄂托克旗西北	0.64

排名	省份	地市级	县级	大气环境容量指数
900	内蒙古自治区	鄂尔多斯市	鄂托克旗	0.64
901	内蒙古自治区	乌兰察布市	兴和县	0.64
902	内蒙古自治区	乌兰察布市	察哈尔右翼后旗	0.64
903	内蒙古自治区	锡林郭勒盟	镶黄旗	0.64
904	内蒙古自治区	锡林郭勒盟	锡林浩特市	0.64
905	内蒙古自治区	锡林郭勒盟	太仆寺旗	0.64
906	内蒙古自治区	兴安盟	扎赉特旗西部	0.64
907	宁夏回族自治区	固原市	泾源县	0.64
908	宁夏回族自治区	银川市	灵武市	0.64
909	青海省	海东市	乐都区	0.64
910	四川省	阿坝藏族自治州	汶川县	0.64
911	四川省	甘孜藏族自治州	九龙县	0.64
912	四川省	甘孜藏族自治州	乡城县	0.64
913	四川省	甘孜藏族自治州	康定市	0.64
914	四川省	甘孜藏族自治州	泸定县	0.64
915	四川省	广安市	广安区	0.64
916	四川省	凉山自治州	普格县	0.64
917	四川省	凉山自治州	木里自治县	0.64
918	四川省	眉山市	洪雅县	0.64
919	四川省	绵阳市	三台县	0.64
920	四川省	南充市	顺庆区	0.64
921	四川省	南充市	南部县	0.64
922	四川省	内江市	隆昌市	0.64
923	四川省	攀枝花市	米易县	0.64
924	四川省	雅安市	石棉县	0.64
925	四川省	宜宾市	屏山县	0.64
926	四川省	宜宾市	兴文县	0.64
927	四川省	资阳市	安岳县	0.64
928	山东省	滨州市	无棣县	0.64
929	山东省	滨州市	滨城区	0.64
930	山东省	滨州市	沾化区	0.64
931	山东省	德州市	陵城区	0.64
932	山东省	德州市	乐陵市	0.64
933	山东省	德州市	宁津县	0.64
934	山东省	德州市	禹城市	0.64
935	山东省	菏泽市	成武县	0.64
936	山东省	菏泽市	东明县	0.64
937	山东省	菏泽市	曹县	0.64
938	山东省	菏泽市	郓城县	0.64
939	山东省	菏泽市	鄄城县	0.64

排名	省份	地市级	县级	大气环境容量指数
940	山东省	济宁市	鱼台县	0.64
941	山东省	济宁市	汶上县	0.64
942	山东省	聊城市	临清市	0.64
943	山东省	聊城市	莘县	0.64
944	山东省	聊城市	东阿县	0.64
945	山东省	临沂市	莒南县	0.64
946	山东省	临沂市	郯城县	0.64
947	山东省	青岛市	黄岛区	0.64
948	山东省	青岛市	莱西市	0.64
949	山东省	日照市	莒县	0.64
950	山东省	威海市	乳山市	0.64
951	山东省	潍坊市	安丘市	0.64
952	山东省	枣庄市	台儿庄区	0.64
953	山东省	枣庄市	薛城区	0.64
954	山东省	淄博市	临淄区	0.64
955	陕西省	铜川市	耀州区	0.64
956	陕西省	铜川市	宜君县	0.64
957	陕西省	渭南市	澄城县	0.64
958	陕西省	渭南市	大荔县	0.64
959	陕西省	渭南市	蒲城县	0.64
960	陕西省	西安市	高陵区	0.64
961	陕西省	西安市	临潼区	0.64
962	陕西省	咸阳市	礼泉县	0.64
963	陕西省	榆林市	榆阳区	0.64
964	山西省	大同市	浑源县	0.64
965	山西省	晋城市	沁水县	0.64
966	山西省	晋中市	昔阳县	0.64
967	山西省	晋中市	介休市	0.64
968	山西省	临汾市	乡宁县	0.64
969	山西省	吕梁市	方山县	0.64
970	山西省	太原市	清徐县	0.64
971	山西省	阳泉市	郊区	0.64
972	山西省	运城市	绛县	0.64
973	山西省	运城市	盐湖区	0.64
974	山西省	长治市	黎城县	0.64
975	山西省	长治市	武乡县	0.64
976	天津市	滨海新区	滨海新区中部沿海	0.64
977	天津市	滨海新区	滨海新区北部沿海	0.64
978	天津市	东丽区	东丽区	0.64
979	天津市	静海区	静海区	0.64

排名	省份	地市级	县级	大气环境容量指数
980	新疆维吾尔自治区	巴音郭楞自治州	和静县	0.64
981	新疆维吾尔自治区	巴音郭楞自治州	轮台县	0.64
982	新疆维吾尔自治区	巴音郭楞自治州	库尔勒市	0.64
983	新疆维吾尔自治区	乌鲁木齐市	达坂城区	0.64
984	西藏自治区	那曲市	申扎县	0.64
985	西藏自治区	那曲市	班戈县	0.64
986	西藏自治区	山南市	琼结县	0.64
987	西藏自治区	山南市	错那县	0.64
988	云南省	保山市	龙陵县	0.64
989	云南省	楚雄自治州	禄丰县	0.64
990	云南省	大理自治州	宾川县	0.64
991	云南省	大理自治州	洱源县	0.64
992	云南省	大理自治州	鹤庆县	0.64
993	云南省	红河自治州	石屏县	0.64
994	云南省	红河自治州	绿春县	0.64
995	云南省	红河自治州	弥勒市	0.64
996	云南省	昆明市	安宁市	0.64
997	云南省	昆明市	富民县	0.64
998	云南省	昆明市	西山区	0.64
999	云南省	临沧市	云县	0.64
1000	云南省	普洱市	西盟自治县	0.64
1001	云南省	普洱市	孟连自治县	0.64
1002	云南省	普洱市	镇沅自治县	0.64
1003	云南省	普洱市	景谷自治县	0.64
1004	云南省	曲靖市	罗平县	0.64
1005	云南省	曲靖市	沾益区	0.64
1006	云南省	曲靖市	宣威市	0.64
1007	云南省	文山自治州	富宁县	0.64
1008	云南省	文山自治州	西麻栗坡县	0.64
1009	云南省	玉溪市	澄江县	0.64
1010	云南省	玉溪市	江川区	0.64
1011	云南省	玉溪市	红塔区	0.64
1012	云南省	昭通市	彝良县	0.64
1013	浙江省	杭州市	桐庐县	0.64
1014	浙江省	杭州市	淳安县	0.64
1015	浙江省	杭州市	富阳区	0.64
1016	浙江省	湖州市	安吉县	0.64
1017	浙江省	嘉兴市	嘉善县	0.64
1018	浙江省	嘉兴市	海宁市	0.64
1019	浙江省	金华市	婺城区	0.64

排名	省份	地市级	县级	大气环境容量指数
1020	浙江省	金华市	兰溪市	0.64
1021	浙江省	丽水市	庆元县	0.64
1022	浙江省	宁波市	慈溪市	0.64
1023	浙江省	宁波市	宁海县	0.64
1024	浙江省	台州市	三门县	0.64
1025	浙江省	台州市	温岭市	0.64
1026	浙江省	台州市	临海市	0.64
1027	浙江省	温州市	泰顺县	0.64
1028	浙江省	舟山市	定海区	0.64
1029	安徽省	亳州市	利辛县	0.63
1030	安徽省	滁州市	凤阳县	0.63
1031	安徽省	阜阳市	颍上县	0.63
1032	安徽省	合肥市	长丰县	0.63
1033	安徽省	黄山市	祁门县	0.63
1034	安徽省	六安市	霍邱县	0.63
1035	安徽省	六安市	金寨县	0.63
1036	安徽省	六安市	金安区	0.63
1037	安徽省	宿州市	砀山县	0.63
1038	安徽省	宣城市	旌德县	0.63
1039	安徽省	宣城市	泾县	0.63
1040	北京市	昌平区	昌平区	0.63
1041	北京市	朝阳区	朝阳区	0.63
1042	北京市	通州区	通州区	0.63
1043	北京市	大兴区	大兴区	0.63
1044	北京市	东城区	东城区	0.63
1045	北京市	房山区	房山区	0.63
1046	北京市	石景山区	石景山区	0.63
1047	北京市	顺义区	顺义区	0.63
1048	重庆市	巴南区	巴南区	0.63
1049	重庆市	璧山区	璧山区	0.63
1050	重庆市	丰都县	丰都县	0.63
1051	重庆市	涪陵区	涪陵区	0.63
1052	重庆市	江津区	江津区	0.63
1053	重庆市	綦江区	綦江区	0.63
1054	重庆市	石柱自治县	石柱自治县	0.63
1055	重庆市	武隆区	武隆区	0.63
1056	重庆市	云阳县	云阳县	0.63
1057	福建省	龙岩市	长汀县	0.63
1058	福建省	龙岩市	漳平市	0.63
1059	福建省	南平市	政和县	0.63

排名	省份	地市级	县级	大气环境容量指数
1060	福建省	南平市	延平区	0.63
1061	福建省	南平市	邵武市	0.63
1062	福建省	宁德市	福鼎市	0.63
1063	福建省	宁德市	古田县	0.63
1064	福建省	宁德市	周宁县	0.63
1065	福建省	三明市	永安市	0.63
1066	福建省	三明市	建宁县	0.63
1067	福建省	三明市	清流县	0.63
1068	福建省	三明市	沙县	0.63
1069	福建省	三明市	宁化县	0.63
1070	广东省	河源市	紫金县	0.63
1071	广东省	梅州市	大埔县	0.63
1072	广东省	清远市	连山自治县	0.63
1073	广东省	韶关市	仁化县	0.63
1074	广东省	云浮市	云城区	0.63
1075	广东省	肇庆市	广宁县	0.63
1076	甘肃省	定西市	安定区	0.63
1077	甘肃省	甘南自治州	夏河县	0.63
1078	甘肃省	酒泉市	金塔县	0.63
1079	甘肃省	酒泉市	瓜州县	0.63
1080	甘肃省	临夏自治州	东乡族自治县	0.63
1081	甘肃省	陇南市	武都区	0.63
1082	甘肃省	张掖市	民乐县	0.63
1083	广西壮族自治区	百色市	那坡县	0.63
1084	广西壮族自治区	崇左市	龙州县	0.63
1085	广西壮族自治区	崇左市	凭祥市	0.63
1086	广西壮族自治区	贵港市	平南县	0.63
1087	广西壮族自治区	贵港市	桂平市	0.63
1088	广西壮族自治区	桂林市	荔浦县	0.63
1089	广西壮族自治区	桂林市	灌阳县	0.63
1090	广西壮族自治区	贺州市	昭平县	0.63
1091	广西壮族自治区	来宾市	忻城县	0.63
1092	广西壮族自治区	柳州市	三江自治县	0.63
1093	广西壮族自治区	柳州市	柳江区	0.63
1094	贵州省	安顺市	紫云自治县	0.63
1095	贵州省	安顺市	镇宁自治县	0.63
1096	贵州省	贵阳市	开阳县	0.63
1097	贵州省	贵阳市	乌当区	0.63
1098	贵州省	黔东南自治州	雷山县	0.63
1099	贵州省	黔东南自治州	凯里市	0.63

排名	省份	地市级	县级	大气环境容量指数
1100	贵州省	黔东南自治州	黄平县	0.63
1101	贵州省	黔南自治州	长顺县	0.63
1102	贵州省	黔南自治州	惠水县	0.63
1103	贵州省	黔南自治州	都匀市	0.63
1104	贵州省	黔南自治州	平塘县	0.63
1105	贵州省	黔西南自治州	兴义市	0.63
1106	贵州省	黔西南自治州	兴仁县	0.63
1107	贵州省	铜仁市	玉屏自治县	0.63
1108	贵州省	铜仁市	德江县	0.63
1109	贵州省	铜仁市	万山区	0.63
1110	贵州省	遵义市	赤水市	0.63
1111	贵州省	遵义市	播州区	0.63
1112	湖北省	黄冈市	蕲春县	0.63
1113	湖北省	黄冈市	红安县	0.63
1114	湖北省	黄石市	黄石港区	0.63
1115	湖北省	荆州市	松滋市	0.63
1116	湖北省	潜江市	潜江市	0.63
1117	湖北省	十堰市	丹江口市	0.63
1118	湖北省	武汉市	东西湖区	0.63
1119	湖北省	咸宁市	崇阳县	0.63
1120	湖北省	咸宁市	通山县	0.63
1121	湖北省	咸宁市	赤壁市	0.63
1122	湖北省	襄阳市	枣阳市	0.63
1123	湖北省	襄阳市	老河口市	0.63
1124	湖北省	孝感市	云梦县	0.63
1125	湖北省	孝感市	汉川市	0.63
1126	湖北省	宜昌市	兴山县	0.63
1127	湖北省	宜昌市	西陵区	0.63
1128	河北省	保定市	高阳县	0.63
1129	河北省	保定市	雄县	0.63
1130	河北省	沧州市	泊头市	0.63
1131	河北省	沧州市	任丘市	0.63
1132	河北省	沧州市	河间市	0.63
1133	河北省	沧州市	肃宁县	0.63
1134	河北省	沧州市	南皮县	0.63
1135	河北省	承德市	滦平县	0.63
1136	河北省	承德市	平泉市	0.63
1137	河北省	承德市	滦平县	0.63
1138	河北省	承德市	宽城自治县	0.63
1139	河北省	邯郸市	邯山区	0.63

排名	省份	地市级	县级	大气环境容量指数
1140	河北省	邯郸市	临漳县	0.63
1141	河北省	邯郸市	成安县	0.63
1142	河北省	衡水市	饶阳县	0.63
1143	河北省	衡水市	武邑县	0.63
1144	河北省	衡水市	故城县	0.63
1145	河北省	衡水市	枣强县	0.63
1146	河北省	秦皇岛市	抚宁区	0.63
1147	河北省	石家庄市	行唐县	0.63
1148	河北省	石家庄市	赵县	0.63
1149	河北省	唐山市	迁西县	0.63
1150	河北省	唐山市	丰润区	0.63
1151	河北省	唐山市	乐亭县	0.63
1152	河北省	邢台市	南和县	0.63
1153	河北省	邢台市	平乡县	0.63
1154	河北省	邢台市	沙河市	0.63
1155	河北省	邢台市	宁晋县	0.63
1156	河北省	张家口市	张北县	0.63
1157	河北省	张家口市	赤城县	0.63
1158	河北省	张家口市	怀来县	0.63
1159	河北省	张家口市	康保县	0.63
1160	河北省	张家口市	万全区	0.63
1161	河南省	焦作市	博爱县	0.63
1162	河南省	焦作市	孟州市	0.63
1163	河南省	焦作市	山阳区	0.63
1164	河南省	焦作市	修武县	0.63
1165	河南省	开封市	尉氏县	0.63
1166	河南省	开封市	兰考县	0.63
1167	河南省	洛阳市	汝阳县	0.63
1168	河南省	洛阳市	栾川县	0.63
1169	河南省	漯河市	舞阳县	0.63
1170	河南省	南阳市	西峡县	0.63
1171	河南省	平顶山市	汝州市	0.63
1172	河南省	濮阳市	台前县	0.63
1173	河南省	三门峡市	卢氏县	0.63
1174	河南省	商丘市	夏邑县	0.63
1175	河南省	商丘市	睢县	0.63
1176	河南省	商丘市	柘城县	0.63
1177	河南省	新乡市	封丘县	0.63
1178	河南省	信阳市	商城县	0.63
1179	河南省	信阳市	罗山县	0.63

排名	省份	地市级	县级	大气环境容量指数
1180	河南省	信阳市	光山县	0.63
1181	河南省	信阳市	固始县	0.63
1182	河南省	信阳市	潢川县	0.63
1183	河南省	许昌市	鄢陵县	0.63
1184	河南省	许昌市	襄城县	0.63
1185	河南省	郑州市	二七区	0.63
1186	河南省	周口市	西华县	0.63
1187	河南省	驻马店市	泌阳县	0.63
1188	海南省	保亭自治县	保亭自治县	0.63
1189	海南省	白沙自治县	白沙自治县	0.63
1190	海南省	琼中自治县	琼中自治县	0.63
1191	黑龙江省	大庆市	肇州县	0.63
1192	黑龙江省	哈尔滨市	香坊区	0.63
1193	黑龙江省	哈尔滨市	延寿县	0.63
1194	黑龙江省	哈尔滨市	木兰县	0.63
1195	黑龙江省	哈尔滨市	五常市	0.63
1196	黑龙江省	鸡西市	密山市	0.63
1197	黑龙江省	佳木斯市	汤原县	0.63
1198	黑龙江省	牡丹江市	绥芬河市	0.63
1199	黑龙江省	齐齐哈尔市	依安县	0.63
1200	黑龙江省	齐齐哈尔市	甘南县	0.63
1201	黑龙江省	绥化市	兰西县	0.63
1202	黑龙江省	绥化市	青冈县	0.63
1203	黑龙江省	绥化市	望奎县	0.63
1204	黑龙江省	双鸭山市	宝清县	0.63
1205	湖南省	长沙市	浏阳市	0.63
1206	湖南省	常德市	安乡县	0.63
1207	湖南省	常德市	临澧县	0.63
1208	湖南省	郴州市	嘉禾县	0.63
1209	湖南省	郴州市	资兴市	0.63
1210	湖南省	衡阳市	祁东县	0.63
1211	湖南省	衡阳市	衡山县	0.63
1212	湖南省	衡阳市	常宁市	0.63
1213	湖南省	怀化市	辰溪县	0.63
1214	湖南省	怀化市	洪江市	0.63
1215	湖南省	怀化市	通道自治县	0.63
1216	湖南省	邵阳市	邵东县	0.63
1217	湖南省	邵阳市	大祥区	0.63
1218	湖南省	邵阳市	隆回县	0.63
1219	湖南省	永州市	江永县	0.63

排名	省份	地市级	县级	大气环境容量指数
1220	湖南省	永州市	宁远县	0.63
1221	湖南省	永州市	祁阳县	0.63
1222	湖南省	岳阳市	华容县	0.63
1223	湖南省	岳阳市	临湘市	0.63
1224	湖南省	株洲市	荷塘区	0.63
1225	吉林省	白城市	洮北区	0.63
1226	吉林省	长春市	农安县	0.63
1227	吉林省	长春市	绿园区	0.63
1228	吉林省	长春市	双阳区	0.63
1229	吉林省	四平市	伊通自治县	0.63
1230	吉林省	松原市	乾安县	0.63
1231	吉林省	松原市	宁江区	0.63
1232	吉林省	通化市	辉南县	0.63
1233	吉林省	通化市	柳河县	0.63
1234	吉林省	延边自治州	图们市	0.63
1235	江苏省	常州市	溧阳市	0.63
1236	江苏省	淮安市	盱眙县	0.63
1237	江苏省	连云港市	灌南县	0.63
1238	江苏省	无锡市	宜兴市	0.63
1239	江苏省	宿迁市	泗阳县	0.63
1240	江苏省	宿迁市	泗洪县	0.63
1241	江苏省	徐州市	丰县	0.63
1242	江苏省	徐州市	邳州市	0.63
1243	江苏省	徐州市	睢宁县	0.63
1244	江苏省	徐州市	沛县	0.63
1245	江苏省	扬州市	高邮市	0.63
1246	江苏省	镇江市	润州区	0.63
1247	江西省	抚州市	乐安县	0.63
1248	江西省	抚州市	崇仁县	0.63
1249	江西省	赣州市	瑞金市	0.63
1250	江西省	赣州市	兴国县	0.63
1251	江西省	赣州市	于都县	0.63
1252	江西省	赣州市	南康区	0.63
1253	江西省	赣州市	章贡区	0.63
1254	江西省	赣州市	全南县	0.63
1255	江西省	赣州市	安远县	0.63
1256	江西省	赣州市	会昌县	0.63
1257	江西省	赣州市	定南县	0.63
1258	江西省	吉安市	安福县	0.63
1259	江西省	吉安市	永丰县	0.63

排名	省份	地市级	县级	大气环境容量指数
1260	江西省	吉安市	吉州区	0.63
1261	江西省	九江市	德安县	0.63
1262	江西省	南昌市	南昌县	0.63
1263	江西省	南昌市	新建区	0.63
1264	江西省	萍乡市	莲花县	0.63
1265	江西省	上饶市	德兴市	0.63
1266	江西省	上饶市	横峰县	0.63
1267	江西省	上饶市	婺源县	0.63
1268	江西省	宜春市	上高县	0.63
1269	江西省	宜春市	高安市	0.63
1270	江西省	宜春市	万载县	0.63
1271	辽宁省	鞍山市	海城市	0.63
1272	辽宁省	鞍山市	铁东区	0.63
1273	辽宁省	本溪市	本溪自治县	0.63
1274	辽宁省	朝阳市	朝阳县	0.63
1275	辽宁省	朝阳市	凌源市	0.63
1276	辽宁省	大连市	普兰店区（滨海）	0.63
1277	辽宁省	丹东市	振兴区	0.63
1278	辽宁省	沈阳市	沈北新区	0.63
1279	辽宁省	铁岭市	西丰县	0.63
1280	辽宁省	铁岭市	银州区	0.63
1281	内蒙古自治区	巴彦淖尔市	乌拉特后旗	0.63
1282	内蒙古自治区	巴彦淖尔市	乌拉特中旗	0.63
1283	内蒙古自治区	巴彦淖尔市	五原县	0.63
1284	内蒙古自治区	巴彦淖尔市	临河区	0.63
1285	内蒙古自治区	赤峰市	红山区	0.63
1286	内蒙古自治区	鄂尔多斯市	鄂托克前旗	0.63
1287	内蒙古自治区	呼和浩特市	托克托县	0.63
1288	内蒙古自治区	通辽市	科尔沁区	0.63
1289	内蒙古自治区	锡林郭勒盟	东乌珠穆沁旗东部	0.63
1290	内蒙古自治区	锡林郭勒盟	西乌珠穆沁旗	0.63
1291	内蒙古自治区	兴安盟	科尔沁右翼中旗东南	0.63
1292	宁夏回族自治区	石嘴山市	平罗县	0.63
1293	宁夏回族自治区	石嘴山市	惠农区	0.63
1294	宁夏回族自治区	中卫市	沙坡头区	0.63
1295	青海省	海北自治州	海晏县	0.63
1296	青海省	海西自治州	格尔木市西南	0.63
1297	四川省	巴中市	南江县	0.63
1298	四川省	成都市	蒲江县	0.63
1299	四川省	成都市	龙泉驿区	0.63

排名	省份	地市级	县级	大气环境容量指数
1300	四川省	成都市	简阳市	0.63
1301	四川省	成都市	金堂县	0.63
1302	四川省	达州市	宣汉县	0.63
1303	四川省	达州市	开江县	0.63
1304	四川省	德阳市	什邡市	0.63
1305	四川省	德阳市	广汉市	0.63
1306	四川省	甘孜藏族自治州	雅江县	0.63
1307	四川省	甘孜藏族自治州	得荣县	0.63
1308	四川省	广安市	岳池县	0.63
1309	四川省	广元市	朝天区	0.63
1310	四川省	广元市	剑阁县	0.63
1311	四川省	乐山市	井研县	0.63
1312	四川省	凉山自治州	宁南县	0.63
1313	四川省	凉山自治州	冕宁县	0.63
1314	四川省	凉山自治州	金阳县	0.63
1315	四川省	泸州市	纳溪区	0.63
1316	四川省	泸州市	古蔺县	0.63
1317	四川省	眉山市	丹棱县	0.63
1318	四川省	绵阳市	涪城区	0.63
1319	四川省	绵阳市	北川自治县	0.63
1320	四川省	南充市	仪陇县	0.63
1321	四川省	南充市	西充县	0.63
1322	四川省	内江市	威远县	0.63
1323	四川省	内江市	东兴区	0.63
1324	四川省	内江市	资中县	0.63
1325	四川省	攀枝花市	东区	0.63
1326	四川省	遂宁市	蓬溪县	0.63
1327	四川省	雅安市	荥经县	0.63
1328	四川省	宜宾市	高县	0.63
1329	四川省	资阳市	雁江区	0.63
1330	四川省	资阳市	乐至县	0.63
1331	四川省	自贡市	自流井区	0.63
1332	山东省	滨州市	博兴县	0.63
1333	山东省	滨州市	阳信县	0.63
1334	山东省	滨州市	邹平县	0.63
1335	山东省	滨州市	惠民县	0.63
1336	山东省	德州市	德城区	0.63
1337	山东省	东营市	利津县	0.63
1338	山东省	东营市	垦利区	0.63
1339	山东省	东营市	广饶县	0.63

排名	省份	地市级	县级	大气环境容量指数
1340	山东省	菏泽市	定陶区	0.63
1341	山东省	菏泽市	巨野县	0.63
1342	山东省	菏泽市	牡丹区	0.63
1343	山东省	济南市	章丘区	0.63
1344	山东省	济南市	商河县	0.63
1345	山东省	济宁市	微山县	0.63
1346	山东省	济宁市	泗水县	0.63
1347	山东省	莱芜市	莱城区	0.63
1348	山东省	聊城市	高唐县	0.63
1349	山东省	临沂市	沂南县	0.63
1350	山东省	临沂市	兰陵县	0.63
1351	山东省	临沂市	蒙阴县	0.63
1352	山东省	青岛市	平度市	0.63
1353	山东省	日照市	五莲县	0.63
1354	山东省	泰安市	东平县	0.63
1355	山东省	泰安市	泰山区	0.63
1356	山东省	潍坊市	寿光市	0.63
1357	山东省	潍坊市	潍城区	0.63
1358	山东省	潍坊市	青州市	0.63
1359	山东省	烟台市	海阳市	0.63
1360	山东省	烟台市	莱州市	0.63
1361	山东省	枣庄市	市中区	0.63
1362	山东省	淄博市	淄川区	0.63
1363	山东省	淄博市	周村区	0.63
1364	山东省	淄博市	张店区	0.63
1365	山东省	淄博市	高青县	0.63
1366	山东省	淄博市	博山区	0.63
1367	山东省	淄博市	桓台县	0.63
1368	上海市	闵行区	闵行区	0.63
1369	陕西省	安康市	平利县	0.63
1370	陕西省	安康市	镇坪县	0.63
1371	陕西省	宝鸡市	陈仓区	0.63
1372	陕西省	宝鸡市	凤翔县	0.63
1373	陕西省	汉中市	略阳县	0.63
1374	陕西省	商洛市	丹凤县	0.63
1375	陕西省	商洛市	商州区	0.63
1376	陕西省	铜川市	王益区	0.63
1377	陕西省	渭南市	白水县	0.63
1378	陕西省	渭南市	富平县	0.63
1379	陕西省	咸阳市	淳化县	0.63

排名	省份	地市级	县级	大气环境容量指数
1380	陕西省	咸阳市	武功县	0.63
1381	陕西省	咸阳市	泾阳县	0.63
1382	陕西省	咸阳市	渭城区	0.63
1383	陕西省	延安市	洛川县	0.63
1384	陕西省	榆林市	横山区	0.63
1385	陕西省	榆林市	神木市	0.63
1386	陕西省	榆林市	定边县	0.63
1387	陕西省	榆林市	绥德县	0.63
1388	陕西省	榆林市	佳县	0.63
1389	山西省	大同市	天镇县	0.63
1390	山西省	大同市	左云县	0.63
1391	山西省	大同市	阳高县	0.63
1392	山西省	晋城市	城区	0.63
1393	山西省	晋中市	平遥县	0.63
1394	山西省	晋中市	左权县	0.63
1395	山西省	晋中市	太谷县	0.63
1396	山西省	晋中市	灵石县	0.63
1397	山西省	晋中市	祁县	0.63
1398	山西省	临汾市	翼城县	0.63
1399	山西省	临汾市	浮山县	0.63
1400	山西省	临汾市	蒲县	0.63
1401	山西省	临汾市	汾西县	0.63
1402	山西省	吕梁市	石楼县	0.63
1403	山西省	吕梁市	岚县	0.63
1404	山西省	吕梁市	汾阳市	0.63
1405	山西省	吕梁市	文水县	0.63
1406	山西省	吕梁市	兴县	0.63
1407	山西省	吕梁市	临县	0.63
1408	山西省	朔州市	山阴县	0.63
1409	山西省	朔州市	应县	0.63
1410	山西省	太原市	阳曲县	0.63
1411	山西省	太原市	古交市	0.63
1412	山西省	忻州市	河曲县	0.63
1413	山西省	忻州市	保德县	0.63
1414	山西省	阳泉市	盂县	0.63
1415	山西省	运城市	新绛县	0.63
1416	山西省	运城市	平陆县	0.63
1417	山西省	运城市	夏县	0.63
1418	山西省	长治市	平顺县	0.63
1419	山西省	长治市	屯留县	0.63

排名	省份	地市级	县级	大气环境容量指数
1420	山西省	长治市	长子县	0.63
1421	天津市	宝坻区	宝坻区	0.63
1422	天津市	北辰区	北辰区	0.63
1423	天津市	津南区	津南区	0.63
1424	新疆维吾尔自治区	阿勒泰地区	福海县	0.63
1425	新疆维吾尔自治区	巴音郭楞自治州	且末县西北	0.63
1426	新疆维吾尔自治区	巴音郭楞自治州	且末县	0.63
1427	新疆维吾尔自治区	昌吉自治州	木垒自治县	0.63
1428	新疆维吾尔自治区	昌吉自治州	呼图壁县	0.63
1429	新疆维吾尔自治区	喀什地区	喀什市	0.63
1430	新疆维吾尔自治区	和田地区	和田市	0.63
1431	新疆维吾尔自治区	伊犁自治州	霍尔果斯市	0.63
1432	西藏自治区	阿里地区	改则县	0.63
1433	西藏自治区	昌都市	芒康县	0.63
1434	西藏自治区	日喀则市	拉孜县	0.63
1435	云南省	保山市	昌宁县	0.63
1436	云南省	楚雄自治州	南华县	0.63
1437	云南省	楚雄自治州	楚雄市	0.63
1438	云南省	大理自治州	永平县	0.63
1439	云南省	大理自治州	大理市	0.63
1440	云南省	德宏自治州	盈江县	0.63
1441	云南省	迪庆自治州	香格里拉市	0.63
1442	云南省	红河自治州	金平自治县	0.63
1443	云南省	昆明市	禄劝自治县	0.63
1444	云南省	丽江市	玉龙自治县	0.63
1445	云南省	丽江市	华坪县	0.63
1446	云南省	临沧市	凤庆县	0.63
1447	云南省	临沧市	双江自治县	0.63
1448	云南省	临沧市	沧源自治县	0.63
1449	云南省	普洱市	宁洱自治县	0.63
1450	云南省	曲靖市	麒麟区	0.63
1451	云南省	文山自治州	马关县	0.63
1452	云南省	文山自治州	西畴县	0.63
1453	云南省	西双版纳自治州	勐海县	0.63
1454	云南省	昭通市	永善县	0.63
1455	云南省	昭通市	鲁甸县	0.63
1456	云南省	昭通市	巧家县	0.63
1457	浙江省	杭州市	建德市	0.63
1458	浙江省	金华市	东阳市	0.63
1459	浙江省	金华市	武义县	0.63

排名	省份	地市级	县级	大气环境容量指数
1460	浙江省	金华市	浦江县	0.63
1461	浙江省	宁波市	镇海区	0.63
1462	浙江省	衢州市	龙游县	0.63
1463	浙江省	绍兴市	越城区	0.63
1464	浙江省	绍兴市	诸暨市	0.63
1465	浙江省	绍兴市	新昌县	0.63
1466	浙江省	绍兴市	嵊州市	0.63
1467	浙江省	温州市	永嘉县	0.63
1468	安徽省	安庆市	岳西县	0.62
1469	安徽省	池州市	东至县	0.62
1470	安徽省	池州市	石台县	0.62
1471	安徽省	黄山市	黟县	0.62
1472	安徽省	黄山市	屯溪区	0.62
1473	安徽省	黄山市	休宁县	0.62
1474	安徽省	六安市	霍山县	0.62
1475	安徽省	宿州市	萧县	0.62
1476	安徽省	宣城市	宁国市	0.62
1477	北京市	丰台区	丰台区	0.62
1478	北京市	怀柔区	怀柔区	0.62
1479	北京市	平谷区	平谷区	0.62
1480	重庆市	北碚区	北碚区	0.62
1481	重庆市	大足区	大足区	0.62
1482	重庆市	垫江县	垫江县	0.62
1483	重庆市	九龙坡区	九龙坡区	0.62
1484	重庆市	开州区	开州区	0.62
1485	重庆市	黔江区	黔江区	0.62
1486	重庆市	梁平区	梁平区	0.62
1487	重庆市	荣昌区	荣昌区	0.62
1488	重庆市	万州区	万州区	0.62
1489	重庆市	巫溪县	巫溪县	0.62
1490	重庆市	酉阳自治县	酉阳自治县	0.62
1491	重庆市	长寿区	长寿区	0.62
1492	重庆市	忠县	忠县	0.62
1493	福建省	福州市	连江县	0.62
1494	福建省	南平市	顺昌县	0.62
1495	福建省	南平市	浦城县	0.62
1496	福建省	南平市	建瓯市	0.62
1497	福建省	南平市	武夷山市	0.62
1498	福建省	宁德市	寿宁县	0.62
1499	福建省	三明市	将乐县	0.62

续表

排名	省份	地市级	县级	大气环境容量指数
1500	福建省	三明市	尤溪县	0.62
1501	福建省	三明市	大田县	0.62
1502	广东省	河源市	连平县	0.62
1503	广东省	清远市	阳山县	0.62
1504	甘肃省	甘南自治州	临潭县	0.62
1505	甘肃省	酒泉市	敦煌市	0.62
1506	甘肃省	酒泉市	肃州区	0.62
1507	甘肃省	兰州市	安宁区	0.62
1508	甘肃省	平凉市	庄浪县	0.62
1509	甘肃省	平凉市	崆峒区	0.62
1510	甘肃省	庆阳市	宁县	0.62
1511	甘肃省	庆阳市	西峰区	0.62
1512	甘肃省	庆阳市	庆城县	0.62
1513	甘肃省	庆阳市	合水县	0.62
1514	甘肃省	庆阳市	华池县	0.62
1515	甘肃省	庆阳市	正宁县	0.62
1516	甘肃省	庆阳市	环县	0.62
1517	甘肃省	天水市	甘谷县	0.62
1518	甘肃省	天水市	麦积区	0.62
1519	甘肃省	张掖市	肃南自治县	0.62
1520	甘肃省	张掖市	临泽县	0.62
1521	广西壮族自治区	百色市	凌云县	0.62
1522	广西壮族自治区	百色市	乐业县	0.62
1523	广西壮族自治区	桂林市	阳朔县	0.62
1524	广西壮族自治区	桂林市	灵川县	0.62
1525	广西壮族自治区	河池市	东兰县	0.62
1526	广西壮族自治区	河池市	凤山县	0.62
1527	广西壮族自治区	河池市	天峨县	0.62
1528	贵州省	安顺市	普定县	0.62
1529	贵州省	毕节市	金沙县	0.62
1530	贵州省	毕节市	威宁自治县	0.62
1531	贵州省	六盘水市	六枝特区	0.62
1532	贵州省	六盘水市	盘州市	0.62
1533	贵州省	黔东南自治州	黎平县	0.62
1534	贵州省	黔东南自治州	镇远县	0.62
1535	贵州省	黔东南自治州	岑巩县	0.62
1536	贵州省	黔东南自治州	施秉县	0.62
1537	贵州省	黔东南自治州	麻江县	0.62
1538	贵州省	黔东南自治州	三穗县	0.62
1539	贵州省	黔南自治州	贵定县	0.62

排名	省份	地市级	县级	大气环境容量指数
1540	贵州省	黔南自治州	荔波县	0.62
1541	贵州省	黔西南自治州	册亨县	0.62
1542	贵州省	黔西南自治州	普安县	0.62
1543	贵州省	黔西南自治州	望谟县	0.62
1544	贵州省	铜仁市	碧江区	0.62
1545	贵州省	遵义市	余庆县	0.62
1546	贵州省	遵义市	仁怀市	0.62
1547	贵州省	遵义市	桐梓县	0.62
1548	湖北省	恩施自治州	咸丰县	0.62
1549	湖北省	黄冈市	英山县	0.62
1550	湖北省	神农架林区	神农架林区	0.62
1551	湖北省	十堰市	郧西县	0.62
1552	湖北省	十堰市	茅箭区	0.62
1553	湖北省	十堰市	房县	0.62
1554	湖北省	随州市	曾都区	0.62
1555	湖北省	襄阳市	南漳县	0.62
1556	湖北省	宜昌市	长阳自治县	0.62
1557	河北省	保定市	阜平县	0.62
1558	河北省	保定市	容城县	0.62
1559	河北省	保定市	徐水区	0.62
1560	河北省	保定市	莲池区	0.62
1561	河北省	保定市	满城区	0.62
1562	河北省	保定市	蠡县	0.62
1563	河北省	保定市	顺平县	0.62
1564	河北省	保定市	涞源县	0.62
1565	河北省	承德市	隆化县	0.62
1566	河北省	邯郸市	鸡泽县	0.62
1567	河北省	邯郸市	魏县	0.62
1568	河北省	衡水市	深州市	0.62
1569	河北省	衡水市	桃城区	0.62
1570	河北省	衡水市	阜城县	0.62
1571	河北省	衡水市	景县	0.62
1572	河北省	廊坊市	文安县	0.62
1573	河北省	廊坊市	大厂自治县	0.62
1574	河北省	廊坊市	三河市	0.62
1575	河北省	秦皇岛市	青龙自治县	0.62
1576	河北省	秦皇岛市	卢龙县	0.62
1577	河北省	石家庄市	深泽县	0.62
1578	河北省	石家庄市	晋州市	0.62
1579	河北省	石家庄市	井陉县	0.62

排名	省份	地市级	县级	大气环境容量指数
1580	河北省	石家庄市	平山县	0.62
1581	河北省	石家庄市	桥西区	0.62
1582	河北省	唐山市	滦县	0.62
1583	河北省	邢台市	南宫市	0.62
1584	河北省	邢台市	任县	0.62
1585	河北省	张家口市	涿鹿县	0.62
1586	河北省	张家口市	怀安县	0.62
1587	河南省	开封市	杞县	0.62
1588	河南省	漯河市	临颍县	0.62
1589	河南省	漯河市	郾城区	0.62
1590	河南省	南阳市	桐柏县	0.62
1591	河南省	平顶山市	舞钢市	0.62
1592	河南省	平顶山市	鲁山县	0.62
1593	河南省	新乡市	长垣县	0.62
1594	河南省	新乡市	卫辉市	0.62
1595	河南省	信阳市	淮滨县	0.62
1596	河南省	郑州市	荥阳市	0.62
1597	河南省	郑州市	新密市	0.62
1598	河南省	郑州市	中牟县	0.62
1599	河南省	周口市	沈丘县	0.62
1600	河南省	周口市	扶沟县	0.62
1601	河南省	周口市	川汇区	0.62
1602	河南省	周口市	鹿邑县	0.62
1603	河南省	周口市	郸城县	0.62
1604	黑龙江省	哈尔滨市	阿城区	0.62
1605	黑龙江省	哈尔滨市	呼兰区	0.62
1606	黑龙江省	哈尔滨市	依兰县	0.62
1607	黑龙江省	黑河市	北安市	0.62
1608	黑龙江省	黑河市	五大连池市	0.62
1609	黑龙江省	黑河市	嫩江县	0.62
1610	黑龙江省	佳木斯市	桦川县	0.62
1611	黑龙江省	牡丹江市	东宁市	0.62
1612	黑龙江省	牡丹江市	宁安市	0.62
1613	黑龙江省	齐齐哈尔市	建华区	0.62
1614	黑龙江省	齐齐哈尔市	讷河市	0.62
1615	黑龙江省	绥化市	安达市	0.62
1616	黑龙江省	绥化市	绥棱县	0.62
1617	黑龙江省	绥化市	海伦市	0.62
1618	黑龙江省	双鸭山市	饶河县	0.62
1619	黑龙江省	双鸭山市	集贤县	0.62

排名	省份	地市级	县级	大气环境容量指数
1620	湖南省	常德市	石门县	0.62
1621	湖南省	常德市	汉寿县	0.62
1622	湖南省	常德市	桃源县	0.62
1623	湖南省	郴州市	安仁县	0.62
1624	湖南省	衡阳市	衡东县	0.62
1625	湖南省	怀化市	会同县	0.62
1626	湖南省	怀化市	溆浦县	0.62
1627	湖南省	怀化市	麻阳自治县	0.62
1628	湖南省	娄底市	涟源市	0.62
1629	湖南省	娄底市	双峰县	0.62
1630	湖南省	娄底市	新化县	0.62
1631	湖南省	邵阳市	武冈市	0.62
1632	湖南省	邵阳市	新邵县	0.62
1633	湖南省	邵阳市	邵阳县	0.62
1634	湖南省	湘西自治州	凤凰县	0.62
1635	湖南省	湘西自治州	保靖县	0.62
1636	湖南省	益阳市	南县	0.62
1637	湖南省	益阳市	安化县	0.62
1638	湖南省	永州市	新田县	0.62
1639	湖南省	永州市	蓝山县	0.62
1640	湖南省	永州市	冷水滩区	0.62
1641	湖南省	永州市	东安县	0.62
1642	湖南省	岳阳市	平江县	0.62
1643	吉林省	吉林市	蛟河市	0.62
1644	吉林省	松原市	扶余市	0.62
1645	吉林省	延边自治州	安图县	0.62
1646	吉林省	延边自治州	龙井市	0.62
1647	江苏省	徐州市	鼓楼区	0.62
1648	江西省	抚州市	宜黄县	0.62
1649	江西省	抚州市	资溪县	0.62
1650	江西省	抚州市	黎川县	0.62
1651	江西省	赣州市	上犹县	0.62
1652	江西省	赣州市	寻乌县	0.62
1653	江西省	赣州市	崇义县	0.62
1654	江西省	吉安市	井冈山市	0.62
1655	江西省	吉安市	泰和县	0.62
1656	江西省	九江市	修水县	0.62
1657	江西省	上饶市	万年县	0.62
1658	江西省	新余市	渝水区	0.62
1659	江西省	宜春市	靖安县	0.62

排名	省份	地市级	县级	大气环境容量指数
1660	江西省	宜春市	奉新县	0.62
1661	辽宁省	本溪市	明山区	0.62
1662	辽宁省	大连市	庄河市	0.62
1663	辽宁省	抚顺市	顺城区	0.62
1664	辽宁省	葫芦岛市	建昌县	0.62
1665	辽宁省	锦州市	古塔区	0.62
1666	辽宁省	辽阳市	宏伟区	0.62
1667	辽宁省	沈阳市	苏家屯区	0.62
1668	辽宁省	沈阳市	和平区	0.62
1669	辽宁省	铁岭市	开原市	0.62
1670	内蒙古自治区	巴彦淖尔市	乌拉特前旗北部	0.62
1671	内蒙古自治区	鄂尔多斯市	准格尔旗	0.62
1672	内蒙古自治区	鄂尔多斯市	东胜区	0.62
1673	内蒙古自治区	鄂尔多斯市	达拉特旗	0.62
1674	内蒙古自治区	呼和浩特市	和林格尔县	0.62
1675	内蒙古自治区	呼伦贝尔市	牙克石市东部	0.62
1676	内蒙古自治区	呼伦贝尔市	鄂温克族自治旗	0.62
1677	内蒙古自治区	呼伦贝尔市	阿荣旗	0.62
1678	内蒙古自治区	通辽市	扎鲁特旗	0.62
1679	内蒙古自治区	乌兰察布市	丰镇市	0.62
1680	内蒙古自治区	乌兰察布市	凉城县	0.62
1681	内蒙古自治区	锡林郭勒盟	东乌珠穆沁旗	0.62
1682	内蒙古自治区	锡林郭勒盟	多伦县	0.62
1683	内蒙古自治区	兴安盟	乌兰浩特市	0.62
1684	内蒙古自治区	兴安盟	扎赉特旗	0.62
1685	内蒙古自治区	兴安盟	科尔沁右翼前旗	0.62
1686	宁夏回族自治区	固原市	原州区	0.62
1687	宁夏回族自治区	吴忠市	利通区	0.62
1688	宁夏回族自治区	吴忠市	青铜峡市	0.62
1689	宁夏回族自治区	吴忠市	盐池县	0.62
1690	宁夏回族自治区	中卫市	海原县	0.62
1691	宁夏回族自治区	中卫市	中宁县	0.62
1692	青海省	海西自治州	天峻县	0.62
1693	青海省	西宁市	湟源县	0.62
1694	四川省	阿坝藏族自治州	小金县	0.62
1695	四川省	阿坝藏族自治州	九寨沟县	0.62
1696	四川省	巴中市	平昌县	0.62
1697	四川省	巴中市	巴州区	0.62
1698	四川省	巴中市	通江县	0.62
1699	四川省	成都市	彭州市	0.62

排名	省份	地市级	县级	大气环境容量指数
1700	四川省	成都市	温江区	0.62
1701	四川省	成都市	新都区	0.62
1702	四川省	成都市	大邑县	0.62
1703	四川省	成都市	新津县	0.62
1704	四川省	成都市	崇州市	0.62
1705	四川省	达州市	万源市	0.62
1706	四川省	达州市	大竹县	0.62
1707	四川省	达州市	渠县	0.62
1708	四川省	德阳市	旌阳区	0.62
1709	四川省	德阳市	绵竹市	0.62
1710	四川省	德阳市	中江县	0.62
1711	四川省	甘孜藏族自治州	白玉县	0.62
1712	四川省	甘孜藏族自治州	道孚县	0.62
1713	四川省	甘孜藏族自治州	巴塘县	0.62
1714	四川省	广安市	邻水县	0.62
1715	四川省	广安市	武胜县	0.62
1716	四川省	广元市	苍溪县	0.62
1717	四川省	乐山市	夹江县	0.62
1718	四川省	乐山市	市中区	0.62
1719	四川省	乐山市	马边自治县	0.62
1720	四川省	乐山市	犍为县	0.62
1721	四川省	凉山自治州	会东县	0.62
1722	四川省	凉山自治州	美姑县	0.62
1723	四川省	凉山自治州	甘洛县	0.62
1724	四川省	凉山自治州	西昌市	0.62
1725	四川省	凉山自治州	昭觉县	0.62
1726	四川省	凉山自治州	布拖县	0.62
1727	四川省	凉山自治州	会理县	0.62
1728	四川省	泸州市	龙马潭区	0.62
1729	四川省	泸州市	叙永县	0.62
1730	四川省	泸州市	合江县	0.62
1731	四川省	眉山市	青神县	0.62
1732	四川省	眉山市	仁寿县	0.62
1733	四川省	绵阳市	梓潼县	0.62
1734	四川省	南充市	营山县	0.62
1735	四川省	南充市	阆中市	0.62
1736	四川省	南充市	蓬安县	0.62
1737	四川省	遂宁市	射洪县	0.62
1738	四川省	遂宁市	船山区	0.62
1739	四川省	宜宾市	珙县	0.62

排名	省份	地市级	县级	大气环境容量指数
1740	四川省	宜宾市	筠连县	0.62
1741	四川省	宜宾市	江安县	0.62
1742	四川省	宜宾市	长宁县	0.62
1743	四川省	宜宾市	南溪区	0.62
1744	四川省	自贡市	富顺县	0.62
1745	四川省	自贡市	荣县	0.62
1746	山东省	济南市	济阳县	0.62
1747	山东省	济宁市	兖州区	0.62
1748	山东省	济宁市	任城区	0.62
1749	山东省	聊城市	东昌府区	0.62
1750	山东省	临沂市	费县	0.62
1751	山东省	泰安市	宁阳县	0.62
1752	山东省	枣庄市	峄城区	0.62
1753	山东省	淄博市	沂源县	0.62
1754	陕西省	安康市	汉阴县	0.62
1755	陕西省	安康市	旬阳县	0.62
1756	陕西省	宝鸡市	凤县	0.62
1757	陕西省	汉中市	勉县	0.62
1758	陕西省	汉中市	镇巴县	0.62
1759	陕西省	汉中市	洋县	0.62
1760	陕西省	商洛市	山阳县	0.62
1761	陕西省	渭南市	华州区	0.62
1762	陕西省	渭南市	临渭区	0.62
1763	陕西省	渭南市	韩城市	0.62
1764	陕西省	西安市	蓝田县	0.62
1765	陕西省	西安市	鄠邑区	0.62
1766	陕西省	西安市	周至县	0.62
1767	陕西省	咸阳市	彬县	0.62
1768	陕西省	咸阳市	长武县	0.62
1769	陕西省	咸阳市	旬邑县	0.62
1770	陕西省	延安市	富县	0.62
1771	陕西省	延安市	宝塔区	0.62
1772	陕西省	延安市	黄龙县	0.62
1773	陕西省	榆林市	靖边县	0.62
1774	陕西省	榆林市	米脂县	0.62
1775	山西省	大同市	大同县	0.62
1776	山西省	晋城市	阳城县	0.62
1777	山西省	晋中市	和顺县	0.62
1778	山西省	晋中市	寿阳县	0.62
1779	山西省	晋中市	榆社县	0.62

排名	省份	地市级	县级	大气环境容量指数
1780	山西省	临汾市	侯马市	0.62
1781	山西省	临汾市	霍州市	0.62
1782	山西省	临汾市	洪洞县	0.62
1783	山西省	临汾市	曲沃县	0.62
1784	山西省	临汾市	隰县	0.62
1785	山西省	吕梁市	交城县	0.62
1786	山西省	吕梁市	交口县	0.62
1787	山西省	朔州市	怀仁县	0.62
1788	山西省	太原市	小店区	0.62
1789	山西省	太原市	小店区 *	0.62
1790	山西省	忻州市	原平市	0.62
1791	山西省	忻州市	繁峙县	0.62
1792	山西省	忻州市	五寨县	0.62
1793	山西省	忻州市	偏关县	0.62
1794	山西省	忻州市	忻府区	0.62
1795	山西省	忻州市	代县	0.62
1796	山西省	阳泉市	平定县	0.62
1797	山西省	运城市	万荣县	0.62
1798	山西省	运城市	闻喜县	0.62
1799	山西省	运城市	垣曲县	0.62
1800	山西省	长治市	潞城市	0.62
1801	天津市	蓟州区	蓟州区	0.62
1802	天津市	南开区	南开区	0.62
1803	天津市	武清区	武清区	0.62
1804	新疆维吾尔自治区	阿克苏地区	新和县	0.62
1805	新疆维吾尔自治区	阿克苏地区	阿克苏市	0.62
1806	新疆维吾尔自治区	阿勒泰地区	哈巴河县	0.62
1807	新疆维吾尔自治区	阿勒泰地区	富蕴县	0.62
1808	新疆维吾尔自治区	巴音郭楞自治州	焉耆自治县	0.62
1809	新疆维吾尔自治区	巴音郭楞自治州	若羌县	0.62
1810	新疆维吾尔自治区	巴音郭楞自治州	尉犁县	0.62
1811	新疆维吾尔自治区	博尔塔拉自治州	精河县	0.62
1812	新疆维吾尔自治区	哈密市	伊吾县	0.62
1813	新疆维吾尔自治区	和田地区	策勒县	0.62
1814	新疆维吾尔自治区	克拉玛依市	克拉玛依区	0.62
1815	新疆维吾尔自治区	克孜勒苏自治州	乌恰县	0.62
1816	新疆维吾尔自治区	塔城地区	托里县	0.62
1817	新疆维吾尔自治区	吐鲁番市	高昌区	0.62
1818	西藏自治区	阿里地区	噶尔县	0.62
1819	西藏自治区	阿里地区	普兰县	0.62

* 两个采样点。

排名	省份	地市级	县级	大气环境容量指数
1820	西藏自治区	拉萨市	墨竹工卡县	0.62
1821	西藏自治区	拉萨市	尼木县	0.62
1822	西藏自治区	那曲市	安多县	0.62
1823	西藏自治区	日喀则市	定日县	0.62
1824	西藏自治区	日喀则市	江孜县	0.62
1825	西藏自治区	山南市	隆子县	0.62
1826	西藏自治区	山南市	乃东区	0.62
1827	云南省	保山市	隆阳区	0.62
1828	云南省	保山市	腾冲市	0.62
1829	云南省	保山市	施甸县	0.62
1830	云南省	楚雄自治州	双柏县	0.62
1831	云南省	大理自治州	云龙县	0.62
1832	云南省	大理自治州	漾濞自治县	0.62
1833	云南省	德宏自治州	陇川县	0.62
1834	云南省	德宏自治州	瑞丽市	0.62
1835	云南省	德宏自治州	芒市	0.62
1836	云南省	红河自治州	河口自治县	0.62
1837	云南省	红河自治州	屏边自治县	0.62
1838	云南省	临沧市	临翔区	0.62
1839	云南省	普洱市	澜沧自治县	0.62
1840	云南省	普洱市	墨江自治县	0.62
1841	云南省	普洱市	景东自治县	0.62
1842	云南省	普洱市	江城自治县	0.62
1843	云南省	文山自治州	文山市	0.62
1844	云南省	文山自治州	广南县	0.62
1845	云南省	西双版纳自治州	景洪市	0.62
1846	云南省	西双版纳自治州	勐腊县	0.62
1847	云南省	昭通市	绥江县	0.62
1848	浙江省	金华市	永康市	0.62
1849	浙江省	丽水市	遂昌县	0.62
1850	浙江省	丽水市	龙泉市	0.62
1851	浙江省	台州市	仙居县	0.62
1852	浙江省	温州市	文成县	0.62
1853	安徽省	黄山市	黄山区	0.61
1854	北京市	海淀区	海淀区	0.61
1855	北京市	延庆区	延庆区	0.61
1856	福建省	南平市	建阳区	0.61
1857	福建省	三明市	泰宁县	0.61
1858	福建省	三明市	明溪县	0.61
1859	甘肃省	白银市	靖远县	0.61

排名	省份	地市级	县级	大气环境容量指数
1860	甘肃省	白银市	会宁县	0.61
1861	甘肃省	白银市	靖远县	0.61
1862	甘肃省	白银市	景泰县	0.61
1863	甘肃省	定西市	通渭县	0.61
1864	甘肃省	甘南自治州	卓尼县	0.61
1865	甘肃省	兰州市	永登县	0.61
1866	甘肃省	陇南市	西和县	0.61
1867	甘肃省	平凉市	静宁县	0.61
1868	甘肃省	平凉市	灵台县	0.61
1869	甘肃省	庆阳市	镇原县	0.61
1870	甘肃省	天水市	秦州区	0.61
1871	甘肃省	武威市	凉州区	0.61
1872	甘肃省	武威市	古浪县	0.61
1873	甘肃省	张掖市	高台县	0.61
1874	甘肃省	张掖市	山丹县	0.61
1875	贵州省	毕节市	织金县	0.61
1876	贵州省	毕节市	黔西县	0.61
1877	贵州省	黔东南自治州	天柱县	0.61
1878	贵州省	黔东南自治州	从江县	0.61
1879	贵州省	黔东南自治州	榕江县	0.61
1880	贵州省	黔南自治州	三都自治县	0.61
1881	贵州省	黔南自治州	龙里县	0.61
1882	贵州省	铜仁市	印江自治县	0.61
1883	贵州省	铜仁市	石阡县	0.61
1884	贵州省	铜仁市	松桃自治县	0.61
1885	贵州省	遵义市	习水县	0.61
1886	贵州省	遵义市	务川自治县	0.61
1887	贵州省	遵义市	正安县	0.61
1888	贵州省	遵义市	湄潭县	0.61
1889	湖北省	恩施自治州	鹤峰县	0.61
1890	湖北省	恩施自治州	宣恩县	0.61
1891	湖北省	恩施自治州	来凤县	0.61
1892	湖北省	恩施自治州	建始县	0.61
1893	湖北省	十堰市	竹溪县	0.61
1894	湖北省	十堰市	竹山县	0.61
1895	湖北省	襄阳市	保康县	0.61
1896	湖北省	宜昌市	秭归县	0.61
1897	河北省	保定市	安国市	0.61
1898	河北省	保定市	安新县	0.61
1899	河北省	保定市	涿州市	0.61

排名	省份	地市级	县级	大气环境容量指数
1900	河北省	保定市	高碑店市	0.61
1901	河北省	承德市	双桥区	0.61
1902	河北省	承德市	兴隆县	0.61
1903	河北省	邯郸市	馆陶县	0.61
1904	河北省	邯郸市	涉县	0.61
1905	河北省	廊坊市	安次区	0.61
1906	河北省	廊坊市	霸州市	0.61
1907	河北省	廊坊市	香河县	0.61
1908	河北省	石家庄市	正定县	0.61
1909	河北省	石家庄市	灵寿县	0.61
1910	河北省	石家庄市	新乐市	0.61
1911	河北省	石家庄市	无极县	0.61
1912	河北省	石家庄市	栾城区	0.61
1913	河北省	唐山市	遵化市	0.61
1914	河北省	唐山市	迁安市	0.61
1915	河北省	唐山市	玉田县	0.61
1916	河北省	张家口市	阳原县	0.61
1917	河南省	南阳市	淅川县	0.61
1918	河南省	南阳市	南召县	0.61
1919	河南省	商丘市	宁陵县	0.61
1920	河南省	周口市	太康县	0.61
1921	黑龙江省	大兴安岭地区	呼玛县	0.61
1922	黑龙江省	鹤岗市	萝北县	0.61
1923	黑龙江省	鹤岗市	东山区	0.61
1924	黑龙江省	黑河市	爱辉区	0.61
1925	黑龙江省	黑河市	逊克县	0.61
1926	黑龙江省	鸡西市	虎林市	0.61
1927	黑龙江省	佳木斯市	郊区	0.61
1928	黑龙江省	牡丹江市	林口县	0.61
1929	黑龙江省	齐齐哈尔市	富裕县	0.61
1930	黑龙江省	伊春市	铁力市	0.61
1931	黑龙江省	伊春市	五营区	0.61
1932	黑龙江省	伊春市	汤旺河区	0.61
1933	湖南省	郴州市	宜章县	0.61
1934	湖南省	郴州市	桂东县	0.61
1935	湖南省	怀化市	沅陵县	0.61
1936	湖南省	怀化市	鹤城区	0.61
1937	湖南省	怀化市	芷江自治县	0.61
1938	湖南省	邵阳市	绥宁县	0.61
1939	湖南省	湘西自治州	永顺县	0.61

续表

排名	省份	地市级	县级	大气环境容量指数
1940	湖南省	湘西自治州	花垣县	0.61
1941	湖南省	湘西自治州	吉首市	0.61
1942	湖南省	张家界市	永定区	0.61
1943	湖南省	张家界市	桑植县	0.61
1944	吉林省	吉林市	磐石市	0.61
1945	吉林省	辽源市	龙山区	0.61
1946	吉林省	松原市	前郭尔罗斯自治县	0.61
1947	吉林省	通化市	梅河口市	0.61
1948	吉林省	通化市	集安市	0.61
1949	江西省	景德镇市	昌江区	0.61
1950	江西省	宜春市	铜鼓县	0.61
1951	江西省	宜春市	宜丰县	0.61
1952	辽宁省	鞍山市	岫岩自治县	0.61
1953	辽宁省	本溪市	桓仁自治县	0.61
1954	辽宁省	丹东市	凤城市	0.61
1955	内蒙古自治区	包头市	土默特右旗	0.61
1956	内蒙古自治区	赤峰市	喀喇沁旗	0.61
1957	内蒙古自治区	赤峰市	巴林左旗	0.61
1958	内蒙古自治区	呼和浩特市	土默特左旗	0.61
1959	内蒙古自治区	呼伦贝尔市	莫力达瓦自治旗	0.61
1960	内蒙古自治区	呼伦贝尔市	新巴尔虎左旗	0.61
1961	内蒙古自治区	呼伦贝尔市	陈巴尔虎旗	0.61
1962	内蒙古自治区	乌兰察布市	卓资县	0.61
1963	内蒙古自治区	乌兰察布市	集宁区	0.61
1964	宁夏回族自治区	固原市	隆德县	0.61
1965	宁夏回族自治区	石嘴山市	大武口区	0.61
1966	宁夏回族自治区	银川市	永宁县	0.61
1967	宁夏回族自治区	银川市	金凤区	0.61
1968	青海省	海北自治州	刚察县	0.61
1969	青海省	海东市	平安区	0.61
1970	青海省	海东市	民和自治县	0.61
1971	青海省	海南自治州	贵德县	0.61
1972	青海省	海西自治州	茫崖行政区	0.61
1973	青海省	海西自治州	格尔木市	0.61
1974	青海省	海西自治州	都兰县	0.61
1975	青海省	黄南自治州	同仁县	0.61
1976	青海省	黄南自治州	泽库县	0.61
1977	四川省	阿坝藏族自治州	松潘县	0.61
1978	四川省	阿坝藏族自治州	若尔盖县	0.61
1979	四川省	阿坝藏族自治州	黑水县	0.61

续表

排名	省份	地市级	县级	大气环境容量指数
1980	四川省	成都市	双流区	0.61
1981	四川省	成都市	邛崃市	0.61
1982	四川省	成都市	都江堰市	0.61
1983	四川省	达州市	达川区	0.61
1984	四川省	甘孜藏族自治州	新龙县	0.61
1985	四川省	广元市	青川县	0.61
1986	四川省	乐山市	峨眉山市	0.61
1987	四川省	乐山市	沐川县	0.61
1988	四川省	凉山自治州	越西县	0.61
1989	四川省	绵阳市	平武县	0.61
1990	四川省	绵阳市	江油市	0.61
1991	四川省	绵阳市	盐亭县	0.61
1992	四川省	雅安市	芦山县	0.61
1993	四川省	雅安市	名山区	0.61
1994	四川省	雅安市	天全县	0.61
1995	四川省	宜宾市	宜宾县	0.61
1996	山东省	泰安市	肥城市	0.61
1997	陕西省	安康市	汉滨区	0.61
1998	陕西省	安康市	石泉县	0.61
1999	陕西省	安康市	岚皋县	0.61
2000	陕西省	宝鸡市	眉县	0.61
2001	陕西省	宝鸡市	岐山县	0.61
2002	陕西省	宝鸡市	陇县	0.61
2003	陕西省	宝鸡市	扶风县	0.61
2004	陕西省	宝鸡市	千阳县	0.61
2005	陕西省	汉中市	南郑县	0.61
2006	陕西省	汉中市	西乡县	0.61
2007	陕西省	汉中市	留坝县	0.61
2008	陕西省	商洛市	镇安县	0.61
2009	陕西省	西安市	长安区	0.61
2010	陕西省	咸阳市	乾县	0.61
2011	陕西省	咸阳市	永寿县	0.61
2012	陕西省	延安市	安塞区	0.61
2013	陕西省	延安市	延川县	0.61
2014	陕西省	延安市	志丹县	0.61
2015	陕西省	延安市	宜川县	0.61
2016	陕西省	延安市	子长县	0.61
2017	陕西省	榆林市	吴堡县	0.61
2018	陕西省	榆林市	清涧县	0.61
2019	山西省	大同市	南郊区	0.61

排名	省份	地市级	县级	大气环境容量指数
2020	山西省	晋城市	高平市	0.61
2021	山西省	临汾市	大宁县	0.61
2022	山西省	临汾市	尧都区	0.61
2023	山西省	吕梁市	吕梁市	0.61
2024	山西省	朔州市	右玉县	0.61
2025	山西省	太原市	娄烦县	0.61
2026	山西省	太原市	尖草坪区	0.61
2027	山西省	忻州市	五台县	0.61
2028	山西省	忻州市	静乐县	0.61
2029	山西省	长治市	襄垣县	0.61
2030	山西省	长治市	沁县	0.61
2031	山西省	长治市	沁源县	0.61
2032	新疆维吾尔自治区	阿克苏地区	温宿县	0.61
2033	新疆维吾尔自治区	阿克苏地区	阿瓦提县	0.61
2034	新疆维吾尔自治区	阿克苏地区	库车县	0.61
2035	新疆维吾尔自治区	阿勒泰地区	布尔津县	0.61
2036	新疆维吾尔自治区	昌吉自治州	吉木萨尔县	0.61
2037	新疆维吾尔自治区	哈密市	巴里坤自治县	0.61
2038	新疆维吾尔自治区	喀什地区	伽师县	0.61
2039	新疆维吾尔自治区	喀什地区	叶城县	0.61
2040	新疆维吾尔自治区	喀什地区	英吉沙县	0.61
2041	新疆维吾尔自治区	喀什地区	塔什库尔干自治县	0.61
2042	新疆维吾尔自治区	喀什地区	麦盖提县	0.61
2043	新疆维吾尔自治区	喀什地区	巴楚县	0.61
2044	新疆维吾尔自治区	和田地区	墨玉县	0.61
2045	新疆维吾尔自治区	和田地区	皮山县	0.61
2046	新疆维吾尔自治区	和田地区	民丰县	0.61
2047	新疆维吾尔自治区	和田地区	于田县	0.61
2048	新疆维吾尔自治区	克孜勒苏自治州	阿合奇县	0.61
2049	新疆维吾尔自治区	塔城地区	额敏县	0.61
2050	新疆维吾尔自治区	乌鲁木齐市	天山区	0.61
2051	新疆维吾尔自治区	乌鲁木齐市	新市区	0.61
2052	新疆维吾尔自治区	伊犁自治州	新源县	0.61
2053	新疆维吾尔自治区	伊犁自治州	察布查尔自治县	0.61
2054	西藏自治区	昌都市	洛隆县	0.61
2055	西藏自治区	拉萨市	城关区	0.61
2056	西藏自治区	林芝市	察隅县	0.61
2057	西藏自治区	林芝市	巴宜区	0.61
2058	西藏自治区	日喀则市	桑珠孜区	0.61
2059	西藏自治区	山南市	浪卡子县	0.61

排名	省份	地市级	县级	大气环境容量指数
2060	云南省	临沧市	镇康县	0.61
2061	云南省	普洱市	思茅区	0.61
2062	云南省	昭通市	大关县	0.61
2063	云南省	昭通市	盐津县	0.61
2064	云南省	昭通市	昭阳区	0.61
2065	云南省	昭通市	镇雄县	0.61
2066	云南省	昭通市	威信县	0.61
2067	浙江省	丽水市	莲都区	0.61
2068	浙江省	丽水市	缙云县	0.61
2069	浙江省	丽水市	云和县	0.61
2070	浙江省	衢州市	开化县	0.61
2071	浙江省	温州市	鹿城区	0.61
2072	北京市	密云区	密云区	0.60
2073	重庆市	城口县	城口县	0.60
2074	重庆市	彭水自治县	彭水自治县	0.60
2075	甘肃省	定西市	漳县	0.60
2076	甘肃省	定西市	渭源县	0.60
2077	甘肃省	定西市	岷县	0.60
2078	甘肃省	定西市	陇西县	0.60
2079	甘肃省	甘南自治州	迭部县	0.60
2080	甘肃省	甘南自治州	玛曲县	0.60
2081	甘肃省	兰州市	皋兰县	0.60
2082	甘肃省	兰州市	榆中县	0.60
2083	甘肃省	陇南市	成县	0.60
2084	甘肃省	陇南市	礼县	0.60
2085	甘肃省	陇南市	康县	0.60
2086	甘肃省	陇南市	徽县	0.60
2087	甘肃省	陇南市	宕昌县	0.60
2088	甘肃省	平凉市	华亭县	0.60
2089	甘肃省	平凉市	崇信县	0.60
2090	甘肃省	庆阳市	泾川县	0.60
2091	甘肃省	天水市	清水县	0.60
2092	甘肃省	天水市	秦安县	0.60
2093	贵州省	毕节市	赫章县	0.60
2094	贵州省	毕节市	七星关区	0.60
2095	贵州省	毕节市	纳雍县	0.60
2096	贵州省	毕节市	大方县	0.60
2097	贵州省	六盘水市	钟山区	0.60
2098	贵州省	黔东南自治州	剑河县	0.60
2099	贵州省	黔东南自治州	台江县	0.60

排名	省份	地市级	县级	大气环境容量指数
2100	贵州省	黔南自治州	罗甸县	0.60
2101	贵州省	铜仁市	思南县	0.60
2102	贵州省	铜仁市	沿河自治县	0.60
2103	贵州省	遵义市	绥阳县	0.60
2104	贵州省	遵义市	道真自治县	0.60
2105	贵州省	遵义市	汇川区	0.60
2106	贵州省	遵义市	凤冈县	0.60
2107	湖北省	恩施自治州	利川市	0.60
2108	湖北省	恩施自治州	恩施市	0.60
2109	湖北省	宜昌市	五峰自治县	0.60
2110	河北省	保定市	曲阳县	0.60
2111	河北省	保定市	唐县	0.60
2112	河北省	保定市	易县	0.60
2113	河北省	承德市	围场自治县	0.60
2114	河北省	承德市	承德县	0.60
2115	河北省	廊坊市	永清县	0.60
2116	河北省	廊坊市	固安县	0.60
2117	河北省	秦皇岛市	海港区	0.60
2118	河北省	石家庄市	辛集市	0.60
2119	河北省	石家庄市	藁城区	0.60
2120	河北省	张家口市	崇礼区	0.60
2121	河北省	张家口市	蔚县	0.60
2122	黑龙江省	哈尔滨市	方正县	0.60
2123	黑龙江省	哈尔滨市	尚志市	0.60
2124	黑龙江省	黑河市	孙吴县	0.60
2125	黑龙江省	牡丹江市	海林市	0.60
2126	黑龙江省	牡丹江市	穆棱市	0.60
2127	黑龙江省	绥化市	北林区	0.60
2128	黑龙江省	双鸭山市	尖山区	0.60
2129	黑龙江省	伊春市	伊春区	0.60
2130	黑龙江省	伊春市	嘉荫县	0.60
2131	湖南省	怀化市	新晃自治县	0.60
2132	湖南省	湘西自治州	龙山县	0.60
2133	吉林省	白山市	靖宇县	0.60
2134	吉林省	白山市	抚松县	0.60
2135	吉林省	吉林市	永吉县	0.60
2136	吉林省	吉林市	桦甸市	0.60
2137	吉林省	通化市	通化县	0.60
2138	吉林省	通化市	东昌区	0.60
2139	吉林省	延边自治州	汪清县	0.60

排名	省份	地市级	县级	大气环境容量指数
2140	吉林省	延边自治州	敦化市	0.60
2141	吉林省	延边自治州	和龙市	0.60
2142	辽宁省	抚顺市	清原自治县	0.60
2143	内蒙古自治区	呼和浩特市	赛罕区	0.60
2144	内蒙古自治区	呼伦贝尔市	扎兰屯市	0.60
2145	青海省	果洛自治州	玛多县	0.60
2146	青海省	海南自治州	同德县	0.60
2147	青海省	黄南自治州	尖扎县	0.60
2148	青海省	玉树自治州	治多县	0.60
2149	四川省	阿坝藏族自治州	红原县	0.60
2150	四川省	阿坝藏族自治州	金川县	0.60
2151	四川省	阿坝藏族自治州	壤塘县	0.60
2152	四川省	成都市	郫都区	0.60
2153	四川省	甘孜藏族自治州	理塘县	0.60
2154	四川省	甘孜藏族自治州	石渠县	0.60
2155	四川省	甘孜藏族自治州	甘孜县	0.60
2156	四川省	广元市	旺苍县	0.60
2157	四川省	凉山自治州	雷波县	0.60
2158	四川省	眉山市	东坡区	0.60
2159	四川省	雅安市	雨城区	0.60
2160	陕西省	安康市	宁陕县	0.60
2161	陕西省	安康市	紫阳县	0.60
2162	陕西省	安康市	白河县	0.60
2163	陕西省	宝鸡市	渭滨区	0.60
2164	陕西省	宝鸡市	太白县	0.60
2165	陕西省	汉中市	汉台区	0.60
2166	陕西省	汉中市	宁强县	0.60
2167	陕西省	商洛市	柞水县	0.60
2168	陕西省	延安市	甘泉县	0.60
2169	陕西省	延安市	延长县	0.60
2170	陕西省	延安市	黄陵县	0.60
2171	陕西省	延安市	吴起县	0.60
2172	山西省	大同市	灵丘县	0.60
2173	山西省	临汾市	永和县	0.60
2174	山西省	临汾市	安泽县	0.60
2175	山西省	临汾市	古县	0.60
2176	山西省	朔州市	朔城区	0.60
2177	山西省	忻州市	定襄县	0.60
2178	新疆维吾尔自治区	阿克苏地区	沙雅县	0.60
2179	新疆维吾尔自治区	阿克苏地区	乌什县	0.60

排名	省份	地市级	县级	大气环境容量指数
2180	新疆维吾尔自治区	阿拉尔市	阿拉尔市	0.60
2181	新疆维吾尔自治区	巴音郭楞自治州	和硕县	0.60
2182	新疆维吾尔自治区	巴音郭楞自治州	和静县西北	0.60
2183	新疆维吾尔自治区	博尔塔拉自治州	博乐市	0.60
2184	新疆维吾尔自治区	博尔塔拉自治州	温泉县	0.60
2185	新疆维吾尔自治区	昌吉自治州	奇台县	0.60
2186	新疆维吾尔自治区	昌吉自治州	玛纳斯县	0.60
2187	新疆维吾尔自治区	哈密市	伊州区	0.60
2188	新疆维吾尔自治区	喀什地区	泽普县	0.60
2189	新疆维吾尔自治区	喀什地区	莎车县	0.60
2190	新疆维吾尔自治区	克孜勒苏自治州	阿克陶县	0.60
2191	新疆维吾尔自治区	克孜勒苏自治州	阿图什市	0.60
2192	新疆维吾尔自治区	塔城地区	沙湾县	0.60
2193	新疆维吾尔自治区	塔城地区	塔城市	0.60
2194	新疆维吾尔自治区	塔城地区	乌苏市	0.60
2195	新疆维吾尔自治区	吐鲁番市	鄯善县	0.60
2196	新疆维吾尔自治区	五家渠市	五家渠市	0.60
2197	新疆维吾尔自治区	伊犁自治州	特克斯县	0.60
2198	新疆维吾尔自治区	伊犁自治州	巩留县	0.60
2199	新疆维吾尔自治区	伊犁自治州	伊宁市	0.60
2200	新疆维吾尔自治区	伊犁自治州	伊宁县	0.60
2201	西藏自治区	昌都市	八宿县	0.60
2202	西藏自治区	昌都市	昌都市	0.60
2203	西藏自治区	拉萨市	当雄县	0.60
2204	西藏自治区	那曲市	索县	0.60
2205	西藏自治区	那曲市	那曲县	0.60
2206	西藏自治区	林芝市	波密县	0.60
2207	西藏自治区	日喀则市	南木林县	0.60
2208	西藏自治区	山南市	加查县	0.60
2209	西藏自治区	山南市	贡嘎县	0.60
2210	云南省	迪庆自治州	维西自治县	0.60
2211	云南省	迪庆自治州	德钦县	0.60
2212	云南省	临沧市	耿马自治县	0.60
2213	云南省	怒江自治州	兰坪自治县	0.60
2214	甘肃省	定西市	临洮县	0.59
2215	甘肃省	甘南自治州	合作市	0.59
2216	甘肃省	兰州市	城关区	0.59
2217	甘肃省	临夏自治州	康乐县	0.59
2218	甘肃省	临夏自治州	广河县	0.59
2219	甘肃省	临夏自治州	永靖县	0.59

续表

排名	省份	地市级	县级	大气环境容量指数
2220	甘肃省	陇南市	两当县	0.59
2221	甘肃省	天水市	张家川自治县	0.59
2222	贵州省	铜仁市	江口县	0.59
2223	黑龙江省	大兴安岭地区	塔河县	0.59
2224	辽宁省	丹东市	宽甸自治县	0.59
2225	辽宁省	抚顺市	新宾自治县	0.59
2226	内蒙古自治区	呼伦贝尔市	鄂伦春自治旗	0.59
2227	内蒙古自治区	呼伦贝尔市	牙克石市	0.59
2228	内蒙古自治区	兴安盟	阿尔山市	0.59
2229	宁夏回族自治区	固原市	西吉县	0.59
2230	青海省	果洛自治州	久治县	0.59
2231	青海省	海北自治州	祁连县	0.59
2232	青海省	海东市	化隆自治县	0.59
2233	青海省	海南自治州	兴海县	0.59
2234	青海省	海西自治州	德令哈市	0.59
2235	青海省	海西自治州	大柴旦行政区	0.59
2236	青海省	海西自治州	乌兰县	0.59
2237	青海省	黄南自治州	河南自治县	0.59
2238	青海省	玉树自治州	杂多县	0.59
2239	青海省	玉树自治州	曲麻莱县	0.59
2240	青海省	玉树自治州	囊谦县	0.59
2241	青海省	玉树自治州	称多县	0.59
2242	四川省	阿坝藏族自治州	阿坝县	0.59
2243	四川省	阿坝藏族自治州	马尔康市	0.59
2244	四川省	甘孜藏族自治州	色达县	0.59
2245	四川省	甘孜藏族自治州	稻城县	0.59
2246	四川省	甘孜藏族自治州	德格县	0.59
2247	上海市	徐汇区	徐汇区	0.59
2248	陕西省	宝鸡市	麟游县	0.59
2249	陕西省	商洛市	商南县	0.59
2250	陕西省	渭南市	合阳县	0.59
2251	陕西省	榆林市	子洲县	0.59
2252	新疆维吾尔自治区	阿克苏地区	柯坪县	0.59
2253	新疆维吾尔自治区	阿勒泰地区	阿勒泰市	0.59
2254	新疆维吾尔自治区	巴音郭楞自治州	和静县北部	0.59
2255	新疆维吾尔自治区	昌吉自治州	阜康市	0.59
2256	新疆维吾尔自治区	喀什地区	岳普湖县	0.59
2257	新疆维吾尔自治区	石河子市	石河子市	0.59
2258	新疆维吾尔自治区	乌鲁木齐市	米东区	0.59
2259	新疆维吾尔自治区	伊犁自治州	尼勒克县	0.59

排名	省份	地市级	县级	大气环境容量指数
2260	新疆维吾尔自治区	伊犁自治州	霍城县	0.59
2261	新疆维吾尔自治区	伊犁自治州	昭苏县	0.59
2262	西藏自治区	昌都市	左贡县	0.59
2263	西藏自治区	昌都市	丁青县	0.59
2264	云南省	怒江自治州	贡山自治县	0.59
2265	云南省	怒江自治州	福贡县	0.59
2266	甘肃省	临夏自治州	临夏市	0.58
2267	甘肃省	临夏自治州	和政县	0.58
2268	内蒙古自治区	呼伦贝尔市	额尔古纳市	0.58
2269	内蒙古自治区	呼伦贝尔市	牙克石市东北	0.58
2270	宁夏回族自治区	银川市	贺兰县	0.58
2271	青海省	果洛自治州	玛沁县	0.58
2272	青海省	果洛自治州	甘德县	0.58
2273	青海省	果洛自治州	达日县	0.58
2274	青海省	海北自治州	门源自治县	0.58
2275	青海省	海东市	互助自治县	0.58
2276	青海省	海南自治州	共和县	0.58
2277	青海省	海南自治州	贵南县	0.58
2278	青海省	西宁市	湟中县	0.58
2279	新疆维吾尔自治区	阿克苏地区	拜城县	0.58
2280	新疆维吾尔自治区	乌鲁木齐市	乌鲁木齐县	0.58
2281	西藏自治区	昌都市	类乌齐县	0.58
2282	西藏自治区	那曲市	嘉黎县	0.58
2283	西藏自治区	林芝市	米林县	0.58
2284	黑龙江省	大兴安岭地区	漠河县	0.57
2285	内蒙古自治区	呼伦贝尔市	根河市	0.57
2286	青海省	果洛自治州	班玛县	0.57
2287	青海省	西宁市	城西区	0.57
2288	青海省	玉树自治州	玉树市	0.57
2289	新疆维吾尔自治区	阿勒泰地区	青河县	0.57
2290	西藏自治区	那曲市	比如县	0.56

七 分地区大气污染物平衡排放警戒线参考值

表 2-10 分地区大气污染物平衡排放警戒线参考值（2018 年-县级-按宜居级 EE 排序）

单位：kg/km² · h

排序	省份	地市级	县级	警戒线参考值
1	内蒙古自治区	锡林郭勒盟	正镶白旗	13.8

排序	省份	地市级	县级	警戒线参考值
2	陕西省	商洛市	商南县	19.95
3	新疆维吾尔自治区	喀什地区	岳普湖县	20.02
4	陕西省	榆林市	子洲县	20.03
5	上海市	徐汇区	徐汇区	20.06
6	青海省	海南自治州	共和县	20.08
7	青海省	西宁市	城西区	20.10
8	云南省	红河自治州	河口自治县	20.10
9	新疆维吾尔自治区	阿克苏地区	拜城县	20.12
10	河北省	保定市	曲阳县	20.14
11	贵州省	黔南自治州	罗甸县	20.15
12	陕西省	渭南市	合阳县	20.16
13	新疆维吾尔自治区	阿勒泰地区	青河县	20.21
14	西藏自治区	那曲市	比如县	20.21
15	青海省	果洛自治州	达日县	20.22
16	宁夏回族自治区	银川市	贺兰县	20.23
17	河北省	保定市	唐县	20.24
18	云南省	怒江自治州	福贡县	20.26
19	陕西省	商洛市	柞水县	20.30
20	新疆维吾尔自治区	喀什地区	泽普县	20.32
21	河北省	廊坊市	固安县	20.33
22	贵州省	铜仁市	江口县	20.34
23	贵州省	铜仁市	思南县	20.34
24	西藏自治区	林芝市	米林县	20.35
25	陕西省	宝鸡市	扶风县	20.37
26	云南省	临沧市	耿马自治县	20.37
27	云南省	怒江自治州	贡山自治县	20.37
28	湖南省	怀化市	芷江自治县	20.40
29	青海省	玉树自治州	玉树市	20.41
30	贵州省	铜仁市	沿河自治县	20.43
31	青海省	果洛自治州	班玛县	20.46
32	陕西省	安康市	宁陕县	20.49
33	湖南省	郴州市	桂东县	20.51
34	青海省	海东市	互助自治县	20.52
35	云南省	西双版纳自治州	景洪市	20.52
36	贵州省	遵义市	汇川区	20.53
37	陕西省	宝鸡市	眉县	20.55
38	贵州省	遵义市	凤冈县	20.56
39	湖南省	娄底市	双峰县	20.60
40	陕西省	商洛市	山阳县	20.62
41	贵州省	铜仁市	松桃自治县	20.66

排序	省份	地市级	县级	警戒线参考值
42	湖南省	怀化市	鹤城区	20.66
43	湖南省	郴州市	宜章县	20.67
44	湖南省	湘西自治州	龙山县	20.67
45	湖南省	怀化市	溆浦县	20.68
46	云南省	丽江市	玉龙自治县	20.68
47	贵州省	黔东南自治州	从江县	20.69
48	贵州省	铜仁市	印江自治县	20.73
49	云南省	怒江自治州	兰坪自治县	20.73
50	湖南省	怀化市	新晃自治县	20.74
51	贵州省	黔东南自治州	剑河县	20.75
52	浙江省	温州市	鹿城区	20.76
53	贵州省	黔南自治州	三都自治县	20.78
54	贵州省	黔西南自治州	册亨县	20.79
55	江西省	抚州市	资溪县	20.80
56	四川省	眉山市	东坡区	20.80
57	湖南省	怀化市	洪江市	20.83
58	云南省	普洱市	墨江自治县	20.84
59	江西省	抚州市	黎川县	20.87
60	贵州省	遵义市	道真自治县	20.88
61	河南省	周口市	太康县	20.89
62	云南省	普洱市	思茅区	20.91
63	湖南省	怀化市	沅陵县	20.94
64	云南省	临沧市	沧源自治县	20.95
65	湖南省	永州市	新田县	20.97
66	云南省	楚雄自治州	南华县	20.97
67	云南省	德宏自治州	芒市	21.01
68	云南省	临沧市	双江自治县	21.01
69	河南省	南阳市	南召县	21.02
70	海南省	保亭自治县	保亭自治县	21.12
71	海南省	琼中自治县	琼中自治县	21.12
72	广西壮族自治区	崇左市	凭祥市	21.16
73	贵州省	黔南自治州	荔波县	21.19
74	新疆维吾尔自治区	阿克苏地区	沙雅县	38.12
75	黑龙江省	大兴安岭地区	漠河县	38.16
76	山东省	烟台市	海阳市	38.27
77	新疆维吾尔自治区	伊犁自治州	伊宁市	38.38
78	河北省	廊坊市	香河县	38.46
79	湖北省	宜昌市	五峰自治县	38.48
80	新疆维吾尔自治区	阿勒泰地区	阿勒泰市	38.48
81	新疆维吾尔自治区	伊犁自治州	巩留县	38.49

排序	省份	地市级	县级	警戒线参考值
82	新疆维吾尔自治区	石河子市	石河子市	38.50
83	新疆维吾尔自治区	伊犁自治州	尼勒克县	38.51
84	新疆维吾尔自治区	伊犁自治州	霍城县	38.55
85	内蒙古自治区	呼伦贝尔市	额尔古纳市	38.58
86	河北省	石家庄市	无极县	38.62
87	河北省	廊坊市	永清县	38.64
88	新疆维吾尔自治区	喀什地区	巴楚县	38.66
89	河北省	保定市	易县	38.67
90	北京市	密云区	密云区	38.68
91	新疆维吾尔自治区	喀什地区	伽师县	38.69
92	新疆维吾尔自治区	吐鲁番市	鄯善县	38.69
93	新疆维吾尔自治区	喀什地区	莎车县	38.70
94	辽宁省	抚顺市	清原自治县	38.71
95	辽宁省	抚顺市	新宾自治县	38.73
96	内蒙古自治区	呼伦贝尔市	根河市	38.73
97	西藏自治区	林芝市	察隅县	38.73
98	浙江省	丽水市	云和县	38.74
99	内蒙古自治区	兴安盟	阿尔山市	38.75
100	新疆维吾尔自治区	巴音郭楞自治州	和静县北部	38.76
101	河北省	承德市	承德县	38.77
102	河北省	秦皇岛市	海港区	38.78
103	新疆维吾尔自治区	昌吉自治州	阜康市	38.80
104	新疆维吾尔自治区	阿勒泰地区	富蕴县	38.81
105	山东省	泰安市	肥城市	38.83
106	河北省	秦皇岛市	青龙自治县	38.84
107	新疆维吾尔自治区	克孜勒苏自治州	阿图什市	38.84
108	新疆维吾尔自治区	伊犁自治州	伊宁县	38.85
109	河北省	邯郸市	馆陶县	38.87
110	陕西省	宝鸡市	渭滨区	38.87
111	新疆维吾尔自治区	伊犁自治州	昭苏县	38.88
112	吉林省	通化市	东昌区	38.90
113	贵州省	黔东南自治州	榕江县	38.91
114	新疆维吾尔自治区	喀什地区	麦盖提县	38.91
115	浙江省	台州市	仙居县	38.91
116	河北省	张家口市	蔚县	38.92
117	新疆维吾尔自治区	乌鲁木齐市	米东区	38.92
118	河北省	石家庄市	辛集市	38.93
119	吉林省	吉林市	永吉县	38.93
120	内蒙古自治区	呼伦贝尔市	牙克石市东北	38.93
121	新疆维吾尔自治区	伊犁自治州	察布查尔自治县	38.93

排序	省份	地市级	县级	警戒线参考值
122	河北省	石家庄市	藁城区	38.94
123	辽宁省	丹东市	宽甸自治县	38.94
124	新疆维吾尔自治区	五家渠市	五家渠市	38.94
125	新疆维吾尔自治区	阿克苏地区	柯坪县	38.95
126	新疆维吾尔自治区	塔城地区	乌苏市	38.96
127	湖南省	湘西自治州	吉首市	38.97
128	吉林省	吉林市	桦甸市	38.97
129	新疆维吾尔自治区	阿拉尔市	阿拉尔市	38.97
130	四川省	阿坝藏族自治州	马尔康市	38.98
131	云南省	西双版纳自治州	勐腊县	38.98
132	河北省	廊坊市	霸州市	38.99
133	河南省	南阳市	淅川县	38.99
134	云南省	丽江市	华坪县	38.99
135	陕西省	安康市	白河县	39.00
136	新疆维吾尔自治区	昌吉自治州	吉木萨尔县	39.00
137	河北省	承德市	双桥区	39.01
138	吉林省	白山市	靖宇县	39.03
139	青海省	海北自治州	门源自治县	39.03
140	青海省	海西自治州	德令哈市	39.03
141	贵州省	毕节市	织金县	39.04
142	山西省	临汾市	古县	39.04
143	四川省	雅安市	雨城区	39.05
144	新疆维吾尔自治区	哈密市	伊州区	39.05
145	甘肃省	陇南市	两当县	39.06
146	黑龙江省	大兴安岭地区	呼玛县	39.07
147	青海省	果洛自治州	玛沁县	39.07
148	新疆维吾尔自治区	塔城地区	塔城市	39.07
149	河北省	保定市	顺平县	39.08
150	陕西省	宝鸡市	麟游县	39.08
151	甘肃省	临夏自治州	临夏市	39.09
152	山东省	临沂市	费县	39.09
153	新疆维吾尔自治区	巴音郭楞自治州	尉犁县	39.09
154	湖南省	常德市	津市市	39.10
155	四川省	成都市	郫都区	39.11
156	河北省	保定市	涿州市	39.12
157	河南省	漯河市	郾城区	39.12
158	湖南省	湘西自治州	永顺县	39.12
159	新疆维吾尔自治区	阿克苏地区	库车县	39.12
160	河北省	廊坊市	安次区	39.14
161	青海省	海西自治州	大柴旦行政区	39.14

排序	省份	地市级	县级	警戒线参考值
162	陕西省	安康市	紫阳县	39.14
163	新疆维吾尔自治区	和田地区	于田县	39.14
164	西藏自治区	昌都市	类乌齐县	39.15
165	河南省	平顶山市	舞钢市	39.16
166	甘肃省	兰州市	城关区	39.17
167	贵州省	遵义市	绥阳县	39.18
168	河北省	唐山市	玉田县	39.18
169	陕西省	宝鸡市	岐山县	39.18
170	浙江省	丽水市	莲都区	39.18
171	重庆市	彭水自治县	彭水自治县	39.19
172	河北省	唐山市	遵化市	39.19
173	新疆维吾尔自治区	乌鲁木齐市	新市区	39.19
174	吉林省	延边自治州	和龙市	39.20
175	宁夏回族自治区	固原市	西吉县	39.20
176	新疆维吾尔自治区	昌吉自治州	玛纳斯县	39.20
177	贵州省	毕节市	赫章县	39.21
178	新疆维吾尔自治区	和田地区	皮山县	39.21
179	吉林省	吉林市	磐石市	39.22
180	陕西省	宝鸡市	凤县	39.22
181	新疆维吾尔自治区	伊犁自治州	新源县	39.22
182	河北省	邯郸市	涉县	39.23
183	新疆维吾尔自治区	昌吉自治州	奇台县	39.23
184	陕西省	渭南市	华州区	39.24
185	河北省	张家口市	崇礼区	39.25
186	山西省	大同市	南郊区	39.25
187	山西省	临汾市	安泽县	39.25
188	新疆维吾尔自治区	巴音郭楞自治州	且末县西北	39.25
189	青海省	西宁市	湟中县	39.26
190	新疆维吾尔自治区	和田地区	民丰县	39.26
191	新疆维吾尔自治区	阿克苏地区	乌什县	39.27
192	新疆维吾尔自治区	博尔塔拉自治州	博乐市	39.27
193	西藏自治区	昌都市	左贡县	39.27
194	河北省	石家庄市	栾城区	39.28
195	山东省	济宁市	兖州区	39.28
196	陕西省	商洛市	镇安县	39.28
197	新疆维吾尔自治区	塔城地区	沙湾县	39.28
198	浙江省	丽水市	缙云县	39.28
199	甘肃省	临夏自治州	永靖县	39.29
200	贵州省	毕节市	纳雍县	39.29
201	吉林省	延边自治州	汪清县	39.29

排序	省份	地市级	县级	警戒线参考值
202	云南省	迪庆自治州	维西自治县	39.29
203	湖北省	武汉市	东西湖区	39.30
204	河北省	保定市	安国市	39.30
205	河北省	石家庄市	正定县	39.30
206	黑龙江省	黑河市	孙吴县	39.30
207	吉林省	辽源市	龙山区	39.30
208	陕西省	榆林市	清涧县	39.30
209	新疆维吾尔自治区	克拉玛依市	克拉玛依区	39.30
210	云南省	普洱市	江城自治县	39.30
211	山西省	朔州市	朔城区	39.31
212	新疆维吾尔自治区	克孜勒苏自治州	阿克陶县	39.32
213	云南省	普洱市	澜沧自治县	39.32
214	陕西省	汉中市	汉台区	39.33
215	山西省	大同市	灵丘县	39.33
216	新疆维吾尔自治区	阿克苏地区	温宿县	39.34
217	新疆维吾尔自治区	喀什地区	叶城县	39.34
218	湖北省	恩施自治州	恩施市	39.35
219	吉林省	白山市	抚松县	39.35
220	陕西省	安康市	旬阳县	39.35
221	新疆维吾尔自治区	巴音郭楞自治州	焉耆自治县	39.35
222	新疆维吾尔自治区	伊犁自治州	霍尔果斯市	39.35
223	甘肃省	陇南市	成县	39.36
224	甘肃省	陇南市	徽县	39.36
225	贵州省	黔东南自治州	天柱县	39.36
226	新疆维吾尔自治区	巴音郭楞自治州	和硕县	39.36
227	西藏自治区	林芝市	波密县	39.36
228	河北省	唐山市	迁安市	39.37
229	山东省	泰安市	东平县	39.37
230	山西省	太原市	小店区	39.37
231	黑龙江省	伊春市	伊春区	39.38
232	江西省	宜春市	宜丰县	39.38
233	山东省	济南市	济阳县	39.38
234	陕西省	延安市	吴起县	39.38
235	河北省	保定市	安新县	39.39
236	河北省	保定市	莲池区	39.39
237	湖南省	邵阳市	绥宁县	39.39
238	辽宁省	鞍山市	岫岩自治县	39.39
239	河北省	保定市	望都县	39.40
240	山西省	临汾市	侯马市	39.40
241	北京市	延庆区	延庆区	39.41

排序	省份	地市级	县级	警戒线参考值
242	内蒙古自治区	呼和浩特市	赛罕区	39.41
243	四川省	广元市	旺苍县	39.41
244	山西省	长治市	襄垣县	39.41
245	新疆维吾尔自治区	塔城地区	额敏县	39.41
246	河北省	石家庄市	桥西区	39.42
247	黑龙江省	牡丹江市	海林市	39.42
248	内蒙古自治区	赤峰市	巴林左旗	39.42
249	陕西省	宝鸡市	太白县	39.42
250	湖南省	岳阳市	平江县	39.43
251	四川省	成都市	邛崃市	39.43
252	山西省	临汾市	尧都区	39.43
253	新疆维吾尔自治区	乌鲁木齐市	天山区	39.43
254	甘肃省	白银市	靖远县	39.44
255	陕西省	榆林市	吴堡县	39.44
256	贵州省	黔东南自治州	台江县	39.45
257	河北省	保定市	高碑店市	39.45
258	青海省	玉树自治州	襄谦县	39.45
259	浙江省	宁波市	宁海县	39.45
260	青海省	海东市	化隆自治县	39.46
261	山东省	淄博市	沂源县	39.46
262	山西省	朔州市	右玉县	39.46
263	甘肃省	临夏自治州	和政县	39.47
264	甘肃省	天水市	张家川自治县	39.47
265	河南省	周口市	郸城县	39.47
266	黑龙江省	牡丹江市	穆棱市	39.47
267	辽宁省	沈阳市	和平区	39.47
268	新疆维吾尔自治区	克孜勒苏自治州	乌恰县	39.47
269	云南省	玉溪市	元江自治县	39.47
270	新疆维吾尔自治区	巴音郭楞自治州	若羌县	39.49
271	新疆维吾尔自治区	吐鲁番市	高昌区	39.49
272	重庆市	万州区	万州区	39.50
273	甘肃省	临夏自治州	广河县	39.50
274	河北省	保定市	满城区	39.50
275	新疆维吾尔自治区	和田地区	墨玉县	39.50
276	河北省	保定市	容城县	39.51
277	黑龙江省	哈尔滨市	尚志市	39.51
278	湖南省	娄底市	新化县	39.52
279	新疆维吾尔自治区	博尔塔拉自治州	温泉县	39.52
280	西藏自治区	昌都市	八宿县	39.52
281	甘肃省	陇南市	康县	39.53

排序	省份	地市级	县级	警戒线参考值
282	湖北省	十堰市	竹溪县	39.53
283	河北省	保定市	蠡县	39.53
284	河北省	承德市	丰宁自治县	39.53
285	河北省	廊坊市	三河市	39.53
286	江苏省	徐州市	鼓楼区	39.53
287	内蒙古自治区	呼和浩特市	土默特左旗	39.53
288	贵州省	黔南自治州	长顺县	39.54
289	天津市	武清区	武清区	39.54
290	新疆维吾尔自治区	喀什地区	塔什库尔干自治县	39.54
291	云南省	临沧市	镇康县	39.54
292	甘肃省	天水市	秦安县	39.55
293	江西省	景德镇市	昌江区	39.55
294	辽宁省	本溪市	桓仁自治县	39.55
295	河北省	保定市	阜平县	39.56
296	河北省	邢台市	南宫市	39.56
297	黑龙江省	牡丹江市	林口县	39.56
298	青海省	海南自治州	贵南县	39.56
299	四川省	成都市	都江堰市	39.56
300	甘肃省	定西市	临洮县	39.57
301	贵州省	毕节市	大方县	39.57
302	河北省	沧州市	肃宁县	39.57
303	河南省	商丘市	宁陵县	39.57
304	陕西省	延安市	黄陵县	39.57
305	北京市	海淀区	海淀区	39.58
306	河北省	保定市	雄县	39.58
307	河北省	张家口市	怀来县	39.58
308	黑龙江省	鹤岗市	萝北县	39.58
309	吉林省	吉林市	蛟河市	39.58
310	宁夏回族自治区	银川市	金凤区	39.58
311	贵州省	毕节市	七星关区	39.59
312	内蒙古自治区	呼伦贝尔市	牙克石市	39.59
313	青海省	果洛自治州	甘德县	39.59
314	湖北省	十堰市	郧西县	39.60
315	江西省	吉安市	泰和县	39.60
316	山东省	滨州市	惠民县	39.60
317	山西省	晋城市	阳城县	39.60
318	新疆维吾尔自治区	巴音郭楞自治州	且末县	39.60
319	云南省	保山市	隆阳区	39.60
320	甘肃省	兰州市	皋兰县	39.61
321	河北省	邯郸市	魏县	39.61

续表

排序	省份	地市级	县级	警戒线参考值
322	河北省	张家口市	涿鹿县	39.61
323	辽宁省	朝阳市	朝阳县	39.61
324	青海省	玉树自治州	曲麻莱县	39.61
325	陕西省	汉中市	宁强县	39.61
326	陕西省	商洛市	丹凤县	39.61
327	山西省	忻州市	定襄县	39.61
328	浙江省	衢州市	开化县	39.61
329	河南省	周口市	扶沟县	39.62
330	吉林省	延边自治州	敦化市	39.62
331	辽宁省	葫芦岛市	建昌县	39.62
332	山西省	运城市	垣曲县	39.62
333	河北省	衡水市	桃城区	39.63
334	河北省	石家庄市	灵寿县	39.63
335	河北省	石家庄市	井陉县	39.63
336	黑龙江省	佳木斯市	郊区	39.63
337	新疆维吾尔自治区	阿克苏地区	新和县	39.63
338	云南省	大理自治州	洱源县	39.63
339	河北省	石家庄市	新乐市	39.64
340	湖南省	张家界市	桑植县	39.64
341	山西省	太原市	娄烦县	39.64
342	新疆维吾尔自治区	阿克苏地区	阿瓦提县	39.64
343	新疆维吾尔自治区	喀什地区	英吉沙县	39.64
344	贵州省	黔南自治州	龙里县	39.65
345	河北省	衡水市	深州市	39.65
346	河北省	石家庄市	平山县	39.65
347	内蒙古自治区	呼伦贝尔市	鄂伦春自治旗	39.65
348	内蒙古自治区	呼伦贝尔市	牙克石市东部	39.65
349	贵州省	安顺市	普定县	39.66
350	辽宁省	鞍山市	海城市	39.66
351	青海省	黄南自治州	河南自治县	39.66
352	四川省	阿坝藏族自治州	金川县	39.66
353	陕西省	榆林市	米脂县	39.66
354	新疆维吾尔自治区	乌鲁木齐市	乌鲁木齐县	39.66
355	浙江省	温州市	文成县	39.66
356	甘肃省	定西市	岷县	39.67
357	贵州省	遵义市	务川自治县	39.67
358	湖南省	郴州市	嘉禾县	39.67
359	江西省	宜春市	铜鼓县	39.67
360	江西省	宜春市	万载县	39.67
361	新疆维吾尔自治区	乌鲁木齐市	达坂城区	39.67

排序	省份	地市级	县级	警戒线参考值
362	重庆市	城口县	城口县	39.68
363	甘肃省	平凉市	华亭县	39.68
364	贵州省	铜仁市	石阡县	39.68
365	湖北省	恩施自治州	来凤县	39.68
366	河北省	张家口市	阳原县	39.68
367	河南省	平顶山市	鲁山县	39.68
368	湖南省	邵阳市	武冈市	39.68
369	江西省	抚州市	宜黄县	39.68
370	内蒙古自治区	锡林郭勒盟	多伦县	39.68
371	陕西省	安康市	汉滨区	39.68
372	陕西省	安康市	石泉县	39.68
373	云南省	玉溪市	华宁县	39.68
374	甘肃省	甘南自治州	合作市	39.69
375	贵州省	铜仁市	碧江区	39.69
376	河北省	保定市	徐水区	39.69
377	河北省	邯郸市	鸡泽县	39.69
378	河北省	衡水市	景县	39.69
379	河北省	邢台市	任县	39.69
380	辽宁省	本溪市	本溪自治县	39.69
381	四川省	达州市	达川区	39.69
382	四川省	甘孜藏族自治州	德格县	39.69
383	新疆维吾尔自治区	阿勒泰地区	福海县	39.69
384	云南省	德宏自治州	瑞丽市	39.69
385	安徽省	宿州市	萧县	39.70
386	甘肃省	酒泉市	敦煌市	39.70
387	广西壮族自治区	河池市	天峨县	39.70
388	湖北省	恩施自治州	建始县	39.70
389	河北省	保定市	涞源县	39.70
390	河北省	秦皇岛市	卢龙县	39.70
391	河北省	石家庄市	晋州市	39.70
392	吉林省	通化市	集安市	39.70
393	江苏省	无锡市	宜兴市	39.70
394	内蒙古自治区	乌兰察布市	卓资县	39.70
395	山东省	济南市	章丘区	39.70
396	浙江省	丽水市	遂昌县	39.70
397	河北省	廊坊市	文安县	39.71
398	河北省	石家庄市	深泽县	39.71
399	辽宁省	铁岭市	西丰县	39.71
400	山西省	太原市	阳曲县	39.71
401	云南省	昭通市	盐津县	39.71

排序	省份	地市级	县级	警戒线参考值
402	贵州省	毕节市	黔西县	39.72
403	江西省	赣州市	寻乌县	39.72
404	江西省	宜春市	上高县	39.72
405	辽宁省	大连市	庄河市	39.72
406	宁夏回族自治区	石嘴山市	大武口区	39.72
407	四川省	乐山市	夹江县	39.72
408	陕西省	榆林市	横山区	39.73
409	浙江省	丽水市	龙泉市	39.73
410	福建省	三明市	将乐县	39.74
411	甘肃省	庆阳市	镇原县	39.74
412	北京市	平谷区	平谷区	39.75
413	福建省	福州市	连江县	39.75
414	广西壮族自治区	桂林市	阳朔县	39.75
415	湖北省	宜昌市	秭归县	39.75
416	河北省	廊坊市	大厂自治县	39.75
417	内蒙古自治区	乌兰察布市	集宁区	39.75
418	四川省	巴中市	巴州区	39.75
419	山东省	滨州市	邹平县	39.75
420	陕西省	汉中市	留坝县	39.75
421	新疆维吾尔自治区	和田地区	策勒县	39.75
422	湖北省	恩施自治州	宣恩县	39.76
423	河南省	南阳市	桐柏县	39.76
424	青海省	果洛自治州	久治县	39.76
425	四川省	绵阳市	江油市	39.76
426	四川省	攀枝花市	米易县	39.76
427	陕西省	安康市	岚皋县	39.76
428	云南省	昆明市	禄劝自治县	39.76
429	安徽省	池州市	东至县	39.77
430	安徽省	六安市	霍山县	39.77
431	甘肃省	定西市	通渭县	39.77
432	河北省	石家庄市	赵县	39.77
433	河北省	唐山市	迁西县	39.77
434	福建省	南平市	建阳区	39.78
435	河北省	保定市	高阳县	39.78
436	河北省	承德市	围场自治县	39.78
437	河南省	周口市	川汇区	39.78
438	青海省	海南自治州	贵德县	39.78
439	四川省	广元市	青川县	39.78
440	山西省	临汾市	永和县	39.78
441	山西省	太原市	尖草坪区	39.78

排序	省份	地市级	县级	警戒线参考值
442	西藏自治区	那曲市	嘉黎县	39.78
443	湖北省	黄冈市	红安县	39.79
444	青海省	海南自治州	兴海县	39.79
445	四川省	巴中市	平昌县	39.79
446	山西省	临汾市	大宁县	39.79
447	山西省	吕梁市	交城县	39.79
448	山西省	长治市	沁县	39.79
449	西藏自治区	山南市	加查县	39.79
450	甘肃省	庆阳市	泾川县	39.80
451	贵州省	遵义市	习水县	39.80
452	河北省	邯郸市	临漳县	39.80
453	河北省	衡水市	饶阳县	39.80
454	河南省	周口市	沈丘县	39.80
455	黑龙江省	哈尔滨市	依兰县	39.80
456	湖南省	湘西自治州	花垣县	39.80
457	吉林省	通化市	通化县	39.80
458	江西省	赣州市	兴国县	39.80
459	内蒙古自治区	呼伦贝尔市	扎兰屯市	39.80
460	内蒙古自治区	乌兰察布市	丰镇市	39.80
461	青海省	海西自治州	格尔木市	39.80
462	青海省	海西自治州	乌兰县	39.80
463	山东省	潍坊市	潍城区	39.80
464	陕西省	渭南市	临渭区	39.80
465	浙江省	湖州市	安吉县	39.80
466	福建省	三明市	泰宁县	39.81
467	四川省	南充市	阆中市	39.81
468	山东省	淄博市	博山区	39.81
469	陕西省	商洛市	商州区	39.81
470	陕西省	延安市	志丹县	39.81
471	云南省	大理自治州	漾濞自治县	39.81
472	北京市	丰台区	丰台区	39.82
473	福建省	三明市	明溪县	39.82
474	甘肃省	兰州市	榆中县	39.82
475	甘肃省	平凉市	崇信县	39.82
476	河南省	三门峡市	卢氏县	39.82
477	辽宁省	丹东市	凤城市	39.82
478	辽宁省	锦州市	古塔区	39.82
479	青海省	海东市	民和自治县	39.82
480	四川省	雅安市	名山区	39.82
481	陕西省	渭南市	华阴市	39.82

排序	省份	地市级	县级	警戒线参考值
482	西藏自治区	昌都市	丁青县	39.82
483	北京市	朝阳区	朝阳区	39.83
484	甘肃省	陇南市	礼县	39.83
485	贵州省	黔东南自治州	雷山县	39.83
486	湖北省	十堰市	房县	39.83
487	黑龙江省	鸡西市	虎林市	39.83
488	湖南省	永州市	蓝山县	39.83
489	内蒙古自治区	包头市	土默特右旗	39.83
490	四川省	乐山市	市中区	39.83
491	新疆维吾尔自治区	巴音郭楞自治州	和静县	39.83
492	云南省	昭通市	绥江县	39.83
493	安徽省	黄山市	黄山区	39.84
494	重庆市	巫溪县	巫溪县	39.84
495	河南省	新乡市	长垣县	39.84
496	江苏省	徐州市	睢宁县	39.84
497	内蒙古自治区	锡林郭勒盟	东乌珠穆沁旗	39.84
498	云南省	临沧市	临翔区	39.84
499	云南省	普洱市	景东自治县	39.84
500	北京市	石景山区	石景山区	39.85
501	贵州省	黔南自治州	贵定县	39.85
502	湖北省	襄阳市	枣阳市	39.85
503	河北省	沧州市	泊头市	39.85
504	河北省	承德市	隆化县	39.85
505	河南省	周口市	鹿邑县	39.85
506	吉林省	松原市	前郭尔罗斯自治县	39.85
507	江苏省	徐州市	邳州市	39.85
508	四川省	甘孜藏族自治州	巴塘县	39.85
509	四川省	宜宾市	宜宾县	39.85
510	西藏自治区	昌都市	昌都市	39.85
511	重庆市	北碚区	北碚区	39.86
512	河北省	承德市	兴隆县	39.86
513	河北省	秦皇岛市	抚宁区	39.86
514	青海省	黄南自治州	尖扎县	39.86
515	四川省	达州市	万源市	39.86
516	重庆市	开州区	开州区	39.87
517	福建省	南平市	浦城县	39.87
518	甘肃省	临夏自治州	康乐县	39.87
519	甘肃省	天水市	清水县	39.87
520	贵州省	六盘水市	钟山区	39.87
521	贵州省	遵义市	余庆县	39.87

排序	省份	地市级	县级	警戒线参考值
522	河北省	沧州市	任丘市	39.87
523	河南省	郑州市	荥阳市	39.87
524	吉林省	四平市	铁西区	39.87
525	江西省	吉安市	吉州区	39.87
526	辽宁省	辽阳市	宏伟区	39.87
527	宁夏回族自治区	吴忠市	盐池县	39.87
528	四川省	乐山市	沐川县	39.87
529	陕西省	西安市	长安区	39.87
530	安徽省	黄山市	屯溪区	39.88
531	重庆市	大足区	大足区	39.88
532	广西壮族自治区	桂林市	灵川县	39.88
533	贵州省	黔西南自治州	望谟县	39.88
534	四川省	成都市	温江区	39.88
535	四川省	雅安市	天全县	39.88
536	山东省	聊城市	东昌府区	39.88
537	天津市	宝坻区	宝坻区	39.88
538	天津市	津南区	津南区	39.88
539	甘肃省	张掖市	高台县	39.89
540	湖北省	恩施自治州	鹤峰县	39.89
541	湖北省	宜昌市	兴山县	39.89
542	河北省	承德市	平泉市	39.89
543	河北省	衡水市	阜城县	39.89
544	河北省	唐山市	滦县	39.89
545	湖南省	张家界市	永定区	39.89
546	四川省	乐山市	峨眉山市	39.89
547	山西省	晋中市	灵石县	39.89
548	浙江省	绍兴市	嵊州市	39.89
549	北京市	大兴区	大兴区	39.90
550	湖南省	永州市	冷水滩区	39.90
551	山西省	临汾市	洪洞县	39.90
552	山西省	临汾市	隰县	39.90
553	西藏自治区	拉萨市	尼木县	39.90
554	安徽省	宣城市	宁国市	39.91
555	甘肃省	天水市	甘谷县	39.91
556	湖北省	黄冈市	英山县	39.91
557	吉林省	延边自治州	龙井市	39.91
558	四川省	成都市	双流区	39.91
559	陕西省	安康市	汉阴县	39.91
560	陕西省	汉中市	西乡县	39.91
561	新疆维吾尔自治区	塔城地区	托里县	39.91

排序	省份	地市级	县级	警戒线参考值
562	新疆维吾尔自治区	伊犁自治州	特克斯县	39.91
563	甘肃省	白银市	会宁县	39.92
564	甘肃省	陇南市	武都区	39.92
565	贵州省	遵义市	仁怀市	39.92
566	湖南省	怀化市	麻阳自治县	39.92
567	江苏省	常州市	溧阳市	39.92
568	江西省	九江市	修水县	39.92
569	青海省	海北自治州	祁连县	39.92
570	四川省	甘孜藏族自治州	甘孜县	39.92
571	陕西省	榆林市	绥德县	39.92
572	北京市	怀柔区	怀柔区	39.93
573	福建省	三明市	尤溪县	39.93
574	江西省	赣州市	安远县	39.93
575	四川省	绵阳市	梓潼县	39.93
576	陕西省	延安市	甘泉县	39.93
577	山西省	晋城市	高平市	39.93
578	天津市	北辰区	北辰区	39.93
579	西藏自治区	日喀则市	桑珠孜区	39.93
580	重庆市	九龙坡区	九龙坡区	39.94
581	贵州省	黔东南自治州	黎平县	39.94
582	湖北省	十堰市	竹山县	39.94
583	河南省	新乡市	卫辉市	39.94
584	河南省	郑州市	新密市	39.94
585	黑龙江省	哈尔滨市	方正县	39.94
586	湖南省	永州市	江永县	39.94
587	辽宁省	营口市	盖州市	39.94
588	山东省	滨州市	博兴县	39.94
589	山西省	晋中市	平遥县	39.94
590	浙江省	金华市	永康市	39.94
591	甘肃省	定西市	陇西县	39.95
592	贵州省	毕节市	金沙县	39.95
593	内蒙古自治区	呼和浩特市	和林格尔县	39.95
594	四川省	遂宁市	船山区	39.95
595	山东省	泰安市	宁阳县	39.95
596	陕西省	宝鸡市	千阳县	39.95
597	浙江省	绍兴市	越城区	39.95
598	重庆市	丰都县	丰都县	39.96
599	甘肃省	甘南自治州	迭部县	39.96
600	甘肃省	兰州市	安宁区	39.96
601	四川省	凉山自治州	雷波县	39.96

排序	省份	地市级	县级	警戒线参考值
602	四川省	泸州市	叙永县	39.96
603	山东省	淄博市	淄川区	39.96
604	陕西省	延安市	延川县	39.96
605	新疆维吾尔自治区	巴音郭楞自治州	和静县西北	39.96
606	云南省	普洱市	宁洱自治县	39.96
607	安徽省	宿州市	砀山县	39.97
608	福建省	南平市	建瓯市	39.97
609	湖北省	襄阳市	保康县	39.97
610	湖南省	常德市	石门县	39.97
611	湖南省	郴州市	安仁县	39.97
612	湖南省	怀化市	辰溪县	39.97
613	湖南省	娄底市	涟源市	39.97
614	江西省	宜春市	靖安县	39.97
615	江西省	宜春市	奉新县	39.97
616	宁夏回族自治区	吴忠市	利通区	39.97
617	四川省	甘孜藏族自治州	得荣县	39.97
618	山东省	济宁市	任城区	39.97
619	山东省	临沂市	蒙阴县	39.97
620	天津市	南开区	南开区	39.97
621	贵州省	遵义市	正安县	39.98
622	湖北省	恩施自治州	利川市	39.98
623	宁夏回族自治区	石嘴山市	惠农区	39.98
624	四川省	成都市	新津县	39.98
625	四川省	宜宾市	长宁县	39.98
626	陕西省	咸阳市	乾县	39.98
627	山西省	长治市	潞城市	39.98
628	新疆维吾尔自治区	阿克苏地区	阿克苏市	39.98
629	北京市	顺义区	顺义区	39.99
630	湖北省	黄石市	阳新县	39.99
631	黑龙江省	牡丹江市	西安区	39.99
632	黑龙江省	绥化市	北林区	39.99
633	宁夏回族自治区	银川市	永宁县	39.99
634	青海省	海西自治州	茫崖行政区	39.99
635	陕西省	汉中市	镇巴县	39.99
636	山西省	太原市	小店区	39.99
637	山西省	运城市	万荣县	39.99
638	云南省	昭通市	昭阳区	39.99
639	北京市	昌平区	昌平区	40.00
640	重庆市	江津区	江津区	40.00
641	湖北省	十堰市	茅箭区	40.00

排序	省份	地市级	县级	警戒线参考值
642	河南省	开封市	杞县	40.00
643	河南省	信阳市	淮滨县	40.00
644	内蒙古自治区	通辽市	扎鲁特旗	40.00
645	宁夏回族自治区	固原市	原州区	40.00
646	四川省	广元市	朝天区	40.00
647	四川省	凉山自治州	越西县	40.00
648	山西省	大同市	大同县	40.00
649	福建省	三明市	沙县	40.01
650	甘肃省	陇南市	宕昌县	40.01
651	湖北省	宜昌市	长阳自治县	40.01
652	河北省	沧州市	河间市	40.01
653	河北省	邢台市	沙河市	40.01
654	河南省	信阳市	罗山县	40.01
655	海南省	澄迈县	澄迈县	40.01
656	湖南省	湘西自治州	凤凰县	40.01
657	四川省	凉山自治州	西昌市	40.01
658	湖北省	黄石市	黄石港区	40.02
659	河北省	衡水市	枣强县	40.02
660	河南省	焦作市	山阳区	40.02
661	河南省	郑州市	二七区	40.02
662	黑龙江省	大兴安岭地区	塔河县	40.02
663	黑龙江省	鹤岗市	东山区	40.02
664	湖南省	湘西自治州	保靖县	40.02
665	四川省	阿坝藏族自治州	黑水县	40.02
666	四川省	绵阳市	平武县	40.02
667	山东省	临沂市	沂南县	40.02
668	山东省	临沂市	兰陵县	40.02
669	山东省	青岛市	平度市	40.02
670	山西省	忻州市	代县	40.02
671	福建省	南平市	武夷山市	40.03
672	河北省	衡水市	故城县	40.03
673	湖南省	常德市	桃源县	40.03
674	江西省	上饶市	德兴市	40.03
675	山东省	济宁市	泗水县	40.03
676	陕西省	汉中市	洋县	40.03
677	陕西省	渭南市	蒲城县	40.03
678	新疆维吾尔自治区	阿勒泰地区	布尔津县	40.03
679	新疆维吾尔自治区	博尔塔拉自治州	精河县	40.03
680	河北省	邯郸市	肥乡区	40.04
681	河北省	衡水市	武邑县	40.04

排序	省份	地市级	县级	警戒线参考值
682	河北省	邢台市	平乡县	40.04
683	河南省	开封市	尉氏县	40.04
684	湖南省	永州市	东安县	40.04
685	吉林省	松原市	扶余市	40.04
686	吉林省	通化市	梅河口市	40.04
687	江西省	九江市	德安县	40.04
688	宁夏回族自治区	吴忠市	青铜峡市	40.04
689	陕西省	西安市	蓝田县	40.04
690	山西省	忻州市	五台县	40.04
691	山西省	忻州市	原平市	40.04
692	山西省	忻州市	保德县	40.04
693	山西省	长治市	沁源县	40.04
694	新疆维吾尔自治区	克孜勒苏自治州	阿合奇县	40.04
695	安徽省	黄山市	黟县	40.05
696	湖北省	随州市	曾都区	40.05
697	四川省	甘孜藏族自治州	道孚县	40.05
698	山东省	济南市	商河县	40.05
699	陕西省	汉中市	南郑县	40.05
700	浙江省	丽水市	庆元县	40.05
701	重庆市	酉阳自治县	酉阳自治县	40.06
702	湖南省	益阳市	南县	40.06
703	吉林省	长春市	农安县	40.06
704	陕西省	宝鸡市	陇县	40.06
705	陕西省	延安市	延长县	40.06
706	安徽省	安庆市	岳西县	40.07
707	福建省	宁德市	福鼎市	40.07
708	黑龙江省	伊春市	铁力市	40.07
709	湖南省	怀化市	会同县	40.07
710	吉林省	延边自治州	图们市	40.07
711	四川省	甘孜藏族自治州	色达县	40.07
712	陕西省	渭南市	韩城市	40.07
713	陕西省	咸阳市	永寿县	40.07
714	山西省	晋中市	和顺县	40.07
715	西藏自治区	山南市	贡嘎县	40.07
716	贵州省	黔东南自治州	三穗县	40.08
717	内蒙古自治区	乌兰察布市	凉城县	40.08
718	四川省	阿坝藏族自治州	壤塘县	40.08
719	四川省	成都市	新都区	40.08
720	四川省	宜宾市	珙县	40.08
721	山西省	吕梁市	吕梁市	40.08

排序	省份	地市级	县级	警戒线参考值
722	重庆市	梁平区	梁平区	40.09
723	重庆市	长寿区	长寿区	40.09
724	河北省	沧州市	运河区	40.09
725	河南省	郑州市	中牟县	40.09
726	河南省	驻马店市	泌阳县	40.09
727	四川省	巴中市	通江县	40.09
728	四川省	凉山自治州	会东县	40.09
729	四川省	雅安市	芦山县	40.09
730	山东省	莱芜市	莱城区	40.09
731	山东省	日照市	莒县	40.09
732	山东省	淄博市	桓台县	40.09
733	山西省	吕梁市	石楼县	40.09
734	新疆维吾尔自治区	和田地区	和田市	40.09
735	甘肃省	天水市	秦州区	40.10
736	甘肃省	天水市	麦积区	40.10
737	四川省	德阳市	中江县	40.10
738	山东省	滨州市	阳信县	40.10
739	陕西省	延安市	安塞区	40.10
740	山西省	临汾市	曲沃县	40.10
741	山西省	运城市	平陆县	40.10
742	北京市	东城区	东城区	40.11
743	甘肃省	白银市	景泰县	40.11
744	广西壮族自治区	柳州市	柳江区	40.11
745	贵州省	遵义市	桐梓县	40.11
746	河北省	唐山市	丰润区	40.11
747	河北省	张家口市	康保县	40.11
748	青海省	果洛自治州	玛多县	40.11
749	四川省	攀枝花市	东区	40.11
750	山东省	东营市	垦利区	40.11
751	陕西省	西安市	鄠邑区	40.11
752	山西省	阳泉市	平定县	40.11
753	甘肃省	张掖市	临泽县	40.12
754	广西壮族自治区	河池市	凤山县	40.12
755	河北省	廊坊市	大城县	40.12
756	四川省	成都市	崇州市	40.12
757	四川省	达州市	大竹县	40.12
758	四川省	南充市	营山县	40.12
759	四川省	内江市	东兴区	40.12
760	山东省	潍坊市	青州市	40.12
761	山东省	枣庄市	峄城区	40.12

排序	省份	地市级	县级	警戒线参考值
762	山西省	临汾市	霍州市	40.12
763	云南省	楚雄自治州	楚雄市	40.12
764	云南省	德宏自治州	陇川县	40.12
765	浙江省	温州市	永嘉县	40.12
766	福建省	龙岩市	长汀县	40.13
767	河北省	沧州市	南皮县	40.13
768	河北省	唐山市	路北区	40.13
769	黑龙江省	伊春市	汤旺河区	40.13
770	四川省	达州市	宣汉县	40.13
771	山东省	东营市	广饶县	40.13
772	山东省	日照市	五莲县	40.13
773	山东省	淄博市	高青县	40.13
774	陕西省	西安市	周至县	40.13
775	陕西省	咸阳市	渭城区	40.13
776	山西省	忻州市	静乐县	40.13
777	云南省	迪庆自治州	香格里拉市	40.13
778	云南省	玉溪市	红塔区	40.13
779	安徽省	黄山市	祁门县	40.14
780	河北省	张家口市	赤城县	40.14
781	河南省	漯河市	临颍县	40.14
782	江苏省	连云港市	灌南县	40.14
783	江苏省	宿迁市	泗阳县	40.14
784	四川省	广元市	苍溪县	40.14
785	浙江省	金华市	武义县	40.14
786	福建省	南平市	邵武市	40.15
787	福建省	三明市	大田县	40.15
788	贵州省	遵义市	湄潭县	40.15
789	河北省	邯郸市	邯山区	40.15
790	河北省	石家庄市	行唐县	40.15
791	湖南省	益阳市	安化县	40.15
792	四川省	阿坝藏族自治州	九寨沟县	40.15
793	四川省	广安市	邻水县	40.15
794	四川省	眉山市	仁寿县	40.15
795	陕西省	延安市	宝塔区	40.15
796	山西省	晋中市	寿阳县	40.15
797	山西省	晋中市	太谷县	40.15
798	安徽省	滁州市	琅琊区	40.16
799	甘肃省	庆阳市	庆城县	40.16
800	甘肃省	庆阳市	环县	40.16
801	贵州省	黔东南自治州	岑巩县	40.16

排序	省份	地市级	县级	警戒线参考值
802	河南省	新乡市	封丘县	40.16
803	内蒙古自治区	巴彦淖尔市	乌拉特中旗	40.16
804	内蒙古自治区	兴安盟	乌兰浩特市	40.16
805	云南省	文山自治州	广南县	40.16
806	北京市	房山区	房山区	40.17
807	广东省	云浮市	罗定市	40.17
808	湖北省	十堰市	丹江口市	40.17
809	河北省	邯郸市	成安县	40.17
810	河南省	南阳市	社旗县	40.17
811	河南省	商丘市	柘城县	40.17
812	内蒙古自治区	呼伦贝尔市	莫力达瓦自治旗	40.17
813	青海省	黄南自治州	同仁县	40.17
814	山东省	威海市	乳山市	40.17
815	陕西省	咸阳市	彬县	40.17
816	陕西省	延安市	富县	40.17
817	山西省	吕梁市	文水县	40.17
818	云南省	保山市	腾冲市	40.17
819	云南省	红河自治州	屏边自治县	40.17
820	云南省	昆明市	东川区	40.17
821	河南省	平顶山市	汝州市	40.18
822	宁夏回族自治区	中卫市	中宁县	40.18
823	四川省	达州市	开江县	40.18
824	山东省	淄博市	周村区	40.18
825	山东省	淄博市	张店区	40.18
826	天津市	静海区	静海区	40.18
827	云南省	大理自治州	云龙县	40.18
828	浙江省	宁波市	镇海区	40.18
829	安徽省	池州市	石台县	40.19
830	甘肃省	陇南市	西和县	40.19
831	黑龙江省	伊春市	嘉荫县	40.19
832	湖南省	永州市	宁远县	40.19
833	江西省	赣州市	上犹县	40.19
834	山东省	泰安市	泰山区	40.19
835	陕西省	延安市	子长县	40.19
836	湖北省	襄阳市	南漳县	40.20
837	河南省	漯河市	舞阳县	40.20
838	内蒙古自治区	赤峰市	敖汉旗东部	40.20
839	四川省	成都市	彭州市	40.20
840	四川省	德阳市	旌阳区	40.20
841	四川省	乐山市	马边自治县	40.20

排序	省份	地市级	县级	警戒线参考值
842	四川省	泸州市	合江县	40.20
843	浙江省	金华市	东阳市	40.20
844	福建省	南平市	延平区	40.21
845	甘肃省	平凉市	静宁县	40.21
846	贵州省	黔东南自治州	镇远县	40.21
847	贵州省	黔东南自治州	施秉县	40.21
848	贵州省	黔西南自治州	普安县	40.21
849	河北省	石家庄市	高邑县	40.21
850	河南省	信阳市	光山县	40.21
851	湖南省	衡阳市	常宁市	40.21
852	江苏省	宿迁市	泗洪县	40.21
853	四川省	成都市	大邑县	40.21
854	四川省	达州市	渠县	40.21
855	四川省	南充市	蓬安县	40.21
856	四川省	遂宁市	射洪县	40.21
857	陕西省	汉中市	勉县	40.21
858	山西省	晋中市	榆社县	40.21
859	新疆维吾尔自治区	喀什地区	喀什市	40.21
860	广东省	河源市	连平县	40.22
861	广西壮族自治区	百色市	凌云县	40.22
862	内蒙古自治区	赤峰市	喀喇沁旗	40.22
863	青海省	玉树自治州	治多县	40.22
864	四川省	阿坝藏族自治州	阿坝县	40.22
865	四川省	甘孜藏族自治州	稻城县	40.22
866	西藏自治区	林芝市	巴宜区	40.22
867	甘肃省	白银市	靖远县	40.23
868	河南省	新乡市	牧野区	40.23
869	四川省	广安市	武胜县	40.23
870	山东省	聊城市	高唐县	40.23
871	陕西省	渭南市	富平县	40.23
872	山西省	吕梁市	交口县	40.23
873	新疆维吾尔自治区	哈密市	巴里坤自治县	40.23
874	云南省	昭通市	威信县	40.23
875	广西壮族自治区	河池市	东兰县	40.24
876	湖北省	神农架林区	神农架林区	40.24
877	河北省	沧州市	吴桥县	40.24
878	四川省	宜宾市	高县	40.24
879	四川省	自贡市	荣县	40.24
880	山西省	运城市	闻喜县	40.24
881	重庆市	垫江县	垫江县	40.25

续表

排序	省份	地市级	县级	警戒线参考值
882	福建省	三明市	清流县	40.25
883	广东省	清远市	阳山县	40.25
884	贵州省	遵义市	赤水市	40.25
885	河南省	洛阳市	汝阳县	40.25
886	江西省	赣州市	章贡区	40.25
887	四川省	凉山自治州	会理县	40.25
888	陕西省	榆林市	佳县	40.25
889	西藏自治区	日喀则市	南木林县	40.25
890	福建省	龙岩市	漳平市	40.26
891	福建省	南平市	顺昌县	40.26
892	广西壮族自治区	崇左市	大新县	40.26
893	河南省	濮阳市	濮阳县	40.26
894	江西省	萍乡市	莲花县	40.26
895	江西省	上饶市	万年县	40.26
896	辽宁省	铁岭市	开原市	40.26
897	四川省	广元市	剑阁县	40.26
898	四川省	乐山市	犍为县	40.26
899	山东省	潍坊市	寿光市	40.26
900	山东省	淄博市	临淄区	40.26
901	福建省	宁德市	寿宁县	40.27
902	广西壮族自治区	贺州市	昭平县	40.27
903	湖北省	黄冈市	蕲春县	40.27
904	河北省	张家口市	桥东区	40.27
905	河南省	信阳市	商城县	40.27
906	黑龙江省	伊春市	五营区	40.27
907	湖南省	永州市	道县	40.27
908	湖南省	岳阳市	临湘市	40.27
909	内蒙古自治区	鄂尔多斯市	准格尔旗	40.27
910	陕西省	渭南市	澄城县	40.27
911	山西省	运城市	盐湖区	40.27
912	广东省	梅州市	大埔县	40.28
913	湖北省	咸宁市	赤壁市	40.28
914	湖南省	长沙市	浏阳市	40.28
915	湖南省	衡阳市	蒸湘区	40.28
916	湖南省	衡阳市	衡东县	40.28
917	辽宁省	朝阳市	凌源市	40.28
918	陕西省	延安市	宜川县	40.28
919	山西省	运城市	新绛县	40.28
920	安徽省	黄山市	休宁县	40.29
921	贵州省	六盘水市	六枝特区	40.29

排序	省份	地市级	县级	警戒线参考值
922	江西省	赣州市	瑞金市	40.29
923	江西省	上饶市	婺源县	40.29
924	四川省	德阳市	绵竹市	40.29
925	山东省	德州市	德城区	40.29
926	山西省	临汾市	翼城县	40.29
927	北京市	通州区	通州区	40.30
928	甘肃省	定西市	漳县	40.30
929	广西壮族自治区	贵港市	桂平市	40.30
930	河北省	邢台市	南和县	40.30
931	河南省	焦作市	修武县	40.30
932	河南省	南阳市	邓州市	40.30
933	湖南省	怀化市	通道自治县	40.30
934	江苏省	宿迁市	沭阳县	40.30
935	四川省	宜宾市	筠连县	40.30
936	浙江省	台州市	临海市	40.30
937	重庆市	忠县	忠县	40.31
938	广东省	清远市	连山自治县	40.31
939	山东省	青岛市	黄岛区	40.31
940	云南省	昭通市	大关县	40.31
941	重庆市	黔江区	黔江区	40.32
942	甘肃省	张掖市	肃南自治县	40.32
943	湖北省	襄阳市	老河口市	40.32
944	河北省	承德市	宽城自治县	40.32
945	河南省	信阳市	固始县	40.32
946	海南省	儋州市	儋州市	40.32
947	吉林省	延边自治州	延吉市	40.32
948	江苏省	苏州市	昆山市	40.32
949	宁夏回族自治区	石嘴山市	平罗县	40.32
950	四川省	巴中市	南江县	40.32
951	四川省	眉山市	青神县	40.32
952	四川省	宜宾市	江安县	40.32
953	山西省	临汾市	浮山县	40.32
954	重庆市	荣昌区	荣昌区	40.33
955	甘肃省	定西市	渭源县	40.33
956	湖南省	常德市	临澧县	40.33
957	江西省	抚州市	乐安县	40.33
958	江西省	吉安市	永丰县	40.33
959	宁夏回族自治区	中卫市	沙坡头区	40.33
960	四川省	凉山自治州	甘洛县	40.33
961	四川省	泸州市	龙马潭区	40.33

排序	省份	地市级	县级	警戒线参考值
962	浙江省	绍兴市	诸暨市	40.33
963	安徽省	宣城市	旌德县	40.34
964	广西壮族自治区	百色市	右江区	40.34
965	广西壮族自治区	崇左市	龙州县	40.34
966	湖北省	潜江市	潜江市	40.34
967	河南省	许昌市	鄢陵县	40.34
968	黑龙江省	齐齐哈尔市	建华区	40.34
969	江苏省	徐州市	沛县	40.34
970	江西省	抚州市	崇仁县	40.34
971	江西省	赣州市	崇义县	40.34
972	四川省	雅安市	荥经县	40.34
973	山东省	滨州市	无棣县	40.34
974	山东省	菏泽市	巨野县	40.34
975	安徽省	六安市	金寨县	40.35
976	甘肃省	武威市	凉州区	40.35
977	河南省	平顶山市	宝丰县	40.35
978	河南省	平顶山市	郏县	40.35
979	河南省	商丘市	夏邑县	40.35
980	海南省	白沙自治县	白沙自治县	40.35
981	湖南省	邵阳市	新邵县	40.35
982	江苏省	徐州市	丰县	40.35
983	四川省	凉山自治州	宁南县	40.35
984	陕西省	西安市	高陵区	40.35
985	浙江省	金华市	浦江县	40.35
986	河北省	邯郸市	邱县	40.36
987	山东省	东营市	利津县	40.36
988	云南省	昭通市	镇雄县	40.36
989	浙江省	绍兴市	新昌县	40.36
990	湖南省	常德市	安乡县	40.37
991	湖南省	常德市	汉寿县	40.37
992	江西省	南昌市	南昌县	40.37
993	青海省	玉树自治州	称多县	40.37
994	四川省	绵阳市	北川自治县	40.37
995	山东省	菏泽市	曹县	40.37
996	陕西省	宝鸡市	陈仓区	40.37
997	云南省	文山自治州	马关县	40.37
998	安徽省	滁州市	凤阳县	40.38
999	重庆市	武隆区	武隆区	40.38
1000	湖北省	孝感市	云梦县	40.38
1001	湖南省	郴州市	资兴市	40.38

排序	省份	地市级	县级	警戒线参考值
1002	四川省	自贡市	富顺县	40.38
1003	云南省	楚雄自治州	双柏县	40.38
1004	浙江省	衢州市	龙游县	40.38
1005	安徽省	阜阳市	颍上县	40.39
1006	贵州省	黔南自治州	平塘县	40.39
1007	河南省	商丘市	睢县	40.39
1008	青海省	玉树自治州	杂多县	40.39
1009	四川省	乐山市	井研县	40.39
1010	四川省	绵阳市	涪城区	40.39
1011	四川省	宜宾市	南溪区	40.39
1012	云南省	西双版纳自治州	勐海县	40.39
1013	福建省	三明市	永安市	40.40
1014	广东省	肇庆市	广宁县	40.40
1015	广西壮族自治区	贵港市	平南县	40.40
1016	贵州省	黔南自治州	都匀市	40.40
1017	河北省	沧州市	东光县	40.40
1018	黑龙江省	绥化市	安达市	40.40
1019	湖南省	岳阳市	华容县	40.40
1020	江西省	宜春市	高安市	40.40
1021	四川省	内江市	资中县	40.40
1022	贵州省	黔西南自治州	兴仁县	40.41
1023	河北省	沧州市	盐山县	40.41
1024	河南省	商丘市	梁园区	40.41
1025	湖南省	邵阳市	邵阳县	40.41
1026	四川省	甘孜藏族自治州	理塘县	40.41
1027	云南省	玉溪市	易门县	40.41
1028	浙江省	台州市	三门县	40.41
1029	重庆市	石柱自治县	石柱自治县	40.42
1030	湖北省	恩施自治州	咸丰县	40.42
1031	湖北省	咸宁市	通山县	40.42
1032	河北省	邯郸市	磁县	40.42
1033	河北省	邢台市	隆尧县	40.42
1034	河南省	南阳市	西峡县	40.42
1035	四川省	南充市	西充县	40.42
1036	四川省	遂宁市	蓬溪县	40.42
1037	新疆维吾尔自治区	哈密市	伊吾县	40.42
1038	贵州省	黔南自治州	惠水县	40.43
1039	湖北省	荆州市	松滋市	40.43
1040	河北省	沧州市	孟村自治县	40.43
1041	河南省	濮阳市	台前县	40.43

排序	省份	地市级	县级	警戒线参考值
1042	江西省	吉安市	井冈山市	40.43
1043	四川省	阿坝藏族自治州	红原县	40.43
1044	四川省	资阳市	乐至县	40.43
1045	河南省	周口市	西华县	40.44
1046	江苏省	淮安市	盱眙县	40.44
1047	四川省	成都市	蒲江县	40.44
1048	四川省	资阳市	雁江区	40.44
1049	山东省	临沂市	郯城县	40.44
1050	浙江省	宁波市	慈溪市	40.44
1051	贵州省	铜仁市	玉屏自治县	40.45
1052	湖北省	荆州市	荆州区	40.45
1053	湖北省	咸宁市	崇阳县	40.45
1054	河北省	衡水市	安平县	40.45
1055	河北省	衡水市	武强县	40.45
1056	河北省	邢台市	临城县	40.45
1057	湖南省	衡阳市	祁东县	40.45
1058	吉林省	延边自治州	安图县	40.45
1059	陕西省	榆林市	靖边县	40.45
1060	云南省	昭通市	巧家县	40.45
1061	安徽省	合肥市	蜀山区	40.46
1062	贵州省	六盘水市	盘州市	40.46
1063	河南省	新乡市	辉县	40.46
1064	江苏省	镇江市	润州区	40.46
1065	四川省	甘孜藏族自治州	新龙县	40.46
1066	云南省	大理自治州	南涧自治县	40.46
1067	安徽省	六安市	金安区	40.47
1068	福建省	龙岩市	永定区	40.47
1069	湖南省	株洲市	荷塘区	40.47
1070	吉林省	通化市	柳河县	40.47
1071	青海省	西宁市	湟源县	40.47
1072	四川省	德阳市	什邡市	40.47
1073	四川省	凉山自治州	金阳县	40.47
1074	西藏自治区	那曲市	索县	40.47
1075	浙江省	宁波市	奉化区	40.47
1076	河北省	张家口市	怀安县	40.48
1077	海南省	乐东自治县	乐东自治县	40.48
1078	黑龙江省	哈尔滨市	延寿县	40.48
1079	江西省	赣州市	于都县	40.48
1080	四川省	德阳市	广汉市	40.48
1081	四川省	泸州市	古蔺县	40.48

排序	省份	地市级	县级	警戒线参考值
1082	四川省	自贡市	自流井区	40.48
1083	山西省	晋中市	昔阳县	40.48
1084	山西省	阳泉市	盂县	40.48
1085	西藏自治区	拉萨市	当雄县	40.48
1086	云南省	德宏自治州	盈江县	40.48
1087	河南省	焦作市	沁阳市	40.49
1088	河南省	开封市	兰考县	40.49
1089	河南省	南阳市	新野县	40.49
1090	黑龙江省	双鸭山市	尖山区	40.49
1091	湖南省	怀化市	靖州自治县	40.49
1092	江苏省	连云港市	赣榆区	40.49
1093	内蒙古自治区	鄂尔多斯市	鄂托克前旗	40.49
1094	山东省	菏泽市	牡丹区	40.49
1095	山东省	济宁市	微山县	40.49
1096	山东省	潍坊市	安丘市	40.49
1097	山西省	晋中市	介休市	40.49
1098	浙江省	金华市	兰溪市	40.49
1099	安徽省	合肥市	肥东县	40.50
1100	贵州省	黔东南自治州	麻江县	40.50
1101	河北省	邯郸市	广平县	40.50
1102	河北省	唐山市	乐亭县	40.50
1103	湖南省	邵阳市	大祥区	40.50
1104	湖南省	湘潭市	湘乡市	40.50
1105	宁夏回族自治区	中卫市	海原县	40.50
1106	四川省	凉山自治州	冕宁县	40.50
1107	甘肃省	平凉市	灵台县	40.51
1108	河南省	周口市	项城市	40.51
1109	湖南省	邵阳市	隆回县	40.51
1110	湖南省	永州市	祁阳县	40.51
1111	山东省	德州市	陵城区	40.51
1112	陕西省	渭南市	大荔县	40.51
1113	云南省	保山市	龙陵县	40.51
1114	云南省	保山市	施甸县	40.51
1115	河南省	信阳市	潢川县	40.52
1116	江西省	南昌市	新建区	40.52
1117	四川省	广安市	岳池县	40.52
1118	上海市	闵行区	闵行区	40.52
1119	山西省	运城市	夏县	40.52
1120	浙江省	杭州市	建德市	40.52
1121	河北省	邢台市	宁晋县	40.53

排序	省份	地市级	县级	警戒线参考值
1122	河南省	周口市	商水县	40.53
1123	江西省	新余市	渝水区	40.53
1124	辽宁省	葫芦岛市	兴城市	40.53
1125	青海省	海东市	循化自治县	40.53
1126	青海省	海东市	平安区	40.53
1127	陕西省	汉中市	略阳县	40.53
1128	陕西省	咸阳市	武功县	40.53
1129	福建省	宁德市	古田县	40.54
1130	贵州省	铜仁市	德江县	40.54
1131	湖北省	荆州市	洪湖市	40.54
1132	河南省	焦作市	孟州市	40.54
1133	黑龙江省	齐齐哈尔市	富裕县	40.54
1134	四川省	成都市	龙泉驿区	40.54
1135	四川省	内江市	威远县	40.54
1136	贵州省	黔东南自治州	凯里市	40.55
1137	河南省	驻马店市	驿城区	40.55
1138	吉林省	辽源市	东丰县	40.55
1139	内蒙古自治区	巴彦淖尔市	临河区	40.55
1140	山西省	晋城市	城区	40.55
1141	山西省	吕梁市	汾阳市	40.55
1142	福建省	南平市	政和县	40.56
1143	福建省	宁德市	福安市	40.56
1144	福建省	三明市	建宁县	40.56
1145	江西省	抚州市	广昌县	40.56
1146	山东省	枣庄市	市中区	40.56
1147	广东省	河源市	紫金县	40.57
1148	河南省	商丘市	民权县	40.57
1149	内蒙古自治区	巴彦淖尔市	乌拉特前旗北部	40.57
1150	内蒙古自治区	呼和浩特市	清水河县	40.57
1151	四川省	甘孜藏族自治州	雅江县	40.57
1152	山东省	菏泽市	成武县	40.57
1153	贵州省	安顺市	紫云自治县	40.58
1154	河北省	邢台市	清河县	40.58
1155	河南省	焦作市	博爱县	40.58
1156	河南省	许昌市	襄城县	40.58
1157	江西省	吉安市	安福县	40.58
1158	江西省	上饶市	横峰县	40.58
1159	辽宁省	阜新市	细河区	40.58
1160	四川省	阿坝藏族自治州	小金县	40.58
1161	山西省	忻州市	偏关县	40.58

排序	省份	地市级	县级	警戒线参考值
1162	河北省	张家口市	尚义县	40.59
1163	吉林省	四平市	双辽市	40.59
1164	吉林省	通化市	辉南县	40.59
1165	江苏省	连云港市	灌云县	40.59
1166	江西省	赣州市	南康区	40.59
1167	山东省	德州市	乐陵市	40.59
1168	山东省	烟台市	莱州市	40.59
1169	云南省	楚雄自治州	禄丰县	40.59
1170	广东省	云浮市	云城区	40.60
1171	甘肃省	酒泉市	瓜州县	40.60
1172	湖北省	恩施自治州	巴东县	40.60
1173	河北省	张家口市	万全区	40.60
1174	海南省	屯昌县	屯昌县	40.60
1175	江西省	鹰潭市	余江县	40.60
1176	辽宁省	沈阳市	苏家屯区	40.60
1177	四川省	绵阳市	盐亭县	40.60
1178	四川省	雅安市	宝兴县	40.60
1179	四川省	宜宾市	屏山县	40.60
1180	山东省	菏泽市	鄄城县	40.60
1181	山西省	大同市	天镇县	40.60
1182	西藏自治区	昌都市	洛隆县	40.60
1183	云南省	楚雄自治州	元谋县	40.60
1184	湖北省	宜昌市	西陵区	40.61
1185	河南省	新乡市	延津县	40.61
1186	辽宁省	沈阳市	沈北新区	40.61
1187	陕西省	西安市	临潼区	40.61
1188	山西省	大同市	阳高县	40.61
1189	山西省	晋中市	祁县	40.61
1190	安徽省	马鞍山市	含山县	40.62
1191	福建省	福州市	闽清县	40.62
1192	甘肃省	甘南自治州	玛曲县	40.62
1193	广西壮族自治区	百色市	田林县	40.62
1194	湖北省	孝感市	汉川市	40.62
1195	河北省	邢台市	柏乡县	40.62
1196	山西省	朔州市	应县	40.62
1197	浙江省	台州市	温岭市	40.62
1198	福建省	三明市	宁化县	40.63
1199	广东省	清远市	连州市	40.63
1200	广西壮族自治区	河池市	金城江区	40.63
1201	河北省	张家口市	宣化区	40.63

排序	省份	地市级	县级	警戒线参考值
1202	河南省	南阳市	方城县	40.63
1203	江苏省	盐城市	阜宁县	40.63
1204	江苏省	盐城市	响水县	40.63
1205	浙江省	金华市	婺城区	40.63
1206	重庆市	永川区	永川区	40.64
1207	福建省	漳州市	芗城区	40.64
1208	甘肃省	平凉市	庄浪县	40.64
1209	湖北省	天门市	天门市	40.64
1210	河北省	石家庄市	元氏县	40.64
1211	内蒙古自治区	鄂尔多斯市	鄂托克旗西北	40.64
1212	陕西省	咸阳市	长武县	40.64
1213	甘肃省	庆阳市	宁县	40.65
1214	吉林省	四平市	伊通自治县	40.65
1215	江西省	赣州市	会昌县	40.65
1216	江西省	上饶市	鄱阳县	40.65
1217	山东省	枣庄市	台儿庄区	40.65
1218	新疆维吾尔自治区	阿勒泰地区	哈巴河县	40.65
1219	浙江省	舟山市	定海区	40.65
1220	重庆市	璧山区	璧山区	40.66
1221	广西壮族自治区	桂林市	荔浦县	40.66
1222	广西壮族自治区	来宾市	忻城县	40.66
1223	广西壮族自治区	柳州市	三江自治县	40.66
1224	江苏省	扬州市	高邮市	40.66
1225	四川省	南充市	顺庆区	40.66
1226	山东省	济宁市	汶上县	40.66
1227	山西省	朔州市	怀仁县	40.66
1228	西藏自治区	日喀则市	定日县	40.66
1229	江苏省	徐州市	新沂市	40.67
1230	内蒙古自治区	巴彦淖尔市	乌拉特后旗	40.67
1231	内蒙古自治区	赤峰市	松山区	40.67
1232	内蒙古自治区	鄂尔多斯市	鄂托克旗	40.67
1233	山东省	聊城市	莘县	40.67
1234	重庆市	涪陵区	涪陵区	40.68
1235	重庆市	綦江区	綦江区	40.68
1236	江西省	赣州市	龙南县	40.68
1237	江西省	吉安市	新干县	40.68
1238	四川省	成都市	简阳市	40.68
1239	山西省	吕梁市	岚县	40.68
1240	西藏自治区	阿里地区	噶尔县	40.68
1241	浙江省	湖州市	长兴县	40.68

排序	省份	地市级	县级	警戒线参考值
1242	安徽省	合肥市	长丰县	40.69
1243	安徽省	宣城市	广德县	40.69
1244	安徽省	宣城市	泾县	40.69
1245	贵州省	黔东南自治州	黄平县	40.69
1246	江西省	赣州市	全南县	40.69
1247	江西省	九江市	瑞昌市	40.69
1248	江西省	萍乡市	安源区	40.69
1249	内蒙古自治区	鄂尔多斯市	达拉特旗	40.69
1250	四川省	凉山自治州	美姑县	40.69
1251	四川省	宜宾市	兴文县	40.69
1252	云南省	保山市	昌宁县	40.69
1253	云南省	迪庆自治州	德钦县	40.69
1254	云南省	红河自治州	金平自治县	40.69
1255	广东省	汕头市	金平区	40.70
1256	广东省	韶关市	仁化县	40.70
1257	河南省	信阳市	浉河区	40.70
1258	内蒙古自治区	呼伦贝尔市	陈巴尔虎旗	40.70
1259	陕西省	咸阳市	旬邑县	40.70
1260	西藏自治区	那曲市	那曲县	40.70
1261	四川省	凉山自治州	昭觉县	40.71
1262	山东省	济宁市	鱼台县	40.71
1263	陕西省	咸阳市	泾阳县	40.71
1264	西藏自治区	山南市	隆子县	40.71
1265	广西壮族自治区	钦州市	浦北县	40.72
1266	贵州省	黔西南自治州	兴义市	40.72
1267	河南省	洛阳市	伊川县	40.72
1268	江西省	萍乡市	上栗县	40.72
1269	江西省	宜春市	丰城市	40.72
1270	四川省	眉山市	丹棱县	40.72
1271	山西省	阳泉市	郊区	40.72
1272	云南省	昆明市	富民县	40.72
1273	福建省	南平市	光泽县	40.73
1274	云南省	临沧市	云县	40.73
1275	云南省	普洱市	孟连自治县	40.73
1276	广东省	韶关市	乳源自治县	40.74
1277	内蒙古自治区	兴安盟	科尔沁右翼前旗	40.74
1278	宁夏回族自治区	固原市	隆德县	40.74
1279	重庆市	奉节县	奉节县	40.75
1280	广东省	韶关市	新丰县	40.75
1281	河北省	承德市	滦平县	40.75

排序	省份	地市级	县级	警戒线参考值
1282	河北省	承德市	滦平县	40.75
1283	河北省	张家口市	张北县	40.75
1284	黑龙江省	绥化市	绥棱县	40.75
1285	江苏省	泰州市	泰兴市	40.75
1286	辽宁省	鞍山市	铁东区	40.75
1287	福建省	福州市	永泰县	40.76
1288	福建省	龙岩市	新罗区	40.76
1289	广东省	清远市	连南自治县	40.76
1290	贵州省	毕节市	威宁自治县	40.76
1291	湖南省	张家界市	慈利县	40.76
1292	辽宁省	铁岭市	银州区	40.76
1293	山西省	忻州市	繁峙县	40.76
1294	云南省	大理自治州	永平县	40.76
1295	重庆市	云阳县	云阳县	40.77
1296	福建省	龙岩市	上杭县	40.77
1297	广西壮族自治区	百色市	乐业县	40.77
1298	湖北省	武汉市	蔡甸区	40.77
1299	黑龙江省	哈尔滨市	木兰县	40.77
1300	江西省	赣州市	宁都县	40.77
1301	陕西省	榆林市	定边县	40.77
1302	福建省	莆田市	仙游县	40.78
1303	甘肃省	张掖市	山丹县	40.78
1304	湖北省	荆州市	公安县	40.78
1305	黑龙江省	牡丹江市	宁安市	40.78
1306	甘肃省	甘南自治州	卓尼县	40.79
1307	贵州省	贵阳市	息烽县	40.79
1308	湖北省	襄阳市	宜城市	40.79
1309	河南省	洛阳市	栾川县	40.79
1310	黑龙江省	牡丹江市	东宁市	40.79
1311	江苏省	无锡市	江阴市	40.79
1312	江西省	新余市	分宜县	40.79
1313	四川省	阿坝藏族自治州	汶川县	40.79
1314	云南省	德宏自治州	梁河县	40.79
1315	云南省	文山自治州	文山市	40.79
1316	安徽省	芜湖市	南陵县	40.80
1317	贵州省	遵义市	播州区	40.80
1318	湖南省	衡阳市	衡山县	40.80
1319	湖南省	益阳市	桃江县	40.80
1320	湖南省	株洲市	炎陵县	40.80
1321	四川省	阿坝藏族自治州	若尔盖县	40.80

排序	省份	地市级	县级	警戒线参考值
1322	山西省	太原市	清徐县	40.80
1323	福建省	漳州市	华安县	40.81
1324	广东省	河源市	源城区	40.81
1325	湖北省	孝感市	应城市	40.81
1326	河南省	商丘市	永城市	40.81
1327	广西壮族自治区	桂林市	平乐县	40.82
1328	广西壮族自治区	梧州市	龙圩区	40.82
1329	江西省	吉安市	遂川县	40.82
1330	四川省	泸州市	纳溪区	40.82
1331	浙江省	嘉兴市	海宁市	40.82
1332	湖北省	宜昌市	夷陵区	40.83
1333	河南省	南阳市	内乡县	40.83
1334	江西省	鹰潭市	贵溪市	40.83
1335	山东省	青岛市	莱西市	40.83
1336	浙江省	温州市	泰顺县	40.83
1337	安徽省	六安市	霍邱县	40.84
1338	广东省	广州市	番禺区	40.84
1339	广东省	梅州市	兴宁市	40.84
1340	河北省	衡水市	冀州区	40.84
1341	云南省	文山自治州	富宁县	40.84
1342	广东省	河源市	龙川县	40.85
1343	广东省	河源市	和平县	40.85
1344	广东省	肇庆市	怀集县	40.85
1345	广西壮族自治区	河池市	宜州区	40.85
1346	黑龙江省	哈尔滨市	宾县	40.85
1347	江西省	宜春市	袁州区	40.85
1348	山东省	德州市	宁津县	40.85
1349	山东省	聊城市	临清市	40.85
1350	云南省	楚雄自治州	大姚县	40.85
1351	安徽省	马鞍山市	和县	40.86
1352	广东省	广州市	从化区	40.86
1353	广东省	清远市	英德市	40.86
1354	广西壮族自治区	桂林市	恭城自治县	40.86
1355	湖南省	邵阳市	新宁县	40.86
1356	内蒙古自治区	巴彦淖尔市	五原县	40.86
1357	广东省	惠州市	龙门县	40.87
1358	广西壮族自治区	来宾市	兴宾区	40.87
1359	河北省	邢台市	新河县	40.87
1360	河南省	许昌市	建安区	40.87
1361	河南省	周口市	淮阳县	40.87

排序	省份	地市级	县级	警戒线参考值
1362	江苏省	泰州市	姜堰区	40.87
1363	江苏省	无锡市	梁溪区	40.87
1364	青海省	海南自治州	同德县	40.87
1365	四川省	甘孜藏族自治州	石渠县	40.87
1366	云南省	玉溪市	澄江县	40.87
1367	广东省	梅州市	梅江区	40.88
1368	湖北省	宜昌市	远安县	40.88
1369	河北省	沧州市	献县	40.88
1370	河北省	邢台市	巨鹿县	40.88
1371	江苏省	南京市	溧水区	40.88
1372	山东省	聊城市	冠县	40.88
1373	云南省	普洱市	景谷自治县	40.88
1374	安徽省	黄山市	徽州区	40.89
1375	广东省	江门市	恩平市	40.89
1376	河北省	邢台市	广宗县	40.89
1377	湖南省	郴州市	桂阳县	40.89
1378	陕西省	榆林市	神木市	40.89
1379	天津市	滨海新区	滨海新区中部沿海	40.89
1380	福建省	宁德市	周宁县	40.90
1381	广东省	清远市	佛冈县	40.90
1382	湖南省	衡阳市	耒阳市	40.90
1383	江苏省	南京市	六合区	40.90
1384	四川省	凉山自治州	普格县	40.90
1385	浙江省	杭州市	淳安县	40.90
1386	重庆市	巴南区	巴南区	40.91
1387	广东省	中山市	西区	40.91
1388	山东省	菏泽市	定陶区	40.91
1389	云南省	大理自治州	大理市	40.91
1390	广西壮族自治区	桂林市	灌阳县	40.92
1391	湖北省	黄冈市	麻城市	40.92
1392	河北省	沧州市	青县	40.92
1393	河北省	秦皇岛市	昌黎县	40.92
1394	湖南省	郴州市	永兴县	40.92
1395	内蒙古自治区	赤峰市	克什克腾旗	40.92
1396	四川省	凉山自治州	木里自治县	40.92
1397	山东省	聊城市	东阿县	40.92
1398	浙江省	衢州市	常山县	40.92
1399	甘肃省	兰州市	永登县	40.93
1400	河北省	唐山市	曹妃甸区	40.93
1401	河南省	开封市	禹王台区	40.93

排序	省份	地市级	县级	警戒线参考值
1402	海南省	五指山市	五指山市	40.93
1403	黑龙江省	黑河市	嫩江县	40.93
1404	湖南省	湘西自治州	泸溪县	40.93
1405	江西省	赣州市	信丰县	40.93
1406	陕西省	安康市	镇坪县	40.93
1407	天津市	东丽区	东丽区	40.93
1408	浙江省	杭州市	富阳区	40.93
1409	安徽省	六安市	舒城县	40.94
1410	河南省	驻马店市	平舆县	40.94
1411	西藏自治区	昌都市	芒康县	40.94
1412	云南省	昭通市	鲁甸县	40.94
1413	浙江省	金华市	义乌市	40.94
1414	广东省	揭阳市	揭西县	40.95
1415	贵州省	安顺市	关岭自治县	40.95
1416	贵州省	安顺市	镇宁自治县	40.95
1417	贵州省	黔南自治州	独山县	40.95
1418	山东省	烟台市	莱阳市	40.95
1419	山西省	太原市	古交市	40.95
1420	广东省	茂名市	信宜市	40.96
1421	河南省	三门峡市	湖滨区	40.96
1422	海南省	文昌市	文昌市	40.96
1423	湖南省	邵阳市	邵东县	40.96
1424	江西省	抚州市	南丰县	40.96
1425	山西省	长治市	屯留县	40.96
1426	云南省	曲靖市	沾益区	40.96
1427	河北省	石家庄市	赞皇县	40.97
1428	四川省	甘孜藏族自治州	乡城县	40.97
1429	四川省	甘孜藏族自治州	康定市	40.97
1430	山西省	运城市	永济市	40.97
1431	安徽省	滁州市	定远县	40.98
1432	广西壮族自治区	百色市	德保县	40.98
1433	陕西省	安康市	平利县	40.98
1434	山西省	忻州市	五寨县	40.98
1435	云南省	红河自治州	泸西县	40.98
1436	云南省	普洱市	西盟自治县	40.98
1437	浙江省	嘉兴市	桐乡市	40.98
1438	江西省	赣州市	定南县	40.99
1439	内蒙古自治区	赤峰市	红山区	40.99
1440	青海省	海北自治州	海晏县	40.99
1441	山东省	滨州市	滨城区	40.99

排序	省份	地市级	县级	警戒线参考值
1442	云南省	临沧市	凤庆县	40.99
1443	湖南省	湘潭市	韶山市	41.00
1444	湖南省	益阳市	沅江市	41.00
1445	湖南省	益阳市	桃江县	41.00
1446	江西省	上饶市	信州区	41.00
1447	四川省	成都市	金堂县	41.00
1448	四川省	凉山自治州	布拖县	41.00
1449	四川省	绵阳市	三台县	41.00
1450	西藏自治区	拉萨市	城关区	41.00
1451	广东省	云浮市	郁南县	41.01
1452	广东省	肇庆市	德庆县	41.01
1453	甘肃省	陇南市	文县	41.01
1454	广西壮族自治区	百色市	那坡县	41.01
1455	广西壮族自治区	桂林市	雁山区	41.01
1456	四川省	眉山市	洪雅县	41.01
1457	西藏自治区	山南市	浪卡子县	41.01
1458	福建省	漳州市	长泰县	41.02
1459	甘肃省	平凉市	崆峒区	41.02
1460	山东省	济宁市	邹城市	41.02
1461	山东省	烟台市	龙口市	41.02
1462	山西省	大同市	浑源县	41.02
1463	山西省	朔州市	山阴县	41.02
1464	云南省	红河自治州	弥勒市	41.02
1465	广东省	茂名市	高州市	41.03
1466	江西省	上饶市	玉山县	41.03
1467	山东省	菏泽市	郓城县	41.03
1468	陕西省	铜川市	耀州区	41.03
1469	云南省	昆明市	寻甸自治县	41.03
1470	云南省	玉溪市	峨山自治县	41.03
1471	湖南省	株洲市	醴陵市	41.04
1472	四川省	甘孜藏族自治州	泸定县	41.04
1473	浙江省	湖州市	德清县	41.04
1474	安徽省	宣城市	绩溪县	41.05
1475	广西壮族自治区	百色市	隆林自治县	41.05
1476	广西壮族自治区	南宁市	上林县	41.05
1477	青海省	海西自治州	冷湖行政区	41.05
1478	浙江省	宁波市	鄞州区	41.05
1479	广西壮族自治区	防城港市	防城区	41.06
1480	贵州省	贵阳市	乌当区	41.06
1481	湖北省	宜昌市	枝江市	41.06

排序	省份	地市级	县级	警戒线参考值
1482	河南省	新乡市	获嘉县	41.06
1483	河南省	郑州市	新郑市	41.06
1484	山西省	临汾市	汾西县	41.06
1485	浙江省	丽水市	青田县	41.06
1486	北京市	门头沟区	门头沟区	41.07
1487	福建省	南平市	松溪县	41.07
1488	河南省	商丘市	虞城县	41.07
1489	河南省	郑州市	巩义市	41.07
1490	山东省	菏泽市	东明县	41.08
1491	陕西省	咸阳市	礼泉县	41.08
1492	云南省	红河自治州	石屏县	41.08
1493	云南省	文山自治州	西畴县	41.08
1494	云南省	昭通市	彝良县	41.08
1495	广东省	潮州市	湘桥区	41.09
1496	广东省	广州市	增城区	41.09
1497	江苏省	盐城市	大丰区	41.09
1498	江西省	吉安市	永新县	41.09
1499	山东省	济宁市	嘉祥县	41.09
1500	浙江省	温州市	瑞安市	41.09
1501	安徽省	合肥市	肥西县	41.10
1502	广东省	惠州市	博罗县	41.10
1503	河北省	邯郸市	曲周县	41.10
1504	山西省	运城市	绛县	41.10
1505	江苏省	淮安市	淮阴区	41.11
1506	陕西省	宝鸡市	凤翔县	41.11
1507	陕西省	咸阳市	淳化县	41.11
1508	山西省	运城市	河津市	41.11
1509	云南省	大理自治州	宾川县	41.11
1510	安徽省	淮南市	田家庵区	41.12
1511	江苏省	扬州市	仪征市	41.12
1512	江西省	南昌市	安义县	41.12
1513	四川省	南充市	南部县	41.12
1514	广东省	深圳市	罗湖区	41.13
1515	广西壮族自治区	桂林市	资源县	41.13
1516	广西壮族自治区	河池市	巴马自治县	41.13
1517	河南省	安阳市	内黄县	41.13
1518	河南省	焦作市	武陟县	41.13
1519	湖南省	娄底市	娄星区	41.13
1520	江苏省	盐城市	滨海县	41.13
1521	内蒙古自治区	呼和浩特市	托克托县	41.13

排序	省份	地市级	县级	警戒线参考值
1522	云南省	昆明市	安宁市	41.13
1523	广东省	肇庆市	封开县	41.14
1524	黑龙江省	双鸭山市	宝清县	41.14
1525	青海省	黄南自治州	泽库县	41.14
1526	山东省	临沂市	沂水县	41.14
1527	山东省	潍坊市	昌乐县	41.14
1528	山东省	潍坊市	昌邑市	41.14
1529	安徽省	宣城市	宣州区	41.15
1530	广东省	汕尾市	海丰县	41.15
1531	辽宁省	抚顺市	顺城区	41.15
1532	四川省	阿坝藏族自治州	茂县	41.15
1533	安徽省	铜陵市	义安区	41.16
1534	重庆市	南川区	南川区	41.16
1535	广东省	广州市	花都区	41.16
1536	广东省	韶关市	始兴县	41.16
1537	甘肃省	酒泉市	金塔县	41.16
1538	广西壮族自治区	来宾市	金秀自治县	41.16
1539	辽宁省	本溪市	明山区	41.16
1540	山东省	滨州市	沾化区	41.16
1541	安徽省	淮北市	相山区	41.17
1542	广西壮族自治区	玉林市	北流市	41.17
1543	河南省	濮阳市	清丰县	41.17
1544	河南省	三门峡市	渑池县	41.17
1545	江苏省	扬州市	邗江区	41.17
1546	安徽省	淮南市	寿县	41.18
1547	甘肃省	庆阳市	华池县	41.18
1548	广西壮族自治区	桂林市	叠彩区	41.18
1549	贵州省	黔西南自治州	贞丰县	41.18
1550	山西省	长治市	长子县	41.18
1551	浙江省	嘉兴市	嘉善县	41.18
1552	安徽省	亳州市	涡阳县	41.19
1553	甘肃省	庆阳市	西峰区	41.19
1554	广西壮族自治区	北海市	合浦县	41.19
1555	吉林省	延边自治州	珲春市	41.19
1556	江苏省	苏州市	吴江区	41.19
1557	云南省	文山自治州	西麻栗坡县	41.19
1558	安徽省	亳州市	利辛县	41.20
1559	广西壮族自治区	桂林市	龙胜自治县	41.20
1560	湖北省	十堰市	郧阳区	41.21
1561	黑龙江省	哈尔滨市	呼兰区	41.21

排序	省份	地市级	县级	警戒线参考值
1562	山西省	晋中市	左权县	41.21
1563	广西壮族自治区	南宁市	马山县	41.22
1564	河南省	驻马店市	新蔡县	41.22
1565	江苏省	南通市	海安县	41.22
1566	江西省	吉安市	峡江县	41.22
1567	贵州省	黔西南自治州	安龙县	41.23
1568	河南省	许昌市	禹州市	41.23
1569	山东省	临沂市	莒南县	41.23
1570	云南省	楚雄自治州	武定县	41.23
1571	安徽省	池州市	青阳县	41.24
1572	福建省	福州市	罗源县	41.25
1573	广东省	揭阳市	榕城区	41.25
1574	广西壮族自治区	桂林市	兴安县	41.25
1575	江苏省	南通市	如皋市	41.25
1576	四川省	南充市	仪陇县	41.25
1577	山东省	德州市	禹城市	41.25
1578	山西省	朔州市	平鲁区	41.25
1579	云南省	大理自治州	弥渡县	41.25
1580	云南省	玉溪市	新平自治县	41.25
1581	安徽省	蚌埠市	龙子湖区	41.26
1582	广东省	梅州市	丰顺县	41.26
1583	四川省	攀枝花市	仁和区	41.26
1584	甘肃省	武威市	古浪县	41.27
1585	广西壮族自治区	来宾市	武宣县	41.27
1586	广西壮族自治区	梧州市	蒙山县	41.27
1587	河南省	驻马店市	遂平县	41.27
1588	四川省	广安市	广安区	41.27
1589	湖北省	宜昌市	当阳市	41.28
1590	海南省	陵水自治县	陵水自治县	41.28
1591	江苏省	南通市	通州区	41.28
1592	福建省	漳州市	南靖县	41.29
1593	湖北省	宜昌市	宜都市	41.29
1594	河南省	濮阳市	南乐县	41.29
1595	河南省	驻马店市	确山县	41.29
1596	新疆维吾尔自治区	吐鲁番市	托克逊县	41.29
1597	广西壮族自治区	防城港市	上思县	41.30
1598	山东省	东营市	河口区	41.30
1599	福建省	龙岩市	武平县	41.31
1600	广东省	云浮市	新兴县	41.31
1601	湖北省	荆门市	京山县	41.31

排序	省份	地市级	县级	警戒线参考值
1602	山西省	长治市	武乡县	41.31
1603	云南省	临沧市	永德县	41.31
1604	江西省	吉安市	万安县	41.32
1605	陕西省	渭南市	白水县	41.32
1606	山西省	临汾市	蒲县	41.32
1607	西藏自治区	阿里地区	普兰县	41.32
1608	安徽省	安庆市	宿松县	41.33
1609	广东省	梅州市	五华县	41.33
1610	广西壮族自治区	柳州市	柳江区	41.33
1611	广西壮族自治区	玉林市	玉州区	41.33
1612	江西省	上饶市	弋阳县	41.33
1613	山西省	忻州市	忻府区	41.33
1614	福建省	漳州市	平和县	41.34
1615	广东省	梅州市	平远县	41.34
1616	湖南省	郴州市	临武县	41.34
1617	山东省	德州市	平原县	41.34
1618	重庆市	铜梁区	铜梁区	41.35
1619	福建省	福州市	闽侯县	41.35
1620	广西壮族自治区	百色市	平果县	41.35
1621	湖南省	长沙市	宁乡市	41.35
1622	山东省	济宁市	梁山县	41.35
1623	安徽省	滁州市	来安县	41.36
1624	广东省	梅州市	蕉岭县	41.36
1625	湖南省	永州市	零陵区	41.36
1626	四川省	雅安市	石棉县	41.36
1627	云南省	玉溪市	江川区	41.36
1628	安徽省	宿州市	泗县	41.37
1629	河南省	焦作市	温县	41.37
1630	黑龙江省	黑河市	爱辉区	41.37
1631	四川省	甘孜藏族自治州	丹巴县	41.37
1632	浙江省	杭州市	桐庐县	41.37
1633	湖北省	襄阳市	谷城县	41.38
1634	河南省	驻马店市	汝南县	41.38
1635	云南省	楚雄自治州	姚安县	41.38
1636	广东省	江门市	台山市	41.39
1637	甘肃省	甘南自治州	临潭县	41.39
1638	广西壮族自治区	崇左市	天等县	41.39
1639	湖北省	咸宁市	通城县	41.39
1640	云南省	昆明市	西山区	41.39
1641	云南省	曲靖市	麒麟区	41.39

排序	省份	地市级	县级	警戒线参考值
1642	四川省	雅安市	汉源县	41.40
1643	云南省	大理自治州	巍山自治县	41.40
1644	云南省	红河自治州	绿春县	41.40
1645	广西壮族自治区	钦州市	灵山县	41.41
1646	江西省	抚州市	金溪县	41.41
1647	江西省	赣州市	大余县	41.41
1648	山东省	聊城市	茌平县	41.41
1649	贵州省	贵阳市	开阳县	41.42
1650	湖北省	仙桃市	仙桃市	41.42
1651	河北省	邢台市	临西县	41.42
1652	宁夏回族自治区	银川市	灵武市	41.42
1653	广西壮族自治区	贺州市	富川自治县	41.43
1654	湖北省	孝感市	安陆市	41.43
1655	海南省	昌江自治县	昌江自治县	41.43
1656	江苏省	常州市	钟楼区	41.43
1657	江苏省	淮安市	涟水县	41.43
1658	四川省	攀枝花市	盐边县	41.43
1659	陕西省	延安市	黄龙县	41.43
1660	新疆维吾尔自治区	巴音郭楞自治州	库尔勒市	41.43
1661	广东省	珠海市	斗门区	41.45
1662	广西壮族自治区	河池市	罗城自治县	41.45
1663	贵州省	黔东南自治州	锦屏县	41.45
1664	湖北省	黄冈市	罗田县	41.45
1665	内蒙古自治区	鄂尔多斯市	乌审旗南部	41.45
1666	云南省	昭通市	永善县	41.45
1667	安徽省	芜湖市	无为县	41.46
1668	河南省	洛阳市	嵩县	41.46
1669	湖北省	黄冈市	浠水县	41.47
1670	江苏省	镇江市	句容市	41.47
1671	浙江省	衢州市	柯城区	41.47
1672	广东省	肇庆市	端州区	41.48
1673	广西壮族自治区	百色市	靖西市	41.48
1674	湖南省	常德市	武陵区	41.48
1675	四川省	内江市	隆昌市	41.48
1676	云南省	红河自治州	开远市	41.48
1677	福建省	三明市	梅列区	41.49
1678	河南省	开封市	通许县	41.49
1679	云南省	普洱市	镇沅自治县	41.49
1680	安徽省	安庆市	怀宁县	41.50
1681	江苏省	南京市	高淳区	41.51

排序	省份	地市级	县级	警戒线参考值
1682	青海省	海东市	乐都区	41.51
1683	山东省	泰安市	新泰市	41.51
1684	山西省	长治市	黎城县	41.51
1685	江西省	赣州市	石城县	41.52
1686	福建省	宁德市	柘荣县	41.53
1687	湖北省	黄冈市	黄梅县	41.53
1688	江西省	宜春市	樟树市	41.53
1689	山西省	晋城市	沁水县	41.53
1690	云南省	红河自治州	元阳县	41.53
1691	安徽省	池州市	贵池区	41.54
1692	甘肃省	定西市	安定区	41.54
1693	河南省	新乡市	原阳县	41.54
1694	江西省	九江市	浔阳区	41.54
1695	浙江省	杭州市	上城区	41.54
1696	安徽省	芜湖市	镜湖区	41.55
1697	安徽省	芜湖市	繁昌县	41.55
1698	广西壮族自治区	梧州市	岑溪市	41.55
1699	湖北省	武汉市	新洲区	41.55
1700	江西省	上饶市	余干县	41.55
1701	西藏自治区	日喀则市	江孜县	41.55
1702	云南省	大理自治州	祥云县	41.55
1703	浙江省	杭州市	临安区	41.55
1704	云南省	昆明市	嵩明县	41.56
1705	福建省	泉州市	德化县	41.57
1706	湖南省	衡阳市	衡阳县	41.57
1707	西藏自治区	日喀则市	拉孜县	41.57
1708	云南省	丽江市	永胜县	41.57
1709	安徽省	淮北市	濉溪县	41.58
1710	广西壮族自治区	贺州市	八步区	41.58
1711	黑龙江省	哈尔滨市	阿城区	41.58
1712	江西省	吉安市	吉水县	41.58
1713	重庆市	秀山自治县	秀山自治县	41.59
1714	山东省	济南市	天桥区	41.59
1715	重庆市	合川区	合川区	41.60
1716	广西壮族自治区	南宁市	横县	41.60
1717	湖北省	黄石市	大冶市	41.60
1718	湖南省	株洲市	茶陵县	41.60
1719	四川省	资阳市	安岳县	41.60
1720	广东省	揭阳市	普宁市	41.61
1721	海南省	海口市	琼山区	41.61

排序	省份	地市级	县级	警戒线参考值
1722	四川省	甘孜藏族自治州	白玉县	41.61
1723	福建省	福州市	晋安区	41.62
1724	云南省	曲靖市	罗平县	41.62
1725	福建省	泉州市	永春县	41.63
1726	山东省	枣庄市	薛城区	41.63
1727	江苏省	扬州市	江都区	41.64
1728	山西省	运城市	芮城县	41.64
1729	福建省	厦门市	同安区	41.65
1730	广东省	惠州市	惠城区	41.65
1731	广东省	韶关市	南雄市	41.65
1732	四川省	凉山自治州	盐源县	41.65
1733	福建省	莆田市	城厢区	41.66
1734	四川省	阿坝藏族自治州	松潘县	41.66
1735	天津市	滨海新区	滨海新区北部沿海	41.66
1736	安徽省	宣城市	郎溪县	41.67
1737	江苏省	淮安市	淮安区	41.68
1738	安徽省	滁州市	全椒县	41.69
1739	安徽省	阜阳市	太和县	41.69
1740	安徽省	阜阳市	阜南县	41.69
1741	安徽省	阜阳市	颍泉区	41.69
1742	广东省	阳江市	阳春市	41.69
1743	湖北省	武汉市	黄陂区	41.69
1744	湖北省	孝感市	大悟县	41.69
1745	河南省	信阳市	息县	41.69
1746	广西壮族自治区	桂林市	永福县	41.71
1747	江苏省	苏州市	常熟市	41.71
1748	广东省	韶关市	武江区	41.74
1749	甘肃省	庆阳市	正宁县	41.74
1750	湖南省	郴州市	汝城县	41.74
1751	江苏省	苏州市	张家港市	41.74
1752	云南省	大理自治州	剑川县	41.74
1753	广东省	韶关市	乐昌市	41.75
1754	江苏省	盐城市	东台市	41.75
1755	云南省	大理自治州	鹤庆县	41.75
1756	江苏省	南通市	如东县	41.76
1757	河南省	驻马店市	上蔡县	41.77
1758	安徽省	安庆市	大观区	41.78
1759	广东省	韶关市	翁源县	41.78
1760	广西壮族自治区	来宾市	象州县	41.78
1761	贵州省	贵阳市	花溪区	41.78

续表

排序	省份	地市级	县级	警戒线参考值
1762	河南省	南阳市	唐河县	41.79
1763	海南省	琼海市	琼海市	41.79
1764	福建省	福州市	福清市	41.80
1765	贵州省	铜仁市	万山区	41.80
1766	湖南省	长沙市	岳麓区	41.80
1767	湖南省	岳阳市	岳阳县	41.80
1768	辽宁省	辽阳市	灯塔市	41.80
1769	浙江省	衢州市	江山市	41.80
1770	浙江省	绍兴市	上虞区	41.80
1771	西藏自治区	山南市	乃东区	41.82
1772	广东省	广州市	天河区	41.83
1773	广西壮族自治区	梧州市	万秀区	41.83
1774	河北省	沧州市	黄骅市	41.85
1775	广西壮族自治区	百色市	西林县	41.86
1776	广西壮族自治区	贺州市	钟山县	41.86
1777	湖南省	湘潭市	湘潭县	41.86
1778	云南省	文山自治州	丘北县	41.86
1779	广西壮族自治区	百色市	田东县	41.87
1780	贵州省	黔西南自治州	晴隆县	41.88
1781	湖北省	荆州市	监利县	41.88
1782	重庆市	渝北区	渝北区	41.89
1783	广西壮族自治区	柳州市	融安县	41.90
1784	云南省	楚雄自治州	牟定县	41.90
1785	广西壮族自治区	桂林市	全州县	41.91
1786	湖南省	株洲市	攸县	41.92
1787	辽宁省	盘锦市	大洼区	41.92
1788	广东省	东莞市	东莞市	41.93
1789	湖北省	荆州市	石首市	41.93
1790	江西省	上饶市	广丰区	41.93
1791	浙江省	嘉兴市	秀洲区	41.93
1792	青海省	海北自治州	刚察县	41.94
1793	云南省	曲靖市	宣威市	41.94
1794	贵州省	黔南自治州	瓮安县	41.95
1795	浙江省	台州市	天台县	41.95
1796	广东省	肇庆市	四会市	41.96
1797	江西省	九江市	永修县	41.96
1798	内蒙古自治区	赤峰市	宁城县	41.96
1799	安徽省	合肥市	巢湖市	41.97
1800	福建省	龙岩市	连城县	41.97
1801	广东省	汕尾市	城区	41.97

排序	省份	地市级	县级	警戒线参考值
1802	浙江省	温州市	乐清市	41.97
1803	广西壮族自治区	梧州市	藤县	41.99
1804	福建省	福州市	鼓楼区	42.00
1805	河南省	洛阳市	洛宁县	42.00
1806	西藏自治区	日喀则市	亚东县	42.00
1807	贵州省	贵阳市	修文县	42.02
1808	广东省	江门市	开平市	42.05
1809	安徽省	亳州市	蒙城县	42.07
1810	福建省	漳州市	诏安县	42.09
1811	云南省	红河自治州	建水县	42.10
1812	云南省	昆明市	晋宁区	42.10
1813	河南省	安阳市	林州市	42.11
1814	江西省	上饶市	上饶县	42.11
1815	广西壮族自治区	崇左市	扶绥县	42.12
1816	山西省	长治市	平顺县	42.13
1817	广东省	佛山市	顺德区	42.16
1818	四川省	凉山自治州	德昌县	42.16
1819	重庆市	潼南区	潼南区	42.18
1820	广东省	茂名市	化州市	42.18
1821	广东省	佛山市	三水区	42.20
1822	广西壮族自治区	柳州市	鹿寨县	42.20
1823	云南省	昆明市	石林自治县	42.20
1824	广东省	汕头市	潮阳区	42.21
1825	贵州省	贵阳市	白云区	42.24
1826	福建省	泉州市	安溪县	42.25
1827	广西壮族自治区	南宁市	隆安县	42.25
1828	海南省	万宁市	万宁市	42.26
1829	湖南省	永州市	江华自治县	42.26
1830	云南省	曲靖市	富源县	42.26
1831	云南省	曲靖市	师宗县	42.26
1832	广西壮族自治区	河池市	环江自治县	42.30
1833	青海省	海西自治州	都兰县	42.30
1834	江西省	九江市	武宁县	42.31
1835	云南省	昆明市	宜良县	42.32
1836	广西壮族自治区	南宁市	宾阳县	42.33
1837	江苏省	连云港市	东海县	42.33
1838	福建省	漳州市	漳浦县	42.35
1839	广西壮族自治区	百色市	田阳县	42.38
1840	广西壮族自治区	南宁市	武鸣区	42.38
1841	河南省	三门峡市	灵宝市	42.38

排序	省份	地市级	县级	警戒线参考值
1842	陕西省	延安市	洛川县	42.38
1843	云南省	昆明市	西山区	42.38
1844	甘肃省	庆阳市	合水县	42.47
1845	广西壮族自治区	贵港市	港北区	42.47
1846	江西省	抚州市	南城县	42.49
1847	广东省	茂名市	电白区	42.50
1848	广东省	汕头市	南澳县	42.54
1849	海南省	临高县	临高县	42.55
1850	广东省	江门市	鹤山市	42.57
1851	贵州省	安顺市	西秀区	42.68
1852	福建省	泉州市	南安市	42.72
1853	湖南省	岳阳市	湘阴县	42.92
1854	江西省	九江市	彭泽县	42.97
1855	广东省	佛山市	禅城区	43.24
1856	广西壮族自治区	玉林市	陆川县	43.31
1857	河南省	许昌市	长葛市	51.89
1858	江西省	景德镇市	乐平市	52.51
1859	广西壮族自治区	河池市	南丹县	52.86
1860	黑龙江省	黑河市	北安市	59.63
1861	内蒙古自治区	赤峰市	林西县	59.74
1862	甘肃省	酒泉市	肃州区	59.81
1863	辽宁省	锦州市	义县	59.93
1864	天津市	蓟州区	蓟州区	59.95
1865	吉林省	长春市	双阳区	59.98
1866	辽宁省	沈阳市	新民市	60.07
1867	黑龙江省	双鸭山市	饶河县	60.12
1868	内蒙古自治区	呼伦贝尔市	新巴尔虎左旗	60.25
1869	内蒙古自治区	赤峰市	翁牛特旗	60.27
1870	山西省	忻州市	河曲县	60.27
1871	新疆维吾尔自治区	昌吉自治州	呼图壁县	60.33
1872	江苏省	南京市	秦淮区	60.34
1873	内蒙古自治区	兴安盟	扎赉特旗西部	60.35
1874	吉林省	白城市	洮北区	60.37
1875	内蒙古自治区	鄂尔多斯市	东胜区	60.37
1876	吉林省	松原市	宁江区	60.38
1877	河南省	安阳市	北关区	60.42
1878	辽宁省	朝阳市	双塔区	60.44
1879	黑龙江省	绥化市	海伦市	60.47
1880	辽宁省	丹东市	振兴区	60.50
1881	内蒙古自治区	呼伦贝尔市	鄂温克族自治旗	60.53

排序	省份	地市级	县级	警戒线参考值
1882	黑龙江省	鸡西市	密山市	60.54
1883	内蒙古自治区	锡林郭勒盟	西乌珠穆沁旗	60.54
1884	黑龙江省	哈尔滨市	通河县	60.57
1885	新疆维吾尔自治区	巴音郭楞自治州	轮台县	60.62
1886	吉林省	长春市	绿园区	60.63
1887	内蒙古自治区	锡林郭勒盟	东乌珠穆沁旗东部	60.65
1888	黑龙江省	黑河市	逊克县	60.66
1889	黑龙江省	佳木斯市	桦川县	60.66
1890	内蒙古自治区	兴安盟	扎赉特旗	60.66
1891	辽宁省	大连市	瓦房店市	60.69
1892	内蒙古自治区	通辽市	科尔沁区	60.69
1893	内蒙古自治区	阿拉善盟	额济纳旗	60.70
1894	黑龙江省	绥化市	兰西县	60.71
1895	内蒙古自治区	包头市	达尔罕茂明安联合旗	60.72
1896	黑龙江省	哈尔滨市	香坊区	60.76
1897	辽宁省	盘锦市	双台子区	60.76
1898	内蒙古自治区	呼伦贝尔市	阿荣旗	60.79
1899	山东省	烟台市	福山区	60.79
1900	黑龙江省	哈尔滨市	五常市	60.80
1901	黑龙江省	双鸭山市	集贤县	60.80
1902	新疆维吾尔自治区	昌吉自治州	木垒自治县	60.81
1903	辽宁省	朝阳市	建平县	60.82
1904	河北省	张家口市	沽源县	60.88
1905	黑龙江省	佳木斯市	汤原县	60.88
1906	黑龙江省	绥化市	望奎县	60.93
1907	吉林省	长春市	九台区	60.94
1908	湖北省	武汉市	江夏区	60.99
1909	内蒙古自治区	巴彦淖尔市	乌拉特前旗	60.99
1910	辽宁省	锦州市	黑山县	61.00
1911	辽宁省	大连市	普兰店区	61.01
1912	黑龙江省	黑河市	五大连池市	61.03
1913	新疆维吾尔自治区	阿勒泰地区	吉木乃县	61.05
1914	内蒙古自治区	乌兰察布市	察哈尔右翼后旗	61.06
1915	辽宁省	阜新市	彰武县	61.09
1916	辽宁省	沈阳市	法库县	61.10
1917	内蒙古自治区	兴安盟	科尔沁右翼中旗东南	61.10
1918	辽宁省	铁岭市	昌图县	61.12
1919	内蒙古自治区	阿拉善盟	阿拉善左旗西北	61.12
1920	河北省	邢台市	威县	61.14
1921	西藏自治区	那曲市	申扎县	61.16

排序	省份	地市级	县级	警戒线参考值
1922	贵州省	黔南自治州	都匀市	61.18
1923	河北省	邯郸市	峰峰矿区	61.20
1924	甘肃省	武威市	民勤县	61.22
1925	黑龙江省	齐齐哈尔市	泰来县	61.22
1926	内蒙古自治区	鄂尔多斯市	乌审旗北部	61.22
1927	山东省	德州市	齐河县	61.22
1928	辽宁省	辽阳市	辽阳县	61.24
1929	黑龙江省	齐齐哈尔市	讷河市	61.26
1930	黑龙江省	大庆市	肇州县	61.27
1931	吉林省	长春市	德惠市	61.27
1932	河北省	邢台市	内丘县	61.30
1933	安徽省	安庆市	桐城市	61.33
1934	天津市	河西区	河西区	61.33
1935	吉林省	松原市	乾安县	61.34
1936	辽宁省	沈阳市	辽中区	61.34
1937	河北省	唐山市	丰南区	61.36
1938	辽宁省	大连市	西岗区	61.36
1939	山西省	忻州市	岢岚县	61.37
1940	安徽省	宿州市	埇桥区	61.38
1941	甘肃省	临夏自治州	东乡族自治县	61.39
1942	吉林省	四平市	梨树县	61.40
1943	山西省	大同市	左云县	61.40
1944	西藏自治区	那曲市	安多县	61.41
1945	内蒙古自治区	乌兰察布市	察哈尔右翼前旗	61.42
1946	山西省	吕梁市	兴县	61.42
1947	内蒙古自治区	锡林郭勒盟	锡林浩特市	61.43
1948	辽宁省	丹东市	东港市	61.44
1949	内蒙古自治区	锡林郭勒盟	苏尼特左旗	61.44
1950	吉林省	松原市	长岭县	61.45
1951	山东省	德州市	庆云县	61.45
1952	内蒙古自治区	巴彦淖尔市	杭锦后旗	61.46
1953	山东省	聊城市	阳谷县	61.48
1954	山西省	大同市	广灵县	61.48
1955	安徽省	亳州市	谯城区	61.49
1956	辽宁省	朝阳市	北票市	61.49
1957	天津市	滨海新区	滨海新区南部沿海	61.52
1958	辽宁省	鞍山市	台安县	61.55
1959	辽宁省	朝阳市	喀喇沁左翼自治县	61.55
1960	山西省	吕梁市	临县	61.55
1961	吉林省	白城市	大安市	61.57

排序	省份	地市级	县级	警戒线参考值
1962	陕西省	铜川市	王益区	61.57
1963	河北省	邯郸市	永年区	61.58
1964	河南省	洛阳市	偃师市	61.58
1965	河南省	郑州市	登封市	61.58
1966	江苏省	盐城市	射阳县	61.60
1967	四川省	甘孜藏族自治州	九龙县	61.60
1968	内蒙古自治区	锡林郭勒盟	阿巴嘎旗	61.63
1969	河南省	安阳市	汤阴县	61.64
1970	山东省	潍坊市	诸城市	61.64
1971	天津市	宁河区	宁河区	61.64
1972	山东省	威海市	环翠区	61.65
1973	河南省	南阳市	宛城区	61.66
1974	黑龙江省	齐齐哈尔市	拜泉县	61.66
1975	吉林省	白城市	通榆县	61.68
1976	安徽省	阜阳市	临泉县	61.69
1977	江苏省	镇江市	丹阳市	61.69
1978	内蒙古自治区	乌兰察布市	兴和县	61.70
1979	山东省	威海市	荣成市	61.73
1980	黑龙江省	大庆市	林甸县	61.74
1981	黑龙江省	齐齐哈尔市	甘南县	61.74
1982	黑龙江省	绥化市	青冈县	61.74
1983	黑龙江省	七台河市	勃利县	61.75
1984	山东省	德州市	临邑县	61.76
1985	上海市	青浦区	青浦区	61.78
1986	河北省	邯郸市	武安市	61.79
1987	山东省	德州市	夏津县	61.79
1988	新疆维吾尔自治区	塔城地区	和布克赛尔自治县	61.81
1989	江苏省	南京市	浦口区	61.82
1990	山西省	晋中市	榆次区	61.82
1991	江苏省	宿迁市	宿城区	61.83
1992	辽宁省	大连市	普兰店区（滨海）	61.83
1993	山西省	临汾市	乡宁县	61.84
1994	安徽省	蚌埠市	固镇县	61.85
1995	山东省	烟台市	蓬莱市	61.87
1996	西藏自治区	阿里地区	改则县	61.89
1997	湖南省	长沙市	芙蓉区	61.91
1998	江苏省	淮安市	洪泽区	61.91
1999	江苏省	连云港市	海州区	61.91
2000	山西省	临汾市	襄汾县	61.91
2001	内蒙古自治区	锡林郭勒盟	阿巴嘎旗西北	61.93

排序	省份	地市级	县级	警戒线参考值
2002	云南省	文山自治州	砚山县	61.94
2003	江苏省	扬州市	宝应县	61.95
2004	甘肃省	酒泉市	肃北自治县	61.96
2005	新疆维吾尔自治区	塔城地区	裕民县	61.96
2006	甘肃省	张掖市	甘州区	61.99
2007	江苏省	盐城市	建湖县	61.99
2008	内蒙古自治区	包头市	白云鄂博矿区	61.99
2009	内蒙古自治区	包头市	青山区	61.99
2010	内蒙古自治区	赤峰市	敖汉旗	61.99
2011	上海市	金山区	金山区	61.99
2012	黑龙江省	齐齐哈尔市	依安县	62.00
2013	黑龙江省	齐齐哈尔市	克东县	62.01
2014	西藏自治区	山南市	琼结县	62.01
2015	山东省	青岛市	即墨区	62.02
2016	河南省	安阳市	滑县	62.03
2017	河南省	洛阳市	新安县	62.03
2018	黑龙江省	牡丹江市	绥芬河市	62.03
2019	湖北省	咸宁市	咸安区	62.06
2020	江苏省	盐城市	亭湖区	62.06
2021	内蒙古自治区	阿拉善盟	阿拉善右旗	62.06
2022	江苏省	泰州市	兴化市	62.09
2023	内蒙古自治区	乌兰察布市	四子王旗	62.09
2024	四川省	凉山自治州	喜德县	62.09
2025	上海市	奉贤区	奉贤区	62.09
2026	内蒙古自治区	通辽市	开鲁县	62.10
2027	山东省	日照市	东港区	62.10
2028	山东省	潍坊市	高密市	62.10
2029	安徽省	阜阳市	界首市	62.11
2030	山东省	济宁市	金乡县	62.11
2031	西藏自治区	山南市	错那县	62.11
2032	内蒙古自治区	鄂尔多斯市	乌审旗	62.12
2033	山东省	临沂市	平邑县	62.12
2034	山东省	枣庄市	滕州市	62.12
2035	河南省	南阳市	镇平县	62.13
2036	宁夏回族自治区	吴忠市	同心县	62.13
2037	江苏省	苏州市	吴中区	62.15
2038	安徽省	芜湖市	鸠江区	62.16
2039	河北省	唐山市	滦南县	62.16
2040	辽宁省	大连市	旅顺口区	62.16
2041	四川省	宜宾市	翠屏区	62.16

排序	省份	地市级	县级	警戒线参考值
2042	吉林省	吉林市	舒兰市	62.17
2043	山西省	运城市	稷山县	62.17
2044	江西省	鹰潭市	月湖区	62.18
2045	安徽省	铜陵市	枞阳县	62.19
2046	安徽省	淮南市	凤台县	62.20
2047	甘肃省	酒泉市	玉门市	62.23
2048	山西省	运城市	临猗县	62.23
2049	河南省	鹤壁市	浚县	62.24
2050	河南省	济源市	济源市	62.24
2051	黑龙江省	哈尔滨市	巴彦县	62.24
2052	广西壮族自治区	北海市	海城区	62.25
2053	河北省	沧州市	海兴县	62.25
2054	安徽省	马鞍山市	花山区	62.27
2055	黑龙江省	大庆市	肇源县	62.29
2056	山东省	济南市	长清区	62.29
2057	浙江省	嘉兴市	平湖市	62.29
2058	河南省	鹤壁市	淇县	62.30
2059	辽宁省	营口市	西市区	62.30
2060	上海市	宝山区	宝山区	62.31
2061	内蒙古自治区	锡林郭勒盟	镶黄旗	62.33
2062	山西省	吕梁市	方山县	62.34
2063	内蒙古自治区	呼伦贝尔市	满洲里市	62.36
2064	内蒙古自治区	通辽市	科尔沁左翼中旗	62.36
2065	上海市	嘉定区	嘉定区	62.37
2066	安徽省	蚌埠市	五河县	62.38
2067	陕西省	榆林市	榆阳区	62.39
2068	内蒙古自治区	呼和浩特市	新城区	62.40
2069	西藏自治区	拉萨市	墨竹工卡县	62.41
2070	河南省	驻马店市	正阳县	62.43
2071	黑龙江省	齐齐哈尔市	克山县	62.43
2072	江苏省	南通市	海门市	62.43
2073	重庆市	巫山县	巫山县	62.46
2074	江苏省	镇江市	扬中市	62.49
2075	黑龙江省	绥化市	明水县	62.50
2076	江苏省	苏州市	太仓市	62.50
2077	新疆维吾尔自治区	和田地区	洛浦县	62.51
2078	湖北省	黄冈市	武穴市	62.52
2079	内蒙古自治区	通辽市	奈曼旗	62.52
2080	陕西省	铜川市	宜君县	62.52
2081	黑龙江省	鸡西市	鸡冠区	62.55

排序	省份	地市级	县级	警戒线参考值
2082	广东省	清远市	清城区	62.57
2083	黑龙江省	齐齐哈尔市	龙江县	62.57
2084	贵州省	贵阳市	南明区	62.59
2085	福建省	漳州市	龙海市	62.63
2086	黑龙江省	绥化市	庆安县	62.65
2087	辽宁省	沈阳市	康平县	62.65
2088	湖北省	咸宁市	嘉鱼县	62.66
2089	山东省	临沂市	临沭县	62.66
2090	江苏省	南通市	启东市	62.67
2091	宁夏回族自治区	中卫市	沙坡头区	62.67
2092	内蒙古自治区	乌兰察布市	化德县	62.68
2093	内蒙古自治区	赤峰市	巴林左旗北部	62.69
2094	内蒙古自治区	巴彦淖尔市	磴口县	62.70
2095	内蒙古自治区	锡林郭勒盟	太仆寺旗	62.70
2096	内蒙古自治区	包头市	固阳县	62.71
2097	宁夏回族自治区	固原市	泾源县	62.71
2098	山西省	忻州市	宁武县	62.72
2099	安徽省	滁州市	天长市	62.74
2100	广西壮族自治区	河池市	都安自治县	62.75
2101	安徽省	宿州市	灵璧县	62.76
2102	吉林省	白城市	洮南市	62.76
2103	内蒙古自治区	通辽市	库伦旗	62.76
2104	内蒙古自治区	阿拉善盟	阿拉善左旗	62.79
2105	江苏省	泰州市	海陵区	62.80
2106	黑龙江省	鸡西市	鸡东县	62.82
2107	内蒙古自治区	呼和浩特市	武川县	62.83
2108	吉林省	四平市	公主岭市	62.84
2109	上海市	浦东新区	浦东新区	62.86
2110	山东省	烟台市	招远市	62.87
2111	广东省	湛江市	廉江市	62.88
2112	西藏自治区	日喀则市	聂拉木县	62.89
2113	福建省	宁德市	霞浦县	62.90
2114	江苏省	常州市	金坛区	62.90
2115	甘肃省	甘南自治州	夏河县	62.91
2116	内蒙古自治区	通辽市	奈曼旗南部	62.91
2117	上海市	崇明区	崇明区	62.91
2118	内蒙古自治区	通辽市	扎鲁特旗西北	62.93
2119	云南省	玉溪市	通海县	62.94
2120	甘肃省	张掖市	民乐县	62.95
2121	广西壮族自治区	柳州市	融水自治县	62.95

排序	省份	地市级	县级	警戒线参考值
2122	安徽省	安庆市	潜山县	62.96
2123	内蒙古自治区	通辽市	科尔沁左翼中旗南部	62.99
2124	青海省	海西自治州	天峻县	62.99
2125	内蒙古自治区	赤峰市	阿鲁科尔沁旗	63.00
2126	浙江省	绍兴市	柯桥区	63.00
2127	甘肃省	天水市	武山县	63.02
2128	青海省	海西自治州	格尔木市西南	63.03
2129	福建省	漳州市	云霄县	63.04
2130	安徽省	滁州市	明光市	63.06
2131	山东省	德州市	武城县	63.06
2132	江西省	九江市	庐山市	63.07
2133	山东省	济南市	平阴县	63.08
2134	吉林省	白城市	镇赉县	63.12
2135	江苏省	苏州市	吴中区	63.12
2136	湖南省	衡阳市	衡南县	63.14
2137	湖南省	永州市	冷水滩区	63.14
2138	安徽省	合肥市	庐江县	63.15
2139	广东省	珠海市	香洲区	63.15
2140	云南省	丽江市	宁蒗自治县	63.16
2141	云南省	曲靖市	陆良县	63.16
2142	湖北省	黄冈市	黄州区	63.18
2143	黑龙江省	绥化市	肇东市	63.18
2144	广东省	汕尾市	陆丰市	63.19
2145	黑龙江省	大庆市	杜尔伯特自治县	63.19
2146	黑龙江省	大兴安岭地区	加格达奇区	63.19
2147	山西省	长治市	长治县	63.21
2148	青海省	海西自治州	格尔木市西部	63.22
2149	贵州省	黔东南自治州	丹寨县	63.25
2150	广西壮族自治区	南宁市	青秀区	63.26
2151	河南省	洛阳市	宜阳县	63.26
2152	内蒙古自治区	兴安盟	突泉县	63.26
2153	黑龙江省	哈尔滨市	双城区	63.27
2154	内蒙古自治区	鄂尔多斯市	伊金霍洛旗	63.28
2155	福建省	福州市	长乐区	63.30
2156	贵州省	安顺市	平坝区	63.31
2157	黑龙江省	佳木斯市	桦南县	63.31
2158	浙江省	宁波市	象山县	63.32
2159	广西壮族自治区	崇左市	江州区	63.33
2160	辽宁省	锦州市	北镇市	63.33
2161	内蒙古自治区	包头市	达尔罕茂明安联合旗东南	63.33

排序	省份	地市级	县级	警戒线参考值
2162	广西壮族自治区	玉林市	博白县	63.34
2163	山东省	潍坊市	临朐县	63.34
2164	海南省	定安县	定安县	63.36
2165	湖南省	岳阳市	汨罗市	63.36
2166	江苏省	淮安市	金湖县	63.36
2167	山西省	吕梁市	中阳县	63.36
2168	黑龙江省	佳木斯市	富锦市	63.38
2169	河南省	信阳市	新县	63.39
2170	广东省	惠州市	惠东县	63.41
2171	云南省	红河自治州	蒙自市	63.42
2172	辽宁省	大连市	长海县	63.43
2173	辽宁省	葫芦岛市	连山区	63.44
2174	广东省	湛江市	雷州市	63.46
2175	山西省	长治市	壶关县	63.46
2176	广东省	湛江市	徐闻县	63.47
2177	吉林省	长春市	榆树市	63.48
2178	江西省	抚州市	东乡区	63.48
2179	广东省	江门市	新会区	63.49
2180	甘肃省	金昌市	永昌县	63.49
2181	河北省	邢台市	桥东区	63.49
2182	内蒙古自治区	锡林郭勒盟	二连浩特市	63.51
2183	湖北省	襄阳市	襄城区	63.53
2184	内蒙古自治区	阿拉善盟	阿拉善左旗东南	63.56
2185	黑龙江省	佳木斯市	抚远市	63.58
2186	江西省	上饶市	铅山县	63.59
2187	安徽省	安庆市	太湖县	63.61
2188	江苏省	南通市	启东市（滨海）	63.62
2189	上海市	松江区	松江区	63.62
2190	云南省	曲靖市	马龙县	63.65
2191	山东省	临沂市	兰山区	63.66
2192	广西壮族自治区	南宁市	邕宁区	63.69
2193	湖南省	永州市	双牌县	63.72
2194	湖北省	随州市	广水市	63.73
2195	江苏省	泰州市	靖江市	63.75
2196	黑龙江省	佳木斯市	同江市	63.80
2197	山东省	烟台市	牟平区	63.80
2198	内蒙古自治区	包头市	达尔罕茂明安联合旗北部	63.81
2199	安徽省	蚌埠市	怀远县	63.83
2200	浙江省	宁波市	余姚市	63.84
2201	山东省	威海市	文登区	63.88

排序	省份	地市级	县级	警戒线参考值
2202	山东省	青岛市	市南区	63.89
2203	广东省	潮州市	饶平县	63.92
2204	广西壮族自治区	防城港市	东兴市	63.92
2205	云南省	楚雄自治州	永仁县	63.92
2206	湖北省	荆门市	钟祥市	63.94
2207	广西壮族自治区	钦州市	钦南区	63.96
2208	内蒙古自治区	鄂尔多斯市	杭锦旗西北	63.96
2209	西藏自治区	那曲市	班戈县	63.98
2210	福建省	厦门市	湖里区	64.04
2211	山东省	烟台市	芝罘区	64.04
2212	山东省	威海市	荣成市南海口	64.10
2213	广东省	汕头市	澄海区	64.12
2214	吉林省	吉林市	丰满区	64.13
2215	浙江省	温州市	平阳县	64.13
2216	海南省	东方市	东方市	64.22
2217	广西壮族自治区	防城港市	港口区	64.23
2218	湖南省	郴州市	北湖区	64.25
2219	内蒙古自治区	锡林郭勒盟	正蓝旗	64.28
2220	广东省	茂名市	电白区	64.29
2221	广东省	湛江市	遂溪县	64.30
2222	福建省	莆田市	秀屿区	64.33
2223	山东省	烟台市	栖霞市	64.35
2224	河南省	洛阳市	孟津县	64.38
2225	辽宁省	营口市	大石桥市	64.52
2226	江西省	九江市	湖口县	64.53
2227	贵州省	贵阳市	清镇市	64.54
2228	山西省	忻州市	神池县	64.60
2229	云南省	红河自治州	红河县	64.60
2230	辽宁省	锦州市	凌海市	64.66
2231	黑龙江省	鹤岗市	绥滨县	64.72
2232	广西壮族自治区	柳州市	柳城县	64.74
2233	浙江省	温州市	洞头区	64.79
2234	海南省	三沙市	西沙群岛	64.80
2235	广西壮族自治区	玉林市	容县	64.81
2236	广东省	湛江市	霞山区	64.83
2237	海南省	海口市	美兰区	64.88
2238	内蒙古自治区	阿拉善盟	阿拉善左旗南部	64.90
2239	江西省	九江市	都昌县	65.00
2240	山东省	青岛市	李沧区	65.01
2241	广东省	揭阳市	惠来县	65.06

排序	省份	地市级	县级	警戒线参考值
2242	广东省	湛江市	吴川市	65.10
2243	云南省	昆明市	呈贡区	65.17
2244	江西省	南昌市	进贤县	65.19
2245	内蒙古自治区	乌兰察布市	商都县	65.26
2246	浙江省	杭州市	萧山区	65.27
2247	广西壮族自治区	桂林市	临桂区	65.42
2248	湖北省	鄂州市	鄂城区	65.49
2249	广东省	阳江市	江城区	65.65
2250	安徽省	马鞍山市	当涂县	65.68
2251	广东省	珠海市	香洲区	65.76
2252	内蒙古自治区	兴安盟	科尔沁右翼中旗	66.01
2253	广西壮族自治区	北海市	海城区（涠洲岛）	66.02
2254	湖北省	荆门市	掇刀区	66.02
2255	浙江省	舟山市	岱山县	66.02
2256	辽宁省	大连市	金州区	66.15
2257	广东省	江门市	上川岛	66.24
2258	安徽省	安庆市	望江县	66.39
2259	浙江省	舟山市	普陀区	66.39
2260	福建省	漳州市	东山县	66.79
2261	广西壮族自治区	柳州市	柳北区	67.78
2262	福建省	福州市	平潭县	67.80
2263	海南省	三沙市	西沙群岛珊瑚岛	67.81
2264	内蒙古自治区	呼伦贝尔市	海拉尔区	98.44
2265	内蒙古自治区	乌兰察布市	察哈尔右翼中旗	99.53
2266	内蒙古自治区	呼伦贝尔市	新巴尔虎右旗	99.66
2267	内蒙古自治区	锡林郭勒盟	苏尼特右旗	99.75
2268	新疆维吾尔自治区	博尔塔拉自治州	阿拉山口市	100.31
2269	内蒙古自治区	通辽市	科尔沁左翼后旗	100.52
2270	内蒙古自治区	锡林郭勒盟	苏尼特右旗朱日和	101.59
2271	浙江省	台州市	玉环市	101.84
2272	山东省	烟台市	长岛县	102.50
2273	云南省	曲靖市	会泽县	102.83
2274	内蒙古自治区	阿拉善盟	额济纳旗东部	102.87
2275	山东省	青岛市	胶州市	103.45
2276	甘肃省	武威市	天祝自治县	103.55
2277	云南省	红河自治州	个旧市	103.63
2278	内蒙古自治区	鄂尔多斯市	杭锦旗	103.68
2279	湖南省	衡阳市	南岳区	103.92
2280	江苏省	连云港市	连云区	104.03
2281	内蒙古自治区	赤峰市	巴林右旗	104.49

排序	省份	地市级	县级	警戒线参考值
2282	山东省	威海市	荣成市北海口	105.20
2283	福建省	泉州市	惠安县	105.47
2284	浙江省	宁波市	象山县（滨海）	106.91
2285	福建省	泉州市	晋江市	107.12
2286	海南省	三沙市	南沙群岛	109.78
2287	海南省	三亚市	吉阳区	110.35
2288	浙江省	台州市	椒江区	112.02
2289	内蒙古自治区	巴彦淖尔市	乌拉特后旗西北	194.26
2290	浙江省	舟山市	嵊泗县	198.62

第三章　区域大气环境资源统计

　　本章是对 2018 年中国地级市（地区、盟、区、自治州）以上区域的大气环境资源状况进行的分省统计。包括本区域大气环境资源概况、大气环境资源分位数以及大气自然净化能力和大气环境容量的指数波形、概率分布、月度分布。查阅这些数据，可以满足不同地区读者的需要，帮助读者深入了解本地区的大气环境资源状况。

　　区域大气环境资源统计旨在说明以下三个问题。

　　1. 大气自然净化能力的实时性特征

　　即使在大气环境资源匮乏的地区，也有大气自然净化能力较强的时段；在大气环境资源丰富的地区，也有大气自然净化能力较弱的时段。因此，大气环境资源丰富的地区，也会出现大气污染，大气环境资源匮乏的地区，也有蓝天白云。从这个角度说，只要污染物排放强度超过了一个地方全年最低的净化能力，就会出现大气污染。现实中，我们用大气污染发生频次和持续时长作为衡量大气污染程度的标准，也是这个道理。全年大气自然净化能力和大气环境容量指数波形图，就是为了说明这个问题，以便更深入地理解大气环境资源的概念。

　　2. 大气自然净化能力的周期性差异

　　我们将全年较低大气自然净化能力出现频次较高的地区定义为大气环境资源相对匮乏的地区，反之则定义为大气环境资源丰富的地区。大气自然净化能力指数和大气环境容量指数的概率分布，较好地反映了这一事实。概率分布越向左集中，说明大气环境资源越匮乏，反之则说明大气环境资源越丰富。

　　3. 大气环境资源的季节分布

　　大气自然净化能力既有实时性特征，又有周期性特征和季节性特征。因此，对于区域大气环境资源的统计，我们还做了本地大气自然净化能力指数和大气环境容量指数的月度分布图。

　　特别要说明的是：（1）考虑到直辖市特殊的政治与经济地位以及产业布局，本章对北京、上海、天津、重庆四个直辖市所辖区县的大气环境资源进行了统计，等同于其他省份的地级市；（2）考虑到海南省比较特殊的地理位置和行政体系，本章对海南省一些省辖县也做了大气环境资源统计，等同于其他省份的地级市；（3）针对一些具有特殊地理特征的行政区划，本章按照地理方位进行了特别处理，如天津市滨海新区、海南省三沙市等；（4）除个别地市外，编排顺序主要参照民政部行政区划信息。

北京市

北京市东城区

表 1　北京市东城区大气环境资源概况（2018.1.1~2018.12.31）

指标类型	ASPI	EE	GCSP	GCO3	AECI
平均值	39.97	90.45	27.84	24.44	0.63
标准误	14.29	82.58	23.53	12.85	0.06
最小值	21.10	18.65	5.83	9.60	0.49
最大值	96.25	820.87	92.66	77.81	0.96
样本量（个）	2129	2129	2129	2129	2129

注：ASPI 为大气自然净化能力指数（Air Self-Purification Index）；EE 为平衡排放强度（Equilibrium Emission），单位为 kg/km² · h；GCSP 为二次污染物生成系数（Generated Coefficient of Secondary Pollutants）；GCO3 为臭氧生成指数（Generated Coefficient of Ozone-GCO3）；AECI 为大气环境容量指数（Atmospheric Environmental Capacity Index）。下同。

表 2　北京市东城区大气环境资源分位数（2018.1.1~2018.12.31）

指标类型	ASPI	EE	GCSP	GCO3	AECI
5%	25.91	37.53	8.26	11.52	0.54
10%	27.30	38.48	9.21	12.49	0.55
25%	30.62	40.11	11.04	17.04	0.58
50%	34.70	63.35	14.27	20.60	0.63
75%	46.77	103.89	43.72	23.86	0.67
90%	60.96	201.44	67.66	44.89	0.71

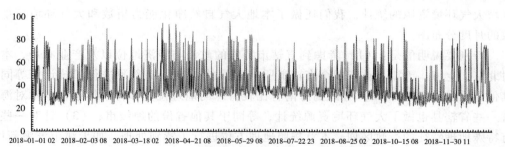

2018-01-01 02　2018-02-03 08　2018-03-18 02　2018-04-21 08　2018-05-29 08　2018-07-22 23　2018-08-25 02　2018-10-15 08　2018-11-30 11

图 1　北京市东城区大气自然净化能力指数波形①（ASPI-2018.1.1~2018.12.31）

---

①　大气自然净化能力指数波形图中日期后面的 02、08 等是指时间，02 表示夜里 2：00，08 表示早晨 8：00，以此类推。本章同。

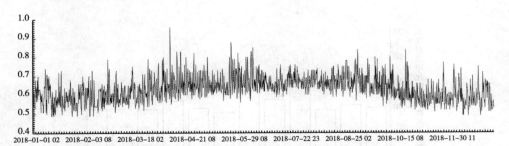

图2 北京市东城区大气环境容量指数波形（AECI-2018.1.1~2018.12.31）

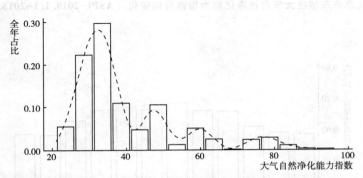

图3 北京市东城区大气自然净化能力指数分布①（ASPI-2018.1.1-2018.12.31）

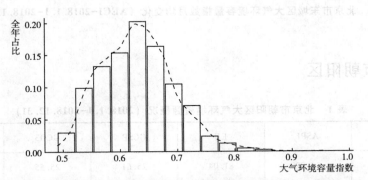

图4 北京市东城区大气环境容量指数分布（AECI-2018.1.1-2018.12.31）

---

① 图3中占比不是百分比，是指总体为1时，按照数值大小排序，不同数值范围所在的比例，
柱状图的底部宽度表示数值范围，高度表示所占比例。图3柱状图底部宽度之和等于100，高
度之和等于1。图4柱状图底部宽度之和等于1，高度之和也等于1，这是由指标性质决定的。
本章同。

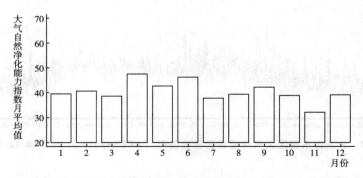

图 5　北京市东城区大气自然净化能力指数月均变化 （ASPI-2018.1.1-2018.12.31）

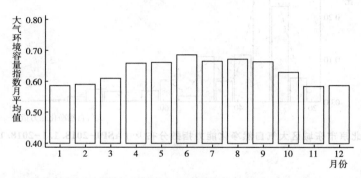

图 6　北京市东城区大气环境容量指数月均变化 （AECI-2018.1.1-2018.12.31）

北京市朝阳区

表 1　北京市朝阳区大气环境资源概况 （2018.1.1-2018.12.31）

指标类型	ASPI	EE	GCSP	GCO3	AECI
平均值	38.82	81.04	25.61	25.55	0.63
标准误	13.06	72.86	22.54	13.05	0.06
最小值	22.79	19.01	6.02	11.66	0.49
最大值	94.18	623.87	97.45	76.79	0.82
样本量 （个）	875	875	875	875	875

表 2　北京市朝阳区大气环境资源分位数（2018.1.1-2018.12.31）

指标类型	ASPI	EE	GCSP	GCO3	AECI
5%	25.65	19.63	8.25	12.56	0.53
10%	27.56	38.50	8.96	13.33	0.55
25%	30.34	39.83	10.59	18.32	0.58
50%	34.21	62.90	13.74	21.23	0.63
75%	45.42	102.36	37.30	24.30	0.67
90%	59.08	197.40	64.25	45.43	0.70

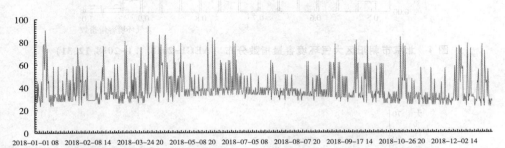

图 1　北京市朝阳区大气自然净化能力指数波形（ASPI-2018.1.1-2018.12.31）

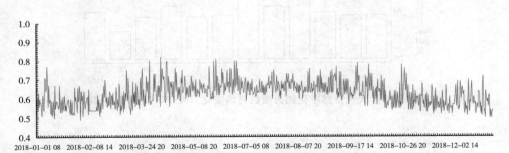

图 2　北京市朝阳区大气环境容量指数波形（AECI-2018.1.1-2018.12.31）

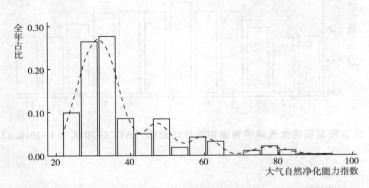

图 3　北京市朝阳区大气自然净化能力指数分布（ASP1-2018.1.1-2018.12.31）

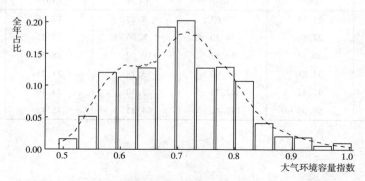

图 4　北京市朝阳区大气环境容量指数分布（AECI-2018.1.1-2018.12.31）

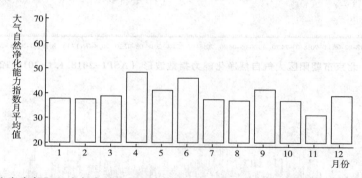

图 5　北京市朝阳区大气自然净化能力指数月均变化（ASPI-2018.1.1-2018.12.31）

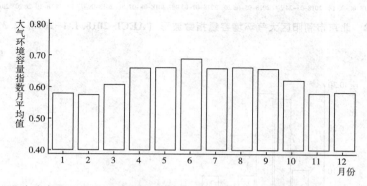

图 6　北京市朝阳区大气环境容量指数月均变化（AECI-2018.1.1-2018.12.31）

北京市丰台区

表 1 北京市丰台区大气环境资源概况（2018.1.1-2018.12.31）

指标类型	ASPI	EE	GCSP	GCO3	AECI
平均值	36.34	67.82	26.28	26.48	0.62
标准误	10.30	56.90	22.80	13.92	0.05
最小值	22.81	19.02	5.83	11.61	0.49
最大值	94.48	625.85	92.53	77.19	0.86
样本量（个）	876	876	876	876	876

表 2 北京市丰台区大气环境资源分位数（2018.1.1-2018.12.31）

指标类型	ASPI	EE	GCSP	GCO3	AECI
5%	27.05	20.32	7.95	12.61	0.53
10%	27.90	38.70	8.74	13.37	0.55
25%	30.25	39.82	10.61	18.46	0.58
50%	33.53	61.11	13.85	21.27	0.62
75%	37.49	65.36	41.06	25.53	0.65
90%	48.86	106.26	63.97	45.98	0.69

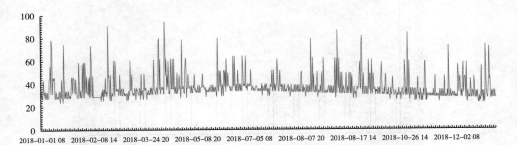

图 1 北京市丰台区大气自然净化能力指数波形（ASPI-2018.1.1-2018.12.31）

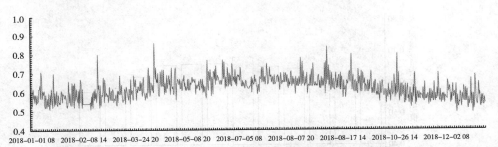

图 2 北京市丰台区大气环境容量指数波形（AECI-2018.1.1-2018.12.31）

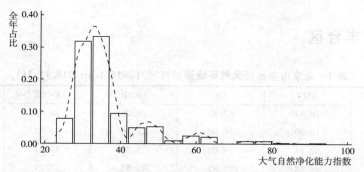

图 3　北京市丰台区大气自然净化能力指数分布（ASPI-2018.1.1-2018.12.31）

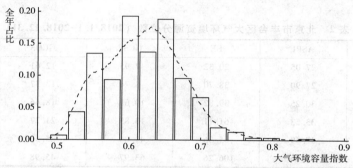

图 4　北京市丰台区大气环境容量指数分布（AECI-2018.1.1-2018.12.31）

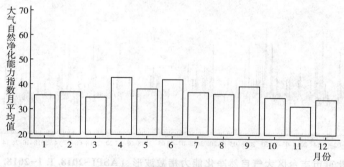

图 5　北京市丰台区大气自然净化能力指数月均变化（ASPI-2018.1.1-2018.12.31）

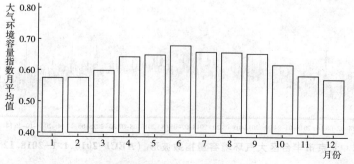

图 6　北京市丰台区大气环境容量指数月均变化（AECI-2018.1.1-2018.12.31）

北京市石景山区

表1 北京市石景山区大气环境资源概况 （2018.1.1-2018.12.31）

指标类型	ASPI	EE	GCSP	GCO3	AECI
平均值	39.09	84.07	26.07	25.56	0.63
标准误	13.95	87.24	23.33	13.12	0.06
最小值	22.87	19.03	5.84	11.67	0.49
最大值	94.47	965.85	97.44	75.75	0.99
样本量（个）	876	876	876	876	876

表2 北京市石景山区大气环境资源分位数 （2018.1.1-2018.12.31）

指标类型	ASPI	EE	GCSP	GCO3	AECI
5%	26.46	19.81	7.93	12.54	0.53
10%	27.64	38.57	8.55	13.25	0.54
25%	30.34	39.85	10.34	18.27	0.58
50%	33.64	61.56	13.57	21.20	0.62
75%	45.75	102.73	39.11	24.30	0.67
90%	59.69	198.71	65.47	45.29	0.71

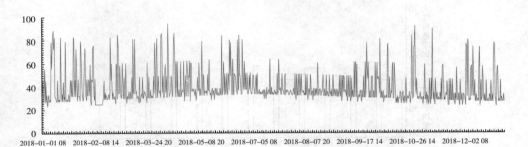

图1 北京市石景山区大气自然净化能力指数波形 （ASPI-2018.1.1-2018.12.31）

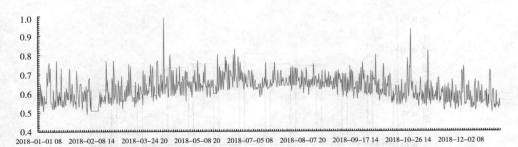

图2 北京市石景山区大气环境容量指数波形 （AECI-2018.1.1-2018.12.31）

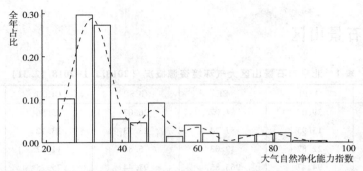

图 3　北京市石景山区大气自然净化能力指数分布（ASPI-2018.1.1~2018.12.31）

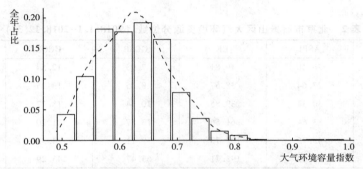

图 4　北京市石景山区大气环境容量指数分布（AECI-2018.1.1~2018.12.31）

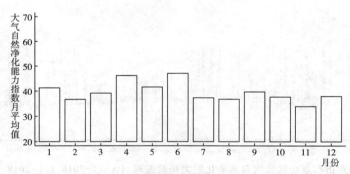

图 5　北京市石景山区大气自然净化能力指数月均变化（ASPI-2018.1.1~2018.12.31）

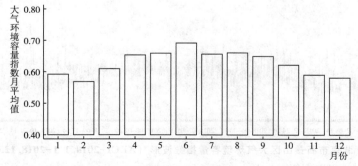

图 6　北京市石景山区大气环境容量指数月均变化（AECI-2018.1.1~2018.12.31）

北京市海淀区

表1 北京市海淀区大气环境资源概况（2018.1.1—2018.12.31）

指标类型	ASPI	EE	GCSP	GCO3	AECI
平均值	35.62	63.31	30.56	25.52	0.61
标准误	9.80	51.97	26.90	13.40	0.05
最小值	22.79	19.01	5.39	11.66	0.49
最大值	90.71	600.85	97.67	76.08	0.81
样本量（个）	876	876	876	876	876

表2 北京市海淀区大气环境资源分位数（2018.1.1—2018.12.31）

指标类型	ASPI	EE	GCSP	GCO3	AECI
5%	25.60	19.62	7.95	12.47	0.53
10%	27.35	20.28	8.83	13.20	0.54
25%	29.78	39.58	11.08	18.26	0.58
50%	33.07	41.55	14.08	21.20	0.61
75%	37.10	65.09	47.64	24.23	0.65
90%	48.19	105.50	77.04	45.17	0.68

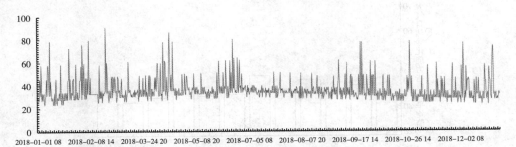

图1 北京市海淀区大气自然净化能力指数波形（ASPI-2018.1.1—2018.12.31）

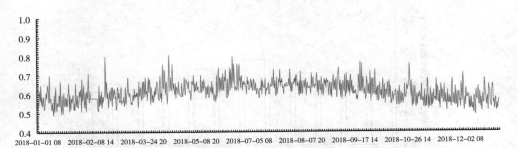

图2 北京市海淀区大气环境容量指数波形（AECI-2018.1.1—2018.12.31）

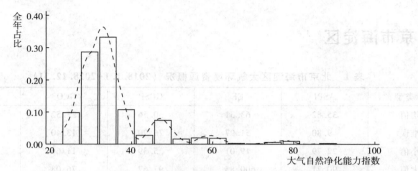

图 3　北京市海淀区大气自然净化能力指数分布（ASPI-2018. 1. 1-2018. 12. 31）

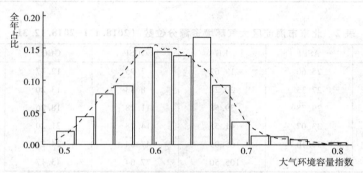

图 4　北京市海淀区大气环境容量指数分布（AECI-2018. 1. 1-2018. 12. 31）

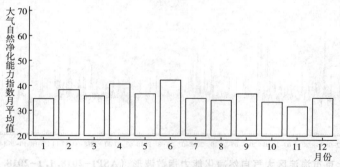

图 5　北京市海淀区大气自然净化能力指数月均变化（ASPI-2018. 1. 1-2018. 12. 31）

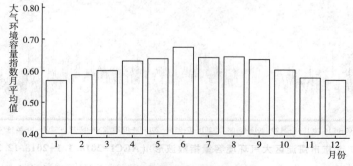

图 6　北京市海淀区大气环境容量指数月均变化（AECI-2018. 1. 1-2018. 12. 31）

北京市门头沟区

表 1　北京市门头沟区大气环境资源概况（2018.1.1–2018.12.31）

指标类型	ASPI	EE	GCSP	GCO3	AECI
平均值	43.38	109.34	25.01	25.30	0.64
标准误	16.41	106.74	21.95	12.87	0.06
最小值	23.29	19.12	5.84	11.58	0.51
最大值	94.64	831.29	92.27	76.23	0.94
样本量（个）	876	876	876	876	876

表 2　北京市门头沟区大气环境资源分位数（2018.1.1–2018.12.31）

指标类型	ASPI	EE	GCSP	GCO3	AECI
5%	28.22	38.82	7.99	12.54	0.55
10%	29.49	39.46	9.07	13.17	0.56
25%	32.40	41.07	10.80	18.23	0.60
50%	35.78	64.18	13.58	21.20	0.64
75%	49.14	106.58	32.08	24.28	0.68
90%	75.52	276.68	62.53	45.06	0.73

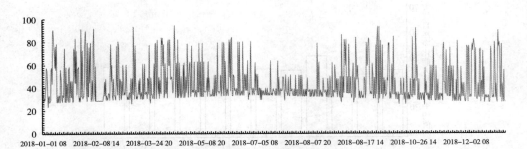

图 1　北京市门头沟区大气自然净化能力指数波形（ASPI-2018.1.1–2018.12.31）

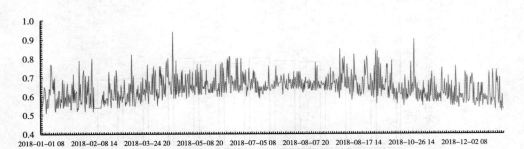

图 2　北京市门头沟区大气环境容量指数波形（AECI-2018.1.1–2018.12.31）

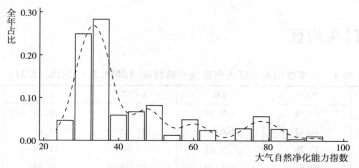

图 3　北京市门头沟区大气自然净化能力指数分布（ASPI-2018. 1. 1-2018. 12. 31）

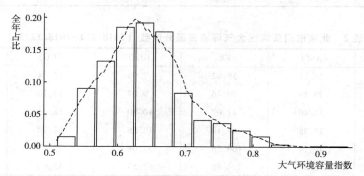

图 4　北京市门头沟区大气环境容量指数分布（AECI-2018. 1. 1-2018. 12. 31）

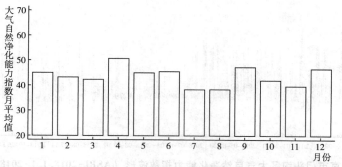

图 5　北京市门头沟区大气自然净化能力指数月均变化（ASPI-2018. 1. 1-2018. 12. 31）

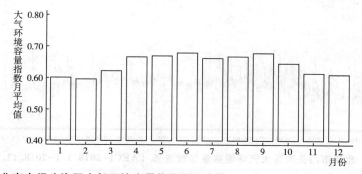

图 6　北京市门头沟区大气环境容量指数月均变化（AECI-2018. 1. 1-2018. 12. 31）

北京市房山区

表1 北京市房山区大气环境资源概况（2018.1.1–2018.12.31）

指标类型	ASPI	EE	GCSP	GCO3	AECI
平均值	41.26	97.73	29.11	25.43	0.63
标准误	15.72	102.01	25.69	13.07	0.07
最小值	22.96	19.05	4.40	11.47	0.48
最大值	94.51	898.24	96.50	77.54	1.00
样本量（个）	876	876	876	876	876

表2 北京市房山区大气环境资源分位数（2018.1.1–2018.12.31）

指标类型	ASPI	EE	GCSP	GCO3	AECI
5%	27.08	38.34	7.93	12.47	0.53
10%	28.26	38.86	8.75	13.17	0.54
25%	31.05	40.17	10.78	18.28	0.58
50%	34.83	63.38	14.51	21.23	0.63
75%	47.57	104.79	46.40	24.31	0.67
90%	63.73	207.42	72.31	45.39	0.72

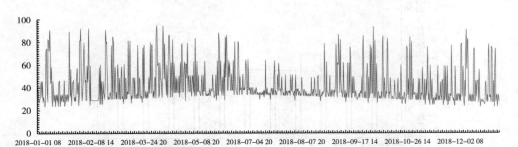

图1 北京市房山区大气自然净化能力指数波形（ASPI–2018.1.1–2018.12.31）

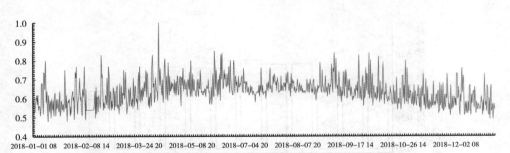

图2 北京市房山区大气环境容量指数波形（AECI–2018.1.1–2018.12.31）

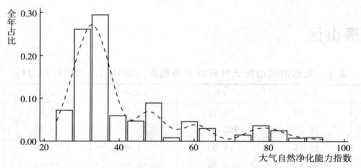

图 3　北京市房山区大气自然净化能力指数分布 （ASPI-2018.1.1-2018.12.31）

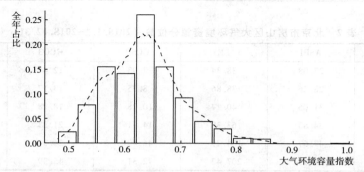

图 4　北京市房山区大气环境容量指数分布 （AECI-2018.1.1-2018.12.31）

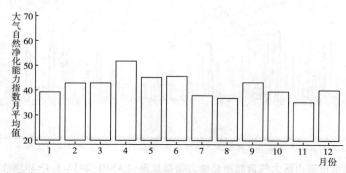

图 5　北京市房山区大气自然净化能力指数月均变化 （ASPI-2018.1.1-2018.12.31）

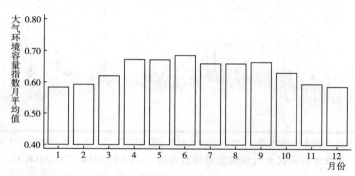

图 6　北京市房山区大气环境容量指数月均变化 （AECI-2018.1.1-2018.12.31）

北京市通州区

表 1   北京市通州区大气环境资源概况（2018.1.1-2018.12.31）

指标类型	ASPI	EE	GCSP	GCO3	AECI
平均值	41.34	95.97	36.70	24.55	0.63
标准误	15.30	91.92	29.85	12.33	0.06
最小值	22.80	19.01	6.62	11.50	0.48
最大值	94.64	761.84	98.65	77.36	0.93
样本量（个）	876	876	876	876	876

表 2   北京市通州区大气环境资源分位数（2018.1.1-2018.12.31）

指标类型	ASPI	EE	GCSP	GCO3	AECI
5%	27.24	38.38	8.62	12.48	0.53
10%	28.22	38.91	9.36	13.09	0.55
25%	31.14	40.30	11.82	18.02	0.58
50%	35.38	63.85	21.22	21.12	0.63
75%	47.48	104.70	65.33	24.05	0.67
90%	63.53	206.98	84.72	44.57	0.72

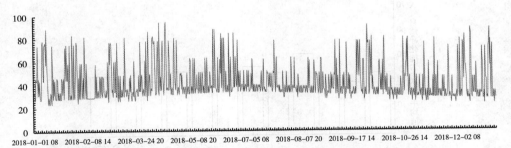

图 1   北京市通州区大气自然净化能力指数波形（ASPI-2018.1.1-2018.12.31）

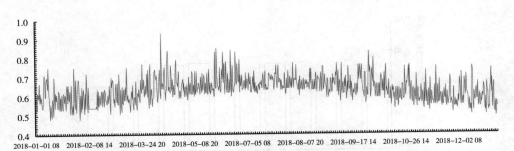

图 2   北京市通州区大气环境容量指数波形（AECI-2018.1.1-2018.12.31）

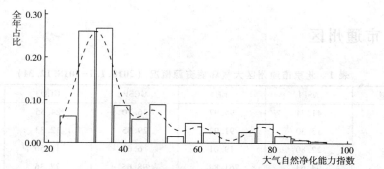

图 3　北京市通州区大气自然净化能力指数分布（ASPI-2018.1.1-2018.12.31）

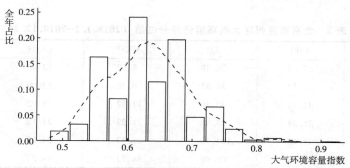

图 4　北京市通州区大气环境容量指数分布（AECI-2018.1.1-2018.12.31）

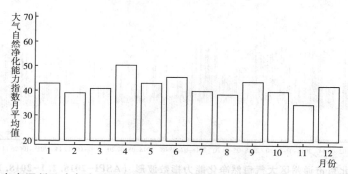

图 5　北京市通州区大气自然净化能力指数月均变化（ASPI-2018.1.1-2018.12.31）

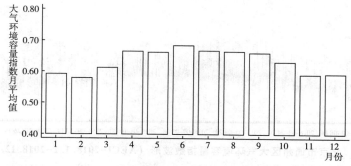

图 6　北京市通州区大气环境容量指数月均变化（AECI-2018.1.1-2018.12.31）

北京市顺义区

表 1　北京市顺义区大气环境资源概况（2018. 1. 1–2018. 12. 31）

指标类型	ASPI	EE	GCSP	GCO3	AECI
平均值	39. 28	84. 11	27. 03	25. 41	0. 63
标准误	13. 41	77. 62	22. 88	13. 13	0. 06
最小值	22. 85	19. 02	6. 40	11. 60	0. 50
最大值	93. 75	755. 97	94. 53	76. 20	0. 94
样本量（个）	876	876	876	876	876

表 2　北京市顺义区大气环境资源分位数（2018. 1. 1–2018. 12. 31）

指标类型	ASPI	EE	GCSP	GCO3	AECI
5%	27. 21	38. 36	8. 24	12. 45	0. 54
10%	28. 11	38. 81	9. 09	13. 11	0. 55
25%	30. 70	39. 99	10. 81	18. 24	0. 58
50%	34. 84	63. 28	14. 28	21. 18	0. 63
75%	45. 39	102. 33	42. 08	24. 24	0. 67
90%	59. 66	198. 66	65. 55	45. 28	0. 70

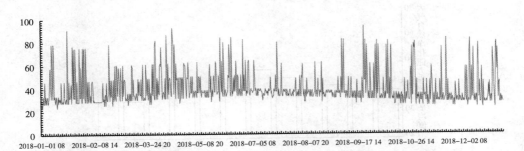

图 1　北京市顺义区大气自然净化能力指数波形（ASPI–2018. 1. 1–2018. 12. 31）

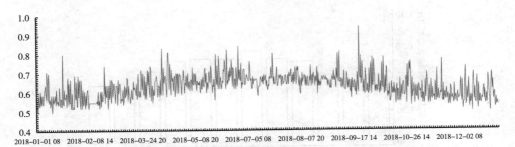

图 2　北京市顺义区大气环境容量指数波形（AECI–2018. 1. 1–2018. 12. 31）

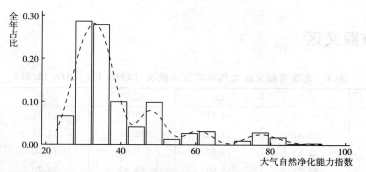

图 3　北京市顺义区大气自然净化能力指数分布（ASPI-2018.1.1-2018.12.31）

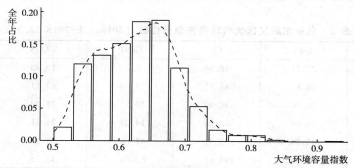

图 4　北京市顺义区大气环境容量指数分布（AECI-2018.1.1-2018.12.31）

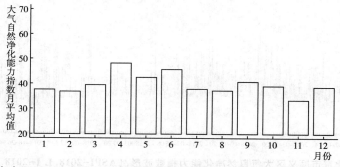

图 5　北京市顺义区大气自然净化能力指数月均变化（ASPI-2018.1.1-2018.12.31）

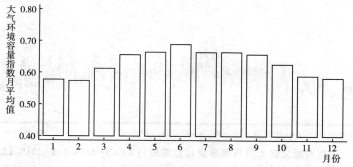

图 6　北京市顺义区大气环境容量指数月均变化（AECI-2018.1.1-2018.12.31）

北京市昌平区

表 1　北京市昌平区大气环境资源概况（2018.1.1–2018.12.31）

指标类型	ASPI	EE	GCSP	GCO3	AECI
平均值	39.97	88.12	24.23	25.36	0.63
标准误	14.39	84.78	21.90	13.13	0.06
最小值	23.08	19.07	5.39	11.52	0.49
最大值	92.35	665.90	91.98	76.32	0.84
样本量（个）	876	876	876	876	876

表 2　北京市昌平区大气环境资源分位数（2018.1.1–2018.12.31）

指标类型	ASPI	EE	GCSP	GCO3	AECI
5%	27.32	38.47	7.95	12.47	0.54
10%	28.21	38.91	8.54	13.18	0.55
25%	30.68	40.00	10.55	18.10	0.58
50%	34.29	62.90	13.20	21.15	0.63
75%	46.21	103.26	27.68	24.23	0.67
90%	61.32	202.23	62.45	45.18	0.70

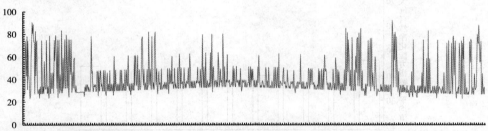

图 1　北京市昌平区大气自然净化能力指数波形（ASPI-2018.1.1–2018.12.31）

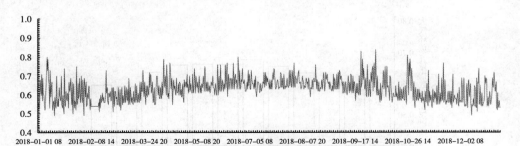

图 2　北京市昌平区大气环境容量指数波形（AECI-2018.1.1–2018.12.31）

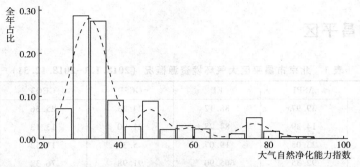

图 3　北京市昌平区大气自然净化能力指数分布（ASPI-2018. 1. 1–2018. 12. 31）

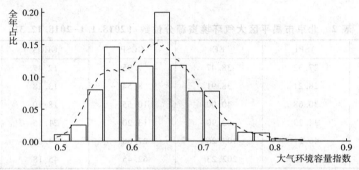

图 4　北京市昌平区大气环境容量指数分布（AECI-2018. 1. 1–2018. 12. 31）

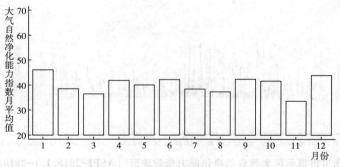

图 5　北京市昌平区大气自然净化能力指数月均变化（ASPI-2018. 1. 1–2018. 12. 31）

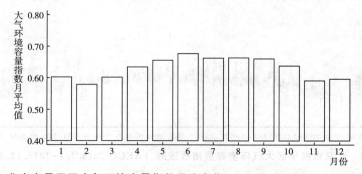

图 6　北京市昌平区大气环境容量指数月均变化（AECI-2018. 1. 1–2018. 12. 31）

北京市大兴区

表 1　北京市大兴区大气环境资源概况（2018.1.1-2018.12.31）

指标类型	ASPI	EE	GCSP	GCO3	AECI
平均值	39.65	86.55	29.55	25.39	0.63
标准误	13.90	85.13	25.46	13.01	0.06
最小值	22.91	19.04	6.60	11.56	0.48
最大值	94.67	731.80	98.63	79.26	0.90
样本量（个）	876	876	876	876	876

表 2　北京市大兴区大气环境资源分位数（2018.1.1-2018.12.31）

指标类型	ASPI	EE	GCSP	GCO3	AECI
5%	25.48	19.59	8.25	12.50	0.52
10%	27.44	38.50	9.09	13.22	0.54
25%	30.46	39.90	11.01	18.30	0.58
50%	34.70	63.26	14.44	21.25	0.63
75%	46.83	103.96	47.49	24.36	0.67
90%	60.06	199.50	72.48	45.38	0.71

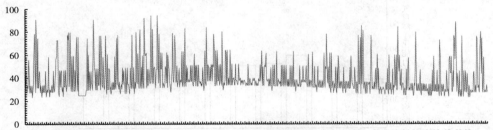

图 1　北京市大兴区大气自然净化能力指数波形（ASPI-2018.1.1-2018.12.31）

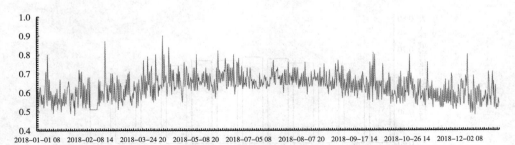

图 2　北京市大兴区大气环境容量指数波形（AECI-2018.1.1-201812.31）

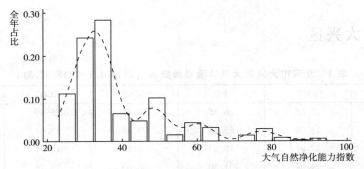

图 3　北京市大兴区大气自然净化能力指数分布（ASPI-2018. 1. 1-2018. 12. 31）

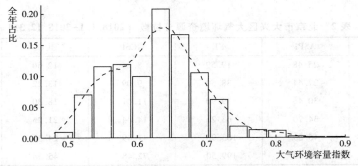

图 4　北京市大兴区大气环境容量指数分布（AECI-2018. 1. 1-2018. 12. 31）

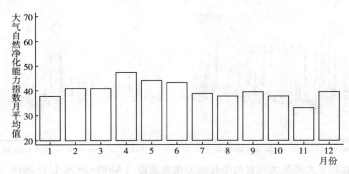

图 5　北京市大兴区大气自然净化能力指数月均变化（ASPI-2018. 1. 1-2018. 12. 31）

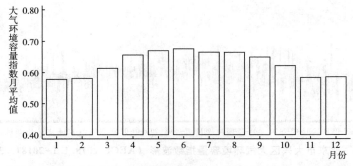

图 6　北京市大兴区大气环境容量指数月均变化（AECI-2018. 1. 1-2018. 12. 31）

北京市怀柔区

表 1 北京市怀柔区大气环境资源概况（2018.1.1-2018.12.31）

指标类型	ASPI	EE	GCSP	GCO3	AECI
平均值	37.92	77.64	32.11	24.38	0.62
标准误	12.64	75.78	26.84	12.27	0.06
最小值	23.58	19.18	5.84	11.34	0.48
最大值	94.57	830.66	97.63	74.31	0.94
样本量（个）	876	876	876	876	876

表 2 北京市怀柔区大气环境资源分位数（2018.1.1-2018.12.31）

指标类型	ASPI	EE	GCSP	GCO3	AECI
5%	26.97	20.40	8.26	12.27	0.53
10%	27.86	38.70	9.33	12.96	0.55
25%	30.52	39.93	11.65	17.86	0.57
50%	33.31	60.91	15.47	21.07	0.62
75%	38.49	66.06	53.13	23.99	0.65
90%	57.09	193.12	75.31	44.52	0.69

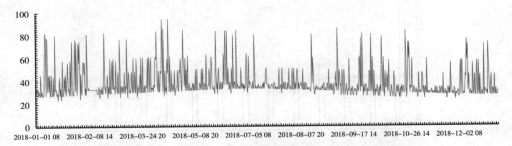

图 1 北京市怀柔区大气自然净化能力指数波形（ASPI-2018.1.1-2018.12.31）

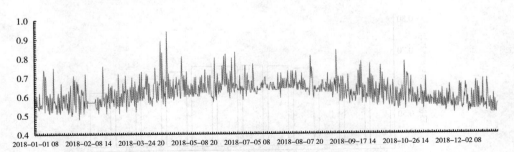

图 2 北京市怀柔区大气环境容量指数波形（AECI-2018.1.1-2018.12.31）

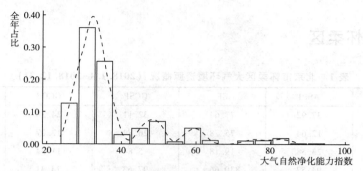

图 3　北京市怀柔区大气自然净化能力指数分布 （ASPI-2018. 1. 1–2018. 12. 31）

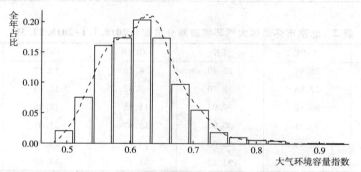

图 4　北京市怀柔区大气环境容量指数分布 （AECI-2018. 1. 1–2018. 12. 31）

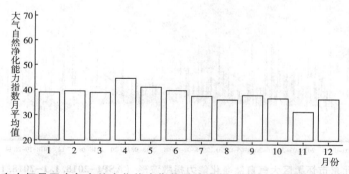

图 5　北京市怀柔区大气自然净化能力指数月均变化 （ASPI-2018. 1. 1–2018. 12. 31）

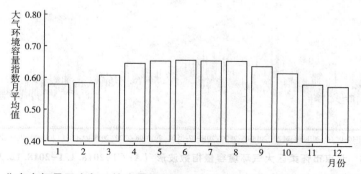

图 6　北京市怀柔区大气环境容量指数月均变化 （AECI-2018. 1. 1–2018. 12. 31）

北京市平谷区

表 1　北京市平谷区大气环境资源概况（2018.1.1－2018.12.31）

指标类型	ASPI	EE	GCSP	GCO3	AECI
平均值	38.79	80.96	32.59	24.50	0.62
标准误	13.55	75.66	26.35	12.29	0.06
最小值	22.92	19.04	6.24	11.21	0.47
最大值	93.25	617.67	96.37	75.01	0.85
样本量（个）	877	877	877	877	877

表 2　北京市平谷区大气环境资源分位数（2018.1.1－2018.12.31）

指标类型	ASPI	EE	GCSP	GCO3	AECI
5%	26.02	19.71	8.54	12.24	0.52
10%	27.69	38.36	9.33	12.99	0.54
25%	30.14	39.75	11.48	17.91	0.57
50%	33.65	61.77	15.88	21.10	0.62
75%	45.10	102.00	55.96	24.01	0.66
90%	58.56	196.27	75.39	44.88	0.70

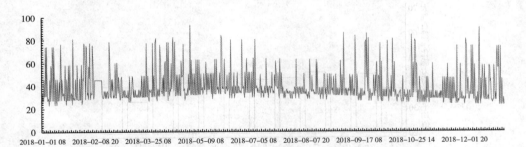

图 1　北京市平谷区大气自然净化能力指数波形（ASPI-2018.1.1－2018.12.31）

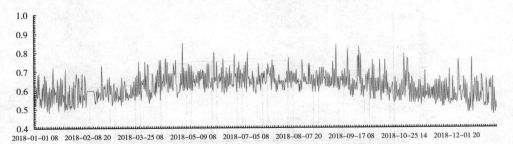

图 2　北京市平谷区大气环境容量指数波形（AECI-2018.1.1－2018.12.31）

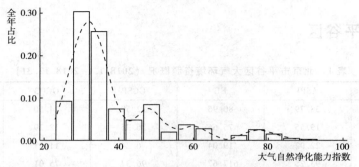

图 3　北京市平谷区大气自然净化能力指数分布（ASPI-2018.1.1-2018.12.31）

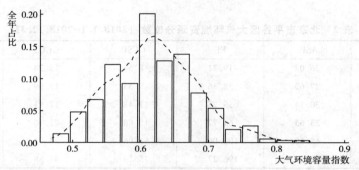

图 4　北京市平谷区大气环境容量指数分布（AECI-2018.1.1-2018.12.31）

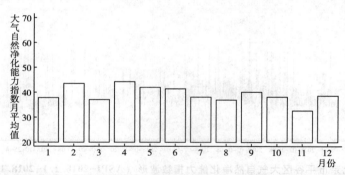

图 5　北京市平谷区大气自然净化能力指数月均变化（ASPI-2018.1.1-2018.12.31）

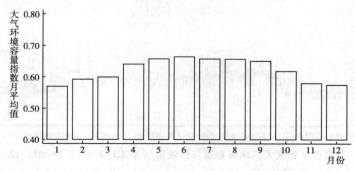

图 6　北京市平谷区大气环境容量指数月均变化（AECI-2018.1.1-2018.12.31）

北京市密云区

表 1　北京市密云区大气环境资源概况（2018. 1. 1–2018. 12. 31）

指标类型	ASPI	EE	GCSP	GCO3	AECI
平均值	33. 56	55. 72	38. 10	23. 14	0. 60
标准误	9. 01	44. 36	31. 07	11. 98	0. 05
最小值	20. 64	18. 55	6. 97	9. 15	0. 46
最大值	86. 41	404. 77	100. 00	77. 11	0. 82
样本量（个）	2131	2131	2131	2131	2131

表 2　北京市密云区大气环境资源分位数（2018. 1. 1–2018. 12. 31）

指标类型	ASPI	EE	GCSP	GCO3	AECI
5%	24. 70	19. 43	8. 82	11. 21	0. 52
10%	26. 01	19. 88	9. 80	12. 07	0. 53
25%	28. 31	38. 68	11. 87	15. 21	0. 56
50%	31. 37	40. 45	22. 28	20. 35	0. 59
75%	35. 00	63. 47	64. 01	23. 19	0. 63
90%	45. 78	102. 77	89. 95	44. 07	0. 67

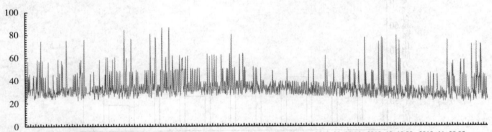

图 1　北京市密云区大气自然净化能力指数波形（ASPI–2018. 1. 1–2018. 12. 31）

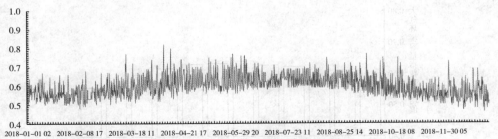

图 2　北京市密云区大气环境容量指数波形（AECI–2018. 1. 1–2018. 12. 31）

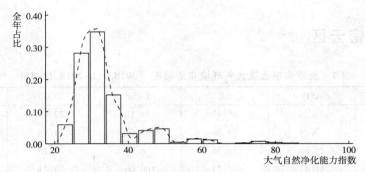

图 3　北京市密云区大气自然净化能力指数分布（ASPI-2018.1.1-2018.12.31）

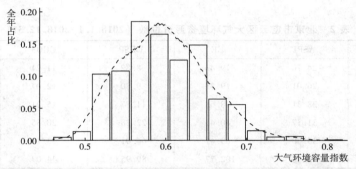

图 4　北京市密云区大气环境容量指数分布（AECI-2018.1.1-2018.12.31）

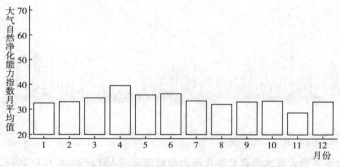

图 5　北京市密云区大气自然净化能力指数月均变化（ASPI-2018.1.1-2018.12.31）

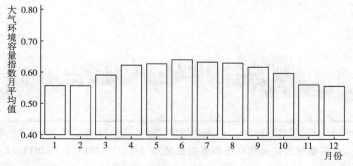

图 6　北京市密云区大气环境容量指数月均变化（AECI-2018.1.1-2018.12.31）

北京市延庆区

表1 北京市延庆区大气环境资源概况（2018.1.1-2018.12.31）

指标类型	ASPI	EE	GCSP	GCO3	AECI
平均值	37.09	75.06	30.04	21.38	0.61
标准误	12.94	70.87	25.20	9.79	0.06
最小值	20.96	18.62	4.40	9.21	0.48
最大值	95.06	629.68	92.51	75.86	0.85
样本量（个）	2133	2133	2133	2133	2133

表2 北京市延庆区大气环境资源分位数（2018.1.1-2018.12.31）

指标类型	ASPI	EE	GCSP	GCO3	AECI
5%	25.90	20.00	8.81	11.14	0.52
10%	26.91	38.07	9.61	11.97	0.53
25%	29.34	39.41	11.46	14.44	0.56
50%	32.40	41.12	14.41	20.13	0.60
75%	38.23	65.88	47.96	22.83	0.64
90%	57.53	194.07	73.68	42.03	0.68

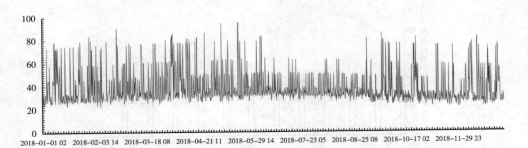

图1 北京市延庆区大气自然净化能力指数波形（ASPI-2018.1.1-2018.12.31）

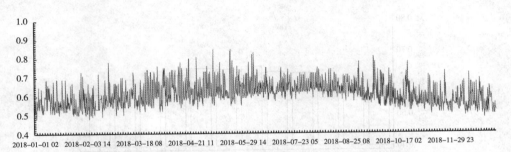

图2 北京市延庆区大气环境容量指数波形（AECI-2018.1.1-2018.12.31）

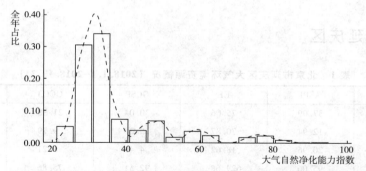

图 3　北京市延庆区大气自然净化能力指数分布（ASPI-2018. 1. 1-2018. 12. 31）

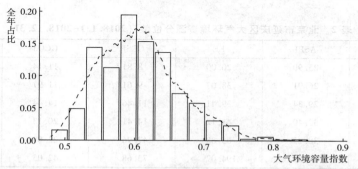

图 4　北京市延庆区大气环境容量指数分布（AECI-2018. 1. 1-2018. 12. 31）

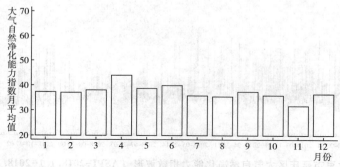

图 5　北京市延庆区大气自然净化能力指数月均变化（ASPI-2018. 1. 1-2018. 12. 31）

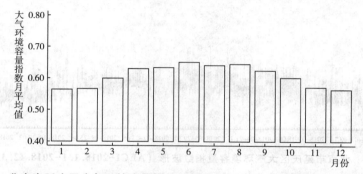

图 6　北京市延庆区大气环境容量指数月均变化（AECI-2018. 1. 1-2018. 12. 31）

天津市

天津市河西区

表 1   天津市河西区大气环境资源概况（2018.1.1–2018.12.31）

指标类型	ASPI	EE	GCSP	GCO3	AECI
平均值	45.63	101.27	36.04	24.69	0.65
标准误	17.80	79.76	29.01	12.93	0.07
最小值	21.13	19.09	6.61	9.81	0.48
最大值	96.89	638.47	100.00	80.09	0.96
样本量（个）	2323	2323	2323	2323	2323

表 2   天津市河西区大气环境资源分位数（2018.1.1–2018.12.31）

指标类型	ASPI	EE	GCSP	GCO3	AECI
5%	27.27	38.64	9.10	11.88	0.55
10%	28.64	39.23	10.10	13.08	0.56
25%	31.78	61.33	12.44	17.45	0.60
50%	37.37	65.11	21.88	20.61	0.64
75%	57.73	107.03	58.91	23.64	0.70
90%	77.14	204.77	84.85	44.92	0.75

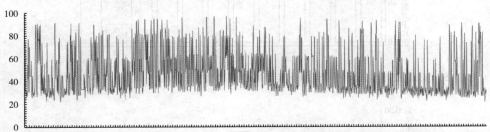

图 1   天津市河西区大气自然净化能力指数波形（ASPI-2018.1.1–2018.12.31）

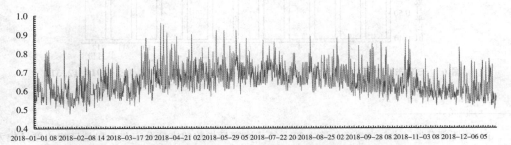

图 2   天津市河西区大气环境容量指数波形（AECI-2018.1.1–2018.12.31）

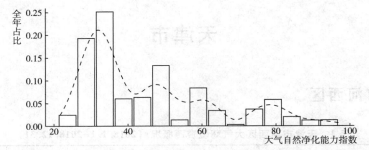

图 3　天津市河西区大气自然净化能力指数分布（ASPI-2018.1.1-2018.12.31）

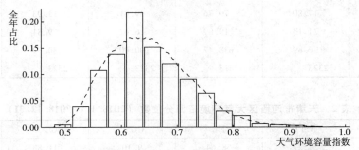

图 4　天津市河西区大气环境容量指数分布①（AECI-2018.1.1-2018.12.31）

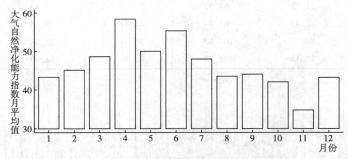

图 5　天津市河西区大气自然净化能力指数月均变化（ASPI-2018.1.1-2018.12.31）

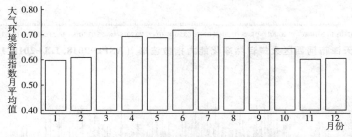

图 6　天津市河西区大气环境容量指数月均变化（AECI-2018.1.1-2018.12.31）

---

① 由于部分地区大气自然净化能力和大气环境容量指数的密度分布与一般地区相比差异较大，为了凸显这种差异，部分分布图的纵坐标刻度未完全标出，本章同。

天津市南开区

表 1　天津市南开区大气环境资源概况（2018.1.1-2018.12.31）

指标类型	ASPI	EE	GCSP	GCO3	AECI
平均值	36.05	64.16	25.20	27.46	0.62
标准误	8.21	36.48	20.31	14.65	0.05
最小值	23.06	19.07	6.22	11.93	0.49
最大值	72.59	267.86	88.01	81.55	0.77
样本量（个）	875	875	875	875	875

表 2　天津市南开区大气环境资源分位数（2018.1.1-2018.12.31）

指标类型	ASPI	EE	GCSP	GCO3	AECI
5%	27.05	38.40	8.27	12.90	0.54
10%	28.11	38.86	9.09	14.25	0.55
25%	30.60	39.97	11.33	18.66	0.58
50%	33.90	62.71	14.42	21.40	0.62
75%	37.78	65.56	37.26	41.83	0.66
90%	49.27	106.73	59.25	46.67	0.69

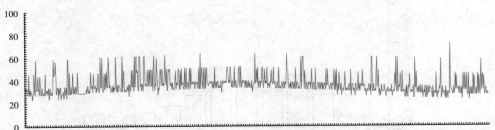

图 1　天津市南开区大气自然净化能力指数波形（ASPI-2018.1.1-2018.12.31）

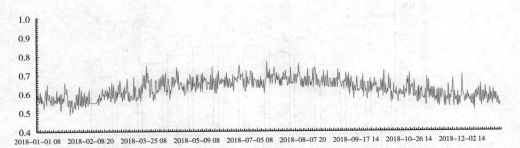

图 2　天津市南开区大气环境容量指数波形（AECI-2018.1.1-2018.12.31）

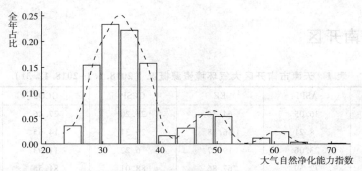

图 3　天津市南开区大气自然净化能力指数分布 （ASPI–2018.1.1–2018.12.31）

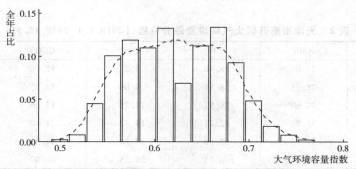

图 4　天津市南开区大气环境容量指数分布 （AECI–2018.1.1–2018.12.31）

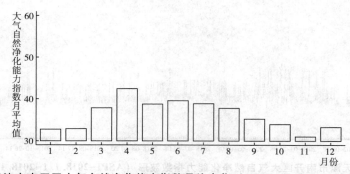

图 5　天津市南开区大气自然净化能力指数月均变化 （ASPI–2018.1.1–2018.12.31）

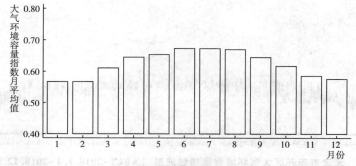

图 6　天津市南开区大气环境容量指数月均变化 （AECI–2018.1.1–2018.12.31）

天津市东丽区

表 1　天津市东丽区大气环境资源概况（2018.1.1–2018.12.31）

指标类型	ASPI	EE	GCSP	GCO3	AECI
平均值	42.29	98.09	30.72	26.30	0.64
标准误	14.44	80.50	24.09	13.83	0.06
最小值	22.89	19.03	6.60	11.85	0.48
最大值	96.57	639.65	98.63	80.67	0.88
样本量（个）	876	876	876	876	876

表 2　天津市东丽区大气环境资源分位数（2018.1.1–2018.12.31）

指标类型	ASPI	EE	GCSP	GCO3	AECI
5%	27.74	38.72	9.08	12.72	0.54
10%	28.56	39.08	9.86	13.64	0.55
25%	32.07	40.93	12.44	18.45	0.59
50%	36.69	64.82	16.17	21.32	0.64
75%	49.09	106.51	48.74	24.93	0.68
90%	62.19	204.1	70.19	46.09	0.72

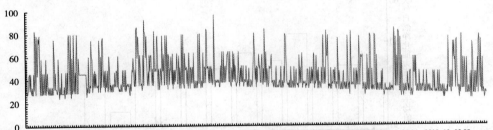

图 1　天津市东丽区大气自然净化能力指数波形（ASPI–2018.1.1–2018.12.31）

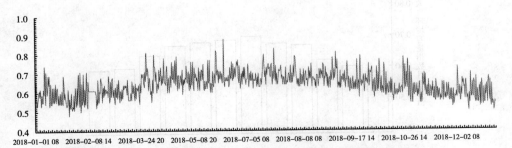

图 2　天津市东丽区大气环境容量指数波形（AECI–2018.1.1–2018.12.31）

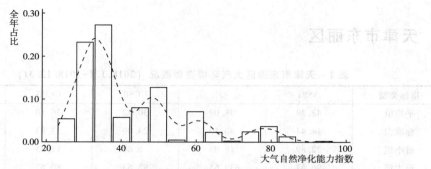

图 3　天津市东丽区大气自然净化能力指数分布（ASPI-2018.1.1~2018.12.31）

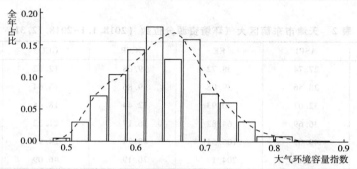

图 4　天津市东丽区大气环境容量指数分布（AECI-2018.1.1~2018.12.31）

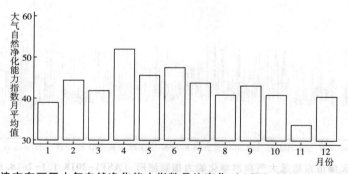

图 5　天津市东丽区大气自然净化能力指数月均变化（ASPI-2018.1.1~2018.12.31）

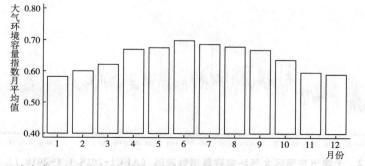

图 6　天津市东丽区大气环境容量指数月均变化（AECI-2018.1.1~2018.12.31）

天津市津南区

表 1 天津市津南区大气环境资源概况（2018.1.1–2018.12.31）

指标类型	ASPI	EE	GCSP	GCO3	AECI
平均值	40.22	80.91	28.01	26.35	0.63
标准误	14.16	77.87	21.09	13.95	0.06
最小值	22.91	19.01	5.82	11.87	0.48
最大值	96.38	761.69	86.82	80.68	0.89
样本量（个）	876	876	876	876	876

表 2 天津市津南区大气环境资源分位数（2018.1.1–2018.12.31）

指标类型	ASPI	EE	GCSP	GCO3	AECI
5%	27.02	20.20	8.55	12.64	0.53
10%	28.08	38.73	9.38	13.51	0.55
25%	31.08	39.88	12.18	18.51	0.59
50%	34.86	62.44	15.86	21.35	0.63
75%	46.77	66.97	43.89	24.89	0.67
90%	60.54	196.23	62.63	46.27	0.71

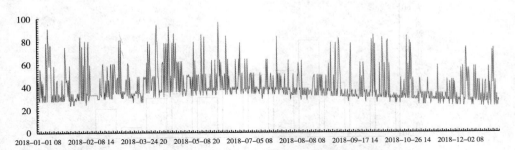

图 1 天津市津南区大气自然净化能力指数波形（ASPI-2018.1.1–2018.12.31）

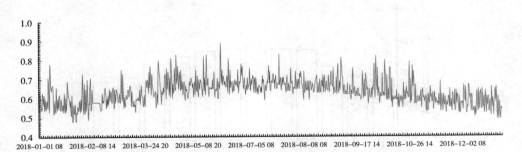

图 2 天津市津南区大气环境容量指数波形（AECI-2018.1.1–2018.12.31）

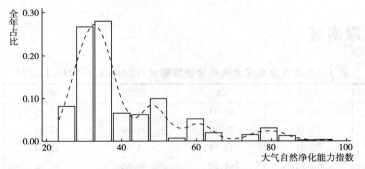

图 3　天津市津南区大气自然净化能力指数分布（ASPI-2018. 1. 1-2018. 12. 31）

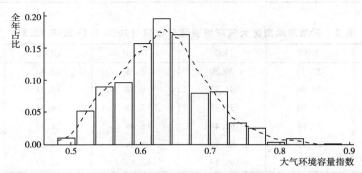

图 4　天津市津南区大气环境容量指数分布（AECI-2018. 1. 1-2018. 12. 31）

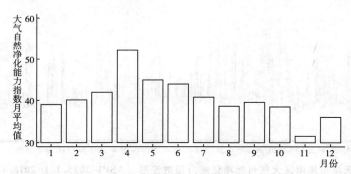

图 5　天津市津南区大气自然净化能力指数月均变化（ASPI-2018. 1. 1-2018. 12. 31）

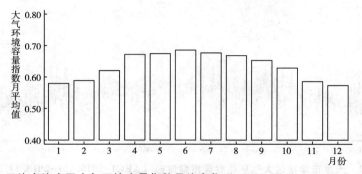

图 6　天津市津南区大气环境容量指数月均变化（AECI-2018. 1. 1-2018. 12. 31）

天津市北辰区

表 1　天津市北辰区大气环境资源概况（2018.1.1-2018.12.31）

指标类型	ASPI	EE	GCSP	GCO3	AECI
平均值	39.29	83.97	37.69	25.17	0.63
标准误	13.37	70.70	31.77	13.55	0.06
最小值	21.95	18.83	6.67	10.56	0.47
最大值	92.34	611.64	101.51	79.77	0.84
样本量（个）	2038	2038	2038	2038	2038

表 2　天津市北辰区大气环境资源分位数（2018.1.1-2018.12.31）

指标类型	ASPI	EE	GCSP	GCO3	AECI
5%	25.98	19.73	8.84	12.06	0.53
10%	27.66	38.53	9.84	13.00	0.54
25%	30.47	39.93	12.15	17.72	0.58
50%	34.26	62.93	18.85	20.88	0.62
75%	46.84	103.97	62.2	23.87	0.67
90%	59.91	199.18	94.16	45.50	0.71

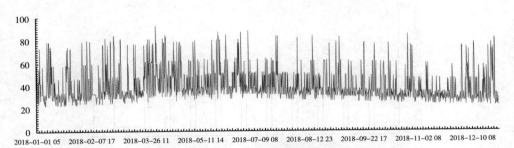

图 1　天津市北辰区大气自然净化能力指数波形（ASPI-2018.1.1-2018.12.31）

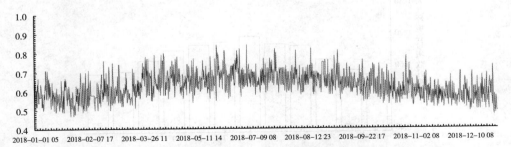

图 2　天津市北辰区大气环境容量指数波形（AECI-2018.1.1-2018.12.31）

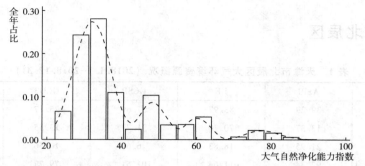

图 3　天津市北辰区大气自然净化能力指数分布（ASPI-2018.1.1-2018.12.31）

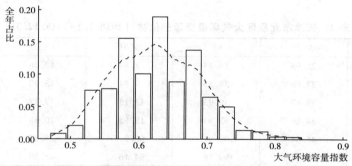

图 4　天津市北辰区大气环境容量指数分布（AECI-2018.1.1-2018.12.31）

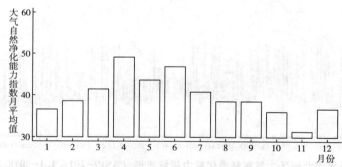

图 5　天津市北辰区大气自然净化能力指数月均变化（ASPI-2018.1.1-2018.12.31）

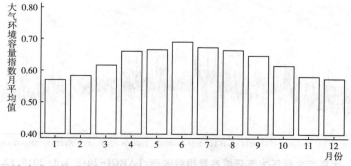

图 6　天津市北辰区大气环境容量指数月均变化（AECI-2018.1.1-2018.12.31）

天津市武清区

表1 天津市武清区大气环境资源概况（2018.1.1-2018.12.31）

指标类型	ASPI	EE	GCSP	GCO3	AECI
平均值	38.48	81.20	36.10	24.69	0.62
标准误	13.82	79.40	30.77	12.64	0.06
最小值	21.84	18.81	6.64	10.74	0.48
最大值	95.27	699.68	100.00	79.02	0.92
样本量（个）	2038	2038	2038	2038	2038

表2 天津市武清区大气环境资源分位数（2018.1.1-2018.12.31）

指标类型	ASPI	EE	GCSP	GCO3	AECI
5%	24.88	19.46	9.09	12.10	0.53
10%	26.73	19.99	9.88	13.13	0.54
25%	29.65	39.54	12.06	17.74	0.58
50%	33.83	62.26	16.30	20.84	0.62
75%	44.41	101.21	56.36	23.75	0.66
90%	58.89	196.98	95.39	44.92	0.70

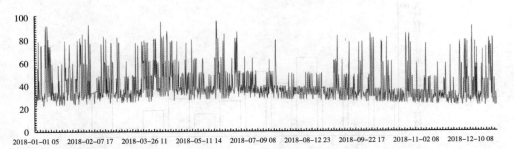

图1 天津市武清区大气自然净化能力指数波形（ASPI-2018.1.1-2018.12.31）

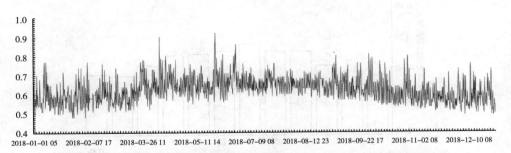

图2 天津市武清区大气环境容量指数波形（AECI-2018.1.1-2018.12.31）

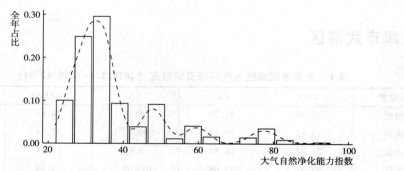

图 3 天津市武清区大气自然净化能力指数分布（ASPI-2018.1.1-2018.12.31）

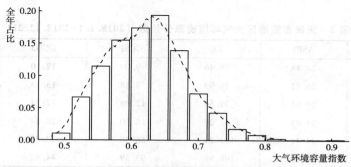

图 4 天津市武清区大气环境容量指数分布（AECI-2018.1.1-2018.12.31）

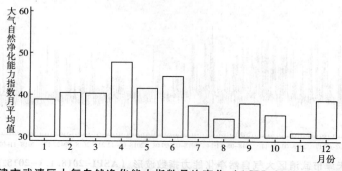

图 5 天津市武清区大气自然净化能力指数月均变化（ASPI-2018.1.1-2018.12.31）

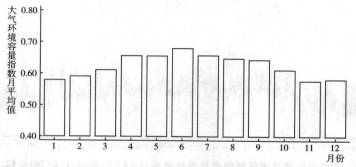

图 6 天津市武清区大气环境容量指数月均变化（AECI-2018.1.1-2018.12.31）

天津市宝坻区

表1　天津市宝坻区大气环境资源概况（2018.1.1—2018.12.31）

指标类型	ASPI	EE	GCSP	GCO3	AECI
平均值	41.82	106.27	36.77	23.62	0.63
标准误	16.68	117.32	28.29	11.99	0.07
最小值	20.83	18.59	6.97	9.68	0.48
最大值	96.22	845.17	97.67	76.68	0.97
样本量（个）	2317	2317	2317	2317	2317

表2　天津市宝坻区大气环境资源分位数（2018.1.1—2018.12.31）

指标类型	ASPI	EE	GCSP	GCO3	AECI
5%	26.09	37.63	9.33	11.57	0.53
10%	27.45	38.57	10.22	12.54	0.54
25%	30.23	39.88	12.64	16.99	0.58
50%	35.10	63.67	23.03	20.42	0.63
75%	48.51	105.87	61.00	23.27	0.68
90%	73.52	270.68	82.26	44.22	0.72

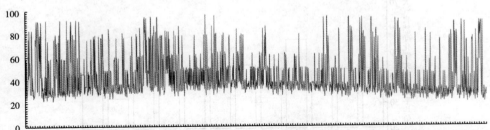

图1　天津市宝坻区大气自然净化能力指数波形（ASPI-2018.1.1—2018.12.31）

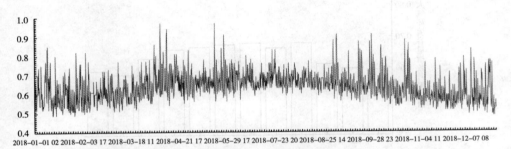

图2　天津市宝坻区大气环境容量指数波形（AECI-2018.1.1—2018.12.31）

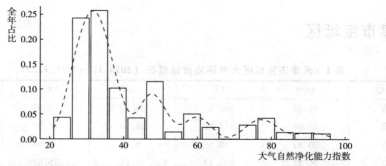

图 3　天津市宝坻区大气自然净化能力指数分布（ASPI-2018.1.1-2018.12.31）

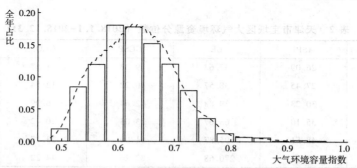

图 4　天津市宝坻区大气环境容量指数分布（AECI-2018.1.1-2018.12.31）

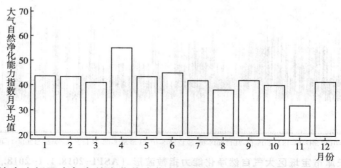

图 5　天津市宝坻区大气自然净化能力指数月均变化（ASPI-2018.1.1-2018.12.31）

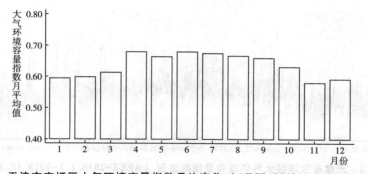

图 6　天津市宝坻区大气环境容量指数月均变化（AECI-2018.1.1-2018.12.31）

天津市宁河区

表 1　天津市宁河区大气环境资源概况（2018.1.1-2018.12.31）

指标类型	ASPI	EE	GCSP	GCO3	AECI
平均值	48.05	141.34	41.57	24.42	0.66
标准误	18.80	139.03	30.02	11.74	0.08
最小值	22.93	19.04	7.62	11.65	0.50
最大值	96.52	832.09	100.00	77.74	0.97
样本量（个）	877	877	877	877	877

表 2　天津市宁河区大气环境资源分位数（2018.1.1-2018.12.31）

指标类型	ASPI	EE	GCSP	GCO3	AECI
5%	27.98	38.67	9.84	12.54	0.55
10%	29.58	39.52	11.03	13.19	0.56
25%	32.80	61.64	13.82	18.17	0.60
50%	43.84	100.57	27.77	21.22	0.65
75%	60.19	199.80	66.79	24.18	0.70
90%	79.85	327.91	88.82	44.87	0.76

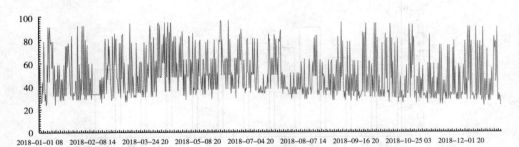

图 1　天津市宁河区大气自然净化能力指数波形（ASPI-2018.1.1-2018.12.31）

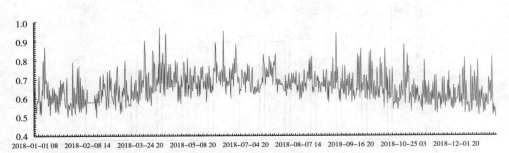

图 2　天津市宁河区大气环境容量指数波形（AECI-2018.1.1-2018.12.31）

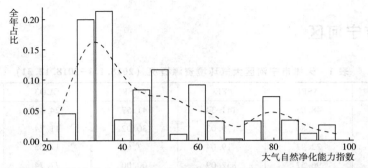

图 3　天津市宁河区大气自然净化能力指数分布（ASPI-2018.1.1-2018.12.31）

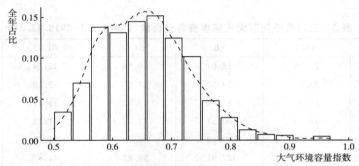

图 4　天津市宁河区大气环境容量指数分布（AECI-2018.1.1-2018.12.31）

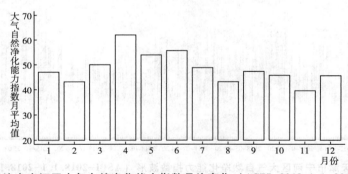

图 5　天津市宁河区大气自然净化能力指数月均变化（ASPI-2018.1.1-2018.12.31）

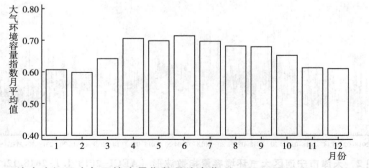

图 6　天津市宁河区大气环境容量指数月均变化（AECI-2018.1.1-2018.12.31）

天津市静海区

表 1　天津市静海区大气环境资源概况（2018.1.1－2018.12.31）

指标类型	ASPI	EE	GCSP	GCO3	AECI
平均值	43.04	88.64	30.26	26.53	0.64
标准误	14.46	82.47	24.01	13.94	0.06
最小值	23.16	19.04	6.61	11.81	0.49
最大值	96.39	638.4	98.61	80.40	0.89
样本量（个）	876	876	876	876	876

表 2　天津市静海区大气环境资源分位数（2018.1.1－2018.12.31）

指标类型	ASPI	EE	GCSP	GCO3	AECI
5%	27.56	20.30	8.81	12.74	0.54
10%	28.91	38.84	9.84	13.68	0.56
25%	32.52	40.18	12.08	18.53	0.60
50%	37.13	63.49	15.73	21.38	0.64
75%	49.54	103.90	47.64	25.06	0.68
90%	62.51	200.54	68.94	46.12	0.72

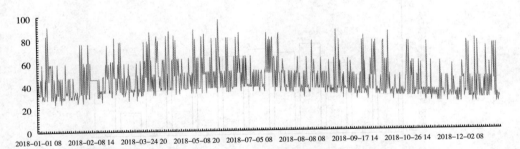

图 1　天津市静海区大气自然净化能力指数波形（ASPI-2018.1.1－2018.12.31）

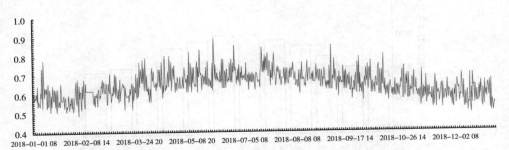

图 2　天津市静海区大气环境容量指数波形（AECI-2018.1.1－2018.12.31）

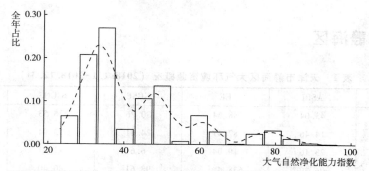

图 3　天津市静海区大气自然净化能力指数分布（ASPI-2018. 1. 1~2018. 12. 31）

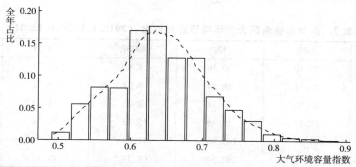

图 4　天津市静海区大气环境容量指数分布（AECI-2018. 1. 1~2018. 12. 31）

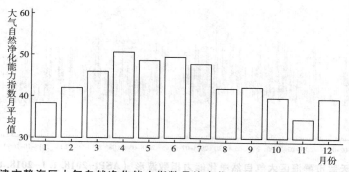

图 5　天津市静海区大气自然净化能力指数月均变化（ASPI-2018. 1. 1~2018. 12. 31）

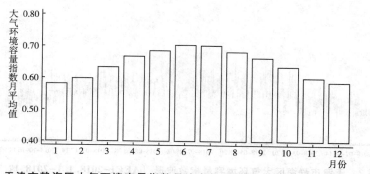

图 6　天津市静海区大气环境容量指数月均变化（AECI-2018. 1. 1~2018. 12. 31）

天津市蓟州区

表 1　天津市蓟州区大气环境资源概况 （2018. 1. 1-2018. 12. 31）

指标类型	ASPI	EE	GCSP	GCO3	AECI
平均值	38. 62	126. 71	35. 97	24. 39	0. 62
标准误	13. 31	122. 15	29. 13	11. 75	0. 06
最小值	22. 78	18. 65	5. 83	11. 51	0. 47
最大值	96. 17	831. 75	100. 00	74. 65	0. 93
样本量（个）	876	876	876	876	876

表 2　天津市蓟州区大气环境资源分位数 （2018. 1. 1-2018. 12. 31）

指标类型	ASPI	EE	GCSP	GCO3	AECI
5%	26. 90	38. 51	8. 26	12. 42	0. 52
10%	27. 88	39. 10	9. 59	13. 11	0. 55
25%	30. 41	59. 95	11. 86	18. 09	0. 58
50%	33. 79	65. 28	22. 27	21. 13	0. 62
75%	39. 81	194. 49	59. 35	24. 08	0. 66
90%	58. 54	283. 28	83. 00	44. 48	0. 70

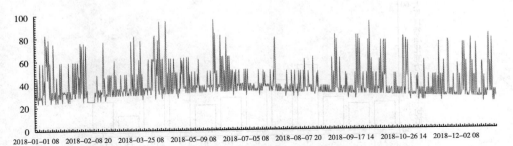

图 1　天津市蓟州区大气自然净化能力指数波形 （ASPI-2018. 1. 1-2018. 12. 31）

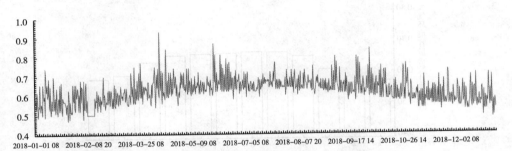

图 2　天津市蓟州区大气环境容量指数波形 （AECI-2018. 1. 1-2018. 12. 31）

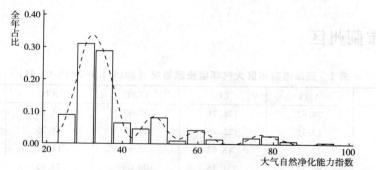

图 3　天津市蓟州区大气自然净化能力指数分布（ASPI-2018.1.1—2018.12.31）

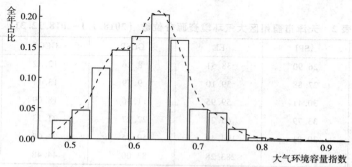

图 4　天津市蓟州区大气环境容量指数分布（AECI-2018.1.1—2018.12.31）

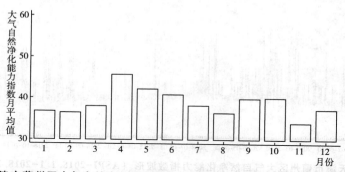

图 5　天津市蓟州区大气自然净化能力指数月均变化（ASPI-2018.1.1—2018.12.31）

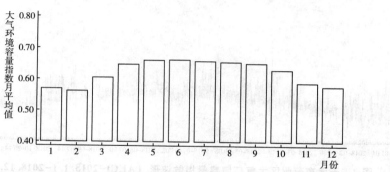

图 6　天津市蓟州区大气环境容量指数月均变化（AECI-2018.1.1—2018.12.31）

天津市滨海新区北部沿海

表 1 天津市滨海新区北部沿海大气环境资源概况 （2018.1.1-2018.12.31）

指标类型	ASPI	EE	GCSP	GCO3	AECI
平均值	44.49	110.66	35.73	25.31	0.65
标准误	15.91	91.53	26.83	12.59	0.07
最小值	23.11	19.08	6.97	11.78	0.49
最大值	94.75	667.06	100.00	78.90	0.87
样本量（个）	877	877	877	877	877

表 2 天津市滨海新区北部沿海大气环境资源分位数 （2018.1.1-2018.12.31）

指标类型	ASPI	EE	GCSP	GCO3	AECI
5%	27.84	38.76	9.33	12.59	0.54
10%	28.98	39.26	10.41	13.32	0.56
25%	32.21	41.66	13.14	18.43	0.60
50%	37.38	65.29	26.40	21.29	0.64
75%	50.23	107.81	55.07	24.49	0.69
90%	74.07	272.34	77.26	45.34	0.73

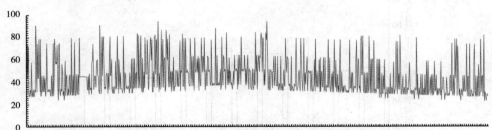

图 1 天津市滨海新区北部沿海大气自然净化能力指数波形 （ASPI-2018.1.1-2018.12.31）

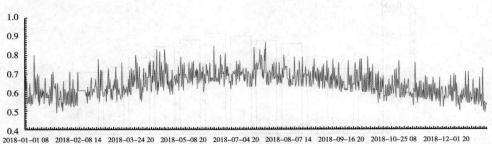

图 2 天津市滨海新区北部沿海大气环境容量指数波形 （AECI-2018.1.1-2018.12.31）

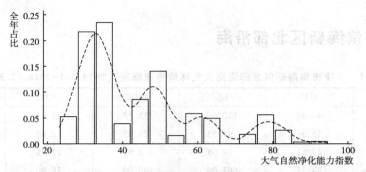

图 3　天津市滨海新区北部沿海大气自然净化能力指数分布（ASPI-2018. 1. 1-2018. 12. 31）

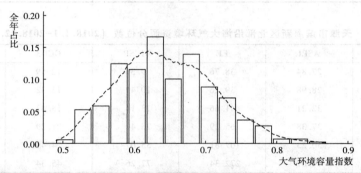

图 4　天津市滨海新区北部沿海大气环境容量指数分布（AECI-2018. 1. 1-2018. 12. 31）

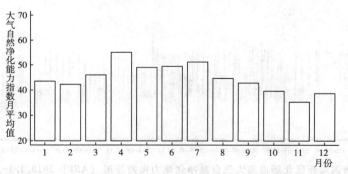

图 5　天津市滨海新区北部沿海大气自然净化能力指数月均变化（ASPI-2018. 1. 1-2018. 12. 31）

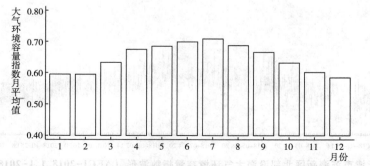

图 6　天津市滨海新区北部沿海大气环境容量指数月均变化（AECI-2018. 1. 1-2018. 12. 31）

天津市滨海新区中部沿海

表 1 天津市滨海新区中部沿海大气环境资源概况 （2018. 1. 1-2018. 12. 31）

指标类型	ASPI	EE	GCSP	GCO3	AECI
平均值	43. 28	107. 78	32. 64	24. 34	0. 64
标准误	15. 65	95. 18	24. 67	12. 10	0. 06
最小值	20. 85	18. 59	6. 95	9. 80	0. 49
最大值	94. 69	694. 83	98. 66	80. 24	0. 91
样本量（个）	2319	2319	2319	2319	2319

表 2 天津市滨海新区中部沿海大气环境资源分位数 （2018. 1. 1-2018. 12. 31）

指标类型	ASPI	EE	GCSP	GCO3	AECI
5%	26. 46	37. 73	9. 62	11. 99	0. 54
10%	28. 07	38. 78	10. 77	13. 30	0. 56
25%	31. 52	40. 89	12. 99	17. 47	0. 60
50%	36. 88	64. 94	21. 63	20. 63	0. 64
75%	49. 93	107. 47	51. 65	23. 79	0. 68
90%	63. 36	206. 62	72. 26	44. 44	0. 73

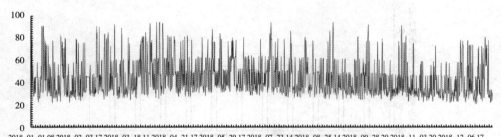

图 1 天津市滨海新区中部沿海大气自然净化能力指数波形 （ASPI-2018. 1. 1-2018. 12. 31）

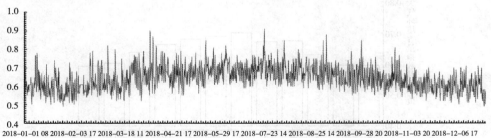

图 2 天津市滨海新区中部沿海大气环境容量指数波形 （AECI-2018. 1. 1-2018. 12. 31）

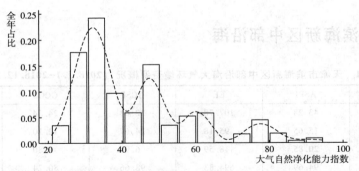

图 3　天津市滨海新区中部沿海大气自然净化能力指数分布（ASPI-2018.1.1-2018.12.31）

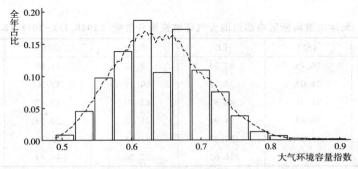

图 4　天津市滨海新区中部沿海大气环境容量指数分布（AECI-2018.1.1-2018.12.31）

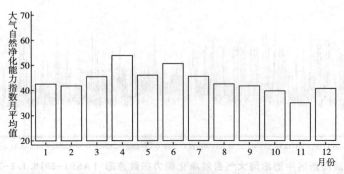

图 5　天津市滨海新区中部沿海大气自然净化能力指数月均变化（ASPI-2018.1.1-2018.12.31）

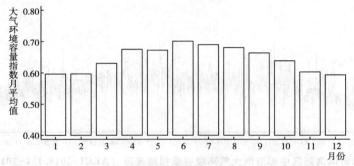

图 6　天津市滨海新区中部沿海大气环境容量指数月均变化（AECI-2018.1.1-2018.12.31）

天津市滨海新区南部沿海

表 1　天津市滨海新区南部沿海大气环境资源概况（2018.1.1–2018.12.31）

指标类型	ASPI	EE	GCSP	GCO3	AECI
平均值	42.97	100.66	34.08	26.10	0.64
标准误	13.96	75.48	25.76	13.39	0.06
最小值	23.01	19.06	6.23	11.92	0.50
最大值	92.03	609.61	100.00	79.83	0.85
样本量（个）	875	875	875	875	875

表 2　天津市滨海新区南部沿海大气环境资源分位数（2018.1.1–2018.12.31）

指标类型	ASPI	EE	GCSP	GCO3	AECI
5%	27.86	38.76	8.95	12.78	0.55
10%	28.92	39.24	10.10	13.79	0.56
25%	32.71	61.52	12.96	18.59	0.60
50%	36.96	64.99	22.84	21.38	0.64
75%	49.76	107.28	53.27	24.79	0.69
90%	62.27	204.28	75.53	45.80	0.72

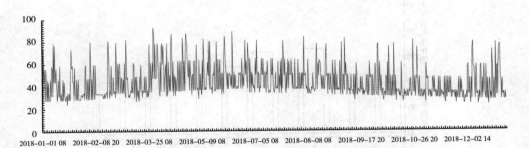

图 1　天津市滨海新区南部沿海大气自然净化能力指数波形（ASPI–2018.1.1–2018.12.31）

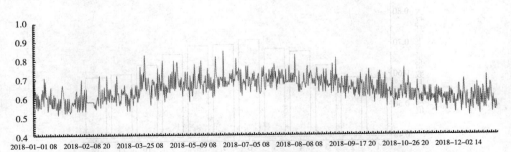

图 2　天津市滨海新区南部沿海大气环境容量指数波形（AECI–2018.1.1–2018.12.31）

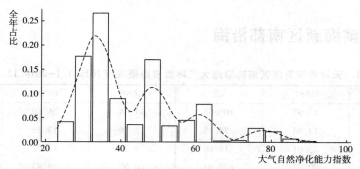

图 3　天津市滨海新区南部沿海大气自然净化能力指数分布（ASPI-2018.1.1-2018.12.31）

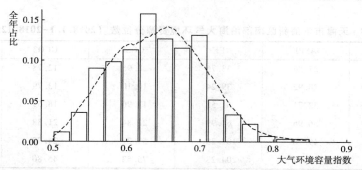

图 4　天津市滨海新区南部沿海大气环境容量指数分布（AECI-2018.1.1-2018.12.31）

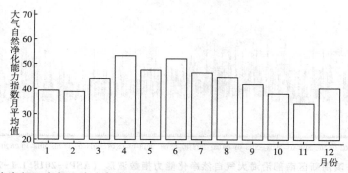

图 5　天津市滨海新区南部沿海大气自然净化能力指数月均变化（ASPI-2018.1.1-2018.12.31）

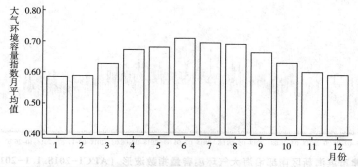

图 6　天津市滨海新区南部沿海大气环境容量指数月均变化（AECI-2018.1.1-2018.12.31）

河北省

河北省石家庄市

表 1　河北省石家庄市大气环境资源概况（2018.1.1-2018.12.31）

指标类型	ASPI	EE	GCSP	GCO3	AECI
平均值	37.74	77.41	32.27	25	0.62
标准误	12.92	73.48	24.8	12.79	0.06
最小值	21.01	18.63	5.31	10.03	0.49
最大值	93.75	889.22	96.07	80.43	0.94
样本量（个）	2347	2347	2347	2347	2347

表 2　河北省石家庄市大气环境资源分位数（2018.1.1-2018.12.31）

指标类型	ASPI	EE	GCSP	GCO3	AECI
5%	25.62	19.77	9.1	12.17	0.53
10%	26.98	38.07	10.32	13.47	0.54
25%	29.43	39.42	12.5	17.9	0.58
50%	33.18	61.88	21.42	20.85	0.62
75%	43.7	100.41	51.98	23.97	0.67
90%	57.97	195.01	72.55	44.97	0.71

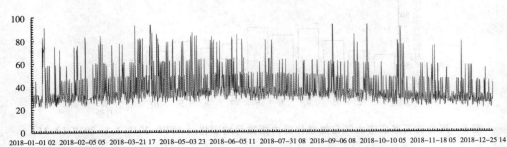

图 1　河北省石家庄市大气自然净化能力指数波形（ASPI-2018.1.1-2018.12.31）

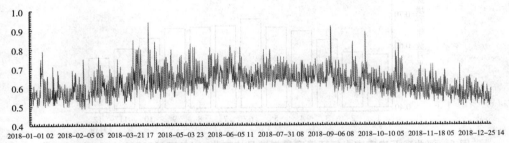

图 2　河北省石家庄市大气环境容量指数波形（ASCI-2018.1.1-2018.12.31）

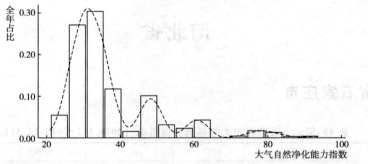

图 3　河北省石家庄市大气自然净化能力指数分布 （ASPI-2018. 1. 1-2018. 12. 31）

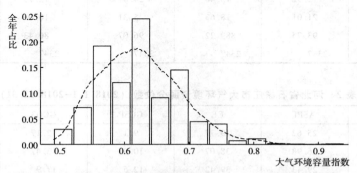

图 4　河北省石家庄市大气环境容量指数分布 （AECI-2018. 1. 1-2018. 12. 31）

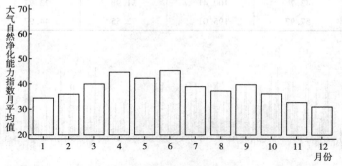

图 5　河北省石家庄市大气自然净化能力指数月均变化 （ASPI-2018. 1. 1-2018. 12. 31）

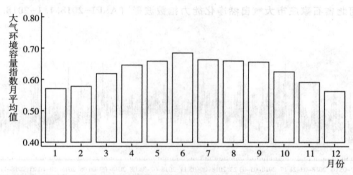

图 6　河北省石家庄市大气环境容量指数月均变化 （AECI-2018. 1. 1-2018. 12. 31）

河北省唐山市

表1 河北省唐山市大气环境资源概况（2018.1.1-2018.12.31）

指标类型	ASPI	EE	GCSP	GCO3	AECI
平均值	43.18	111.08	37.85	23.25	0.64
标准误	17.12	110.70	28.02	11.79	0.08
最小值	20.80	18.58	6.65	9.40	0.47
最大值	96.52	914.96	98.56	77.94	1.02
样本量（个）	2322	2322	2322	2322	2322

表2 河北省唐山市大气环境资源分位数（2018.1.1-2018.12.31）

指标类型	ASPI	EE	GCSP	GCO3	AECI
5%	25.94	19.82	9.60	11.48	0.53
10%	27.28	38.38	10.57	12.37	0.55
25%	30.56	40.13	13.22	16.58	0.58
50%	35.73	64.14	26.48	20.38	0.63
75%	50.04	107.59	62.04	23.16	0.68
90%	74.99	275.21	82.70	44.09	0.73

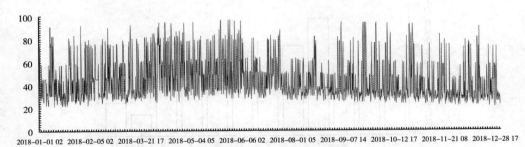

图1 河北省唐山市大气自然净化能力指数波形（ASPI-2018.1.1-2018.12.31）

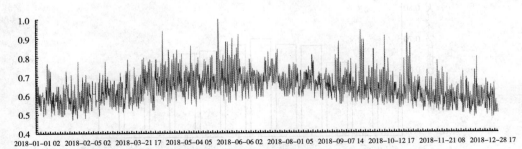

图2 河北省唐山市大气环境容量指数波形（ASCI-2018.1.1-2018.12.31）

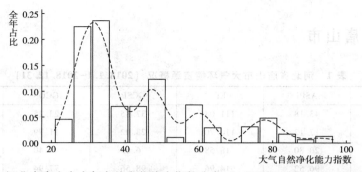

图 3 河北省唐山市大气自然净化能力指数分布（ASPI-2018. 1. 1–2018. 12. 31）

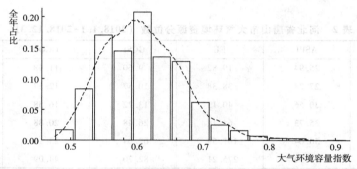

图 4 河北省唐山市大气环境容量指数分布（AECI-2018. 1. 1–2018. 12. 31）

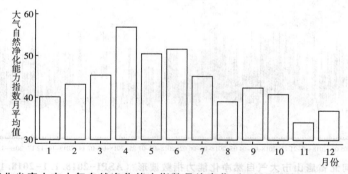

图 5 河北省唐山市大气自然净化能力指数月均变化（ASPI-2018. 1. 1–2018. 12. 31）

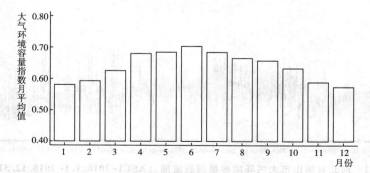

图 6 河北省唐山市大气环境容量指数月均变化（AECI-2018. 1. 1–2018. 12. 31）

河北省秦皇岛市

表 1　河北省秦皇岛市大气环境资源概况（2018.1.1－2018.12.31）

指标类型	ASPI	EE	GCSP	GCO3	AECI
平均值	36.36	70.23	49.12	21.01	0.60
标准误	12.27	63.79	31.19	8.33	0.06
最小值	20.93	18.61	6.97	9.50	0.46
最大值	90.93	667.81	98.65	61.90	0.83
样本量（个）	2319	2319	2319	2319	2319

表 2　河北省秦皇岛市大气环境资源分位数（2018.1.1－2018.12.31）

指标类型	ASPI	EE	GCSP	GCO3	AECI
5%	24.75	19.43	10.40	11.47	0.52
10%	25.99	19.80	12.02	12.44	0.53
25%	28.23	38.78	15.07	15.88	0.56
50%	32.37	41.16	48.92	20.23	0.60
75%	38.43	66.01	79.51	22.82	0.64
90%	54.54	187.63	92.34	25.42	0.68

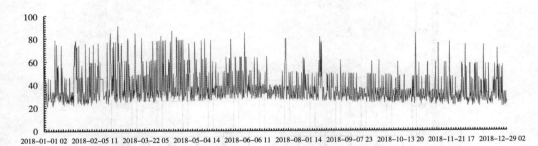

图 1　河北省秦皇岛市大气自然净化能力指数波形（ASPI-2018.1.1－2018.12.31）

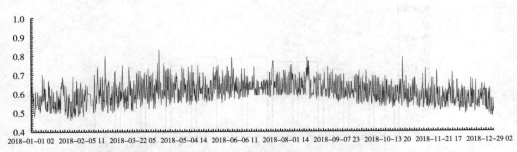

图 2　河北省秦皇岛市大气环境容量指数波形（ASCI-2018.1.1－2018.12.31）

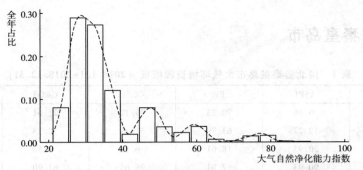

图 3 河北省秦皇岛市大气自然净化能力指数分布（ASPI-2018.1.1-2018.12.31）

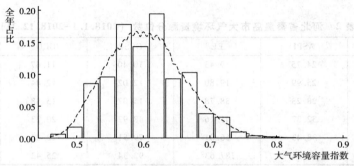

图 4 河北省秦皇岛市大气环境容量指数分布（AECI-2018.1.1-2018.12.31）

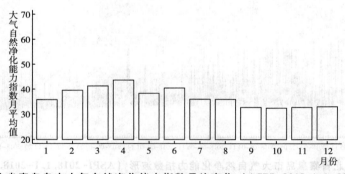

图 5 河北省秦皇岛市大气自然净化能力指数月均变化（ASPI-2018.1.1-2018.12.31）

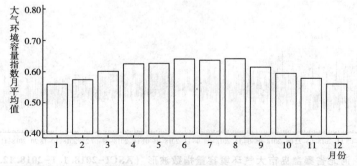

图 6 河北省秦皇岛市大气环境容量指数月均变化（AECI-2018.1.1-2018.12.31）

河北省邯郸市

表 1 河北省邯郸市大气环境资源概况（2018.1.1–2018.12.31）

指标类型	ASPI	EE	GCSP	GCO3	AECI
平均值	40.09	85.50	33.34	27.20	0.63
标准误	13.51	75.64	26.52	13.68	0.06
最小值	23.44	19.15	7.30	12.30	0.49
最大值	94.71	627.37	100.00	79.65	0.84
样本量（个）	879	879	879	879	879

表 2 河北省邯郸市大气环境资源分位数（2018.1.1–2018.12.31）

指标类型	ASPI	EE	GCSP	GCO3	AECI
5%	27.48	20.33	9.39	13.37	0.54
10%	28.38	38.87	10.55	15.32	0.56
25%	31.07	40.15	12.81	19.20	0.59
50%	34.82	63.26	21.46	21.88	0.63
75%	47.30	104.49	52.12	25.95	0.68
90%	60.71	200.91	74.13	46.37	0.72

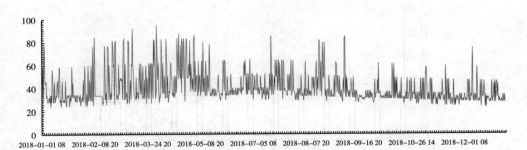

图 1 河北省邯郸市大气自然净化能力指数波形（ASPI-2018.1.1–2018.12.31）

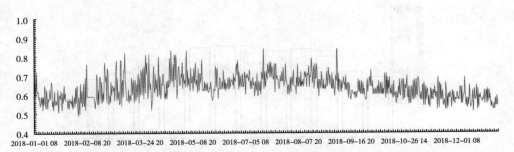

图 2 河北省邯郸市大气环境容量指数波形（AECI-2018.1.1–2018.12.31）

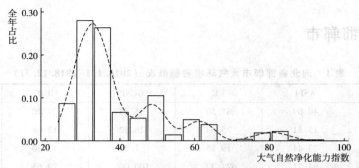

图 3　河北省邯郸市大气自然净化能力指数分布（ASPI-2018.1.1~2018.12.31）

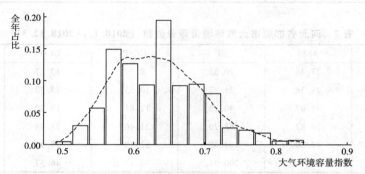

图 4　河北省邯郸市大气环境容量指数分布（AECI-2018.1.1~2018.12.31）

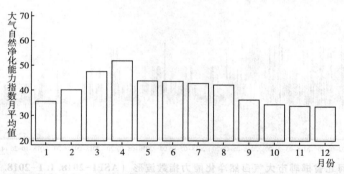

图 5　河北省邯郸市大气自然净化能力指数月均变化（ASPI-2018.1.1~2018.12.31）

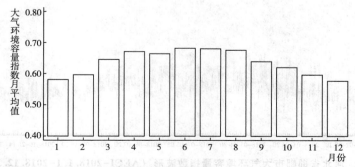

图 6　河北省邯郸市大气环境容量指数月均变化（AECI-2018.1.1~2018.12.31）

河北省邢台市

表1 河北省邢台市大气环境资源概况（2018.1.1~2018.12.31）

指标类型	ASPI	EE	GCSP	GCO3	AECI
平均值	50.98	158.23	35.5	24.67	0.67
标准误	18.29	142.35	28.44	11.84	0.07
最小值	24.64	19.41	5.40	10.11	0.51
最大值	97.33	1137.14	100.00	78.14	1.01
样本量（个）	2342	2342	2342	2342	2342

表2 河北省邢台市大气环境资源分位数（2018.1.1~2018.12.31）

指标类型	ASPI	EE	GCSP	GCO3	AECI
5%	29.53	39.51	9.59	12.55	0.57
10%	31.65	41.01	10.39	14.12	0.59
25%	34.93	63.49	13.04	18.26	0.62
50%	46.85	103.99	19.52	21.01	0.66
75%	60.78	201.06	57.49	23.81	0.71
90%	79.55	327.65	84.63	44.56	0.77

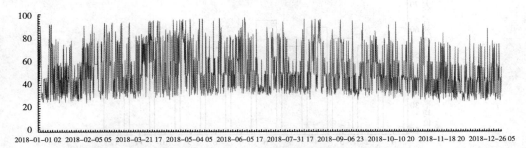

图1 河北省邢台市大气自然净化能力指数波形（ASPI-2018.1.1~2018.12.31）

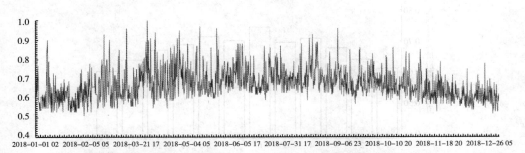

图2 河北省邢台市大气环境容量指数波形（ASCI-2018.1.1~2018.12.31）

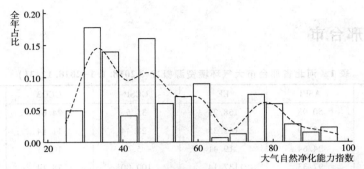

图 3 河北省邢台市大气自然净化能力指数分布（ASPI-2018.1.1-2018.12.31）

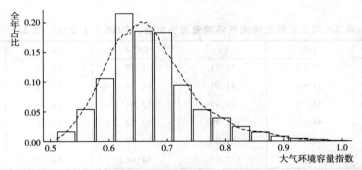

图 4 河北省邢台市大气环境容量指数分布（AECI-2018.1.1-2018.12.31）

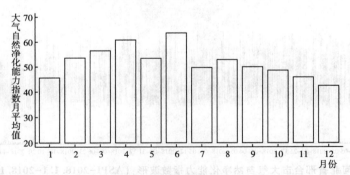

图 5 河北省邢台市大气自然净化能力指数月均变化（ASPI-2018.1.1-2018.12.31）

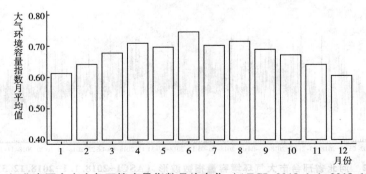

图 6 河北省邢台市大气环境容量指数月均变化（AECI-2018.1.1-2018.12.31）

河北省保定市

表1 河北省保定市大气环境资源概况（2018.1.1-2018.12.31）

指标类型	ASPI	EE	GCSP	GCO3	AECI
平均值	38.45	81.89	43.10	23.98	0.62
标准误	14.17	80.80	32.15	12.33	0.07
最小值	20.94	18.61	6.52	9.60	0.47
最大值	95.38	745.24	100.00	78.70	0.90
样本量（个）	2319	2319	2319	2319	2319

表2 河北省保定市大气环境资源分位数（2018.1.1-2018.12.31）

指标类型	ASPI	EE	GCSP	GCO3	AECI
5%	24.90	19.47	9.84	11.73	0.52
10%	26.29	20.05	10.79	12.67	0.54
25%	29.33	39.39	13.23	17.38	0.57
50%	33.02	61.45	27.78	20.61	0.61
75%	45.82	102.81	72.26	23.44	0.66
90%	59.62	198.56	94.60	44.65	0.71

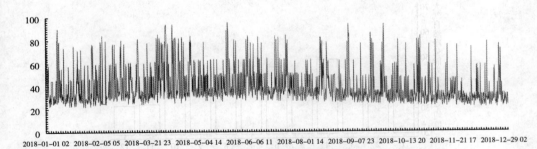

图1 河北省保定市大气自然净化能力指数波形（ASPI-2018.1.1-2018.12.31）

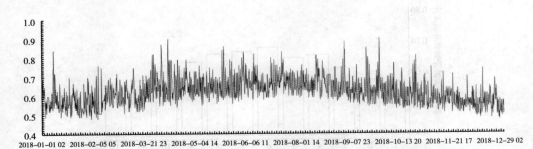

图2 河北省保定市大气环境容量指数波形（AECI-2018.1.1-2018.12.31）

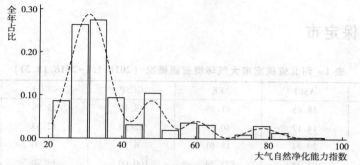

图 3 河北省保定市大气自然净化能力指数分布（ASPI-2018.1.1-2018.12.31）

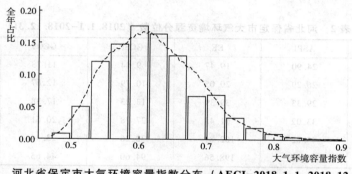

图 4 河北省保定市大气环境容量指数分布（AECI-2018.1.1-2018.12.31）

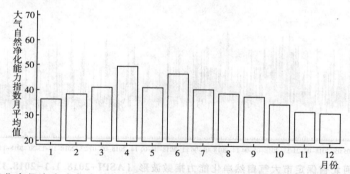

图 5 河北省保定市大气自然净化能力指数月均变化（ASPI-2018.1.1-2018.12.31）

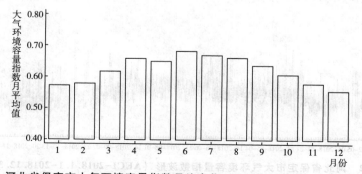

图 6 河北省保定市大气环境容量指数月均变化（AECI-2018.1.1-2018.12.31）

河北省张家口市

表 1　河北省张家口市大气环境资源概况（2018.1.1–2018.12.31）

指标类型	ASPI	EE	GCSP	GCO3	AECI
平均值	46.20	133.52	25.12	20.97	0.64
标准误	19.36	134.20	21.78	9.45	0.08
最小值	22.64	18.98	4.40	8.89	0.47
最大值	96.26	951.78	96.56	73.05	0.98
样本量（个）	2320	2320	2320	2320	2320

表 2　河北省张家口市大气环境资源分位数（2018.1.1–2018.12.31）

指标类型	ASPI	EE	GCSP	GCO3	AECI
5%	26.51	37.82	8.52	10.96	0.53
10%	28.03	38.75	9.59	11.85	0.54
25%	30.88	40.27	11.45	14.30	0.58
50%	36.93	64.98	13.93	19.93	0.63
75%	59.05	197.32	27.98	22.57	0.69
90%	78.60	323.12	62.51	26.30	0.75

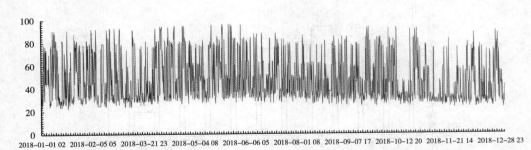

图 1　河北省张家口市大气自然净化能力指数波形（ASPI–2018.1.1–2018.12.31）

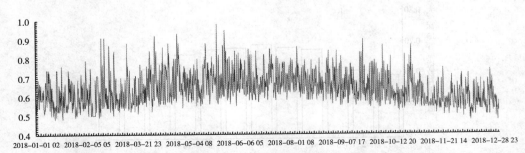

图 2　河北省张家口市大气环境容量指数波形（ASCI–2018.1.1–2018.12.31）

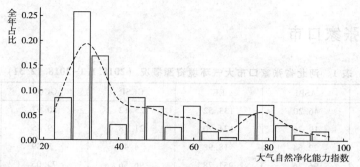

图 3　河北省张家口市大气自然净化能力指数分布（ASPI-2018.1.1-2018.12.31）

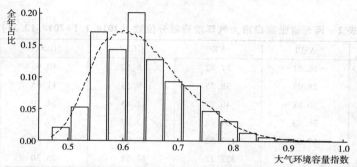

图 4　河北省张家口市大气环境容量指数分布（AECI-2018.1.1-2018.12.31）

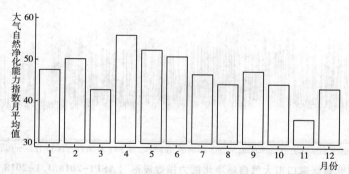

图 5　河北省张家口市大气自然净化能力指数月均变化（ASPI-2018.1.1-2018.12.31）

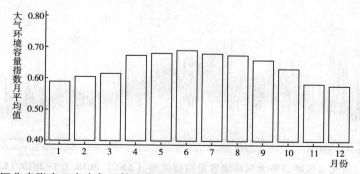

图 6　河北省张家口市大气环境容量指数月均变化（AECI-2018.1.1-2018.12.31）

河北省承德市

表 1　河北省承德市大气环境资源概况（2018.1.1–2018.12.31）

指标类型	ASPI	EE	GCSP	GCO3	AECI
平均值	37.47	80.87	31.74	21.71	0.61
标准误	14.97	93.10	28.88	11.01	0.07
最小值	20.55	18.53	4.93	9.04	0.46
最大值	95.43	965.86	100	76.75	0.97
样本量（个）	2321	2321	2321	2321	2321

表 2　河北省承德市大气环境资源分位数（2018.1.1–2018.12.31）

指标类型	ASPI	EE	GCSP	GCO3	AECI
5%	24.43	19.37	8.81	10.98	0.51
10%	25.89	19.99	9.61	11.91	0.52
25%	28.52	39.01	11.66	14.27	0.55
50%	31.78	40.66	14.08	19.94	0.6
75%	38.27	65.90	47.71	22.67	0.65
90%	59.98	199.34	84.58	42.50	0.70

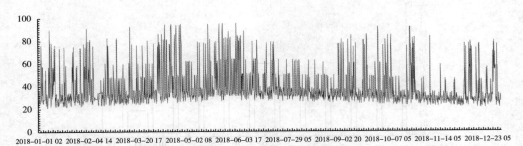

图 1　河北省承德市大气自然净化能力指数波形（ASPI–2018.1.1–2018.12.31）

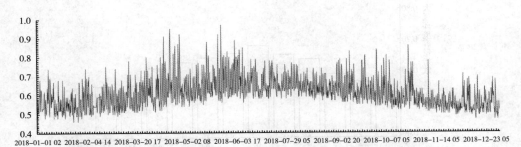

图 2　河北省承德市大气环境容量指数波形（AECI–2018.1.1–2018.12.31）

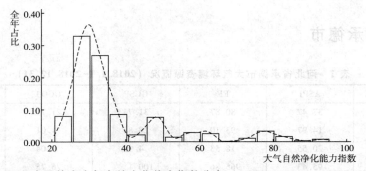

图 3　河北省承德市大气自然净化能力指数分布（ASPI-2018.1.1-2018.12.31）

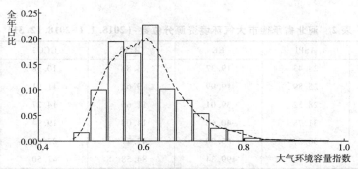

图 4　河北省承德市大气环境容量指数分布（AECI-2018.1.1-2018.12.31）

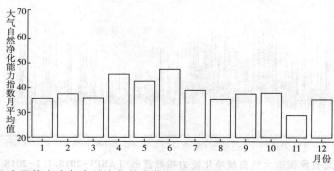

图 5　河北省承德市大气自然净化能力指数月均变化（ASPI-2018.1.1-2018.12.31）

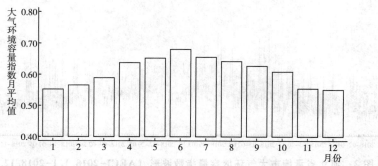

图 6　河北省承德市大气环境容量指数月均变化（AECI-2018.1.1-2018.12.31）

河北省沧州市

表 1 河北省沧州市大气环境资源概况（2018.1.1–2018.12.31）

指标类型	ASPI	EE	GCSP	GCO3	AECI
平均值	42.39	101.79	37.74	26.03	0.64
标准误	16.03	99.38	28.51	13.69	0.07
最小值	23.46	19.16	6.22	11.85	0.48
最大值	95.17	759.90	100.00	79.62	0.89
样本量（个）	875	875	875	875	875

表 2 河北省沧州市大气环境资源分位数（2018.1.1–2018.12.31）

指标类型	ASPI	EE	GCSP	GCO3	AECI
5%	27.08	20.27	9.08	12.71	0.53
10%	28.02	38.68	10.39	13.48	0.55
25%	31.00	40.09	12.98	18.56	0.58
50%	35.77	64.03	26.44	21.44	0.63
75%	49.43	106.91	60.74	24.57	0.68
90%	63.82	207.61	82.95	46.05	0.73

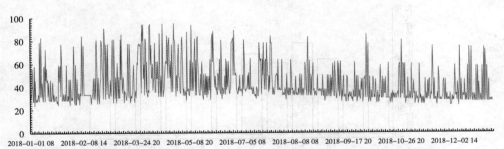

图 1 河北省沧州市大气自然净化能力指数波形（ASPI–2018.1.1–2018.12.31）

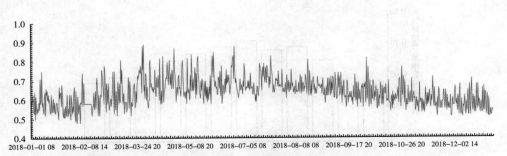

图 2 河北省沧州市大气环境容量指数波形（AECI–2018.1.1–2018.12.31）

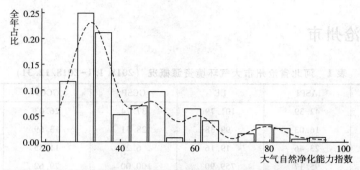

图 3　河北省沧州市大气自然净化能力指数分布（ASPI-2018.1.1-2018.12.31）

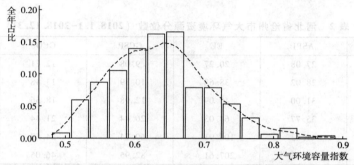

图 4　河北省沧州市大气环境容量指数分布（AECI-2018.1.1-2018.12.31）

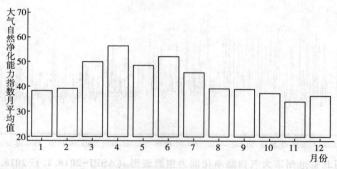

图 5　河北省沧州市大气自然净化能力指数月均变化（ASPI-2018.1.1-2018.12.31）

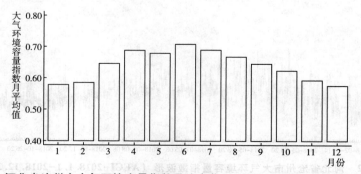

图 6　河北省沧州市大气环境容量指数月均变化（AECI-2018.1.1-2018.12.31）

河北省廊坊市

表 1　河北省廊坊市大气环境资源概况（2018.1.1~2018.12.31）

指标类型	ASPI	EE	GCSP	GCO3	AECI
平均值	35.05	59.67	32.28	25.76	0.61
标准误	9.78	47.12	27.28	13.35	0.06
最小值	22.82	19.02	6.34	11.71	0.49
最大值	79.99	327.67	98.60	79.44	0.78
样本量（个）	874	874	874	874	874

表 2　河北省廊坊市大气环境资源分位数（2018.1.1~2018.12.31）

指标类型	ASPI	EE	GCSP	GCO3	AECI
5%	24.66	19.42	8.52	12.57	0.52
10%	26.37	19.79	9.18	13.29	0.54
25%	28.90	39.14	11.24	18.33	0.56
50%	32.69	41.00	15.42	21.31	0.61
75%	36.89	64.95	51.66	24.43	0.65
90%	48.43	105.77	79.02	45.60	0.68

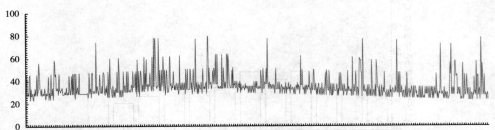

图 1　河北省廊坊市大气自然净化能力指数波形（ASPI-2018.1.1~2018.12.31）

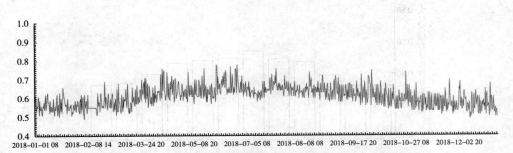

图 2　河北省廊坊市大气环境容量指数波形（AECI-2018.1.1~2018.12.31）

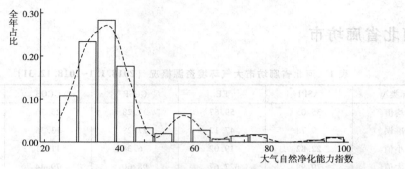

图 3　河北省廊坊市大气自然净化能力指数分布（ASPI-2018.1.1-2018.12.31）

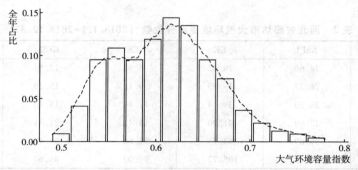

图 4　河北省廊坊市大气环境容量指数分布（AECI-2018.1.1-2018.12.31）

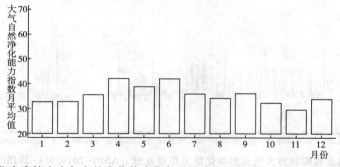

图 5　河北省廊坊市大气自然净化能力指数月均变化（ASPI-2018.1.1-2018.12.31）

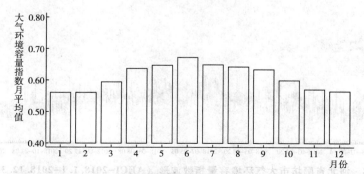

图 6　河北省廊坊市大气环境容量指数月均变化（AECI-2018.1.1-2018.12.31）

河北省衡水市

表 1 河北省衡水市大气环境资源概况（2018.1.1-2018.12.31）

指标类型	ASPI	EE	GCSP	GCO3	AECI
平均值	36.39	65.48	34.46	26.96	0.62
标准误	10.29	49.87	26.71	14.21	0.06
最小值	23.15	19.09	6.61	12.11	0.49
最大值	82.47	343.64	100.00	79.33	0.82
样本量（个）	875	875	875	875	875

表 2 河北省衡水市大气环境资源分位数（2018.1.1-2018.12.31）

指标类型	ASPI	EE	GCSP	GCO3	AECI
5%	25.35	19.56	9.35	13.01	0.53
10%	27.47	20.46	10.10	13.97	0.54
25%	29.83	39.63	12.65	18.86	0.58
50%	33.71	42.21	22.10	21.65	0.62
75%	37.95	65.68	54.79	25.46	0.66
90%	50.10	107.66	77.25	46.35	0.69

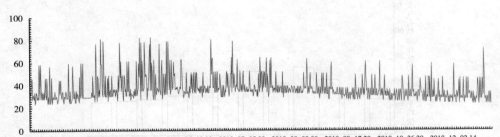

图 1 河北省衡水市大气自然净化能力指数波形（ASPI-2018.1.1-2018.12.31）

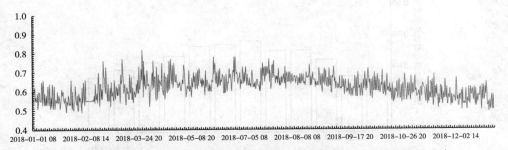

图 2 河北省衡水市大气环境容量指数波形（AECI-2018.1.1-2018.12.31）

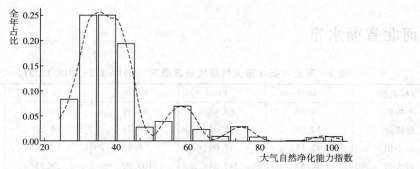

图 3 河北省衡水市大气自然净化能力指数分布（ASPI-2018.1.1~2018.12.31）

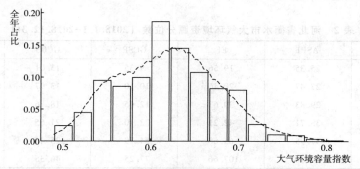

图 4 河北省衡水市大气环境容量指数分布（AECI-2018.1.1~2018.12.31）

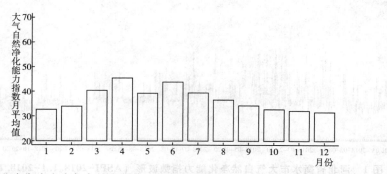

图 5 河北省衡水市大气自然净化能力指数月均变化（ASPI-2018.1.1~2018.12.31）

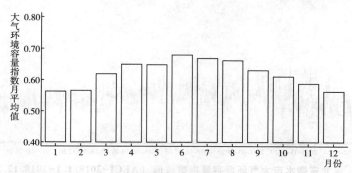

图 6 河北省衡水市大气环境容量指数月均变化（AECI-2018.1.1~2018.12.31）

山西省

山西省太原市

表 1　山西省太原市大气环境资源概况（2018.1.1-2018.12.31）

指标类型	ASPI	EE	GCSP	GCO3	AECI
平均值	39.26	87.1	33.85	22.16	0.62
标准误	15.03	91.09	27.36	9.62	0.07
最小值	21.08	18.64	4.93	9.64	0.47
最大值	95.27	821.41	98.65	73.8	0.91
样本量（个）	2344	2344	2344	2344	2344

表 2　山西省太原市大气环境资源分位数（2018.1.1-2018.12.31）

指标类型	ASPI	EE	GCSP	GCO3	AECI
5%	25.65	19.66	9.08	11.72	0.52
10%	26.93	20.21	10.1	12.71	0.54
25%	29.32	39.37	12.17	17.37	0.57
50%	33.66	61.77	16.68	20.68	0.61
75%	46.01	103.03	54.98	23.14	0.66
90%	61.37	202.32	80.5	42.51	0.71

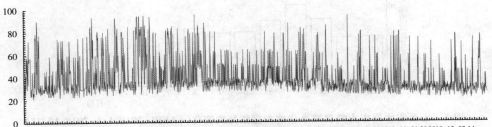

2018-01-01 02 2018-02-03 05 2018-03-17 17 2018-04-20 20 2018-05-28 17 2018-07-22 02 2018-08-24 05 2018-09-27 08 2018-11-01 20 2018-12-03 14

图 1　山西省太原市大气自然净化能力指数波形（ASPI-2018.1.1-2018.12.31）

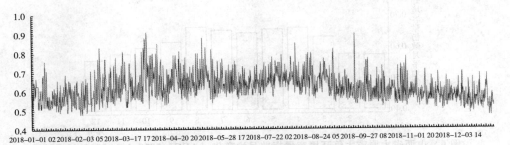

2018-01-01 02 2018-02-03 05 2018-03-17 17 2018-04-20 20 2018-05-28 17 2018-07-22 02 2018-08-24 05 2018-09-27 08 2018-11-01 20 2018-12-03 14

图 2　山西省太原市大气环境容量指数波形（AECI-2018.1.1-2018.12.31）

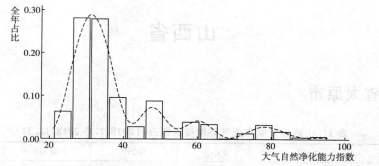

图 3　山西省太原市大气自然净化能力指数分布（ASPI-2018.1.1-2018.12.31）

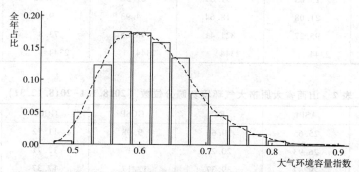

图 4　山西省太原市大气环境容量指数分布（AECI-2018.1.1-2018.12.31）

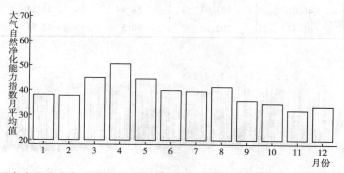

图 5　山西省太原市大气自然净化能力指数月均变化（ASPI-2018.1.1-2018.12.31）

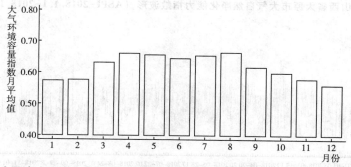

图 6　山西省太原市大气环境容量指数月均变化（AECI-2018.1.1-2018.12.31）

山西省大同市

表1 山西省大同市大气环境资源概况（2018.1.1-2018.12.31）

指标类型	ASPI	EE	GCSP	GCO3	AECI
平均值	41.16	102.98	32.96	20.09	0.61
标准误	17.46	119.07	27.16	8.25	0.08
最小值	21.06	18.64	5.41	8.72	0.45
最大值	96.69	867.76	96.12	62.66	0.94
样本量（个）	2351	2351	2351	2351	2351

表2 山西省大同市大气环境资源分位数（2018.1.1-2018.12.31）

指标类型	ASPI	EE	GCSP	GCO3	AECI
5%	24.90	19.47	8.82	10.87	0.50
10%	26.34	19.96	10.02	11.75	0.52
25%	28.99	39.25	11.96	14.05	0.55
50%	33.74	62.32	15.95	19.91	0.61
75%	48.09	105.39	53.32	22.49	0.66
90%	74.46	273.59	81.14	24.62	0.71

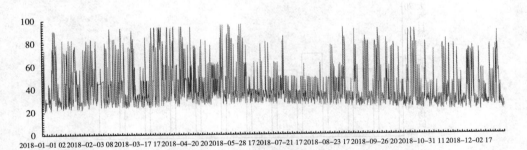

图1 山西省大同市大气自然净化能力指数波形（ASPI-2018.1.1-2018.12.31）

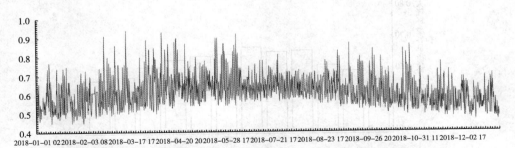

图2 山西省大同市大气环境容量指数波形（AECI-2018.1.1-2018.12.31）

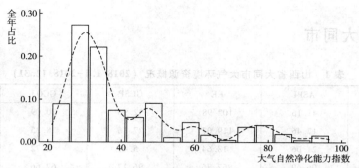

图 3 山西省大同市大气自然净化能力指数分布（ASPI-2018.1.1-2018.12.31）

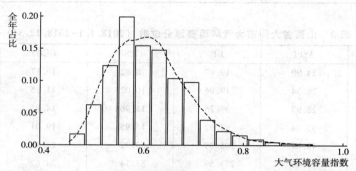

图 4 山西省大同市大气环境容量指数分布（AECI-2018.1.1-2018.12.31）

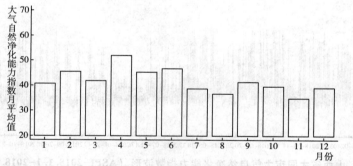

图 5 山西省大同市大气自然净化能力指数月均变化（ASPI-2018.1.1-2018.12.31）

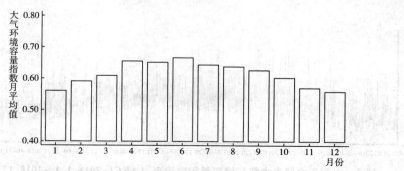

图 6 山西省大同市大气环境容量指数月均变化（AECI-2018.1.1-2018.12.31）

山西省阳泉市

表 1　山西省阳泉市大气环境资源概况（2018.1.1-2018.12.31）

指标类型	ASPI	EE	GCSP	GCO3	AECI
平均值	44.82	122.65	36.38	22.66	0.64
标准误	18.33	135.33	31.38	9.14	0.08
最小值	23.11	19.08	5.82	11.78	0.48
最大值	95.16	832.63	98.71	75.32	0.96
样本量（个）	886	886	886	886	886

表 2　山西省阳泉市大气环境资源分位数（2018.1.1-2018.12.31）

指标类型	ASPI	EE	GCSP	GCO3	AECI
5%	27.84	38.66	8.24	12.78	0.54
10%	28.99	39.25	9.33	13.47	0.55
25%	31.80	40.72	11.83	18.04	0.58
50%	35.90	64.19	15.57	21.35	0.62
75%	52.39	110.27	60.94	23.77	0.69
90%	78.03	285.87	92.64	42.23	0.74

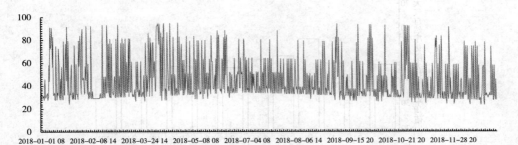

图 1　山西省阳泉市大气自然净化能力指数波形（ASPI-2018.1.1-2018.12.31）

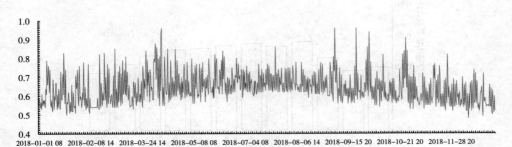

图 2　山西省阳泉市大气环境容量指数波形（AECI-2018.1.1-2018.12.31）

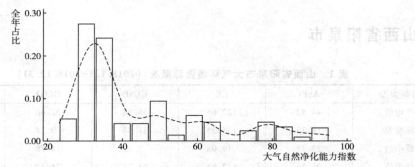

图 3　山西省阳泉市大气自然净化能力指数分布（ASPI-2018. 1. 1-2018. 12. 31）

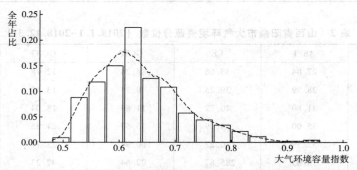

图 4　山西省阳泉市大气环境容量指数分布（AECI-2018. 1. 1-2018. 12. 31）

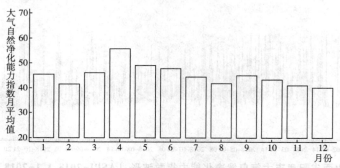

图 5　山西省阳泉市大气自然净化能力指数月均变化（ASPI-2018. 1. 1-2018. 12. 31）

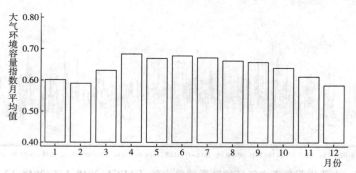

图 6　山西省阳泉市大气环境容量指数月均变化（AECI-2018. 1. 1-2018. 12. 31）

山西省长治市

表1 山西省长治市大气环境资源概况（2018.1.1-2018.12.31）

指标类型	ASPI	EE	GCSP	GCO3	AECI
平均值	54.48	182.93	35.17	22.24	0.67
标准误	20.67	165.91	29.78	7.86	0.08
最小值	24.50	19.38	4.93	12.14	0.51
最大值	96.99	1175.42	100.00	60.89	0.96
样本量（个）	880	880	880	880	880

表2 山西省长治市大气环境资源分位数（2018.1.1-2018.12.31）

指标类型	ASPI	EE	GCSP	GCO3	AECI
5%	29.13	39.33	9.01	12.97	0.55
10%	31.50	40.36	10.11	13.83	0.57
25%	35.00	63.46	12.64	18.34	0.61
50%	49.03	106.45	16.03	21.63	0.66
75%	76.38	279.54	57.00	23.94	0.72
90%	83.35	352.05	88.81	25.95	0.78

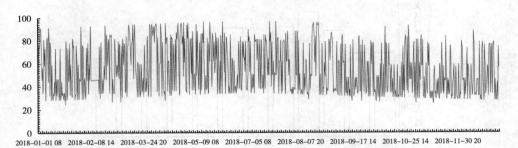

图1 山西省长治市大气自然净化能力指数波形（ASPI-2018.1.1-2018.12.31）

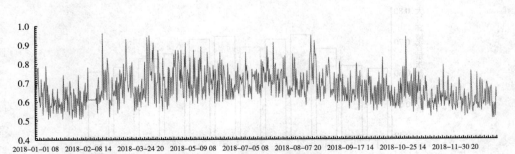

图2 山西省长治市大气环境容量指数波形（AECI-2018.1.1-2018.12.31）

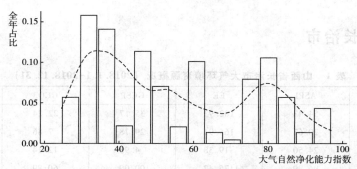

图 3 山西省长治市大气自然净化能力指数分布（ASPI-2018.1.1~2018.12.31）

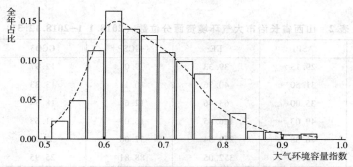

图 4 山西省长治市大气环境容量指数分布（AECI-2018.1.1~2018.12.31）

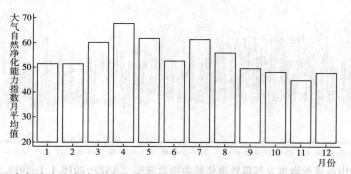

图 5 山西省长治市大气自然净化能力指数月均变化（ASPI-2018.1.1~2018.12.31）

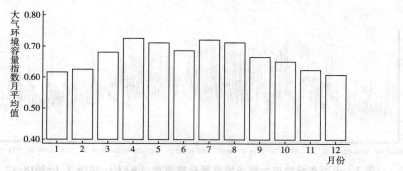

图 6 山西省长治市大气环境容量指数月均变化（AECI-2018.1.1~2018.12.31）

山西省晋城市

表 1　山西省晋城市大气环境资源概况 （2018. 1. 1-2018. 12. 31）

指标类型	ASPI	EE	GCSP	GCO3	AECI
平均值	42.44	98.54	34.65	23.88	0.63
标准误	15.51	94.34	27.22	9.65	0.06
最小值	23.83	19.24	4.40	12.46	0.50
最大值	97.58	834.59	97.50	63.91	0.90
样本量（个）	879	879	879	879	879

表 2　山西省晋城市大气环境资源分位数 （2018. 1. 1-2018. 12. 31）

指标类型	ASPI	EE	GCSP	GCO3	AECI
5%	27.82	20.33	8.54	13.28	0.54
10%	29.17	39.13	10.03	14.28	0.55
25%	31.69	40.55	12.46	19.14	0.59
50%	35.94	64.26	21.84	21.81	0.63
75%	49.19	106.63	57.52	24.31	0.67
90%	64.44	208.93	79.35	43.87	0.72

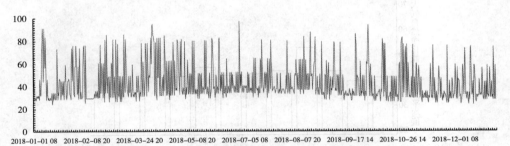

图 1　山西省晋城市大气自然净化能力指数波形 （ASPI-2018. 1. 1-2018. 12. 31）

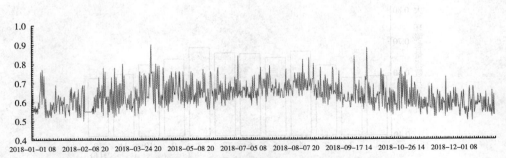

图 2　山西省晋城市大气环境容量指数波形 （AECI-2018. 1. 1-2018. 12. 31）

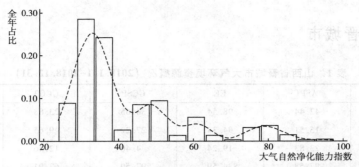

图 3　山西省晋城市大气自然净化能力指数分布（ASPI-2018.1.1-2018.12.31）

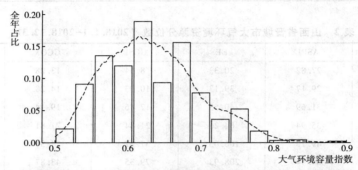

图 4　山西省晋城市大气环境容量指数分布（AECI-2018.1.1-2018.12.31）

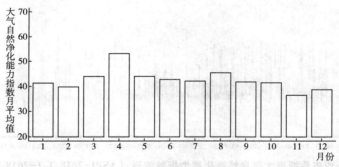

图 5　山西省晋城市大气自然净化能力指数月均变化（ASPI-2018.1.1-2018.12.31）

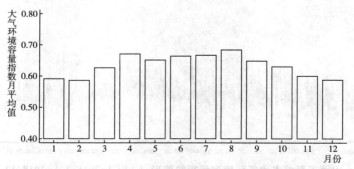

图 6　山西省晋城市大气环境容量指数月均变化（AECI-2018.1.1-2018.12.31）

山西省朔州市

表 1　山西省朔州市大气环境资源概况（2018.1.1–2018.12.31）

指标类型	ASPI	EE	GCSP	GCO3	AECI
平均值	36.67	73.14	30.85	20.41	0.60
标准误	12.92	72.52	25.56	8.07	0.06
最小值	21.70	18.78	3.83	8.86	0.46
最大值	94.56	692.96	93.87	62.89	0.84
样本量（个）	2344	2344	2344	2344	2344

表 2　山西省朔州市大气环境资源分位数（2018.1.1–2018.12.31）

指标类型	ASPI	EE	GCSP	GCO3	AECI
5%	26.16	20.08	8.25	11.10	0.51
10%	27.18	38.27	9.33	12.04	0.53
25%	29.12	39.31	11.47	14.38	0.55
50%	32.20	40.94	15.43	20.09	0.60
75%	37.29	65.23	47.95	22.65	0.64
90%	51.76	109.55	74.39	24.81	0.68

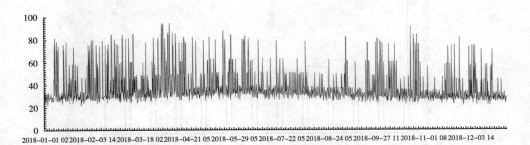

图 1　山西省朔州市大气自然净化能力指数波形（ASPI–2018.1.1–2018.12.31）

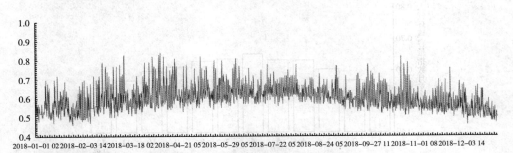

图 2　山西省朔州市大气环境容量指数波形（AECI–2018.1.1 2018.12.31）

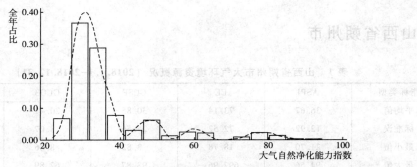

图 3　山西省朔州市大气自然净化能力指数分布（ASPI-2018. 1. 1~2018. 12. 31）

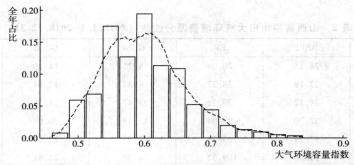

图 4　山西省朔州市大气环境容量指数分布（AECI-2018. 1. 1~2018. 12. 31）

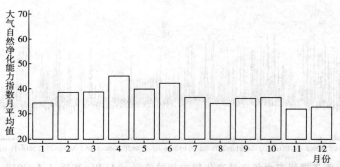

图 5　山西省朔州市大气自然净化能力指数月均变化（ASPI-2018. 1. 1~2018. 12. 31）

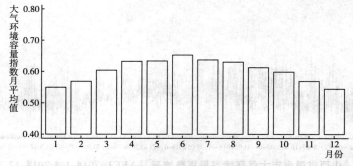

图 6　山西省朔州市大气环境容量指数月均变化（AECI-2018. 1. 1~2018. 12. 31）

山西省晋中市

表1 山西省晋中市大气环境资源概况 (2018.1.1-2018.12.31)

指标类型	ASPI	EE	GCSP	GCO3	AECI
平均值	50.46	161.72	33.15	23.13	0.66
标准误	20.33	163.74	28.82	9.93	0.08
最小值	23.19	19.10	5.83	11.69	0.48
最大值	96.42	1102.76	100.00	64.41	0.97
样本量 (个)	885	885	885	885	885

表2 山西省晋中市大气环境资源分位数 (2018.1.1-2018.12.31)

指标类型	ASPI	EE	GCSP	GCO3	AECI
5%	29.47	39.41	8.64	12.82	0.55
10%	31.11	40.19	9.37	13.37	0.57
25%	33.43	61.82	11.67	18.33	0.60
50%	44.39	101.20	15.75	21.43	0.64
75%	62.50	204.76	52.79	23.91	0.71
90%	82.60	345.45	82.86	42.98	0.78

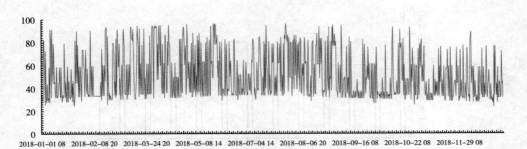

图1 山西省晋中市大气自然净化能力指数波形 (ASPI-2018.1.1-2018.12.31)

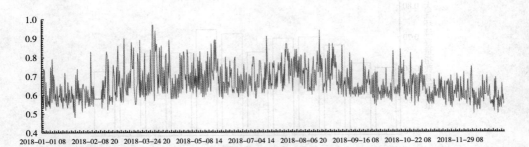

图2 山西省晋中市大气环境容量指数波形 (AECI-2018.1.1-2018.12.31)

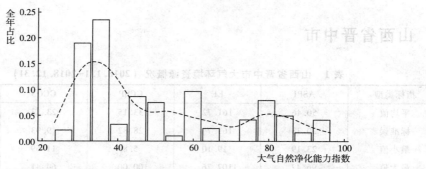

图 3　山西省晋中市大气自然净化能力指数分布（ASPI-2018.1.1-2018.12.31）

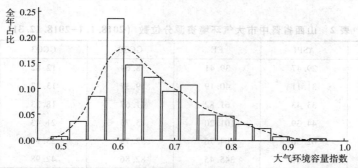

图 4　山西省晋中市大气环境容量指数分布（AECI-2018.1.1-2018.12.31）

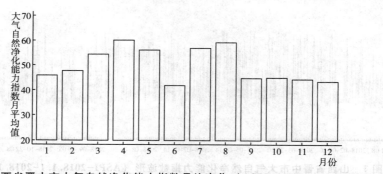

图 5　山西省晋中市大气自然净化能力指数月均变化（ASPI-2018.1.1-2018.12.31）

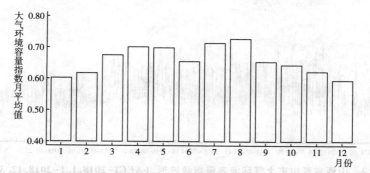

图 6　山西省晋中市大气环境容量指数月均变化（AECI-2018.1.1-2018.12.31）

山西省运城市

表 1　山西省运城市大气环境资源概况 （2018.1.1–2018.12.31）

指标类型	ASPI	EE	GCSP	GCO3	AECI
平均值	41.74	98.50	32.46	26.19	0.64
标准误	15.87	94.11	24.26	13.92	0.07
最小值	21.57	18.75	4.92	10.59	0.49
最大值	97.12	705.63	91.63	77.14	0.89
样本量（个）	2344	2344	2344	2344	2344

表 2　山西省运城市大气环境资源分位数 （2018.1.1–2018.12.31）

指标类型	ASPI	EE	GCSP	GCO3	AECI
5%	27.32	38.39	9.00	12.82	0.54
10%	28.40	38.97	10.39	14.16	0.56
25%	31.00	40.27	12.64	18.68	0.59
50%	35.12	63.62	21.89	21.36	0.63
75%	48.22	105.53	51.54	24.76	0.68
90%	63.84	207.64	73.68	46.04	0.73

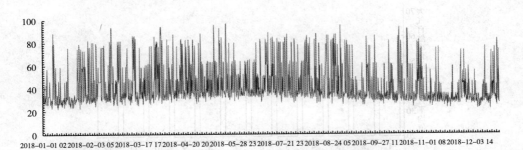

图 1　山西省运城市大气自然净化能力指数波形 （ASPI–2018.1.1–2018.12.31）

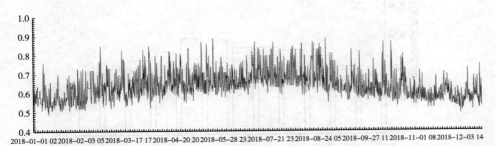

图 2　山西省运城市大气环境容量指数波形 （AECI–2018.1.1–2018.12.31）

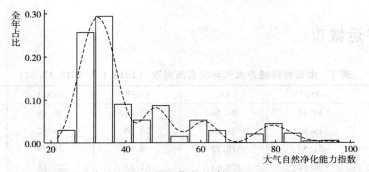

图 3　山西省运城市大气自然净化能力指数分布 （ASPI-2018. 1. 1-2018. 12. 31）

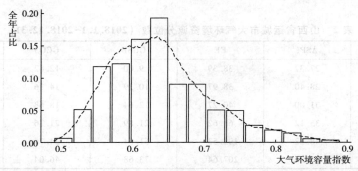

图 4　山西省运城市大气环境容量指数分布 （AECI-2018. 1. 1-2018. 12. 31）

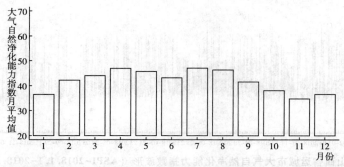

图 5　山西省运城市大气自然净化能力指数月均变化 （ASPI-2018. 1. 1-2018. 12. 31）

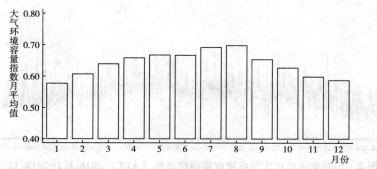

图 6　山西省运城市大气环境容量指数月均变化 （AECI-2018. 1. 1-2018. 12. 31）

山西省忻州市

表 1 山西省忻州市大气环境资源概况（2018.1.1-2018.12.31）

指标类型	ASPI	EE	GCSP	GCO3	AECI
平均值	40.70	92.39	32.40	22.39	0.62
标准误	13.39	95.24	29.55	9.31	0.06
最小值	23.08	19.07	6.23	11.47	0.48
最大值	96.43	900.17	98.64	63.50	0.99
样本量（个）	887	887	887	887	887

表 2 山西省忻州市大气环境资源分位数（2018.1.1-2018.12.31）

指标类型	ASPI	EE	GCSP	GCO3	AECI
5%	28.38	38.88	9.07	12.47	0.54
10%	29.85	39.64	9.62	13.15	0.55
25%	32.54	41.33	11.63	17.07	0.58
50%	35.76	64.09	14.76	21.26	0.62
75%	46.32	103.38	50.48	23.78	0.66
90%	58.51	196.17	88.57	42.02	0.70

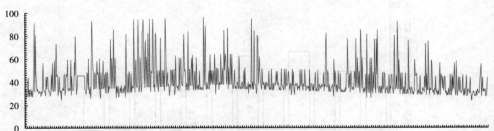

图 1 山西省忻州市大气自然净化能力指数波形（ASPI-2018.1.1-2018.12.31）

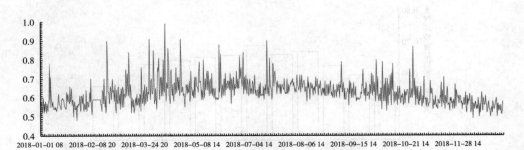

图 2 山西省忻州市大气环境容量指数波形（AECI-2018.1.1-2018.12.31）

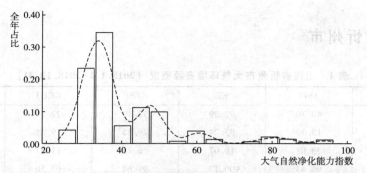

图 3　山西省忻州市大气自然净化能力指数分布（ASPI-2018.1.1-2018.12.31）

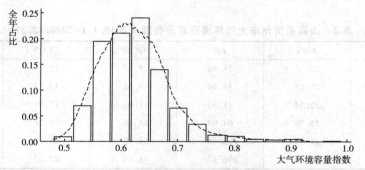

图 4　山西省忻州市大气环境容量指数分布（AECI-2018.1.1-2018.12.31）

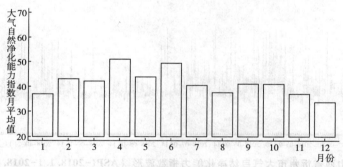

图 5　山西省忻州市大气自然净化能力指数月均变化（ASPI-2018.1.1-2018.12.31）

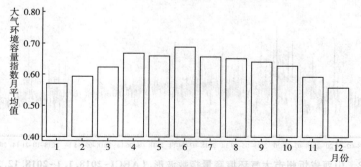

图 6　山西省忻州市大气环境容量指数月均变化（AECI-2018.1.1-2018.12.31）

山西省临汾市

表 1 山西省临汾市大气环境资源概况（2018.1.1-2018.12.31）

指标类型	ASPI	EE	GCSP	GCO3	AECI
平均值	34.87	59.83	29.97	25.50	0.61
标准误	9.03	43.71	25.28	13.02	0.05
最小值	21.45	18.72	4.91	10.44	0.49
最大值	95.10	629.97	94.63	76.97	0.89
样本量（个）	2340	2340	2340	2340	2340

表 2 山西省临汾市大气环境资源分位数（2018.1.1-2018.12.31）

指标类型	ASPI	EE	GCSP	GCO3	AECI
5%	26.02	19.84	8.55	12.72	0.54
10%	27.25	38.24	9.85	14.11	0.55
25%	29.38	39.43	12.03	18.51	0.57
50%	32.75	41.10	15.39	21.19	0.61
75%	36.68	64.80	45.05	24.23	0.65
90%	48.10	105.40	72.59	45.35	0.68

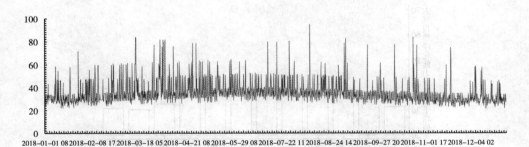

图 1 山西省临汾市大气自然净化能力指数波形（ASPI-2018.1.1-2018.12.31）

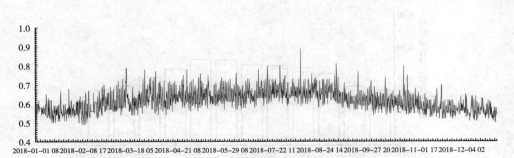

图 2 山西省临汾市大气环境容量指数波形（AECI-2018.1.1-2018.12.31）

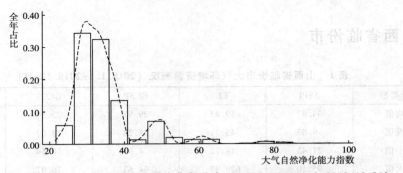

图 3　山西省临汾市大气自然净化能力指数分布（ASPI-2018.1.1-2018.12.31）

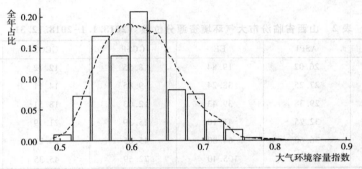

图 4　山西省临汾市大气环境容量指数分布（AECI-2018.1.1-2018.12.31）

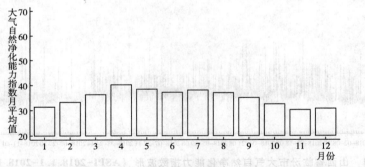

图 5　山西省临汾市大气自然净化能力指数月均变化（ASPI-2018.1.1-2018.12.31）

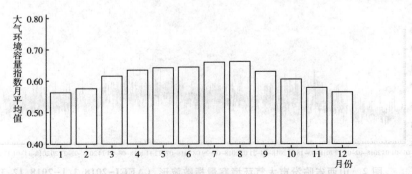

图 6　山西省临汾市大气环境容量指数月均变化（AECI-2018.1.1-2018.12.31）

内蒙古自治区

内蒙古自治区呼和浩特市

表 1 内蒙古自治区呼和浩特市大气环境资源概况（2018.1.1–2018.12.31）

指标类型	ASPI	EE	GCSP	GCO3	AECI
平均值	49.75	157.31	24.65	19.94	0.65
标准误	18.51	151.86	22.12	7.93	0.08
最小值	22.63	18.98	4.4	8.66	0.46
最大值	96.69	1184.3	98.61	62.27	1
样本量（个）	2348	2348	2348	2348	2348

表 2 内蒙古自治区呼和浩特市大气环境资源分位数（2018.1.1–2018.12.31）

指标类型	ASPI	EE	GCSP	GCO3	AECI
5%	28.68	39.11	8.49	10.8	0.54
10%	30.4	40.11	9.6	11.73	0.56
25%	33.53	62.4	11.68	13.95	0.59
50%	45.9	102.9	14.24	19.8	0.64
75%	59.53	198.38	27.32	22.36	0.69
90%	79.46	332.52	63.89	24.52	0.75

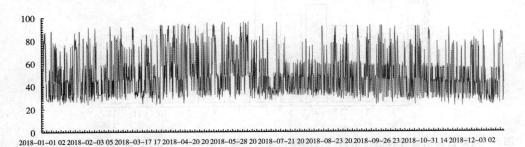

图 1 内蒙古自治区呼和浩特市大气自然净化能力指数波形（ASPI–2018.1.1–2018.12.31）

图 2 内蒙古自治区呼和浩特市大气环境容量指数波形（AECI–2018.1.1–2018.12.31）

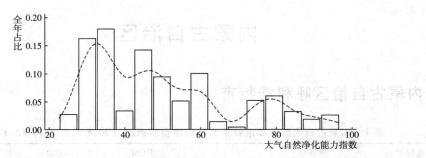

图 3　内蒙古自治区呼和浩特市大气自然净化能力指数分布（ASPI-2018.1.1-2018.12.31）

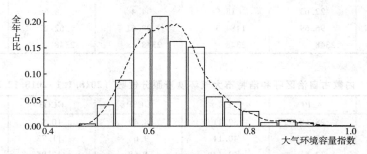

图 4　内蒙古自治区呼和浩特市大气环境容量指数分布（AECI-2018.1.1-2018.12.31）

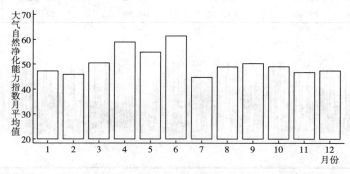

图 5　内蒙古自治区呼和浩特市大气自然净化能力指数月均变化（ASPI-2018.1.1-2018.12.31）

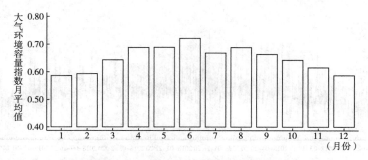

图 6　内蒙古自治区呼和浩特市大气环境容量指数月均变化（AECI-2018.1.1-2018.12.31）

内蒙古自治区包头市

表 1　内蒙古自治区包头市大气环境资源概况（2018.1.1–2018.12.31）

指标类型	ASPI	EE	GCSP	GCO3	AECI
平均值	48.78	145.81	34.75	20.42	0.64
标准误	18.83	127.18	25.99	8.64	0.08
最小值	22.03	18.85	5.83	8.75	0.46
最大值	96.62	886.67	98.61	62.63	0.98
样本量（个）	2345	2345	2345	2345	2345

表 2　内蒙古自治区包头市大气环境资源分位数（2018.1.1–2018.12.31）

指标类型	ASPI	EE	GCSP	GCO3	AECI
5%	27.78	38.73	9.50	10.92	0.52
10%	29.37	39.51	10.79	11.80	0.55
25%	32.81	61.99	13.19	14.04	0.58
50%	44.92	101.79	25.96	19.93	0.64
75%	60.56	200.57	54.99	22.49	0.70
90%	78.82	324.93	75.77	25.00	0.75

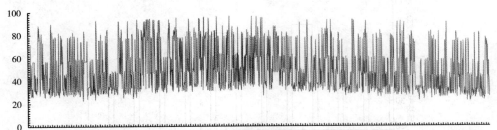

图 1　内蒙古自治区包头市大气自然净化能力指数波形（ASPI–2018.1.1–2018.12.31）

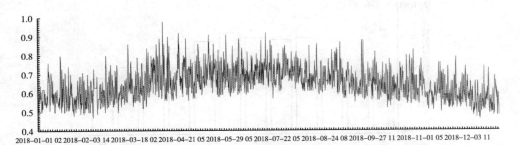

图 2　内蒙古自治区包头市大气环境容量指数波形（AECI–2018.1.1–2018.12.31）

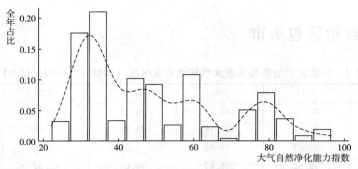

图 3　内蒙古自治区包头市大气自然净化能力指数分布（ASPI-2018.1.1-2018.12.31）

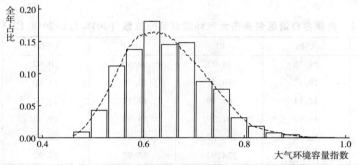

图 4　内蒙古自治区包头市大气环境容量指数分布（AECI-2018.1.1-2018.12.31）

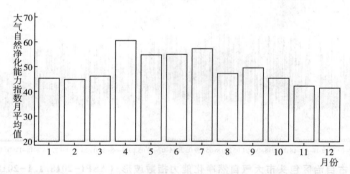

图 5　内蒙古自治区包头市大气自然净化能力指数月均变化（ASPI-2018.1.1-2018.12.31）

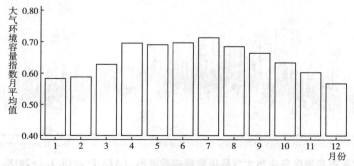

图 6　内蒙古自治区包头市大气环境容量指数月均变化（AECI-2018.1.1-2018.12.31）

内蒙古自治区赤峰市

表1　内蒙古自治区赤峰市大气环境资源概况（2018.1.1–2018.12.31）

指标类型	ASPI	EE	GCSP	GCO3	AECI
平均值	49.29	165.70	25.20	20.03	0.64
标准误	22.03	181.45	21.53	7.83	0.09
最小值	22.50	18.95	4.94	10.01	0.47
最大值	95.81	895.41	93.95	61.65	0.97
样本量（个）	878	878	878	878	878

表2　内蒙古自治区赤峰市大气环境资源分位数（2018.1.1–2018.12.31）

指标类型	ASPI	EE	GCSP	GCO3	AECI
5%	27.11	20.25	8.53	11.29	0.51
10%	28.33	38.87	9.59	11.97	0.53
25%	31.71	40.67	11.15	13.97	0.58
50%	37.22	65.18	13.98	19.98	0.63
75%	72.36	267.16	29.70	22.87	0.69
90%	83.78	391.92	62.48	24.75	0.76

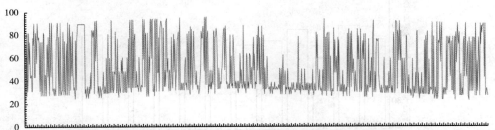

图1　内蒙古自治区赤峰市大气自然净化能力指数波形（ASPI-2018.1.1–2018.12.31）

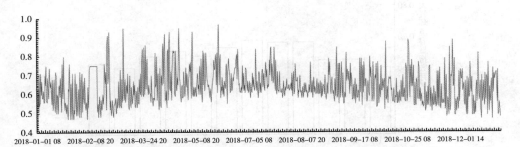

图2　内蒙古自治区赤峰市大气环境容量指数波形（AECI-2018.1.1–2018.12.31）

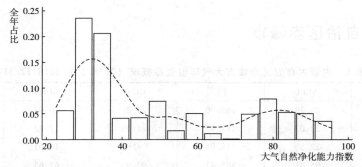

图 3　内蒙古自治区赤峰市大气自然净化能力指数分布（ASPI-2018.1.1-2018.12.31）

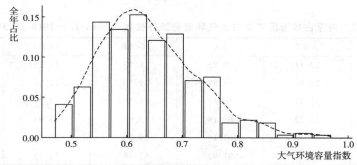

图 4　内蒙古自治区赤峰市大气环境容量指数分布（AECI-2018.1.1-2018.12.31）

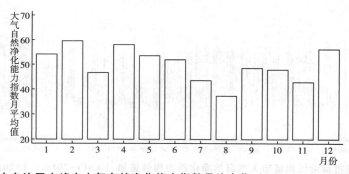

图 5　内蒙古自治区赤峰市大气自然净化能力指数月均变化（ASPI-2018.1.1-2018.12.31）

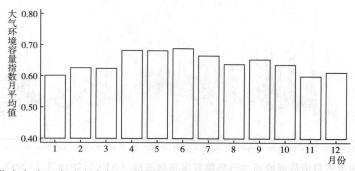

图 6　内蒙古自治区赤峰市大气环境容量指数月均变化（AECI-2018.1.1-2018.12.31）

内蒙古自治区通辽市

表 1　内蒙古自治区通辽市大气环境资源概况 （2018.1.1–2018.12.31）

指标类型	ASPI	EE	GCSP	GCO3	AECI
平均值	43.28	108.96	29.14	20.56	0.63
标准误	15.26	83.99	24.47	10.27	0.07
最小值	23.17	19.09	5.40	8.37	0.48
最大值	94.64	681.71	100.00	77.38	0.88
样本量（个）	2327	2327	2327	2327	2327

表 2　内蒙古自治区通辽市大气环境资源分位数 （2018.1.1–2018.12.31）

指标类型	ASPI	EE	GCSP	GCO3	AECI
5%	27.37	38.48	9.33	10.38	0.52
10%	28.69	39.19	10.41	11.32	0.54
25%	31.39	60.69	12.27	13.61	0.58
50%	36.63	64.77	15.10	19.40	0.62
75%	49.63	107.14	46.06	22.19	0.68
90%	63.23	206.34	70.60	40.48	0.72

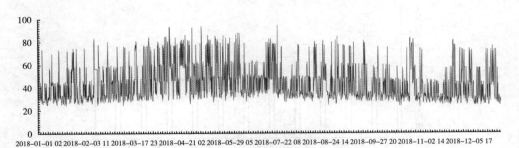

图 1　内蒙古自治区通辽市大气自然净化能力指数波形 （ASPI-2018.1.1–2018.12.31）

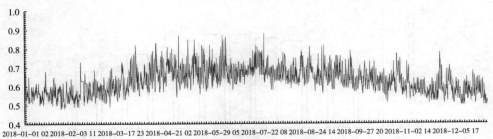

图 2　内蒙古自治区通辽市大气环境容量指数波形 （AECI-2018.1.1–2018.12.31）

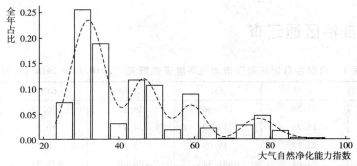

图 3　内蒙古自治区通辽市大气自然净化能力指数分布（ASPI-2018. 1. 1-2018. 12. 31）

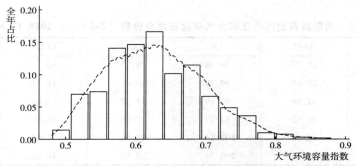

图 4　内蒙古自治区通辽市大气环境容量指数分布（AECI-2018. 1. 1-2018. 12. 31）

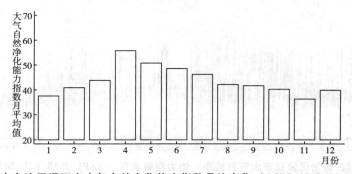

图 5　内蒙古自治区通辽市大气自然净化能力指数月均变化（ASPI-2018. 1. 1-2018. 12. 31）

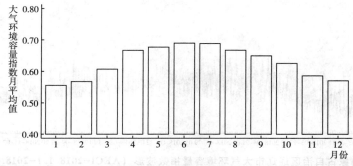

图 6　内蒙古自治区通辽市大气环境容量指数月均变化（AECI-2018. 1. 1-2018. 12. 31）

内蒙古自治区鄂尔多斯市

表1 内蒙古自治区鄂尔多斯市大气环境资源概况（2018.1.1-2018.12.31）

指标类型	ASPI	EE	GCSP	GCO3	AECI
平均值	42.38	100.70	26.18	19.84	0.62
标准误	14.19	76.55	23.51	6.81	0.06
最小值	20.81	18.58	4.93	8.79	0.47
最大值	92.51	745.98	97.56	58.93	0.89
样本量（个）	2347	2347	2347	2347	2347

表2 内蒙古自治区鄂尔多斯市大气环境资源分位数（2018.1.1-2018.12.31）

指标类型	ASPI	EE	GCSP	GCO3	AECI
5%	26.83	37.64	8.54	11.09	0.53
10%	28.50	38.98	9.62	12.04	0.55
25%	31.78	60.37	11.47	14.66	0.58
50%	36.61	64.76	13.85	20.02	0.62
75%	49.09	106.52	28.21	22.49	0.66
90%	62.00	203.68	67.79	24.39	0.70

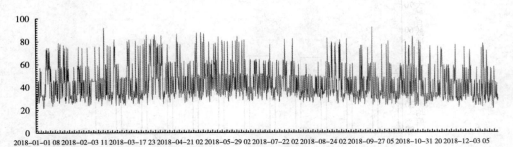

图1 内蒙古自治区鄂尔多斯市大气自然净化能力指数波形（ASPI-2018.1.1-2018.12.31）

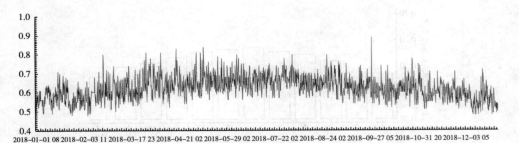

图2 内蒙古自治区鄂尔多斯市大气环境容量指数波形（AECI-2018.1.1-2018.12.31）

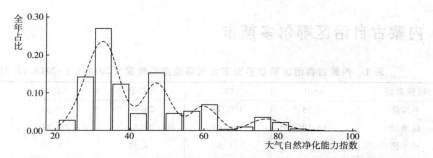

图3　内蒙古自治区鄂尔多斯市大气自然净化能力指数分布 （ASPI-2018.1.1~2018.12.31）

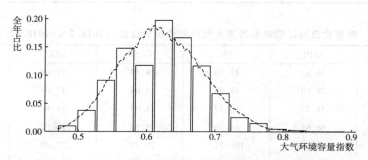

图4　内蒙古自治区鄂尔多斯市大气环境容量指数分布 （AECI-2018.1.1~2018.12.31）

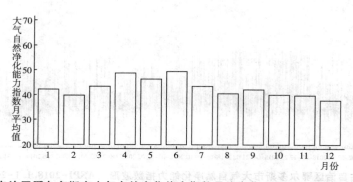

图5　内蒙古自治区鄂尔多斯市大气自然净化能力指数月均变化 （ASPI-2018.1.1~2018.12.31）

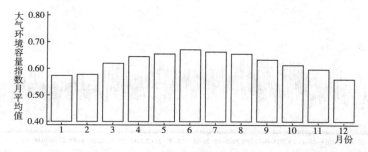

图6　内蒙古自治区鄂尔多斯市大气环境容量指数月均变化 （AECI-2018.1.1~2018.12.31）

内蒙古自治区呼伦贝尔市

表 1 内蒙古自治区呼伦贝尔市大气环境资源概况（2018.1.1–2018.12.31）

指标类型	ASPI	EE	GCSP	GCO3	AECI
平均值	60.22	252.86	36.05	16.71	0.66
标准误	21.25	205.08	21.19	6.61	0.10
最小值	20.89	18.60	0.26	6.51	0.42
最大值	95.56	1143.49	88.44	73.08	1.02
样本量（个）	2373	2373	2373	2373	2373

表 2 内蒙古自治区呼伦贝尔市大气环境资源分位数（2018.1.1–2018.12.31）

指标类型	ASPI	EE	GCSP	GCO3	AECI
5%	29.00	39.43	10.61	8.53	0.51
10%	31.08	60.42	12.58	9.51	0.53
25%	41.96	98.44	15.45	11.46	0.59
50%	58.58	196.32	29.25	17.23	0.66
75%	78.27	329.28	52.04	20.74	0.73
90%	88.93	605.17	65.59	22.61	0.81

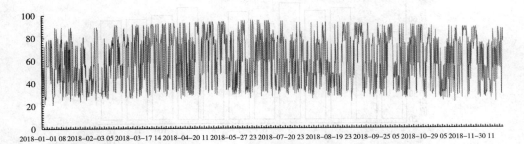

图 1 内蒙古自治区呼伦贝尔市大气自然净化能力指数波形（ASPI-2018.1.1–2018.12.31）

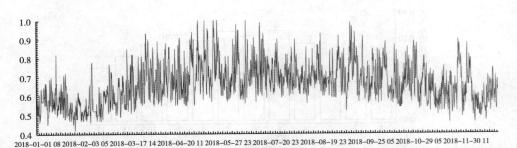

图 2 内蒙古自治区呼伦贝尔市大气环境容量指数波形（AECI-2018.1.1–2018.12.31）

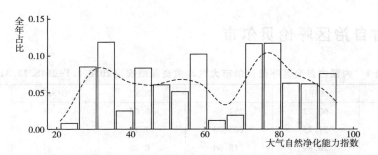

图 3　内蒙古自治区呼伦贝尔市大气自然净化能力指数分布（ASPI-2018. 1. 1-2018. 12. 31）

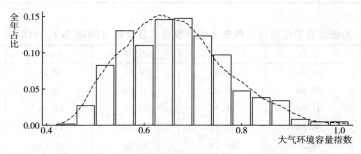

图 4　内蒙古自治区呼伦贝尔市大气环境容量指数分布（AECI-2018. 1. 1-2018. 12. 31）

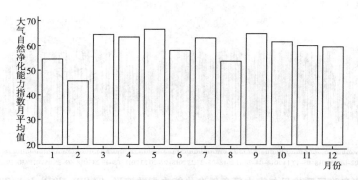

图 5　内蒙古自治区呼伦贝尔市大气自然净化能力指数月均变化（ASPI-2018. 1. 1-2018. 12. 31）

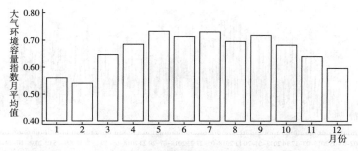

图 6　内蒙古自治区呼伦贝尔市大气环境容量指数月均变化（AECI-2018. 1. 1-2018. 12. 31）

内蒙古自治区巴彦淖尔市

表1 内蒙古自治区巴彦淖尔市大气环境资源概况（2018.1.1–2018.12.31）

指标类型	ASPI	EE	GCSP	GCO3	AECI
平均值	42.63	106.08	25.44	21.01	0.63
标准误	15.83	93.71	21.53	9.65	0.07
最小值	20.59	18.54	3.82	8.73	0.46
最大值	96.02	759.81	92.61	73.92	0.89
样本量（个）	2348	2348	2348	2348	2348

表2 内蒙古自治区巴彦淖尔市大气环境资源分位数（2018.1.1–2018.12.31）

指标类型	ASPI	EE	GCSP	GCO3	AECI
5%	26.70	38.15	8.23	10.89	0.52
10%	27.97	38.79	9.35	11.78	0.54
25%	31.12	40.55	11.32	14.31	0.58
50%	35.58	64.02	14.26	19.99	0.62
75%	49.63	107.14	36.24	22.55	0.67
90%	71.96	265.96	62.58	25.65	0.71

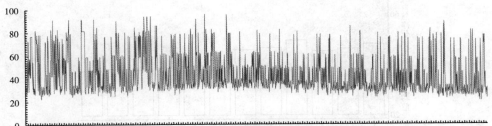

图1 内蒙古自治区巴彦淖尔市大气自然净化能力指数波形（ASPI–2018.1.1–2018.12.31）

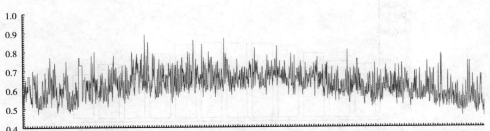

图2 内蒙古自治区巴彦淖尔市大气环境容量指数波形（AECI–2018.1.1–2018.12.31）

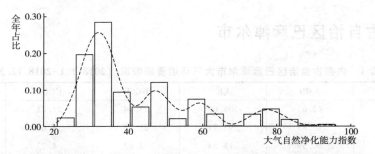

图 3　内蒙古自治区巴彦淖尔市大气自然净化能力指数分布 （ASPI-2018. 1. 1~2018. 12. 31）

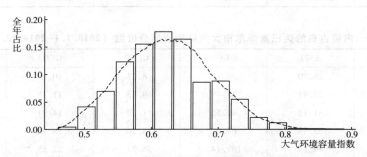

图 4　内蒙古自治区巴彦淖尔市大气环境容量指数分布 （AECI-2018. 1. 1~2018. 12. 31）

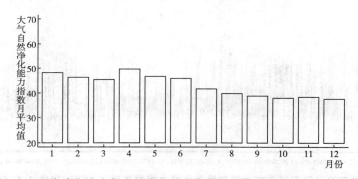

图 5　内蒙古自治区巴彦淖尔市大气自然净化能力指数月均变化 （ASPI-2018. 1. 1~2018. 12. 31）

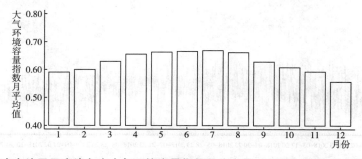

图 6　内蒙古自治区巴彦淖尔市大气环境容量指数月均变化 （AECI-2018. 1. 1~2018. 12. 31）

内蒙古自治区乌兰察布市

表1 内蒙古自治区乌兰察布市大气环境资源概况（2018.1.1–2018.12.31）

指标类型	ASPI	EE	GCSP	GCO3	AECI
平均值	42.10	110.13	24.74	19.03	0.61
标准误	17.63	124.67	20.66	6.70	0.08
最小值	20.58	18.53	4.41	8.47	0.45
最大值	96.05	981.61	88.44	48.44	0.95
样本量（个）	2348	2348	2348	2348	2348

表2 内蒙古自治区乌兰察布市大气环境资源分位数（2018.1.1–2018.12.31）

指标类型	ASPI	EE	GCSP	GCO3	AECI
5%	25.14	19.62	7.94	10.60	0.50
10%	26.84	38.25	9.10	11.54	0.52
25%	29.90	39.75	11.24	13.63	0.56
50%	34.40	63.16	13.93	19.55	0.61
75%	48.84	106.24	29.28	22.19	0.66
90%	74.97	275.09	61.18	24.01	0.71

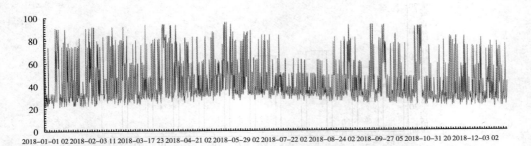

图1 内蒙古自治区乌兰察布市大气自然净化能力指数波形（ASPI–2018.1.1–2018.12.31）

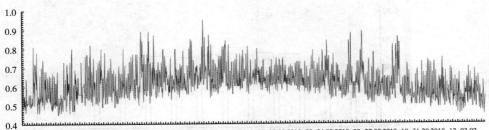

图2 内蒙古自治区乌兰察布市大气环境容量指数波形（AECI–2018.1.1–2018.12.31）

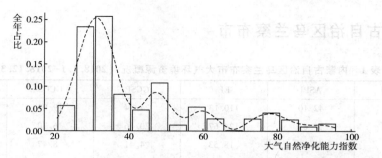

图 3　内蒙古自治区乌兰察布市大气自然净化能力指数分布（ASPI-2018.1.1-2018.12.31）

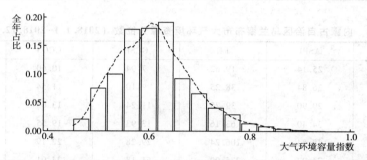

图 4　内蒙古自治区乌兰察布市大气环境容量指数分布（AECI-2018.1.1-2018.12.31）

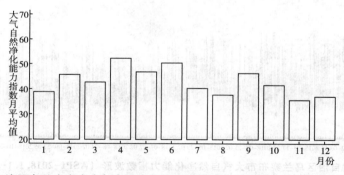

图 5　内蒙古自治区乌兰察布市大气自然净化能力指数月均变化（ASPI-2018.1.1-2018.12.31）

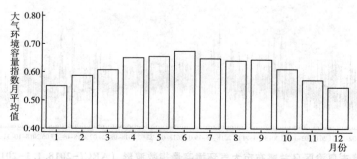

图 6　内蒙古自治区乌兰察布市大气环境容量指数月均变化（AECI-2018.1.1-2018.12.31）

内蒙古自治区兴安盟

表 1 内蒙古自治区兴安盟大气环境资源概况 （2018. 1. 1-2018. 12. 31）

指标类型	ASPI	EE	GCSP	GCO3	AECI
平均值	40. 59	98. 19	24. 50	19. 26	0. 62
标准误	14. 64	89. 39	20. 62	9. 09	0. 07
最小值	19. 74	18. 35	4. 92	7. 88	0. 46
最大值	93. 54	879. 06	90. 61	78. 85	0. 93
样本量（个）	2369	2369	2369	2369	2369

表 2 内蒙古自治区兴安盟大气环境资源分位数 （2018. 1. 1-2018. 12. 31）

指标类型	ASPI	EE	GCSP	GCO3	AECI
5%	26. 26	37. 96	8. 75	9. 89	0. 52
10%	27. 59	38. 64	9. 84	10. 79	0. 53
25%	30. 26	40. 16	11. 66	12. 87	0. 57
50%	34. 67	63. 39	13. 90	18. 91	0. 61
75%	46. 87	104. 01	27. 38	21. 64	0. 66
90%	61. 02	201. 58	62. 13	23. 80	0. 70

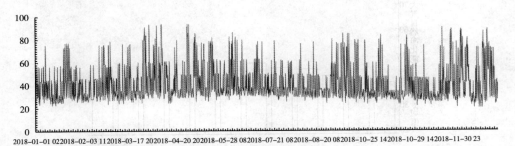

图 1 内蒙古自治区兴安盟大气自然净化能力指数波形 （ASPI-2018. 1. 1-2018. 12. 31）

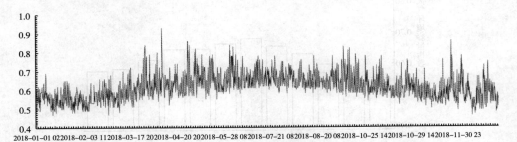

图 2 内蒙古自治区兴安盟大气环境容量指数波形 （AECI-2018. 1. 1-2018. 12. 31）

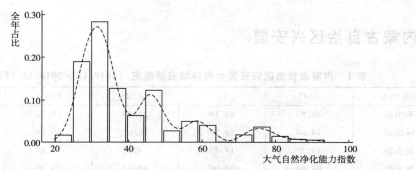

图 3　内蒙古自治区兴安盟大气自然净化能力指数分布（ASPI-2018.1.1-2018.12.31）

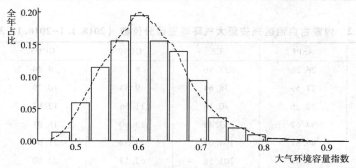

图 4　内蒙古自治区兴安盟大气环境容量指数分布（AECI-2018.1.1-2018.12.31）

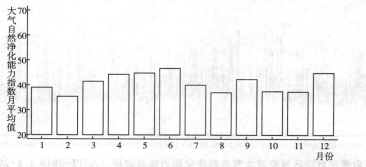

图 5　内蒙古自治区兴安盟大气自然净化能力指数月均变化（ASPI-2018.1.1-2018.12.31）

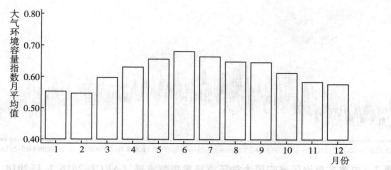

图 6　内蒙古自治区兴安盟大气环境容量指数月均变化（AECI-2018.1.1-2018.12.31）

内蒙古自治区锡林郭勒盟

表1 内蒙古自治区锡林郭勒盟大气环境资源概况（2018.1.1–2018.12.31）

指标类型	ASPI	EE	GCSP	GCO3	AECI
平均值	50.33	162.91	28.37	19.33	0.64
标准误	20.35	148.48	21.51	9.36	0.09
最小值	20.20	18.45	5.15	7.75	0.43
最大值	96.04	856.07	94.28	73.43	0.98
样本量（个）	2331	2331	2331	2331	2331

表2 内蒙古自治区锡林郭勒盟大气环境资源分位数（2018.1.1–2018.12.31）

指标类型	ASPI	EE	GCSP	GCO3	AECI
5%	26.77	38.26	8.80	9.90	0.50
10%	28.72	39.19	10.02	10.83	0.53
25%	32.07	61.43	12.44	12.99	0.57
50%	45.48	102.43	15.85	18.90	0.63
75%	63.54	207.01	46.02	21.83	0.70
90%	80.26	336.57	63.58	24.11	0.76

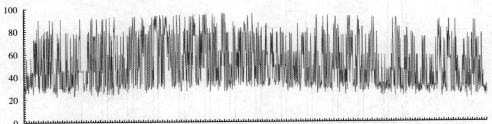

图1 内蒙古自治区锡林郭勒盟大气自然净化能力指数波形（ASPI–2018.1.1–2018.12.31）

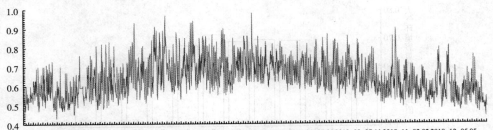

图2 内蒙古自治区锡林郭勒盟大气环境容量指数波形（AECI–2018.1.1–2018.12.31）

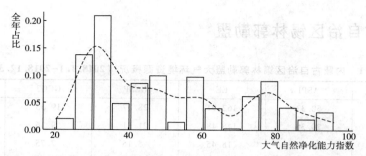

图3 内蒙古自治区锡林郭勒盟大气自然净化能力指数分布（ASPI-2018.1.1～2018.12.31）

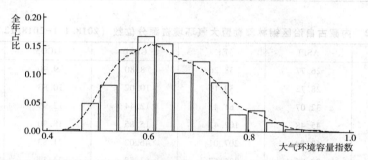

图4 内蒙古自治区锡林郭勒盟大气环境容量指数分布（AECI-2018.1.1～2018.12.31）

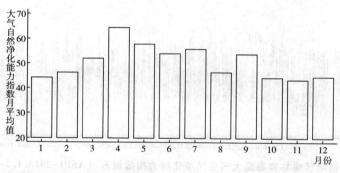

图5 内蒙古自治区锡林郭勒盟大气自然净化能力指数月均变化（ASPI-2018.1.1～2018.12.31）

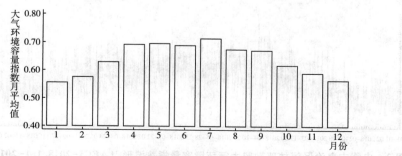

图6 内蒙古自治区锡林郭勒盟大气环境容量指数月均变化（AECI-2018.1.1～2018.12.31）

内蒙古自治区阿拉善盟

表1 内蒙古自治区阿拉善盟大气环境资源概况（2018.1.1–2018.12.31）

指标类型	ASPI	EE	GCSP	GCO3	AECI
平均值	39.46	87.22	17.32	20.82	0.62
标准误	13.89	78.76	16.42	8.01	0.07
最小值	21.09	18.64	0.12	9.18	0.46
最大值	96.97	712.16	87.02	74.30	0.91
样本量（个）	2345	2345	2345	2345	2345

表2 内蒙古自治区阿拉善盟大气环境资源分位数（2018.1.1–2018.12.31）

指标类型	ASPI	EE	GCSP	GCO3	AECI
5%	26.76	38.23	4.93	11.38	0.52
10%	28.07	38.86	6.62	12.33	0.54
25%	30.86	40.36	9.07	15.87	0.57
50%	34.31	63.05	12.05	20.34	0.61
75%	45.97	102.98	15.09	22.78	0.65
90%	59.46	198.22	43.41	25.25	0.70

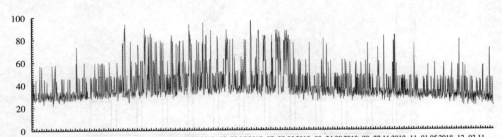

图1 内蒙古自治区阿拉善盟大气自然净化能力指数波形（ASPI-2018.1.1–2018.12.31）

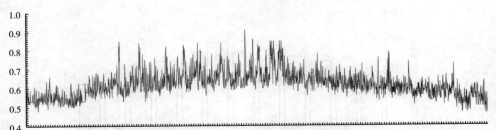

图2 内蒙古自治区阿拉善盟大气环境容量指数波形（AECI-2018.1.1–2018.12.31）

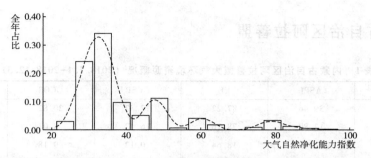

图 3　内蒙古自治区阿拉善盟大气自然净化能力指数分布（ASPI-2018.1.1-2018.12.31）

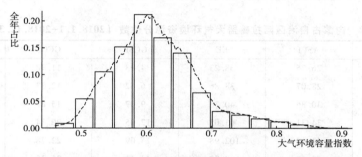

图 4　内蒙古自治区阿拉善盟大气环境容量指数分布（AECI-2018.1.1-2018.12.31）

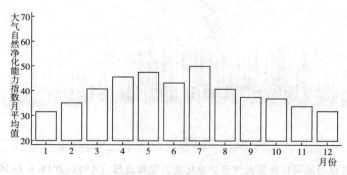

图 5　内蒙古自治区阿拉善盟大气自然净化能力指数月均变化（ASPI-2018.1.1-2018.12.31）

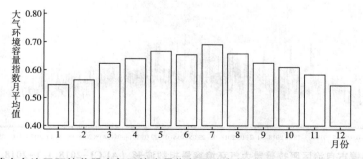

图 6　内蒙古自治区阿拉善盟大气环境容量指数月均变化（AECI-2018.1.1-2018.12.31）

辽宁省

辽宁省沈阳市

表 1 辽宁省沈阳市大气环境资源概况（2018. 1. 1–2018. 12. 31）

指标类型	ASPI	EE	GCSP	GCO3	AECI
平均值	39.72	85.11	27.17	23.59	0.62
标准误	12.33	65.57	21.89	12.29	0.06
最小值	22.48	18.94	6.9	10.88	0.47
最大值	94.24	624.22	98.54	77.87	0.84
样本量（个）	878	878	878	878	878

表 2 辽宁省沈阳市大气环境资源分位数（2018. 1. 1–2018. 12. 31）

指标类型	ASPI	EE	GCSP	GCO3	AECI
5%	27.09	38.42	9.61	11.83	0.52
10%	28.19	38.9	10.58	12.6	0.54
25%	31.41	40.6	12.64	15.38	0.58
50%	35.29	63.74	15.33	20.63	0.62
75%	46.62	103.72	40.79	23.53	0.67
90%	58.48	196.1	62.09	44.51	0.7

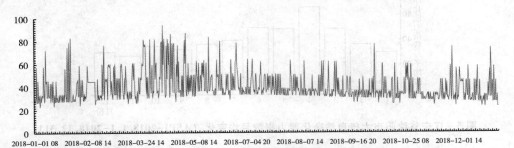

图 1 辽宁省沈阳市大气自然净化能力指数波形（ASPI-2018. 1. 1–2018. 12. 31）

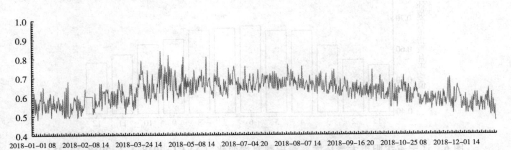

图 2 辽宁省沈阳市大气环境容量指数波形（AECI-2018. 1. 1–2018. 12. 31）

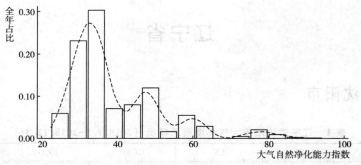

图 3　辽宁省沈阳市大气自然净化能力指数分布（ASPI-2018.1.1-2018.12.31）

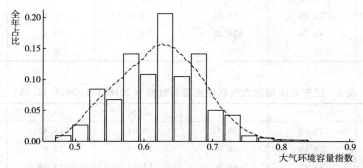

图 4　辽宁省沈阳市大气环境容量指数分布（AECI-2018.1.1-2018.12.31）

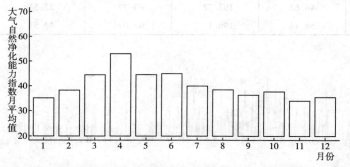

图 5　辽宁省沈阳市大气自然净化能力指数月均变化（ASPI-2018.1.1-2018.12.31）

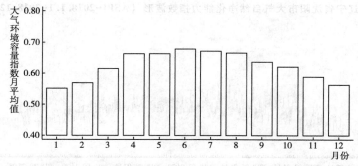

图 6　辽宁省沈阳市大气环境容量指数月均变化（AECI-2018.1.1-2018.12.31）

辽宁省大连市

表 1　辽宁省大连市大气环境资源概况（2018.1.1–2018.12.31）

指标类型	ASPI	EE	GCSP	GCO3	AECI
平均值	47.34	132.72	38.66	21.97	0.65
标准误	17.57	113.26	26.21	9.05	0.06
最小值	21.37	18.70	7.77	9.76	0.49
最大值	95.08	804.02	96.63	75.64	0.88
样本量（个）	2321	2321	2321	2321	2321

表 2　辽宁省大连市大气环境资源分位数（2018.1.1–2018.12.31）

指标类型	ASPI	EE	GCSP	GCO3	AECI
5%	27.32	38.45	11.67	12.22	0.55
10%	29.03	39.28	12.67	13.53	0.57
25%	32.75	61.36	14.46	17.25	0.60
50%	44.57	101.39	27.31	20.47	0.64
75%	59.41	198.11	62.16	23.02	0.69
90%	77.16	284.48	78.91	40.42	0.73

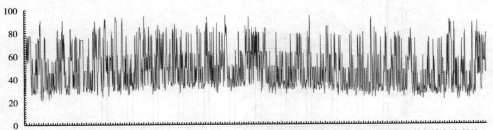

图 1　辽宁省大连市大气自然净化能力指数波形（ASPI–2018.1.1–2018.12.31）

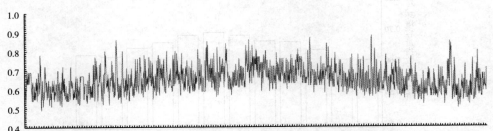

图 2　辽宁省大连市大气环境容量指数波形（AECI–2018.1.1–2018.12.31）

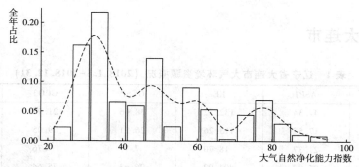

图 3 辽宁省大连市大气自然净化能力指数分布（ASPI-2018.1.1-2018.12.31）

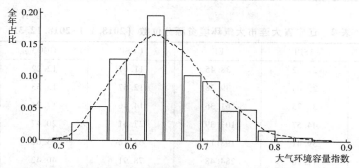

图 4 辽宁省大连市大气环境容量指数分布（AECI-2018.1.1-2018.12.31）

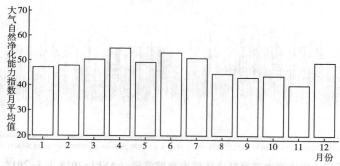

图 5 辽宁省大连市大气自然净化能力指数月均变化（ASPI-2018.1.1-2018.12.31）

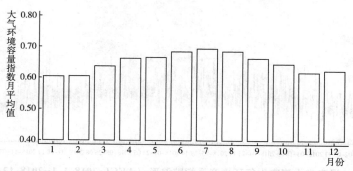

图 6 辽宁省大连市大气环境容量指数月均变化（AECI-2018.1.1-2018.12.31）

辽宁省鞍山市

表 1 辽宁省鞍山市大气环境资源概况 （2018.1.1–2018.12.31）

指标类型	ASPI	EE	GCSP	GCO3	AECI
平均值	42.30	102.41	21.60	22.38	0.63
标准误	14.96	82.84	17.39	11.26	0.07
最小值	20.98	18.62	2.20	9.11	0.47
最大值	96.04	636.19	93.57	76.46	0.87
样本量（个）	2322	2322	2322	2322	2322

表 2 辽宁省鞍山市大气环境资源分位数 （2018.1.1–2018.12.31）

指标类型	ASPI	EE	GCSP	GCO3	AECI
5%	27.02	38.36	8.94	11.18	0.53
10%	28.24	38.93	9.84	12.17	0.55
25%	31.11	40.75	11.83	15.65	0.59
50%	35.98	64.31	13.89	20.05	0.63
75%	49.12	106.55	23.21	22.90	0.67
90%	62.43	204.61	50.62	42.77	0.72

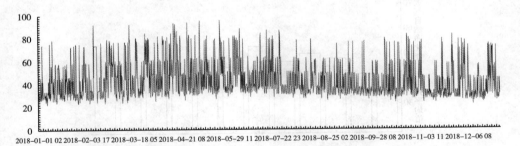

图 1 辽宁省鞍山市大气自然净化能力指数波形 （ASPI–2018.1.1–2018.12.31）

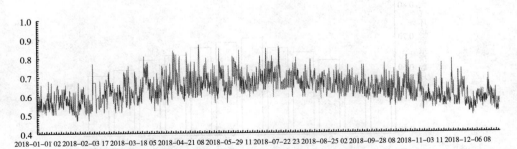

图 2 辽宁省鞍山市大气环境容量指数波形 （AECI–2018.1.1–2018.12.31）

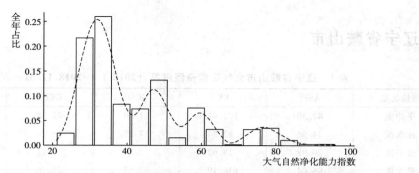

图 3　辽宁省鞍山市大气自然净化能力指数分布（ASPI-2018. 1. 1-2018. 12. 31）

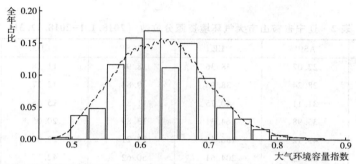

图 4　辽宁省鞍山市大气环境容量指数分布（AECI-2018. 1. 1-2018. 12. 31）

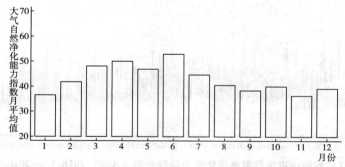

图 5　辽宁省鞍山市大气自然净化能力指数月均变化（ASPI-2018. 1. 1-2018. 12. 31）

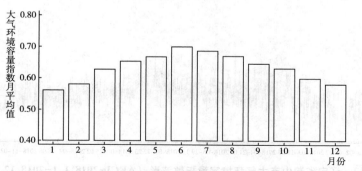

图 6　辽宁省鞍山市大气环境容量指数月均变化（AECI-2018. 1. 1-2018. 12. 31）

辽宁省抚顺市

表 1　辽宁省抚顺市大气环境资源概况（2018.1.1–2018.12.31）

指标类型	ASPI	EE	GCSP	GCO3	AECI
平均值	42.30	107.69	40.89	20.67	0.62
标准误	16.72	102.42	26.38	10.28	0.08
最小值	21.97	18.83	6.95	8.33	0.46
最大值	96.32	700.47	93.54	76.47	0.91
样本量（个）	2320	2320	2320	2320	2320

表 2　辽宁省抚顺市大气环境资源分位数（2018.1.1–2018.12.31）

指标类型	ASPI	EE	GCSP	GCO3	AECI
5%	27.19	38.44	10.58	10.42	0.51
10%	28.72	39.15	11.93	11.39	0.53
25%	31.08	41.15	14.28	13.72	0.57
50%	34.51	63.28	41.08	19.64	0.61
75%	48.22	105.53	62.76	22.38	0.66
90%	74.56	273.81	80.90	25.55	0.73

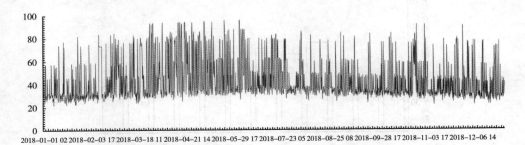

图 1　辽宁省抚顺市大气自然净化能力指数波形（ASPI–2018.1.1–2018.12.31）

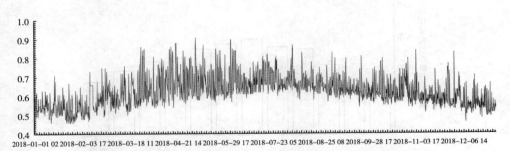

图 2　辽宁省抚顺市大气环境容量指数波形（AECI–2018.1.1–2018.12.31）

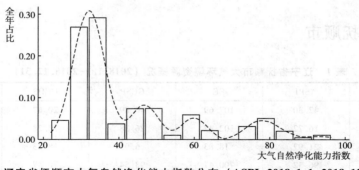

图 3　辽宁省抚顺市大气自然净化能力指数分布（ASPI-2018.1.1-2018.12.31）

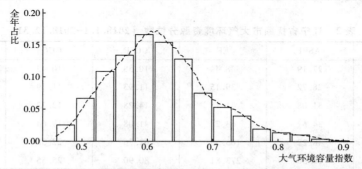

图 4　辽宁省抚顺市大气环境容量指数分布（AECI-2018.1.1-2018.12.31）

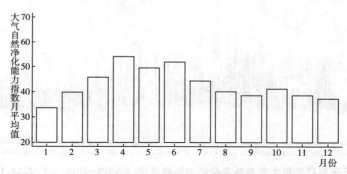

图 5　辽宁省抚顺市大气自然净化能力指数月均变化（ASPI-2018.1.1-2018.12.31）

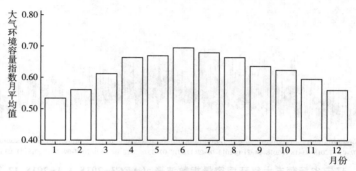

图 6　辽宁省抚顺市大气环境容量指数月均变化（AECI-2018.1.1-2018.12.31）

辽宁省本溪市

表 1 辽宁省本溪市大气环境资源概况（2018.1.1-2018.12.31）

指标类型	ASPI	EE	GCSP	GCO3	AECI
平均值	39.86	89.09	39.12	21.23	0.62
标准误	13.08	68.23	27.90	10.44	0.06
最小值	23.51	19.17	7.31	8.83	0.48
最大值	94.64	626.88	98.66	77.74	0.86
样本量（个）	2326	2326	2326	2326	2326

表 2 辽宁省本溪市大气环境资源分位数（2018.1.1-2018.12.31）

指标类型	ASPI	EE	GCSP	GCO3	AECI
5%	27.55	38.53	10.32	10.82	0.53
10%	28.81	39.21	11.63	11.78	0.54
25%	31.24	41.16	13.91	14.39	0.57
50%	34.46	63.24	27.60	19.78	0.62
75%	46.39	103.45	58.10	22.61	0.66
90%	59.58	198.47	85.08	40.70	0.70

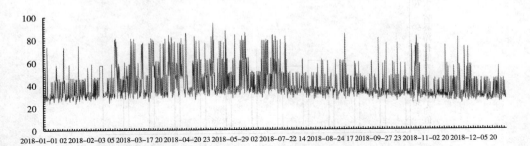

图 1 辽宁省本溪市大气自然净化能力指数波形（ASPI-2018.1.1-2018.12.31）

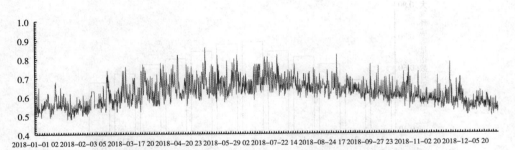

图 2 辽宁省本溪市大气环境容量指数波形（AECI-2018.1.1-2018.12.31）

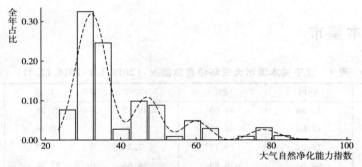

图 3　辽宁省本溪市大气自然净化能力指数分布（ASPI-2018.1.1-2018.12.31）

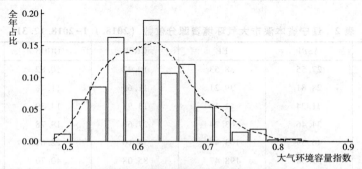

图 4　辽宁省本溪市大气环境容量指数分布（AECI-2018.1.1-2018.12.31）

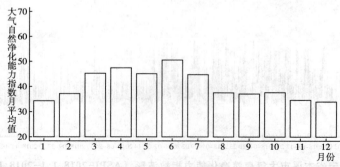

图 5　辽宁省本溪市大气自然净化能力指数月均变化（ASPI-2018.1.1-2018.12.31）

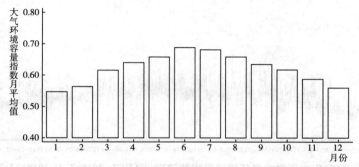

图 6　辽宁省本溪市大气环境容量指数月均变化（AECI-2018.1.1-2018.12.31）

辽宁省丹东市

表 1　辽宁省丹东市大气环境资源概况（2018.1.1-2018.12.31）

指标类型	ASPI	EE	GCSP	GCO3	AECI
平均值	44.81	118.34	50.67	20.89	0.63
标准误	16.23	104.49	32.88	8.65	0.06
最小值	20.73	18.57	6.96	9.33	0.49
最大值	93.43	811.57	98.67	75.88	0.89
样本量（个）	2321	2321	2321	2321	2321

表 2　辽宁省丹东市大气环境资源分位数（2018.1.1-2018.12.31）

指标类型	ASPI	EE	GCSP	GCO3	AECI
5%	27.79	38.69	11.23	11.26	0.54
10%	29.34	39.43	12.42	12.19	0.56
25%	32.07	60.50	14.93	15.57	0.59
50%	37.93	65.67	50.15	20.09	0.63
75%	53.27	184.88	84.67	22.77	0.67
90%	74.35	273.17	95.69	25.24	0.71

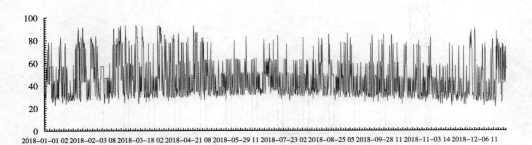

2018-01-01 02 2018-02-03 08 2018-03-18 02 2018-04-21 08 2018-05-29 11 2018-07-23 02 2018-08-25 05 2018-09-28 11 2018-11-03 14 2018-12-06 11

图 1　辽宁省丹东市大气自然净化能力指数波形（ASPI-2018.1.1-2018.12.31）

2018-01-01 02 2018-02-03 08 2018-03-18 02 2018-04-21 08 2018-05-29 11 2018-07-23 02 2018-08-25 05 2018-09-28 11 2018-11-03 14 2018-12-06 11

图 2　辽宁省丹东市大气环境容量指数波形（AECI-2018.1.1-2018.12.31）

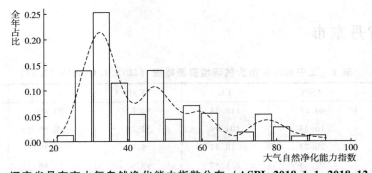

图 3 辽宁省丹东市大气自然净化能力指数分布 （ASPI-2018.1.1-2018.12.31）

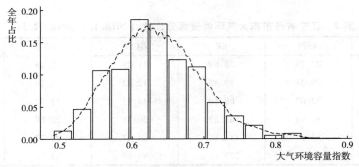

图 4 辽宁省丹东市大气环境容量指数分布 （AECI-2018.1.1-2018.12.31）

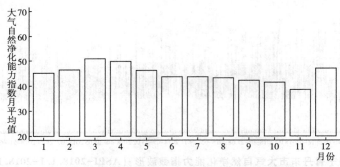

图 5 辽宁省丹东市大气自然净化能力指数月均变化 （ASPI-2018.1.1-2018.12.31）

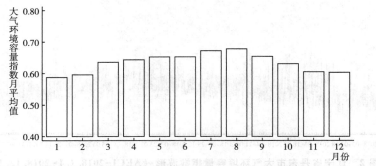

图 6 辽宁省丹东市大气环境容量指数月均变化 （AECI-2018.1.1-2018.12.31）

辽宁省锦州市

表1 辽宁省锦州市大气环境资源概况 （2018.1.1-2018.12.31）

指标类型	ASPI	EE	GCSP	GCO3	AECI
平均值	40.63	92.92	31.94	21.44	0.62
标准误	14.42	76.74	27.39	9.84	0.07
最小值	20.81	18.58	6.23	9.16	0.47
最大值	94.99	629.24	100.00	74.26	0.88
样本量（个）	2325	2325	2325	2325	2325

表2 辽宁省锦州市大气环境资源分位数 （2018.1.1-2018.12.31）

指标类型	ASPI	EE	GCSP	GCO3	AECI
5%	25.93	37.83	8.97	11.14	0.52
10%	27.25	38.48	9.86	12.11	0.54
25%	30.05	39.82	11.99	15.30	0.57
50%	34.78	63.49	14.76	20.06	0.62
75%	48.15	105.46	50.73	22.70	0.67
90%	61.22	202.00	78.89	41.33	0.71

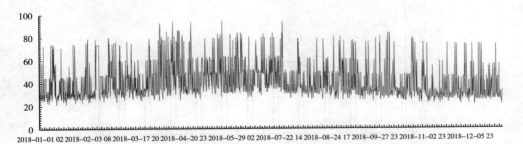

图1 辽宁省锦州市大气自然净化能力指数波形 （ASPI-2018.1.1-2018.12.31）

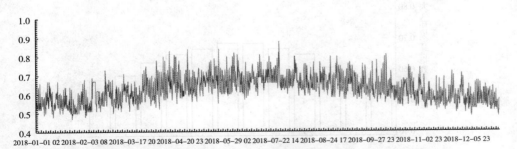

图2 辽宁省锦州市大气环境容量指数波形 （AECI-2018.1.1-2018.12.31）

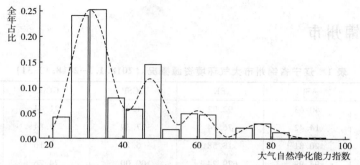

图 3　辽宁省锦州市大气自然净化能力指数分布（ASPI-2018.1.1-2018.12.31）

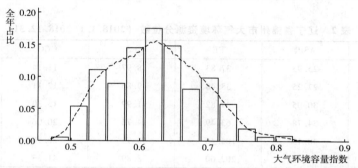

图 4　辽宁省锦州市大气环境容量指数分布（AECI-2018.1.1-2018.12.31）

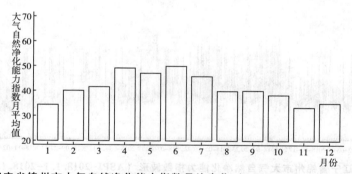

图 5　辽宁省锦州市大气自然净化能力指数月均变化（ASPI-2018.1.1-2018.12.31）

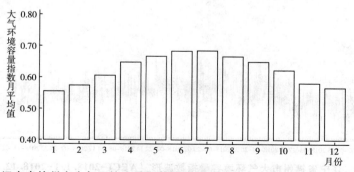

图 6　辽宁省锦州市大气环境容量指数月均变化（AECI-2018.1.1-2018.12.31）

辽宁省营口市

表1 辽宁省营口市大气环境资源概况 (2018.1.1-2018.12.31)

指标类型	ASPI	EE	GCSP	GCO3	AECI
平均值	52.32	175.38	39.90	21.33	0.66
标准误	20.54	159.22	26.92	9.24	0.08
最小值	21.88	18.82	7.94	9.27	0.47
最大值	96.60	1021.49	100.00	62.34	0.95
样本量（个）	2322	2322	2322	2322	2322

表2 辽宁省营口市大气环境资源分位数 (2018.1.1-2018.12.31)

指标类型	ASPI	EE	GCSP	GCO3	AECI
5%	27.51	38.57	11.65	11.20	0.54
10%	29.65	39.66	12.63	12.19	0.56
25%	33.22	62.30	14.91	15.42	0.60
50%	47.56	104.78	27.90	20.09	0.66
75%	73.58	270.85	62.10	22.81	0.72
90%	82.21	347.59	80.85	41.01	0.77

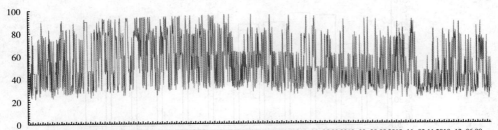

图1 辽宁省营口市大气自然净化能力指数波形（ASPI-2018.1.1-2018.12.31）

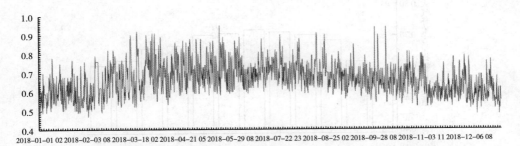

图2 辽宁省营口市大气环境容量指数波形（AECI-2018.1.1-2018.12.31）

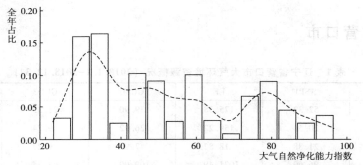

图 3 辽宁省营口市大气自然净化能力指数分布（ASPI-2018.1.1-2018.12.31）

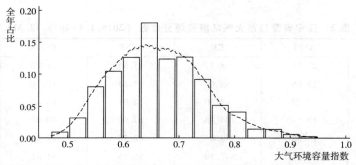

图 4 辽宁省营口市大气环境容量指数分布（AECI-2018.1.1-2018.12.31）

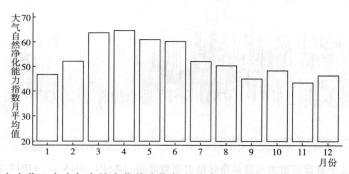

图 5 辽宁省营口市大气自然净化能力指数月均变化（ASPI-2018.1.1-2018.12.31）

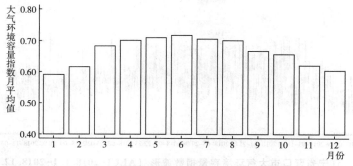

图 6 辽宁省营口市大气环境容量指数月均变化（AECI-2018.1.1-2018.12.31）

辽宁省阜新市

表1　辽宁省阜新市大气环境资源概况（2018.1.1-2018.12.31）

指标类型	ASPI	EE	GCSP	GCO3	AECI
平均值	49.18	154.67	30.96	20.99	0.65
标准误	20.72	144.69	25.81	10.47	0.09
最小值	21.31	18.69	6.09	8.71	0.45
最大值	95.89	759.41	98.67	76.19	0.91
样本量（个）	2326	2326	2326	2326	2326

表2　辽宁省阜新市大气环境资源分位数（2018.1.1-2018.12.31）

指标类型	ASPI	EE	GCSP	GCO3	AECI
5%	26.16	37.89	9.07	10.66	0.51
10%	27.37	38.55	10.02	11.59	0.53
25%	30.88	40.58	12.06	13.96	0.57
50%	44.87	101.74	15.27	19.69	0.64
75%	62.43	204.62	50.59	22.43	0.71
90%	80.78	337.95	74.09	41.46	0.77

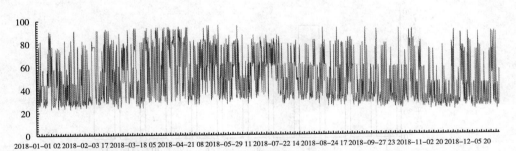

图1　辽宁省阜新市大气自然净化能力指数波形（ASPI-2018.1.1-2018.12.31）

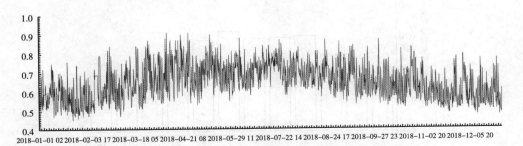

图2　辽宁省阜新市大气环境容量指数波形（AECI-2018.1.1-2018.12.31）

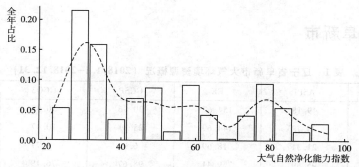

图 3　辽宁省阜新市大气自然净化能力指数分布（ASPI-2018.1.1-2018.12.31）

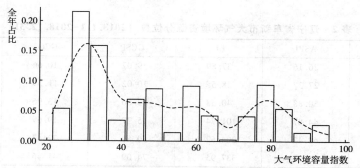

图 4　辽宁省阜新市大气环境容量指数分布（AECI-2018.1.1-2018.12.31）

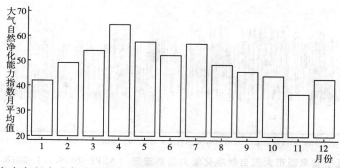

图 5　辽宁省阜新市大气自然净化能力指数月均变化（ASPI-2018.1.1-2018.12.31）

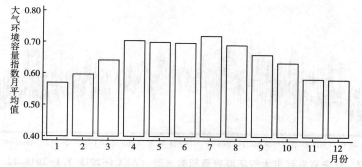

图 6　辽宁省阜新市大气环境容量指数月均变化（AECI-2018.1.1-2018.12.31）

辽宁省辽阳市

表1 辽宁省辽阳市大气环境资源概况（2018.1.1-2018.12.31）

指标类型	ASPI	EE	GCSP	GCO3	AECI
平均值	37.83	74.84	30.22	23.43	0.62
标准误	11.30	55.95	21.69	11.81	0.06
最小值	22.63	18.98	6.61	11.06	0.48
最大值	84.56	396.86	90.58	74.66	0.83
样本量（个）	875	875	875	875	875

表2 辽宁省辽阳市大气环境资源分位数（2018.1.1-2018.12.31）

指标类型	ASPI	EE	GCSP	GCO3	AECI
5%	27.11	38.41	9.61	11.87	0.52
10%	27.89	38.77	10.79	12.63	0.54
25%	30.38	39.87	12.82	16.38	0.57
50%	34.01	62.79	21.64	20.74	0.62
75%	44.89	101.76	46.26	23.60	0.66
90%	50.85	108.52	62.29	44.11	0.69

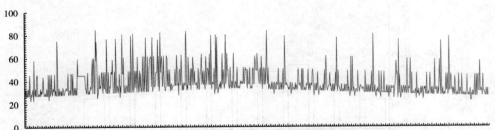

图1 辽宁省辽阳市大气自然净化能力指数波形（ASPI-2018.1.1-2018.12.31）

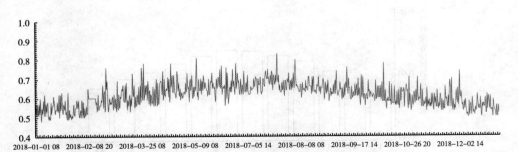

图2 辽宁省辽阳市大气环境容量指数波形（AECI-2018.1.1-2018.12.31）

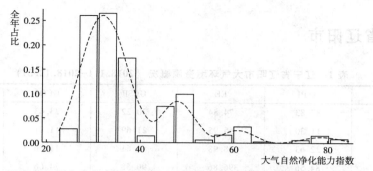

图 3　辽宁省辽阳市大气自然净化能力指数分布（ASPI-2018.1.1~2018.12.31）

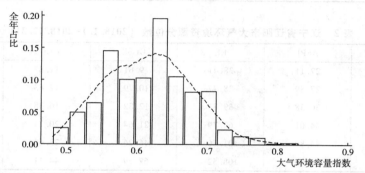

图 4　辽宁省辽阳市大气环境容量指数分布（AECI-2018.1.1~2018.12.31）

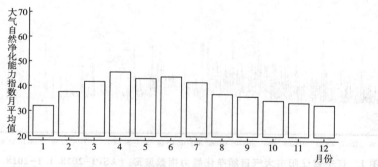

图 5　辽宁省辽阳市大气自然净化能力指数月均变化（ASPI-2018.1.1~2018.12.31）

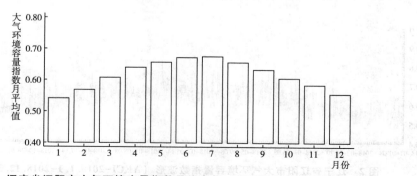

图 6　辽宁省辽阳市大气环境容量指数月均变化（AECI-2018.1.1~2018.12.31）

辽宁省盘锦市

表 1 辽宁省盘锦市大气环境资源概况（2018. 1. 1-2018. 12. 31）

指标类型	ASPI	EE	GCSP	GCO3	AECI
平均值	53.09	195.27	36.65	22.30	0.67
标准误	23.03	204.05	25.48	10.02	0.10
最小值	22.58	18.97	7.63	11.07	0.47
最大值	96.66	1092.28	98.64	72.65	1.01
样本量（个）	876	876	876	876	876

表 2 辽宁省盘锦市大气环境资源分位数（2018. 1. 1-2018. 12. 31）

指标类型	ASPI	EE	GCSP	GCO3	AECI
5%	27.51	38.53	10.11	11.92	0.52
10%	28.45	39.01	10.82	12.62	0.54
25%	32.08	60.76	13.42	15.42	0.59
50%	46.88	104.01	27.54	20.66	0.66
75%	76.88	281.36	57.76	23.42	0.73
90%	86.23	403.98	75.44	42.74	0.81

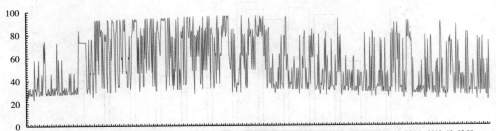

图 1 辽宁省盘锦市大气自然净化能力指数波形（ASPI-2018. 1. 1-2018. 12. 31）

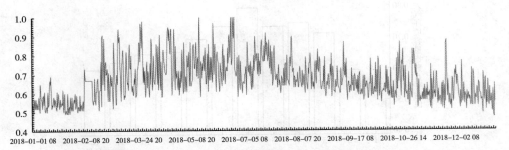

图 2 辽宁省盘锦市大气环境容量指数波形（AECI-2018. 1. 1-2018. 12. 31）

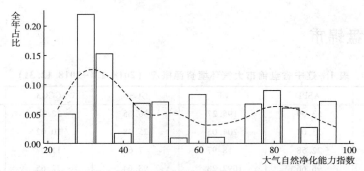

图 3　辽宁省盘锦市大气自然净化能力指数分布（ASPI-2018. 1. 1-2018. 12. 31）

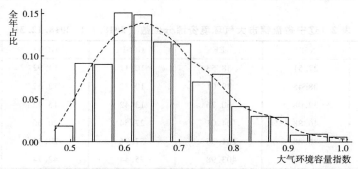

图 4　辽宁省盘锦市大气环境容量指数分布（AECI-2018. 1. 1-2018. 12. 31）

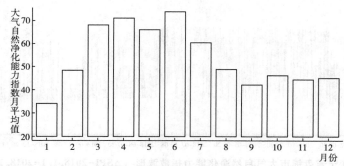

图 5　辽宁省盘锦市大气自然净化能力指数月均变化（ASPI-2018. 1. 1-2018. 12. 31）

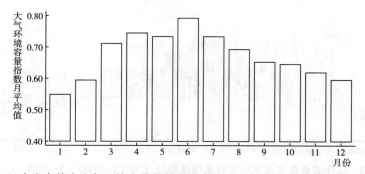

图 6　辽宁省盘锦市大气环境容量指数月均变化（AECI-2018. 1. 1-2018. 12. 31）

辽宁省铁岭市

表1 辽宁省铁岭市大气环境资源概况 （2018.1.1-2018.12.31）

指标类型	ASPI	EE	GCSP	GCO3	AECI
平均值	44.86	117.10	32.03	22.41	0.63
标准误	17.14	104.36	24.21	11.25	0.08
最小值	22.71	18.99	6.52	10.59	0.46
最大值	95.16	761.09	97.63	75.76	0.93
样本量（个）	877	877	877	877	877

表2 辽宁省铁岭市大气环境资源分位数 （2018.1.1-2018.12.31）

指标类型	ASPI	EE	GCSP	GCO3	AECI
5%	27.19	38.46	9.83	11.57	0.51
10%	28.17	38.87	11.01	12.13	0.54
25%	31.72	40.76	12.67	14.69	0.58
50%	37.10	65.09	21.63	20.46	0.63
75%	56.05	190.88	49.39	23.16	0.68
90%	75.95	277.99	68.99	43.23	0.73

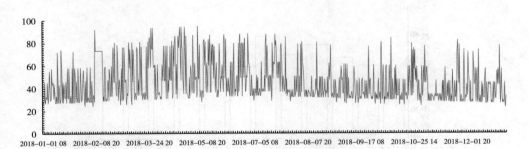

图1 辽宁省铁岭市大气自然净化能力指数波形 （ASPI-2018.1.1-2018.12.31）

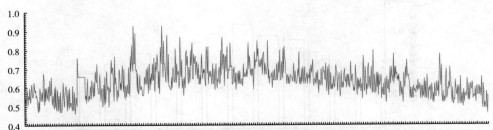

图2 辽宁省铁岭市大气环境容量指数波形 （AECI-2018.1.1-2018.12.31）

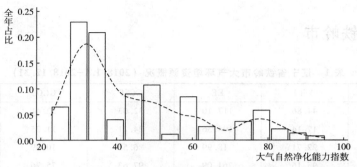

图 3　辽宁省铁岭市大气自然净化能力指数分布（ASPI-2018.1.1-2018.12.31）

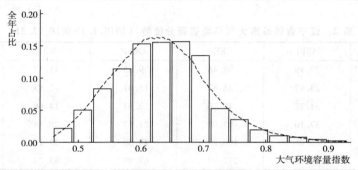

图 4　辽宁省铁岭市大气环境容量指数分布（AECI-2018.1.1-2018.12.31）

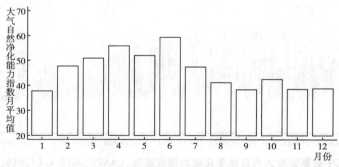

图 5　辽宁省铁岭市大气自然净化能力指数月均变化（ASPI-2018.1.1-2018.12.31）

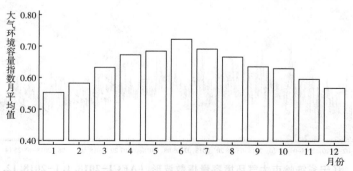

图 6　辽宁省铁岭市大气环境容量指数月均变化（AECI-2018.1.1-2018.12.31）

辽宁省朝阳市

表1 辽宁省朝阳市大气环境资源概况（2018.1.1-2018.12.31）

指标类型	ASPI	EE	GCSP	GCO3	AECI
平均值	45.50	122.74	27.96	21.90	0.64
标准误	17.49	103.42	24.29	11.32	0.07
最小值	21.27	18.68	3.81	8.88	0.48
最大值	96.13	705.99	92.09	77.23	0.93
样本量（个）	2328	2328	2328	2328	2328

表2 辽宁省朝阳市大气环境资源分位数（2018.1.1-2018.12.31）

指标类型	ASPI	EE	GCSP	GCO3	AECI
5%	27.27	38.45	8.55	10.83	0.53
10%	28.71	39.15	9.58	11.79	0.54
25%	31.62	60.44	11.43	14.41	0.58
50%	37.50	65.37	14.44	19.89	0.63
75%	57.33	193.62	43.75	22.63	0.69
90%	76.31	279.22	70.89	42.58	0.74

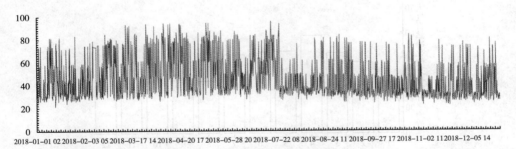

图1 辽宁省朝阳市大气自然净化能力指数波形（ASPI-2018.1.1-2018.12.31）

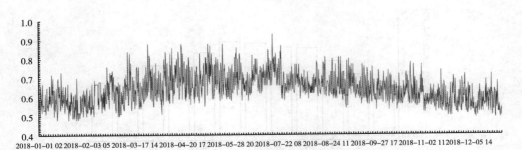

图2 辽宁省朝阳市大气环境容量指数波形（AECI-2018.1.1-2018.12.31）

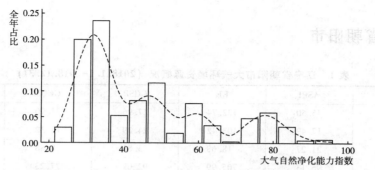

图 3　辽宁省朝阳市大气自然净化能力指数分布（ASPI-2018.1.1-2018.12.31）

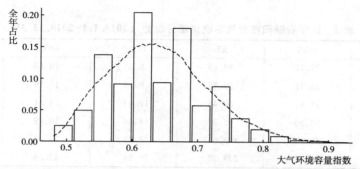

图 4　辽宁省朝阳市大气环境容量指数分布（AECI-2018.1.1-2018.12.31）

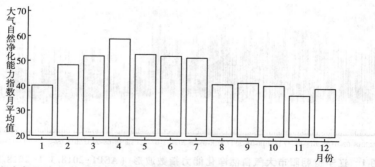

图 5　辽宁省朝阳市大气自然净化能力指数月均变化（ASPI-2018.1.1-2018.12.31）

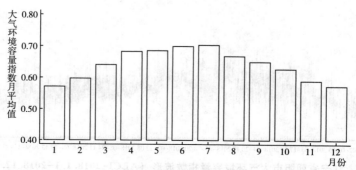

图 6　辽宁省朝阳市大气环境容量指数月均变化（AECI-2018.1.1-2018.12.31）

辽宁省葫芦岛市

表 1　辽宁省葫芦岛市大气环境资源概况（2018.1.1-2018.12.31）

指标类型	ASPI	EE	GCSP	GCO3	AECI
平均值	55.31	200.43	35.41	22.30	0.68
标准误	21.33	182.77	28.94	9.95	0.09
最小值	24.05	19.28	6.23	11.14	0.49
最大值	96.62	968.67	98.65	75.15	0.99
样本量（个）	876	876	876	876	876

表 2　辽宁省葫芦岛市大气环境资源分位数（2018.1.1-2018.12.31）

指标类型	ASPI	EE	GCSP	GCO3	AECI
5%	28.57	39.08	9.34	12.05	0.54
10%	31.18	40.58	10.41	12.75	0.56
25%	34.71	63.44	12.83	15.84	0.61
50%	49.18	106.63	16.91	20.75	0.66
75%	77.09	281.98	57.52	23.57	0.74
90%	85.86	402.40	84.88	42.19	0.80

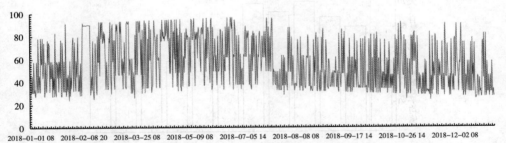

图 1　辽宁省葫芦岛市大气自然净化能力指数波形（ASPI-2018.1.1-2018.12.31）

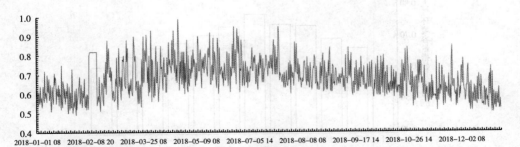

图 2　辽宁省葫芦岛市大气环境容量指数波形（AECI-2018.1.1-2018.12.31）

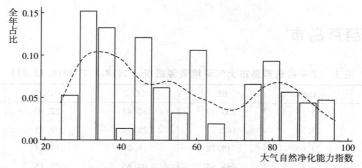

图 3 辽宁省葫芦岛市大气自然净化能力指数分布（ASPI-2018. 1. 1-2018. 12. 31）

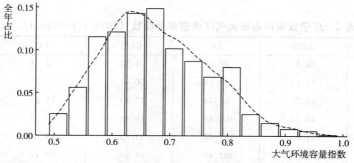

图 4 辽宁省葫芦岛市大气环境容量指数分布（AECI-2018. 1. 1-2018. 12. 31）

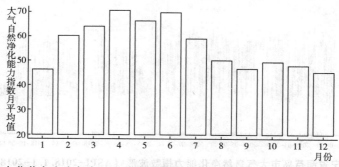

图 5 辽宁省葫芦岛市大气自然净化能力指数月均变化（ASPI-2018. 1. 1-2018. 12. 31）

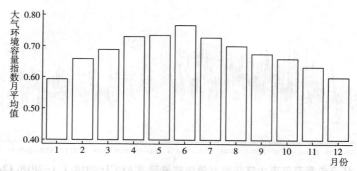

图 6 辽宁省葫芦岛市大气环境容量指数月均变化（AECI-2018. 1. 1-2018. 12. 31）

吉林省

吉林省长春市

表 1 吉林省长春市大气环境资源概况（2018.1.1-2018.12.31）

指标类型	ASPI	EE	GCSP	GCO3	AECI
平均值	44.74	119.69	37.6	19.6	0.63
标准误	16.82	102.54	27.07	8.8	0.08
最小值	20.41	18.5	6.23	8.13	0.44
最大值	95.6	824.66	100	72.82	0.93
样本量（个）	2328	2328	2328	2328	2328

表 2 吉林省长春市大气环境资源分位数（2018.1.1-2018.12.31）

指标类型	ASPI	EE	GCSP	GCO3	AECI
5%	26.28	37.76	10.34	10.18	0.51
10%	28.18	38.87	11.99	11.11	0.53
25%	31.57	60.63	14.2	13.25	0.58
50%	41.28	97.67	26.89	19.17	0.62
75%	55.87	190.49	59.21	22	0.68
90%	74.88	275.26	80.57	24.34	0.73

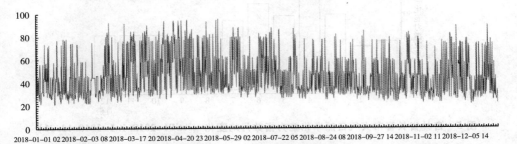

图 1 吉林省长春市大气自然净化能力指数波形（ASPI-2018.1.1-2018.12.31）

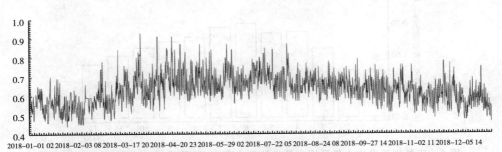

图 2 吉林省长春市大气环境容量指数波形（AECI-2018.1.1-2018.12.31）

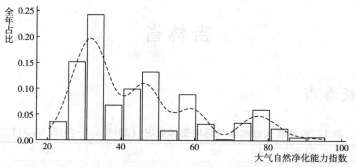

图 3 吉林省长春市大气自然净化能力指数分布（ASPI-2018.1.1-2018.12.31）

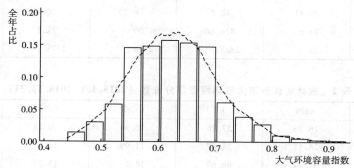

图 4 吉林省长春市大气环境容量指数分布（AECI-2018.1.1-2018.12.31）

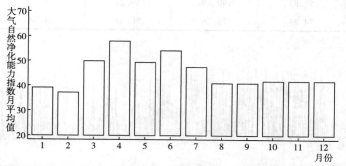

图 5 吉林省长春市大气自然净化能力指数月均变化（ASPI-2018.1.1-2018.12.31）

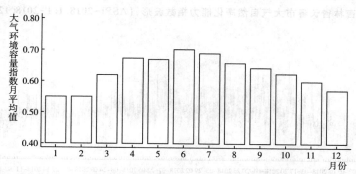

图 6 吉林省长春市大气环境容量指数月均变化（AECI-2018.1.1-2018.12.31）

吉林省吉林市

表 1　吉林省吉林市大气环境资源概况（2018.1.1-2018.12.31）

指标类型	ASPI	EE	GCSP	GCO3	AECI
平均值	53.48	175.46	35.89	20.57	0.66
标准误	18.94	142.47	27.29	9.01	0.08
最小值	25.68	19.64	5.68	10.23	0.47
最大值	96.17	832.59	98.01	74.20	0.98
样本量（个）	879	879	879	879	879

表 2　吉林省吉林市大气环境资源分位数（2018.1.1-2018.12.31）

指标类型	ASPI	EE	GCSP	GCO3	AECI
5%	30.00	39.71	10.35	11.20	0.53
10%	31.63	41.27	11.70	11.86	0.56
25%	35.71	64.13	13.77	13.84	0.60
50%	48.59	105.96	25.99	19.89	0.65
75%	71.95	265.93	56.49	22.69	0.70
90%	81.00	339.96	79.64	25.18	0.76

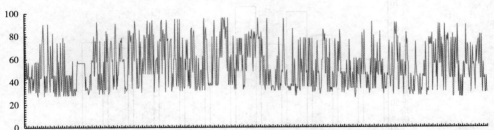

图 1　吉林省吉林市大气自然净化能力指数波形（ASPI-2018.1.1-2018.12.31）

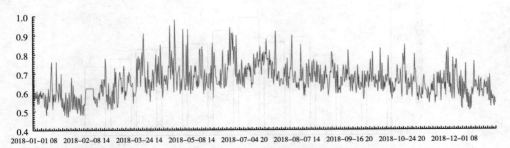

图 2　吉林省吉林市大气环境容量指数波形（AECI-2018.1.1-2018.12.31）

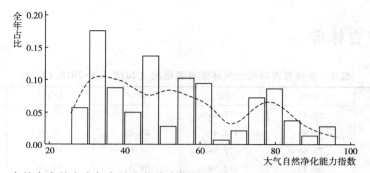

图 3　吉林省吉林市大气自然净化能力指数分布（ASPI-2018. 1. 1-2018. 12. 31）

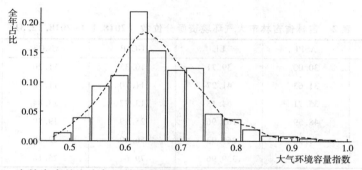

图 4　吉林省吉林市大气环境容量指数分布（AECI-2018. 1. 1-2018. 12. 31）

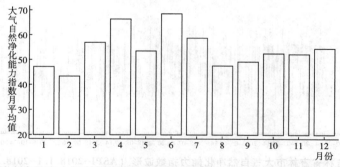

图 5　吉林省吉林市大气自然净化能力指数月均变化（ASPI-2018. 1. 1-2018. 12. 31）

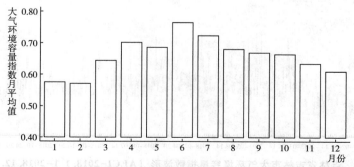

图 6　吉林省吉林市大气环境容量指数月均变化（AECI-2018. 1. 1-2018. 12. 31）

吉林省四平市

表 1　吉林省四平市大气环境资源概况（2018.1.1－2018.12.31）

指标类型	ASPI	EE	GCSP	GCO3	AECI
平均值	47.54	153.96	41.81	19.81	0.64
标准误	21.22	171.95	28.90	9.04	0.10
最小值	20.36	18.49	6.11	8.03	0.43
最大值	96.28	1234.96	101.69	62.59	1.02
样本量（个）	2331	2331	2331	2331	2331

表 2　吉林省四平市大气环境资源分位数（2018.1.1－2018.12.31）

指标类型	ASPI	EE	GCSP	GCO3	AECI
5%	24.58	19.43	10.38	10.21	0.49
10%	26.38	37.82	11.78	11.12	0.51
25%	30.05	39.87	14.40	13.29	0.56
50%	39.37	66.66	29.84	19.36	0.62
75%	60.85	201.21	64.94	22.13	0.70
90%	80.77	338.29	86.44	24.61	0.77

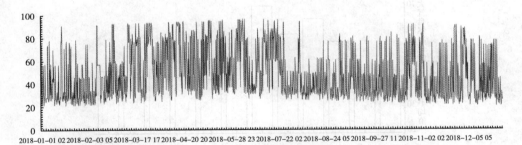

图 1　吉林省四平市大气自然净化能力指数波形（ASPI-2018.1.1－2018.12.31）

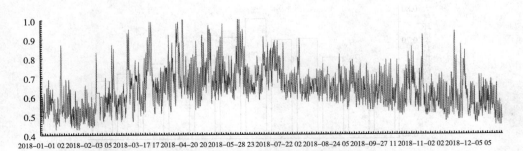

图 2　吉林省四平市大气环境容量指数波形（AECI-2018.1.1－2018.12.31）

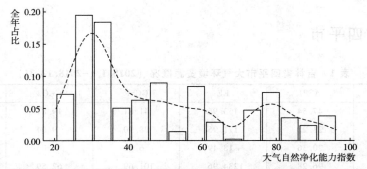

图 3　吉林省四平市大气自然净化能力指数分布（ASPI–2018.1.1–2018.12.31）

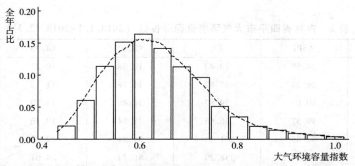

图 4　吉林省四平市大气环境容量指数分布（AECI–2018.1.1–2018.12.31）

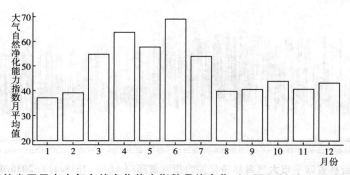

图 5　吉林省四平市大气自然净化能力指数月均变化（ASPI–2018.1.1–2018.12.31）

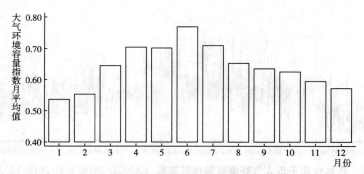

图 6　吉林省四平市大气环境容量指数月均变化（AECI–2018.1.1–2018.12.31）

吉林省辽源市

表 1 吉林省辽源市大气环境资源概况（2018.1.1–2018.12.31）

指标类型	ASPI	EE	GCSP	GCO3	AECI
平均值	40.50	96.99	46.63	19.97	0.61
标准误	16.43	95.64	29.54	9.68	0.08
最小值	20.48	18.51	7.31	8.23	0.42
最大值	95.16	697.50	101.48	77.05	0.92
样本量（个）	2328	2328	2328	2328	2328

表 2 吉林省辽源市大气环境资源分位数（2018.1.1–2018.12.31）

指标类型	ASPI	EE	GCSP	GCO3	AECI
5%	23.65	19.20	11.25	10.18	0.48
10%	25.38	19.68	12.46	11.10	0.50
25%	29.05	39.30	14.82	13.38	0.55
50%	33.71	62.68	48.48	19.34	0.61
75%	48.25	105.57	72.02	22.14	0.66
90%	62.81	205.43	88.61	24.57	0.72

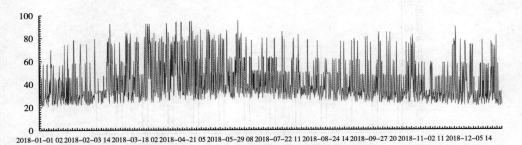

图 1 吉林省辽源市大气自然净化能力指数波形（ASPI-2018.1.1–2018.12.31）

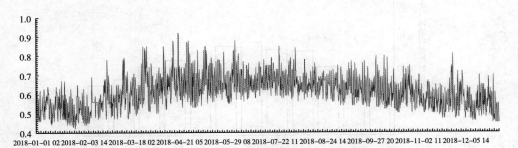

图 2 吉林省辽源市大气环境容量指数波形（AECI-2018.1.1–2018.12.31）

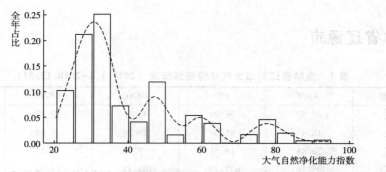

图 3　吉林省辽源市大气自然净化能力指数分布（ASPI－2018.1.1－2018.12.31）

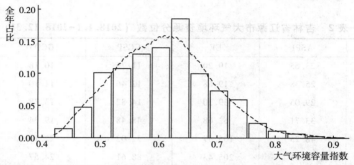

图 4　吉林省辽源市大气环境容量指数分布（AECI－2018.1.1－2018.12.31）

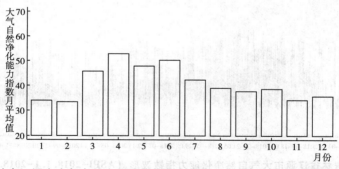

图 5　吉林省辽源市大气自然净化能力指数月均变化（ASPI－2018.1.1－2018.12.31）

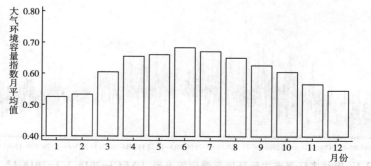

图 6　吉林省辽源市大气环境容量指数月均变化（AECI－2018.1.1－2018.12.31）

吉林省通化市

表1　吉林省通化市大气环境资源概况（2018.1.1–2018.12.31）

指标类型	ASPI	EE	GCSP	GCO3	AECI
平均值	36.83	75.87	46.72	19.74	0.60
标准误	13.95	77.21	27.63	8.47	0.07
最小值	20.56	18.53	5.84	8.44	0.45
最大值	96.48	683.97	100.00	74.19	0.87
样本量（个）	2320	2320	2320	2320	2320

表2　吉林省通化市大气环境资源分位数（2018.1.1–2018.12.31）

指标类型	ASPI	EE	GCSP	GCO3	AECI
5%	25.05	19.64	11.02	10.51	0.50
10%	26.10	37.63	12.48	11.49	0.51
25%	28.21	38.90	15.46	13.76	0.54
50%	31.59	40.50	49.36	19.53	0.59
75%	37.61	65.44	70.12	22.30	0.64
90%	59.43	198.15	84.40	24.40	0.69

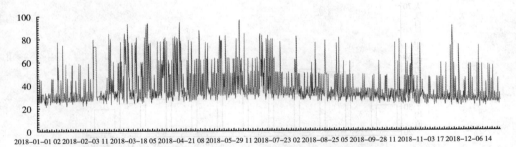

图1　吉林省通化市大气自然净化能力指数波形（ASPI-2018.1.1–2018.12.31）

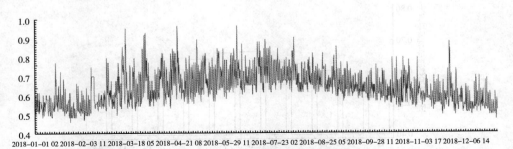

图2　吉林省通化市大气环境容量指数波形（AECI-2018.1.1–2018.12.31）

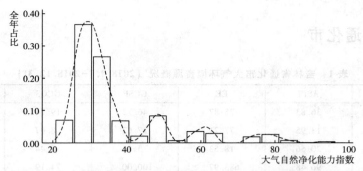

图 3　吉林省通化市大气自然净化能力指数分布（ASPI-2018.1.1-2018.12.31）

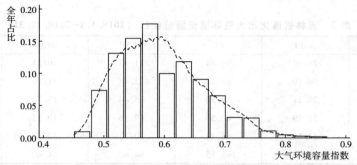

图 4　吉林省通化市大气环境容量指数分布（AECI-2018.1.1-2018.12.31）

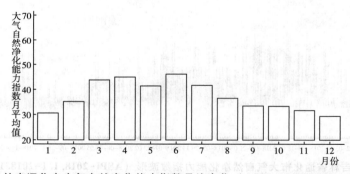

图 5　吉林省通化市大气自然净化能力指数月均变化（ASPI-2018.1.1-2018.12.31）

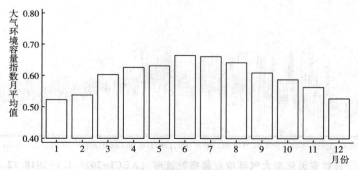

图 6　吉林省通化市大气环境容量指数月均变化（AECI-2018.1.1-2018.12.31）

吉林省松原市

表 1 吉林省松原市大气环境资源概况（2018.1.1-2018.12.31）

指标类型	ASPI	EE	GCSP	GCO3	AECI
平均值	45.74	123.72	35.53	20.56	0.63
标准误	17.13	103.78	28.32	9.50	0.08
最小值	22.04	18.85	5.41	9.99	0.44
最大值	93.07	733.69	100.00	74.71	0.91
样本量（个）	891	891	891	891	891

表 2 吉林省松原市大气环境资源分位数（2018.1.1-2018.12.31）

指标类型	ASPI	EE	GCSP	GCO3	AECI
5%	26.25	20.02	9.54	10.86	0.50
10%	27.38	38.51	11.06	11.46	0.52
25%	31.71	60.38	13.27	13.53	0.58
50%	43.41	100.08	22.34	19.71	0.63
75%	57.72	194.47	54.58	22.57	0.68
90%	75.73	277.36	85.91	25.32	0.73

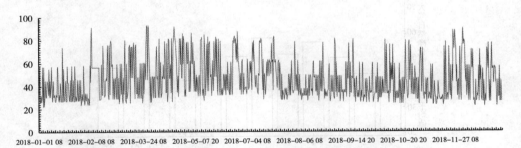

图 1 吉林省松原市大气自然净化能力指数波形（ASPI-2018.1.1-2018.12.31）

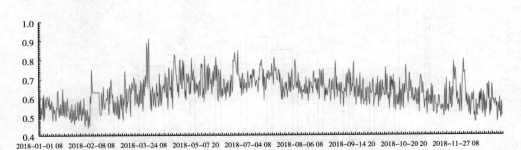

图 2 吉林省松原市大气环境容量指数波形（AECI-2018.1.1-2018.12.31）

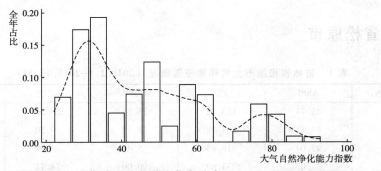

图 3　吉林省松原市大气自然净化能力指数分布（ASPI-2018.1.1-2018.12.31）

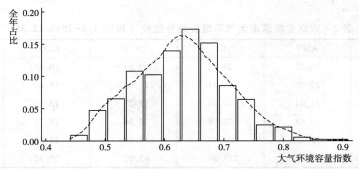

图 4　吉林省松原市大气环境容量指数分布（AECI-2018.1.1-2018.12.31）

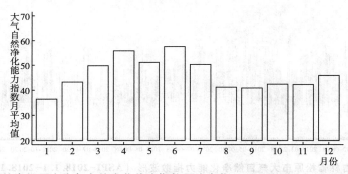

图 5　吉林省松原市大气自然净化能力指数月均变化（ASPI-2018.1.1-2018.12.31）

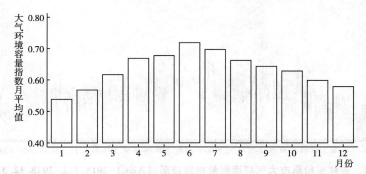

图 6　吉林省松原市大气环境容量指数月均变化（AECI-2018.1.1-2018.12.31）

吉林省白城市

表1　吉林省白城市大气环境资源概况（2018.1.1–2018.12.31）

指标类型	ASPI	EE	GCSP	GCO3	AECI
平均值	44.04	117.24	30.62	19.32	0.63
标准误	16.48	100.67	26.10	9.04	0.08
最小值	20.05	18.42	4.91	7.95	0.45
最大值	93.73	822.25	100.00	77.19	0.91
样本量（个）	2342	2342	2342	2342	2342

表2　吉林省白城市大气环境资源分位数（2018.1.1–2018.12.31）

指标类型	ASPI	EE	GCSP	GCO3	AECI
5%	26.60	38.17	9.09	9.84	0.51
10%	28.27	38.99	10.55	10.79	0.53
25%	31.31	60.37	12.63	12.92	0.57
50%	37.31	65.24	15.26	18.92	0.62
75%	53.07	184.47	47.60	21.74	0.67
90%	74.24	274.19	75.24	23.99	0.73

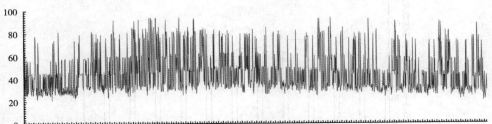

图1　吉林省白城市大气自然净化能力指数波形（ASPI–2018.1.1–2018.12.31）

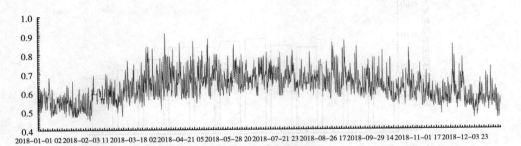

图2　吉林省白城市大气环境容量指数波形（AECI–2018.1.1–2018.12.31）

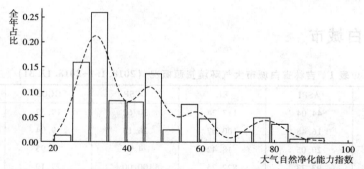

图 3　吉林省白城市大气自然净化能力指数分布（ASPI-2018.1.1-2018.12.31）

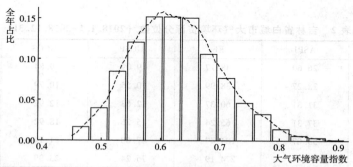

图 4　吉林省白城市大气环境容量指数分布（AECI-2018.1.1-2018.12.31）

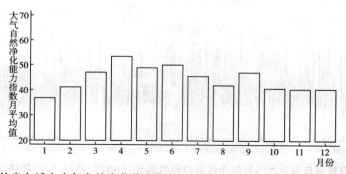

图 5　吉林省白城市大气自然净化能力指数月均变化（ASPI-2018.1.1-2018.12.31）

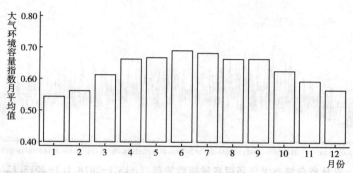

图 6　吉林省白城市大气环境容量指数月均变化（AECI-2018.1.1-2018.12.31）

吉林省延边自治州

表 1　吉林省延边自治州大气环境资源概况（2018.1.1－2018.12.31）

指标类型	ASPI	EE	GCSP	GCO3	AECI
平均值	48.48	163.90	41.09	19.68	0.64
标准误	21.47	180.75	28.62	9.03	0.08
最小值	21.18	18.66	7.65	8.64	0.47
最大值	96.57	995.31	98.66	75.87	1.00
样本量（个）	2321	2321	2321	2321	2321

表 2　吉林省延边自治州大气环境资源分位数（2018.1.1－2018.12.31）

指标类型	ASPI	EE	GCSP	GCO3	AECI
5%	26.77	38.21	10.83	10.48	0.52
10%	28.02	38.83	12.41	11.42	0.54
25%	31.06	40.32	14.59	13.55	0.58
50%	37.25	65.20	27.97	19.27	0.63
75%	62.8	205.40	65.83	22.07	0.69
90%	82.57	384.74	86.39	24.16	0.75

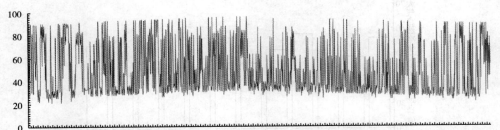

图 1　吉林省延边自治州大气自然净化能力指数波形（ASPI-2018.1.1－2018.12.31）

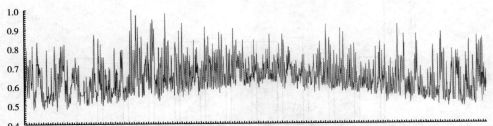

图 2　吉林省延边自治州大气环境容量指数波形（AECI-2018.1.1－2018.12.31）

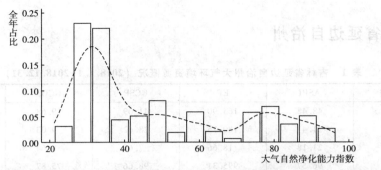

图 3　吉林省延边自治州大气自然净化能力指数分布 （ASPI-2018.1.1-2018.12.31）

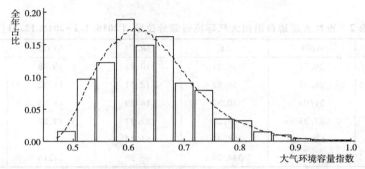

图 4　吉林省延边自治州大气环境容量指数分布 （AECI-2018.1.1-2018.12.31）

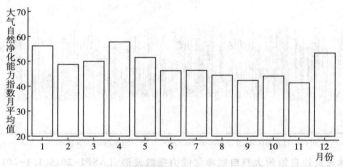

图 5　吉林省延边自治州大气自然净化能力指数月均变化 （ASPI-2018.1.1-2018.12.31）

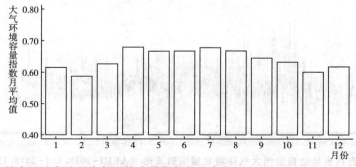

图 6　吉林省延边自治州大气环境容量指数月均变化 （AECI-2018.1.1-2018.12.31）

黑龙江省

黑龙江省哈尔滨市

表 1　黑龙江省哈尔滨市大气环境资源概况（2018.1.1-2018.12.31）

指标类型	ASPI	EE	GCSP	GCO3	AECI
平均值	44.77	117	39.16	19.79	0.62
标准误	16.54	96.68	24.85	8.54	0.08
最小值	22.07	18.86	6.25	9.78	0.44
最大值	95.3	754.99	92.74	76.49	0.88
样本量（个）	890	890	890	890	890

表 2　黑龙江省哈尔滨市大气环境资源分位数（2018.1.1-2018.12.31）

指标类型	ASPI	EE	GCSP	GCO3	AECI
5%	25.42	19.58	10.78	10.57	0.48
10%	27.62	38.65	12.26	11.17	0.52
25%	31.45	41.58	15.08	13.31	0.57
50%	42.29	98.81	28.2	19.5	0.63
75%	56.48	191.8	59.39	22.44	0.68
90%	74.38	273.26	75.5	24.44	0.72

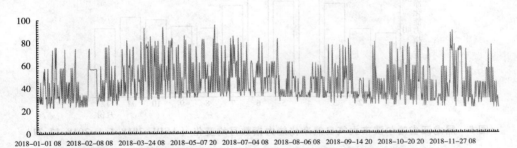

图 1　黑龙江省哈尔滨市大气自然净化能力指数波形（ASPI-2018.1.1-2018.12.31）

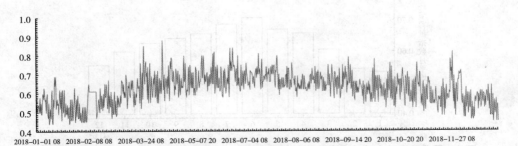

图 2　黑龙江省哈尔滨市大气环境容量指数波形（AECI-2018.1.1-2018.12.31）

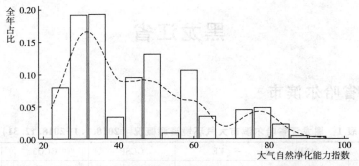

图 3　黑龙江省哈尔滨市大气自然净化能力指数分布（ASPI-2018.1.1-2018.12.31）

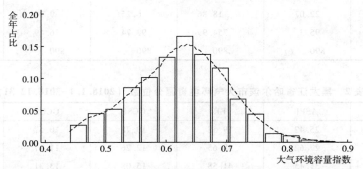

图 4　黑龙江省哈尔滨市大气环境容量指数分布（AECI-2018.1.1-2018.12.31）

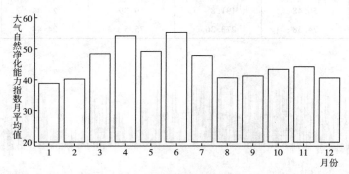

图 5　黑龙江省哈尔滨市大气自然净化能力指数月均变化（ASPI-2018.1.1-2018.12.31）

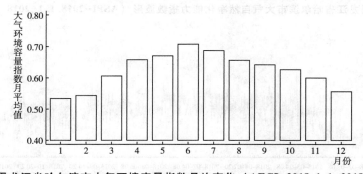

图 6　黑龙江省哈尔滨市大气环境容量指数月均变化（AECI-2018.1.1-2018.12.31）

黑龙江省齐齐哈尔市

表 1 黑龙江省齐齐哈尔市大气环境资源概况（2018.1.1-2018.12.31）

指标类型	ASPI	EE	GCSP	GCO3	AECI
平均值	42.16	107.45	34.82	18.48	0.62
标准误	15.80	91.65	25.16	8.17	0.08
最小值	20.43	18.50	6.96	7.66	0.44
最大值	92.72	841.97	97.64	78.02	0.92
样本量（个）	2371	2371	2371	2371	2371

表 2 黑龙江省齐齐哈尔市大气环境资源分位数（2018.1.1-2018.12.31）

指标类型	ASPI	EE	GCSP	GCO3	AECI
5%	25.79	37.75	10.77	9.42	0.50
10%	27.28	38.52	11.86	10.37	0.51
25%	30.13	40.34	13.90	12.51	0.56
50%	35.44	63.94	26.16	18.52	0.62
75%	48.91	106.32	54.67	21.36	0.67
90%	70.47	261.48	74.32	23.32	0.71

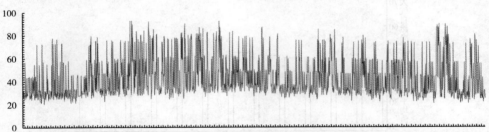

图 1 黑龙江省齐齐哈尔市大气自然净化能力指数波形（ASPI-2018.1.1-2018.12.31）

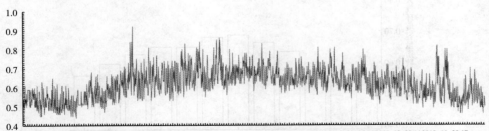

图 2 黑龙江省齐齐哈尔市大气环境容量指数波形（AECI-2018.1.1-2018.12.31）

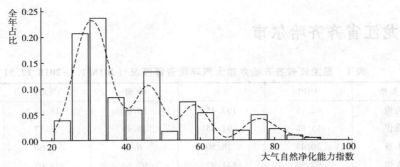

图 3　黑龙江省齐齐哈尔市大气自然净化能力指数分布（ASPI-2018.1.1-2018.12.31）

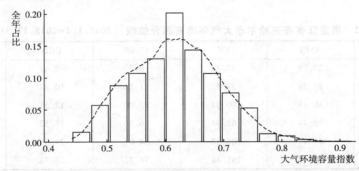

图 4　黑龙江省齐齐哈尔市大气环境容量指数分布（AECI-2018.1.1-2018.12.31）

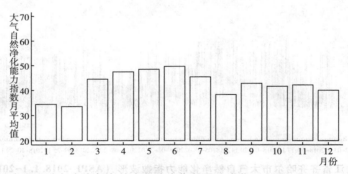

图 5　黑龙江省齐齐哈尔市大气自然净化能力指数月均变化（ASPI-2018.1.1-2018.12.31）

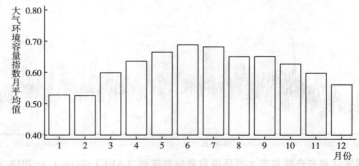

图 6　黑龙江省齐齐哈尔市大气环境容量指数月均变化（AECI-2018.1.1-2018.12.31）

黑龙江省鸡西市

表 1 黑龙江省鸡西市大气环境资源概况（2018.1.1-2018.12.31）

指标类型	ASPI	EE	GCSP	GCO3	AECI
平均值	54.33	200.54	38.90	18.71	0.66
标准误	21.32	183.29	27.40	7.82	0.08
最小值	21.12	18.65	6.23	8.09	0.47
最大值	95.37	1127.01	98.67	62.80	1.02
样本量（个）	2357	2357	2357	2357	2357

表 2 黑龙江省鸡西市大气环境资源分位数（2018.1.1-2018.12.31）

指标类型	ASPI	EE	GCSP	GCO3	AECI
5%	28.18	38.91	11.23	9.90	0.53
10%	29.94	39.84	12.62	10.85	0.56
25%	33.54	62.55	14.80	12.92	0.60
50%	48.89	106.30	27.53	18.79	0.65
75%	75.68	282.82	60.82	21.60	0.70
90%	83.22	390.33	82.72	23.44	0.76

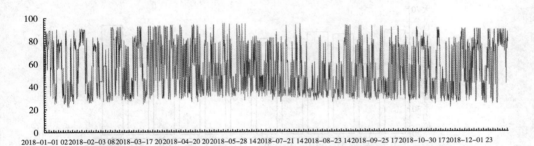

图 1 黑龙江省鸡西市大气自然净化能力指数波形（ASPI-2018.1.1-2018.12.31）

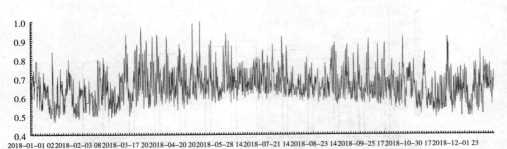

图 2 黑龙江省鸡西市大气环境容量指数波形（AECI-2018.1.1-2018.12.31）

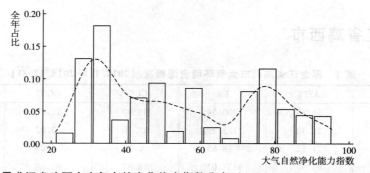

图 3　黑龙江省鸡西市大气自然净化能力指数分布（ASPI-2018.1.1-2018.12.31）

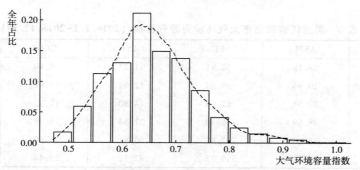

图 4　黑龙江省鸡西市大气环境容量指数分布（AECI-2018.1.1-2018.12.31）

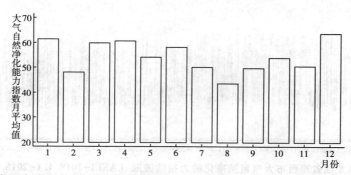

图 5　黑龙江省鸡西市大气自然净化能力指数月均变化（ASPI-2018.1.1-2018.12.31）

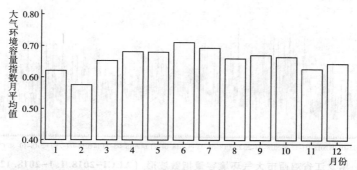

图 6　黑龙江省鸡西市大气环境容量指数月均变化（AECI-2018.1.1-2018.12.31）

黑龙江省鹤岗市

表1　黑龙江省鹤岗市大气环境资源概况（2018.1.1~2018.12.31）

指标类型	ASPI	EE	GCSP	GCO3	AECI
平均值	42.73	112.67	40.19	18.55	0.61
标准误	17.39	115.07	26.88	7.02	0.08
最小值	21.99	18.84	6.97	9.66	0.45
最大值	95.05	861.85	96.31	61.11	0.91
样本量（个）	890	890	890	890	890

表2　黑龙江省鹤岗市大气环境资源分位数（2018.1.1~2018.12.31）

指标类型	ASPI	EE	GCSP	GCO3	AECI
5%	26.43	38.08	10.61	10.30	0.49
10%	27.41	38.53	12.44	10.79	0.51
25%	30.39	40.02	14.74	12.91	0.56
50%	34.32	63.16	28.60	19.03	0.61
75%	50.29	107.88	62.66	21.93	0.66
90%	74.95	277.24	82.35	23.26	0.70

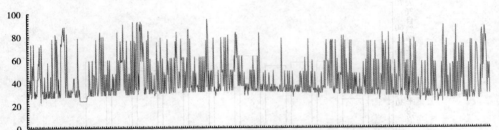

图1　黑龙江省鹤岗市大气自然净化能力指数波形（ASPI-2018.1.1~2018.12.31）

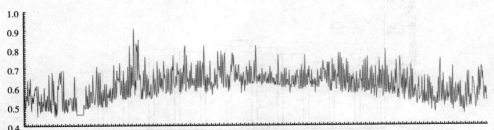

图2　黑龙江省鹤岗市大气环境容量指数波形（AECI-2018.1.1~2018.12.31）

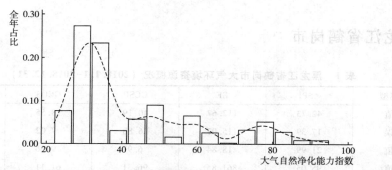

图 3　黑龙江省鹤岗市大气自然净化能力指数分布（ASPI-2018.1.1~2018.12.31）

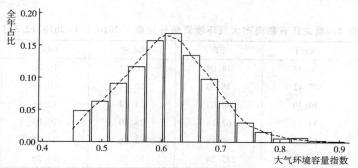

图 4　黑龙江省鹤岗市大气环境容量指数分布（AECI-2018.1.1~2018.12.31）

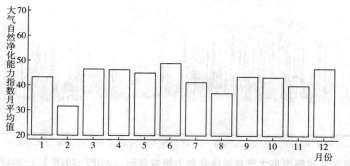

图 5　黑龙江省鹤岗市大气自然净化能力指数月均变化（ASPI-2018.1.1~2018.12.31）

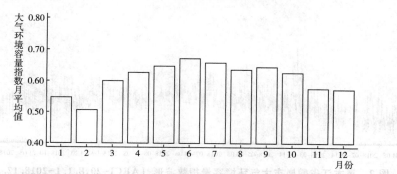

图 6　黑龙江省鹤岗市大气环境容量指数月均变化（AECI-2018.1.1~2018.12.31）

黑龙江省双鸭山市

表 1　黑龙江省双鸭山市大气环境资源概况（2018.1.1-2018.12.31）

指标类型	ASPI	EE	GCSP	GCO3	AECI
平均值	38.54	83.14	33.35	19.32	0.60
标准误	12.06	67.21	24.50	7.77	0.06
最小值	22.63	18.98	6.61	10.02	0.47
最大值	90.02	596.30	98.55	62.82	0.82
样本量（个）	888	888	888	888	888

表 2　黑龙江省双鸭山市大气环境资源分位数（2018.1.1-2018.12.31）

指标类型	ASPI	EE	GCSP	GCO3	AECI
5%	27.40	38.43	10.77	10.67	0.51
10%	28.75	39.14	11.88	11.17	0.53
25%	31.03	40.49	13.94	13.31	0.56
50%	33.74	62.59	21.85	19.30	0.61
75%	44.18	100.94	51.65	22.17	0.64
90%	56.55	191.95	72.38	24.06	0.67

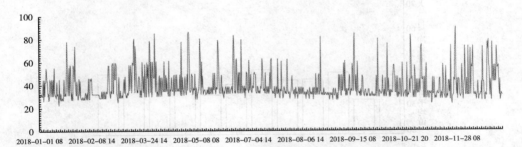

图 1　黑龙江省双鸭山市大气自然净化能力指数波形（ASPI-2018.1.1-2018.12.31）

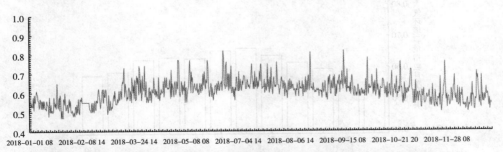

图 2　黑龙江省双鸭山市大气环境容量指数波形（AECI-2018.1.1-2018.12.31）

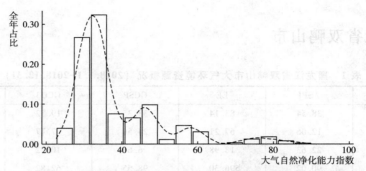

图 3　黑龙江省双鸭山市大气自然净化能力指数分布 （ASPI-2018.1.1-2018.12.31）

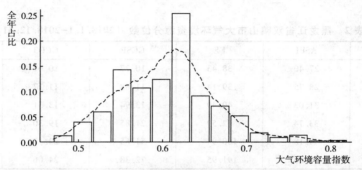

图 4　黑龙江省双鸭山市大气环境容量指数分布 （AECI-2018.1.1-2018.12.31）

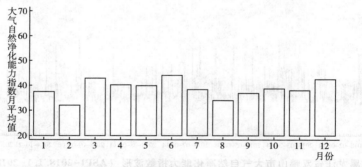

图 5　黑龙江省双鸭山市大气自然净化能力指数月均变化 （ASPI-2018.1.1-2018.12.31）

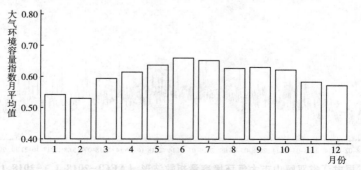

图 6　黑龙江省双鸭山市大气环境容量指数月均变化 （AECI-2018.1.1-2018.12.31）

黑龙江省大庆市

表 1 黑龙江省大庆市大气环境资源概况（2018.1.1~2018.12.31）

指标类型	ASPI	EE	GCSP	GCO3	AECI
平均值	50.93	155.44	34.87	19.64	0.64
标准误	18.17	118.70	24.01	8.53	0.08
最小值	22.07	18.86	7.94	9.75	0.46
最大值	94.84	731.58	97.59	75.25	0.90
样本量（个）	891	891	891	891	891

表 2 黑龙江省大庆市大气环境资源分位数（2018.1.1~2018.12.31）

指标类型	ASPI	EE	GCSP	GCO3	AECI
5%	28.35	38.97	11.22	10.49	0.52
10%	30.55	40.44	12.27	11.14	0.54
25%	34.34	63.19	14.21	13.12	0.59
50%	46.65	103.76	26.86	19.32	0.65
75%	61.17	201.89	54.67	22.18	0.70
90%	78.61	324.93	69.10	24.28	0.74

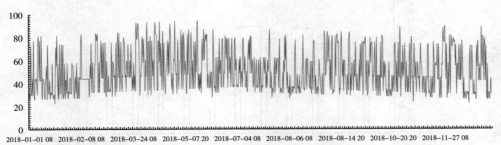

图 1 黑龙江省大庆市大气自然净化能力指数波形（ASPI-2018.1.1~2018.12.31）

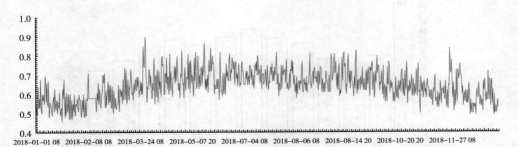

图 2 黑龙江省大庆市大气环境容量指数波形（AECI-2018.1.1~2018.12.31）

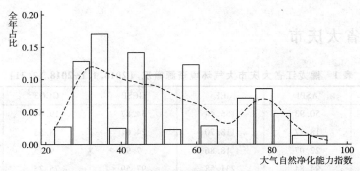

图 3　黑龙江省大庆市大气自然净化能力指数分布（ASPI-2018. 1. 1–2018. 12. 31）

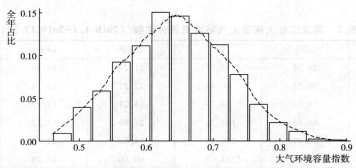

图 4　黑龙江省大庆市大气环境容量指数分布（AECI-2018. 1. 1–2018. 12. 31）

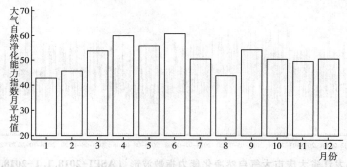

图 5　黑龙江省大庆市大气自然净化能力指数月均变化（ASPI-2018. 1. 1–2018. 12. 31）

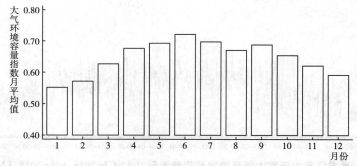

图 6　黑龙江省大庆市大气环境容量指数月均变化（AECI-2018. 1. 1–2018. 12. 31）

黑龙江省伊春市

表 1 黑龙江省伊春市大气环境资源概况 （2018.1.1~2018.12.31）

指标类型	ASPI	EE	GCSP	GCO3	AECI
平均值	41.15	107.35	46.03	17.48	0.60
标准误	17.62	113.48	29.09	6.89	0.08
最小值	20.17	18.45	7.50	7.48	0.41
最大值	94.54	816.49	98.67	60.07	0.91
样本量（个）	2370	2370	2370	2370	2370

表 2 黑龙江省伊春市大气环境资源分位数 （2018.1.1~2018.12.31）

指标类型	ASPI	EE	GCSP	GCO3	AECI
5%	24.32	19.40	11.27	9.09	0.48
10%	25.90	37.51	12.64	10.07	0.50
25%	29.06	39.38	15.71	12.17	0.55
50%	32.95	62.06	46.03	17.99	0.60
75%	48.84	106.24	69.05	21.06	0.65
90%	74.30	273.29	90.41	22.90	0.70

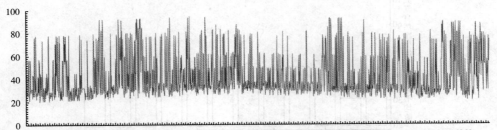

图 1 黑龙江省伊春市大气自然净化能力指数波形 （ASPI-2018.1.1~2018.12.31）

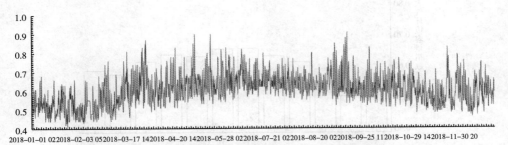

图 2 黑龙江省伊春市大气环境容量指数波形 （AECI-2018.1.1~2018.12.31）

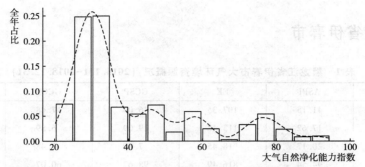

图 3　黑龙江省伊春市大气自然净化能力指数分布 （ASPI-2018.1.1-2018.12.31）

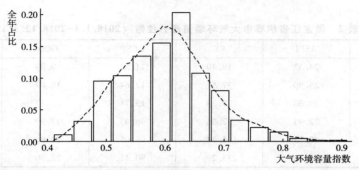

图 4　黑龙江省伊春市大气环境容量指数分布 （AECI-2018.1.1-2018.12.31）

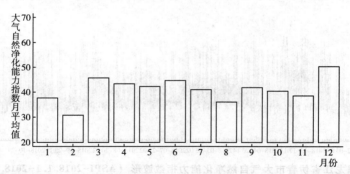

图 5　黑龙江省伊春市大气自然净化能力指数月均变化 （ASPI-2018.1.1-2018.12.31）

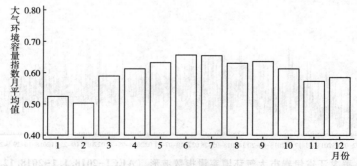

图 6　黑龙江省伊春市大气环境容量指数月均变化 （AECI-2018.1.1-2018.12.31）

黑龙江省佳木斯市

表 1 黑龙江省佳木斯市大气环境资源概况 （2018.1.1-2018.12.31）

指标类型	ASPI	EE	GCSP	GCO3	AECI
平均值	42.69	113.06	48.14	18.19	0.61
标准误	17.66	109.11	30.50	7.53	0.08
最小值	20.48	18.51	6.96	7.77	0.43
最大值	93.28	852.78	98.67	61.20	0.94
样本量（个）	2369	2369	2369	2369	2369

表 2 黑龙江省佳木斯市大气环境资源分位数 （2018.1.1-2018.12.31）

指标类型	ASPI	EE	GCSP	GCO3	AECI
5%	25.33	20.66	12.05	9.49	0.49
10%	26.64	38.21	13.44	10.46	0.51
25%	29.49	39.63	15.88	12.47	0.56
50%	34.49	63.29	46.31	18.47	0.61
75%	53.63	185.66	74.37	21.34	0.66
90%	75.08	276.89	95.48	23.24	0.71

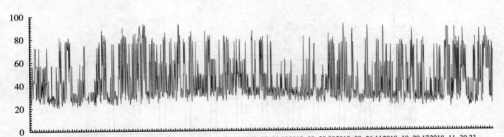

图 1 黑龙江省佳木斯市大气自然净化能力指数波形 （ASPI-2018.1.1-2018.12.31）

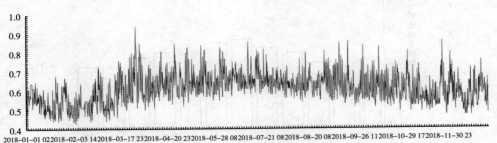

图 2 黑龙江省佳木斯市大气环境容量指数波形 （AECI-2018.1.1-2018.12.31）

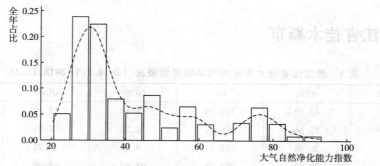

图 3　黑龙江省佳木斯市大气自然净化能力指数分布（ASPI-2018.1.1-2018.12.31）

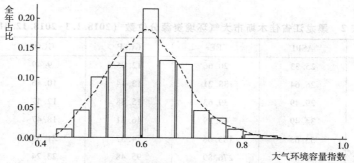

图 4　黑龙江省佳木斯市大气环境容量指数分布（AECI-2018.1.1-2018.12.31）

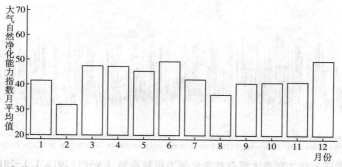

图 5　黑龙江省佳木斯市大气自然净化能力指数月均变化（ASPI-2018.1.1-2018.12.31）

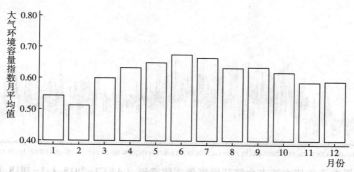

图 6　黑龙江省佳木斯市大气环境容量指数月均变化（AECI-2018.1.1-2018.12.31）

黑龙江省七台河市

表1 黑龙江省七台河市大气环境资源概况（2018.1.1-2018.12.31）

指标类型	ASPI	EE	GCSP	GCO3	AECI
平均值	50.98	176.06	37.77	18.56	0.64
标准误	20.67	170.63	25.41	7.72	0.08
最小值	20.40	18.50	6.97	8.03	0.46
最大值	95.63	953.93	96.28	62.85	0.94
样本量（个）	2358	2358	2358	2358	2358

表2 黑龙江省七台河市大气环境资源分位数（2018.1.1-2018.12.31）

指标类型	ASPI	EE	GCSP	GCO3	AECI
5%	27.50	38.59	11.51	9.84	0.52
10%	29.29	39.49	12.84	10.78	0.55
25%	32.66	61.75	15.25	12.86	0.60
50%	45.74	102.72	27.35	18.62	0.64
75%	71.98	266.01	58.24	21.54	0.69
90%	81.99	381.29	77.80	23.38	0.74

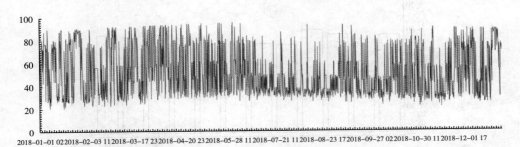

图1 黑龙江省七台河市大气自然净化能力指数波形（ASPI-2018.1.1-2018.12.31）

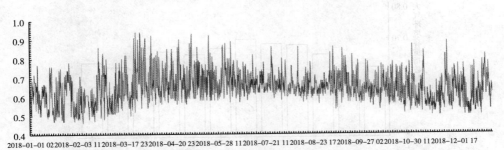

图2 黑龙江省七台河市大气环境容量指数波形（AECI-2018.1.1-2018.12.31）

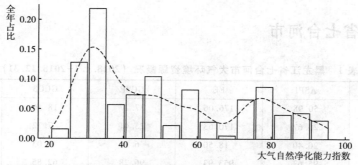

图 3　黑龙江省七台河市大气自然净化能力指数分布（ASPI-2018. 1. 1-2018. 12. 31）

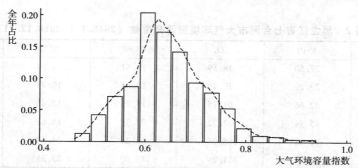

图 4　黑龙江省七台河市大气环境容量指数分布（AECI-2018. 1. 1-2018. 12. 31）

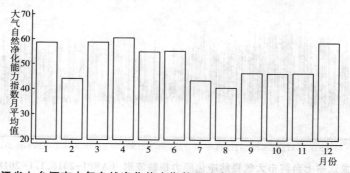

图 5　黑龙江省七台河市大气自然净化能力指数月均变化（ASPI-2018. 1. 1-2018. 12. 31）

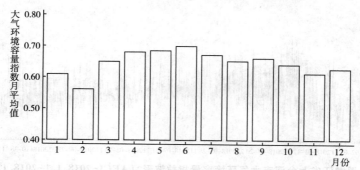

图 6　黑龙江省七台河市大气环境容量指数月均变化（AECI-2018. 1. 1-2018. 12. 31）

黑龙江省牡丹江市

表 1　黑龙江省牡丹江市大气环境资源概况（2018.1.1-2018.12.31）

指标类型	ASPI	EE	GCSP	GCO3	AECI
平均值	48.48	168.29	40.93	18.95	0.64
标准误	22.32	187.80	26.84	8.40	0.10
最小值	20.02	18.41	6.33	8.21	0.46
最大值	95.94	1230.86	94.50	73.55	1.01
样本量（个）	2330	2330	2330	2330	2330

表 2　黑龙江省牡丹江市大气环境资源分位数（2018.1.1-2018.12.31）

指标类型	ASPI	EE	GCSP	GCO3	AECI
5%	25.93	37.79	11.47	9.95	0.50
10%	27.31	38.50	12.65	10.91	0.52
25%	30.33	39.99	14.95	12.97	0.56
50%	36.06	64.37	29.91	18.91	0.62
75%	71.71	265.22	64.18	21.73	0.69
90%	83.42	391.01	81.47	23.63	0.77

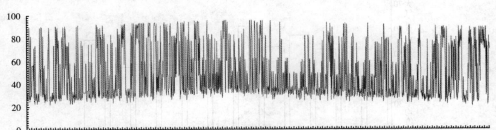

图 1　黑龙江省牡丹江市大气自然净化能力指数波形（ASPI-2018.1.1-2018.12.31）

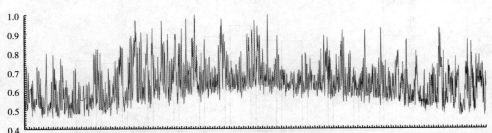

图 2　黑龙江省牡丹江市大气环境容量指数波形（AECI-2018.1.1-2018.12.31）

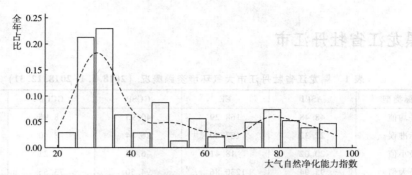

图 3　黑龙江省牡丹江市大气自然净化能力指数分布（ASPI-2018.1.1~2018.12.31）

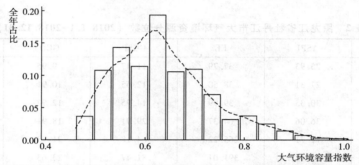

图 4　黑龙江省牡丹江市大气环境容量指数分布（AECI-2018.1.1~2018.12.31）

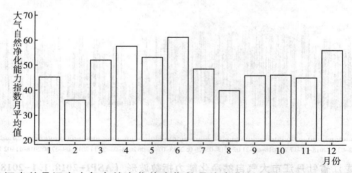

图 5　黑龙江省牡丹江市大气自然净化能力指数月均变化（ASPI-2018.1.1~2018.12.31）

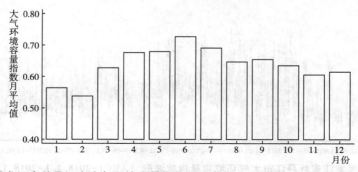

图 6　黑龙江省牡丹江市大气环境容量指数月均变化（AECI-2018.1.1~2018.12.31）

黑龙江省黑河市

表 1　黑龙江省黑河市大气环境资源概况（2018.1.1－2018.12.31）

指标类型	ASPI	EE	GCSP	GCO3	AECI
平均值	42.72	114.50	38.38	17.15	0.61
标准误	16.91	103.88	26.59	7.23	0.08
最小值	19.11	18.22	5.66	6.88	0.45
最大值	94.55	830.49	97.59	61.67	0.97
样本量（个）	2372	2372	2372	2372	2372

表 2　黑龙江省黑河市大气环境资源分位数（2018.1.1－2018.12.31）

指标类型	ASPI	EE	GCSP	GCO3	AECI
5%	25.60	37.77	10.56	8.63	0.49
10%	27.17	38.47	12.16	9.48	0.50
25%	30.09	41.37	14.41	11.60	0.55
50%	34.80	63.50	27.55	17.60	0.61
75%	49.93	107.47	57.59	20.70	0.66
90%	73.87	272.46	80.84	22.53	0.71

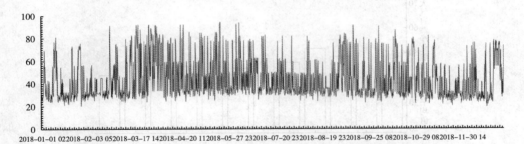

图 1　黑龙江省黑河市大气自然净化能力指数波形（ASPI-2018.1.1－2018.12.31）

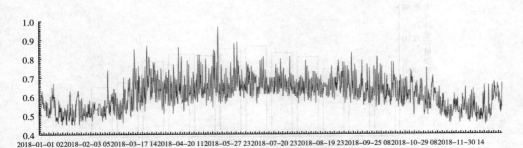

图 2　黑龙江省黑河市大气环境容量指数波形（AECI-2018.1.1－2018.12.31）

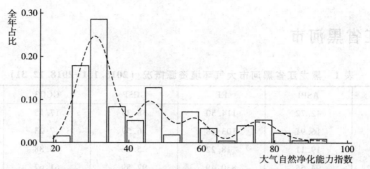

图 3　黑龙江省黑河市大气自然净化能力指数分布（ASPI-2018. 1. 1－2018. 12. 31）

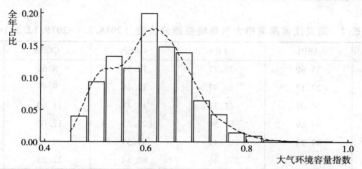

图 4　黑龙江省黑河市大气环境容量指数分布（AECI-2018. 1. 1－2018. 12. 31）

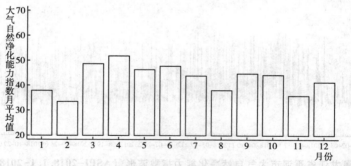

图 5　黑龙江省黑河市大气自然净化能力指数月均变化（ASPI-2018. 1. 1－2018. 12. 31）

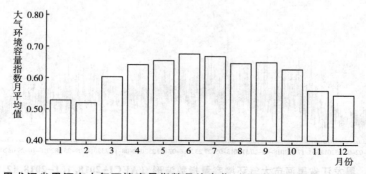

图 6　黑龙江省黑河市大气环境容量指数月均变化（AECI-2018. 1. 1－2018. 12. 31）

黑龙江省绥化市

表1 黑龙江省绥化市大气环境资源概况 (2018.1.1-2018.12.31)

指标类型	ASPI	EE	GCSP	GCO3	AECI
平均值	38.76	87.08	41.57	18.23	0.60
标准误	12.90	68.85	26.44	7.59	0.07
最小值	19.94	18.40	7.62	7.76	0.44
最大值	95.61	747.15	97.63	75.00	0.90
样本量 (个)	2371	2371	2371	2371	2371

表2 黑龙江省绥化市大气环境资源分位数 (2018.1.1-2018.12.31)

指标类型	ASPI	EE	GCSP	GCO3	AECI
5%	25.59	37.64	11.43	9.47	0.49
10%	26.97	38.36	12.95	10.43	0.51
25%	30.03	39.99	15.43	12.55	0.55
50%	33.87	62.83	37.40	18.50	0.61
75%	45.81	102.80	62.51	21.41	0.65
90%	57.97	195.02	81.50	23.31	0.69

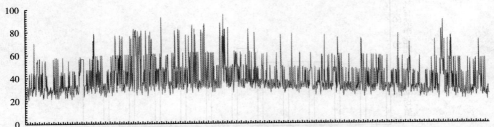

图1 黑龙江省绥化市大气自然净化能力指数波形 (ASPI-2018.1.1-2018.12.31)

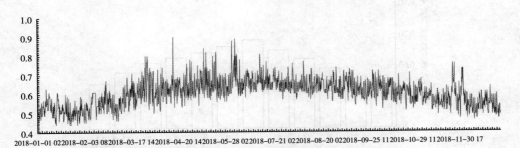

图2 黑龙江省绥化市大气环境容量指数波形 (AECI-2018.1.1-2018.12.31)

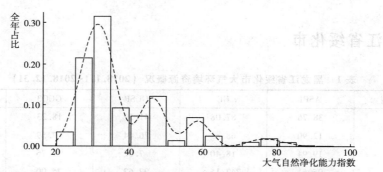

图 3　黑龙江省绥化市大气自然净化能力指数分布（ASPI-2018.1.1-2018.12.31）

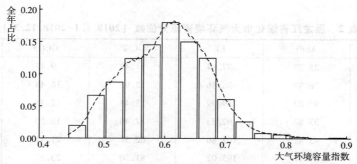

图 4　黑龙江省绥化市大气环境容量指数分布（AECI-2018.1.1-2018.12.31）

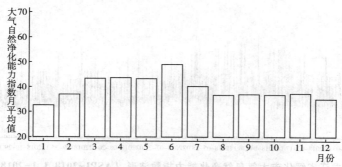

图 5　黑龙江省绥化市大气自然净化能力指数月均变化（ASPI-2018.1.1-2018.12.31）

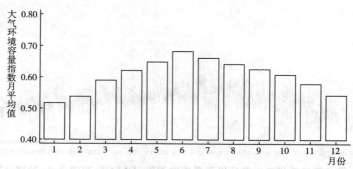

图 6　黑龙江省绥化市大气环境容量指数月均变化（AECI-2018.1.1-2018.12.31）

黑龙江省大兴安岭地区

表1 黑龙江省大兴安岭地区大气环境资源概况（2018.1.1–2018.12.31）

指标类型	ASPI	EE	GCSP	GCO3	AECI
平均值	50.93	155.44	34.87	19.64	0.64
标准误	18.17	118.70	24.01	8.53	0.08
最小值	22.07	18.86	7.94	9.75	0.46
最大值	94.84	731.58	97.59	75.25	0.90
样本量（个）	891	891	891	891	891

表2 黑龙江省大兴安岭地区大气环境资源分位数（2018.1.1–2018.12.31）

指标类型	ASPI	EE	GCSP	GCO3	AECI
5%	28.35	38.97	11.22	10.49	0.52
10%	30.55	40.44	12.27	11.14	0.54
25%	34.34	63.19	14.21	13.12	0.59
50%	46.65	103.76	26.86	19.32	0.65
75%	61.17	201.89	54.67	22.18	0.70
90%	78.61	324.93	69.10	24.28	0.74

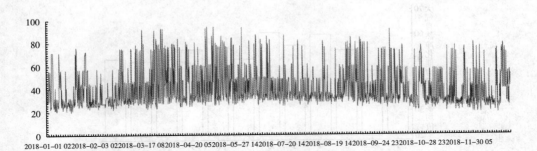

图1 黑龙江省大兴安岭地区大气自然净化能力指数波形（ASPI–2018.1.1–2018.12.31）

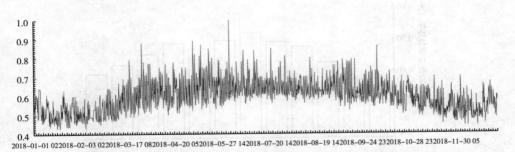

图2 黑龙江省大兴安岭地区大气环境容量指数波形（AECI–2018.1.1–2018.12.31）

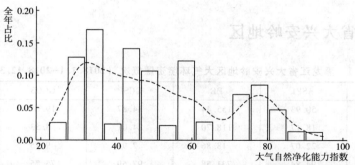

图3　黑龙江省大兴安岭地区大气自然净化能力指数分布（ASPI-2018.1.1-2018.12.31）

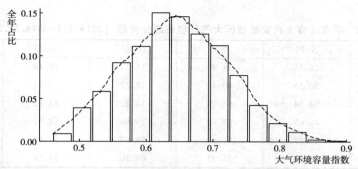

图4　黑龙江省大兴安岭地区大气环境容量指数分布（AECI-2018.1.1-2018.12.31）

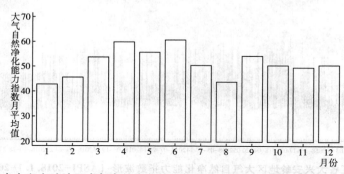

图5　黑龙江省大兴安岭地区大气自然净化能力指数月均变化（ASPI-2018.1.1-2018.12.31）

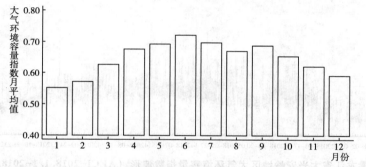

图6　黑龙江省大兴安岭地区大气环境容量指数月均变化（AECI-2018.1.1-2018.12.31）

上海市

上海市徐汇区

表 1　上海市徐汇区大气环境资源概况（2018.1.1-2018.12.31）

指标类型	ASPI	EE	GCSP	GCO3	AECI
平均值	30.49	31.23	47.77	29.17	0.59
标准误	3.57	13.04	25.29	13.42	0.03
最小值	24.14	19.3	7.48	13.73	0.51
最大值	50.04	107.59	97.5	77.85	0.69
样本量（个）	827	827	827	827	827

表 2　上海市徐汇区大气环境资源分位数（2018.1.1-2018.12.31）

指标类型	ASPI	EE	GCSP	GCO3	AECI
5%	25	19.49	12	18.06	0.54
10%	25.57	19.61	13.27	18.81	0.55
25%	27.65	20.06	22.49	20.48	0.57
50%	30.34	20.93	47.82	22.88	0.59
75%	33.03	41.03	67.1	43.1	0.61
90%	35.2	42.24	84.71	46.69	0.64

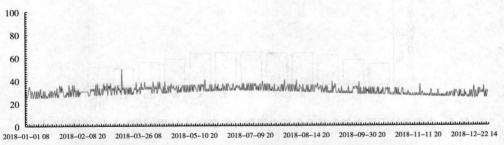

图 1　上海市徐汇区大气自然净化能力指数波形（ASPI-2018.1.1-2018.12.31）

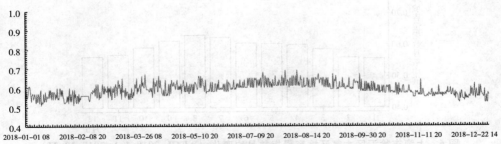

图 2　上海市徐汇区大气环境容量指数波形（AECI-2018.1.1-2018.12.31）

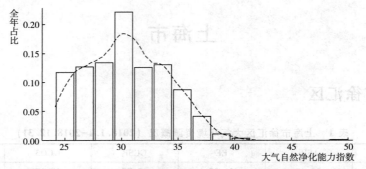

图 3　上海市徐汇区大气自然净化能力指数分布（ASPI-2018.1.1-2018.12.31）

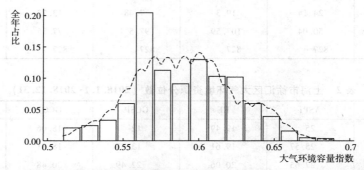

图 4　上海市徐汇区大气环境容量指数分布（AECI-2018.1.1-2018.12.31）

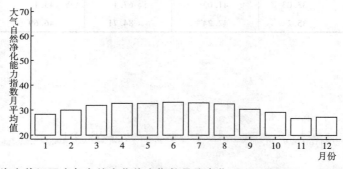

图 5　上海市徐汇区大气自然净化能力指数月均变化（ASPI-2018.1.1-2018.12.31）

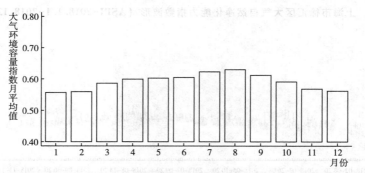

图 6　上海市徐汇区大气环境容量指数月均变化（AECI-2018.1.1-2018.12.31）

上海市闵行区

表 1 上海市闵行区大气环境资源概况 （2018.1.1~2018.12.31）

指标类型	ASPI	EE	GCSP	GCO3	AECI
平均值	38.16	69.39	49.26	29.08	0.63
标准误	9.42	43.98	26.02	13.43	0.05
最小值	24.24	19.32	8.80	13.73	0.51
最大值	79.49	288.64	100.00	77.73	0.80
样本量（个）	827	827	827	827	827

表 2 上海市闵行区大气环境资源分位数 （2018.1.1~2018.12.31）

指标类型	ASPI	EE	GCSP	GCO3	AECI
5%	28.40	20.82	12.80	17.95	0.56
10%	29.34	39.40	14.02	18.77	0.57
25%	31.91	40.52	26.25	20.47	0.60
50%	35.29	63.65	50.38	22.95	0.63
75%	40.23	67.26	68.84	43.04	0.67
90%	51.19	108.90	86.97	46.88	0.70

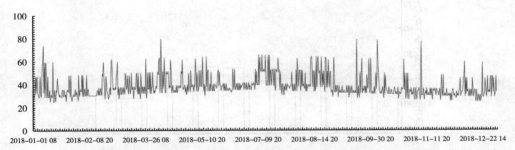

图 1 上海市闵行区大气自然净化能力指数波形 （ASPI-2018.1.1~2018.12.31）

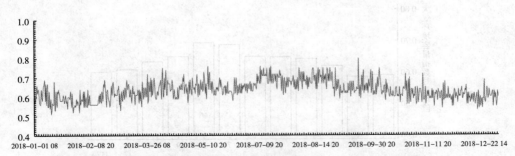

图 2 上海市闵行区大气环境容量指数波形 （AECI-2018.1.1~2018.12.31）

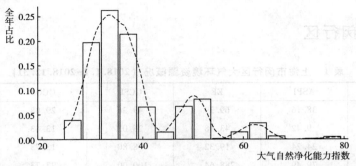

图 3　上海市闵行区大气自然净化能力指数分布（ASPI-2018.1.1-2018.12.31）

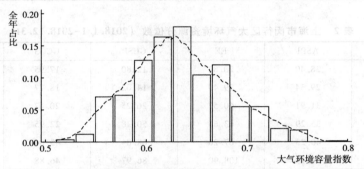

图 4　上海市闵行区大气环境容量指数分布（AECI-2018.1.1-2018.12.31）

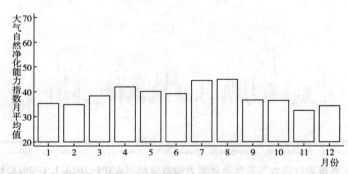

图 5　上海市闵行区大气自然净化能力指数月均变化（ASPI-2018.1.1-2018.12.31）

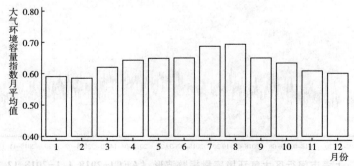

图 6　上海市闵行区大气环境容量指数月均变化（AECI-2018.1.1-2018.12.31）

上海市宝山区

表 1   上海市宝山区大气环境资源概况（2018.1.1-2018.12.31）

指标类型	ASPI	EE	GCSP	GCO3	AECI
平均值	46.49	117.99	53.50	27.59	0.66
标准误	15.71	89.92	25.42	12.36	0.06
最小值	22.92	19.04	8.24	12.02	0.50
最大值	96.58	820.75	100.00	77.11	0.98
样本量（个）	2226	2226	2226	2226	2226

表 2   上海市宝山区大气环境资源分位数（2018.1.1-2018.12.31）

指标类型	ASPI	EE	GCSP	GCO3	AECI
5%	27.76	20.52	14.10	16.77	0.56
10%	29.78	39.59	15.56	17.82	0.59
25%	33.75	62.31	27.55	19.71	0.62
50%	45.48	102.43	56.15	22.16	0.66
75%	58.01	195.10	75.46	27.82	0.70
90%	73.77	271.41	86.36	46.01	0.74

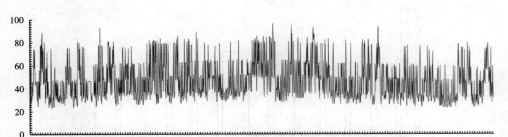

图 1   上海市宝山区大气自然净化能力指数波形（ASPI-2018.1.1-2018.12.31）

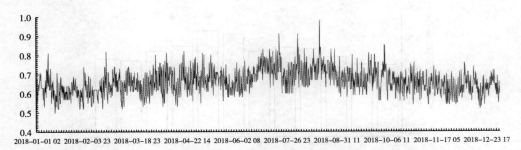

图 2   上海市宝山区大气环境容量指数波形（AECI-2018.1.1-2018.12.31）

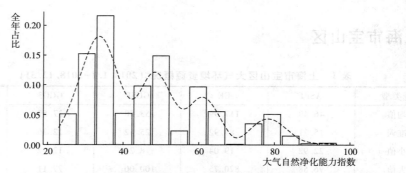

图 3　上海市宝山区大气自然净化能力指数分布（ASPI-2018.1.1-2018.12.31）

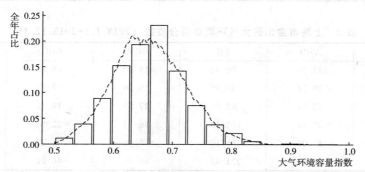

图 4　上海市宝山区大气环境容量指数分布（AECI-2018.1.1-2018.12.31）

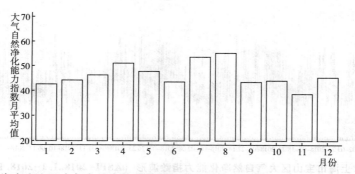

图 5　上海市宝山区大气自然净化能力指数月均变化（ASPI-2018.1.1-2018.12.31）

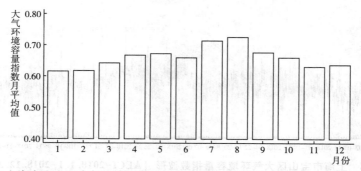

图 6　上海市宝山区大气环境容量指数月均变化（AECI-2018.1.1-2018.12.31）

上海市嘉定区

表1　上海市嘉定区大气环境资源概况 （2018.1.1-2018.12.31）

指标类型	ASPI	EE	GCSP	GCO3	AECI
平均值	47.30	119.67	50.59	28.79	0.66
标准误	16.23	90.29	27.45	13.10	0.06
最小值	24.20	19.32	8.52	13.67	0.51
最大值	97.63	646.68	100.00	76.84	0.87
样本量（个）	827	827	827	827	827

表2　上海市嘉定区大气环境资源分位数 （2018.1.1-2018.12.31）

指标类型	ASPI	EE	GCSP	GCO3	AECI
5%	29.09	39.18	13.18	17.81	0.57
10%	30.84	40.04	14.44	18.57	0.59
25%	34.23	62.37	26.67	20.41	0.62
50%	45.15	102.06	50.63	22.88	0.66
75%	59.38	198.05	72.05	42.49	0.71
90%	77.36	282.24	91.73	46.75	0.75

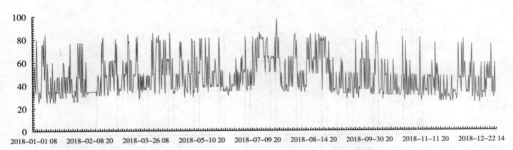

图1　上海市嘉定区大气自然净化能力指数波形 （ASPI-2018.1.1-2018.12.31）

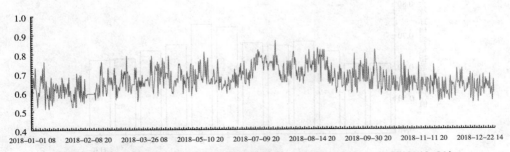

图2　上海市嘉定区大气环境容量指数波形 （AECI-2018.1.1-2018.12.31）

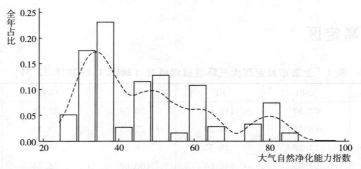

图 3　上海市嘉定区大气自然净化能力指数分布（ASPI-2018.1.1–2018.12.31）

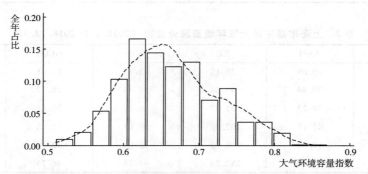

图 4　上海市嘉定区大气环境容量指数分布（AECI-2018.1.1–2018.12.31）

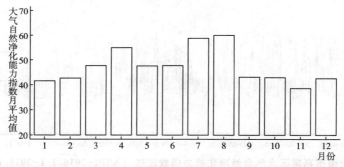

图 5　上海市嘉定区大气自然净化能力指数月均变化（ASPI-2018.1.1–2018.12.31）

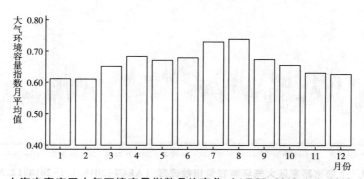

图 6　上海市嘉定区大气环境容量指数月均变化（AECI-2018.1.1–2018.12.31）

上海市浦东新区

表 1　上海市浦东新区大气环境资源概况（2018.1.1－2018.12.31）

指标类型	ASPI	EE	GCSP	GCO3	AECI
平均值	49.35	135.24	60.54	27.74	0.67
标准误	17.68	112.59	26.09	11.42	0.07
最小值	24.53	19.39	9.35	13.79	0.52
最大值	96.66	839.70	100.00	75.46	0.98
样本量（个）	827	827	827	827	827

表 2　上海市浦东新区大气环境资源分位数（2018.1.1－2018.12.31）

指标类型	ASPI	EE	GCSP	GCO3	AECI
5%	29.02	39.21	14.73	17.98	0.56
10%	30.53	39.92	16.17	18.78	0.59
25%	34.61	62.86	44.63	20.49	0.62
50%	46.47	103.55	62.61	22.90	0.66
75%	61.84	203.34	82.84	27.40	0.71
90%	78.47	287.07	94.20	46.11	0.75

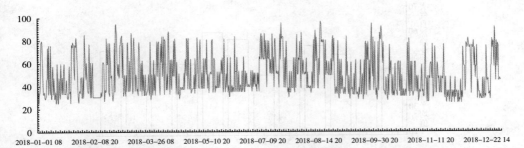

图 1　上海市浦东新区大气自然净化能力指数波形（ASPI-2018.1.1－2018.12.31）

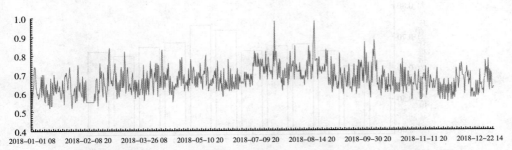

图 2　上海市浦东新区大气环境容量指数波形（AECI-2018.1.1－2018.12.31）

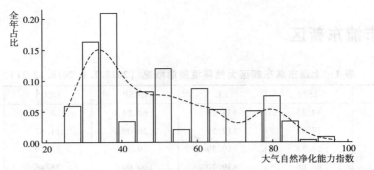

图 3　上海市浦东新区大气自然净化能力指数分布（ASPI-2018.1.1-2018.12.31）

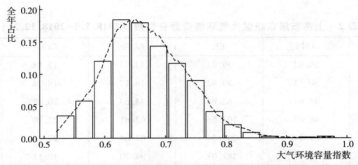

图 4　上海市浦东新区大气环境容量指数分布（AECI-2018.1.1-2018.12.31）

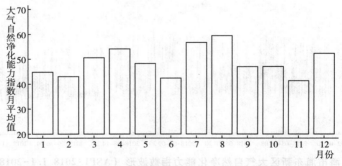

图 5　上海市浦东新区大气自然净化能力指数月均变化（ASPI-2018.1.1-2018.12.31）

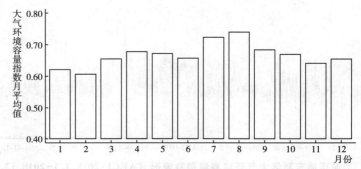

图 6　上海市浦东新区大气环境容量指数月均变化（AECI-2018.1.1-2018.12.31）

上海市金山区

表 1　上海市金山区大气环境资源概况（2018. 1. 1-2018. 12. 31）

指标类型	ASPI	EE	GCSP	GCO3	AECI
平均值	46. 12	115. 23	61. 22	28. 27	0. 66
标准误	15. 91	95. 98	25. 91	12. 24	0. 06
最小值	24. 22	19. 32	10. 32	13. 78	0. 50
最大值	97. 73	768. 98	100. 00	76. 23	0. 94
样本量（个）	827	827	827	827	827

表 2　上海市金山区大气环境资源分位数（2018. 1. 1-2018. 12. 31）

指标类型	ASPI	EE	GCSP	GCO3	AECI
5%	29. 31	39. 30	14. 26	17. 78	0. 57
10%	30. 70	40. 01	16. 18	18. 59	0. 58
25%	33. 96	61. 99	44. 75	20. 47	0. 61
50%	39. 10	66. 48	64. 00	22. 96	0. 65
75%	57. 28	193. 52	84. 08	41. 65	0. 70
90%	65. 73	211. 71	94. 08	46. 52	0. 74

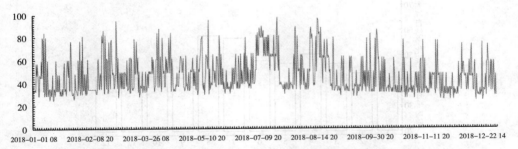

图 1　上海市金山区大气自然净化能力指数波形（ASPI-2018. 1. 1-2018. 12. 31）

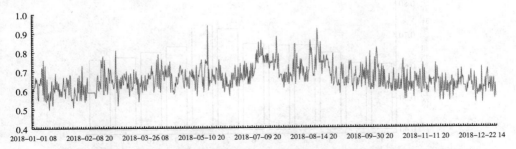

图 2　上海市金山区大气环境容量指数波形（AECI-2018. 1. 1-2018. 12. 31）

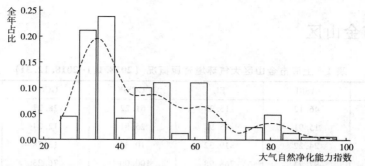

图 3　上海市金山区大气自然净化能力指数分布（ASPI-2018.1.1-2018.12.31）

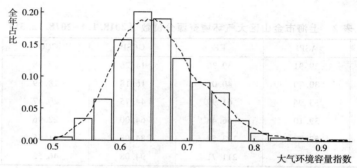

图 4　上海市金山区大气环境容量指数分布（AECI-2018.1.1-2018.12.31）

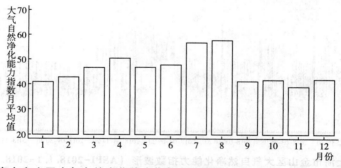

图 5　上海市金山区大气自然净化能力指数月均变化（ASPI-2018.1.1-2018.12.31）

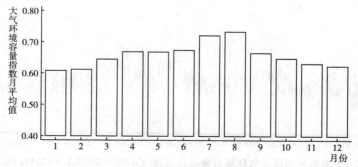

图 6　上海市金山区大气环境容量指数月均变化（AECI-2018.1.1-2018.12.31）

上海市松江区

表 1　上海市松江区大气环境资源概况（2018.1.1-2018.12.31）

指标类型	ASPI	EE	GCSP	GCO3	AECI
平均值	50.02	136.32	49.43	28.83	0.67
标准误	17.12	101.27	24.15	13.05	0.06
最小值	24.25	19.33	9.85	13.73	0.52
最大值	96.05	636.21	97.38	78.24	0.88
样本量（个）	826	826	826	826	826

表 2　上海市松江区大气环境资源分位数（2018.1.1-2018.12.31）

指标类型	ASPI	EE	GCSP	GCO3	AECI
5%	29.59	39.40	13.57	17.96	0.58
10%	32.25	40.68	14.94	18.72	0.59
25%	35.10	63.62	27.08	20.49	0.63
50%	47.31	104.50	51.57	22.94	0.67
75%	61.84	203.34	67.53	42.82	0.71
90%	78.72	286.33	82.62	46.62	0.75

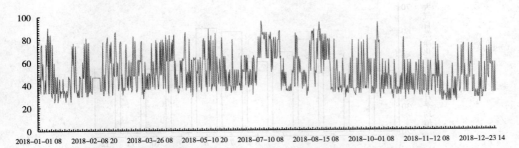

图 1　上海市松江区大气自然净化能力指数波形（ASPI-2018.1.1-2018.12.31）

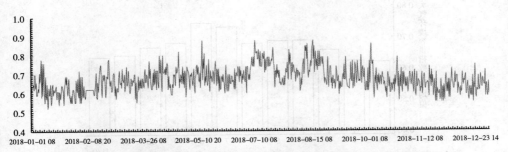

图 2　上海市松江区大气环境容量指数波形（AECI-2018.1.1-2018.12.31）

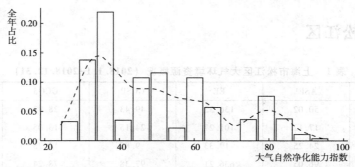

图 3　上海市松江区大气自然净化能力指数分布（ASPI–2018.1.1–2018.12.31）

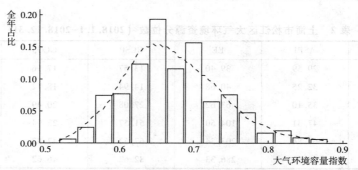

图 4　上海市松江区大气环境容量指数分布（AECI–2018.1.1–2018.12.31）

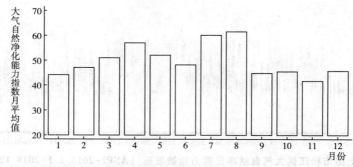

图 5　上海市松江区大气自然净化能力指数月均变化（ASPI–2018.1.1–2018.12.31）

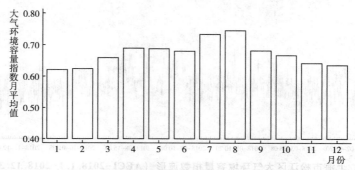

图 6　上海市松江区大气环境容量指数月均变化（AECI–2018.1.1–2018.12.31）

上海市青浦区

表1 上海市青浦区大气环境资源概况 （2018.1.1-2018.12.31）

指标类型	ASPI	EE	GCSP	GCO3	AECI
平均值	43.96	100.36	53.34	29.00	0.65
标准误	14.22	76.16	26.93	13.34	0.06
最小值	24.23	19.32	9.34	13.72	0.51
最大值	89.96	419.97	100.00	78.37	0.86
样本量（个）	827	827	827	827	827

表2 上海市青浦区大气环境资源分位数 （2018.1.1-2018.12.31）

指标类型	ASPI	EE	GCSP	GCO3	AECI
5%	28.27	20.31	13.20	17.85	0.56
10%	29.82	39.41	14.77	18.65	0.58
25%	33.98	61.78	27.33	20.44	0.61
50%	38.34	65.95	54.55	22.94	0.65
75%	50.41	108.02	73.96	42.88	0.69
90%	63.21	206.30	91.75	46.56	0.73

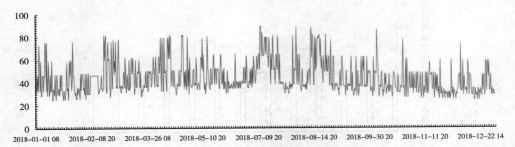

图1 上海市青浦区大气自然净化能力指数波形 （ASPI-2018.1.1-2018.12.31）

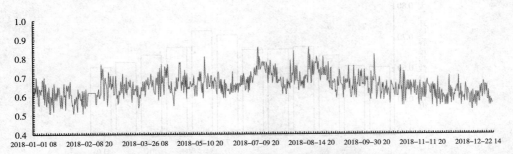

图2 上海市青浦区大气环境容量指数波形 （AECI-2018.1.1-2018.12.31）

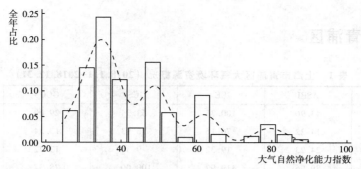

图 3　上海市青浦区大气自然净化能力指数分布（ASPI-2018.1.1-2018.12.31）

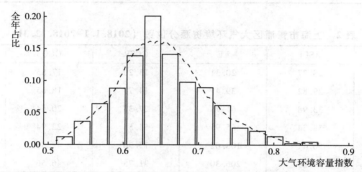

图 4　上海市青浦区大气环境容量指数分布（AECI-2018.1.1-2018.12.31）

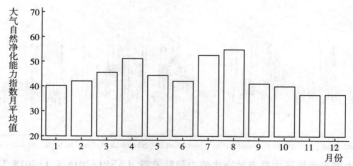

图 5　上海市青浦区大气自然净化能力指数月均变化（ASPI-2018.1.1-2018.12.31）

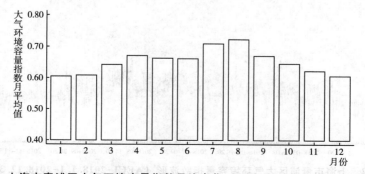

图 6　上海市青浦区大气环境容量指数月均变化（AECI-2018.1.1-2018.12.31）

上海市奉贤区

表 1 上海市奉贤区大气环境资源概况（2018.1.1-2018.12.31）

指标类型	ASPI	EE	GCSP	GCO3	AECI
平均值	47.37	122.91	58.89	27.77	0.66
标准误	17.14	105.10	24.85	11.52	0.07
最小值	24.27	19.33	9.09	13.78	0.51
最大值	98.24	783.94	100.00	64.40	0.94
样本量（个）	827	827	827	827	827

表 2 上海市奉贤区大气环境资源分位数（2018.1.1-2018.12.31）

指标类型	ASPI	EE	GCSP	GCO3	AECI
5%	27.86	20.11	14.28	17.93	0.55
10%	29.74	39.45	16.16	18.76	0.58
25%	33.65	62.09	43.70	20.46	0.61
50%	45.07	101.96	61.24	22.95	0.66
75%	59.58	198.48	77.78	27.46	0.71
90%	78.21	284.81	90.77	46.17	0.75

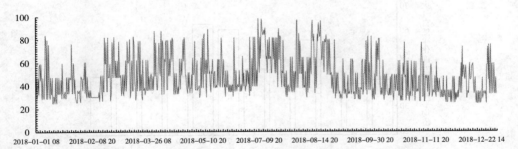

图 1 上海市奉贤区大气自然净化能力指数波形（ASPI-2018.1.1-2018.12.31）

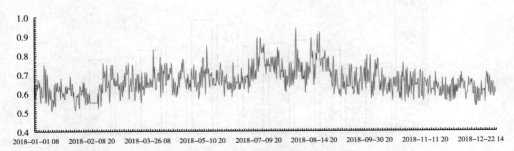

图 2 上海市奉贤区大气环境容量指数波形（AECI-2018.1.1-2018.12.31）

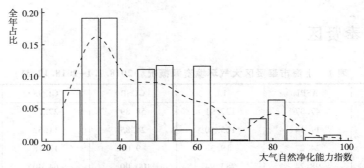

图 3　上海市奉贤区大气自然净化能力指数分布（ASPI-2018. 1. 1-2018. 12. 31）

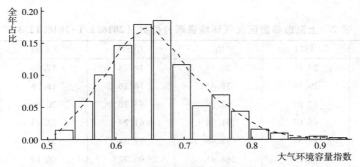

图 4　上海市奉贤区大气环境容量指数分布（AECI-2018. 1. 1-2018. 12. 31）

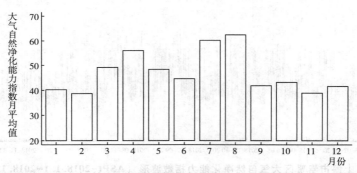

图 5　上海市奉贤区大气自然净化能力指数月均变化（ASPI-2018. 1. 1-2018. 12. 31）

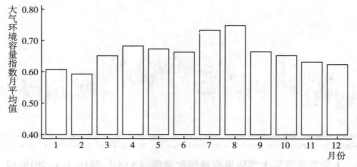

图 6　上海市奉贤区大气环境容量指数月均变化（AECI-2018. 1. 1-2018. 12. 31）

上海市崇明区

表1 上海市崇明区大气环境资源概况 （2018.1.1–2018.12.31）

指标类型	ASPI	EE	GCSP	GCO3	AECI
平均值	49.83	138.20	62.88	27.57	0.67
标准误	18.17	113.68	27.74	11.80	0.07
最小值	24.44	19.37	9.84	13.63	0.50
最大值	98.03	701.37	100.00	76.23	0.91
样本量（个）	827	827	827	827	827

表2 上海市崇明区大气环境资源分位数 （2018.1.1–2018.12.31）

指标类型	ASPI	EE	GCSP	GCO3	AECI
5%	29.21	39.31	14.42	15.46	0.57
10%	30.81	40.06	15.92	17.96	0.58
25%	34.23	62.91	44.96	20.30	0.62
50%	47.32	104.51	67.23	22.75	0.66
75%	61.26	202.08	86.43	27.33	0.71
90%	79.61	289.24	98.01	45.85	0.77

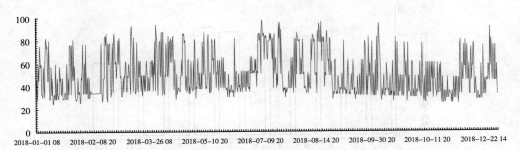

图1 上海市崇明区大气自然净化能力指数波形 （ASPI–2018.1.1–2018.12.31）

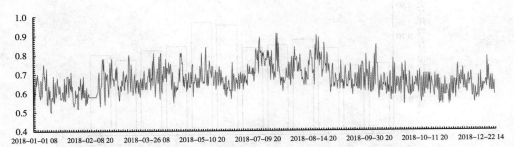

图2 上海市崇明区大气环境容量指数波形 （AECI–2018.1.1–2018.12.31）

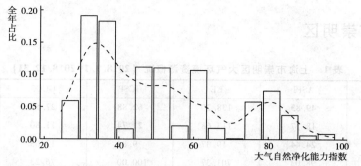

图 3　上海市崇明区大气自然净化能力指数分布（ASPI-2018.1.1-2018.12.31）

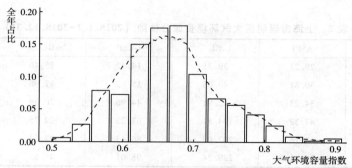

图 4　上海市崇明区大气环境容量指数分布（AECI-2018.1.1-2018.12.31）

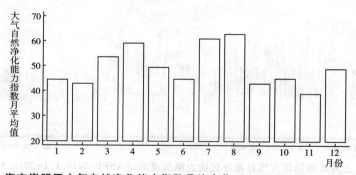

图 5　上海市崇明区大气自然净化能力指数月均变化（ASPI-2018.1.1-2018.12.31）

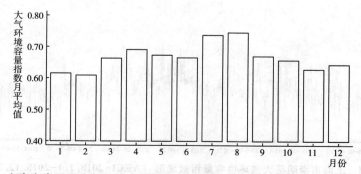

图 6　上海市崇明区大气环境容量指数月均变化（AECI-2018.1.1-2018.12.31）

江苏省

江苏省南京市

表1　江苏省南京市大气环境资源概况 （2018.1.1-2018.12.31）

指标类型	ASPI	EE	GCSP	GCO3	AECI
平均值	45.34	114.09	52.94	27.24	0.66
标准误	16.01	96.75	26.73	12.74	0.06
最小值	22.11	18.86	8.81	11.52	0.5
最大值	96.95	829.16	100	76.75	0.98
样本量（个）	2226	2226	2226	2226	2226

表2　江苏省南京市大气环境资源分位数 （2018.1.1-2018.12.31）

指标类型	ASPI	EE	GCSP	GCO3	AECI
5%	28.12	38.48	13.21	15.39	0.56
10%	29.59	39.42	14.63	17.39	0.58
25%	32.98	60.34	27.1	19.46	0.61
50%	38.82	66.28	55.95	22.01	0.65
75%	52.61	110.52	75.93	26.52	0.7
90%	73.74	271.33	88.29	45.96	0.74

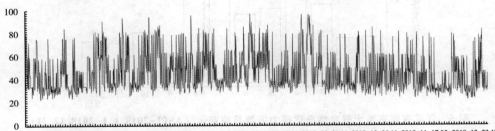

图1　江苏省南京市大气自然净化能力指数波形 （ASPI-2018.1.1-2018.12.31）

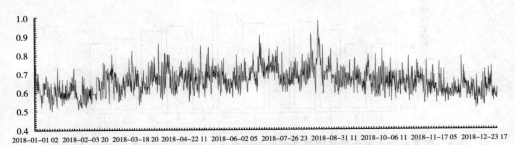

图2　江苏省南京市大气环境容量指数波形 （AECI-2018.1.1-2018.12.31）

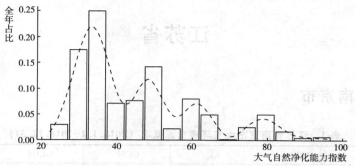

图 3　江苏省南京市大气自然净化能力指数分布（ASPI-2018. 1. 1–2018. 12. 31）

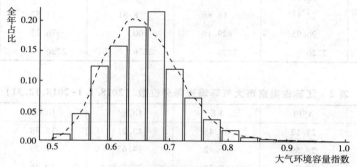

图 4　江苏省南京市大气环境容量指数分布（AECI-2018. 1. 1–2018. 12. 31）

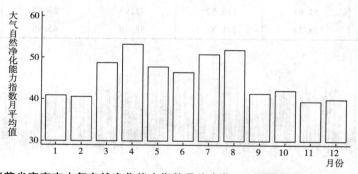

图 5　江苏省南京市大气自然净化能力指数月均变化（ASPI-2018. 1. 1–2018. 12. 31）

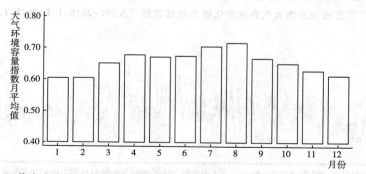

图 6　江苏省南京市大气环境容量指数月均变化（AECI-2018. 1. 1–2018. 12. 31）

江苏省无锡市

表 1　江苏省无锡市大气环境资源概况（2018.1.1-2018.12.31）

指标类型	ASPI	EE	GCSP	GCO3	AECI
平均值	41.97	93.70	49.63	27.94	0.65
标准误	13.84	75.28	26.12	13.28	0.06
最小值	22.03	18.85	8.24	11.70	0.51
最大值	95.83	829.59	98.58	77.16	0.98
样本量（个）	2221	2221	2221	2221	2221

表 2　江苏省无锡市大气环境资源分位数（2018.1.1-2018.12.31）

指标类型	ASPI	EE	GCSP	GCO3	AECI
5%	27.44	20.66	12.81	15.97	0.56
10%	28.97	39.17	14.10	17.64	0.57
25%	32.19	40.87	23.09	19.60	0.60
50%	36.13	64.42	53.09	22.13	0.64
75%	49.62	107.12	72.72	41.39	0.68
90%	62.22	204.15	83.32	46.40	0.73

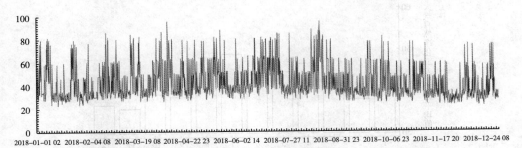

图 1　江苏省无锡市大气自然净化能力指数波形（ASPI-2018.1.1-2018.12.31）

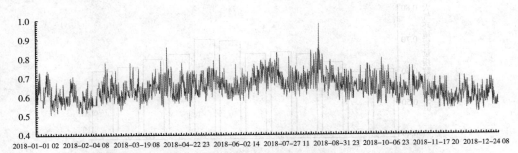

图 2　江苏省无锡市大气环境容量指数波形（AECI-2018.1.1-2018.12.31）

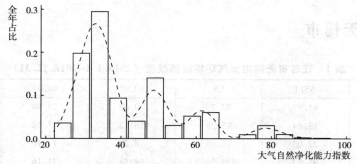

图 3 江苏省无锡市大气自然净化能力指数分布（ASPI-2018. 1. 1-2018. 12. 31）

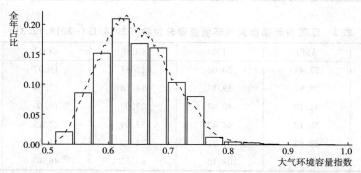

图 4 江苏省无锡市大气环境容量指数分布（AECI-2018. 1. 1-2018. 12. 31）

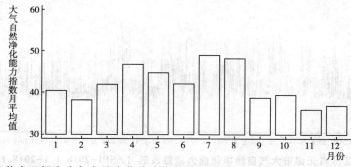

图 5 江苏省无锡市大气自然净化能力指数月均变化（ASPI-2018. 1. 1-2018. 12. 31）

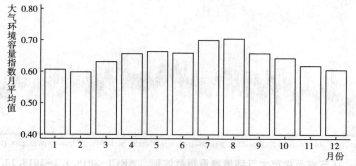

图 6 江苏省无锡市大气环境容量指数月均变化（AECI-2018. 1. 1-2018. 12. 31）

江苏省徐州市

表 1　江苏省徐州市大气环境资源概况（2018.1.1-2018.12.31）

指标类型	ASPI	EE	GCSP	GCO3	AECI
平均值	37.55	71.75	45.23	26.35	0.62
标准误	11.45	57.30	28.13	12.83	0.06
最小值	21.61	18.76	8.26	10.90	0.49
最大值	92.80	614.69	100.00	77.51	0.83
样本量（个）	2225	2225	2225	2225	2225

表 2　江苏省徐州市大气环境资源分位数（2018.1.1-2018.12.31）

指标类型	ASPI	EE	GCSP	GCO3	AECI
5%	25.16	19.52	11.51	13.63	0.54
10%	26.85	19.98	12.66	16.11	0.55
25%	29.79	39.53	15.58	18.90	0.58
50%	34.05	62.59	43.86	21.53	0.62
75%	43.73	100.44	69.34	25.16	0.66
90%	51.73	109.51	86.61	45.82	0.70

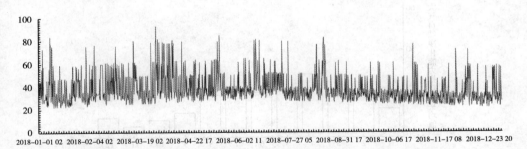

图 1　江苏省徐州市大气自然净化能力指数波形（ASPI-2018.1.1-2018.12.31）

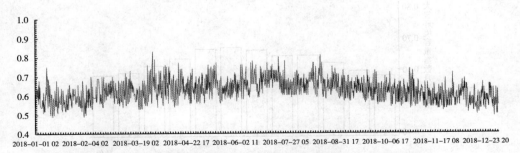

图 2　江苏省徐州市大气环境容量指数波形（AECI-2018.1.1-2018.12.31）

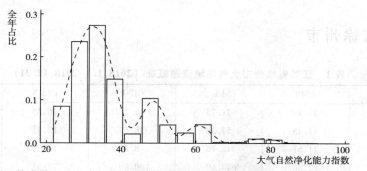

图 3　江苏省徐州市大气自然净化能力指数分布（ASPI-2018. 1. 1-2018. 12. 31）

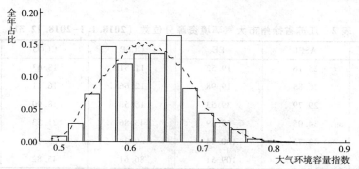

图 4　江苏省徐州市大气环境容量指数分布（AECI-2018. 1. 1-2018. 12. 31）

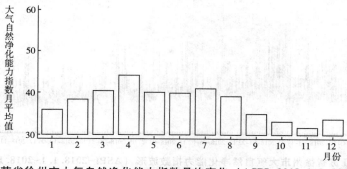

图 5　江苏省徐州市大气自然净化能力指数月均变化（ASPI-2018. 1. 1-2018. 12. 31）

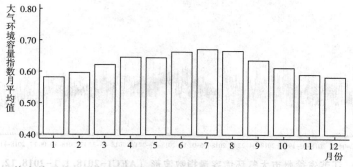

图 6　江苏省徐州市大气环境容量指数月均变化（AECI-2018. 1. 1-2018. 12. 31）

江苏省常州市

表1 江苏省常州市大气环境资源概况（2018.1.1-2018.12.31）

指标类型	ASPI	EE	GCSP	GCO3	AECI
平均值	42.24	95.07	51.95	27.93	0.65
标准误	13.66	73.09	27.31	13.46	0.06
最小值	21.99	18.84	9.62	11.64	0.50
最大值	95.44	685.64	98.67	76.63	0.91
样本量（个）	2226	2226	2226	2226	2226

表2 江苏省常州市大气环境资源分位数（2018.1.1-2018.12.31）

指标类型	ASPI	EE	GCSP	GCO3	AECI
5%	27.74	20.44	13.37	15.63	0.56
10%	29.25	39.24	14.75	17.46	0.58
25%	32.62	41.43	26.25	19.52	0.61
50%	36.63	64.75	54.59	22.04	0.64
75%	49.54	107.03	75.97	41.47	0.68
90%	62.17	204.06	87.91	46.37	0.73

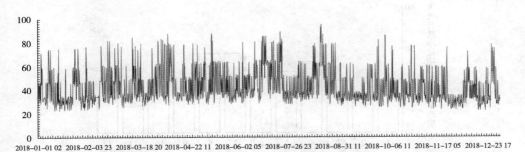

图1 江苏省常州市大气自然净化能力指数波形（ASPI-2018.1.1-2018.12.31）

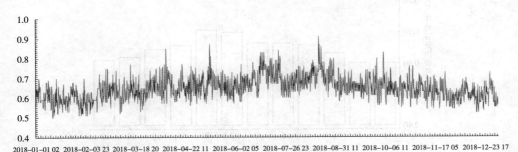

图2 江苏省常州市大气环境容量指数波形（AECI-2018.1.1-2018.12.31）

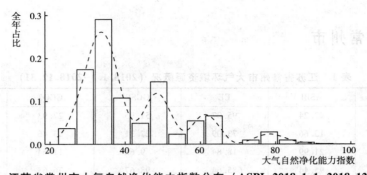

图 3　江苏省常州市大气自然净化能力指数分布（ASPI-2018.1.1-2018.12.31）

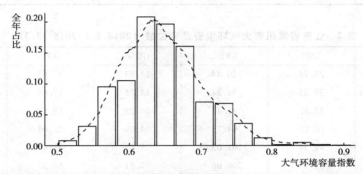

图 4　江苏省常州市大气环境容量指数分布（AECI-2018.1.1-2018.12.31）

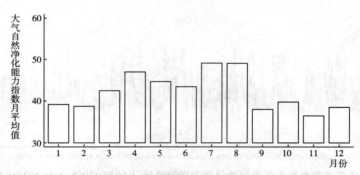

图 5　江苏省常州市大气自然净化能力指数月均变化（ASPI-2018.1.1-2018.12.31）

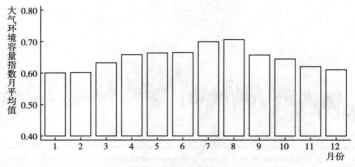

图 6　江苏省常州市大气环境容量指数月均变化（AECI-2018.1.1-2018.12.31）

江苏省苏州市

表 1　江苏省苏州市大气环境资源概况（2018.1.1–2018.12.31）

指标类型	ASPI	EE	GCSP	GCO3	AECI
平均值	46.60	121.23	57.47	27.79	0.66
标准误	16.66	101.12	26.56	12.76	0.06
最小值	22.20	18.88	9.85	11.81	0.51
最大值	98.12	676.56	100.00	76.60	0.89
样本量（个）	2223	2223	2223	2223	2223

表 2　江苏省苏州市大气环境资源分位数（2018.1.1–2018.12.31）

指标类型	ASPI	EE	GCSP	GCO3	AECI
5%	28.65	38.97	14.12	16.64	0.58
10%	30.30	39.82	15.73	17.79	0.59
25%	33.80	62.15	28.20	19.74	0.62
50%	39.48	66.74	61.16	22.24	0.65
75%	58.10	195.30	79.43	40.39	0.70
90%	77.10	281.83	90.78	46.30	0.75

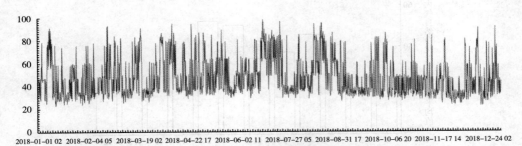

图 1　江苏省苏州市大气自然净化能力指数波形（ASPI-2018.1.1–2018.12.31）

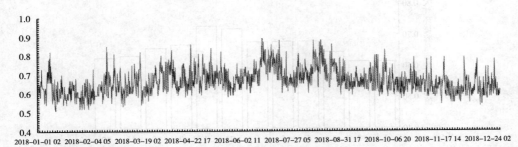

图 2　江苏省苏州市大气环境容量指数波形（AECI-2018.1.1–2018.12.31）

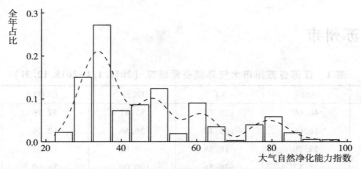

图 3 江苏省苏州市大气自然净化能力指数分布（ASPI-2018.1.1-2018.12.31）

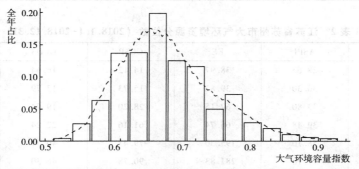

图 4 江苏省苏州市大气环境容量指数分布（AECI-2018.1.1-2018.12.31）

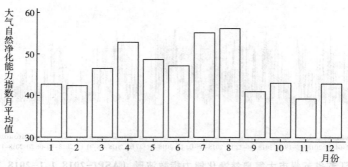

图 5 江苏省苏州市大气自然净化能力指数月均变化（ASPI-2018.1.1-2018.12.31）

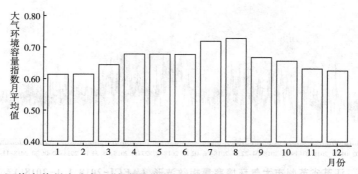

图 6 江苏省苏州市大气环境容量指数月均变化（AECI-2018.1.1-2018.12.31）

江苏省连云港市

表 1 江苏省连云港市大气环境资源概况 （2018.1.1-2018.12.31）

指标类型	ASPI	EE	GCSP	GCO3	AECI
平均值	48.18	132.66	49.61	26.26	0.66
标准误	18.33	117.41	26.52	11.94	0.07
最小值	23.82	19.23	7.97	12.86	0.50
最大值	97.12	835.95	100.00	75.21	0.95
样本量（个）	824	824	824	824	824

表 2 江苏省连云港市大气环境资源分位数 （2018.1.1-2018.12.31）

指标类型	ASPI	EE	GCSP	GCO3	AECI
5%	28.18	38.82	12.28	14.18	0.56
10%	29.40	39.43	14.10	16.40	0.57
25%	33.36	61.91	26.25	19.56	0.60
50%	44.47	101.28	53.19	22.21	0.65
75%	60.86	201.22	70.91	25.30	0.71
90%	79.31	288.23	84.83	45.59	0.76

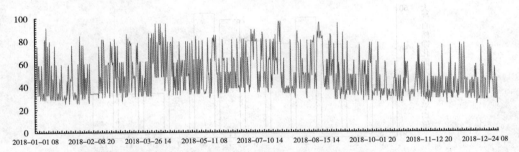

图 1 江苏省连云港市大气自然净化能力指数波形 （ASPI-2018.1.1-2018.12.31）

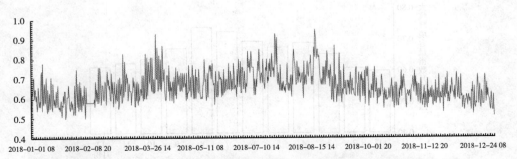

图 2 江苏省连云港市大气环境容量指数波形 （AECI-2018.1.1-2018.12.31）

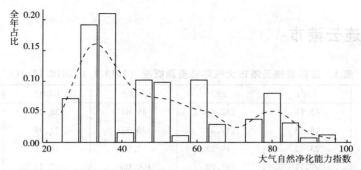

图 3　江苏省连云港市大气自然净化能力指数分布（ASPI-2018.1.1-2018.12.31）

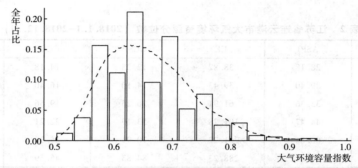

图 4　江苏省连云港市大气环境容量指数分布（AECI-2018.1.1-2018.12.31）

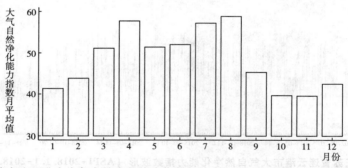

图 5　江苏省连云港市大气自然净化能力指数月均变化（ASPI-2018.1.1-2018.12.31）

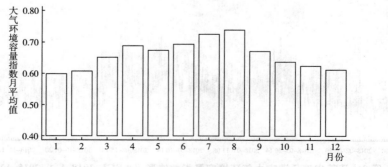

图 6　江苏省连云港市大气环境容量指数月均变化（AECI-2018.1.1-2018.12.31）

江苏省淮安市

表1 江苏省淮安市大气环境资源概况 （2018.1.1-2018.12.31）

指标类型	ASPI	EE	GCSP	GCO3	AECI
平均值	44.50	111.45	59.72	25.62	0.65
标准误	16.42	99.25	29.98	11.57	0.06
最小值	21.71	18.78	8.80	11.12	0.49
最大值	97.27	744.87	100.00	64.80	0.92
样本量（个）	2224	2224	2224	2224	2224

表2 江苏省淮安市大气环境资源分位数 （2018.1.1-2018.12.31）

指标类型	ASPI	EE	GCSP	GCO3	AECI
5%	26.93	20.04	13.55	13.79	0.55
10%	28.55	38.89	14.95	16.21	0.57
25%	32.18	41.11	27.99	18.99	0.60
50%	37.62	65.46	62.60	21.55	0.64
75%	51.91	109.72	88.38	24.95	0.69
90%	74.76	274.40	97.68	45.01	0.73

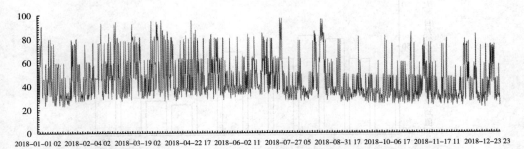

图1 江苏省淮安市大气自然净化能力指数波形 （ASPI-2018.1.1-2018.12.31）

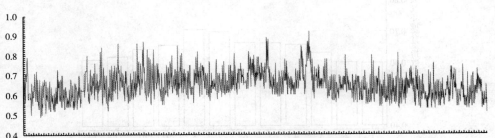

图2 江苏省淮安市大气环境容量指数波形 （AECI-2018.1.1-2018.12.31）

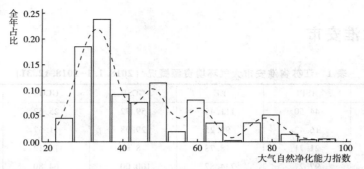

图 3　江苏省淮安市大气自然净化能力指数分布（ASPI-2018.1.1-2018.12.31）

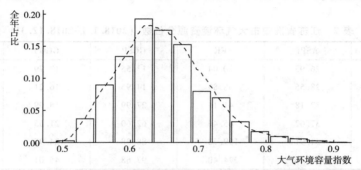

图 4　江苏省淮安市大气环境容量指数分布（AECI-2018.1.1-2018.12.31）

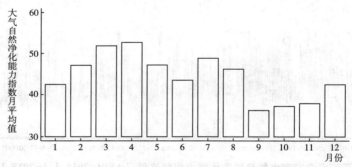

图 5　江苏省淮安市大气自然净化能力指数月均变化（ASPI-2018.1.1-2018.12.31）

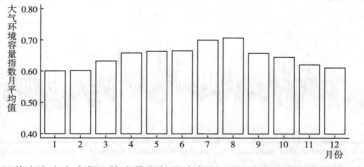

图 6　江苏省淮安市大气环境容量指数月均变化（AECI-2018.1.1-2018.12.31）

江苏省盐城市

表 1 江苏省盐城市大气环境资源概况 （2018.1.1–2018.12.31）

指标类型	ASPI	EE	GCSP	GCO3	AECI
平均值	46.63	119.06	54.16	27.01	0.66
标准误	16.33	95.98	29.15	12.40	0.06
最小值	24.36	19.35	9.33	13.17	0.51
最大值	95.22	759.27	100.00	74.98	0.95
样本量（个）	824	824	824	824	824

表 2 江苏省盐城市大气环境资源分位数 （2018.1.1–2018.12.31）

指标类型	ASPI	EE	GCSP	GCO3	AECI
5%	28.72	39.01	13.38	14.77	0.55
10%	29.70	39.54	14.63	17.41	0.57
25%	33.82	62.06	26.86	19.84	0.61
50%	40.45	67.40	53.63	22.39	0.65
75%	58.65	196.47	79.37	25.58	0.70
90%	75.57	276.84	98.01	45.89	0.74

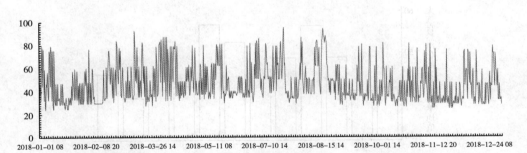

图 1 江苏省盐城市大气自然净化能力指数波形 （ASPI–2018.1.1–2018.12.31）

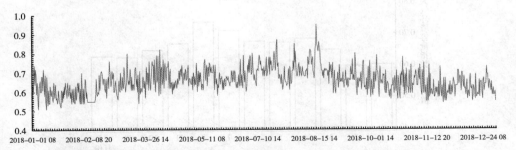

图 2 江苏省盐城市大气环境容量指数波形 （AECI–2018.1.1–2018.12.31）

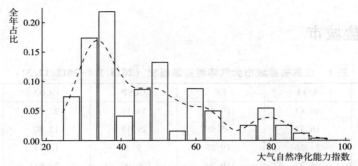

图 3　江苏省盐城市大气自然净化能力指数分布（ASPI-2018.1.1-2018.12.31）

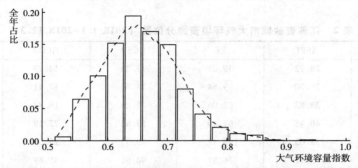

图 4　江苏省盐城市大气环境容量指数分布（AECI-2018.1.1-2018.12.31）

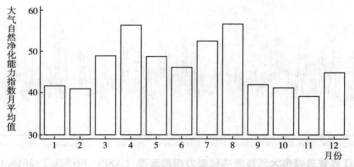

图 5　江苏省盐城市大气自然净化能力指数月均变化（ASPI-2018.1.1-2018.12.31）

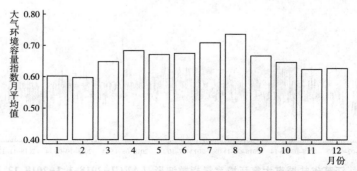

图 6　江苏省盐城市大气环境容量指数月均变化（AECI-2018.1.1-2018.12.31）

江苏省扬州市

表1 江苏省扬州市大气环境资源概况（2018.1.1-2018.12.31）

指标类型	ASPI	EE	GCSP	GCO3	AECI
平均值	39.44	76.76	54.17	28.71	0.64
标准误	10.74	53.15	30.17	14.15	0.05
最小值	23.95	19.26	9.80	13.36	0.50
最大值	85.23	353.66	100.00	77.54	0.83
样本量（个）	822	822	822	822	822

表2 江苏省扬州市大气环境资源分位数（2018.1.1-2018.12.31）

指标类型	ASPI	EE	GCSP	GCO3	AECI
5%	28.19	20.54	13.04	15.10	0.56
10%	29.25	39.27	14.41	17.93	0.57
25%	32.67	41.17	26.18	20.10	0.60
50%	35.69	63.89	53.44	22.69	0.63
75%	46.78	103.90	82.67	41.99	0.67
90%	52.41	110.29	95.57	46.95	0.70

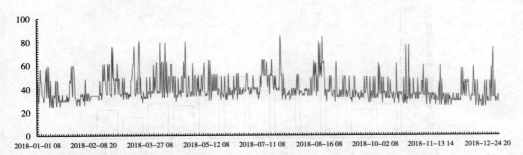

图1 江苏省扬州市大气自然净化能力指数波形（ASPI-2018.1.1-2018.12.31）

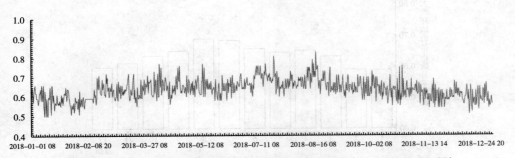

图2 江苏省扬州市大气环境容量指数波形（AECI-2018.1.1-2018.12.31）

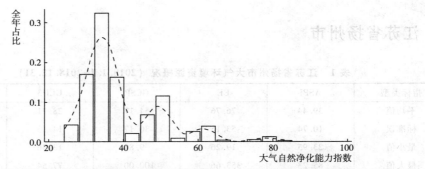

图 3　江苏省扬州市大气自然净化能力指数分布（ASPI-2018.1.1-2018.12.31）

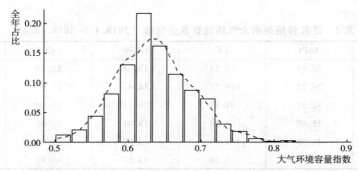

图 4　江苏省扬州市大气环境容量指数分布（AECI-2018.1.1-2018.12.31）

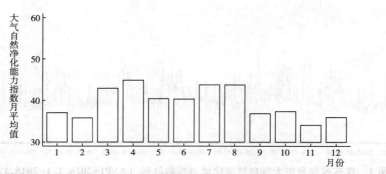

图 5　江苏省扬州市大气自然净化能力指数月均变化（ASPI-2018.1.1-2018.12.31）

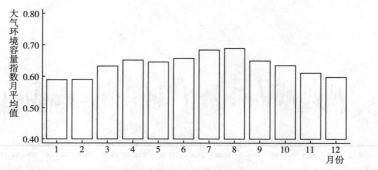

图 6　江苏省扬州市大气环境容量指数月均变化（AECI-2018.1.1-2018.12.31）

江苏省镇江市

表 1　江苏省镇江市大气环境资源概况（2018.1.1–2018.12.31）

指标类型	ASPI	EE	GCSP	GCO3	AECI
平均值	38.49	75.11	55.76	27.49	0.63
标准误	10.97	55.37	29.38	13.24	0.05
最小值	21.94	18.83	9.84	11.56	0.50
最大值	96.13	636.77	100.00	77.84	0.90
样本量（个）	2220	2220	2220	2220	2220

表 2　江苏省镇江市大气环境资源分位数（2018.1.1–2018.12.31）

指标类型	ASPI	EE	GCSP	GCO3	AECI
5%	27.01	20.12	13.34	15.32	0.55
10%	28.69	38.99	14.59	17.37	0.57
25%	31.55	40.46	26.90	19.45	0.60
50%	34.95	63.41	56.53	21.99	0.63
75%	44.65	101.48	83.03	26.66	0.67
90%	51.67	109.45	95.69	46.10	0.70

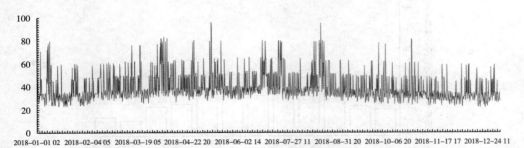

图 1　江苏省镇江市大气自然净化能力指数波形（ASPI–2018.1.1–2018.12.31）

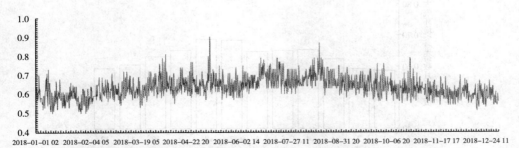

图 2　江苏省镇江市大气环境容量指数波形（AECI–2018.1.1–2018.12.31）

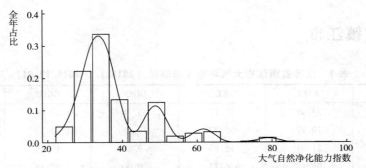

图 3 江苏省镇江市大气自然净化能力指数分布 （ASPI-2018.1.1-2018.12.31）

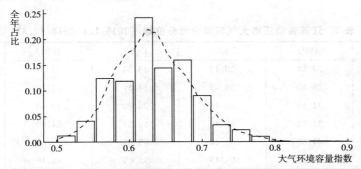

图 4 江苏省镇江市大气环境容量指数分布 （AECI-2018.1.1-2018.12.31）

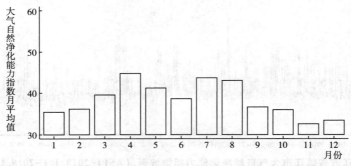

图 5 江苏省镇江市大气自然净化能力指数月均变化 （ASPI-2018.1.1-2018.12.31）

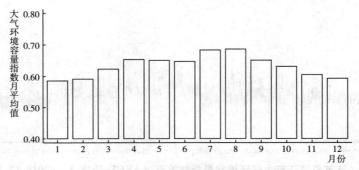

图 6 江苏省镇江市大气环境容量指数月均变化 （AECI-2018.1.1-2018.12.31）

江苏省泰州市

表 1 江苏省泰州市大气环境资源概况（2018. 1. 1–2018. 12. 31）

指标类型	ASPI	EE	GCSP	GCO3	AECI
平均值	46.56	118.83	60.23	27.66	0.66
标准误	16.14	98.31	30.67	12.80	0.06
最小值	24.70	19.43	9.62	13.40	0.50
最大值	97.44	715.60	100.00	75.88	0.91
样本量（个）	824	824	824	824	824

表 2 江苏省泰州市大气环境资源分位数（2018. 1. 1–2018. 12. 31）

指标类型	ASPI	EE	GCSP	GCO3	AECI
5%	29.15	39.26	13.77	15.07	0.57
10%	30.74	40.03	14.94	17.65	0.58
25%	34.12	62.80	27.57	20.03	0.62
50%	38.89	66.33	64.07	22.61	0.65
75%	57.81	194.66	90.22	26.55	0.69
90%	75.79	277.49	98.01	46.19	0.74

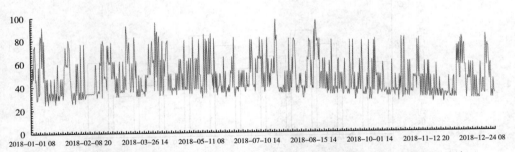

图 1 江苏省泰州市大气自然净化能力指数波形（ASPI–2018. 1. 1–2018. 12. 31）

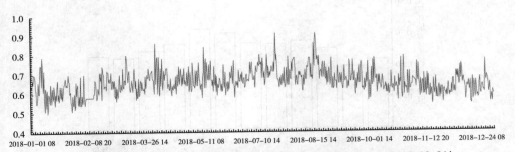

图 2 江苏省泰州市大气环境容量指数波形（AECI–2018. 1. 1–2018. 12. 31）

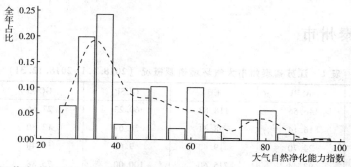

图 3 江苏省泰州市大气自然净化能力指数分布（ASPI-2018.1.1-2018.12.31）

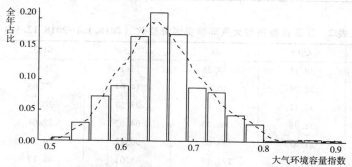

图 4 江苏省泰州市大气环境容量指数分布（AECI-2018.1.1-2018.12.31）

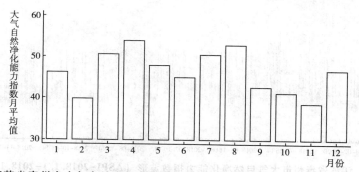

图 5 江苏省泰州市大气自然净化能力指数月均变化（ASPI-2018.1.1-2018.12.31）

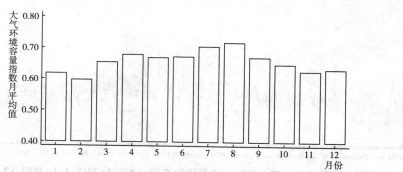

图 6 江苏省泰州市大气环境容量指数月均变化（AECI-2018.1.1-2018.12.31）

江苏省宿迁市

表 1 江苏省宿迁市大气环境资源概况 （2018. 1. 1-2018. 12. 31）

指标类型	ASPI	EE	GCSP	GCO3	AECI
平均值	43. 95	102. 57	51. 86	26. 93	0. 65
标准误	13. 89	79. 03	31. 29	12. 49	0. 06
最小值	23. 70	19. 21	9. 17	12. 98	0. 50
最大值	94. 40	625. 29	100. 00	74. 95	0. 84
样本量（个）	823	823	823	823	823

表 2 江苏省宿迁市大气环境资源分位数 （2018. 1. 1-2018. 12. 31）

指标类型	ASPI	EE	GCSP	GCO3	AECI
5%	28. 31	38. 83	12. 24	14. 52	0. 56
10%	29. 74	39. 57	13. 41	17. 34	0. 58
25%	33. 73	61. 83	16. 14	19. 68	0. 61
50%	38. 34	65. 95	50. 65	22. 31	0. 64
75%	50. 53	108. 15	80. 97	25. 46	0. 68
90%	62. 64	205. 06	98. 01	46. 13	0. 72

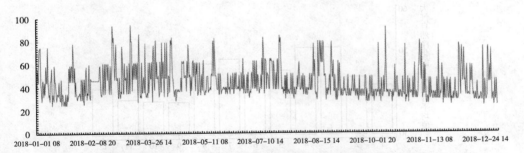

图 1 江苏省宿迁市大气自然净化能力指数波形 （ASPI-2018. 1. 1-2018. 12. 31）

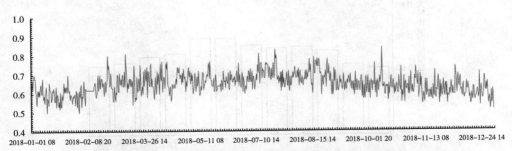

图 2 江苏省宿迁市大气环境容量指数波形 （AECI-2018. 1. 1-2018. 12. 31）

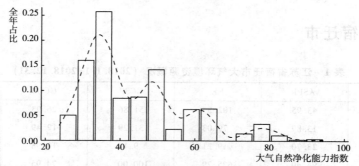

图 3　江苏省宿迁市大气自然净化能力指数分布（ASPI–2018.1.1–2018.12.31）

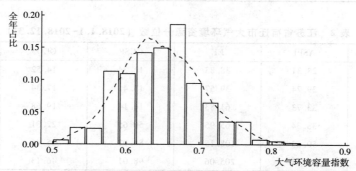

图 4　江苏省宿迁市大气环境容量指数分布（AECI–2018.1.1–2018.12.31）

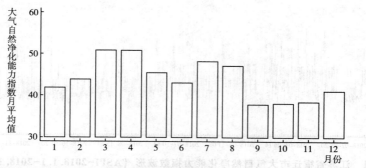

图 5　江苏省宿迁市大气自然净化能力指数月均变化（ASPI–2018.1.1–2018.12.31）

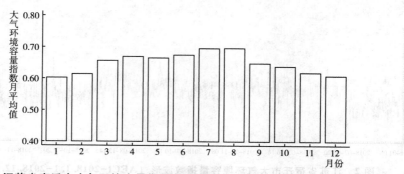

图 6　江苏省宿迁市大气环境容量指数月均变化（AECI–2018.1.1–2018.12.31）

浙江省

浙江省杭州市

表1 浙江省杭州市大气环境资源概况（2018.1.1-2018.12.31）

指标类型	ASPI	EE	GCSP	GCO3	AECI
平均值	42	92.17	53.83	28.49	0.65
标准误	12.91	72.09	27.39	13.77	0.05
最小值	22.58	18.97	8.8	11.97	0.51
最大值	93.73	945.32	96.48	78.23	0.99
样本量（个）	2225	2225	2225	2225	2225

表2 浙江省杭州市大气环境资源分位数（2018.1.1-2018.12.31）

指标类型	ASPI	EE	GCSP	GCO3	AECI
5%	28.64	38.93	13.43	16.88	0.57
10%	30.03	39.68	14.76	17.99	0.58
25%	33	41.54	26.87	19.86	0.61
50%	36.87	64.9	57.49	22.38	0.64
75%	49.07	106.49	79.46	41.4	0.68
90%	61.13	201.82	88.11	46.97	0.72

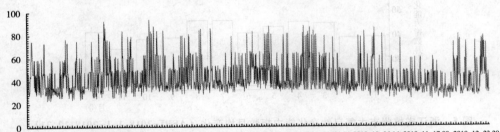

图1 浙江省杭州市大气自然净化能力指数波形（ASPI-2018.1.1-2018.12.31）

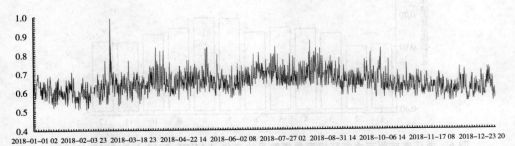

图2 浙江省杭州市大气环境容量指数波形（AECI-2018.1.1-2018.12.31）

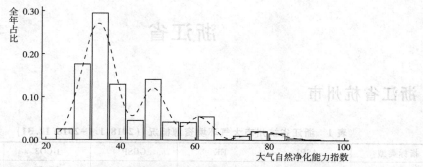

图 3　浙江省杭州市大气自然净化能力指数分布（ASPI-2018.1.1-2018.12.31）

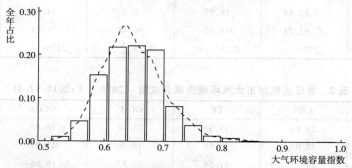

图 4　浙江省杭州市大气环境容量指数分布（AECI-2018.1.1-2018.12.31）

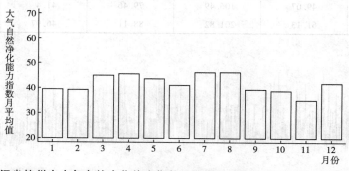

图 5　浙江省杭州市大气自然净化能力指数月均变化（ASPI-2018.1.1-2018.12.31）

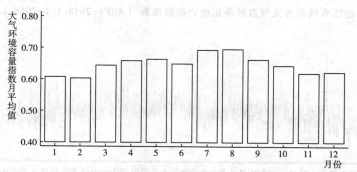

图 6　浙江省杭州市大气环境容量指数月均变化（AECI-2018.1.1-2018.12.31）

浙江省宁波市

表 1 浙江省宁波市大气环境资源概况（2018.1.1~2018.12.31）

指标类型	ASPI	EE	GCSP	GCO3	AECI
平均值	46.24	120.63	59.32	27.62	0.66
标准误	17.69	110.33	27.25	12.07	0.07
最小值	22.41	18.93	8.81	12.36	0.52
最大值	98.33	765.44	100.00	78.77	0.92
样本量（个）	2225	2225	2225	2225	2225

表 2 浙江省宁波市大气环境资源分位数（2018.1.1~2018.12.31）

指标类型	ASPI	EE	GCSP	GCO3	AECI
5%	28.24	38.60	14.25	17.14	0.57
10%	29.55	39.44	15.85	18.18	0.58
25%	32.59	41.05	36.18	19.96	0.61
50%	37.84	65.61	62.71	22.46	0.65
75%	58.37	195.87	82.76	26.88	0.70
90%	78.06	286.08	93.99	46.14	0.75

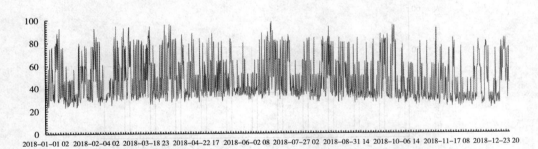

图 1 浙江省宁波市大气自然净化能力指数波形（ASPI-2018.1.1~2018.12.31）

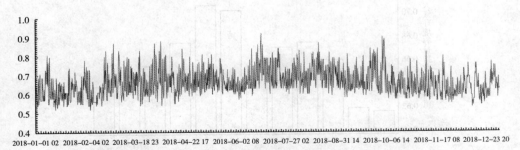

图 2 浙江省宁波市大气环境容量指数波形（AECI-2018.1.1~2018.12.31）

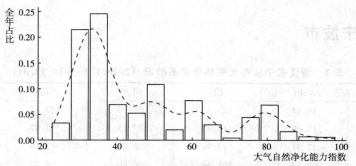

图 3 浙江省宁波市大气自然净化能力指数分布（ASPI-2018.1.1-2018.12.31）

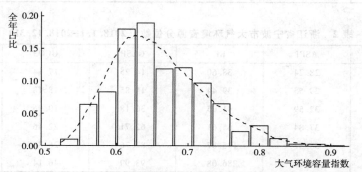

图 4 浙江省宁波市大气环境容量指数分布（AECI-2018.1.1-2018.12.31）

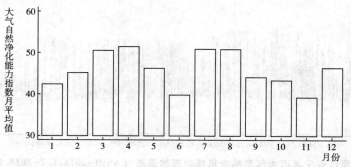

图 5 浙江省宁波市大气自然净化能力指数月均变化（ASPI-2018.1.1-2018.12.31）

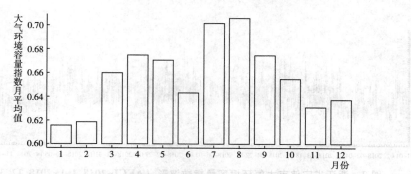

图 6 浙江省宁波市大气环境容量指数月均变化（AECI-2018.1.1-2018.12.31）

浙江省温州市

表 1　浙江省温州市大气环境资源概况（2018.1.1-2018.12.31）

指标类型	ASPI	EE	GCSP	GCO3	AECI
平均值	32.49	39.21	58.47	29.76	0.61
标准误	4.40	19.63	28.60	13.12	0.04
最小值	24.65	19.41	9.09	15.91	0.52
最大值	62.81	205.43	100.00	79.87	0.74
样本量（个）	824	824	824	824	824

表 2　浙江省温州市大气环境资源分位数（2018.1.1-2018.12.31）

指标类型	ASPI	EE	GCSP	GCO3	AECI
5%	26.28	19.77	12.97	18.84	0.56
10%	27.66	20.06	14.45	19.57	0.56
25%	29.64	20.76	36.02	21.21	0.58
50%	31.95	40.46	60.83	23.51	0.60
75%	34.80	41.93	82.90	43.26	0.63
90%	37.21	64.57	96.45	46.67	0.65

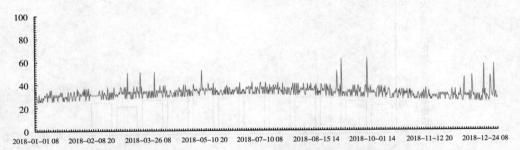

图 1　浙江省温州市大气自然净化能力指数波形（ASPI-2018.1.1-2018.12.31）

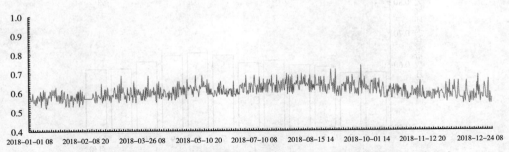

图 2　浙江省温州市大气环境容量指数波形（AECI-2018.1.1-2018.12.31）

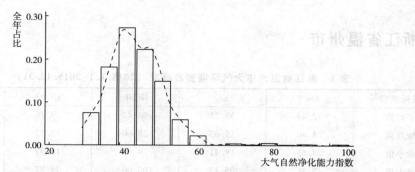

图 3　浙江省温州市大气自然净化能力指数分布（ASPI-2018.1.1-2018.12.31）

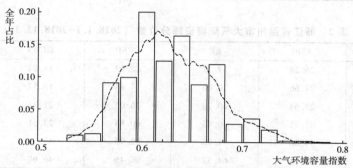

图 4　浙江省温州市大气环境容量指数分布（AECI-2018.1.1-2018.12.31）

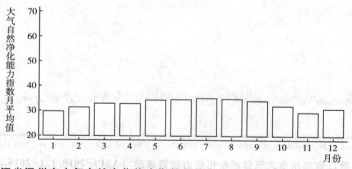

图 5　浙江省温州市大气自然净化能力指数月均变化（ASPI-2018.1.1-2018.12.31）

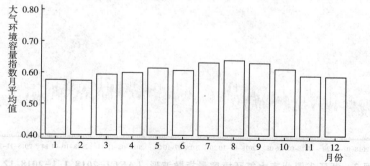

图 6　浙江省温州市大气环境容量指数月均变化（AECI-2018.1.1-2018.12.31）

浙江省嘉兴市

表1 浙江省嘉兴市大气环境资源概况 （2018.1.1-2018.12.31）

指标类型	ASPI	EE	GCSP	GCO3	AECI
平均值	45.53	110.17	58.35	28.78	0.66
标准误	15.35	89.11	27.57	13.00	0.06
最小值	24.30	19.34	9.35	13.82	0.51
最大值	98.18	709.63	100.00	77.44	0.93
样本量（个）	826	826	826	826	826

表2 浙江省嘉兴市大气环境资源分位数 （2018.1.1-2018.12.31）

指标类型	ASPI	EE	GCSP	GCO3	AECI
5%	28.99	39.03	13.72	17.98	0.57
10%	30.46	39.78	15.26	18.78	0.59
25%	33.96	41.93	37.19	20.51	0.61
50%	38.98	66.39	61.16	22.99	0.65
75%	52.48	110.36	81.14	42.08	0.69
90%	64.99	210.13	94.57	47.01	0.74

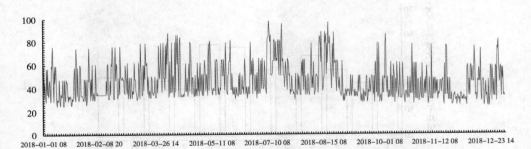

图1 浙江省嘉兴市大气自然净化能力指数波形 （ASPI-2018.1.1-2018.12.31）

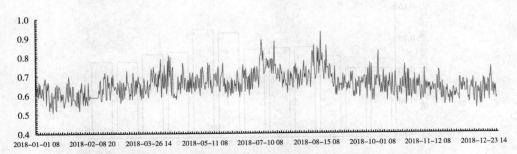

图2 浙江省嘉兴市大气环境容量指数波形 （AECI-2018.1.1-2018.12.31）

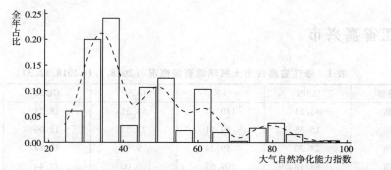

图 3 浙江省嘉兴市大气自然净化能力指数分布 (ASPI-2018.1.1-2018.12.31)

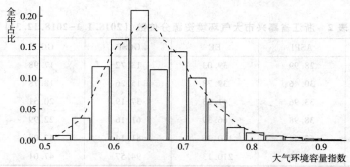

图 4 浙江省嘉兴市大气环境容量指数分布 (AECI-2018.1.1-2018.12.31)

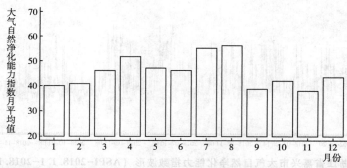

图 5 浙江省嘉兴市大气自然净化能力指数月均变化 (ASPI-2018.1.1-2018.12.31)

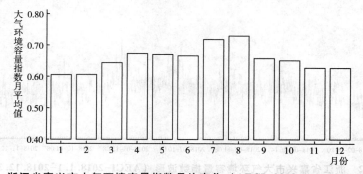

图 6 浙江省嘉兴市大气环境容量指数月均变化 (AECI-2018.1.1-2018.12.31)

浙江省绍兴市

表1 浙江省绍兴市大气环境资源概况（2018.1.1-2018.12.31）

指标类型	ASPI	EE	GCSP	GCO3	AECI
平均值	37.54	66.30	50.95	30.18	0.63
标准误	10.58	52.09	26.75	14.74	0.05
最小值	24.32	19.34	9.36	13.94	0.51
最大值	82.21	342.72	98.66	78.89	0.80
样本量（个）	827	827	827	827	827

表2 浙江省绍兴市大气环境资源分位数（2018.1.1-2018.12.31）

指标类型	ASPI	EE	GCSP	GCO3	AECI
5%	26.20	19.75	12.66	18.13	0.55
10%	28.40	20.29	14.03	18.89	0.56
25%	30.89	39.95	26.44	20.72	0.59
50%	34.72	42.37	50.61	23.14	0.62
75%	38.96	66.38	75.33	44.00	0.66
90%	51.35	109.09	88.13	48.07	0.71

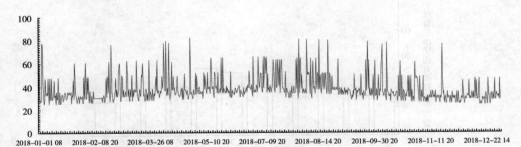

图1 浙江省绍兴市大气自然净化能力指数波形（ASPI-2018.1.1-2018.12.31）

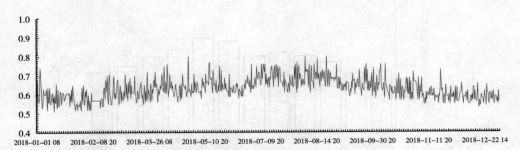

图2 浙江省绍兴市大气环境容量指数波形（AECI-2018.1.1-2018.12.31）

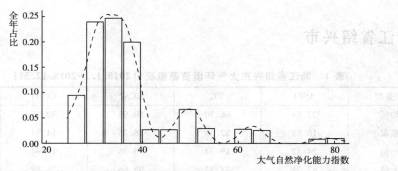

图 3 浙江省绍兴市大气自然净化能力指数分布（ASPI-2018.1.1-2018.12.31）

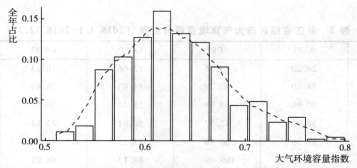

图 4 浙江省绍兴市大气环境容量指数分布（AECI-2018.1.1-2018.12.31）

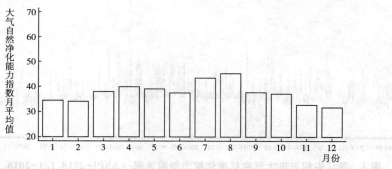

图 5 浙江省绍兴市大气自然净化能力指数月均变化（ASPI-2018.1.1-2018.12.31）

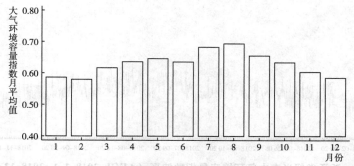

图 6 浙江省绍兴市大气环境容量指数月均变化（AECI-2018.1.1-2018.12.31）

浙江省金华市

表 1　浙江省金华市大气环境资源概况（2018.1.1-2018.12.31）

指标类型	ASPI	EE	GCSP	GCO3	AECI
平均值	37.78	68.68	51.68	29.82	0.64
标准误	9.56	45.93	26.75	14.72	0.05
最小值	22.43	18.93	8.74	12.65	0.51
最大值	87.20	408.14	97.49	78.30	0.86
样本量（个）	2225	2225	2225	2225	2225

表 2　浙江省金华市大气环境资源分位数（2018.1.1-2018.12.31）

指标类型	ASPI	EE	GCSP	GCO3	AECI
5%	27.83	20.75	13.20	17.27	0.56
10%	29.43	39.36	14.14	18.32	0.58
25%	31.93	40.63	26.25	20.15	0.60
50%	34.97	63.11	53.50	22.70	0.63
75%	39.52	66.77	76.01	43.01	0.67
90%	50.37	107.97	86.79	47.57	0.70

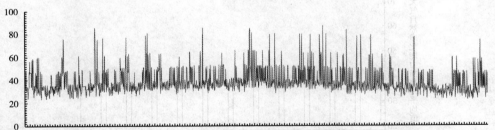

图 1　浙江省金华市大气自然净化能力指数波形（ASPI-2018.1.1-2018.12.31）

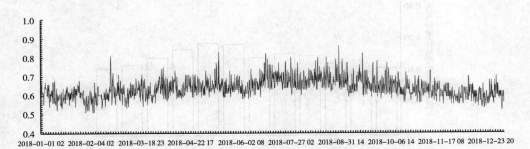

图 2　浙江省金华市大气环境容量指数波形（AECI-2018.1.1-2018.12.31）

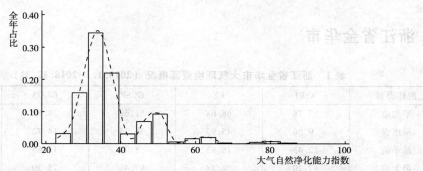

图 3　浙江省金华市大气自然净化能力指数分布（ASPI-2018.1.1-2018.12.31）

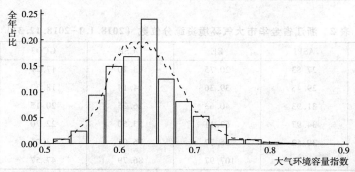

图 4　浙江省金华市大气环境容量指数分布（AECI-2018.1.1-2018.12.31）

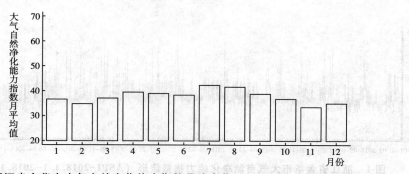

图 5　浙江省金华市大气自然净化能力指数月均变化（ASPI-2018.1.1-2018.12.31）

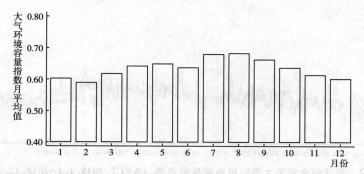

图 6　浙江省金华市大气环境容量指数月均变化（AECI-2018.1.1-2018.12.31）

浙江省衢州市

表 1 浙江省衢州市大气环境资源概况（2018.1.1-2018.12.31）

指标类型	ASPI	EE	GCSP	GCO3	AECI
平均值	46.19	116.58	61.41	28.89	0.66
标准误	16.78	100.51	32.21	14.09	0.06
最小值	22.53	18.96	9.59	12.17	0.51
最大值	98.66	864.80	100.00	79.34	0.99
样本量（个）	2219	2219	2219	2219	2219

表 2 浙江省衢州市大气环境资源分位数（2018.1.1-2018.12.31）

指标类型	ASPI	EE	GCSP	GCO3	AECI
5%	27.63	20.14	13.58	17.28	0.56
10%	29.51	38.81	14.92	18.31	0.58
25%	33.30	41.47	27.38	20.09	0.61
50%	39.23	66.57	63.74	22.63	0.65
75%	57.15	193.24	96.66	41.33	0.70
90%	76.02	278.28	100.00	47.04	0.74

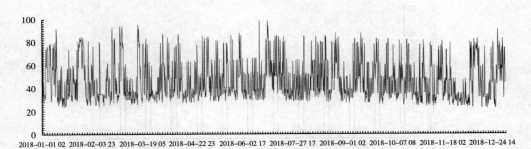

图 1 浙江省衢州市大气自然净化能力指数波形（ASPI-2018.1.1-2018.12.31）

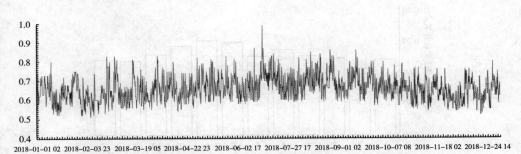

图 2 浙江省衢州市大气环境容量指数波形（AECI-2018.1.1-2018.12.31）

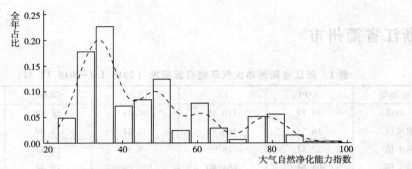

图 3　浙江省衢州市大气自然净化能力指数分布（ASPI-2018.1.1-2018.12.31）

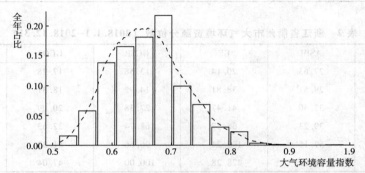

图 4　浙江省衢州市大气环境容量指数分布（AECI-2018.1.1-2018.12.31）

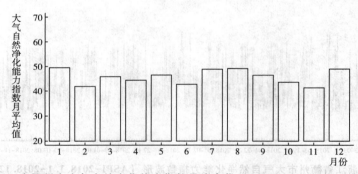

图 5　浙江省衢州市大气自然净化能力指数月均变化（ASPI-2018.1.1-2018.12.31）

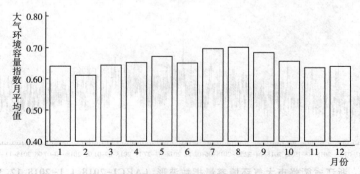

图 6　浙江省衢州市大气环境容量指数月均变化（AECI-2018.1.1-2018.12.31）

浙江省舟山市

表 1　浙江省舟山市大气环境资源概况 （2018.1.1－2018.12.31）

指标类型	ASPI	EE	GCSP	GCO3	AECI
平均值	41.75	91.61	67.88	26.70	0.64
标准误	13.92	78.45	25.90	10.59	0.06
最小值	22.61	18.97	9.76	12.37	0.51
最大值	95.07	823.76	100.00	64.99	0.95
样本量（个）	2225	2225	2225	2225	2225

表 2　浙江省舟山市大气环境资源分位数 （2018.1.1－2018.12.31）

指标类型	ASPI	EE	GCSP	GCO3	AECI
5%	27.63	20.38	15.87	17.25	0.56
10%	29.14	39.06	27.09	18.22	0.58
25%	31.95	40.65	50.13	19.99	0.60
50%	36.27	64.41	72.66	22.39	0.64
75%	49.06	106.48	90.52	26.05	0.68
90%	62.00	203.69	98.01	45.34	0.71

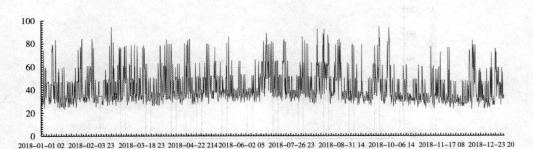

图 1　浙江省舟山市大气自然净化能力指数波形 （ASPI－2018.1.1－2018.12.31）

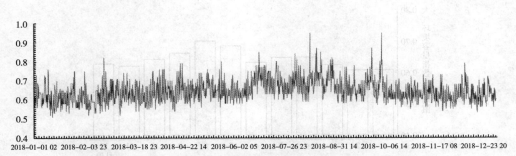

图 2　浙江省舟山市大气环境容量指数波形 （AECI－2018.1.1－2018.12.31）

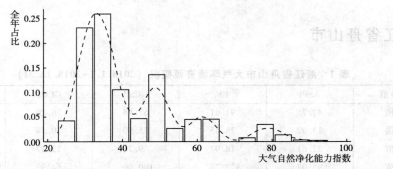

图3 浙江省舟山市大气自然净化能力指数分布（ASPI-2018.1.1-2018.12.31）

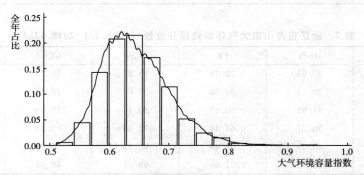

图4 浙江省舟山市大气环境容量指数分布（AECI-2018.1.1-2018.12.31）

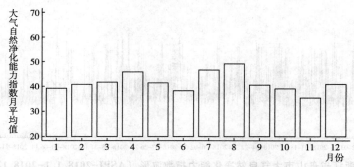

图5 浙江省舟山市大气自然净化能力指数月均变化（ASPI-2018.1.1-2018.12.31）

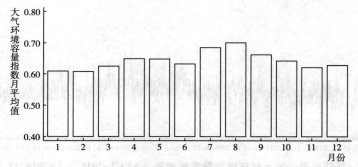

图6 浙江省舟山市大气环境容量指数月均变化（AECI-2018.1.1-2018.12.31）

浙江省台州市

表1 浙江省台州市大气环境资源概况 （2018.1.1-2018.12.31）

指标类型	ASPI	EE	GCSP	GCO3	AECI
平均值	72.40	392.86	66.22	26.70	0.77
标准误	20.66	286.50	22.35	9.75	0.10
最小值	26.35	19.78	12.16	16.09	0.55
最大值	98.58	1337.28	100.00	62.36	1.02
样本量（个）	2214	2214	2214	2214	2214

表2 浙江省台州市大气环境资源分位数 （2018.1.1-2018.12.31）

指标类型	ASPI	EE	GCSP	GCO3	AECI
5%	34.28	62.75	17.53	17.80	0.63
10%	37.97	65.70	28.60	18.69	0.65
25%	53.94	112.02	53.37	20.35	0.70
50%	79.65	320.26	70.38	22.69	0.76
75%	91.03	638.53	84.43	26.36	0.85
90%	94.01	817.34	91.72	44.68	0.92

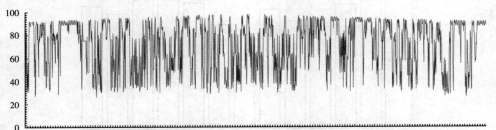

图1 浙江省台州市大气自然净化能力指数波形 （ASPI-2018.1.1-2018.12.31）

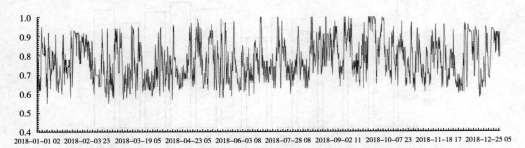

图2 浙江省台州市大气环境容量指数波形 （AECI-2018.1.1-2018.12.31）

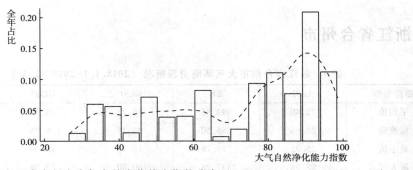

图 3　浙江省台州市大气自然净化能力指数分布（ASPI-2018. 1. 1-2018. 12. 31）

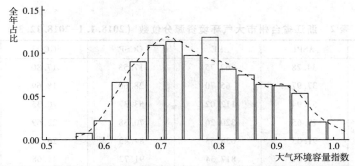

图 4　浙江省台州市大气环境容量指数分布（AECI-2018. 1. 1-2018. 12. 31）

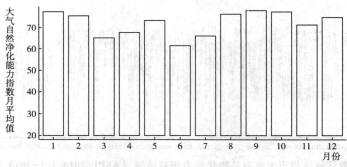

图 5　浙江省台州市大气自然净化能力指数月均变化（ASPI-2018. 1. 1-2018. 12. 31）

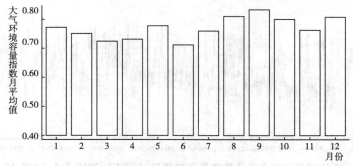

图 6　浙江省台州市大气环境容量指数月均变化（AECI-2018. 1. 1-2018. 12. 31）

浙江省丽水市

表 1　浙江省丽水市大气环境资源概况 （2018. 1. 1－2018. 12. 31）

指标类型	ASPI	EE	GCSP	GCO3	AECI
平均值	35. 77	47. 29	48. 76	31. 04	0. 62
标准误	7. 83	29. 17	30. 12	15. 01	0. 05
最小值	24. 59	18. 96	7. 49	14. 19	0. 51
最大值	83. 46	350. 99	100. 00	78. 87	0. 81
样本量（个）	826	826	826	826	826

表 2　浙江省丽水市大气环境资源分位数 （2018. 1. 1－2018. 12. 31）

指标类型	ASPI	EE	GCSP	GCO3	AECI
5%	25. 44	19. 58	13. 11	17. 52	0. 55
10%	26. 86	19. 90	14. 25	18. 55	0. 56
25%	29. 66	39. 18	26. 87	20. 36	0. 58
50%	32. 74	40. 94	57. 51	22. 80	0. 61
75%	35. 35	62. 47	75. 61	42. 75	0. 64
90%	39. 67	66. 87	84. 80	47. 74	0. 67

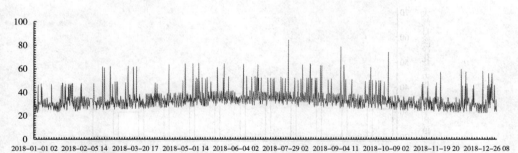

图 1　浙江省丽水市大气自然净化能力指数波形 （ASPI-2018. 1. 1－2018. 12. 31）

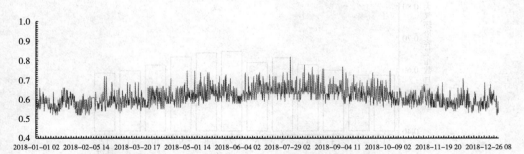

图 2　浙江省丽水市大气环境容量指数波形 （AECI-2018. 1. 1－2018. 12. 31）

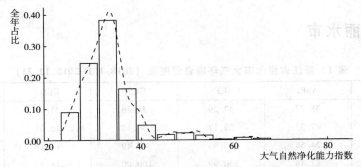

图 3　浙江省丽水市大气自然净化能力指数分布（ASPI-2018. 1. 1-2018. 12. 31）

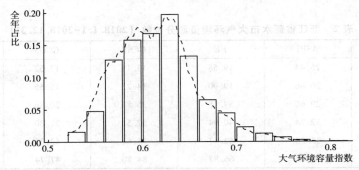

图 4　浙江省丽水市大气环境容量指数分布（AECI-2018. 1. 1-2018. 12. 31）

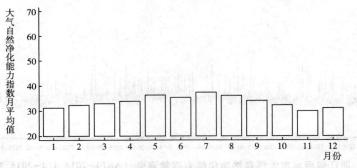

图 5　浙江省丽水市大气自然净化能力指数月均变化（ASPI-2018. 1. 1-2018. 12. 31）

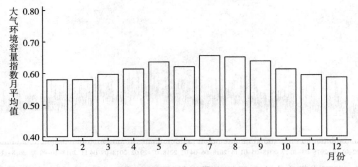

图 6　浙江省丽水市大气环境容量指数月均变化（AECI-2018. 1. 1-2018. 12. 31）

安徽省

安徽省合肥市

表1 安徽省合肥市大气环境资源概况（2018.1.1~2018.12.31）

指标类型	ASPI	EE	GCSP	GCO3	AECI
平均值	39.58	80.09	56.54	27.53	0.64
标准误	12.15	61.94	26.44	13.39	0.05
最小值	22.33	18.91	9.06	11.5	0.5
最大值	94.42	625.42	98.65	78.66	0.87
样本量（个）	2225	2225	2225	2225	2225

表2 安徽省合肥市大气环境资源分位数（2018.1.1~2018.12.31）

指标类型	ASPI	EE	GCSP	GCO3	AECI
5%	27.13	20.1	13.74	15.3	0.55
10%	28.47	38.9	15.38	17.26	0.57
25%	31.58	40.46	27.97	19.49	0.6
50%	35.1	63.56	59.67	22.05	0.63
75%	46.94	104.08	80.87	26.53	0.67
90%	57.28	193.51	88.86	46.2	0.71

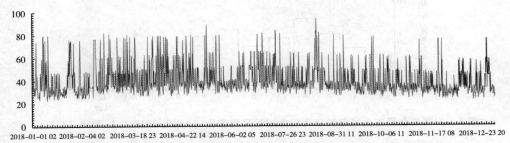

图1 安徽省合肥市大气自然净化能力指数波形（ASPI-2018.1.1~2018.12.31）

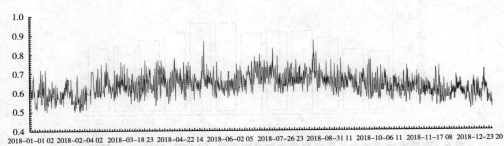

图2 安徽省合肥市大气环境容量指数波形（AECI-2018.1.1~2018.12.31）

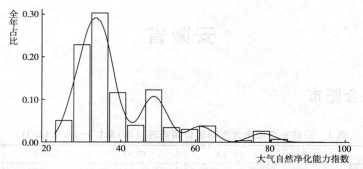

图 3　安徽省合肥市大气自然净化能力指数分布（ASPI-2018.1.1-2018.12.31）

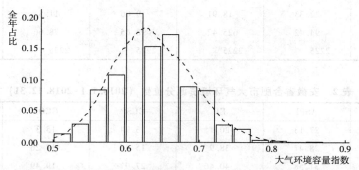

图 4　安徽省合肥市大气环境容量指数分布（AECI-2018.1.1-2018.12.31）

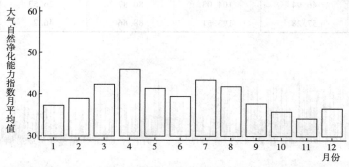

图 5　安徽省合肥市大气自然净化能力指数月均变化（ASPI-2018.1.1-2018.12.31）

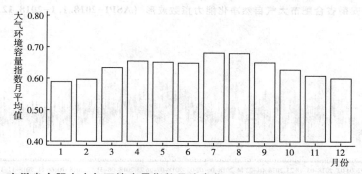

图 6　安徽省合肥市大气环境容量指数月均变化（AECI-2018.1.1-2018.12.31）

安徽省芜湖市

表 1 安徽省芜湖市大气环境资源概况（2018.1.1–2018.12.31）

指标类型	ASPI	EE	GCSP	GCO3	AECI
平均值	46.88	123.16	58.18	27.61	0.66
标准误	16.66	106.13	26.52	13.18	0.06
最小值	22.64	18.98	9.83	11.74	0.51
最大值	98.11	834.02	98.71	76.87	0.95
样本量（个）	2223	2223	2223	2223	2223

表 2 安徽省芜湖市大气环境资源分位数（2018.1.1–2018.12.31）

指标类型	ASPI	EE	GCSP	GCO3	AECI
5%	28.70	38.97	13.91	15.60	0.57
10%	30.53	39.94	15.59	17.44	0.58
25%	33.83	62.16	28.86	19.55	0.62
50%	40.24	67.26	62.40	22.14	0.66
75%	57.56	194.12	81.11	26.90	0.70
90%	76.66	281.11	90.13	46.28	0.74

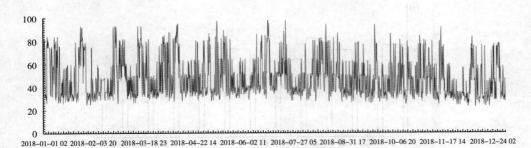

图 1 安徽省芜湖市大气自然净化能力指数波形（ASPI-2018.1.1–2018.12.31）

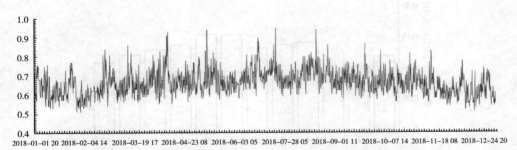

图 2 安徽省芜湖市大气环境容量指数波形（AECI-2018.1.1–2018.12.31）

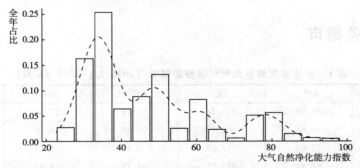

图 3　安徽省芜湖市大气自然净化能力指数分布 （ASPI-2018. 1. 1~2018. 12. 31）

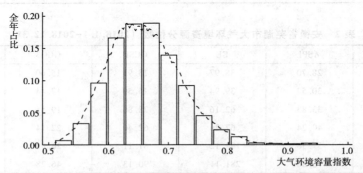

图 4　安徽省芜湖市大气环境容量指数分布 （AECI-2018. 1. 1~2018. 12. 31）

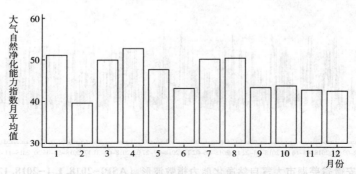

图 5　安徽省芜湖市大气自然净化能力指数月均变化 （ASPI-2018. 1. 1~2018. 12. 31）

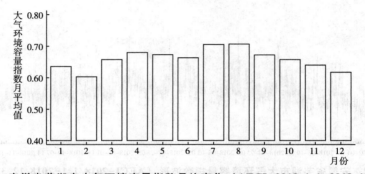

图 6　安徽省芜湖市大气环境容量指数月均变化 （AECI-2018. 1. 1~2018. 12. 31）

安徽省蚌埠市

表1 安徽省蚌埠市大气环境资源概况（2018.1.1-2018.12.31）

指标类型	ASPI	EE	GCSP	GCO3	AECI
平均值	46.17	122.39	62.22	26.40	0.66
标准误	17.51	111.57	28.00	12.36	0.07
最小值	21.84	18.81	10.40	11.21	0.49
最大值	96.66	763.48	98.71	76.08	0.91
样本量（个）	2224	2224	2224	2224	2224

表2 安徽省蚌埠市大气环境资源分位数（2018.1.1-2018.12.31）

指标类型	ASPI	EE	GCSP	GCO3	AECI
5%	27.98	38.70	14.28	13.98	0.56
10%	29.40	39.41	15.73	16.51	0.57
25%	32.59	41.26	42.51	19.20	0.61
50%	38.60	66.13	67.24	21.80	0.65
75%	57.83	194.71	87.45	25.37	0.70
90%	77.63	284.98	95.65	45.62	0.74

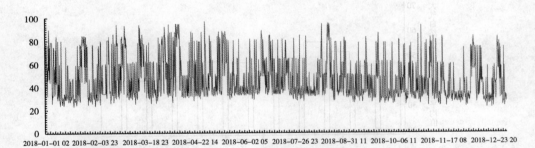

图1 安徽省蚌埠市大气自然净化能力指数波形（ASPI-2018.1.1-2018.12.31）

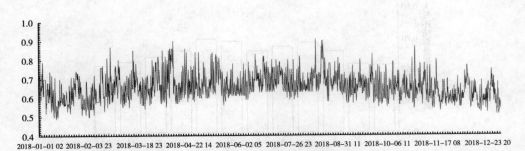

图2 安徽省蚌埠市大气环境容量指数波形（AECI-2018.1.1-2018.12.31）

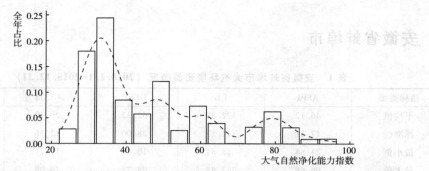

图 3　安徽省蚌埠市大气自然净化能力指数分布（ASPI-2018.1.1-2018.12.31）

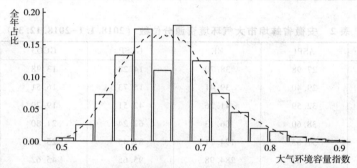

图 4　安徽省蚌埠市大气环境容量指数分布（AECI-2018.1.1-2018.12.31）

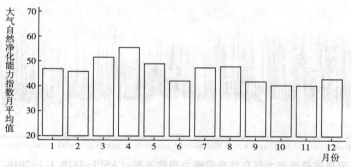

图 5　安徽省蚌埠市大气自然净化能力指数月均变化（ASPI-2018.1.1-2018.12.31）

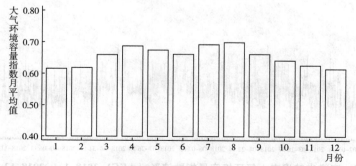

图 6　安徽省蚌埠市大气环境容量指数月均变化（AECI-2018.1.1-2018.12.31）

安徽省淮南市

表 1 安徽省淮南市大气环境资源概况（2018.1.1–2018.12.31）

指标类型	ASPI	EE	GCSP	GCO3	AECI
平均值	46.78	100.49	56.09	27.75	0.66
标准误	16.10	87.24	27.12	13.10	0.06
最小值	24.02	19.27	10.79	13.16	0.50
最大值	95.70	638.31	98.69	77.53	0.90
样本量（个）	822	822	822	822	822

表 2 安徽省淮南市大气环境资源分位数（2018.1.1–2018.12.31）

指标类型	ASPI	EE	GCSP	GCO3	AECI
5%	29.20	19.95	13.87	15.06	0.57
10%	31.08	20.47	15.26	17.81	0.59
25%	34.05	41.12	27.84	20.01	0.62
50%	40.24	65.79	57.76	22.61	0.65
75%	57.13	107.61	79.46	26.54	0.69
90%	75.76	210.70	92.60	46.86	0.73

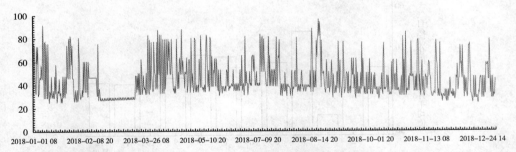

图 1 安徽省淮南市大气自然净化能力指数波形（ASPI–2018.1.1–2018.12.31）

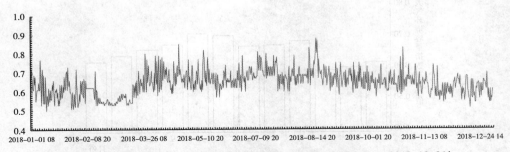

图 2 安徽省淮南市大气环境容量指数波形（AECI–2018.1.1–2018.12.31）

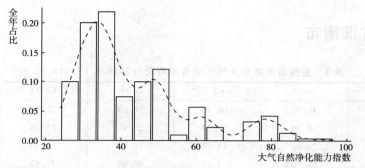

图 3　安徽省淮南市大气自然净化能力指数分布 （ASPI-2018. 1. 1~2018. 12. 31）

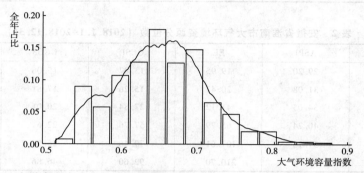

图 4　安徽省淮南市大气环境容量指数分布 （AECI-2018. 1. 1~2018. 12. 31）

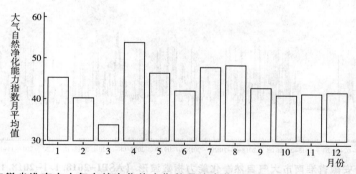

图 5　安徽省淮南市大气自然净化能力指数月均变化 （ASPI-2018. 1. 1~2018. 12. 31）

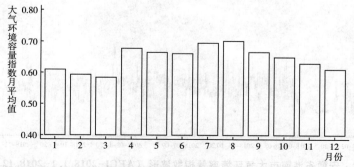

图 6　安徽省淮南市大气环境容量指数月均变化 （AECI-2018. 1. 1~2018. 12. 31）

安徽省马鞍山市

表 1 安徽省马鞍山市大气环境资源概况（2018.1.1–2018.12.31）

指标类型	ASPI	EE	GCSP	GCO3	AECI
平均值	47.10	125.04	56.78	26.88	0.66
标准误	16.12	104.89	28.21	12.61	0.06
最小值	23.59	19.19	10.56	11.53	0.51
最大值	98.02	908.92	98.71	79.10	1.01
样本量（个）	2220	2220	2220	2220	2220

表 2 安徽省马鞍山市大气环境资源分位数（2018.1.1–2018.12.31）

指标类型	ASPI	EE	GCSP	GCO3	AECI
5%	29.27	39.38	14.05	15.24	0.57
10%	30.83	40.09	15.43	17.37	0.58
25%	33.97	62.27	27.45	19.49	0.62
50%	44.79	101.65	59.07	22.03	0.66
75%	58.59	196.33	82.61	25.56	0.70
90%	74.66	274.10	95.52	45.92	0.74

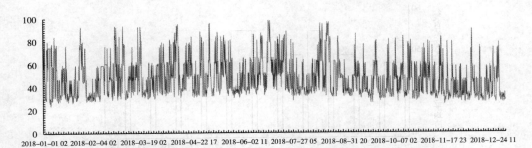

图 1 安徽省马鞍山市大气自然净化能力指数波形（ASPI–2018.1.1–2018.12.31）

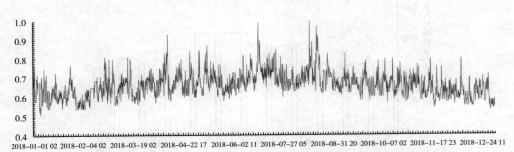

图 2 安徽省马鞍山市大气环境容量指数波形（AECI–2018.1.1–2018.12.31）

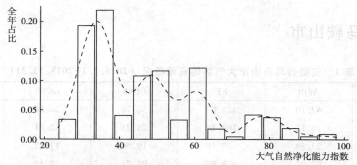

图 3　安徽省马鞍山市大气自然净化能力指数分布（ASPI-2018.1.1-2018.12.31）

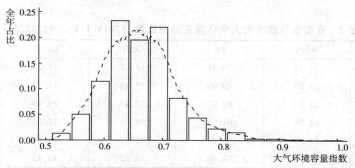

图 4　安徽省马鞍山市大气环境容量指数分布（AECI-2018.1.1-2018.12.31）

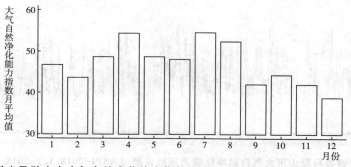

图 5　安徽省马鞍山市大气自然净化能力指数月均变化（ASPI-2018.1.1-2018.12.31）

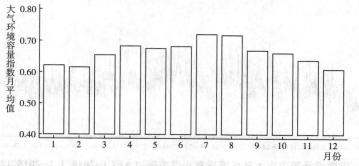

图 6　安徽省马鞍山市大气环境容量指数月均变化（AECI-2018.1.1-2018.12.31）

安徽省淮北市

表1 安徽省淮北市大气环境资源概况 (2018.1.1-2018.12.31)

指标类型	ASPI	EE	GCSP	GCO3	AECI
平均值	44.09	104.69	52.62	27.60	0.65
标准误	15.29	89.80	28.03	13.43	0.06
最小值	24.43	19.37	9.59	12.90	0.51
最大值	96.11	699.55	98.71	78.98	0.91
样本量（个）	821	821	821	821	821

表2 安徽省淮北市大气环境资源分位数 (2018.1.1-2018.12.31)

指标类型	ASPI	EE	GCSP	GCO3	AECI
5%	28.59	39.06	13.18	14.37	0.56
10%	29.61	39.48	14.76	17.39	0.57
25%	32.71	41.17	26.67	19.71	0.60
50%	37.81	65.58	52.99	22.31	0.64
75%	50.45	108.06	77.26	26.33	0.68
90%	64.80	209.72	92.59	46.41	0.72

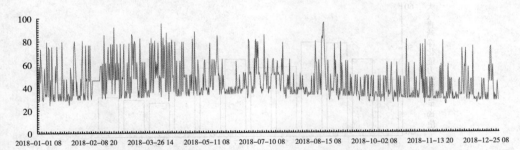

图1 安徽省淮北市大气自然净化能力指数波形 (ASPI-2018.1.1-2018.12.31)

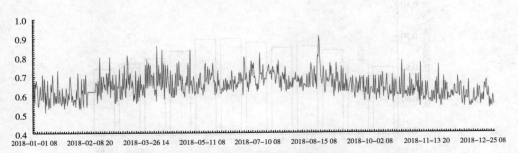

图2 安徽省淮北市大气环境容量指数波形 (AECI-2018.1.1-2018.12.31)

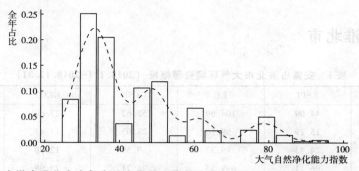

图 3 安徽省淮北市大气自然净化能力指数分布（ASPI-2018.1.1-2018.12.31）

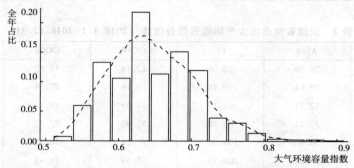

图 4 安徽省淮北市大气环境容量指数分布（AECI-2018.1.1-2018.12.31）

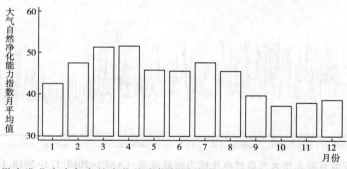

图 5 安徽省淮北市大气自然净化能力指数月均变化（ASPI-2018.1.1-2018.12.31）

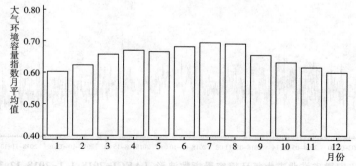

图 6 安徽省淮北市大气环境容量指数月均变化（AECI-2018.1.1-2018.12.31）

安徽省铜陵市

表 1 安徽省铜陵市大气环境资源概况 （2018.1.1-2018.12.31）

指标类型	ASPI	EE	GCSP	GCO3	AECI
平均值	46.20	121.56	62.44	28.00	0.66
标准误	17.52	111.63	26.02	13.45	0.06
最小值	22.13	18.87	9.81	11.81	0.50
最大值	98.14	815.07	98.71	77.00	0.94
样本量（个）	2236	2236	2236	2236	2236

表 2 安徽省铜陵市大气环境资源分位数 （2018.1.1-2018.12.31）

指标类型	ASPI	EE	GCSP	GCO3	AECI
5%	28.07	38.55	14.94	15.82	0.57
10%	29.52	39.48	22.66	17.60	0.58
25%	32.76	41.16	44.86	19.62	0.61
50%	38.06	65.76	66.97	22.21	0.65
75%	59.02	197.26	84.88	40.93	0.70
90%	77.50	284.83	94.33	46.69	0.75

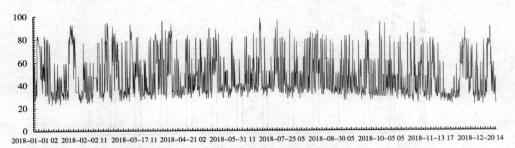

图 1 安徽省铜陵市大气自然净化能力指数波形 （ASPI-2018.1.1-2018.12.31）

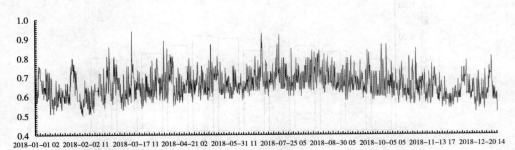

图 2 安徽省铜陵市大气环境容量指数波形 （AECI-2018.1.1-2018.12.31）

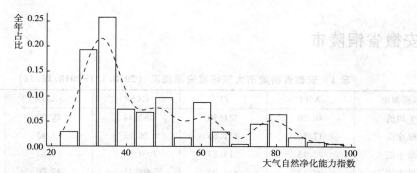

图 3　安徽省铜陵市大气自然净化能力指数分布（ASPI-2018.1.1~2018.12.31）

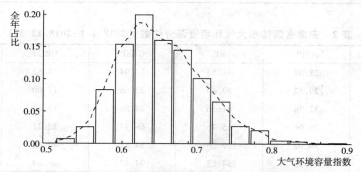

图 4　安徽省铜陵市大气环境容量指数分布（AECI-2018.1.1~2018.12.31）

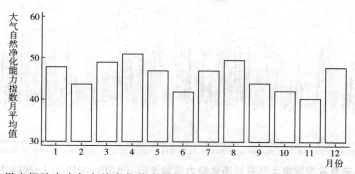

图 5　安徽省铜陵市大气自然净化能力指数月均变化（ASPI-2018.1.1~2018.12.31）

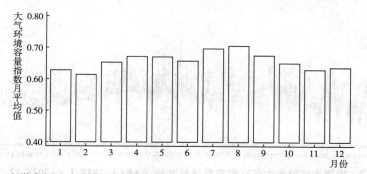

图 6　安徽省铜陵市大气环境容量指数月均变化（AECI-2018.1.1~2018.12.31）

安徽省安庆市

表 1　安徽省安庆市大气环境资源概况 （2018.1.1–2018.12.31）

指标类型	ASPI	EE	GCSP	GCO3	AECI
平均值	49.19	143.14	57.84	27.83	0.67
标准误	18.95	134.83	28.28	13.31	0.07
最小值	23.01	19.06	8.73	11.81	0.50
最大值	97.62	985.37	100.00	78.86	1.04
样本量（个）	2225	2225	2225	2225	2225

表 2　安徽省安庆市大气环境资源分位数 （2018.1.1–2018.12.31）

指标类型	ASPI	EE	GCSP	GCO3	AECI
5%	28.86	39.00	13.38	16.01	0.57
10%	30.31	39.83	14.91	17.76	0.59
25%	33.59	41.78	27.78	19.75	0.62
50%	43.80	100.52	62.57	22.25	0.66
75%	61.52	202.65	82.98	26.84	0.71
90%	79.36	326.04	92.52	46.52	0.76

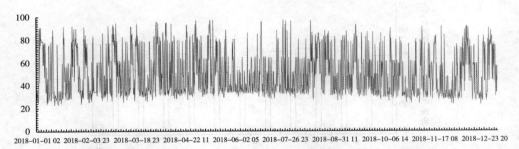

图 1　安徽省安庆市大气自然净化能力指数波形 （ASPI–2018.1.1–2018.12.31）

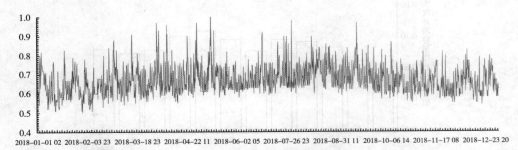

图 2　安徽省安庆市大气环境容量指数波形 （AECI–2018.1.1–2018.12.31）

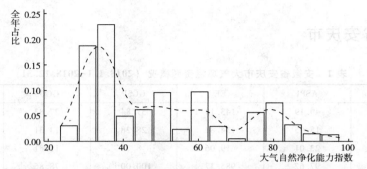

图 3　安徽省安庆市大气自然净化能力指数分布（ASPI-2018. 1. 1-2018. 12. 31）

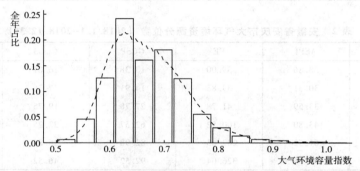

图 4　安徽省安庆市大气环境容量指数分布（AECI-2018. 1. 1-2018. 12. 31）

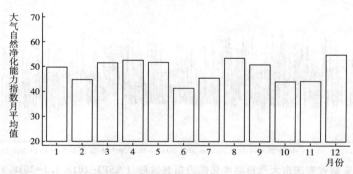

图 5　安徽省安庆市大气自然净化能力指数月均变化（ASPI-2018. 1. 1-2018. 12. 31）

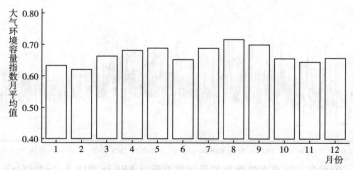

图 6　安徽省安庆市大气环境容量指数月均变化（AECI-2018. 1. 1-2018. 12. 31）

安徽省黄山市

表1 安徽省黄山市大气环境资源概况 （2018.1.1-2018.12.31）

指标类型	ASPI	EE	GCSP	GCO3	AECI
平均值	35.11	56.64	64.67	28.26	0.62
标准误	8.47	41.47	26.86	13.90	0.05
最小值	22.66	18.98	9.80	11.99	0.51
最大值	84.64	351.52	98.71	78.82	0.84
样本量（个）	2218	2218	2218	2218	2218

表2 安徽省黄山市大气环境资源分位数 （2018.1.1-2018.12.31）

指标类型	ASPI	EE	GCSP	GCO3	AECI
5%	27.23	20.20	14.41	16.87	0.55
10%	28.44	38.77	21.63	18.02	0.57
25%	30.45	39.88	44.88	19.91	0.59
50%	33.11	41.12	72.65	22.41	0.62
75%	36.26	64.39	86.72	26.71	0.64
90%	45.37	102.31	94.00	46.84	0.68

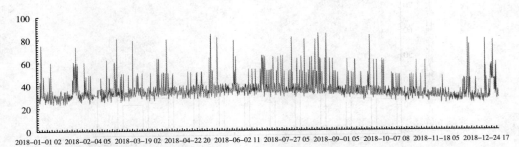

图1 安徽省黄山市大气自然净化能力指数波形 （ASPI-2018.1.1-2018.12.31）

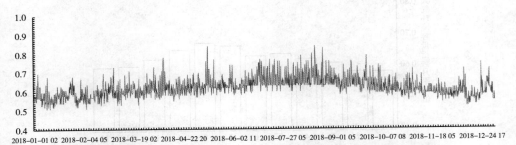

图2 安徽省黄山市大气环境容量指数波形 （AECI-2018.1.1-2018.12.31）

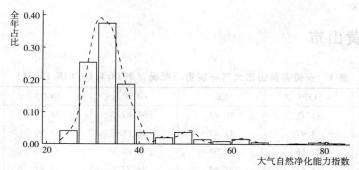

图 3　安徽省黄山市大气自然净化能力指数分布（ASPI-2018. 1. 1-2018. 12. 31）

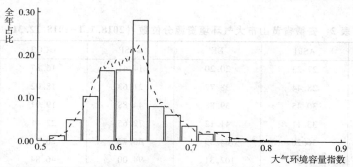

图 4　安徽省黄山市大气环境容量指数分布（AECI-2018. 1. 1-2018. 12. 31）

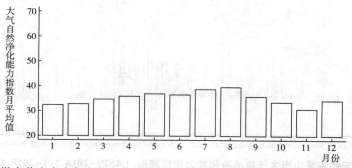

图 5　安徽省黄山市大气自然净化能力指数月均变化（ASPI-2018. 1. 1-2018. 12. 31）

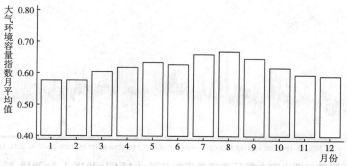

图 6　安徽省黄山市大气环境容量指数月均变化（AECI-2018. 1. 1-2018. 12. 31）

安徽省滁州市

表1　安徽省滁州市大气环境资源概况（2018.1.1~2018.12.31）

指标类型	ASPI	EE	GCSP	GCO3	AECI
平均值	40.71	89.06	58.57	26.60	0.64
标准误	14.44	83.87	26.60	12.53	0.06
最小值	21.92	18.82	9.34	11.33	0.49
最大值	96.57	778.77	98.68	76.86	0.94
样本量（个）	2220	2220	2220	2220	2220

表2　安徽省滁州市大气环境资源分位数（2018.1.1~2018.12.31）

指标类型	ASPI	EE	GCSP	GCO3	AECI
5%	27.18	20.09	13.76	14.63	0.55
10%	28.32	38.79	15.40	16.83	0.56
25%	30.95	40.16	38.49	19.29	0.60
50%	34.88	63.04	63.91	21.86	0.63
75%	47.91	105.19	82.28	25.38	0.67
90%	61.42	202.43	90.06	45.73	0.71

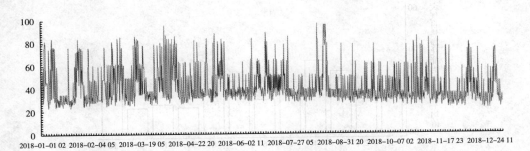

图1　安徽省滁州市大气自然净化能力指数波形（ASPI-2018.1.1~2018.12.31）

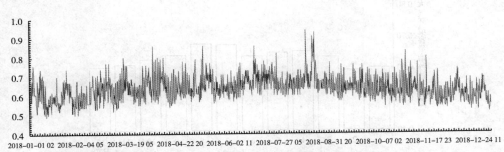

图2　安徽省滁州市大气环境容量指数波形（AECI-2018.1.1~2018.12.31）

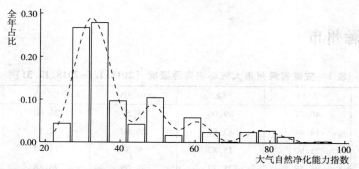

图 3　安徽省滁州市大气自然净化能力指数分布（ASPI-2018. 1. 1-2018. 12. 31）

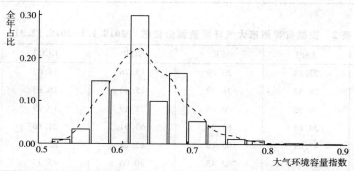

图 4　安徽省滁州市大气环境容量指数分布（AECI-2018. 1. 1-2018. 12. 31）

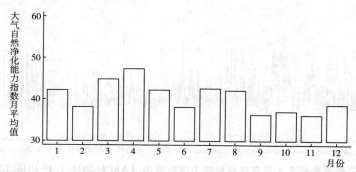

图 5　安徽省滁州市大气自然净化能力指数月均变化（ASPI-2018. 1. 1-2018. 12. 31）

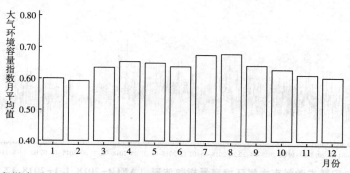

图 6　安徽省滁州市大气环境容量指数月均变化（AECI-2018. 1. 1-2018. 12. 31）

安徽省阜阳市

表1 安徽省阜阳市大气环境资源概况 (2018.1.1-2018.12.31)

指标类型	ASPI	EE	GCSP	GCO3	AECI
平均值	44.75	113.28	58.13	26.36	0.65
标准误	16.36	103.23	29.00	12.90	0.06
最小值	22.85	19.03	9.09	11.19	0.50
最大值	96.33	956.27	98.70	77.87	0.95
样本量（个）	2227	2227	2227	2227	2227

表2 安徽省阜阳市大气环境资源分位数 (2018.1.1-2018.12.31)

指标类型	ASPI	EE	GCSP	GCO3	AECI
5%	28.12	38.80	13.55	13.86	0.56
10%	29.54	39.51	15.10	16.34	0.58
25%	32.70	41.69	27.58	19.17	0.61
50%	37.52	65.38	62.01	21.77	0.65
75%	51.40	109.14	84.83	25.11	0.69
90%	74.72	274.27	95.54	45.90	0.73

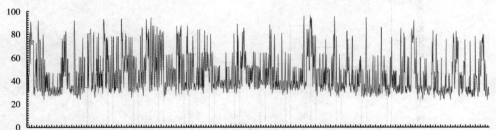

图1 安徽省阜阳市大气自然净化能力指数波形 (ASPI-2018.1.1-2018.12.31)

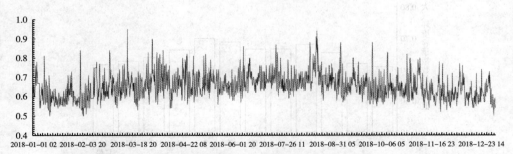

图2 安徽省阜阳市大气环境容量指数波形 (AECI-2018.1.1-2018.12.31)

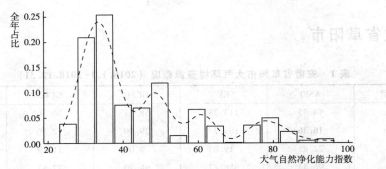

图 3　安徽省阜阳市大气自然净化能力指数分布（ASPI-2018.1.1-2018.12.31）

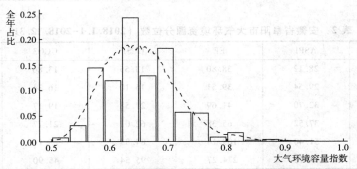

图 4　安徽省阜阳市大气环境容量指数分布（AECI-2018.1.1-2018.12.31）

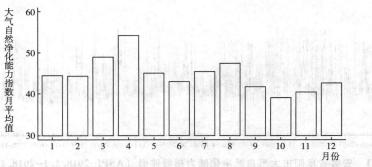

图 5　安徽省阜阳市大气自然净化能力指数月均变化（ASPI-2018.1.1-2018.12.31）

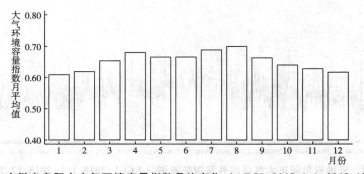

图 6　安徽省阜阳市大气环境容量指数月均变化（AECI-2018.1.1-2018.12.31）

安徽省宿州市

表1　安徽省宿州市大气环境资源概况（2018.1.1–2018.12.31）

指标类型	ASPI	EE	GCSP	GCO3	AECI
平均值	47.17	128.16	58.01	25.79	0.66
标准误	17.54	111.68	28.27	12.55	0.07
最小值	22.49	18.95	9.60	10.97	0.49
最大值	96.21	828.22	98.70	77.21	0.98
样本量（个）	2225	2225	2225	2225	2225

表2　安徽省宿州市大气环境资源分位数（2018.1.1–2018.12.31）

指标类型	ASPI	EE	GCSP	GCO3	AECI
5%	28.00	38.72	13.58	13.68	0.56
10%	29.67	39.56	15.23	15.49	0.57
25%	32.95	61.38	27.81	18.95	0.61
50%	43.55	100.24	62.36	21.55	0.65
75%	59.23	197.72	84.14	24.62	0.70
90%	78.10	285.95	92.72	45.33	0.75

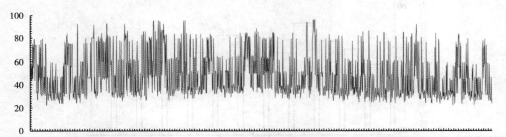

图1　安徽省宿州市大气自然净化能力指数波形（ASPI–2018.1.1–2018.12.31）

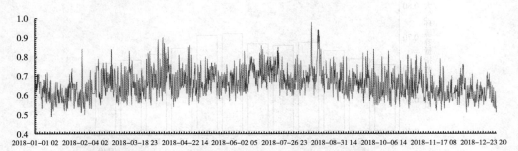

图2　安徽省宿州市大气环境容量指数波形（AECI–2018.1.1–2018.12.31）

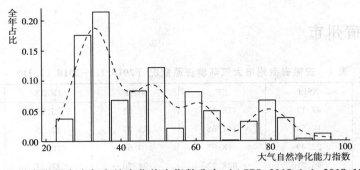

图 3　安徽省宿州市大气自然净化能力指数分布（ASPI-2018.1.1-2018.12.31）

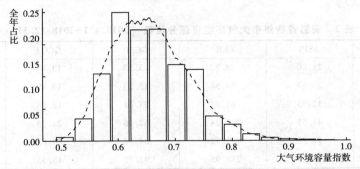

图 4　安徽省宿州市大气环境容量指数分布（AECI-2018.1.1-2018.12.31）

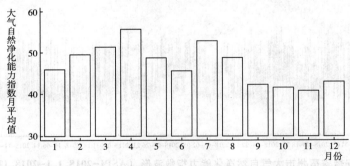

图 5　安徽省宿州市大气自然净化能力指数月均变化（ASPI-2018.1.1-2018.12.31）

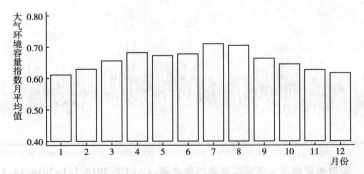

图 6　安徽省宿州市大气环境容量指数月均变化（AECI-2018.1.1-2018.12.31）

安徽省六安市

表1　安徽省六安市大气环境资源概况（2018.1.1-2018.12.31）

指标类型	ASPI	EE	GCSP	GCO3	AECI
平均值	38.73	76.30	56.62	26.59	0.63
标准误	11.52	61.06	27.42	12.37	0.05
最小值	22.10	18.86	9.22	11.57	0.50
最大值	93.38	684.94	97.66	77.26	0.88
样本量（个）	2221	2221	2221	2221	2221

表2　安徽省六安市大气环境资源分位数（2018.1.1-2018.12.31）

指标类型	ASPI	EE	GCSP	GCO3	AECI
5%	27.99	38.58	13.56	15.01	0.56
10%	29.19	39.27	14.90	16.98	0.57
25%	31.60	40.47	27.38	19.47	0.60
50%	34.86	63.14	59.46	22.01	0.63
75%	41.11	67.86	81.56	25.45	0.66
90%	51.85	109.65	91.60	45.52	0.69

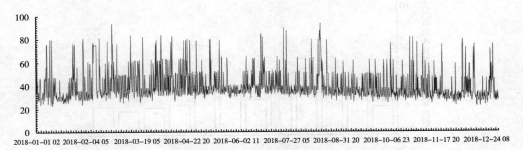

图1　安徽省六安市大气自然净化能力指数波形（ASPI-2018.1.1-2018.12.31）

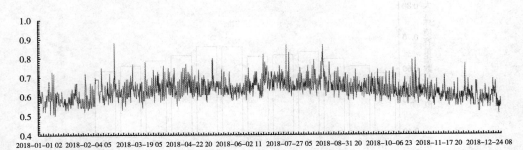

图2　安徽省六安市大气环境容量指数波形（AECI-2018.1.1-2018.12.31）

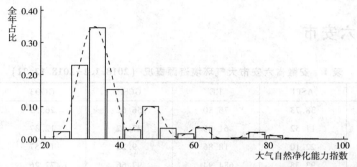

图 3 安徽省六安市大气自然净化能力指数分布（ASPI-2018.1.1-2018.12.31）

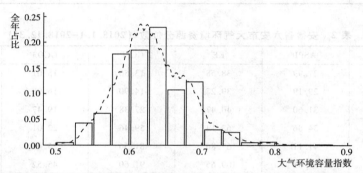

图 4 安徽省六安市大气环境容量指数分布（AECI-2018.1.1-2018.12.31）

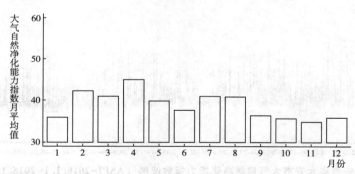

图 5 安徽省六安市大气自然净化能力指数月均变化（ASPI-2018.1.1-2018.12.31）

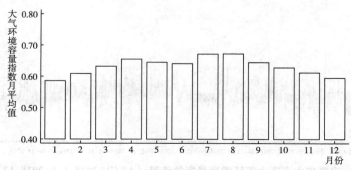

图 6 安徽省六安市大气环境容量指数月均变化（AECI-2018.1.1-2018.12.31）

安徽省亳州市

表 1　安徽省亳州市大气环境资源概况（2018.1.1–2018.12.31）

指标类型	ASPI	EE	GCSP	GCO3	AECI
平均值	45.16	113.55	50.16	26.35	0.65
标准误	15.80	92.25	27.59	12.87	0.06
最小值	22.74	19.00	8.81	11.09	0.49
最大值	94.41	693.38	98.61	78.00	0.88
样本量（个）	2224	2224	2224	2224	2224

表 2　安徽省亳州市大气环境资源分位数（2018.1.1–2018.12.31）

指标类型	ASPI	EE	GCSP	GCO3	AECI
5%	27.94	38.78	12.63	13.71	0.56
10%	29.73	39.59	14.07	16.19	0.58
25%	33.05	61.49	26.20	19.01	0.61
50%	38.52	66.08	51.74	21.61	0.65
75%	51.93	109.74	74.28	25.11	0.69
90%	74.17	272.63	88.01	45.85	0.73

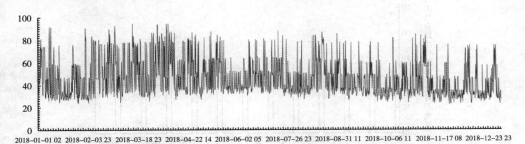

图 1　安徽省亳州市大气自然净化能力指数波形（ASPI-2018.1.1–2018.12.31）

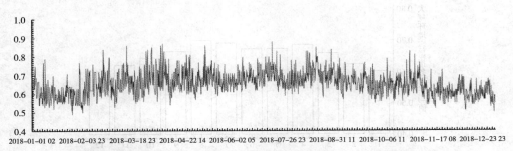

图 2　安徽省亳州市大气环境容量指数波形（AECI-2018.1.1–2018.12.31）

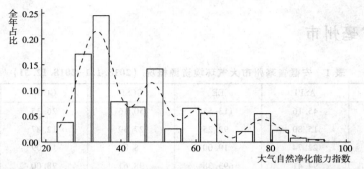

图 3　安徽省亳州市大气自然净化能力指数分布（ASPI-2018.1.1-2018.12.31）

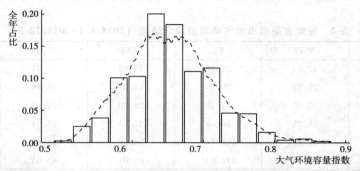

图 4　安徽省亳州市大气环境容量指数分布（AECI-2018.1.1-2018.12.31）

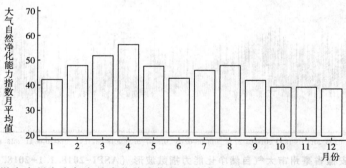

图 5　安徽省亳州市大气自然净化能力指数月均变化（ASPI-2018.1.1-2018.12.31）

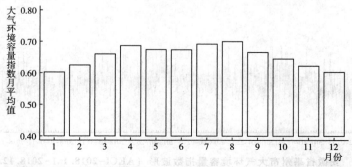

图 6　安徽省亳州市大气环境容量指数月均变化（AECI-2018.1.1-2018.12.31）

安徽省池州市

表 1　安徽省池州市大气环境资源概况（2018.1.1–2018.12.31）

指标类型	ASPI	EE	GCSP	GCO3	AECI
平均值	44.01	102.07	60.94	28.99	0.65
标准误	14.87	86.37	26.22	13.99	0.05
最小值	24.31	19.34	10.55	13.76	0.52
最大值	90.76	601.21	98.71	78.88	0.83
样本量（个）	822	822	822	822	822

表 2　安徽省池州市大气环境资源分位数（2018.1.1–2018.12.31）

指标类型	ASPI	EE	GCSP	GCO3	AECI
5%	29.33	39.34	14.27	17.71	0.57
10%	30.88	40.09	16.03	18.39	0.59
25%	33.41	41.54	43.48	20.48	0.61
50%	37.09	65.07	65.76	23.05	0.64
75%	50.29	107.88	83.13	41.67	0.68
90%	65.09	210.33	92.80	47.27	0.73

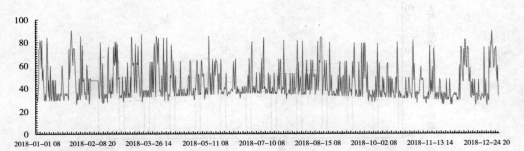

图 1　安徽省池州市大气自然净化能力指数波形（ASPI-2018.1.1–2018.12.31）

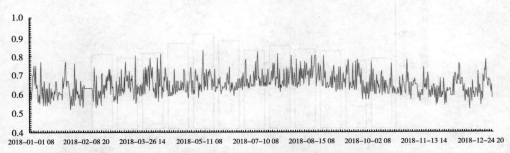

图 2　安徽省池州市大气环境容量指数波形（AECI-2018.1.1–2018.12.31）

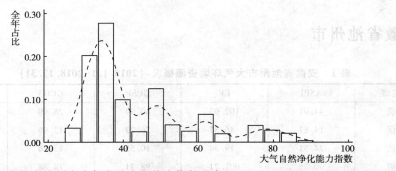

图 3　安徽省池州市大气自然净化能力指数分布（ASPI-2018.1.1-2018.12.31）

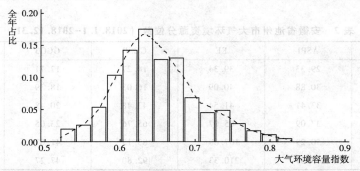

图 4　安徽省池州市大气环境容量指数分布（AECI-2018.1.1-2018.12.31）

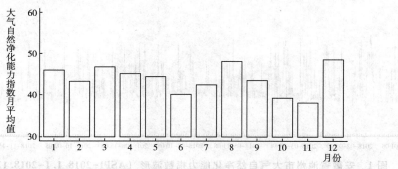

图 5　安徽省池州市大气自然净化能力指数月均变化（ASPI-2018.1.1-2018.12.31）

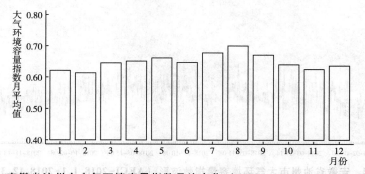

图 6　安徽省池州市大气环境容量指数月均变化（AECI-2018.1.1-2018.12.31）

安徽省宣城市

表 1　安徽省宣城市大气环境资源概况（2018.1.1–2018.12.31）

指标类型	ASPI	EE	GCSP	GCO3	AECI
平均值	41.48	87.78	57.77	29.20	0.64
标准误	12.63	72.22	27.96	14.16	0.06
最小值	24.35	19.35	9.34	13.71	0.51
最大值	95.90	704.30	98.71	78.32	0.92
样本量（个）	822	822	822	822	822

表 2　安徽省宣城市大气环境资源分位数（2018.1.1–2018.12.31）

指标类型	ASPI	EE	GCSP	GCO3	AECI
5%	29.08	39.25	13.58	17.49	0.56
10%	30.06	39.69	15.38	18.17	0.58
25%	32.83	41.15	27.80	20.37	0.60
50%	36.32	64.50	61.27	22.96	0.64
75%	49.14	106.58	82.72	43.31	0.68
90%	60.27	199.95	92.72	47.51	0.72

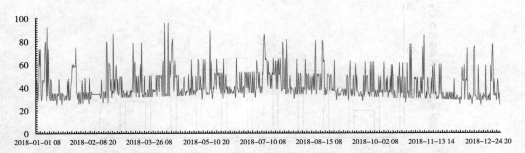

图 1　安徽省宣城市大气自然净化能力指数波形（ASPI–2018.1.1–2018.12.31）

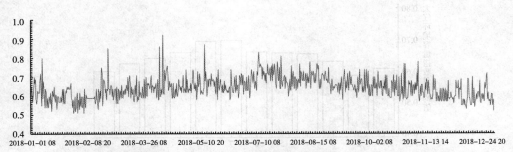

图 2　安徽省宣城市大气环境容量指数波形（AECI–2018.1.1–2018.12.31）

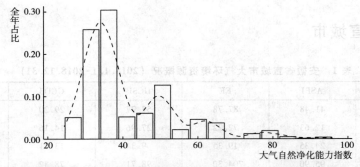

图 3　安徽省宣城市大气自然净化能力指数分布（ASPI-2018. 1. 1-2018. 12. 31）

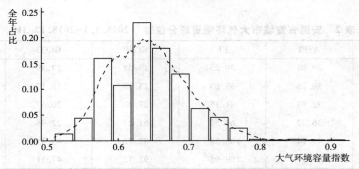

图 4　安徽省宣城市大气环境容量指数分布（AECI-2018. 1. 1-2018. 12. 31）

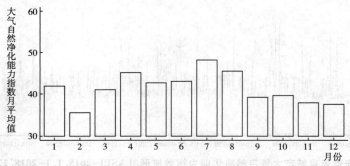

图 5　安徽省宣城市大气自然净化能力指数月均变化（ASPI-2018. 1. 1-2018. 12. 31）

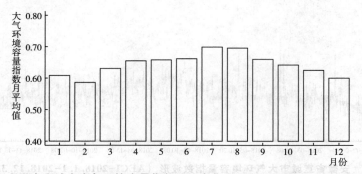

图 6　安徽省宣城市大气环境容量指数月均变化（AECI-2018. 1. 1-2018. 12. 31）

福建省

福建省福州市

表 1　福建省福州市大气环境资源概况（2018.1.1–2018.12.31）

指标类型	ASPI	EE	GCSP	GCO3	AECI
平均值	42.24	93.47	51.12	29.76	0.66
标准误	13.66	86.92	22.99	12.98	0.05
最小值	23.52	19.17	9.61	16.66	0.55
最大值	98.92	1199.18	96.18	79.03	1.02
样本量（个）	2216	2216	2216	2216	2216

表 2　福建省福州市大气环境资源分位数（2018.1.1–2018.12.31）

指标类型	ASPI	EE	GCSP	GCO3	AECI
5%	29.7	39.44	14.55	18.34	0.59
10%	31.15	40.19	15.87	19.26	0.6
25%	33.64	42	27.82	20.98	0.62
50%	36.78	64.81	53.15	23.28	0.65
75%	48.04	105.33	67.67	43.16	0.68
90%	62.26	204.25	83.04	47.24	0.73

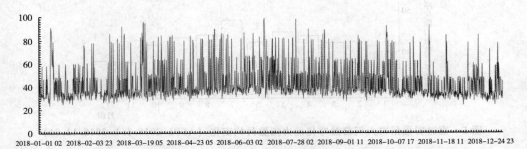

图 1　福建省福州市大气自然净化能力指数波形（ASPI–2018.1.1–2018.12.31）

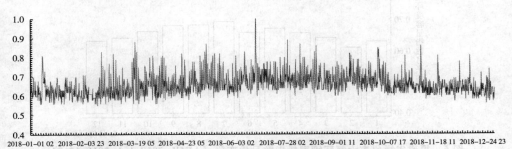

图 2　福建省福州市大气环境容量指数波形（AECI–2018.1.1–2018.12.31）

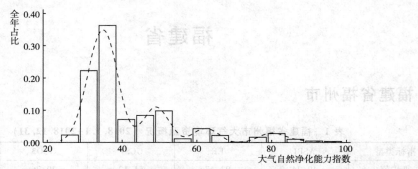

图 3　福建省福州市大气自然净化能力指数分布（ASPI-2018.1.1-2018.12.31）

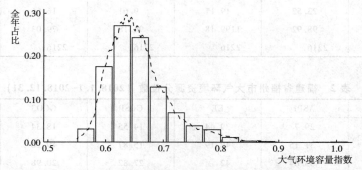

图 4　福建省福州市大气环境容量指数分布（AECI-2018.1.1-2018.12.31）

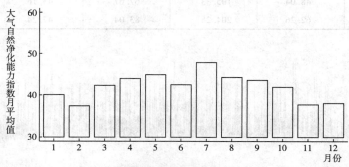

图 5　福建省福州市大气自然净化能力指数月均变化（ASPI-2018.1.1-2018.12.31）

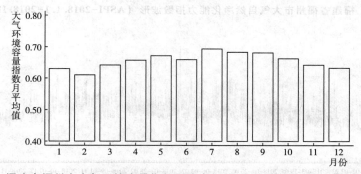

图 6　福建省福州市大气环境容量指数月均变化（AECI-2018.1.1-2018.12.31）

福建省厦门市

表 1　福建省厦门市大气环境资源概况（2018.1.1–2018.12.31）

指标类型	ASPI	EE	GCSP	GCO3	AECI
平均值	47.91	122.20	54.87	30.11	0.68
标准误	15.15	96.38	24.48	12.17	0.05
最小值	23.86	19.24	10.11	17.19	0.54
最大值	97.88	916.93	98.66	76.18	1.03
样本量（个）	2213	2213	2213	2213	2213

表 2　福建省厦门市大气环境资源分位数（2018.1.1–2018.12.31）

指标类型	ASPI	EE	GCSP	GCO3	AECI
5%	30.96	40.11	15.40	18.84	0.60
10%	32.63	41.05	22.65	19.64	0.62
25%	35.83	64.04	28.31	21.34	0.64
50%	45.76	102.74	54.75	23.65	0.67
75%	58.01	195.09	73.67	43.71	0.71
90%	74.74	274.34	90.14	47.39	0.75

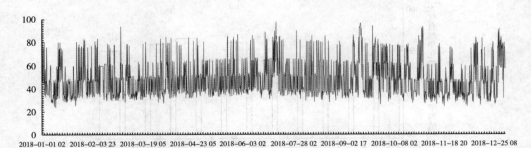

图 1　福建省厦门市大气自然净化能力指数波形（ASPI–2018.1.1–2018.12.31）

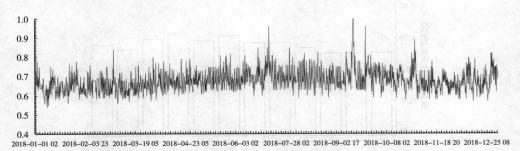

图 2　福建省厦门市大气环境容量指数波形（AECI–2018.1.1–2018.12.31）

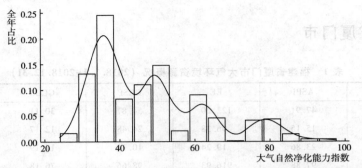

图 3　福建省厦门市大气自然净化能力指数分布（ASPI-2018.1.1-2018.12.31）

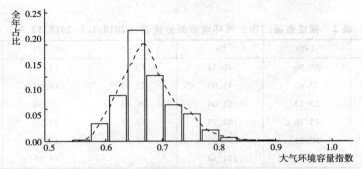

图 4　福建省厦门市大气环境容量指数分布（AECI-2018.1.1-2018.12.31）

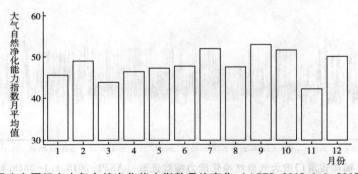

图 5　福建省厦门市大气自然净化能力指数月均变化（ASPI-2018.1.1-2018.12.31）

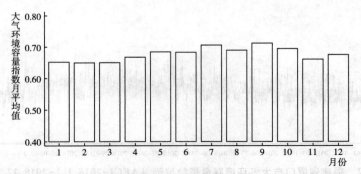

图 6　福建省厦门市大气环境容量指数月均变化（AECI-2018.1.1-2018.12.31）

福建省莆田市

表 1 福建省莆田市大气环境资源概况（2018.1.1–2018.12.31）

指标类型	ASPI	EE	GCSP	GCO3	AECI
平均值	43.67	95.77	47.27	31.52	0.66
标准误	14.01	81.61	24.47	13.22	0.05
最小值	25.06	19.50	8.82	18.98	0.56
最大值	96.93	642.08	97.65	76.49	0.89
样本量（个）	824	824	824	824	824

表 2 福建省莆田市大气环境资源分位数（2018.1.1–2018.12.31）

指标类型	ASPI	EE	GCSP	GCO3	AECI
5%	30.03	39.54	13.93	19.61	0.59
10%	31.22	40.11	15.25	20.32	0.60
25%	33.86	41.66	26.85	21.86	0.62
50%	38.02	65.73	46.49	24.22	0.65
75%	50.34	107.94	64.21	45.17	0.69
90%	63.47	206.84	83.20	47.89	0.72

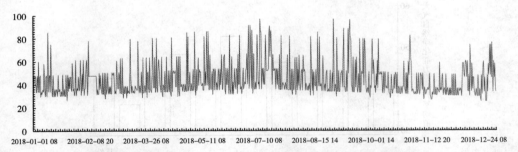

图 1 福建省莆田市大气自然净化能力指数波形（ASPI-2018.1.1–2018.12.31）

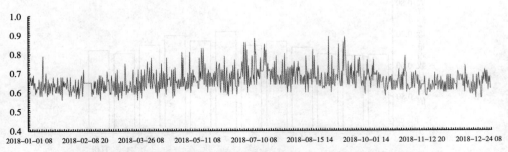

图 2 福建省莆田市大气环境容量指数波形（AECI-2018.1.1–2018.12.31）

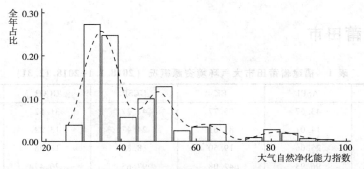

图 3　福建省莆田市大气自然净化能力指数分布（ASPI-2018. 1. 1-2018. 12. 31）

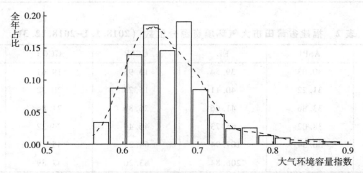

图 4　福建省莆田市大气环境容量指数分布（AECI-2018. 1. 1-2018. 12. 31）

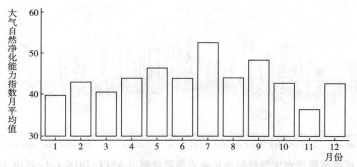

图 5　福建省莆田市大气自然净化能力指数月均变化（ASPI-2018. 1. 1-2018. 12. 31）

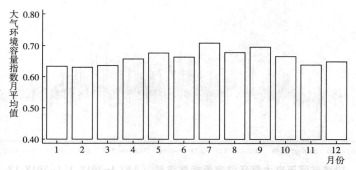

图 6　福建省莆田市大气环境容量指数月均变化（AECI-2018. 1. 1-2018. 12. 31）

福建省三明市

表1 福建省三明市大气环境资源概况（2018.1.1-2018.12.31）

指标类型	ASPI	EE	GCSP	GCO3	AECI
平均值	40.95	81.20	51.17	31.39	0.65
标准误	11.55	62.66	27.35	14.30	0.05
最小值	25.01	19.49	9.38	15.18	0.52
最大值	98.89	655.02	97.63	78.90	0.86
样本量（个）	821	821	821	821	821

表2 福建省三明市大气环境资源分位数（2018.1.1-2018.12.31）

指标类型	ASPI	EE	GCSP	GCO3	AECI
5%	29.86	39.61	13.24	19.22	0.58
10%	30.96	40.12	13.88	19.97	0.59
25%	33.73	41.49	26.16	21.53	0.62
50%	36.67	64.65	54.70	23.96	0.64
75%	47.27	104.45	74.17	44.49	0.68
90%	57.78	194.61	87.85	48.42	0.71

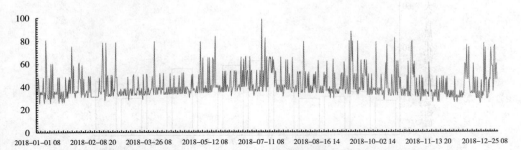

图1 福建省三明市大气自然净化能力指数波形（ASPI-2018.1.1-2018.12.31）

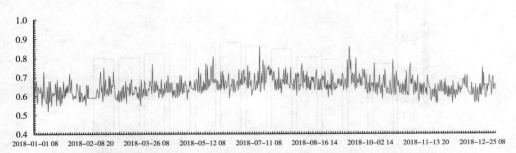

图2 福建省三明市大气环境容量指数波形（AECI-2018.1.1-2018.12.31）

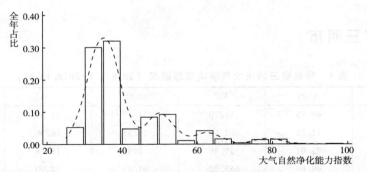

图 3　福建省三明市大气自然净化能力指数分布（ASPI-2018. 1. 1-2018. 12. 31）

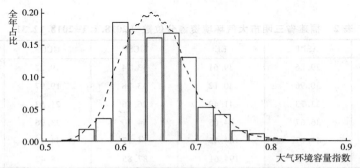

图 4　福建省三明市大气环境容量指数分布（AECI-2018. 1. 1-2018. 12. 31）

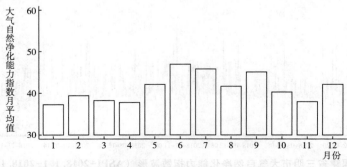

图 5　福建省三明市大气自然净化能力指数月均变化（ASPI-2018. 1. 1-2018. 12. 31）

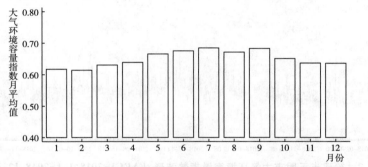

图 6　福建省三明市大气环境容量指数月均变化（AECI-2018. 1. 1-2018. 12. 31）

福建省泉州市

表1　福建省泉州市大气环境资源概况（2018.1.1－2018.12.31）

指标类型	ASPI	EE	GCSP	GCO3	AECI
平均值	63.51	231.58	56.41	29.41	0.73
标准误	19.44	155.07	20.5	11.11	0.07
最小值	23.83	19.24	12.18	17.05	0.56
最大值	99.43	1073.19	94.48	62.37	1.01
样本量（个）	2212	2212	2212	2212	2212

表2　福建省泉州市大气环境资源分位数（2018.1.1－2018.12.31）

指标类型	ASPI	EE	GCSP	GCO3	AECI
5%	32.91	41.2	17.08	18.76	0.63
10%	35.11	63.62	27.13	19.6	0.64
25%	48.16	105.47	45	21.26	0.68
50%	63.7	207.36	58.55	23.59	0.73
75%	80.38	330.27	71.87	43.5	0.77
90%	85.63	399.22	82.85	46.61	0.81

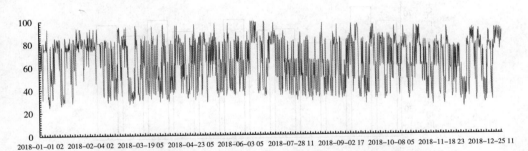

图1　福建省泉州市大气自然净化能力指数波形（ASPI-2018.1.1－2018.12.31）

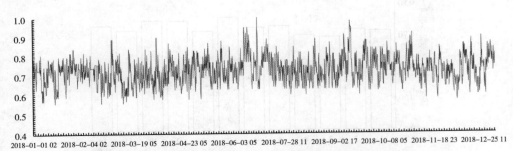

图2　福建省泉州市大气环境容量指数波形（AECI-2018.1.1－2018.12.31）

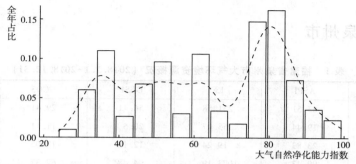

图3 福建省泉州市大气自然净化能力指数分布 （ASPI-2018.1.1-2018.12.31）

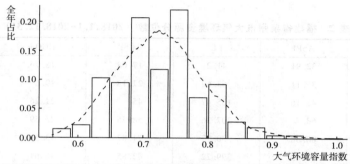

图4 福建省泉州市大气环境容量指数分布 （AECI-2018.1.1-2018.12.31）

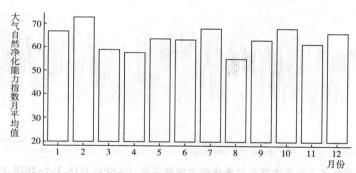

图5 福建省泉州市大气自然净化能力指数月均变化 （ASPI-2018.1.1-2018.12.31）

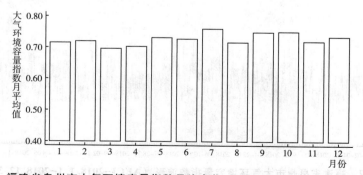

图6 福建省泉州市大气环境容量指数月均变化 （AECI-2018.1.1-2018.12.31）

福建省漳州市

表1 福建省漳州市大气环境资源概况 （2018.1.1–2018.12.31）

指标类型	ASPI	EE	GCSP	GCO3	AECI
平均值	37.47	64.86	47.97	32.33	0.64
标准误	9.02	47.06	23.44	14.34	0.04
最小值	23.16	19.09	8.81	17.19	0.54
最大值	98.27	933.95	97.51	79.47	1.01
样本量（个）	2211	2211	2211	2211	2211

表2 福建省漳州市大气环境资源分位数 （2018.1.1–2018.12.31）

指标类型	ASPI	EE	GCSP	GCO3	AECI
5%	28.36	20.95	13.72	18.92	0.59
10%	29.65	39.45	15.4	19.72	0.6
25%	32.12	40.64	26.66	21.47	0.62
50%	35.1	62.59	49.3	23.92	0.64
75%	38.95	66.37	65.94	44.73	0.67
90%	50.63	108.26	80.51	48.97	0.7

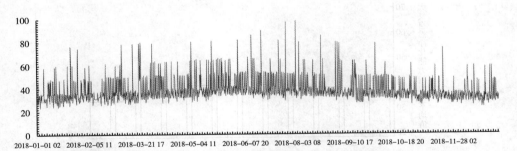

图1 福建省漳州市大气自然净化能力指数波形 （ASPI–2018.1.1–2018.12.31）

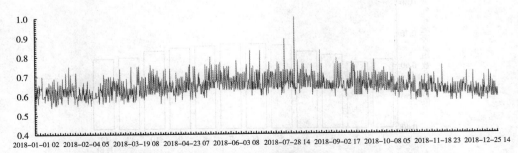

图2 福建省漳州市大气环境容量指数波形 （AECI–2018.1.1–2018.12.31）

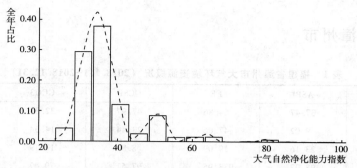

图 3　福建省漳州市大气自然净化能力指数分布（ASPI-2018.1.1-2018.12.31）

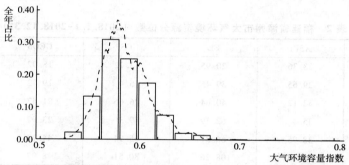

图 4　福建省漳州市大气环境容量指数分布（AECI-2018.1.1-2018.12.31）

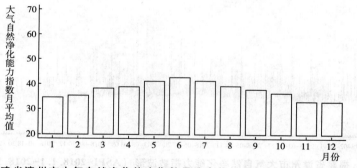

图 5　福建省漳州市大气自然净化能力指数月均变化（ASPI-2018.1.1-2018.12.31）

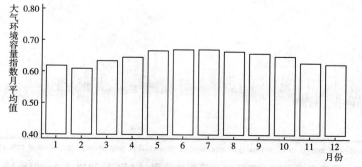

图 6　福建省漳州市大气环境容量指数月均变化（AECI-2018.1.1-2018.12.31）

福建省南平市

表 1 福建省南平市大气环境资源概况 (2018.1.1-2018.12.31)

指标类型	ASPI	EE	GCSP	GCO3	AECI
平均值	33.16	44.91	62.13	28.60	0.61
标准误	5.18	21.12	26.69	13.27	0.04
最小值	22.71	19.00	7.49	12.90	0.52
最大值	80.35	291.24	96.42	77.77	0.78
样本量（个）	2214	2214	2214	2214	2214

表 2 福建省南平市大气环境资源分位数 (2018.1.1-2018.12.31)

指标类型	ASPI	EE	GCSP	GCO3	AECI
5%	26.82	19.89	13.58	17.76	0.56
10%	28.20	20.66	16.02	18.76	0.57
25%	30.32	39.78	43.55	20.58	0.59
50%	32.52	40.83	68.85	22.88	0.61
75%	34.97	42.03	84.95	26.86	0.63
90%	38.17	65.83	91.97	47.15	0.66

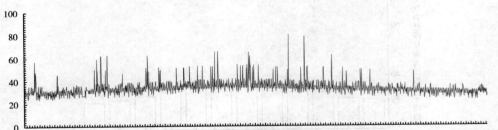

图 1 福建省南平市大气自然净化能力指数波形 (ASPI-2018.1.1-2018.12.31)

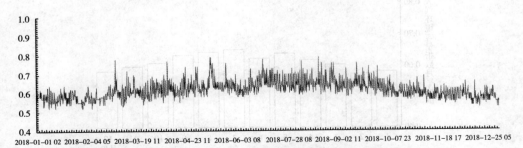

图 2 福建省南平市大气环境容量指数波形 (AECI-2018.1.1-2018.12.31)

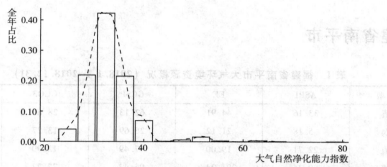

图 3 福建省南平市大气自然净化能力指数分布（ASPI-2018.1.1-2018.12.31）

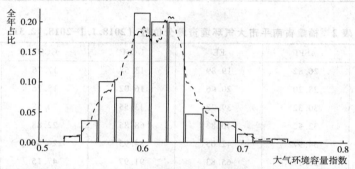

图 4 福建省南平市大气环境容量指数分布（AECI-2018.1.1-2018.12.31）

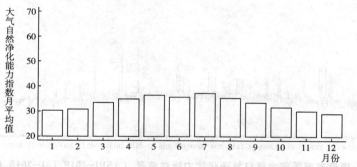

图 5 福建省南平市大气自然净化能力指数月均变化（ASPI-2018.1.1-2018.12.31）

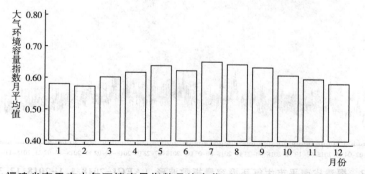

图 6 福建省南平市大气环境容量指数月均变化（AECI-2018.1.1-2018.12.31）

福建省龙岩市

表1 福建省龙岩市大气环境资源概况 （2018.1.1-2018.12.31）

指标类型	ASPI	EE	GCSP	GCO3	AECI
平均值	39.13	74.18	53.37	28.80	0.64
标准误	11.40	60.70	25.33	12.43	0.05
最小值	23.69	19.21	7.49	15.35	0.53
最大值	97.22	644.00	96.22	78.93	0.88
样本量（个）	2214	2214	2214	2214	2214

表2 福建省龙岩市大气环境资源分位数 （2018.1.1-2018.12.31）

指标类型	ASPI	EE	GCSP	GCO3	AECI
5%	28.50	20.67	13.39	18.56	0.58
10%	29.76	39.36	14.91	19.43	0.59
25%	32.37	40.76	27.37	21.16	0.61
50%	35.37	63.25	57.41	23.40	0.63
75%	40.09	67.16	75.71	26.75	0.67
90%	53.09	111.06	85.04	47.26	0.71

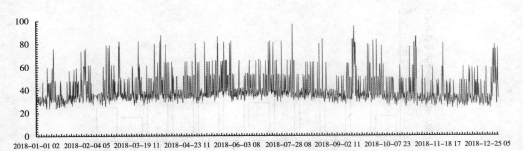

图1 福建省龙岩市大气自然净化能力指数波形 （ASPI-2018.1.1-2018.12.31）

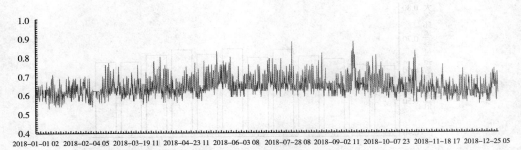

图2 福建省龙岩市大气环境容量指数波形 （AECI-2018.1.1-2018.12.31）

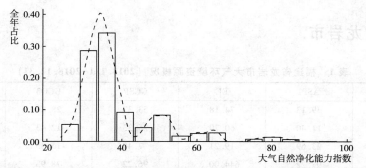

图 3　福建省龙岩市大气自然净化能力指数分布（ASPI-2018. 1. 1–2018. 12. 31）

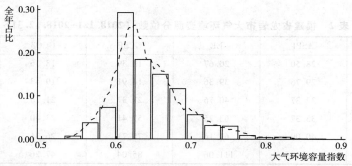

图 4　福建省龙岩市大气环境容量指数分布（AECI-2018. 1. 1–2018. 12. 31）

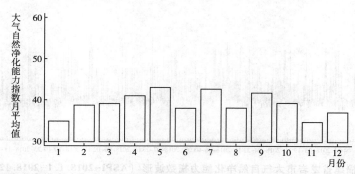

图 5　福建省龙岩市大气自然净化能力指数月均变化（ASPI-2018. 1. 1–2018. 12. 31）

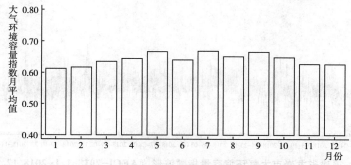

图 6　福建省龙岩市大气环境容量指数月均变化（AECI-2018. 1. 1–2018. 12. 31）

福建省宁德市

表1　福建省宁德市大气环境资源概况（2018.1.1-2018.12.31）

指标类型	ASPI	EE	GCSP	GCO3	AECI
平均值	48.10	128.38	61.61	28.15	0.67
标准误	17.08	114.16	23.74	11.13	0.06
最小值	23.77	19.22	9.09	14.02	0.55
最大值	98.79	1615.37	97.66	76.38	1.01
样本量（个）	2212	2212	2212	2212	2212

表2　福建省宁德市大气环境资源分位数（2018.1.1-2018.12.31）

指标类型	ASPI	EE	GCSP	GCO3	AECI
5%	29.92	39.58	15.56	18.17	0.59
10%	31.47	40.37	26.44	19.03	0.60
25%	34.57	62.90	47.68	20.76	0.63
50%	44.32	101.11	63.81	23.02	0.66
75%	59.26	197.78	80.98	41.02	0.70
90%	79.23	288.20	91.85	46.32	0.75

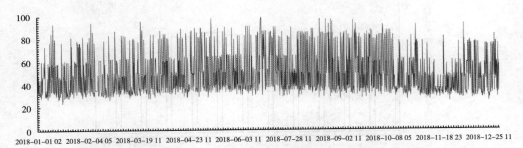

图1　福建省宁德市大气自然净化能力指数波形（ASPI-2018.1.1-2018.12.31）

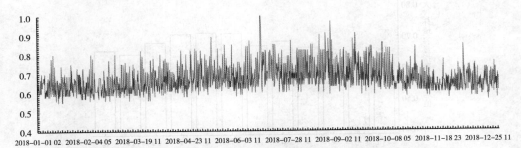

图2　福建省宁德市大气环境容量指数波形（AECI-2018.1.1-2018.12.31）

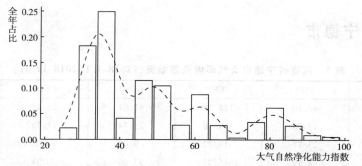

图 3　福建省宁德市大气自然净化能力指数分布 （ASPI-2018.1.1-2018.12.31）

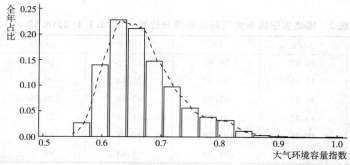

图 4　福建省宁德市大气环境容量指数分布 （AECI-2018.1.1-2018.12.31）

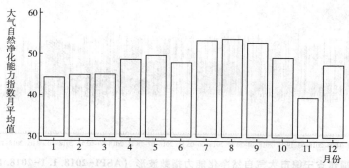

图 5　福建省宁德市大气自然净化能力指数月均变化 （ASPI-2018.1.1-2018.12.31）

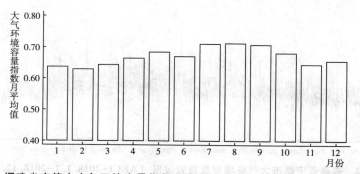

图 6　福建省宁德市大气环境容量指数月均变化 （AECI-2018.1.1-2018.12.31）

江西省

江西省南昌市

表 1 江西省南昌市大气环境资源概况（2018.1.1–2018.12.31）

指标类型	ASPI	EE	GCSP	GCO3	AECI
平均值	36.06	57.85	45.25	31.48	0.63
标准误	6.77	30.32	24.86	15.44	0.04
最小值	24.58	19.4	9.86	14.2	0.52
最大值	66.17	212.67	96.23	78.13	0.77
样本量（个）	819	819	819	819	819

表 2 江西省南昌市大气环境资源分位数（2018.1.1–2018.12.31）

指标类型	ASPI	EE	GCSP	GCO3	AECI
5%	28.98	39.14	12.33	18.4	0.56
10%	29.8	39.58	13.27	19.24	0.58
25%	31.88	40.52	22.01	20.92	0.6
50%	34.78	42.12	46.37	23.48	0.63
75%	38.04	65.74	65.82	44.93	0.66
90%	45.33	102.26	80.62	59.81	0.68

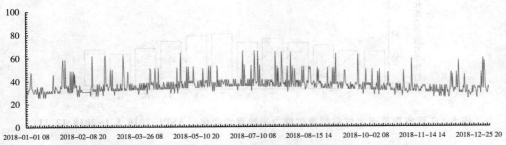

图 1 江西省南昌市大气自净化能力指数波形（ASPI-2018.1.1–2018.12.31）

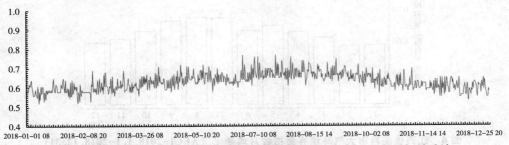

图 2 江西省南昌市大气环境容量指数波形（AECI-2018.1.1–2018.12.31）

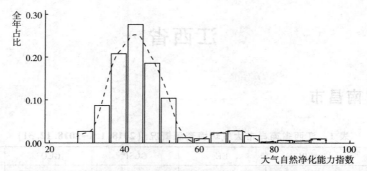

图3　江西省南昌市大气自然净化能力指数分布（ASPI-2018.1.1-2018.12.31）

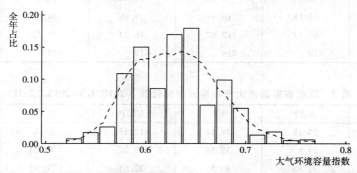

图4　江西省南昌市大气环境容量指数分布（AECI-2018.1.1-2018.12.31）

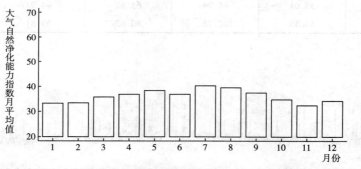

图5　江西省南昌市大气自然净化能力指数月均变化（ASPI-2018.1.1-2018.12.31）

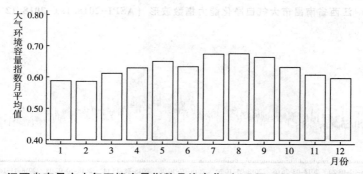

图6　江西省南昌市大气环境容量指数月均变化（AECI-2018.1.1-2018.12.31）

江西省景德镇市

表 1　江西省景德镇市大气环境资源概况（2018.1.1–2018.12.31）

指标类型	ASPI	EE	GCSP	GCO3	AECI
平均值	33.54	48.34	58.85	29.94	0.61
标准误	6.58	28.94	30.05	15.16	0.04
最小值	22.40	18.93	8.02	12.11	0.52
最大值	81.42	339.84	100.00	80.62	0.79
样本量（个）	2230	2230	2230	2230	2230

表 2　江西省景德镇市大气环境资源分位数（2018.1.1–2018.12.31）

指标类型	ASPI	EE	GCSP	GCO3	AECI
5%	26.08	19.72	12.68	17.20	0.55
10%	27.64	20.27	14.02	18.26	0.56
25%	29.97	39.55	27.35	20.05	0.58
50%	32.38	40.80	62.16	22.61	0.61
75%	35.29	62.43	87.06	43.02	0.64
90%	39.25	66.58	98.01	47.85	0.67

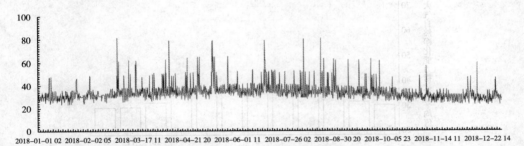

图 1　江西省景德镇市大气自然净化能力指数波形（ASPI–2018.1.1–2018.12.31）

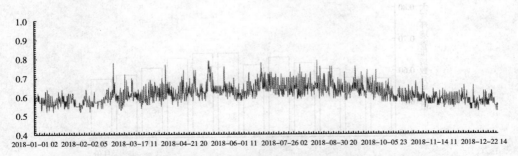

图 2　江西省景德镇市大气环境容量指数波形（AECI–2018.1.1–2018.12.31）

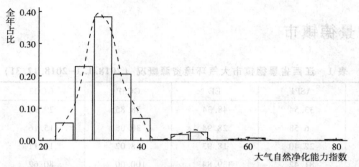

图3　江西省景德镇市大气自然净化能力指数分布（ASPI-2018.1.1-2018.12.31）

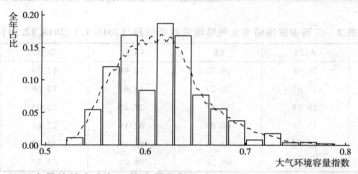

图4　江西省景德镇市大气环境容量指数分布（AECI-2018.1.1-2018.12.31）

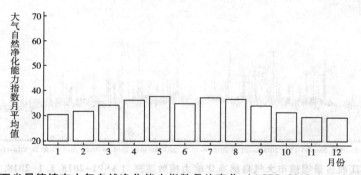

图5　江西省景德镇市大气自然净化能力指数月均变化（ASPI-2018.1.1-2018.12.31）

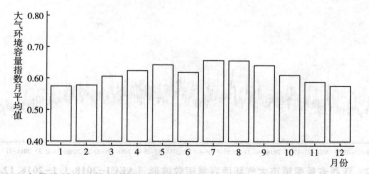

图6　江西省景德镇市大气环境容量指数月均变化（AECI-2018.1.1-2018.12.31）

江西省萍乡市

表1 江西省萍乡市大气环境资源概况 （2018.1.1-2018.12.31）

指标类型	ASPI	EE	GCSP	GCO3	AECI
平均值	39.36	75.53	53.76	31.11	0.64
标准误	11.86	69.21	27.98	14.96	0.05
最小值	24.87	19.46	8.51	14.40	0.52
最大值	98.26	650.89	96.06	79.11	0.90
样本量（个）	837	837	837	837	837

表2 江西省萍乡市大气环境资源分位数 （2018.1.1-2018.12.31）

指标类型	ASPI	EE	GCSP	GCO3	AECI
5%	28.99	20.65	12.63	18.53	0.56
10%	29.97	39.51	13.42	19.36	0.58
25%	32.38	40.69	26.21	21.08	0.60
50%	35.15	62.78	58.03	23.69	0.63
75%	40.45	67.41	79.63	44.85	0.67
90%	54.03	112.12	88.58	48.81	0.71

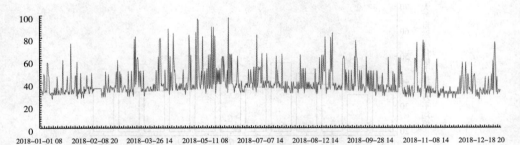

图1 江西省萍乡市大气自然净化能力指数波形 （ASPI-2018.1.1-2018.12.31）

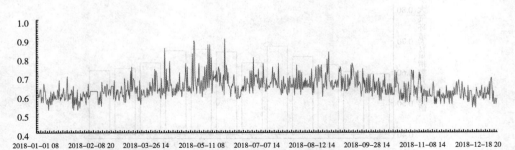

图2 江西省萍乡市大气环境容量指数波形 （AECI-2018.1.1-2018.12.31）

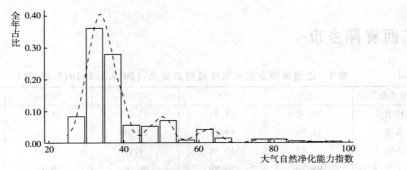

图 3　江西省萍乡市大气自然净化能力指数分布（ASPI-2018. 1. 1-2018. 12. 31）

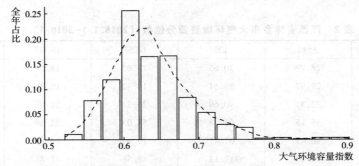

图 4　江西省萍乡市大气环境容量指数分布（AECI-2018. 1. 1-2018. 12. 31）

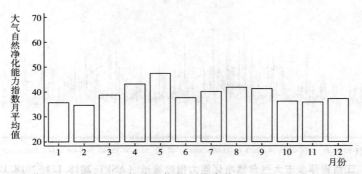

图 5　江西省萍乡市大气自然净化能力指数月均变化（ASPI-2018. 1. 1-2018. 12. 31）

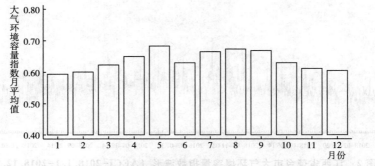

图 6　江西省萍乡市大气环境容量指数月均变化（AECI-2018. 1. 1-2018. 12. 31）

江西省九江市

表 1 江西省九江市大气环境资源概况（2018.1.1～2018.12.31）

指标类型	ASPI	EE	GCSP	GCO3	AECI
平均值	43.50	98.14	64.44	28.86	0.65
标准误	14.45	83.41	31.41	13.40	0.06
最小值	24.46	19.37	10.31	13.93	0.51
最大值	97.15	643.54	98.67	77.25	0.87
样本量（个）	826	826	826	826	826

表 2 江西省九江市大气环境资源分位数（2018.1.1～2018.12.31）

指标类型	ASPI	EE	GCSP	GCO3	AECI
5%	28.45	20.28	13.92	17.86	0.56
10%	30.04	39.60	15.41	18.52	0.58
25%	33.63	41.54	28.18	20.68	0.61
50%	37.79	65.57	70.91	23.13	0.64
75%	50.39	107.99	95.69	41.73	0.68
90%	63.27	206.43	97.48	47.28	0.72

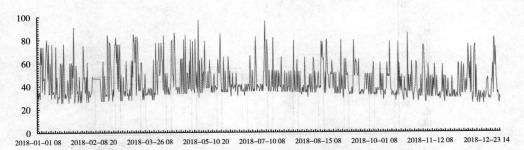

图 1 江西省九江市大气自然净化能力指数波形（ASPI-2018.1.1～2018.12.31）

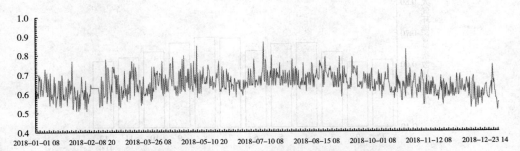

图 2 江西省九江市大气环境容量指数波形（AECI-2018.1.1～2018.12.31）

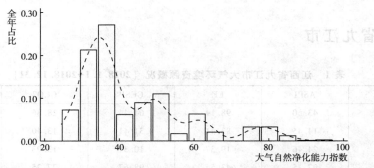

图 3　江西省九江市大气自然净化能力指数分布 （ASPI-2018. 1. 1-2018. 12. 31）

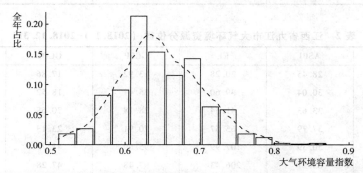

图 4　江西省九江市大气环境容量指数分布 （AECI-2018. 1. 1-2018. 12. 31）

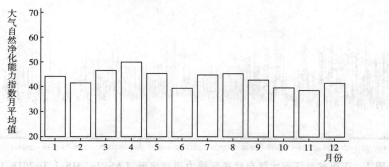

图 5　江西省九江市大气自然净化能力指数月均变化 （ASPI-2018. 1. 1-2018. 12. 31）

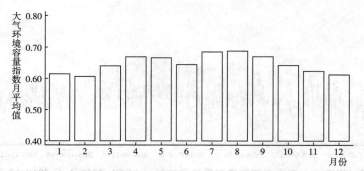

图 6　江西省九江市大气环境容量指数月均变化 （AECI-2018. 1. 1-2018. 12. 31）

江西省新余市

表 1   江西省新余市大气环境资源概况 （2018.1.1~2018.12.31）

指标类型	ASPI	EE	GCSP	GCO3	AECI
平均值	35.52	54.17	54.96	29.91	0.62
标准误	6.40	30.11	29.97	13.82	0.04
最小值	24.68	19.42	8.96	14.31	0.52
最大值	80.62	292.07	100.00	77.70	0.75
样本量（个）	835	835	835	835	835

表 2   江西省新余市大气环境资源分位数 （2018.1.1~2018.12.31）

指标类型	ASPI	EE	GCSP	GCO3	AECI
5%	29.05	21.08	12.49	18.51	0.56
10%	29.82	39.52	13.44	19.29	0.58
25%	31.94	40.53	22.85	21.09	0.60
50%	34.64	41.90	55.99	23.58	0.62
75%	37.00	64.54	84.33	43.79	0.65
90%	40.26	67.28	94.09	48.05	0.67

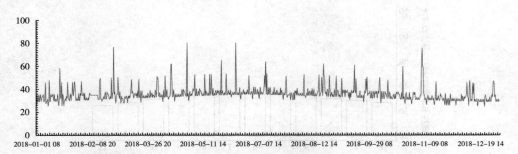

图 1   江西省新余市大气自然净化能力指数波形 （ASPI-2018.1.1~2018.12.31）

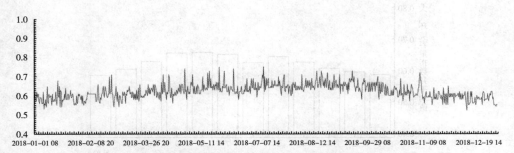

图 2   江西省新余市大气环境容量指数波形 （AECI-2018.1.1~2018.12.31）

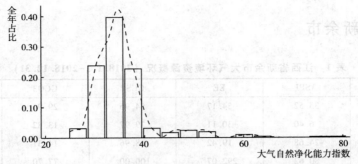

图 3 江西省新余市大气自然净化能力指数分布（ASPI-2018.1.1-2018.12.31）

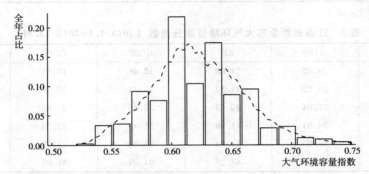

图 4 江西省新余市大气环境容量指数分布（AECI-2018.1.1-2018.12.31）

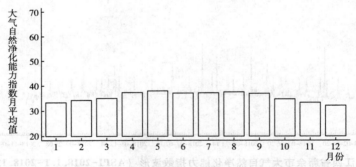

图 5 江西省新余市大气自然净化能力指数月均变化（ASPI-2018.1.1-2018.12.31）

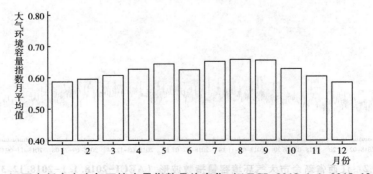

图 6 江西省新余市大气环境容量指数月均变化（AECI-2018.1.1-2018.12.31）

江西省鹰潭市

表1 江西省鹰潭市大气环境资源概况（2018.1.1-2018.12.31）

指标类型	ASPI	EE	GCSP	GCO3	AECI
平均值	44.51	103.68	56.37	31.28	0.66
标准误	14.56	86.56	30.81	15.39	0.06
最小值	24.81	19.45	10.61	14.39	0.53
最大值	97.06	751.79	100.00	79.01	0.90
样本量（个）	826	826	826	826	826

表2 江西省鹰潭市大气环境资源分位数（2018.1.1-2018.12.31）

指标类型	ASPI	EE	GCSP	GCO3	AECI
5%	29.79	39.52	13.20	18.50	0.58
10%	31.59	40.40	14.25	19.32	0.59
25%	34.48	62.18	26.66	21.00	0.62
50%	38.11	65.79	56.60	23.47	0.65
75%	51.08	108.77	86.96	44.84	0.69
90%	63.75	207.46	98.01	49.30	0.74

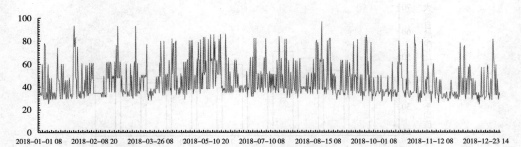

图1 江西省鹰潭市大气自然净化能力指数波形（ASPI-2018.1.1-2018.12.31）

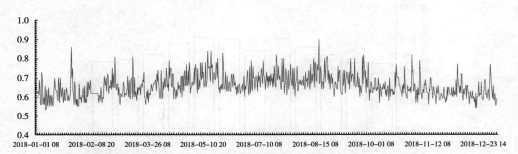

图2 江西省鹰潭市大气环境容量指数波形（AECI-2018.1.1-2018.12.31）

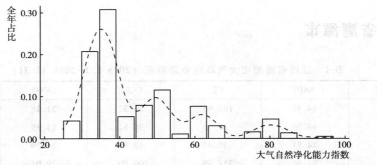

图 3　江西省鹰潭市大气自然净化能力指数分布 （ASPI-2018.1.1-2018.12.31）

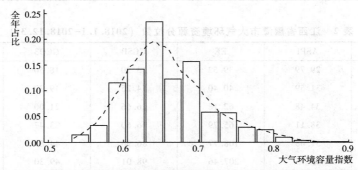

图 4　江西省鹰潭市大气环境容量指数分布 （AECI-2018.1.1-2018.12.31）

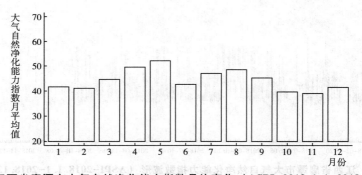

图 5　江西省鹰潭市大气自然净化能力指数月均变化 （ASPI-2018.1.1-2018.12.31）

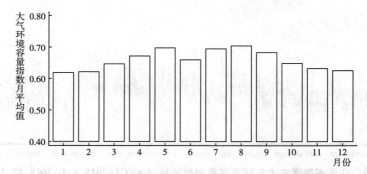

图 6　江西省鹰潭市大气环境容量指数月均变化 （AECI-2018.1.1-2018.12.31）

江西省赣州市

表 1 江西省赣州市大气环境资源概况 （2018.1.1-2018.12.31）

指标类型	ASPI	EE	GCSP	GCO3	AECI
平均值	36.56	61.08	53.83	30.74	0.63
标准误	8.89	42.86	25.37	14.59	0.05
最小值	23.07	19.07	8.53	15.00	0.52
最大值	94.97	629.09	96.14	78.15	0.87
样本量（个）	2232	2232	2232	2232	2232

表 2 江西省赣州市大气环境资源分位数 （2018.1.1-2018.12.31）

指标类型	ASPI	EE	GCSP	GCO3	AECI
5%	28.15	20.87	13.40	18.09	0.57
10%	29.23	39.31	14.91	19.04	0.58
25%	31.25	40.25	27.55	20.86	0.60
50%	34.07	41.72	57.92	23.29	0.63
75%	38.20	65.85	75.26	43.74	0.66
90%	49.80	107.33	84.94	48.23	0.70

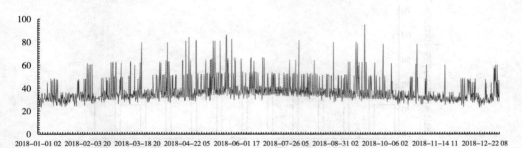

图 1 江西省赣州市大气自然净化能力指数波形 （ASPI-2018.1.1-2018.12.31）

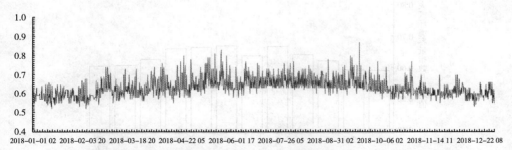

图 2 江西省赣州市大气环境容量指数波形 （AECI-2018.1.1-2018.12.31）

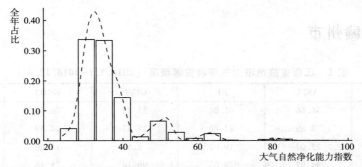

图 3 江西省赣州市大气自然净化能力指数分布 （ASPI-2018.1.1~2018.12.31）

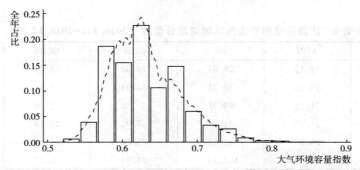

图 4 江西省赣州市大气环境容量指数分布 （AECI-2018.1.1~2018.12.31）

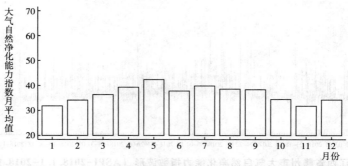

图 5 江西省赣州市大气自然净化能力指数月均变化 （ASPI-2018.1.1~2018.12.31）

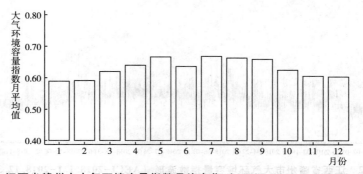

图 6 江西省赣州市大气环境容量指数月均变化 （AECI-2018.1.1~2018.12.31）

江西省吉安市

表1 江西省吉安市大气环境资源概况（2018.1.1－2018.12.31）

指标类型	ASPI	EE	GCSP	GCO3	AECI
平均值	36.12	59.35	61.90	30.56	0.63
标准误	9.08	43.65	28.64	14.81	0.05
最小值	22.80	19.01	9.17	12.47	0.52
最大值	86.34	404.49	100.00	78.63	0.84
样本量	2250	2250	2250	2250	2250

表2 江西省吉安市大气环境资源分位数（2018.1.1－2018.12.31）

指标类型	ASPI	EE	GCSP	GCO3	AECI
5%	26.72	19.86	13.25	17.72	0.55
10%	27.98	20.23	15.72	18.74	0.57
25%	30.59	39.87	41.00	20.58	0.59
50%	33.71	41.57	67.13	23.11	0.62
75%	38.36	65.97	87.86	43.52	0.66
90%	49.48	106.97	97.44	48.27	0.69

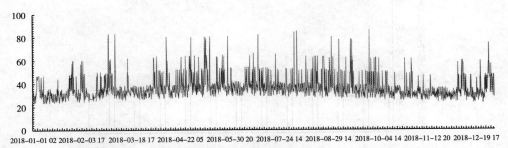

图1 江西省吉安市大气自然净化能力指数波形（ASPI-2018.1.1－2018.12.31）

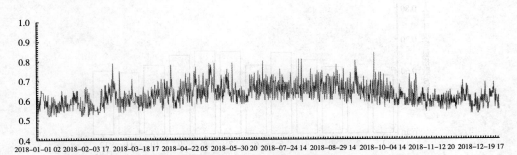

图2 江西省吉安市大气环境容量指数波形（AECI-2018.1.1－2018.12.31）

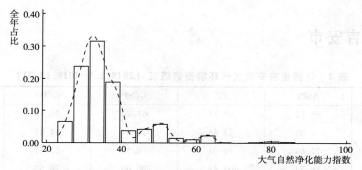

图 3　江西省吉安市大气自然净化能力指数分布（ASPI-2018.1.1~2018.12.31）

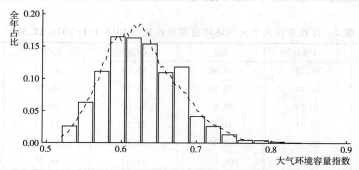

图 4　江西省吉安市大气环境容量指数分布（AECI-2018.1.1~2018.12.31）

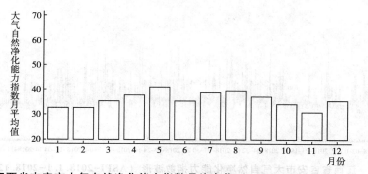

图 5　江西省吉安市大气自然净化能力指数月均变化（ASPI-2018.1.1~2018.12.31）

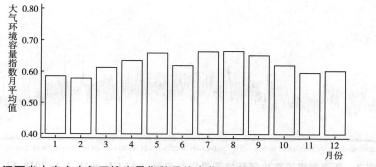

图 6　江西省吉安市大气环境容量指数月均变化（AECI-2018.1.1~2018.12.31）

江西省宜春市

表 1 江西省宜春市大气环境资源概况（2018.1.1-2018.12.31）

指标类型	ASPI	EE	GCSP	GCO3	AECI
平均值	39.59	79.46	61.10	28.69	0.64
标准误	12.06	69.66	27.35	13.32	0.05
最小值	22.72	19.00	8.73	12.35	0.51
最大值	96.93	781.64	98.67	78.40	0.91
样本量（个）	2255	2255	2255	2255	2255

表 2 江西省宜春市大气环境资源分位数（2018.1.1-2018.12.31）

指标类型	ASPI	EE	GCSP	GCO3	AECI
5%	28.51	38.82	13.13	17.50	0.56
10%	29.82	39.57	15.38	18.49	0.58
25%	32.37	40.85	42.27	20.39	0.61
50%	35.37	63.51	67.53	22.81	0.63
75%	41.45	68.10	84.86	40.29	0.67
90%	57.05	193.03	91.97	47.11	0.70

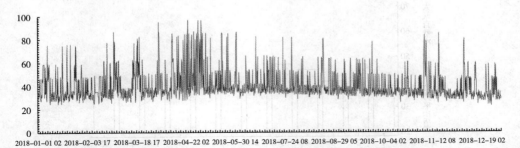

图 1 江西省宜春市大气自然净化能力指数波形（ASPI-2018.1.1-2018.12.31）

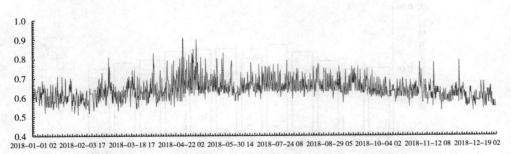

图 2 江西省宜春市大气环境容量指数波形（AECI-2018.1.1-2018.12.31）

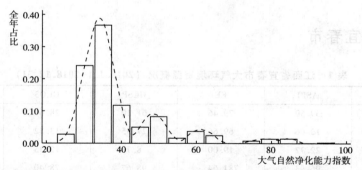

图 3　江西省宜春市大气自然净化能力指数分布（ASPI-2018. 1. 1-2018. 12. 31）

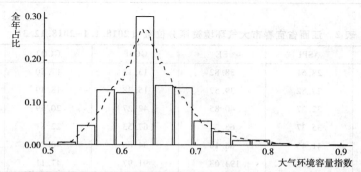

图 4　江西省宜春市大气环境容量指数分布（AECI-2018. 1. 1-2018. 12. 31）

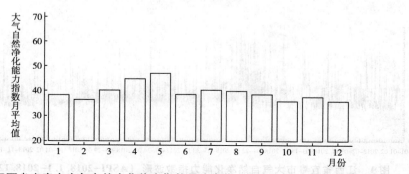

图 5　江西省宜春市大气自然净化能力指数月均变化（ASPI-2018. 1. 1-2018. 12. 31）

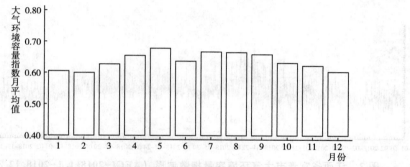

图 6　江西省宜春市大气环境容量指数月均变化（AECI-2018. 1. 1-2018. 12. 31）

江西省抚州市

表 1　江西省抚州市大气环境资源概况（2018.1.1–2018.12.31）

指标类型	ASPI	EE	GCSP	GCO3	AECI
平均值	49.74	133.64	60.84	30.54	0.67
标准误	16.83	102.92	29.23	14.73	0.06
最小值	24.61	19.41	10.10	14.29	0.53
最大值	96.49	703.54	98.69	78.06	0.90
样本量（个）	824	824	824	824	824

表 2　江西省抚州市大气环境资源分位数（2018.1.1–2018.12.31）

指标类型	ASPI	EE	GCSP	GCO3	AECI
5%	29.91	21.07	14.25	18.41	0.58
10%	31.26	40.18	15.73	19.21	0.59
25%	35.28	63.48	28.68	20.97	0.63
50%	47.61	104.85	62.85	23.39	0.67
75%	61.41	202.42	91.58	44.12	0.71
90%	78.31	286.21	95.62	48.52	0.75

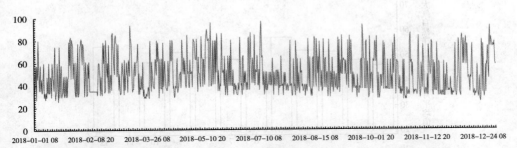

图 1　江西省抚州市大气自然净化能力指数波形（ASPI–2018.1.1–2018.12.31）

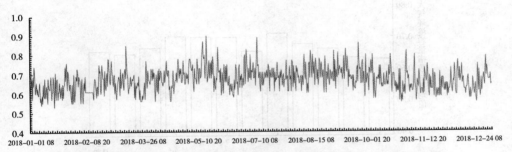

图 2　江西省抚州市大气环境容量指数波形（AECI–2018.1.1–2018.12.31）

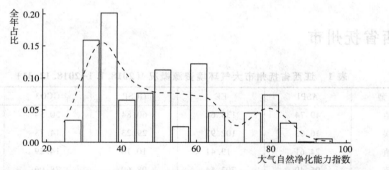

图 3　江西省抚州市大气自然净化能力指数分布（ASPI-2018. 1. 1-2018. 12. 31）

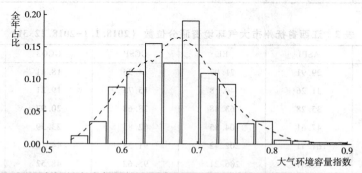

图 4　江西省抚州市大气环境容量指数分布（AECI-2018. 1. 1-2018. 12. 31）

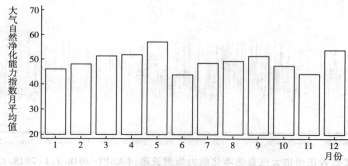

图 5　江西省抚州市大气自然净化能力指数月均变化（ASPI-2018. 1. 1-2018. 12. 31）

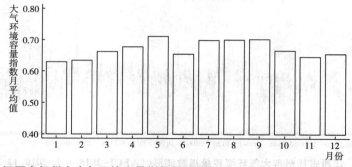

图 6　江西省抚州市大气环境容量指数月均变化（AECI-2018. 1. 1-2018. 12. 31）

江西省上饶市

表1 江西省上饶市大气环境资源概况 （2018.1.1-2018.12.31）

指标类型	ASPI	EE	GCSP	GCO3	AECI
平均值	46.80	117.98	54.51	30.73	0.66
标准误	16.39	103.18	31.21	15.08	0.06
最小值	24.70	19.43	8.53	14.27	0.52
最大值	98.54	794.65	100.00	80.57	0.95
样本量（个）	824	824	824	824	824

表2 江西省上饶市大气环境资源分位数 （2018.1.1-2018.12.31）

指标类型	ASPI	EE	GCSP	GCO3	AECI
5%	29.64	39.41	12.64	18.45	0.57
10%	31.23	40.10	13.73	19.22	0.59
25%	34.45	41.93	22.76	20.94	0.62
50%	39.37	66.66	55.13	23.39	0.66
75%	58.09	195.28	83.27	44.38	0.70
90%	76.97	281.06	98.01	48.12	0.74

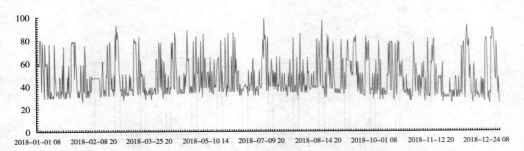

图1 江西省上饶市大气自然净化能力指数波形 （ASPI-2018.1.1-2018.12.31）

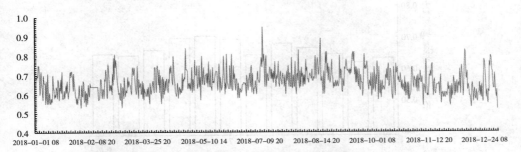

图2 江西省上饶市大气环境容量指数波形 （AECI-2018.1.1-2018.12.31）

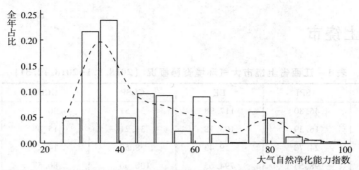

图 3　江西省上饶市大气自然净化能力指数分布（ASPI-2018. 1. 1–2018. 12. 31）

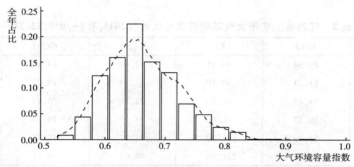

图 4　江西省上饶市大气环境容量指数分布（AECI-2018. 1. 1–2018. 12. 31）

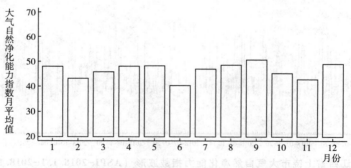

图 5　江西省上饶市大气自然净化能力指数月均变化（ASPI-2018. 1. 1–2018. 12. 31）

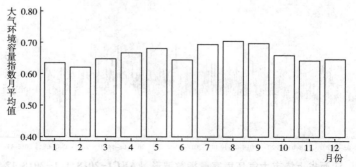

图 6　江西省上饶市大气环境容量指数月均变化（AECI-2018. 1. 1–2018. 12. 31）

山东省

山东省济南市

表 1 山东省济南市大气环境资源概况 (2018.1.1-2018.12.31)

指标类型	ASPI	EE	GCSP	GCO3	AECI
平均值	43.69	110.38	32.81	25.72	0.65
标准误	16.29	101.51	25.50	13.12	0.07
最小值	21.20	18.67	7.64	10.23	0.50
最大值	96.28	748.81	96.29	76.90	0.93
样本量（个）	2323	2323	2323	2323	2323

表 2 山东省济南市大气环境资源分位数 (2018.1.1-2018.12.31)

指标类型	ASPI	EE	GCSP	GCO3	AECI
5%	27.57	38.39	10.08	12.95	0.55
10%	29.09	39.26	11.02	14.64	0.57
25%	32.03	41.59	13.01	18.43	0.60
50%	36.11	64.40	16.31	21.11	0.64
75%	50.22	107.80	50.20	24.26	0.69
90%	74.74	274.33	77.03	45.51	0.74

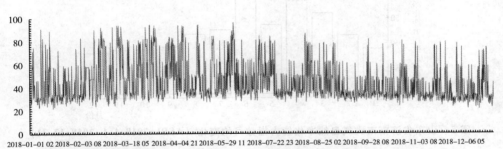

图 1 山东省济南市大气自然净化能力指数波形 (ASPI-2018.1.1-2018.12.31)

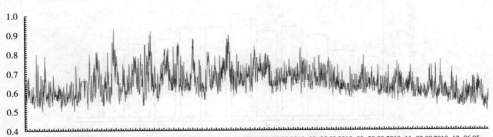

图 2 山东省济南市大气环境容量指数波形 (AECI-2018.1.1-2018.12.31)

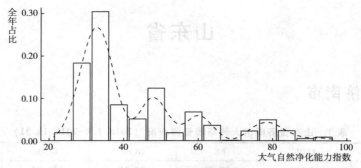

图3　山东省济南市大气自然净化能力指数分布（ASPI-2018.1.1-2018.12.31）

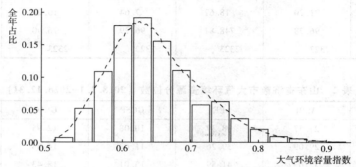

图4　山东省济南市大气环境容量指数分布（AECI-2018.1.1-2018.12.31）

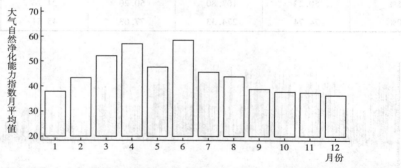

图5　山东省济南市大气自然净化能力指数月均变化（ASPI-2018.1.1-2018.12.31）

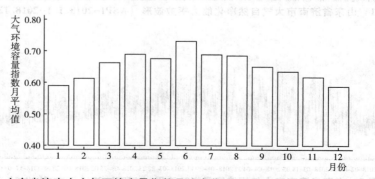

图6　山东省济南市大气环境容量指数月均变化（AECI-2018.1.1-2018.12.31）

山东省青岛市

表 1　山东省青岛市大气环境资源概况（2018.1.1-2018.12.31）

指标类型	ASPI	EE	GCSP	GCO3	AECI
平均值	53.26	172.52	47.57	23.06	0.67
标准误	18.94	145.64	27.08	8.81	0.07
最小值	22.26	18.90	9.36	10.51	0.51
最大值	96.88	959.83	96.32	73.52	0.95
样本量（个）	2321	2321	2321	2321	2321

表 2　山东省青岛市大气环境资源分位数（2018.1.1-2018.12.31）

指标类型	ASPI	EE	GCSP	GCO3	AECI
5%	28.47	38.90	12.85	13.26	0.58
10%	30.71	40.23	14.25	14.89	0.59
25%	35.36	63.89	17.66	18.33	0.63
50%	49.40	106.88	47.74	21.08	0.67
75%	64.02	208.04	71.87	23.77	0.71
90%	80.67	337.92	86.08	41.88	0.76

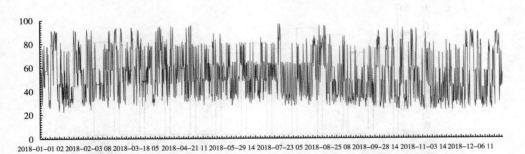

图 1　山东省青岛市大气自然净化能力指数波形（ASPI-2018.1.1-2018.12.31）

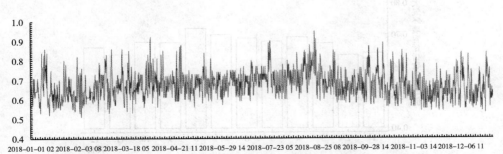

图 2　山东省青岛市大气环境容量指数波形（AECI-2018.1.1-2018.12.31）

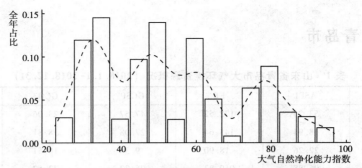

图 3　山东省青岛市大气自然净化能力指数分布（ASPI-2018.1.1-2018.12.31）

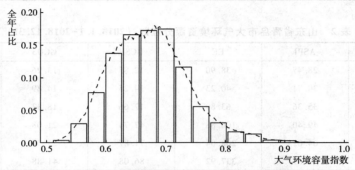

图 4　山东省青岛市大气环境容量指数分布（AECI-2018.1.1-2018.12.31）

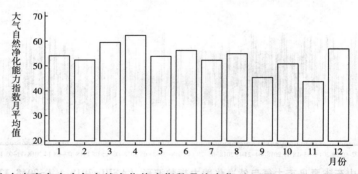

图 5　山东省青岛市大气自然净化能力指数月均变化（ASPI-2018.1.1-2018.12.31）

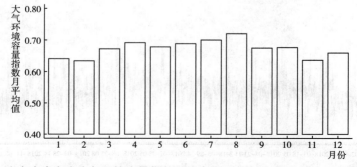

图 6　山东省青岛市大气环境容量指数月均变化（AECI-2018.1.1-2018.12.31）

山东省淄博市

表 1　山东省淄博市大气环境资源概况（2018.1.1-2018.12.31）

指标类型	ASPI	EE	GCSP	GCO3	AECI
平均值	40.65	88.05	37.56	26.91	0.63
标准误	14.36	77.88	27.12	13.87	0.07
最小值	23.25	19.11	7.64	12.20	0.50
最大值	87.79	410.68	98.62	77.71	0.85
样本量（个）	874	874	874	874	874

表 2　山东省淄博市大气环境资源分位数（2018.1.1-2018.12.31）

指标类型	ASPI	EE	GCSP	GCO3	AECI
5%	27.00	19.92	10.39	13.10	0.53
10%	28.31	38.77	11.01	14.65	0.55
25%	31.08	40.18	13.43	18.99	0.59
50%	34.91	63.27	26.69	21.84	0.63
75%	47.92	105.19	59.40	24.96	0.68
90%	61.50	202.60	81.04	46.25	0.72

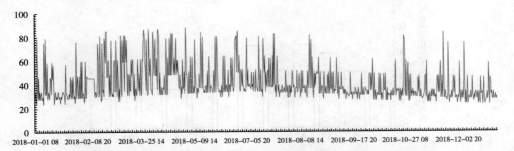

图 1　山东省淄博市大气自然净化能力指数波形（ASPI-2018.1.1-2018.12.31）

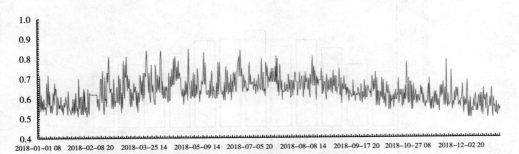

图 2　山东省淄博市大气环境容量指数波形（AECI-2018.1.1-2018.12.31）

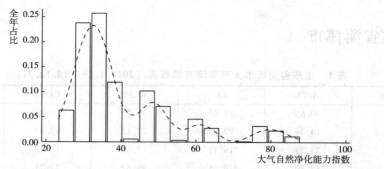

图 3 山东省淄博市大气自然净化能力指数分布 (ASPI-2018.1.1-2018.12.31)

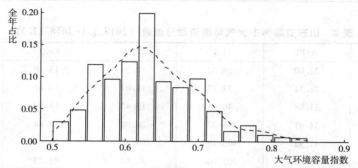

图 4 山东省淄博市大气环境容量指数分布 (AECI-2018.1.1-2018.12.31)

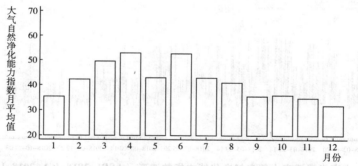

图 5 山东省淄博市大气自然净化能力指数月均变化 (ASPI-2018.1.1-2018.12.31)

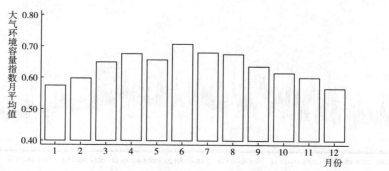

图 6 山东省淄博市大气环境容量指数月均变化 (AECI-2018.1.1-2018.12.31)

山东省枣庄市

表 1　山东省枣庄市大气环境资源概况（2018.1.1-2018.12.31）

指标类型	ASPI	EE	GCSP	GCO3	AECI
平均值	39.53	80.72	37.69	27.34	0.63
标准误	12.43	65.87	26.24	13.71	0.06
最小值	23.80	19.23	8.24	12.67	0.49
最大值	87.86	410.96	98.66	79.27	0.85
样本量（个）	824	824	824	824	824

表 2　山东省枣庄市大气环境资源分位数（2018.1.1-2018.12.31）

指标类型	ASPI	EE	GCSP	GCO3	AECI
5%	28.04	38.80	10.39	14.07	0.55
10%	28.86	39.19	11.85	16.33	0.56
25%	31.88	40.56	13.91	19.51	0.59
50%	34.82	63.34	26.92	22.13	0.63
75%	46.35	103.42	57.98	25.48	0.67
90%	59.03	197.29	77.54	46.44	0.71

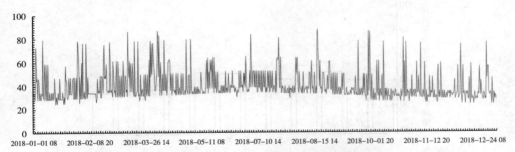

图 1　山东省枣庄市大气自然净化能力指数波形（ASPI-2018.1.1-2018.12.31）

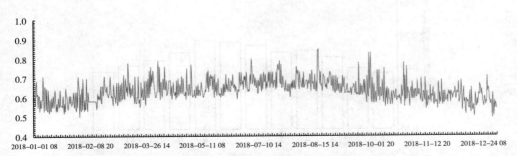

图 2　山东省枣庄市大气环境容量指数波形（AECI-2018.1.1-2018.12.31）

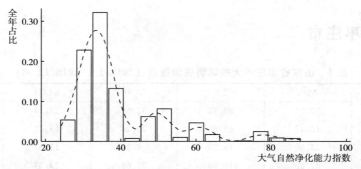

图 3　山东省枣庄市大气自然净化能力指数分布（ASPI-2018. 1. 1-2018. 12. 31）

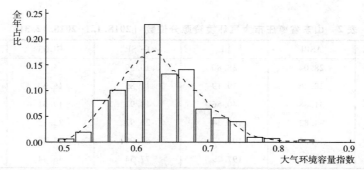

图 4　山东省枣庄市大气环境容量指数分布（AECI-2018. 1. 1-2018. 12. 31）

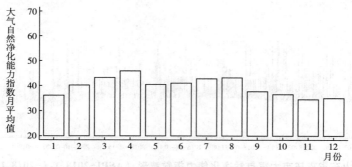

图 5　山东省枣庄市大气自然净化能力指数月均变化（ASPI-2018. 1. 1-2018. 12. 31）

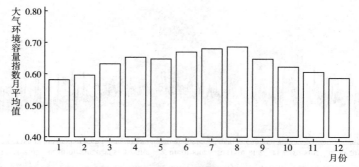

图 6　山东省枣庄市大气环境容量指数月均变化（AECI-2018. 1. 1-2018. 12. 31）

山东省东营市

表1　山东省东营市大气环境资源概况（2018.1.1-2018.12.31）

指标类型	ASPI	EE	GCSP	GCO3	AECI
平均值	40.69	93.05	38.45	25.23	0.63
标准误	14.67	85.33	26.01	13.12	0.07
最小值	21.09	18.64	7.64	10.16	0.49
最大值	94.68	821.46	97.53	77.74	0.93
样本量（个）	2318	2318	2318	2318	2318

表2　山东省东营市大气环境资源分位数（2018.1.1-2018.12.31）

指标类型	ASPI	EE	GCSP	GCO3	AECI
5%	25.70	19.67	10.98	12.41	0.54
10%	27.22	38.25	12.27	13.90	0.55
25%	30.63	40.11	14.41	17.90	0.59
50%	34.98	63.58	27.37	20.90	0.63
75%	48.61	105.98	59.53	23.94	0.68
90%	61.19	201.94	79.16	45.11	0.72

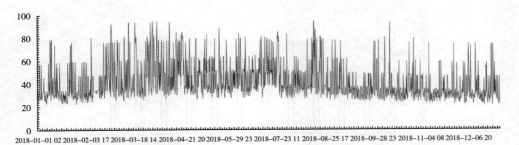

图1　山东省东营市大气自然净化能力指数波形（ASPI-2018.1.1-2018.12.31）

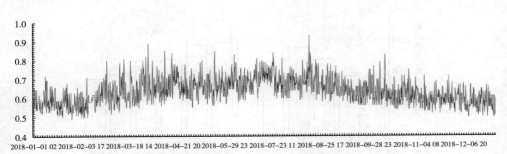

图2　山东省东营市大气环境容量指数波形（AECI-2018.1.1-2018.12.31）

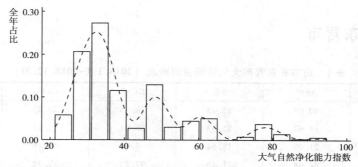

图 3　山东省东营市大气自然净化能力指数分布（ASPI-2018.1.1-2018.12.31）

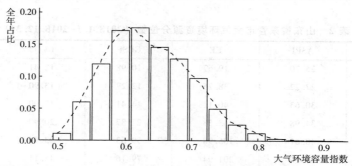

图 4　山东省东营市大气环境容量指数分布（AECI-2018.1.1-2018.12.31）

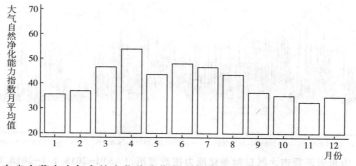

图 5　山东省东营市大气自然净化能力指数月均变化（ASPI-2018.1.1-2018.12.31）

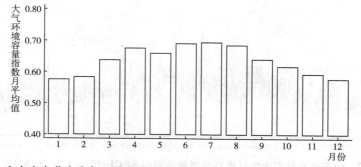

图 6　山东省东营市大气环境容量指数月均变化（AECI-2018.1.1-2018.12.31）

山东省烟台市

表 1 山东省烟台市大气环境资源概况（2018.1.1-2018.12.31）

指标类型	ASPI	EE	GCSP	GCO3	AECI
平均值	56.76	200.75	40.92	23.99	0.68
标准误	20.95	167.69	24.57	9.96	0.08
最小值	23.23	19.11	10.02	12.34	0.52
最大值	97.15	891.87	94.40	74.21	0.93
样本量（个）	874	874	874	874	874

表 2 山东省烟台市大气环境资源分位数（2018.1.1-2018.12.31）

指标类型	ASPI	EE	GCSP	GCO3	AECI
5%	28.93	39.01	12.60	13.20	0.57
10%	31.87	40.86	13.75	14.56	0.59
25%	35.58	64.04	15.94	18.78	0.63
50%	56.00	190.78	42.07	21.55	0.68
75%	78.06	289.15	59.46	24.21	0.74
90%	84.59	396.25	75.50	43.38	0.79

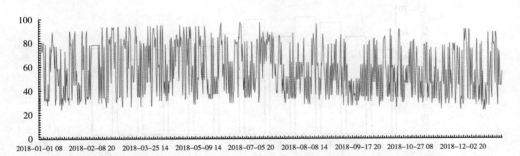

图 1 山东省烟台市大气自然净化能力指数波形（ASPI-2018.1.1-2018.12.31）

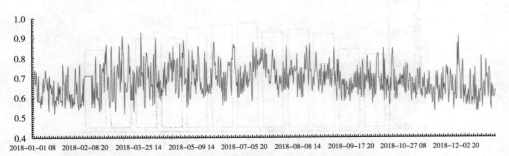

图 2 山东省烟台市大气环境容量指数波形（AECI-2018.1.1-2018.12.31）

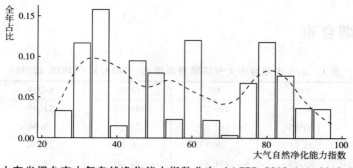

图 3　山东省烟台市大气自然净化能力指数分布（ASPI–2018.1.1–2018.12.31）

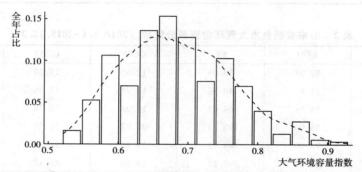

图 4　山东省烟台市大气环境容量指数分布（AECI–2018.1.1–2018.12.31）

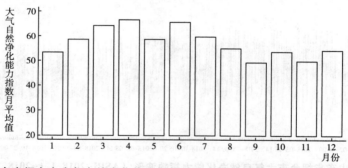

图 5　山东省烟台市大气自然净化能力指数月均变化（ASPI–2018.1.1–2018.12.31）

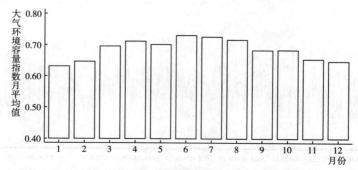

图 6　山东省烟台市大气环境容量指数月均变化（AECI–2018.1.1–2018.12.31）

山东省潍坊市

表 1 山东省潍坊市大气环境资源概况 (2018.1.1-2018.12.31)

指标类型	ASPI	EE	GCSP	GCO3	AECI
平均值	39.57	85.67	40.91	24.64	0.63
标准误	13.95	76.07	26.39	11.96	0.06
最小值	21.22	18.67	6.98	10.31	0.49
最大值	94.75	689.56	95.65	76.03	0.89
样本量（个）	2321	2321	2321	2321	2321

表 2 山东省潍坊市大气环境资源分位数 (2018.1.1-2018.12.31)

指标类型	ASPI	EE	GCSP	GCO3	AECI
5%	25.09	19.51	11.21	12.61	0.53
10%	26.89	37.71	12.19	14.16	0.55
25%	30.15	39.80	14.45	18.06	0.58
50%	34.27	63.01	38.45	21.03	0.62
75%	47.09	104.26	64.18	23.95	0.67
90%	61.16	201.87	80.66	44.77	0.71

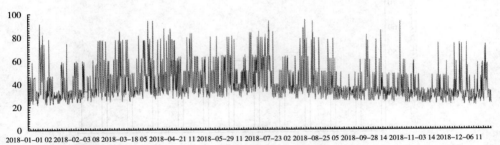

图 1 山东省潍坊市大气自然净化能力指数波形 (ASPI-2018.1.1-2018.12.31)

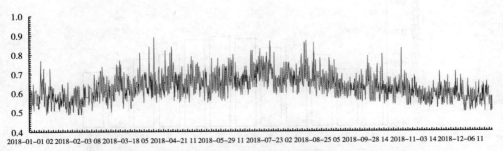

图 2 山东省潍坊市大气环境容量指数波形 (AECI-2018.1.1-2018.12.31)

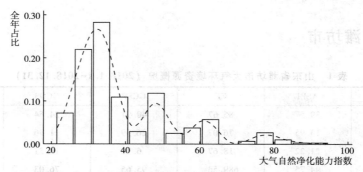

图 3　山东省潍坊市大气自然净化能力指数分布（ASPI-2018.1.1–2018.12.31）

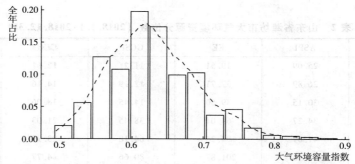

图 4　山东省潍坊市大气环境容量指数分布（AECI-2018.1.1–2018.12.31）

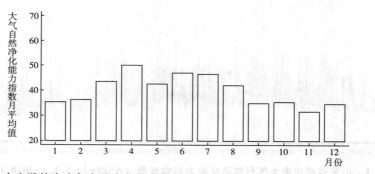

图 5　山东省潍坊市大气自然净化能力指数月均变化（ASPI-2018.1.1–2018.12.31）

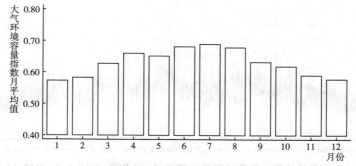

图 6　山东省潍坊市大气环境容量指数月均变化（AECI-2018.1.1–2018.12.31）

山东省济宁市

表 1 山东省济宁市大气环境资源概况 （2018.1.1–2018.12.31）

指标类型	ASPI	EE	GCSP	GCO3	AECI
平均值	35.19	58.15	37.13	27.92	0.62
标准误	7.91	37.16	24.67	14.23	0.05
最小值	23.51	19.17	7.93	12.62	0.50
最大值	79.20	331.80	95.91	77.75	0.76
样本量（个）	877	877	877	877	877

表 2 山东省济宁市大气环境资源分位数 （2018.1.1–2018.12.31）

指标类型	ASPI	EE	GCSP	GCO3	AECI
5%	26.45	19.80	10.35	14.11	0.54
10%	28.12	38.71	11.67	17.11	0.56
25%	30.61	39.97	13.92	19.46	0.58
50%	33.58	41.64	27.34	22.10	0.62
75%	37.21	65.17	55.95	26.57	0.65
90%	46.71	103.82	74.38	47.05	0.68

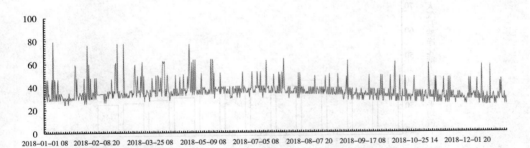

图 1 山东省济宁市大气自然净化能力指数波形 （ASPI–2018.1.1–2018.12.31）

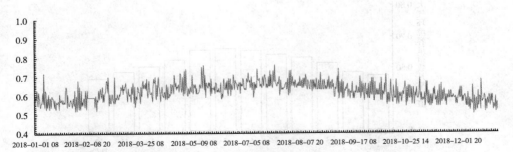

图 2 山东省济宁市大气环境容量指数波形 （AECI–2018.1.1–2018.12.31）

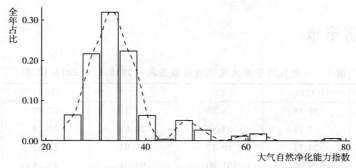

图 3　山东省济宁市大气自然净化能力指数分布（ASPI-2018.1.1~2018.12.31）

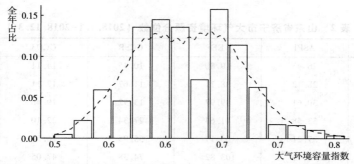

图 4　山东省济宁市大气环境容量指数分布（AECI-2018.1.1~2018.12.31）

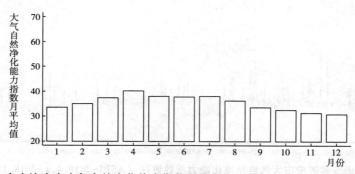

图 5　山东省济宁市大气自然净化能力指数月均变化（ASPI-2018.1.1~2018.12.31）

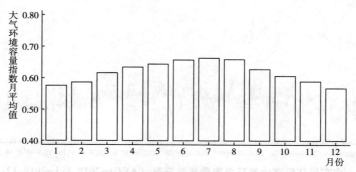

图 6　山东省济宁市大气环境容量指数月均变化（AECI-2018.1.1~2018.12.31）

山东省泰安市

表 1 山东省泰安市大气环境资源概况（2018.1.1–2018.12.31）

指标类型	ASPI	EE	GCSP	GCO3	AECI
平均值	40.39	87.50	36.03	26.79	0.63
标准误	14.35	82.21	25.26	13.64	0.06
最小值	23.43	19.15	6.94	12.26	0.50
最大值	94.05	826.13	96.28	77.78	0.90
样本量（个）	889	889	889	889	889

表 2 山东省泰安市大气环境资源分位数（2018.1.1–2018.12.31）

指标类型	ASPI	EE	GCSP	GCO3	AECI
5%	26.70	19.86	9.82	13.45	0.54
10%	28.37	38.78	10.79	14.61	0.55
25%	31.10	40.19	13.42	19.09	0.59
50%	34.57	63.23	27.12	21.89	0.63
75%	46.92	104.06	56.22	24.98	0.67
90%	61.51	202.64	75.27	46.15	0.72

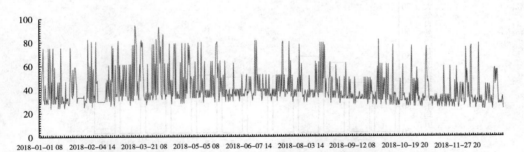

图 1 山东省泰安市大气自然净化能力指数波形（ASPI-2018.1.1–2018.12.31）

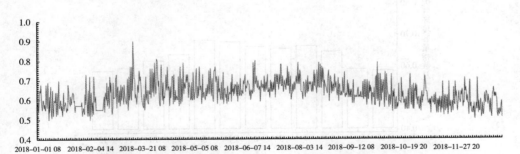

图 2 山东省泰安市大气环境容量指数波形（AECI-2018.1.1–2018.12.31）

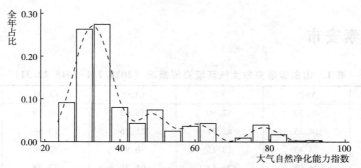

图 3　山东省泰安市大气自然净化能力指数分布（ASPI-2018.1.1-2018.12.31）

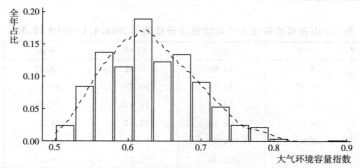

图 4　山东省泰安市大气环境容量指数分布（AECI-2018.1.1-2018.12.31）

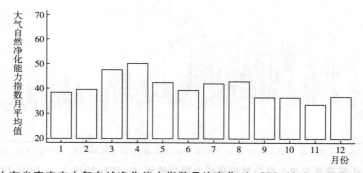

图 5　山东省泰安市大气自然净化能力指数月均变化（ASPI-2018.1.1-2018.12.31）

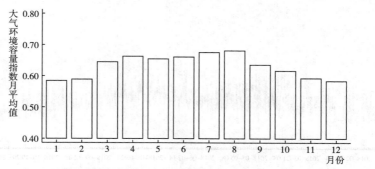

图 6　山东省泰安市大气环境容量指数月均变化（AECI-2018.1.1-2018.12.31）

山东省威海市

表1 山东省威海市大气环境资源概况（2018.1.1-2018.12.31）

指标类型	ASPI	EE	GCSP	GCO3	AECI
平均值	52.95	180.40	40.78	23.02	0.67
标准误	21.29	169.62	24.93	9.34	0.08
最小值	22.00	18.84	8.62	10.33	0.51
最大值	97.15	1159.86	96.37	62.08	0.96
样本量（个）	2320	2320	2320	2320	2320

表2 山东省威海市大气环境资源分位数（2018.1.1-2018.12.31）

指标类型	ASPI	EE	GCSP	GCO3	AECI
5%	28.00	38.53	12.61	13.02	0.56
10%	29.56	39.46	13.73	14.54	0.58
25%	33.22	61.65	15.89	18.02	0.61
50%	47.66	104.90	37.05	20.83	0.66
75%	75.32	276.34	61.16	23.48	0.72
90%	83.29	386.27	77.03	42.39	0.78

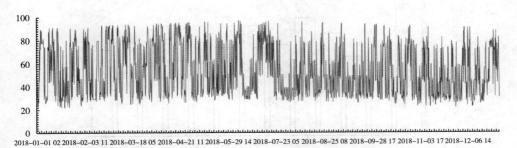

图1 山东省威海市大气自然净化能力指数波形（ASPI-2018.1.1-2018.12.31）

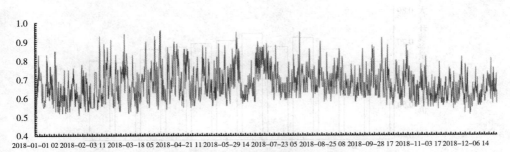

图2 山东省威海市大气环境容量指数波形（AECI-2018.1.1-2018.12.31）

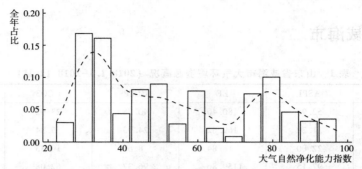

图 3　山东省威海市大气自然净化能力指数分布（ASPI-2018.1.1~2018.12.31）

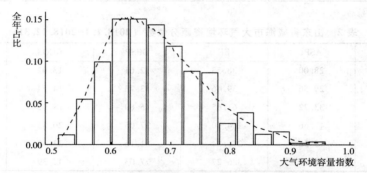

图 4　山东省威海市大气环境容量指数分布（AECI-2018.1.1~2018.12.31）

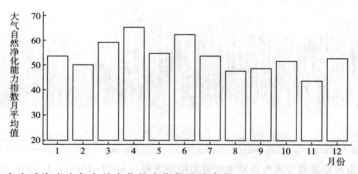

图 5　山东省威海市大气自然净化能力指数月均变化（ASPI-2018.1.1~2018.12.31）

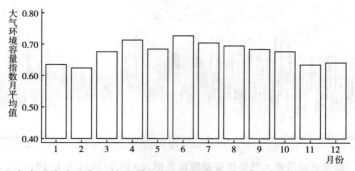

图 6　山东省威海市大气环境容量指数月均变化（AECI-2018.1.1~2018.12.31）

山东省日照市

表 1 山东省日照市大气环境资源概况（2018.1.1—2018.12.31）

指标类型	ASPI	EE	GCSP	GCO3	AECI
平均值	51.01	162.89	48.33	23.35	0.67
标准误	19.80	157.25	29.46	8.89	0.08
最小值	21.51	18.74	7.62	10.56	0.51
最大值	96.94	1019.17	100.00	60.94	1.01
样本量（个）	2326	2326	2326	2326	2326

表 2 山东省日照市大气环境资源分位数（2018.1.1—2018.12.31）

指标类型	ASPI	EE	GCSP	GCO3	AECI
5%	27.95	38.54	11.86	13.33	0.56
10%	29.83	39.61	13.39	15.06	0.58
25%	33.48	62.10	15.85	18.50	0.61
50%	47.04	104.20	48.74	21.21	0.66
75%	62.90	205.62	76.04	23.91	0.71
90%	80.75	338.59	89.90	42.49	0.77

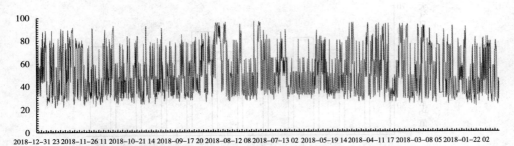

图 1 山东省日照市大气自然净化能力指数波形（ASPI-2018.1.1—2018.12.31）

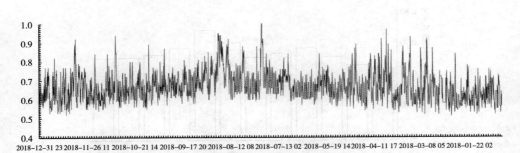

图 2 山东省日照市大气环境容量指数波形（AECI-2018.1.1—2018.12.31）

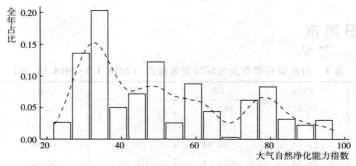

图 3　山东省日照市大气自然净化能力指数分布（ASPI-2018.1.1-2018.12.31）

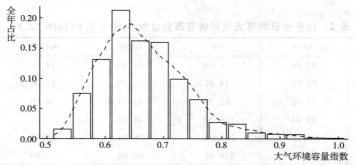

图 4　山东省日照市大气环境容量指数分布（AECI-2018.1.1-2018.12.31）

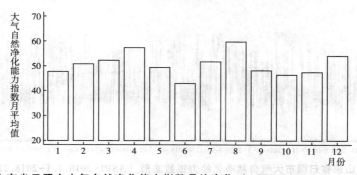

图 5　山东省日照市大气自然净化能力指数月均变化（ASPI-2018.1.1-2018.12.31）

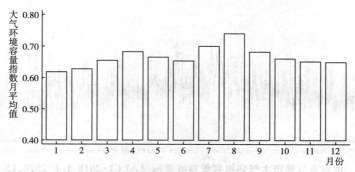

图 6　山东省日照市大气环境容量指数月均变化（AECI-2018.1.1-2018.12.31）

山东省莱芜市

表 1　山东省莱芜市大气环境资源概况（2018.1.1-2018.12.31）

指标类型	ASPI	EE	GCSP	GCO3	AECI
平均值	39.66	83.89	34.18	26.46	0.63
标准误	13.35	78.03	25.55	12.90	0.06
最小值	23.34	19.13	7.64	12.33	0.50
最大值	94.20	624.00	100.00	76.63	0.82
样本量（个）	877	877	877	877	877

表 2　山东省莱芜市大气环境资源分位数（2018.1.1-2018.12.31）

指标类型	ASPI	EE	GCSP	GCO3	AECI
5%	27.50	20.29	10.20	13.31	0.54
10%	28.44	38.90	11.02	15.34	0.56
25%	30.93	40.09	13.10	19.13	0.58
50%	34.68	63.28	22.48	21.88	0.63
75%	46.46	103.54	53.14	24.88	0.67
90%	60.32	200.07	76.04	45.81	0.71

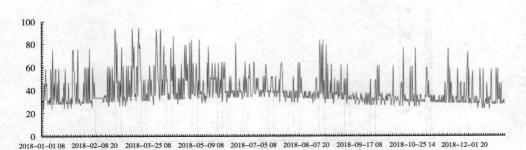

图 1　山东省莱芜市大气自然净化能力指数波形（ASPI-2018.1.1-2018.12.31）

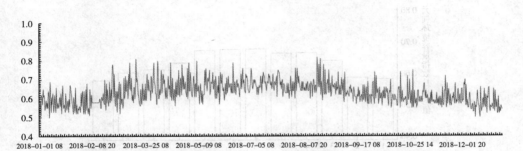

图 2　山东省莱芜市大气环境容量指数波形（AECI-2018.1.1-2018.12.31）

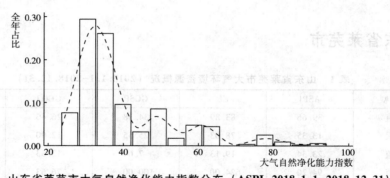

图 3　山东省莱芜市大气自然净化能力指数分布（ASPI-2018.1.1-2018.12.31）

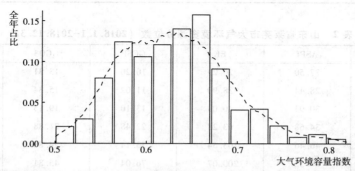

图 4　山东省莱芜市大气环境容量指数分布（AECI-2018.1.1-2018.12.31）

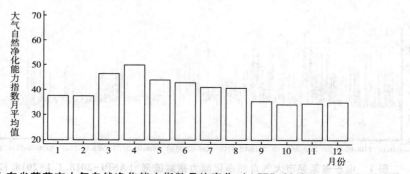

图 5　山东省莱芜市大气自然净化能力指数月均变化（ASPI-2018.1.1-2018.12.31）

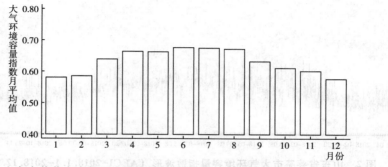

图 6　山东省莱芜市大气环境容量指数月均变化（AECI-2018.1.1-2018.12.31）

山东省临沂市

表 1 山东省临沂市大气环境资源概况 （2018.1.1–2018.12.31）

指标类型	ASPI	EE	GCSP	GCO3	AECI
平均值	50.77	151.41	40.23	26.15	0.67
标准误	18.14	134.24	27.84	12.00	0.07
最小值	23.86	19.24	7.99	12.65	0.51
最大值	97.00	1008.43	97.66	75.13	0.93
样本量（个）	873	873	873	873	873

表 2 山东省临沂市大气环境资源分位数 （2018.1.1–2018.12.31）

指标类型	ASPI	EE	GCSP	GCO3	AECI
5%	29.36	39.43	10.60	13.81	0.57
10%	31.81	40.56	11.87	16.78	0.58
25%	35.19	63.66	14.27	19.47	0.62
50%	47.59	104.82	27.79	22.12	0.67
75%	61.81	203.29	62.77	25.01	0.71
90%	79.79	327.71	84.29	45.45	0.76

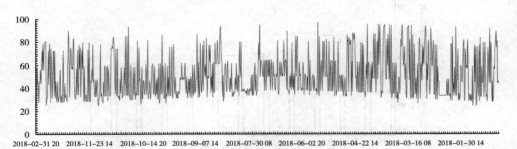

图 1 山东省临沂市大气自然净化能力指数波形 （ASPI–2018.1.1–2018.12.31）

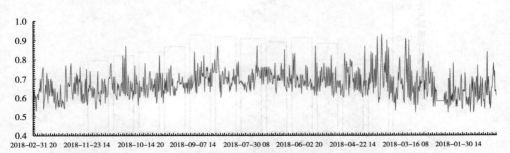

图 2 山东省临沂市大气环境容量指数波形 （AECI–2018.1.1–2018.12.31）

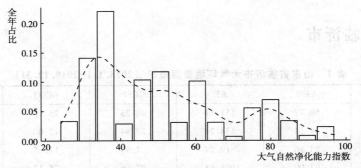

图 3　山东省临沂市大气自然净化能力指数分布（ASPI-2018.1.1-2018.12.31）

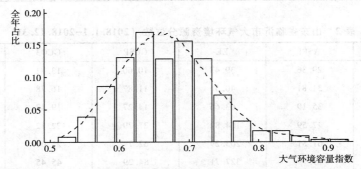

图 4　山东省临沂市大气环境容量指数分布（AECI-2018.1.1-2018.12.31）

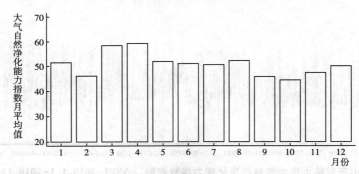

图 5　山东省临沂市大气自然净化能力指数月均变化（ASPI-2018.1.1-2018.12.31）

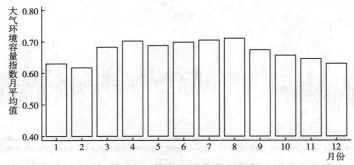

图 6　山东省临沂市大气环境容量指数月均变化（AECI-2018.1.1-2018.12.31）

山东省德州市

表1 山东省德州市大气环境资源概况 （2018.1.1~2018.12.31）

指标类型	ASPI	EE	GCSP	GCO3	AECI
平均值	37.77	72.78	33.24	26.93	0.63
标准误	10.79	59.22	25.69	13.81	0.05
最小值	23.15	19.09	7.28	12.16	0.50
最大值	94.70	695.50	97.67	77.61	0.85
样本量（个）	875	875	875	875	875

表2 山东省德州市大气环境资源分位数 （2018.1.1~2018.12.31）

指标类型	ASPI	EE	GCSP	GCO3	AECI
5%	27.47	38.50	9.60	13.17	0.55
10%	28.37	38.92	10.55	14.50	0.56
25%	31.31	40.29	12.83	18.95	0.59
50%	34.20	62.89	21.84	21.72	0.63
75%	39.38	66.67	50.65	25.29	0.66
90%	50.88	108.55	75.77	46.40	0.69

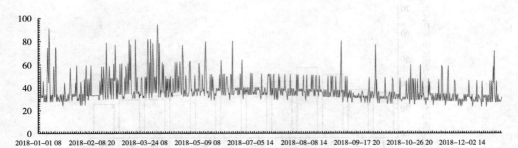

图1 山东省德州市大气自然净化能力指数波形 （ASPI-2018.1.1~2018.12.31）

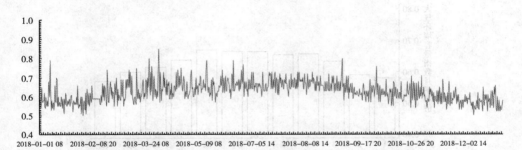

图2 山东省德州市大气环境容量指数波形 （AECI-2018.1.1~2018.12.31）

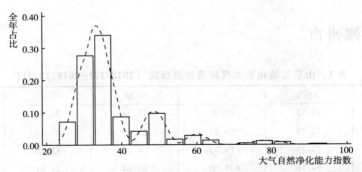

图 3 山东省德州市大气自然净化能力指数分布 （ASPI-2018.1.1-2018.12.31）

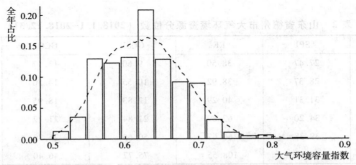

图 4 山东省德州市大气环境容量指数分布 （AECI-2018.1.1-2018.12.31）

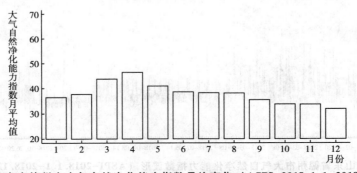

图 5 山东省德州市大气自然净化能力指数月均变化 （ASPI-2018.1.1-2018.12.31）

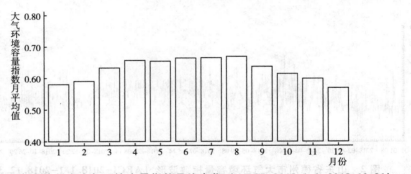

图 6 山东省德州市大气环境容量指数月均变化 （AECI-2018.1.1-2018.12.31）

山东省聊城市

表 1　山东省聊城市大气环境资源概况（2018.1.1–2018.12.31）

指标类型	ASPI	EE	GCSP	GCO3	AECI
平均值	37.13	69.55	40.10	26.90	0.62
标准误	11.62	65.01	26.61	13.64	0.05
最小值	23.31	19.12	7.93	12.24	0.48
最大值	94.01	680.50	94.64	77.92	0.83
样本量（个）	874	874	874	874	874

表 2　山东省聊城市大气环境资源分位数（2018.1.1–2018.12.31）

指标类型	ASPI	EE	GCSP	GCO3	AECI
5%	25.56	19.61	10.31	13.33	0.53
10%	27.55	20.16	11.44	15.28	0.55
25%	30.45	39.88	13.76	19.19	0.58
50%	33.71	42.29	37.13	21.88	0.62
75%	38.03	65.74	62.32	24.96	0.65
90%	50.55	108.18	79.70	46.32	0.69

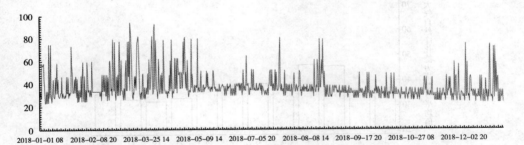

图 1　山东省聊城市大气自然净化能力指数波形（ASPI-2018.1.1–2018.12.31）

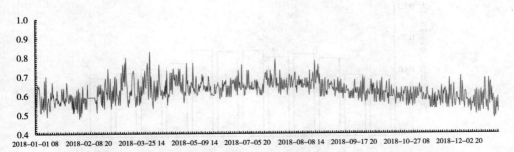

图 2　山东省聊城市大气环境容量指数波形（AECI-2018.1.1–1018.12.31）

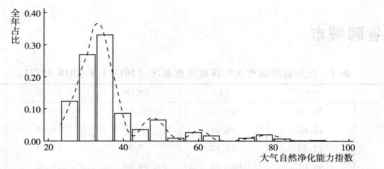

图 3　山东省聊城市大气自然净化能力指数分布 （ASPI-2018. 1. 1-2018. 12. 31）

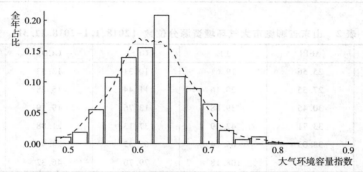

图 4　山东省聊城市大气环境容量指数分布 （AECI-2018. 1. 1-2018. 12. 31）

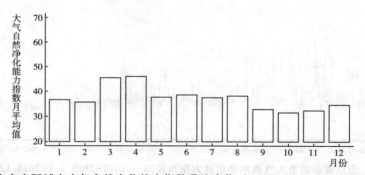

图 5　山东省聊城市大气自然净化能力指数月均变化 （ASPI-2018. 1. 1-2018. 12. 31）

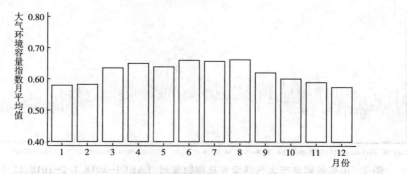

图 6　山东省聊城市大气环境容量指数月均变化 （AECI-2018. 1. 1-2018. 12. 31）

山东省滨州市

表1　山东省滨州市大气环境资源概况（2018.1.1-2018.12.31）

指标类型	ASPI	EE	GCSP	GCO3	AECI
平均值	42.91	102.06	37.73	26.17	0.64
标准误	14.93	94.13	27.05	13.08	0.07
最小值	23.57	19.18	7.96	12.13	0.50
最大值	96.64	832.01	98.67	76.92	0.91
样本量（个）	877	877	877	877	877

表2　山东省滨州市大气环境资源分位数（2018.1.1-2018.12.31）

指标类型	ASPI	EE	GCSP	GCO3	AECI
5%	27.57	38.63	10.34	12.94	0.54
10%	28.67	39.13	11.00	14.07	0.55
25%	32.13	40.99	13.56	18.86	0.60
50%	37.27	65.21	27.14	21.69	0.64
75%	49.63	107.13	58.06	24.71	0.68
90%	62.23	204.17	79.39	46.00	0.72

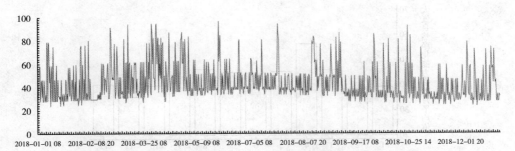

图1　山东省滨州市大气自然净化能力指数波形（ASPI-2018.1.1-2018.12.31）

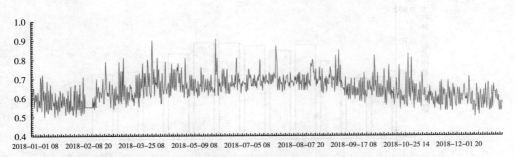

图2　山东省滨州市大气环境容量指数波形（AECI-2018.1.1-2018.12.31）

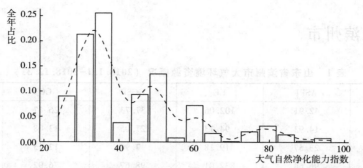

图 3 山东省滨州市大气自然净化能力指数分布 （ASPI-2018. 1. 1-2018. 12. 31）

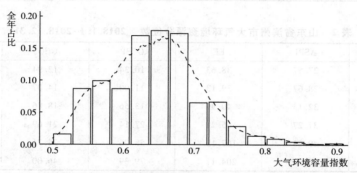

图 4 山东省滨州市大气环境容量指数分布 （AECI-2018. 1. 1-2018. 12. 31）

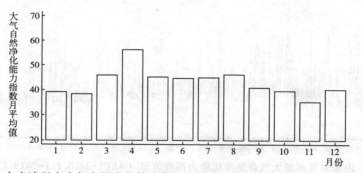

图 5 山东省滨州市大气自然净化能力指数月均变化 （ASPI-2018. 1. 1-2018. 12. 31）

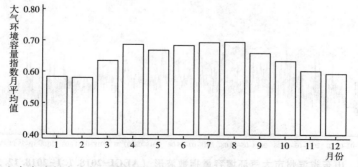

图 6 山东省滨州市大气环境容量指数月均变化 （AECI-2018. 1. 1-2018. 12. 31）

山东省菏泽市

表 1　山东省菏泽市大气环境资源概况（2018.1.1–2018.12.31）

指标类型	ASPI	EE	GCSP	GCO3	AECI
平均值	39.17	76.96	35.56	28.20	0.63
标准误	10.91	56.76	24.77	14.71	0.05
最小值	23.78	19.23	7.23	12.65	0.50
最大值	94.20	623.95	94.48	80.23	0.80
样本量（个）	872	872	872	872	872

表 2　山东省菏泽市大气环境资源分位数（2018.1.1–2018.12.31）

指标类型	ASPI	EE	GCSP	GCO3	AECI
5%	27.78	20.42	10.34	13.98	0.55
10%	28.72	39.04	11.65	17.01	0.57
25%	31.73	40.49	13.74	19.56	0.60
50%	35.47	63.81	26.32	22.14	0.63
75%	46.51	103.60	55.10	26.76	0.67
90%	52.13	109.96	74.49	47.28	0.70

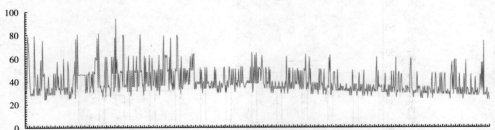

图 1　山东省菏泽市大气自然净化能力指数波形（ASPI–2018.1.1–2018.12.31）

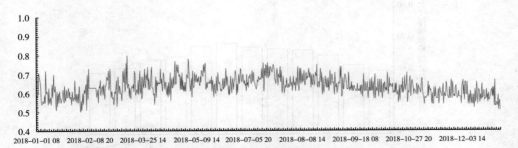

图 2　山东省菏泽市大气环境容量指数波形（AECI–2018.1.1–2018.12.31）

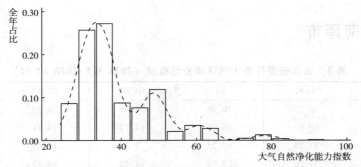

图 3　山东省菏泽市大气自然净化能力指数分布（ASPI-2018.1.1-2018.12.31）

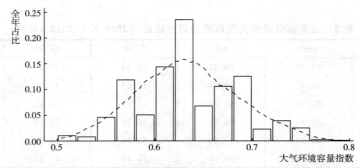

图 4　山东省菏泽市大气环境容量指数分布（AECI-2018.1.1-2018.12.31）

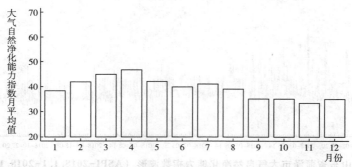

图 5　山东省菏泽市大气自然净化能力指数月均变化（ASPI-2018.1.1-2018.12.31）

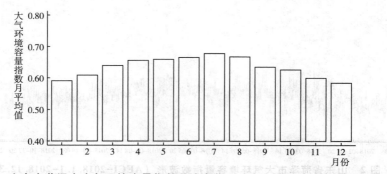

图 6　山东省菏泽市大气环境容量指数月均变化（AECI-2018.1.1-2018.12.31）

河南省

河南省郑州市

表 1　河南省郑州市大气环境资源概况 （2018.1.1–2018.12.31）

指标类型	ASPI	EE	GCSP	GCO3	AECI
平均值	38.99	79.92	36.21	27.21	0.63
标准误	12.41	65.41	25.46	14.06	0.06
最小值	21.91	18.82	6.61	10.85	0.50
最大值	92.18	676.95	97.49	79.05	0.87
样本量（个）	2315	2315	2315	2315	2315

表 2　河南省郑州市大气环境资源分位数 （2018.1.1–2018.12.31）

指标类型	ASPI	EE	GCSP	GCO3	AECI
5%	26.62	20.20	10.11	13.55	0.55
10%	27.96	38.73	11.25	15.97	0.56
25%	30.68	40.02	13.56	18.93	0.59
50%	34.58	63.21	26.65	21.50	0.63
75%	46.27	103.33	56.55	26.03	0.67
90%	57.54	194.08	76.11	46.44	0.71

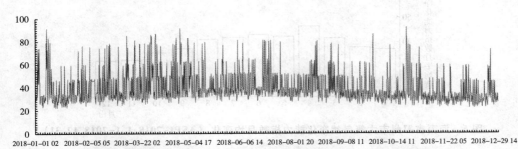

图 1　河南省郑州市大气自然净化能力指数波形 （ASPI–2018.1.1–2018.12.31）

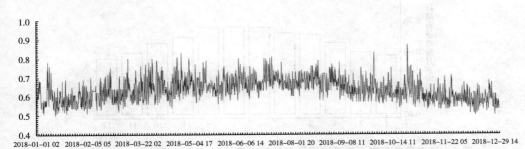

图 2　河南省郑州市大气环境容量指数波形 （AECI–2018.1.1–2018.12.31）

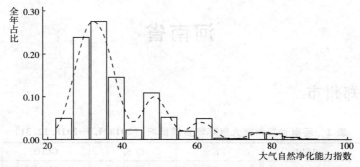

图 3　河南省郑州市大气自然净化能力指数分布（ASPI-2018.1.1-2018.12.31）

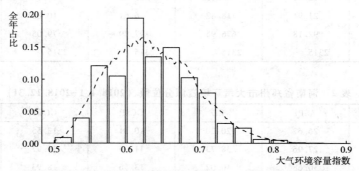

图 4　河南省郑州市大气环境容量指数分布（AECI-2018.1.1-2018.12.31）

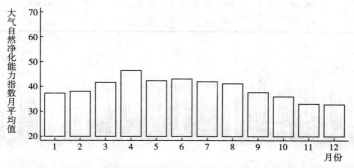

图 5　河南省郑州市大气自然净化能力指数月均变化（ASPI-2018.1.1-2018.12.31）

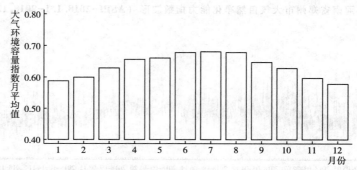

图 6　河南省郑州市大气环境容量指数月均变化（AECI-2018.1.1-2018.12.31）

河南省开封市

表1　河南省开封市大气环境资源概况（2018.1.1-2018.12.31）

指标类型	ASPI	EE	GCSP	GCO3	AECI
平均值	41.61	94.29	36.67	26.52	0.64
标准误	13.93	77.64	24.84	13.40	0.06
最小值	21.53	18.74	6.61	10.73	0.51
最大值	95.23	684.67	94.68	77.85	0.87
样本量（个）	2314	2314	2314	2314	2314

表2　河南省开封市大气环境资源分位数（2018.1.1-2018.12.31）

指标类型	ASPI	EE	GCSP	GCO3	AECI
5%	27.85	38.68	10.58	13.52	0.56
10%	29.20	39.29	11.87	15.82	0.57
25%	32.05	40.93	14.09	18.91	0.60
50%	35.99	64.31	26.93	21.47	0.64
75%	48.20	105.51	57.42	25.05	0.68
90%	61.47	202.55	75.46	46.06	0.72

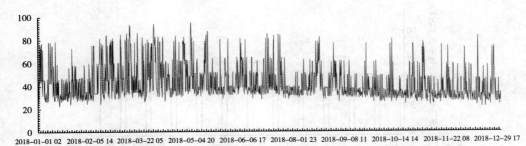

图1　河南省开封市大气自然净化能力指数波形（ASPI-2018.1.1-2018.12.31）

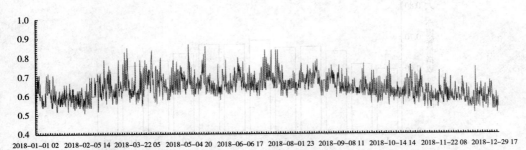

图2　河南省开封市大气环境容量指数波形（AECI-2018.1.1-2018.12.31）

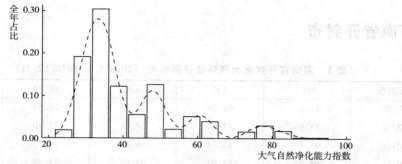

图 3 河南省开封市大气自然净化能力指数分布 （ASPI-2018.1.1-2018.12.31）

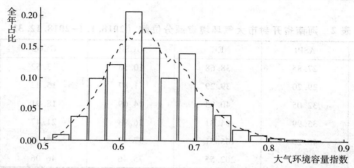

图 4 河南省开封市大气环境容量指数分布 （AECI-2018.1.1-2018.12.31）

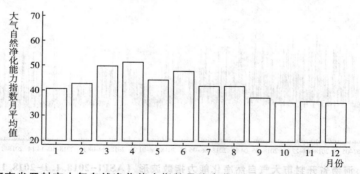

图 5 河南省开封市大气自然净化能力指数月均变化 （ASPI-2018.1.1-2018.12.31）

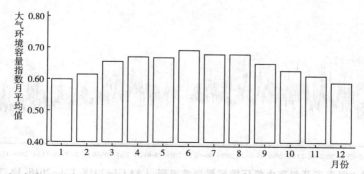

图 6 河南省开封市大气环境容量指数月均变化 （AECI-2018.1.1-2018.12.31）

河南省洛阳市

表 1　河南省洛阳市大气环境资源概况（2018.1.1–2018.12.31）

指标类型	ASPI	EE	GCSP	GCO3	AECI
平均值	50.39	145.95	39.62	24.91	0.67
标准误	16.19	114.88	30.93	11.29	0.06
最小值	22.87	19.03	5.40	10.79	0.50
最大值	97.16	875.91	94.68	76.57	0.97
样本量（个）	2318	2318	2318	2318	2318

表 2　河南省洛阳市大气环境资源分位数（2018.1.1–2018.12.31）

指标类型	ASPI	EE	GCSP	GCO3	AECI
5%	30.52	40.01	9.59	13.40	0.58
10%	32.23	41.63	11.00	15.30	0.60
25%	36.08	64.38	13.58	18.74	0.63
50%	47.66	104.91	26.42	21.43	0.67
75%	60.18	199.77	68.64	24.21	0.70
90%	76.48	280.09	90.11	44.63	0.74

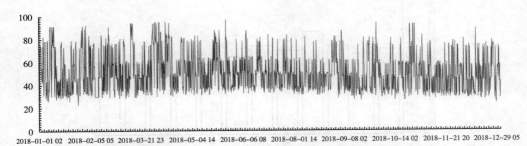

图 1　河南省洛阳市大气自然净化能力指数波形（ASPI–2018.1.1–2018.12.31）

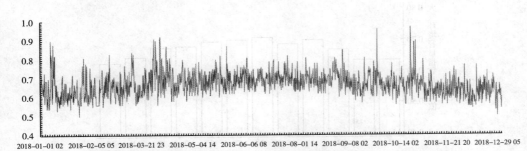

图 2　河南省洛阳市大气环境容量指数波形（AECI–2018.1.1–2018.12.31）

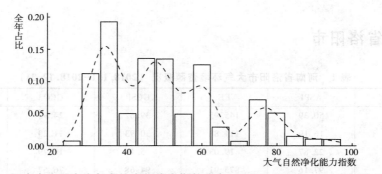

图3　河南省洛阳市大气自然净化能力指数分布（ASPI-2018.1.1-2018.12.31）

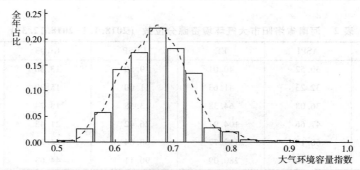

图4　河南省洛阳市大气环境容量指数分布（AECI-2018.1.1-2018.12.31）

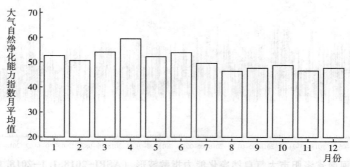

图5　河南省洛阳市大气自然净化能力指数月均变化（ASPI-2018.1.1-2018.12.31）

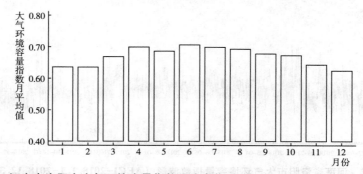

图6　河南省洛阳市大气环境容量指数月均变化（AECI-2018.1.1-2018.12.31）

河南省平顶山市

表 1 河南省平顶山市大气环境资源概况 （2018.1.1-2018.12.31）

指标类型	ASPI	EE	GCSP	GCO3	AECI
平均值	42.46	101.71	45.51	26.10	0.64
标准误	16.06	100.10	30.60	12.72	0.07
最小值	21.71	18.78	6.51	10.98	0.50
最大值	96.80	827.70	96.56	78.42	0.93
样本量（个）	2315	2315	2315	2315	2315

表 2 河南省平顶山市大气环境资源分位数 （2018.1.1-2018.12.31）

指标类型	ASPI	EE	GCSP	GCO3	AECI
5%	26.33	19.79	11.00	13.60	0.54
10%	27.85	38.36	12.27	15.90	0.56
25%	31.32	40.35	14.76	18.94	0.59
50%	35.70	64.10	42.43	21.59	0.63
75%	49.73	107.25	73.61	24.78	0.68
90%	64.21	208.43	93.99	45.84	0.73

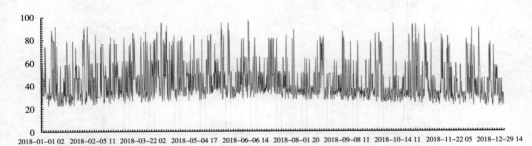

图 1 河南省平顶山市大气自然净化能力指数波形 （ASPI-2018.1.1-2018.12.31）

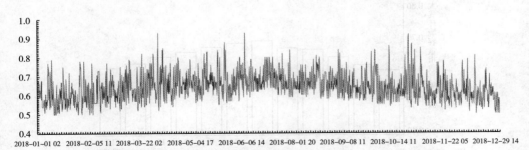

图 2 河南省平顶山市大气环境容量指数波形 （AECI-2018.1.1-2018.12.31）

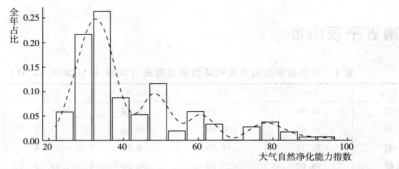

图 3　河南省平顶山市大气自然净化能力指数分布（ASPI-2018.1.1-2018.12.31）

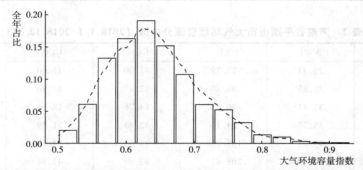

图 4　河南省平顶山市大气环境容量指数分布（AECI-2018.1.1-2018.12.31）

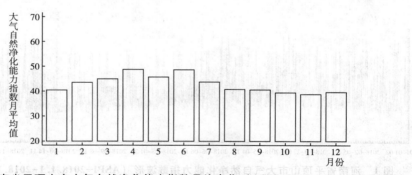

图 5　河南省平顶山市大气自然净化能力指数月均变化（ASPI-2018.1.1-2018.12.31）

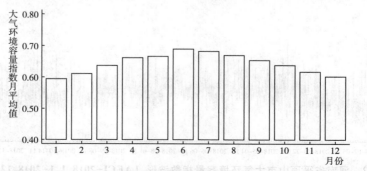

图 6　河南省平顶山市大气环境容量指数月均变化（AECI-2018.1.1-2018.12.31）

河南省安阳市

表 1　河南省安阳市大气环境资源概况（2018.1.1-2018.12.31）

指标类型	ASPI	EE	GCSP	GCO3	AECI
平均值	44.57	116.10	37.00	25.17	0.65
标准误	17.09	109.95	27.09	12.26	0.07
最小值	21.74	18.78	0.10	10.45	0.50
最大值	97.41	832.75	98.63	78.41	0.95
样本量（个）	2342	2342	2342	2342	2342

表 2　河南省安阳市大气环境资源分位数（2018.1.1-2018.12.31）

指标类型	ASPI	EE	GCSP	GCO3	AECI
5%	28.00	38.73	8.55	12.88	0.56
10%	29.41	39.43	10.33	14.47	0.57
25%	32.28	60.42	13.40	18.55	0.60
50%	36.31	64.55	26.87	21.20	0.64
75%	50.55	108.18	59.54	24.11	0.69
90%	76.54	280.13	79.13	44.83	0.75

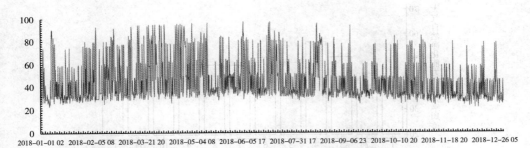

图 1　河南省安阳市大气自然净化能力指数波形（ASPI-2018.1.1-2018.12.31）

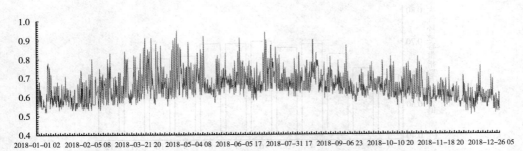

图 2　河南省安阳市大气环境容量指数波形（AECI-2018.1.1-2018.12.31）

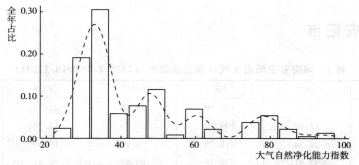

图 3　河南省安阳市大气自然净化能力指数分布（ASPI–2018.1.1–2018.12.31）

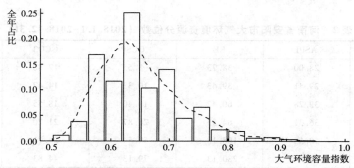

图 4　河南省安阳市大气环境容量指数分布（AECI–2018.1.1–2018.12.31）

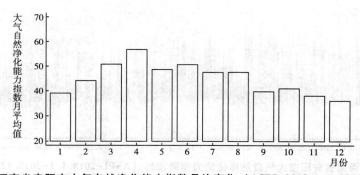

图 5　河南省安阳市大气自然净化能力指数月均变化（ASPI–2018.1.1–2018.12.31）

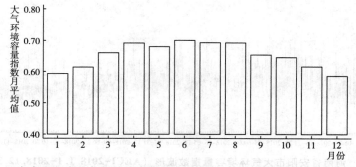

图 6　河南省安阳市大气环境容量指数月均变化（AECI–2018.1.1–2018.12.31）

河南省鹤壁市

表 1　河南省鹤壁市大气环境资源概况（2018.1.1–2018.12.31）

指标类型	ASPI	EE	GCSP	GCO3	AECI
平均值	51.88	169.63	40.91	26.99	0.68
标准误	20.32	167.01	29.09	13.57	0.08
最小值	23.52	19.17	6.94	12.43	0.50
最大值	96.91	977.89	98.62	78.62	0.98
样本量（个）	892	892	892	892	892

表 2　河南省鹤壁市大气环境资源分位数（2018.1.1–2018.12.31）

指标类型	ASPI	EE	GCSP	GCO3	AECI
5%	28.90	39.19	10.56	13.54	0.56
10%	30.74	40.03	11.50	14.45	0.57
25%	33.80	62.30	14.20	19.22	0.61
50%	47.70	104.94	27.83	21.97	0.67
75%	63.85	207.66	67.33	25.31	0.72
90%	83.37	352.41	86.05	46.31	0.79

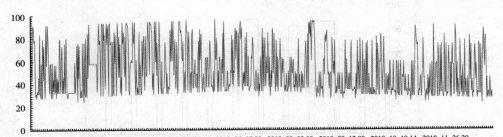

图 1　河南省鹤壁市大气自然净化能力指数波形（ASPI–2018.1.1–2018.12.31）

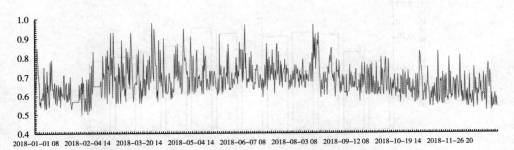

图 2　河南省鹤壁市大气环境容量指数波形（AECI–2018.1.1–2018.12.31）

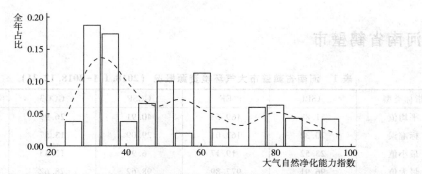

图 3　河南省鹤壁市大气自然净化能力指数分布（ASPI-2018.1.1-2018.12.31）

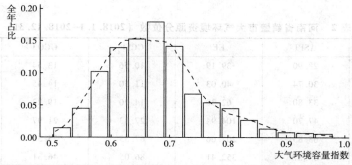

图 4　河南省鹤壁市大气环境容量指数分布（AECI-2018.1.1-2018.12.31）

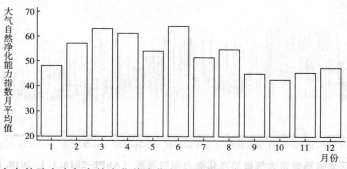

图 5　河南省鹤壁市大气自然净化能力指数月均变化（ASPI-2018.1.1-2018.12.31）

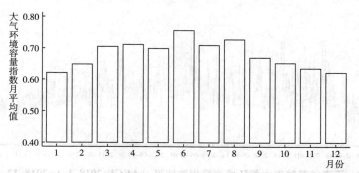

图 6　河南省鹤壁市大气环境容量指数月均变化（AECI-2018.1.1-2018.12.31）

河南省新乡市

表 1　河南省新乡市大气环境资源概况（2018.1.1－2018.12.31）

指标类型	ASPI	EE	GCSP	GCO3	AECI
平均值	41.71	98.67	36.53	26.88	0.64
标准误	15.69	97.36	25.11	14.03	0.07
最小值	21.45	18.72	6.98	10.58	0.50
最大值	94.96	824.62	94.68	78.77	0.92
样本量（个）	2341	2341	2341	2341	2341

表 2　河南省新乡市大气环境资源分位数（2018.1.1－2018.12.31）

指标类型	ASPI	EE	GCSP	GCO3	AECI
5%	26.77	37.74	10.55	13.27	0.55
10%	28.09	38.81	11.65	15.25	0.56
25%	30.94	40.23	13.77	18.79	0.59
50%	35.21	63.67	27.12	21.40	0.64
75%	48.99	106.41	56.62	25.23	0.68
90%	63.47	206.84	75.24	46.45	0.73

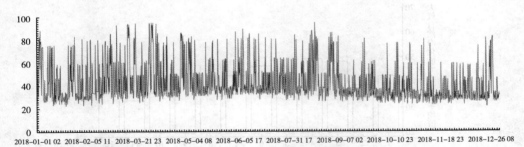

图 1　河南省新乡市大气自然净化能力指数波形（ASPI-2018.1.1－2018.12.31）

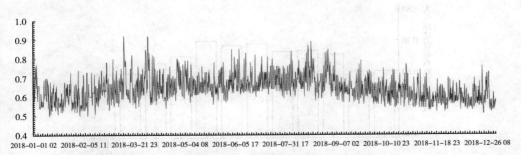

图 2　河南省新乡市大气环境容量指数波形（AECI-2018.1.1－2018.12.31）

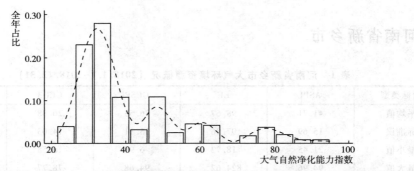

图 3　河南省新乡市大气自然净化能力指数分布 （ASPI-2018.1.1-2018.12.31）

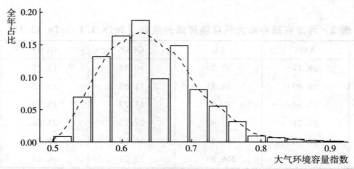

图 4　河南省新乡市大气环境容量指数分布 （AECI-2018.1.1-2018.12.31）

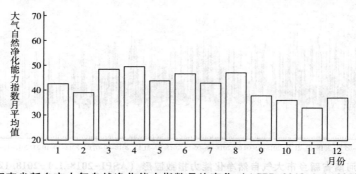

图 5　河南省新乡市大气自然净化能力指数月均变化 （ASPI-2018.1.1-2018.12.31）

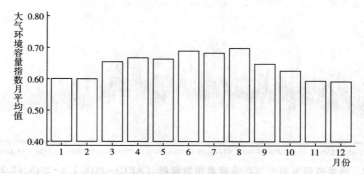

图 6　河南省新乡市大气环境容量指数月均变化 （AECI-2018.1.1-2018.12.31）

河南省焦作市

表 1　河南省焦作市大气环境资源概况（2018.1.1–2018.12.31）

指标类型	ASPI	EE	GCSP	GCO3	AECI
平均值	36.33	63.68	31.89	29.33	0.63
标准误	9.15	43.85	25.16	15.67	0.05
最小值	23.54	19.17	6.61	12.74	0.50
最大值	82.70	344.49	98.66	80.23	0.79
样本量（个）	881	881	881	881	881

表 2　河南省焦作市大气环境资源分位数（2018.1.1–2018.12.31）

指标类型	ASPI	EE	GCSP	GCO3	AECI
5%	27.30	19.99	9.60	14.17	0.54
10%	28.39	38.83	10.77	17.44	0.56
25%	30.72	40.02	12.51	19.65	0.59
50%	33.94	62.01	21.43	22.21	0.62
75%	37.98	65.70	49.27	42.93	0.66
90%	49.23	106.68	73.67	48.54	0.70

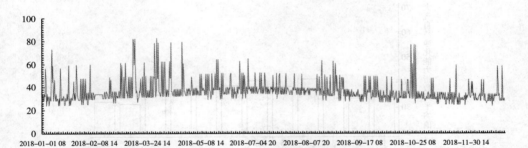

图 1　河南省焦作市大气自然净化能力指数波形（ASPI–2018.1.1–2018.12.31）

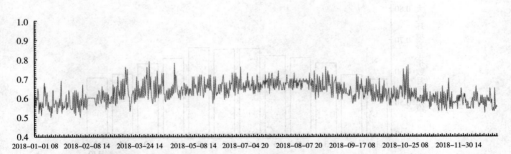

图 2　河南省焦作市大气环境容量指数波形（AECI–2018.1.1–2018.12.31）

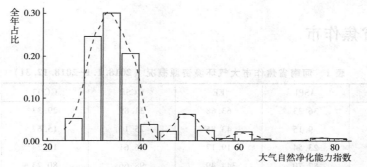

图 3　河南省焦作市大气自然净化能力指数分布（ASPI-2018.1.1-2018.12.31）

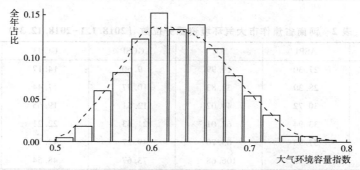

图 4　河南省焦作市大气环境容量指数分布（AECI-2018.1.1-2018.12.31）

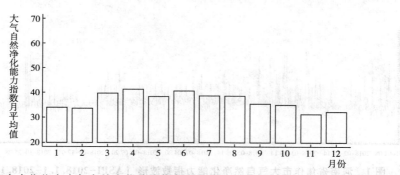

图 5　河南省焦作市大气自然净化能力指数月均变化（ASPI-2018.1.1-2018.12.31）

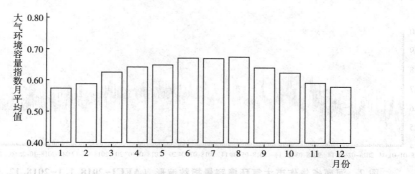

图 6　河南省焦作市大气环境容量指数月均变化（AECI-2018.1.1-2018.12.31）

河南省濮阳市

表 1　河南省濮阳市大气环境资源概况（2018.1.1-2018.12.31）

指标类型	ASPI	EE	GCSP	GCO3	AECI
平均值	42.06	96.09	42.21	27.19	0.64
标准误	15.47	91.24	29.39	13.65	0.07
最小值	23.43	19.15	6.65	12.40	0.49
最大值	96.12	748.14	100.00	77.71	0.88
样本量（个）	876	876	876	876	876

表 2　河南省濮阳市大气环境资源分位数（2018.1.1-2018.12.31）

指标类型	ASPI	EE	GCSP	GCO3	AECI
5%	26.65	19.85	10.31	13.44	0.54
10%	28.2	20.66	11.48	15.86	0.56
25%	31.32	40.26	14.05	19.38	0.59
50%	35.83	64.17	38.43	22.04	0.63
75%	49.2	106.64	65.77	25.58	0.68
90%	63.59	207.11	87.92	46.39	0.73

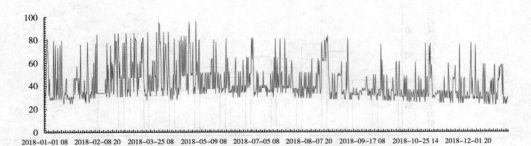

图 1　河南省濮阳市大气自然环境净化能力指数波形（ASPI-2018.1.1-2018.12.31）

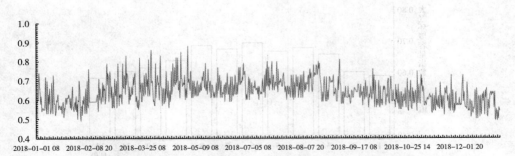

图 2　河南省濮阳市大气环境容量指数波形（AECI-2018.1.1-2018.12.31）

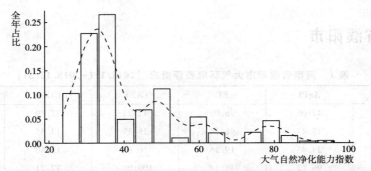

图 3　河南省濮阳市大气自然净化能力指数分布（ASPI-2018. 1. 1-2018. 12. 31）

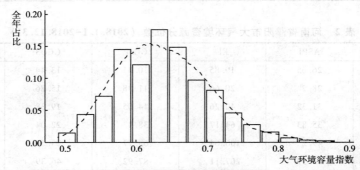

图 4　河南省濮阳市大气环境容量指数分布（AECI-2018. 1. 1-2018. 12. 31）

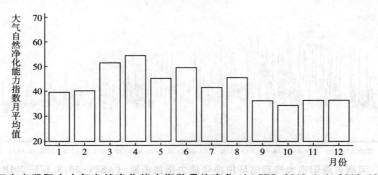

图 5　河南省濮阳市大气自然净化能力指数月均变化（ASPI-2018. 1. 1-2018. 12. 31）

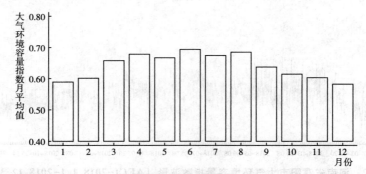

图 6　河南省濮阳市大气环境容量指数月均变化（AECI-2018. 1. 1-2018. 12. 31）

河南省许昌市

表1　河南省许昌市大气环境资源概况（2018.1.1-2018.12.31）

指标类型	ASPI	EE	GCSP	GCO3	AECI
平均值	44.89	118.19	52.48	25.55	0.65
标准误	17.54	117.67	30.75	12.68	0.07
最小值	21.85	18.81	7.31	10.72	0.49
最大值	96.10	897.02	98.67	79.11	0.96
样本量（个）	2316	2316	2316	2316	2316

表2　河南省许昌市大气环境资源分位数（2018.1.1-2018.12.31）

指标类型	ASPI	EE	GCSP	GCO3	AECI
5%	27.74	38.54	11.64	13.42	0.55
10%	29.07	39.23	13.18	15.26	0.57
25%	32.07	40.87	16.29	18.85	0.60
50%	36.80	64.88	54.76	21.46	0.64
75%	51.74	109.53	80.90	24.31	0.69
90%	77.38	283.53	93.88	45.44	0.75

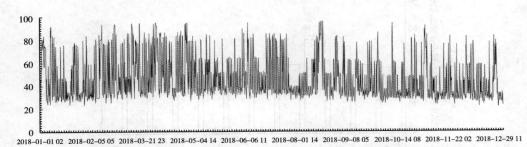

图1　河南省许昌市大气自然净化能力指数波形（ASPI-2018.1.1-2018.12.31）

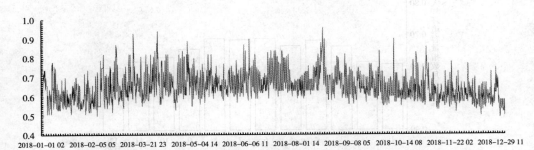

图2　河南省许昌市大气环境容量指数波形（AECI-2018.1.1-2018.12.31）

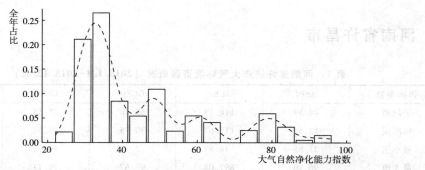

图 3 河南省许昌市大气自然净化能力指数分布（ASPI-2018. 1. 1-2018. 12. 31）

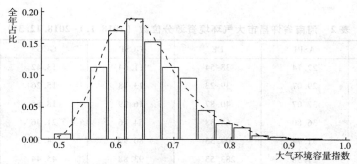

图 4 河南省许昌市大气环境容量指数分布（AECI-2018. 1. 1-2018. 12. 31）

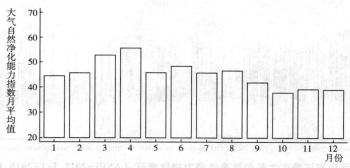

图 5 河南省许昌市大气自然净化能力指数月均变化（ASPI-2018. 1. 1-2018. 12. 31）

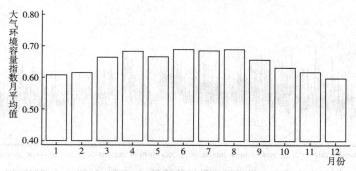

图 6 河南省许昌市大气环境容量指数月均变化（AECI-2018. 1. 1-2018. 12. 31）

河南省漯河市

表 1　河南省漯河市大气环境资源概况（2018.1.1−2018.12.31）

指标类型	ASPI	EE	GCSP	GCO3	AECI
平均值	38.39	73.45	49.93	27.53	0.62
标准误	12.82	68.73	29.82	13.29	0.06
最小值	23.80	19.23	7.31	13.01	0.50
最大值	88.02	411.65	100.00	77.78	0.83
样本量（个）	875	875	875	875	875

表 2　河南省漯河市大气环境资源分位数（2018.1.1−2018.12.31）

指标类型	ASPI	EE	GCSP	GCO3	AECI
5%	25.39	19.57	11.34	14.31	0.53
10%	27.07	19.94	13.13	17.42	0.55
25%	29.72	39.12	16.04	19.76	0.58
50%	34.28	62.10	50.11	22.42	0.62
75%	44.72	101.56	77.22	25.95	0.66
90%	56.54	191.93	90.82	46.68	0.70

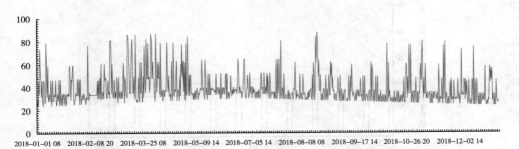

图 1　河南省漯河市大气自然净化能力指数波形（ASPI−2018.1.1−2018.12.31）

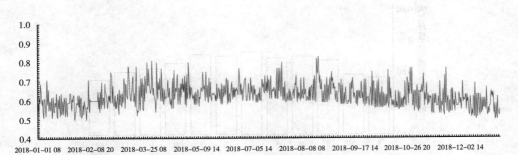

图 2　河南省漯河市大气环境容量指数波形（AECI−2018.1.1−2018.12.31）

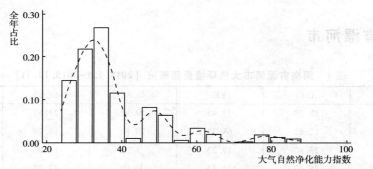

图 3　河南省漯河市大气自然净化能力指数分布（ASPI-2018.1.1-2018.12.31）

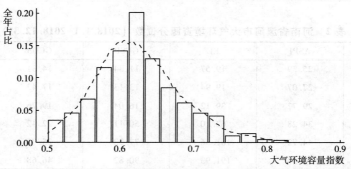

图 4　河南省漯河市大气环境容量指数分布（AECI-2018.1.1-2018.12.31）

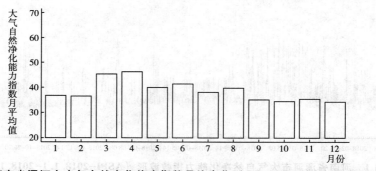

图 5　河南省漯河市大气自然净化能力指数月均变化（ASPI-2018.1.1-2018.12.31）

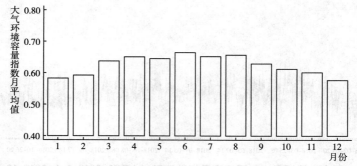

图 6　河南省漯河市大气环境容量指数月均变化（AECI-2018.1.1-2018.12.31）

河南省三门峡市

表 1 河南省三门峡市大气环境资源概况 （2018. 1. 1−2018. 12. 31）

指标类型	ASPI	EE	GCSP	GCO3	AECI
平均值	45. 74	123. 42	37. 00	25. 24	0. 65
标准误	18. 19	117. 84	26. 03	12. 35	0. 07
最小值	21. 53	18. 74	4. 91	10. 71	0. 49
最大值	95. 59	725. 13	96. 29	77. 46	0. 93
样本量（个）	2313	2313	2313	2313	2313

表 2 河南省三门峡市大气环境资源分位数 （2018. 1. 1−2018. 12. 31）

指标类型	ASPI	EE	GCSP	GCO3	AECI
5%	27. 75	38. 68	10. 01	13. 14	0. 55
10%	29. 24	39. 35	11. 67	14. 61	0. 57
25%	32. 14	40. 96	13. 88	18. 67	0. 60
50%	36. 97	65. 00	26. 91	21. 37	0. 64
75%	57. 94	194. 93	58. 07	24. 22	0. 70
90%	78. 28	288. 28	77. 52	45. 06	0. 76

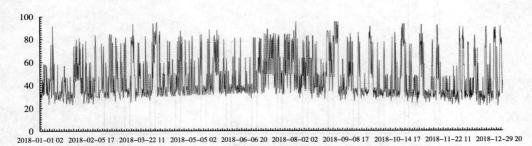

图 1 河南省三门峡市大气自然净化能力指数波形 （ASPI−2018. 1. 1−2018. 12. 31）

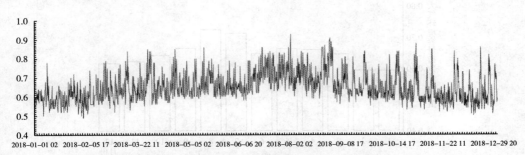

图 2 河南省三门峡市大气环境容量指数波形 （AECI−2018. 1. 1−2018. 12. 31）

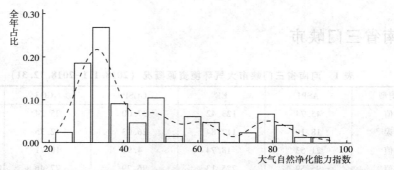

图 3　河南省三门峡市大气自然净化能力指数分布（ASPI-2018.1.1-2018.12.31）

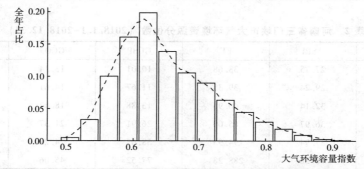

图 4　河南省三门峡市大气环境容量指数分布（AECI-2018.1.1-2018.12.31）

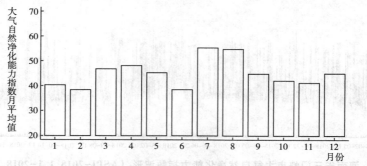

图 5　河南省三门峡市大气自然净化能力指数月均变化（ASPI-2018.1.1-2018.12.31）

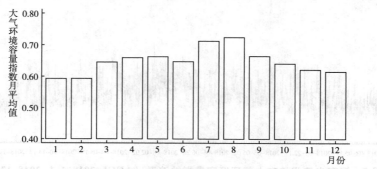

图 6　河南省三门峡市大气环境容量指数月均变化（AECI-2018.1.1-2018.12.31）

河南省南阳市

表 1　河南省南阳市大气环境资源概况（2018.1.1-2018.12.31）

指标类型	ASPI	EE	GCSP	GCO3	AECI
平均值	46.89	126.10	46.48	25.77	0.66
标准误	17.33	110.96	28.39	11.93	0.06
最小值	21.89	18.82	6.09	11.15	0.52
最大值	95.49	827.81	97.57	75.63	0.96
样本量（个）	2317	2317	2317	2317	2317

表 2　河南省南阳市大气环境资源分位数（2018.1.1-2018.12.31）

指标类型	ASPI	EE	GCSP	GCO3	AECI
5%	28.78	39.14	11.84	13.82	0.57
10%	30.41	39.94	13.22	16.24	0.58
25%	33.45	61.66	15.87	19.17	0.61
50%	39.17	66.52	46.25	21.72	0.65
75%	58.08	195.24	74.00	24.79	0.70
90%	78.09	285.44	86.04	45.23	0.75

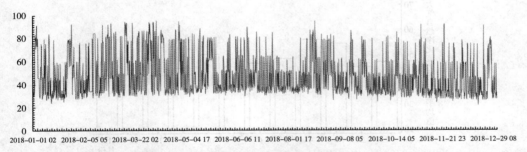

图 1　河南省南阳市大气自然净化能力指数波形（ASPI-2018.1.1-2018.12.31）

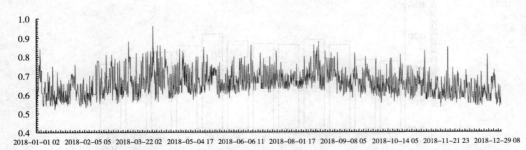

图 2　河南省南阳市大气环境容量指数波形（AECI-2018.1.1-2018.12.31）

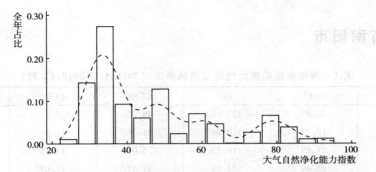

图 3 河南省南阳市大气自然净化能力指数分布 （ASPI-2018.1.1-2018.12.31）

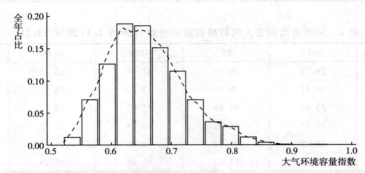

图 4 河南省南阳市大气环境容量指数分布 （AECI-2018.1.1-2018.12.31）

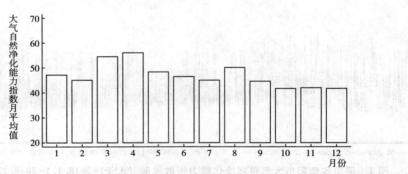

图 5 河南省南阳市大气自然净化能力指数月均变化（ASPI-2018.1.1-2018.12.31）

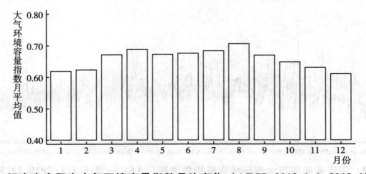

图 6 河南省南阳市大气环境容量指数月均变化（AECI-2018.1.1-2018.12.31）

河南省商丘市

表 1 河南省商丘市大气环境资源概况 (2018.1.1-2018.12.31)

指标类型	ASPI	EE	GCSP	GCO3	AECI
平均值	41.40	93.70	55.48	25.39	0.64
标准误	14.50	81.54	31.50	12.44	0.06
最小值	21.58	18.75	7.95	10.57	0.49
最大值	95.83	692.71	98.66	77.05	0.85
样本量（个）	2229	2229	2229	2229	2229

表 2 河南省商丘市大气环境资源分位数 (2018.1.1-2018.12.31)

指标类型	ASPI	EE	GCSP	GCO3	AECI
5%	26.91	20.16	12.08	13.23	0.55
10%	28.23	38.78	13.72	14.95	0.56
25%	31.29	40.41	22.65	18.77	0.59
50%	35.51	63.95	57.57	21.38	0.63
75%	48.53	105.89	86.59	24.31	0.67
90%	61.54	202.7	95.71	45.28	0.71

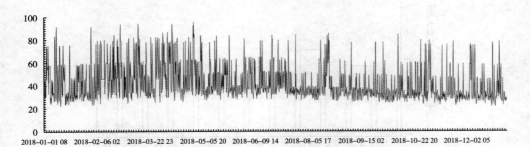

图 1 河南省商丘市大气自然净化能力指数波形 (ASPI-2018.1.1-2018.12.31)

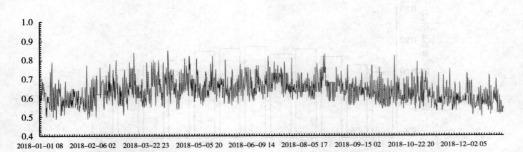

图 2 河南省商丘市大气环境容量指数波形 (AECI-2018.1.1-2018.12.31)

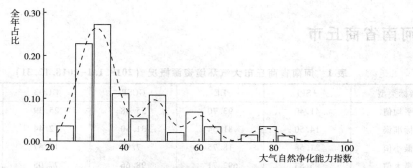

图 3　河南省商丘市大气自然净化能力指数分布（ASPI-2018.1.1-2018.12.31）

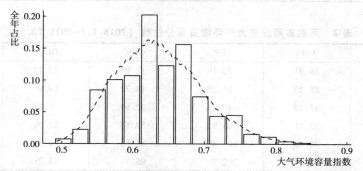

图 4　河南省商丘市大气环境容量指数分布（AECI-2018.1.1-2018.12.31）

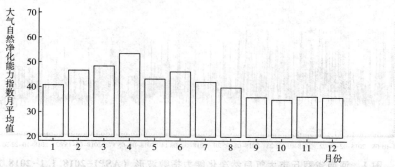

图 5　河南省商丘市大气自然净化能力指数月均变化（ASPI-2018.1.1-2018.12.31）

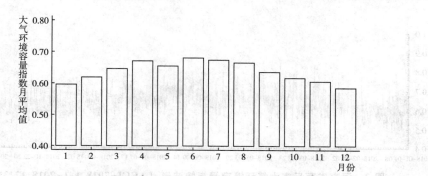

图 6　河南省商丘市大气环境容量指数月均变化（AECI-2018.1.1-2018.12.31）

河南省信阳市

表 1 河南省信阳市大气环境资源概况（2018.1.1–2018.12.31）

指标类型	ASPI	EE	GCSP	GCO3	AECI
平均值	41.23	90.57	57.53	26.38	0.64
标准误	13.43	77.48	33.01	12.39	0.06
最小值	21.99	18.84	6.93	11.36	0.50
最大值	97.14	1001.86	98.67	78.62	1.00
样本量（个）	2317	2317	2317	2317	2317

表 2 河南省信阳市大气环境资源分位数（2018.1.1–2018.12.31）

指标类型	ASPI	EE	GCSP	GCO3	AECI
5%	27.85	38.71	12.17	14.51	0.56
10%	29.13	39.32	13.38	16.65	0.57
25%	31.84	40.7	22.68	19.40	0.60
50%	35.88	64.21	59.47	21.96	0.64
75%	48.54	105.9	94.13	25.31	0.68
90%	61.22	202.01	96.67	45.56	0.72

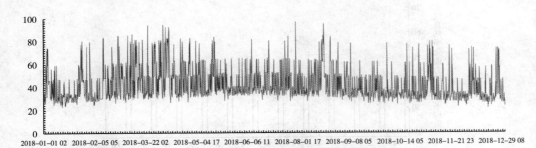

图 1 河南省信阳市大气自然净化能力指数波形（ASPI–2018.1.1–2018.12.31）

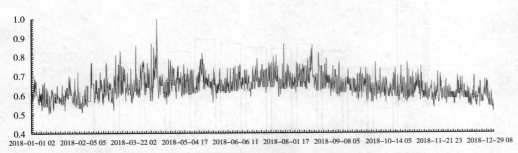

图 2 河南省信阳市大气环境容量指数波形（AECI–2018.1.1–2018.12.31）

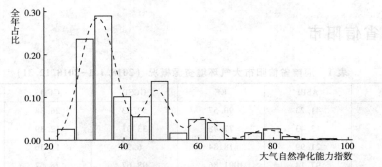

图 3　河南省信阳市大气自然净化能力指数分布（ASPI-2018.1.1-2018.12.31）

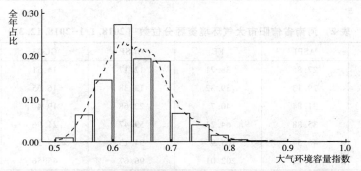

图 4　河南省信阳市大气环境容量指数分布（AECI-2018.1.1-2018.12.31）

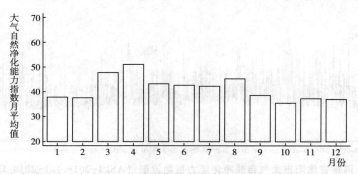

图 5　河南省信阳市大气自然净化能力指数月均变化（ASPI-2018.1.1-2018.12.31）

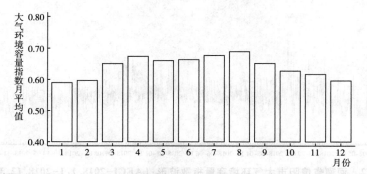

图 6　河南省信阳市大气环境容量指数月均变化（AECI-2018.1.1-2018.12.31）

河南省周口市

表 1　河南省周口市大气环境资源概况（2018.1.1–2018.12.31）

指标类型	ASPI	EE	GCSP	GCO3	AECI
平均值	34.54	53.18	43.10	28.49	0.62
标准误	6.79	30.39	27.89	14.44	0.05
最小值	23.84	19.24	7.93	13.04	0.50
最大值	75.62	276.98	100.00	78.90	0.77
样本量（个）	874	874	874	874	874

表 2　河南省周口市大气环境资源分位数（2018.1.1–2018.12.31）

指标类型	ASPI	EE	GCSP	GCO3	AECI
5%	25.59	19.62	11.13	14.84	0.54
10%	27.83	20.17	12.48	17.77	0.55
25%	30.36	39.78	14.61	19.84	0.58
50%	33.71	41.52	41.08	22.44	0.62
75%	36.61	64.75	67.02	27.81	0.65
90%	40.68	67.57	84.79	47.25	0.67

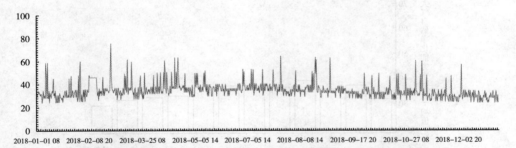

图 1　河南省周口市大气自然净化能力指数波形（ASPI–2018.1.1–2018.12.31）

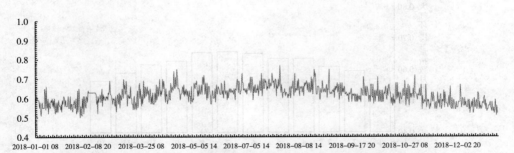

图 2　河南省周口市大气环境容量指数波形（AECI–2018.1.1–2018.12.31）

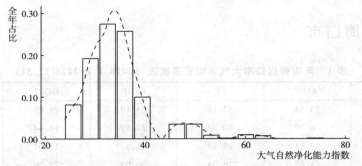

图 3 河南省周口市大气自然净化能力指数分布（ASPI-2018. 1. 1-2018. 12. 31）

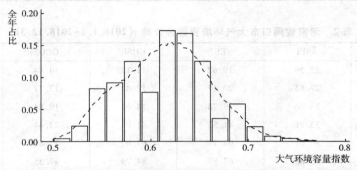

图 4 河南省周口市大气环境容量指数分布（AECI-2018. 1. 1-2018. 12. 31）

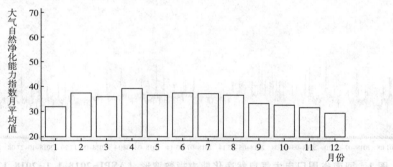

图 5 河南省周口市大气自然净化能力指数月均变化（ASPI-2018. 1. 1-2018. 12. 31）

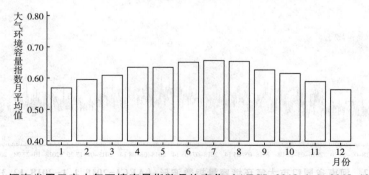

图 6 河南省周口市大气环境容量指数月均变化（AECI-2018. 1. 1-2018. 12. 31）

河南省驻马店市

表 1 河南省驻马店市大气环境资源概况（2018.1.1-2018.12.31）

指标类型	ASPI	EE	GCSP	GCO3	AECI
平均值	40.83	89.02	47.81	25.22	0.64
标准误	13.48	74.88	28.12	11.46	0.06
最小值	21.81	18.80	5.39	11.10	0.49
最大值	96.27	637.67	97.62	76.44	0.88
样本量（个）	2317	2317	2317	2317	2317

表 2 河南省驻马店市大气环境资源分位数（2018.1.1-2018.12.31）

指标类型	ASPI	EE	GCSP	GCO3	AECI
5%	27.83	38.64	11.64	13.81	0.55
10%	28.95	39.23	12.99	16.12	0.57
25%	31.64	40.55	15.85	19.16	0.60
50%	35.40	63.80	49.16	21.72	0.63
75%	47.93	105.21	72.77	24.42	0.67
90%	60.71	200.91	86.15	45.04	0.71

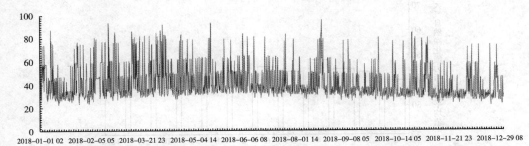

图 1 河南省驻马店市大气自然环境净化能力指数波形（ASPI-2018.1.1-2018.12.31）

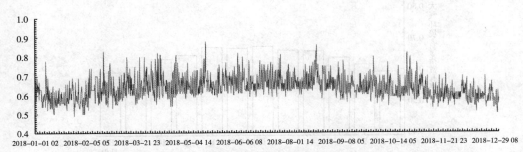

图 2 河南省驻马店市大气环境容量指数波形（AECI-2018.1.1-2018.12.31）

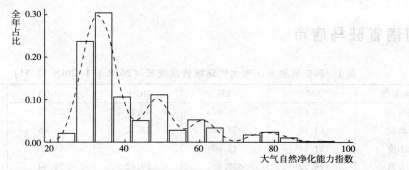

图 3 河南省驻马店市大气自然净化能力指数分布（ASPI-2018. 1. 1-2018. 12. 31）

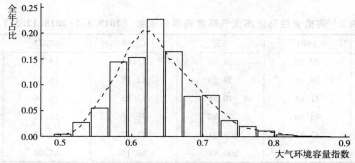

图 4 河南省驻马店市大气环境容量指数分布（AECI-2018. 1. 1-2018. 12. 31）

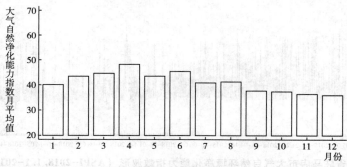

图 5 河南省驻马店市大气自然净化能力指数月均变化（ASPI-2018. 1. 1-2018. 12. 31）

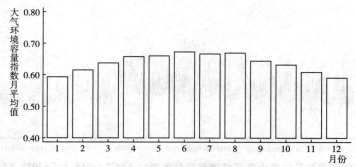

图 6 河南省驻马店市大气环境容量指数月均变化（AECI-2018. 1. 1-2018. 12. 31）

河南省济源市

表 1　河南省济源市大气环境资源概况（2018.1.1—2018.12.31）

指标类型	ASPI	EE	GCSP	GCO3	AECI
平均值	48.93	140.33	39.94	27.30	0.66
标准误	18.44	131.09	28.28	13.96	0.07
最小值	23.60	19.19	7.27	12.43	0.50
最大值	96.91	833.31	98.61	77.43	0.91
样本量（个）	882	882	882	882	882

表 2　河南省济源市大气环境资源分位数（2018.1.1—2018.12.31）

指标类型	ASPI	EE	GCSP	GCO3	AECI
5%	28.57	39.05	10.57	13.65	0.55
10%	30.57	39.94	11.67	16.41	0.58
25%	34.00	62.24	14.44	19.34	0.62
50%	45.12	102.02	27.55	22.02	0.66
75%	60.41	200.27	62.70	25.38	0.71
90%	79.41	322.33	85.01	46.82	0.76

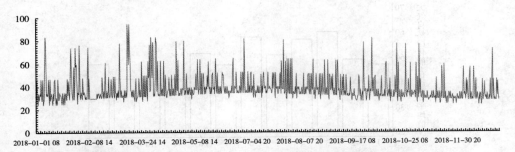

图 1　河南省济源市大气自然净化能力指数波形（ASPI-2018.1.1—2018.12.31）

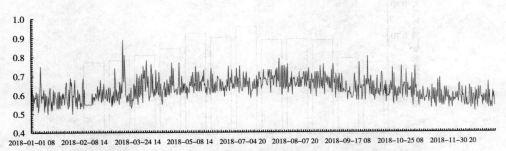

图 2　河南省济源市大气环境容量指数波形（AECI-2018.1.1—2018.12.31）

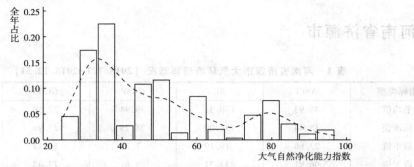

图 3 河南省济源市大气自然净化能力指数分布 （ASPI-2018.1.1-2018.12.31）

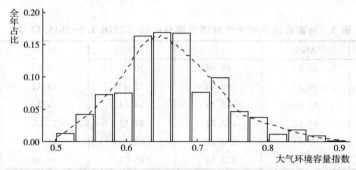

图 4 河南省济源市大气环境容量指数分布 （AECI-2018.1.1-2018.12.31）

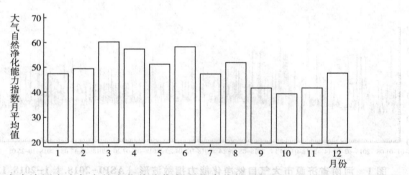

图 5 河南省济源市大气自然净化能力指数月均变化 （ASPI-2018.1.1-2018.12.31）

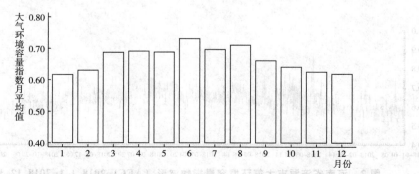

图 6 河南省济源市大气环境容量指数月均变化 （AECI-2018.1.1-2018.12.31）

湖北省

湖北省武汉市

表 1   湖北省武汉市大气环境资源概况（2018.1.1-2018.12.31）

指标类型	ASPI	EE	GCSP	GCO3	AECI
平均值	38.64	76.51	60.24	28.66	0.63
标准误	13.38	74.94	28.09	14.22	0.06
最小值	22.24	18.89	8.54	11.48	0.50
最大值	96.85	681.90	100.00	78.82	0.90
样本量（个）	2256	2256	2256	2256	2256

表 2   湖北省武汉市大气环境资源分位数（2018.1.1-2018.12.31）

指标类型	ASPI	EE	GCSP	GCO3	AECI
5%	25.26	19.54	13.36	16.04	0.54
10%	26.62	19.85	15.23	17.72	0.56
25%	29.90	39.30	29.47	19.76	0.59
50%	34.18	61.62	65.97	22.33	0.63
75%	44.50	101.31	86.08	42.04	0.67
90%	59.20	197.65	92.20	47.01	0.71

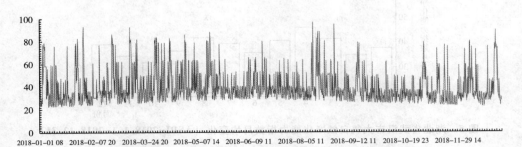

图 1   湖北省武汉市大气自然净化能力指数波形（ASPI-2018.1.1-2018.12.31）

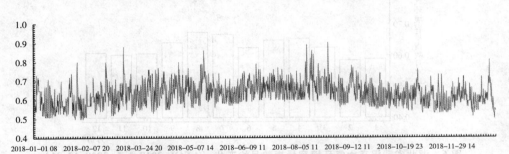

图 2   湖北省武汉市大气环境容量指数波形（AECI-2018.1.1-2018.12.31）

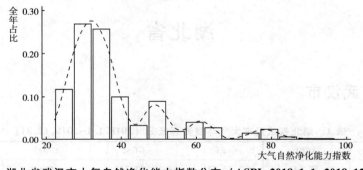

图 3　湖北省武汉市大气自然净化能力指数分布（ASPI-2018.1.1-2018.12.31）

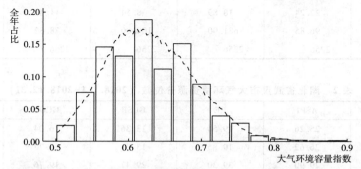

图 4　湖北省武汉市大气环境容量指数分布（AECI-2018.1.1-2018.12.31）

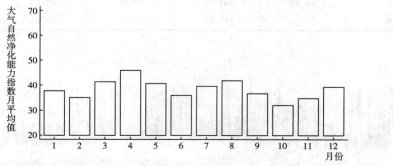

图 5　湖北省武汉市大气自然净化能力指数月均变化（ASPI-2018.1.1-2018.12.31）

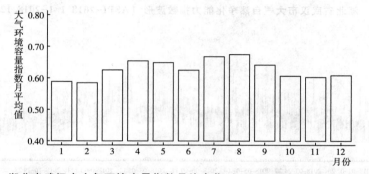

图 6　湖北省武汉市大气环境容量指数月均变化（AECI-2018.1.1-2018.12.31）

湖北省黄石市

表1 湖北省黄石市大气环境资源概况（2018.1.1-2018.12.31）

指标类型	ASPI	EE	GCSP	GCO3	AECI
平均值	37.38	68.24	60.89	29.34	0.63
标准误	10.64	56.45	31.39	14.87	0.05
最小值	22.25	18.90	7.75	11.81	0.51
最大值	97.56	917.34	98.67	79.31	1.00
样本量（个）	2224	2224	2224	2224	2224

表2 湖北省黄石市大气环境资源分位数（2018.1.1-2018.12.31）

指标类型	ASPI	EE	GCSP	GCO3	AECI
5%	27.06	20.04	12.84	16.83	0.55
10%	28.45	38.72	14.11	17.95	0.57
25%	30.74	40.02	27.31	19.86	0.59
50%	34.00	42.03	65.92	22.42	0.63
75%	39.10	66.47	92.67	42.67	0.66
90%	51.17	108.88	97.47	47.51	0.70

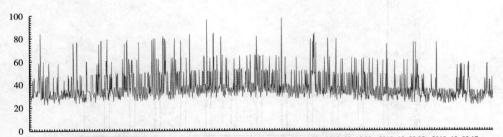

图1 湖北省黄石市大气自然净化能力指数波形（ASPI-2018.1.1-2018.12.31）

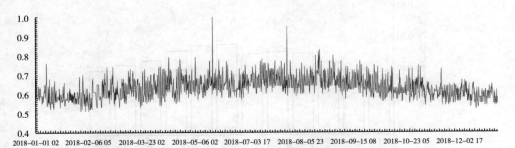

图2 湖北省黄石市大气环境容量指数波形（AECI-2018.1.1-2018.12.31）

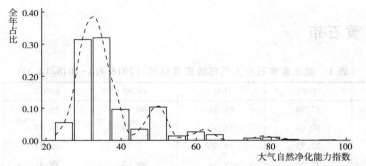

图 3 湖北省黄石市大气自然净化能力指数分布 （ASPI-2018.1.1-2018.12.31）

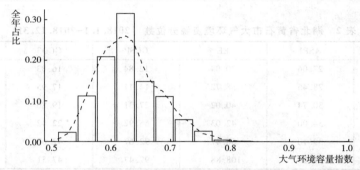

图 4 湖北省黄石市大气环境容量指数分布 （AECI-2018.1.1-2018.12.31）

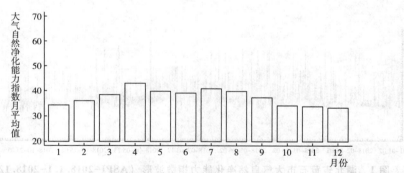

图 5 湖北省黄石市大气自然净化能力指数月均变化 （ASPI-2018.1.1-2018.12.31）

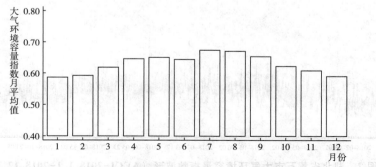

图 6 湖北省黄石市大气环境容量指数月均变化 （AECI-2018.1.1-2018.12.31）

湖北省十堰市

表 1 湖北省十堰市大气环境资源概况 (2018. 1. 1-2018. 12. 31)

指标类型	ASPI	EE	GCSP	GCO3	AECI
平均值	36.78	66.92	53.02	26.50	0.62
标准误	10.03	50.13	30.12	13.33	0.05
最小值	22.95	19.05	6.96	11.37	0.52
最大值	96.22	637.35	98.67	81.08	0.88
样本量 (个)	2314	2314	2314	2314	2314

表 2 湖北省十堰市大气环境资源分位数 (2018. 1. 1-2018. 12. 31)

指标类型	ASPI	EE	GCSP	GCO3	AECI
5%	27.60	38.48	12.25	14.66	0.55
10%	28.68	39.09	13.55	16.90	0.57
25%	30.66	40.00	22.24	19.29	0.59
50%	33.69	42.30	54.49	21.82	0.62
75%	38.10	65.79	79.68	24.79	0.66
90%	50.05	107.61	95.61	46.01	0.69

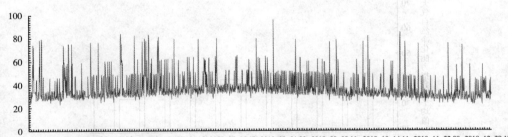

图 1 湖北省十堰市大气自然净化能力指数波形 (ASPI-2018. 1. 1-2018. 12. 31)

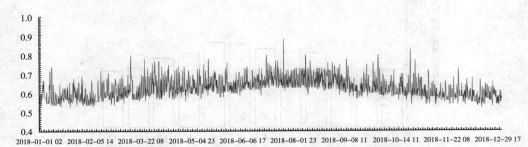

图 2 湖北省十堰市大气环境容量指数波形 (AECI-2018. 1. 1-2018. 12. 31)

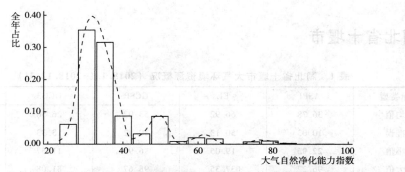

图 3 湖北省十堰市大气自然净化能力指数分布 （ASPI-2018.1.1-2018.12.31）

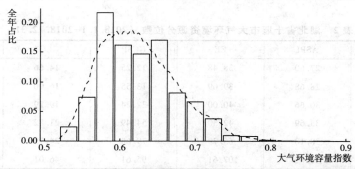

图 4 湖北省十堰市大气环境容量指数分布 （AECI-2018.1.1-2018.12.31）

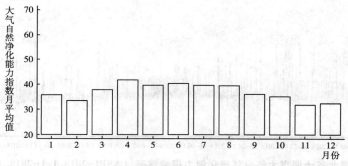

图 5 湖北省十堰市大气自然净化能力指数月均变化 （ASPI-2018.1.1-2018.12.31）

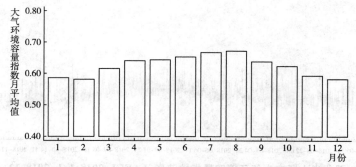

图 6 湖北省十堰市大气环境容量指数月均变化 （AECI-2018.1.1-2018.12.31）

湖北省宜昌市

表1 湖北省宜昌市大气环境资源概况（2018.1.1-2018.12.31）

指标类型	ASPI	EE	GCSP	GCO3	AECI
平均值	38.14	73.31	59.17	26.15	0.63
标准误	11.04	57.68	28.76	11.64	0.05
最小值	22.75	19.00	9.86	11.69	0.52
最大值	96.49	639.13	98.67	76.36	0.86
样本量（个）	2269	2269	2269	2269	2269

表2 湖北省宜昌市大气环境资源分位数（2018.1.1-2018.12.31）

指标类型	ASPI	EE	GCSP	GCO3	AECI
5%	28.15	38.85	13.93	16.02	0.56
10%	29.42	39.42	15.27	17.61	0.57
25%	31.8	40.61	27.97	19.73	0.59
50%	34.53	62.63	62.42	22.21	0.62
75%	38.86	66.31	86.63	25.03	0.66
90%	51.34	109.07	95.87	45.47	0.70

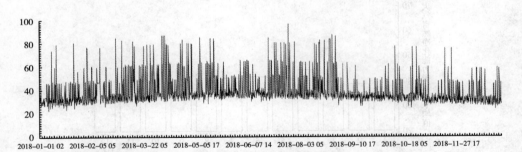

图1 湖北省宜昌市大气自然净化能力指数波形（ASPI-2018.1.1-2018.12.31）

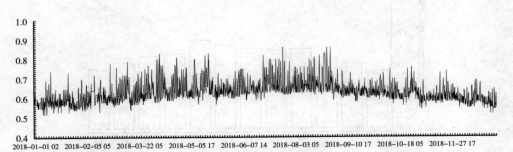

图2 湖北省宜昌市大气环境容量指数波形（AECI-2018.1.1-2018.12.31）

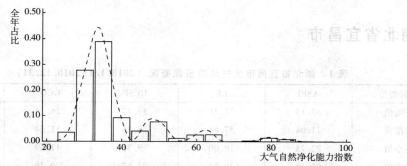

图 3　湖北省宜昌市大气自然净化能力指数分布（ASPI-2018.1.1-2018.12.31）

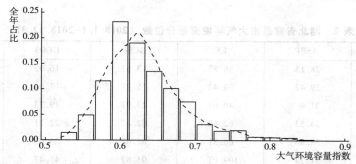

图 4　湖北省宜昌市大气环境容量指数分布（AECI-2018.1.1-2018.12.31）

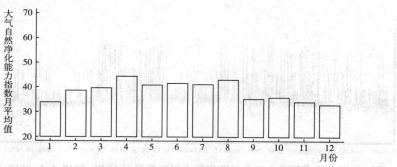

图 5　湖北省宜昌市大气自然净化能力指数月均变化（ASPI-2018.1.1-2018.12.31）

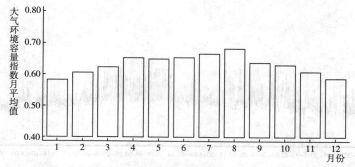

图 6　湖北省宜昌市大气环境容量指数月均变化（AECI-2018.1.1-2018.12.31）

湖北省襄阳市

表 1 湖北省襄阳市大气环境资源概况 (2018.1.1-2018.12.31)

指标类型	ASPI	EE	GCSP	GCO3	AECI
平均值	52.34	171.84	55.01	26.27	0.68
标准误	19.58	168.06	29.94	12.20	0.08
最小值	22.75	19.00	8.31	11.42	0.52
最大值	96.65	1023.76	100.00	78.32	1.00
样本量 (个)	2314	2314	2314	2314	2314

表 2 湖北省襄阳市大气环境资源分位数 (2018.1.1-2018.12.31)

指标类型	ASPI	EE	GCSP	GCO3	AECI
5%	30.21	39.79	13.21	15.19	0.58
10%	31.98	41.24	14.76	17.16	0.59
25%	34.96	63.53	26.93	19.44	0.63
50%	47.92	105.19	56.14	21.98	0.67
75%	63.54	207.01	82.78	25.07	0.72
90%	82.33	346.50	95.62	45.64	0.79

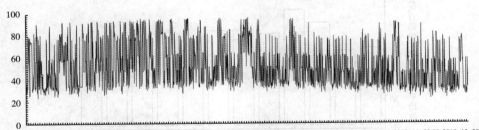

图 1 湖北省襄阳市大气自然净化能力指数波形 (ASPI-2018.1.1-2018.12.31)

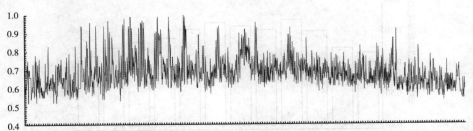

图 2 湖北省襄阳市大气环境容量指数波形 (AECI-2018.1.1-2018.12.31)

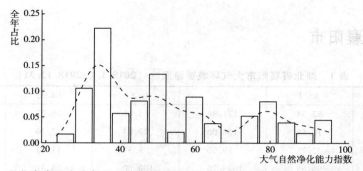

图 3 湖北省襄阳市大气自然净化能力指数分布（ASPI-2018. 1. 1~2018. 12. 31）

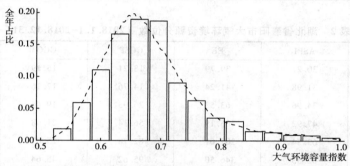

图 4 湖北省襄阳市大气环境容量指数分布（AECI-2018. 1. 1~2018. 12. 31）

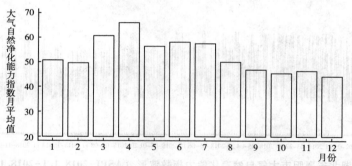

图 5 湖北省襄阳市大气自然净化能力指数月均变化（ASPI-2018. 1. 1~2018. 12. 31）

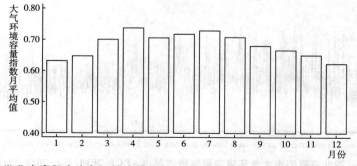

图 6 湖北省襄阳市大气环境容量指数月均变化（AECI-2018. 1. 1~2018. 12. 31）

湖北省鄂州市

表 1 湖北省鄂州市大气环境资源概况 （2018.1.1-2018.12.31）

指标类型	ASPI	EE	GCSP	GCO3	AECI
平均值	53.38	161.54	52.94	30.61	0.69
标准误	17.76	131.18	28.44	15.39	0.06
最小值	24.80	19.45	9.08	13.84	0.52
最大值	97.46	823.09	98.64	79.87	0.95
样本量（个）	856	856	856	856	856

表 2 湖北省鄂州市大气环境资源分位数 （2018.1.1-2018.12.31）

指标类型	ASPI	EE	GCSP	GCO3	AECI
5%	32.10	40.62	13.19	17.91	0.60
10%	33.82	62.06	14.76	18.72	0.61
25%	37.67	65.49	26.43	20.69	0.64
50%	49.23	106.67	54.86	23.21	0.68
75%	63.32	206.51	79.19	44.00	0.72
90%	80.21	329.67	90.64	48.35	0.77

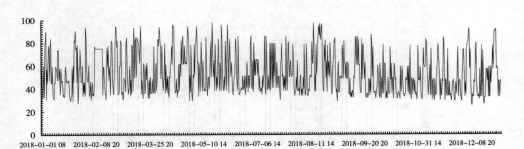

图 1 湖北省鄂州市大气自然净化能力指数波形 （ASPI-2018.1.1-2018.12.31）

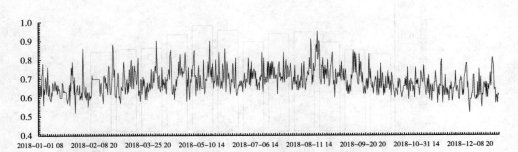

图 2 湖北省鄂州市大气环境容量指数波形 （AECI-2018.1.1-2018.12.31）

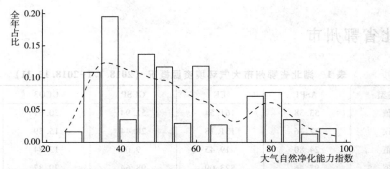

图 3 湖北省鄂州市大气自然净化能力指数分布 （ASPI-2018.1.1-2018.12.31）

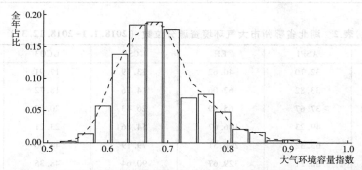

图 4 湖北省鄂州市大气环境容量指数分布 （AECI-2018.1.1-2018.12.31）

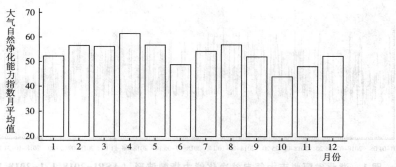

图 5 湖北省鄂州市大气自然净化能力指数月均变化 （ASPI-2018.1.1-2018.12.31）

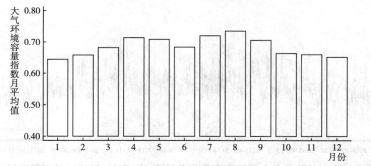

图 6 湖北省鄂州市大气环境容量指数月均变化 （AECI-2018.1.1-2018.12.31）

湖北省孝感市

表 1　湖北省孝感市大气环境资源概况（2018.1.1–2018.12.31）

指标类型	ASPI	EE	GCSP	GCO3	AECI
平均值	40.58	86.08	53.75	28.43	0.64
标准误	13.26	73.50	27.47	14.12	0.05
最小值	22.47	18.94	7.75	11.60	0.50
最大值	96.33	638.11	98.67	78.92	0.90
样本量（个）	2268	2268	2268	2268	2268

表 2　湖北省孝感市大气环境资源分位数（2018.1.1–2018.12.31）

指标类型	ASPI	EE	GCSP	GCO3	AECI
5%	27.99	38.57	12.97	15.93	0.56
10%	29.26	39.38	14.43	17.6	0.57
25%	31.87	40.58	26.91	19.70	0.60
50%	35.61	63.89	56.32	22.27	0.64
75%	47.28	104.48	77.42	41.97	0.67
90%	59.90	199.17	89.69	47.07	0.71

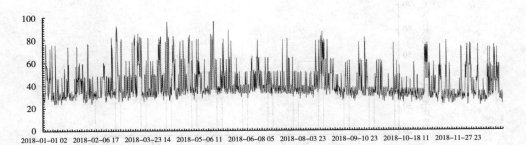

图 1　湖北省孝感市大气自然净化能力指数波形（ASPI–2018.1.1–2018.12.31）

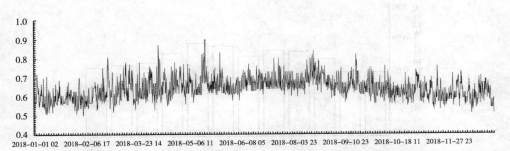

图 2　湖北省孝感市大气环境容量指数波形（AECI–2018.1.1–2018.12.31）

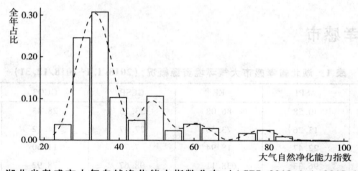

图 3　湖北省孝感市大气自然净化能力指数分布（ASPI-2018.1.1-2018.12.31）

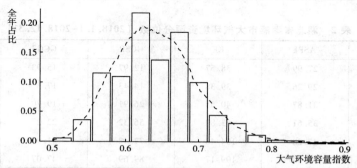

图 4　湖北省孝感市大气环境容量指数分布（AECI-2018.1.1-2018.12.31）

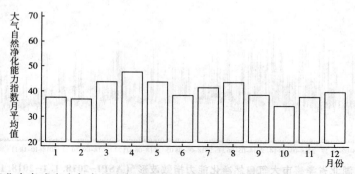

图 5　湖北省孝感市大气自然净化能力指数月均变化（ASPI-2018.1.1-2018.12.31）

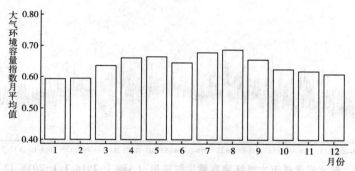

图 6　湖北省孝感市大气环境容量指数月均变化（AECI-2018.1.1-2018.12.31）

湖北省荆州市

表 1　湖北省荆州市大气环境资源概况（2018.1.1-2018.12.31）

指标类型	ASPI	EE	GCSP	GCO3	AECI
平均值	41.79	92.76	62.63	28.20	0.64
标准误	14.64	80.31	29.94	13.64	0.06
最小值	22.52	18.95	9.07	11.68	0.50
最大值	94.53	694.2	98.67	76.68	0.87
样本量（个）	2279	2279	2279	2279	2279

表 2　湖北省荆州市大气环境资源分位数（2018.1.1-2018.12.31）

指标类型	ASPI	EE	GCSP	GCO3	AECI
5%	27.25	20.35	13.88	16.02	0.56
10%	28.90	39.12	15.86	17.68	0.57
25%	31.60	40.45	29.86	19.83	0.60
50%	35.96	64.21	67.26	22.34	0.64
75%	49.33	106.80	93.78	40.80	0.68
90%	62.97	205.77	97.43	46.83	0.72

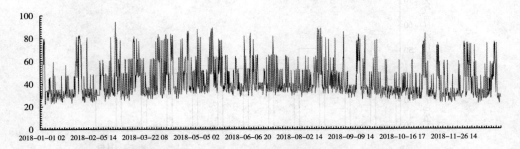

图 1　湖北省荆州市大气自然净化能力指数波形（ASPI-2018.1.1-2018.12.31）

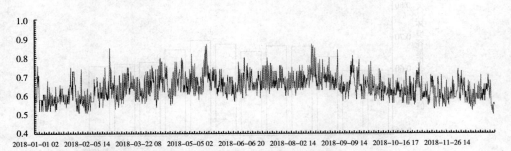

图 2　湖北省荆州市大气环境容量指数波形（AECI-2018.1.1-2018.12.31）

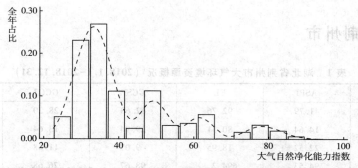

图 3   湖北省荆州市大气自然净化能力指数分布 （ASPI-2018. 1. 1–2018. 12. 31）

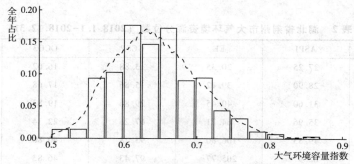

图 4   湖北省荆州市大气环境容量指数分布 （AECI-2018. 1. 1–2018. 12. 31）

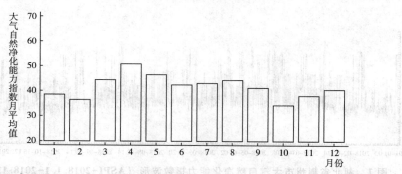

图 5   湖北省荆州市大气自然净化能力指数月均变化 （ASPI-2018. 1. 1–2018. 12. 31）

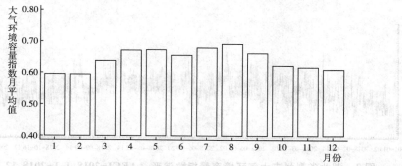

图 6   湖北省荆州市大气环境容量指数月均变化 （AECI-2018. 1. 1–2018. 12. 31）

湖北省黄冈市

表 1 湖北省黄冈市大气环境资源概况（2018.1.1-2018.12.31）

指标类型	ASPI	EE	GCSP	GCO3	AECI
平均值	46.90	119.04	54.71	30.05	0.66
标准误	15.47	100.75	28.36	14.66	0.06
最小值	24.31	19.34	9.34	13.75	0.52
最大值	97.69	745.35	98.67	78.99	0.88
样本量（个）	850	850	850	850	850

表 2 湖北省黄冈市大气环境资源分位数（2018.1.1-2018.12.31）

指标类型	ASPI	EE	GCSP	GCO3	AECI
5%	30.67	40.00	13.38	17.91	0.58
10%	32.24	40.68	14.75	18.72	0.60
25%	34.79	63.18	26.87	20.67	0.62
50%	40.78	67.64	57.56	23.20	0.66
75%	52.65	110.55	80.85	43.47	0.70
90%	74.73	274.33	91.97	47.93	0.74

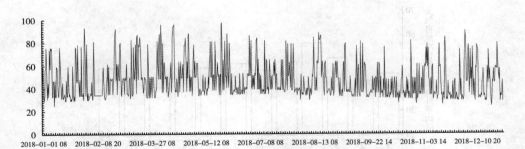

图 1 湖北省黄冈市大气自然净化能力指数波形（ASPI-2018.1.1-2018.12.31）

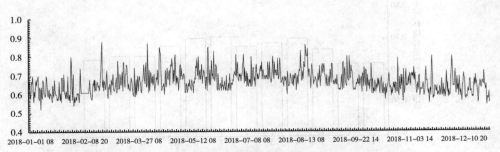

图 2 湖北省黄冈市大气环境容量指数波形（AECI-2018.1.1-2018.12.31）

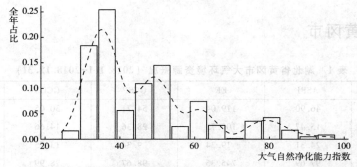

图 3　湖北省黄冈市大气自然净化能力指数分布（ASPI-2018.1.1-2018.12.31）

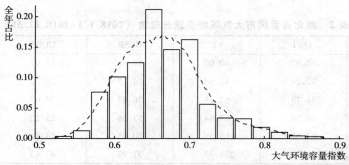

图 4　湖北省黄冈市大气环境容量指数分布（AECI-2018.1.1-2018.12.31）

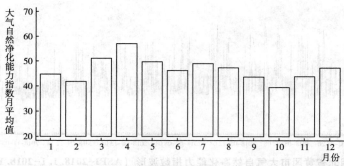

图 5　湖北省黄冈市大气自然净化能力指数月均变化（ASPI-2018.1.1-2018.12.31）

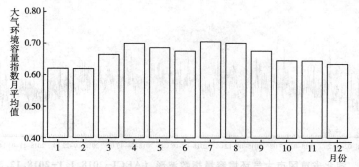

图 6　湖北省黄冈市大气环境容量指数月均变化（AECI-2018.1.1-2018.12.31）

湖北省咸宁市

表1 湖北省咸宁市大气环境资源概况 （2018.1.1-2018.12.31）

指标类型	ASPI	EE	GCSP	GCO3	AECI
平均值	42.12	89.74	55.28	29.44	0.65
标准误	11.76	63.20	29.59	14.22	0.05
最小值	24.89	19.46	9.07	13.89	0.52
最大值	97.09	643.15	100.00	78.51	0.89
样本量（个）	857	857	857	857	857

表2 湖北省咸宁市大气环境资源分位数 （2018.1.1-2018.12.31）

指标类型	ASPI	EE	GCSP	GCO3	AECI
5%	29.90	39.63	12.34	17.81	0.57
10%	31.29	40.25	14.10	18.47	0.58
25%	34.14	62.06	26.43	20.51	0.61
50%	37.65	65.47	60.47	23.17	0.64
75%	49.15	106.59	84.13	43.04	0.68
90%	59.79	198.92	91.59	47.23	0.71

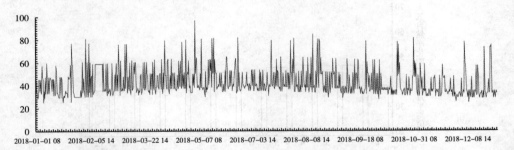

图1 湖北省咸宁市大气自然净化能力指数波形 （ASPI-2018.1.1-2018.12.31）

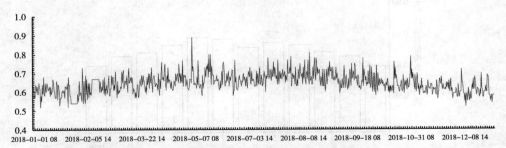

图2 湖北省咸宁市大气环境容量指数波形 （AECI-2018.1.1-2018.12.31）

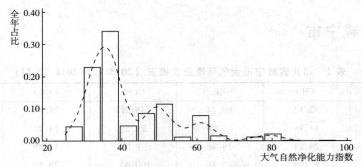

图 3 湖北省咸宁市大气自然净化能力指数分布 （ASPI-2018.1.1-2018.12.31）

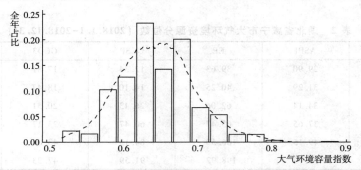

图 4 湖北省咸宁市大气环境容量指数分布 （AECI-2018.1.1-2018.12.31）

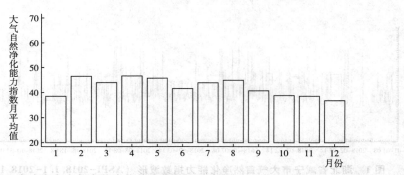

图 5 湖北省咸宁市大气自然净化能力指数月均变化 （ASPI-2018.1.1-2018.12.31）

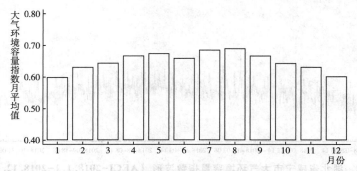

图 6 湖北省咸宁市大气环境容量指数月均变化 （AECI-2018.1.1-2018.12.31）

湖北省随州市

表 1   湖北省随州市大气环境资源概况（2018.1.1-2018.12.31）

指标类型	ASPI	EE	GCSP	GCO3	AECI
平均值	36.56	65.26	61.96	26.61	0.62
标准误	9.83	49.58	32.07	12.73	0.05
最小值	22.28	18.90	6.96	11.38	0.50
最大值	92.69	613.97	98.67	77.48	0.84
样本量（个）	2306	2306	2306	2306	2306

表 2   湖北省随州市大气环境资源分位数（2018.1.1-2018.12.31）

指标类型	ASPI	EE	GCSP	GCO3	AECI
5%	27.19	20.35	12.64	14.65	0.55
10%	28.43	38.86	14.09	16.69	0.56
25%	30.76	40.05	27.13	19.46	0.59
50%	33.70	42.01	69.19	22.04	0.62
75%	37.84	65.60	94.18	25.27	0.65
90%	49.93	107.47	97.62	45.78	0.69

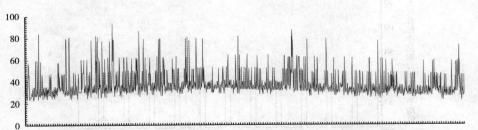

图 1   湖北省随州市大气自然净化能力指数波形（ASPI-2018.1.1-2018.12.31）

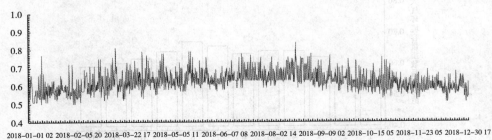

图 2   湖北省随州市大气环境容量指数波形（AECI-2018.1.1-2018.12.31）

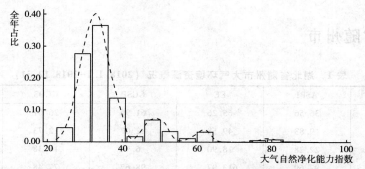

图3　湖北省随州市大气自然净化能力指数分布（ASPI-2018.1.1-2018.12.31）

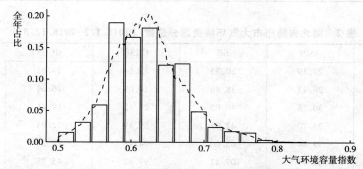

图4　湖北省随州市大气环境容量指数分布（AECI-2018.1.1-2018.12.31）

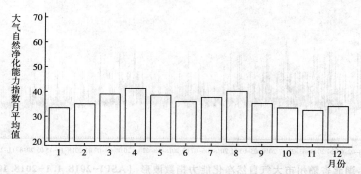

图5　湖北省随州市大气自然净化能力指数月均变化（ASPI-2018.1.1-2018.12.31）

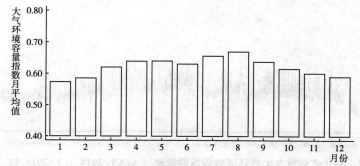

图6　湖北省随州市大气环境容量指数月均变化（AECI-2018.1.1-2018.12.31）

湖北省恩施土家族苗族自治州

表1 湖北省恩施自治州大气环境资源概况 （2018.1.1—2018.12.31）

指标类型	ASPI	EE	GCSP	GCO3	AECI
平均值	32.36	42.97	66.44	26.77	0.60
标准误	5.11	20.84	29.74	12.56	0.04
最小值	22.21	18.89	9.59	11.89	0.52
最大值	89.01	415.91	100.00	77.95	0.86
样本量（个）	2281	2281	2281	2281	2281

表2 湖北省恩施自治州大气环境资源分位数 （2018.1.1—2018.12.31）

指标类型	ASPI	EE	GCSP	GCO3	AECI
5%	25.33	19.56	13.12	17.08	0.55
10%	26.98	19.95	15.70	18.07	0.56
25%	29.51	39.35	44.86	19.93	0.58
50%	32.06	40.61	72.27	22.28	0.60
75%	34.32	41.77	94.62	25.09	0.63
90%	37.15	65.03	100.00	45.78	0.65

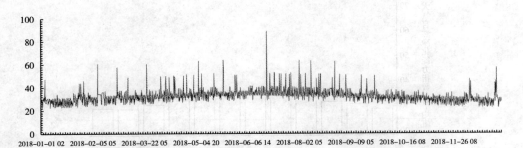

图1 湖北省恩施自治州大气自然净化能力指数波形 （ASPI-2018.1.1—2018.12.31）

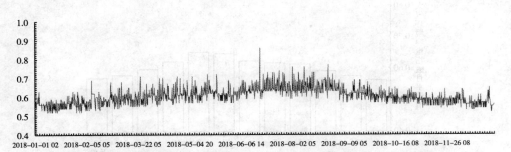

图2 湖北省恩施自治州大气环境容量指数波形 （AECI-2018.1.1—2018.12.31）

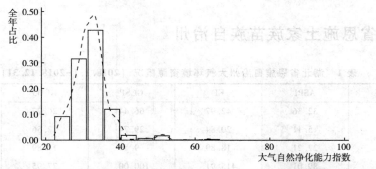

图 3　湖北省恩施自治州大气自然净化能力指数分布（ASPI-2018.1.1~2018.12.31）

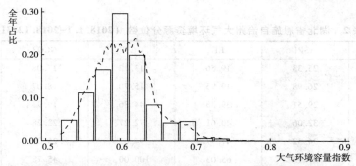

图 4　湖北省恩施自治州大气环境容量指数分布（AECI-2018.1.1~2018.12.31）

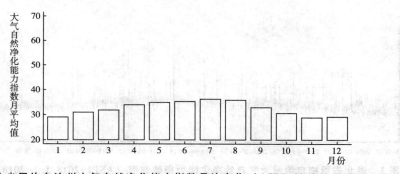

图 5　湖北省恩施自治州大气自然净化能力指数月均变化（ASPI-2018.1.1~2018.12.31）

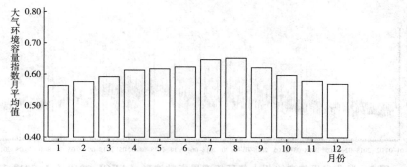

图 6　湖北省恩施自治州大气环境容量指数月均变化（AECI-2018.1.1~2018.12.31）

湖北省仙桃市

表1　湖北省仙桃市大气环境资源概况（2018.1.1-2018.12.31）

指标类型	ASPI	EE	GCSP	GCO3	AECI
平均值	44.42	104.28	55.06	29.69	0.65
标准误	15.48	89.89	25.50	14.15	0.06
最小值	24.45	19.37	9.16	13.60	0.50
最大值	95.96	635.65	100.00	77.59	0.88
样本量（个）	856	856	856	856	856

表2　湖北省仙桃市大气环境资源分位数（2018.1.1-2018.12.31）

指标类型	ASPI	EE	GCSP	GCO3	AECI
5%	27.02	19.93	13.72	17.80	0.55
10%	29.30	39.03	15.54	18.58	0.57
25%	33.15	41.42	28.02	20.62	0.61
50%	38.42	66.00	57.68	23.16	0.65
75%	51.06	108.75	77.30	43.62	0.69
90%	65.51	211.24	86.88	47.79	0.73

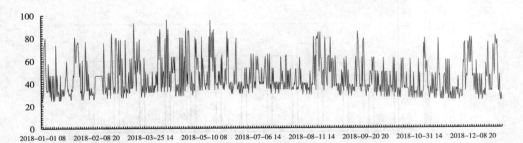

图1　湖北省仙桃市大气自然净化能力指数波形（ASPI-2018.1.1-2018.12.31）

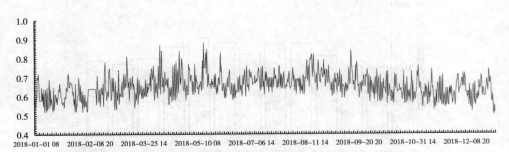

图2　湖北省仙桃市大气环境容量指数波形（AECI-2018.1.1-2018.12.31）

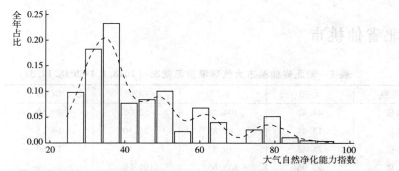

图 3　湖北省仙桃市大气自然净化能力指数分布（ASPI-2018.1.1-2018.12.31）

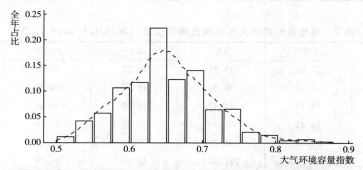

图 4　湖北省仙桃市大气环境容量指数分布（AECI-2018.1.1-2018.12.31）

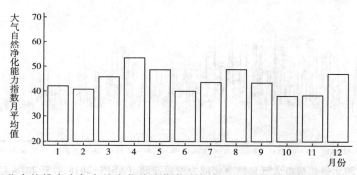

图 5　湖北省仙桃市大气自然净化能力指数月均变化（ASPI-2018.1.1-2018.12.31）

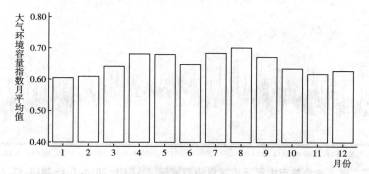

图 6　湖北省仙桃市大气环境容量指数月均变化（AECI-2018.1.1-2018.12.31）

湖北省潜江市

表 1 湖北省潜江市大气环境资源概况（2018.1.1-2018.12.31）

指标类型	ASPI	EE	GCSP	GCO3	AECI
平均值	37.62	66.73	53.37	29.64	0.63
标准误	10.29	52.13	25.91	14.13	0.05
最小值	24.64	19.41	8.49	13.70	0.51
最大值	85.22	353.64	98.65	77.43	0.83
样本量（个）	854	854	854	854	854

表 2 湖北省潜江市大气环境资源分位数（2018.1.1-2018.12.31）

指标类型	ASPI	EE	GCSP	GCO3	AECI
5%	27.41	20.01	13.29	17.79	0.55
10%	29.12	39.09	15.08	18.58	0.57
25%	31.45	40.34	27.30	20.61	0.59
50%	34.63	41.95	55.55	23.12	0.63
75%	38.95	66.37	76.06	43.77	0.66
90%	51.10	108.80	86.82	47.68	0.69

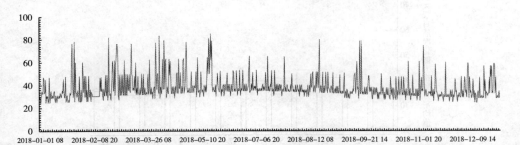

图 1 湖北省潜江市大气自然净化能力指数波形（ASPI-2018.1.1-2018.12.31）

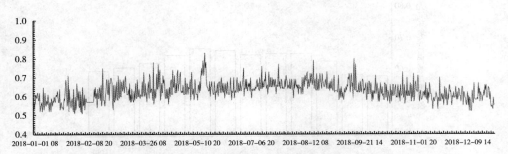

图 2 湖北省潜江市大气环境容量指数波形（AECI-2018.1.1-2018.12.31）

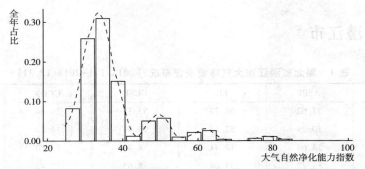

图 3　湖北省潜江市大气自然净化能力指数分布（ASPI-2018.1.1~2018.12.31）

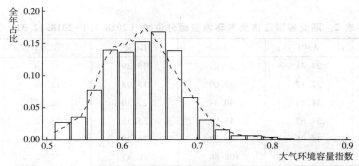

图 4　湖北省潜江市大气环境容量指数分布（AECI-2018.1.1~2018.12.31）

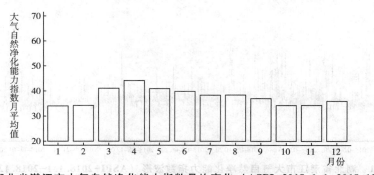

图 5　湖北省潜江市大气自然净化能力指数月均变化（ASPI-2018.1.1~2018.12.31）

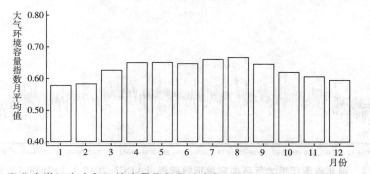

图 6　湖北省潜江市大气环境容量指数月均变化（AECI-2018.1.1~2018.12.31）

湖北省天门市

表1 湖北省天门市大气环境资源概况 （2018.1.1-2018.12.31）

指标类型	ASPI	EE	GCSP	GCO3	AECI
平均值	41.20	89.90	52.94	28.34	0.64
标准误	13.70	77.17	26.73	13.68	0.06
最小值	22.51	18.95	6.97	11.66	0.51
最大值	96.33	674.17	98.67	77.29	0.89
样本量（个）	2261	2261	2261	2261	2261

表2 湖北省天门市大气环境资源分位数 （2018.1.1-2018.12.31）

指标类型	ASPI	EE	GCSP	GCO3	AECI
5%	28.12	38.69	13.25	16.30	0.56
10%	29.42	39.39	14.91	17.72	0.58
25%	31.91	40.64	27.10	19.82	0.60
50%	35.91	64.13	56.07	22.32	0.64
75%	48.53	105.88	76.09	41.72	0.68
90%	61.84	203.33	86.95	46.92	0.72

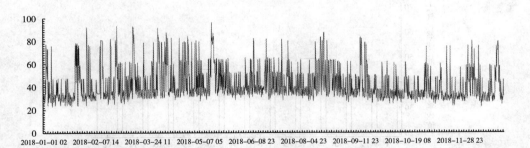

图1 湖北省天门市大气自然净化能力指数波形 （ASPI-2018.1.1-2018.12.31）

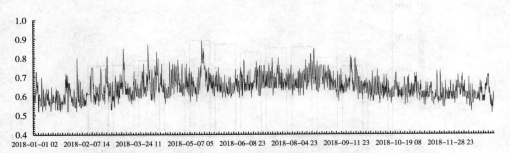

图2 湖北省天门市大气环境容量指数波形 （AECI-2018.1.1-2018.12.31）

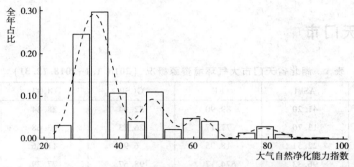

图 3　湖北省天门市大气自然净化能力指数分布（ASPI-2018.1.1-2018.12.31）

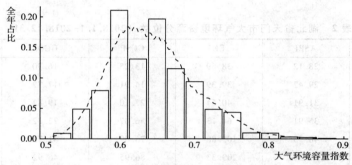

图 4　湖北省天门市大气环境容量指数分布（AECI-2018.1.1-2018.12.31）

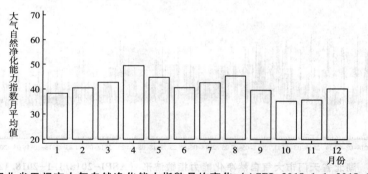

图 5　湖北省天门市大气自然净化能力指数月均变化（ASPI-2018.1.1-2018.12.31）

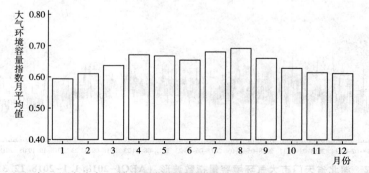

图 6　湖北省天门市大气环境容量指数月均变化（AECI-2018.1.1-2018.12.31）

湖北省神农架林区

表 1 湖北省神农架林区大气环境资源概况（2018.1.1-2018.12.31）

指标类型	ASPI	EE	GCSP	GCO3	AECI
平均值	38.66	73.41	50.81	23.87	0.62
标准误	11.63	61.31	28.16	8.39	0.05
最小值	24.10	19.29	6.61	13.32	0.51
最大值	95.61	633.31	98.61	63.68	0.82
样本量（个）	872	872	872	872	872

表 2 湖北省神农架林区大气环境资源分位数（2018.1.1-2018.12.31）

指标类型	ASPI	EE	GCSP	GCO3	AECI
5%	28.34	20.43	11.84	14.4	0.54
10%	29.23	39.23	13.22	17.11	0.56
25%	31.23	40.24	22.07	20.01	0.58
50%	34.05	41.74	54.76	22.44	0.61
75%	41.04	67.82	75.36	24.70	0.65
90%	59.12	197.48	88.49	27.15	0.70

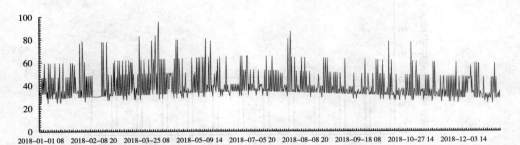

图 1 湖北省神农架林区大气自然净化能力指数波形（ASPI-2018.1.1-2018.12.31）

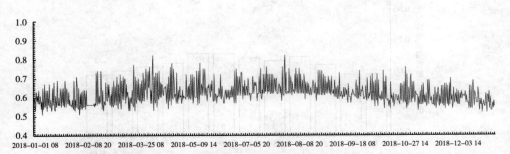

图 2 湖北省神农架林区大气环境容量指数波形（AECI-2018.1.1-2018.12.31）

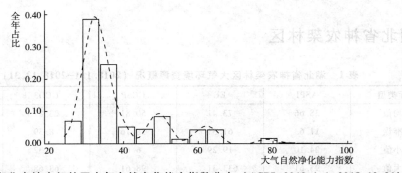

图 3　湖北省神农架林区大气自然净化能力指数分布（ASPI-2018.1.1-2018.12.31）

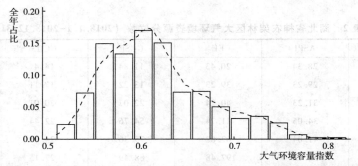

图 4　湖北省神农架林区大气环境容量指数分布（AECI-2018.1.1-2018.12.31）

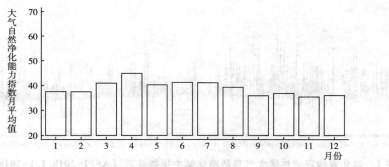

图 5　湖北省神农架林区大气自然净化能力指数月均变化（ASPI-2018.1.1-2018.12.31）

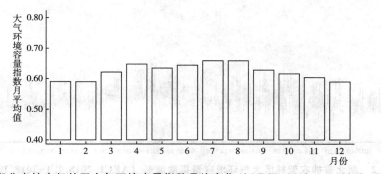

图 6　湖北省神农架林区大气环境容量指数月均变化（AECI-2018.1.1-2018.12.31）

湖南省

湖南省长沙市

表 1　湖南省长沙市大气环境资源概况（2018.1.1-2018.12.31）

指标类型	ASPI	EE	GCSP	GCO3	AECI
平均值	48.56	133.66	59.87	27.91	0.66
标准误	18.57	121.95	28.74	13.10	0.07
最小值	22.65	18.98	8.01	12.10	0.51
最大值	97.33	915.72	98.67	79.16	1.02
样本量（个）	2264	2264	2264	2264	2264

表 2　湖南省长沙市大气环境资源分位数（2018.1.1-2018.12.31）

指标类型	ASPI	EE	GCSP	GCO3	AECI
5%	27.30	19.99	13.12	17.07	0.56
10%	29.23	20.53	14.93	18.15	0.58
25%	33.34	41.80	28.28	20.23	0.61
50%	44.38	101.17	65.29	22.69	0.66
75%	61.08	201.72	86.80	26.38	0.71
90%	79.10	291.43	93.62	46.86	0.75

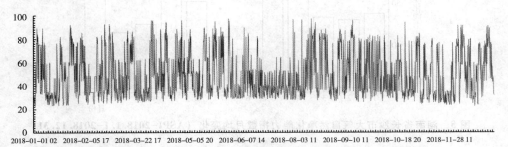

图 1　湖南省长沙市大气自然净化能力指数波形（ASPI-2018.1.1-2018.12.31）

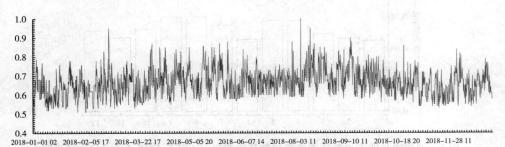

图 2　湖南省长沙市大气环境容量指数波形（AECI-2018.1.1-2018.12.31）

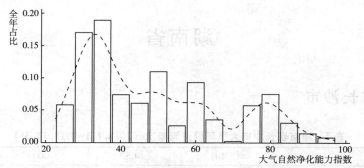

图 3　湖南省长沙市大气自然净化能力指数分布（ASPI-2018.1.1-2018.12.31）

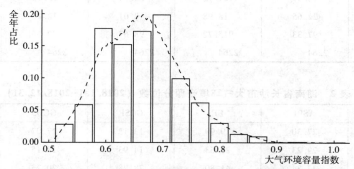

图 4　湖南省长沙市大气环境容量指数分布（AECI-2018.1.1-2018.12.31）

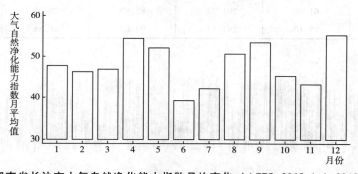

图 5　湖南省长沙市大气自然净化能力指数月均变化（ASPI-2018.1.1-2018.12.31）

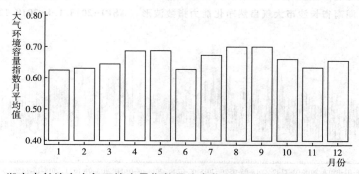

图 6　湖南省长沙市大气环境容量指数月均变化（AECI-2018.1.1-2018.12.31）

湖南省株洲市

表 1 湖南省株洲市大气环境资源概况（2018.1.1-2018.12.31）

指标类型	ASPI	EE	GCSP	GCO3	AECI
平均值	37.77	68.64	57.76	29.95	0.63
标准误	10.07	49.60	27.69	14.70	0.05
最小值	22.75	19.00	7.63	12.25	0.51
最大值	89.30	417.12	98.64	78.97	0.86
样本量（个）	2246	2246	2246	2246	2246

表 2 湖南省株洲市大气环境资源分位数（2018.1.1-2018.12.31）

指标类型	ASPI	EE	GCSP	GCO3	AECI
5%	27.75	20.37	12.98	17.41	0.56
10%	29.26	39.24	14.90	18.43	0.58
25%	31.70	40.47	28.01	20.37	0.60
50%	34.88	62.69	61.02	22.89	0.63
75%	39.23	66.57	83.06	43.10	0.66
90%	50.95	108.63	91.77	47.92	0.70

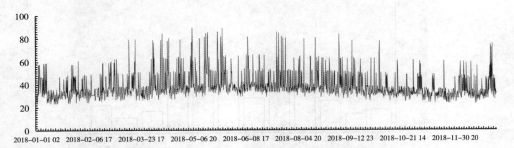

图 1 湖南省株洲市大气自然环境净化能力指数波形（ASPI-2018.1.1-2018.12.31）

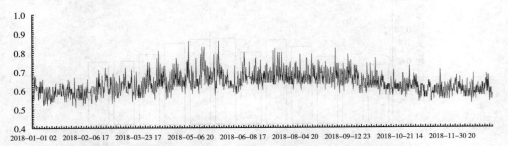

图 2 湖南省株洲市大气环境容量指数波形（AECI-2018.1.1-2018.12.31）

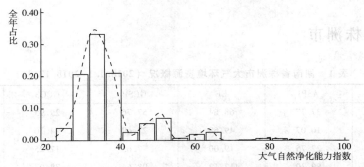

图 3   湖南省株洲市大气自然净化能力指数分布（ASPI-2018. 1. 1-2018. 12. 31）

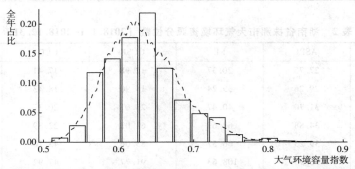

图 4   湖南省株洲市大气环境容量指数分布（AECI-2018. 1. 1-2018. 12. 31）

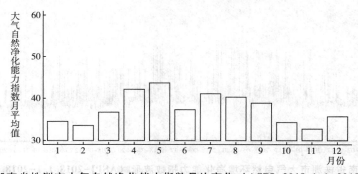

图 5   湖南省株洲市大气自然净化能力指数月均变化（ASPI-2018. 1. 1-2018. 12. 31）

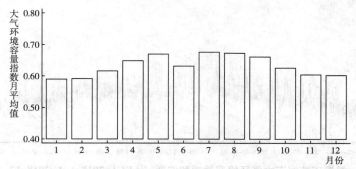

图 6   湖南省株洲市大气环境容量指数月均变化（AECI-2018. 1. 1-2018. 12. 31）

湖南省湘潭市

表 1　湖南省湘潭市大气环境资源概况（2018.1.1–2018.12.31）

指标类型	ASPI	EE	GCSP	GCO3	AECI
平均值	44.17	99.74	66.27	30.35	0.65
标准误	14.15	79.49	31.66	14.78	0.06
最小值	24.79	19.44	10.05	14.25	0.51
最大值	92.71	614.14	100.00	79.83	0.87
样本量（个）	837	837	837	837	837

表 2　湖南省湘潭市大气环境资源分位数（2018.1.1–2018.12.31）

指标类型	ASPI	EE	GCSP	GCO3	AECI
5%	29.56	39.32	12.82	18.30	0.57
10%	30.91	40.03	15.07	19.19	0.59
25%	34.09	41.86	39.58	20.94	0.61
50%	38.70	66.20	76.96	23.51	0.65
75%	50.64	108.28	95.62	43.65	0.69
90%	63.33	206.54	97.43	48.46	0.73

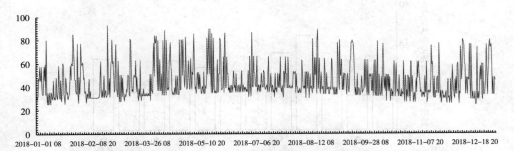

图 1　湖南省湘潭市大气自然净化能力指数波形（ASPI–2018.1.1–2018.12.31）

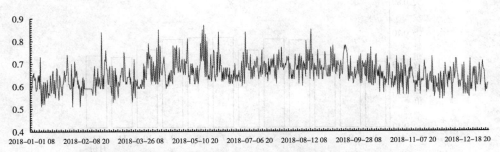

图 2　湖南省湘潭市大气环境容量指数波形（AECI–2018.1.1–2018.12.31）

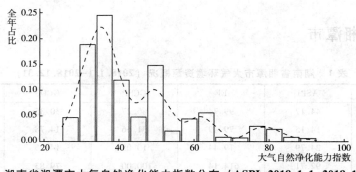

图 3　湖南省湘潭市大气自然净化能力指数分布（ASPI-2018. 1. 1-2018. 12. 31）

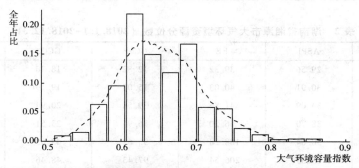

图 4　湖南省湘潭市大气环境容量指数分布（AECI-2018. 1. 1-2018. 12. 31）

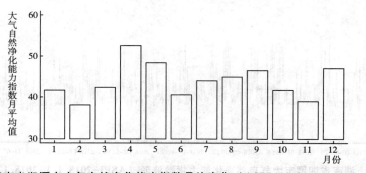

图 5　湖南省湘潭市大气自然净化能力指数月均变化（ASPI-2018. 1. 1-2018. 12. 31）

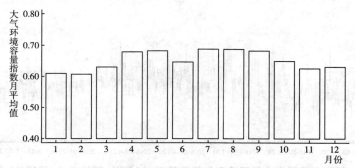

图 6　湖南省湘潭市大气环境容量指数月均变化（AECI-2018. 1. 1-2018. 12. 31）

湖南省衡阳市

表 1　湖南省衡阳市大气环境资源概况（2018.1.1－2018.12.31）

指标类型	ASPI	EE	GCSP	GCO3	AECI
平均值	39.03	74.61	53.10	30.35	0.64
标准误	11.85	61.16	25.23	14.90	0.06
最小值	23.03	19.06	8.81	12.43	0.52
最大值	94.21	691.91	93.63	78.80	0.88
样本量（个）	2245	2245	2245	2245	2245

表 2　湖南省衡阳市大气环境资源分位数（2018.1.1－2018.12.31）

指标类型	ASPI	EE	GCSP	GCO3	AECI
5%	27.07	19.97	13.19	17.65	0.56
10%	28.60	20.93	14.89	18.64	0.57
25%	31.39	40.28	27.54	20.56	0.59
50%	35.14	62.71	56.57	23.05	0.63
75%	44.37	101.17	75.40	43.59	0.67
90%	53.41	111.42	84.46	48.46	0.71

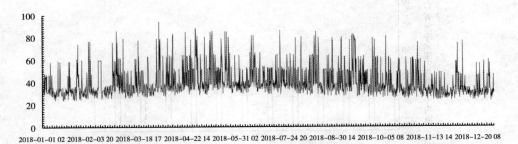

图 1　湖南省衡阳市大气自然净化能力指数波形（ASPI－2018.1.1－2018.12.31）

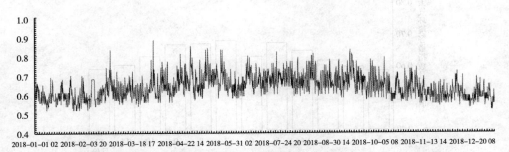

图 2　湖南省衡阳市大气环境容量指数波形（AECI－2018.1.1－2018.12.31）

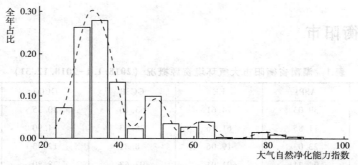

图 3 湖南省衡阳市大气自然净化能力指数分布（ASPI-2018.1.1~2018.12.31）

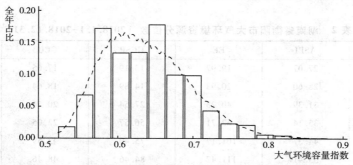

图 4 湖南省衡阳市大气环境容量指数分布（AECI-2018.1.1~2018.12.31）

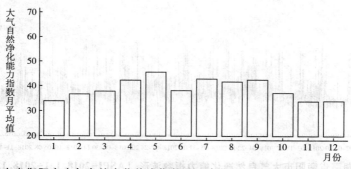

图 5 湖南省衡阳市大气自然净化能力指数月均变化（ASPI-2018.1.1~2018.12.31）

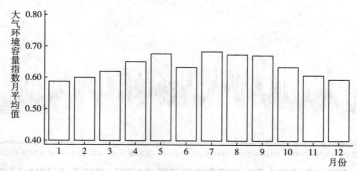

图 6 湖南省衡阳市大气环境容量指数月均变化（AECI-2018.1.1~2018.12.31）

湖南省邵阳市

表 1　湖南省邵阳市大气环境资源概况（2018.1.1－2018.12.31）

指标类型	ASPI	EE	GCSP	GCO3	AECI
平均值	39.18	76.61	64.42	27.50	0.63
标准误	12.50	70.00	31.60	12.04	0.06
最小值	22.70	18.99	8.52	12.25	0.51
最大值	98.21	721.26	100.00	76.81	0.91
样本量（个）	2254	2254	2254	2254	2254

表 2　湖南省邵阳市大气环境资源分位数（2018.1.1－2018.12.31）

指标类型	ASPI	EE	GCSP	GCO3	AECI
5%	26.94	19.93	13.56	17.32	0.55
10%	28.63	20.59	15.23	18.39	0.57
25%	31.83	40.50	39.88	20.38	0.60
50%	35.18	62.97	67.48	22.82	0.63
75%	40.95	67.76	98.01	26.14	0.66
90%	53.90	111.97	100.00	46.70	0.70

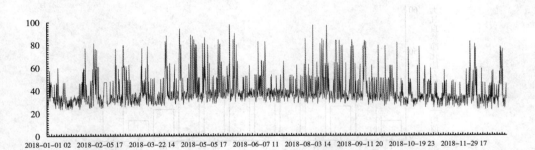

图 1　湖南省邵阳市大气自然净化能力指数波形（ASPI-2018.1.1－2018.12.31）

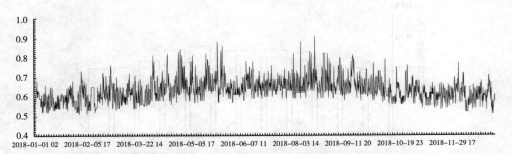

图 2　湖南省邵阳市大气环境容量指数波形（AECI-2018.1.1－2018.12.31）

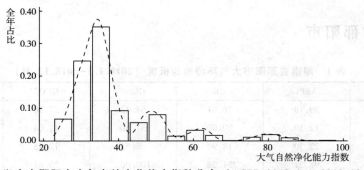

图 3　湖南省邵阳市大气自然净化能力指数分布（ASPI-2018.1.1-2018.12.31）

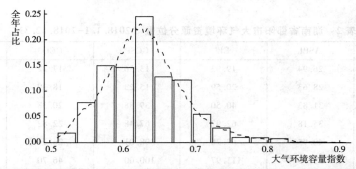

图 4　湖南省邵阳市大气环境容量指数分布（AECI-2018.1.1-2018.12.31）

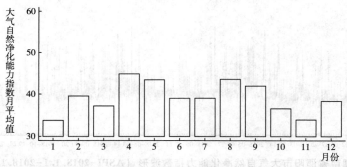

图 5　湖南省邵阳市大气自然净化能力指数月均变化（ASPI-2018.1.1-2018.12.31）

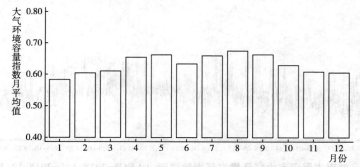

图 6　湖南省邵阳市大气环境容量指数月均变化（AECI-2018.1.1-2018.12.31）

湖南省岳阳市

表 1　湖南省岳阳市大气环境资源概况（2018.1.1-2018.12.31）

指标类型	ASPI	EE	GCSP	GCO3	AECI
平均值	45.18	109.86	59.88	28.48	0.66
标准误	15.60	89.85	28.83	13.03	0.06
最小值	23.37	19.14	9.18	11.90	0.52
最大值	97.17	708.95	100.00	76.70	0.93
样本量（个）	2261	2261	2261	2261	2261

表 2　湖南省岳阳市大气环境资源分位数（2018.1.1-2018.12.31）

指标类型	ASPI	EE	GCSP	GCO3	AECI
5%	27.86	20.19	14.09	16.99	0.57
10%	29.73	39.22	15.74	18.04	0.59
25%	33.18	41.80	29.05	20.10	0.62
50%	39.16	66.51	60.98	22.61	0.65
75%	52.45	110.33	86.90	42.07	0.69
90%	71.76	265.36	98.01	47.12	0.73

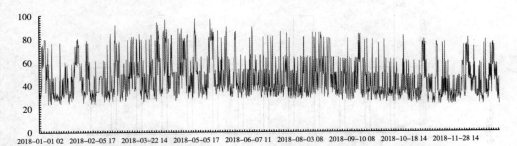

图 1　湖南省岳阳市大气自然净化能力指数波形（ASPI-2018.1.1-2018.12.31）

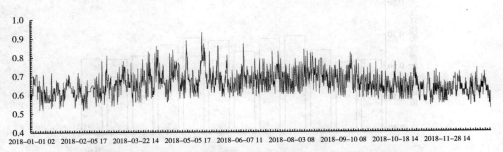

图 2　湖南省岳阳市大气环境容量指数波形（AECI-2018.1.1-2018.12.31）

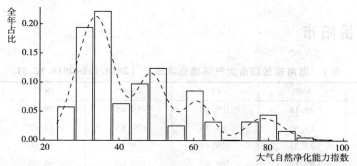

图 3　湖南省岳阳市大气自然净化能力指数分布（ASPI-2018.1.1-2018.12.31）

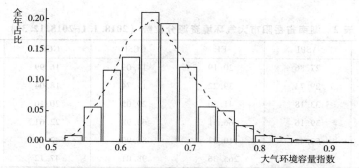

图 4　湖南省岳阳市大气环境容量指数分布（AECI-2018.1.1-2018.12.31）

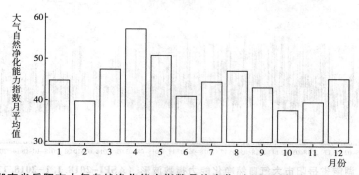

图 5　湖南省岳阳市大气自然净化能力指数月均变化（ASPI-2018.1.1-2018.12.31）

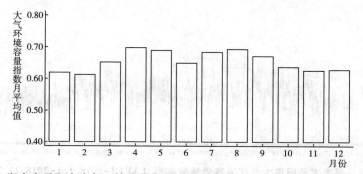

图 6　湖南省岳阳市大气环境容量指数月均变化（AECI-2018.1.1-2018.12.31）

湖南省常德市

表1 湖南省常德市大气环境资源概况 (2018.1.1-2018.12.31)

指标类型	ASPI	EE	GCSP	GCO3	AECI
平均值	44.28	104.30	60.39	27.33	0.65
标准误	14.85	87.48	29.39	12.50	0.06
最小值	22.47	18.94	9.60	11.86	0.50
最大值	95.27	825.55	100.00	77.78	0.97
样本量（个）	2262	2262	2262	2262	2262

表2 湖南省常德市大气环境资源分位数 (2018.1.1-2018.12.31)

指标类型	ASPI	EE	GCSP	GCO3	AECI
5%	27.06	19.96	13.73	16.52	0.55
10%	29.18	20.66	15.54	17.89	0.57
25%	33.03	41.48	28.03	20.04	0.61
50%	38.54	66.09	62.60	22.53	0.65
75%	51.28	109.01	88.79	26.01	0.69
90%	63.37	206.63	97.56	46.38	0.73

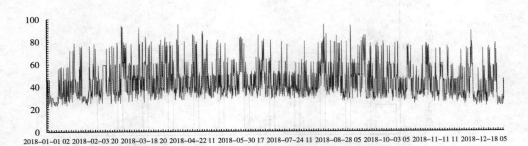

图1 湖南省常德市大气自然净化能力指数波形 (ASPI-2018.1.1-2018.12.31)

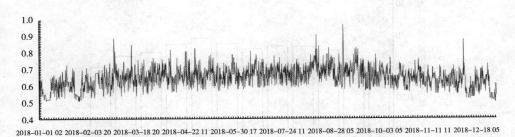

图2 湖南省常德市大气环境容量指数波形 (AECI-2018.1.1-2018.12.31)

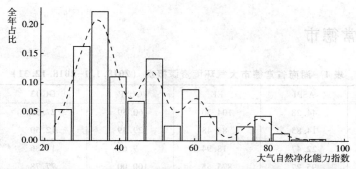

图 3　湖南省常德市大气自然净化能力指数分布 （ASPI-2018. 1. 1-2018. 12. 31）

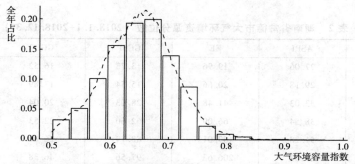

图 4　湖南省常德市大气环境容量指数分布 （AECI-2018. 1. 1-2018. 12. 31）

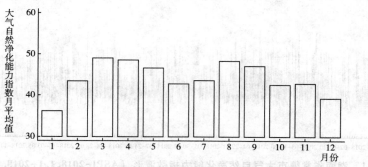

图 5　湖南省常德市大气自然净化能力指数月均变化 （ASPI-2018. 1. 1-2018. 12. 31）

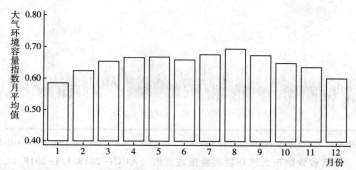

图 6　湖南省常德市大气环境容量指数月均变化 （AECI-2018. 1. 1-2018. 12. 31）

湖南省张家界市

表1 湖南省张家界市大气环境资源概况（2018.1.1-2018.12.31）

指标类型	ASPI	EE	GCSP	GCO3	AECI
平均值	33.16	43.32	57.86	29.67	0.61
标准误	4.08	15.16	29.47	14.18	0.04
最小值	24.47	19.37	9.18	14.02	0.52
最大值	60.51	200.48	100.00	79.77	0.74
样本量（个）	852	852	852	852	852

表2 湖南省张家界市大气环境资源分位数（2018.1.1-2018.12.31）

指标类型	ASPI	EE	GCSP	GCO3	AECI
5%	26.96	19.91	12.32	18.23	0.55
10%	28.71	20.60	13.28	19.05	0.56
25%	30.67	39.89	26.65	20.82	0.58
50%	33.04	41.03	63.53	23.29	0.61
75%	35.07	42.04	83.07	42.72	0.63
90%	37.69	65.50	95.95	48.21	0.66

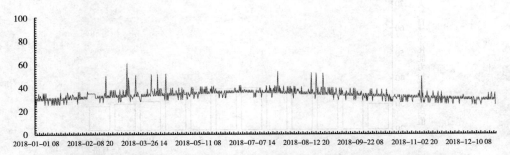

图1 湖南省张家界市大气自然净化能力指数波形（ASPI-2018.1.1-2018.12.31）

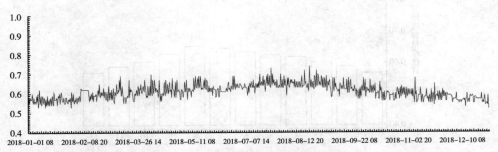

图2 湖南省张家界市大气环境容量指数波形（AECI-2018.1.1-2018.12.31）

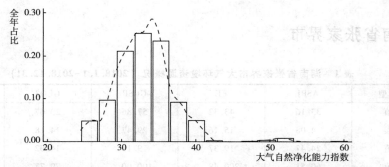

图 3　湖南省张家界市大气自然净化能力指数分布 （ASPI-2018.1.1~2018.12.31）

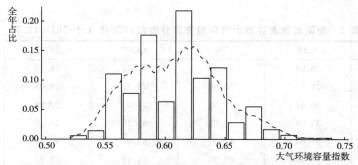

图 4　湖南省张家界市大气环境容量指数分布 （AECI-2018.1.1~2018.12.31）

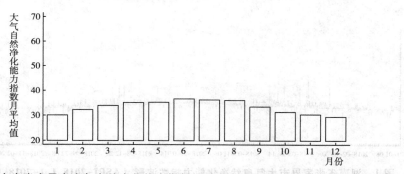

图 5　湖南省张家界市大气自然净化能力指数月均变化 （ASPI-2018.1.1~2018.12.31）

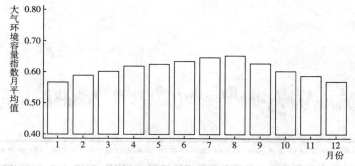

图 6　湖南省张家界市大气环境容量指数月均变化 （AECI-2018.1.1~2018.12.31）

湖南省益阳市

表 1　湖南省益阳市大气环境资源概况（2018. 1. 1−2018. 12. 31）

指标类型	ASPI	EE	GCSP	GCO3	AECI
平均值	38.96	71.74	58.47	30.22	0.64
标准误	9.70	46.26	28.86	14.54	0.05
最小值	24.89	19.46	9.62	14.13	0.52
最大值	81.52	294.77	100.00	78.80	0.79
样本量（个）	845	845	845	845	845

表 2　湖南省益阳市大气环境资源分位数（2018. 1. 1−2018. 12. 31）

指标类型	ASPI	EE	GCSP	GCO3	AECI
5%	29.09	39.29	13.76	18.23	0.56
10%	30.27	39.80	15.23	19.02	0.58
25%	32.88	41.00	27.58	20.96	0.60
50%	35.78	64.04	62.03	23.44	0.63
75%	40.96	67.76	84.35	43.64	0.67
90%	51.84	109.64	96.63	48.42	0.70

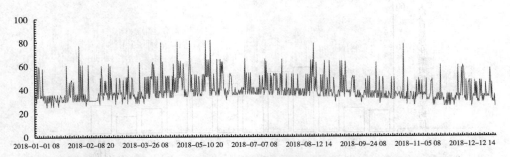

图 1　湖南省益阳市大气自然净化能力指数波形（ASPI−2018. 1. 1−2018. 12. 31）

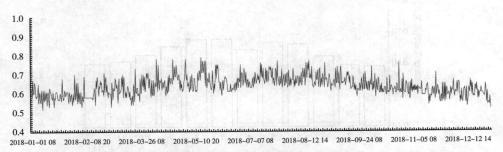

图 2　湖南省益阳市大气环境容量指数波形（AECI−2018. 1. 1−2018. 12. 31）

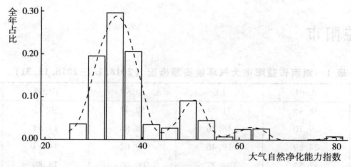

图 3　湖南省益阳市大气自然净化能力指数分布（ASPI-2018.1.1-2018.12.31）

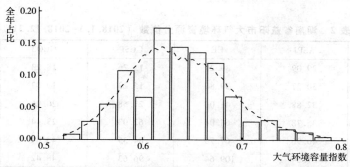

图 4　湖南省益阳市大气环境容量指数分布（AECI-2018.1.1-2018.12.31）

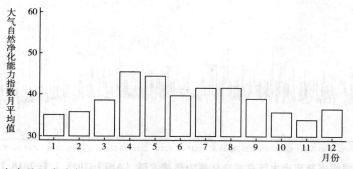

图 5　湖南省益阳市大气自然净化能力指数月均变化（ASPI-2018.1.1-2018.12.31）

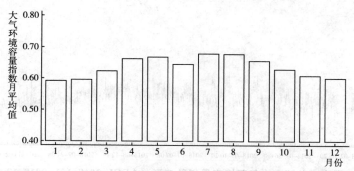

图 6　湖南省益阳市大气环境容量指数月均变化（AECI-2018.1.1-2018.12.31）

湖南省郴州市

表 1 湖南省郴州市大气环境资源概况 （2018.1.1-2018.12.31）

指标类型	ASPI	EE	GCSP	GCO3	AECI
平均值	55.91	206.52	64.39	27.16	0.70
标准误	21.68	210.13	30.82	11.15	0.10
最小值	23.16	19.09	9.60	12.57	0.51
最大值	99.04	1194.44	98.76	75.74	1.03
样本量（个）	2218	2218	2218	2218	2218

表 2 湖南省郴州市大气环境资源分位数 （2018.1.1-2018.12.31）

指标类型	ASPI	EE	GCSP	GCO3	AECI
5%	30.20	39.78	13.86	17.60	0.58
10%	32.52	40.91	15.73	18.68	0.60
25%	36.11	64.25	29.70	20.66	0.63
50%	49.66	107.17	70.46	23.02	0.67
75%	77.35	282.33	95.51	25.98	0.74
90%	90.31	619.83	96.66	46.17	0.86

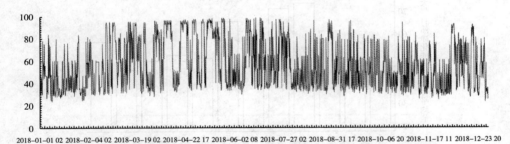

图 1 湖南省郴州市大气自然净化能力指数波形 （ASPI-2018.1.1-2018.12.31）

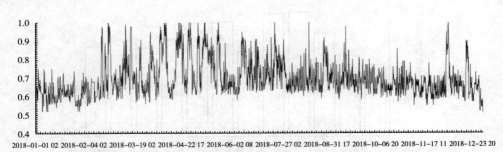

图 2 湖南省郴州市大气环境容量指数波形 （AECI-2018.1.1-2018.12.31）

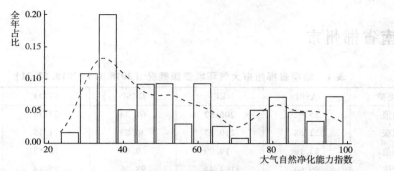

图 3　湖南省郴州市大气自然净化能力指数分布（ASPI-2018.1.1-2018.12.31）

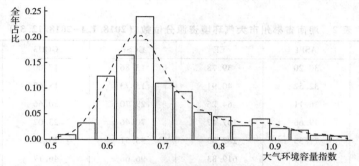

图 4　湖南省郴州市大气环境容量指数分布（AECI-2018.1.1-2018.12.31）

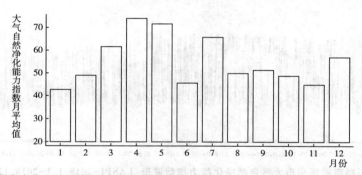

图 5　湖南省郴州市大气自然净化能力指数月均变化（ASPI-2018.1.1-2018.12.31）

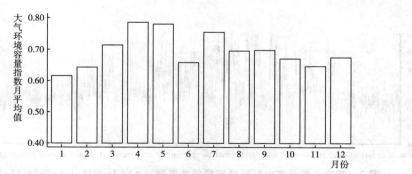

图 6　湖南省郴州市大气环境容量指数月均变化（AECI-2018.1.1-2018.12.31）

湖南省永州市

表1 湖南省永州市大气环境资源概况（2018.1.1-2018.12.31）

指标类型	ASPI	EE	GCSP	GCO3	AECI
平均值	50.41	144.52	58.41	30.24	0.67
标准误	18.36	139.37	31.24	13.99	0.07
最小值	25.67	19.63	9.62	14.47	0.52
最大值	99.14	1006.10	100.00	78.04	1.04
样本量（个）	837	837	837	837	837

表2 湖南省永州市大气环境资源分位数（2018.1.1-2018.12.31）

指标类型	ASPI	EE	GCSP	GCO3	AECI
5%	30.28	39.75	13.38	18.60	0.58
10%	32.03	40.59	14.43	19.52	0.59
25%	35.50	63.14	26.89	21.29	0.62
50%	46.62	103.72	61.18	23.78	0.66
75%	61.51	202.62	89.97	43.60	0.71
90%	80.67	296.15	98.01	48.35	0.76

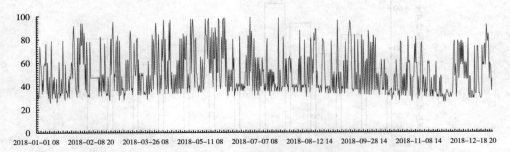

图1 湖南省永州市大气自然净化能力指数波形（ASPI-2018.1.1-2018.12.31）

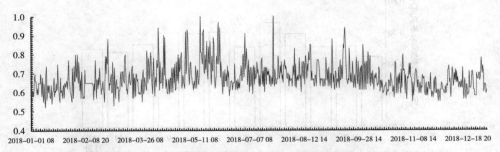

图2 湖南省永州市大气环境容量指数波形（AECI-2018.1.1-2018.12.31）

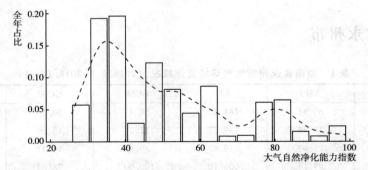

图 3　湖南省永州市大气自然净化能力指数分布（ASPI-2018.1.1-2018.12.31）

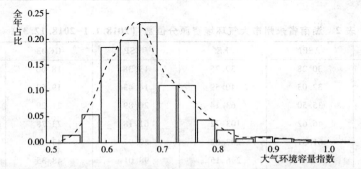

图 4　湖南省永州市大气环境容量指数分布（AECI-2018.1.1-2018.12.31）

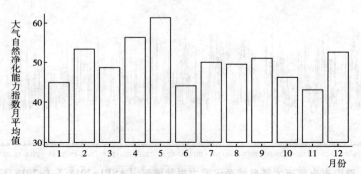

图 5　湖南省永州市大气自然净化能力指数月均变化（ASPI-2018.1.1-2018.12.31）

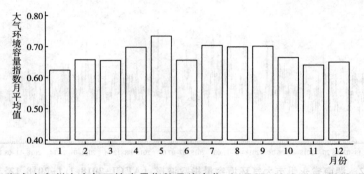

图 6　湖南省永州市大气环境容量指数月均变化（AECI-2018.1.1-2018.12.31）

湖南省娄底市

表 1 湖南省娄底市大气环境资源概况 （2018.1.1-2018.12.31）

指标类型	ASPI	EE	GCSP	GCO3	AECI
平均值	40.43	79.36	55.59	29.49	0.64
标准误	11.43	59.00	30.65	13.68	0.05
最小值	24.82	19.45	9.17	14.24	0.52
最大值	87.53	409.55	100.00	77.73	0.83
样本量（个）	837	837	837	837	837

表 2 湖南省娄底市大气环境资源分位数 （2018.1.1-2018.12.31）

指标类型	ASPI	EE	GCSP	GCO3	AECI
5%	28.94	20.66	12.49	18.30	0.56
10%	30.00	39.62	13.73	19.17	0.57
25%	33.10	41.13	26.41	20.99	0.60
50%	36.37	64.39	58.06	23.53	0.64
75%	47.04	104.20	83.06	42.82	0.67
90%	59.03	197.29	96.37	48.07	0.71

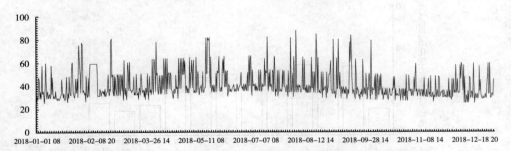

图 1 湖南省娄底市大气自然净化能力指数波形 （ASPI-2018.1.1-2018.12.31）

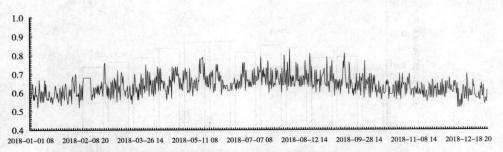

图 2 湖南省娄底市大气环境容量指数波形 （AECI-2018.1.1-2018.12.31）

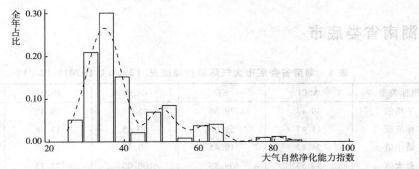

图3　湖南省娄底市大气自然净化能力指数分布（ASPI-2018.1.1~2018.12.31）

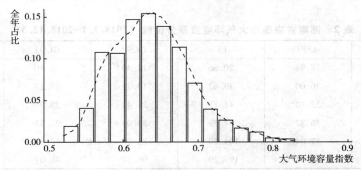

图4　湖南省娄底市大气环境容量指数分布（AECI-2018.1.1~2018.12.31）

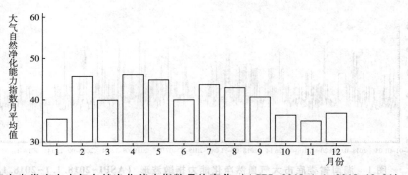

图5　湖南省娄底市大气自然净化能力指数月均变化（ASPI-2018.1.1~2018.12.31）

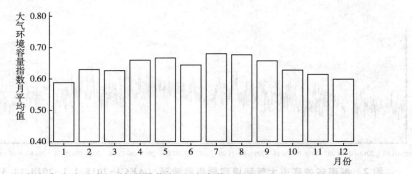

图6　湖南省娄底市大气环境容量指数月均变化（AECI-2018.1.1~2018.12.31）

湖南省湘西土家族苗族自治州

表1 湖南省湘西自治州大气环境资源概况（2018.1.1-2018.12.31）

指标类型	ASPI	EE	GCSP	GCO3	AECI
平均值	35.28	56.46	68.49	27.08	0.61
标准误	10.11	51.15	27.68	12.24	0.05
最小值	22.57	18.96	10.01	12.09	0.51
最大值	88.07	411.89	100.00	78.77	0.87
样本量（个）	2264	2264	2264	2264	2264

表2 湖南省湘西自治州大气环境资源分位数（2018.1.1-2018.12.31）

指标类型	ASPI	EE	GCSP	GCO3	AECI
5%	25.51	19.60	14.61	17.13	0.54
10%	27.02	19.94	22.09	18.21	0.56
25%	29.64	38.97	50.30	20.20	0.58
50%	32.60	40.92	75.85	22.61	0.61
75%	36.43	64.35	92.25	25.52	0.64
90%	49.41	106.88	100.00	46.35	0.68

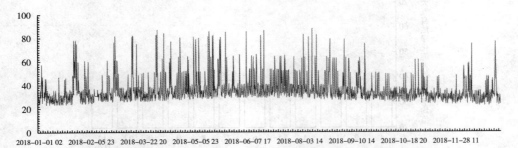

图1 湖南省湘西自治州大气自然净化能力指数波形（ASPI-2018.1.1-2018.12.31）

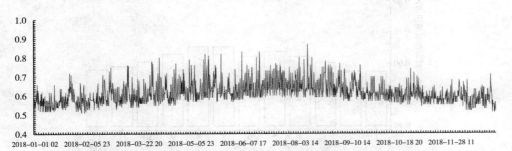

图2 湖南省湘西自治州大气环境容量指数波形（AECI-2018.1.1-2018.12.31）

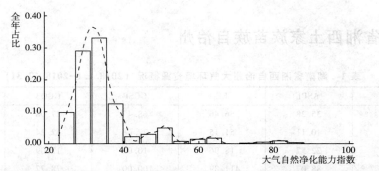

图 3　湖南省湘西自治州大气自然净化能力指数分布（ASPI-2018.1.1~2018.12.31）

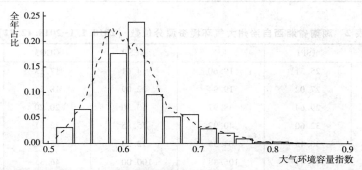

图 4　湖南省湘西自治州大气环境容量指数分布（AECI-2018.1.1~2018.12.31）

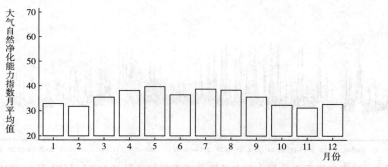

图 5　湖南省湘西自治州大气自然净化能力指数月均变化（ASPI-2018.1.1~2018.12.31）

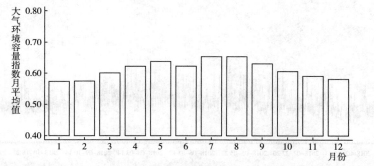

图 6　湖南省湘西自治州大气环境容量指数月均变化（AECI-2018.1.1~2018.12.31）

广东省

广东省广州市

表 1　广东省广州市大气环境资源概况（2018.1.1–2018.12.31）

指标类型	ASPI	EE	GCSP	GCO3	AECI
平均值	43.76	100.10	64.04	30.86	0.66
标准误	14.76	93.24	26.72	13.20	0.05
最小值	25.59	19.62	9.80	17.06	0.56
最大值	96.96	1127.18	98.82	77.50	1.00
样本量（个）	2214	2214	2214	2214	2214

表 2　广东省广州市大气环境资源分位数（2018.1.1–2018.12.31）

指标类型	ASPI	EE	GCSP	GCO3	AECI
5%	30.32	39.79	14.59	18.95	0.60
10%	31.67	40.44	17.49	19.81	0.61
25%	34.09	41.83	47.21	21.60	0.63
50%	37.36	65.22	68.57	23.95	0.65
75%	49.41	106.88	88.15	44.25	0.69
90%	65.29	210.76	95.28	47.98	0.74

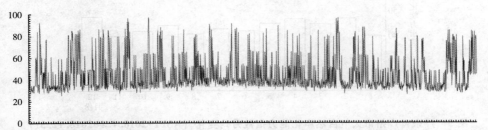

2018-01-01 02　2018-02-03 23　2018-03-19 05　2018-04-23 05　2018-06-03 05　2018-07-28 11　2018-09-02 11　2018-10-07 23　2018-11-18 17　2018-12-25 05

图 1　广东省广州市大气自然净化能力指数波形（ASPI–2018.1.1–2018.12.31）

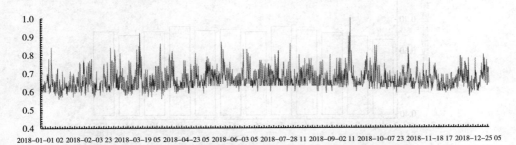

2018-01-01 02　2018-02-03 23　2018-03-19 05　2018-04-23 05　2018-06-03 05　2018-07-28 11　2018-09-02 11　2018-10-07 23　2018-11-18 17　2018-12-25 05

图 2　广东省广州市大气环境容量指数波形（AECI–2018.1.1–2018.12.31）

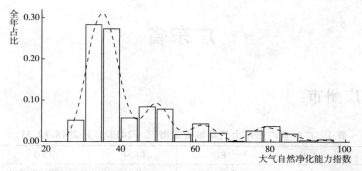

图 3　广东省广州市大气自然净化能力指数分布（ASPI-2018.1.1-2018.12.31）

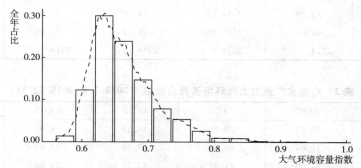

图 4　广东省广州市大气环境容量指数分布（AECI-2018.1.1-2018.12.31）

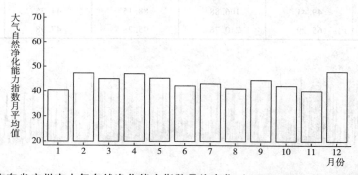

图 5　广东省广州市大气自然净化能力指数月均变化（ASPI-2018.1.1-2018.12.31）

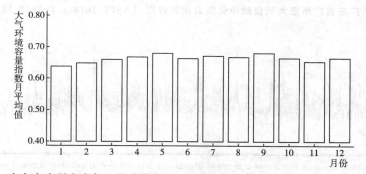

图 6　广东省广州市大气环境容量指数月均变化（AECI-2018.1.1-2018.12.31）

广东省深圳市

表 1　广东省深圳市大气环境资源概况（2018.1.1－2018.12.31）

指标类型	ASPI	EE	GCSP	GCO3	AECI
平均值	39.94	76.61	55.89	32.23	0.65
标准误	11.03	62.96	22.82	12.58	0.04
最小值	24.56	19.39	9.88	17.46	0.57
最大值	97.30	978.49	97.65	66.33	1.00
样本量（个）	2224	2224	2224	2224	2224

表 2　广东省深圳市大气环境资源分位数（2018.1.1－2018.12.31）

指标类型	ASPI	EE	GCSP	GCO3	AECI
5%	29.53	39.45	13.96	19.28	0.60
10%	30.69	39.99	16.16	20.12	0.61
25%	33.13	41.13	43.06	21.83	0.63
50%	35.94	63.99	59.06	24.45	0.64
75%	41.88	68.39	73.38	44.94	0.67
90%	53.43	111.44	83.78	47.90	0.71

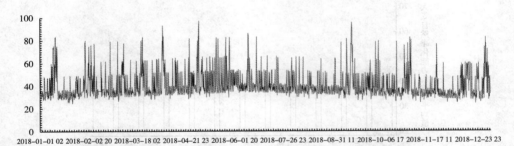

图 1　广东省深圳市大气自然净化能力指数波形（ASPI-2018.1.1－2018.12.31）

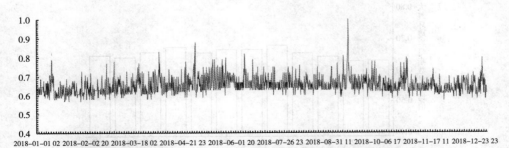

图 2　广东省深圳市大气环境容量指数波形（AECI-2018.1.1－2018.12.31）

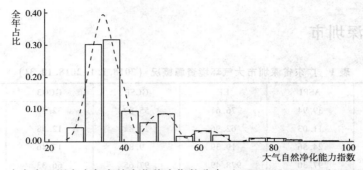

图 3　广东省深圳市大气自然净化能力指数分布 （ASPI-2018.1.1-2018.12.31）

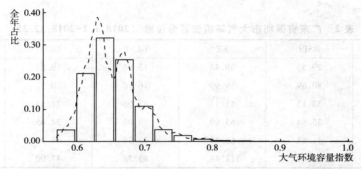

图 4　广东省深圳市大气环境容量指数分布 （AECI-2018.1.1-2018.12.31）

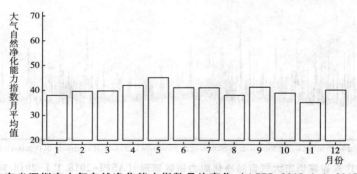

图 5　广东省深圳市大气自然净化能力指数月均变化 （ASPI-2018.1.1-2018.12.31）

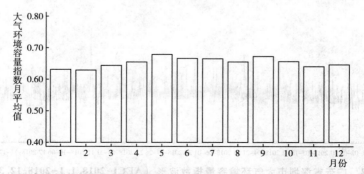

图 6　广东省深圳市大气环境容量指数月均变化 （AECI-2018.1.1-2018.12.31）

广东省珠海市

表1　广东省珠海市大气环境资源概况（2018.1.1-2018.12.31）

指标类型	ASPI	EE	GCSP	GCO3	AECI
平均值	53.18	155.32	64.32	31.38	0.70
标准误	16.98	126.47	20.95	11.95	0.05
最小值	23.49	19.16	11.42	17.53	0.57
最大值	97.29	1756.33	97.64	65.82	1.00
样本量（个）	2361	2361	2361	2361	2361

表2　广东省珠海市大气环境资源分位数（2018.1.1-2018.12.31）

指标类型	ASPI	EE	GCSP	GCO3	AECI
5%	32.93	41.19	15.99	19.30	0.63
10%	34.58	62.11	27.90	20.19	0.64
25%	38.07	65.76	53.83	21.88	0.66
50%	49.73	107.25	68.39	24.19	0.69
75%	63.35	206.59	79.77	44.63	0.73
90%	79.92	296.47	88.04	47.50	0.77

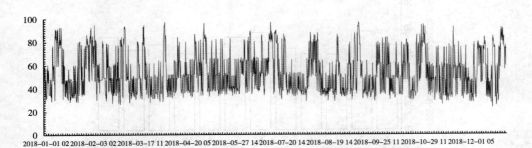

图1　广东省珠海市大气自然净化能力指数波形（ASPI-2018.1.1-2018.12.31）

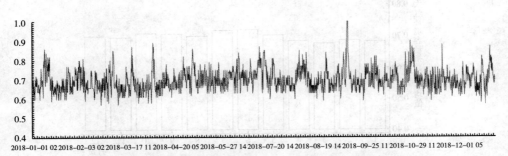

图2　广东省珠海市大气环境容量指数波形（AECI-2018.1.1-2018.12.31）

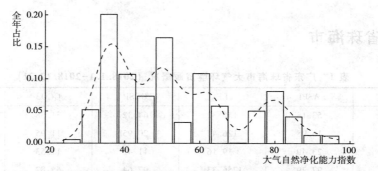

图 3 广东省珠海市大气自然净化能力指数分布 (ASPI-2018. 1. 1-2018. 12. 31)

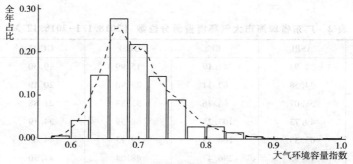

图 4 广东省珠海市大气环境容量指数分布 (AECI-2018. 1. 1-2018. 12. 31)

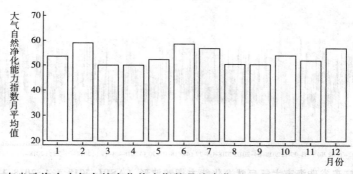

图 5 广东省珠海市大气自然净化能力指数月均变化 (ASPI-2018. 1. 1-2018. 12. 31)

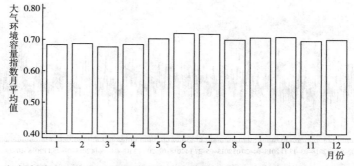

图 6 广东省珠海市大气环境容量指数月均变化 (AECI-2018. 1. 1-2018. 12. 31)

广东省汕头市

表 1　广东省汕头市大气环境资源概况（2018.1.1–2018.12.31）

指标类型	ASPI	EE	GCSP	GCO3	AECI
平均值	37.92	65.25	52.66	32.66	0.65
标准误	8.66	38.98	22.95	13.46	0.04
最小值	23.34	19.13	9.57	17.53	0.54
最大值	85.74	355.53	100.00	77.72	0.82
样本量（个）	2211	2211	2211	2211	2211

表 2　广东省汕头市大气环境资源分位数（2018.1.1–2018.12.31）

指标类型	ASPI	EE	GCSP	GCO3	AECI
5%	28.97	39.02	15.24	19.10	0.58
10%	30.07	39.69	21.43	19.92	0.60
25%	32.27	40.70	27.99	21.66	0.62
50%	35.27	63.08	54.38	24.26	0.64
75%	39.88	67.01	68.86	45.33	0.67
90%	51.60	109.37	82.63	48.58	0.70

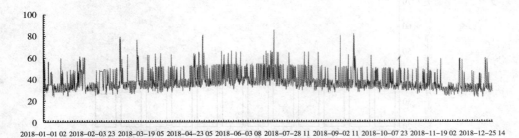

图 1　广东省汕头市大气自然净化能力指数波形（ASPI–2018.1.1–2018.12.31）

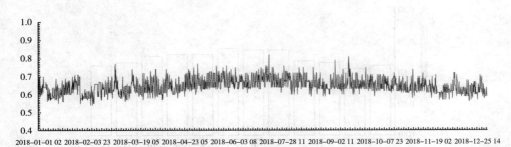

图 2　广东省汕头市大气环境容量指数波形（AECI–2018.1.1–2018.12.31）

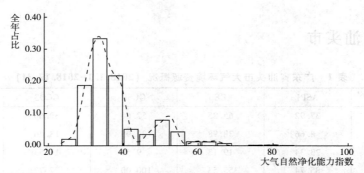

图 3　广东省汕头市大气自然净化能力指数分布（ASPI-2018.1.1-2018.12.31）

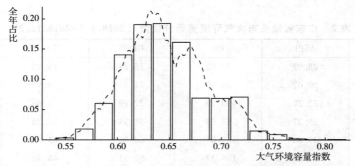

图 4　广东省汕头市大气环境容量指数分布（AECI-2018.1.1-2018.12.31）

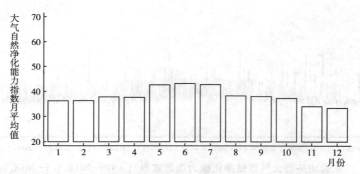

图 5　广东省汕头市大气自然净化能力指数月均变化（ASPI-2018.1.1-2018.12.31）

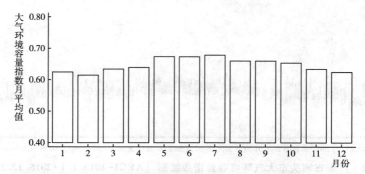

图 6　广东省汕头市大气环境容量指数月均变化（AECI-2018.1.1-2018.12.31）

广东省佛山市

表 1 广东省佛山市大气环境资源概况（2018.1.1–2018.12.31）

指标类型	ASPI	EE	GCSP	GCO3	AECI
平均值	45.59	105.74	52.22	33.82	0.67
标准误	14.73	88.06	25.46	14.11	0.05
最小值	26.28	19.77	9.98	19.08	0.54
最大值	96.65	709.79	100.00	77.71	0.92
样本量（个）	823	823	823	823	823

表 2 广东省佛山市大气环境资源分位数（2018.1.1–2018.12.31）

指标类型	ASPI	EE	GCSP	GCO3	AECI
5%	30.52	39.90	13.59	19.99	0.60
10%	31.50	40.36	15.52	20.78	0.61
25%	35.37	43.24	27.09	22.32	0.64
50%	39.33	66.63	55.72	25.15	0.67
75%	52.17	110.02	73.47	46.11	0.70
90%	65.54	211.31	85.96	49.13	0.74

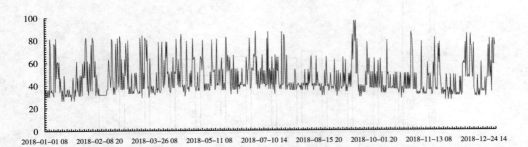

图 1 广东省佛山市大气自然净化能力指数波形（ASPI-2018.1.1–2018.12.31）

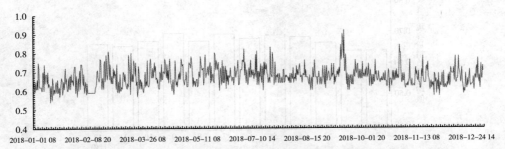

图 2 广东省佛山市大气环境容量指数波形（AECI-2018.1.1–2018.12.31）

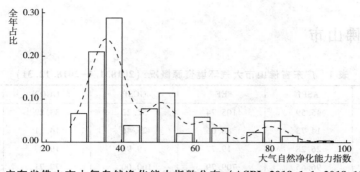

图 3 广东省佛山市大气自然净化能力指数分布 （ASPI-2018.1.1-2018.12.31）

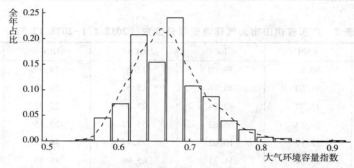

图 4 广东省佛山市大气环境容量指数分布 （AECI-2018.1.1-2018.12.31）

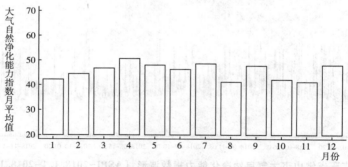

图 5 广东省佛山市大气自然净化能力指数月均变化 （ASPI-2018.1.1-2018.12.31）

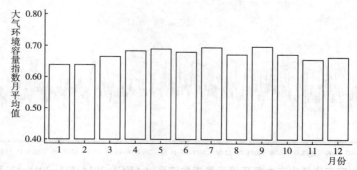

图 6 广东省佛山市大气环境容量指数月均变化 （AECI-2018.1.1-2018.12.31）

广东省韶关市

表 1　广东省韶关市大气环境资源概况（2018.1.1–2018.12.31）

指标类型	ASPI	EE	GCSP	GCO3	AECI
平均值	43.44	98.82	63.76	29.91	0.66
标准误	14.89	87.89	27.52	13.42	0.06
最小值	23.14	19.09	8.99	14.38	0.55
最大值	98.61	795.19	100.00	77.91	0.95
样本量（个）	2215	2215	2215	2215	2215

表 2　广东省韶关市大气环境资源分位数（2018.1.1–2018.12.31）

指标类型	ASPI	EE	GCSP	GCO3	AECI
5%	29.93	39.61	14.41	18.42	0.59
10%	31.23	40.23	16.31	19.35	0.60
25%	33.70	41.74	44.84	21.13	0.62
50%	36.94	64.88	67.13	23.48	0.65
75%	49.22	106.66	89.74	43.11	0.68
90%	64.59	209.25	95.68	48.38	0.74

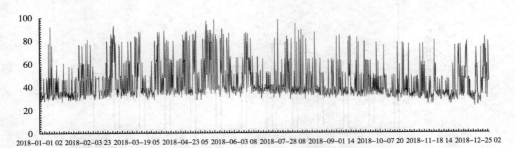

图 1　广东省韶关市大气自然净化能力指数波形（ASPI–2018.1.1–2018.12.31）

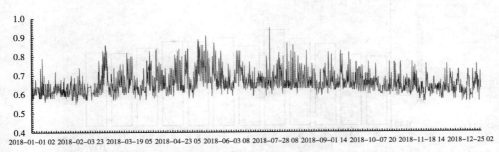

图 2　广东省韶关市大气环境容量指数波形（AECI–2018.1.1–2018.12.31）

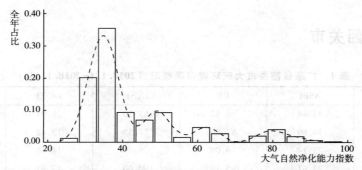

图 3　广东省韶关市大气自然净化能力指数分布 （ASPI-2018.1.1-2018.12.31）

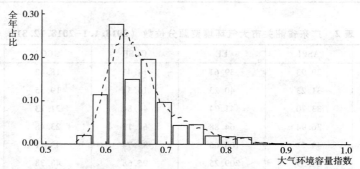

图 4　广东省韶关市大气环境容量指数分布 （AECI-2018.1.1-2018.12.31）

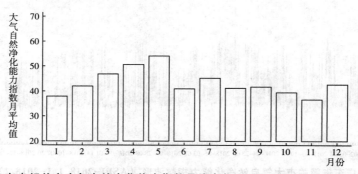

图 5　广东省韶关市大气自然净化能力指数月均变化 （ASPI-2018.1.1-2018.12.31）

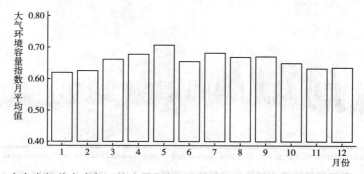

图 6　广东省韶关市大气环境容量指数月均变化 （AECI-2018.1.1-2018.12.31）

广东省河源市

表 1 广东省河源市大气环境资源概况 （2018.1.1–2018.12.31）

指标类型	ASPI	EE	GCSP	GCO3	AECI
平均值	39.36	74.86	54.35	32.23	0.65
标准误	11.71	63.87	26.04	14.25	0.04
最小值	23.68	19.20	9.10	16.91	0.53
最大值	97.19	713.80	100.00	78.14	0.92
样本量（个）	2214	2214	2214	2214	2214

表 2 广东省河源市大气环境资源分位数 （2018.1.1–2018.12.31）

指标类型	ASPI	EE	GCSP	GCO3	AECI
5%	29.01	39.01	13.38	18.85	0.59
10%	30.25	39.77	15.05	19.72	0.60
25%	32.50	40.81	27.75	21.49	0.62
50%	35.60	63.10	56.11	24.01	0.64
75%	40.12	67.18	75.40	44.73	0.67
90%	53.27	111.26	87.96	48.62	0.71

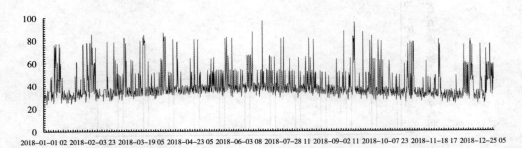

图 1 广东省河源市大气自然净化能力指数波形 （ASPI–2018.1.1–2018.12.31）

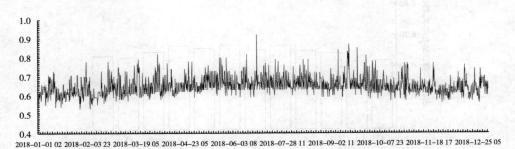

图 2 广东省河源市大气环境容量指数波形 （AECI–2018.1.1–2018.12.31）

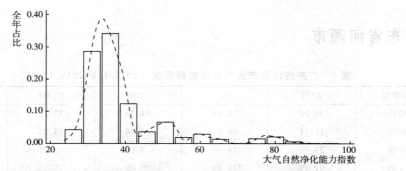

图 3　广东省河源市大气自然净化能力指数分布（ASPI-2018.1.1-2018.12.31）

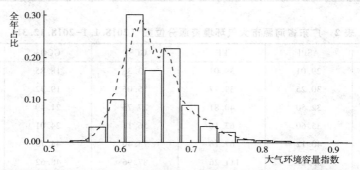

图 4　广东省河源市大气环境容量指数分布（AECI-2018.1.1-2018.12.31）

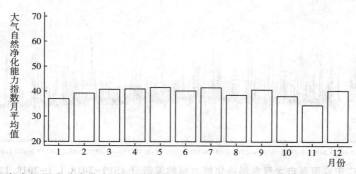

图 5　广东省河源市大气自然净化能力指数月均变化（ASPI-2018.1.1-2018.12.31）

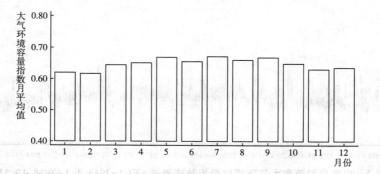

图 6　广东省河源市大气环境容量指数月均变化（AECI-2018.1.1-2018.12.31）

广东省梅州市

表 1 广东省梅州市大气环境资源概况（2018.1.1-2018.12.31）

指标类型	ASPI	EE	GCSP	GCO3	AECI
平均值	37.28	63.67	55.08	31.20	0.64
标准误	8.58	42.77	25.60	14.23	0.04
最小值	23.57	19.18	8.51	16.87	0.53
最大值	88.64	414.32	97.51	78.33	0.83
样本量（个）	2214	2214	2214	2214	2214

表 2 广东省梅州市大气环境资源分位数（2018.1.1-2018.12.31）

指标类型	ASPI	EE	GCSP	GCO3	AECI
5%	28.93	39.05	13.55	18.73	0.58
10%	30.38	39.79	15.19	19.57	0.60
25%	32.58	40.88	27.93	21.35	0.62
50%	34.99	42.83	58.85	23.71	0.63
75%	38.54	66.09	76.95	44.16	0.66
90%	48.83	106.23	87.70	48.58	0.69

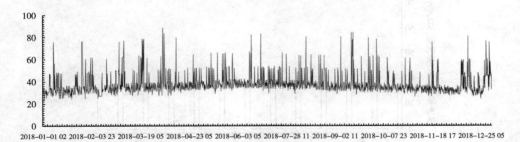

图 1 广东省梅州市大气自然净化能力指数波形（ASPI-2018.1.1-2018.12.31）

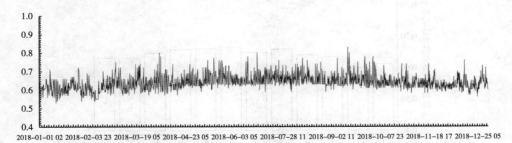

图 2 广东省梅州市大气环境容量指数波形（AECI-2018.1.1-2018.12.31）

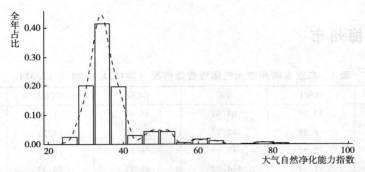

图 3　广东省梅州市大气自然净化能力指数分布（ASPI-2018. 1. 1-2018. 12. 31）

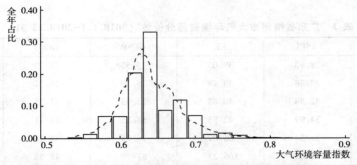

图 4　广东省梅州市大气环境容量指数分布（AECI-2018. 1. 1-2018. 12. 31）

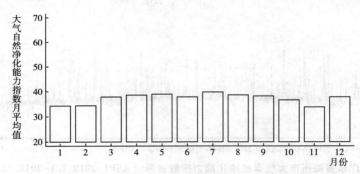

图 5　广东省梅州市大气自然净化能力指数月均变化（ASPI-2018. 1. 1-2018. 12. 31）

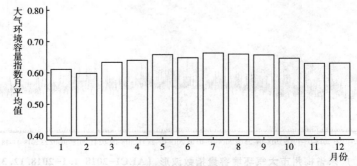

图 6　广东省梅州市大气环境容量指数月均变化（AECI-2018. 1. 1-2018. 12. 31）

广东省惠州市

表 1 广东省惠州市大气环境资源概况 (2018.1.1–2018.12.31)

指标类型	ASPI	EE	GCSP	GCO3	AECI
平均值	42.56	91.59	56.56	31.27	0.66
标准误	12.92	77.56	25.30	13.22	0.05
最小值	23.80	19.23	10.00	17.14	0.56
最大值	98.31	966.96	97.66	78.42	1.00
样本量（个）	2214	2214	2214	2214	2214

表 2 广东省惠州市大气环境资源分位数 (2018.1.1–2018.12.31)

指标类型	ASPI	EE	GCSP	GCO3	AECI
5%	30	39.62	13.78	19.07	0.60
10%	31.39	40.31	15.82	19.94	0.61
25%	33.93	41.65	40.88	21.64	0.63
50%	37.48	65.33	59.11	24.05	0.66
75%	48.80	106.19	76.86	44.27	0.69
90%	61.11	201.76	91.20	47.80	0.72

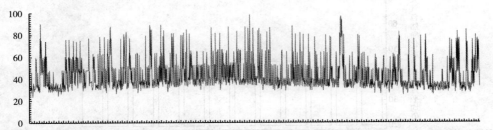

图 1 广东省惠州市大气自然净化能力指数波形 (ASPI–2018.1.1–2018.12.31)

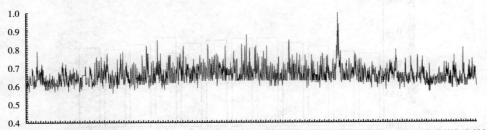

图 2 广东省惠州市大气环境容量指数波形 (AECI–2018.1.1–2018.12.31)

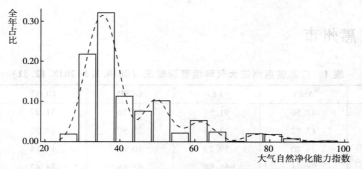

图 3　广东省惠州市大气自然净化能力指数分布（ASPI-2018.1.1-2018.12.31）

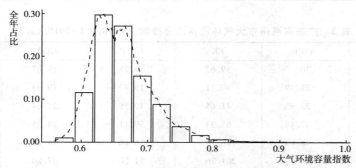

图 4　广东省惠州市大气环境容量指数分布（AECI-2018.1.1-2018.12.31）

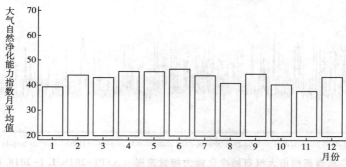

图 5　广东省惠州市大气自然净化能力指数月均变化（ASPI-2018.1.1-2018.12.31）

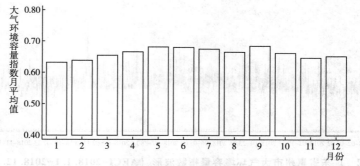

图 6　广东省惠州市大气环境容量指数月均变化（AECI-2018.1.1-2018.12.31）

广东省汕尾市

表 1 广东省汕尾市大气环境资源概况 （2018.1.1-2018.12.31）

指标类型	ASPI	EE	GCSP	GCO3	AECI
平均值	44.04	99.26	57.69	31.87	0.67
标准误	14.13	82.52	22.17	12.11	0.05
最小值	24.41	19.36	8.24	17.48	0.55
最大值	96.70	1322.44	97.53	65.49	1.01
样本量（个）	2211	2211	2211	2211	2211

表 2 广东省汕尾市大气环境资源分位数 （2018.1.1-2018.12.31）

指标类型	ASPI	EE	GCSP	GCO3	AECI
5%	29.68	39.52	15.07	19.21	0.60
10%	31.20	40.23	26.35	20.02	0.61
25%	33.98	41.97	44.75	21.77	0.63
50%	38.04	65.74	60.79	24.44	0.66
75%	51.13	108.83	75.21	45.01	0.70
90%	64.54	209.14	84.25	47.91	0.74

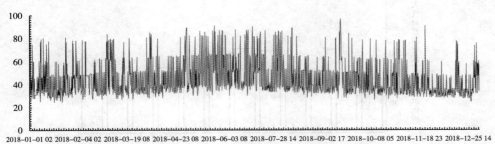

图 1 广东省汕尾市大气自然净化能力指数波形 （ASPI-2018.1.1-2018.12.31）

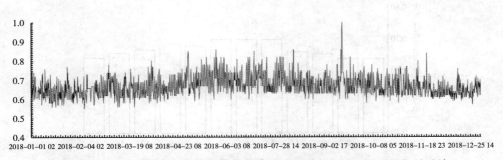

图 2 广东省汕尾市大气环境容量指数波形 （AECI-2018.1.1-2018.12.31）

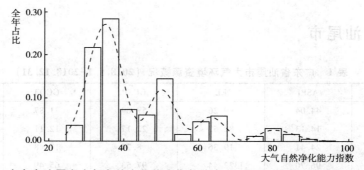

图 3　广东省汕尾市大气自然净化能力指数分布（ASPI-2018.1.1-2018.12.31）

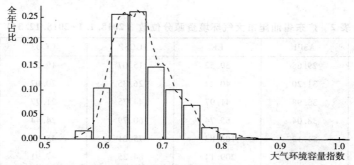

图 4　广东省汕尾市大气环境容量指数分布（AECI-2018.1.1-2018.12.31）

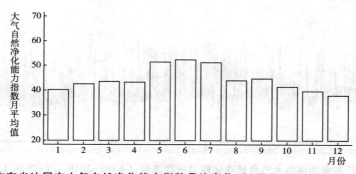

图 5　广东省汕尾市大气自然净化能力指数月均变化（ASPI-2018.1.1-2018.12.31）

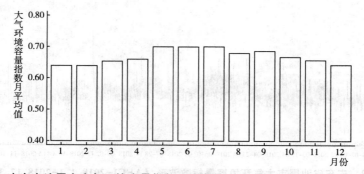

图 6　广东省汕尾市大气环境容量指数月均变化（AECI-2018.1.1-2018.12.31）

广东省东莞市

表1 广东省东莞市大气环境资源概况（2018.1.1-2018.12.31）

指标类型	ASPI	EE	GCSP	GCO3	AECI
平均值	42.95	93.70	54.50	32.08	0.66
标准误	13.14	77.78	24.70	13.19	0.05
最小值	24.41	19.36	10.57	17.27	0.57
最大值	96.68	1127.64	97.66	77.46	1.00
样本量（个）	2212	2212	2212	2212	2212

表2 广东省东莞市大气环境资源分位数（2018.1.1-2018.12.31）

指标类型	ASPI	EE	GCSP	GCO3	AECI
5%	29.91	39.62	13.88	19.15	0.60
10%	31.47	40.34	15.70	20.02	0.61
25%	34.09	41.93	28.15	21.77	0.63
50%	37.42	65.27	57.39	24.40	0.66
75%	50.04	107.59	73.56	44.67	0.69
90%	62.57	204.92	87.37	48.04	0.73

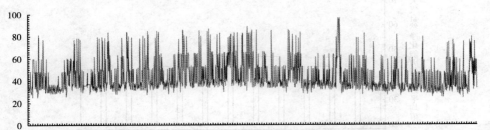

2018-01-01 02 2018-02-04 05 2018-03-19 11 2018-04-23 11 2018-06-03 14 2018-07-28 17 2018-09-02 20 2018-10-08 05 2018-11-18 23 2018-12-25 11

图1 广东省东莞市大气自然净化能力指数波形（ASPI-2018.1.1-2018.12.31）

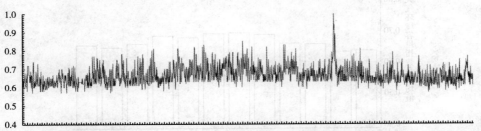

2018-01-01 02 2018-02-04 05 2018-03-19 11 2018-04-23 11 2018-06-03 14 2018-07-28 17 2018-09-02 20 2018-10-08 05 2018-11-18 23 2018-12-25 11

图2 广东省东莞市大气环境容量指数波形（AECI-2018.1.1-2018.12.31）

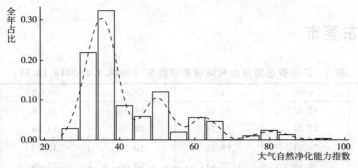

图 3　广东省东莞市大气自然净化能力指数分布（ASPI-2018.1.1-2018.12.31）

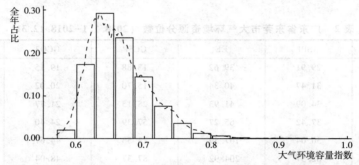

图 4　广东省东莞市大气环境容量指数分布（AECI-2018.1.1-2018.12.31）

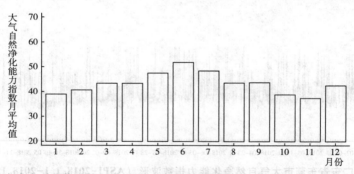

图 5　广东省东莞市大气自然净化能力指数月均变化（ASPI-2018.1.1-2018.12.31）

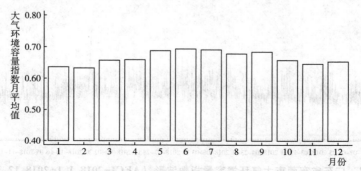

图 6　广东省东莞市大气环境容量指数月均变化（AECI-2018.1.1-2018.12.31）

广东省中山市

表 1　广东省中山市大气环境资源概况（2018. 1. 1-2018. 12. 31）

指标类型	ASPI	EE	GCSP	GCO3	AECI
平均值	39. 25	72. 76	63. 75	32. 49	0. 65
标准误	10. 50	57. 25	26. 85	13. 34	0. 04
最小值	23. 56	19. 18	9. 86	17. 37	0. 55
最大值	96. 75	919. 53	100. 00	78. 23	1. 00
样本量（个）	2212	2212	2212	2212	2212

表 2　广东省中山市大气环境资源分位数（2018. 1. 1-2018. 12. 31）

指标类型	ASPI	EE	GCSP	GCO3	AECI
5%	29. 29	39. 24	14. 00	19. 22	0. 59
10%	30. 50	39. 90	22. 02	20. 08	0. 60
25%	32. 68	40. 91	45. 76	21. 84	0. 62
50%	35. 75	63. 46	68. 08	24. 40	0. 64
75%	40. 64	67. 55	87. 45	45. 01	0. 67
90%	52. 64	110. 55	96. 85	48. 36	0. 71

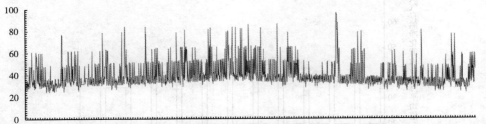

2018-01-01 02　2018-02-04 05　2018-03-19 11　2018-04-23 11　2018-06-03 14　2018-07-28 17　2018-09-02 20　2018-10-08 05　2018-11-18 23　2018-12-25 11

图 1　广东省中山市大气自然净化能力指数波形（ASPI-2018. 1. 1-2018. 12. 31）

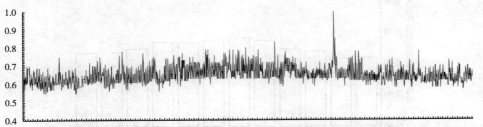

2018-01-01 02　2018-02-04 05　2018-03-19 11　2018-04-23 11　2018-06-03 14　2018-07-28 17　2018-09-02 20　2018-10-08 05　2018-11-18 23　2018-12-25 11

图 2　广东省中山市大气环境容量指数波形（AECI-2018. 1. 1-2018. 12. 31）

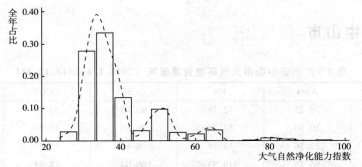

图 3　广东省中山市大气自然净化能力指数分布（ASPI-2018.1.1-2018.12.31）

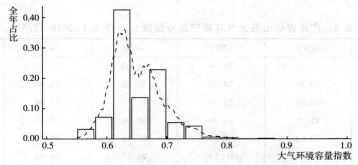

图 4　广东省中山市大气环境容量指数分布（AECI-2018.1.1-2018.12.31）

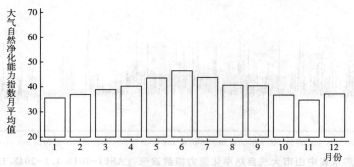

图 5　广东省中山市大气自然净化能力指数月均变化（ASPI-2018.1.1-2018.12.31）

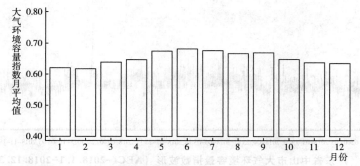

图 6　广东省中山市大气环境容量指数月均变化（AECI-2018.1.1-2018.12.31）

广东省江门市

表 1　广东省江门市大气环境资源概况（2018.1.1–2018.12.31）

指标类型	ASPI	EE	GCSP	GCO3	AECI
平均值	48.26	120.98	54.03	33.73	0.68
标准误	15.62	101.99	25.67	13.47	0.05
最小值	25.64	19.63	10.43	17.21	0.53
最大值	96.75	1128.46	98.82	77.21	1.00
样本量（个）	823	823	823	823	823

表 2　广东省江门市大气环境资源分位数（2018.1.1–2018.12.31）

指标类型	ASPI	EE	GCSP	GCO3	AECI
5%	31.43	40.28	13.20	20.21	0.61
10%	33.23	41.11	15.23	21.00	0.62
25%	35.67	63.49	27.73	22.49	0.64
50%	41.79	68.34	57.44	25.20	0.67
75%	58.62	196.41	73.86	46.41	0.71
90%	76.69	280.21	87.77	48.56	0.75

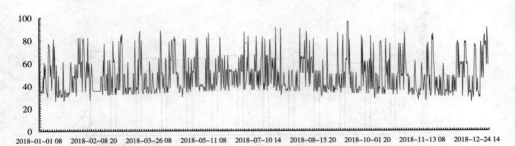

图 1　广东省江门市大气自然净化能力指数波形（ASPI–2018.1.1–2018.12.31）

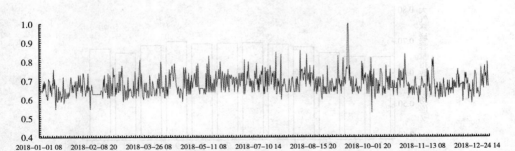

图 2　广东省江门市大气环境容量指数波形（AECI–2018.1.1–2018.12.31）

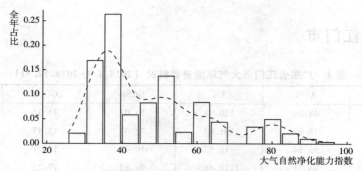

图 3　广东省江门市大气自然净化能力指数分布（ASPI-2018.1.1-2018.12.31）

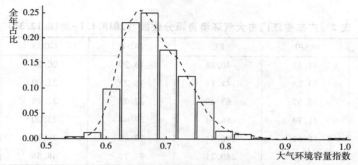

图 4　广东省江门市大气环境容量指数分布（AECI-2018.1.1-2018.12.31）

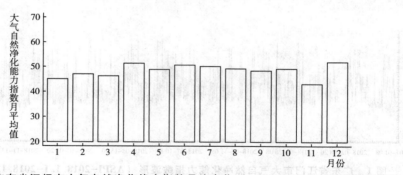

图 5　广东省江门市大气自然净化能力指数月均变化（ASPI-2018.1.1-2018.12.31）

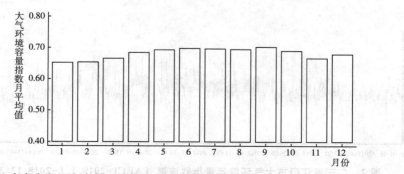

图 6　广东省江门市大气环境容量指数月均变化（AECI-2018.1.1-2018.12.31）

广东省阳江市

表 1 广东省阳江市大气环境资源概况（2018.1.1-2018.12.31）

指标类型	ASPI	EE	GCSP	GCO3	AECI
平均值	53.20	153.49	66.62	30.92	0.70
标准误	16.74	118.18	23.86	11.65	0.05
最小值	27.40	20.01	10.58	17.54	0.58
最大值	98.29	1269.23	100.00	66.78	1.01
样本量（个）	2214	2214	2214	2214	2214

表 2 广东省阳江市大气环境资源分位数（2018.1.1-2018.12.31）

指标类型	ASPI	EE	GCSP	GCO3	AECI
5%	32.87	41.17	15.05	19.31	0.62
10%	34.48	62.17	27.28	20.21	0.64
25%	37.90	65.65	52.59	21.92	0.66
50%	50.03	107.59	71.99	24.42	0.69
75%	63.37	206.62	85.94	44.38	0.73
90%	80.02	293.26	93.33	47.49	0.77

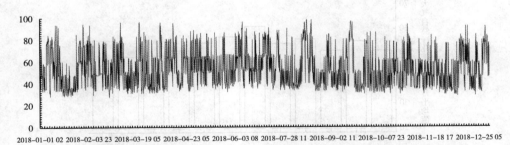

2018-01-01 02 2018-02-03 23 2018-03-19 05 2018-04-23 05 2018-06-03 08 2018-07-28 11 2018-09-02 11 2018-10-07 23 2018-11-18 17 2018-12-25 05

图 1 广东省阳江市大气自然净化能力指数波形（ASPI-2018.1.1-2018.12.31）

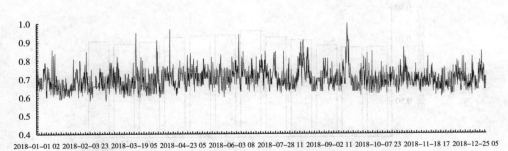

2018-01-01 02 2018-02-03 23 2018-03-19 05 2018-04-23 05 2018-06-03 08 2018-07-28 11 2018-09-02 11 2018-10-07 23 2018-11-18 17 2018-12-25 05

图 2 广东省阳江市大气环境容量指数波形（AECI-2018.1.1-2018.12.31）

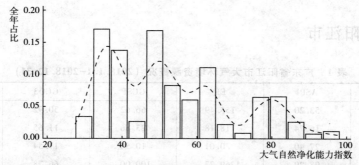

图 3 广东省阳江市大气自然净化能力指数分布（ASPI-2018.1.1~2018.12.31）

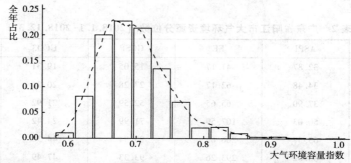

图 4 广东省阳江市大气环境容量指数分布（AECI-2018.1.1~2018.12.31）

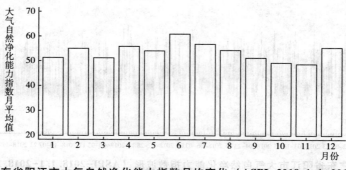

图 5 广东省阳江市大气自然净化能力指数月均变化（ASPI-2018.1.1~2018.12.31）

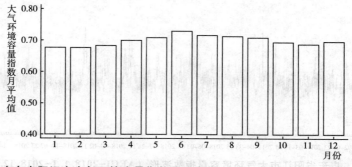

图 6 广东省阳江市大气环境容量指数月均变化（AECI-2018.1.1~2018.12.31）

广东省湛江市

表 1　广东省湛江市大气环境资源概况（2018.1.1-2018.12.31）

指标类型	ASPI	EE	GCSP	GCO3	AECI
平均值	50.16	131.54	71.59	32.14	0.69
标准误	15.45	95.50	23.54	12.47	0.05
最小值	26.12	19.73	9.10	17.59	0.55
最大值	97.29	762.33	100.00	77.40	0.91
样本量（个）	2215	2215	2215	2215	2215

表 2　广东省湛江市大气环境资源分位数（2018.1.1-2018.12.31）

指标类型	ASPI	EE	GCSP	GCO3	AECI
5%	31.81	40.50	16.27	19.52	0.62
10%	33.44	41.46	28.18	20.40	0.63
25%	36.91	64.83	57.29	22.09	0.65
50%	48.28	105.61	78.35	24.67	0.68
75%	60.70	200.89	91.24	44.97	0.72
90%	77.37	282.40	95.68	47.90	0.75

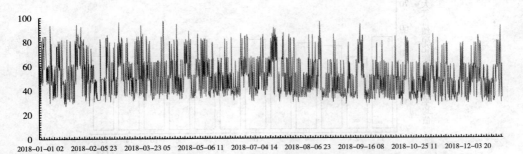

图 1　广东省湛江市大气自然环境净化能力指数波形（ASPI-2018.1.1-2018.12.31）

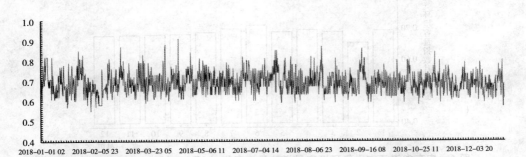

图 2　广东省湛江市大气环境容量指数波形（AECI-2018.1.1-2018.12.31）

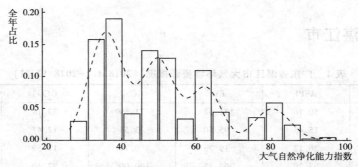

图 3　广东省湛江市大气自然净化能力指数分布（ASPI-2018.1.1-2018.12.31）

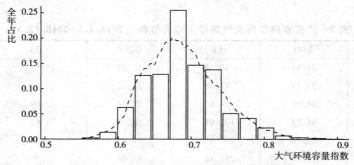

图 4　广东省湛江市大气环境容量指数分布（AECI-2018.1.1-2018.12.31）

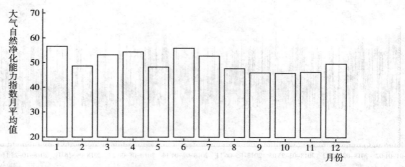

图 5　广东省湛江市大气自然净化能力指数月均变化（ASPI-2018.1.1-2018.12.31）

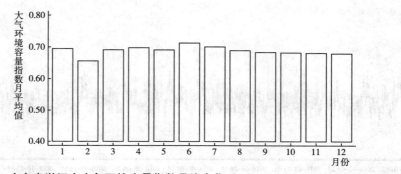

图 6　广东省湛江市大气环境容量指数月均变化（AECI-2018.1.1-2018.12.31）

广东省茂名市

表 1 广东省茂名市大气环境资源概况 (2018.1.1-2018.12.31)

指标类型	ASPI	EE	GCSP	GCO3	AECI
平均值	46.84	110.50	64.32	34.27	0.68
标准误	15.10	87.55	26.91	13.69	0.05
最小值	26.05	19.72	9.99	19.51	0.56
最大值	94.79	900.86	100.00	76.91	1.00
样本量（个）	823	823	823	823	823

表 2 广东省茂名市大气环境资源分位数 (2018.1.1-2018.12.31)

指标类型	ASPI	EE	GCSP	GCO3	AECI
5%	30.70	40.01	14.76	20.45	0.60
10%	32.33	40.72	22.98	21.12	0.61
25%	35.18	42.50	45.81	22.75	0.63
50%	40.25	67.27	70.25	25.39	0.67
75%	53.62	111.66	87.53	46.16	0.71
90%	66.58	213.55	96.07	48.93	0.75

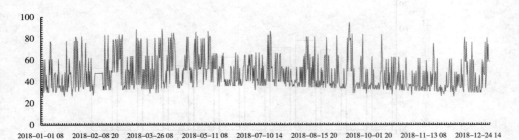

图 1 广东省茂名市大气自然净化能力指数波形 (ASPI-2018.1.1-2018.12.31)

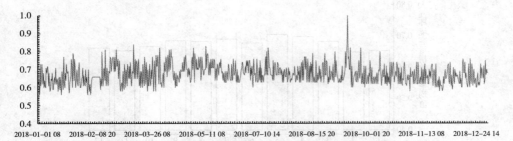

图 2 广东省茂名市大气环境容量指数波形 (AECI-2018.1.1-2018.12.31)

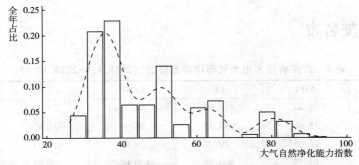

图 3 广东省茂名市大气自然净化能力指数分布 （ASPI-2018.1.1-2018.12.31）

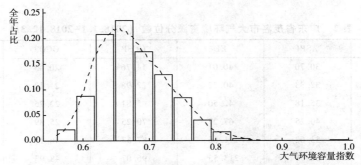

图 4 广东省茂名市大气环境容量指数分布 （AECI-2018.1.1-2018.12.31）

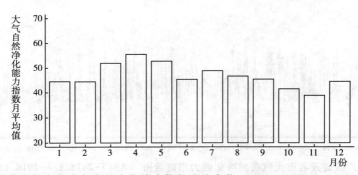

图 5 广东省茂名市大气自然净化能力指数月均变化 （ASPI-2018.1.1-2018.12.31）

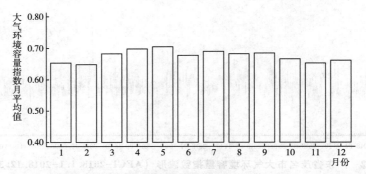

图 6 广东省茂名市大气环境容量指数月均变化 （AECI-2018.1.1-2018.12.31）

广东省肇庆市

表1　广东省肇庆市大气环境资源概况（2018.1.1–2018.12.31）

指标类型	ASPI	EE	GCSP	GCO3	AECI
平均值	43.69	102.19	67.47	31.13	0.66
标准误	15.60	109.73	28.30	13.10	0.06
最小值	23.44	19.15	10.77	17.11	0.54
最大值	99.52	1307.53	100.00	77.61	1.01
样本量（个）	2214	2214	2214	2214	2214

表2　广东省肇庆市大气环境资源分位数（2018.1.1–2018.12.31）

指标类型	ASPI	EE	GCSP	GCO3	AECI
5%	28.84	38.77	14.78	19.03	0.59
10%	30.37	39.79	17.02	19.93	0.60
25%	33.59	41.48	48.46	21.72	0.63
50%	37.18	65.04	75.36	24.10	0.65
75%	50.03	107.58	93.32	44.18	0.69
90%	66.01	212.32	98.01	47.75	0.74

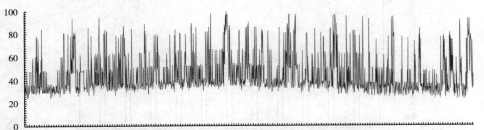

图1　广东省肇庆市大气自然净化能力指数波形（ASPI–2018.1.1–2018.12.31）

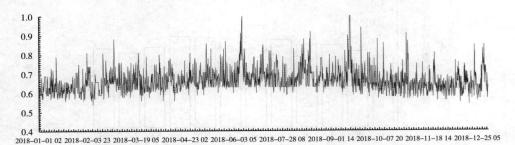

图2　广东省肇庆市大气环境容量指数波形（AECI–2018.1.1–2018.12.31）

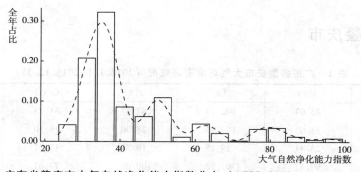

图 3　广东省肇庆市大气自然净化能力指数分布 （ASPI-2018.1.1-2018.12.31）

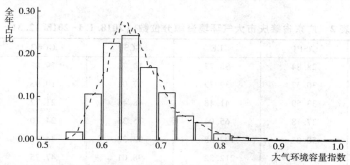

图 4　广东省肇庆市大气环境容量指数分布 （AECI-2018.1.1-2018.12.31）

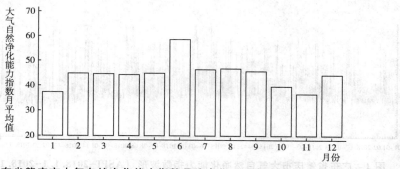

图 5　广东省肇庆市大气自然净化能力指数月均变化 （ASPI-2018.1.1-2018.12.31）

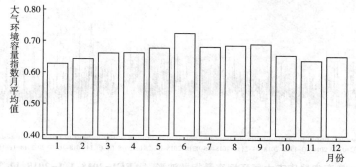

图 6　广东省肇庆市大气环境容量指数月均变化 （AECI-2018.1.1-2018.12.31）

广东省清远市

表1 广东省清远市大气环境资源概况 (2018.1.1-2018.12.31)

指标类型	ASPI	EE	GCSP	GCO3	AECI
平均值	49.34	142.36	59.14	30.66	0.68
标准误	18.25	148.73	27.64	12.89	0.06
最小值	25.10	19.51	9.60	16.94	0.56
最大值	99.45	1473.86	100.00	75.90	1.03
样本量（个）	2212	2212	2212	2212	2212

表2 广东省清远市大气环境资源分位数 (2018.1.1-2018.12.31)

指标类型	ASPI	EE	GCSP	GCO3	AECI
5%	31.31	40.22	13.88	18.92	0.61
10%	32.69	40.98	15.82	19.77	0.62
25%	35.29	62.57	29.97	21.52	0.64
50%	40.48	67.43	61.24	23.85	0.67
75%	59.87	199.10	84.01	43.90	0.72
90%	80.37	333.29	95.54	47.97	0.77

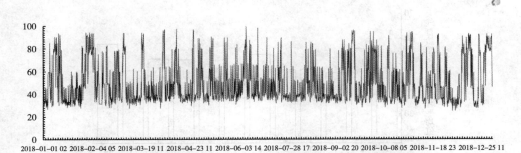

图1 广东省清远市大气自然净化能力指数波形 (ASPI-2018.1.1-2018.12.31)

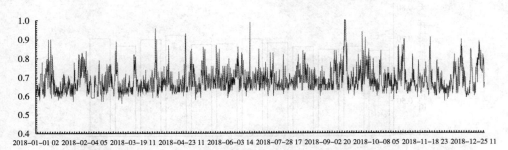

图2 广东省清远市大气环境容量指数波形 (AECI-2018.1.1-2018.12.31)

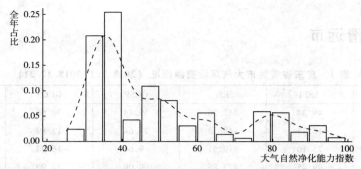

图 3　广东省清远市大气自然净化能力指数分布 （ASPI-2018.1.1-2018.12.31）

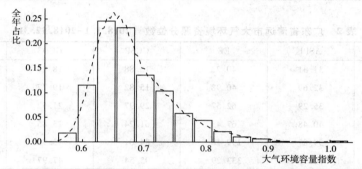

图 4　广东省清远市大气环境容量指数分布 （AECI-2018.1.1-2018.12.31）

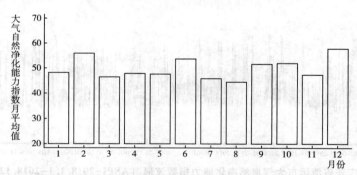

图 5　广东省清远市大气自然净化能力指数月均变化 （ASPI-2018.1.1-2018.12.31）

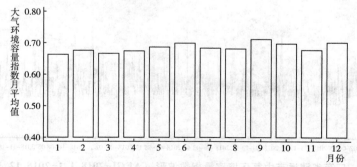

图 6　广东省清远市大气环境容量指数月均变化 （AECI-2018.1.1-2018.12.31）

广东省潮州市

表 1 广东省潮州市大气环境资源概况（2018.1.1–2018.12.31）

指标类型	ASPI	EE	GCSP	GCO3	AECI
平均值	38.99	68.80	60.35	32.77	0.65
标准误	9.34	48.50	26.87	14.11	0.04
最小值	25.38	19.57	10.31	19.16	0.54
最大值	94.48	625.85	100.00	78.87	0.88
样本量（个）	823	823	823	823	823

表 2 广东省潮州市大气环境资源分位数（2018.1.1–2018.12.31）

指标类型	ASPI	EE	GCSP	GCO3	AECI
5%	29.86	39.50	14.88	19.92	0.59
10%	30.76	39.97	15.99	20.61	0.60
25%	33.17	41.09	36.81	22.27	0.62
50%	36.18	63.78	65.42	24.63	0.64
75%	40.26	67.28	81.91	45.59	0.67
90%	52.05	109.88	94.13	48.56	0.70

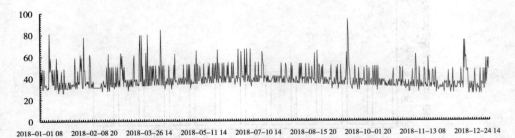

图 1 广东省潮州市大气自然净化能力指数波形（ASPI-2018.1.1–2018.12.31）

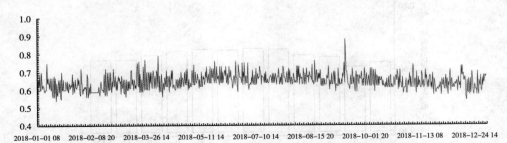

图 2 广东省潮州市大气环境容量指数波形（AECI-2018.1.1–2018.12.31）

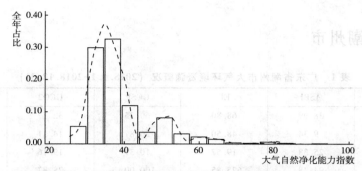

图 3　广东省潮州市大气自然净化能力指数分布（ASPI-2018.1.1-2018.12.31）

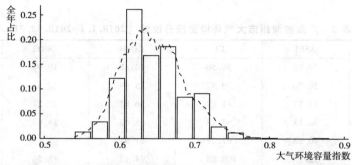

图 4　广东省潮州市大气环境容量指数分布（AECI-2018.1.1-2018.12.31）

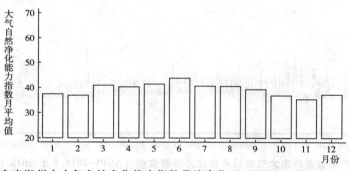

图 5　广东省潮州市大气自然净化能力指数月均变化（ASPI-2018.1.1-2018.12.31）

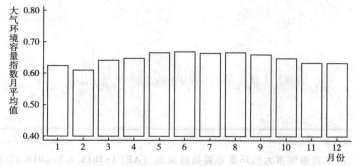

图 6　广东省潮州市大气环境容量指数月均变化（AECI-2018.1.1-2018.12.31）

广东省揭阳市

表 1　广东省揭阳市大气环境资源概况（2018.1.1–2018.12.31）

指标类型	ASPI	EE	GCSP	GCO3	AECI
平均值	41.39	83.83	55.64	33.05	0.66
标准误	12.44	77.97	26.97	14.11	0.05
最小值	25.43	19.58	9.06	19.37	0.54
最大值	96.58	1034.17	98.84	78.88	1.02
样本量（个）	823	823	823	823	823

表 2　广东省揭阳市大气环境资源分位数（2018.1.1–2018.12.31）

指标类型	ASPI	EE	GCSP	GCO3	AECI
5%	30	39.67	13.98	20.01	0.59
10%	30.73	40.01	15.55	20.71	0.60
25%	33.51	41.25	27.33	22.34	0.62
50%	36.49	64.50	57.61	24.71	0.65
75%	48.59	105.96	78.24	46.09	0.69
90%	61.80	203.26	93.41	48.49	0.73

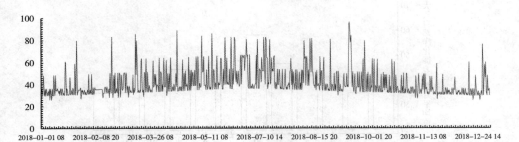

图 1　广东省揭阳市大气自然净化能力指数波形（ASPI–2018.1.1–2018.12.31）

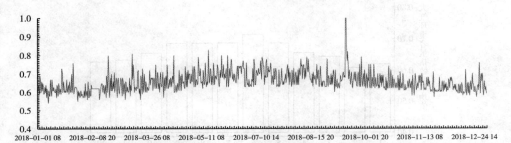

图 2　广东省揭阳市大气环境容量指数波形（AECI–2018.1.1–2018.12.31）

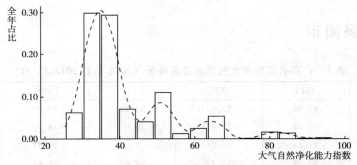

图 3 广东省揭阳市大气自然净化能力指数分布 （ASPI-2018. 1. 1-2018. 12. 31）

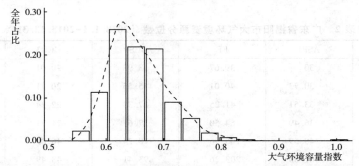

图 4 广东省揭阳市大气环境容量指数分布 （AECI-2018. 1. 1-2018. 12. 31）

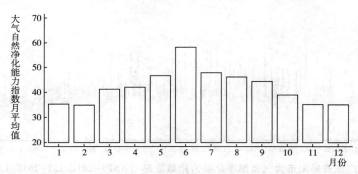

图 5 广东省揭阳市大气自然净化能力指数月均变化 （ASPI-2018. 1. 1-2018. 12. 31）

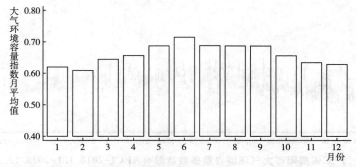

图 6 广东省揭阳市大气环境容量指数月均变化 （AECI-2018. 1. 1-2018. 12. 31）

广东省云浮市

表 1　广东省云浮市大气环境资源概况（2018.1.1–2018.12.31）

指标类型	ASPI	EE	GCSP	GCO3	AECI
平均值	36.38	56.33	61.83	32.20	0.63
标准误	7.84	50.39	26.76	13.45	0.04
最小值	25.46	19.59	10.22	19.10	0.54
最大值	97.01	830.97	100.00	77.21	0.97
样本量（个）	823	823	823	823	823

表 2　广东省云浮市大气环境资源分位数（2018.1.1–2018.12.31）

指标类型	ASPI	EE	GCSP	GCO3	AECI
5%	29.94	20.97	13.90	20.02	0.58
10%	30.51	39.84	21.40	20.76	0.59
25%	32.15	40.60	43.09	22.35	0.61
50%	34.63	41.85	66.45	24.88	0.63
75%	37.61	64.97	84.69	45.09	0.65
90%	42.10	68.55	93.49	48.49	0.68

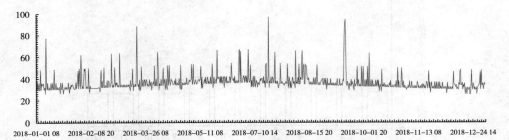

图 1　广东省云浮市大气自然净化能力指数波形（ASPI–2018.1.1–2018.12.31）

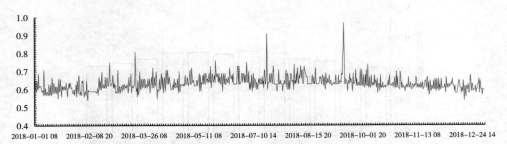

图 2　广东省云浮市大气环境容量指数波形（AECI–2018.1.1–2018.12.31）

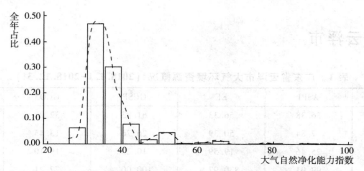

图 3　广东省云浮市大气自然净化能力指数分布（ASPI-2018. 1. 1-2018. 12. 31）

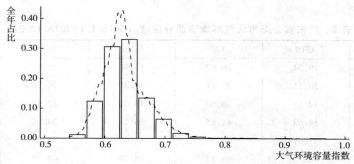

图 4　广东省云浮市大气环境容量指数分布（AECI-2018. 1. 1-2018. 12. 31）

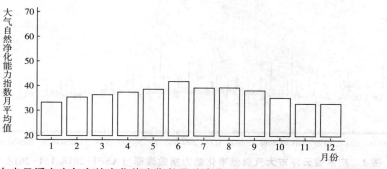

图 5　广东省云浮市大气自然净化能力指数月均变化（ASPI-2018. 1. 1-2018. 12. 31）

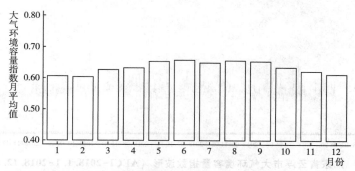

图 6　广东省云浮市大气环境容量指数月均变化（AECI-2018. 1. 1-2018. 12. 31）

广西壮族自治区

广西壮族自治区南宁市

表 1 广西壮族自治区南宁市大气环境资源概况 (2018.1.1~2018.12.31)

指标类型	ASPI	EE	GCSP	GCO3	AECI
平均值	46.69	114.13	61.01	30.07	0.67
标准误	15.15	92.25	25.28	12.37	0.05
最小值	23.50	19.17	9.60	16.94	0.54
最大值	98.26	721.62	97.66	76.63	0.92
样本量（个）	2211	2211	2211	2211	2211

表 2 广西壮族自治区南宁市大气环境资源分位数 (2018.1.1~2018.12.31)

指标类型	ASPI	EE	GCSP	GCO3	AECI
5%	30.68	39.87	14.10	19.05	0.60
10%	32.42	40.77	16.29	19.93	0.61
25%	35.45	63.26	44.99	21.64	0.64
50%	40.15	67.20	65.49	23.94	0.66
75%	52.66	110.57	82.38	43.67	0.70
90%	73.32	270.06	92.04	47.89	0.74

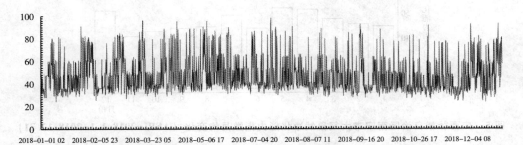

图 1 广西壮族自治区南宁市大气自然净化能力指数波形 (ASPI-2018.1.1~2018.12.31)

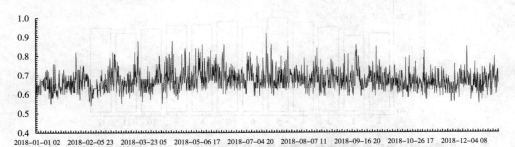

图 2 广西壮族自治区南宁市大气环境容量指数波形 (AECI-2018.1.1~2018.12.31)

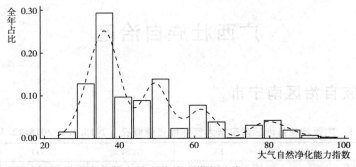

图 3　广西壮族自治区南宁市大气自然净化能力指数分布（ASPI-2018.1.1-2018.12.31）

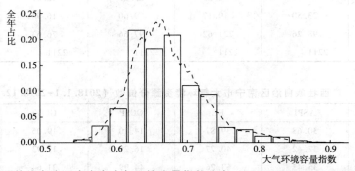

图 4　广西壮族自治区南宁市大气环境容量指数分布（AECI-2018.1.1-2018.12.31）

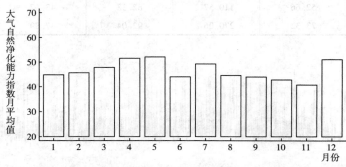

图 5　广西壮族自治区南宁市大气自然净化能力指数月均变化（ASPI-2018.1.1-2018.12.31）

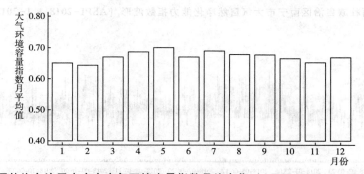

图 6　广西壮族自治区南宁市大气环境容量指数月均变化（AECI-2018.1.1-2018.12.31）

广西壮族自治区柳州市

表1　广西壮族自治区柳州市大气环境资源概况（2018.1.1-2018.12.31）

指标类型	ASPI	EE	GCSP	GCO3	AECI
平均值	41.75	84.51	53.13	31.46	0.65
标准误	12.83	70.57	24.78	13.50	0.05
最小值	26.18	19.75	9.61	18.55	0.55
最大值	89.87	419.58	96.30	77.55	0.85
样本量（个）	823	823	823	823	823

表2　广西壮族自治区柳州市大气环境资源分位数（2018.1.1-2018.12.31）

指标类型	ASPI	EE	GCSP	GCO3	AECI
5%	30.06	39.61	13.00	19.59	0.59
10%	31.08	40.14	14.92	20.32	0.60
25%	33.65	41.33	27.95	21.92	0.62
50%	36.34	64.26	56.27	24.40	0.64
75%	48.33	105.65	72.53	44.96	0.68
90%	61.05	201.63	86.39	48.49	0.72

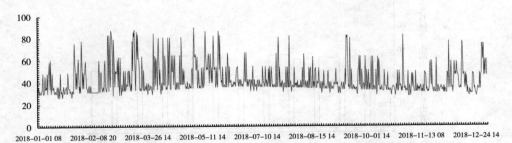

图1　广西壮族自治区柳州市大气自然净化能力指数波形（ASPI-2018.1.1-2018.12.31）

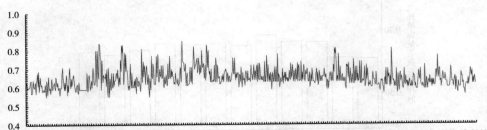

图2　广西壮族自治区柳州市大气环境容量指数波形（AECI-2018.1.1-2018.12.31）

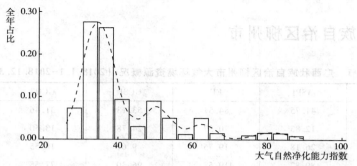

图 3　广西壮族自治区柳州市大气自然净化能力指数分布 （ASPI-2018.1.1-2018.12.31）

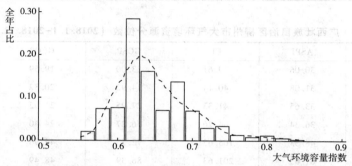

图 4　广西壮族自治区柳州市大气环境容量指数分布 （AECI-2018.1.1-2018.12.31）

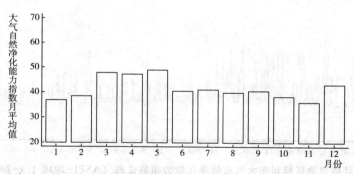

图 5　广西壮族自治区柳州市大气自然净化能力指数月均变化 （ASPI-2018.1.1-2018.12.31）

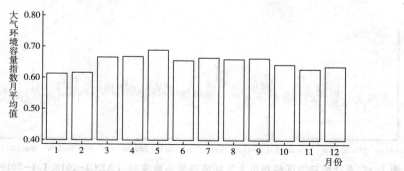

图 6　广西壮族自治区柳州市大气环境容量指数月均变化 （AECI-2018.1.1-2018.12.31）

广西壮族自治区桂林市

表 1 广西壮族自治区桂林市大气环境资源概况 （2018.1.1－2018.12.31）

指标类型	ASPI	EE	GCSP	GCO3	AECI
平均值	57.96	209.59	51.77	30.42	0.71
标准误	21.29	194.48	27.34	13.33	0.08
最小值	26.03	19.71	8.25	14.78	0.53
最大值	99.34	1034.43	97.63	77.79	1.01
样本量（个）	826	826	826	826	826

表 2 广西壮族自治区桂林市大气环境资源分位数 （2018.1.1－2018.12.31）

指标类型	ASPI	EE	GCSP	GCO3	AECI
5%	32.31	40.69	12.16	19.22	0.60
10%	33.90	41.69	13.91	19.97	0.62
25%	37.69	65.42	26.67	21.65	0.65
50%	51.96	109.78	54.70	24.13	0.69
75%	79.24	289.24	75.46	43.95	0.76
90%	88.94	415.58	89.71	48.18	0.83

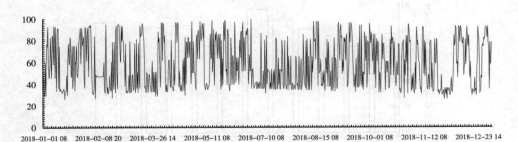

图 1 广西壮族自治区桂林市大气自然净化能力指数波形 （ASPI-2018.1.1－2018.12.31）

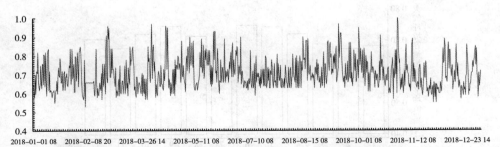

图 2 广西壮族自治区桂林市大气环境容量指数波形 （AECI-2018.1.1－2018.12.31）

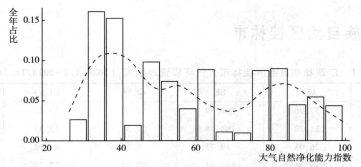

图 3 广西壮族自治区桂林市大气自然净化能力指数分布 (ASPI-2018.1.1-2018.12.31)

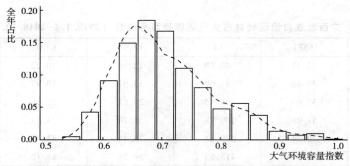

图 4 广西壮族自治区桂林市大气环境容量指数分布 (AECI-2018.1.1-2018.12.31)

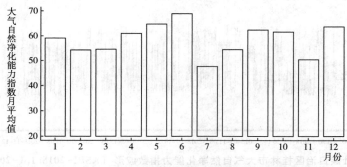

图 5 广西壮族自治区桂林市大气自然净化能力指数月均变化 (ASPI-2018.1.1-2018.12.31)

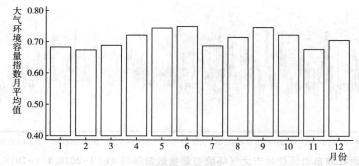

图 6 广西壮族自治区桂林市大气环境容量指数月均变化 (AECI-2018.1.1-2018.12.31)

广西壮族自治区梧州市

表1 广西壮族自治区梧州市大气环境资源概况 (2018.1.1-2018.12.31)

指标类型	ASPI	EE	GCSP	GCO3	AECI
平均值	40.04	77.18	62.39	30.40	0.65
标准误	9.94	55.88	25.99	13.03	0.04
最小值	25.49	19.60	10.54	16.78	0.56
最大值	98.00	719.73	98.66	76.84	0.90
样本量 (个)	2209	2209	2209	2209	2209

表2 广西壮族自治区梧州市大气环境资源分位数 (2018.1.1-2018.12.31)

指标类型	ASPI	EE	GCSP	GCO3	AECI
5%	30.58	39.95	14.46	18.84	0.59
10%	31.65	40.43	21.45	19.72	0.61
25%	33.85	41.83	46.02	21.49	0.63
50%	36.66	64.64	65.61	23.85	0.65
75%	42.30	68.68	84.78	43.67	0.67
90%	52.10	109.93	95.65	48.00	0.70

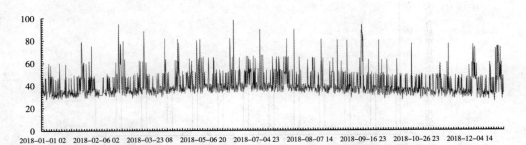

图1 广西壮族自治区梧州市大气自然净化能力指数波形 (ASPI-2018.1.1-2018.12.31)

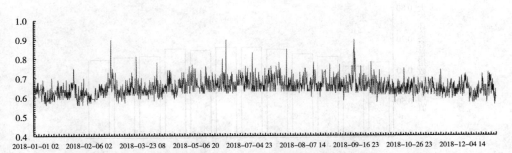

图2 广西壮族自治区梧州市大气环境容量指数波形 (AECI-2018.1.1-2018.12.31)

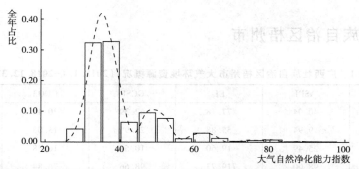

图 3 广西壮族自治区梧州市大气自然净化能力指数分布 （ASPI-2018.1.1-2018.12.31）

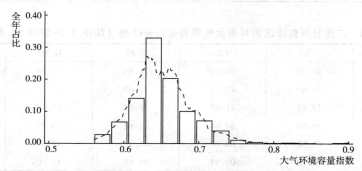

图 4 广西壮族自治区梧州市大气环境容量指数分布 （AECI-2018.1.1-2018.12.31）

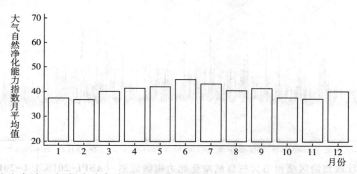

图 5 广西壮族自治区梧州市大气自然净化能力指数月均变化 （ASPI-2018.1.1-2018.12.31）

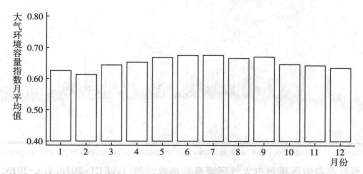

图 6 广西壮族自治区梧州市大气环境容量指数月均变化 （AECI-2018.1.1-2018.12.31）

广西壮族自治区北海市

表 1　广西壮族自治区北海市大气环境资源概况（2018.1.1-2018.12.31）

指标类型	ASPI	EE	GCSP	GCO3	AECI
平均值	45.34	103.64	58.66	33.49	0.67
标准误	13.67	76.12	21.73	13.00	0.05
最小值	23.77	19.22	10.39	17.31	0.55
最大值	99.45	658.74	97.51	77.23	0.89
样本量（个）	2210	2210	2210	2210	2210

表 2　广西壮族自治区北海市大气环境资源分位数（2018.1.1-2018.12.31）

指标类型	ASPI	EE	GCSP	GCO3	AECI
5%	30.30	39.67	15.10	19.43	0.60
10%	32.07	40.66	26.20	20.31	0.62
25%	34.93	62.25	46.44	22.01	0.64
50%	39.75	66.92	62.05	25.20	0.67
75%	52.07	109.91	75.27	45.59	0.70
90%	63.84	207.65	84.67	48.57	0.74

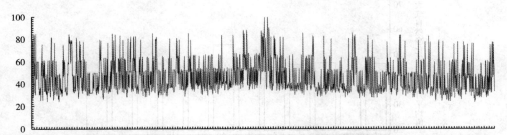

图 1　广西壮族自治区北海市大气自然净化能力指数波形（ASPI-2018.1.1-2018.12.31）

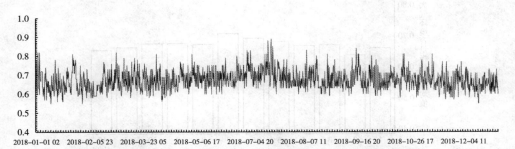

图 2　广西壮族自治区北海市大气环境容量指数波形（AECI-2018.1.1-2018.12.31）

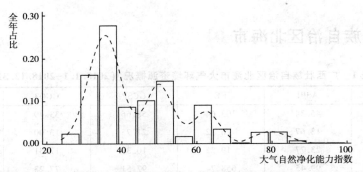

图 3　广西壮族自治区北海市大气自然净化能力指数分布（ASPI-2018.1.1-2018.12.31）

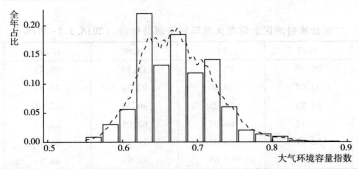

图 4　广西壮族自治区北海市大气环境容量指数分布（AECI-2018.1.1-2018.12.31）

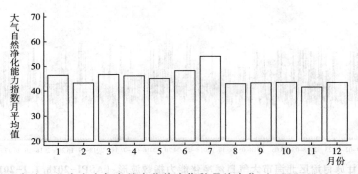

图 5　广西壮族自治区北海市大气自然净化能力指数月均变化（ASPI-2018.1.1-2018.12.31）

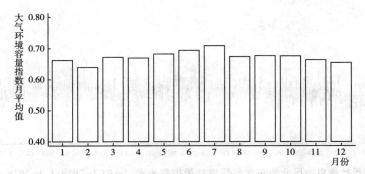

图 6　广西壮族自治区北海市大气环境容量指数月均变化（AECI-2018.1.1-2018.12.31）

广西壮族自治区防城港市

表 1　广西壮族自治区防城港市大气环境资源概况（2018.1.1–2018.12.31）

指标类型	ASPI	EE	GCSP	GCO3	AECI
平均值	50.23	130.21	55.69	33.15	0.69
标准误	16.58	99.02	22.89	12.70	0.05
最小值	25.71	19.64	10.10	19.42	0.57
最大值	99.95	662.08	97.53	66.46	0.90
样本量（个）	823	823	823	823	823

表 2　广西壮族自治区防城港市大气环境资源分位数（2018.1.1–2018.12.31）

指标类型	ASPI	EE	GCSP	GCO3	AECI
5%	31.37	40.30	14.42	20.37	0.60
10%	33.00	41.01	16.18	21.15	0.62
25%	36.10	64.23	42.45	22.61	0.65
50%	48.58	105.94	59.59	25.35	0.68
75%	62.03	203.75	73.56	46.02	0.72
90%	79.19	288.63	82.93	49.07	0.76

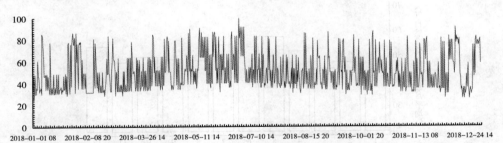

图 1　广西壮族自治区防城港市大气自然净化能力指数波形（ASPI-2018.1.1–2018.12.31）

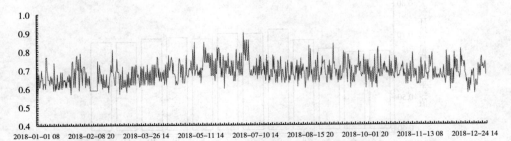

图 2　广西壮族自治区防城港市大气环境容量指数波形（AECI-2018.1.1–2018.12.31）

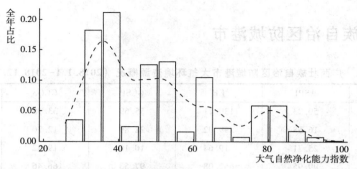

图3　广西壮族自治区防城港市大气自然净化能力指数分布（ASPI-2018.1.1~2018.12.31）

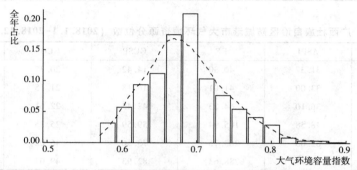

图4　广西壮族自治区防城港市大气环境容量指数分布（AECI-2018.1.1~2018.12.31）

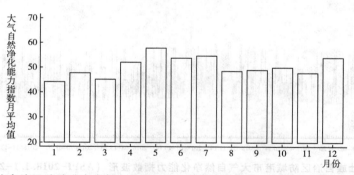

图5　广西壮族自治区防城港市大气自然净化能力指数月均变化（ASPI-2018.1.1~2018.12.31）

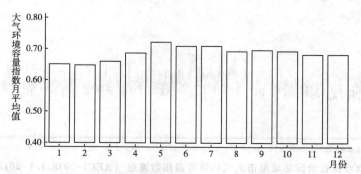

图6　广西壮族自治区防城港市大气环境容量指数月均变化（AECI-2018.1.1~2018.12.31）

广西壮族自治区钦州市

表1 广西壮族自治区钦州市大气环境资源概况（2018.1.1-2018.12.31）

指标类型	ASPI	EE	GCSP	GCO3	AECI
平均值	51.06	143.31	64.15	31.00	0.69
标准误	18.18	121.73	25.21	12.29	0.06
最小值	23.61	19.19	11.01	17.16	0.48
最大值	99.86	803.67	97.66	66.41	0.93
样本量（个）	2216	2216	2216	2216	2216

表2 广西壮族自治区钦州市大气环境资源分位数（2018.1.1-2018.12.31）

指标类型	ASPI	EE	GCSP	GCO3	AECI
5%	30.91	40.06	15.08	19.22	0.61
10%	32.76	41.03	23.05	20.13	0.62
25%	35.96	63.96	48.81	21.81	0.64
50%	47.60	104.83	68.78	24.31	0.68
75%	62.70	205.21	84.94	44.44	0.72
90%	80.96	298.31	94.24	47.96	0.77

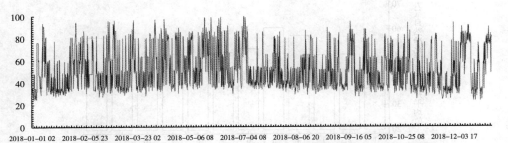

图1 广西壮族自治区钦州市大气自然净化能力指数波形（ASPI-2018.1.1-2018.12.31）

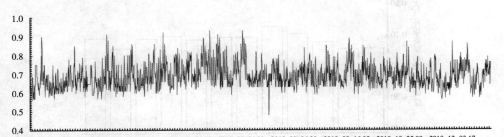

图2 广西壮族自治区钦州市大气环境容量指数波形（AECI-2018.1.1-2018.12.31）

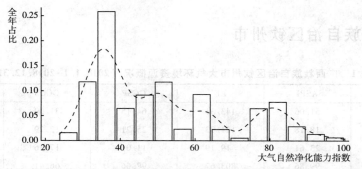

图 3　广西壮族自治区钦州市大气自然净化能力指数分布（ASPI-2018.1.1-2018.12.31）

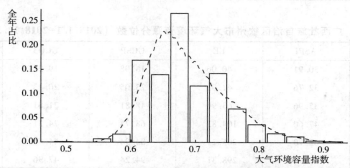

图 4　广西壮族自治区钦州市大气环境容量指数分布（AECI-2018.1.1-2018.12.31）

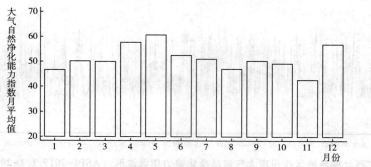

图 5　广西壮族自治区钦州市大气自然净化能力指数月均变化（ASPI-2018.1.1-2018.12.31）

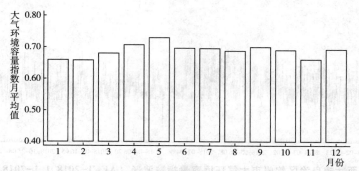

图 6　广西壮族自治区钦州市大气环境容量指数月均变化（AECI-2018.1.1-2018.12.31）

广西壮族自治区贵港市

表 1　广西壮族自治区贵港市大气环境资源概况（2018.1.1-2018.12.31）

指标类型	ASPI	EE	GCSP	GCO3	AECI
平均值	45.78	108.37	53.71	32.81	0.67
标准误	14.94	99.40	23.91	13.58	0.05
最小值	27.06	19.93	10.34	18.93	0.54
最大值	98.94	966.88	96.50	77.32	1.02
样本量（个）	822	822	822	822	822

表 2　广西壮族自治区贵港市大气环境资源分位数（2018.1.1-2018.12.31）

指标类型	ASPI	EE	GCSP	GCO3	AECI
5%	30.77	40.00	14.28	19.93	0.60
10%	32.73	40.89	15.69	20.72	0.61
25%	35.21	42.47	28.03	22.24	0.63
50%	39.31	66.63	56.92	24.95	0.66
75%	51.85	109.65	72.66	45.71	0.70
90%	66.32	212.99	84.56	49.24	0.74

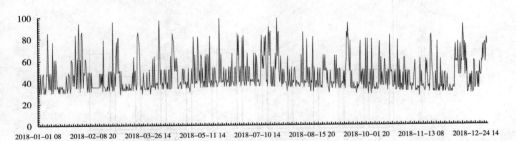

图 1　广西壮族自治区贵港市大气自然净化能力指数波形（ASPI-2018.1.1-2018.12.31）

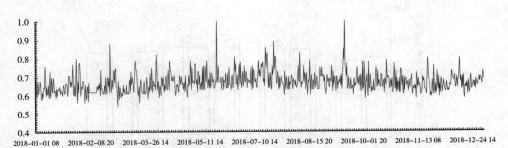

图 2　广西壮族自治区贵港市大气环境容量指数波形（AECI-2018.1.1-2018.12.31）

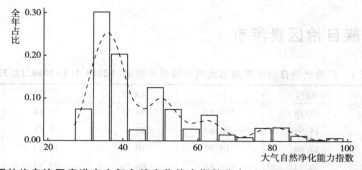

图 3　广西壮族自治区贵港市大气自然净化能力指数分布（ASPI–2018. 1. 1–2018. 12. 31）

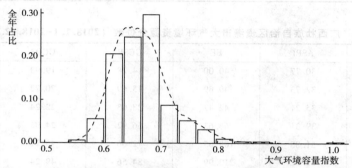

图 4　广西壮族自治区贵港市大气环境容量指数分布（AECI–2018. 1. 1–2018. 12. 31）

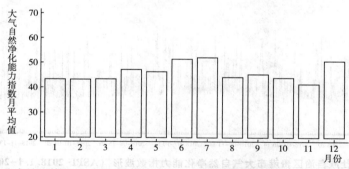

图 5　广西壮族自治区贵港市大气自然净化能力指数月均变化（ASPI–2018. 1. 1–2018. 12. 31）

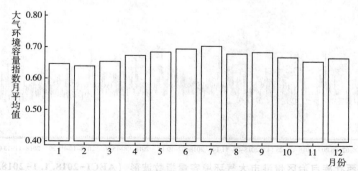

图 6　广西壮族自治区贵港市大气环境容量指数月均变化（AECI–2018. 1. 1–2018. 12. 31）

广西壮族自治区玉林市

表1 广西壮族自治区玉林市大气环境资源概况 (2018.1.1—2018.12.31)

指标类型	ASPI	EE	GCSP	GCO3	AECI
平均值	43.58	101.33	65.12	31.02	0.66
标准误	15.69	105.51	25.75	12.73	0.06
最小值	24.52	19.38	10.22	17.03	0.54
最大值	99.34	1128.20	98.67	76.21	1.03
样本量 (个)	2212	2212	2212	2212	2212

表2 广西壮族自治区玉林市大气环境资源分位数 (2018.1.1—2018.12.31)

指标类型	ASPI	EE	GCSP	GCO3	AECI
5%	29.43	39.44	14.79	19.12	0.59
10%	30.68	40.00	23.09	20.01	0.60
25%	33.34	41.33	48.91	21.73	0.62
50%	37.13	65.01	69.32	24.18	0.65
75%	49.85	107.38	86.95	44.23	0.69
90%	65.72	211.69	95.67	48.10	0.74

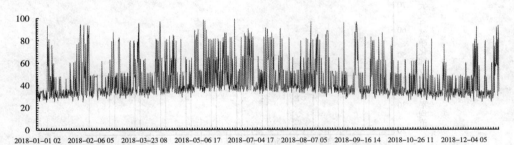

图1 广西壮族自治区玉林市大气自然净化能力指数波形 (ASPI-2018.1.1—2018.12.31)

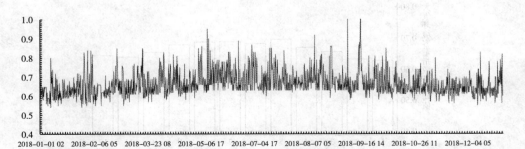

图2 广西壮族自治区玉林市大气环境容量指数波形 (AECI-2018.1.1—2018.12.31)

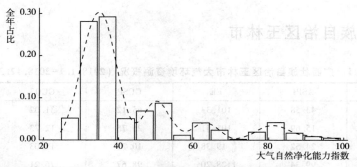

图 3　广西壮族自治区玉林市大气自然净化能力指数分布（ASPI-2018. 1. 1-2018. 12. 31）

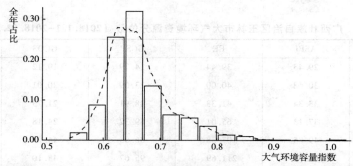

图 4　广西壮族自治区玉林市大气环境容量指数分布（AECI-2018. 1. 1-2018. 12. 31）

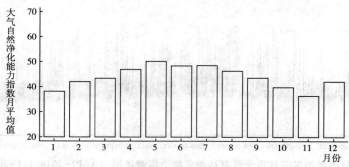

图 5　广西壮族自治区玉林市大气自然净化能力指数月均变化（ASPI-2018. 1. 1-2018. 12. 31）

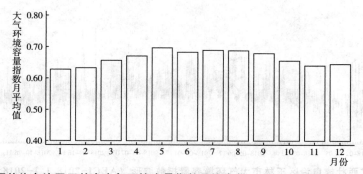

图 6　广西壮族自治区玉林市大气环境容量指数月均变化（AECI-2018. 1. 1-2018. 12. 31）

广西壮族自治区百色市

表1 广西壮族自治区百色市大气环境资源概况（2018.1.1-2018.12.31）

指标类型	ASPI	EE	GCSP	GCO3	AECI
平均值	36.73	60.30	60.69	31.57	0.64
标准误	8.79	43.01	29.03	14.30	0.04
最小值	23.38	19.14	9.36	16.97	0.54
最大值	89.03	415.98	98.67	79.32	0.84
样本量（个）	2212	2212	2212	2212	2212

表2 广西壮族自治区百色市大气环境资源分位数（2018.1.1-2018.12.31）

指标类型	ASPI	EE	GCSP	GCO3	AECI
5%	28.23	20.45	13.95	18.88	0.58
10%	29.42	39.11	15.43	19.75	0.59
25%	31.52	40.34	37.85	21.48	0.61
50%	34.54	41.90	63.82	23.90	0.63
75%	38.27	65.90	88.31	44.31	0.66
90%	49.26	106.71	97.55	48.67	0.69

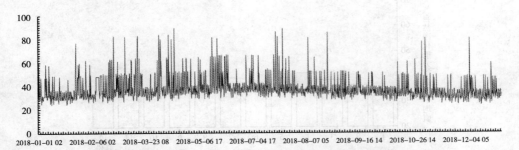

图1 广西壮族自治区百色市大气自然净化能力指数波形（ASPI-2018.1.1-2018.12.31）

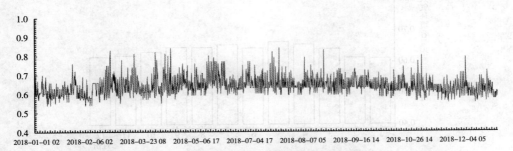

图2 广西壮族自治区百色市大气环境容量指数波形（AECI-2018.1.1-2018.12.31）

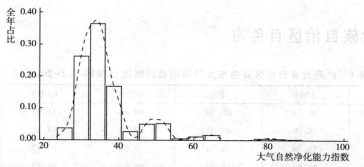

图 3　广西壮族自治区百色市大气自然净化能力指数分布（ASPI-2018.1.1-2018.12.31）

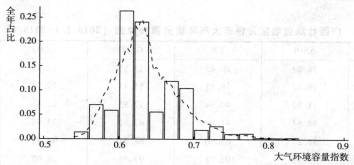

图 4　广西壮族自治区百色市大气环境容量指数分布（AECI-2018.1.1-2018.12.31）

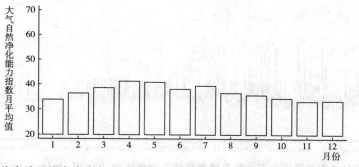

图 5　广西壮族自治区百色市大气自然净化能力指数月均变化（ASPI-2018.1.1-2018.12.31）

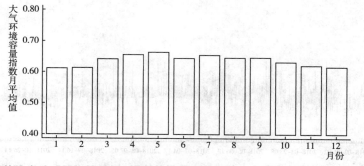

图 6　广西壮族自治区百色市大气环境容量指数月均变化（AECI-2018.1.1-2018.12.31）

广西壮族自治区贺州市

表 1　广西壮族自治区贺州市大气环境资源概况（2018.1.1–2018.12.31）

指标类型	ASPI	EE	GCSP	GCO3	AECI
平均值	44.31	102.89	62.56	29.47	0.66
标准误	14.61	90.62	28.45	12.78	0.05
最小值	24.20	19.32	9.34	16.25	0.52
最大值	96.93	971.44	98.67	78.30	0.97
样本量（个）	2222	2222	2222	2222	2222

表 2　广西壮族自治区贺州市大气环境资源分位数（2018.1.1–2018.12.31）

指标类型	ASPI	EE	GCSP	GCO3	AECI
5%	29.89	39.51	13.76	18.49	0.59
10%	31.25	40.25	15.69	19.36	0.60
25%	33.76	41.58	43.38	21.15	0.62
50%	38.09	65.76	65.37	23.49	0.65
75%	51.32	109.05	91.66	42.69	0.69
90%	64.14	208.29	96.64	47.72	0.72

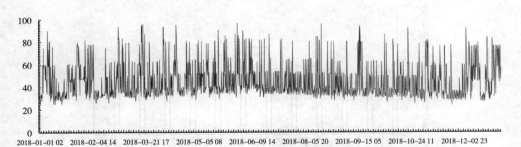

图 1　广西壮族自治区贺州市大气自然净化能力指数波形（ASPI–2018.1.1–2018.12.31）

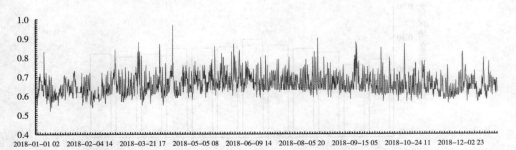

图 2　广西壮族自治区贺州市大气环境容量指数波形（AECI–2018.1.1–2018.12.31）

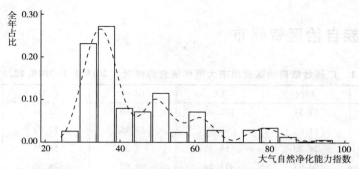

图 3 广西壮族自治区贺州市大气自然净化能力指数分布 （ASPI–2018. 1. 1–2018. 12. 31）

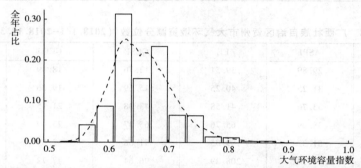

图 4 广西壮族自治区贺州市大气环境容量指数分布 （AECI–2018. 1. 1–2018. 12. 31）

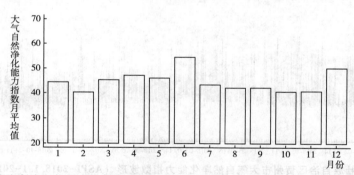

图 5 广西壮族自治区贺州市大气自然净化能力指数月均变化 （ASPI–2018. 1. 1–2018. 12. 31）

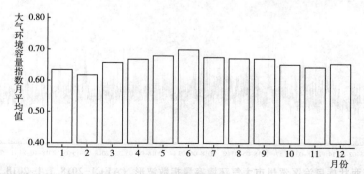

图 6 广西壮族自治区贺州市大气环境容量指数月均变化 （AECI–2018. 1. 1–2018. 12. 31）

广西壮族自治区河池市

表1 广西壮族自治区河池市大气环境资源概况 (2018.1.1-2018.12.31)

指标类型	ASPI	EE	GCSP	GCO3	AECI
平均值	36.91	58.83	55.98	32.57	0.64
标准误	6.85	30.49	27.08	14.87	0.04
最小值	25.66	19.63	7.65	18.59	0.54
最大值	76.99	281.12	97.55	79.06	0.78
样本量（个）	824	824	824	824	824

表2 广西壮族自治区河池市大气环境资源分位数 (2018.1.1-2018.12.31)

指标类型	ASPI	EE	GCSP	GCO3	AECI
5%	30.06	39.64	12.98	19.53	0.58
10%	30.88	39.98	15.07	20.23	0.59
25%	32.63	40.85	27.74	21.89	0.61
50%	35.33	42.62	60.57	24.40	0.63
75%	38.77	66.25	79.7	45.31	0.66
90%	46.21	103.25	90.33	49.56	0.69

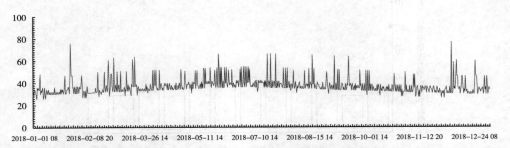

图1 广西壮族自治区河池市大气自然净化能力指数波形 (ASPI-2018.1.1-2018.12.31)

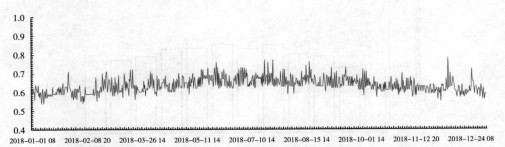

图2 广西壮族自治区河池市大气环境容量指数波形 (AECI-2018.1.1-2018.12.31)

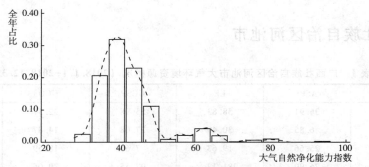

图 3　广西壮族自治区河池市大气自然净化能力指数分布（ASPI-2018.1.1-2018.12.31）

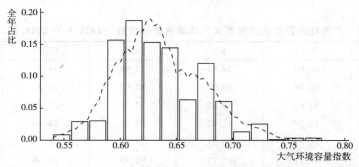

图 4　广西壮族自治区河池市大气环境容量指数分布（AECI-2018.1.1-2018.12.31）

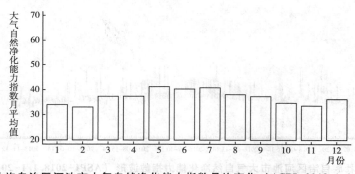

图 5　广西壮族自治区河池市大气自然净化能力指数月均变化（ASPI-2018.1.1-2018.12.31）

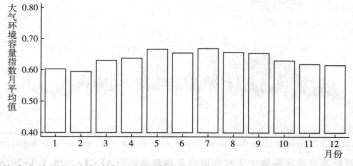

图 6　广西壮族自治区河池市大气环境容量指数月均变化（AECI-2018.1.1-2018.12.31）

广西壮族自治区来宾市

表1　广西壮族自治区来宾市大气环境资源概况（2018.1.1-2018.12.31）

指标类型	ASPI	EE	GCSP	GCO3	AECI
平均值	40.17	79.60	61.74	29.91	0.65
标准误	12.59	71.72	25.09	12.75	0.05
最小值	23.32	19.13	9.36	16.71	0.53
最大值	97.84	693.49	97.65	75.90	0.90
样本量（个）	2209	2209	2209	2209	2209

表2　广西壮族自治区来宾市大气环境资源分位数（2018.1.1-2018.12.31）

指标类型	ASPI	EE	GCSP	GCO3	AECI
5%	28.99	38.98	14.43	18.76	0.58
10%	30.16	39.73	21.40	19.64	0.59
25%	32.56	40.87	46.16	21.37	0.61
50%	35.50	62.93	65.54	23.69	0.64
75%	42.21	68.63	82.71	43.5	0.67
90%	59.47	198.24	92.03	47.98	0.71

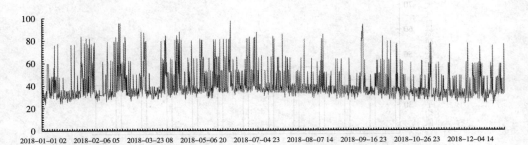

图1　广西壮族自治区来宾市大气自然净化能力指数波形（ASPI-2018.1.1-2018.12.31）

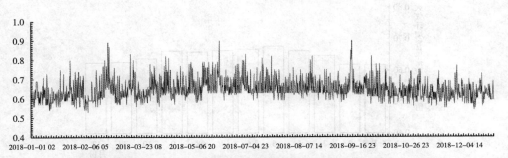

图2　广西壮族自治区来宾市大气环境容量指数波形（AECI-2018.1.1-2018.12.31）

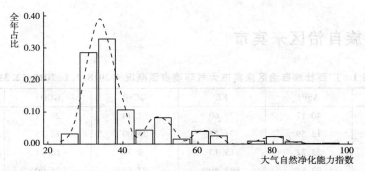

图 3　广西壮族自治区来宾市大气自然净化能力指数分布（ASPI-2018.1.1-2018.12.31）

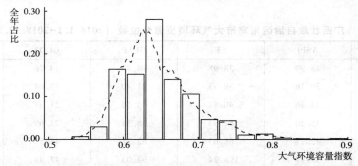

图 4　广西壮族自治区来宾市大气环境容量指数分布（AECI-2018.1.1-2018.12.31）

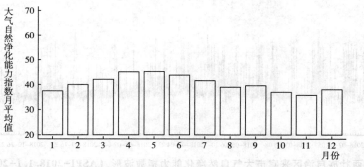

图 5　广西壮族自治区来宾市大气自然净化能力指数月均变化（ASPI-2018.1.1-2018.12.31）

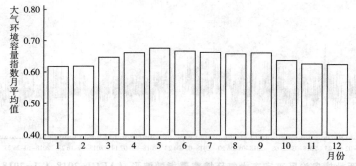

图 6　广西壮族自治区来宾市大气环境容量指数月均变化（AECI-2018.1.1-2018.12.31）

广西壮族自治区崇左市

表 1　广西壮族自治区崇左市大气环境资源概况（2018.1.1–2018.12.31）

指标类型	ASPI	EE	GCSP	GCO3	AECI
平均值	48.26	122.24	59.79	31.92	0.68
标准误	16.32	105.05	29.19	13.49	0.06
最小值	26.52	19.82	9.80	19.14	0.55
最大值	99.22	768.80	97.66	79.64	0.93
样本量（个）	820	820	820	820	820

表 2　广西壮族自治区崇左市大气环境资源分位数（2018.1.1–2018.12.31）

指标类型	ASPI	EE	GCSP	GCO3	AECI
5%	31.51	40.29	13.55	20.09	0.60
10%	32.94	40.99	15.58	20.84	0.61
25%	35.63	63.33	28.04	22.38	0.63
50%	40.80	67.64	62.72	24.82	0.67
75%	58.52	196.19	88.42	45.29	0.71
90%	77.30	282.05	95.66	49.06	0.76

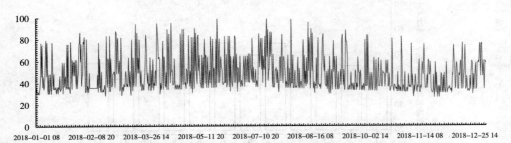

图 1　广西壮族自治区崇左市大气自然净化能力指数波形（ASPI–2018.1.1–2018.12.31）

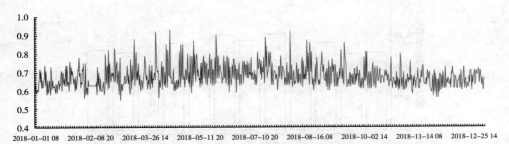

图 2　广西壮族自治区崇左市大气环境容量指数波形（AECI–2018.1.1–2018.12.31）

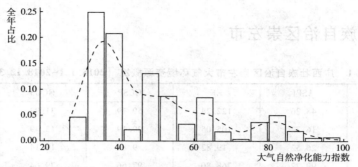

图 3　广西壮族自治区崇左市大气自然净化能力指数分布（ASPI-2018.1.1-2018.12.31）

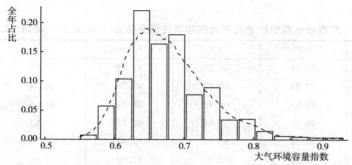

图 4　广西壮族自治区崇左市大气环境容量指数分布（AECI-2018.1.1-2018.12.31）

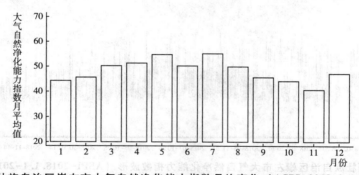

图 5　广西壮族自治区崇左市大气自然净化能力指数月均变化（ASPI-2018.1.1-2018.12.31）

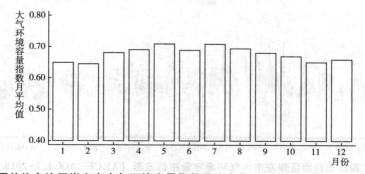

图 6　广西壮族自治区崇左市大气环境容量指数月均变化（AECI-2018.1.1-2018.12.31）

海南省

海南省海口市

表 1　海南省海口市大气环境资源概况（2018.1.1–2018.12.31）

指标类型	ASPI	EE	GCSP	GCO3	AECI
平均值	40.26	71.54	61.14	36.58	0.66
标准误	8.93	41.56	20.51	13.80	0.04
最小值	26.00	19.71	13.26	20.13	0.56
最大值	82.27	297.03	100.00	79.50	0.78
样本量（个）	824	824	824	824	824

表 2　海南省海口市大气环境资源分位数（2018.1.1–2018.12.31）

指标类型	ASPI	EE	GCSP	GCO3	AECI
5%	30.61	39.76	22.88	20.96	0.60
10%	31.34	40.24	27.59	21.59	0.61
25%	34.26	41.61	47.77	23.13	0.63
50%	37.66	65.30	63.92	42.30	0.66
75%	42.91	69.10	76.58	46.74	0.68
90%	52.22	110.07	86.30	49.91	0.71

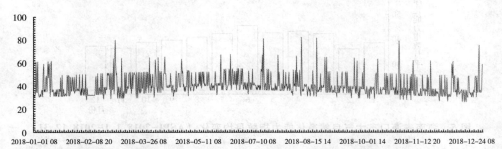

图 1　海南省海口市大气自然净化能力指数波形（ASPI-2018.1.1–2018.12.31）

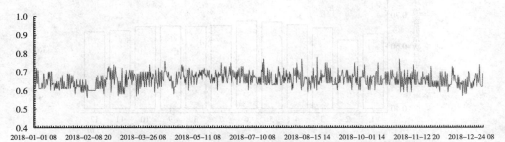

图 2　海南省海口市大气环境容量指数波形（AECI-2018.1.1–2018.12.31）

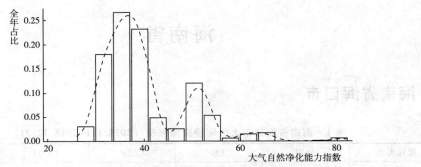

图 3　海南省海口市大气自然净化能力指数分布（ASPI-2018.1.1-2018.12.31）

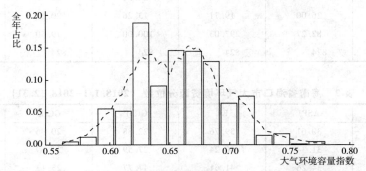

图 4　海南省海口市大气环境容量指数分布（AECI-2018.1.1-2018.12.31）

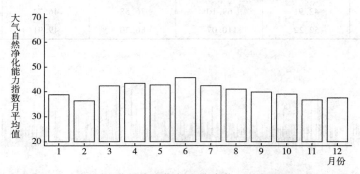

图 5　海南省海口市大气自然净化能力指数月均变化（ASPI-2018.1.1-2018.12.31）

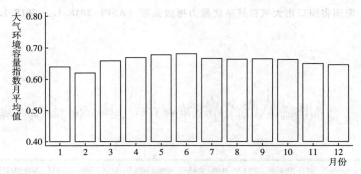

图 6　海南省海口市大气环境容量指数月均变化（AECI-2018.1.1-2018.12.31）

海南省三亚市

表1 海南省三亚市大气环境资源概况（2018.1.1–2018.12.31）

指标类型	ASPI	EE	GCSP	GCO3	AECI
平均值	70.05	315.28	76.46	27.33	0.76
标准误	19.55	230.28	16.69	8.38	0.09
最小值	25.14	19.52	14.07	18.62	0.57
最大值	100.00	1081.95	97.64	52.02	1.01
样本量（个）	2213	2213	2213	2213	2213

表2 海南省三亚市大气环境资源分位数（2018.1.1–2018.12.31）

指标类型	ASPI	EE	GCSP	GCO3	AECI
5%	36.48	42.84	46.53	20.21	0.63
10%	39.31	66.62	53.53	20.97	0.66
25%	52.46	110.35	65.73	22.62	0.70
50%	77.78	283.55	80.56	24.59	0.75
75%	85.91	400.89	90.62	26.84	0.82
90%	92.98	681.22	94.48	45.91	0.88

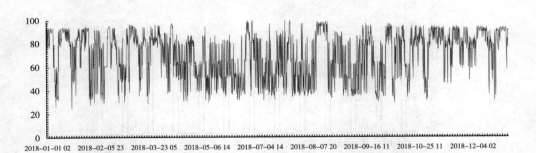

图1 海南省三亚市大气自然净化能力指数波形（ASPI–2018.1.1–2018.12.31）

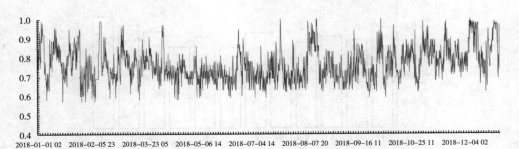

图2 海南省三亚市大气环境容量指数波形（AECI–2018.1.1–2018.12.31）

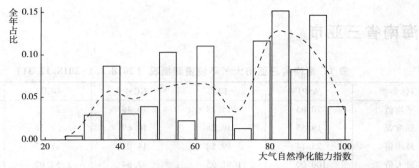

图 3　海南省三亚市大气自然净化能力指数分布（ASPI-2018.1.1-2018.12.31）

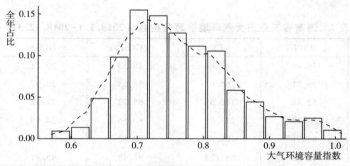

图 4　海南省三亚市大气环境容量指数分布（AECI-2018.1.1-2018.12.31）

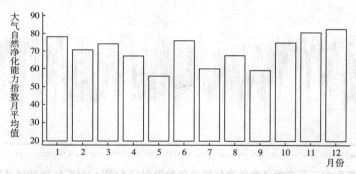

图 5　海南省三亚市大气自然净化能力指数月均变化（ASPI-2018.1.1-2018.12.31）

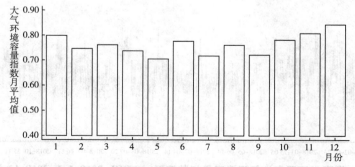

图 6　海南省三亚市大气环境容量指数月均变化（AECI-2018.1.1-2018.12.31）

海南省三沙市南沙群岛

表1 海南省三沙市南沙群岛大气环境资源概况 （2018. 1. 1–2018. 12. 31）

指标类型	ASPI	EE	GCSP	GCO3	AECI
平均值	70. 23	292. 42	63. 45	45. 59	0. 77
标准误	20. 80	203. 75	11. 84	7. 32	0. 08
最小值	25. 80	19. 66	14. 43	20. 86	0. 59
最大值	101. 00	1037. 60	133. 58	81. 46	1. 01
样本量（个）	2205	2205	2205	2205	2205

表2 海南省三沙市南沙群岛大气环境资源分位数 （2018. 1. 1–2018. 12. 31）

指标类型	ASPI	EE	GCSP	GCO3	AECI
5%	35. 00	41. 97	44. 4	25. 21	0. 64
10%	37. 45	64. 32	48. 71	41. 10	0. 67
25%	51. 96	109. 78	55. 86	43. 62	0. 71
50%	79. 23	288. 02	64. 58	46. 2	0. 77
75%	86. 43	365. 81	71. 21	48. 85	0. 82
90%	93. 93	641. 14	78. 10	50. 91	0. 88

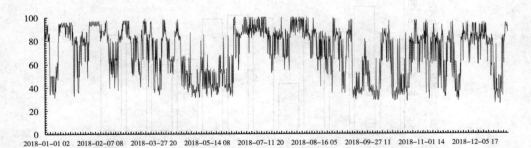

图1 海南省三沙市南沙群岛大气自然净化能力指数波形 （ASPI–2018. 1. 1–2018. 12. 31）

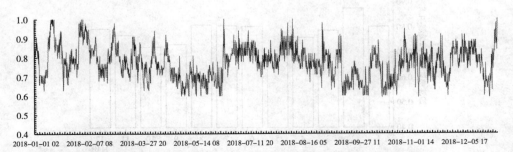

图2 海南省三沙市南沙群岛大气环境容量指数波形 （AECI–2018. 1. 1–2018. 12. 31）

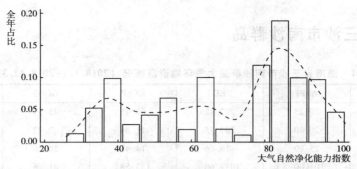

图3　海南省三沙市南沙群岛大气自然净化能力指数分布（ASPI-2018.1.1-2018.12.31）

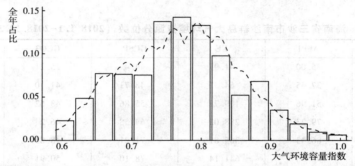

图4　海南省三沙市南沙群岛大气环境容量指数分布（AECI-2018.1.1-2018.12.31）

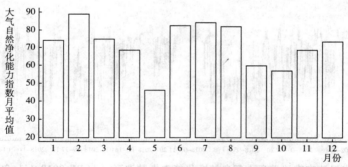

图5　海南省三沙市南沙群岛大气自然净化能力指数月均变化（ASPI-2018.1.1-2018.12.31）

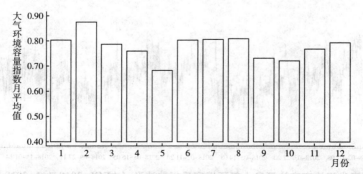

图6　海南省三沙市南沙群岛大气环境容量指数月均变化（AECI-2018.1.1-2018.12.31）

海南省三沙市西沙群岛

表1 海南省三沙市西沙群岛大气环境资源概况 （2018.1.1–2018.12.31）

指标类型	ASPI	EE	GCSP	GCO3	AECI
平均值	53.54	162.73	61.64	39.60	0.71
标准误	19.21	153.91	13.04	11.37	0.07
最小值	24.38	19.36	15.69	19.21	0.57
最大值	100.00	1006.29	94.18	66.37	1.02
样本量（个）	2212	2212	2212	2212	2212

表2 海南省三沙市西沙群岛大气环境资源分位数 （2018.1.1–2018.12.31）

指标类型	ASPI	EE	GCSP	GCO3	AECI
5%	32.05	40.53	41.16	20.96	0.62
10%	33.66	41.42	46.29	21.92	0.63
25%	37.09	64.80	54.47	24.63	0.67
50%	49.30	106.76	62.57	44.40	0.70
75%	64.35	208.75	70.81	47.33	0.75
90%	83.16	344.30	77.10	49.59	0.81

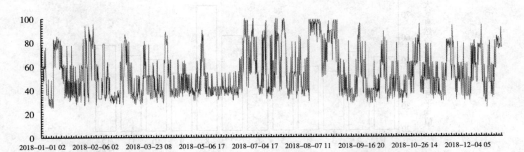

图1 海南省三沙市西沙群岛大气自然净化能力指数波形 （ASPI-2018.1.1–2018.12.31）

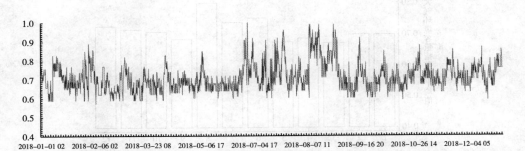

图2 海南省三沙市西沙群岛大气环境容量指数波形 （AECI-2018.1.1–2018.12.31）

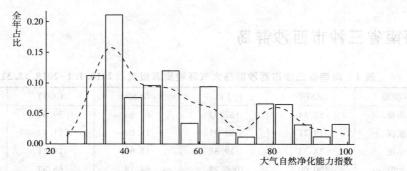

图 3　海南省三沙市西沙群岛大气自然净化能力指数分布（ASPI-2018. 1. 1-2018. 12. 31）

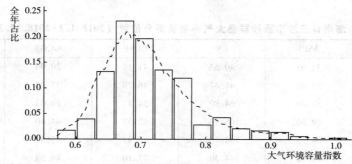

图 4　海南省三沙市西沙群岛大气环境容量指数分布（AECI-2018. 1. 1-2018. 12. 31）

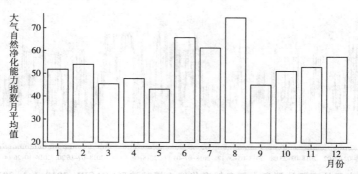

图 5　海南省三沙市西沙群岛大气自然净化能力指数月均变化（ASPI-2018. 1. 1-2018. 12. 31）

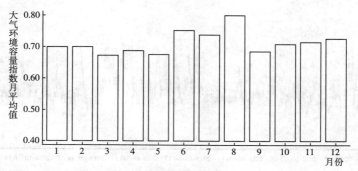

图 6　海南省三沙市西沙群岛大气环境容量指数月均变化（AECI-2018. 1. 1-2018. 12. 31）

海南省三沙市西沙群岛珊瑚岛

表1 海南省三沙市西沙群岛珊瑚岛大气环境资源概况 （2018.1.1-2018.12.31）

指标类型	ASPI	EE	GCSP	GCO3	AECI
平均值	58.86	192.36	62.00	40.11	0.73
标准误	18.44	148.38	13.16	11.86	0.06
最小值	27.13	19.95	16.03	19.30	0.58
最大值	100.00	933.76	92.03	67.10	0.98
样本量 （个）	2214	2214	2214	2214	2214

表2 海南省三沙市西沙群岛珊瑚岛大气环境资源分位数 （2018.1.1-2018.12.31）

指标类型	ASPI	EE	GCSP	GCO3	AECI
5%	34.71	41.86	41.98	21.12	0.64
10%	36.30	43.61	46.01	22.03	0.65
25%	41.03	67.81	53.48	24.83	0.68
50%	54.83	113.03	63.71	44.33	0.72
75%	77.47	282.58	71.91	47.54	0.77
90%	83.96	354.00	77.72	50.09	0.81

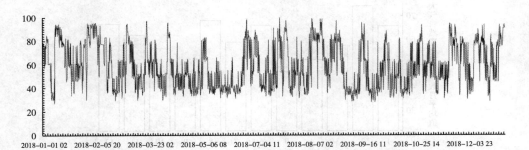

图1 海南省三沙市西沙群岛珊瑚岛大气自然净化能力指数波形 （ASPI-2018.1.1-2018.12.31）

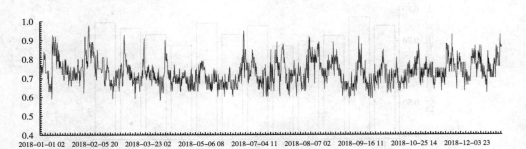

图2 海南省三沙市西沙群岛珊瑚岛大气环境容量指数波形 （AECI-2018.1.1-2018.12.31）

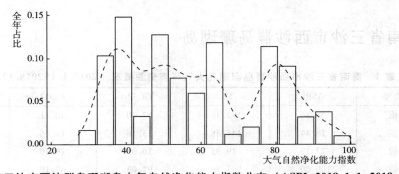

图 3　海南省三沙市西沙群岛珊瑚岛大气自然净化能力指数分布（ASPI-2018.1.1-2018.12.31）

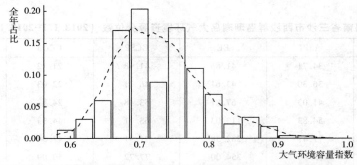

图 4　海南省三沙市西沙群岛珊瑚岛大气环境容量指数分布（AECI-2018.1.1-2018.12.31）

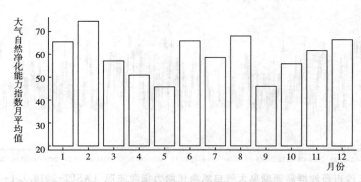

图 5　海南省三沙市西沙群岛珊瑚岛大气自然净化能力指数月均变化（ASPI-2018.1.1-2018.12.31）

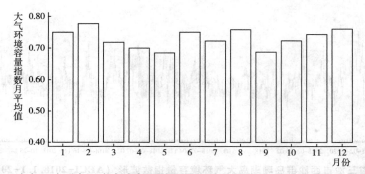

图 6　海南省三沙市西沙群岛珊瑚岛大气环境容量指数月均变化（AECI-2018.1.1-2018.12.31）

海南省儋州市

表 1　海南省儋州市大气环境资源概况（2018. 1. 1～2018. 12. 31）

指标类型	ASPI	EE	GCSP	GCO3	AECI
平均值	36.70	56.95	62.73	32.74	0.64
标准误	7.59	34.94	23.78	13.34	0.04
最小值	23.96	19.26	11.24	18.04	0.54
最大值	82.81	298.67	97.57	78.58	0.77
样本量（个）	2214	2214	2214	2214	2214

表 2　海南省儋州市大气环境资源分位数（2018. 1. 1～2018. 12. 31）

指标类型	ASPI	EE	GCSP	GCO3	AECI
5%	27.83	20.10	15.72	20.01	0.58
10%	29.30	20.56	23.07	20.76	0.59
25%	31.85	40.32	46.26	22.47	0.61
50%	35.42	42.63	69.05	25.20	0.63
75%	38.86	66.30	82.53	45.13	0.67
90%	48.40	105.74	88.74	48.76	0.69

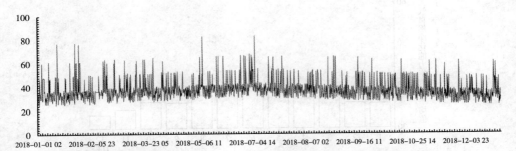

图 1　海南省儋州市大气自然净化能力指数波形（ASPI-2018. 1. 1～2018. 12. 31）

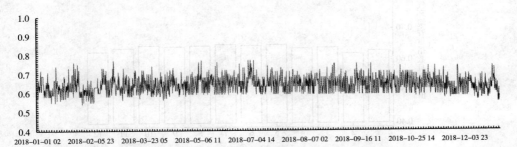

图 2　海南省儋州市大气环境容量指数波形（AECI-2018. 1. 1～2018. 12. 31）

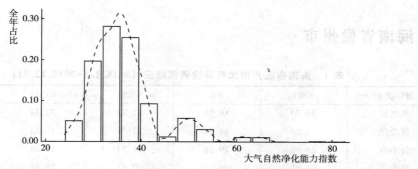

图3　海南省儋州市大气自然净化能力指数分布（ASPI-2018.1.1-2018.12.31）

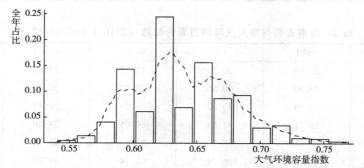

图4　海南省儋州市大气环境容量指数分布（AECI-2018.1.1-2018.12.31）

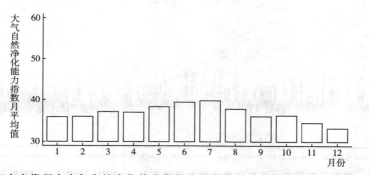

图5　海南省儋州市大气自然净化能力指数月均变化（ASPI-2018.1.1-2018.12.31）

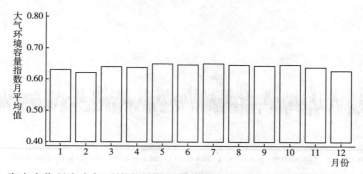

图6　海南省儋州市大气环境容量指数月均变化（AECI-2018.1.1-2018.12.31）

海南省五指山市

表 1 海南省五指山市大气环境资源概况（2018.1.1–2018.12.31）

指标类型	ASPI	EE	GCSP	GCO3	AECI
平均值	38.13	60.81	62.50	32.10	0.64
标准误	8.57	40.56	23.60	12.01	0.04
最小值	26.16	19.74	11.85	20.50	0.55
最大值	83.24	299.96	97.62	66.67	0.78
样本量（个）	822	822	822	822	822

表 2 海南省五指山市大气环境资源分位数（2018.1.1–2018.12.31）

指标类型	ASPI	EE	GCSP	GCO3	AECI
5%	28.36	20.22	16.03	21.11	0.58
10%	30.64	21.00	26.20	21.70	0.59
25%	32.89	40.93	47.41	23.37	0.62
50%	36.19	42.72	67.55	25.69	0.63
75%	39.70	66.89	81.41	45.26	0.67
90%	51.28	109.00	89.81	48.55	0.70

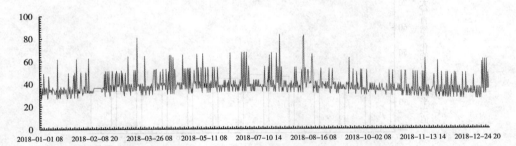

图 1 海南省五指山市大气自然净化能力指数波形（ASPI-2018.1.1–2018.12.31）

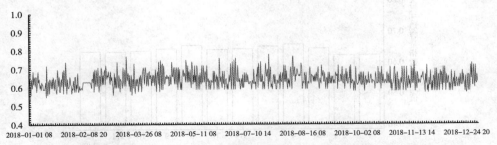

图 2 海南省五指山市大气环境容量指数波形（AECI-2018.1.1–2018.12.31）

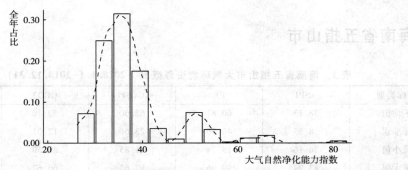

图 3　海南省五指山市大气自然净化能力指数分布（ASPI-2018. 1. 1-2018. 12. 31）

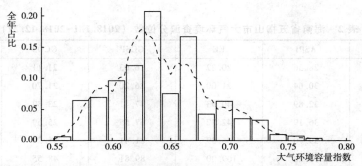

图 4　海南省五指山市大气环境容量指数分布（AECI-2018. 1. 1-2018. 12. 31）

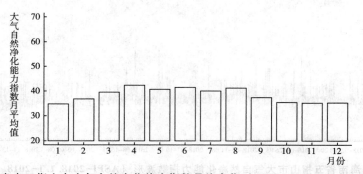

图 5　海南省五指山市大气自然净化能力指数月均变化（ASPI-2018. 1. 1-2018. 12. 31）

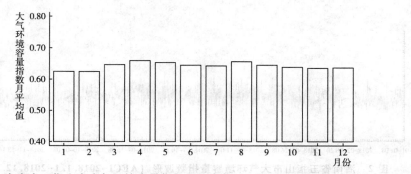

图 6　海南省五指山市大气环境容量指数月均变化（AECI-2018. 1. 1-2018. 12. 31）

海南省琼海市

表 1 海南省琼海市大气环境资源概况 (2018. 1. 1–2018. 12. 31)

指标类型	ASPI	EE	GCSP	GCO3	AECI
平均值	45. 48	103. 99	71. 64	33. 39	0. 67
标准误	14. 96	84. 39	20. 74	12. 95	0. 05
最小值	24. 04	19. 28	12. 63	18. 09	0. 56
最大值	96. 59	918. 03	97. 67	80. 04	1. 01
样本量 （个）	2215	2215	2215	2215	2215

表 2 海南省琼海市大气环境资源分位数 (2018. 1. 1–2018. 12. 31)

指标类型	ASPI	EE	GCSP	GCO3	AECI
5%	29. 20	20. 48	27. 56	20. 16	0. 59
10%	30. 75	39. 31	43. 38	20. 9	0. 60
25%	34. 22	41. 79	56. 56	22. 58	0. 63
50%	39. 60	66. 82	77. 84	25. 37	0. 67
75%	53. 12	111. 09	88. 75	45. 31	0. 71
90%	65. 35	210. 90	94. 06	48. 82	0. 75

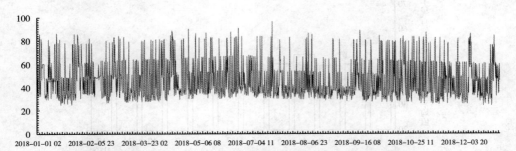

图 1 海南省琼海市大气自然净化能力指数波形 （ASPI–2018. 1. 1–2018. 12. 31）

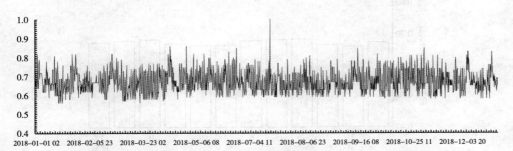

图 2 海南省琼海市大气环境容量指数波形 （AECI–2018. 1. 1–2018. 12. 31）

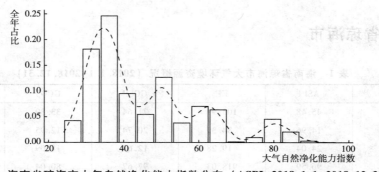

图 3 海南省琼海市大气自然净化能力指数分布 （ASPI-2018.1.1~2018.12.31）

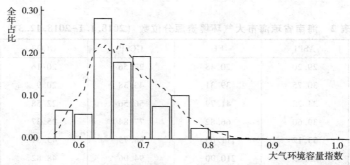

图 4 海南省琼海市大气环境容量指数分布 （AECI-2018.1.1~2018.12.31）

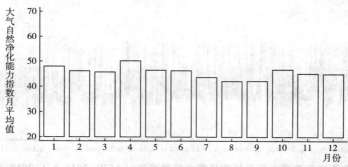

图 5 海南省琼海市大气自然净化能力指数月均变化 （ASPI-2018.1.1~2018.12.31）

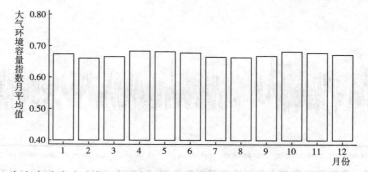

图 6 海南省琼海市大气环境容量指数月均变化 （AECI-2018.1.1~2018.12.31）

海南省文昌市

表 1   海南省文昌市大气环境资源概况（2018.1.1–2018.12.31）

指标类型	ASPI	EE	GCSP	GCO3	AECI
平均值	39.39	67.68	65.94	35.41	0.65
标准误	9.45	44.32	20.85	13.55	0.04
最小值	25.98	19.70	13.20	20.31	0.56
最大值	82.86	298.81	97.60	79.41	0.79
样本量（个）	823	823	823	823	823

表 2   海南省文昌市大气环境资源分位数（2018.1.1–2018.12.31）

指标类型	ASPI	EE	GCSP	GCO3	AECI
5%	29.25	20.41	26.67	21.01	0.59
10%	30.43	21.07	27.96	21.65	0.60
25%	32.87	40.96	52.21	23.20	0.62
50%	36.75	64.48	71.02	26.80	0.65
75%	40.91	67.72	82.47	46.71	0.68
90%	52.65	110.56	89.73	49.20	0.71

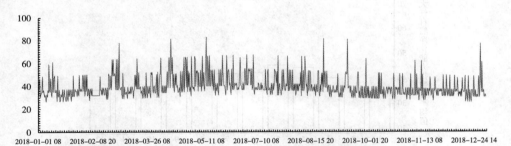

图 1   海南省文昌市大气自然净化能力指数波形（ASPI-2018.1.1–2018.12.31）

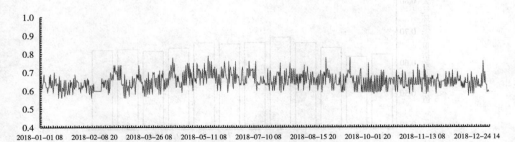

图 2   海南省文昌市大气环境容量指数波形（AECI-2018.1.1–2018.12.31）

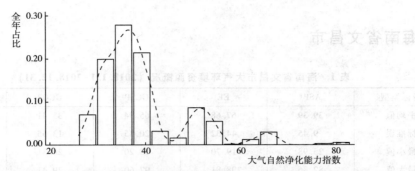

图 3　海南省文昌市大气自然净化能力指数分布（ASPI-2018. 1. 1–2018. 12. 31）

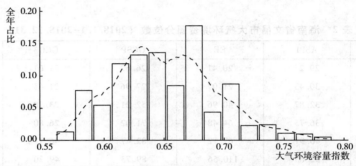

图 4　海南省文昌市大气环境容量指数分布（AECI-2018. 1. 1–2018. 12. 31）

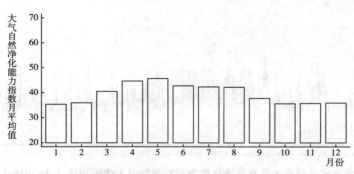

图 5　海南省文昌市大气自然净化能力指数月均变化（ASPI-2018. 1. 1–2018. 12. 31）

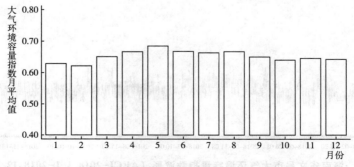

图 6　海南省文昌市大气环境容量指数月均变化（AECI-2018. 1. 1–2018. 12. 31）

海南省万宁市

表 1　海南省万宁市大气环境资源概况（2018.1.1-2018.12.31）

指标类型	ASPI	EE	GCSP	GCO3	AECI
平均值	46.60	107.36	66.94	35.04	0.67
标准误	15.14	85.03	21.88	13.11	0.05
最小值	26.11	19.73	13.18	20.50	0.56
最大值	91.55	426.78	97.64	67.16	0.86
样本量（个）	823	823	823	823	823

表 2　海南省万宁市大气环境资源分位数（2018.1.1-2018.12.31）

指标类型	ASPI	EE	GCSP	GCO3	AECI
5%	31.09	21.11	26.67	21.22	0.60
10%	32.68	40.39	27.80	21.79	0.62
25%	35.33	42.26	52.18	23.39	0.63
50%	39.57	66.80	71.84	26.46	0.67
75%	54.54	112.70	84.58	46.61	0.71
90%	66.89	214.21	92.05	49.32	0.74

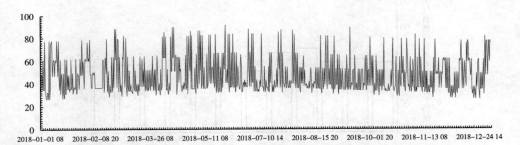

图 1　海南省万宁市大气自然净化能力指数波形（ASPI-2018.1.1-2018.12.31）

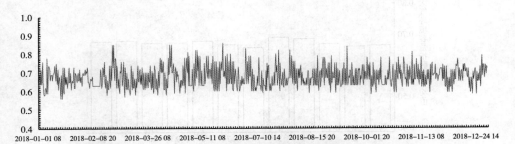

图 2　海南省万宁市大气环境容量指数波形（AECI-2018.1.1-2018.12.31）

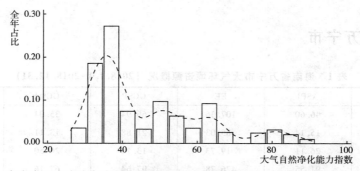

图 3　海南省万宁市大气自然净化能力指数分布（ASPI-2018.1.1-2018.12.31）

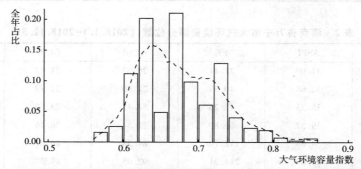

图 4　海南省万宁市大气环境容量指数分布（AECI-2018.1.1-2018.12.31）

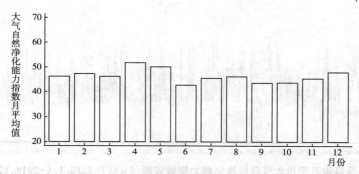

图 5　海南省万宁市大气自然净化能力指数月均变化（ASPI-2018.1.1-2018.12.31）

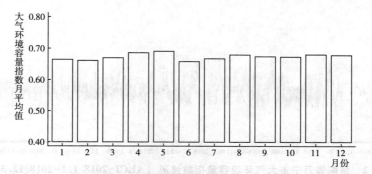

图 6　海南省万宁市大气环境容量指数月均变化（AECI-2018.1.1-2018.12.31）

海南省东方市

表 1 海南省东方市大气环境资源概况（2018.1.1-2018.12.31）

指标类型	ASPI	EE	GCSP	GCO3	AECI
平均值	55.22	180.30	59.84	35.99	0.71
标准误	21.12	167.34	17.90	12.59	0.07
最小值	24.02	19.28	13.20	18.33	0.58
最大值	100.00	873.85	94.54	65.84	0.96
样本量（个）	2213	2213	2213	2213	2213

表 2 海南省东方市大气环境资源分位数（2018.1.1-2018.12.31）

指标类型	ASPI	EE	GCSP	GCO3	AECI
5%	30.22	39.67	27.11	20.16	0.61
10%	31.92	40.54	29.23	20.98	0.63
25%	36.16	64.22	49.23	22.93	0.66
50%	50.67	108.32	60.95	42.28	0.70
75%	77.92	284.55	73.58	46.35	0.76
90%	86.02	391.64	82.61	49.04	0.82

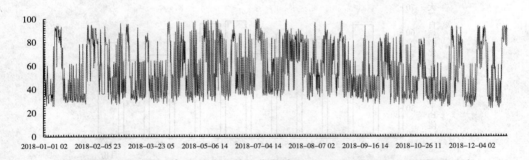

图 1 海南省东方市大气自然净化能力指数波形（ASPI-2018.1.1-2018.12.31）

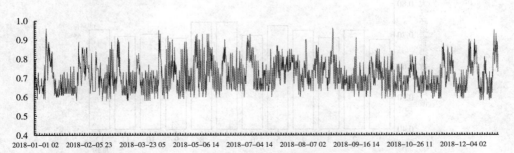

图 2 海南省东方市大气环境容量指数波形（AECI-2018.1.1-2018.12.31）

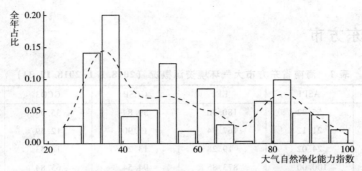

图 3　海南省东方市大气自然净化能力指数分布（ASPI-2018.1.1-2018.12.31）

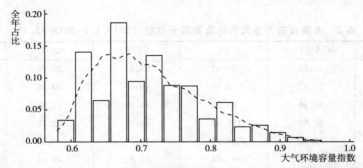

图 4　海南省东方市大气环境容量指数分布（AECI-2018.1.1-2018.12.31）

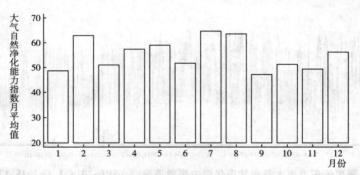

图 5　海南省东方市大气自然净化能力指数月均变化（ASPI-2018.1.1-2018.12.31）

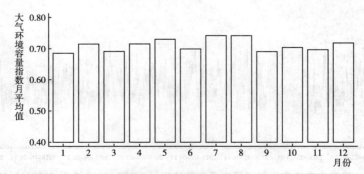

图 6　海南省东方市大气环境容量指数月均变化（AECI-2018.1.1-2018.12.31）

海南省定安县

表1 海南省定安县大气环境资源概况 （2018. 1. 1－2018. 12. 31）

指标类型	ASPI	EE	GCSP	GCO3	AECI
平均值	46. 37	105. 69	63. 87	34. 81	0. 68
标准误	14. 29	79. 94	24. 87	13. 97	0. 05
最小值	25. 97	19. 70	12. 67	20. 10	0. 56
最大值	91. 86	428. 11	100. 00	78. 29	0. 85
样本量（个）	824	824	824	824	824

表2 海南省定安县大气环境资源分位数 （2018. 1. 1－2018. 12. 31）

指标类型	ASPI	EE	GCSP	GCO3	AECI
5%	30. 13	20. 60	15. 85	20. 91	0. 59
10%	32. 22	40. 58	26. 17	21. 61	0. 62
25%	35. 96	63. 36	47. 61	23. 15	0. 64
50%	40. 58	67. 49	70. 51	26. 20	0. 67
75%	53. 03	110. 99	84. 33	46. 14	0. 71
90%	64. 47	208. 99	92. 01	49. 64	0. 74

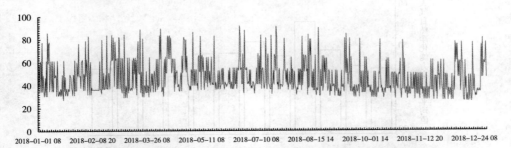

图1 海南省定安县大气自然净化能力指数波形 （ASPI－2018. 1. 1－2018. 12. 31）

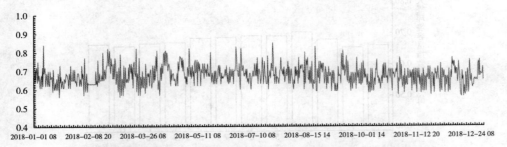

图2 海南省定安县大气环境容量指数波形 （AECI－2018. 1. 1－2018. 12. 31）

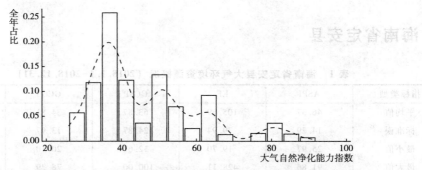

图 3 海南省定安县大气自然净化能力指数分布 （ASPI-2018.1.1-2018.12.31）

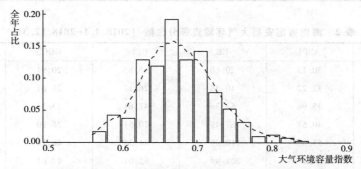

图 4 海南省定安县大气环境容量指数分布 （AECI-2018.1.1-2018.12.31）

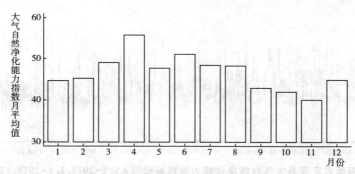

图 5 海南省定安县大气自然净化能力指数月均变化 （ASPI-2018.1.1-2018.12.31）

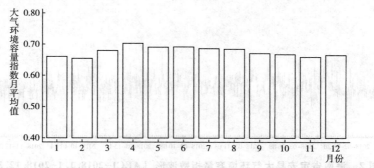

图 6 海南省定安县大气环境容量指数月均变化 （AECI-2018.1.1-2018.12.31）

海南省屯昌县

表 1   海南省屯昌县大气环境资源概况（2018.1.1–2018.12.31）

指标类型	ASPI	EE	GCSP	GCO3	AECI
平均值	36.96	55.70	61.38	35.12	0.64
标准误	7.08	32.80	24.76	14.63	0.04
最小值	26.02	19.71	12.17	20.21	0.56
最大值	83.39	300.41	100.00	79.60	0.78
样本量（个）	821	821	821	821	821

表 2   海南省屯昌县大气环境资源分位数（2018.1.1–2018.12.31）

指标类型	ASPI	EE	GCSP	GCO3	AECI
5%	29.41	20.44	15.40	21.00	0.59
10%	30.43	21.02	21.81	21.64	0.59
25%	32.18	40.60	45.09	23.22	0.62
50%	35.81	42.48	68.74	26.24	0.63
75%	38.99	66.32	81.30	46.20	0.66
90%	42.95	69.14	88.82	49.93	0.69

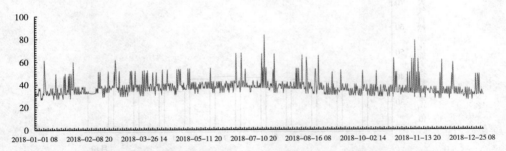

图 1   海南省屯昌县大气自然净化能力指数波形（ASPI–2018.1.1–2018.12.31）

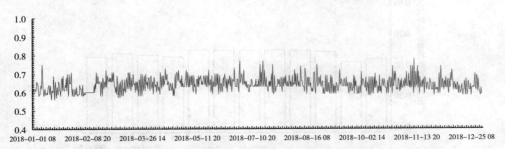

图 2   海南省屯昌县大气环境容量指数波形（AECI–2018.1.1–2018.12.31）

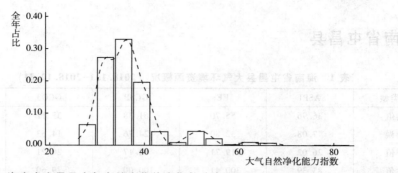

图 3 海南省屯昌县大气自然净化能力指数分布（ASPI-2018.1.1-2018.12.31）

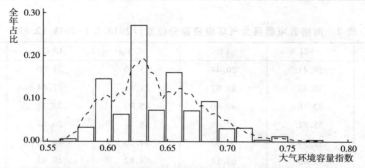

图 4 海南省屯昌县大气环境容量指数分布（AECI-2018.1.1-2018.12.31）

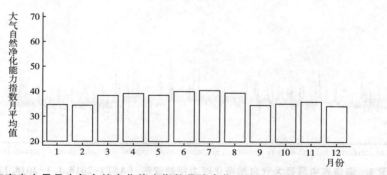

图 5 海南省屯昌县大气自然净化能力指数月均变化（ASPI-2018.1.1-2018.12.31）

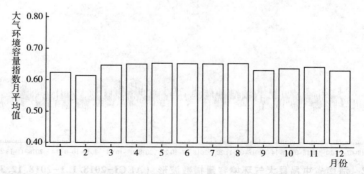

图 6 海南省屯昌县大气环境容量指数月均变化（AECI-2018.1.1-2018.12.31）

海南省澄迈县

表 1　海南省澄迈县大气环境资源概况（2018.1.1－2018.12.31）

指标类型	ASPI	EE	GCSP	GCO3	AECI
平均值	37.53	58.51	65.44	35.68	0.64
标准误	9.07	45.86	25.09	15.13	0.04
最小值	26.05	19.72	12.17	20.13	0.54
最大值	84.27	350.17	97.64	80.07	0.79
样本量（个）	823	823	823	823	823

表 2　海南省澄迈县大气环境资源分位数（2018.1.1－2018.12.31）

指标类型	ASPI	EE	GCSP	GCO3	AECI
5%	28.53	20.25	15.41	20.93	0.58
10%	30.04	20.58	22.44	21.59	0.59
25%	31.80	40.01	48.81	23.16	0.61
50%	35.67	42.41	72.62	26.34	0.63
75%	39.10	66.45	86.63	46.47	0.67
90%	50.43	108.04	92.11	51.54	0.70

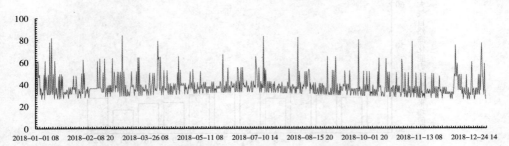

图 1　海南省澄迈县大气自然净化能力指数波形（ASPI-2018.1.1－2018.12.31）

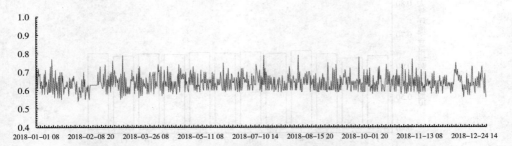

图 2　海南省澄迈县大气环境容量指数波形（AECI-2018.1.1－2018.12.31）

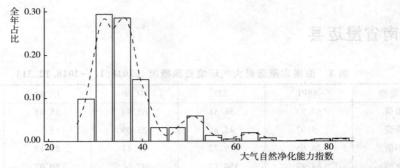

图 3　海南省澄迈县大气自然净化能力指数分布（ASPI-2018.1.1-2018.12.31）

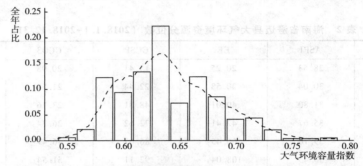

图 4　海南省澄迈县大气环境容量指数分布（AECI-2018.1.1-2018.12.31）

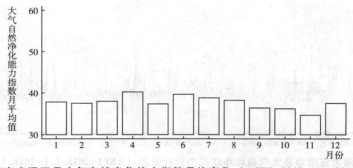

图 5　海南省澄迈县大气自然净化能力指数月均变化（ASPI-2018.1.1-2018.12.31）

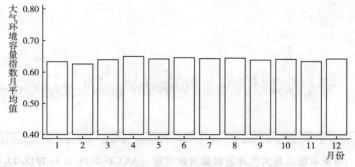

图 6　海南省澄迈县大气环境容量指数月均变化（AECI-2018.1.1-2018.12.31）

海南省临高县

表 1　海南省临高县大气环境资源概况（2018.1.1-2018.12.31）

指标类型	ASPI	EE	GCSP	GCO3	AECI
平均值	43.96	91.83	65.93	35.48	0.67
标准误	11.97	64.86	23.15	14.17	0.05
最小值	26.02	19.71	11.42	20.16	0.55
最大值	91.46	426.38	100.00	79.27	0.85
样本量（个）	824	824	824	824	824

表 2　海南省临高县大气环境资源分位数（2018.1.1-2018.12.31）

指标类型	ASPI	EE	GCSP	GCO3	AECI
5%	30.79	21.15	26.17	20.90	0.60
10%	32.91	40.97	27.12	21.56	0.62
25%	35.63	42.55	50.56	23.12	0.63
50%	39.19	66.54	71.01	26.72	0.66
75%	50.77	108.42	84.64	46.22	0.70
90%	62.02	203.73	92.04	49.92	0.73

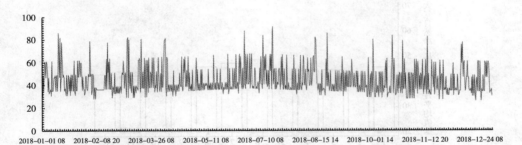

图 1　海南省临高县大气自然净化能力指数波形（ASPI-2018.1.1-2018.12.31）

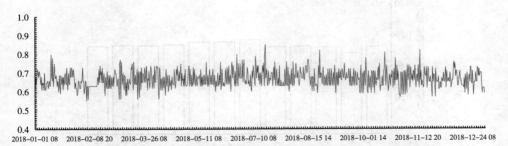

图 2　海南省临高县大气环境容量指数波形（AECI-2018.1.1-2018.12.31）

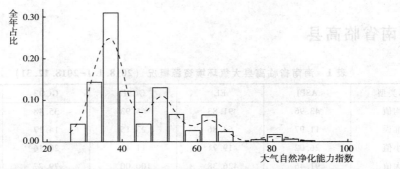

图 3 海南省临高县大气自然净化能力指数分布（ASPI-2018.1.1-2018.12.31）

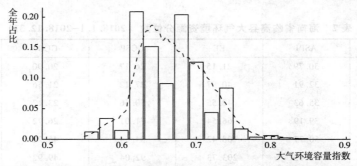

图 4 海南省临高县大气环境容量指数分布（AECI-2018.1.1-2018.12.31）

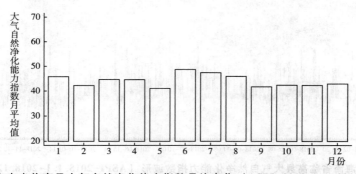

图 5 海南省临高县大气自然净化能力指数月均变化（ASPI-2018.1.1-2018.12.31）

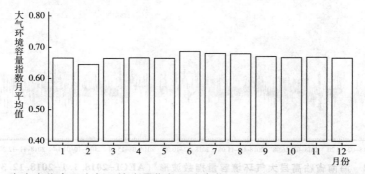

图 6 海南省临高县大气环境容量指数月均变化（AECI-2018.1.1-2018.12.31）

海南省白沙黎族自治县

表 1 海南省白沙黎族自治县大气环境资源概况（2018.1.1–2018.12.31）

指标类型	ASPI	EE	GCSP	GCO3	AECI
平均值	36.64	53.32	61.71	33.80	0.63
标准误	7.74	36.00	26.55	13.93	0.04
最小值	26.04	19.71	11.31	20.25	0.55
最大值	81.98	341.86	97.51	79.24	0.80
样本量（个）	824	824	824	824	824

表 2 海南省白沙黎族自治县大气环境资源分位数（2018.1.1–2018.12.31）

指标类型	ASPI	EE	GCSP	GCO3	AECI
5%	27.23	19.97	14.90	21.04	0.58
10%	29.47	20.45	16.17	21.61	0.59
25%	32.00	40.35	42.03	23.23	0.60
50%	35.39	42.16	68.69	26.30	0.63
75%	38.32	65.43	85.08	45.90	0.66
90%	49.16	106.60	90.73	49.80	0.69

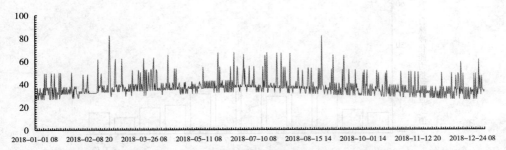

图 1 海南省白沙黎族自治县大气自然净化能力指数波形（ASPI–2018.1.1–2018.12.31）

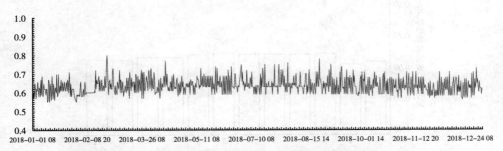

图 2 海南省白沙黎族自治县大气环境容量指数波形（AECI–2018.1.1–2018.12.31）

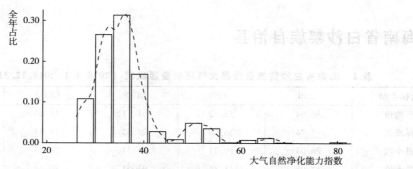

图 3　海南省白沙黎族自治县大气自然净化能力指数分布（ASPI-2018.1.1~2018.12.31）

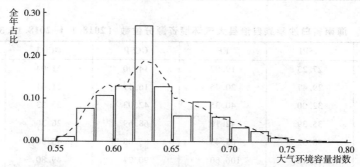

图 4　海南省白沙黎族自治县大气环境容量指数分布（AECI-2018.1.1~2018.12.31）

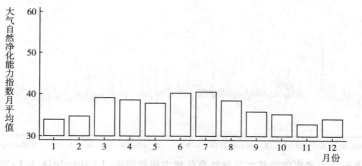

图 5　海南省白沙黎族自治县大气自然净化能力指数月均变化（ASPI-2018.1.1~2018.12.31）

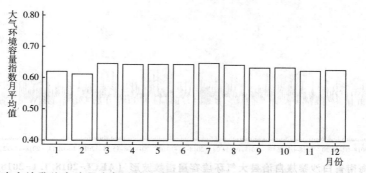

图 6　海南省白沙黎族自治县大气环境容量指数月均变化（AECI-2018.1.1~2018.12.31）

海南省昌江黎族自治县

表 1　海南省昌江黎族自治县大气环境资源概况（2018.1.1–2018.12.31）

指标类型	ASPI	EE	GCSP	GCO3	AECI
平均值	40.40	72.97	52.67	37.37	0.66
标准误	10.21	52.73	23.21	15.13	0.04
最小值	26.65	19.85	11.50	20.39	0.55
最大值	85.40	354.29	94.51	80.00	0.81
样本量（个）	824	824	824	824	824

表 2　海南省昌江黎族自治县大气环境资源分位数（2018.1.1–2018.12.31）

指标类型	ASPI	EE	GCSP	GCO3	AECI
5%	30.48	20.94	14.07	21.13	0.60
10%	31.54	40.27	15.54	21.73	0.61
25%	33.95	41.43	27.80	23.43	0.63
50%	36.85	64.33	57.83	42.20	0.65
75%	42.41	68.76	70.87	46.89	0.68
90%	53.56	111.59	80.82	51.58	0.71

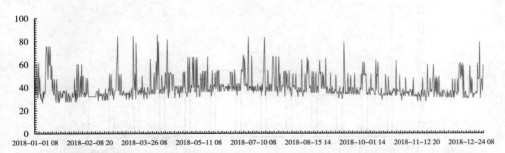

图 1　海南省昌江黎族自治县大气自然净化能力指数波形（ASPI-2018.1.1–2018.12.31）

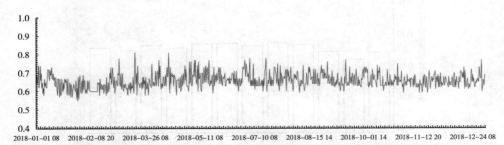

图 2　海南省昌江黎族自治县大气环境容量指数波形（AECI-2018.1.1–2018.12.31）

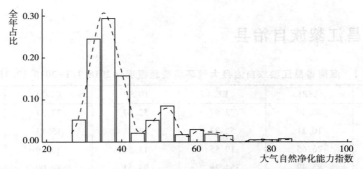

图 3　海南省昌江黎族自治县大气自然净化能力指数分布（ASPI-2018. 1. 1–2018. 12. 31）

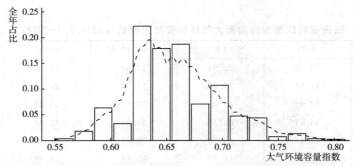

图 4　海南省昌江黎族自治县大气环境容量指数分布（AECI-2018. 1. 1–2018. 12. 31）

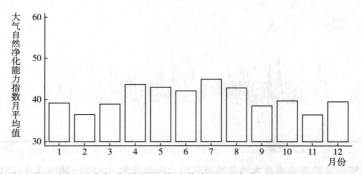

图 5　海南省昌江黎族自治县大气自然净化能力指数月均变化（ASPI-2018. 1. 1–2018. 12. 31）

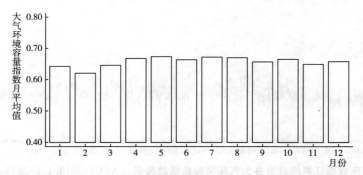

图 6　海南省昌江黎族自治县大气环境容量指数月均变化（AECI-2018. 1. 1–2018. 12. 31）

海南省乐东黎族自治县

表 1 海南省乐东黎族自治县大气环境资源概况 （2018.1.1—2018.12.31）

指标类型	ASPI	EE	GCSP	GCO3	AECI
平均值	37.90	59.91	57.99	35.39	0.64
标准误	9.45	49.20	25.96	14.53	0.04
最小值	26.24	19.76	11.15	20.63	0.56
最大值	87.89	363.32	97.53	78.74	0.81
样本量（个）	824	824	824	824	824

表 2 海南省乐东黎族自治县大气环境资源分位数 （2018.1.1—2018.12.31）

指标类型	ASPI	EE	GCSP	GCO3	AECI
5%	28.28	20.20	13.88	21.24	0.58
10%	30.32	20.70	15.55	21.80	0.59
25%	32.40	40.48	41.08	23.52	0.62
50%	35.62	42.32	62.23	26.77	0.63
75%	39.07	66.41	80.58	46.55	0.67
90%	49.61	107.11	90.31	51.74	0.69

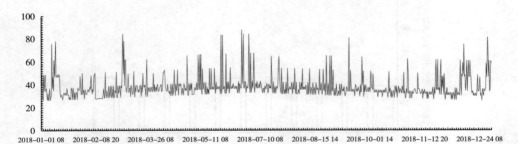

图 1 海南省乐东黎族自治县大气自然净化能力指数波形 （ASPI-2018.1.1—2018.12.31）

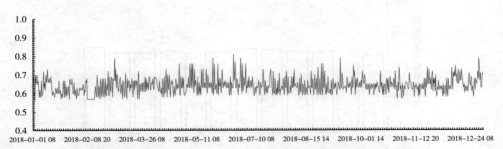

图 2 海南省乐东黎族自治县大气环境容量指数波形 （AECI-2018.1.1—2018.12.31）

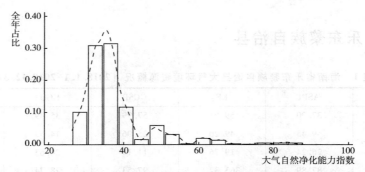

图 3　海南省乐东黎族自治县大气自然净化能力指数分布（ASPI-2018. 1. 1-2018. 12. 31）

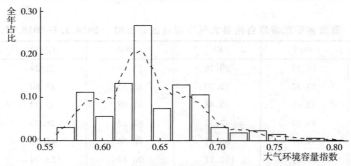

图 4　海南省乐东黎族自治县大气环境容量指数分布（AECI-2018. 1. 1-2018. 12. 31）

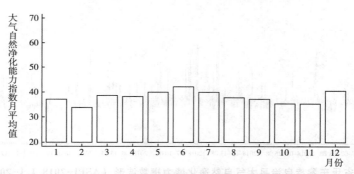

图 5　海南省乐东黎族自治县大气自然净化能力指数月均变化（ASPI-2018. 1. 1-2018. 12. 31）

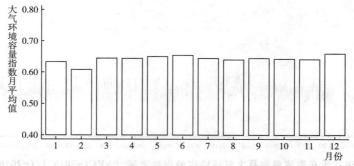

图 6　海南省乐东黎族自治县大气环境容量指数月均变化（AECI-2018. 1. 1-2018. 12. 31）

海南省陵水黎族自治县

表 1 海南省陵水黎族自治县大气环境资源概况 （2018. 1. 1-2018. 12. 31）

指标类型	ASPI	EE	GCSP	GCO3	AECI
平均值	47. 19	117. 40	63. 23	33. 90	0. 68
标准误	17. 78	110. 84	20. 83	12. 64	0. 06
最小值	24. 11	19. 30	12. 27	18. 73	0. 56
最大值	95. 66	811. 97	97. 60	67. 53	0. 93
样本量	2214	2214	2214	2214	2214

表 2 海南省陵水黎族自治县大气环境资源分位数 （2018. 1. 1-2018. 12. 31）

指标类型	ASPI	EE	GCSP	GCO3	AECI
5%	28. 66	20. 29	26. 88	20. 34	0. 59
10%	30. 27	20. 76	28. 19	21. 10	0. 60
25%	33. 53	41. 28	48. 97	22. 81	0. 63
50%	38. 89	66. 31	65. 51	25. 93	0. 67
75%	60. 62	200. 72	80. 88	45. 71	0. 72
90%	78. 84	288. 19	88. 77	48. 76	0. 77

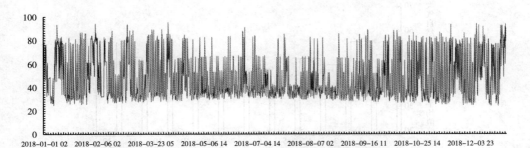

图 1 海南省陵水黎族自治县大气自然净化能力指数波形 （ASPI-2018. 1. 1-2018. 12. 31）

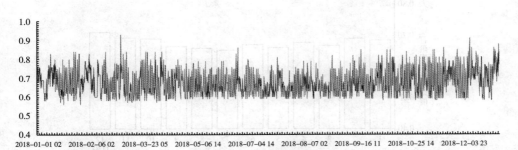

图 2 海南省陵水黎族自治县大气环境容量指数波形 （AECI-2018. 1. 1-2018. 12. 31）

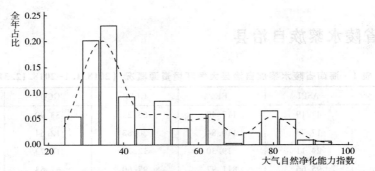

图 3 海南省陵水黎族自治县大气自然净化能力指数分布（ASPI-2018. 1. 1-2018. 12. 31）

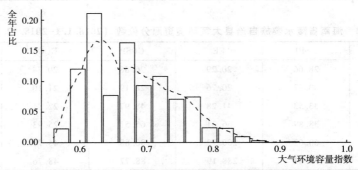

图 4 海南省陵水黎族自治县大气环境容量指数分布（AECI-2018. 1. 1-2018. 12. 31）

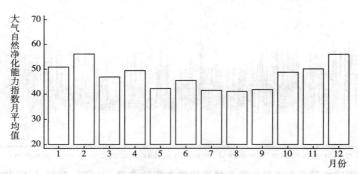

图 5 海南省陵水黎族自治县大气自然净化能力指数月均变化（ASPI-2018. 1. 1-2018. 12. 31）

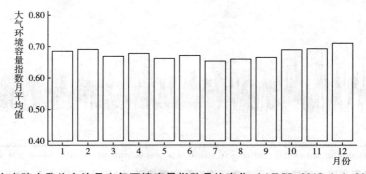

图 6 海南省陵水黎族自治县大气环境容量指数月均变化（AECI-2018. 1. 1-2018. 12. 31）

海南省保亭黎族苗族自治县

表1　海南省保亭黎族苗族自治县大气环境资源概况 （2018.1.1–2018.12.31）

指标类型	ASPI	EE	GCSP	GCO3	AECI
平均值	36.23	50.97	59.94	36.58	0.63
标准误	7.83	38.41	25.73	14.45	0.04
最小值	26.18	19.74	12.47	20.57	0.56
最大值	89.58	418.33	100.00	80.20	0.82
样本量（个）	824	824	824	824	824

表2　海南省保亭黎族苗族自治县大气环境资源分位数 （2018.1.1–2018.12.31）

指标类型	ASPI	EE	GCSP	GCO3	AECI
5%	27.56	20.04	15.57	21.30	0.58
10%	29.15	20.39	22.24	21.90	0.59
25%	31.44	21.12	42.03	23.62	0.60
50%	34.68	41.75	61.07	27.90	0.63
75%	37.88	65.17	84.46	46.98	0.66
90%	47.54	104.76	91.91	50.77	0.69

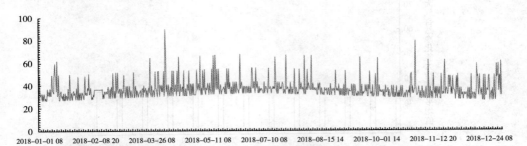

图1　海南省保亭黎族苗族自治县大气自然净化能力指数波形 （ASPI–2018.1.1–2018.12.31）

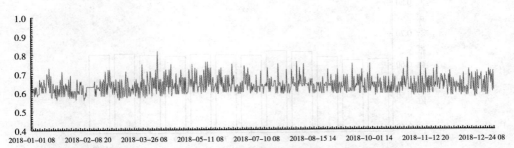

图2　海南省保亭黎族苗族自治县大气环境容量指数波形 （AECI–2018.1.1–2018.12.31）

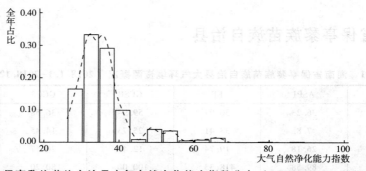

图3 海南省保亭黎族苗族自治县大气自然净化能力指数分布（ASPI-2018.1.1~2018.12.31）

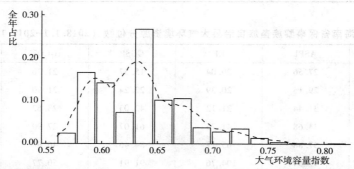

图4 海南省保亭黎族苗族自治县大气环境容量指数分布（AECI-2018.1.1~2018.12.31）

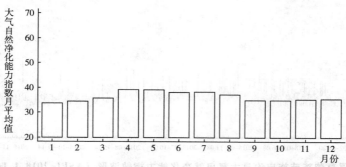

图5 海南省保亭黎族苗族自治县大气自然净化能力指数月均变化（ASPI-2018.1.1~2018.12.31）

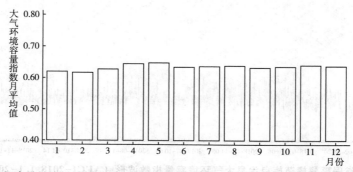

图6 海南省保亭黎族苗族自治县大气环境容量指数月均变化（AECI-2018.1.1~2018.12.31）

海南省琼中黎族苗族自治县

表 1　海南省琼中黎族苗族自治县大气环境资源概况（2018.1.1-2018.12.31）

指标类型	ASPI	EE	GCSP	GCO3	AECI
平均值	35.75	52.06	68.18	30.63	0.63
标准误	8.96	41.99	24.07	11.99	0.05
最小值	24.03	19.28	12.34	18.14	0.54
最大值	87.93	363.46	97.57	77.93	0.81
样本量（个）	2212	2212	2212	2212	2212

表 2　海南省琼中黎族苗族自治县大气环境资源分位数（2018.1.1-2018.12.31）

指标类型	ASPI	EE	GCSP	GCO3	AECI
5%	26.20	19.75	16.03	20.10	0.57
10%	27.44	20.02	26.88	20.82	0.58
25%	30.53	21.12	53.00	22.51	0.59
50%	33.91	41.41	77.10	24.75	0.62
75%	37.59	65.00	88.49	43.90	0.66
90%	49.15	106.59	91.86	48.28	0.69

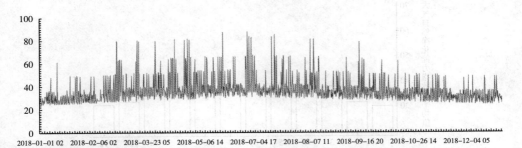

图 1　海南省琼中黎族苗族自治县大气自然净化能力指数波形（ASPI-2018.1.1-2018.12.31）

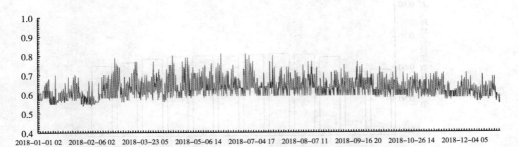

图 2　海南省琼中黎族苗族自治县大气环境容量指数波形（AECI-2018.1.1-2018.12.31）

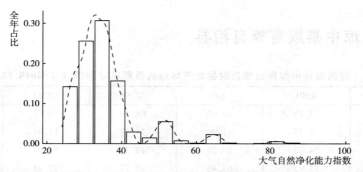

图 3　海南省琼中黎族苗族自治县大气自然净化能力指数分布（ASPI-2018.1.1-2018.12.31）

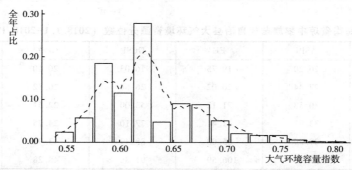

图 4　海南省琼中黎族苗族自治县大气环境容量指数分布（AECI-2018.1.1-2018.12.31）

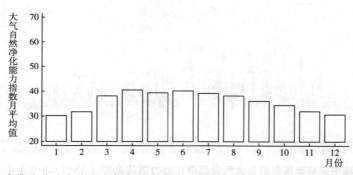

图 5　海南省琼中黎族苗族自治县大气自然净化能力指数月均变化（ASPI-2018.1.1-2018.12.31）

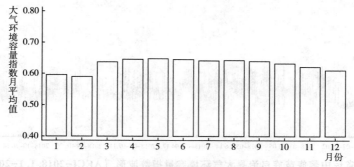

图 6　海南省琼中黎族苗族自治县大气环境容量指数月均变化（AECI-2018.1.1-2018.12.31）

重庆市

重庆市万州区

表 1　重庆市万州区大气环境资源概况（2018.1.1-2018.12.31）

指标类型	ASPI	EE	GCSP	GCO3	AECI
平均值	33.62	49.56	55.44	29.25	0.62
标准误	6.59	27.13	25.40	15.61	0.04
最小值	22.13	18.87	10.31	15.60	0.52
最大值	83.82	348.53	94.65	81.78	0.82
样本量（个）	2280	2280	2280	2280	2280

表 2　重庆市万州区大气环境资源分位数（2018.1.1-2018.12.31）

指标类型	ASPI	EE	GCSP	GCO3	AECI
5%	25.70	19.64	13.57	17.28	0.55
10%	27.17	20.05	15.22	18.15	0.56
25%	29.72	39.50	28.06	20.00	0.59
50%	32.55	40.85	60.59	22.38	0.61
75%	36.01	64.08	77.44	27.38	0.64
90%	39.70	66.89	86.08	48.56	0.68

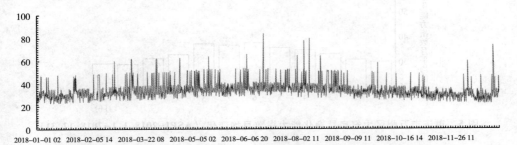

图 1　重庆市万州区大气自然净化能力指数波形（ASPI-2018.1.1-2018.12.31）

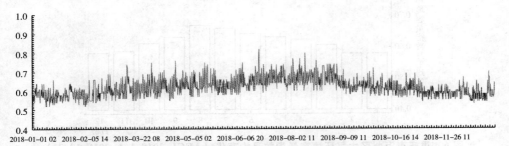

图 2　重庆市万州区大气环境容量指数波形（AECI-2018.1.1-2018.12.31）

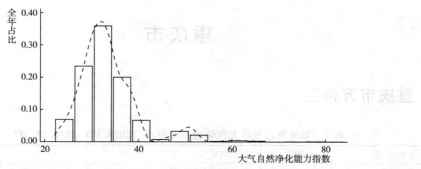

图 3　重庆市万州区大气自然净化能力指数分布 （ASPI-2018. 1. 1—2018. 12. 31）

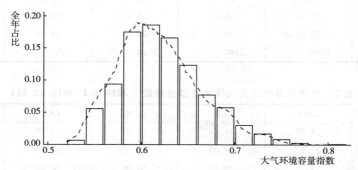

图 4　重庆市万州区大气环境容量指数分布 （AECI-2018. 1. 1—2018. 12. 31）

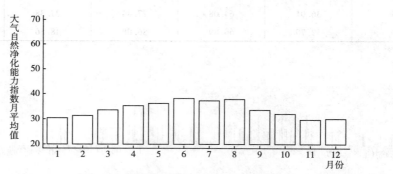

图 5　重庆市万州区大气自然净化能力指数月均变化 （ASPI-2018. 1. 1—2018. 12. 31）

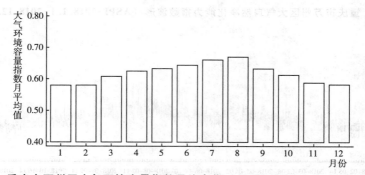

图 6　重庆市万州区大气环境容量指数月均变化 （AECI-2018. 1. 1—2018. 12. 31）

重庆市涪陵区

表 1 重庆市涪陵区大气环境资源概况（2018.1.1-2018.12.31）

指标类型	ASPI	EE	GCSP	GCO3	AECI
平均值	38.40	70.95	59.92	28.74	0.63
标准误	10.76	61.33	27.75	14.30	0.05
最小值	24.74	19.43	10.77	14.56	0.52
最大值	95.84	703.89	96.41	80.05	0.94
样本量（个）	851	851	851	851	851

表 2 重庆市涪陵区大气环境资源分位数（2018.1.1-2018.12.31）

指标类型	ASPI	EE	GCSP	GCO3	AECI
5%	28.82	21.07	14.09	18.37	0.57
10%	29.60	39.48	15.55	19.16	0.58
25%	32.25	40.68	28.19	20.79	0.60
50%	35.02	62.50	67.30	23.06	0.63
75%	39.71	66.90	84.58	25.92	0.66
90%	50.68	108.32	91.92	48.57	0.69

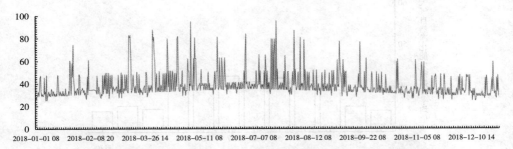

图 1 重庆市涪陵区大气自然净化能力指数波形（ASPI-2018.1.1-2018.12.31）

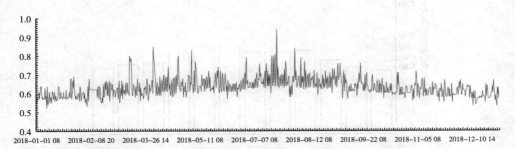

图 2 重庆市涪陵区大气环境容量指数波形（AECI-2018.1.1-2018.12.31）

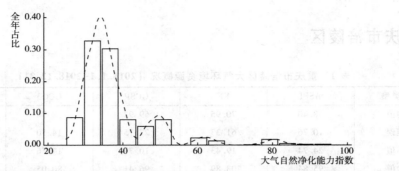

图 3　重庆市涪陵区大气自然净化能力指教分布（ASPI-2018.1.1~2018.12.31）

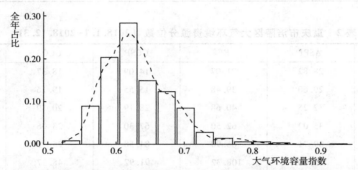

图 4　重庆市涪陵区大气环境容量指数分布（AECI-2018.1.1~2018.12.31）

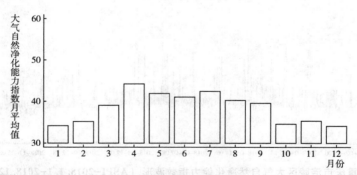

图 5　重庆市涪陵区大气自然净化能力指数月均变化（ASPI-2018.1.1~2018.12.31）

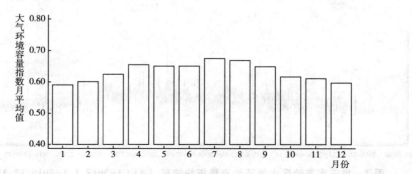

图 6　重庆市涪陵区大气环境容量指数月均变化（AECI-2018.1.1~2018.12.31）

重庆市九龙坡区

表1 重庆市九龙坡区大气环境资源概况（2018.1.1-2018.12.31）

指标类型	ASPI	EE	GCSP	GCO3	AECI
平均值	34.40	53.01	54.91	29.44	0.62
标准误	6.61	29.59	24.31	15.53	0.04
最小值	22.44	18.94	9.16	15.87	0.53
最大值	81.76	341.08	94.21	82.60	0.82
样本量（个）	2275	2275	2275	2275	2275

表2 重庆市九龙坡区大气环境资源分位数（2018.1.1-2018.12.31）

指标类型	ASPI	EE	GCSP	GCO3	AECI
5%	27.41	20.20	13.40	17.50	0.57
10%	28.50	38.68	15.06	18.43	0.58
25%	30.64	39.94	38.44	20.21	0.59
50%	33.31	41.40	59.35	22.59	0.62
75%	36.27	64.36	74.39	26.97	0.65
90%	39.51	66.76	84.99	49.48	0.68

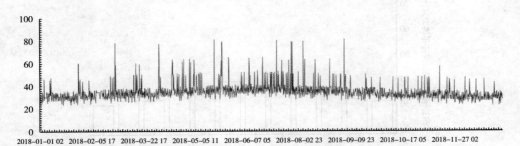

图1 重庆市九龙坡区大气自然净化能力指数波形（ASPI-2018.1.1-2018.12.31）

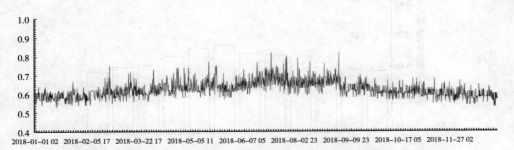

图2 重庆市九龙坡区大气环境容量指数波形（AECI-2018.1.1-2018.12.31）

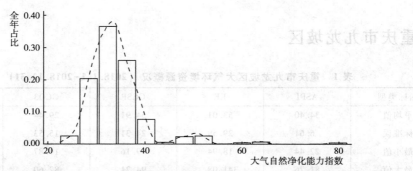

图 3　重庆市九龙坡区大气自然净化能力指数分布（ASPI-2018. 1. 1-2018. 12. 31）

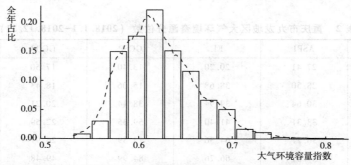

图 4　重庆市九龙坡区大气环境容量指数分布（AECI-2018. 1. 1-2018. 12. 31）

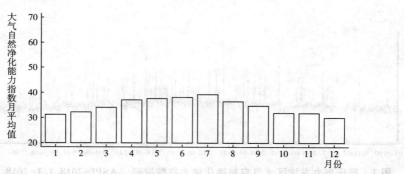

图 5　重庆市九龙坡区大气自然净化能力指数月均变化（ASPI-2018. 1. 1-2018. 12. 31）

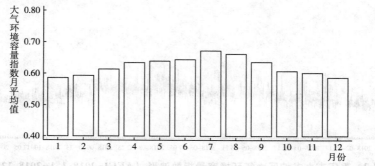

图 6　重庆市九龙坡区大气环境容量指数月均变化（AECI-2018. 1. 1-2018. 12. 31）

重庆市北碚区

表1 重庆市北碚区大气环境资源概况（2018.1.1-2018.12.31）

指标类型	ASPI	EE	GCSP	GCO3	AECI
平均值	35.77	57.07	59.68	30.06	0.62
标准误	9.30	45.52	27.00	15.78	0.05
最小值	24.36	19.35	11.50	14.47	0.52
最大值	86.77	406.33	98.66	83.05	0.83
样本量（个）	853	853	853	853	853

表2 重庆市北碚区大气环境资源分位数（2018.1.1-2018.12.31）

指标类型	ASPI	EE	GCSP	GCO3	AECI
5%	26.56	19.83	14.08	18.41	0.56
10%	28.60	20.40	15.70	19.14	0.57
25%	30.43	39.86	39.68	20.79	0.58
50%	33.37	41.28	65.58	23.11	0.61
75%	37.13	64.80	83.18	27.39	0.65
90%	49.96	107.51	91.72	49.52	0.70

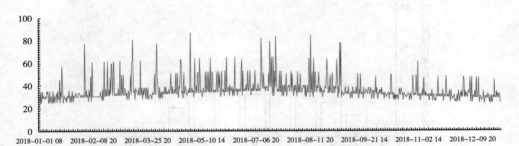

图1 重庆市北碚区大气自然净化能力指数波形（ASPI-2018.1.1-2018.12.31）

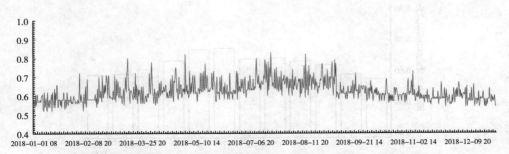

图2 重庆市北碚区大气环境容量指数波形（AECI-2018.1.1-2018.12.31）

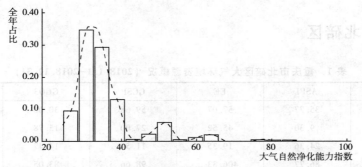

图 3　重庆市北碚区大气自然净化能力指数分布（ASPI-2018. 1. 1-2018. 12. 31）

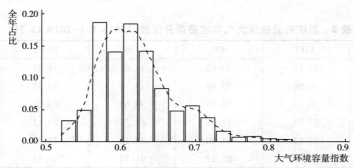

图 4　重庆市北碚区大气环境容量指数分布（AECI-2018. 1. 1-2018. 12. 31）

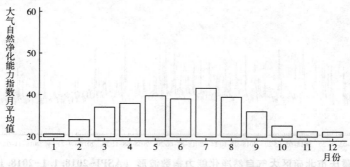

图 5　重庆市北碚区大气自然净化能力指数月均变化（ASPI-2018. 1. 1-2018. 12. 31）

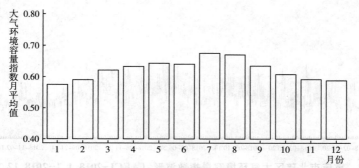

图 6　重庆市北碚区大气环境容量指数月均变化（AECI-2018. 1. 1-2018. 12. 31）

重庆市綦江区

表1 重庆市綦江区大气环境资源概况（2018.1.1–2018.12.31）

指标类型	ASPI	EE	GCSP	GCO3	AECI
平均值	40.03	81.03	61.42	27.86	0.63
标准误	13.27	81.19	30.00	12.72	0.06
最小值	24.50	19.38	10.09	14.60	0.52
最大值	97.73	788.06	98.67	79.37	0.95
样本量（个）	852	852	852	852	852

表2 重庆市綦江区大气环境资源分位数（2018.1.1–2018.12.31）

指标类型	ASPI	EE	GCSP	GCO3	AECI
5%	28.98	20.73	13.80	18.41	0.56
10%	29.76	39.48	14.94	19.17	0.57
25%	32.25	40.68	27.67	20.84	0.59
50%	35.33	63.05	68.65	23.16	0.62
75%	40.98	67.77	89.69	25.64	0.66
90%	57.81	194.66	96.03	46.89	0.72

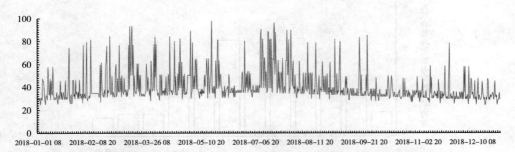

图1 重庆市綦江区大气自然净化能力指数波形（ASPI–2018.1.1–2018.12.31）

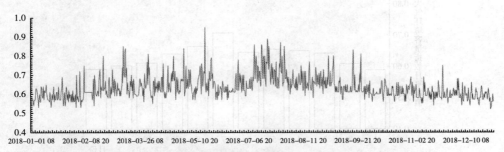

图2 重庆市綦江区大气环境容量指数波形（AECI–2018.1.1–2018.12.31）

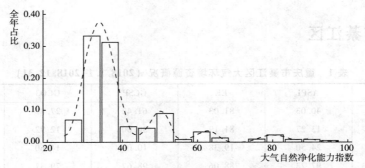

图 3 重庆市綦江区大气自然净化能力指数分布（ASPI-2018.1.1-2018.12.31）

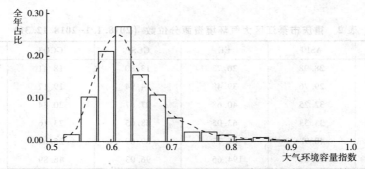

图 4 重庆市綦江区大气环境容量指数分布（AECI-2018.1.1-2018.12.31）

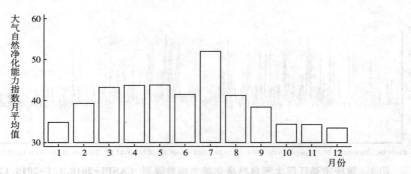

图 5 重庆市綦江区大气自然净化能力指数月均变化（ASPI-2018.1.1-2018.12.31）

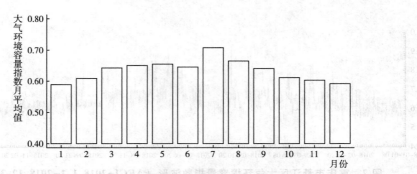

图 6 重庆市綦江区大气环境容量指数月均变化（AECI-2018.1.1-2018.12.31）

重庆市大足区

表 1 重庆市大足区大气环境资源概况 （2018.1.1–2018.12.31）

指标类型	ASPI	EE	GCSP	GCO3	AECI
平均值	34.90	55.85	65.08	26.76	0.62
标准误	8.02	42.73	25.90	12.34	0.04
最小值	22.30	18.91	10.39	12.37	0.52
最大值	97.46	756.48	98.65	78.78	0.89
样本量（个）	2272	2272	2272	2272	2272

表 2 重庆市大足区大气环境资源分位数 （2018.1.1–2018.12.31）

指标类型	ASPI	EE	GCSP	GCO3	AECI
5%	27.19	20.16	14.25	17.25	0.56
10%	28.31	38.78	16.31	18.18	0.57
25%	30.45	39.88	48.93	20.07	0.59
50%	33.13	41.17	73.53	22.40	0.61
75%	36.83	64.80	86.51	25.03	0.64
90%	41.14	67.89	92.01	46.23	0.68

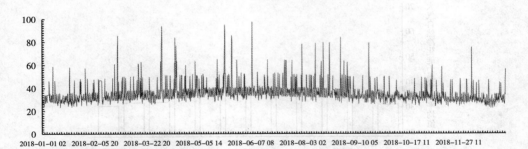

图 1 重庆市大足区大气自然净化能力指数波形 （ASPI–2018.1.1–2018.12.31）

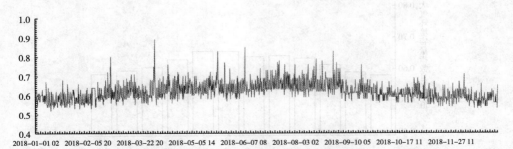

图 2 重庆市大足区大气环境容量指数波形 （AECI–2018.1.1–2018.12.31）

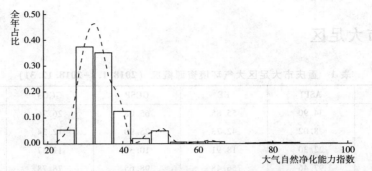

图 3 重庆市大足区大气自然净化能力指数分布 （ASPI-2018. 1. 1-2018. 12. 31）

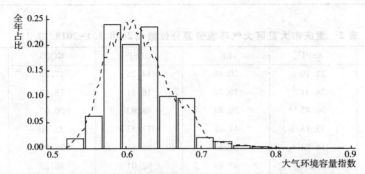

图 4 重庆市大足区大气环境容量指数分布 （AECI-2018. 1. 1-2018. 12. 31）

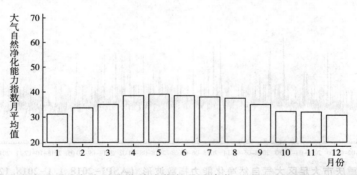

图 5 重庆市大足区大气自然净化能力指数月均变化 （ASPI-2018. 1. 1-2018. 12. 31）

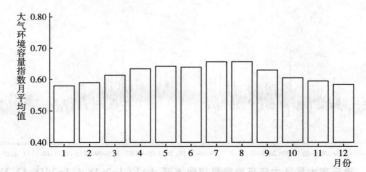

图 6 重庆市大足区大气环境容量指数月均变化 （AECI-2018. 1. 1-2018. 12. 31）

重庆市渝北区

表 1　重庆市渝北区大气环境资源概况（2018.1.1~2018.12.31）

指标类型	ASPI	EE	GCSP	GCO3	AECI
平均值	42.55	91.57	57.16	28.83	0.65
标准误	12.44	66.21	27.50	13.78	0.05
最小值	24.46	19.37	10.96	17.68	0.52
最大值	88.80	414.98	97.49	79.53	0.85
样本量（个）	850	850	850	850	850

表 2　重庆市渝北区大气环境资源分位数（2018.1.1~2018.12.31）

指标类型	ASPI	EE	GCSP	GCO3	AECI
5%	29.68	39.53	13.95	18.34	0.58
10%	31.19	40.22	15.16	19.09	0.59
25%	33.88	41.89	27.37	20.83	0.61
50%	37.47	65.33	62.57	23.09	0.64
75%	49.61	107.12	81.26	26.57	0.68
90%	60.62	200.72	90.62	47.60	0.71

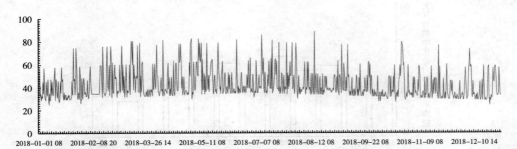

图 1　重庆市渝北区大气自然净化能力指数波形（ASPI-2018.1.1~2018.12.31）

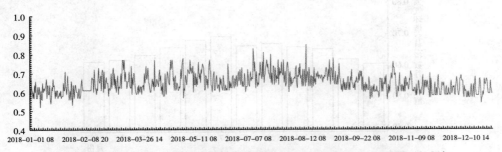

图 2　重庆市渝北区大气环境容量指数波形（AECI-2018.1.1~2018.12.31）

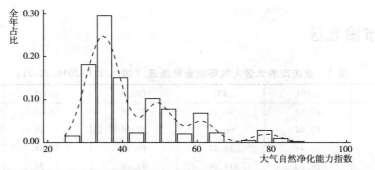

图 3　重庆市渝北区大气自然净化能力指数分布（ASPI-2018.1.1~2018.12.31）

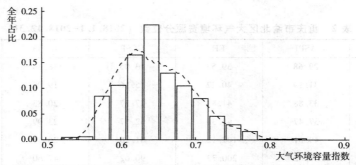

图 4　重庆市渝北区大气环境容量指数分布（AECI-2018.1.1~2018.12.31）

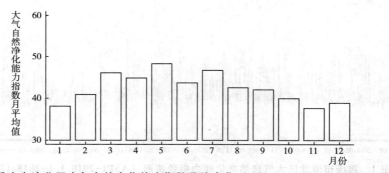

图 5　重庆市渝北区大气自然净化能力指数月均变化（ASPI-2018.1.1~2018.12.31）

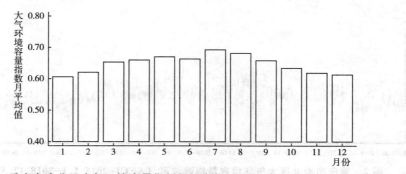

图 6　重庆市渝北区大气环境容量指数月均变化（AECI-2018.1.1~2018.12.31）

重庆市巴南区

表 1 重庆市巴南区大气环境资源概况（2018.1.1-2018.12.31）

指标类型	ASPI	EE	GCSP	GCO3	AECI
平均值	38.45	70.91	61.27	28.18	0.63
标准误	10.11	56.15	27.56	12.89	0.05
最小值	24.44	19.37	10.00	17.74	0.53
最大值	95.18	698.98	98.66	78.60	0.90
样本量（个）	851	851	851	851	851

表 2 重庆市巴南区大气环境资源分位数（2018.1.1-2018.12.31）

指标类型	ASPI	EE	GCSP	GCO3	AECI
5%	29.21	39.31	14.45	18.39	0.57
10%	30.27	39.79	15.87	19.13	0.58
25%	32.67	40.91	39.88	20.87	0.60
50%	35.25	63.36	67.00	23.13	0.62
75%	39.37	66.66	86.41	26.18	0.66
90%	51.19	108.90	93.54	47.15	0.69

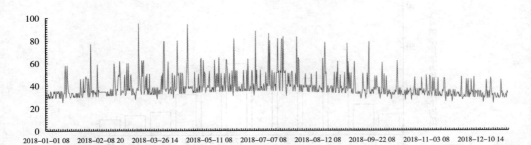

图 1 重庆市巴南区大气自然净化能力指数波形（ASPI-2018.1.1-2018.12.31）

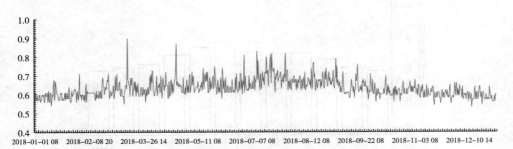

图 2 重庆市巴南区大气环境容量指数波形（AECI-2018.1.1-2018.12.31）

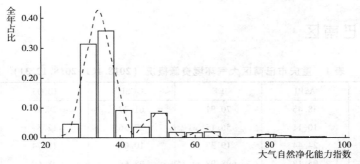

图 3　重庆市巴南区大气自然净化能力指数分布（ASPI-2018.1.1~2018.12.31）

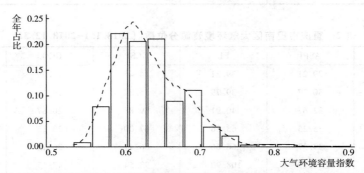

图 4　重庆市巴南区大气环境容量指数分布（AECI-2018.1.1~2018.12.31）

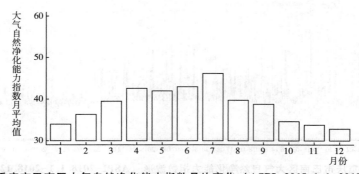

图 5　重庆市巴南区大气自然净化能力指数月均变化（ASPI-2018.1.1~2018.12.31）

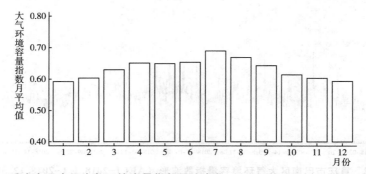

图 6　重庆市巴南区大气环境容量指数月均变化（AECI-2018.1.1~2018.12.31）

重庆市黔江区

表 1　重庆市黔江区大气环境资源概况（2018.1.1–2018.12.31）

指标类型	ASPI	EE	GCSP	GCO3	AECI
平均值	37.00	66.47	65.67	24.55	0.62
标准误	9.96	52.65	26.10	9.38	0.05
最小值	22.49	18.95	7.99	11.79	0.51
最大值	95.90	635.23	97.63	74.81	0.89
样本量（个）	2268	2268	2268	2268	2268

表 2　重庆市黔江区大气环境资源分位数（2018.1.1–2018.12.31）

指标类型	ASPI	EE	GCSP	GCO3	AECI
5%	28.03	20.57	14.41	16.62	0.55
10%	29.18	39.12	16.16	17.90	0.57
25%	31.36	40.32	50.22	19.88	0.59
50%	34.21	60.89	72.71	22.18	0.61
75%	37.97	65.69	88.22	24.51	0.64
90%	49.75	107.27	93.63	43.72	0.68

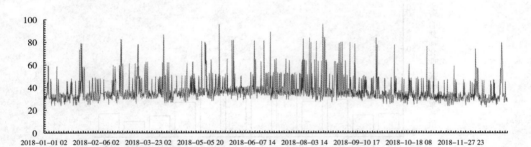

图 1　重庆市黔江区大气自然净化能力指数波形（ASPI–2018.1.1–2018.12.31）

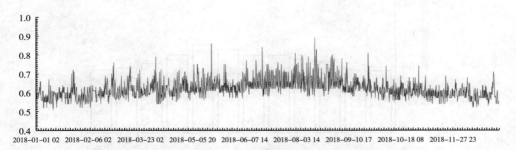

图 2　重庆市黔江区大气环境容量指数波形（AECI–2018.1.1–2018.12.31）

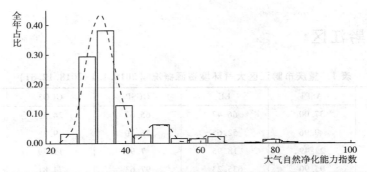

图 3　重庆市黔江区大气自然净化能力指数分布（ASPI-2018.1.1-2018.12.31）

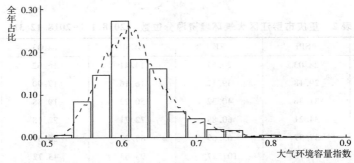

图 4　重庆市黔江区大气环境容量指数分布（AECI-2018.1.1-2018.12.31）

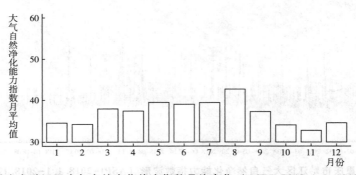

图 5　重庆市黔江区大气自然净化能力指数月均变化（ASPI-2018.1.1-2018.12.31）

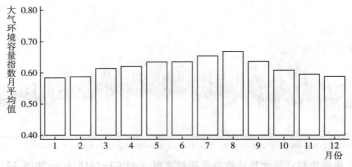

图 6　重庆市黔江区大气环境容量指数月均变化（AECI-2018.1.1-2018.12.31）

重庆市长寿区

表 1 重庆市长寿区大气环境资源概况（2018.1.1-2018.12.31）

指标类型	ASPI	EE	GCSP	GCO3	AECI
平均值	34.65	54.21	61.11	28.18	0.62
标准误	6.30	26.51	25.36	14.25	0.04
最小值	22.36	18.92	8.81	15.69	0.52
最大值	79.71	289.31	96.38	81.27	0.77
样本量（个）	2270	2270	2270	2270	2270

表 2 重庆市长寿区大气环境资源分位数（2018.1.1-2018.12.31）

指标类型	ASPI	EE	GCSP	GCO3	AECI
5%	27.13	20.07	14.13	17.37	0.56
10%	28.50	38.67	16.01	18.29	0.57
25%	30.88	40.09	44.79	20.12	0.59
50%	33.74	41.85	67.49	22.46	0.62
75%	36.76	64.83	82.83	25.69	0.65
90%	40.26	67.27	89.71	47.23	0.68

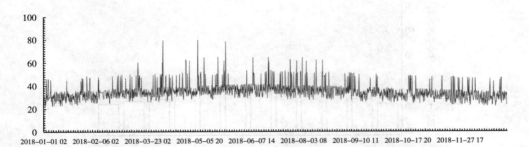

图 1 重庆市长寿区大气自然净化能力指数波形（ASPI-2018.1.1-2018.12.31）

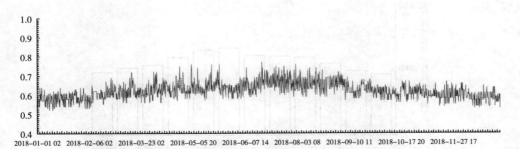

图 2 重庆市长寿区大气环境容量指数波形（AECI-2018.1.1-2018.12.31）

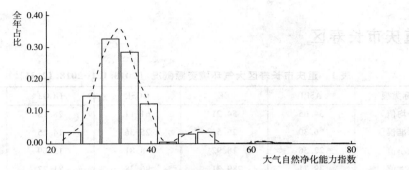

图 3　重庆市长寿区大气自然净化能力指数分布（ASPI-2018.1.1~2018.12.31）

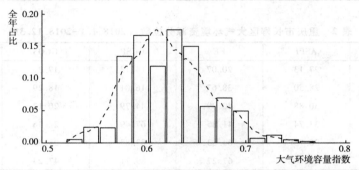

图 4　重庆市长寿区大气环境容量指数分布（AECI-2018.1.1~2018.12.31）

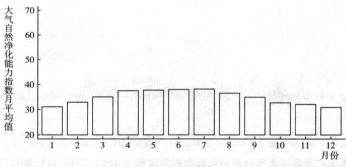

图 5　重庆市长寿区大气自然净化能力指数月均变化（ASPI-2018.1.1~2018.12.31）

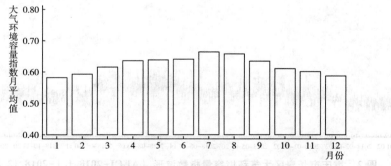

图 6　重庆市长寿区大气环境容量指数月均变化（AECI-2018.1.1~2018.12.31）

重庆市江津区

表 1　重庆市江津区大气环境资源概况（2018.1.1-2018.12.31）

指标类型	ASPI	EE	GCSP	GCO3	AECI
平均值	35.21	56.29	58.94	28.78	0.63
标准误	7.01	30.58	25.42	14.76	0.04
最小值	22.77	19.01	9.80	15.89	0.53
最大值	82.69	344.44	96.41	83.28	0.78
样本量（个）	2271	2271	2271	2271	2271

表 2　重庆市江津区大气环境资源分位数（2018.1.1-2018.12.31）

指标类型	ASPI	EE	GCSP	GCO3	AECI
5%	27.53	20.30	13.85	17.54	0.57
10%	28.59	38.87	15.73	18.45	0.58
25%	30.68	40.00	42.39	20.28	0.59
50%	33.83	41.71	64.17	22.62	0.62
75%	37.23	65.16	80.96	26.06	0.65
90%	46.26	103.31	88.63	47.66	0.68

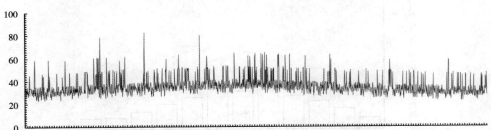

图 1　重庆市江津区大气自然净化能力指数波形（ASPI-2018.1.1-2018.12.31）

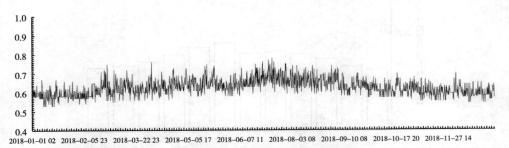

图 2　重庆市江津区大气环境容量指数波形（AECI-2018.1.1-2018.12.31）

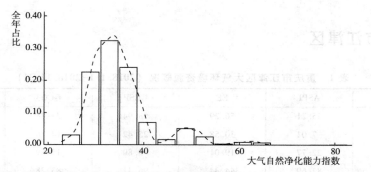

图 3　重庆市江津区大气自然净化能力指数分布（ASPI-2018.1.1-2018.12.31）

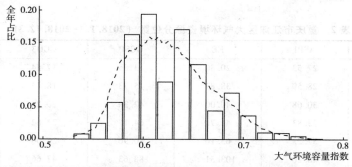

图 4　重庆市江津区大气环境容量指数分布（AECI-2018.1.1-2018.12.31）

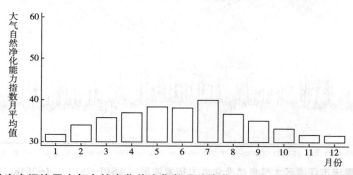

图 5　重庆市江津区大气自然净化能力指数月均变化（ASPI-2018.1.1-2018.12.31）

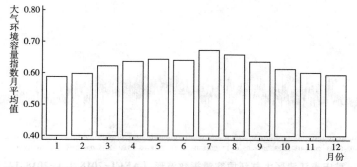

图 6　重庆市江津区大气环境容量指数月均变化（AECI-2018.1.1-2018.12.31）

重庆市合川区

表 1 重庆市合川区大气环境资源概况 （2018.1.1−2018.12.31）

指标类型	ASPI	EE	GCSP	GCO3	AECI
平均值	41.30	88.95	61.24	27.72	0.65
标准误	12.42	72.69	27.26	13.53	0.05
最小值	23.74	19.22	11.12	15.70	0.53
最大值	94.64	1026.19	96.48	80.08	0.95
样本量（个）	2270	2270	2270	2270	2270

表 2 重庆市合川区大气环境资源分位数 （2018.1.1−2018.12.31）

指标类型	ASPI	EE	GCSP	GCO3	AECI
5%	29.11	39.20	14.24	17.33	0.58
10%	30.48	39.88	15.72	18.23	0.59
25%	33.06	41.60	42.21	20.10	0.61
50%	36.54	64.61	67.22	22.44	0.64
75%	47.60	104.83	86.22	25.51	0.68
90%	59.37	198.02	92.60	46.89	0.72

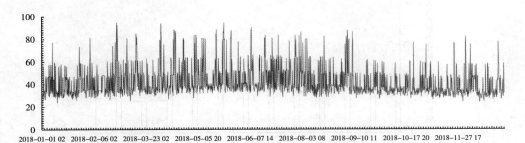

图 1 重庆市合川区大气自然净化能力指数波形 （ASPI−2018.1.1−2018.12.31）

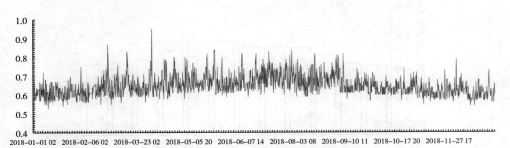

图 2 重庆市合川区大气环境容量指数波形 （AECI−2018.1.1−2018.12.31）

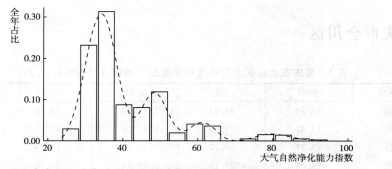

图 3　重庆市合川区大气自然净化能力指数分布（ASPI-2018.1.1~2018.12.31）

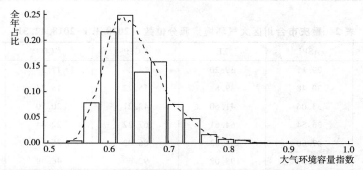

图 4　重庆市合川区大气环境容量指数分布（AECI-2018.1.1~2018.12.31）

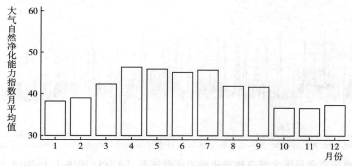

图 5　重庆市合川区大气自然净化能力指数月均变化（ASPI-2018.1.1~2018.12.31）

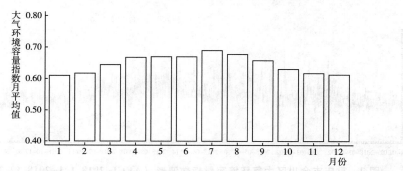

图 6　重庆市合川区大气环境容量指数月均变化（AECI-2018.1.1~2018.12.31）

重庆市永川区

表 1 重庆市永川区大气环境资源概况 （2018.1.1-2018.12.31）

指标类型	ASPI	EE	GCSP	GCO3	AECI
平均值	38.67	71.15	58.03	29.24	0.64
标准误	10.36	54.78	27.41	14.07	0.05
最小值	24.43	19.37	11.64	17.83	0.53
最大值	97.66	717.21	98.65	79.73	0.90
样本量（个）	852	852	852	852	852

表 2 重庆市永川区大气环境资源分位数 （2018.1.1-2018.12.31）

指标类型	ASPI	EE	GCSP	GCO3	AECI
5%	28.92	39.16	14.09	18.46	0.57
10%	29.77	39.57	15.38	19.18	0.58
25%	32.16	40.64	27.80	20.93	0.60
50%	35.38	63.17	62.29	23.19	0.63
75%	40.48	67.43	82.76	26.92	0.67
90%	51.43	109.17	91.78	47.84	0.70

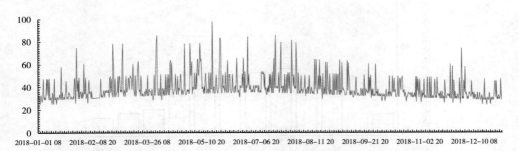

图 1 重庆市永川区大气自然净化能力指数波形 （ASPI-2018.1.1-2018.12.31）

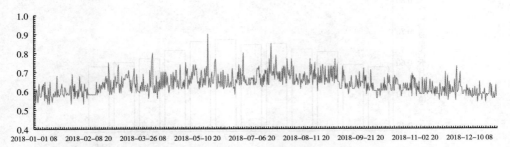

图 2 重庆市永川区大气环境容量指数波形 （AECI-2018.1.1-2018.12.31）

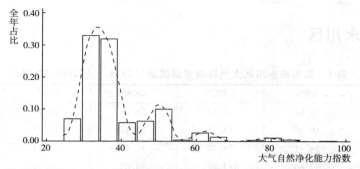

图 3　重庆市永川区大气自然净化能力指数分布（ASPI-2018.1.1-2018.12.31）

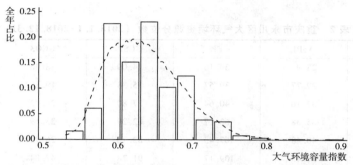

图 4　重庆市永川区大气环境容量指数分布（AECI-2018.1.1-2018.12.31）

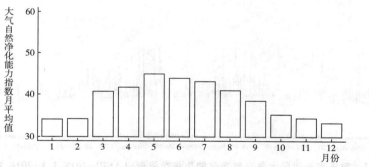

图 5　重庆市永川区大气自然净化能力指数月均变化（ASPI-2018.1.1-2018.12.31）

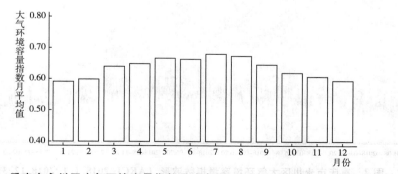

图 6　重庆市永川区大气环境容量指数月均变化（AECI-2018.1.1-2018.12.31）

重庆市南川区

表1 重庆市南川区大气环境资源概况 （2018.1.1-2018.12.31）

指标类型	ASPI	EE	GCSP	GCO3	AECI
平均值	44.05	106.49	58.04	27.11	0.65
标准误	16.59	111.86	29.15	11.75	0.07
最小值	24.46	19.37	10.56	14.18	0.52
最大值	97.08	852.74	98.66	78.34	0.97
样本量（个）	852	852	852	852	852

表2 重庆市南川区大气环境资源分位数 （2018.1.1-2018.12.31）

指标类型	ASPI	EE	GCSP	GCO3	AECI
5%	28.62	20.28	13.74	18.26	0.56
10%	29.77	39.41	15.06	19.07	0.57
25%	33.05	41.16	27.76	20.79	0.60
50%	36.84	64.67	60.88	23.06	0.63
75%	50.15	107.72	86.13	25.52	0.68
90%	76.36	279.23	94.12	46.24	0.75

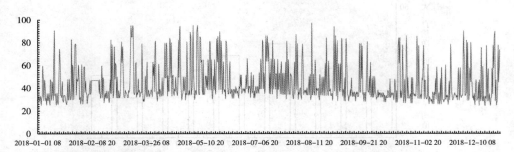

图1 重庆市南川区大气自然净化能力指数波形 （ASPI-2018.1.1-2018.12.31）

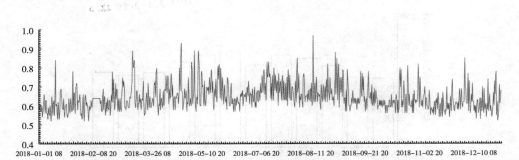

图2 重庆市南川区大气环境容量指数波形 （AECI-2018.1.1-2018.12.31）

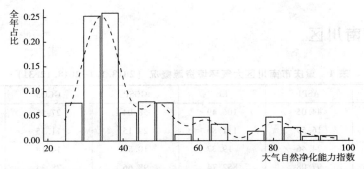

图 3　重庆市南川区大气自然净化能力指数分布（ASPI-2018.1.1-2018.12.31）

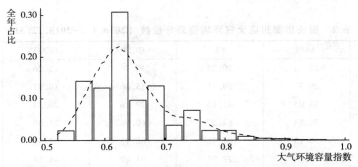

图 4　重庆市南川区大气环境容量指数分布（AECI-2018.1.1-2018.12.31）

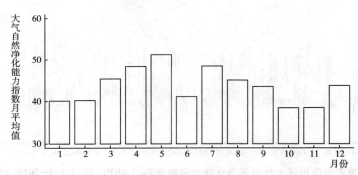

图 5　重庆市南川区大气自然净化能力指数月均变化（ASPI-2018.1.1-2018.12.31）

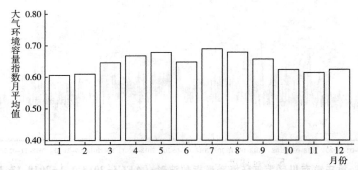

图 6　重庆市南川区大气环境容量指数月均变化（AECI-2018.1.1-2018.12.31）

重庆市璧山区

表1　重庆市璧山区大气环境资源概况（2018.1.1–2018.12.31）

指标类型	ASPI	EE	GCSP	GCO3	AECI
平均值	37.55	65.64	54.51	29.64	0.63
标准误	9.46	47.35	26.52	14.77	0.05
最小值	24.40	19.36	11.49	14.55	0.54
最大值	86.61	405.64	98.65	81.21	0.83
样本量（个）	851	851	851	851	851

表2　重庆市璧山区大气环境资源分位数（2018.1.1–2018.12.31）

指标类型	ASPI	EE	GCSP	GCO3	AECI
5%	28.88	39.09	13.40	18.40	0.57
10%	29.78	39.54	14.73	19.15	0.58
25%	32.23	40.66	26.90	20.88	0.60
50%	34.68	62.23	58.99	23.13	0.63
75%	38.96	66.38	77.42	27.26	0.66
90%	50.13	107.70	87.94	48.75	0.69

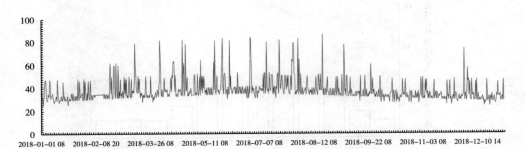

图1　重庆市璧山区大气自然净化能力指数波形（ASPI–2018.1.1–2018.12.31）

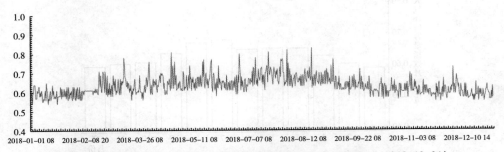

图2　重庆市璧山区大气环境容量指数波形（AECI–2018.1.1–2018.12.31）

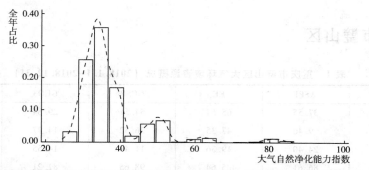

图 3　重庆市璧山区大气自然净化能力指数分布（ASPI-2018.1.1-2018.12.31）

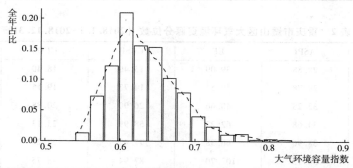

图 4　重庆市璧山区大气环境容量指数分布（AECI-2018.1.1-2018.12.31）

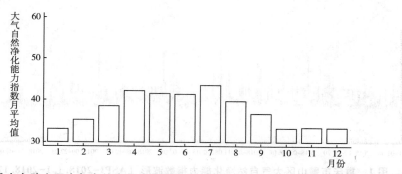

图 5　重庆市璧山区大气自然净化能力指数月均变化（ASPI-2018.1.1-2018.12.31）

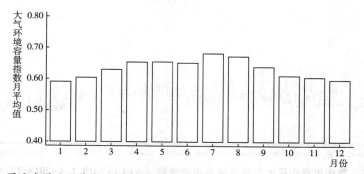

图 6　重庆市璧山区大气环境容量指数月均变化（AECI-2018.1.1-2018.12.31）

重庆市铜梁区

表 1　重庆市铜梁区大气环境资源概况 （2018. 1. 1－2018. 12. 31）

指标类型	ASPI	EE	GCSP	GCO3	AECI
平均值	40. 07	79. 75	58. 37	29. 30	0. 64
标准误	11. 13	68. 04	28. 65	14. 67	0. 05
最小值	24. 64	19. 41	10. 57	14. 50	0. 53
最大值	97. 79	777. 35	98. 67	80. 38	0. 93
样本量（个）	853	853	853	853	853

表 2　重庆市铜梁区大气环境资源分位数 （2018. 1. 1－2018. 12. 31）

指标类型	ASPI	EE	GCSP	GCO3	AECI
5%	29. 25	39. 34	13. 84	18. 37	0. 57
10%	30. 55	39. 84	14. 92	19. 08	0. 58
25%	33. 20	41. 35	27. 32	20. 88	0. 61
50%	36. 22	64. 35	63. 88	23. 12	0. 64
75%	46. 49	103. 58	84. 33	26. 22	0. 68
90%	51. 72	109. 50	94. 62	48. 87	0. 71

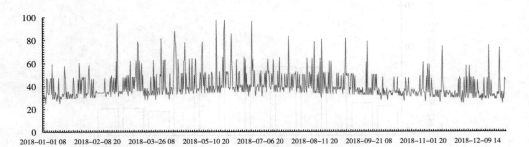

图 1　重庆市铜梁区大气自然净化能力指数波形 （ASPI-2018. 1. 1－2018. 12. 31）

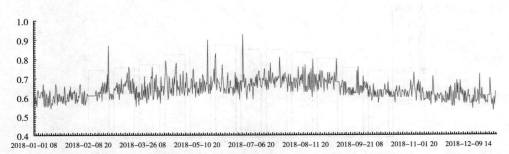

图 2　重庆市铜梁区大气环境容量指数波形 （AECI-2018. 1. 1－2018. 12. 31）

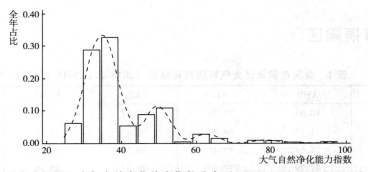

图 3　重庆市铜梁区大气自然净化能力指数分布 （ASPI-2018.1.1-2018.12.31）

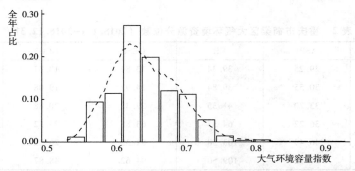

图 4　重庆市铜梁区大气环境容量指数分布 （AECI-2018.1.1-2018.12.31）

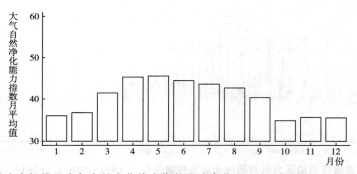

图 5　重庆市铜梁区大气自然净化能力指数月均变化 （ASPI-2018.1.1-2018.12.31）

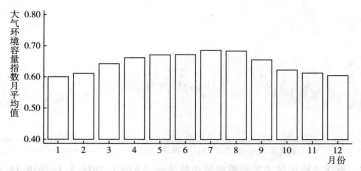

图 6　重庆市铜梁区大气环境容量指数月均变化 （AECI-2018.1.1-2018.12.31）

重庆市潼南区

表 1 重庆市潼南区大气环境资源概况 （2018.1.1-2018.12.31）

指标类型	ASPI	EE	GCSP	GCO3	AECI
平均值	42.60	95.18	59.92	28.75	0.65
标准误	12.85	87.31	28.25	13.77	0.05
最小值	24.39	19.36	11.52	14.42	0.53
最大值	96.34	830.55	98.66	79.61	0.93
样本量（个）	857	857	857	857	857

表 2 重庆市潼南区大气环境资源分位数 （2018.1.1-2018.12.31）

指标类型	ASPI	EE	GCSP	GCO3	AECI
5%	29.65	39.50	14.44	18.28	0.58
10%	31.36	40.30	15.40	18.99	0.59
25%	34.09	42.18	27.97	20.79	0.61
50%	37.52	65.38	64.26	23.06	0.65
75%	49.13	106.57	86.23	26.08	0.68
90%	59.98	199.33	94.03	47.92	0.71

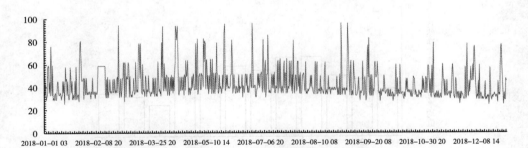

图 1 重庆市潼南区大气自然净化能力指数波形 （ASPI-2018.1.1-2018.12.31）

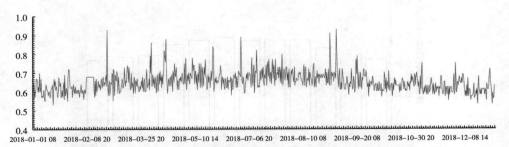

图 2 重庆市潼南区大气环境容量指数波形 （AECI-2018.1.1-2018.12.31）

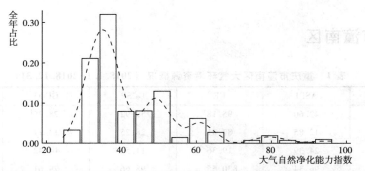

图 3　重庆市潼南区大气自然净化能力指数分布（ASPI-2018.1.1-2018.12.31）

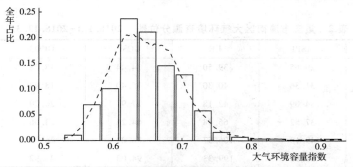

图 4　重庆市潼南区大气环境容量指数分布（AECI-2018.1.1-2018.12.31）

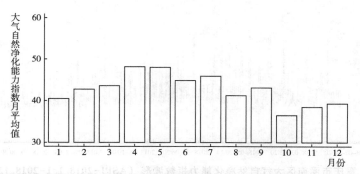

图 5　重庆市潼南区大气自然净化能力指数月均变化（ASPI-2018.1.1-2018.12.31）

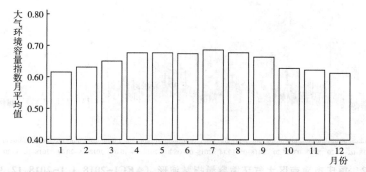

图 6　重庆市潼南区大气环境容量指数月均变化（AECI-2018.1.1-2018.12.31）

重庆市荣昌区

表1　重庆市荣昌区大气环境资源概况（2018.1.1–2018.12.31）

指标类型	ASPI	EE	GCSP	GCO3	AECI
平均值	35.77	56.95	59.12	28.92	0.62
标准误	7.91	37.45	26.46	13.59	0.04
最小值	24.47	19.37	11.65	14.50	0.53
最大值	84.24	350.05	98.65	78.10	0.80
样本量（个）	853	853	853	853	853

表2　重庆市荣昌区大气环境资源分位数（2018.1.1–2018.12.31）

指标类型	ASPI	EE	GCSP	GCO3	AECI
5%	28.55	20.30	14.02	18.42	0.57
10%	29.24	39.25	15.70	19.17	0.57
25%	31.48	40.33	38.56	20.89	0.59
50%	34.34	41.86	62.77	23.15	0.62
75%	37.11	64.93	82.59	26.27	0.65
90%	41.11	67.86	90.55	47.92	0.68

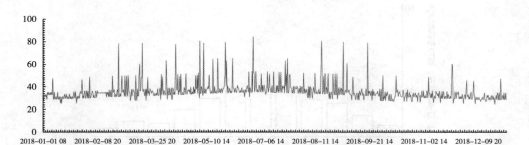

图1　重庆市荣昌区大气自然净化能力指数波形（ASPI-2018.1.1–2018.12.31）

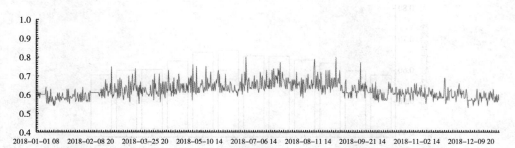

图2　重庆市荣昌区大气环境容量指数波形（AECI-2018.1.1–2018.12.31）

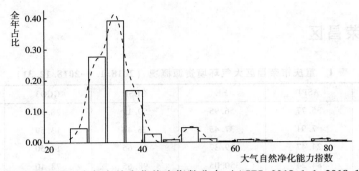

图 3　重庆市荣昌区大气自然净化能力指数分布（ASPI-2018.1.1-2018.12.31）

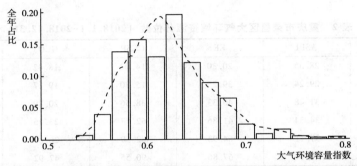

图 4　重庆市荣昌区大气环境容量指数分布（AECI-2018.1.1-2018.12.31）

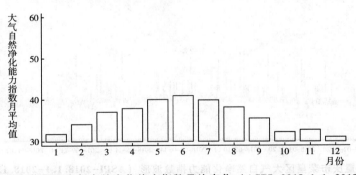

图 5　重庆市荣昌区大气自然净化能力指数月均变化（ASPI-2018.1.1-2018.12.31）

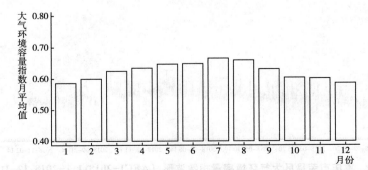

图 6　重庆市荣昌区大气环境容量指数月均变化（AECI-2018.1.1-2018.12.31）

重庆市开州区

表 1 重庆市开州区大气环境资源概况 （2018.1.1-2018.12.31）

指标类型	ASPI	EE	GCSP	GCO3	AECI
平均值	34.36	50.83	53.28	30.85	0.62
标准误	6.78	30.07	27.24	16.81	0.04
最小值	24.15	19.30	9.61	17.56	0.53
最大值	81.76	295.49	94.68	83.45	0.80
样本量（个）	869	869	869	869	869

表 2 重庆市开州区大气环境资源分位数 （2018.1.1-2018.12.31）

指标类型	ASPI	EE	GCSP	GCO3	AECI
5%	27.41	20.01	13.14	18.21	0.56
10%	28.71	38.98	14.07	18.96	0.57
25%	30.55	39.87	22.87	20.61	0.59
50%	32.95	41.01	56.62	22.96	0.61
75%	36.14	63.89	79.12	43.09	0.65
90%	39.81	66.96	86.38	59.54	0.68

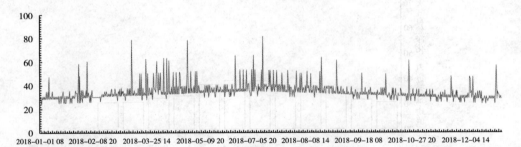

图 1 重庆市开州区大气自然净化能力指数波形 （ASPI-2018.1.1-2018.12.31）

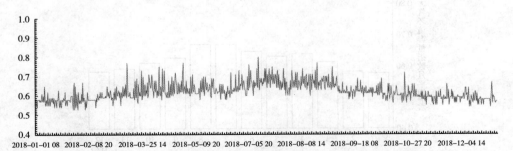

图 2 重庆市开州区大气环境容量指数波形 （AECI-2018.1.1-2018.12.31）

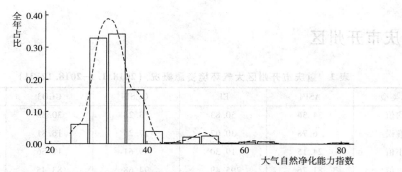

图 3　重庆市开州区大气自然净化能力指数分布（ASPI-2018.1.1~2018.12.31）

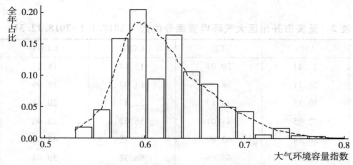

图 4　重庆市开州区大气环境容量指数分布（AECI-2018.1.1~2018.12.31）

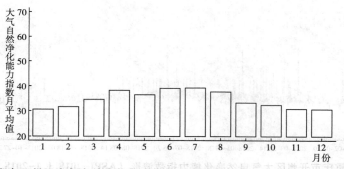

图 5　重庆市开州区大气自然净化能力指数月均变化（ASPI-2018.1.1~2018.12.31）

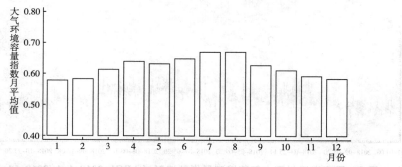

图 6　重庆市开州区大气环境容量指数月均变化（AECI-2018.1.1~2018.12.31）

重庆市梁平区

表 1　重庆市梁平区大气环境资源概况 （2018. 1. 1–2018. 12. 31）

指标类型	ASPI	EE	GCSP	GCO3	AECI
平均值	36. 26	62. 98	63. 85	27. 05	0. 62
标准误	9. 05	42. 47	25. 60	13. 32	0. 05
最小值	22. 22	18. 89	9. 99	12. 22	0. 51
最大值	85. 50	400. 88	98. 63	79. 25	0. 79
样本量（个）	2283	2283	2283	2283	2283

表 2　重庆市梁平区大气环境资源分位数 （2018. 1. 1–2018. 12. 31）

指标类型	ASPI	EE	GCSP	GCO3	AECI
5%	26. 38	19. 81	14. 41	16. 98	0. 55
10%	28. 14	38. 69	16. 15	17. 95	0. 57
25%	30. 87	40. 09	47. 45	19. 85	0. 59
50%	34. 19	61. 60	70. 72	22. 22	0. 62
75%	37. 99	65. 71	86. 21	25. 04	0. 66
90%	49. 44	106. 92	91. 65	46. 37	0. 69

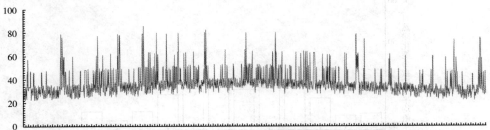

图 1　重庆市梁平区大气自然净化能力指数波形 （ASPI–2018. 1. 1–2018. 12. 31）

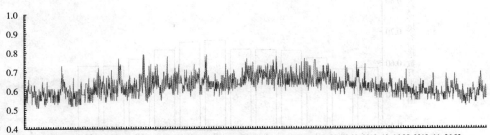

图 2　重庆市梁平区大气环境容量指数波形 （AECI–2018. 1. 1–2018. 12. 31）

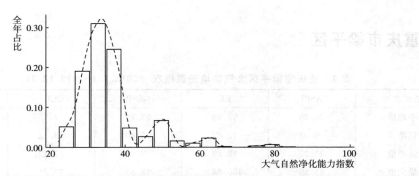

图 3　重庆市梁平区大气自然净化能力指数分布（ASPI-2018. 1. 1-2018. 12. 31）

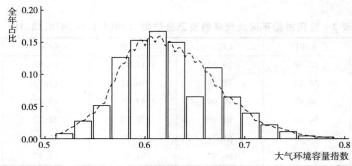

图 4　重庆市梁平区大气环境容量指数分布（AECI-2018. 1. 1-2018. 12. 31）

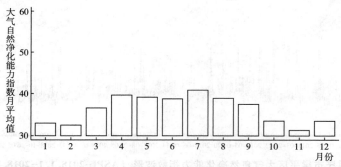

图 5　重庆市梁平区大气自然净化能力指数月均变化（ASPI-2018. 1. 1-2018. 12. 31）

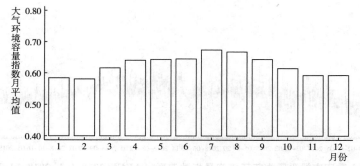

图 6　重庆市梁平区大气环境容量指数月均变化（AECI-2018. 1. 1-2018. 12. 31）

重庆市武隆区

表 1 重庆市武隆区大气环境资源概况 （2018.1.1–2018.12.31）

指标类型	ASPI	EE	GCSP	GCO3	AECI
平均值	40.16	84.43	58.50	28.22	0.63
标准误	15.28	99.15	27.77	13.29	0.06
最小值	24.52	19.39	10.20	14.63	0.52
最大值	97.87	1048.30	96.48	78.88	0.99
样本量（个）	851	851	851	851	851

表 2 重庆市武隆区大气环境资源分位数 （2018.1.1–2018.12.31）

指标类型	ASPI	EE	GCSP	GCO3	AECI
5%	29.21	20.36	14.45	18.39	0.57
10%	30.27	39.36	15.87	19.13	0.58
25%	32.67	40.38	39.88	20.87	0.60
50%	35.25	41.69	67.00	23.13	0.62
75%	39.37	66.63	86.41	26.18	0.66
90%	51.19	207.10	93.54	47.15	0.69

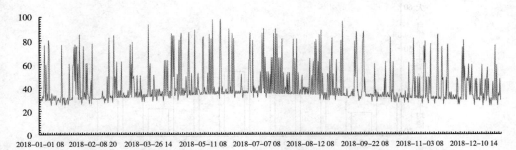

图 1 重庆市武隆区大气自然净化能力指数波形 （ASPI–2018.1.1–2018.12.31）

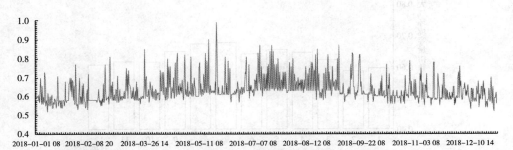

图 2 重庆市武隆区大气环境容量指数波形 （AECI–2018.1.1–2018.12.31）

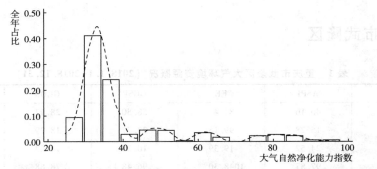

图 3　重庆市武隆区大气自然净化能力指数分布（ASPI-2018.1.1-2018.12.31）

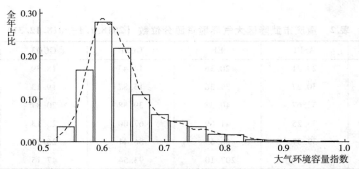

图 4　重庆市武隆区大气环境容量指数分布（AECI-2018.1.1-2018.12.31）

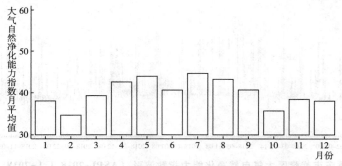

图 5　重庆市武隆区大气自然净化能力指数月均变化（ASPI-2018.1.1-2018.12.31）

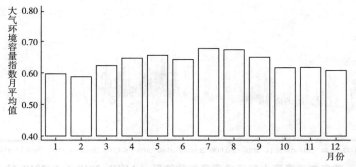

图 6　重庆市武隆区大气环境容量指数月均变化（AECI-2018.1.1-2018.12.31）

重庆市城口县

表 1 重庆市城口县大气环境资源概况 （2018.1.1–2018.12.31）

指标类型	ASPI	EE	GCSP	GCO3	AECI
平均值	33.10	45.13	57.31	25.17	0.60
标准误	5.43	25.17	27.60	10.45	0.04
最小值	24.10	19.30	6.96	13.52	0.51
最大值	84.28	395.65	98.65	77.03	0.79
样本量（个）	869	869	869	869	869

表 2 重庆市城口县大气环境资源分位数 （2018.1.1–2018.12.31）

指标类型	ASPI	EE	GCSP	GCO3	AECI
5%	27.33	19.99	12.46	16.08	0.54
10%	28.43	20.55	13.43	18.04	0.55
25%	30.06	39.68	27.34	20.07	0.57
50%	32.46	40.78	64.33	22.49	0.60
75%	34.75	41.85	80.58	24.79	0.62
90%	37.85	65.61	88.23	43.76	0.65

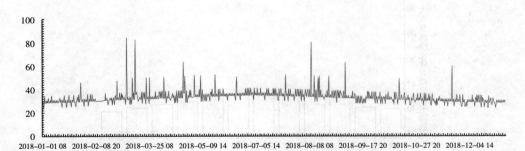

图 1 重庆市城口县大气自然净化能力指数波形 （ASPI-2018.1.1–2018.12.31）

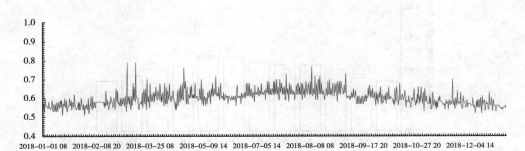

图 2 重庆市城口县大气环境容量指数波形 （AECI-2018.1.1–2018.12.31）

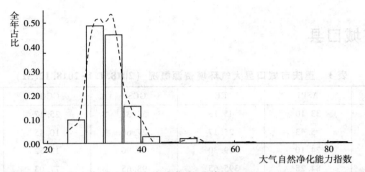

图 3　重庆市城口县大气自然净化能力指数分布（ASPI-2018.1.1-2018.12.31）

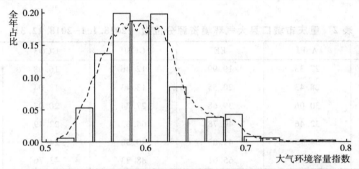

图 4　重庆市城口县大气环境容量指数分布（AECI-2018.1.1-2018.12.31）

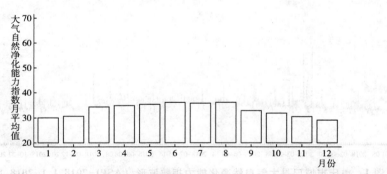

图 5　重庆市城口县大气自然净化能力指数月均变化（ASPI-2018.1.1-2018.12.31）

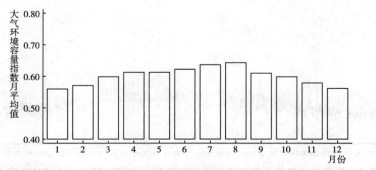

图 6　重庆市城口县大气环境容量指数月均变化（AECI-2018.1.1-2018.12.31）

重庆市丰都县

表 1　重庆市丰都县大气环境资源概况（2018.1.1–2018.12.31）

指标类型	ASPI	EE	GCSP	GCO3	AECI
平均值	36.07	62.51	58.85	28.82	0.63
标准误	9.93	57.03	27.19	15.09	0.05
最小值	22.27	18.90	10.95	15.79	0.53
最大值	96.54	909.57	98.67	83.89	0.99
样本量（个）	2270	2270	2270	2270	2270

表 2　重庆市丰都县大气环境资源分位数（2018.1.1–2018.12.31）

指标类型	ASPI	EE	GCSP	GCO3	AECI
5%	27.15	20.06	14.00	17.43	0.56
10%	28.33	38.70	15.39	18.35	0.58
25%	30.60	39.96	28.19	20.16	0.59
50%	33.47	41.45	65.42	22.45	0.62
75%	37.26	65.18	82.77	26.17	0.65
90%	48.60	105.97	90.06	47.64	0.69

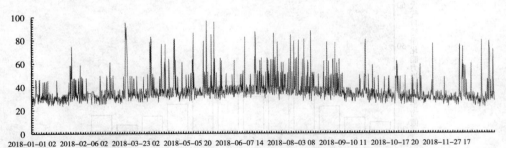

图 1　重庆市丰都县大气自然净化能力指数波形（ASPI-2018.1.1–2018.12.31）

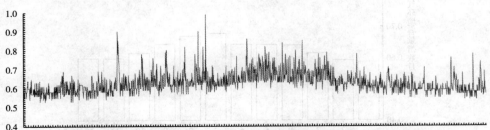

图 2　重庆市丰都县大气环境容量指数波形（AECI-2018.1.1–2018.12.31）

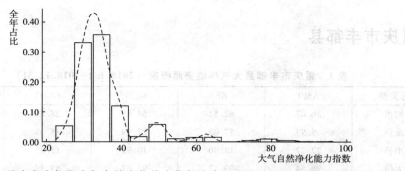

图 3　重庆市丰都县大气自然净化能力指数分布（ASPI-2018.1.1-2018.12.31）

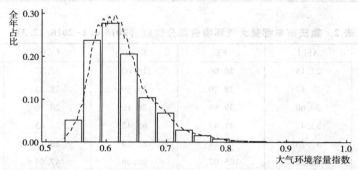

图 4　重庆市丰都县大气环境容量指数分布（AECI-2018.1.1-2018.12.31）

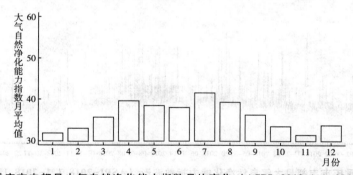

图 5　重庆市丰都县大气自然净化能力指数月均变化（ASPI-2018.1.1-2018.12.31）

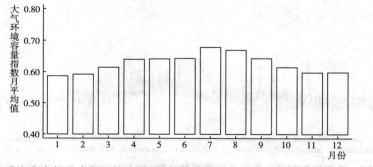

图 6　重庆市丰都县大气环境容量指数月均变化（AECI-2018.1.1-2018.12.31）

重庆市垫江县

表1 重庆市垫江县大气环境资源概况（2018.1.1–2018.12.31）

指标类型	ASPI	EE	GCSP	GCO3	AECI
平均值	36.41	60.64	64.62	28.46	0.62
标准误	8.67	48.15	26.70	13.97	0.05
最小值	24.40	19.36	11.85	14.30	0.51
最大值	95.79	841.45	98.66	79.01	0.92
样本量（个）	854	854	854	854	854

表2 重庆市垫江县大气环境资源分位数（2018.1.1–2018.12.31）

指标类型	ASPI	EE	GCSP	GCO3	AECI
5%	28.40	20.34	13.92	18.16	0.56
10%	29.30	39.17	16.01	18.93	0.57
25%	31.26	40.25	47.34	20.62	0.59
50%	34.15	41.75	70.83	22.96	0.62
75%	38.15	65.82	88.34	26.08	0.65
90%	48.50	105.85	93.63	47.44	0.68

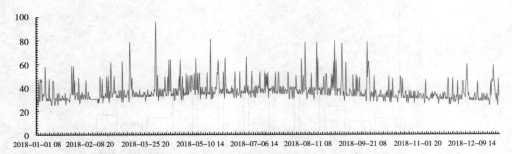

图1 重庆市垫江县大气自然净化能力指数波形（ASPI-2018.1.1–2018.12.31）

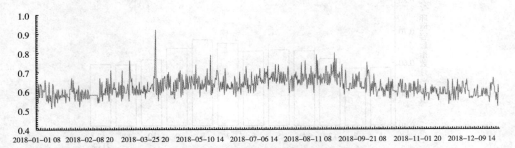

图2 重庆市垫江县大气环境容量指数波形（AECI-2018.1.1–2018.12.31）

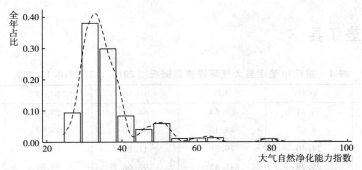

图 3　重庆市垫江县大气自然净化能力指数分布 （ASPI-2018.1.1~2018.12.31）

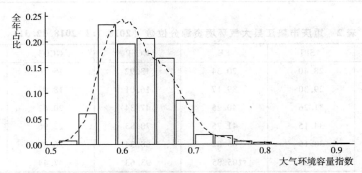

图 4　重庆市垫江县大气环境容量指数分布 （AECI-2018.1.1~2018.12.31）

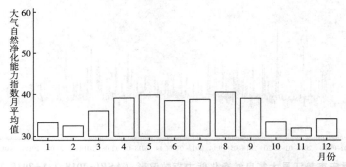

图 5　重庆市垫江县大气自然净化能力指数月均变化 （ASPI-2018.1.1~2018.12.31）

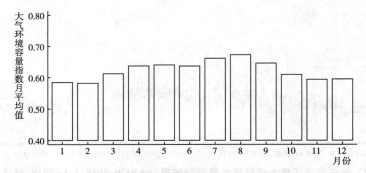

图 6　重庆市垫江县大气环境容量指数月均变化 （AECI-2018.1.1~2018.12.31）

重庆市忠县

表 1　重庆市忠县大气环境资源概况 （2018.1.1-2018.12.31）

指标类型	ASPI	EE	GCSP	GCO3	AECI
平均值	35.83	57.41	60.68	29.45	0.62
标准误	7.66	36.13	28.22	15.20	0.04
最小值	24.37	19.35	11.13	17.69	0.53
最大值	82.83	344.96	96.42	79.96	0.82
样本量（个）	854	854	854	854	854

表 2　重庆市忠县大气环境资源分位数 （2018.1.1-2018.12.31）

指标类型	ASPI	EE	GCSP	GCO3	AECI
5%	27.63	20.06	13.84	18.31	0.56
10%	29.06	39.24	15.09	19.07	0.57
25%	31.38	40.31	28.21	20.74	0.59
50%	34.32	41.78	67.42	23.00	0.62
75%	37.66	65.48	86.52	26.49	0.65
90%	46.06	103.08	92.30	48.10	0.68

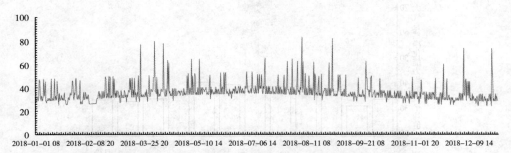

图 1　重庆市忠县大气自然净化能力指数波形 （ASPI-2018.1.1-2018.12.31）

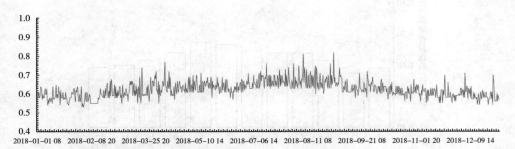

图 2　重庆市忠县大气环境容量指数波形 （AECI-2018.1.1-2018.12.31）

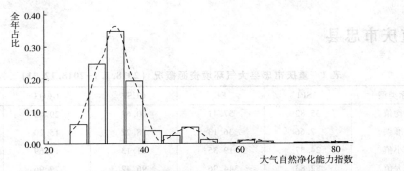

图 3　重庆市忠县大气自然净化能力指数分布（ASPI-2018.1.1-2018.12.31）

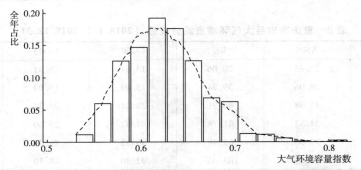

图 4　重庆市忠县大气环境容量指数分布（AECI-2018.1.1-2018.12.31）

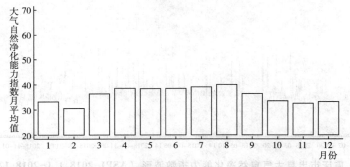

图 5　重庆市忠县大气自然净化能力指数月均变化（ASPI-2018.1.1-2018.12.31）

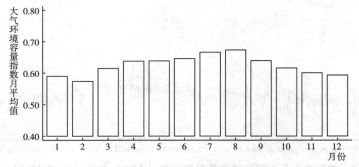

图 6　重庆市忠县大气环境容量指数月均变化（AECI-2018.1.1-2018.12.31）

重庆市云阳县

表 1　重庆市云阳县大气环境资源概况（2018.1.1–2018.12.31）

指标类型	ASPI	EE	GCSP	GCO3	AECI
平均值	37.12	65.20	51.93	29.75	0.63
标准误	9.22	51.34	27.57	15.38	0.04
最小值	25.24	19.54	10.39	17.59	0.54
最大值	89.86	595.22	96.50	79.81	0.81
样本量（个）	868	868	868	868	868

表 2　重庆市云阳县大气环境资源分位数（2018.1.1–2018.12.31）

指标类型	ASPI	EE	GCSP	GCO3	AECI
5%	29.24	39.11	13.38	18.25	0.58
10%	30.18	39.69	14.40	19.00	0.59
25%	32.40	40.77	26.10	20.68	0.60
50%	34.58	62.06	54.70	22.95	0.63
75%	38.05	65.75	77.52	27.35	0.66
90%	47.91	105.18	88.58	48.41	0.69

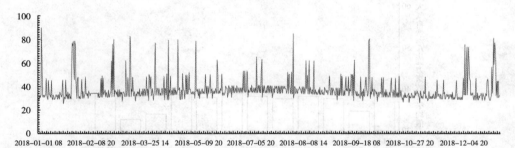

图 1　重庆市云阳县大气自然净化能力指数波形（ASPI–2018.1.1–2018.12.31）

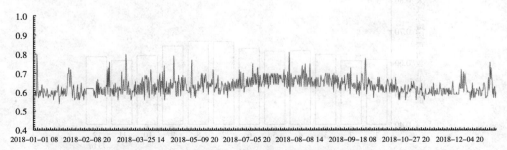

图 2　重庆市云阳县大气环境容量指数波形（AECI–2018.1.1–2018.12.31）

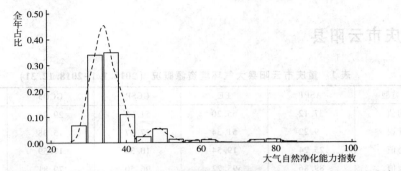

图 3　重庆市云阳县大气自然净化能力指数分布（ASPI-2018.1.1-2018.12.31）

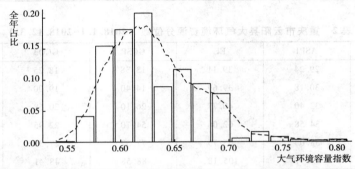

图 4　重庆市云阳县大气环境容量指数分布（AECI-2018.1.1-2018.12.31）

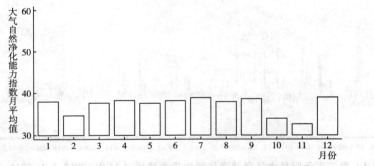

图 5　重庆市云阳县大气自然净化能力指数月均变化（ASPI-2018.1.1-2018.12.31）

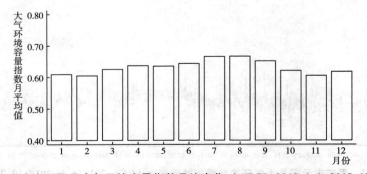

图 6　重庆市云阳县大气环境容量指数月均变化（AECI-2018.1.1-2018.12.31）

重庆市奉节县

表 1　重庆市奉节县大气环境资源概况（2018.1.1–2018.12.31）

指标类型	ASPI	EE	GCSP	GCO3	AECI
平均值	39.21	79.17	47.59	28.71	0.64
标准误	11.76	67.16	25.51	15.02	0.05
最小值	22.98	19.05	9.79	15.42	0.53
最大值	97.60	746.39	96.45	82.23	0.93
样本量（个）	2316	2316	2316	2316	2316

表 2　重庆市奉节县大气环境资源分位数（2018.1.1–2018.12.31）

指标类型	ASPI	EE	GCSP	GCO3	AECI
5%	28.06	38.50	12.82	17.19	0.58
10%	29.41	39.39	14.01	18.15	0.59
25%	32.01	40.75	22.43	19.92	0.61
50%	35.21	63.36	49.20	22.28	0.63
75%	42.94	99.55	69.38	26.19	0.67
90%	55.99	190.74	81.57	47.41	0.70

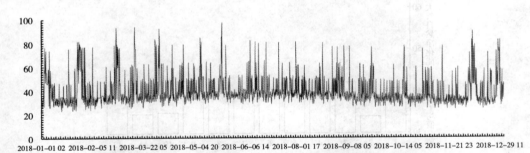

图 1　重庆市奉节县大气自然净化能力指数波形（ASPI–2018.1.1–2018.12.31）

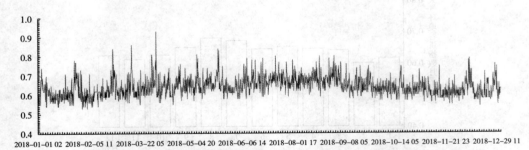

图 2　重庆市奉节县大气环境容量指数波形（AECI–2018.1.1–2018.12.31）

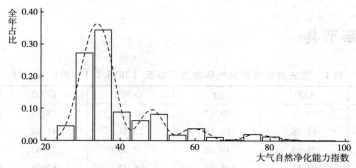

图 3　重庆市奉节县大气自然净化能力指数分布 （ASPI-2018.1.1-2018.12.31）

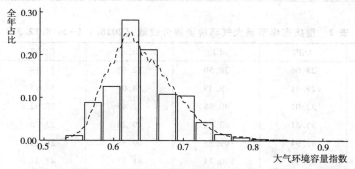

图 4　重庆市奉节县大气环境容量指数分布 （AECI-2018.1.1-2018.12.31）

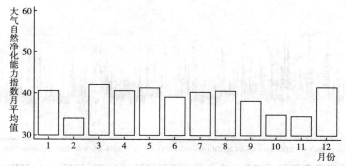

图 5　重庆市奉节县大气自然净化能力指数月均变化 （ASPI-2018.1.1-2018.12.31）

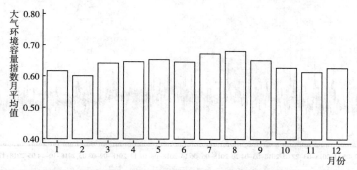

图 6　重庆市奉节县大气环境容量指数月均变化 （AECI-2018.1.1-2018.12.31）

重庆市巫山县

表 1　重庆市巫山县大气环境资源概况（2018.1.1-2018.12.31）

指标类型	ASPI	EE	GCSP	GCO3	AECI
平均值	46.62	114.77	49.25	27.47	0.66
标准误	14.79	87.98	27.71	12.79	0.06
最小值	24.61	19.41	10.95	13.74	0.52
最大值	95.39	906.59	96.44	78.08	1.00
样本量（个）	869	869	869	869	869

表 2　重庆市巫山县大气环境资源分位数（2018.1.1-2018.12.31）

指标类型	ASPI	EE	GCSP	GCO3	AECI
5%	30.57	39.93	13.70	17.85	0.58
10%	32.03	40.59	14.58	18.71	0.59
25%	34.60	62.46	16.41	20.47	0.62
50%	44.63	101.46	49.03	22.83	0.65
75%	53.28	111.27	73.55	25.43	0.69
90%	74.19	272.67	89.91	46.63	0.73

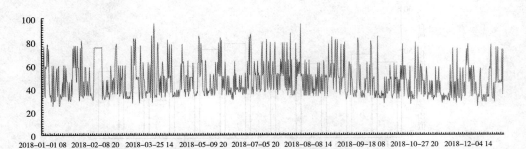

图 1　重庆市巫山县大气自然净化能力指数波形（ASPI-2018.1.1-2018.12.31）

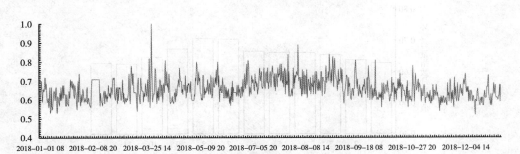

图 2　重庆市巫山县大气环境容量指数波形（AECI-2018.1.1-2018.12.31）

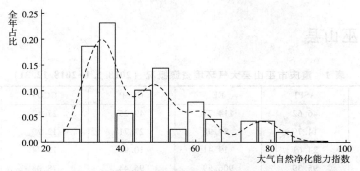

图 3　重庆市巫山县大气自然净化能力指数分布 （ASPI-2018. 1. 1-2018. 12. 31）

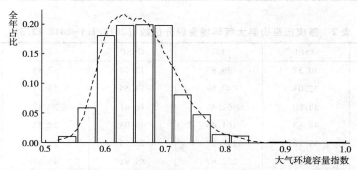

图 4　重庆市巫山县大气环境容量指数分布 （AECI-2018. 1. 1-2018. 12. 31）

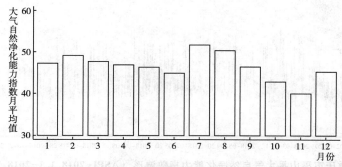

图 5　重庆市巫山县大气自然净化能力指数月均变化 （ASPI-2018. 1. 1-2018. 12. 31）

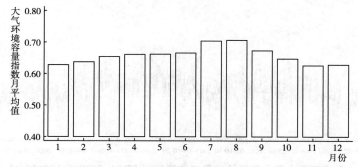

图 6　重庆市巫山县大气环境容量指数月均变化 （AECI-2018. 1. 1-2018. 12. 31）

重庆市巫溪县

表 1　重庆市巫溪县大气环境资源概况（2018.1.1-2018.12.31）

指标类型	ASPI	EE	GCSP	GCO3	AECI
平均值	35.25	56.24	50.31	28.98	0.62
标准误	9.57	52.55	29.06	15.27	0.05
最小值	24.15	19.31	9.10	13.80	0.52
最大值	85.71	401.79	98.65	83.54	0.85
样本量（个）	881	881	881	881	881

表 2　重庆市巫溪县大气环境资源分位数（2018.1.1-2018.12.31）

指标类型	ASPI	EE	GCSP	GCO3	AECI
5%	25.95	19.69	12.43	17.97	0.55
10%	28.27	20.31	13.37	18.70	0.56
25%	30.55	39.84	21.24	20.25	0.58
50%	33.45	41.28	51.90	22.79	0.61
75%	35.94	63.05	76.19	25.97	0.64
90%	45.11	102	89.69	47.41	0.67

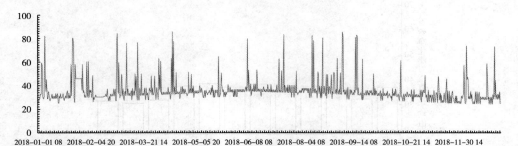

图 1　重庆市巫溪县大气自然净化能力指数波形（ASPI-2018.1.1-2018.12.31）

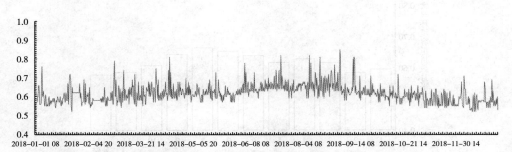

图 2　重庆市巫溪县大气环境容量指数波形（AECI-2018.1.1-2018.12.31）

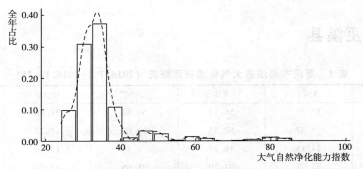

图 3　重庆市巫溪县大气自然净化能力指数分布（ASPI-2018.1.1-2018.12.31）

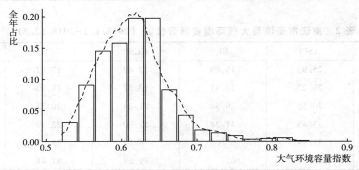

图 4　重庆市巫溪县大气环境容量指数分布（AECI-2018.1.1-2018.12.31）

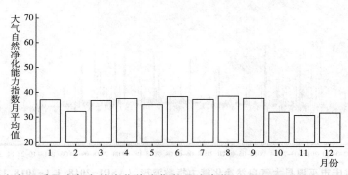

图 5　重庆市巫溪县大气自然净化能力指数月均变化（ASPI-2018.1.1-2018.12.31）

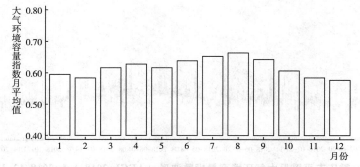

图 6　重庆市巫溪县大气环境容量指数月均变化（AECI-2018.1.1-2018.12.31）

重庆市石柱土家族自治县

表 1　重庆市石柱土家族自治县大气环境资源概况（2018.1.1–2018.12.31）

指标类型	ASPI	EE	GCSP	GCO3	AECI
平均值	37.72	67.40	57.39	27.73	0.63
标准误	10.48	56.71	27.58	13.08	0.05
最小值	24.34	19.35	8.02	14.35	0.52
最大值	97.20	643.82	98.66	78.92	0.87
样本量（个）	854	854	854	854	854

表 2　重庆市石柱土家族自治县大气环境资源分位数（2018.1.1–2018.12.31）

指标类型	ASPI	EE	GCSP	GCO3	AECI
5%	28.70	20.85	13.74	18.17	0.56
10%	29.47	39.44	14.62	19.01	0.57
25%	31.64	40.42	27.96	20.63	0.59
50%	34.49	42.02	63.64	22.96	0.62
75%	38.85	66.31	82.43	25.43	0.65
90%	50.88	108.55	90.11	46.36	0.69

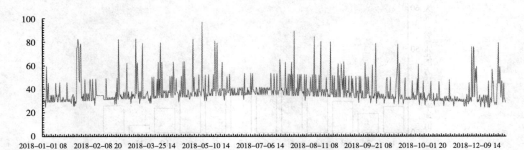

图 1　重庆市石柱土家族自治县大气自然净化能力指数波形（ASPI-2018.1.1–2018.12.31）

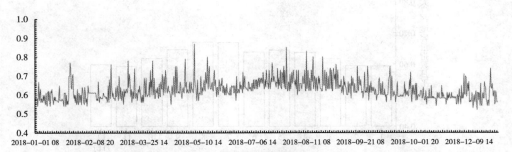

图 2　重庆市石柱土家族自治县大气环境容量指数波形（AECI-2018.1.1–2018.12.31）

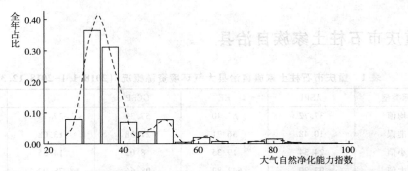

图 3　重庆市石柱土家族自治县大气自然净化能力指数分布（ASPI-2018.1.1-2018.12.31）

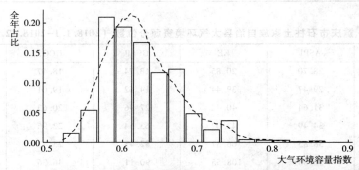

图 4　重庆市石柱土家族自治县大气环境容量指数分布（AECI-2018.1.1-2018.12.31）

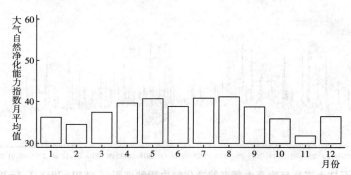

图 5　重庆市石柱土家族自治县大气自然净化能力指数月均变化（ASPI-2018.1.1-2018.12.31）

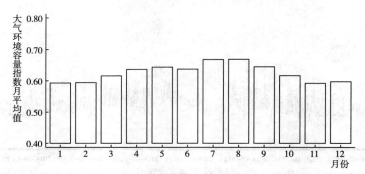

图 6　重庆市石柱土家族自治县大气环境容量指数月均变化（AECI-2018.1.1-2018.12.31）

重庆市秀山土家族苗族自治县

表 1　重庆市秀山土家族苗族自治县大气环境资源概况 （2018.1.1-2018.12.31）

指标类型	ASPI	EE	GCSP	GCO3	AECI
平均值	42.64	92.42	67.07	26.49	0.64
标准误	13.23	77.81	29.58	10.72	0.06
最小值	25.07	19.50	10.79	14.00	0.51
最大值	97.72	717.38	100.00	65.42	0.93
样本量（个）	845	845	845	845	845

表 2　重庆市秀山土家族苗族自治县大气环境资源分位数 （2018.1.1-2018.12.31）

指标类型	ASPI	EE	GCSP	GCO3	AECI
5%	29.35	39.26	14.61	17.42	0.57
10%	30.74	39.94	15.56	18.74	0.58
25%	33.75	41.59	45.09	20.73	0.60
50%	37.39	65.26	77.76	23.23	0.63
75%	49.33	106.79	93.53	25.67	0.67
90%	62.29	204.31	98.01	45.69	0.71

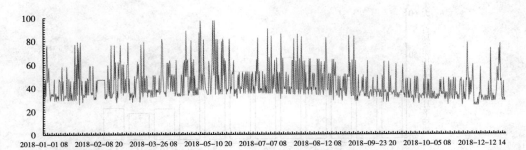

图 1　重庆市秀山土家族苗族自治县大气自然净化能力指数波形 （ASPI-2018.1.1-2018.12.31）

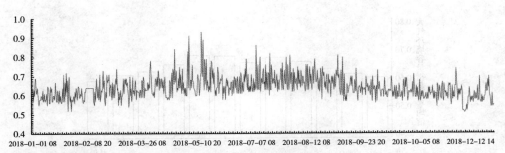

图 2　重庆市秀山土家族苗族自治县大气环境容量指数波形 （AECI-2018.1.1-2018.12.31）

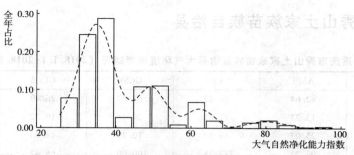

图 3 重庆市秀山土家族苗族自治县大气自然净化能力指数分布 （ASPI-2018.1.1-2018.12.31）

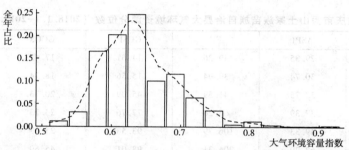

图 4 重庆市秀山土家族苗族自治县大气环境容量指数分布 （AECI-2018.1.1-2018.12.31）

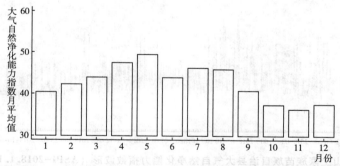

图 5 重庆市秀山土家族苗族自治县大气自然净化能力指数月均变化 （ASPI-2018.1.1-2018.12.31）

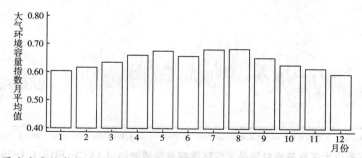

图 6 重庆市秀山土家族苗族自治县大气环境容量指数月均变化 （AECI-2018.1.1-2018.12.31）

重庆市酉阳土家族苗族自治县

表 1　重庆市酉阳土家族苗族自治县大气环境资源概况（2018.1.1-2018.12.31）

指标类型	ASPI	EE	GCSP	GCO3	AECI
平均值	36.91	64.58	68.79	23.93	0.62
标准误	9.74	48.02	26.14	8.25	0.05
最小值	22.72	19.00	9.86	11.82	0.50
最大值	86.84	406.60	98.67	63.80	0.81
样本量（个）	2271	2271	2271	2271	2271

表 2　重庆市酉阳土家族苗族自治县大气环境资源分位数（2018.1.1-2018.12.31）

指标类型	ASPI	EE	GCSP	GCO3	AECI
5%	26.83	19.89	14.61	15.41	0.55
10%	28.49	20.49	23.01	17.40	0.56
25%	30.94	40.06	53.61	19.88	0.58
50%	34.25	42.72	77.64	22.28	0.61
75%	38.44	66.02	90.36	24.53	0.64
90%	50.06	107.62	95.48	27.47	0.68

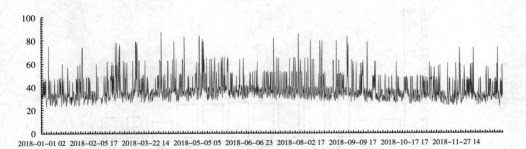

2018-01-01 02　2018-02-05 17　2018-03-22 14　2018-05-05 05　2018-06-06 23　2018-08-02 17　2018-09-11 17　2018-10-17 17　2018-11-27 14

图 1　重庆市酉阳土家族苗族自治县大气自然净化能力指数波形（ASPI-2018.1.1-2018.12.31）

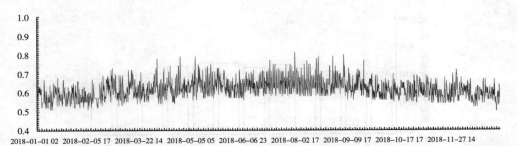

2018-01-01 02　2018-02-05 17　2018-03-22 14　2018-05-05 05　2018-06-06 23　2018-08-02 17　2018-09-11 17　2018-10-17 17　2018-11-27 14

图 2　重庆市酉阳土家族苗族自治县大气环境容量指数波形（AECI-2018.1.1-2018.12.31）

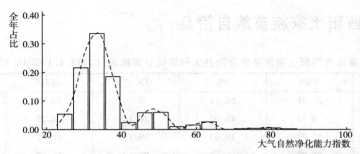

图 3　重庆市酉阳土家族苗族自治县大气自然净化能力指数分布（ASPI-2018.1.1-2018.12.31）

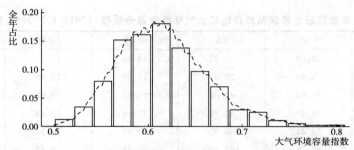

图 4　重庆市酉阳土家族苗族自治县大气环境容量指数分布（AECI-2018.1.1-2018.12.31）

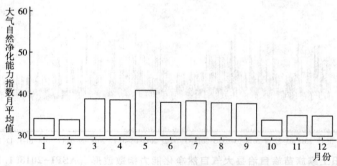

图 5　重庆市酉阳土家族苗族自治县大气自然净化能力指数月均变化（ASPI-2018.1.1-2018.12.31）

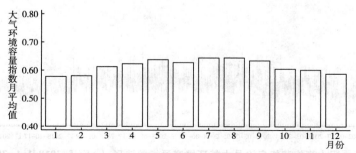

图 6　重庆市酉阳土家族苗族自治县大气环境容量指数月均变化（AECI-2018.1.1-2018.12.31）

重庆市彭水苗族土家族自治县

表 1 重庆市彭水苗族土家族自治县大气环境资源概况（2018.1.1–2018.12.31）

指标类型	ASPI	EE	GCSP	GCO3	AECI
平均值	32.33	39.07	58.96	28.81	0.60
标准误	4.02	14.21	25.92	14.30	0.04
最小值	24.44	19.37	10.21	17.67	0.53
最大值	52.79	110.71	96.29	80.18	0.73
样本量（个）	851	851	851	851	851

表 2 重庆市彭水苗族土家族自治县大气环境资源分位数（2018.1.1–2018.12.31）

指标类型	ASPI	EE	GCSP	GCO3	AECI
5%	25.75	19.65	13.27	18.37	0.55
10%	27.26	19.98	14.77	19.27	0.56
25%	29.70	39.19	40.98	20.74	0.58
50%	32.15	40.62	65.56	23.22	0.60
75%	34.72	41.78	80.73	25.92	0.63
90%	37.01	63.62	88.83	47.65	0.65

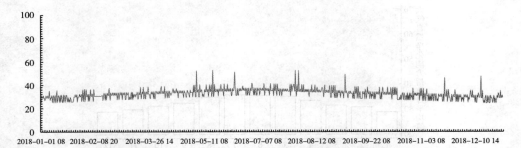

图 1 重庆市彭水苗族土家族自治县大气自然净化能力指数波形（ASPI–2018.1.1–2018.12.31）

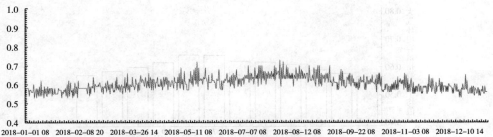

图 2 重庆市彭水苗族土家族自治县大气环境容量指数波形（AECI–2018.1.1–2018.12.31）

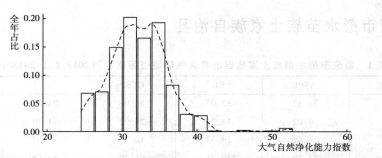

图3　重庆市彭水苗族土家族自治县大气自然净化能力指数分布（ASPI-2018.1.1-2018.12.31）

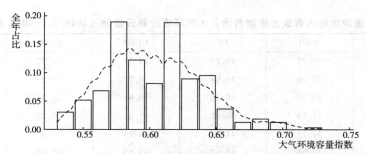

图4　重庆市彭水苗族土家族自治县大气环境容量指数分布（AECI-2018.1.1-2018.12.31）

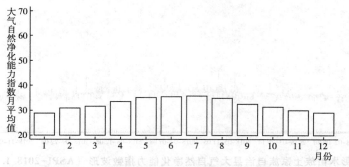

图5　重庆市彭水苗族土家族自治县大气自然净化能力指数月均变化（ASPI-2018.1.1-2018.12.31）

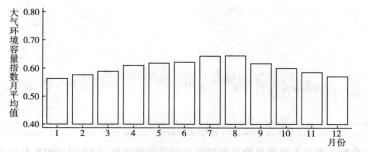

图6　重庆市彭水苗族土家族自治县大气环境容量指数月均变化（AECI-2018.1.1-2018.12.31）

四川省

四川省成都市

表 1　四川省成都市大气环境资源概况（2018.1.1-2018.12.31）

指标类型	ASPI	EE	GCSP	GCO3	AECI
平均值	34.71	52.04	59.14	26.79	0.61
标准误	7.14	33.41	26.87	10.88	0.04
最小值	24.32	19.34	10.98	13.92	0.51
最大值	65.59	211.41	98.65	76.67	0.73
样本量（个）	875	875	875	875	875

表 2　四川省成都市大气环境资源分位数（2018.1.1-2018.12.31）

指标类型	ASPI	EE	GCSP	GCO3	AECI
5%	26.40	19.79	13.92	18.14	0.55
10%	28.40	20.27	15.54	18.92	0.56
25%	30.65	39.91	39.99	20.70	0.59
50%	33.21	41.23	62.56	22.96	0.61
75%	36.27	64.01	82.91	25.52	0.64
90%	41.17	67.90	92.04	45.71	0.67

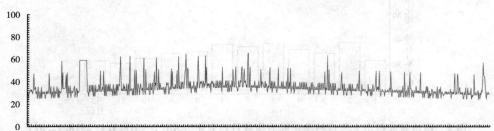

图 1　四川省成都市大气自然净化能力指数波形（ASPI-2018.1.1-2018.12.31）

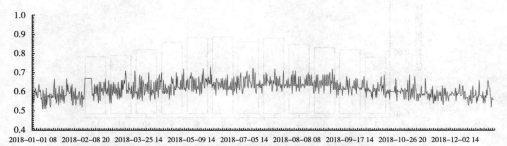

图 2　四川省成都市大气环境容量指数波形（AECI-2018.1.1-2018.12.31）

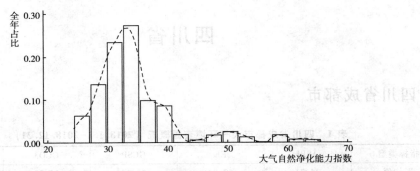

图 3　四川省成都市大气自然净化能力指数分布（ASPI-2018.1.1-2018.12.31）

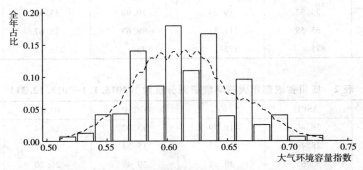

图 4　四川省成都市大气环境容量指数分布（AECI-2018.1.1-2018.12.31）

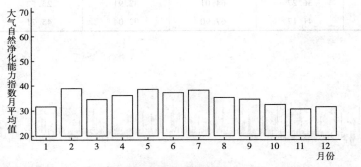

图 5　四川省成都市大气自然净化能力指数月均变化（ASPI-2018.1.1-2018.12.31）

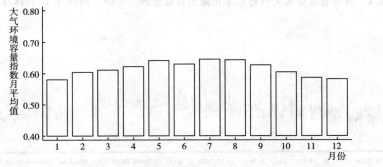

图 6　四川省成都市大气环境容量指数月均变化（AECI-2018.1.1-2018.12.31）

四川省自贡市

表 1 四川省自贡市大气环境资源概况 (2018.1.1–2018.12.31)

指标类型	ASPI	EE	GCSP	GCO3	AECI
平均值	36.03	57.79	58.16	28.92	0.63
标准误	7.12	31.69	28.25	13.16	0.04
最小值	24.44	19.37	11.52	17.78	0.53
最大值	79.64	289.11	98.66	77.66	0.75
样本量（个）	875	875	875	875	875

表 2 四川省自贡市大气环境资源分位数 (2018.1.1–2018.12.31)

指标类型	ASPI	EE	GCSP	GCO3	AECI
5%	28.84	39.11	13.70	18.48	0.57
10%	29.61	39.48	15.22	19.22	0.58
25%	31.78	40.48	28.06	21.00	0.60
50%	34.38	41.94	60.94	23.25	0.62
75%	37.98	65.70	84.14	26.95	0.65
90%	47.60	104.83	95.50	47.71	0.68

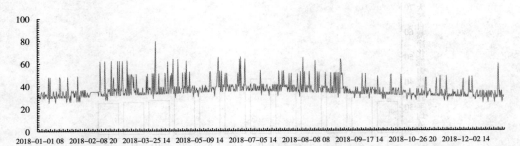

图 1 四川省自贡市大气自然净化能力指数波形 (ASPI–2018.1.1–2018.12.31)

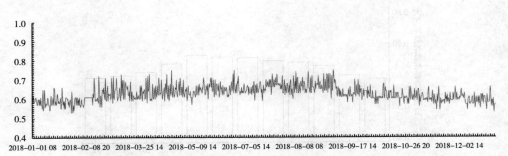

图 2 四川省自贡市大气环境容量指数波形 (AECI–2018.1.1–2018.12.31)

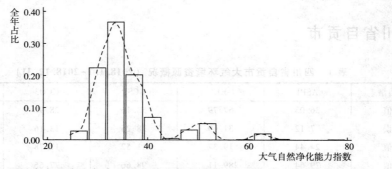

图 3　四川省自贡市大气自然净化能力指数分布（ASPI-2018.1.1-2018.12.31）

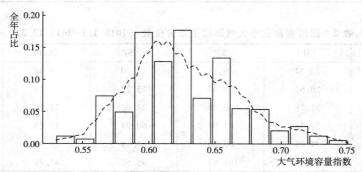

图 4　四川省自贡市大气环境容量指数分布（AECI-2018.1.1-2018.12.31）

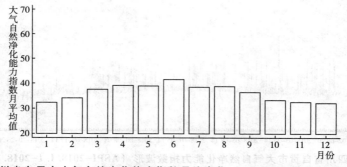

图 5　四川省自贡市大气自然净化能力指数月均变化（ASPI-2018.1.1-2018.12.31）

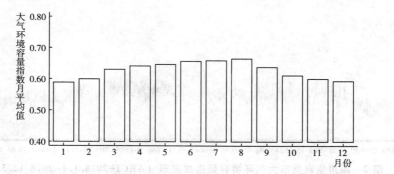

图 6　四川省自贡市大气环境容量指数月均变化（AECI-2018.1.1-2018.12.31）

四川省攀枝花市

表1　四川省攀枝花市大气环境资源概况（2018.1.1-2018.12.31）

指标类型	ASPI	EE	GCSP	GCO3	AECI
平均值	37.16	65.70	37.13	28.27	0.63
标准误	10.80	58.72	29.38	12.04	0.05
最小值	23.16	19.09	6.96	16.57	0.53
最大值	95.43	689.86	98.67	77.99	0.89
样本量（个）	2315	2315	2315	2315	2315

表2　四川省攀枝花市大气环境资源分位数（2018.1.1-2018.12.31）

指标类型	ASPI	EE	GCSP	GCO3	AECI
5%	27.56	20.26	9.58	18.36	0.57
10%	28.77	39.01	10.57	19.16	0.58
25%	30.97	40.11	12.67	21.05	0.60
50%	34.13	41.65	22.44	23.19	0.62
75%	38.15	65.82	57.70	26.45	0.66
90%	51.12	108.82	88.06	47.19	0.70

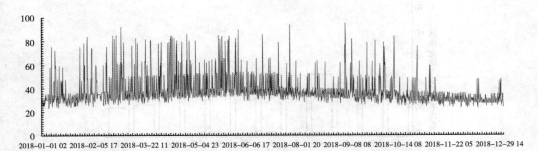

图1　四川省攀枝花市大气自然环境净化能力指数波形（ASPI-2018.1.1-2018.12.31）

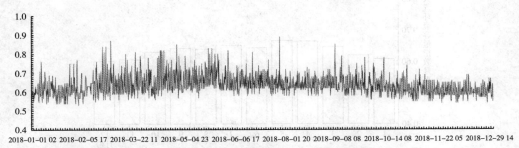

图2　四川省攀枝花市大气环境容量指数波形（AECI-2018.1.1-2018.12.31）

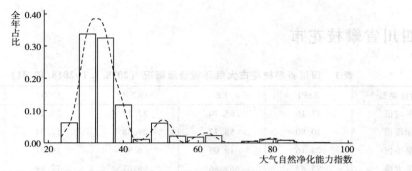

图3　四川省攀枝花市大气自然净化能力指数分布（ASPI-2018.1.1-2018.12.31）

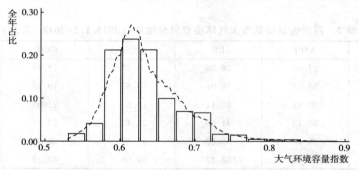

图4　四川省攀枝花市大气环境容量指数分布（AECI-2018.1.1-2018.12.31）

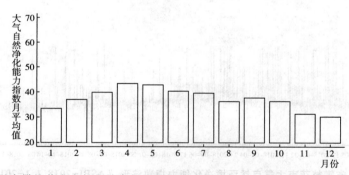

图5　四川省攀枝花市大气自然净化能力指数月均变化（ASPI-2018.1.1-2018.12.31）

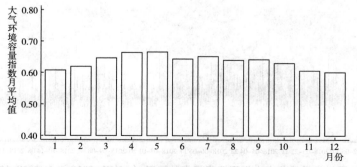

图6　四川省攀枝花市大气环境容量指数月均变化（AECI-2018.1.1-2018.12.31）

四川省泸州市

表 1 四川省泸州市大气环境资源概况 (2018.1.1-2018.12.31)

指标类型	ASPI	EE	GCSP	GCO3	AECI
平均值	35.57	55.56	65.37	29.01	0.62
标准误	7.15	32.53	32.23	13.55	0.04
最小值	24.47	19.37	11.30	14.59	0.52
最大值	82.49	343.71	98.67	79.67	0.79
样本量（个）	856	856	856	856	856

表 2 四川省泸州市大气环境资源分位数 (2018.1.1-2018.12.31)

指标类型	ASPI	EE	GCSP	GCO3	AECI
5%	28.87	39.16	13.73	18.50	0.57
10%	29.48	39.44	15.39	19.24	0.58
25%	31.44	40.33	39.09	20.99	0.60
50%	33.99	41.58	70.16	23.28	0.62
75%	37.40	65.22	97.47	26.39	0.65
90%	41.23	67.95	97.67	48.08	0.68

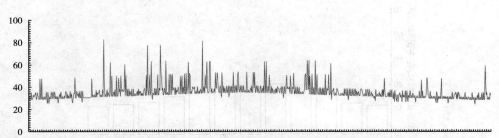

图 1 四川省泸州市大气自然净化能力指数波形 (ASPI-2018.1.1-2018.12.31)

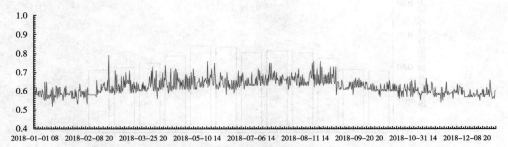

图 2 四川省泸州市大气环境容量指数波形 (AECI-2018.1.1-2018.12.31)

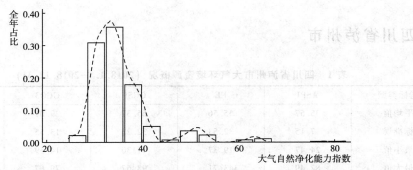

图 3 四川省泸州市大气自然净化能力指数分布 （ASPI-2018. 1. 1-2018. 12. 31）

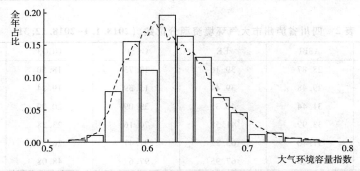

图 4 四川省泸州市大气环境容量指数分布 （AECI-2018. 1. 1-2018. 12. 31）

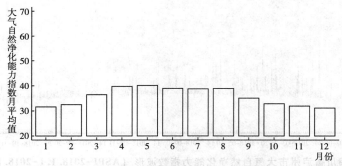

图 5 四川省泸州市大气自然净化能力指数月均变化 （ASPI-2018. 1. 1-2018. 12. 31）

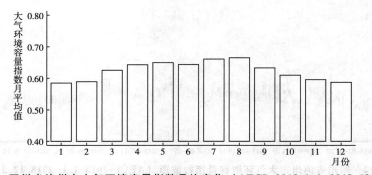

图 6 四川省泸州市大气环境容量指数月均变化 （AECI-2018. 1. 1-2018. 12. 31）

四川省德阳市

表 1 四川省德阳市大气环境资源概况 (2018.1.1-2018.12.31)

指标类型	ASPI	EE	GCSP	GCO3	AECI
平均值	36.11	59.89	58.52	26.62	0.62
标准误	8.72	42.64	29.42	11.21	0.04
最小值	24.20	19.32	9.61	13.74	0.52
最大值	87.11	407.78	98.67	76.74	0.82
样本量 (个)	875	875	875	875	875

表 2 四川省德阳市大气环境资源分位数 (2018.1.1-2018.12.31)

指标类型	ASPI	EE	GCSP	GCO3	AECI
5%	28.24	20.32	13.23	17.91	0.56
10%	29.02	39.21	14.43	18.71	0.57
25%	31.14	40.20	27.55	20.49	0.59
50%	34.03	41.60	61.06	22.79	0.62
75%	37.66	65.48	86.21	25.27	0.65
90%	49.32	106.79	96.09	45.59	0.68

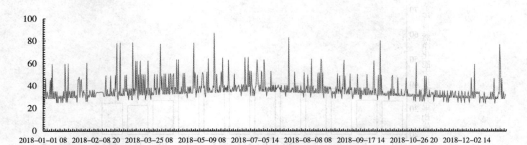

图 1 四川省德阳市大气自然净化能力指数波形 (ASPI-2018.1.1-2018.12.31)

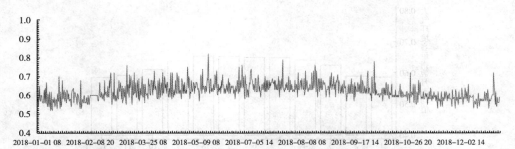

图 2 四川省德阳市大气环境容量指数波形 (AECI-2018.1.1-2018.12.31)

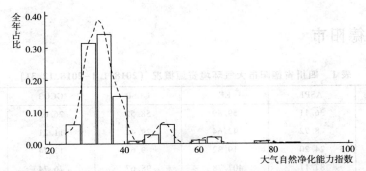

图 3 四川省德阳市大气自然净化能力指数分布 （ASPI-2018. 1. 1-2018. 12. 31）

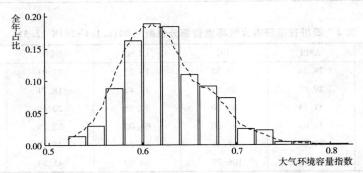

图 4 四川省德阳市大气环境容量指数分布 （AECI-2018. 1. 1-2018. 12. 31）

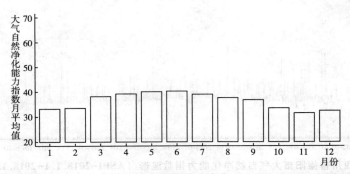

图 5 四川省德阳市大气自然净化能力指数月均变化 （ASPI-2018. 1. 1-2018. 12. 31）

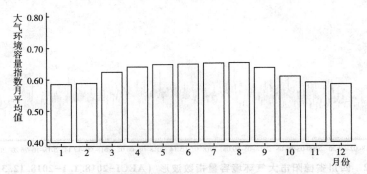

图 6 四川省德阳市大气环境容量指数月均变化 （AECI-2018. 1. 1-2018. 12. 31）

四川省绵阳市

表1 四川省绵阳市大气环境资源概况（2018.1.1-2018.12.31）

指标类型	ASPI	EE	GCSP	GCO3	AECI
平均值	37.85	72.20	49.25	25.76	0.63
标准误	10.78	58.51	26.36	10.67	0.05
最小值	22.18	18.88	8.52	11.71	0.52
最大值	94.41	1000.81	95.83	75.40	0.96
样本量（个）	2321	2321	2321	2321	2321

表2 四川省绵阳市大气环境资源分位数（2018.1.1-2018.12.31）

指标类型	ASPI	EE	GCSP	GCO3	AECI
5%	27.22	38.16	13.04	16.95	0.56
10%	28.71	39.09	13.95	17.89	0.57
25%	31.44	40.39	23.04	19.75	0.60
50%	34.79	63.18	50.30	22.15	0.63
75%	38.93	66.36	70.85	24.78	0.66
90%	51.18	108.89	86.71	45.05	0.69

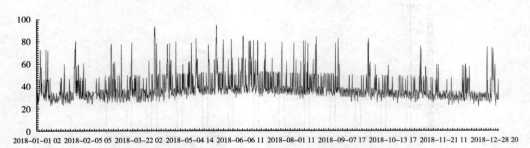

图1 四川省绵阳市大气自然净化能力指数波形（ASPI-2018.1.1-2018.12.31）

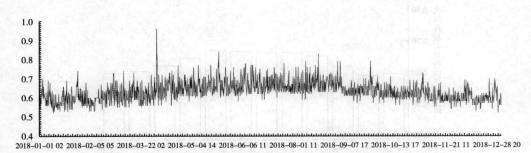

图2 四川省绵阳市大气环境容量指数波形（AECI-2018.1.1-2018.12.31）

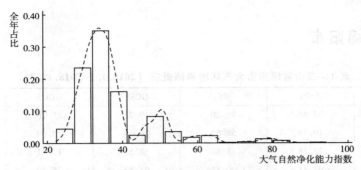

图 3　四川省绵阳市大气自然净化能力指数分布（ASPI-2018.1.1-2018.12.31）

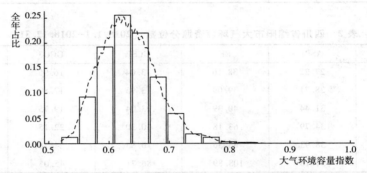

图 4　四川省绵阳市大气环境容量指数分布（AECI-2018.1.1-2018.12.31）

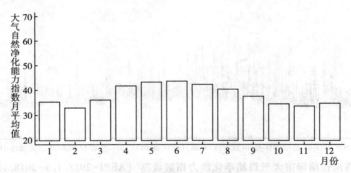

图 5　四川省绵阳市大气自然净化能力指数月均变化（ASPI-2018.1.1-2018.12.31）

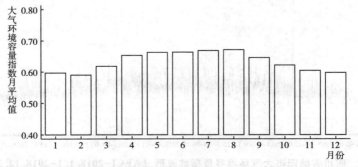

图 6　四川省绵阳市大气环境容量指数月均变化（AECI-2018.1.1-2018.12.31）

四川省遂宁市

表1 四川省遂宁市大气环境资源概况（2018.1.1-2018.12.31）

指标类型	ASPI	EE	GCSP	GCO3	AECI
平均值	34.81	55.90	65.45	27.00	0.62
标准误	7.68	39.20	29.16	12.53	0.04
最小值	22.58	18.97	9.17	13.28	0.52
最大值	96.44	638.80	98.67	77.84	0.86
样本量（个）	2285	2285	2285	2285	2285

表2 四川省遂宁市大气环境资源分位数（2018.1.1-2018.12.31）

指标类型	ASPI	EE	GCSP	GCO3	AECI
5%	27.43	20.57	14.07	17.16	0.56
10%	28.55	38.92	16.02	18.06	0.57
25%	30.59	39.95	44.67	19.93	0.59
50%	33.18	41.30	70.84	22.32	0.62
75%	36.41	64.49	95.42	25.26	0.64
90%	40.28	67.29	97.54	45.91	0.67

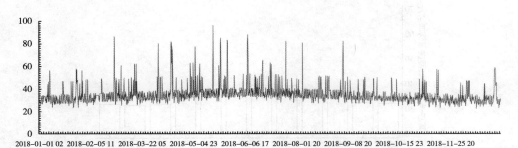

图1 四川省遂宁市大气自然净化能力指数波形（ASPI-2018.1.1-2018.12.31）

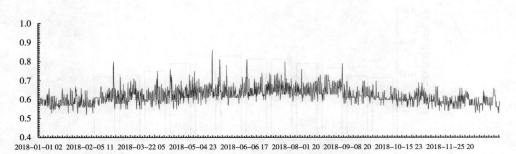

图2 四川省遂宁市大气环境容量指数波形（AECI-2018.1.1-2018.12.31）

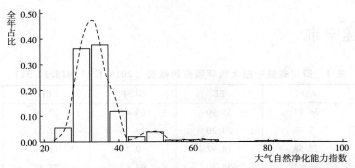

图 3　四川省遂宁市大气自然净化能力指数分布（ASPI-2018.1.1~2018.12.31）

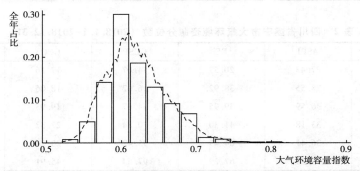

图 4　四川省遂宁市大气环境容量指数分布（AECI-2018.1.1~2018.12.31）

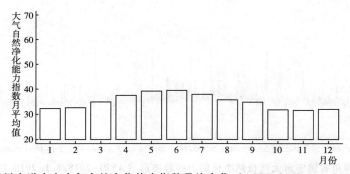

图 5　四川省遂宁市大气自然净化能力指数月均变化（ASPI-2018.1.1~2018.12.31）

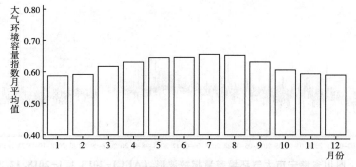

图 6　四川省遂宁市大气环境容量指数月均变化（AECI-2018.1.1~2018.12.31）

四川省内江市

表1 四川省内江市大气环境资源概况 (2018.1.1–2018.12.31)

指标类型	ASPI	EE	GCSP	GCO3	AECI
平均值	35.99	60.63	65.76	26.97	0.63
标准误	8.55	40.04	28.14	12.08	0.04
最小值	22.43	18.93	11.02	12.42	0.52
最大值	86.22	403.95	98.64	77.53	0.84
样本量 (个)	2278	2278	2278	2278	2278

表2 四川省内江市大气环境资源分位数 (2018.1.1–2018.12.31)

指标类型	ASPI	EE	GCSP	GCO3	AECI
5%	27.41	20.24	14.60	17.33	0.56
10%	28.57	38.96	16.15	18.25	0.57
25%	30.96	40.12	45.02	20.10	0.60
50%	33.94	41.90	72.43	22.49	0.62
75%	37.61	65.44	92.04	25.30	0.65
90%	49.23	106.68	96.22	46.16	0.69

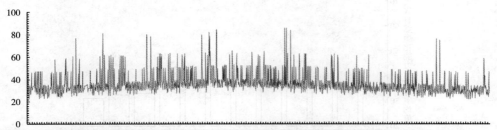

图1 四川省内江市大气自然净化能力指数波形 (ASPI-2018.1.1–2018.12.31)

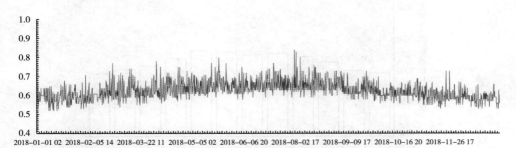

图2 四川省内江市大气环境容量指数波形 (AECI-2018.1.1–2018.12.31)

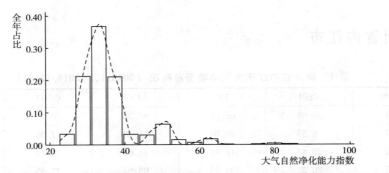

图 3　四川省内江市大气自然净化能力指数分布（ASPI-2018.1.1~2018.12.31）

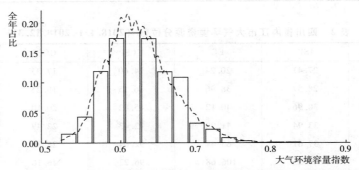

图 4　四川省内江市大气环境容量指数分布（AECI-2018.1.1~2018.12.31）

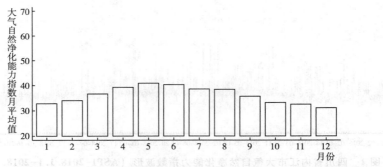

图 5　四川省内江市大气自然净化能力指数月均变化（ASPI-2018.1.1~2018.12.31）

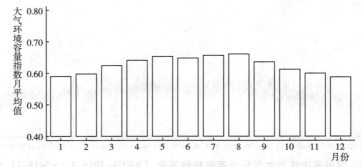

图 6　四川省内江市大气环境容量指数月均变化（AECI-2018.1.1~2018.12.31）

四川省乐山市

表 1　四川省乐山市大气环境资源概况 （2018.1.1–2018.12.31）

指标类型	ASPI	EE	GCSP	GCO3	AECI
平均值	33.84	50.09	50.79	26.70	0.62
标准误	5.72	23.53	23.94	11.25	0.04
最小值	22.40	18.93	9.59	15.71	0.52
最大值	89.11	416.31	87.11	75.70	0.84
样本量（个）	2323	2323	2323	2323	2323

表 2　四川省乐山市大气环境资源分位数 （2018.1.1–2018.12.31）

指标类型	ASPI	EE	GCSP	GCO3	AECI
5%	27.15	20.25	12.94	17.50	0.57
10%	28.33	38.84	14.00	18.37	0.57
25%	30.34	39.83	27.08	20.18	0.59
50%	33.00	41.07	54.53	22.54	0.62
75%	36.02	63.97	72.24	25.43	0.64
90%	39.31	66.62	80.59	45.77	0.67

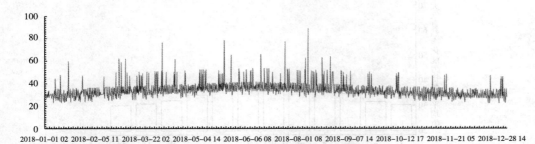

图 1　四川省乐山市大气自然净化能力指数波形 （ASPI–2018.1.1–2018.12.31）

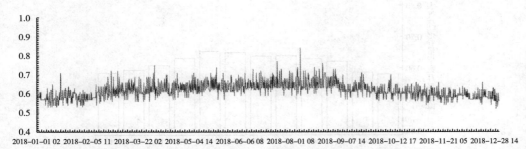

图 2　四川省乐山市大气环境容量指数波形 （AECI–2018.1.1–2018.12.31）

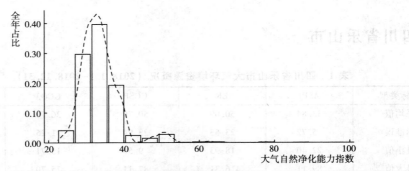

图 3 四川省乐山市大气自然净化能力指数分布（ASPI-2018.1.1~2018.12.31）

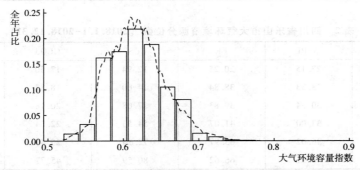

图 4 四川省乐山市大气环境容量指数分布（AECI-2018.1.1~2018.12.31）

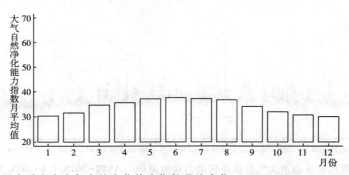

图 5 四川省乐山市大气自然净化能力指数月均变化（ASPI-2018.1.1~2018.12.31）

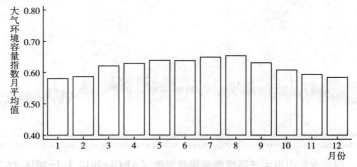

图 6 四川省乐山市大气环境容量指数月均变化（AECI-2018.1.1~2018.12.31）

四川省南充市

表 1　四川省南充市大气环境资源概况（2018.1.1-2018.12.31）

指标类型	ASPI	EE	GCSP	GCO3	AECI
平均值	41.02	91.14	61.39	26.96	0.64
标准误	14.03	92.25	28.72	12.77	0.06
最小值	22.25	18.89	9.16	13.27	0.52
最大值	97.64	936.06	98.59	78.47	0.98
样本量（个）	2286	2286	2286	2286	2286

表 2　四川省南充市大气环境资源分位数（2018.1.1-2018.12.31）

指标类型	ASPI	EE	GCSP	GCO3	AECI
5%	28.14	38.79	13.15	13.36	0.54
10%	29.26	39.46	15.40	14.47	0.55
25%	32.40	40.66	27.59	18.78	0.58
50%	38.75	63.83	56.54	21.56	0.62
75%	74.41	104.52	74.21	23.75	0.70
90%	85.32	202.06	81.54	25.47	0.78

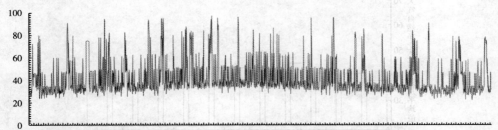

图 1　四川省南充市大气自然净化能力指数波形（ASPI-2018.1.1-2018.12.31）

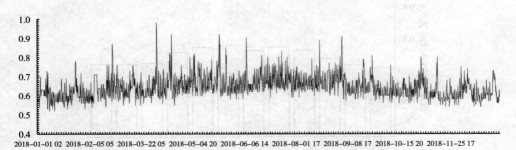

图 2　四川省南充市大气环境容量指数波形（AECI-2018.1.1-2018.12.31）

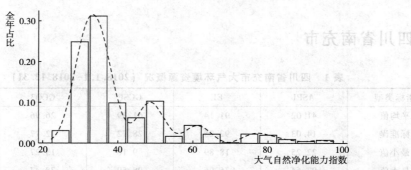

图 3　四川省南充市大气自然净化能力指数分布（ASPI-2018.1.1~2018.12.31）

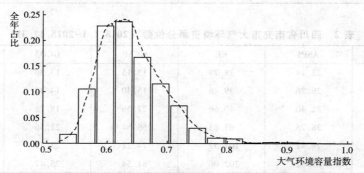

图 4　四川省南充市大气环境容量指数分布（AECI-2018.1.1~2018.12.31）

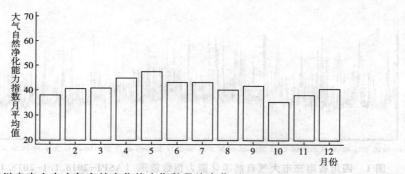

图 5　四川省南充市大气自然净化能力指数月均变化（ASPI-2018.1.1~2018.12.31）

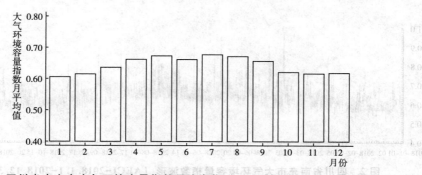

图 6　四川省南充市大气环境容量指数月均变化（AECI-2018.1.1~2018.12.31）

四川省眉山市

表 1 四川省眉山市大气环境资源概况 （2018.1.1－2018.12.31）

指标类型	ASPI	EE	GCSP	GCO3	AECI
平均值	32.17	38.87	65.08	27.68	0.60
标准误	4.14	14.87	30.11	11.83	0.04
最小值	24.32	19.34	10.19	14.02	0.51
最大值	53.40	111.40	100.00	75.58	0.71
样本量（个）	877	877	877	877	877

表 2 四川省眉山市大气环境资源分位数 （2018.1.1－2018.12.31）

指标类型	ASPI	EE	GCSP	GCO3	AECI
5%	25.38	19.57	13.72	18.28	0.54
10%	27.09	19.94	15.69	19.03	0.56
25%	29.50	20.80	42.13	20.79	0.57
50%	31.95	40.55	70.42	23.05	0.60
75%	34.64	41.74	96.36	25.85	0.63
90%	37.17	64.32	100.00	46.55	0.65

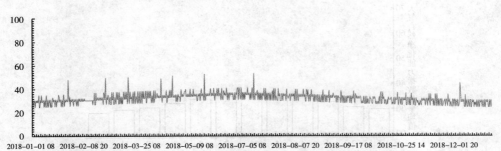

图 1 四川省眉山市大气自然净化能力指数波形 （ASPI－2018.1.1－2018.12.31）

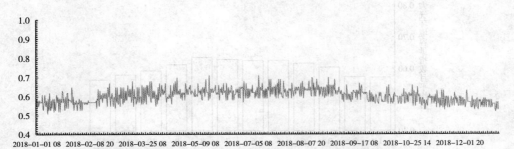

图 2 四川省眉山市大气环境容量指数波形 （AECI－2018.1.1－2018.12.31）

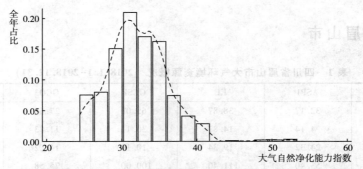

图 3　四川省眉山市大气自然净化能力指数分布 （ASPI-2018. 1. 1–2018. 12. 31）

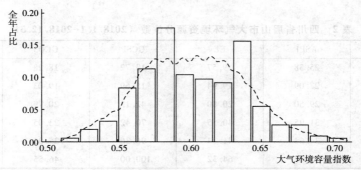

图 4　四川省眉山市大气环境容量指数分布 （AECI-2018. 1. 1–2018. 12. 31）

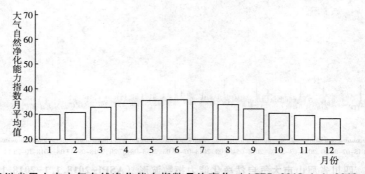

图 5　四川省眉山市大气自然净化能力指数月均变化 （ASPI-2018. 1. 1–2018. 12. 31）

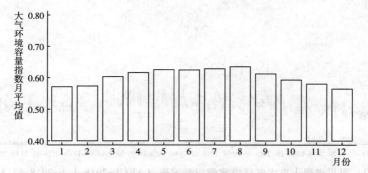

图 6　大气环境容量指数月均变化 （AECI-2018. 1. 1–2018. 12. 31）

四川省宜宾市

表1　四川省宜宾市大气环境资源概况（2018.1.1-2018.12.31）

指标类型	ASPI	EE	GCSP	GCO3	AECI
平均值	44.61	105.93	65.79	26.21	0.66
标准误	13.75	85.45	27.32	10.81	0.05
最小值	22.56	18.96	12.34	15.75	0.53
最大值	98.48	764.70	100.00	75.64	0.92
样本量（个）	2318	2318	2318	2318	2318

表2　四川省宜宾市大气环境资源分位数（2018.1.1-2018.12.31）

指标类型	ASPI	EE	GCSP	GCO3	AECI
5%	30.13	39.76	15.41	17.51	0.58
10%	31.49	40.42	22.69	18.41	0.60
25%	34.35	62.16	46.27	20.21	0.62
50%	39.17	66.52	70.20	22.55	0.65
75%	50.51	108.14	91.72	25.17	0.69
90%	62.58	204.94	98.01	45.50	0.72

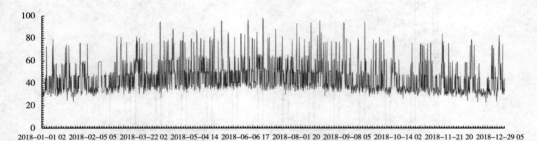

图1　四川省宜宾市大气自然净化能力指数波形（ASPI-2018.1.1-2018.12.31）

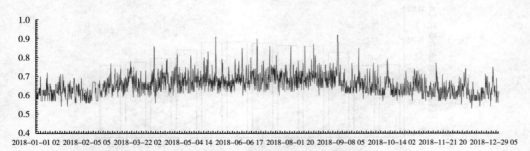

图2　四川省宜宾市大气环境容量指数波形（AECI-2018.1.1-2018.12.31）

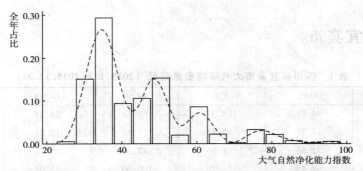

图 3　四川省宜宾市大气自然净化能力指数分布 （ASPI-2018. 1. 1-2018. 12. 31）

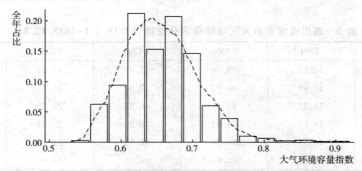

图 4　四川省宜宾市大气环境容量指数分布 （AECI-2018. 1. 1-2018. 12. 31）

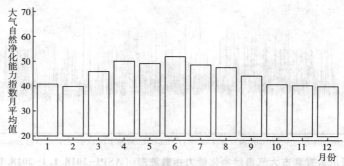

图 5　四川省宜宾市大气自然净化能力指数月均变化 （ASPI-2018. 1. 1-2018. 12. 31）

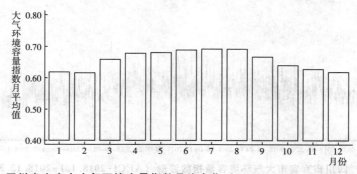

图 6　四川省宜宾市大气环境容量指数月均变化 （AECI-2018. 1. 1-2018. 12. 31）

四川省广安市

表1 四川省广安市大气环境资源概况（2018.1.1–2018.12.31）

指标类型	ASPI	EE	GCSP	GCO3	AECI
平均值	40.32	80.55	57.54	28.73	0.64
标准误	11.61	61.42	27.27	14.31	0.05
最小值	24.74	19.43	8.54	14.30	0.53
最大值	87.44	409.19	94.70	80.17	0.80
样本量（个）	858	858	858	858	858

表2 四川省广安市大气环境资源分位数（2018.1.1–2018.12.31）

指标类型	ASPI	EE	GCSP	GCO3	AECI
5%	29.10	39.05	13.55	18.13	0.57
10%	30.08	39.69	14.91	18.87	0.58
25%	33.06	41.27	27.74	20.68	0.60
50%	36.18	64.30	64.77	22.96	0.64
75%	46.55	103.64	82.31	26.06	0.67
90%	57.52	194.03	88.95	47.87	0.71

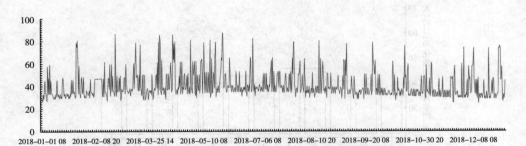

图1 四川省广安市大气自然净化能力指数波形（ASPI-2018.1.1–2018.12.31）

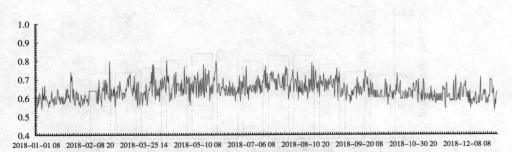

图2 四川省广安市大气环境容量指数波形（AECI-2018.1.1–2018.12.31）

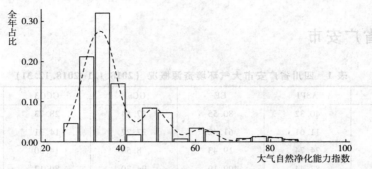

图 3　四川省广安市大气自然净化能力指数分布 （ASPI-2018. 1. 1-2018. 12. 31）

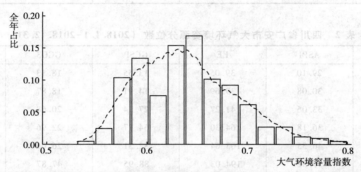

图 4　四川省广安市大气环境容量指数分布 （AECI-2018. 1. 1-2018. 12. 31）

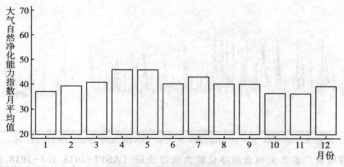

图 5　四川省广安市大气自然净化能力指数月均变化 （ASPI-2018. 1. 1-2018. 12. 31）

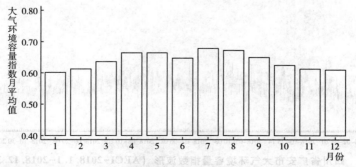

图 6　四川省广安市大气环境容量指数月均变化 （AECI-2018. 1. 1-2018. 12. 31）

四川省达州市

表1 四川省达州市大气环境资源概况（2018.1.1-2018.12.31）

指标类型	ASPI	EE	GCSP	GCO3	AECI
平均值	33.10	47.70	61.08	28.21	0.61
标准误	5.22	21.92	27.53	14.56	0.04
最小值	22.22	18.89	9.40	13.21	0.53
最大值	83.48	347.33	100.00	79.52	0.82
样本量（个）	2317	2317	2317	2317	2317

表2 四川省达州市大气环境资源分位数（2018.1.1-2018.12.31）

指标类型	ASPI	EE	GCSP	GCO3	AECI
5%	27.18	20.58	13.55	17.04	0.56
10%	28.20	38.79	15.58	17.98	0.57
25%	30.03	39.69	42.24	19.84	0.58
50%	32.40	40.79	65.50	22.18	0.61
75%	35.09	61.57	82.74	25.71	0.64
90%	38.01	65.72	98.01	47.06	0.67

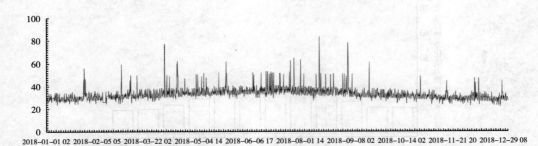

图1 四川省达州市大气自然净化能力指数波形（ASPI-2018.1.1-2018.12.31）

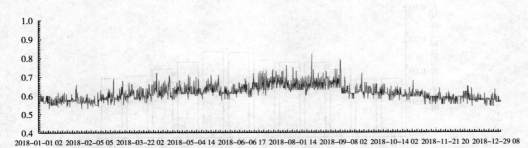

图2 四川省达州市大气环境容量指数波形（AECI-2018.1.1-2018.12.31）

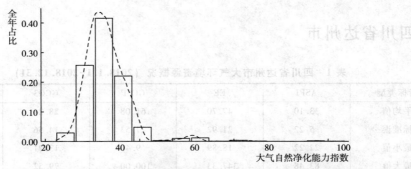

图 3　四川省达州市大气自然净化能力指数分布（ASPI-2018.1.1-2018.12.31）

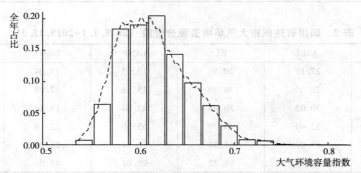

图 4　四川省达州市大气环境容量指数分布（AECI-2018.1.1-2018.12.31）

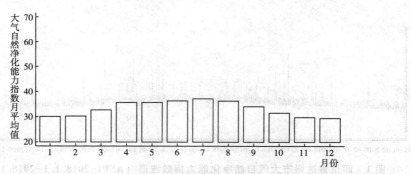

图 5　四川省达州市大气自然净化能力指数月均变化（ASPI-2018.1.1-2018.12.31）

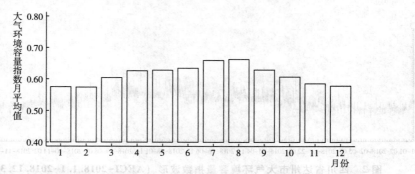

图 6　四川省达州市大气环境容量指数月均变化（AECI-2018.1.1-2018.12.31）

四川省雅安市

表1 四川省雅安市大气环境资源概况 （2018.1.1-2018.12.31）

指标类型	ASPI	EE	GCSP	GCO3	AECI
平均值	32.10	41.73	62.10	24.74	0.60
标准误	4.41	17.25	24.77	9.23	0.04
最小值	22.29	18.90	10.59	15.48	0.52
最大值	78.52	285.73	97.64	73.20	0.75
样本量（个）	2319	2319	2319	2319	2319

表2 四川省雅安市大气环境资源分位数 （2018.1.1-2018.12.31）

指标类型	ASPI	EE	GCSP	GCO3	AECI
5%	25.27	19.55	14.46	17.23	0.54
10%	26.72	19.90	22.22	18.16	0.56
25%	29.21	39.05	46.35	19.94	0.58
50%	31.98	40.57	64.31	22.28	0.60
75%	34.76	42.04	82.36	24.58	0.63
90%	37.06	64.95	96.18	43.42	0.65

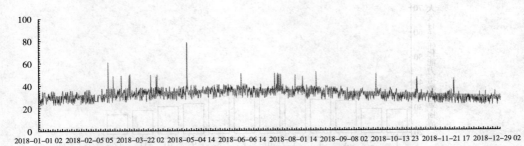

图1 四川省雅安市大气自然净化能力指数波形 （ASPI-2018.1.1-2018.12.31）

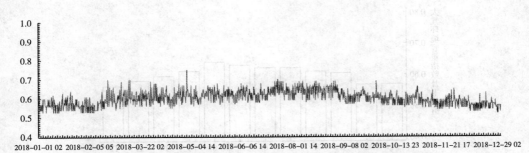

图2 四川省雅安市大气环境容量指数波形 （AECI-2018.1.1-2018.12.31）

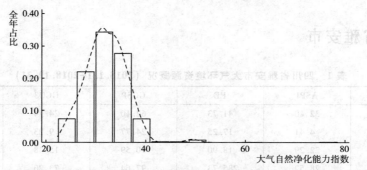

图 3　四川省雅安市大气自然净化能力指数分布（ASPI-2018.1.1-2018.12.31）

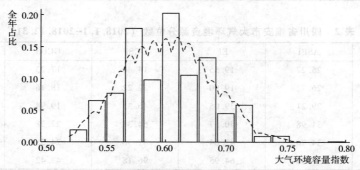

图 4　四川省雅安市大气环境容量指数分布（AECI-2018.1.1-2018.12.31）

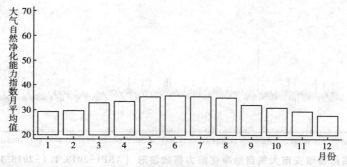

图 5　四川省雅安市大气自然净化能力指数月均变化（ASPI-2018.1.1-2018.12.31）

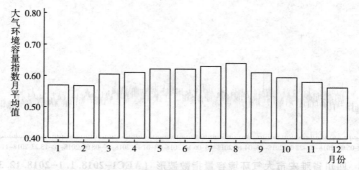

图 6　四川省雅安市大气环境容量指数月均变化（AECI-2018.1.1-2018.12.31）

四川省巴中市

表1 四川省巴中市大气环境资源概况（2018.1.1-2018.12.31）

指标类型	ASPI	EE	GCSP	GCO3	AECI
平均值	34.88	56.70	55.05	26.99	0.62
标准误	7.73	36.06	24.03	12.90	0.05
最小值	22.07	18.86	8.01	12.08	0.52
最大值	96.22	775.92	96.04	78.87	0.92
样本量（个）	2313	2313	2313	2313	2313

表2 四川省巴中市大气环境资源分位数（2018.1.1-2018.12.31）

指标类型	ASPI	EE	GCSP	GCO3	AECI
5%	26.31	19.84	13.74	16.87	0.55
10%	27.86	38.61	15.39	17.84	0.57
25%	30.11	39.75	37.38	19.70	0.59
50%	33.27	41.39	59.65	22.02	0.61
75%	36.98	64.95	75.35	25.09	0.65
90%	47.48	104.69	83.26	45.98	0.68

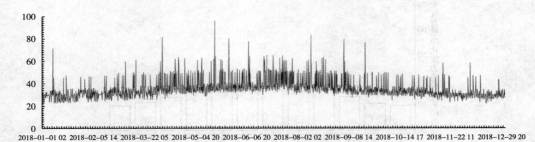

图1 四川省巴中市大气自然净化能力指数波形（ASPI-2018.1.1-2018.12.31）

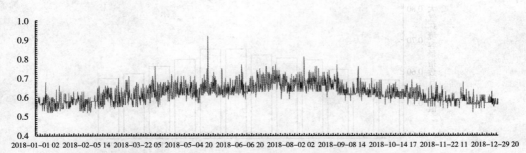

图2 四川省巴中市大气环境容量指数波形（AECI-2018.1.1-2018.12.31）

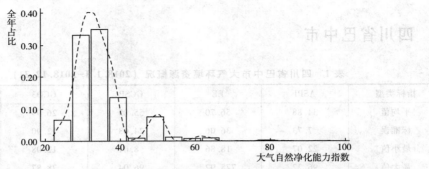

图3　四川省巴中市大气自然净化能力指数分布（ASPI-2018.1.1-2018.12.31）

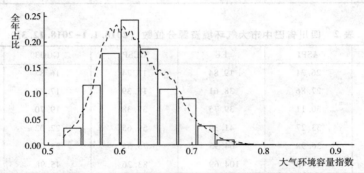

图4　四川省巴中市大气环境容量指数分布（AECI-2018.1.1-2018.12.31）

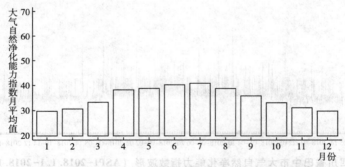

图5　四川省巴中市大气自然净化能力指数月均变化（ASPI-2018.1.1-2018.12.31）

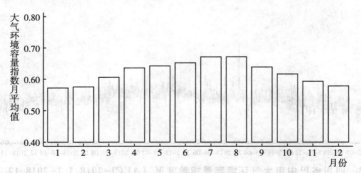

图6　四川省巴中市大气环境容量指数月均变化（AECI-2018.1.1-2018.12.31）

四川省资阳市

表 1   四川省资阳市大气环境资源概况（2018.1.1~2018.12.31）

指标类型	ASPI	EE	GCSP	GCO3	AECI
平均值	37.23	63.76	59.35	27.88	0.63
标准误	8.61	39.20	31.73	12.37	0.05
最小值	24.31	19.34	9.59	14.28	0.51
最大值	82.33	343.14	100.00	76.91	0.77
样本量（个）	877	877	877	877	877

表 2   四川省资阳市大气环境资源分位数（2018.1.1~2018.12.31）

指标类型	ASPI	EE	GCSP	GCO3	AECI
5%	28.55	20.56	13.19	18.22	0.56
10%	29.29	39.27	14.43	19.01	0.57
25%	31.69	40.44	27.11	20.85	0.60
50%	34.71	62.37	60.75	23.08	0.63
75%	39.16	66.51	91.62	25.84	0.66
90%	50.70	108.34	100.00	46.88	0.69

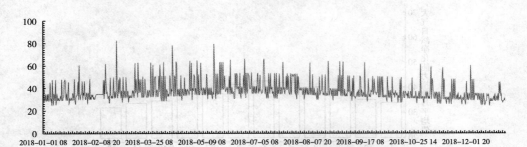

图 1   四川省资阳市大气自然净化能力指数波形（ASPI-2018.1.1~2018.12.31）

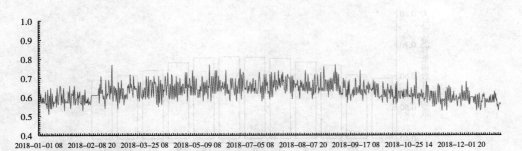

图 2   四川省资阳市大气环境容量指数波形（AECI-2018.1.1~2018.12.31）

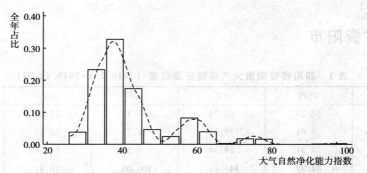

图 3　四川省资阳市大气自然净化能力指数分布（ASPI-2018.1.1—2018.12.31）

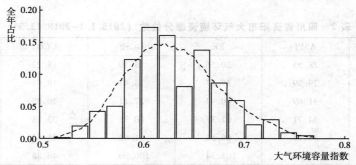

图 4　四川省资阳市大气环境容量指数分布（AECI-2018.1.1—2018.12.31）

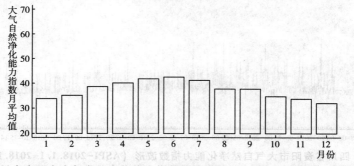

图 5　四川省资阳市大气自然净化能力指数月均变化（ASPI-2018.1.1—2018.12.31）

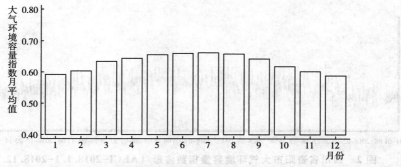

图 6　四川省资阳市大气环境容量指数月均变化（AECI-2018.1.1—2018.12.31）

四川省阿坝藏族羌族自治州

表 1 四川省阿坝藏族羌族自治州大气环境资源概况 （2018.1.1－2018.12.31）

指标类型	ASPI	EE	GCSP	GCO3	AECI
平均值	33.70	51.01	45.95	21.36	0.59
标准误	7.97	40.26	34.19	5.61	0.05
最小值	21.95	18.83	5.67	11.09	0.49
最大值	95.93	677.55	100.00	60.76	0.86
样本量（个）	2326	2326	2326	2326	2326

表 2 四川省阿坝藏族羌族自治州大气环境资源分位数 （2018.1.1－2018.12.31）

指标类型	ASPI	EE	GCSP	GCO3	AECI
5%	25.58	19.61	9.41	13.06	0.53
10%	27.04	20.04	10.97	14.17	0.54
25%	29.07	38.98	13.54	18.99	0.55
50%	31.96	40.56	37.89	21.41	0.58
75%	35.37	63.25	79.80	23.52	0.61
90%	40.63	67.53	98.63	25.47	0.65

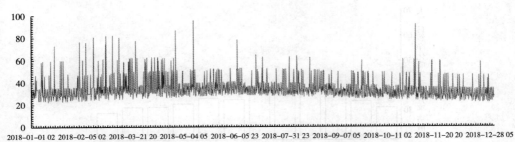

图 1 四川省阿坝藏族羌族自治州大气自然净化能力指数波形 （ASPI-2018.1.1－2018.12.31）

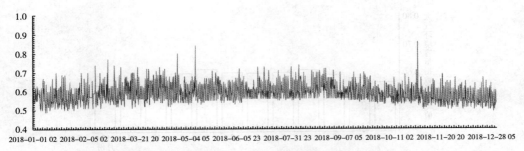

图 2 四川省阿坝藏族羌族自治州大气环境容量指数波形 （AECI-2018.1.1－2018.12.31）

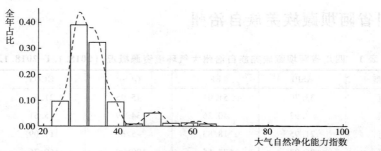

图 3　四川省阿坝藏族羌族自治州大气自然净化能力指数分布（ASPI-2018. 1. 1-2018. 12. 31）

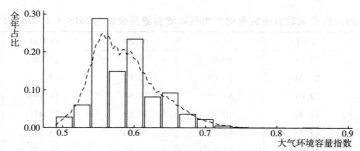

图 4　四川省阿坝藏族羌族自治州大气环境容量指数分布（AECI-2018. 1. 1-2018. 12. 31）

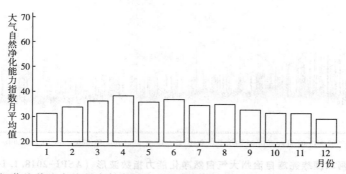

图 5　四川省阿坝藏族羌族自治州大气自然净化能力指数月均变化（ASPI-2018. 1. 1-2018. 12. 31）

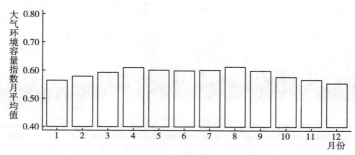

图 6　四川省阿坝藏族羌族自治州大气环境容量指数月均变化（AECI-2018. 1. 1-2018. 12. 31）

四川省甘孜藏族自治州

表 1　四川省甘孜藏族自治州大气环境资源概况（2018.1.1–2018.12.31）

指标类型	ASPI	EE	GCSP	GCO3	AECI
平均值	50.57	164.50	52.20	20.90	0.64
标准误	22.36	174.29	26.03	3.87	0.09
最小值	22.61	18.97	5.40	11.50	0.50
最大值	98.49	897.66	100.00	28.05	0.95
样本量（个）	2324	2324	2324	2324	2324

表 2　四川省甘孜藏族自治州大气环境资源分位数（2018.1.1–2018.12.31）

指标类型	ASPI	EE	GCSP	GCO3	AECI
5%	28.14	38.49	13.15	13.36	0.54
10%	29.26	39.30	15.40	14.47	0.55
25%	32.40	40.97	27.59	18.78	0.58
50%	38.75	66.24	56.54	21.56	0.62
75%	74.41	273.35	74.21	23.75	0.70
90%	85.32	395.63	81.54	25.47	0.78

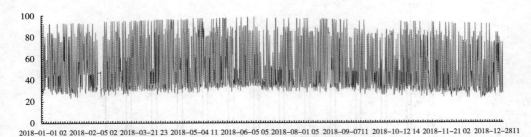

图 1　四川省甘孜藏族自治州大气自然净化能力指数波形（ASPI–2018.1.1–2018.12.31）

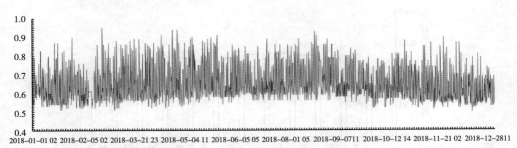

图 2　四川省甘孜藏族自治州大气环境容量指数波形（AECI–2018.1.1–2018.12.31）

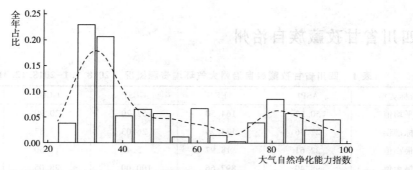

图3　四川省甘孜藏族自治州大气自然净化能力指数分布（ASPI-2018.1.1-2018.12.31）

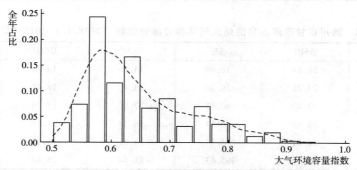

图4　四川省甘孜藏族自治州大气环境容量指数分布（AECI-2018.1.1-2018.12.31）

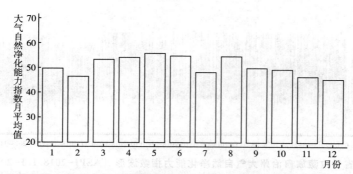

图5　四川省甘孜藏族自治州大气自然净化能力指数月均变化（ASPI-2018.1.1-2018.12.31）

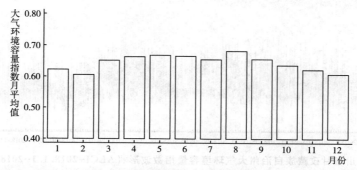

图6　四川省甘孜藏族自治州大气环境容量指数月均变化（AECI-2018.1.1-2018.12.31）

四川省凉山彝族自治州

表 1 四川省凉山彝族自治州大气环境资源概况 （2018. 1. 1－2018. 12. 31）

指标类型	ASPI	EE	GCSP	GCO3	AECI
平均值	35.51	57.27	38.28	24.99	0.62
标准误	8.45	41.64	30.64	8.58	0.04
最小值	22.75	19.00	6.24	16.11	0.52
最大值	81.06	334.87	100.00	75.08	0.80
样本量（个）	2321	2321	2321	2321	2321

表 2 四川省凉山彝族自治州大气环境资源分位数 （2018. 1. 1－2018. 12. 31）

指标类型	ASPI	EE	GCSP	GCO3	AECI
5%	27.31	20.09	9.38	17.95	0.56
10%	28.72	38.48	10.42	18.73	0.57
25%	30.80	40.01	12.81	20.52	0.59
50%	33.49	41.41	22.49	22.76	0.61
75%	36.66	64.52	59.35	24.90	0.64
90%	47.03	104.19	93.79	43.45	0.68

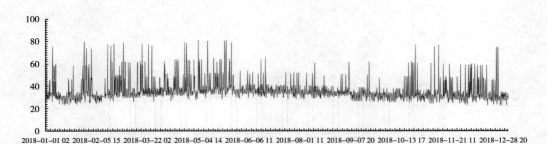

图 1 四川省凉山彝族自治州大气自然净化能力指数波形 （ASPI－2018. 1. 1－2018. 12. 31）

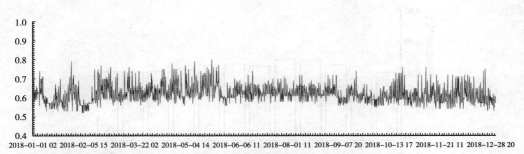

图 2 四川省凉山彝族自治州大气环境容量指数波形 （AECI－2018. 1. 1－2018. 12. 31）

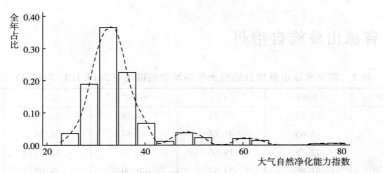

图 3　四川省凉山彝族自治州大气自然净化能力指数分布（ASPI–2018.1.1–2018.12.31）

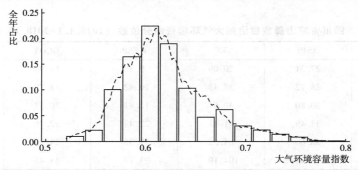

图 4　四川省凉山彝族自治州大气环境容量指数分布（AECI–2018.1.1–2018.12.31）

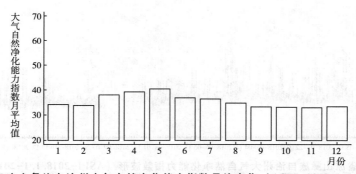

图 5　四川省凉山彝族自治州大气自然净化能力指数月均变化（ASPI–2018.1.1–2018.12.31）

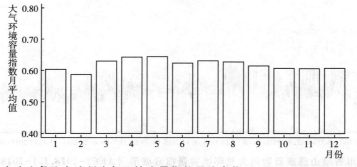

图 6　四川省凉山彝族自治州大气环境容量指数月均变化（AECI–2018.1.1–2018.12.31）

贵州省

贵州省贵阳市

表 1 贵州省贵阳市大气环境资源概况（2018.1.1-2018.12.31）

指标类型	ASPI	EE	GCSP	GCO3	AECI
平均值	42.20	86.97	58.16	24.53	0.64
标准误	11.56	58.79	26.29	7.09	0.05
最小值	25.07	19.50	11.45	14.34	0.52
最大值	83.12	346.02	100.00	49.94	0.78
样本量（个）	824	824	824	824	824

表 2 贵州省贵阳市大气环境资源分位数（2018.1.1-2018.12.31）

指标类型	ASPI	EE	GCSP	GCO3	AECI
5%	29.88	39.58	14.74	18.04	0.57
10%	31.18	40.20	15.71	18.92	0.58
25%	34.40	42.24	28.05	20.89	0.60
50%	37.71	65.51	63.86	23.28	0.63
75%	49.55	107.04	80.74	25.54	0.66
90%	60.13	199.66	88.82	27.83	0.70

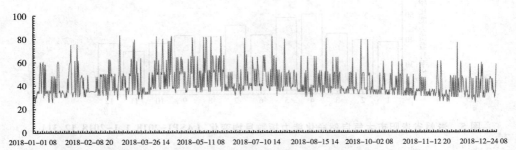

图 1 贵州省贵阳市大气自然净化能力指数波形（ASPI-2018.1.1-2018.12.31）

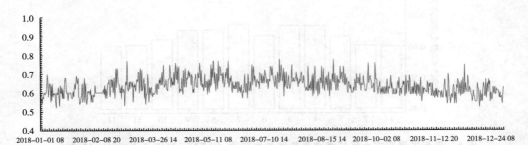

图 2 贵州省贵阳市大气环境容量指数波形（AECI-2018.1.1-2018.12.31）

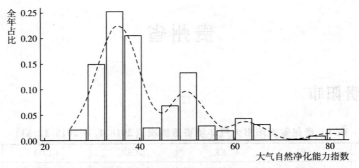

图 3　贵州省贵阳市大气自然净化能力指数分布（ASPI-2018. 1. 1–2018. 12. 31）

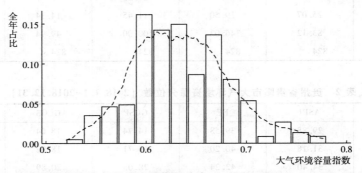

图 4　贵州省贵阳市大气环境容量指数分布（AECI-2018. 1. 1–2018. 12. 31）

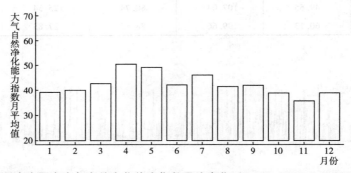

图 5　贵州省贵阳市大气自然净化能力指数月均变化（ASPI-2018. 1. 1–2018. 12. 31）

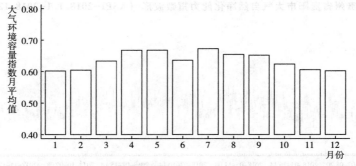

图 6　贵州省贵阳市大气环境容量指数月均变化（AECI-2018. 1. 1–2018. 12. 31）

贵州省六盘水市

表 1 贵州省六盘水市大气环境资源概况 （2018.1.1−2018.12.31）

指标类型	ASPI	EE	GCSP	GCO3	AECI
平均值	35.22	54.58	62.51	22.77	0.60
标准误	7.61	34.37	26.18	4.76	0.04
最小值	22.83	19.02	7.63	12.31	0.51
最大值	87.87	411.00	96.33	49.07	0.82
样本量（个）	2315	2315	2315	2315	2315

表 2 贵州省六盘水市大气环境资源分位数 （2018.1.1−2018.12.31）

指标类型	ASPI	EE	GCSP	GCO3	AECI
5%	26.93	19.92	13.91	16.95	0.54
10%	28.36	20.44	16.00	18.18	0.55
25%	30.65	39.87	44.88	20.22	0.57
50%	33.64	41.52	70.31	22.52	0.60
75%	37.16	64.99	84.64	24.66	0.63
90%	46.87	104.01	91.77	26.38	0.66

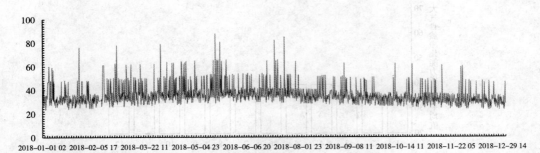

图 1 贵州省六盘水市大气自然净化能力指数波形 （ASPI−2018.1.1−2018.12.31）

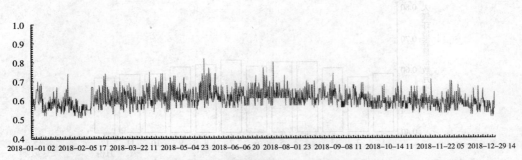

图 2 贵州省六盘水市大气环境容量指数波形 （AECI−2018.1.1−2018.12.31）

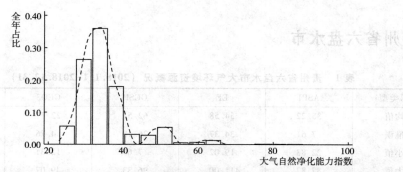

图 3 贵州省六盘水市大气自然净化能力指数分布 （ASPI-2018.1.1-2018.12.31）

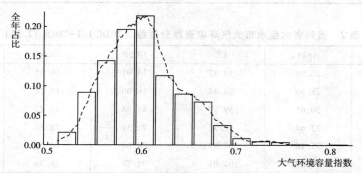

图 4 贵州省六盘水市大气环境容量指数分布 （AECI-2018.1.1-2018.12.31）

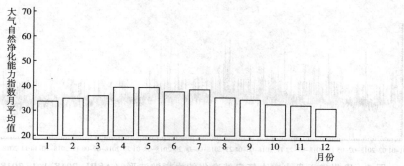

图 5 贵州省六盘水市大气自然净化能力指数月均变化 （ASPI-2018.1.1-2018.12.31）

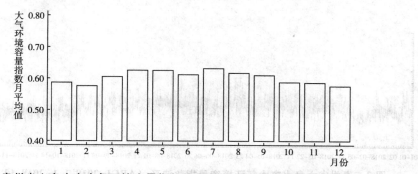

图 6 贵州省六盘水市大气环境容量指数月均变化 （AECI-2018.1.1-2018.12.31）

贵州省遵义市

表1　贵州省遵义市大气环境资源概况（2018.1.1–2018.12.31）

指标类型	ASPI	EE	GCSP	GCO3	AECI
平均值	33.45	43.62	60.01	27.07	0.60
标准误	6.57	28.94	26.18	11.11	0.04
最小值	24.70	19.42	11.34	14.28	0.52
最大值	84.92	352.54	98.65	65.31	0.81
样本量（个）	834	834	834	834	834

表2　贵州省遵义市大气环境资源分位数（2018.1.1–2018.12.31）

指标类型	ASPI	EE	GCSP	GCO3	AECI
5%	25.88	19.68	13.86	18.37	0.54
10%	26.98	19.92	15.70	19.21	0.55
25%	29.35	20.53	42.16	20.89	0.57
50%	32.36	40.69	64.79	23.34	0.59
75%	35.71	62.24	81.57	25.82	0.63
90%	39.22	66.56	90.76	46.64	0.66

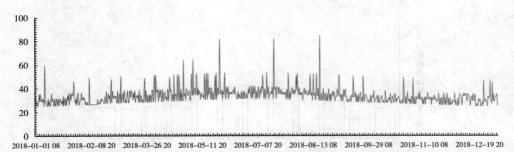

图1　贵州省遵义市大气自然净化能力指数波形（ASPI–2018.1.1–2018.12.31）

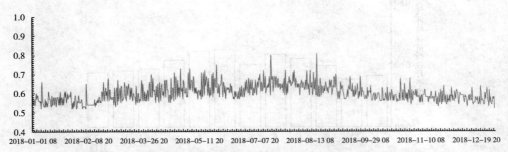

图2　贵州省遵义市大气环境容量指数波形（AECI–2018.1.1–2018.12.31）

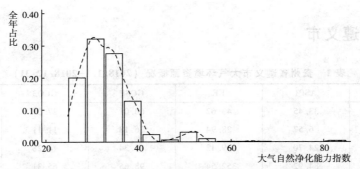

图 3 贵州省遵义市大气自然净化能力指数分布（ASPI-2018.1.1~2018.12.31）

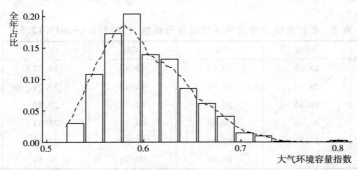

图 4 贵州省遵义市大气环境容量指数分布（AECI-2018.1.1~2018.12.31）

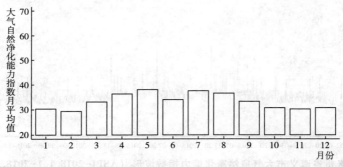

图 5 贵州省遵义市大气自然净化能力指数月均变化（ASPI-2018.1.1~2018.12.31）

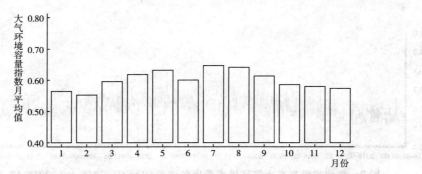

图 6 贵州省遵义市大气环境容量指数月均变化（AECI-2018.1.1~2018.12.31）

贵州省安顺市

表 1　贵州省安顺市大气环境资源概况（2018.1.1-2018.12.31）

指标类型	ASPI	EE	GCSP	GCO3	AECI
平均值	43.84	98.80	61.59	23.16	0.64
标准误	13.49	73.13	24.33	5.30	0.05
最小值	22.93	19.04	10.77	12.37	0.53
最大值	95.03	629.48	98.62	49.07	0.85
样本量（个）	2254	2254	2254	2254	2254

表 2　贵州省安顺市大气环境资源分位数（2018.1.1-2018.12.31）

指标类型	ASPI	EE	GCSP	GCO3	AECI
5%	29.55	39.35	15.11	17.21	0.57
10%	30.98	40.13	22.69	18.40	0.58
25%	33.90	42.68	46.16	20.37	0.60
50%	38.38	65.98	66.99	22.69	0.64
75%	50.51	108.13	81.37	24.82	0.67
90%	62.97	205.77	90.49	26.62	0.71

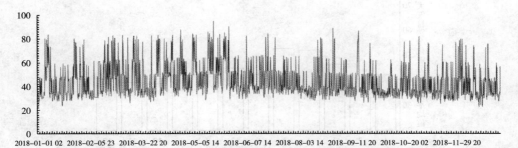

图 1　贵州省安顺市大气自然净化能力指数波形（ASPI-2018.1.1-2018.12.31）

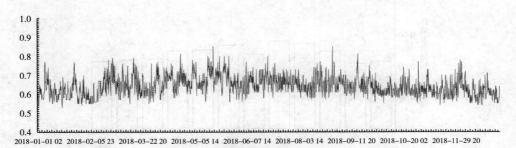

图 2　贵州省安顺市大气环境容量指数波形（AECI-2018.1.1-2018.12.31）

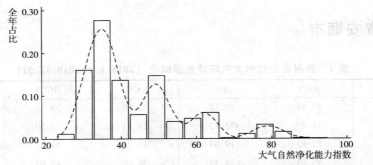

图 3　贵州省安顺市大气自然净化能力指数分布 （ASPI-2018.1.1-2018.12.31）

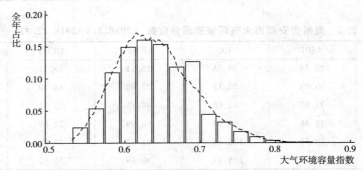

图 4　贵州省安顺市大气环境容量指数分布 （AECI-2018.1.1-2018.12.31）

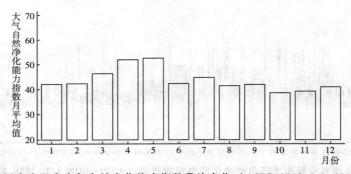

图 5　贵州省安顺市大气自然净化能力指数月均变化 （ASPI-2018.1.1-2018.12.31）

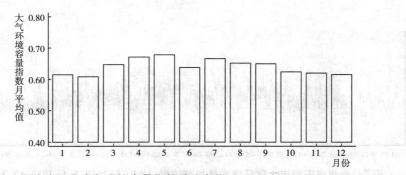

图 6　贵州省安顺市大气环境容量指数月均变化 （AECI-2018.1.1-2018.12.31）

贵州省毕节市

表 1　贵州省毕节市大气环境资源概况 （2018.1.1－2018.12.31）

指标类型	ASPI	EE	GCSP	GCO3	AECI
平均值	33.39	46.07	62.95	23.43	0.60
标准误	5.84	24.62	26.13	6.64	0.04
最小值	22.84	19.02	6.92	12.26	0.51
最大值	81.89	340.84	98.67	50.42	0.81
样本量（个）	2267	2267	2267	2267	2267

表 2　贵州省毕节市大气环境资源分位数 （2018.1.1－2018.12.31）

指标类型	ASPI	EE	GCSP	GCO3	AECI
5%	26.82	19.89	13.86	16.63	0.54
10%	28.00	20.34	16.04	17.94	0.55
25%	30.08	39.59	46.28	20.07	0.57
50%	32.53	40.84	68.86	22.45	0.59
75%	35.20	42.51	84.70	24.64	0.62
90%	39.00	66.4	93.59	26.71	0.65

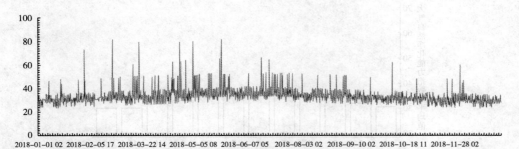

图 1　贵州省毕节市大气自然净化能力指数波形 （ASPI－2018.1.1－2018.12.31）

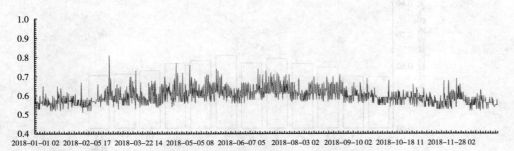

图 2　贵州省毕节市大气环境容量指数波形 （AECI－2018.1.1－2018.12.31）

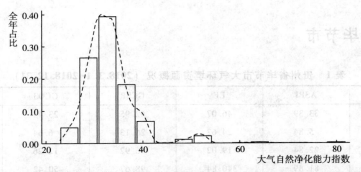

图 3　贵州省毕节市大气自然净化能力指数分布（ASPI-2018.1.1-2018.12.31）

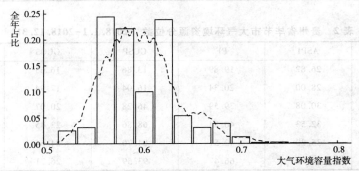

图 4　贵州省毕节市大气环境容量指数分布（AECI-2018.1.1-2018.12.31）

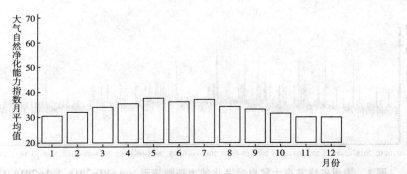

图 5　贵州省毕节市大气自然净化能力指数月均变化（ASPI-2018.1.1-2018.12.31）

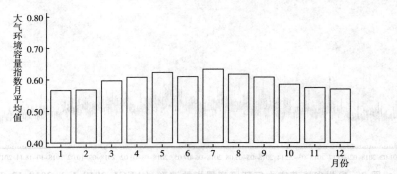

图 6　贵州省毕节市大气环境容量指数月均变化（AECI-2018.1.1-2018.12.31）

贵州省铜仁市

表 1 贵州省铜仁市大气环境资源概况 （2018.1.1-2018.12.31）

指标类型	ASPI	EE	GCSP	GCO3	AECI
平均值	37.04	66.55	59.65	27.60	0.62
标准误	11.86	69.35	24.46	12.68	0.05
最小值	22.69	18.99	10.39	12.15	0.51
最大值	97.47	832.69	96.20	78.14	0.97
样本量（个）	2253	2253	2253	2253	2253

表 2 贵州省铜仁市大气环境资源分位数 （2018.1.1-2018.12.31）

指标类型	ASPI	EE	GCSP	GCO3	AECI
5%	26.14	19.74	13.85	17.22	0.55
10%	27.81	20.17	16.02	18.32	0.56
25%	30.44	39.69	43.83	20.32	0.58
50%	33.46	41.34	65.72	22.69	0.61
75%	37.63	65.44	79.28	25.86	0.65
90%	52.16	110.00	88.23	46.82	0.69

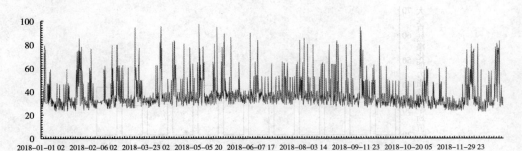

图 1 贵州省铜仁市大气自然净化能力指数波形 （ASPI-2018.1.1-2018.12.31）

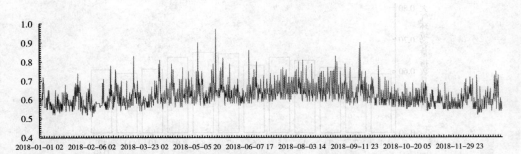

图 2 贵州省铜仁市大气环境容量指数波形 （AECI-2018.1.1-2018.12.31）

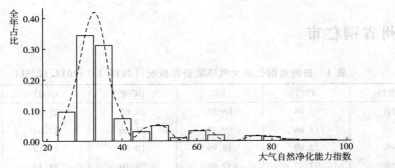

图 3 贵州省铜仁市大气自然净化能力指数分布 （ASPI-2018.1.1-2018.12.31）

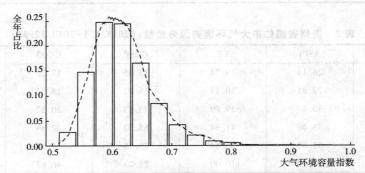

图 4 贵州省铜仁市大气环境容量指数分布 （AECI-2018.1.1-2018.12.31）

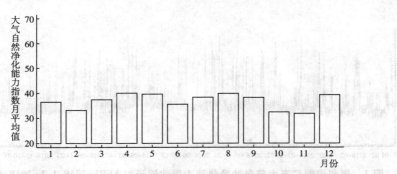

图 5 贵州省铜仁市大气自然净化能力指数月均变化 （ASPI-2018.1.1-2018.12.31）

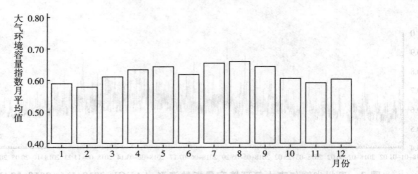

图 6 贵州省铜仁市大气环境容量指数月均变化 （AECI-2018.1.1-2018.12.31）

贵州省黔西南布依族苗族自治州

表1 贵州省黔西南布依族苗族自治州大气环境资源概况（2018.1.1–2018.12.31）

指标类型	ASPI	EE	GCSP	GCO3	AECI
平均值	39.92	78.69	62.13	24.73	0.63
标准误	12.44	68.46	26.45	7.30	0.05
最小值	23.44	19.15	9.49	12.75	0.52
最大值	97.22	643.97	100.00	61.41	0.89
样本量（个）	2230	2230	2230	2230	2230

表2 贵州省黔西南布依族苗族自治州大气环境资源分位数（2018.1.1–2018.12.31）

指标类型	ASPI	EE	GCSP	GCO3	AECI
5%	28.35	20.48	14.41	18.21	0.56
10%	29.60	38.99	16.17	19.06	0.58
25%	32.29	40.72	43.82	20.89	0.60
50%	35.37	63.32	67.42	23.03	0.62
75%	45.15	102.05	85.01	25.23	0.66
90%	59.72	198.77	93.74	27.94	0.70

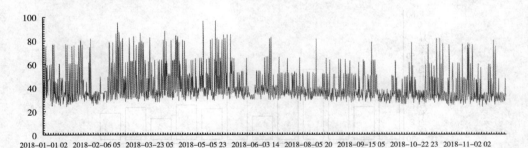

图1 贵州省黔西南布依族苗族自治州大气自然净化能力指数波形（ASPI–2018.1.1–2018.12.31）

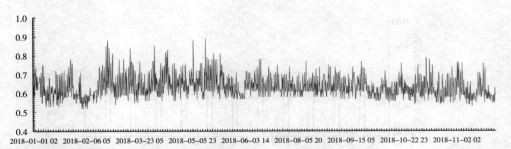

图2 贵州省黔西南布依族苗族自治州大气环境容量指数波形（AECI–2018.1.1–2018.12.31）

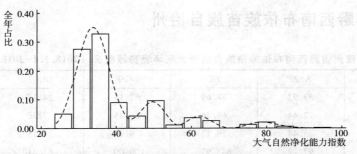

图 3　贵州省黔西南布依族苗族自治州大气自然净化能力指数分布（ASPI-2018.1.1-2018.12.31）

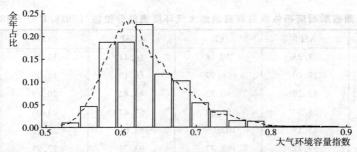

图 4　贵州省黔西南布依族苗族自治州大气环境容量指数分布（AECI-2018.1.1-2018.12.31）

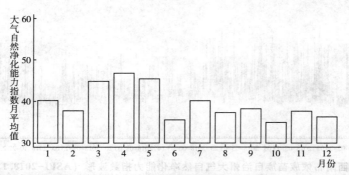

图 5　贵州省黔西南布依族苗族自治州大气自然净化能力指数月均变化（ASPI-2018.1.1-2018.12.31）

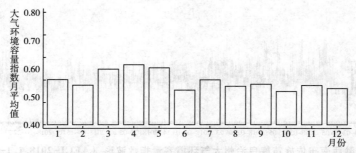

图 6　贵州省黔西南布依族苗族自治州大气自然净化能力指数月均变化（AECI-2018.1.1-2018.12.31）

贵州省黔东南苗族侗族自治州

表 1 贵州省黔东南苗族侗族自治州大气环境资源概况 （2018.1.1-2018.12.31）

指标类型	ASPI	EE	GCSP	GCO3	AECI
平均值	37.76	67.57	60.02	25.89	0.63
标准误	9.60	47.38	25.86	10.12	0.05
最小值	23.40	19.14	8.94	12.24	0.52
最大值	88.78	414.92	96.37	74.88	0.84
样本量（个）	2249	2249	2249	2249	2249

表 2 贵州省黔东南苗族侗族自治州大气环境资源分位数 （2018.1.1-2018.12.31）

指标类型	ASPI	EE	GCSP	GCO3	AECI
5%	28.68	38.77	14.03	17.31	0.56
10%	29.77	39.53	15.87	18.42	0.57
25%	31.85	40.55	42.41	20.47	0.59
50%	34.58	60.84	65.67	22.77	0.62
75%	39.23	66.56	82.96	25.20	0.65
90%	51.15	108.86	89.90	45.73	0.69

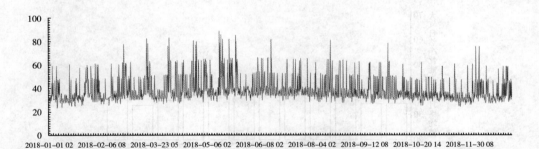

图 1 贵州省黔东南苗族侗族自治州大气自然净化能力指数波形 （ASPI-2018.1.1-2018.12.31）

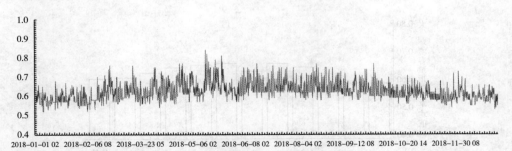

图 2 贵州省黔东南苗族侗族自治州大气环境容量指数波形 （AECI-2018.1.1-2018.12.31）

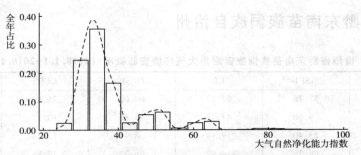

图 3　贵州省黔东南苗族侗族自治州大气自然净化能力指数分布（ASPI-2018.1.1-2018.12.31）

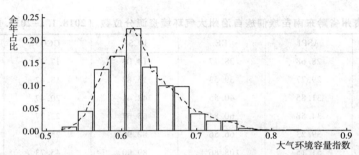

图 4　贵州省黔东南苗族侗族自治州大气环境容量指数分布（AECI-2018.1.1-2018.12.31）

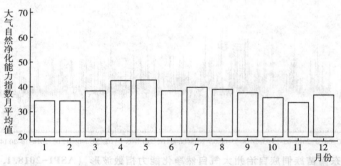

图 5　贵州省黔东南苗族侗族自治州大气自然净化能力指数月均变化（ASPI-2018.1.1-2018.12.31）

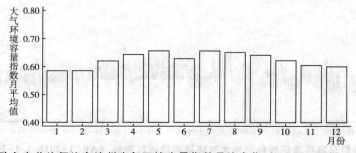

图 6　贵州省黔东南苗族侗族自治州大气环境容量指数月均变化（AECI-2018.1.1-2018.12.31）

贵州省黔南布依族苗族自治州

表 1 贵州省黔南布依族苗族自治州大气环境资源概况 （2018.1.1-2018.12.31）

指标类型	ASPI	EE	GCSP	GCO3	AECI
平均值	47.39	121.33	67.62	24.17	0.65
标准误	16.16	100.01	27.19	7.60	0.06
最小值	23.24	19.11	11.01	12.28	0.51
最大值	96.47	680.28	100.00	62.92	0.88
样本量（个）	2250	2250	2250	2250	2250

表 2 贵州省黔南布依族苗族自治州大气环境资源分位数 （2018.1.1-2018.12.31）

指标类型	ASPI	EE	GCSP	GCO3	AECI
5%	29.01	20.56	15.39	16.59	0.56
10%	30.82	40.00	25.97	18.18	0.58
25%	34.40	61.18	49.16	20.42	0.61
50%	45.43	102.38	73.76	22.74	0.65
75%	58.43	195.99	92.16	24.96	0.69
90%	76.09	278.60	98.01	27.33	0.73

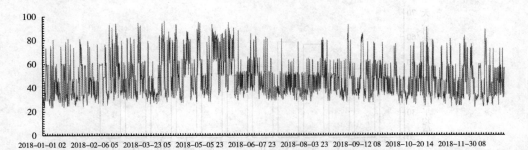

图 1 贵州省黔南布依族苗族自治州大气自然净化能力指数波形 （ASPI-2018.1.1-2018.12.31）

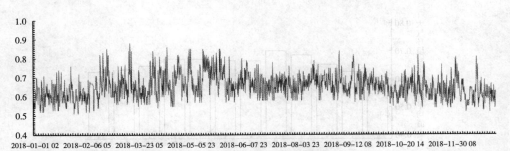

图 2 贵州省黔南布依族苗族自治州大气环境容量指数波形 （AECI-2018.1.1-2018.12.31）

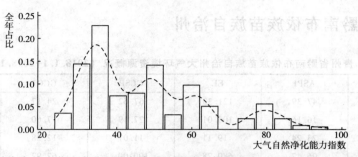

图 3　贵州省黔南布依族苗族自治州大气自然净化能力指数分布（ASPI-2018.1.1-2018.12.31）

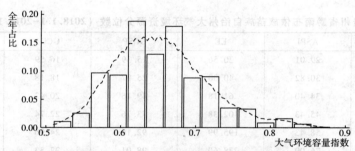

图 4　贵州省黔南布依族苗族自治州大气环境容量指数分布（AECI-2018.1.1-2018.12.31）

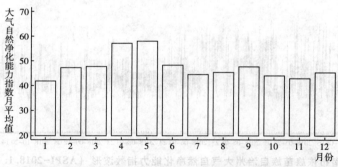

图 5　贵州省黔南布依族苗族自治州大气自然净化能力指数月均变化（ASPI-2018.1.1-2018.12.31）

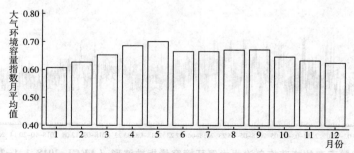

图 6　贵州省黔南布依族苗族自治州大气环境容量指数月均变化（AECI-2018.1.1-2018.12.31）

云南省

云南省昆明市

表 1　云南省昆明市大气环境资源概况 （2018. 1. 1–2018. 12. 31）

指标类型	ASPI	EE	GCSP	GCO3	AECI
平均值	43. 81	100. 93	51. 08	23. 24	0. 64
标准误	15. 41	91. 20	27. 96	4. 05	0. 06
最小值	23. 04	19. 07	8. 29	14. 12	0. 52
最大值	96. 93	773. 21	100. 00	47. 85	0. 92
样本量 （个）	2318	2318	2318	2318	2318

表 2　云南省昆明市大气环境资源分位数 （2018. 1. 1–2018. 12. 31）

指标类型	ASPI	EE	GCSP	GCO3	AECI
5%	27. 82	20. 14	12. 64	18. 13	0. 56
10%	29. 51	39. 08	14. 08	18. 98	0. 57
25%	33. 26	41. 39	23. 09	20. 85	0. 60
50%	37. 49	65. 33	53. 26	23. 04	0. 63
75%	50. 61	108. 25	75. 56	25. 06	0. 68
90%	64. 62	209. 32	88. 50	26. 66	0. 72

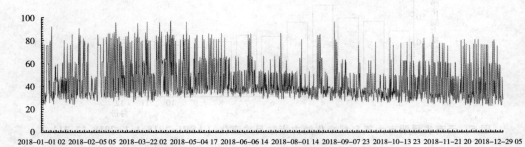

图 1　云南省昆明市大气自然净化能力指数波形 （ASPI–2018. 1. 1–2018. 12. 31）

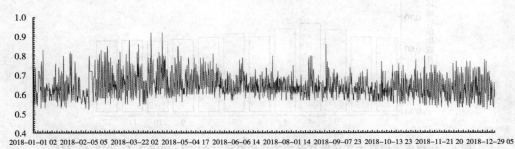

图 2　云南省昆明市大气环境容量指数波形 （AECI–2018. 1. 1–2018. 12. 31）

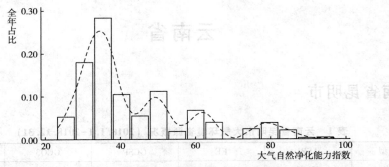

图 3　云南省昆明市大气自然净化能力指效分布（ASPI-2018. 1. 1-2018. 12. 31）

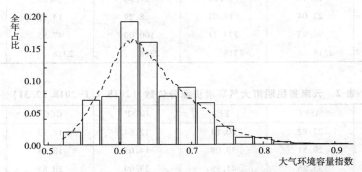

图 4　云南省昆明市大气环境容量指数分布（AECI-2018. 1. 1-2018. 12. 31）

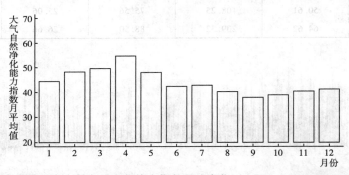

图 5　云南省昆明市大气自然净化能力指数月均变化（ASPI-2018. 1. 1-2018. 12. 31）

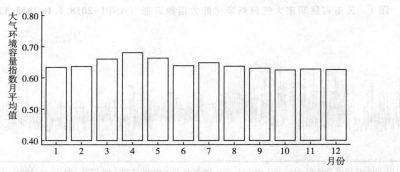

图 6　云南省昆明市大气环境容量指数月均变化（AECI-2018. 1. 1-2018. 12. 31）

云南省曲靖市

表 1　云南省曲靖市大气环境资源概况 （2018.1.1–2018.12.31）

指标类型	ASPI	EE	GCSP	GCO3	AECI
平均值	39.87	75.56	41.24	24.43	0.63
标准误	11.01	59.62	25.30	5.67	0.05
最小值	25.05	19.50	8.23	14.75	0.52
最大值	95.26	630.97	90	48.76	0.86
样本量（个）	858	858	858	858	858

表 2　云南省曲靖市大气环境资源分位数 （2018.1.1–2018.12.31）

指标类型	ASPI	EE	GCSP	GCO3	AECI
5%	29.78	39.59	11.21	19.03	0.57
10%	30.51	39.91	12.19	19.58	0.58
25%	33.61	41.39	14.57	21.55	0.60
50%	35.93	63.78	43.72	23.60	0.62
75%	40.95	67.76	63.81	25.66	0.66
90%	53.39	111.40	75.36	27.56	0.69

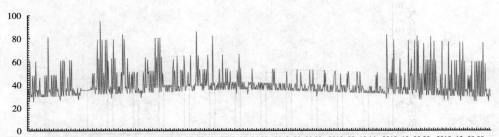

图 1　云南省曲靖市大气自然净化能力指数波形 （ASPI-2018.1.1–2018.12.31）

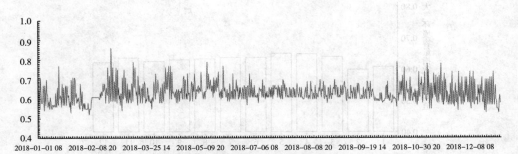

图 2　云南省曲靖市大气环境容量指数波形 （AECI-2018.1.1–2018.12.31）

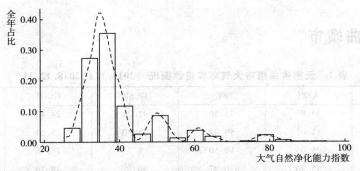

图 3 云南省曲靖市大气自然净化能力指数分布（ASPI-2018. 1. 1-2018. 12. 31）

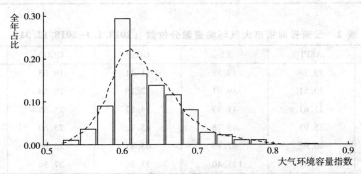

图 4 云南省曲靖市大气环境容量指数分布（AECI-2018. 1. 1-2018. 12. 31）

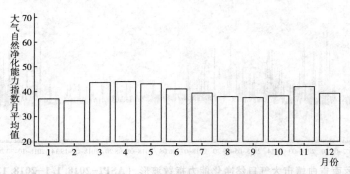

图 5 云南省曲靖市大气自然净化能力指数月均变化（ASPI-2018. 1. 1-2018. 12. 31）

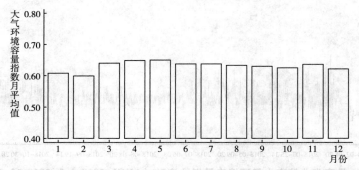

图 6 云南省曲靖市大气环境容量指数月均变化（AECI-2018. 1. 1-2018. 12. 31）

云南省玉溪市

表 1　云南省玉溪市大气环境资源概况（2018.1.1–2018.12.31）

指标类型	ASPI	EE	GCSP	GCO3	AECI
平均值	42.29	93.70	53.35	23.89	0.64
标准误	16.21	95.11	28.42	5.37	0.06
最小值	23.15	19.09	8.82	16.54	0.52
最大值	98.62	653.28	98.67	48.98	0.88
样本量（个）	2310	2310	2310	2310	2310

表 2　云南省玉溪市大气环境资源分位数（2018.1.1–2018.12.31）

指标类型	ASPI	EE	GCSP	GCO3	AECI
5%	27.41	20.03	12.84	18.40	0.56
10%	28.80	20.55	14.01	19.24	0.57
25%	31.29	40.13	26.16	21.05	0.59
50%	35.14	62.42	56.31	23.18	0.62
75%	49.96	107.51	79.43	25.21	0.67
90%	65.40	210.99	90.13	27.03	0.73

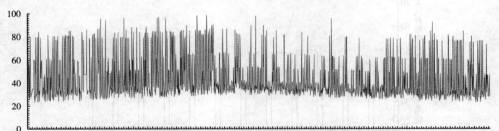

图 1　云南省玉溪市大气自然净化能力指数波形（ASPI–2018.1.1–2018.12.31）

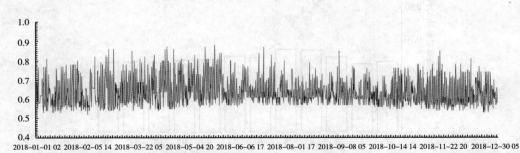

图 2　云南省玉溪市大气环境容量指数波形（AECI–2018.1.1–2018.12.31）

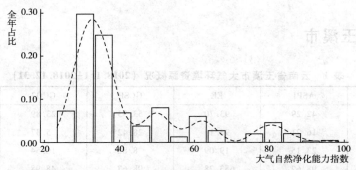

图 3　云南省玉溪市大气自然净化能力指数分布（ASPI-2018.1.1-2018.12.31）

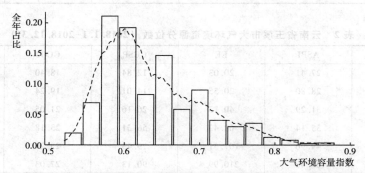

图 4　云南省玉溪市大气环境容量指数分布（AECI-2018.1.1-2018.12.31）

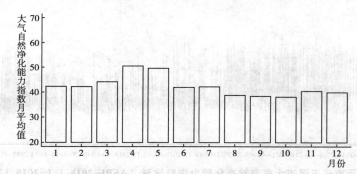

图 5　云南省玉溪市大气自然净化能力指数月均变化（ASPI-2018.1.1-2018.12.31）

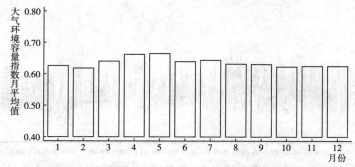

图 6　云南省玉溪市大气环境容指数月均变化（AECI-2018.1.1-2018.12.31）

云南省保山市

表 1 云南省保山市大气环境资源概况 (2018.1.1-2018.12.31)

指标类型	ASPI	EE	GCSP	GCO3	AECI
平均值	38.09	69.68	43.28	23.86	0.62
标准误	12.90	67.53	23.76	5.40	0.06
最小值	23.02	19.06	8.29	16.55	0.53
最大值	89.02	415.93	92.70	49.29	0.83
样本量(个)	2319	2319	2319	2319	2319

表 2 云南省保山市大气环境资源分位数 (2018.1.1-2018.12.31)

指标类型	ASPI	EE	GCSP	GCO3	AECI
5%	25.70	19.64	12.43	18.41	0.55
10%	27.59	20.08	13.41	19.20	0.56
25%	30.25	39.60	16.20	21.04	0.58
50%	33.95	41.62	45.05	23.15	0.61
75%	39.57	66.80	64.18	25.18	0.65
90%	54.35	112.48	75.35	26.94	0.70

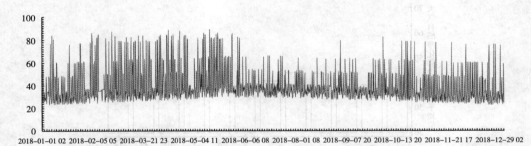

图 1 云南省保山市大气自然净化能力指数波形 (ASPI-2018.1.1-2018.12.31)

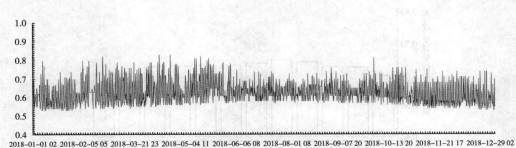

图 2 云南省保山市大气环境容量指数波形 (AECI-2018.1.1-2018.12.31)

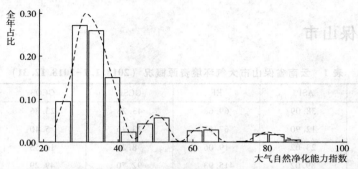

图 3　云南省保山市大气自然净化能力指数分布 （ASPI-2018. 1. 1–2018. 12. 31）

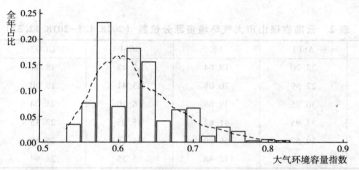

图 4　云南省保山市大气环境容量指数分布 （AECI-2018. 1. 1–2018. 12. 31）

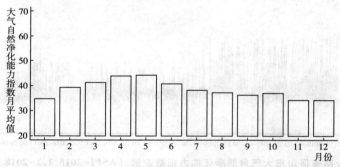

图 5　云南省保山市大气自然净化能力指数月均变化 （ASPI-2018. 1. 1–2018. 12. 31）

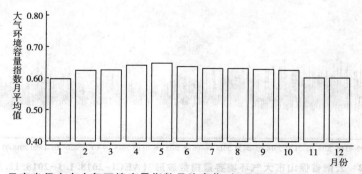

图 6　云南省保山市大气环境容量指数月均变化 （AECI-2018. 1. 1–2018. 12. 31）

云南省昭通市

表1 云南省昭通市大气环境资源概况 （2018.1.1–2018.12.31）

指标类型	ASPI	EE	GCSP	GCO3	AECI
平均值	37.64	67.99	57.95	22.69	0.61
标准误	11.22	58.57	27.63	5.42	0.05
最小值	22.75	19.00	7.93	12.11	0.51
最大值	93.76	621.04	100.00	50.21	0.87
样本量（个）	2320	2320	2320	2320	2320

表2 云南省昭通市大气环境资源分位数 （2018.1.1–2018.12.31）

指标类型	ASPI	EE	GCSP	GCO3	AECI
5%	26.75	19.87	12.07	15.57	0.54
10%	28.10	20.37	14.02	17.58	0.55
25%	30.82	39.99	37.13	19.99	0.57
50%	34.28	42.15	63.76	22.38	0.60
75%	39.15	66.51	79.75	24.53	0.64
90%	51.68	109.46	91.93	26.35	0.68

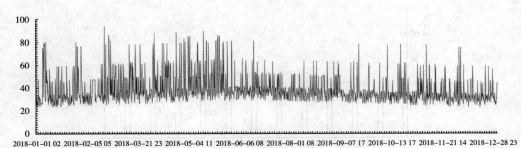

2018-01-01 02 2018-02-05 05 2018-03-21 23 2018-05-04 11 2018-06-06 08 2018-08-01 08 2018-09-07 17 2018-10-13 17 2018-11-21 14 2018-12-28 23

图1 云南省昭通市大气自然净化能力指数波形 （ASPI–2018.1.1–2018.12.31）

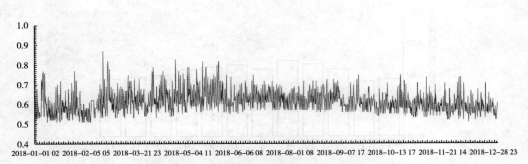

2018-01-01 02 2018-02-05 05 2018-03-21 23 2018-05-04 11 2018-06-06 08 2018-08-01 08 2018-09-07 17 2018-10-13 17 2018-11-21 14 2018-12-28 23

图2 云南省昭通市大气环境容量指数波形 （AECI–2018.1.1–2018.12.31）

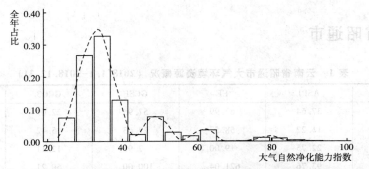

图 3　云南省昭通市大气自然净化能力指数分布（ASPI-2018. 1. 1-2018. 12. 31）

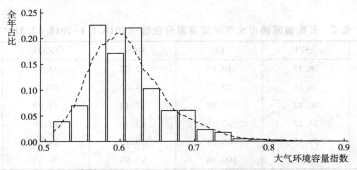

图 4　云南省昭通市大气环境容量指数分布（AECI-2018. 1. 1-2018. 12. 31）

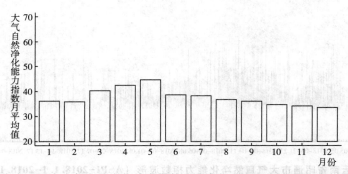

图 5　云南省昭通市大气自然净化能力指数月均变化（ASPI-2018. 1. 1-2018. 12. 31）

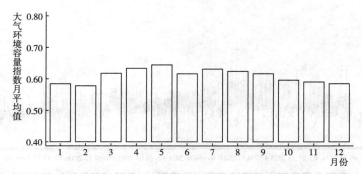

图 6　云南省昭通市大气环境容量指数月均变化（AECI-2018. 1. 1-2018. 12. 31）

云南省丽江市

表 1 云南省丽江市大气环境资源概况 （2018.1.1-2018.12.31）

指标类型	ASPI	EE	GCSP	GCO3	AECI
平均值	36.06	59.70	51.29	27.68	0.63
标准误	11.56	61.89	29.51	11.02	0.05
最小值	22.99	19.05	8.82	16.70	0.54
最大值	94.44	693.57	100.00	76.99	0.90
样本量（个）	2311	2311	2311	2311	2311

表 2 云南省丽江市大气环境资源分位数 （2018.1.1-2018.12.31）

指标类型	ASPI	EE	GCSP	GCO3	AECI
5%	25.72	19.64	12.48	18.47	0.56
10%	26.97	19.91	13.37	19.28	0.57
25%	29.41	20.68	22.05	21.20	0.59
50%	32.66	40.89	51.54	23.33	0.62
75%	36.76	64.42	77.05	26.26	0.65
90%	51.51	109.27	94.11	46.34	0.70

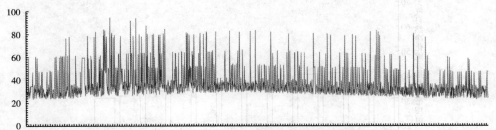

图 1 云南省丽江市大气自然净化能力指数波形 （ASPI-2018.1.1-2018.12.31）

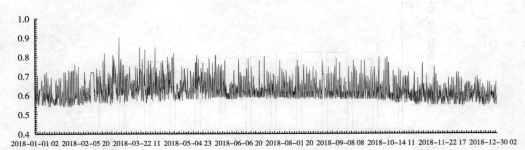

图 2 云南省丽江市大气环境容量指数波形 （AECI-2018.1.1-2018.12.31）

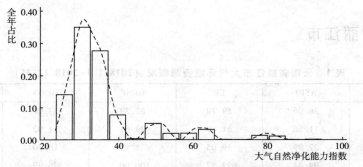

图 3　云南省丽江市大气自然净化能力指数分布（ASPI-2018.1.1–2018.12.31）

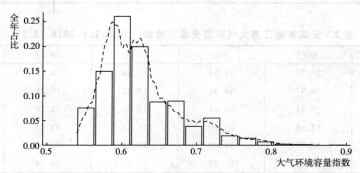

图 4　云南省丽江市大气环境容量指数分布（AECI-2018.1.1–2018.12.31）

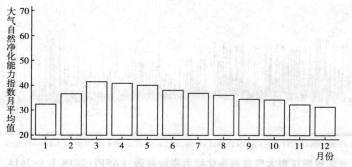

图 5　云南省丽江市大气自然净化能力指数月均变化（ASPI-2018.1.1–2018.12.31）

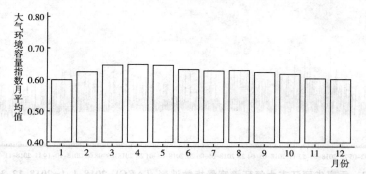

图 6　云南省丽江市大气环境容量指数月均变化（AECI-2018.1.1–2018.12.31）

云南省普洱市

表 1 云南省普洱市大气环境资源概况 （2018.1.1-2018.12.31）

指标类型	ASPI	EE	GCSP	GCO3	AECI
平均值	33.65	43.97	58.93	25.19	0.61
标准误	6.24	26.41	25.61	6.86	0.04
最小值	23.40	19.14	7.74	17.21	0.54
最大值	83.46	347.23	93.95	49.91	0.80
样本量（个）	2318	2318	2318	2318	2318

表 2 云南省普洱市大气环境资源分位数 （2018.1.1-2018.12.31）

指标类型	ASPI	EE	GCSP	GCO3	AECI
5%	26.01	19.71	12.99	19.02	0.56
10%	27.22	19.97	14.75	19.89	0.57
25%	29.84	20.91	42.13	21.59	0.58
50%	32.84	40.93	65.60	23.62	0.61
75%	36.00	42.68	81.06	25.78	0.63
90%	39.67	66.87	86.96	28.18	0.66

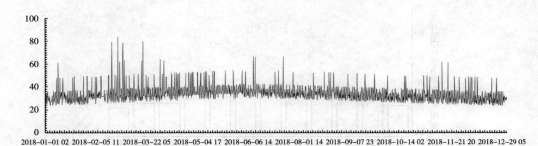

图 1 云南省普洱市大气自然净化能力指数波形 （ASPI-2018.1.1-2018.12.31）

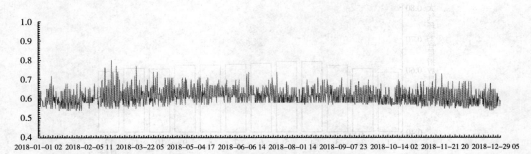

图 2 云南省普洱市大气环境容量指数波形 （AECI-2018.1.1-2018.12.31）

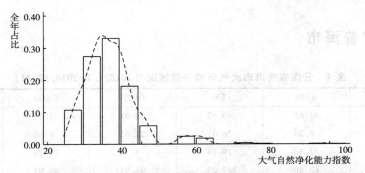

图 3 云南省普洱市大气自然净化能力指数分布 （ASPI-2018. 1. 1-2018. 12. 31）

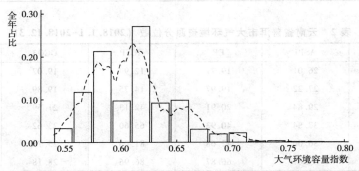

图 4 云南省普洱市大气环境容量指数分布 （AECI-2018. 1. 1-2018. 12. 31）

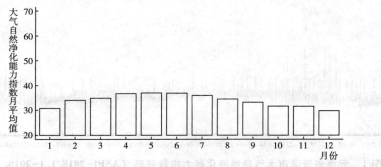

图 5 云南省普洱市大气自然净化能力指数月均变化 （ASPI-2018. 1. 1-2018. 12. 31）

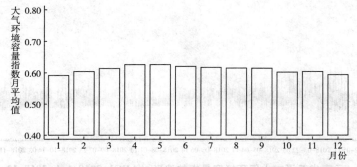

图 6 云南省普洱市大气环境容量指数月均变化 （AECI-2018. 1. 1-2018. 12. 31）

云南省临沧市

表 1 云南省临沧市大气环境资源概况 （2018.1.1-2018.12.31）

指标类型	ASPI	EE	GCSP	GCO3	AECI
平均值	35.61	55.09	50.02	24.46	0.62
标准误	8.96	44.56	26.15	6.12	0.04
最小值	23.43	19.15	7.63	16.78	0.53
最大值	88.42	413.37	93.99	50.18	0.84
样本量（个）	2315	2315	2315	2315	2315

表 2 云南省临沧市大气环境资源分位数 （2018.1.1-2018.12.31）

指标类型	ASPI	EE	GCSP	GCO3	AECI
5%	26.75	19.87	11.82	18.63	0.56
10%	28.45	20.37	13.12	19.45	0.57
25%	30.68	39.84	22.28	21.27	0.58
50%	33.72	41.36	54.52	23.38	0.61
75%	36.87	64.48	73.88	25.42	0.64
90%	47.81	105.07	82.54	27.59	0.68

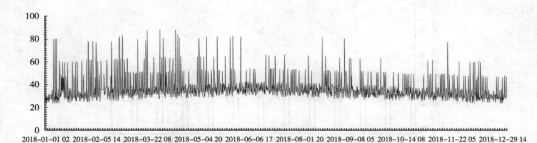

图 1 云南省临沧市大气自然净化能力指数波形 （ASPI-2018.1.1-2018.12.31）

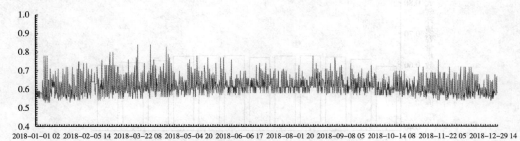

图 2 云南省临沧市大气环境容量指数波形 （AECI-2018.1.1-2018.12.31）

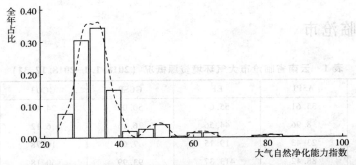

图 3 云南省临沧市大气自然净化能力指数分布（ASPI-2018. 1. 1-2018. 12. 31）

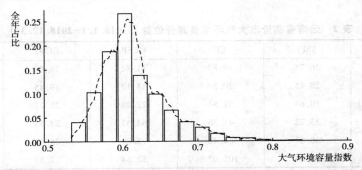

图 4 云南省临沧市大气环境容量指数分布（AECI-2018. 1. 1-2018. 12. 31）

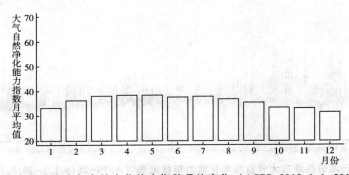

图 5 云南省临沧市大气自然净化能力指数月均变化（ASPI-2018. 1. 1-2018. 12. 31）

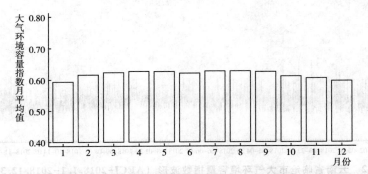

图 6 云南省临沧市大气环境容量指数月均变化（AECI-2018. 1. 1-2018. 12. 31）

云南省楚雄彝族自治州

表1　云南省楚雄彝族自治州大气环境资源概况（2018.1.1–2018.12.31）

指标类型	ASPI	EE	GCSP	GCO3	AECI
平均值	41.53	89.56	45.15	23.75	0.63
标准误	15.54	89.46	26.41	5.27	0.06
最小值	23.08	19.07	8.23	14.21	0.52
最大值	96.92	773.17	93.81	49.12	0.93
样本量（个）	2320	2320	2320	2320	2320

表2　云南省楚雄彝族自治州大气环境资源分位数（2018.1.1–2018.12.31）

指标类型	ASPI	EE	GCSP	GCO3	AECI
5%	26.62	19.84	12.07	18.30	0.55
10%	28.33	20.32	13.13	19.13	0.57
25%	31.22	40.12	15.54	21.01	0.59
50%	35.45	62.87	46.53	23.10	0.62
75%	48.65	106.02	70.42	25.12	0.67
90%	63.84	207.63	79.58	26.81	0.72

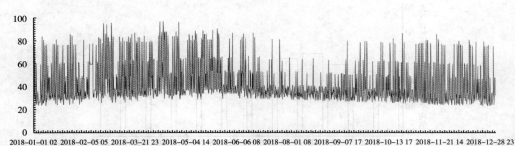

图1　云南省楚雄彝族自治州大气自然净化能力指数波形（ASPI-2018.1.1–2018.12.31）

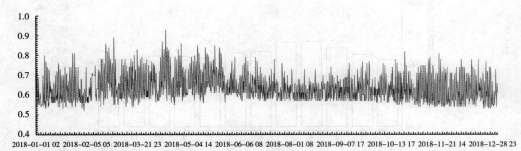

图2　云南省楚雄彝族自治州大气环境容量指数波形（AECI-2018.1.1–2018.12.31）

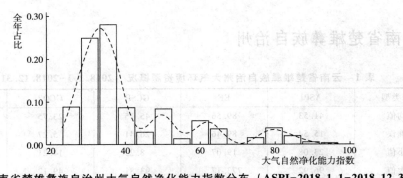

图 3　云南省楚雄彝族自治州大气自然净化能力指数分布 （ASPI-2018. 1. 1~2018. 12. 31）

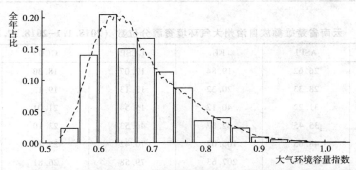

图 4　云南省楚雄彝族自治州大气环境容量指数分布 （AECI-2018. 1. 1~2018. 12. 31）

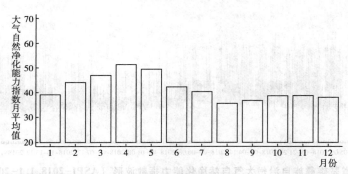

图 5　云南省楚雄彝族自治州大气自然净化能力指数月均变化 （ASPI-2018. 1. 1~2018. 12. 31）

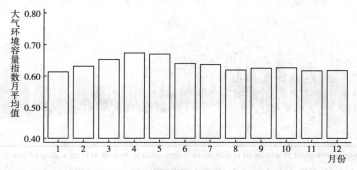

图 6　云南省楚雄彝族自治州大气环境容量指数月均变化 （AECI-2018. 1. 1~2018. 12. 31）

云南省红河哈尼族彝族自治州

表1 云南省红河哈尼族彝族自治州大气环境资源概况 （2018.1.1-2018.12.31）

指标类型	ASPI	EE	GCSP	GCO3	AECI
平均值	52.55	153.71	56.01	25.22	0.68
标准误	18.83	125.39	26.28	7.24	0.07
最小值	23.67	19.20	9.83	17.03	0.52
最大值	98.38	786.97	100	50.86	0.95
样本量（个）	2318	2318	2318	2318	2318

表2 云南省红河哈尼族彝族自治州大气环境资源分位数 （2018.1.1-2018.12.31）

指标类型	ASPI	EE	GCSP	GCO3	AECI
5%	30.20	39.19	14.07	18.85	0.58
10%	31.89	40.48	15.42	19.61	0.60
25%	35.83	63.42	28.05	21.37	0.63
50%	48.84	106.23	59.36	23.49	0.67
75%	64.22	208.47	75.92	25.62	0.72
90%	81.01	335.92	90.44	28.25	0.77

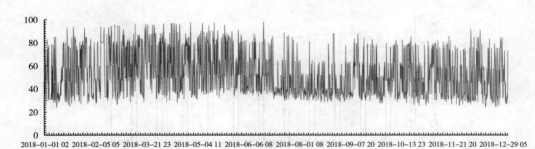

2018-01-01 02　2018-02-05 05　2018-03-21 23　2018-05-04 11　2018-06-06 08　2018-08-01 08　2018-09-07 20　2018-10-13 23　2018-11-21 20　2018-12-29 05

图1 云南省红河哈尼族彝族自治州大气自然净化能力指数波形 （ASPI-2018.1.1-2018.12.31）

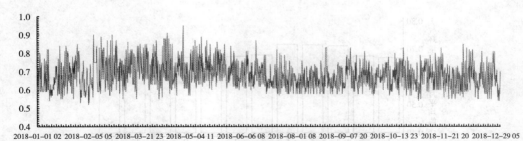

2018-01-01 02　2018-02-05 05　2018-03-21 23　2018-05-04 11　2018-06-06 08　2018-08-01 08　2018-09-07 20　2018-10-13 23　2018-11-21 20　2018-12-29 05

图2 云南省红河哈尼族彝族自治州大气环境容量指数波形 （AECI-2018.1.1-2018.12.31）

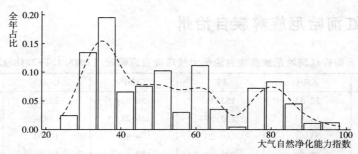

图 3　云南省红河哈尼族彝族自治州大气自然净化能力指数分布（ASPI−2018.1.1−2018.12.31）

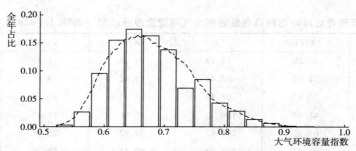

图 4　云南省红河哈尼族彝族自治州大气环境容量指数分布（AECI−2018.1.1−2018.12.31）

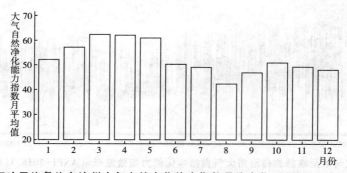

图 5　云南省红河哈尼族彝族自治州大气自然净化能力指数月均变化（ASPI−2018.1.1−2018.12.31）

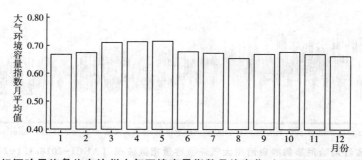

图 6　云南省红河哈尼族彝族自治州大气环境容量指数月均变化（AECI−2018.1.1−2018.12.31）

云南省文山壮族苗族自治州

表1 云南省文山壮族苗族自治州大气环境资源概况 （2018.1.1-2018.12.31）

指标类型	ASPI	EE	GCSP	GCO3	AECI
平均值	36.48	55.69	58.71	26.37	0.62
标准误	6.58	29.82	27.60	7.85	0.04
最小值	25.43	19.58	10.40	18.85	0.53
最大值	67.02	214.50	100.00	50.68	0.75
样本量（个）	854	854	854	854	854

表2 云南省文山壮族苗族自治州大气环境资源分位数 （2018.1.1-2018.12.31）

指标类型	ASPI	EE	GCSP	GCO3	AECI
5%	29.47	20.51	14.10	19.76	0.57
10%	30.20	21.00	15.25	20.36	0.58
25%	32.49	40.79	37.00	22.16	0.60
50%	35.42	42.41	62.82	24.22	0.62
75%	37.99	65.51	83.23	26.34	0.65
90%	42.36	68.73	92.24	44.82	0.67

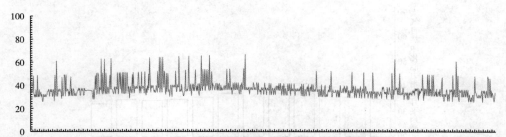

图1 云南省文山壮族苗族自治州大气自然净化能力指数波形 （ASPI-2018.1.1-2018.12.31）

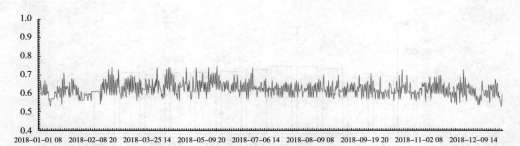

图2 云南省文山壮族苗族自治州大气环境容量指数波形 （AECI-2018.1.1-2018.12.31）

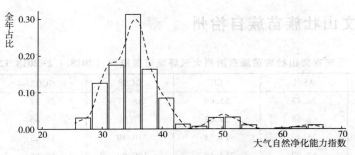

图 3　云南省文山壮族苗族自治州大气自然净化能力指数分布（ASPI-2018. 1. 1-2018. 12. 31）

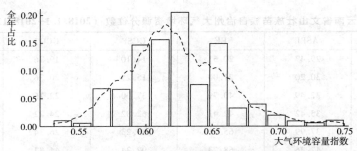

图 4　云南省文山壮族苗族自治州大气环境容量指数分布（AECI-2018. 1. 1-2018. 12. 31）

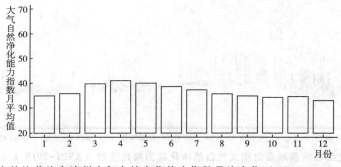

图 5　云南省文山壮族苗族自治州大气自然净化能力指数月均变化（ASPI-2018. 1. 1-2018. 12. 31）

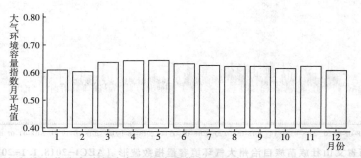

图 6　云南省文山壮族苗族自治州大气环境容量指数月均变化（AECI-2018. 1. 1-2018. 12. 31）

云南省大理白族自治州

表 1 云南省大理白族自治州大气环境资源概况 (2018.1.1–2018.12.31)

指标类型	ASPI	EE	GCSP	GCO3	AECI
平均值	41.29	89.58	45.78	23.21	0.63
标准误	14.22	92.84	28.64	4.32	0.06
最小值	23.01	19.06	6.91	13.72	0.52
最大值	94.30	870.83	96.23	48.40	0.97
样本量（个）	2319	2319	2319	2319	2319

表 2 云南省大理白族自治州大气环境资源分位数 (2018.1.1–2018.12.31)

指标类型	ASPI	EE	GCSP	GCO3	AECI
5%	28.52	20.50	11.66	18.14	0.56
10%	29.91	39.33	12.81	18.94	0.57
25%	32.52	40.91	15.10	20.81	0.60
50%	35.82	63.65	44.93	22.93	0.62
75%	47.17	104.35	73.62	24.92	0.66
90%	61.79	203.23	86.23	26.59	0.71

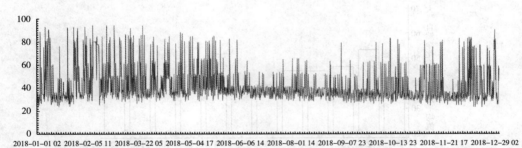

图 1 云南省大理白族自治州大气自然净化能力指数波形 (ASPI–2018.1.1–2018.12.31)

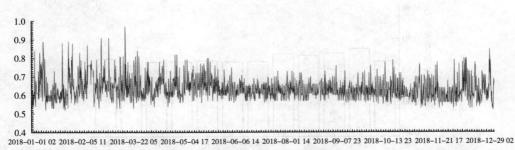

图 2 云南省大理白族自治州大气环境容量指数波形 (AECI–2018.1.1–2018.12.31)

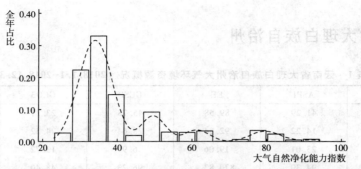

图 3　云南省大理白族自治州大气自然净化能力指数分布（ASPI-2018.1.1-2018.12.31）

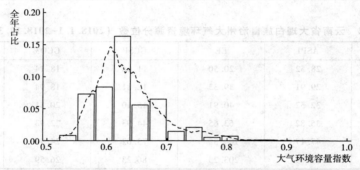

图 4　云南省大理白族自治州大气环境容量指数分布（AECI-2018.1.1-2018.12.31）

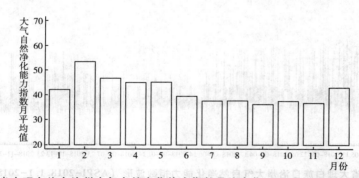

图 5　云南省大理白族自治州大气自然净化能力指数月均变化（ASPI-2018.1.1-2018.12.31）

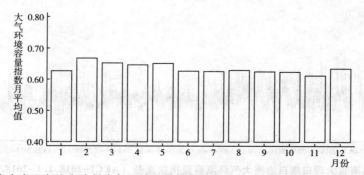

图 6　云南省大理白族自治州大气环境容量指数月均变化（AECI-2018.1.1-2018.12.31）

云南省德宏傣族景颇族自治州

表1　云南省德宏傣族景颇族自治州大气环境资源概况 （2018.1.1–2018.12.31）

指标类型	ASPI	EE	GCSP	GCO3	AECI
平均值	34.47	46.95	55.39	28.39	0.62
标准误	6.90	36.26	34.37	9.84	0.04
最小值	25.22	19.54	9.61	18.85	0.54
最大值	98.61	653.17	100.00	63.79	0.88
样本量（个）	858	858	858	858	858

表2　云南省德宏傣族景颇族自治州大气环境资源分位数 （2018.1.1–2018.12.31）

指标类型	ASPI	EE	GCSP	GCO3	AECI
5%	26.52	19.82	13.14	19.85	0.56
10%	27.67	20.07	13.58	20.29	0.57
25%	30.27	21.01	21.45	22.11	0.59
50%	33.62	41.26	50.24	24.28	0.62
75%	36.92	64.41	95.96	26.92	0.64
90%	39.65	66.86	100.00	46.81	0.67

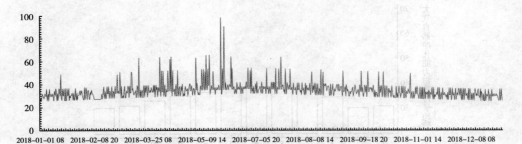

图1　云南省德宏傣族景颇族自治州大气自然净化能力指数波形 （ASPI–2018.1.1–2018.12.31）

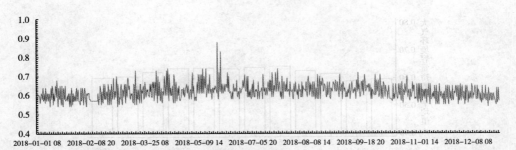

图2　云南省德宏傣族景颇族自治州大气环境容量指数波形 （AECI–2018.1.1–2018.12.31）

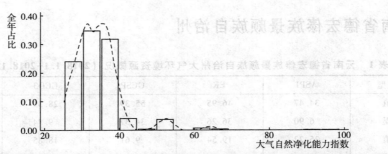

图 3　云南省德宏傣族景颇族自治州大气自然净化能力指数分布（ASPI-2018.1.1~2018.12.31）

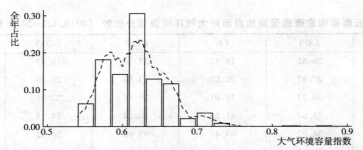

图 4　云南省德宏傣族景颇族自治州大气环境容量指数分布（AECI-2018.1.1~2018.12.31）

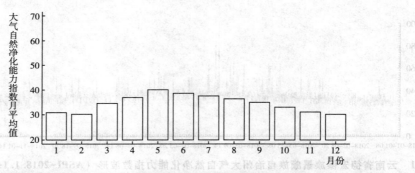

图 5　云南省德宏傣族景颇族自治州大气自然净化能力指数月均变化（ASPI-2018.1.1~2018.12.31）

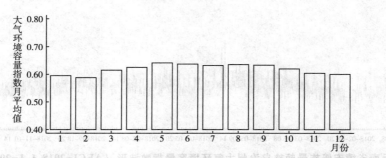

图 6　云南省德宏傣族景颇族自治州大气环境容量指数月均变化（AECI-2018.1.1~2018.12.31）

云南省怒江傈僳族自治州

表 1 云南省怒江傈僳族自治州大气环境资源概况 （2018.1.1–2018.12.31）

指标类型	ASPI	EE	GCSP	GCO3	AECI
平均值	37.36	62.84	48.56	22.94	0.60
标准误	11.71	59.87	31.24	3.71	0.06
最小值	24.90	19.47	7.32	14.09	0.50
最大值	85.81	402.22	94.64	47.39	0.79
样本量（个）	857	857	857	857	857

表 2 云南省怒江傈僳族自治州大气环境资源分位数 （2018.1.1–2018.12.31）

指标类型	ASPI	EE	GCSP	GCO3	AECI
5%	26.00	19.71	10.80	15.39	0.52
10%	26.90	19.90	12.00	18.43	0.53
25%	29.75	20.73	14.27	21.07	0.56
50%	33.59	41.27	50.34	23.29	0.59
75%	39.38	66.67	81.07	25.28	0.64
90%	53.28	111.28	88.87	26.74	0.69

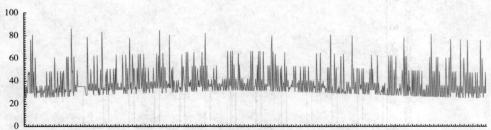

图 1 云南省怒江傈僳族自治州大气自然净化能力指数波形 （ASPI–2018.1.1–2018.12.31）

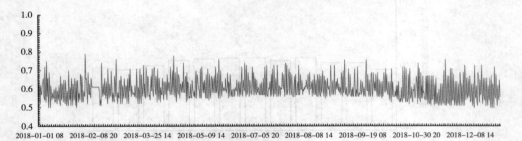

图 2 云南省怒江傈僳族自治州大气环境容量指数波形 （AECI–2018.1.1–2018.12.31）

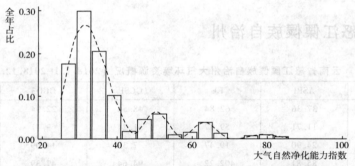

图 3　云南省怒江傈僳族自治州大气自然净化能力指数分布（ASPI-2018.1.1~2018.12.31）

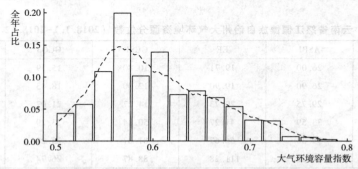

图 4　云南省怒江傈僳族自治州大气环境容量指数分布（AECI-2018.1.1~2018.12.31）

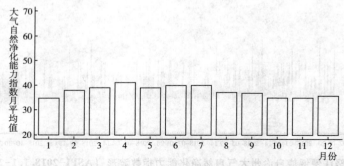

图 5　云南省怒江傈僳族自治州大气自然净化能力指数月均变化（ASPI-2018.1.1~2018.12.31）

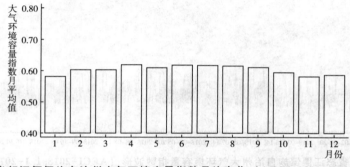

图 6　云南省怒江傈僳族自治州大气环境容量指数月均变化（AECI-2018.1.1~2018.12.31）

云南省迪庆藏族自治州

表 1 云南省迪庆藏族自治州大气环境资源概况 （2018.1.1–2018.12.31）

指标类型	ASPI	EE	GCSP	GCO3	AECI
平均值	48.16	144.64	43.92	21.05	0.63
标准误	22.05	162.85	27.54	3.92	0.09
最小值	22.59	18.97	5.65	11.55	0.48
最大值	98.35	930.68	95.96	28.32	0.96
样本量（个）	2312	2312	2312	2312	2312

表 2 云南省迪庆藏族自治州大气环境资源分位数 （2018.1.1–2018.12.31）

指标类型	ASPI	EE	GCSP	GCO3	AECI
5%	25.82	19.67	10.10	13.46	0.51
10%	27.73	20.16	12.27	14.43	0.53
25%	31.14	40.13	15.72	19.05	0.56
50%	36.24	64.36	44.67	21.84	0.60
75%	63.94	207.86	69.04	23.93	0.69
90%	83.75	354.83	84.28	25.57	0.76

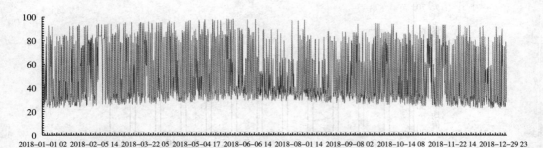

图 1 云南省迪庆藏族自治州大气自然环境净化能力指数波形 （ASPI–2018.1.1–2018.12.31）

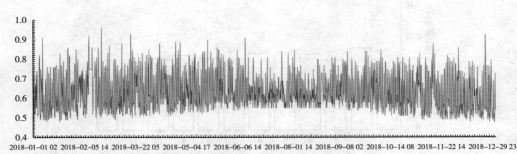

图 2 云南省迪庆藏族自治州大气环境容量指数波形 （AECI–2018.1.1–2018.12.31）

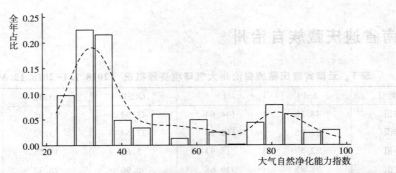

图 3 云南省迪庆藏族自治州大气自然净化能力指数分布（ASPI-2018. 1. 1~2018. 12. 31）

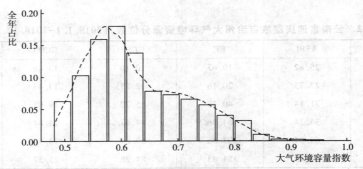

图 4 云南省迪庆藏族自治州大气环境容量指数分布（AECI-2018. 1. 1~2018. 12. 31）

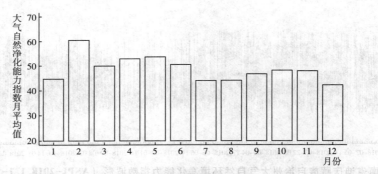

图 5 云南省迪庆藏族自治州大气自然净化能力指数月均变化（ASPI-2018. 1. 1~2018. 12. 31）

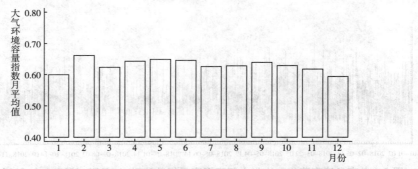

图 6 云南省迪庆藏族自治州大气环境容量指数月均变化（AECI-2018. 1. 1~2018. 12. 31）

西藏自治区

西藏自治区拉萨市

表 1　西藏自治区拉萨市大气环境资源概况（2018.1.1~2018.12.31）

指标类型	ASPI	EE	GCSP	GCO3	AECI
平均值	39.07	76.45	19.55	21.22	0.61
标准误	10.85	55.99	18.56	3.86	0.05
最小值	22.47	18.94	2.20	11.28	0.50
最大值	93.61	620.10	86.46	46.78	0.81
样本量（个）	2321	2321	2321	2321	2321

表 2　西藏自治区拉萨市大气环境资源分位数（2018.1.1~2018.12.31）

指标类型	ASPI	EE	GCSP	GCO3	AECI
5%	28.32	38.86	5.39	13.54	0.54
10%	29.65	39.54	6.61	15.01	0.55
25%	32.33	41.00	9.18	19.40	0.58
50%	35.68	63.80	12.33	21.81	0.61
75%	41.35	68.03	21.40	23.89	0.64
90%	51.71	109.49	50.53	25.51	0.67

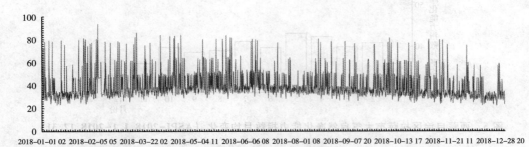

图 1　西藏自治区拉萨市大气自然净化能力指数波形（ASPI-2018.1.1~2018.12.31）

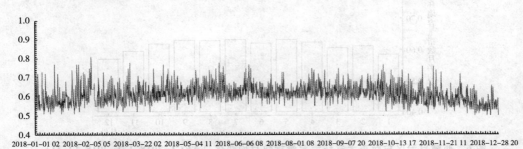

图 2　西藏自治区拉萨市大气环境容量指数波形（AECI-2018.1.1~2018.12.31）

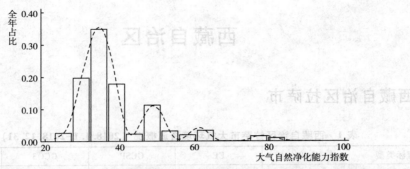

图 3　西藏自治区拉萨市大气自然净化能力指数分布（ASPI-2018. 1. 1—2018. 12. 31）

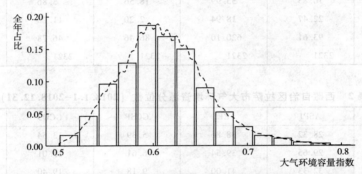

图 4　西藏自治区拉萨市大气环境容量指数分布（AECI-2018. 1. 1—2018. 12. 31）

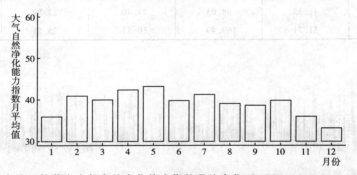

图 5　西藏自治区拉萨市大气自然净化能力指数月均变化（ASPI-2018. 1. 1—2018. 12. 31）

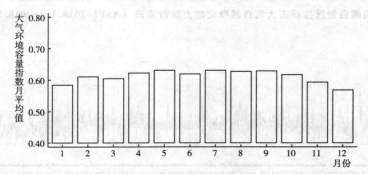

图 6　西藏自治区拉萨市大气环境容量指数月均变化（AECI-2018. 1. 1—2018. 12. 31）

西藏自治区日喀则市

表 1　西藏自治区日喀则市大气环境资源概况 （2018.1.1-2018.12.31）

指标类型	ASPI	EE	GCSP	GCO3	AECI
平均值	40.38	85.71	21.89	20.93	0.61
标准误	14.45	84.00	22.69	4.03	0.06
最小值	22.37	18.92	0.17	10.71	0.46
最大值	97.43	755.26	94.67	45.82	0.88
样本量（个）	2322	2322	2322	2322	2322

表 2　西藏自治区日喀则市大气环境资源分位数 （2018.1.1-2018.12.31）

指标类型	ASPI	EE	GCSP	GCO3	AECI
5%	25.59	19.62	4.40	13.15	0.50
10%	27.71	20.26	5.39	14.22	0.52
25%	30.65	39.93	7.94	18.84	0.56
50%	35.36	63.64	11.85	21.70	0.60
75%	47.55	104.77	22.68	23.87	0.64
90%	61.29	202.16	65.48	25.42	0.69

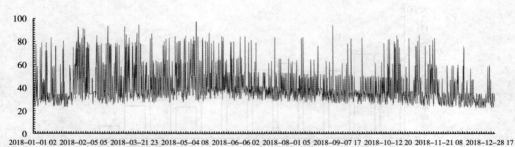

图 1　西藏自治区日喀则市大气自然净化能力指数波形 （ASPI-2018.1.1-2018.12.31）

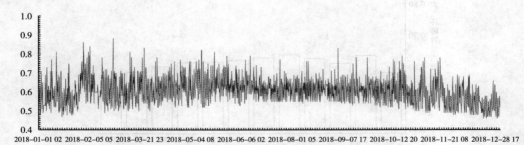

图 2　西藏自治区日喀则市大气环境容量指数波形 （AECI-2018.1.1-2018.12.31）

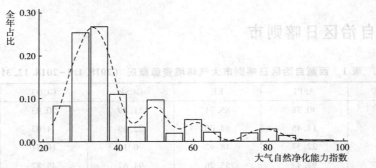

图 3　西藏自治区日喀则市大气自然净化能力指数分布 （ASPI-2018. 1. 1~2018. 12. 31）

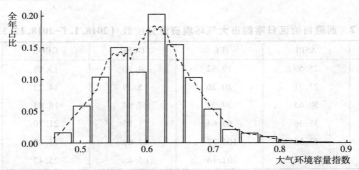

图 4　西藏自治区日喀则市大气环境容量指数分布 （AECI-2018. 1. 1~2018. 12. 31）

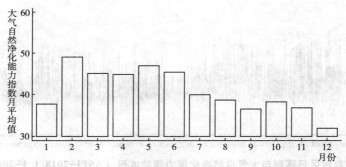

图 5　西藏自治区日喀则市大气自然净化能力指数月均变化 （ASPI-2018. 1. 1~2018. 12. 31）

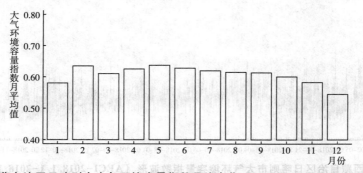

图 6　西藏自治区日喀则市大气环境容量指数月均变化 （AECI-2018. 1. 1~2018. 12. 31）

西藏自治区昌都市

表 1　西藏自治区昌都市大气环境资源概况 （2018.1.1~2018.12.31）

指标类型	ASPI	EE	GCSP	GCO3	AECI
平均值	36.66	65.88	28.06	20.96	0.60
标准误	10.59	54.99	24.16	4.81	0.05
最小值	22.23	18.89	2.20	11.04	0.48
最大值	94.70	627.31	90.27	48.26	0.84
样本量（个）	2323	2323	2323	2323	2323

表 2　西藏自治区昌都市大气环境资源分位数 （2018.1.1~2018.12.31）

指标类型	ASPI	EE	GCSP	GCO3	AECI
5%	26.96	20.16	6.93	13.01	0.52
10%	28.17	38.73	7.96	14.11	0.54
25%	30.37	39.85	10.57	18.59	0.56
50%	33.59	41.53	14.11	21.39	0.59
75%	37.91	65.66	46.25	23.61	0.63
90%	50.39	107.99	70.32	25.35	0.67

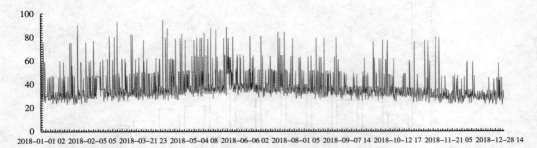

图 1　西藏自治区昌都市大气自然净化能力指数波形 （ASPI-2018.1.1~2018.12.31）

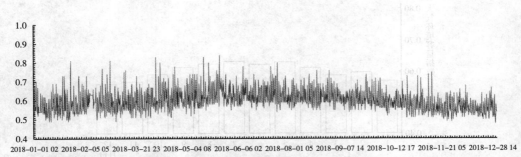

图 2　西藏自治区昌都市大气环境容量指数波形 （AECI-2018.1.1~2018.12.31）

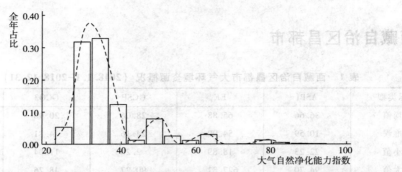

图 3　西藏自治区昌都市大气自然净化能力指数分布（ASPI-2018.1.1-2018.12.31）

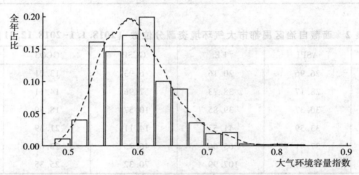

图 4　西藏自治区昌都市大气环境容量指数分布（AECI-2018.1.1-2018.12.31）

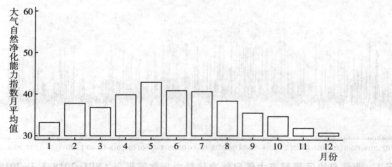

图 5　西藏自治区昌都市大气自然净化能力指数月均变化（ASPI-2018.1.1-2018.12.31）

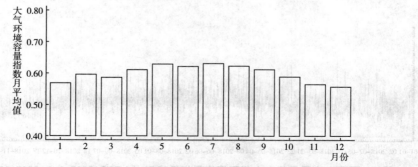

图 6　西藏自治区昌都市大气环境容量指数月均变化（AECI-2018.1.1-2018.12.31）

西藏自治区林芝市

表 1 西藏自治区林芝市大气环境资源概况 (2018.1.1-2018.12.31)

指标类型	ASPI	EE	GCSP	GCO3	AECI
平均值	38.23	72.62	37.50	21.45	0.61
标准误	11.32	57.94	26.73	3.89	0.05
最小值	22.30	18.91	4.62	11.48	0.49
最大值	87.19	408.12	93.66	46.82	0.79
样本量（个）	2319	2319	2319	2319	2319

表 2 西藏自治区林芝市大气环境资源分位数 (2018.1.1-2018.12.31)

指标类型	ASPI	EE	GCSP	GCO3	AECI
5%	27	19.98	10.58	13.92	0.53
10%	28.52	38.70	11.99	16.27	0.55
25%	31.17	40.22	13.94	19.42	0.57
50%	34.64	62.39	26.41	21.76	0.60
75%	39.97	67.07	59.35	23.87	0.64
90%	52.62	110.53	80.70	25.57	0.68

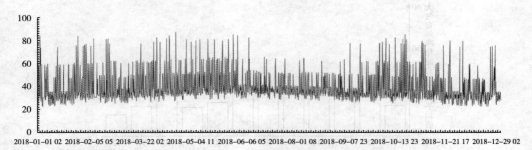

图 1 西藏自治区林芝市大气自然净化能力指数波形 (ASPI-2018.1.1-2018.12.31)

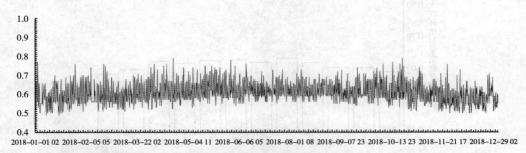

图 2 西藏自治区林芝市大气环境容量指数波形 (AECI-2018.1.1-2018.12.31)

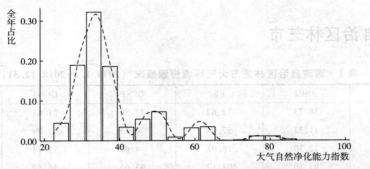

图 3　西藏自治区林芝市大气自然净化能力指数分布（ASPI-2018.1.1-2018.12.31）

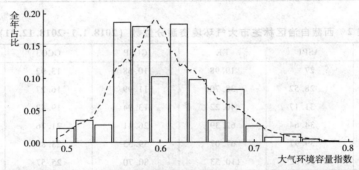

图 4　西藏自治区林芝市大气环境容量指数分布（AECI-2018.1.1-2018.12.31）

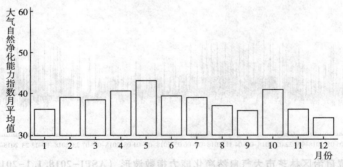

图 5　西藏自治区林芝市大气自然净化能力指数月均变化（ASPI-2018.1.1-2018.12.31）

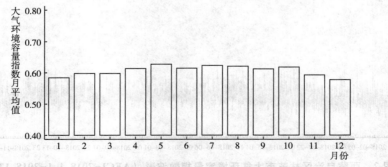

图 6　西藏自治区林芝市大气环境容量指数月均变化（AECI-2018.1.1-2018.12.31）

西藏自治区山南市

表1 西藏自治区山南市大气环境资源概况（2018.1.1-2018.12.31）

指标类型	ASPI	EE	GCSP	GCO3	AECI
平均值	42.76	97.21	25.76	21.17	0.62
标准误	13.64	83.73	23.10	3.97	0.05
最小值	22.45	18.94	2.30	11.05	0.48
最大值	97.08	782.87	96.10	46.06	0.91
样本量（个）	2318	2318	2318	2318	2318

表2 西藏自治区山南市大气环境资源分位数（2018.1.1-2018.12.31）

指标类型	ASPI	EE	GCSP	GCO3	AECI
5%	28.65	39.06	6.61	13.49	0.54
10%	30.15	39.72	7.95	14.70	0.56
25%	33.52	41.82	10.79	19.27	0.59
50%	37.52	65.38	13.77	21.82	0.62
75%	48.77	106.16	39.82	23.92	0.65
90%	60.98	201.49	65.70	25.57	0.69

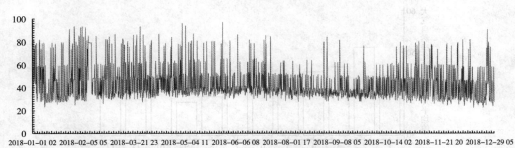

图1 西藏自治区山南市大气自然净化能力指数波形（ASPI-2018.1.1-2018.12.31）

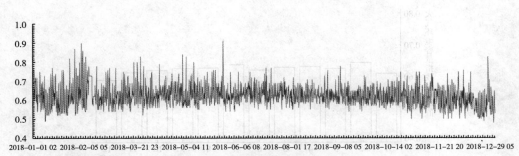

图2 西藏自治区山南市大气环境容量指数波形（AECI-2018.1.1-2018.12.31）

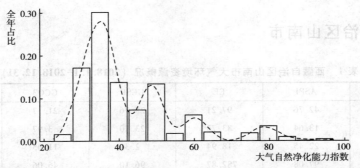

图 3　西藏自治区山南市大气自然净化能力指数分布（ASPI-2018.1.1－2018.12.31）

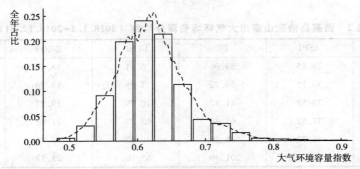

图 4　西藏自治区山南市大气环境容量指数分布（AECI-2018.1.1－2018.12.31）

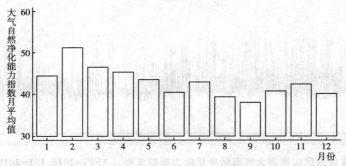

图 5　西藏自治区山南市大气自然净化能力指数月均变化（ASPI-2018.1.1－2018.12.31）

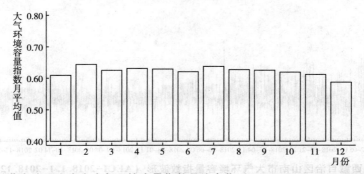

图 6　西藏自治区山南市大气环境容量指数月均变化（AECI-2018.1.1－2018.12.31）

西藏自治区那曲市

表 1 西藏自治区那曲市大气环境资源概况（2018.1.1－2018.12.31）

指标类型	ASPI	EE	GCSP	GCO3	AECI
平均值	44.42	116.81	27.58	19.26	0.60
标准误	18.03	127.25	23.80	4.36	0.07
最小值	22.14	18.87	3.11	10.42	0.46
最大值	97.61	952.92	94.33	27.50	0.92
样本量（个）	2316	2316	2316	2316	2316

表 2 西藏自治区那曲市大气环境资源分位数（2018.1.1－2018.12.31）

指标类型	ASPI	EE	GCSP	GCO3	AECI
5%	27.83	38.60	6.60	12.46	0.51
10%	29.15	39.27	7.65	13.31	0.52
25%	31.85	40.70	10.30	15.23	0.55
50%	36.04	64.31	14.11	20.06	0.59
75%	51.23	108.95	46.55	22.99	0.64
90%	78.20	285.08	67.65	24.77	0.70

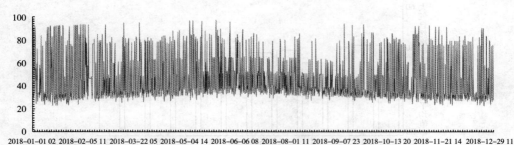

图 1 西藏自治区那曲市大气自然净化能力指数波形（ASPI-2018.1.1－2018.12.31）

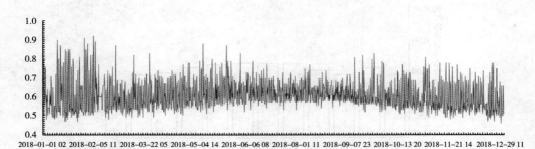

图 2 西藏自治区那曲市大气环境容量指数波形（AECI-2018.1.1－2018.12.31）

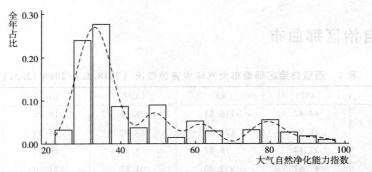

图 3 西藏自治区那曲市大气自然净化能力指数分布 （ASPI-2018. 1. 1-2018. 12. 31）

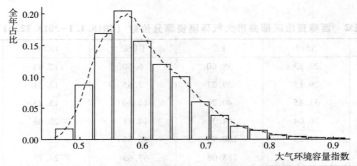

图 4 西藏自治区那曲市大气环境容量指数分布 （AECI-2018. 1. 1-2018. 12. 31）

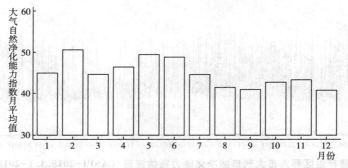

图 5 西藏自治区那曲市大气自然净化能力指数月均变化 （ASPI-2018. 1. 1-2018. 12. 31）

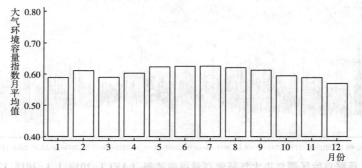

图 6 西藏自治区那曲市大气环境容量指数月均变化 （AECI-2018. 1. 1-2018. 12. 31）

西藏自治区阿里地区

表 1　西藏自治区阿里地区大气环境资源概况（2018.1.1–2018.12.31）

指标类型	ASPI	EE	GCSP	GCO3	AECI
平均值	48.08	144.26	12.35	19.24	0.62
标准误	20.52	153.43	10.74	4.42	0.08
最小值	21.97	18.84	2.20	10.37	0.46
最大值	97.45	981.06	86.57	27.54	0.94
样本量（个）	2319	2319	2319	2319	2319

表 2　西藏自治区阿里地区大气环境资源分位数（2018.1.1–2018.12.31）

指标类型	ASPI	EE	GCSP	GCO3	AECI
5%	27.17	20.48	4.93	12.36	0.51
10%	28.71	39.00	5.83	13.20	0.52
25%	31.86	40.68	7.65	15.04	0.55
50%	37.90	65.65	10.08	20.01	0.61
75%	61.14	201.83	12.46	22.98	0.67
90%	81.56	340.88	15.58	24.71	0.74

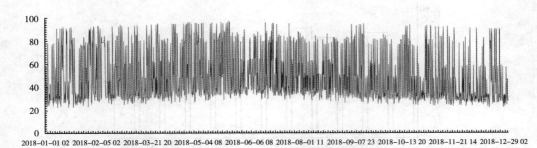

图 1　西藏自治区阿里地区大气自然净化能力指数波形（ASPI–2018.1.1–2018.12.31）

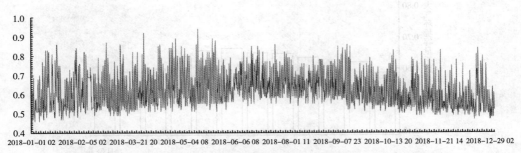

图 2　西藏自治区阿里地区大气环境容量指数波形（AECI–2018.1.1–2018.12.31）

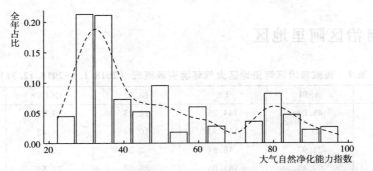

图 3　西藏自治区阿里地区大气自然净化能力指数分布（ASPI-2018.1.1-2018.12.31）

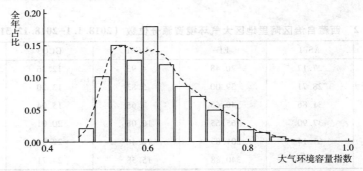

图 4　西藏自治区阿里地区大气环境容量指数分布（AECI-2018.1.1-2018.12.31）

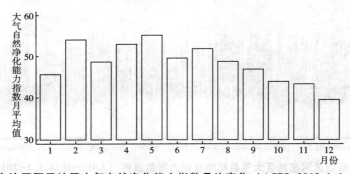

图 5　西藏自治区阿里地区大气自然净化能力指数月均变化（ASPI-2018.1.1-2018.12.31）

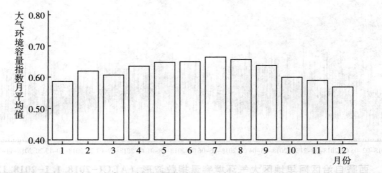

图 6　西藏自治区阿里地区大气环境容量指数月均变化（AECI-2018.1.1-2018.12.31）

陕西省

陕西省西安市

表 1　陕西省西安市大气环境资源概况（2018.1.1-2018.12.31）

指标类型	ASPI	EE	GCSP	GCO3	AECI
平均值	34.78	55.56	48.46	26.03	0.61
标准误	7.99	42.28	28.67	12.55	0.05
最小值	23.77	19.22	7.64	12.76	0.49
最大值	97.03	642.75	98.64	80.04	0.89
样本量（个）	870	870	870	870	870

表 2　陕西省西安市大气环境资源分位数（2018.1.1-2018.12.31）

指标类型	ASPI	EE	GCSP	GCO3	AECI
5%	27.80	20.15	11.82	13.77	0.54
10%	28.48	38.88	13.01	15.39	0.55
25%	30.38	39.87	16.05	19.55	0.57
50%	33.15	41.19	49.02	22.20	0.61
75%	36.21	64.14	73.79	25.02	0.64
90%	40.51	67.45	88.79	45.57	0.67

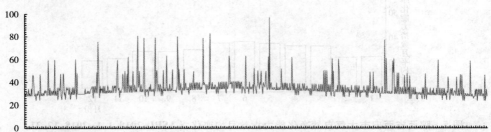

图 1　陕西省西安市大气自然净化能力指数波形（ASPI-2018.1.1-2018.12.31）

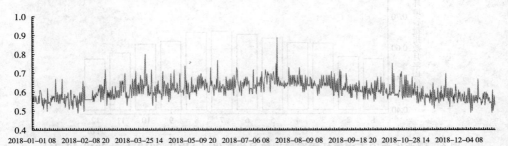

图 2　陕西省西安市大气环境容量指数波形（AECI-2018.1.1-2018.12.31）

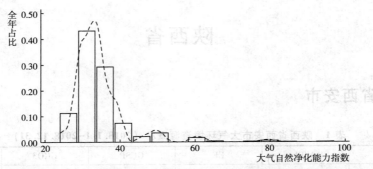

图 3 陕西省西安市大气自然净化能力指数分布（ASPI-2018.1.1~2018.12.31）

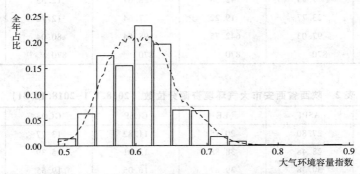

图 4 陕西省西安市大气环境容量指数分布（AECI-2018.1.1~2018.12.31）

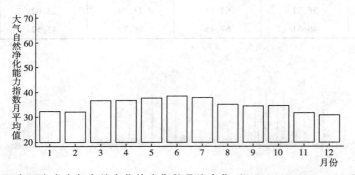

图 5 陕西省西安市大气自然净化能力指数月均变化（ASPI-2018.1.1~2018.12.31）

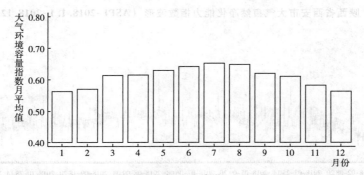

图 6 陕西省西安市大气环境容量指数月均变化（AECI-2018.1.1~2018.12.31）

陕西省铜川市

表 1　陕西省铜川市大气环境资源概况（2018.1.1－2018.12.31）

指标类型	ASPI	EE	GCSP	GCO3	AECI
平均值	42.98	102.23	37.71	23.64	0.64
标准误	14.86	85.47	25.76	10.61	0.06
最小值	21.51	18.73	7.23	10.60	0.50
最大值	95.02	697.84	96.39	75.21	0.87
样本量（个）	2313	2313	2313	2313	2313

表 2　陕西省铜川市大气环境资源分位数（2018.1.1－2018.12.31）

指标类型	ASPI	EE	GCSP	GCO3	AECI
5%	27.24	38.14	10.96	12.83	0.54
10%	28.89	39.16	12.07	14.07	0.56
25%	31.97	41.03	14.27	18.47	0.59
50%	36.52	64.69	27.15	21.24	0.63
75%	49.97	107.52	59.26	23.75	0.68
90%	62.92	205.66	77.23	43.95	0.72

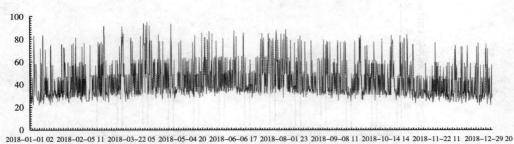

图 1　陕西省铜川市大气自然净化能力指数波形（ASPI-2018.1.1－2018.12.31）

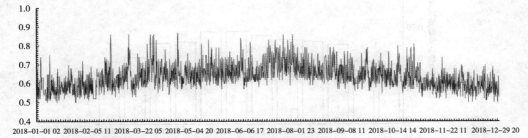

图 2　陕西省铜川市大气环境容量指数波形（AECI-2018.1.1－2018.12.31）

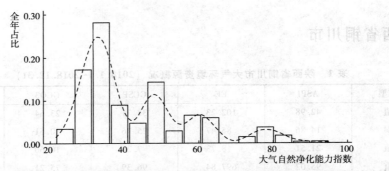

图 3　陕西省铜川市大气自然净化能力指数分布（ASPI–2018.1.1–2018.12.31）

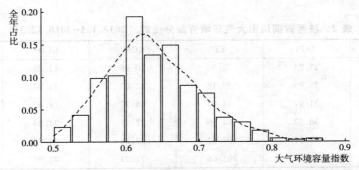

图 4　陕西省铜川市大气环境容量指数分布（AECI–2018.1.1–2018.12.31）

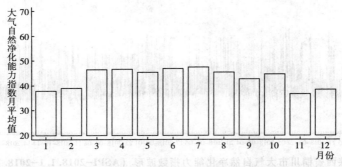

图 5　陕西省铜川市大气自然净化能力指数月均变化（ASPI–2018.1.1–2018.12.31）

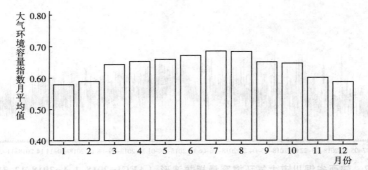

图 6　陕西省铜川市大气环境容量指数月均变化（AECI–2018.1.1–2018.12.31）

陕西省宝鸡市

表1 陕西省宝鸡市大气环境资源概况 （2018.1.1~2018.12.31）

指标类型	ASPI	EE	GCSP	GCO3	AECI
平均值	33.66	49.25	39.01	25.39	0.60
标准误	7.62	34.81	24.65	11.17	0.05
最小值	23.72	19.21	7.21	12.88	0.50
最大值	81.01	293.23	94.03	76.59	0.79
样本量（个）	873	873	873	873	873

表2 陕西省宝鸡市大气环境资源分位数 （2018.1.1~2018.12.31）

指标类型	ASPI	EE	GCSP	GCO3	AECI
5%	25.23	19.54	10.96	13.78	0.53
10%	26.33	19.78	12.03	16.91	0.54
25%	28.98	38.87	13.93	19.62	0.57
50%	32.41	40.77	37.50	22.14	0.60
75%	35.71	63.54	59.47	24.76	0.63
90%	40.20	67.24	74.16	45.46	0.67

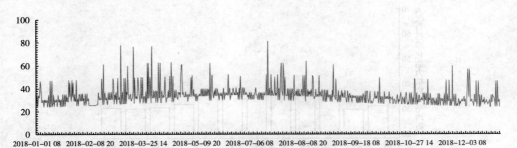

图1 陕西省宝鸡市大气自然净化能力指数波形 （ASPI-2018.1.1~2018.12.31）

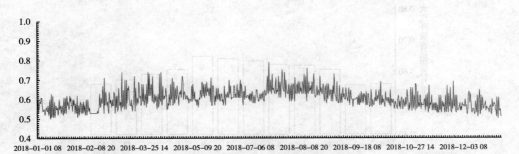

图2 陕西省宝鸡市大气环境容量指数波形 （AECI-2018.1.1~2018.12.31）

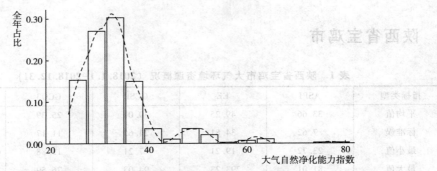

图 3 陕西省宝鸡市大气自然净化能力指数分布（ASPI-2018.1.1-2018.12.31）

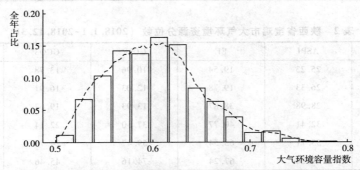

图 4 陕西省宝鸡市大气环境容量指数分布（AECI-2018.1.1-2018.12.31）

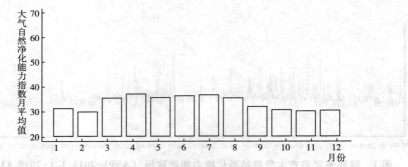

图 5 陕西省宝鸡市大气自然净化能力指数月均变化（ASPI-2018.1.1-2018.12.31）

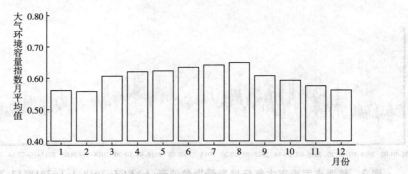

图 6 陕西省宝鸡市大气环境容量指数月均变化（AECI-2018.1.1-2018.12.31）

陕西省咸阳市

表 1　陕西省咸阳市大气环境资源概况 （2018.1.1-2018.12.31）

指标类型	ASPI	EE	GCSP	GCO3	AECI
平均值	39.75	85.35	43.12	25.39	0.63
标准误	13.40	76.71	29.32	12.76	0.06
最小值	22.41	18.93	7.30	10.83	0.50
最大值	96.37	777.13	98.67	79.59	0.91
样本量（个）	2311	2311	2311	2311	2311

表 2　陕西省咸阳市大气环境资源分位数 （2018.1.1-2018.12.31）

指标类型	ASPI	EE	GCSP	GCO3	AECI
5%	27.16	38.25	11.25	13.08	0.54
10%	28.40	38.90	12.43	14.38	0.55
25%	30.87	40.13	14.62	18.70	0.58
50%	34.95	63.37	37.54	21.46	0.62
75%	46.87	104.00	68.65	24.34	0.67
90%	59.88	199.12	88.47	45.27	0.72

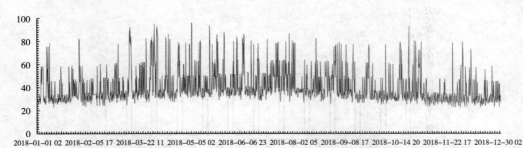

图 1　陕西省咸阳市大气自然净化能力指数波形 （ASPI-2018.1.1-2018.12.31）

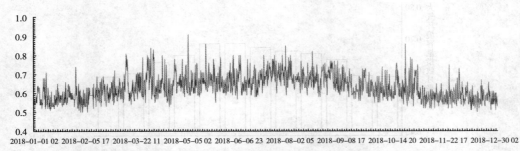

图 2　陕西省咸阳市大气环境容量指数波形 （AECI-2018.1.1-2018.12.31）

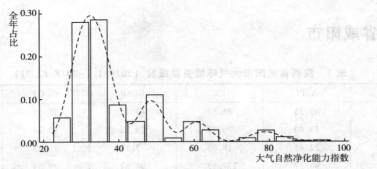

图 3　陕西省咸阳市大气自然净化能力指数分布（ASPI-2018.1.1-2018.12.31）

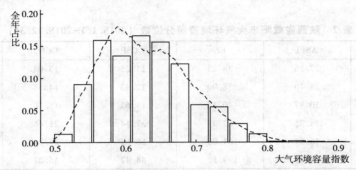

图 4　陕西省咸阳市大气环境容量指数分布（AECI-2018.1.1-2018.12.31）

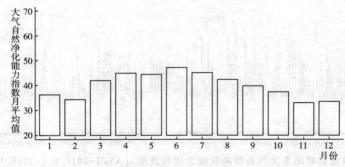

图 5　陕西省咸阳市大气自然净化能力指数月均变化（ASPI-2018.1.1-2018.12.31）

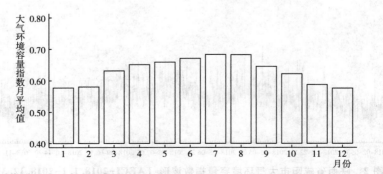

图 6　陕西省咸阳市大气环境容量指数月均变化（AECI-2018.1.1-2018.12.31）

陕西省渭南市

表 1　陕西省渭南市大气环境资源概况（2018.1.1-2018.12.31）

指标类型	ASPI	EE	GCSP	GCO3	AECI
平均值	37.76	71.04	37.98	25.68	0.62
标准误	11.85	64.27	27.20	11.81	0.06
最小值	23.61	19.19	7.22	12.76	0.49
最大值	95.17	698.90	100.00	75.78	0.92
样本量（个）	871	871	871	871	871

表 2　陕西省渭南市大气环境资源分位数（2018.1.1-2018.12.31）

指标类型	ASPI	EE	GCSP	GCO3	AECI
5%	25.94	19.69	11.12	13.65	0.54
10%	27.86	20.18	12.27	15.42	0.55
25%	30.30	39.80	14.62	19.41	0.58
50%	34.01	62.31	26.41	22.14	0.61
75%	39.15	66.51	59.62	24.91	0.65
90%	52.16	110.00	82.36	45.67	0.70

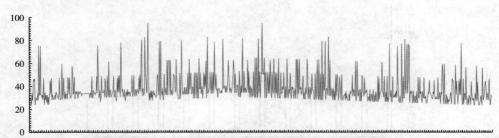

图 1　陕西省渭南市大气自然净化能力指数波形（ASPI-2018.1.1-2018.12.31）

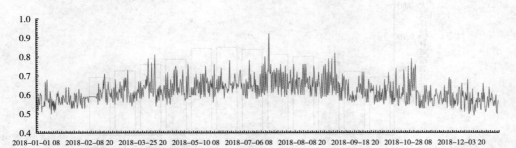

图 2　陕西省渭南市大气环境容量指数波形（AECI-2018.1.1-2018.12.31）

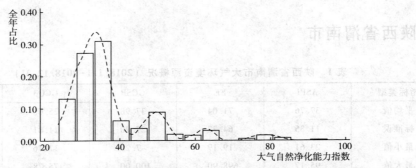

图 3　陕西省渭南市大气自然净化能力指数分布（ASPI-2018.1.1-2018.12.31）

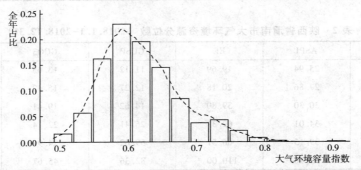

图 4　陕西省渭南市大气环境容量指数分布（AECI-2018.1.1-2018.12.31）

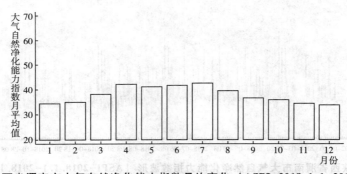

图 5　陕西省渭南市大气自然净化能力指数月均变化（ASPI-2018.1.1-2018.12.31）

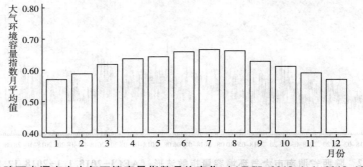

图 6　陕西省渭南市大气环境容量指数月均变化（AECI-2018.1.1-2018.12.31）

陕西省延安市

表 1　陕西省延安市大气环境资源概况（2018.1.1－2018.12.31）

指标类型	ASPI	EE	GCSP	GCO3	AECI
平均值	40.56	91.79	39.72	21.34	0.62
标准误	14.54	85.75	31.57	7.78	0.07
最小值	21.24	18.68	3.82	9.90	0.47
最大值	96.92	760.68	98.67	59.38	0.95
样本量（个）	2348	2348	2348	2348	2348

表 2　陕西省延安市大气环境资源分位数（2018.1.1－2018.12.31）

指标类型	ASPI	EE	GCSP	GCO3	AECI
5%	26.57	20.30	9.10	11.90	0.52
10%	27.95	38.64	10.11	12.88	0.54
25%	30.85	40.15	12.64	17.56	0.57
50%	34.78	63.31	23.07	20.77	0.61
75%	47.60	104.83	67.35	23.14	0.66
90%	60.68	200.84	93.63	25.47	0.70

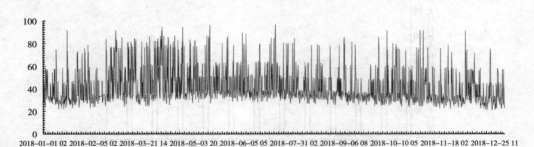

图 1　陕西省延安市大气自然净化能力指数波形（ASPI-2018.1.1－2018.12.31）

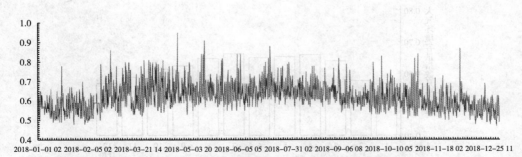

图 2　陕西省延安市大气环境容量指数波形（AECI-2018.1.1－2018.12.31）

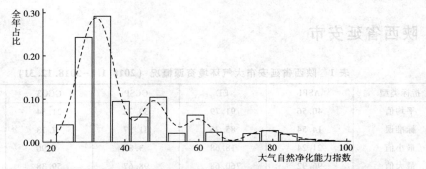

图 3　陕西省延安市大气自然净化能力指数分布（ASPI-2018.1.1-2018.12.31）

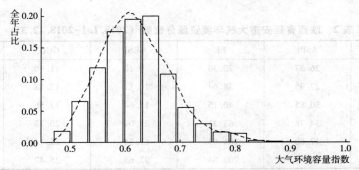

图 4　陕西省延安市大气环境容量指数分布（AECI-2018.1.1-2018.12.31）

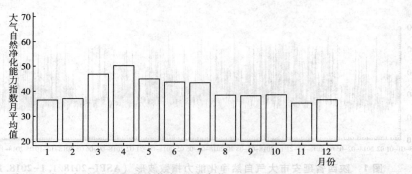

图 5　陕西省延安市大气自然净化能力指数月均变化（ASPI-2018.1.1-2018.12.31）

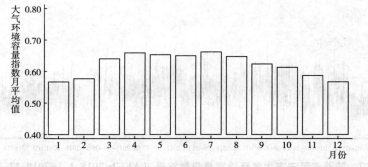

图 6　陕西省延安市大气环境容量指数月均变化（AECI-2018.1.1-2018.12.31）

陕西省汉中市

表1 陕西省汉中市大气环境资源概况（2018.1.1－2018.12.31）

指标类型	ASPI	EE	GCSP	GCO3	AECI
平均值	32.65	46.39	54.32	25.29	0.60
标准误	5.85	25.13	26.48	11.09	0.04
最小值	21.76	18.79	9.10	11.46	0.51
最大值	81.31	339.44	98.67	75.35	0.76
样本量（个）	2315	2315	2315	2315	2315

表2 陕西省汉中市大气环境资源分位数（2018.1.1－2018.12.31）

指标类型	ASPI	EE	GCSP	GCO3	AECI
5%	25.54	19.61	12.82	15.95	0.54
10%	27.01	20.16	14.14	17.23	0.56
25%	29.41	39.33	27.99	19.24	0.57
50%	31.72	40.50	56.03	21.71	0.60
75%	34.53	42.26	76.01	24.49	0.63
90%	38.38	65.98	89.71	44.74	0.66

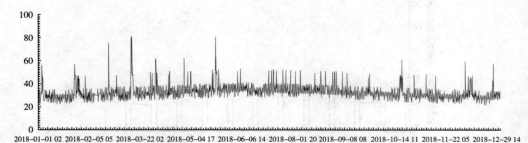

图1 陕西省汉中市大气自然净化能力指数波形（ASPI－2018.1.1－2018.12.31）

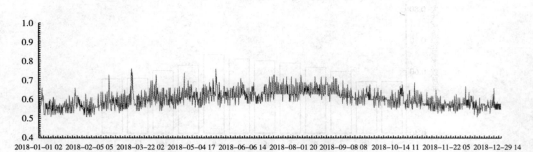

图2 陕西省汉中市大气环境容量指数波形（AECI－2018.1.1－2018.12.31）

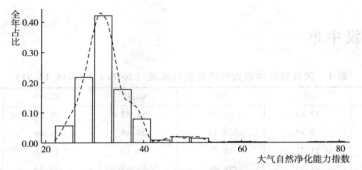

图 3　陕西省汉中市大气自然净化能力指数分布（ASPI-2018.1.1~2018.12.31）

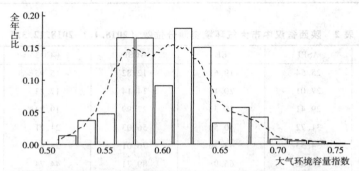

图 4　陕西省汉中市大气环境容量指数分布（AECI-2018.1.1~2018.12.31）

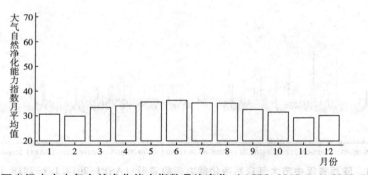

图 5　陕西省汉中市大气自然净化能力指数月均变化（ASPI-2018.1.1~2018.12.31）

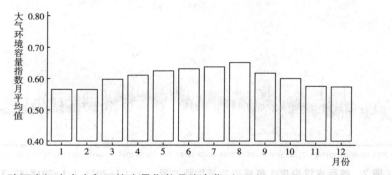

图 6　陕西省汉中市大气环境容量指数月均变化（AECI-2018.1.1~2018.12.31）

陕西省榆林市

表 1 陕西省榆林市大气环境资源概况 （2018.1.1-2018.12.31）

指标类型	ASPI	EE	GCSP	GCO3	AECI
平均值	47.08	129.58	24.39	20.79	0.64
标准误	16.79	107.59	21.44	7.79	0.07
最小值	21.30	18.69	0.14	9.29	0.49
最大值	97.06	775.13	88.43	62.16	0.96
样本量（个）	2347	2347	2347	2347	2347

表 2 陕西省榆林市大气环境资源分位数 （2018.1.1-2018.12.31）

指标类型	ASPI	EE	GCSP	GCO3	AECI
5%	28.66	39.11	6.24	11.46	0.54
10%	30.44	40.24	7.63	12.40	0.56
25%	33.42	62.39	10.11	16.09	0.59
50%	44.58	101.41	13.76	20.42	0.64
75%	57.63	194.28	27.99	22.88	0.68
90%	77.00	281.76	62.72	25.01	0.74

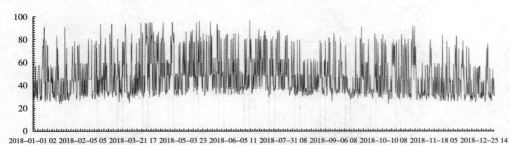

图 1 陕西省榆林市大气自然净化能力指数波形 （ASPI-2018.1.1-2018.12.31）

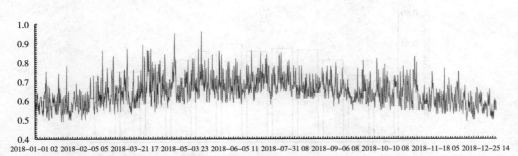

图 2 陕西省榆林市大气环境容量指数波形 （AECI-2018.1.1-2018.12.31）

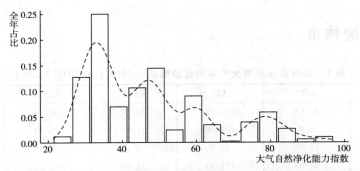

图 3　陕西省榆林市大气自然净化能力指数分布 （ASPI-2018. 1. 1-2018. 12. 31）

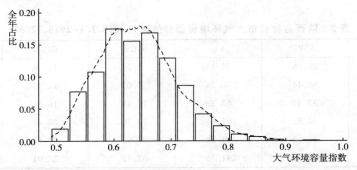

图 4　陕西省榆林市大气环境容量指数分布 （AECI-2018. 1. 1-2018. 12. 31）

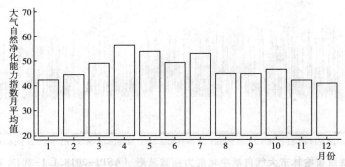

图 5　陕西省榆林市大气自然净化能力指数月均变化 （ASPI-2018. 1. 1-2018. 12. 31）

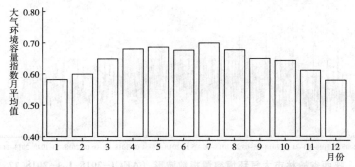

图 6　陕西省榆林市大气环境容量指数月均变化 （AECI-2018. 1. 1-2018. 12. 31）

陕西省安康市

表 1 陕西省安康市大气环境资源概况（2018.1.1-2018.12.31）

指标类型	ASPI	EE	GCSP	GCO3	AECI
平均值	33.02	48.41	49.81	26.55	0.61
标准误	5.68	26.92	24.91	13.14	0.04
最小值	22.18	18.88	7.65	11.44	0.51
最大值	96.66	640.25	100.00	79.00	0.89
样本量（个）	2311	2311	2311	2311	2311

表 2 陕西省安康市大气环境资源分位数（2018.1.1-2018.12.31）

指标类型	ASPI	EE	GCSP	GCO3	AECI
5%	27.00	20.74	12.67	16.15	0.55
10%	28.08	38.79	13.86	17.36	0.56
25%	29.96	39.68	23.08	19.40	0.58
50%	32.18	40.69	53.45	21.84	0.61
75%	34.63	42.73	72.07	24.76	0.63
90%	38.20	65.85	81.21	46.07	0.66

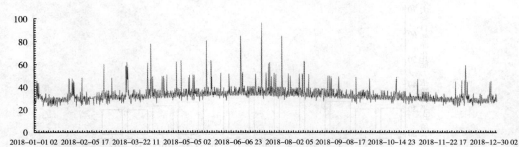

图 1 陕西省安康市大气自然净化能力指数波形（ASPI-2018.1.1-2018.12.31）

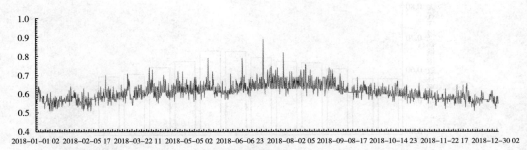

图 2 陕西省安康市大气环境容量指数波形（AECI-2018.1.1-2018.12.31）

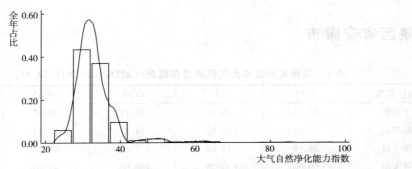

图 3　陕西省安康市大气自然净化能力指数分布（ASPI–2018.1.1–2018.12.31）

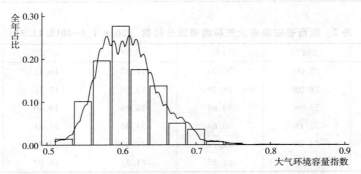

图 4　陕西省安康市大气环境容量指数分布（AECI–2018.1.1–2018.12.31）

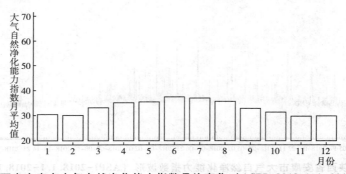

图 5　陕西省安康市大气自然净化能力指数月均变化（ASPI–2018.1.1–2018.12.31）

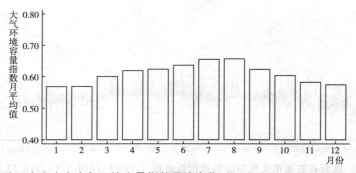

图 6　陕西省安康市大气环境容量指数月均变化（AECI–2018.1.1–2018.12.31）

陕西省商洛市

表 1　陕西省商洛市大气环境资源概况 （2018.1.1-2018.12.31）

指标类型	ASPI	EE	GCSP	GCO3	AECI
平均值	40.44	90.99	45.55	23.46	0.63
标准误	15.23	95.00	27.92	9.68	0.06
最小值	22.57	18.96	6.98	10.97	0.50
最大值	96.94	758.40	97.56	64.20	0.91
样本量（个）	2315	2315	2315	2315	2315

表 2　陕西省商洛市大气环境资源分位数 （2018.1.1-2018.12.31）

指标类型	ASPI	EE	GCSP	GCO3	AECI
5%	26.88	20.01	11.03	13.25	0.54
10%	27.85	20.55	12.66	14.66	0.56
25%	30.40	39.81	15.71	18.77	0.58
50%	34.19	62.66	45.12	21.43	0.62
75%	47.16	104.33	70.67	23.86	0.66
90%	62.61	205.01	84.43	43.16	0.72

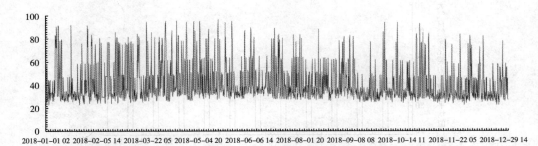

图 1　陕西省商洛市大气自然净化能力指数波形 （ASPI-2018.1.1-2018.12.31）

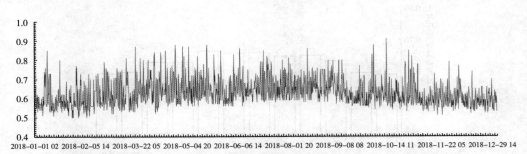

图 2　陕西省商洛市大气环境容量指数波形 （AECI-2018.1.1-2018.12.31）

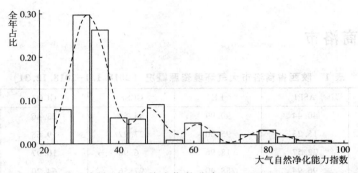

图 3 陕西省商洛市大气自然净化能力指数分布 （ASPI-2018.1.1-2018.12.31）

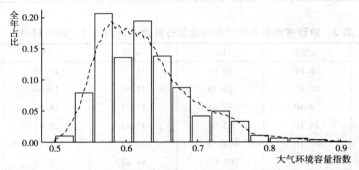

图 4 陕西省商洛市大气环境容量指数分布 （AECI-2018.1.1-2018.12.31）

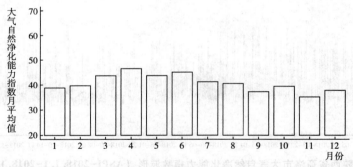

图 5 陕西省商洛市大气自然净化能力指数月均变化 （ASPI-2018.1.1-2018.12.31）

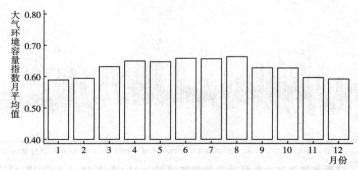

图 6 陕西省商洛市大气环境容量指数月均变化 （AECI-2018.1.1-2018.12.31）

甘肃省

甘肃省兰州市

表1　甘肃省兰州市大气环境资源概况（2018.1.1-2018.12.31）

指标类型	ASPI	EE	GCSP	GCO3	AECI
平均值	31.99	45.47	29.30	21.64	0.59
标准误	5.35	21.34	22.15	8.16	0.04
最小值	21.33	18.70	4.00	10.23	0.49
最大值	81.61	340.54	98.61	74.25	0.74
样本量（个）	2356	2356	2356	2356	2356

表2　甘肃省兰州市大气环境资源分位数（2018.1.1-2018.12.31）

指标类型	ASPI	EE	GCSP	GCO3	AECI
5%	25.45	19.61	8.98	12.07	0.53
10%	26.67	20.08	10.03	13.06	0.53
25%	28.90	39.17	12.37	17.69	0.55
50%	31.26	40.29	21.43	20.93	0.59
75%	34.04	42.00	44.80	23.26	0.62
90%	37.67	65.48	64.81	25.60	0.65

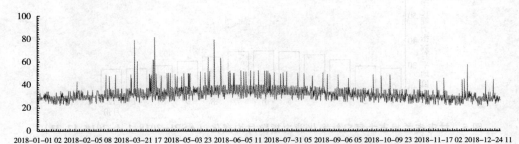

图1　甘肃省兰州市大气自然净化能力指数波形（ASPI-2018.1.1-2018.12.31）

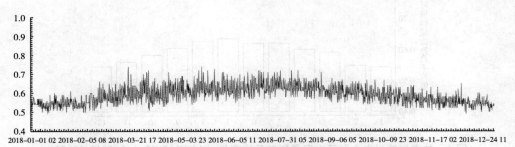

图2　甘肃省兰州市大气环境容量指数波形（AECI-2018.1.1-2018.12.31）

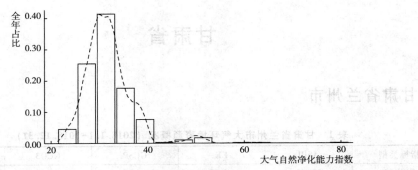

图 3　甘肃省兰州市大气自然净化能力指数分布（ASPI-2018.1.1–2018.12.31）

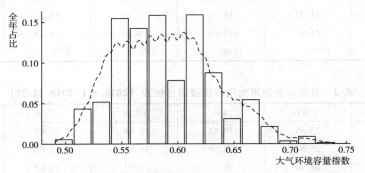

图 4　甘肃省兰州市大气环境容量指数分布（AECI-2018.1.1–2018.12.31）

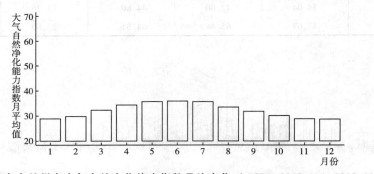

图 5　甘肃省兰州市大气自然净化能力指数月均变化（ASPI-2018.1.1–2018.12.31）

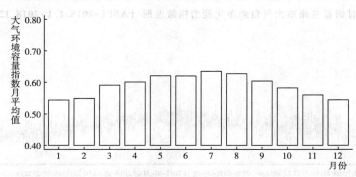

图 6　甘肃省兰州市大气环境容量指数月均变化（AECI-2018.1.1–2018.12.31）

甘肃省金昌市

表 1   甘肃省金昌市大气环境资源概况 （2018. 1. 1-2018. 12. 31）

指标类型	ASPI	EE	GCSP	GCO3	AECI
平均值	54. 59	189. 01	24. 35	19. 37	0. 66
标准误	20. 33	167. 74	21. 67	5. 92	0. 09
最小值	22. 19	18. 88	2. 31	9. 20	0. 46
最大值	96. 78	1090. 07	98. 63	61. 31	0. 98
样本量（个）	2360	2360	2360	2360	2360

表 2   甘肃省金昌市大气环境资源分位数 （2018. 1. 1-2018. 12. 31）

指标类型	ASPI	EE	GCSP	GCO3	AECI
5%	28. 70	39. 08	7. 94	11. 24	0. 53
10%	30. 68	40. 31	9. 11	12. 15	0. 55
25%	34. 87	63. 49	11. 32	14. 41	0. 59
50%	49. 69	107. 20	14. 13	20. 12	0. 65
75%	75. 19	276. 52	27. 44	22. 55	0. 71
90%	82. 57	349. 20	59. 71	24. 33	0. 77

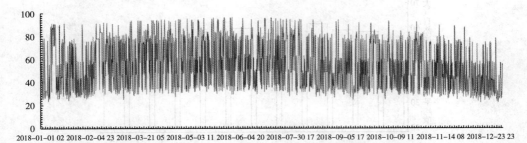

图 1   甘肃省金昌市大气自然净化能力指数波形 （ASPI-2018. 1. 1-2018. 12. 31）

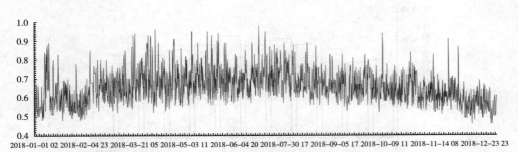

图 2   甘肃省金昌市大气环境容量指数波形 （AECI-2018. 1. 1-2018. 12. 31）

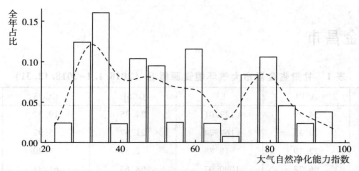

图 3　甘肃省金昌市大气自然净化能力指数分布（ASPI-2018. 1. 1-2018. 12. 31）

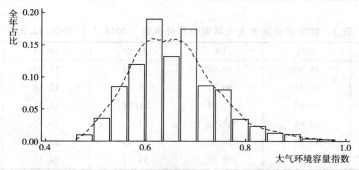

图 4　甘肃省金昌市大气环境容量指数分布（AECI-2018. 1. 1-2018. 12. 31）

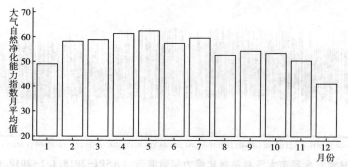

图 5　甘肃省金昌市大气自然净化能力指数月均变化（ASPI-2018. 1. 1-2018. 12. 31）

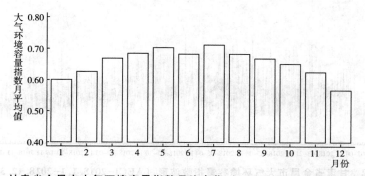

图 6　甘肃省金昌市大气环境容量指数月均变化（AECI-2018. 1. 1-2018. 12. 31）

甘肃省白银市

表 1 甘肃省白银市大气环境资源概况 (2018.1.1–2018.12.31)

指标类型	ASPI	EE	GCSP	GCO3	AECI
平均值	38.84	82.10	28.35	21.61	0.61
标准误	13.16	89.41	24.64	7.25	0.06
最小值	23.41	19.15	5.85	12.00	0.49
最大值	96.84	764.16	101.50	49.57	0.88
样本量 (个)	890	890	890	890	890

表 2 甘肃省白银市大气环境资源分位数 (2018.1.1–2018.12.31)

指标类型	ASPI	EE	GCSP	GCO3	AECI
5%	27.82	38.63	8.54	12.78	0.52
10%	28.65	39.06	9.82	13.48	0.54
25%	31.24	40.23	11.68	17.37	0.57
50%	34.18	62.57	14.78	21.45	0.61
75%	38.95	66.38	42.42	23.79	0.65
90%	58.03	195.14	70.15	25.87	0.69

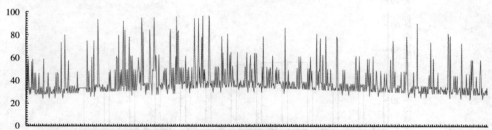

图 1 甘肃省白银市大气自然净化能力指数波形 (ASPI–2018.1.1–2018.12.31)

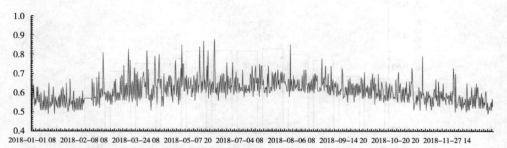

图 2 甘肃省白银市大气环境容量指数波形 (AECI–2018.1.1–2018.12.31)

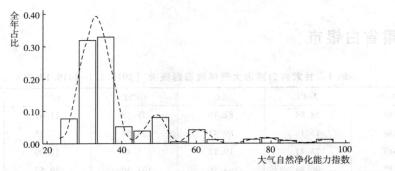

图 3　甘肃省白银市大气自然净化能力指数分布（ASPI-2018.1.1-2018.12.31）

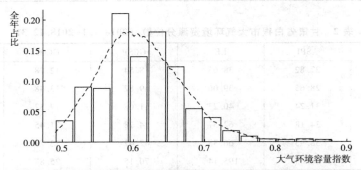

图 4　甘肃省白银市大气环境容量指数分布（AECI-2018.1.1-2018.12.31）

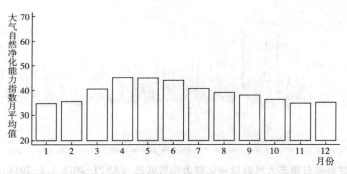

图 5　甘肃省白银市大气自然净化能力指数月均变化（ASPI-2018.1.1-2018.12.31）

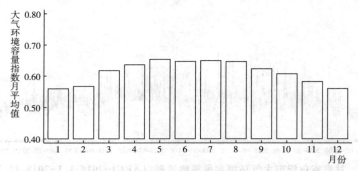

图 6　甘肃省白银市大气环境容量指数月均变化（AECI-2018.1.1-2018.12.31）

甘肃省天水市

表 1   甘肃省天水市大气环境资源概况 （2018.1.1–2018.12.31）

指标类型	ASPI	EE	GCSP	GCO3	AECI
平均值	36.69	64.99	40.61	23.21	0.61
标准误	9.66	48.18	24.24	8.48	0.05
最小值	23.61	19.19	6.96	12.76	0.49
最大值	81.98	385.83	92.69	61.60	0.78
样本量（个）	874	874	874	874	874

表 2   甘肃省天水市大气环境资源分位数 （2018.1.1–2018.12.31）

指标类型	ASPI	EE	GCSP	GCO3	AECI
5%	27.89	20.61	11.63	13.48	0.54
10%	28.74	39.10	12.66	14.37	0.55
25%	30.90	40.10	15.09	19.19	0.57
50%	33.92	41.65	41.43	22.01	0.61
75%	37.84	65.60	61.14	24.35	0.64
90%	50.07	107.63	74.24	27.34	0.68

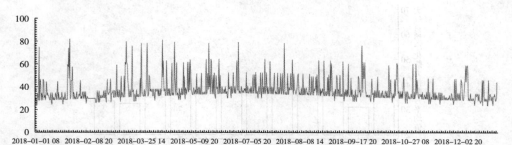

图 1   甘肃省天水市大气自然净化能力指数波形 （ASPI–2018.1.1–2018.12.31）

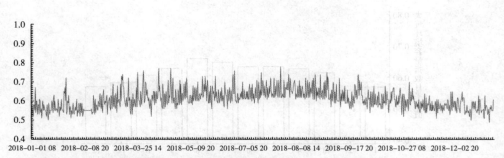

图 2   甘肃省天水市大气环境容量指数波形 （AECI–2018.1.1–2018.12.31）

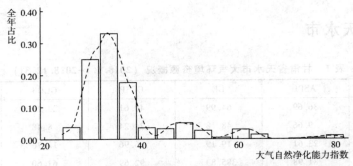

图 3　甘肃省天水市大气自然净化能力指数分布（ASPI-2018.1.1-2018.12.31）

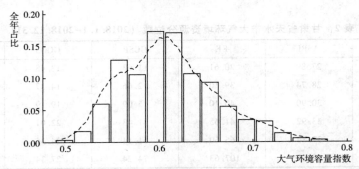

图 4　甘肃省天水市大气环境容量指数分布（AECI-2018.1.1-2018.12.31）

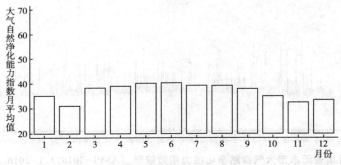

图 5　甘肃省天水市大气自然净化能力指数月均变化（ASPI-2018.1.1-2018.12.31）

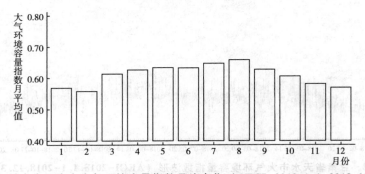

图 6　甘肃省天水市大气环境容量指数月均变化（AECI-2018.1.1-2018.12.31）

甘肃省武威市

表1 甘肃省武威市大气环境资源概况 (2018.1.1-2018.12.31)

指标类型	ASPI	EE	GCSP	GCO3	AECI
平均值	40.00	92.19	29.65	20.93	0.61
标准误	14.52	98.80	24.50	9.17	0.07
最小值	21.32	18.69	2.21	9.32	0.45
最大值	96.34	966.64	98.64	80.85	0.98
样本量（个）	2355	2355	2355	2355	2355

表2 甘肃省武威市大气环境资源分位数 (2018.1.1-2018.12.31)

指标类型	ASPI	EE	GCSP	GCO3	AECI
5%	26.80	38.01	7.31	11.24	0.51
10%	28.07	38.77	8.56	12.21	0.53
25%	31.00	40.35	11.48	14.69	0.57
50%	34.41	63.09	15.32	20.43	0.61
75%	46.07	103.09	48.49	22.88	0.65
90%	60.54	200.55	68.95	24.94	0.71

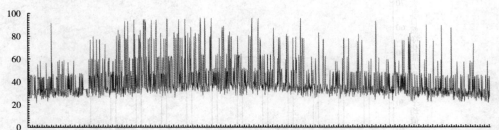

图1 甘肃省武威市大气自然净化能力指数波形 (ASPI-2018.1.1-2018.12.31)

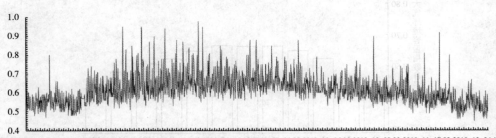

图2 甘肃省武威市大气环境容量指数波形 (AECI-2018.1.1-2018.12.31)

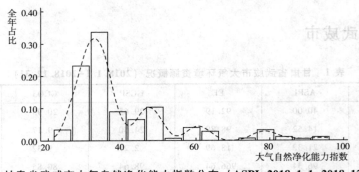

图 3　甘肃省武威市大气自然净化能力指数分布（ASPI-2018. 1. 1~2018. 12. 31）

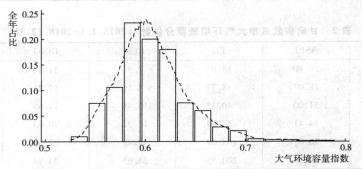

图 4　甘肃省武威市大气环境容量指数分布（AECI-2018. 1. 1~2018. 12. 31）

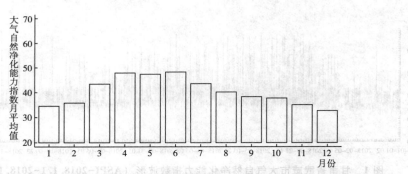

图 5　甘肃省武威市大气自然净化能力指数月均变化（ASPI-2018. 1. 1~2018. 12. 31）

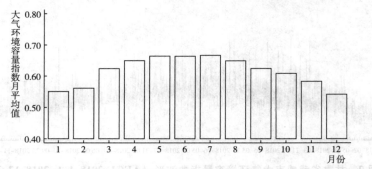

图 6　甘肃省武威市大气环境容量指数月均变化（AECI-2018. 1. 1~2018. 12. 31）

甘肃省张掖市

表 1 甘肃省张掖市大气环境资源概况（2018.1.1-2018.12.31）

指标类型	ASPI	EE	GCSP	GCO3	AECI
平均值	47.87	140.13	22.95	20.82	0.64
标准误	17.99	130.94	19.72	9.17	0.08
最小值	21.17	18.66	2.84	8.97	0.46
最大值	96.73	1070.67	209.68	75.84	1.01
样本量（个）	2358	2358	2358	2358	2358

表 2 甘肃省张掖市大气环境资源分位数（2018.1.1-2018.12.31）

指标类型	ASPI	EE	GCSP	GCO3	AECI
5%	28.19	38.92	6.96	11.06	0.52
10%	29.62	39.64	8.27	11.94	0.54
25%	33.06	61.99	10.83	14.45	0.59
50%	44.83	101.69	13.86	20.30	0.64
75%	59.12	197.48	27.44	22.74	0.69
90%	77.89	291.09	55.90	25.14	0.74

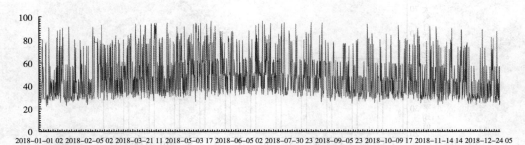

图 1 甘肃省张掖市大气自然净化能力指数波形（ASPI-2018.1.1-2018.12.31）

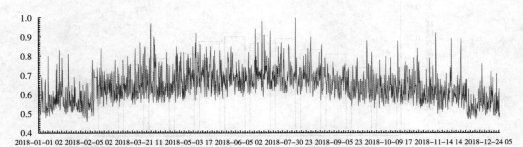

图 2 甘肃省张掖市大气环境容量指数波形（AECI-2018.1.1-2018.12.31）

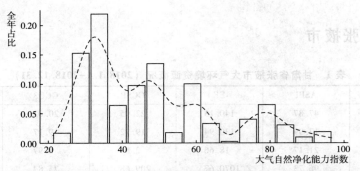

图 3　甘肃省张掖市大气自然净化能力指数分布（ASPI-2018.1.1-2018.12.31）

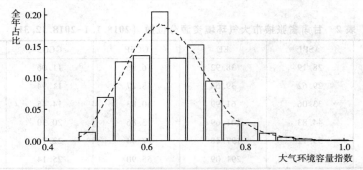

图 4　甘肃省张掖市大气环境容量指数分布（AECI-2018.1.1-2018.12.31）

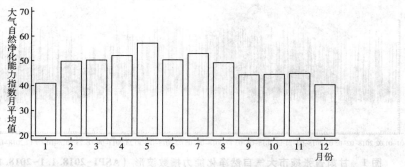

图 5　甘肃省张掖市大气自然净化能力指数月均变化（ASPI-2018.1.1-2018.12.31）

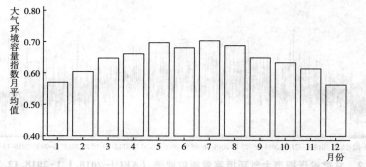

图 6　甘肃省张掖市大气环境容量指数月均变化（AECI-2018.1.1-2018.12.31）

甘肃省平凉市

表 1　甘肃省平凉市大气环境资源概况 （2018.1.1-2018.12.31）

指标类型	ASPI	EE	GCSP	GCO3	AECI
平均值	42.28	100.00	43.66	20.42	0.62
标准误	15.00	87.83	31.57	5.58	0.06
最小值	22.06	18.85	4.87	10.24	0.49
最大值	96.84	711.20	100.00	48.74	0.89
样本量（个）	2342	2342	2342	2342	2342

表 2　甘肃省平凉市大气环境资源分位数 （2018.1.1-2018.12.31）

指标类型	ASPI	EE	GCSP	GCO3	AECI
5%	27.79	38.65	9.88	12.07	0.54
10%	29.32	39.38	11.16	13.02	0.55
25%	31.99	41.02	13.93	17.56	0.58
50%	35.75	64.14	28.10	20.82	0.62
75%	48.56	105.92	73.48	23.18	0.66
90%	63.27	206.41	94.70	24.86	0.71

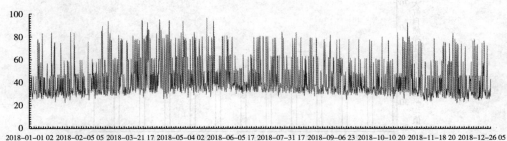

图 1　甘肃省平凉市大气自然净化能力指数波形 （ASPI-2018.1.1-2018.12.31）

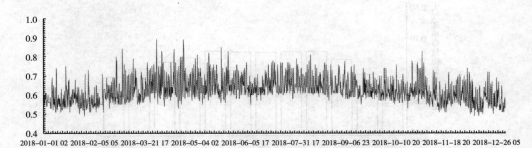

图 2　甘肃省平凉市大气环境容量指数波形 （AECI-2018.1.1-2018.12.31）

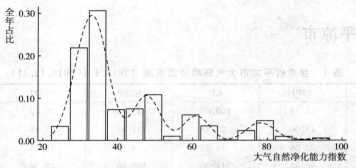

图 3 甘肃省平凉市大气自然净化能力指数分布 （ASPI-2018.1.1-2018.12.31）

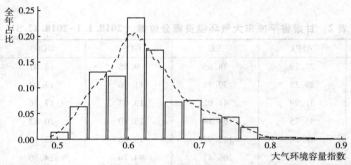

图 4 甘肃省平凉市大气环境容量指数分布 （AECI-2018.1.1-2018.12.31）

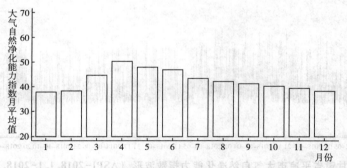

图 5 甘肃省平凉市大气自然净化能力指数月均变化 （ASPI-2018.1.1-2018.12.31）

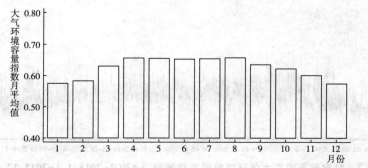

图 6 甘肃省平凉市大气环境容量指数月均变化 （AECI-2018.1.1-2018.12.31）

甘肃省酒泉市

表1 甘肃省酒泉市大气环境资源概况 (2018.1.1–2018.12.31)

指标类型	ASPI	EE	GCSP	GCO3	AECI
平均值	40.97	96.68	22.74	20.45	0.62
标准误	13.92	92.30	19.39	8.30	0.07
最小值	22.31	18.91	3.12	8.74	0.47
最大值	95.37	885.88	98.61	73.52	0.93
样本量 (个)	2357	2357	2357	2357	2357

表2 甘肃省酒泉市大气环境资源分位数 (2018.1.1–2018.12.31)

指标类型	ASPI	EE	GCSP	GCO3	AECI
5%	27.90	38.74	7.66	11.03	0.52
10%	29.18	39.38	9.08	11.96	0.54
25%	31.67	59.81	11.24	14.67	0.58
50%	35.32	63.85	13.75	20.12	0.61
75%	46.94	104.08	26.77	22.59	0.66
90%	60.58	200.62	55.28	24.82	0.70

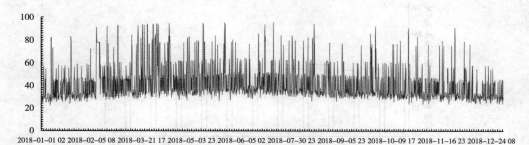

图1 甘肃省酒泉市大气自然净化能力指数波形 (ASPI–2018.1.1–2018.12.31)

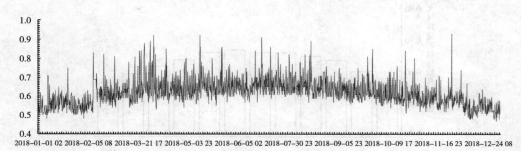

图2 甘肃省酒泉市大气环境容量指数波形 (AECI–2018.1.1–2018.12.31)

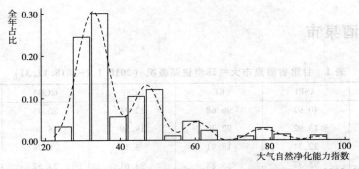

图 3　甘肃省酒泉市大气自然净化能力指数分布（ASPI-2018. 1. 1-2018. 12. 31）

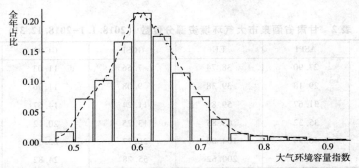

图 4　甘肃省酒泉市大气环境容量指数分布（AECI-2018. 1. 1-2018. 12. 31）

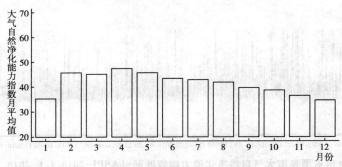

图 5　甘肃省酒泉市大气自然净化能力指数月均变化（ASPI-2018. 1. 1-2018. 12. 31）

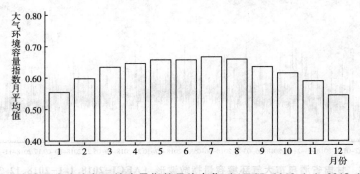

图 6　甘肃省酒泉市大气环境容量指数月均变化（AECI-2018. 1. 1-2018. 12. 31）

甘肃省庆阳市

表 1　甘肃省庆阳市大气环境资源概况（2018. 1. 1－2018. 12. 31）

指标类型	ASPI	EE	GCSP	GCO3	AECI
平均值	39. 97	84. 82	37. 65	20. 68	0. 62
标准误	11. 80	60. 77	28. 31	5. 92	0. 05
最小值	21. 71	18. 78	4. 90	10. 20	0. 49
最大值	95. 77	634. 38	98. 71	47. 98	0. 83
样本量（个）	2344	2344	2344	2344	2344

表 2　甘肃省庆阳市大气环境资源分位数（2018. 1. 1－2018. 12. 31）

指标类型	ASPI	EE	GCSP	GCO3	AECI
5%	27. 56	38. 55	9. 60	12. 30	0. 54
10%	29. 09	39. 28	11. 00	13. 36	0. 55
25%	31. 91	41. 19	13. 38	17. 65	0. 58
50%	35. 80	64. 19	26. 42	20. 85	0. 62
75%	47. 40	104. 60	61. 68	23. 16	0. 65
90%	57. 65	194. 32	82. 75	24. 96	0. 69

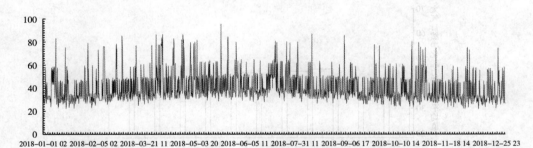

图 1　甘肃省庆阳市大气自然净化能力指数波形（ASPI-2018. 1. 1－2018. 12. 31）

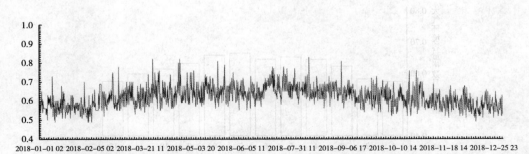

图 2　甘肃省庆阳市大气环境容量指数波形（AECI-2018. 1. 1－2018. 12. 31）

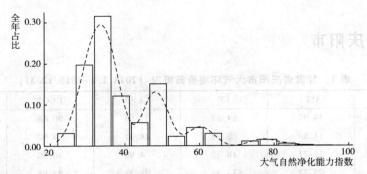

图 3　甘肃省庆阳市大气自然净化能力指数分布（ASPI-2018. 1. 1-2018. 12. 31）

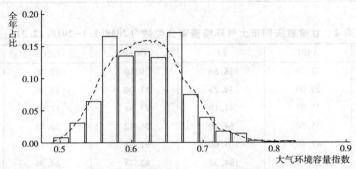

图 4　甘肃省庆阳市大气环境容量指数分布（AECI-2018. 1. 1-2018. 12. 31）

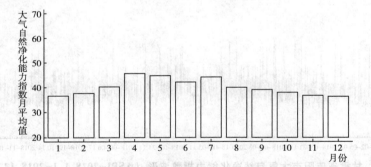

图 5　甘肃省庆阳市大气自然净化能力指数月均变化（ASPI-2018. 1. 1-2018. 12. 31）

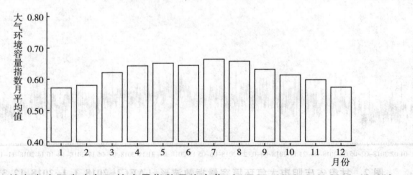

图 6　甘肃省庆阳市大气环境容量指数月均变化（AECI-2018. 1. 1-2018. 12. 31）

甘肃省定西市

表 1 甘肃省定西市大气环境资源概况（2018.1.1－2018.12.31）

指标类型	ASPI	EE	GCSP	GCO3	AECI
平均值	46.46	123.93	44.21	20.49	0.63
标准误	17.54	115.87	30.53	4.63	0.07
最小值	23.77	19.22	4.90	12.11	0.47
最大值	96.71	833.76	100.00	45.54	0.95
样本量（个）	889	889	889	889	889

表 2 甘肃省定西市大气环境资源分位数（2018.1.1－2018.12.31）

指标类型	ASPI	EE	GCSP	GCO3	AECI
5%	28.62	39.09	9.85	12.92	0.53
10%	29.93	39.62	11.01	13.59	0.54
25%	32.82	41.54	13.94	16.28	0.58
50%	38.21	65.86	42.06	21.50	0.62
75%	58.59	196.35	71.90	23.80	0.68
90%	78.45	285.52	88.79	25.02	0.73

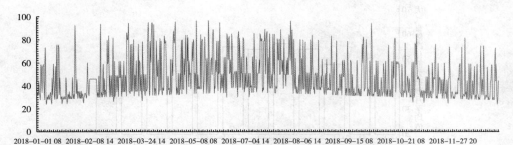

图 1 甘肃省定西市大气自然净化能力指数波形（ASPI-2018.1.1－2018.12.31）

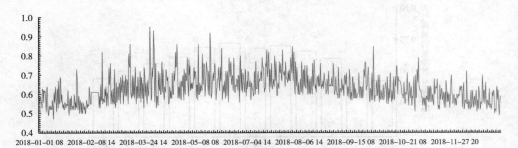

图 2 甘肃省定西市大气环境容量指数波形（AECI-2018.1.1－2018.12.31）

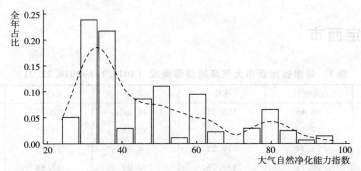

图 3　甘肃省定西市大气自然净化能力指数分布（ASPI-2018.1.1-2018.12.31）

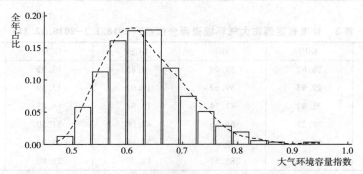

图 4　甘肃省定西市大气环境容量指数分布（AECI-2018.1.1-2018.12.31）

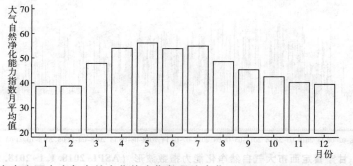

图 5　甘肃省定西市大气自然净化能力指数月均变化（ASPI-2018.1.1-2018.12.31）

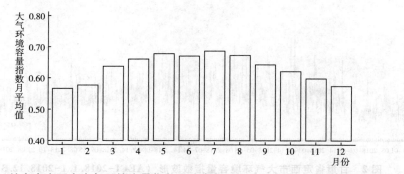

图 6　甘肃省定西市大气环境容量指数月均变化（AECI-2018.1.1-2018.12.31）

甘肃省陇南市

表 1　甘肃省陇南市大气环境资源概况 （2018.1.1-2018.12.31）

指标类型	ASPI	EE	GCSP	GCO3	AECI
平均值	37.92	74.85	27.28	24.55	0.63
标准误	12.62	67.80	19.46	9.92	0.06
最小值	21.83	18.80	6.53	11.28	0.51
最大值	94.73	627.50	96.28	73.07	0.88
样本量 （个）	2321	2321	2321	2321	2321

表 2　甘肃省陇南市大气环境资源分位数 （2018.1.1-2018.12.31）

指标类型	ASPI	EE	GCSP	GCO3	AECI
5%	27.11	20.96	10.60	16.21	0.56
10%	28.46	38.86	11.68	17.26	0.56
25%	30.50	39.92	13.40	19.25	0.59
50%	33.52	42.65	16.18	21.72	0.62
75%	38.37	65.97	39.69	24.22	0.66
90%	52.99	110.94	57.69	43.58	0.71

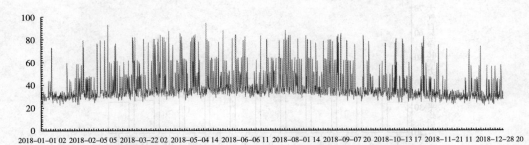

图 1　甘肃省陇南市大气自然净化能力指数波形 （ASPI-2018.1.1-2018.12.31）

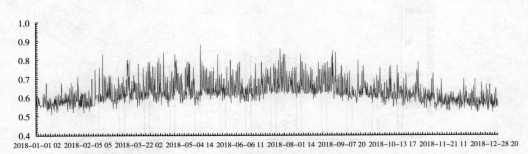

图 2　甘肃省陇南市大气环境容量指数波形 （AECI-2018.1.1-2018.12.31）

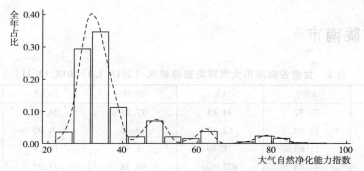

图 3　甘肃省陇南市大气自然净化能力指数分布 （ASPI-2018.1.1-2018.12.31）

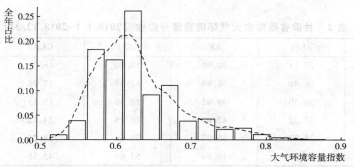

图 4　甘肃省陇南市大气环境容量指数分布 （AECI-2018.1.1-2018.12.31）

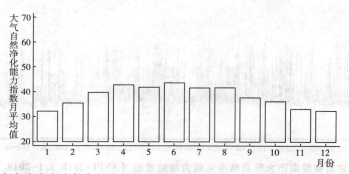

图 5　甘肃省陇南市大气自然净化能力指数月均变化 （ASPI-2018.1.1-2018.12.31）

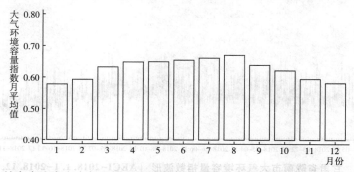

图 6　甘肃省陇南市大气环境容量指数月均变化 （AECI-2018.1.1-2018.12.31）

甘肃省临夏回族自治州

表1 甘肃省临夏回族自治州大气环境资源概况（2018.1.1–2018.12.31）

指标类型	ASPI	EE	GCSP	GCO3	AECI
平均值	32.90	49.64	47.83	20.22	0.58
标准误	7.26	33.51	30.11	5.85	0.05
最小值	21.61	18.76	4.41	10.28	0.47
最大值	86.95	407.07	100.00	48.27	0.84
样本量（个）	2349	2349	2349	2349	2349

表2 甘肃省临夏回族自治州大气环境资源分位数（2018.1.1–2018.12.31）

指标类型	ASPI	EE	GCSP	GCO3	AECI
5%	25.22	19.54	10.11	11.96	0.51
10%	26.55	19.93	11.55	12.87	0.52
25%	28.83	39.09	14.92	15.61	0.55
50%	31.58	40.46	47.68	20.75	0.58
75%	34.66	62.56	74.05	23.08	0.61
90%	38.88	66.33	90.39	24.84	0.65

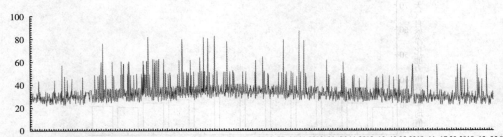

图1 甘肃省临夏回族自治州大气自然净化能力指数波形（ASPI–2018.1.1–2018.12.31）

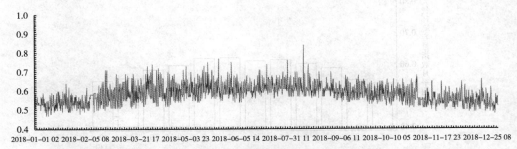

图2 甘肃省临夏回族自治州大气环境容量指数波形（AECI–2018.1.1–2018.12.31）

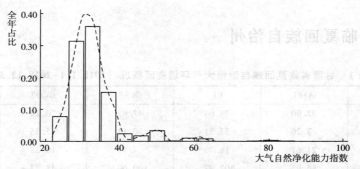

图 3　甘肃省临夏回族自治州大气自然净化能力指数分布（ASPI-2018. 1. 1-2018. 12. 31）

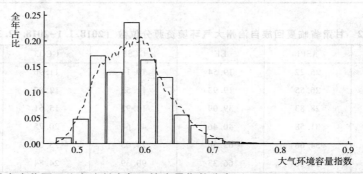

图 4　甘肃省临夏回族自治州大气环境容量指数分布（AECI-2018. 1. 1-2018. 12. 31）

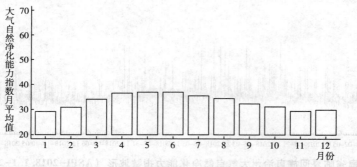

图 5　甘肃省临夏回族自治州大气自然净化能力指数月均变化（ASPI-2018. 1. 1-2018. 12. 31）

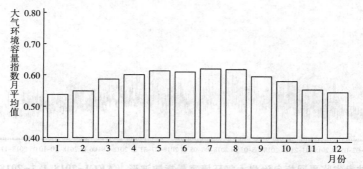

图 6　甘肃省临夏回族自治州大气环境容量指数月均变化（AECI-2018. 1. 1-2018. 12. 31）

甘肃省甘南藏族自治州

表1 甘肃省甘南藏族自治州大气环境资源概况 （2018.1.1–2018.12.31）

指标类型	ASPI	EE	GCSP	GCO3	AECI
平均值	37.18	72.44	48.01	19.15	0.59
标准误	12.15	68.80	30.70	4.49	0.06
最小值	21.58	18.75	4.00	10.15	0.46
最大值	94.58	808.41	100.00	43.78	0.88
样本量（个）	2320	2320	2320	2320	2320

表2 甘肃省甘南藏族自治州大气环境资源分位数 （2018.1.1–2018.12.31）

指标类型	ASPI	EE	GCSP	GCO3	AECI
5%	26.89	38.19	8.92	11.78	0.51
10%	27.85	38.71	11.00	12.72	0.52
25%	29.96	39.69	14.75	14.73	0.55
50%	33.06	41.33	49.21	20.36	0.58
75%	38.05	65.74	76.99	22.77	0.62
90%	51.37	109.10	88.72	24.46	0.66

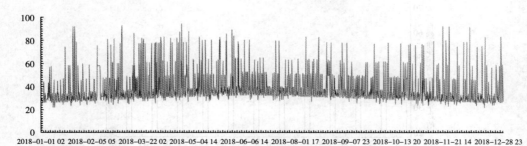

图1 甘肃省甘南藏族自治州大气自然净化能力指数波形 （ASPI–2018.1.1–2018.12.31）

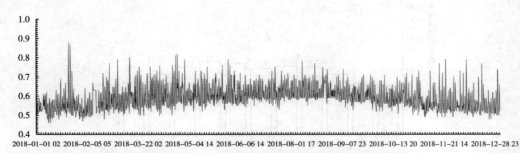

图2 甘肃省甘南藏族自治州大气环境容量指数波形 （AECI–2018.1.1–2018.12.31）

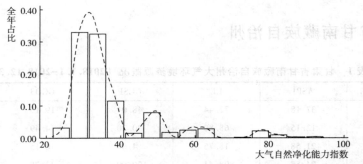

图 3 甘肃省甘南藏族自治州大气自然净化能力指数分布 （ASPI-2018.1.1-2018.12.31）

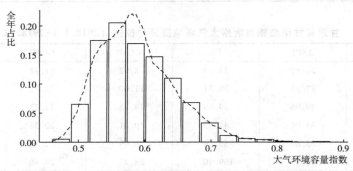

图 4 甘肃省甘南藏族自治州大气环境容量指数分布 （AECI-2018.1.1-2018.12.31）

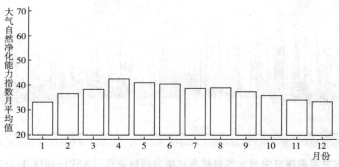

图 5 甘肃省甘南藏族自治州大气自然净化能力指数月均变化 （ASPI-2018.1.1-2018.12.31）

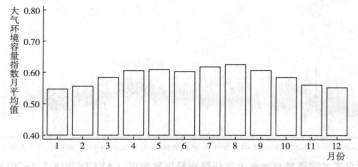

图 6 甘肃省甘南藏族自治州大气环境容量指数月均变化 （AECI-2018.1.1-2018.12.31）

青海省

青海省西宁市

表 1 青海省西宁市大气环境资源概况 （2018.1.1–2018.12.31）

指标类型	ASPI	EE	GCSP	GCO3	AECI
平均值	31.66	44.44	37.45	19.54	0.57
标准误	7.53	34.76	26.97	5.28	0.05
最小值	21.22	18.67	3.82	9.89	0.46
最大值	86.62	405.68	96.12	47.06	0.80
样本量（个）	2357	2357	2357	2357	2357

表 2 青海省西宁市大气环境资源分位数 （2018.1.1–2018.12.31）

指标类型	ASPI	EE	GCSP	GCO3	AECI
5%	23.57	19.18	8.50	11.65	0.49
10%	24.65	19.41	9.83	12.57	0.51
25%	27.10	20.10	12.81	14.83	0.53
50%	30.26	39.76	26.16	20.44	0.57
75%	34.05	42.04	60.93	22.75	0.60
90%	38.03	65.73	78.70	24.52	0.64

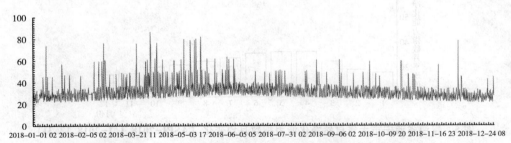

图 1 青海省西宁市大气自然净化能力指数波形 （ASPI–2018.1.1–2018.12.31）

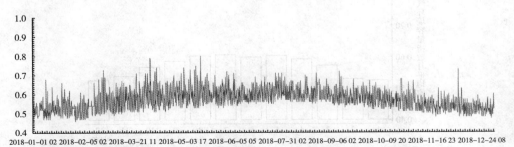

图 2 青海省西宁市大气环境容量指数波形 （AECI–2018.1.1–2018.12.31）

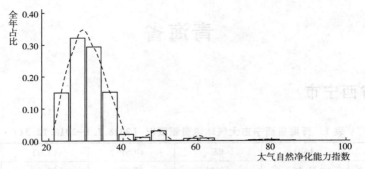

图 3 青海省西宁市大气自然净化能力指数分布 （ASPI-2018. 1. 1-2018. 12. 31）

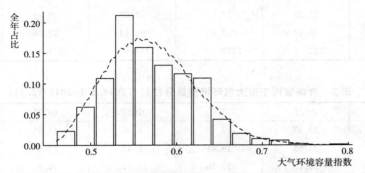

图 4 青海省西宁市大气环境容量指数分布 （AECI-2018. 1. 1-2018. 12. 31）

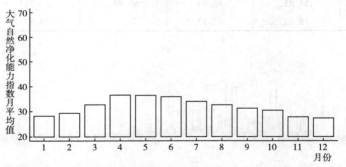

图 5 青海省西宁市大气自然净化能力指数月均变化 （ASPI-2018. 1. 1-2018. 12. 31）

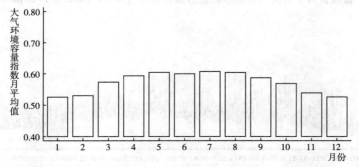

图 6 青海省西宁市大气环境容量指数月均变化 （AECI-2018. 1. 1-2018. 12. 31）

青海省海东市

表 1　青海省海东市大气环境资源概况（2018.1.1-2018.12.31）

指标类型	ASPI	EE	GCSP	GCO3	AECI
平均值	38.06	72.24	29.52	20.95	0.61
标准误	10.08	50.57	23.22	6.00	0.05
最小值	23.30	19.12	4.41	11.99	0.48
最大值	87.84	410.90	90.74	47.81	0.81
样本量（个）	888	888	888	888	888

表 2　青海省海东市大气环境资源分位数（2018.1.1-2018.12.31）

指标类型	ASPI	EE	GCSP	GCO3	AECI
5%	27.58	20.14	7.94	12.84	0.53
10%	28.48	38.78	9.35	13.56	0.54
25%	31.74	40.53	11.84	16.69	0.57
50%	34.80	63.22	15.43	21.28	0.61
75%	43.95	100.69	48.84	23.66	0.64
90%	50.95	108.63	67.00	25.14	0.67

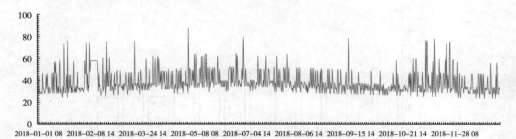

图 1　青海省海东市大气自然净化能力指数波形（ASPI-2018.1.1-2018.12.31）

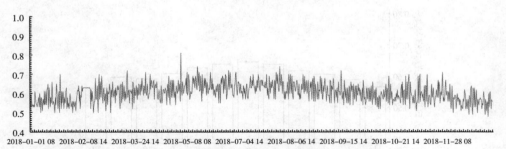

图 2　青海省海东市大气环境容量指数波形（AECI-2018.1.1-2018.12.31）

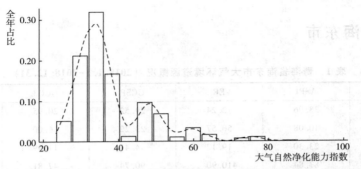

图 3　青海省海东市大气自然净化能力指数分布（ASPI-2018. 1. 1-2018. 12. 31）

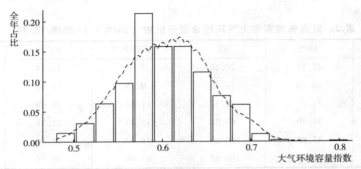

图 4　青海省海东市大气环境容量指数分布（AECI-2018. 1. 1-2018. 12. 31）

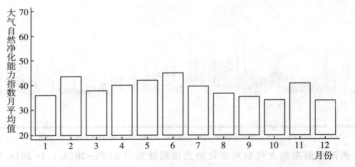

图 5　青海省海东市大气自然净化能力指数月均变化（ASPI-2018. 1. 1-2018. 12. 31）

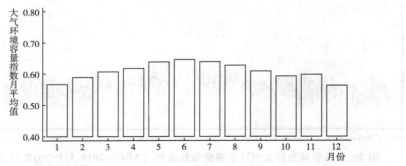

图 6　青海省海东市大气环境容量指数月均变化（AECI-2018. 1. 1-2018. 12. 31）

青海省海北藏族自治州

表 1 青海省海北藏族自治州大气环境资源概况（2018.1.1-2018.12.31）

指标类型	ASPI	EE	GCSP	GCO3	AECI
平均值	48.98	158.58	39.26	19.43	0.63
标准误	20.66	183.29	28.20	4.45	0.09
最小值	23.56	19.18	5.16	11.43	0.44
最大值	97.07	1147.58	98.64	26.74	0.92
样本量（个）	886	886	886	886	886

表 2 青海省海北藏族自治州大气环境资源分位数（2018.1.1-2018.12.31）

指标类型	ASPI	EE	GCSP	GCO3	AECI
5%	27.44	20.14	8.32	12.41	0.50
10%	28.74	39.00	10.03	12.95	0.52
25%	32.05	40.99	13.04	14.93	0.56
50%	38.82	66.28	27.98	20.70	0.61
75%	62.13	203.97	62.89	23.14	0.68
90%	81.58	341.16	82.33	24.49	0.74

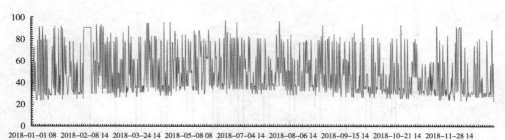

图 1 青海省海北藏族自治州大气自然净化能力指数波形（ASPI-2018.1.1-2018.12.31）

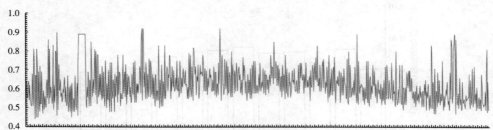

图 2 青海省海北藏族自治州大气环境容量指数波形（AECI-2018.1.1-2018.12.31）

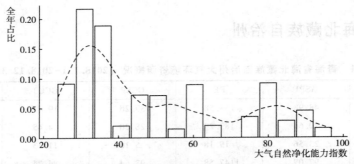

图 3　青海省海北藏族自治州大气自然净化能力指数分布（ASPI-2018. 1. 1-2018. 12. 31）

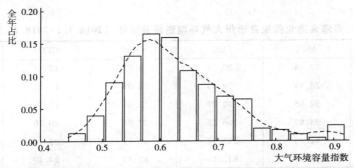

图 4　青海省海北藏族自治州大气环境容量指数分布（AECI-2018. 1. 1-2018. 12. 31）

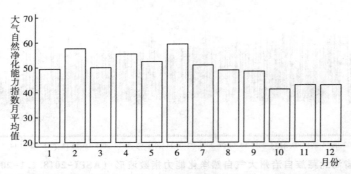

图 5　青海省海北藏族自治州大气自然净化能力指数月均变化（ASPI-2018. 1. 1-2018. 12. 31）

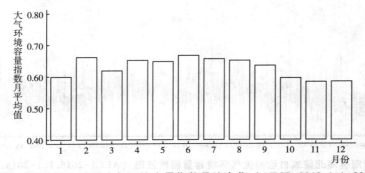

图 6　青海省海北藏族自治州大气环境容量指数月均变化（AECI-2018. 1. 1-2018. 12. 31）

青海省黄南藏族自治州

表 1　青海省黄南藏族自治州大气环境资源概况（2018.1.1-2018.12.31）

指标类型	ASPI	EE	GCSP	GCO3	AECI
平均值	40.63	90.32	33.30	19.82	0.61
标准误	14.02	79.89	25.34	4.82	0.06
最小值	21.45	18.72	3.82	10.30	0.48
最大值	96.72	770.59	97.44	46.88	0.93
样本量（个）	2351	2351	2351	2351	2351

表 2　青海省黄南藏族自治州大气环境资源分位数（2018.1.1-2018.12.31）

指标类型	ASPI	EE	GCSP	GCO3	AECI
5%	26.74	20.15	8.50	11.96	0.53
10%	28.04	38.55	9.86	12.95	0.54
25%	30.80	40.17	12.83	15.87	0.57
50%	35.00	63.44	22.49	20.64	0.60
75%	47.90	105.17	52.25	22.92	0.65
90%	60.55	200.57	74.19	24.66	0.69

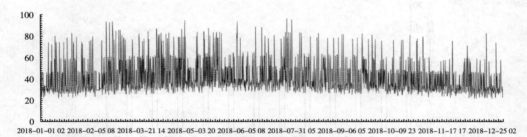

图 1　青海省黄南藏族自治州大气自然净化能力指数波形（ASPI-2018.1.1-2018.12.31）

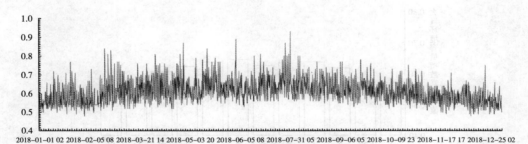

图 2　青海省黄南藏族自治州大气环境容量指数波形（AECI-2018.1.1-2018.12.31）

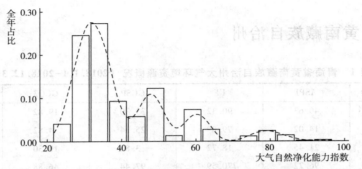

图 3　青海省黄南藏族自治州大气自然净化能力指数分布（ASPI-2018.1.1-2018.12.31）

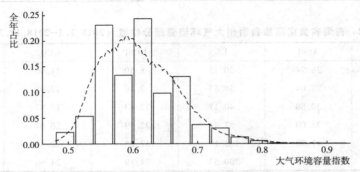

图 4　青海省黄南藏族自治州大气环境容量指数分布（AECI-2018.1.1-2018.12.31）

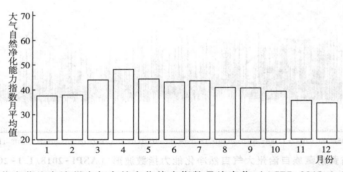

图 5　青海省黄南藏族自治州大气自然净化能力指数月均变化（ASPI-2018.1.1-2018.12.31）

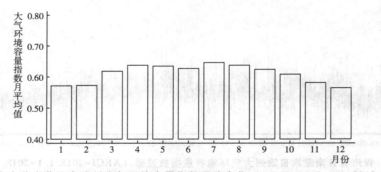

图 6　青海省黄南藏族自治州大气环境容量指数月均变化（AECI-2018.1.1-2018.12.31）

青海省海南藏族自治州

表1 青海省海南藏族自治州大气环境资源概况 （2018.1.1–2018.12.31）

指标类型	ASPI	EE	GCSP	GCO3	AECI
平均值	35.06	68.07	31.71	19.27	0.58
标准误	13.39	103.15	24.92	4.75	0.07
最小值	21.29	18.69	3.82	10.05	0.46
最大值	94.85	1026.63	92.05	45.68	0.94
样本量（个）	2358	2358	2358	2358	2358

表2 青海省海南藏族自治州大气环境资源分位数 （2018.1.1–2018.12.31）

指标类型	ASPI	EE	GCSP	GCO3	AECI
5%	23.44	19.15	7.77	11.74	0.49
10%	24.50	19.38	9.07	12.62	0.51
25%	27.21	20.08	11.82	14.74	0.53
50%	31.46	40.36	21.44	20.37	0.57
75%	36.43	64.63	51.76	22.65	0.62
90%	50.19	107.77	71.96	24.44	0.66

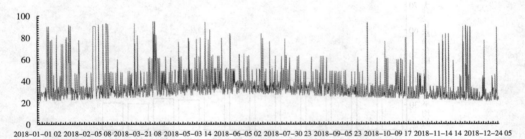

图1 青海省海南藏族自治州大气自然净化能力指数波形 （ASPI–2018.1.1–2018.12.31）

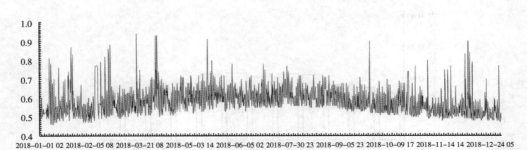

图2 青海省海南藏族自治州大气环境容量指数波形 （AECI–2018.1.1–2018.12.31）

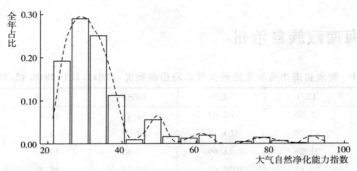

图 3 青海省海南藏族自治州大气自然净化能力指数分布 （ASPI-2018. 1. 1—2018. 12. 31）

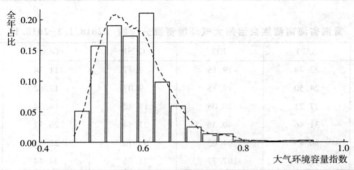

图 4 青海省海南藏族自治州大气环境容量指数分布 （AECI-2018. 1. 1—2018. 12. 31）

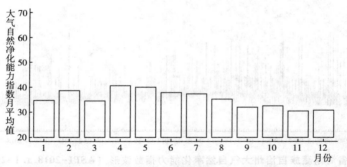

图 5 青海省海南藏族自治州大气自然净化能力指数月均变化 （ASPI-2018. 1. 1—2018. 12. 31）

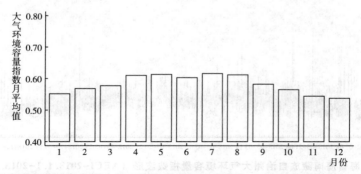

图 6 青海省海南藏族自治州大气环境容量指数月均变化 （AECI-2018. 1. 1—2018. 12. 31）

青海省果洛藏族自治州

表 1 青海省果洛藏族自治州大气环境资源概况 （2018. 1. 1–2018. 12. 31）

指标类型	ASPI	EE	GCSP	GCO3	AECI
平均值	39. 17	87. 67	38. 79	18. 82	0. 58
标准误	16. 22	108. 16	26. 42	4. 45	0. 07
最小值	21. 58	18. 75	4. 41	10. 01	0. 45
最大值	95. 97	888. 05	94. 40	26. 93	0. 91
样本量（个）	2320	2320	2320	2320	2320

表 2 青海省果洛藏族自治州大气环境资源分位数 （2018. 1. 1–2018. 12. 31）

指标类型	ASPI	EE	GCSP	GCO3	AECI
5%	24. 07	19. 29	8. 55	11. 90	0. 49
10%	25. 40	19. 57	10. 03	12. 80	0. 50
25%	29. 03	39. 07	13. 05	14. 64	0. 53
50%	32. 93	41. 20	36. 96	19. 88	0. 58
75%	45. 72	102. 69	62. 38	22. 57	0. 63
90%	62. 80	205. 39	77. 24	24. 37	0. 68

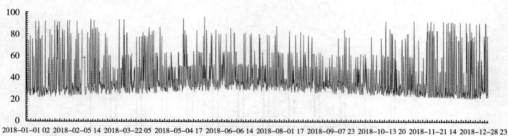

图 1 青海省果洛藏族自治州大气自然净化能力指数波形 （ASPI-2018. 1. 1–2018. 12. 31）

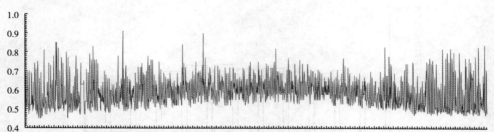

图 2 青海省果洛藏族自治州大气环境容量指数波形 （AECI-2018. 1. 1–2018. 12. 31）

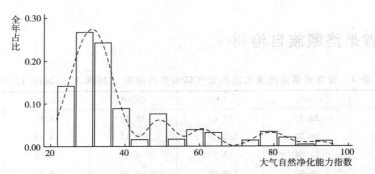

图 3　青海省果洛藏族自治州大气自然净化能力指数分布（ASPI-2018. 1. 1-2018. 12. 31）

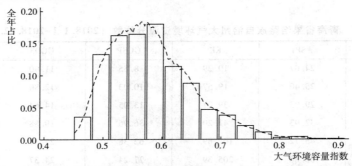

图 4　青海省果洛藏族自治州大气环境容量指数分布（AECI-2018. 1. 1-2018. 12. 31）

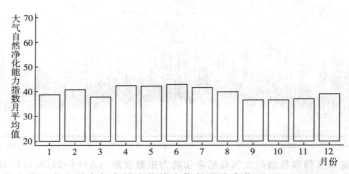

图 5　青海省果洛藏族自治州大气自然净化能力指数月均变化（ASPI-2018. 1. 1-2018. 12. 31）

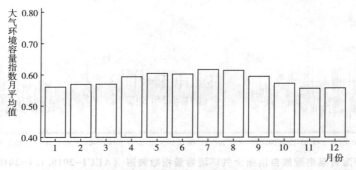

图 6　青海省果洛藏族自治州大气环境容量指数月均变化（AECI-2018. 1. 1-2018. 12. 31）

青海省玉树藏族自治州

表1 青海省玉树藏族自治州大气环境资源概况（2018.1.1~2018.12.31）

指标类型	ASPI	EE	GCSP	GCO3	AECI
平均值	35.69	63.77	35.82	19.52	0.57
标准误	12.66	73.54	27.74	4.35	0.06
最小值	21.81	18.80	3.82	10.21	0.46
最大值	96.33	743.86	94.69	27.55	0.84
样本量（个）	2323	2323	2323	2323	2323

表2 青海省玉树藏族自治州大气环境资源分位数（2018.1.1~2018.12.31）

指标类型	ASPI	EE	GCSP	GCO3	AECI
5%	24.12	19.30	7.63	12.29	0.49
10%	25.45	19.59	9.10	13.19	0.51
25%	28.32	20.41	12.19	15.32	0.53
50%	31.81	40.61	22.25	20.55	0.57
75%	36.83	64.89	60.70	22.97	0.61
90%	51.32	109.05	79.61	24.75	0.65

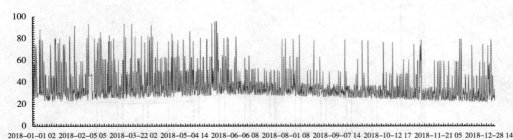

图1 青海省玉树藏族自治州大气自然净化能力指数波形（ASPI-2018.1.1~2018.12.31）

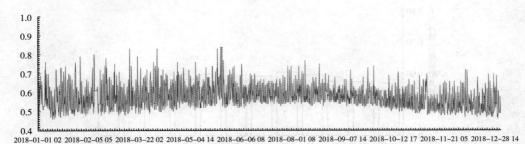

图2 青海省玉树藏族自治州大气环境容量指数波形（AECI-2018.1.1~2018.12.31）

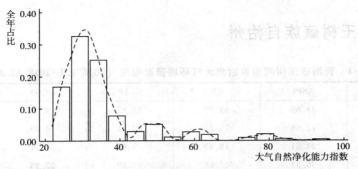

图 3 青海省玉树藏族自治州大气自然净化能力指数分布 （ASPI-2018.1.1-2018.12.31）

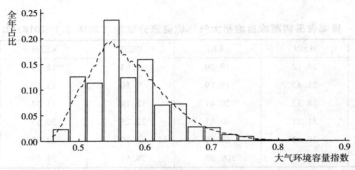

图 4 青海省玉树藏族自治州大气环境容量指数分布 （AECI-2018.1.1-2018.12.31）

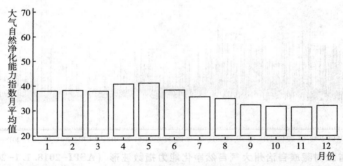

图 5 青海省玉树藏族自治州大气自然净化能力指数月均变化 （ASPI-2018.1.1-2018.12.31）

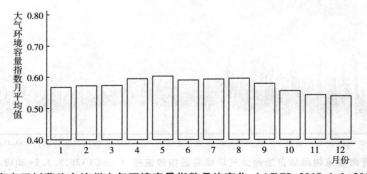

图 6 青海省玉树藏族自治州大气环境容量指数月均变化 （AECI-2018.1.1-2018.12.31）

青海省海西蒙古族藏族自治州

表 1　青海省海西蒙古族藏族自治州大气环境资源概况（2018.1.1-2018.12.31）

指标类型	ASPI	EE	GCSP	GCO3	AECI
平均值	35.96	67.15	22.12	18.94	0.59
标准误	11.95	63.25	20.86	4.93	0.06
最小值	21.16	18.66	4.01	9.62	0.46
最大值	92.16	676.84	98.63	45.70	0.85
样本量（个）	2363	2363	2363	2363	2363

表 2　青海省海西蒙古族藏族自治州大气环境资源分位数（2018.1.1-2018.12.31）

指标类型	ASPI	EE	GCSP	GCO3	AECI
5%	24.14	19.30	6.65	11.41	0.50
10%	25.65	19.66	7.74	12.27	0.51
25%	28.75	39.03	9.85	14.42	0.54
50%	32.75	41.19	12.83	20.11	0.58
75%	37.56	65.41	22.84	22.53	0.62
90%	50.34	107.94	57.72	24.26	0.66

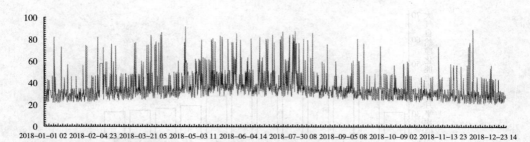

图 1　青海省海西蒙古族藏族自治州大气自然净化能力指数波形（ASPI-2018.1.1-2018.12.31）

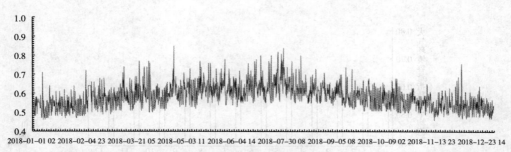

图 2　青海省海西蒙古族藏族自治州大气环境容量指数波形（AECI-2018.1.1-2018.12.31）

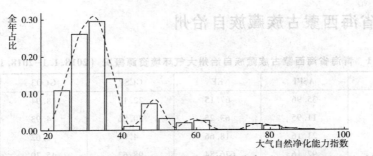

图 3 青海省海西蒙古族藏族自治州大气自然净化能力指数分布 （ASPI-2018.1.1～2018.12.31）

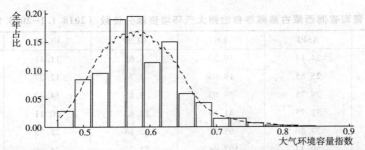

图 4 青海省海西蒙古族藏族自治州大气环境容量指数分布 （AECI-2018.1.1～2018.12.31）

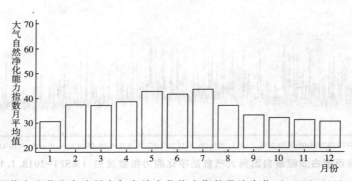

图 5 青海省海西蒙古族藏族自治州大气自然净化能力指数月均变化 （ASPI-2018.1.1～2018.12.31）

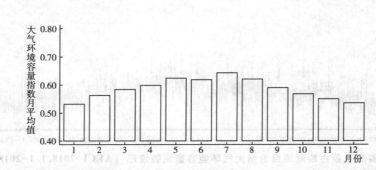

图 6 青海省海西蒙古族藏族自治州大气环境容量指数月均变化 （AECI-2018.1.1～2018.12.31）

宁夏回族自治区

宁夏回族自治区银川市

表 1 宁夏回族自治区银川市大气环境资源概况 (2018.1.1–2018.12.31)

指标类型	ASPI	EE	GCSP	GCO3	AECI
平均值	35.86	66.55	24.88	21.75	0.61
标准误	10.13	51.34	20.52	9.49	0.05
最小值	21.03	18.63	3.12	9.53	0.47
最大值	92.66	613.81	90.27	74.85	0.83
样本量（个）	2349	2349	2349	2349	2349

表 2 宁夏回族自治区银川市大气环境资源分位数 (2018.1.1–2018.12.31)

指标类型	ASPI	EE	GCSP	GCO3	AECI
5%	26.23	20.25	7.63	11.46	0.52
10%	27.41	38.45	8.72	12.44	0.54
25%	29.69	39.58	11.03	16.66	0.57
50%	32.79	42.14	13.77	20.54	0.61
75%	37.34	65.26	38.50	23.03	0.64
90%	49.23	106.68	60.48	40.86	0.68

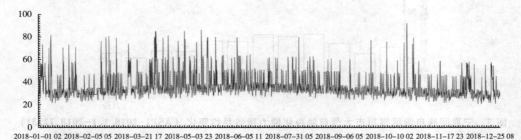

图 1 宁夏回族自治区银川市大气自然净化能力指数波形 (ASPI–2018.1.1–2018.12.31)

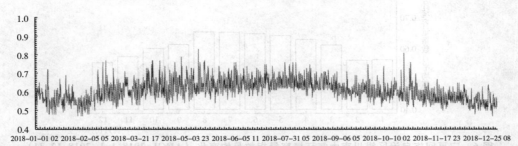

图 2 宁夏回族自治区银川市大气环境容量指数波形 (AECI–2018.1.1–2018.12.31)

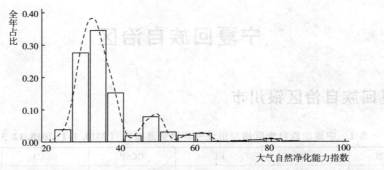

图 3　宁夏回族自治区银川市大气自然净化能力指数分布（ASPI-2018.1.1-2018.12.31）

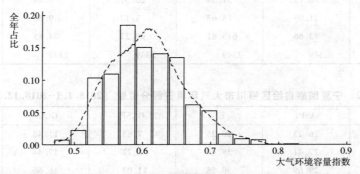

图 4　宁夏回族自治区银川市大气环境容量指数分布（AECI-2018.1.1-2018.12.31）

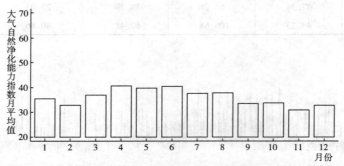

图 5　宁夏回族自治区银川市大气自然净化能力指数月均变化（ASPI-2018.1.1-2018.12.31）

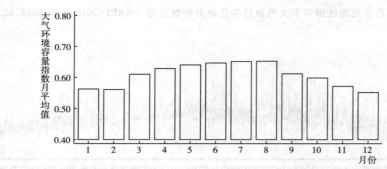

图 6　宁夏回族自治区银川市大气环境容量指数月均变化（AECI-2018.1.1-2018.12.31）

宁夏回族自治区石嘴山市

表1 宁夏回族自治区石山嘴市大气环境资源概况 （2018.1.1-2018.12.31）

指标类型	ASPI	EE	GCSP	GCO3	AECI
平均值	37.36	73.68	26.65	23.01	0.61
标准误	12.66	74.95	23.24	10.67	0.06
最小值	22.94	19.04	4.40	11.01	0.46
最大值	91.03	717.23	94.71	73.99	0.84
样本量（个）	886	886	886	886	886

表2 宁夏回族自治区石山嘴市大气环境资源分位数 （2018.1.1-2018.12.31）

指标类型	ASPI	EE	GCSP	GCO3	AECI
5%	26.45	19.80	7.32	12.21	0.51
10%	27.59	38.48	8.55	12.93	0.53
25%	30.04	39.72	10.57	17.62	0.56
50%	33.22	41.25	13.70	21.13	0.61
75%	38.56	66.10	43.28	23.73	0.65
90%	51.16	108.87	64.40	43.78	0.69

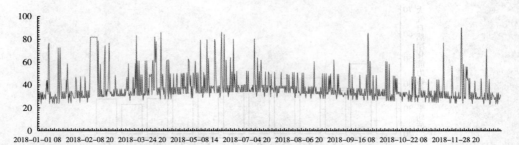

图1 宁夏回族自治区石嘴山市大气自然净化能力指数波形 （ASPI-2018.1.1-2018.12.31）

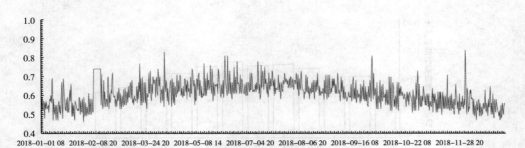

图2 宁夏回族自治区石嘴山市大气环境容量指数波形 （AECI-2018.1.1-2018.12.31）

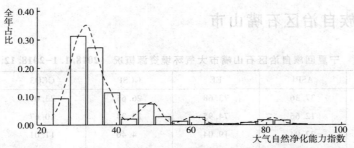

图 3 宁夏回族自治区石山嘴市大气自然净化能力指数分布 （ASPI-2018.1.1-2018.12.31）

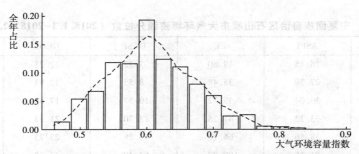

图 4 宁夏回族自治区石山嘴市大气环境容量指数分布 （AECI-2018.1.1-2018.12.31）

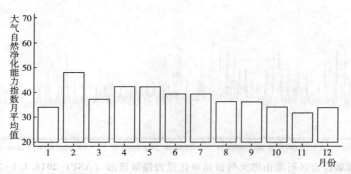

图 5 宁夏回族自治区石山嘴市大气自然净化能力指数月均变化 （ASPI-2018.1.1-2018.12.31）

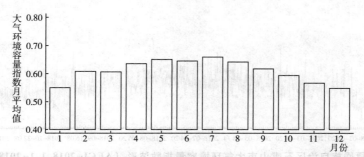

图 6 宁夏回族自治区石山嘴市大气环境容量指数月均变化 （AECI-2018.1.1-2018.12.31）

宁夏回族自治区吴忠市

表1 宁夏回族自治区吴忠市大气环境资源概况（2018.1.1-2018.12.31）

指标类型	ASPI	EE	GCSP	GCO3	AECI
平均值	37.90	76.06	23.06	22.03	0.62
标准误	11.31	56.73	19.03	9.58	0.05
最小值	21.47	18.73	3.82	9.65	0.47
最大值	85.61	401.34	91.68	75.35	0.81
样本量（个）	2343	2343	2343	2343	2343

表2 宁夏回族自治区吴忠市大气环境资源分位数（2018.1.1-2018.12.31）

指标类型	ASPI	EE	GCSP	GCO3	AECI
5%	26.63	37.89	7.95	11.72	0.53
10%	28.02	38.77	9.08	12.69	0.55
25%	30.40	39.97	11.24	17.18	0.57
50%	33.95	62.45	13.87	20.65	0.61
75%	44.00	100.75	26.87	23.16	0.65
90%	55.92	190.60	54.49	41.54	0.69

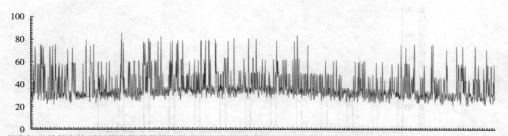

图1 宁夏回族自治区吴忠市大气自然净化能力指数波形（ASPI-2018.1.1-2018.12.31）

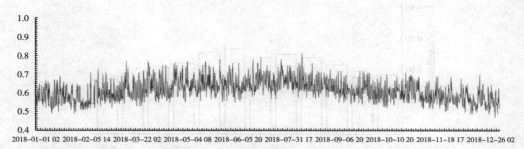

图2 宁夏回族自治区吴忠市大气环境容量指数波形（AECI-2018.1.1-2018.12.31）

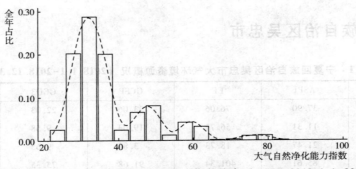

图 3　宁夏回族自治区吴忠市大气自然净化能力指数分布（ASPI-2018. 1. 1-2018. 12. 31）

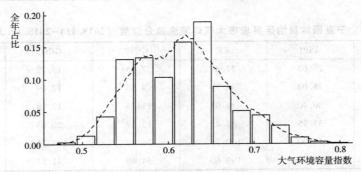

图 4　宁夏回族自治区吴忠市大气环境容量指数分布（AECI-2018. 1. 1-2018. 12. 31）

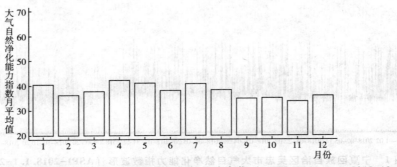

图 5　宁夏回族自治区吴忠市大气自然净化能力指数月均变化（ASPI-2018. 1. 1-2018. 12. 31）

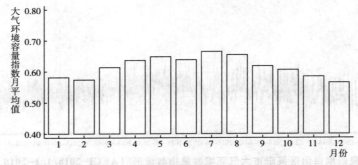

图 6　宁夏回族自治区吴忠市大气环境容量指数月均变化（AECI-2018. 1. 1-2018. 12. 31）

宁夏回族自治区固原市

表 1　宁夏回族自治区固原市大气环境资源概况（2018.1.1-2018.12.31）

指标类型	ASPI	EE	GCSP	GCO3	AECI
平均值	41.57	97.79	32.84	19.90	0.62
标准误	15.76	93.90	23.04	5.12	0.07
最小值	21.66	18.77	4.49	9.93	0.47
最大值	95.60	748.41	88.95	46.96	0.89
样本量（个）	2344	2344	2344	2344	2344

表 2　宁夏回族自治区固原市大气环境资源分位数（2018.1.1-2018.12.31）

指标类型	ASPI	EE	GCSP	GCO3	AECI
5%	26.68	20.28	9.07	11.85	0.52
10%	27.99	38.67	10.33	12.73	0.54
25%	30.57	40.00	12.83	15.84	0.57
50%	34.85	63.49	22.70	20.65	0.61
75%	49.08	106.51	53.59	23.01	0.65
90%	63.32	206.52	68.53	24.72	0.70

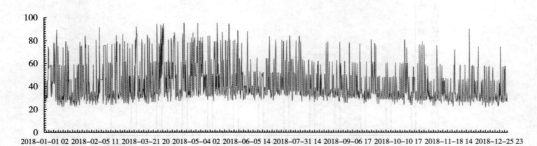

图 1　宁夏回族自治区固原市大气自然净化能力指数波形（ASPI-2018.1.1-2018.12.31）

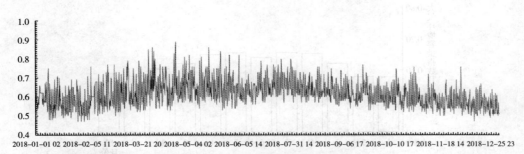

图 2　宁夏回族自治区固原市大气环境容量指数波形（AECI-2018.1.1-2018.12.31）

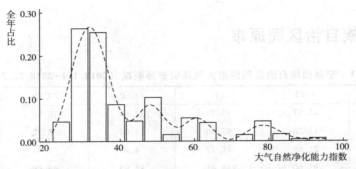

图 3　宁夏回族自治区固原市大气自然净化能力指数分布 （ASPI-2018. 1. 1-2018. 12. 31）

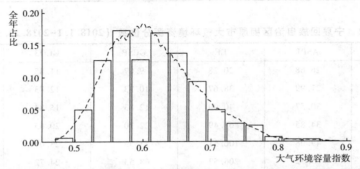

图 4　宁夏回族自治区固原市大气环境容量指数分布 （AECI-2018. 1. 1-2018. 12. 31）

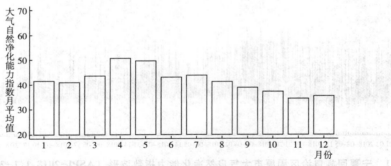

图 5　宁夏回族自治区固原市大气自然净化能力指数月均变化 （ASPI-2018. 1. 1-2018. 12. 31）

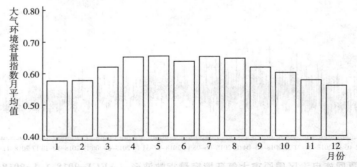

图 6　宁夏回族自治区固原市大气环境容量指数月均变化 （AECI-2018. 1. 1-2018. 12. 31）

宁夏回族自治区中卫市

表1 宁夏回族自治区中卫市大气环境资源概况 （2018.1.1-2018.12.31）

指标类型	ASPI	EE	GCSP	GCO3	AECI
平均值	44.27	116.79	27.78	21.74	0.63
标准误	17.89	115.14	23.00	9.31	0.08
最小值	21.09	18.65	3.12	9.72	0.47
最大值	97.18	967.25	92.74	74.30	0.97
样本量（个）	2345	2345	2345	2345	2345

表2 宁夏回族自治区中卫市大气环境资源分位数 （2018.1.1-2018.12.31）

指标类型	ASPI	EE	GCSP	GCO3	AECI
5%	26.27	20.23	8.25	11.62	0.53
10%	27.95	38.72	9.40	12.57	0.54
25%	30.92	40.33	11.84	16.93	0.58
50%	36.21	64.47	14.93	20.68	0.63
75%	54.44	187.41	43.75	23.13	0.68
90%	76.97	282.36	65.94	26.03	0.74

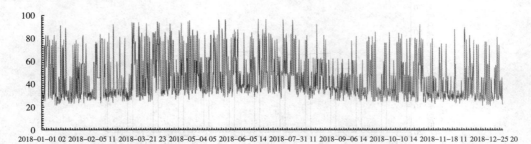

图1 宁夏回族自治区中卫市大气自然净化能力指数波形 （ASPI-2018.1.1-2018.12.31）

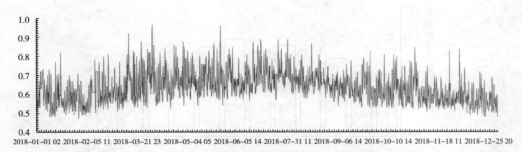

图2 宁夏回族自治区中卫市大气环境容量指数波形 （AECI-2018.1.1-2018.12.31）

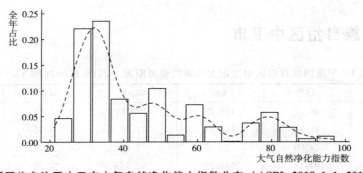

图 3　宁夏回族自治区中卫市大气自然净化能力指数分布（ASPI-2018.1.1~2018.12.31）

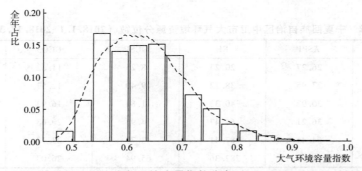

图 4　宁夏回族自治区中卫市大气环境容量指数分布（AECI-2018.1.1~2018.12.31）

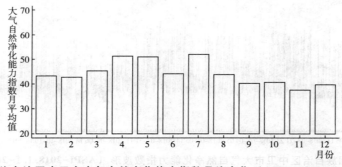

图 5　宁夏回族自治区中卫市大气自然净化能力指数月均变化（ASPI-2018.1.1~2018.12.31）

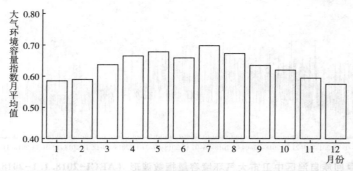

图 6　宁夏回族自治区中卫市大气环境容量指数月均变化（AECI-2018.1.1~2018.12.31）

新疆维吾尔自治区

新疆维吾尔自治区乌鲁木齐市

表 1　新疆维吾尔自治区乌鲁木齐市大气环境资源概况 （2018.1.1-2018.12.31）

指标类型	ASPI	EE	GCSP	GCO3	AECI
平均值	37.46	79.20	33.57	20.03	0.61
标准误	12.48	73.39	24.97	9.04	0.07
最小值	20.43	18.50	5.65	8.14	0.44
最大值	95.02	825.90	98.54	73.90	0.94
样本量 （个）	2362	2362	2362	2362	2362

表 2　新疆维吾尔自治区乌鲁木齐市大气环境资源分位数 （2018.1.1-2018.12.31）

指标类型	ASPI	EE	GCSP	GCO3	AECI
5%	24.75	19.49	9.34	10.33	0.50
10%	26.24	37.54	10.41	11.21	0.52
25%	29.22	39.43	12.67	13.52	0.55
50%	33.34	62.35	21.84	19.47	0.60
75%	45.28	102.2	56.25	22.04	0.65
90%	50.53	108.15	69.47	24.62	0.69

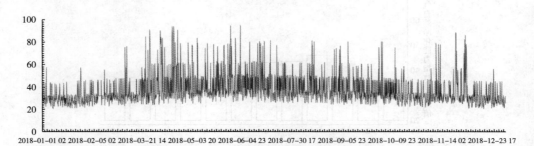

图 1　新疆维吾尔自治区乌鲁木齐市大气自然净化能力指数波形 （ASPI-2018.1.1-2018.12.31）

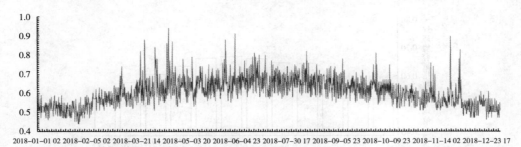

图 2　新疆维吾尔自治区乌鲁木齐市大气环境容量指数波形 （AECI-2018.1.1-2018.12.31）

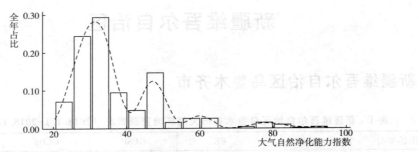

图3 新疆维吾尔自治区乌鲁木齐市大气自然净化能力指数分布 （ASPI-2018.1.1-2018.12.31）

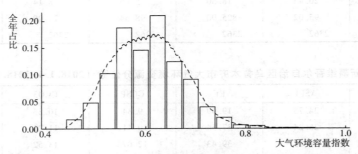

图4 新疆维吾尔自治区乌鲁木齐市大气环境容量指数分布 （AECI-2018.1.1-2018.12.31）

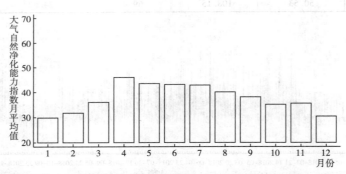

图5 新疆维吾尔自治区乌鲁木齐市大气自然净化能力指数月均变化 （ASPI-2018.1.1-2018.12.31）

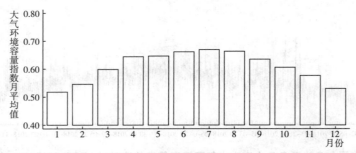

图6 新疆维吾尔自治区乌鲁木齐市大气环境容量指数月均变化 （AECI-2018.1.1-2018.12.31）

新疆维吾尔自治区克拉玛依市

表 1　新疆维吾尔自治区克拉玛依市大气环境资源概况 （2018. 1. 1－2018. 12. 31）

指标类型	ASPI	EE	GCSP	GCO3	AECI
平均值	40. 30	106. 25	26. 67	21. 30	0. 62
标准误	16. 98	134. 61	20. 81	11. 68	0. 09
最小值	19. 81	18. 37	5. 68	7. 75	0. 44
最大值	94. 96	1252. 20	90. 00	77. 96	0. 98
样本量 （个）	2366	2366	2366	2366	2366

表 2　新疆维吾尔自治区克拉玛依市大气环境资源分位数 （2018. 1. 1－2018. 12. 31）

指标类型	ASPI	EE	GCSP	GCO3	AECI
5%	24. 42	19. 42	8. 94	9. 84	0. 49
10%	25. 95	37. 77	10. 00	10. 84	0. 50
25%	29. 01	39. 30	11. 88	13. 15	0. 55
50%	33. 62	62. 64	14. 58	19. 33	0. 62
75%	46. 74	103. 86	43. 79	22. 11	0. 67
90%	71. 79	265. 45	61. 19	42. 18	0. 73

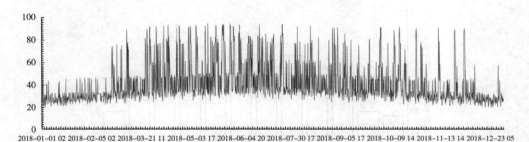

图 1　新疆维吾尔自治区克拉玛依市大气自然净化能力指数波形 （ASPI－2018. 1. 1－2018. 12. 31）

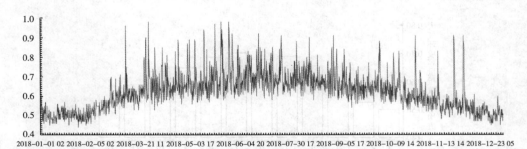

图 2　新疆维吾尔自治区克拉玛依市大气环境容量指数波形 （AECI－2018. 1. 1－2018. 12. 31）

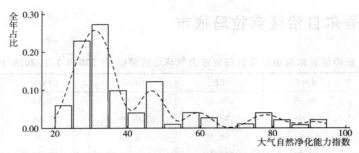

图 3　新疆维吾尔自治区克拉玛依市大气自然净化能力指数分布 （ASPI-2018. 1. 1~2018. 12. 31）

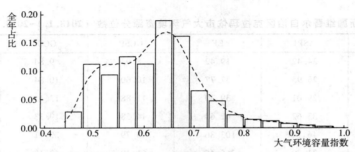

图 4　新疆维吾尔自治区克拉玛依市大气环境容量指数分布 （AECI-2018. 1. 1~2018. 12. 31）

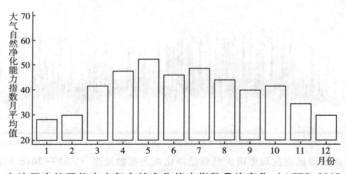

图 5　新疆维吾尔自治区克拉玛依市大气自然净化能力指数月均变化 （ASPI-2018. 1. 1~2018. 12. 31）

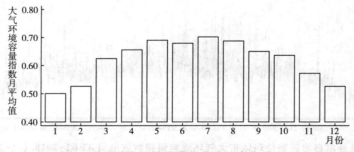

图 6　新疆维吾尔自治区克拉玛依市大气环境容量指数月均变化 （AECI-2018. 1. 1~2018. 12. 31）

新疆维吾尔自治区吐鲁番市

表 1   新疆维吾尔自治区吐鲁番市大气环境资源概况 （2018.1.1–2018.12.31）

指标类型	ASPI	EE	GCSP	GCO3	AECI
平均值	38.97	86.78	11.71	30.39	0.64
标准误	13.42	78.57	6.45	20.55	0.08
最小值	21.13	18.65	4.47	9.06	0.49
最大值	96.48	847.51	70.64	82.11	1.01
样本量（个）	2360	2360	2360	2360	2360

表 2   新疆维吾尔自治区吐鲁番市大气环境资源分位数 （2018.1.1–2018.12.31）

指标类型	ASPI	EE	GCSP	GCO3	AECI
5%	26.28	38.05	6.96	10.82	0.53
10%	27.52	38.62	7.62	11.86	0.54
25%	30.05	39.97	8.82	16.65	0.58
50%	34.08	62.95	10.61	20.46	0.64
75%	46.09	103.11	12.52	43.35	0.69
90%	58.10	195.30	14.19	69.40	0.74

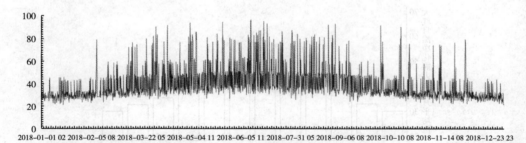

图 1   新疆维吾尔自治区吐鲁番市大气自然净化能力指数波形 （ASPI–2018.1.1–2018.12.31）

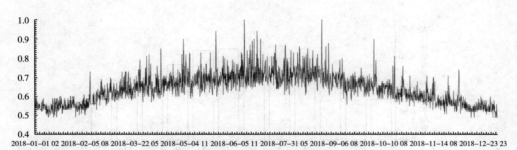

图 2   新疆维吾尔自治区吐鲁番市大气环境容量指数波形 （AECI–2018.1.1–2018.12.31）

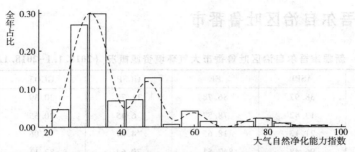

图 3　新疆维吾尔自治区吐鲁番市大气自然净化能力指数分布 （ASPI-2018.1.1~2018.12.31）

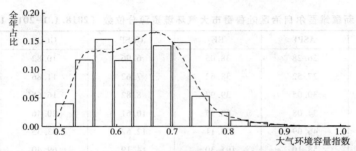

图 4　新疆维吾尔自治区吐鲁番市大气环境容量指数分布 （AECI-2018.1.1~2018.12.31）

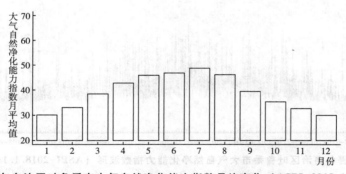

图 5　新疆维吾尔自治区吐鲁番市大气自然净化能力指数月均变化 （ASPI-2018.1.1~2018.12.31）

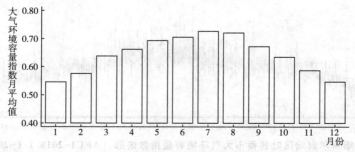

图 6　新疆维吾尔自治区吐鲁番市大气环境容量指数月均变化 （AECI-2018.1.1~2018.12.31）

新疆维吾尔自治区哈密市

表1 新疆维吾尔自治区哈密市大气环境资源概况 （2018.1.1-2018.12.31）

指标类型	ASPI	EE	GCSP	GCO3	AECI
平均值	34.26	62.50	18.65	22.87	0.60
标准误	10.38	54.71	15.46	13.68	0.06
最小值	20.46	18.51	4.01	8.45	0.46
最大值	89.67	593.95	93.93	82.01	0.85
样本量（个）	2365	2365	2365	2365	2365

表2 新疆维吾尔自治区哈密市大气环境资源分位数 （2018.1.1-2018.12.31）

指标类型	ASPI	EE	GCSP	GCO3	AECI
5%	25.41	20.12	6.96	10.47	0.51
10%	26.51	38.02	8.01	11.43	0.52
25%	28.52	39.05	10.10	13.97	0.56
50%	31.66	40.60	12.65	19.89	0.60
75%	35.27	63.82	21.65	22.54	0.64
90%	47.13	104.30	43.52	44.04	0.68

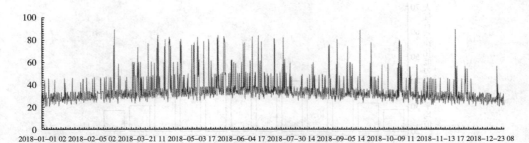

图1 新疆维吾尔自治区哈密市大气自然净化能力指数波形 （ASPI-2018.1.1-2018.12.31）

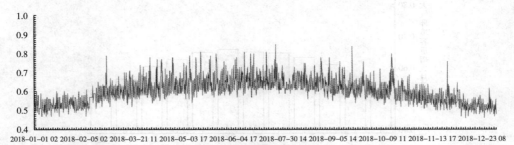

图2 新疆维吾尔自治区哈密市大气环境容量指数波形 （AECI-2018.1.1-2018.12.31）

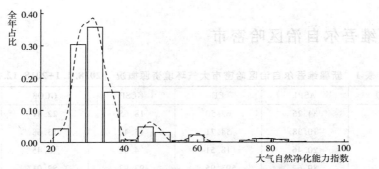

图 3　新疆维吾尔自治区哈密市大气自然净化能力指数分布（ASPI-2018. 1. 1-2018. 12. 31）

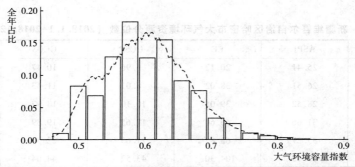

图 4　新疆维吾尔自治区哈密市大气环境容量指数分布（AECI-2018. 1. 1-2018. 12. 31）

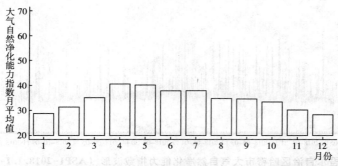

图 5　新疆维吾尔自治区哈密市大气自然净化能力指数月均变化（ASPI-2018. 1. 1-2018. 12. 31）

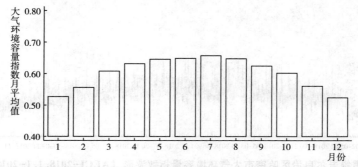

图 6　新疆维吾尔自治区哈密市大气环境容量指数月均变化（AECI-2018. 1. 1-2018. 12. 31）

新疆维吾尔自治区阿克苏地区

表1 新疆维吾尔自治区阿克苏地区大气环境资源概况 （2018.1.1-2018.12.31）

指标类型	ASPI	EE	GCSP	GCO3	AECI
平均值	38.02	82.12	24.54	21.99	0.62
标准误	12.78	80.01	19.16	10.58	0.07
最小值	21.45	18.72	4.00	9.25	0.47
最大值	95.31	1032.40	91.78	73.31	0.98
样本量（个）	2363	2363	2363	2363	2363

表2 新疆维吾尔自治区阿克苏地区大气环境资源分位数 （2018.1.1-2018.12.31）

指标类型	ASPI	EE	GCSP	GCO3	AECI
5%	26.61	38.14	8.25	11.10	0.52
10%	27.76	38.72	9.41	12.10	0.54
25%	30.22	39.98	11.67	16.26	0.57
50%	33.53	62.50	14.46	20.28	0.62
75%	43.53	100.22	28.19	22.73	0.66
90%	51.47	109.22	57.68	42.12	0.71

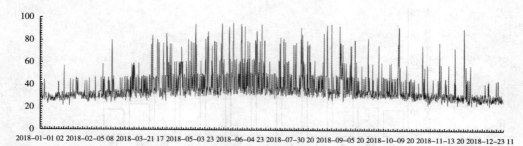

图1 新疆维吾尔自治区阿克苏地区大气自然净化能力指数波形 （ASPI-2018.1.1-2018.12.31）

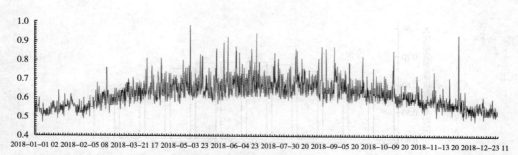

图2 新疆维吾尔自治区阿克苏地区大气环境容量指数波形 （AECI-2018.1.1-2018.12.31）

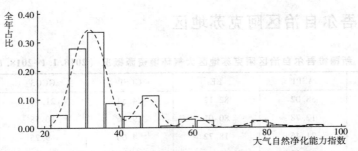

图 3 新疆维吾尔自治区阿苏克地区大气自然净化能力指数分布 （ASPI-2018.1.1-2018.12.31）

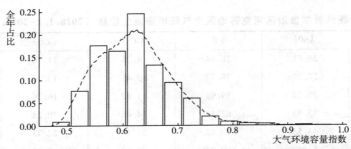

图 4 新疆维吾尔自治区阿苏克地区大气环境容量指数分布 （AECI-2018.1.1-2018.12.31）

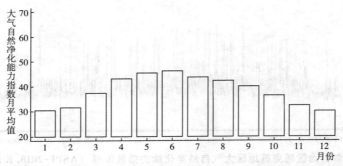

图 5 新疆维吾尔自治区阿克苏地区大气自然净化能力指数月均变化 （ASPI-2018.1.1-2018.12.31）

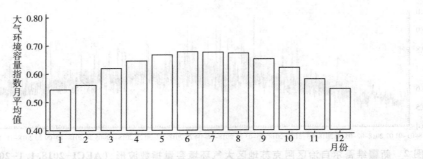

图 6 新疆维吾尔自治区阿克苏地区大气环境容量指数月均变化 （AECI-2018.1.1-2018.12.31）

新疆维吾尔自治区喀什地区

表1 新疆维吾尔自治区喀什地区大气环境资源概况（2018.1.1–2018.12.31）

指标类型	ASPI	EE	GCSP	GCO3	AECI
平均值	41.87	108.00	23.66	22.48	0.63
标准误	16.28	129.26	19.28	10.57	0.08
最小值	20.74	18.57	4.93	9.64	0.49
最大值	97.12	1385.18	92.34	74.28	1.03
样本量（个）	2361	2361	2361	2361	2361

表2 新疆维吾尔自治区喀什地区大气环境资源分位数（2018.1.1–2018.12.31）

指标类型	ASPI	EE	GCSP	GCO3	AECI
5%	25.85	19.80	8.50	11.46	0.53
10%	27.48	38.45	9.33	12.52	0.54
25%	30.62	40.21	11.03	16.86	0.58
50%	35.31	63.85	13.73	20.58	0.63
75%	48.40	105.73	27.82	23.06	0.68
90%	62.87	205.56	56.64	43.01	0.74

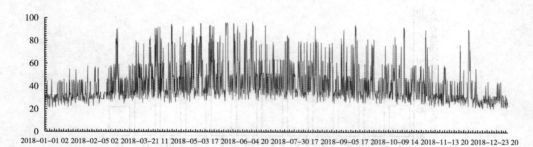

图1 新疆维吾尔自治区喀什地区大气自然净化能力指数波形（ASPI–2018.1.1–2018.12.31）

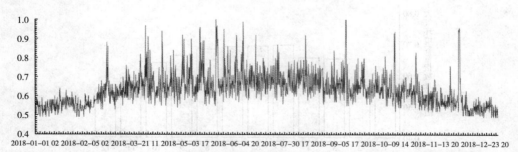

图2 新疆维吾尔自治区喀什地区大气环境容量指数波形（AECI–2018.1.1–2018.12.31）

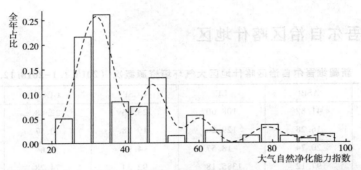

图3 新疆维吾尔自治区喀什地区大气自然净化能力指数分布 （ASPI-2018.1.1~2018.12.31）

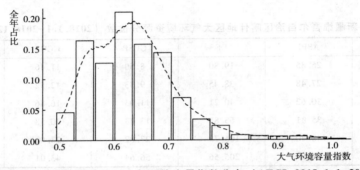

图4 新疆维吾尔自治区喀什地区大气环境容量指数分布 （AECI-2018.1.1~2018.12.31）

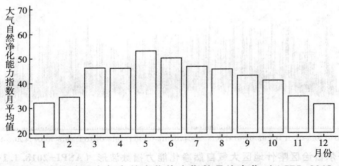

图5 新疆维吾尔自治区喀什地区大气自然净化能力指数月均变化 （ASPI-2018.1.1~2018.12.31）

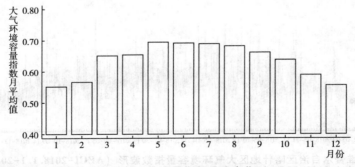

图6 新疆维吾尔自治区喀什地区大气环境容量指数月均变化 （AECI-2018.1.1~2018.12.31）

新疆维吾尔自治区和田地区

表 1　新疆维吾尔自治区和田地区大气环境资源概况（2018.1.1~2018.12.31）

指标类型	ASPI	EE	GCSP	GCO3	AECI
平均值	38.92	81.76	16.86	23.83	0.63
标准误	12.75	65.98	14.33	11.70	0.06
最小值	21.28	18.69	3.82	10.19	0.49
最大值	93.75	756.00	88.05	77.95	0.91
样本量（个）	2361	2361	2361	2361	2361

表 2　新疆维吾尔自治区和田地区大气环境资源分位数（2018.1.1~2018.12.31）

指标类型	ASPI	EE	GCSP	GCO3	AECI
5%	26.48	37.82	7.31	12.21	0.53
10%	27.80	38.64	8.24	13.41	0.55
25%	30.66	40.09	9.86	17.99	0.58
50%	34.43	63.19	12.18	21.10	0.62
75%	45.87	102.87	14.74	23.68	0.67
90%	59.61	198.53	36.35	43.55	0.71

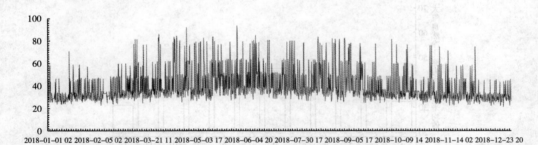

图 1　新疆维吾尔自治区和田地区大气自然净化能力指数波形（ASPI-2018.1.1~2018.12.31）

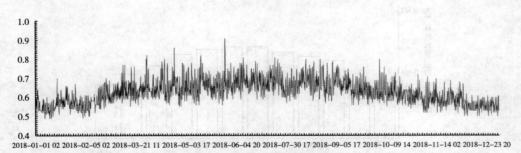

图 2　新疆维吾尔自治区和田地区大气环境容量指数波形（AECI-2018.1.1~2018.12.31）

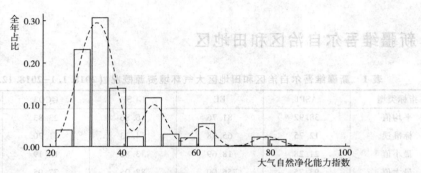

图 3　新疆维吾尔自治区和田地区大气自然净化能力指数分布（ASPI-2018. 1. 1-2018. 12. 31）

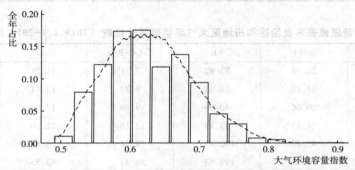

图 4　新疆维吾尔自治区和田地区大气环境容量指数分布（AECI-2018. 1. 1-2018. 12. 31）

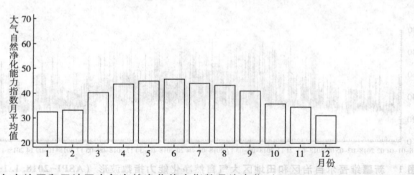

图 5　新疆维吾尔自治区和田地区大气自然净化能力指数月均变化（ASPI-2018. 1. 1-2018. 12. 31）

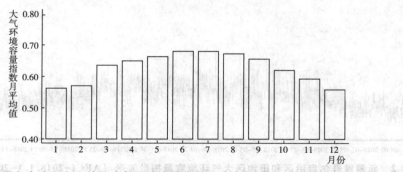

图 6　新疆维吾尔自治区和田地区大气环境容量指数月均变化（AECI-2018. 1. 1-2018. 12. 31）

新疆维吾尔自治区昌吉回族自治州

表 1　新疆维吾尔自治区昌吉回族自治州大气环境资源概况（2018. 1. 1–2018. 12. 31）

指标类型	ASPI	EE	GCSP	GCO3	AECI
平均值	34. 55	61. 01	37. 72	23. 17	0. 59
标准误	10. 35	50. 46	26. 19	13. 83	0. 07
最小值	22. 08	18. 86	6. 33	9. 79	0. 45
最大值	86. 58	405. 51	94. 44	77. 54	0. 86
样本量（个）	890	890	890	890	890

表 2　新疆维吾尔自治区昌吉回族自治州大气环境资源分位数（2018. 1. 1–2018. 12. 31）

指标类型	ASPI	EE	GCSP	GCO3	AECI
5%	23. 84	19. 24	9. 07	10. 84	0. 48
10%	25. 61	19. 63	10. 02	11. 50	0. 50
25%	28. 12	38. 80	12. 47	13. 64	0. 53
50%	31. 75	40. 55	27. 36	20. 18	0. 59
75%	36. 35	64. 58	62. 27	22. 91	0. 65
90%	49	106. 42	73. 57	45. 09	0. 69

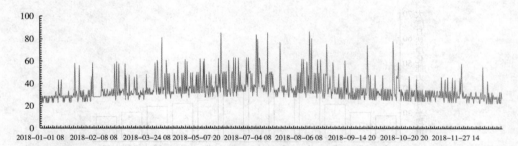

图 1　新疆维吾尔自治区昌吉回族自治州大气自然净化能力指数波形（ASPI–2018. 1. 1–2018. 12. 31）

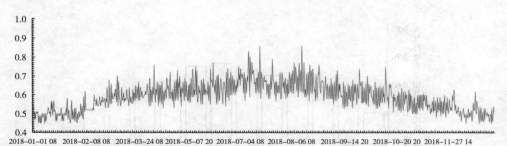

图 2　新疆维吾尔自治区昌吉回族自治州大气环境容量指数波形（AECI–2018. 1. 1–2018. 12. 31）

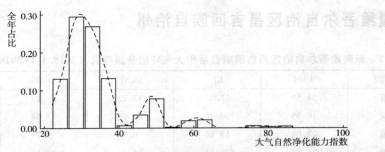

图 3　新疆维吾尔自治区昌吉回族自治州大气自然净化能力指数分布（ASPI-2018.1.1-2018.12.31）

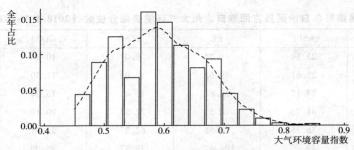

图 4　新疆维吾尔自治区昌吉回族自治州大气环境容量指数分布（AECI-2018.1.1-2018.12.31）

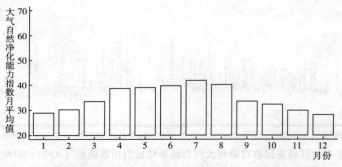

图 5　新疆维吾尔自治区昌吉回族自治州大气自然净化能力指数月均变化（ASPI-2018.1.1-2018.12.31）

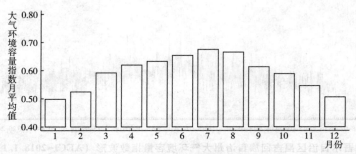

图 6　新疆维吾尔自治区昌吉回族自治州大气环境容量指数月均变化（AECI-2018.1.1-2018.12.31）

新疆维吾尔自治区博尔塔拉蒙古自治州

表 1　新疆维吾尔自治区博尔塔拉蒙古自治州大气环境资源概况 （2018. 1. 1–2018. 12. 31）

指标类型	ASPI	EE	GCSP	GCO3	AECI
平均值	34.83	65.73	39.7	19.87	0.60
标准误	9.66	50.16	23.65	9.52	0.07
最小值	20.05	18.42	7.49	7.82	0.43
最大值	95.44	891.88	95.67	74.50	1.02
样本量（个）	2361	2361	2361	2361	2361

表 2　新疆维吾尔自治区博尔塔拉蒙古自治州大气环境资源分位数 （2018. 1. 1–2018. 12. 31）

指标类型	ASPI	EE	GCSP	GCO3	AECI
5%	25.2	37.55	10.79	9.95	0.49
10%	26.41	38.12	12.03	10.92	0.51
25%	28.92	39.27	14.29	13.08	0.55
50%	32.14	61.20	42.48	19.18	0.60
75%	36.07	64.38	59.76	21.82	0.64
90%	48.20	105.52	70.98	24.53	0.68

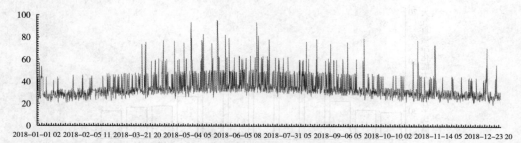

图 1　新疆维吾尔自治区博尔塔拉蒙古自治州大气自然净化能力指数波形 （ASPI–2018. 1. 1–2018. 12. 31）

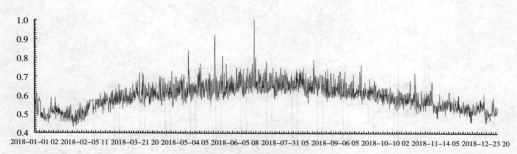

图 2　新疆维吾尔自治区博尔塔拉蒙古自治州大气环境容量指数波形 （AECI–2018. 1. 1–2018. 12. 31）

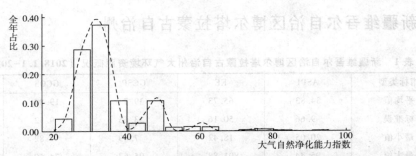

图3 新疆维吾尔自治区博尔塔拉蒙古自治州大气自然净化能力指数分布 （ASPI-2018.1.1~2018.12.31）

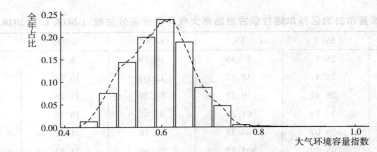

图4 新疆维吾尔自治区博尔塔拉蒙古自治州大气环境容量指数分布 （AECI-2018.1.1~2018.12.31）

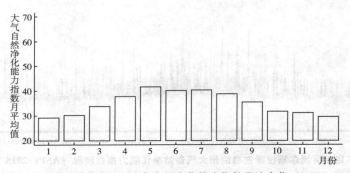

图5 新疆维吾尔自治区博尔塔拉蒙古自治州大气自然净化能力指数月均变化 （ASPI-2018.1.1~2018.12.31）

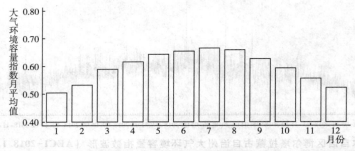

图6 新疆维吾尔自治区博尔塔拉蒙古自治州大气环境容量指数月均变化 （AECI-2018.1.1~2018.12.31）

新疆维吾尔自治区巴音郭楞蒙古自治州

表 1　新疆维吾尔自治区巴音郭楞蒙古自治州大气环境资源概况（2018.1.1–2018.12.31）

指标类型	ASPI	EE	GCSP	GCO3	AECI
平均值	43.00	113.47	26.58	22.03	0.64
标准误	16.95	116.5	20.83	11.23	0.08
最小值	21.40	18.71	4.42	9.00	0.47
最大值	96.43	936.62	90.30	74.51	0.97
样本量（个）	2360	2360	2360	2360	2360

表 2　新疆维吾尔自治区巴音郭楞蒙古自治州大气环境资源分位数（2018.1.1–2018.12.31）

指标类型	ASPI	EE	GCSP	GCO3	AECI
5%	27.01	38.25	8.61	10.80	0.52
10%	28.41	39.00	9.79	11.78	0.54
25%	31.17	41.43	12.04	14.50	0.58
50%	35.51	63.99	14.92	20.12	0.63
75%	48.44	105.78	42.34	22.61	0.68
90%	75.11	275.51	62.28	43.14	0.74

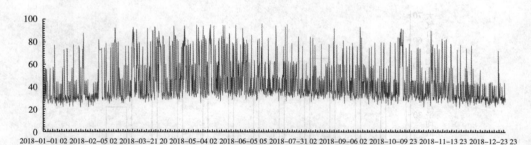

图 1　新疆维吾尔自治区巴音郭楞蒙古自治州大气自然净化能力指数波形（ASPI–2018.1.1–2018.12.31）

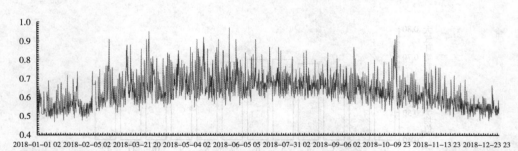

图 2　新疆维吾尔自治区巴音郭楞蒙古自治州大气环境容量指数波形（AECI–2018.1.1–2018.12.31）

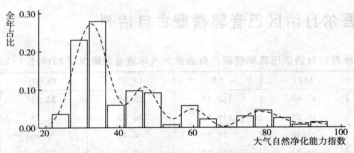

图 3 新疆维吾尔自治区巴音郭楞蒙古自治州大气自然净化能力指数分布 （ASPI-2018. 1. 1-2018. 12. 31）

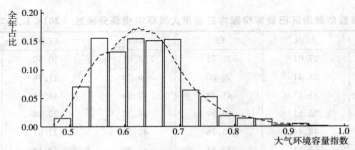

图 4 新疆维吾尔自治区巴音郭楞蒙古自治州大气环境容量指数分布 （AECI-2018. 1. 1-2018. 12. 31）

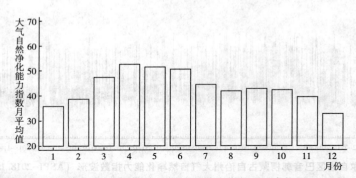

图 5 新疆维吾尔自治区巴音郭楞蒙古自治州大气自然净化能力指数月均变化 （ASPI-2018. 1. 1-2018. 12. 31）

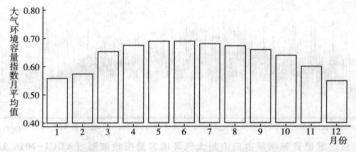

图 6 新疆维吾尔自治区巴音郭楞蒙古自治州大气环境容量指数月均变化 （AECI-2018. 1. 1-2018. 12. 31）

新疆维吾尔自治区伊犁哈萨克自治州

表 1　新疆维吾尔自治区伊犁哈萨克自治州大气环境资源概况（2018.1.1~2018.12.31）

指标类型	ASPI	EE	GCSP	GCO3	AECI
平均值	34.04	63.07	38.55	21.04	0.60
标准误	11.83	67.63	27.03	10.28	0.07
最小值	20.11	18.43	6.94	8.72	0.45
最大值	95.79	831.08	95.62	73.84	0.92
样本量（个）	2361	2361	2361	2361	2361

表 2　新疆维吾尔自治区伊犁哈萨克自治州大气环境资源分位数（2018.1.1~2018.12.31）

指标类型	ASPI	EE	GCSP	GCO3	AECI
5%	22.81	19.02	9.62	10.70	0.50
10%	24.27	19.36	10.95	11.61	0.51
25%	27.28	38.38	13.37	14.99	0.55
50%	30.78	40.12	27.09	19.58	0.59
75%	35.70	64.12	63.77	22.13	0.64
90%	48.44	105.78	78.91	39.94	0.69

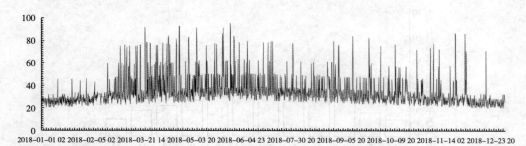

图 1　新疆维吾尔自治区伊犁哈萨克自治州大气自然净化能力指数波形（ASPI-2018.1.1~2018.12.31）

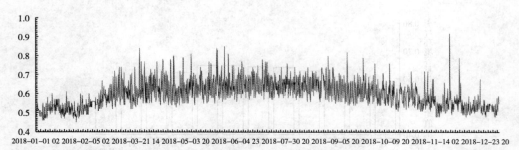

图 2　新疆维吾尔自治区伊犁哈萨克自治州大气环境容量指数波形（AECI-2018.1.1~2018.12.31）

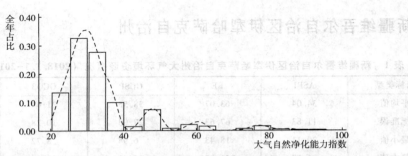

图 3　新疆维吾尔自治区伊犁哈萨克自治州大气自然净化能力指数分布　（ASPI-2018.1.1~2018.12.31）

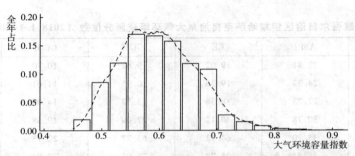

图 4　新疆维吾尔自治区伊犁哈萨克自治州大气环境容量指数分布　（AECI-2018.1.1~2018.12.31）

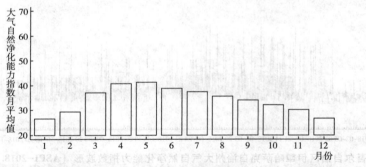

图 5　新疆维吾尔自治区伊犁哈萨克自治州大气自然净化能力指数月均变化　（ASPI-2018.1.1~2018.12.31）

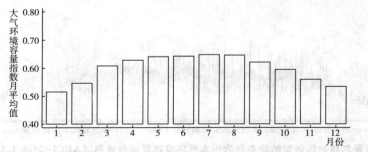

图 6　新疆维吾尔自治区伊犁哈萨克自治州大气环境容量指数月均变化　（AECI-2018.1.1~2018.12.31）

新疆维吾尔自治区塔城地区

表 1　新疆维吾尔自治区塔城地区大气环境资源概况（2018.1.1–2018.12.31）

指标类型	ASPI	EE	GCSP	GCO3	AECI
平均值	36.50	79.72	35.27	19.56	0.60
标准误	13.47	88.50	25.34	9.25	0.07
最小值	19.75	18.36	5.83	7.97	0.44
最大值	95.35	1019.85	95.75	73.50	0.95
样本量（个）	2367	2367	2367	2367	2367

表 2　新疆维吾尔自治区塔城地区大气环境资源分位数（2018.1.1–2018.12.31）

指标类型	ASPI	EE	GCSP	GCO3	AECI
5%	25.08	37.50	9.78	9.89	0.50
10%	26.30	38.08	11.00	10.82	0.52
25%	28.48	39.07	13.22	13.19	0.55
50%	31.99	61.10	23.21	18.89	0.60
75%	36.91	64.96	56.05	21.43	0.65
90%	51.00	108.68	75.21	23.86	0.69

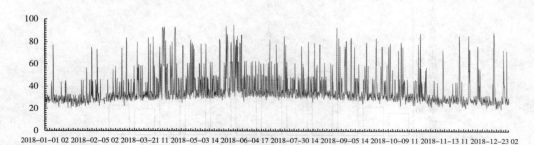

2018-01-01 02　2018-02-05 02　2018-03-21 11　2018-05-03 14　2018-06-04 17　2018-07-30 14　2018-09-05 14　2018-10-09 11　2018-11-13 11　2018-12-23 02

图 1　新疆维吾尔自治区塔城地区大气自然净化能力指数波形（ASPI–2018.1.1–2018.12.31）

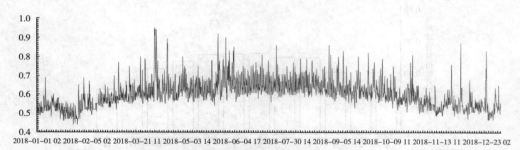

2018-01-01 02　2018-02-05 02　2018-03-21 11　2018-05-03 14　2018-06-04 17　2018-07-30 14　2018-09-05 14　2018-10-09 11　2018-11-13 11　2018-12-23 02

图 2　新疆维吾尔自治区塔城地区大气环境容量指数波形（AECI–2018.1.1–2018.12.31）

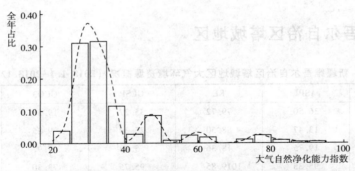

图 3　新疆维吾尔自治区塔城地区大气自然净化能力指数分布（ASPI-2018. 1. 1~2018. 12. 31）

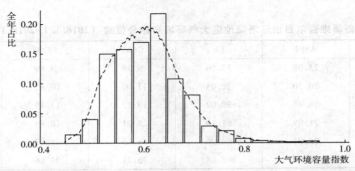

图 4　新疆维吾尔自治区塔城地区大气环境容量指数分布（AECI-2018. 1. 1~2018. 12. 31）

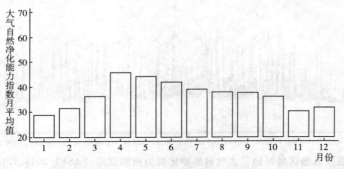

图 5　新疆维吾尔自治区塔城地区大气自然净化能力指数月均变化（ASPI-2018. 1. 1~2018. 12. 31）

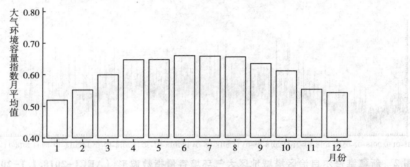

图 6　新疆维吾尔自治区塔城地区大气环境容量指数月均变化（AECI-2018. 1. 1~2018. 12. 31）

新疆维吾尔自治区阿勒泰地区

表 1 新疆维吾尔自治区阿勒泰地区大气环境资源概况 （2018.1.1-2018.12.31）

指标类型	ASPI	EE	GCSP	GCO3	AECI
平均值	35.14	72.27	38.81	18.10	0.59
标准误	13.97	78.55	25.80	7.21	0.08
最小值	19.47	18.30	6.24	7.53	0.42
最大值	93.11	799.92	100.00	58.70	0.92
样本量（个）	2363	2363	2363	2363	2363

表 2 新疆维吾尔自治区阿勒泰地区大气环境资源分位数 （2018.1.1-2018.12.31）

指标类型	ASPI	EE	GCSP	GCO3	AECI
5%	22.60	18.97	10.34	9.30	0.47
10%	24.23	19.38	11.49	10.29	0.49
25%	27.31	38.48	13.79	12.56	0.53
50%	30.45	40.17	37.23	18.44	0.59
75%	35.48	63.97	58.27	21.10	0.63
90%	56.82	192.53	77.72	23.07	0.69

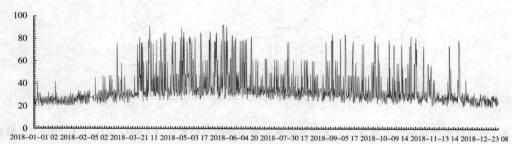

图 1 新疆维吾尔自治区阿勒泰地区大气自然净化能力指数波形 （ASPI-2018.1.1-2018.12.31）

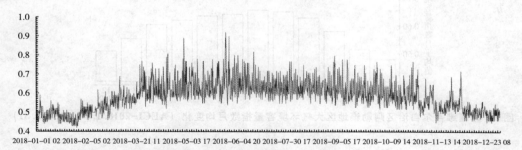

图 2 新疆维吾尔自治区阿勒泰地区大气环境容量指数波形 （AECI-2018.1.1-2018.12.31）

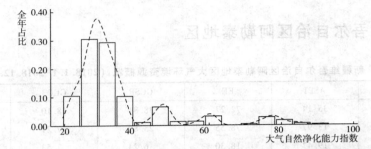

图 3　新疆维吾尔自治区阿勒泰地区大气自然净化能力指数分布 （ASPI-2018.1.1~2018.12.31）

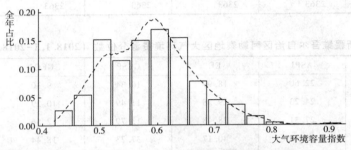

图 4　新疆维吾尔自治区阿勒泰地区大气环境容量指数分布 （AECI-2018.1.1~2018.12.31）

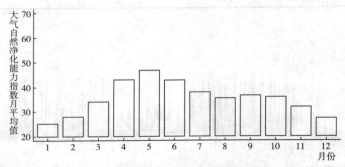

图 5　新疆维吾尔自治区阿勒泰地区大气自然净化能力指数月均变化 （ASPI-2018.1.1~2018.12.31）

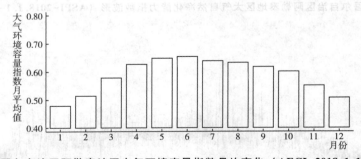

图 6　新疆维吾尔自治区阿勒泰地区大气环境容量指数月均变化 （AECI-2018.1.1~2018.12.31）

新疆维吾尔自治区石河子市

表 1 新疆维吾尔自治区石河子市大气环境资源概况 （2018.1.1~2018.12.31）

指标类型	ASPI	EE	GCSP	GCO3	AECI
平均值	33.28	56.39	40.63	22.15	0.59
标准误	10.14	59.93	26.55	11.56	0.07
最小值	22.10	18.86	6.94	9.79	0.44
最大值	95.57	687.76	98.57	73.17	0.91
样本量（个）	891	891	891	891	891

表 2 新疆维吾尔自治区石河子市大气环境资源分位数 （2018.1.1~2018.12.31）

指标类型	ASPI	EE	GCSP	GCO3	AECI
5%	23.44	19.15	9.83	10.84	0.48
10%	25.24	19.54	10.78	11.48	0.50
25%	27.77	38.50	13.03	13.71	0.54
50%	31.23	40.26	44.86	20.19	0.58
75%	34.99	63.58	64.38	22.78	0.64
90%	45.95	102.96	75.52	43.88	0.68

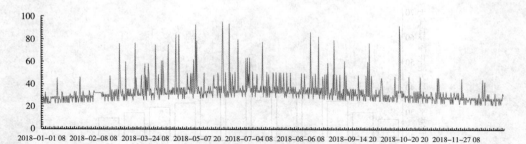

图 1 新疆维吾尔自治区石河子市大气自然净化能力指数波形 （ASPI-2018.1.1~2018.12.31）

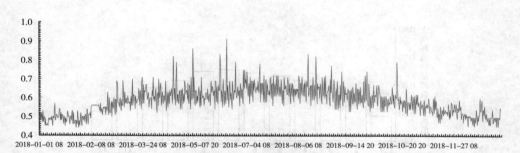

图 2 新疆维吾尔自治区石河子市大气环境容量指数波形 （AECI-2018.1.1~2018.12.31）

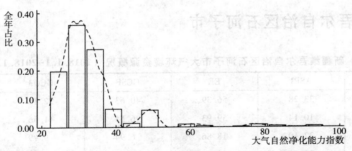

图 3　新疆维吾尔自治区石河子市大气自然净化能力指数分布（ASPI-2018.1.1-2018.12.31）

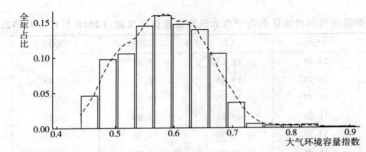

图 4　新疆维吾尔自治区石河子市大气环境容量指数分布（AECI-2018.1.1-2018.12.31）

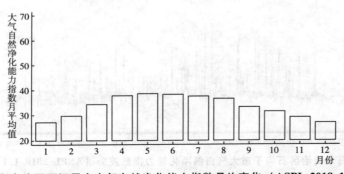

图 5　新疆维吾尔自治区石河子市大气自然净化能力指数月均变化（ASPI-2018.1.1-2018.12.31）

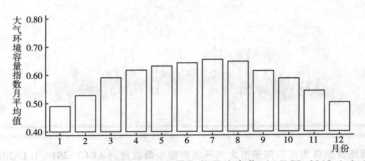

图 6　新疆维吾尔自治区石河子市大气环境容量指数月均变化（AECI-2018.1.1-2018.12.31）

新疆维吾尔自治区阿拉尔市

表 1 新疆维吾尔自治区阿拉尔市大气环境资源概况 （2018. 1. 1–2018. 12. 31）

指标类型	ASPI	EE	GCSP	GCO3	AECI
平均值	34.97	64.01	28.80	22.21	0.60
标准误	10.83	56.90	21.86	11.41	0.06
最小值	20.57	18.53	4.90	9.28	0.47
最大值	94.57	755.41	86.73	76.26	0.94
样本量（个）	2366	2366	2366	2366	2366

表 2 新疆维吾尔自治区阿拉尔市大气环境资源分位数 （2018. 1. 1–2018. 12. 31）

指标类型	ASPI	EE	GCSP	GCO3	AECI
5%	24.27	19.33	8.24	11.09	0.51
10%	25.81	19.80	9.60	12.07	0.52
25%	28.42	38.97	12.07	14.91	0.56
50%	31.98	40.85	15.41	20.32	0.60
75%	36.68	64.81	47.93	22.81	0.65
90%	48.94	106.35	65.11	42.76	0.69

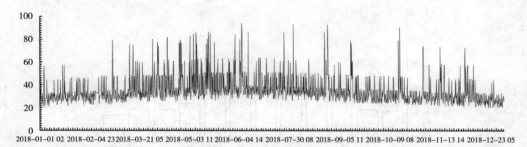

图 1 新疆维吾尔自治区阿拉尔市大气自然净化能力指数波形 （ASPI–2018. 1. 1–2018. 12. 31）

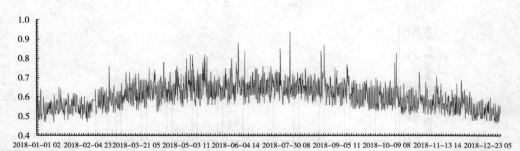

图 2 新疆维吾尔自治区阿拉尔市大气环境容量指数波形 （AECI–2018. 1. 1–2018. 12. 31）

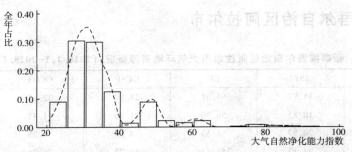

图 3　新疆维吾尔自治区阿拉尔市大气自然净化能力指数分布（ASPI–2018.1.1–2018.12.31）

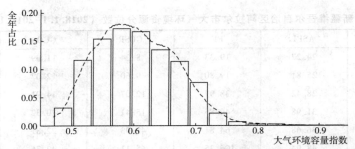

图 4　新疆维吾尔自治区阿拉尔市大气环境容量指数分布（AECI–2018.1.1–2018.12.31）

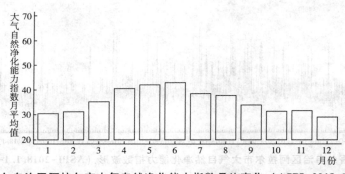

图 5　新疆维吾尔自治区阿拉尔市大气自然净化能力指数月均变化（ASPI–2018.1.1–2018.12.31）

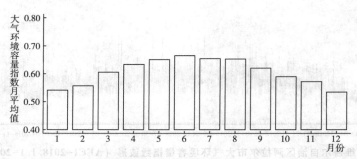

图 6　新疆维吾尔自治区阿拉尔市大气环境容量指数月均变化（AECI–2018.1.1–2018.12.31）

新疆维吾尔自治区五家渠市

表 1 新疆维吾尔自治区五家渠市大气环境资源概况 （2018.1.1–2018.12.31）

指标类型	ASPI	EE	GCSP	GCO3	AECI
平均值	36.72	76.80	39.00	21.70	0.60
标准误	13.45	73.24	26.47	13.10	0.08
最小值	20.03	18.42	5.29	7.69	0.43
最大值	94.87	682.07	95.74	79.90	0.87
样本量（个）	2356	2356	2356	2356	2356

表 2 新疆维吾尔自治区五家渠市大气环境资源分位数 （2018.1.1–2018.12.31）

指标类型	ASPI	EE	GCSP	GCO3	AECI
5%	23.77	19.22	8.74	9.82	0.47
10%	25.70	20.07	9.86	10.72	0.49
25%	28.30	38.94	12.86	13.02	0.54
50%	32.34	61.15	38.44	19.36	0.60
75%	38.13	65.81	62.10	22.13	0.65
90%	58.34	195.81	74.55	43.16	0.70

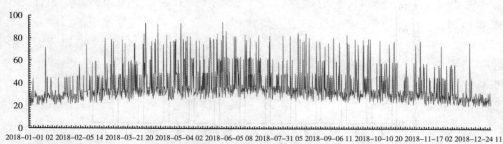

图 1 新疆维吾尔自治区五家渠市大气自然净化能力指数波形 （ASPI–2018.1.1–2018.12.31）

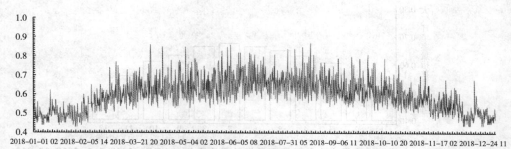

图 2 新疆维吾尔自治区五家渠市大气环境容量指数波形 （AECI–2018.1.1–2018.12.31）

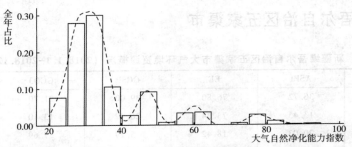

图 3 新疆维吾尔自治区五家渠市大气自然净化能力指数分布（ASPI-2018.1.1~2018.12.31）

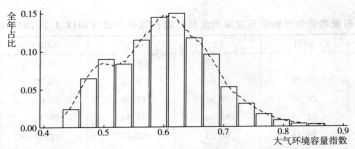

图 4 新疆维吾尔自治区五家渠市大气环境容量指数分布（AECI-2018.1.1~2018.12.31）

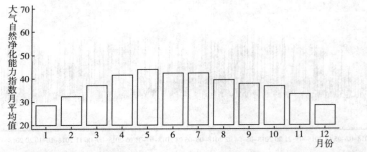

图 5 新疆维吾尔自治区五家渠市大气自然净化能力指数月均变化（ASPI-2018.1.1~2018.12.31）

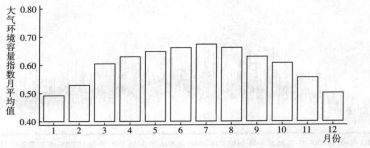

图 6 新疆维吾尔自治区五家渠市大气环境容量指数月均变化（AECI-2018.1.1~2018.12.31）

附 录

基于大气自然净化能力实时监测的
大气污染治理模式

大气污染程度取决于两个因素：一个是污染物排放量的多少；另一个是大气能自然净化多少。污染物排放较多时，超过了大气的自然净化能力，净化不掉的污染物留在空气中，就会造成大气污染。

大气自然净化过程是一个复杂的大气物理过程，净化能力的强弱由气象条件、地理位置、地面特征等一系列自然因素决定，并且随着时间变化而不断变化。大气自然净化能力下降时，如果污染物排放不能相应的减少，就会造成空气污染。

基于大气自然净化能力实时监测的大气污染治理模式，通过对空气质量监测点进行大气自然净化能力实时监测，提前获取大气自然净化能力变化情况，根据大气自然净化能力变化情况采取有针对性的措施，可减少无用功，提高大气污染治理的工作效率。

利用大气自然净化能力实时监测数据，可以排查不同时段造成空气质量下降的主要污染源，也可以实时监督偷排和超排现象，提高大气环境督查的准确性。同时，根据大气自然净化能力计算大气环境容量，有助于制定科学的错峰生产计划，在保障经济正常运行的前提下，改善空气质量，做到削峰和降总。基于大气自然净化能力实时监测的大气污染治理模式对于进一步提升本地大气污染治理水平，缓解大气污染治理和经济发展之间的矛盾具有重要的现实意义。

与现行的治理模式相比，基于大气自然净化能力实时监测的大气污染治理模式具有一定的优势。现行的空气质量数值模式，将大气环境假设为一个可变的受体。在实际应用中，人们将污染源清单作为输入端，融合大气环境变化数据，来计算空气质量的变化趋势。这种模式存在两个问题：一方面，大气环境变化数据本身是由格点数据转换而来的，也就是说，大气环境变化数据，首先经历了一次以点带面的数据处理过程；另一方面，污染源清单驱动空气质量数值模式，虽然也考虑了扩散条件的影响，但忽略了大气环境对污染物的清除过程和清除速度的差别。因此，空气质量数值模式的适用需要满足几个基本条件：首先，强污染源条件，即污染源排放强度远高于环境空气中污染物的浓度，至少要高于周围 10 倍以上。其次，假设大气中污染物浓度差异较小，即污染物在大气中是接近均匀分布的，只有这样才能进行从以点带面到以面带点的自由切换。最后，忽略大气环境的微小差异，至少在十公里以内的尺度下，认为大气环境是均质的。考虑到以上几点，空气质量数值模式在重污染天气预报中可以发挥一定的作用，但在日常应对点位考核过程中，其能发挥的作用就非常有限。基于大气自然净化能力实时监测的大气污染治理模式，其核心思想是将大气环境看作一个实时可变的微观系统，大气环境变化不断地制造清洁空气，只不过受天气条件的影响，制造清洁空气的速度不同。清洁空气为污染物提供了扩散的空间和条件，本质上，在基于大气自然净化能力实时监测的模型中，污染物的扩散被看作一个弱源扩散过程，即一个污染物充分混合的过程。从这个角度讲，基于大气自然净化能力实时监测的治理模式，更注重微观层面的空气质量，它不考虑一个宏观区域内污染物的排放总量和大气空间的大小，而考虑的是环境空气质量点数据形成的微观基础。

也就是说，在一个宏观区域里，虽然污染物排放总量和大气空间的大小决定了该区域空气质量的理论平均数值，但这并不意味着，在这个宏观区域中，任意选取一个点位进行监测，其空气质量数据就与理论平均值一致，有时候，不仅不一致，甚至差别甚远。事实上，这也是空气质量数值模式结果与空气质量点位数据存在较大差异的根本原因。实践中会发现，越是在污染源清单详尽的地区，空气质量数值模式结果与实测数据的误差范围越大。一方面，这是污染源清单统计的误差积累效应所致，单个污染源统计误差越大，污染源清单越详尽，总误差也就越大；另一方面，空气质量实测数据反映的是一个点周围空气中污染物的实际浓度，它是由弱源扩散和大气环境微观变化决定的，不能简单地用宏观均值来替代。在以空气质量实测数据为考核依据的框架下，空气质量数值模式的实践指导意义有限。基于大气自然净化能力实时监测数据的大气污染治理模式，理论上具有明显的优势。

排放平衡点——大气污染控制的宏观方法

自 2012 年中国实施环境空气质量新标准以来，大气污染治理工作逐渐上升到国家战略层面。从 2013 年 9 月出台《大气污染防治行动计划》（国发〔2013〕37 号），到 2018 年 6 月出台《打赢蓝天保卫战三年行动计划》（国发〔2018〕22 号），这标志着中国大气污染治理工作从第一阶段向第二阶段过渡，中国大气污染程度也从超重阶段转向较重阶段。随着大气污染治理第一阶段工作的结束，大量粗放型污染源被强制关、停、并、转，污染物总体排放经历了一个断崖式下跌过程，重点城市和地区的环境空气质量也从超重污染变成较重污染。为了巩固第一阶段的成果，保持环境空气质量的不反弹且持续改善，国家层面又提出了新的行动计划。这意味着中国大气污染治理工作已经进入深水区。一方面，污染物减排的难度越来越大，几乎所有的工厂企业已经实现了达标排放，甚至还实现了超低排放，进行大规模运动式减排的条件已经不再具备；另一方面，污染物减排的效果越来越不明显，空气质量改善与污染物排放减少之间的相关性越来越不明显，如何进行有针对性地减排，同时将污染物排放控制与大气环境容量结合起来，明确不同区域的污染物排放控制目标，避免污染物管控中的"一刀切"，实现污染物等量置换，缓解经济发展与大气污染防治之间的矛盾等成为突出问题。鉴于这种形势，寻找一种相对准确且方便实施的大气污染宏观控制方法，具有重要的现实意义和应用价值。

一．大气污染的水池模型

大气污染过程可以简化为一个水池模型。形象地说，我们所处的大气环境就像一个开放的大水池，这个大水池既有进水口，又有出水口。其中污染源排放是进水口，大气自然净化作用是出水口，水深是污染物浓度。大气污染程度可以用一个简单的公式来描述，即水深＝原有水深＋进水口进水量（污染源排放强度）－出水口出水量（大气自然净化能力）。2019 年 3 月 11 日，生态环境部部长李干杰在答记者问时表示，大气重污染的成因及来源基本上搞清楚了，主要是三大方面：一是污染排放；二是气象条件；三是区域传输。实际上也是这个道理，污染排放是本地进水口，区域传输是外地进水口，二者共同构成污染物的来源，是内因；气象条件是出水口，是影响水深的外因。

目前，我们针对大气污染治理所做的工作，也可以根据上述水池模型大致分为两类。其中，环境空气质量监测，是针对水深所做的工作，具体包括空气质量国控点、省控点、市控点，空气质量微子站和热点网格，以及激光雷达、移动监测车等。这些工作总结起来，都是对水深的监测，通过这些数据，实时反映不同位置的空气质量状况，然后不断地细分，尽可能全面地反映空气质量的整体状况。另一类是针对污染源的工作，即针对进水口的工作。除了污染物区域传输以外，地方政府针对本地排放已经做了大量的工作，具体包括污染源清单编制、企业在线监测系统、油烟在线监测系统、机动车、工地、街道网格化整治、高空瞭望秸秆禁烧等。针对上述两个方面的工作，有些城市甚至已经实现了平台融合，利用大数据技术，将空气质量数据和污染源数据融合起来，做到了形式上的联动。

从水池模型看，当前的大气污染治理工作必然存在三方面的问题。第一，对空气质量，即空气中污染物浓度的考察，是通过监测点采样分析实现的。也就是说，空气质量监测数据，只能反映这个点位周围很小范围的空气中污染物的浓度。如果将空气质量监测点位看作一个小水池，那么这个小水池的进水管会有很多，如污染源的远近、强弱，排放时间安排等，最终折算成对这个点位空气质量的影响，是非常细致的，也是非常复杂的。所以，即使不考虑气象条件的影响，污染源的排放加总也很难与空气质量的变化一一对应起来，污染源排放的变化在微观上很难与空气质量变化保持高度的关联。根据目前的空气质量监测技术，就算是实现了对污染源的精准且动态的监控，也很难通过对污染源的控制进行空气质量调节，因为污染源排放对空气质量监测点位的影响也是不确定的。污染源对空气质量监测点位的实际影响，不仅与污染源排放强弱和距离有关，还与污染源和空气质量监测点位之间的大气自然净化能力有关。空气质量微子站、热点网格、激光雷达扫描，实际上已经从侧面证明了这一点，即使在较小的区域内，空气中的污染物浓度也存在显著差异，不同点位的空气质量与区域内污染源的关系存在高度的不确定性，通过污染源的微观控制实现空气质量改善本身存在逻辑上的矛盾。

第二，大气自然净化能力对空气质量监测点位数据的影响是显著的，至少在非极端气象条件下，空气质量监测点位数据的变化与大气自然净化能力之间存在不可忽视的关联。对于不同的空气质量监测点来说，大气自然净化能力的差别是值得关注的，甚至比周围污染源分布的差别对空气质量监测点数据的影响还要大一些。我们不可能在不掌握空气质量点位周围大气自然净化能力状况的前提下，分析查找影响空气质量点位的污染源。实际工作中，对大气自然净化能力的分析还没有做到与空气质量监测数据的联动，污染物排放控制与空气质量改善之间当然也就难以做到一致。

第三，污染源排放的整体控制与空气质量整体状况之间存在不一致。一方面，这是由空气质量监测的技术特征决定的，空气质量监测数据只能反映一个点位周围空气中污染物浓度的变化，对于这个点位污染物浓度变化产生影响的污染源可能在所有的污染源中只占非常小的比重，如果减少的污染物排放正好不影响这个空气质量监测点位的数据，则必然导致污染物排放整体控制效果得不到反映。另一方面，空气质量监测点大气自然净化能力的变化，在一定程度上干扰了污染物排放整体控制与空气质量监测数据之间的关系，弱化了二者的关系。

因此，从效果和经济性角度考虑，在大气污染控制方面，不应该仅考虑污染物排放总量绝对值减少这一个指标，还应该考虑污染物控制与空气质量改善之间的关系，选择一个更便捷、更有效、更全面、更具操作性的衡量指标。

二．大气的自然净化过程与大气环境容量

污染物进入大气环境后大致会经历扩散、搬运、沉降、移除等一系列过程，这一过程可以看作大气的自然净化过程。静态地看，任何排入大气的污染物在经历或长或短的时间后，最终都会被大气清除掉，并不是留存在大气中。实际上，大气污染物的来源有很多，并且是持续排放的。也就是说，每时每刻，都有不同数量的污染物进入大气环境中，而大气环境每时每刻也在清理着这些污染物。当进入大气的污染物总量不多时，大气中留存的污染物浓度就很低，不会对人、动植物、资产等造成损害，也就无所谓大气污染。然而，当进入大气的污染物总量持续增加，超出大气自然净化能力时，大气中留存的污染物浓度就会上升，开始对人、动植物、资产产生一定的损害，我们就认为大气进入了污染状态。

　　大气中污染物的浓度是衡量大气污染程度的关键指标。从这个角度讲，大气污染程度取决于大气污染物排放与大气自然净化能力的差值，而不是大气污染物排放的绝对量。而决定大气自然净化能力的因素是气象条件和大气环境特征，决定气象条件和大气环境特征的则是自然地理条件和气象气候特征。大气自然净化能力具有实时性和周期性特征，实时性主要表现在，受气象条件的影响，不同的地方在同一时间的大气自然净化能力差别可能很大，同一地方在不同时间的大气自然净化能力也存在很大差别。周期性则表现在，对于一个特定的地方，全年大气自然净化能力的总量每年相差不大，波动较小。

　　实时性和周期性特征，决定了大气自然净化能力实时监测和长期统计的现实意义。对于某个地方来说，每天的大气自然净化能力变化可能很大，但一年下来，大气自然净化能力的总量却相对恒定。这个总量，可以用来表征这个地方的大气环境容量。也就是说，大气环境容量，可以看作一个地方一年大气自然净化污染物能力的总和，不管实际排放是多少，这个地方的大气环境容量是一定的。一个地方的大气环境容量有多大，是由这个地方的地理条件和气象气候特征决定的，而与实际排放情况无关。

　　想要实现对大气自然净化能力的实时监测，首先要对不同气象条件和大气环境特征进行详细分类，对不同气象条件和大气环境特征代表的净化能力进行排序。即使不能准确测量不同气象条件和大气环境特征下大气自然净化污染物的绝对量，至少也要实现对不同条件下大气自然净化能力强弱的排序。根据这一思路利用历史经验数据开发的大气自然净化能力指数模型（ASPI Model），在一定程度上实现了对大气自然净化能力强弱的标准排序。下面我们考虑利用 ASPI Model，建立一种大气污染控制的宏观方法，即排放平衡法。

　　三．污染源整体特征

　　现实中污染物的排放是一个动态且连续的过程。首先，能够释放污染物的源头有很多，诸如裸露的地面、农田、油性植物等自然源，工厂烟囱、机动车尾气、有机物挥发、养殖场、餐饮油烟等人为源。这些污染源种类繁多，数量庞大，很难实现相对准确的统计。其次，污染源的活动具有时效性，不同种类的污染源，在不同时间点排放污染物的多少也是不同的。对于某个污染源来说，它处于活动状态时，可能排放就很多，但它处于非活动状态时，可能就不排放污染物。比如，行进中的机动车和静止的机动车相比，前者排放，后者就无排放。基于以上两点，我们可以总结出污染物排放的三个特征：第一，污染物排放是一个连续的过程，也就是说，每时每刻都有污染物进入大气环境中；第二，污染物排放是一个动态的过程，即每时每刻进入大气环境的污染物的数量不是恒定的，而是处于时刻变化中，有时多，有时少；第三，污染物的实际排放量既是不可以精确统计的，也是不可以精确控制的。

污染源种类繁多，排放特征多样，活动时间不一，决定了污染物排放整体的波动性。微观层面，无论是自然源还是人为源，都具有一定的排放特征，各自按照自己的活动规律排放。例如，饭店工作人员早晨 9 点开始准备菜品，根据菜单需要安排煎炸烹煮，餐饮油烟的排放规律大致由人们的就餐习惯决定。再如，油性植物在什么气温下分泌的 VOCs 类物质多，在什么气温条件下分泌得少，大致由植物的生长规律决定。孤立地看，每种排放源的规律性都是存在的，且是可以掌握的。但是，当所有种类的污染源活动加总起来，想要从宏观上把握污染物排放的规律却非常难。

当然，事情还要一分为二地看。在不同的地方，污染源的种类不同，活动规律也不一样，对其活动规律掌握的难度也不一样。比如，在污染物排放强度很大的厂区，工业源的比重占 90%以上，且空气中污染物浓度比正常的大气环境中污染物的浓度高出 10 多倍甚至数十倍。这种情况下，掌握工业源排放规律，可以近似看作掌握了污染物排放的规律。从这个角度讲，能否把握污染物排放的规律性，与污染源的构成有密切的关系。在存在主要污染源，且主要污染源排放强度相对大的情况下，掌握污染源的活动规律并进行大气污染控制，具有一定的实践价值。

但是，对于一个空气质量监测点来说，污染源的构成非常复杂。正如前面所说，空气质量监测点只能反映点位周围很小范围的大气环境中污染物的浓度，而影响这个点位周围大气环境中污染物浓度的污染源有很多，有的排放强度大，距离远；有的排放强度小，距离近；有的白天排，有的夜间排。总之，即使我们不考虑大气净化能力对污染物传输的影响，想要将影响空气质量监测点数据的所有污染源统计出来也是不可能的。

四. 排放平衡法

污染源的复杂性、排放活动的实时性和污染源的空间不均匀分布，决定了空气质量监测点污染源的不可完全统计性。也就是说，如果将一个空气质量监测点看作一个水池，由于进水口太多，每个进水口的进水量随时间的变化而变化的变动性又很大，所以想通过进水口来统计水池的进水量几乎是不可能的。这就是现阶段大气污染防治工作面临的问题。理论上讲，污染物排放是大气污染的外因，只要污染物排放量减少，空气质量就应该好转，这是人们直觉的认识。或者说，不管那么多，只要进水量减少了，水池的深度自然就应该下去。这种直觉并没有什么不妥，对于城市这个大水池来说，进水量减少了，在不考虑出水口影响的情况下，这个大水池的平均水深当然要下降。只是值得注意的是，空气质量监测点并不能代表城市这个大水池的水深，一个空气质量监测点只能代表它周围这个小水池的水深。所以，对于一些城市来说，虽然他们在一段时间做了大量的减排工作，但也未必能在几个空气质量监测点的数据上有所反映。相反，即使没有做任何减排工作，由于受到污染源分布的不均匀和大气自然净化能力波动的影响，某个城市在某个时间，空气质量监测点位的数据也可能会有显著改善。因此，在对一个城市采取污染物总量控制时，如果不能做到污染物总量的大幅度减少，一般很难在空气质量改善上得到体现，有时候，受到大气自然净化能力的不利影响，小幅度减排的效果往往会被掩盖，看不到任何作用。

根据前面的简化模型，大气中污染物的浓度高低，取决于三个因素：一是污染物排放的多少；二是大气环境污染物留存了多少；三是大气自然净化掉多少。当进水量＝出水量，也就是当污染源排放强度＝大气自然净化能力时，水深保持不变，意味着大气环境中污染物的浓度保持不变。这种状态，我们可以将其定义为排放平衡状态。

大气环境处于排放平衡状态具有三层含义。第一，处于排放平衡状态的大气环境，污染物的浓度同样处于一种平衡状态，即污染物浓度既不升高，也不下降。对应空气质量数据，即此时的空气质量监测数据既不恶化，也不好转。第二，处于排放平衡状态的大气环境，污染源排放的污染物总量恰好等于大气自然净化污染物的总量。第三，如果大气环境中的污染物浓度保持平衡，即空气质量监测数据保持稳定，则意味着此时的大气环境处于排放平衡状态。以上三层含义是我们使用排放平衡点法进行大气污染物宏观控制的主要理论依据。

首先，我们考虑污染源排放的波动性与规律性。对于某个空气质量监测点来说，虽然影响它的污染源有很多，排放时序和排放强度也不一样，但是，这些污染源整体上是符合统计规律的，尤其对于人为源来说，其排放特征应该遵循高斯分布。也就是说，影响一个空气质量监测点的所有污染源的加权排放强度可以看作一个连续的随机事件，虽然每时每刻的排放强度都不同，但却存在整体均值和方差。其次，我们应考虑大气自然净化能力的波动性和规律性。对于某个空气质量监测点来说，其大气自然净化能力也可以看作一个连续的随机事件。最后，我们还要考虑影响空气质量监测点位的所有污染源的加权排放强度恰好等于大气自然净化能力的情况，这也是一个随机事件。这样的随机事件数量只要足够多，根据中心极限定理，其样本均值可以看作整体均值的近似。

基于上述分析，可以抽象出一个衡量影响空气质量监测点位污染源实际排放的等价模型，其计算过程大致如下：首先，对某个空气质量监测点进行大气自然净化能力实时监测，监测时序与空气质量数据保持一致；其次，在一个周期内，如1年、1个季度、1个月等，将空气质量波动幅度较小的时段筛选出来，作为排放平衡的样本值。然后，对所有样本值的大气自然净化能力指数求均值，这个均值即为该空气质量监测点的排放平衡点，它反映的是，影响这个空气质量监测点的所有污染源实际排放的强弱。排放平衡点高，说明影响这个空气质量监测点的污染源实际排放量大，需要更高的净化能力，才能实现对污染物的完全净化。反之，排放平衡点低，则说明影响这个空气质量监测点的污染源实际排放量小，只要较小的净化能力，就能将污染物净化干净。

既然进水口太多、太细、太复杂，而出水口相对容易衡量，所以就利用平衡排放时进出口水量一致的特征，通过计算出水口的水量来表示进水口的水量，这是利用排放平衡法计算实际排放强度的基本思想。实际应用中，采用对空气质量监测点加测大气自然净化能力指数的方式计算点位的排放平衡点，可以从宏观上反映影响该空气质量监测点污染源的实际排放强度。空气质量监测点位的排放平衡点，具有如下含义。

第一，排放平衡点等价于影响空气质量监测点的所有污染源折纯后的实际排放强度，这里所说的所有污染源既包括人为源，也包括自然源，折纯后的实际排放强度是指污染源排放对空气质量监测点产生的实际影响程度。

第二，排放平衡点的高低与空气质量监测数据没有必然联系，排放平衡点高，意味着影响空气质量监测点的所有污染源的折纯后的实际排放强度大，反之亦然。一个空气质量监测点的排放平衡点降低，意味着影响这个空气质量监测点的污染源排放强度得到有效控制，反之亦然。

第三，排放平衡点与大气自然净化能力之间的差值，是决定某地空气质量的主要因素，这也是利用排放平衡点指导大气污染控制的基本原理。排放平衡点宏观上反映了实际排放强度，大气自然净化能力宏观上反映了大气环境容量，想要空气质量变好，就必须降低排放平衡点，具体降低到什么程度，应该参考本地的大气自然净化能力监测数据。因此，利用排放平衡点和大气自然净化能力监测数据，可以做到不同区域污染控制目标的区分。宏观上，如果地区的大气自然净化能力整体较强，也就是大气环境容量较大，那么这个地区的排放平衡点即使较高，其空气质量也不会太差，反之，如果一个地方的大气自然净化能力整体较弱，即使排放平衡点较低，空气质量也会比较差。一般来说，将排放平衡点控制在大气自然净化能力指数 50% 分位数的位置，可以作为大气污染控制的第一阶段目标，也就是说，至少保证全年有一半以上的时间，将污染源的实际排放强度控制在大气自然净化能力承受范围以内。

第四，排放平衡点的变动比空气质量的变动更能体现污染控制的效果。对于一个地方来说，如果排放平衡点下降，则意味着污染源排放得到有效控制。而污染源排放得到有效控制时，空气质量不一定得到相应改善，还取决于该段时间内大气自然净化能力的强弱。因此，在判断污染源排放控制效果的过程中，首先应该判断排放平衡点是否下降，如果排放平衡点没有下降，即使空气质量同时得到改善，也不是人为控制污染源排放的结果，而是该时段内大气自然净化能力整体较强所致。也就是说，排放平衡点的变动，在判断污染物排放控制的效果方面，比空气质量监测数据更可靠、更科学。

第五，污染物减排总量只有换算成对应的排放平衡点数据后，才能与空气质量数据改善对应起来。其逻辑关系是，污染物总量减少，排放平衡点下降，全年有更多的时间实际污染物排放量低于大气自然净化能力，空气质量变好。因此，排放的宏观控制目标，应该是降低排放平衡点，而不是污染物排放总量。而检验排放控制的效果，也应该是观测排放平衡点的变化。

第六，对于不同的城市来说，污染源的构成不同，污染源距离空气质量监测点的位置也不同。因此，污染源控制水平并不等于空气质量改善效果。例如，在自然源占较大比重的空气质量监测点，大力控制人为源排放，该监测点的排放平衡点可能下降不多，空气质量改善不大。类似的，在人为源为主导的空气质量监测点，控制人为源的排放，可能会取得非常好的效果。排放平衡点的动态变化，也可以反过来判断污染源的特征。

五. 结束语

空气质量监测点数据是考核和检验当前大气污染治理工作成效的主要依据，也是指导大气污染治理工作方向的主要参考。影响空气质量监测点数据的污染源种类繁多，数量庞大，活动时序复杂，难以实现精准统计。同时，受大气自然净化能力的干扰，污染物排放控制与空气质量监测数据的关联性较差，从而导致大气污染控制工作的方向迷失。一方面，微观污染源排放达标，排放总量下降，但空气质量改善不明显，甚至还出现恶化，动摇了减排的信心；另一方面，减排目标与空气质量改善目标无法有效结合起来，排放减少量与空气质量改善量之间缺乏有效的评估，减排的针对性、目标性和结果可检验性较差，减排目标安排的依据不足，导向不明。

　　鉴于这种情况，排放平衡点为大气污染的控制提供了一种基于大气自然净化能力的宏观方法。排放平衡法从大气自然净化能力角度入手，根据污染物排放与大气自然净化之间的等量关系，筛选出污染物排放与大气自然净化平衡的随机数据，估算实际排放强度。排放平衡法避免了气象因素的干扰，直接给出了污染源实际排放的宏观估算结果，同时将污染控制目标与大气环境容量结合起来，实现污染物排放控制与空气质量改善的一致性。利用排放平衡点表征污染物实际排放强度，根据大气环境容量制定排放平衡点控制目标，可以综合考虑不同地区自然地理条件差异、经济发展水平差异和产业结构差异等个性化因素，避免大气污染治理过程中的"一刀切"问题，做到一地一策，统筹协调经济发展、产业结构调整与大气污染控制之间的关系。

致　谢

本报告的数据整理、绘图、校对等大量具体工作主要由南京信息工程大学马力老师负责组织。

本报告撰写过程中，需要处理大量的数据，南京信息工程大学白江瑶、王忠禹、甘李城、宋佳、周筠垚、黄梦瑶、陈梦琳等同学分别承担了相关省份的数据整理和校对工作，具体如下：

姓名	数据整理	数据校对
白江瑶	安徽省、福建省、广东省、江苏省、江西省、山西省、上海市、天津市、浙江省	北京市、湖北省、天津市、西藏自治区、云南省
王忠禹	甘肃省、河南省、河北省、湖北省、宁夏回族自治区、青海省、陕西省、新疆维吾尔自治区	贵州省、海南省、黑龙江省、江苏省、山东省
甘李城	重庆市、广西壮族自治区、贵州省、海南省、河北省、湖南省、西藏自治区、云南省、四川省	辽宁省、陕西省、上海市、天津市、浙江省
宋佳	广东省、山东省、山西省、云南省	广东省、吉林省、山西省、新疆维吾尔自治区
周筠垚	山东省	重庆市、福建省、宁夏回族自治区、内蒙古自治区
黄梦瑶	山东省	江西省、青海省、四川省、广西壮族自治区
陈梦琳	河北省	

本报告的出版得到南京信息工程大学科技产业处、南京信息工程大学气候与环境治理研究院、南京信息工程大学大气环境经济研究院的支持和资助。

2019 年 12 月 28 日，《中国大气环境资源报告 2018》发布暨中国铁塔大气环境领域交流会议在山东省济南市举行，会议由中国铁塔股份有限公司、中国气象局公共气象服务中心、南京信息工程大学、社会科学文献出版社联合举办。与会的领导和专家如下：

中国气象局原党组副书记、副局长，中国气象事业发展咨询委员会副主任许小峰
中国气象局公共气象服务中心主任孙健
中国气象局公共气象服务中心处长陈辉
中国铁塔股份有限公司副总经理张权（时任山东铁塔党委书记、总经理）

中国铁塔股份有限公司行业拓展部总经理、铁塔智联公司董事长（兼总经理）俞喆

中国铁塔股份有限公司行业拓展部生态环境行业总监乔琳

中国铁塔股份有限公司山东省分公司纪委书记魏波（时兼任山东铁塔副总经理）

中国铁塔股份有限公司山东省分公司副总经理薛宁

中国铁塔股份有限公司山东省分公司行业拓展部总经理孔昭鑫

中国铁塔股份有限公司山东省分公司资源合作一部总经理彭勇

中国铁塔股份有限公司山东省分公司资源合作一部生态环境行业经理杨明赫

山东省人民政府副秘书长张积军

山东省生态环境厅大气处处长张金智

山东省气象局巡视员李春虎

南京信息工程大学校长李北群

南京信息工程大学副校长韦忠平

南京信息工程大学科技产业处处长王军

社会科学文献出版社机关党委副书记、副社长谢炜

社会科学文献出版社政法传媒分社副社长周琼

生态环境部大气环境司李竞

生态环境部环境规划院王燕丽

此外，还有来自全国 20 多个省市区大气环境领域的相关领导及工作人员参加了发布会，他们给予发布会极大的支持和帮助，在此一并致谢。

此外，南京信息工程大学的李北群校长对报告的出版给予了特别关心和指导，组织部金自康部长对报告写作提出了很多有价值的建议，责任编辑周琼老师为报告的出版付出了很多心血，特表感谢。

蔡银寅

2020 年 1 月于南京

图书在版编目（CIP）数据

中国大气环境资源报告. 2018 / 蔡银寅著. --北京：
社会科学文献出版社，2020.10
ISBN 978-7-5201-7046-8

Ⅰ.①中… Ⅱ.①蔡… Ⅲ.①大气环境-环境资源-
研究报告-中国-2018 Ⅳ.①X51

中国版本图书馆 CIP 数据核字（2020）第 144427 号

中国大气环境资源报告 2018

著　　者 / 蔡银寅

出 版 人 / 谢寿光
责任编辑 / 周　琼

出　　版 / 社会科学文献出版社·政法传媒分社　（010）59367156
　　　　　　地址：北京市北三环中路甲 29 号院华龙大厦　邮编：100029
　　　　　　网址：www.ssap.com.cn
发　　行 / 市场营销中心（010）59367081　59367083
印　　装 / 三河市东方印刷有限公司

规　　格 / 开　本：787mm×1092mm　1/16
　　　　　　印　张：77　字　数：1779 千字
版　　次 / 2020 年 10 月第 1 版　2020 年 10 月第 1 次印刷
书　　号 / ISBN 978-7-5201-7046-8
定　　价 / 298.00 元